CHENGXIANG GUIHUA SHEJI CANKAO

城乡规划设计参考

王炳坤　苗展堂　吴正平　编

内 容 提 要

本书涵盖了城乡规划的主要内容,如:城市规划中人口规模预测,城市用地分类与规划建设用地标准,城市道路交通,城市公共管理服务设施,城市规划有关绿化的规定,绿色建筑与生态,环境保护,市政工程规划的给水、排水、供热、电力、电信、燃气、环卫、防灾(防火、防洪、抗震、人防)等的负荷预测,设施及管网布置,规划原理与技术规定,规划中应了解的强制性内容等。

本书可供城乡规划各相关专业的规划设计人员、规划管理人员使用,也可供高等院校对城乡规划感兴趣的师生及有关专业研究人员参考。

图书在版编目(CIP)数据

城乡规划设计参考/王炳坤,苗展堂,吴正平编.—天津:天津大学出版社,2012.9

ISBN 978-7-5618-4502-8

Ⅰ.①城… Ⅱ.①王…②苗…③吴… Ⅲ.①城乡规划-设计-中国 Ⅳ.①TU984.2

中国版本图书馆 CIP 数据核字(2012)第 233381 号

出版发行 天津大学出版社
出 版 人 杨欢
地　　址 天津市卫津路 92 号天津大学内(邮编:300072)
电　　话 发行部:022-27403647
网　　址 publish.tju.edu.cn
印　　刷 河间市新诚印刷有限公司
经　　销 全国各地新华书店
开　　本 185mm×260mm
印　　张 44.5
字　　数 1308 千
版　　次 2013 年 1 月第 1 版
印　　次 2013 年 1 月第 1 次
定　　价 118.00 元

前　言

2008 年开始实施的《城乡规划法》是适应国家经济体制改革、城镇化进程、转变发展方式、建立社会主义和谐社会、转变政府职能等的客观要求，随着我国经济社会的发展而逐步适应和完善起来的。

我国城镇化发展的经验是：必须坚持以规划为依据，以制度创新为动力，以功能培育为基础，以加强管理为保证，按照统筹城乡、布局合理、节约土地、功能完善、以大带小的原则，促进大中小城市和小城镇的协调发展。

依据《城乡规划法》，加强城市规划工作，关于统筹城市改革和发展的基本原则是：① 坚持城乡统筹，促进城乡协调发展；② 坚持科学发展，着力转变发展方式；③ 坚持以人为本，推进和谐社会建设；④ 坚持改革开放，推进体制机制创新。

2009 年村镇建设工作重点是抓好科学制定乡镇村庄规划实施，推进扩大农村危房改造试点和少数民族地区游牧民定居工程，加强农村人居环境治理和小城镇建设，促进生态文明背景下城乡统筹协调发展。

住房和城乡建设部《关于加强城市绿地系统建设　提高城市防灾避险能力的意见》要求做好以下两个方面的工作。

(1) 充分认识城市绿地系统在城市防灾避险中的重要作用。

加强城市绿地系统建设，提高城市防灾避险能力，不仅是提高城市防灾避险应急能力的迫切需要，也是贯彻落实科学发展观、关注民生、构建和谐社会、促进城市可持续发展的必然要求。

(2) 加快编制城市绿地系统防灾避险规划。

做好调查评估、编制防灾避险规划、确定合理的规划目标、科学设置各类避险绿地等。

2006 年 4 月 1 日起施行的《城市规划编制办法》第十二条指出："城市人民政府提出编制城市总体规划前，应当对现行城市总体规划以及各专项规划的实施情况进行总结，对基础设施的支撑能力和建设条件做出评价；针对存在问题和出现的新情况，从土地、水、能源和环境等城市长期的发展保障出发，依据全国城镇体系规划和省域城镇体系规划，着眼区域统筹和城乡统筹，对城市的定位、发展目标、城市功能和空间布局等战略问题进行前瞻性研究，作为城市总体规划编制的工作基础。"

2011 年 3 月颁布的国民经济和社会发展十二五规划中，关于推进城市化进程部分提到：

“五、促进区域协调发展，积极稳妥推进城镇化

实施区域发展总体战略和主体功能区战略，构筑区域经济优势互补、主体功能定位清晰，国土空间高效利用、人与自然和谐相处的区域发展格局，逐步实现不同区域基本公共服务均等化，坚持走中国特色城镇化道路，科学制定城镇化发展规划，促进城镇化健康发展。

六、加快建设资源节约型、环境友好型社会，提高生态文明水平

面对日趋强化的资源环境约束，必须增强危机意识，树立绿色、低碳发展理念，以节能减排为重点，健全激励和约束机制，加快构建资源节约、环境友好的生产方式和消费模式，增强可持续发展能力。”

我国正处于城镇化发展的重要时期，在规划中将城市从功能为主转型到可持续发展的低碳、生态宜居城市，是规划工作者面临的重要任务。

本书试图将城乡规划中涉及的一些需要定性、定量的资料，从规划法规、标准、规范、规程、导则及与城市规划有关的网上信息汇集在一起，由于同类问题在不同资料来源中出现的年限、行业等的差异难于整合，为此采用顺其自然的表达方式：一是原文引用，二是摘录部分内容仍用原文表达的方式，三是编者稍加组织。

城市基础设施的公共服务设施是城市总体规划的强制性内容。在规划中应根据规划地区可利用的资源能力和生态环境可承受条件来制定规划，促进城市可持续发展。

本书的目的是为城乡规划工作者提供参考资料，以便于查找和选用。

本书编写过程持续很长时间，特别感谢天津大学建筑学院的殷萍，是她自始至终地帮助完成大量书稿录入工作。全书由天津大学王炳坤、苗展堂和吴正平共同完成。

本书在编写过程中，得到了天津大学出版社赵宏志先生的大力支持，在此表示衷心感谢！

由于参考文献量大面广，很有可能有疏漏，不足之处在所难免，欢迎使用者提出宝贵意见，敬请指正。

编者
2013 年 1 月

目　录

第二部分

第三部分

附 录

中华人民共和国城乡规划法

（2007年10月28日第十届全国人民代表大会常务委员会第三十次会议通过）

第一章　总则

第一条　为了加强城乡规划管理，协调城乡空间布局，改善人居环境，促进城乡经济社会全面协调可持续发展，制定本法。

第二条　制定和实施城乡规划，在规划区内进行建设活动，必须遵守本法。

本法所称城乡规划，包括城镇体系规划、城市规划、镇规划、乡规划和村庄规划。城市规划、镇规划分为总体规划和详细规划。详细规划分为控制性详细规划和修建性详细规划。

本法所称规划区，是指城市、镇和村庄的建成区以及因城乡建设和发展需要，必须实行规划控制的区域。规划区的具体范围由有关人民政府在组织编制的城市总体规划、镇总体规划、乡规划和村庄规划中，根据城乡经济社会发展水平和统筹城乡发展的需要划定。

第三条　城市和镇应当依照本法制定城市规划和镇规划。城市、镇规划区内的建设活动应当符合规划要求。

县级以上地方人民政府根据本地农村经济社会发展水平，按照因地制宜、切实可行的原则，确定应当制定乡规划、村庄规划的区域。在确定区域内的乡、村庄，应当依照本法制定规划，规划区内的乡、村庄建设应当符合规划要求。

县级以上地方人民政府鼓励、指导前款规定以外的区域的乡、村庄制定和实施乡规划、村庄规划。

第四条　制定和实施城乡规划，应当遵循城乡统筹、合理布局、节约土地、集约发展和先规划后建设的原则，改善生态环境，促进资源、能源节约和综合利用，保护耕地等自然资源和历史文化遗产，保持地方特色、民族特色和传统风貌，防止污染和其他公害，并符合区域人口发展、国防建设、防灾减灾和公共卫生、公共安全的需要。

在规划区内进行建设活动，应当遵守土地管理、自然资源和环境保护等法律、法规的规定。

县级以上地方人民政府应当根据当地经济社会发展的实际，在城市总体规划、镇总体规划中合理确定城市、镇的发展规模、步骤和建设标准。

第五条　城市总体规划、镇总体规划以及乡规划和村庄规划的编制，应当依据国民经济和社会发展规划，并与土地利用总体规划相衔接。

第六条　各级人民政府应当将城乡规划的编制和管理经费纳入本级财政预算。

第七条　经依法批准的城乡规划，是城乡建设和规划管理的依据，未经法定程序不得修改。

第八条　城乡规划组织编制机关应当及时公布经依法批准的城乡规划。但是，法律、行政法规规定不得公开的内容除外。

第九条　任何单位和个人都应当遵守经依法批准并公布的城乡规划，服从规划管理，并有权就涉及其利害关系的建设活动是否符合规划的要求向城乡规划主管部门查询。

任何单位和个人都有权向城乡规划主管部门或者其他有关部门举报或者控告违反城乡规划的行为。城乡规划主管部门或者其他有关部门对举报或者控告,应当及时受理并组织核查、处理。

第十条 国家鼓励采用先进的科学技术,增强城乡规划的科学性,提高城乡规划实施及监督管理的效能。

第十一条 国务院城乡规划主管部门负责全国的城乡规划管理工作。

县级以上地方人民政府城乡规划主管部门负责本行政区域内的城乡规划管理工作。

第二章 城乡规划的制定

第十二条 国务院城乡规划主管部门会同国务院有关部门组织编制全国城镇体系规划,用于指导省域城镇体系规划、城市总体规划的编制。

全国城镇体系规划由国务院城乡规划主管部门报国务院审批。

第十三条 省、自治区人民政府组织编制省域城镇体系规划,报国务院审批。

省域城镇体系规划的内容应当包括:城镇空间布局和规模控制,重大基础设施的布局,为保护生态环境、资源等需要严格控制的区域。

第十四条 城市人民政府组织编制城市总体规划。

直辖市的城市总体规划由直辖市人民政府报国务院审批。省、自治区人民政府所在地的城市以及国务院确定的城市的总体规划,由省、自治区人民政府审查同意后,报国务院审批。其他城市的总体规划,由城市人民政府报省、自治区人民政府审批。

第十五条 县人民政府组织编制县人民政府所在地镇的总体规划,报上一级人民政府审批。其他镇的总体规划由镇人民政府组织编制,报上一级人民政府审批。

第十六条 省、自治区人民政府组织编制的省域城镇体系规划,城市、县人民政府组织编制的总体规划,在报上一级人民政府审批前,应当先经本级人民代表大会常务委员会审议,常务委员会组成人员的审议意见交由本级人民政府研究处理。

镇人民政府组织编制的镇总体规划,在报上一级人民政府审批前,应当先经镇人民代表大会审议,代表的审议意见交由本级人民政府研究处理。

规划的组织编制机关报送审批省域城镇体系规划、城市总体规划或者镇总体规划,应当将本级人民代表大会常务委员会组成人员或者镇人民代表大会代表的审议意见和根据审议意见修改规划的情况一并报送。

第十七条 城市总体规划、镇总体规划的内容应当包括:城市、镇的发展布局,功能分区,用地布局,综合交通体系,禁止、限制和适宜建设的地域范围,各类专项规划等。

规划区范围、规划区内建设用地规模、基础设施和公共服务设施用地、水源地和水系、基本农田和绿化用地、环境保护、自然与历史文化遗产保护以及防灾减灾等内容,应当作为城市总体规划、镇总体规划的强制性内容。

城市总体规划、镇总体规划的规划期限一般为二十年。城市总体规划还应当对城市更长远的发展作出预测性安排。

第十八条 乡规划、村庄规划应当从农村实际出发,尊重村民意愿,体现地方和农村特色。

乡规划、村庄规划的内容应当包括:规划区范围,住宅,道路、供水、排水、供电、垃圾收集、畜禽养殖场所等农村生产、生活服务设施、公益事业等各项建设的用地布局、建设要求,以及对耕地等自然资源和历史文化遗产保护、防灾减灾等的具体安排。乡规划还应当包括本行政区域内的村庄发展布局。

第十九条 城市人民政府城乡规划主管部门根据城市总体规划的要求，组织编制城市的控制性详细规划，经本级人民政府批准后，报本级人民代表大会常务委员会和上一级人民政府备案。

第二十条 镇人民政府根据镇总体规划的要求，组织编制镇的控制性详细规划，报上一级人民政府审批。县人民政府所在地镇的控制性详细规划，由县人民政府城乡规划主管部门根据镇总体规划的要求组织编制，经县人民政府批准后，报本级人民代表大会常务委员会和上一级人民政府备案。

第二十一条 城市、县人民政府城乡规划主管部门和镇人民政府可以组织编制重要地块的修建性详细规划。修建性详细规划应当符合控制性详细规划。

第二十二条 乡、镇人民政府组织编制乡规划、村庄规划，报上一级人民政府审批。村庄规划在报送审批前，应当经村民会议或者村民代表会议讨论同意。

第二十三条 首都的总体规划、详细规划应当统筹考虑中央国家机关用地布局和空间安排的需要。

第二十四条 城乡规划组织编制机关应当委托具有相应资质等级的单位承担城乡规划的具体编制工作。

从事城乡规划编制工作应当具备下列条件，并经国务院城乡规划主管部门或者省、自治区、直辖市人民政府城乡规划主管部门依法审查合格，取得相应等级的资质证书后，方可在资质等级许可的范围内从事城乡规划编制工作：

（一）有法人资格；

（二）有规定数量的经国务院城乡规划主管部门注册的规划师；

（三）有规定数量的相关专业技术人员；

（四）有相应的技术装备；

（五）有健全的技术、质量、财务管理制度。

规划师执业资格管理办法，由国务院城乡规划主管部门会同国务院人事行政部门制定。

第二十五条 编制城乡规划，应当具备国家规定的勘察、测绘、气象、地震、水文、环境等基础资料。

县级以上地方人民政府有关主管部门应当根据编制城乡规划的需要，及时提供有关基础资料。

第二十六条 城乡规划报送审批前，组织编制机关应当依法将城乡规划草案予以公告，并采取论证会、听证会或者其他方式征求专家和公众的意见。公告的时间不得少于三十日。

组织编制机关应当充分考虑专家和公众的意见，并在报送审批的材料中附具意见采纳情况及理由。

第二十七条 省域城镇体系规划、城市总体规划、镇总体规划批准前，审批机关应当组织专家和有关部门进行审查。

第三章 城乡规划的实施

第二十八条 地方各级人民政府应当根据当地经济社会发展水平，量力而行，尊重群众意愿，有计划、分步骤地组织实施城乡规划。

第二十九条 城市的建设和发展，应当优先安排基础设施以及公共服务设施的建设，妥善处理新区开发与旧区改建的关系，统筹兼顾进城务工人员生活和周边农村经济社会发展、村民生产与生活的需要。

镇的建设和发展，应当结合农村经济社会发展和产业结构调整，优先安排供水、排水、供电、供气、道路、通信、广播电视等基础设施和学校、卫生院、文化站、幼儿园、福利院等公共服务设施的建设，为周边农村提供服务。

乡、村庄的建设和发展，应当因地制宜、节约用地，发挥村民自治组织的作用，引导村民合理进行建设，改善农村生产、生活条件。

第三十条 城市新区的开发和建设，应当合理确定建设规模和时序，充分利用现有市政基础设施和公共服务设施，严格保护自然资源和生态环境，体现地方特色。

在城市总体规划、镇总体规划确定的建设用地范围以外，不得设立各类开发区和城市新区。

第三十一条 旧城区的改建，应当保护历史文化遗产和传统风貌，合理确定拆迁和建设规模，有计划地对危房集中、基础设施落后等地段进行改建。

历史文化名城、名镇、名村的保护以及受保护建筑物的维护和使用，应当遵守有关法律、行政法规和国务院的规定。

第三十二条 城乡建设和发展，应当依法保护和合理利用风景名胜资源，统筹安排风景名胜区及周边乡、镇、村庄的建设。

风景名胜区的规划、建设和管理，应当遵守有关法律、行政法规和国务院的规定。

第三十三条 城市地下空间的开发和利用，应当与经济和技术发展水平相适应，遵循统筹安排、综合开发、合理利用的原则，充分考虑防灾减灾、人民防空和通信等需要，并符合城市规划，履行规划审批手续。

第三十四条 城市、县、镇人民政府应当根据城市总体规划、镇总体规划、土地利用总体规划和年度计划以及国民经济和社会发展规划，制定近期建设规划，报总体规划审批机关备案。

近期建设规划应当以重要基础设施、公共服务设施和中低收入居民住房建设以及生态环境保护为重点内容，明确近期建设的时序、发展方向和空间布局。近期建设规划的规划期限为五年。

第三十五条 城乡规划确定的铁路、公路、港口、机场、道路、绿地、输配电设施及输电线路走廊、通信设施、广播电视设施、管道设施、河道、水库、水源地、自然保护区、防汛通道、消防通道、核电站、垃圾填埋场及焚烧厂、污水处理厂和公共服务设施的用地以及其他需要依法保护的用地，禁止擅自改变用途。

第三十六条 按照国家规定需要有关部门批准或者核准的建设项目，以划拨方式提供国有土地使用权的，建设单位在报送有关部门批准或者核准前，应当向城乡规划主管部门申请核发选址意见书。

前款规定以外的建设项目不需要申请选址意见书。

第三十七条 在城市、镇规划区内以划拨方式提供国有土地使用权的建设项目，经有关部门批准、核准、备案后，建设单位应当向城市、县人民政府城乡规划主管部门提出建设用地规划许可申请，由城市、县人民政府城乡规划主管部门依据控制性详细规划核定建设用地的位置、面积、允许建设的范围，核发建设用地规划许可证。

建设单位在取得建设用地规划许可证后，方可向县级以上地方人民政府土地主管部门申请用地，经县级以上人民政府审批后，由土地主管部门划拨土地。

第三十八条 在城市、镇规划区内以出让方式提供国有土地使用权的，在国有土地使用权出让前，城市、县人民政府城乡规划主管部门应当依据控制性详细规划，提出出让地块的位置、使用性质、开发强度等规划条件，作为国有土地使用权出让合同的组成部分。未确定规划条件的地块，不得出让国有土地使用权。

以出让方式取得国有土地使用权的建设项目，在签订国有土地使用权出让合同后，建设单位应当持建设项目的批准、核准、备案文件和国有土地使用权出让合同，向城市、县人民政府城乡规划主管部门领取建设用地规划许可证。

城市、县人民政府城乡规划主管部门不得在建设用地规划许可证中，擅自改变作为国有土地使用权出让合同组成部分的规划条件。

第三十九条 规划条件未纳入国有土地使用权出让合同的，该国有土地使用权出让合同无效；对未取得建设用地规划许可证的建设单位批准用地的，由县级以上人民政府撤销有关批准文件；占用土地的，应当及时退回；给当事人造成损失的，应当依法给予赔偿。

第四十条 在城市、镇规划区内进行建筑物、构筑物、道路、管线和其他工程建设的，建设单位或者个人应当向城市、县人民政府城乡规划主管部门或者省、自治区、直辖市人民政府确定的镇人民政府申请办理建设工程规划许可证。

申请办理建设工程规划许可证，应当提交使用土地的有关证明文件、建设工程设施方案等材料。需要建设单位编制修建性详细规划的建设项目，还应当提交修建性详细规划。对符合控制性详细规划和规划条件的，由城市、县人民政府城乡规划主管部门或者省、自治区、直辖市人民政府确定的镇人民政府核发建设工程规划许可证。

城市、县人民政府城乡规划主管部门或者省、自治区、直辖市人民政府确定的镇人民政府应当依法将经审定的修建性详细规划、建设工程设计方案的总平面图予以公布。

第四十一条 在乡、村庄规划内进行乡镇企业、乡村公共设施和公益事业建设的，建设单位或者个人应当向乡、镇人民政府提出申请，由乡、镇人民政府报城市、县人民政府城乡规划主管部门核发乡村建设规划许可证。

在乡、村庄规划区内使用原有宅基地进行农村村民住宅建设的规划管理办法，由省、自治区、直辖市制定。

在乡、村庄规划区内进行乡镇企业、乡村公共设施和公益事业建设以及农村村民住宅建设，不得占用农用地；确需占用农用地的，应当依照《中华人民共和国土地管理法》有关规定办理农用地转用审批手续后，由城市、县人民政府城乡规划主管部门核发乡村建设规划许可证。

建设单位或者个人在取得乡村建设规划许可证后，方可办理用地审批手续。

第四十二条 城乡规划主管部门不得在城乡规划确定的建设用地范围以外作出规划许可。

第四十三条 建设单位应当按照规划条件进行建设；确需变更的，必须向城市、县人民政府城乡规划主管部门提出申请。变更内容不符合控制性详细规划的，城乡规划主管部门不得批准。城市、县人民政府城乡规划主管部门应当及时将依法变更后的规划条件通报同级土地主管部门并公示。

建设单位应当及时将依法变更后的规划条件报有关人民政府土地主管部门备案。

第四十四条 在城市、镇规划区内进行临时建设的，应当经城市、县人民政府城乡规划主管部门批准。临时建设影响近期建设规划或者控制性详细规划的实施以及交通、市容、安全等的，不得批准。

临时建设应当在批准的使用期限内自行拆除。

临时建设和临时用地规划管理的具体办法，由省、自治区、直辖市人民政府制定。

第四十五条 县级以上地方人民政府城乡规划主管部门按照国务院规定对建设工程是否符合规划条件予以核实。未经核实或者经核实不符合规划条件的，建设单位不得组织竣工验收。

建设单位应当在竣工验收后六个月内向城乡规划主管部门报送有关竣工验收资料。

第四章 城乡规划的修改

第四十六条 省域城镇体系规划、城市总体规划、镇总体规划的组织编制机关，应当组织有关部门和专家定期对规划实施情况进行评估，并采取论证会、听证会或者其他方式征求公众意见。组织编制机关应当向本级人民代表大会常务委员会、镇人民代表大会和原审批机关提出评估报告并附具征求意见的情况。

第四十七条 有下列情况之一的，组织编制机关方可按照规定的权限和程序修改省域城镇体系规划、城市总体规划、镇总体规划：

（一）上级人民政府制定的城乡规划发生变更，提出修改规划要求的；

（二）行政区划调整确需修改规划的；

（三）因国务院批准重大建设工程确需修改规划的；

（四）经评估确需修改规划的；

（五）城乡规划的审批机关认为应当修改规划的其他情形。

修改省域城镇体系规划、城市总体规划、镇总体规划前，组织编制机关应当对原规划的实施情况进行总结，并向原审批机关报告；修改涉及城市总体规划、镇总体规划强制性内容的，应当先向原审批机关提出专题报告，经同意后，方可编制修改方案。

修改后的省域城镇体系规划、城市总体规划、镇总体规划，应当依照本法第十三条、第十四条、第十五条和第十六条规定的审批程序报批。

第四十八条 修改控制性详细规划的，组织编制机关应当对修改的必要性进行论证，征求规划地段内利害关系人的意见，并向原审批机关提出专题报告，经原审批机关同意后，方可编制修改方案。修改后的控制性详细规划，应当依照本法第十九条、第二十条规定的审批程序报批。控制性详细规划修改涉及城市总体规划、镇总体规划的强制性内容的，应当先修改总体规划。

修改乡规划、村庄规划的，应当依照本法第二十二条规定的审批程序报批。

第四十九条 城市、县、镇人民政府修改近期建设规划的，应当将修改后的近期建设规划报总体规划审批机关备案。

第五十条 在选址意见书、建设用地规划许可证、建设工程规划许可证或者乡村建设规划许可证发放后，因依法修改城乡规划给被许可人合法权益造成损失的，应当依法给予补偿。

经依法审定的修建性详细规划、建设工程设计方案的总平面图不得随意修改;确需修改的,城乡规划主管部门应当采取听证会等形式,听取利害关系人的意见;因修改给利害关系人合法权益造成损失的,应当依法给予补偿。

第五章 监督检查

第五十一条 县级以上人民政府及其城乡规划主管部门应当加强对城乡规划编制、审批、实施、修改的监督检查。

第五十二条 地方各级人民政府应当向本级人民代表大会常务委员会或者乡、镇人民代表大会报告城乡规划的实施情况,并接受监督。

第五十三条 县级以上人民政府城乡规划主管部门对城乡规划的实施情况进行监督检查,有权采取以下措施:

(一)要求有关单位和人员提供与监督事项有关的文件、资料,并进行复制;

(二)要求有关单位和人员就监督事项涉及的问题作出解释和说明,并根据需要进入现场进行勘测;

(三)责令有关单位和人员停止违反有关城乡规划的法律、法规的行为。

城乡规划主管部门的工作人员履行前款规定的监督检查职责,应当出示执法证件。被监督检查的单位和人员应当予以配合,不得妨碍和阻挠依法进行的监督检查活动。

第五十四条 监督检查情况和处理结果应当依法公开,供公众查阅和监督。

第五十五条 城乡规划主管部门在查处违反本法规定的行为时,发现国家机关工作人员依法应当给予行政处分的,应当向其任免机关或者监察机关提出处分建议。

第五十六条 依照本法规定应当给予行政处罚,而有关城乡规划主管部门不给予行政处罚的,上级人民政府城乡规划主管部门有权责令其作出行政处罚决定或者建议有关人民政府责令其给予行政处罚。

第五十七条 城乡规划主管部门违反本法规定作出行政许可的,上级人民政府城乡规划主管部门有权责令其撤销或者直接撤销该行政许可。因撤销行政许可给当事人合法权益造成损失的,应当依法给予赔偿。

第六章 法律责任

第五十八条 对依法应当编制城乡规划而未组织编制,或者未按法定程序编制、审批、修改城乡规划的,由上级人民政府责令改正,通报批评;对有关人民政府负责人和其他直接责任人员依法给予处分。

第五十九条 城乡规划组织编制机关委托不具有相应资质等级的单位编制城乡规划的,由上级人民政府责令改正,通报批评;对有关人民政府负责人和其他直接责任人员依法给予处分。

第六十条 镇人民政府或者县级以上人民政府城乡规划主管部门有下列行为之一的,由本级人民政府、上级人民政府城乡规划主管部门或者监察机关依据职权责令改正,通报批评;对直接负责的主管人员和其他直接责任人员依法给予处分:

(一)未依法组织编制城市的控制性详细规划、县人民政府所在地镇的控制性详细规划的;

(二)超越职权或者对不符合法定条件的申请人核发选址意见书、建设用地规划许可证、建设工程规划许可证、乡村建设规划许可证的；

（三）对符合法定条件的申请人未在法定期限内核发选址意见书、建设用地规划许可证、建设工程规划许可证、乡村建设规划许可证的；

（四）未依法对经审定的修建性详细规划、建设工程设计方案的总平面图予以公布的；

（五）同意修改修建性详细规划、建设工程设计方案的总平面图前未采取听证会等形式听取利害关系人的意见的；

（六）发现未依法取得规划许可或者违反规划许可的规定在规划区内进行建设的行为，而不予查处或者接到举报后不依法处理的。

第六十一条 县级以上人民政府有关部门有下列行为之一的，由本级人民政府或者上级人民政府有关部门责令改正，通报批评；对直接负责的主管人员和其他直接责任人员依法给予处分：

（一）对未依法取得选址意见书的建设项目核发建设项目批准文件的；

（二）未依法在国有土地使用权出让合同中确定规划条件或者改变国有土地使用权出让合同中依法确定的规划条件的；

（三）对未依法取得建设用地规划许可证的建设单位划拨国有土地使用权的。

第六十二条 城乡规划编制单位有下列行为之一的，由所在地城市、县人民政府城乡规划主管部门责令限期改正，处合同约定的规划编制费一倍以上二倍以下的罚款；情节严重的，责令停业整顿，由原发证机关降低资质等级或者吊销资质证书；造成损失的，依法承担赔偿责任：

（一）超越资质等级许可的范围承揽城乡规划编制工作的；

（二）违反国家有关标准编制城乡规划的。

未依法取得资质证书承揽城乡规划编制工作的，由县级以上地方人民政府城乡规划主管部门责令停止违法行为，依照前款规定处以罚款；造成损失的，依法承担赔偿责任。

以欺骗手段取得资质证书承揽城乡规划编制工作的，由原发证机关吊销资质证书，依照本条第一款规定处以罚款；造成损失的，依法承担赔偿责任。

第六十三条 城乡规划编制单位取得资质证书后，不再符合相应的资质条件的，由原发证机关责令限期改正；逾期不改正的，降低资质等级或者吊销资质证书。

第六十四条 未取得建设工程规划许可证或者未按照建设工程规划许可证的规定进行建设的，由县级以上地方人民政府城乡规划主管部门责令停止建设；尚可采取改正措施消除对规划实施的影响的，限期改正，处建设工程造价百分之五以上百分之十以下的罚款；无法采取改正措施消除影响的，限期拆除，不能拆除的，没收实物或者违法收入，可以并处建设工程造价百分之十以下的罚款。

第六十五条 在乡、村庄规划区内未依法取得乡村建设规划许可证或者未按照乡村建设规划许可证的规定进行建设的，由乡、镇人民政府责令停止建设、限期改正；逾期不改正的，可以拆除。

第六十六条 建设单位或者个人有下列行为之一的，由所在地城市、县人民政府城乡规划主管部门责令限期拆除，可以并处临时建设工程造价一倍以下的罚款：

（一）未经批准进行临时建设的；

（二）未按照批准内容进行临时建设的；

（三）临时建筑物、构筑物超过批准期限不拆除的。

第六十七条 建设单位未在建设工程竣工验收后六个月内向城乡规划主管部门报送有关竣工验收资料的，由所在地城市、县人民政府城乡规划主管部门责令限期补报；逾期不补报的，处一万元以上五万元以下的罚款。

第六十八条 城乡规划主管部门作出责令停止建设或者限期拆除的决定后，当事人不停止建设或者逾期不拆除的，建设工程所在地县级以上地方人民政府可以责成有关部门采取查封施工现场、强制拆除等措施。

第六十九条 违反本法规定，构成犯罪的，依法追究刑事责任。

第七章 附则

第七十条 本法自2008年1月1日起施行。《中华人民共和国城市规划法》同时废止。

第一部分

1　城市规划中人口规模预测

1.1　城市人口规模预测

城市人口规模预测是确定城市规模的前提,特别是在城镇体系规划、土地利用总体规划等规划中显得尤为重要。在土地利用总体规划中,人口预测直接关系到土地承载能力及土地利用结构等问题。

人口规模预测是根据人口现状规模,结合对历史人口发展趋势以及未来影响因素的分析,按照一些预设的前提条件,采用某一时段的人口数量所进行的测算是城市总体规划的重要基础工作。

人口预测的方法较多,本节仅介绍以下几种方法。

1. 水资源承载力法

在《全国水资源综合规划》中提到,到 2020 年,全国用水总量力争控制在 6 700 亿 m^3 以内;万元国内生产总值用水量、万元工业增加值用水量分别降低到 120 m^3、65 m^3,均比 2008 年降低 50% 左右;农田灌溉水有效利用系数提高到 0. 55;城市供水水源水质基本达标,主要江河湖库水功能区水质达标率提高到 80% 。

通过实施规划,到 2030 年,全国用水总量力争控制在 7 000 亿 m^3 以内;万元国内生产总值用水量、万元工业增加值用水量分别降低到 70m^3、40m^3,均比 2020 年降低 40% 左右;农田灌溉水有效利用系数提高到 0. 6;江河湖库水功能区水质基本达标。

可见水资源的控制是建设用地控制的又一量化指标。

根据规划末期可供水资源总量,选取该地区人均用水标准预测人口规模,按下式计算:

$$P_t = W_t / \omega_t$$

式中　P_t——预测目标年末人口数;

W_t——预测目标年可供水量;

ω_t——预测目标年人均用水量。

2. 综合增长率法

综合增长率法是把人口增长率看作在现状水平基础上稳定发展。

这是较为常用的进行城市人口预测的方法。综合增长率法是把人口增长率看作在现状水平基础上稳定发展。其表达式为

$$P_n = P_0 (1 + r)^n$$

式中　P_n——预测年人口数;

P_0——预测基期城市人口数;

r——人口综合增长率,‰;

n——预测年限。

人口综合增长率是人口自然增长率 r_1 和机械增长率 r_2 之和,$r = r_1 + r_2$。

人口增长率中的自然增长率和机械增长率，即在某一空间范围内，分别由内部人口繁殖和外部人口进入引起的增长。

3. 综合增长数法

一般情况下，一个区域平均每年增加的人口数变动不会太大。因此，选择综合增长数法预测是把人口增长看作在现状水平基础上的稳定发展。预测公式为

$$P = P_0 + N \cdot \Delta P$$

式中 P——预测值；

P_0——规划基准年的总人口数；

ΔP——年均人口增长数(可以分期进行调整)；

N——规划年限。

4. 环境容量法

由于城镇化的快速进程，需要的资源、能源也迅猛增加，随之产生的废弃物也需要吸纳，环境被污染已不容忽视。

因为发展初期对生态的关注存在差异，有相当的生态系统功能退化，如河流断流、土地沙化、植被破坏，水土流失，资源和环境都承受很大压力，甚至使许多土地变成不适宜人居的环境，环境的危机意识必须加强。

根据规划末期城市生态用地总面积，选取适宜的人均生态用地标准预测人口规模，按下式计算：

$$P_t = S_t / s_t$$

式中 P_t——预测目标年末人口数；

S_t——预测目标年生态用地面积；

s_t——预测目标年人均生态用地面积。

5. 经济承载力法

根据规划期末的 GDP 总量和人均 GDP 目标值预测人口规模，按下式计算：

$$P_t = Y_t / U_t$$

式中 P_t——预测目标年末人口数；

Y_t——预测目标年末 GDP 总量；

U_t——预测目标年末人均 GDP。

预测年经济承载下的人口规模，由同年 GDP 总量与人均 GDP 之比得出，GDP 总量与人均 GDP 根据有关预测或发展目标而定。

总的来说，人口预测要根据各个地方的实际情况综合考虑产业结构调整、工业发展及城镇化发展等影响因素进行预测。同时人口预测结果要与其他规划衔接，要参照其他规划预测结果进行修正，如参照国民经济与社会发展规划、人口和计划生育工作规划等有关人口发展目标。

6. 城乡劳动力平衡法

根据农村富余劳动力转移和带眷系数，核算规划区域的人口变化数。

预测公式：

$$P = P_1(1 + r_1)^n + [P_2(1 + r_2)^n R_1 - Q/q] R_2 \cdot K$$

式中 P——预测期城镇人口；

P_1——预测基期城镇人口；

r_1——城镇人口增长率；

P_2——预测基期农村人口；

r_2——农村人口增长率；

R_1——农转非劳动力比例；

Q——预测期耕地数；

q——预测期人均负担耕地数；

R_2——农村人口进城比例；

K——转化劳动力的带眷系数；

n——预测年限。

1.2 镇村体系和人口预测

《镇规划标准》GB 50188—2007(节录)。

3.1 镇村体系和规模分级

3.1.1 镇域镇村体系规划应依据县(市)域城镇体系规划中确定的中心镇、一般镇的性质、职能和发展规模制定。

3.1.2 镇域镇村体系规划应包括以下主要内容：

(1)调查镇区和村庄的现状,分析其资源和环境等发展条件,预测一、二、三产业的发展前景以及劳力和人口的流向趋势；

(2)落实镇区规划人口规模,划定镇区用地规划发展的控制范围；

(3)根据产业发展和生活提高的要求,确定中心村和基层村,结合村民意愿,提出村庄的建设调整设想；

(4)确定镇域内主要道路交通、公用工程设施、公共服务设施以及生态环境、历史文化保护、防灾减灾防疫系统。

3.1.3 镇区和村庄的规划规模应按人口数量划分为特大、大、中、小型四级。

在进行镇区和村庄规划时,应以规划期末常住人口的数量按表3.1.3的分级确定级别。

表3.1.3 规划规模分级 人

规划人口规模分级	镇区	村庄
特大型	>50 000	>1 000
大　型	30 001 ~ 50 000	601 ~ 1 000
中　型	10 001 ~ 30 000	201 ~ 600
小　型	≤10 000	≤200

3.2 规划人口预测

3.2.1 镇域总人口应为其行政地域内常住人口,常住人口应为户籍、寄住人口数之和,其发展预测宜按下式计算：

$$Q = Q_0(1 + K)^n + P$$

式中 Q——总人口预测数，人；

Q_0——总人口现状数，人；

K——规划期内人口的自然增长率，%；

P——规划期内人口的机械增长数，人；

n——规划期限，年。

3.2.2 镇区人口规模应以县域城镇体系规划预测的数量为依据，结合镇区具体情况进行核定；村庄人口规模应在镇村体系规划中进行预测。

3.2.3 镇区人口的现状统计和规划预测，应按居住状况和参与社会生活的性质进行分类。镇区规划期内的人口分类预测，宜按表 3.2.3 的规定计算。

表 3.2.3 镇区规划期内人口分类预测

人口类别		统计范围	预测计算
常住人口	户籍人口	户籍在镇区规划用地范围内的人口	按自然增长和机械增长计算
	寄住人口	居住半年以上的外来人口，寄宿在规划用地范围内的学生	按机械增长计算
通勤人口		劳动、学习在镇区内，住在规划范围外的职工、学生等	按机械增长计算
流动人口		出差、探亲、旅游、赶集等临时参与镇区活动的人员	根据调查进行估算

3.2.4 规划期内镇区人口的自然增长应按计划生育的要求计算，机械增长宜考虑下列因素进行预测。

(1)根据产业发展前景及土地经营情况预测劳力转移时，宜按劳力转化因素对镇域所辖地域范围的土地和劳力进行平衡，预测规划期内劳力的数量，分析镇区类型、发展水平、地方优势、建设条件和政策影响以及外来人口进入情况等因素，确定镇区的人口数量。

(2)根据镇区的环境条件预测人口发展规模时，宜按环境容量因素综合分析当地的发展优势、建设条件、环境和生态状况等因素，预测镇区人口的适宜规模。

(3)镇区建设项目已经落实、规划期内人口机械增长比较稳定的情况下，可按带眷情况估算人口发展规模；建设项目尚未落实的情况下，可按平均增长预测人口的发展规模。

2 城市用地分类与规划建设用地标准

2.1 《城市用地分类与规划建设用地标准》GB 50137—2011（节录）

3.1 一般规定

3.1.1 用地分类包括城乡用地分类、城市建设用地分类两部分，应按土地使用的主要性质进行划分。

3.1.2 用地分类采用大类、中类和小类3级分类体系。大类应采用英文字母表示，中类和小类应采用英文字母和阿拉伯数字组合表示。

3.1.3 使用本分类时，可根据工作性质、工作内容及工作深度的不同要求，采用本分类的全部或部分类别。

3.2 城乡用地分类

3.2.1 城乡用地共分为2大类、9中类、14小类。

3.2.2 城乡用地分类和代码应符合表3.2.2的规定。

表3.2.2 城乡用地分类和代码

类别代号			类别名称	内 容
大类	中类	小类		
H			建设用地	包括城乡居民点建设用地、区域交通设施用地、区域公用设施用地、特殊用地、采矿用地及其他建设用地等
	H1		城乡居民点建设用地	城市、镇、乡、村庄建设用地
		H11	城市建设用地	城市内的居住用地、公共管理与公共服务设施用地、商业服务业设施用地、工业用地、物流仓储用地、道路与交通设施用地、公用设施用地、绿地与广场用地
		H12	镇建设用地	镇人民政府驻地的建设用地
		H13	乡建设用地	乡人民政府驻地的建设用地
		H14	村庄建设用地	农村居民点的建设用地
	H2		区域交通设施用地	铁路、公路、港口、机场和管道运输等区域交通运输及其附属设施用地，不包括城市建设用地范围内的铁路客货运站、公路长途客货运站以及港口客运码头
		H21	铁路用地	铁路编组站、线路等用地
		H22	公路用地	国道、省道、县道和乡道用地及附属设施用地

续表

类别代号			类别名称	内容
大类	中类	小类		
H	H2	H23	港口用地	海港和河港的陆域部分，包括码头作业区、辅助生产区等用地
		H24	机场用地	民用及军民合用的机场用地，包括飞行区、航站区等用地，不包括净空控制范围用地
		H25	管道运输用地	运输煤炭、石油和天然气等地面管道运输用地，地下管道运输规定的地面控制范围内的用地应按其地面实际用途归类
	H3		区域公用设施用地	为区域服务的公用设施用地，包括区域性能源设施、水工设施、通信设施、广播电视设施、殡葬设施、环卫设施、排水设施等用地
	H4		特殊用地	特殊性质的用地
		H41	军事用地	专门用于军事目的的设施用地，不包括部队家属生活区和军民共用设施等用地
		H42	安保用地	监狱、拘留所、劳改场所和安全保卫设施等用地，不包括公安局用地
	H5		采矿用地	采矿、采石、采沙、盐田、砖瓦窑等地面生产用地及尾矿堆放地
	H9		其他建设用地	除以上之外的建设用地，包括边境口岸和风景名胜区、森林公园等的管理及服务设施等用地
E			非建设用地	水域、农林用地及其他非建设用地等
	E1		水域	河流、湖泊、水库、坑塘、沟渠、滩涂、冰川及永久积雪
		E11	自然水域	河流、湖泊、滩涂、冰川及永久积雪
		E12	水库	人工拦截汇集而成的总库容不小于10万m^3的水库正常蓄水位岸线所围成的水面
		E13	坑塘沟渠	蓄水量小于10万m^3的坑塘水面和人工修建用于引、排、灌的渠道
	E2		农林用地	耕地、园地、林地、牧草地、设施农用地、田坎、农村道路等用地
	E9		其他非建设用地	空闲地、盐碱地、沼泽地、沙地、裸地、不用于畜牧业的草地等用地

3.3 城市建设用地分类

3.3.1 城市建设用地共分为8大类、35中类、42小类。

3.3.2 城市建设用地分类和代码应符合表3.3.2的规定。

表3.3.2 城市建设用地分类和代码

类别代号			类别名称	内容
大类	中类	小类		
R			居住用地	住宅和相应服务设施的用地
	R1		一类居住用地	设施齐全、环境良好，以低层住宅为主的用地
		R11	住宅用地	住宅建筑用地及其附属道路、停车场、小游园等用地
		R12	服务设施用地	居住小区及小区级以下的幼托、文化、体育、商业、卫生服务、养老助残设施等用地，不包括中小学用地

续表

类别代号			类别名称	内容
大类	中类	小类		
	R2		二类居住用地	设施较齐全、环境良好,以多、中、高层住宅为主的用地
		R21	住宅用地	住宅建筑用地(含保障性住宅用地)及其附属道路、停车场、小游园等用地
		R22	服务设施用地	居住小区及小区级以下的幼托、文化、体育、商业、卫生服务、养老助残设施等用地,不包括中小学用地
	R3		三类居住用地	设施较欠缺、环境较差,以需要加以改造的简陋住宅为主的用地,包括危房、棚户区、临时住宅等用地
		R31	住宅用地	住宅建筑用地及其附属道路、停车场、小游园等用地
		R32	服务设施用地	居住小区及小区级以下的幼托、文化、体育、商业、卫生服务、养老助残设施等用地,不包括中小学用地
A			公共管理与公共服务设施用地	行政、文化、教育、体育、卫生等机构和设施的用地,不包括居住用地中的服务设施用地
	A1		行政办公用地	党政机关、社会团体、事业单位等办公机构及其相关设施用地
	A2		文化设施用地	图书、展览等公共文化活动设施用地
		A21	图书展览用地	公共图书馆、博物馆、档案馆、科技馆、纪念馆、美术馆和展览馆、会展中心等设施用地
		A22	文化活动用地	综合文化活动中心、文化馆、青少年宫、儿童活动中心、老年活动中心等设施用地
	A3		教育科研用地	高等院校、中等专业学校、中学、小学、科研事业单位及其附属设施用地,包括为学校配建的独立地段的学生生活用地
		A31	高等院校用地	大学、学院、专科学校、研究生院、电视大学、党校、干部学校及其附属设施用地,包括军事院校用地
		A32	中等专业学校用地	中等专业学校、技工学校、职业学校等用地,不包括附属于普通中学内的职业高中用地
		A33	中小学用地	中学、小学用地
		A34	特殊教育用地	聋、哑、盲人学校及工读学校等用地
		A35	科研用地	科研事业单位用地
	A4		体育用地	体育场馆和体育训练基地等用地,不包括学校等机构专用的体育设施用地
		A41	体育场馆用地	室内外体育运动用地,包括体育场馆、游泳场馆、各类球场及其附属的业余体校等用地
		A42	体育训练用地	为体育运动专设的训练基地用地
	A5		医疗卫生用地	医疗、保健、卫生、防疫、康复和急救设施等用地
		A51	医院用地	综合医院、专科医院、社区卫生服务中心等用地
		A52	卫生防疫用地	卫生防疫站、专科防治所、检验中心和动物检疫站等用地
		A53	特殊医疗用地	对环境有特殊要求的传染病、精神病等专科医院用地
		A59	其他医疗卫生用地	急救中心、血库等用地
	A6		社会福利用地	为社会提供福利和慈善服务的设施及其附属设施用地,包括福利院、养老院、孤儿院等用地
	A7		文物古迹用地	具有保护价值的古遗址、古墓葬、古建筑、石窟寺、近代代表性建筑、革命纪念建筑等用地。不包括已作其他用途的文物古迹用地
	A8		外事用地	外国驻华使馆、领事馆、国际机构及其生活设施等用地
	A9		宗教用地	宗教活动场所用地

续表

大类	中类	小类	类别名称	内容
B			商业服务业设施用地	商业、商务、娱乐康体等设施用地，不包括居住用地中的服务设施用地
	B1		商业用地	商业及餐饮、旅馆等服务业用地
		B11	零售商业用地	以零售功能为主的商铺、商场、超市、市场等用地
		B12	批发市场用地	以批发功能为主的市场用地
		B13	餐饮用地	饭店、餐厅、酒吧等用地
		B14	旅馆用地	宾馆、旅馆、招待所、服务型公寓、度假村等用地
	B2		商务用地	金融保险、艺术传媒、技术服务等综合性办公用地
		B21	金融保险用地	银行、证券期货交易所、保险公司等用地
		B22	艺术传媒用地	文艺团体、影视制作、广告传媒等用地
		B29	其他商务用地	贸易、设计、咨询等技术服务办公用地
	B3		娱乐康体用地	娱乐、康体等设施用地
		B31	娱乐用地	剧院、音乐厅、电影院、歌舞厅、网吧以及绿地率小于65%的大型游乐等设施用地
		B32	康体用地	赛马场、高尔夫、溜冰场、跳伞场、摩托车场、射击场，以及通用航空、水上运动的陆域部分等用地
	B4		公用设施营业网点用地	零售加油、加气、电信、邮政等公用设施营业网点用地
		B41	加油加气站用地	零售加油、加气、充电站等用地
		B49	其他公用设施营业网点用地	独立地段的电信、邮政、供水、燃气、供电、供热等其他公用设施营业网点用地
	B9		其他服务设施用地	业余学校、民营培训机构、私人诊所、殡葬、宠物医院、汽车维修站等其他服务设施用地
M			工业用地	工矿企业的生产车间、库房及其附属设施用地，包括专用铁路、码头和附属道路、停车场等用地，不包括露天矿用地
	M1		一类工业用地	对居住和公共环境基本无干扰、污染和安全隐患的工业用地
	M2		二类工业用地	对居住和公共环境有一定干扰、污染和安全隐患的工业用地
	M3		三类工业用地	对居住和公共环境有严重干扰、污染和安全隐患的工业用地
W			物流仓储用地	物资储备、中转、配送等用地，包括附属道路、停车场以及货运公司车队的站场等用地
	W1		一类物流仓储用地	对居住和公共环境基本无干扰、污染和安全隐患的物流仓储用地
	W2		二类物流仓储用地	对居住和公共环境有一定干扰、污染和安全隐患的物流仓储用地
	W3		三类物流仓储用地	易燃、易爆和剧毒等危险品的专用物流仓储用地
S			道路与交通设施用地	城市道路、交通设施等用地，不包括居住用地、工业用地等内部的道路、停车场等用地
	S1		城市道路用地	快速路、主干路、次干路和支路等用地，包括其交叉口用地
	S2		城市轨道交通用地	独立地段的城市轨道交通地面以上部分的线路、站点用地
	S3		交通枢纽用地	铁路客货运站、公路长途客运站、港口客运码头、公交枢纽及其附属设施用地

续表

类别代号			类别名称	内 容
大类	中类	小类		
	S4		交通场站用地	交通服务设施用地,不包括交通指挥中心、交通队用地
		S41	公共交通场站用地	城市轨道交通车辆基地及附属设施,公共汽(电)车首末站、停车场(库)、保养场,出租汽车场站设施等用地以及轮渡、缆车、索道等的地面部分及其附属设施用地
		S42	社会停车场用地	独立地段的公共停车场和停车库用地,不包括其他各类用地配建的停车场和停车库用地
	S9		其他交通设施用地	除以上之外的交通设施用地,包括教练场等用地
U			公用设施用地	供应、环境、安全等设施用地
	U1		供应设施用地	供水、供电、供燃气和供热等设施用地
		U11	供水用地	城市取水设施、自来水厂、再生水厂、加压泵站、高位水池等设施用地
		U12	供电用地	变电站、开闭所、变配电所等设施用地,不包括电厂用地。高压走廊下规定的控制范围内的用地应按其地面实际用途归类
		U13	供燃气用地	分输站、门站、储气站、加气母站、液化石油气储配站、灌瓶站和地面输气管廊等设施用地,不包括制气厂用地
		U14	供热用地	集中供热锅炉房、热力站、换热站和地面输热管廊等设施用地
		U15	通信用地	邮政中心局、邮政支局、邮件处理中心、电信局、移动基站、微波站等设施用地
		U16	广播电视用地	广播电视的发射、传输和监测设施用地,包括无线电收信区、发信区以及广播电视发射台、转播台、差转台、监测站等设施用地
	U2		环境设施用地	雨水、污水、固体废物处理等环境保护设施及其附属设施用地
		U21	排水用地	雨水泵站、污水泵站、污水处理、污泥处理厂等设施及其附属的构筑物用地,不包括排水河渠用地
		U22	环卫用地	生活垃圾、医疗垃圾、危险废物处理(置)以及垃圾转运、公厕、车辆清洗、环卫车辆停放修理等设施用地
	U3		安全设施用地	消防、防洪等保卫城市安全的公用设施及其附属设施用地
		U31	消防用地	消防站、消防通信及指挥训练中心等设施用地
		U32	防洪用地	防洪堤、防洪枢纽、排洪沟渠等设施用地
	U9		其他公用设施用地	除以上之外的公用设施用地,包括施工、养护、维修等设施用地
G			绿地与广场用地	公园绿地、防护绿地、广场等公共开放空间用地
	G1		公园绿地	向公众开放,以游憩为主要功能,兼具生态、美化、防灾等作用的绿地
	G2		防护绿地	具有卫生、隔离和安全防护功能的绿地
	G3		广场用地	以游憩、纪念、集会和避险等功能为主的城市公共活动场地

4.2 规划人均城市建设用地面积标准

4.2.1 规划人均城市建设用地面积指标应根据现状人均城市建设用地面积指标、城市所在的气候区以及规划人口规划,按表 4.2.1 的规定综合确定,并应同时符合表中允许采用的规划人均城市建设用地面积指标和允许调整幅度双因子的限制要求。

表4.2.1 规划人均城市建设用地面积指标 m^2/人

气候区	现状人均城市建设用地面积指标	允许采用的规划人均城市建设用地面积指标	允许调整幅度		
			规划人口规模 ≤20.0万人	规划人口规模 20.1～50.0万人	规划人口规模 >50.0万人
Ⅰ、Ⅱ、Ⅵ、Ⅶ	≤65.0	65.0～85.0	>0.0	>0.0	>0.0
	65.1～75.0	65.0～95.0	+0.1～+20.0	+0.1～+20.0	+0.1～+20.0
	75.1～85.0	75.0～105.0	+0.1～+20.0	+0.1～+20.0	+0.1～+15.0
	85.1～95.0	80.0～110.0	+0.1～+20.0	-5.0～+20.0	-5.0～+15.0
	95.1～105.0	90.0～110.0	-5.0～+15.0	-10.0～+15.0	-10.0～+10.0
	105.1～115.0	95.0～115.0	-10.0～-0.1	-15.0～-0.1	-20.0～-0.1
	>115.0	≤115.0	<0.0	<0.0	0.0
Ⅲ、Ⅳ、Ⅴ	≤65.0	65.0～85.0	>0.0	>0.0	>0.0
	65.1～75.0	65.0～95.0	+0.1～+20.0	+0.1～+20.0	+0.1～+20.0
	75.1～85.0	75.0～100.0	-5.0～+20.0	-5.0～+20.0	-5.0～+15.0
	85.1～95.0	80.0～105.0	-10.0～+15.0	-10.0～+15.0	-10.0～+10.0
	95.1～105.0	85.0～105.0	-15.0～+10.0	-15.0～+10.0	-15.0～+5.0
	105.1～115.0	90.0～110.0	-20.0～-0.1	-20.0～-0.1	-25.0～-5.0
	>115.0	≤110.0	<0.0	<0.0	0.0

注：(1)气候区应符合《建筑气候区划标准(GB 50178—93)》的规定，具体应按本标准附录B图B执行。

(2)新建城市、首都的规划人均城市建设用地面积指标不适用本条文。

4.2.2 新建城市的规划人均城市建设用地面积指标应在(85.1～105.0)m^2/人内确定。

4.2.3 首都的规划人均城市建设用地面积指标在(105.1～115.0) m^2/人内确定。

4.2.4 边远地区、少数民族地区城市(镇)以及部分山地城市(镇)、人口较少的工矿业城市(镇)、风景旅游城市(镇)等，不符合表4.2.1规定时，应专门论证确定规划人均城市建设用地面积指标，且上限不得大于150.0 m^2/人。

4.2.5 编制和修订城市(镇)总体规划应以本标准作为规划城市建设用地的远期控制标准。

4.3 规划人均单项城市建设用地面积标准

4.3.1 规划人均居住用地面积指标应符合表4.3.1的规定。

表4.3.1 人均居住用地面积指标 m^2/人

建筑气候区划	Ⅰ、Ⅱ、Ⅵ、Ⅶ气候区	Ⅲ、Ⅳ、Ⅴ气候区
人均居住用地面积	28.0～38.0	23.0～36.0

4.3.2 规划人均公共管理与公共服务设施用地面积不应小于5.5 m^2/人。

4.3.3 规划人均道路与交通设施用地面积不应小于12.0 m^2/人。

4.3.4 规划人均绿地与广场用地面积不应小于10.0 m^2/人，其中人均公园绿地面积不应小于 8.0 m²/人。

4.3.5　编制和修订城市(镇)总体规划应以本标准作为规划单项城市建设用地的远期控制标准。

4.4　规划城市建设用地结构

4.4.1　居住用地、公共管理与公共服务设施用地、工业用地、道路与交通设施用地和绿地与广场用地五大类主要用地规划占城市建设用地的比例宜符合表 4.4.1 的规定。

表 4.4.1　规划城市建设用地结构

用地名称	占城市建设用地比例/%
居住用地	25.0～40.0
公共管理与公共服务设施用地	5.0～8.0
工业用地	15.0～30.0
道路与交通设施用地	10.0～25.0
绿地与广场用地	10.0～15.0

4.4.2　工矿城市(镇)、风景旅游城市(镇)以及其他具有特殊情况的城市(镇)，其规划城市建设用地结构可根据实际情况具体确定。

2.2　《全国土地分类(试行)》[①](国土资发[2001]225 号)(节录)

一级类		二级类		三级类		含义
编号	三大类名称	编号	名称	编号	名称	
1	农用地					指直接用于农业生产的土地，包括耕地、园地、林地、牧草地及其他农用地。指种植农作物的土地，包括熟地、新开发复垦整理地、休闲地、轮歇地、草田轮作地；以种植农作物为主，间有零星果树、桑树或其他树木的土地；平均每年能保证收获一季的已垦滩地和海涂。耕地中还包括南方宽小于 1.0 m、北方宽小于 2.0 m 的沟、渠、路和田埂
		11	耕地	111	灌溉水田	指有水源保证和灌溉设施，在一般年景能正常灌溉，用于种植水生作物的耕地，包括灌溉的水旱轮作地
				112	望天田	指无灌溉设施，主要依靠天然降雨，用于种植水生作物的耕地，包括无灌溉设施的水旱轮作地
				113	水浇地	指水田、菜地以外，有水源保证和灌溉设施，在一般年景能正常灌溉的耕地
				114	旱　地	指无灌溉设施，靠天然降水种植旱作物的耕地，包括没有灌溉设施，仅靠引洪淤灌的耕地
				115	菜　地	指常年种植蔬菜为主的耕地，包括大棚用地

① 资料来源：国土资源部地籍管理司(2001 年 8 月)。

续表

一级类		二级类		三级类		含义
编号	三大类名称	编号	名称	编号	名称	
1	农用地	12	园地			指种植以采集果、叶、根茎等为主的多年木本或草本植物(含其苗圃),覆盖度大于50%或单位土地面积有收益的株数达到合理株数70%的土地
				121	果园	指种植果树的园地* 121 K 可调整果园　指由耕地改为果园,但耕作层未被破坏的土地
				122	桑园	指种植果树的园地 122 K 可调整桑园　指由耕地改为桑园,但耕作层未被破坏的土地*
				123	茶园	指种植茶树的园地 123 K 可调整茶园　指由耕地改为茶园,但耕作层未被破坏的土地*
				124	橡胶园	指种植橡胶树的园地 124 K 可调整橡胶园　指由耕地改为橡胶园,但耕作层未被破坏的土地*
				125	其他园地	指种植葡萄、可可、咖啡、油棕、胡椒、花卉、药材等其他多年生作物的园地 125 K 可调整其他园地　指由耕地改为其他园地,但耕作层未被破坏的土地*
		13	林地			指生长乔木、竹类、灌木、沿海红树林的土地,不包括居民点绿地以及铁路、公路、河流、沟渠的护路、护岸林
				131	有林地	指树木郁闭度大于等于20%的天然、人工林地 131 K 可调整有林地　指由耕地改为有林地,但耕作层未被破坏的土地
				132	灌木林地	指覆盖度大于等于40%的灌木林地
				133	疏林地	指树木郁闭度大于等于10%但小于20%的疏林地
				134	未成林造林地	指造林成活率大于或等于合理造林地(一般指造林后不满3~5年或飞机播种后不满5~7年的造林地) 134 K 可调整未成林造林地　指由耕地改为未成林造林地,但耕作层未被破坏的土地
				135	迹地	指森林采伐、火烧后,5年内未更新的土地
				136	苗圃	指固定的林木育苗地 136 K 可调整苗圃　指由耕地改为苗圃,但耕作层未被破坏的土地
		14	牧草地			指生长草本植物为主、用于畜牧业的土地
				141	天然草地	指以天然草本植物为主、未经改良、用于放牧或割草的草地,包括以牧为主的疏林、灌木草地
				142	改良草地	指采用灌溉、排水、施肥、松耙、补植等措施进行改良的草地
				143	人工草地	指人工种植牧草的草地,包括人工培植用于牧业的灌木地 143 K 可调整人工草地　指由耕地改为人工草地,但耕作层未被破坏的土地
		15	其他农用地			指上述耕地、园地、林地、牧草地以外的农用地
				151	畜禽饲养地	指以经营性养殖为目的的畜禽舍及其相应附属设施用地
				152	设施农业用地	指进行工厂化作物栽培或水产养殖的生产设施用地
				153	农村道路	指农村南方宽大于等于1.0 m、北方宽大于等于2.0 m的村间、田间道路(含机耕道)

续表

一级类		二级类		三级类		含义
编号	三大类名称	编号	名称	编号	名称	
1	农用地	15	其他农用地	154	坑塘水面	指人工开挖或天然形成的蓄水量小于10万 m^3（不含养殖水面）的坑塘常水位以下的面积
				155	养殖水面	指人工开挖或天然形成的专门用于水产养殖的坑塘水面及相应附属设施用地 155 K 可调整养殖水面　指由耕地改为养殖水面，但可复耕的土地
				156	农田水利用地	指农民、农民集体或其他农业企业等自建或联建的农田排灌沟渠及其相应附属设施用地
				157	田坎	主要指耕地中南方宽大于等于1.0 m、北方宽大于等于2.0 m的梯田田坎
				158	晒谷场等用地	指晒谷场及上述用地中未包含的其他农用地
2	建设用地					指建造建筑物、构筑物的土地，包括商业、工矿、仓储、公用设施、公共建筑、住宅、交通、水利设施、特殊用地等；指商业、金融业、餐饮旅馆业及其他经营性服务业建筑及其相应附属设施用地
		21	商服用地	211	商业用地	指商店、商场，各类批发、零售市场及其相应附属设施用地
				212	金融保险用地	指银行、保险、证券、信托、期货、信用社等用地
				213	餐饮旅馆业用地	指饭店、餐厅、酒吧、宾馆、旅馆、招待所、度假村等及其相应附属设施用地
				214	其他商服用地	指上述用地以外的其他商服用地，包括写字楼、商业性办公楼和企业厂区外独立的办公楼用地；旅行社、运动保健休闲设施、夜总会、歌舞厅、俱乐部、高尔夫球场、加油站、洗车场、洗染店、废旧物资回收站、维修网点、照相、理发、洗浴等服务设施用地
		22	工矿仓储用地			指工业、采矿、仓储业用地
				221	工业用地	指工业生产及相应附属设施用地
				222	采矿地	指采矿、采石、采沙场、盐田、砖瓦窑等地面生产用地及尾矿堆放地
				223	仓储用地	指用于物资储备、中转的场所及相应附属设施用地
		23	公用设施用地			指为居民生活和二、三产业服务的公用设施及瞻仰、游憩用地
				231	公共基础设施用地	指给排水、供电、供燃、邮政、电信、消防、公用设施维修、环卫等用地
				232	景观休闲用地	指名胜古迹、革命遗址、景点、公园广场、公用绿地等
		24	公共建筑用地			指公共文化、体育、娱乐、机关、团体、科研、设计、教育、医卫、慈善等建筑用地
				241	机关团体用地	指国家机关、社会团体、群众自治组织、广播电台、电视台、报社、杂志社、通信社、出版社等单位的办公用地
				242	教育用地	指各种教育机构，包括大专院校、中专院校、职业学校、成人业余教育学校、中小学校、幼儿园、托儿所、党校、行政学院、干部管理学院、盲聋哑学校、工读学校等直接用于教育的用地
				243	科研设计用地	指独立的科研、设计机构用地，包括研究、勘测、设计、信息等单位用地

续表

一级类		二级类		三级类		含义
编号	三大类名称	编号	名称	编号	名称	
2	建设用地	24	公共建筑用地	244	文体用地	指为公众服务的公益性文化、体育设施用地，包括博物馆、展览馆、文化馆、图书馆、纪念馆、影剧院、音乐厅、少青老年活动中心、体育场馆、训练基地等
				245	医疗卫生用地	指医疗、卫生、防疫、急救、保健、疗养、康复、医检药检、血库等用地
				246	慈善用地	指孤儿院、养老院、福利院等用地
		25	住宅用地			指供人们日常生活居住的房基地（有独立院落的包括院落）
				251	城镇单一住宅用地	指城镇居民的普通住宅、公寓、别墅用地
				252	城镇混合住宅用地	指城镇居民以居住为主的住宅与工业或商业等混合用地
				253	农村宅基地	指农村村民居住的宅基地
				254	空闲宅基地	指村庄内部的空闲旧宅基地及其他空闲土地等
		26	交通运输用地			指用于运输通行的地面线路、场站等用地，包括民用机场、港口、码头、地面运输管道和居民点道路及其相应附属设施用地
				261	铁路用地	指铁路线路及场站用地，包括路堤、路堑、道沟及护路林；地铁地上部分及出入口等用地
				262	公路用地	指国家和地方公路（含乡镇公路），包括路堤、路堑、道沟、护路林及其他附属设施用地
				263	民用机场	指民用机场及其相应附属设施用地
				264	港口码头用地	指人工修建的客、货运，捕捞船舶停靠的场所及其相应附属建筑物，不包括常水位以下部分
				265	管道运输用地	指运输煤炭、石油和天然气等管道及其相应附属设施地面用地
				266	街巷	指城乡居民点内公用道路（含立交桥）、公共停车场等
		27	水利设施用地			指用于水库、水工建筑的土地
				271	水库水面	指人工修建总库容大于等于10万m^3、正常蓄水位以下的面积
				272	水工建筑用地	指除农田水利用地以外的人工修建的沟渠（包括渠槽、渠堤、护堤林）、闸、坝、堤路林、水电站、扬水站等常水位岸线以上的水工建筑用地
		28	特殊用地			指军事设施、涉外、宗教、监教、墓地等用地
				281	军事设施用地	指专门用于军事目的的设施用地，包括军事指挥机关和营房等
				282	使领馆用地	指外国政府及国际组织驻华使领馆、办事处等用地
				283	宗教用地	指专门用于宗教活动的庙宇、寺院、道观、教堂等宗教用地
				284	监教场所用地	指监狱、看守所、劳改场、劳教所、戒毒所等用地
				285	墓葬地	指陵园、墓地、殡葬场所及附属设施用地

续表

一级类		二级类		三级类		含义
编号	三大类名称	编号	名称	编号	名称	
3	未利用地					指农用地和建设用地以外的土地
		31	未利用土地			指目前还未利用的土地,包括难利用的土地
				311	荒草地	指树木郁闭度小于10%,表层为土质,生长杂草,不包括盐碱地、沼泽地和裸土地
				312	盐碱地	指表层盐碱聚集,只生长天然耐盐植物的土地
				313	沼泽地	指经常积水或渍水,一般生长湿生植物的土地
				314	沙地	指表层为沙覆盖,基本无植被的土地,包括沙漠,不包括水系中的沙滩
				315	裸土地	指表层为土质,基本无植被覆盖的土地
				316	裸岩石砾地	指表层为岩石或石砾,其覆盖面积大于等于70%的土地
				317	其他未利用土地	指包括高寒荒漠、苔原等尚未利用的土地
		32	其他土地			指未列入农用地、建设用地的其他水域地
				321	河流水面	指天然形成或人工开挖河流常水位岸线以下的土地
				322	湖泊水面	指天然形成的积水区常水位岸线以下的土地
				323	苇地	指生长芦苇的土地,包括滩涂上的苇地
				324	滩涂	指沿海大潮高潮位与低潮位之间的潮浸地带;河流、湖泊常水位至洪水位间的滩地;"时令"湖、河洪水位以下的滩地;水库,坑塘的正常蓄水位与最大洪水位间的滩地。不包括已利用的滩涂
				325	冰川及永久积雪	指表层被冰雪常年覆盖的土地

注:* 指生态退耕以外,按照国土资发(1999)511号文件规定,在农业结构调整中将耕地调整为其他农用地,但未破坏耕作层,不作为耕地减少衡量指标。按文件下发时间开始执行。

2.3 《全国土地利用总体规划纲要(2006—2020)》(节录)

依据《中华人民共和国土地管理法》等法律法规和国家有关土地利用方针、政策,在上一个纲要基础上制定《全国土地利用总体规划纲要》(2006—2020),简称《纲要》。

——规划期内

• 全国耕地保有量:到2010年保持在12 120万hm^2(18.18亿亩);到2020年保持在12 033.33万hm^2(18.05亿亩)。

• 确保:10 400 hm^2(15.6亿亩)基本农田数量不减少,质量有提高。

• 单位建设用地二、三产业产值年均提高6%以上。

• 通过引导开发未利用地形成新增建设用地125万hm^2(1875万亩)以上。

——基本原则

严格保护耕地。节约集约用地,统筹各类用地。加强土地生态建设。强化土地宏观调控。

节约集约利用建设用地：严格控制建设用地规模、优化配置城镇工矿用地、整合规范农村建设用地、保障必要基础设施用地、加强建设用地空间管制、协调土地利用与特别建设、加强基础性生态用地保护、加大土地生态环境整治力度、因地制宜改善土地生态环境。

附表1至附表6给出了耕地保有量、基本农田保护面积、建设用地、园地、林地、牧草地、近期新增建设用地及补充耕地指标。

附表1 耕地保有量、基本农田保护面积指标

地区	2005年耕地面积		耕地保有量				基本农田保护面积	
			2010年		2020年			
	万 hm²	万亩	万 hm²	万亩	万 hm²	万亩	万 hm²	万亩
全国	12 208.27	183 124	12 120.00	181 800	12 033.33	180 500	10 400.00	156 000
北京	23.34	350	22.60	339	21.47	322	18.67	280
天津	44.55	668	44.20	663	43.73	656	35.67	535
河北	641.04	9 616	633.33	9 500	630.27	9 454	554.40	8 316
山西	408.16	6122	405.00	6 075	400.27	6 004	339.20	5 088
内蒙古	710.08	10 651	705.13	10 577	697.73	10 466	608.13	9 122
辽宁	409.08	6 136	408.00	6 120	406.33	6 095	354.13	5 312
吉林	553.68	8 305	553.00	8 295	551.93	8 279	438.40	7 251
黑龙江	1 166.95	17 504	1 163.20	17 448	1 158.27	17 374	1 017.60	15 264
上海	27.31	410	25.80	387	24.93	374	21.87	328
江苏	480.12	7 202	476.20	7 143	475.13	7 127	421.53	6 323
浙江	194.77	2 922	191.60	2 874	189.07	2 836	166.67	2 500
安徽	573.46	8 602	571.80	8 577	569.33	8 540	490.73	7 361
福建	135.40	2 031	132.40	1 986	127.33	1 910	114.00	1 710
江西	285.90	4 289	282.53	4 238	281.33	4 220	242.73	3 641
山东	751.89	11 278	750.47	11 254	747.87	11 218	665.33	9 980
河南	792.53	11 888	791.47	11 872	789.80	11 847	678.33	10 175
湖北	467.52	7 013	465.80	6 987	463.13	6 947	383.33	5 750
湖南	381.60	5 724	378.73	5 681	377.00	5 655	323.53	4 853
广东	295.27	4 429	291.40	4 371	290.87	4 363	255.60	3 834
广西	424.71	6 371	421.33	6 320	420.80	6 312	360.27	5 404
海南	72.76	1 091	72.27	1 084	71.80	1 077	62.33	935
重庆	226.27	3 394	221.67	3 325	217.07	3 256	183.33	2 750
四川	599.63	8 994	594.80	8 922	588.80	8 832	513.73	7 706
贵州	450.50	6 757	443.80	6 657	437.07	6 556	361.73	5 426
云南	609.44	9 142	604.87	9 073	598.00	8 970	495.40	7 431
西藏	36.08	541	35.73	536	35.27	529	29.20	438
陕西	408.92	6 134	399.07	5 986	389.13	5 837	352.27	5 284

续表

地区	2005年耕地面积		耕地保有量				基本农田保护面积	
			2010年		2020年			
	万 hm^2	万亩	万 hm^2	万亩	万 hm^2	万亩	万 hm^2	万亩
甘肃	466.77	7 002	465.60	6 984	464.60	6 969	381.67	5 725
青海	54.22	813	54.00	810	53.60	804	43.40	651
宁夏	109.99	1 650	109.47	1 642	108.67	1 630	33.53	1 328
新疆	406.34	6 095	404.93	6 074	402.73	6 041	353.27	5 299

注：对四川、甘肃和陕西三省耕地保护目标责任的考核，因地震灾害损毁的耕地，在2010年前不作为耕地减少；在2020年前，通过国家加大土地复垦投入，全面完成因灾毁耕地的复垦，实现耕地保护的目标任务。

附表2 建设用地指标

地区	2005年建设用地总规模	2010年建设用地总规模				2020年建设用地总规模			
			城乡建设用地规模				城乡建设用地规模		
				城镇工矿用地规模	人均城镇工矿用地			城镇工矿用地规模	人均城镇工矿用地
	万 hm^2	万 hm^2	万 hm^2	万 hm^2	m^2	万 hm^2	万 hm^2	万 hm^2	m^2
全国	3 192.24	3 374.00	2 488.00	848.00	129	3 724.00	2 665.00	1 965.00	127
北京	32.30	34.80	25.20	16.85	120	38.17	27.00	19.70	120
天津	34.63	37.47	23.50	14.90	162	40.34	25.00	17.50	146
河北	173.25	179.29	141.60	44.60	146	191.14	149.80	57.00	136
山西	84.05	88.78	72.00	23.30	142	98.30	77.00	28.50	141
内蒙古	143.92	151.30	105.80	36.30	279	162.28	110.00	42.00	255
辽宁	137.01	143.30	106.40	40.00	145	155.64	113.14	47.60	144
吉林	104.98	108.80	75.20	20.10	127	117.37	79.20	24.10	127
黑龙江	147.35	152.80	113.00	37.70	167	164.78	118.80	44.00	163
上海	24.01	25.90	23.00	18.30	106	29.81	26.00	22.00	110
江苏	183.15	191.92	147.70	56.70	132	206.15	156.00	65.80	125
浙江	94.09	102.34	74.20	39.00	121	113.26	79.80	46.60	121
安徽	162.18	169.00	129.50	27.50	103	180.26	136.16	35.50	108
福建	58.89	64.80	46.00	20.05	103	74.35	52.60	26.90	105
江西	90.62	96.18	64.10	21.50	115	106.75	69.50	27.50	115
山东	242.24	252.30	192.00	72.70	151	266.99	200.74	84.50	146
河南	215.22	225.20	186.00	48.00	130	240.73	194.00	66.00	128
湖北	136.76	143.30	99.90	28.70	103	155.71	106.71	37.30	104
湖南	133.87	140.37	106.40	26.00	90	152.58	113.98	36.30	96
广东	171.53	182.61	140.00	75.00	119	200.60	152.30	91.30	119
广西	90.97	100.16	69.00	23.10	116	112.61	76.54	32.10	116

续表

地区	2005年建设用地总规模	2010年建设用地总规模	城乡建设用地规模	城镇工矿用地规模	人均城镇工矿用地	2020年建设用地总规模	城乡建设用地规模	城镇工矿用地规模	人均城镇工矿用地
	万 hm²	万 hm²	万 hm²	万 hm²	m²	万 hm²	万 hm²	万 hm²	m²
海南	29.26	31.80	20.35	8.40	194	35.71	22.21	10.50	184
重庆	56.91	61.86	49.80	14.00	84	70.44	54.68	19.40	90
四川	156.22	165.09	137.00	34.50	106	181.28	148.58	47.20	107
贵州	54.06	60.00	46.00	12.50	93	71.44	50.70	17.90	97
云南	77.53	83.12	59.70	17.50	109	94.82	66.80	25.30	110
西藏	6.32	7.32	4.00	1.70	207	9.98	4.88	2.30	209
陕西	79.90	84.63	68.35	16.70	98	93.90	73.54	23.20	105
甘肃	96.70	100.31	58.00	14.90	156	106.57	62.00	19.40	153
青海	31.96	34.32	11.20	4.50	178	39.14	12.74	5.90	176
宁夏	20.31	22.43	17.10	6.00	197	26.50	19.30	7.50	197
新疆	122.07	128.50	76.00	27.00	292	149.40	85.30	34.20	271
兵团		22.00	9.20	4.70		25.00	10.90	5.75	
机动		4.00				37.00			

附表3　园地指标

地区	2005年		2010年		2020年	
	万 hm²	万亩	万 hm²	万亩	万 hm²	万亩
全国	1 154.90	17 323	1 211.66	18 175	1 332.78	19 992
北京	12.42	186	13.02	195	14.39	216
天津	3.71	56	3.73	56	3.73	56
河北	60.93	914	59.19	888	60.61	909
山西	20.48	442	35.63	535	45.04	676
内蒙古	7.30	109	8.29	124	9.70	145
辽宁	59.82	897	63.15	947	66.65	1 000
吉林	11.56	173	11.80	177	12.00	180
黑龙江	6.03	90	6.60	99	7.16	107
上海	1.11	17	1.30	20	1.50	23
江苏	31.77	476	31.50	473	31.67	475
浙江	65.54	983	57.35	860	56.78	852
安徽	34.21	513	33.91	509	33.75	506
福建	61.94	929	63.11	947	63.92	959
江西	27.34	410	31.57	474	38.92	584
山东	102.07	1531	103.25	1 549	103.36	1 550

续表

地区	2005 年		2010 年		2020 年	
	万 hm^2	万亩	万 hm^2	万亩	万 hm^2	万亩
河南	31.81	477	32.85	493	34.12	512
湖北	42.65	640	44.56	668	46.40	696
湖南	49.76	746	49.74	746	49.79	747
广东	92.48	1 387	88.86	1 333	93.08	1 396
广西	50.88	763	57.11	857	69.49	1 042
海南	53.31	800	55.33	830	60.00	900
重庆	23.53	353	26.02	390	33.93	509
四川	72.14	1 082	81.19	1 218	95.72	1 436
贵州	12.02	180	13.07	196	15.74	236
云南	82.79	1242	94.53	1 418	112.03	1 680
西藏	0.20	3	0.21	3	0.22	3
陕西	68.68	1 030	71.90	1 078	77.50	1 162
甘肃	19.82	297	22.01	330	25.55	383
青海	0.74	11	0.86	13	0.99	15
宁夏	3.42	51	5.67	85	8.00	120
新疆	35.43	531	44.36	665	61.04	916

注：表中 2005 年园地面积为当年土地利用变更调查数据，包括果园、桑园、茶园、橡胶园和其他园地。

附表 4　林地指标

地区	2005 年		2010 年		2020 年	
	万 hm^2	万亩	万 hm^2	万亩	万 hm^2	万亩
全国	23 574.11	353 612	24 091.50	361 372	24 992.02	374 880
北京	69.10	1 036	69.81	1 047	71.76	1 076
天津	3.66	55	3.72	56	4.23	63
河北	439.29	6 589	482.32	7 235	571.04	8 566
山西	439.17	6 588	490.77	7 362	580.24	8 704
内蒙古	2 168.71	32 531	2 208.29	33 124	2 419.00	36 285
辽宁	569.01	8 535	592.25	8 884	621.87	9 328
吉林	924.41	13 866	936.67	14 050	957.87	14 368
黑龙江	2 288.51	34 328	2 317.33	34 760	2 366.67	35 500
上海	2.07	31	2.20	33	2.72	41
江苏	32.78	492	41.33	620	54.13	812
浙江	562.05	8431	563.48	8 452	567.27	8 509
安徽	359.95	5 399	366.75	5 501	375.59	5 634
福建	832.54	12 488	838.80	12 582	841.87	12 628

续表

地区	2005 年		2010 年		2020 年	
	万 hm^2	万亩	万 hm^2	万亩	万 hm^2	万亩
江西	1 031.05	15 466	1 040.25	15 604	1 044.70	15 671
山东	135.16	2 027	142.18	2 133	144.97	2 175
河南	301.91	4 529	314.89	4 723	338.30	5 074
湖北	793.89	11 908	810.42	12 156	819.05	12 286
湖南	1 189.18	17 838	1 196.67	17 950	1 198.87	17 983
广东	1 015.74	15 236	1 024.68	15 370	1 026.16	15 392
广西	1 161.47	17 422	1 190.21	17 853	1 194.61	17 919
海南	148.33	2 225	151.60	2 274	155.60	2 334
重庆	327.31	4 910	337.00	5 055	342.33	5 135
四川	1 962.78	29 442	1 978.94	29 684	1 997.71	29 966
贵州	792.10	11 882	805.90	12 088	819.21	12 288
云南	2 212.87	33 193	2 269.60	34 044	2 278.14	34 172
西藏	1 268.04	19 021	1 268.83	19 032	1 269.14	19 037
陕西	1 028.53	15 428	1 044.00	15 660	1 074.93	16 124
甘肃	513.21	7 698	546.77	8 201	682.35	10 235
青海	263.83	3 957	278.74	4 181	321.17	4 818
宁夏	60.37	906	65.36	980	90.09	1 351
新疆	677.07	10 156	711.76	10 676	760.39	11 406

注：表中2005年林地面积为当年土地利用变更调查数据，包括林地、灌木林地、疏林地、未成林造林地、迹地和苗圃，不包括园地和林业部门统计口径的宜林地。

附表5　牧草地指标

地区	2005 年		2010 年		2020 年	
	万 hm^2	万亩	万 hm^2	万亩	万 hm^2	万亩
全国	26 214.38	393 216	26 190.60	392 859	26 025.43	390 381
北京	0.20	3	0.20	3	0.20	3
天津	0.06	1	0.06	1	0.06	1
河北	81.02	1 215	80.77	1 211	80.77	1 211
山西	65.81	987	54.83	822	40.65	610
内蒙古	6 571.96	98 579	6 568.36	98 525	6 483.53	97 253
辽宁	34.99	525	40.49	607	45.49	682
吉林	104.56	1 568	107.00	1 605	111.00	1 665
黑龙江	222.61	3 339	216.80	3 252	204.58	3 069
上海	0.00	0	0.00	0	0.00	0
江苏	0.25	4	0.20	3	0.10	2

续表

地区	2005 年		2010 年		2020 年	
	万 hm^2	万亩	万 hm^2	万亩	万 hm^2	万亩
浙江	0.05	1	0.03	1	0.03	1
安徽	2.86	43	3.38	51	2.84	43
福建	0.26	4	0.26	4	0.26	4
江西	0.38	6	0.36	5	0.31	5
山东	3.41	51	3.40	51	2.98	45
河南	1.44	22	1.45	22	1.46	22
湖北	4.45	67	4.88	73	4.51	68
湖南	10.46	157	10.38	156	10.23	153
广东	2.76	41	2.77	42	2.74	41
广西	72.77	1 091	67.94	1 019	60.29	904
海南	1.94	29	1.90	29	1.83	27
重庆	23.79	357	23.91	359	24.05	361
四川	1371.58	20 574	1 376.02	20 640	1 379.23	20 688
贵州	160.64	2 410	159.13	2 387	156.60	2 349
云南	78.30	1 175	78.05	1 171	77.39	1 161
西藏	6 444.36	96 665	6 460.19	96 903	6 483.28	97 249
陕西	311.73	4 676	310.93	4 664	306.68	4 600
甘肃	1 261.88	18 928	1 245.72	18 686	1 218.23	18 273
青海	4 035.95	60 539	4 051.56	60 773	4 071.80	61 077
宁夏	227.85	3 418	223.62	3 354	212.29	3 184
新疆	5 116.07	76 741	5 096.00	76 440	5 042.00	75 630

注:表中 2005 年牧草地面积为当年土地利用变更调查数据,包括天然草地、改良草地和人工草地,不包括农业部门草地资源调查中的荒草地、苇地、田坎等用地类型。

附表 6 近期新增建设用地及补充耕地指标

地区	2006—2010 年新增建设用地规模		建设占用农用地		占用耕地		2006—2010 年补充耕地	
	万 hm^2	万亩	万 hm^2	万亩	万 hm^2	万亩	万 hm^2	万亩
全国	195.00	2 925	156.67	2 350	100.00	1 500	114.00	1 710
北京	2.73	41	2.13	32	1.33	20	1.33	20
天津	3.20	48	2.47	37	1.47	22	1.47	22
河北	7.33	110	6.00	90	4.67	70	4.67	70
山西	5.33	80	4.53	68	3.60	54	3.60	54
内蒙古	8.33	125	5.93	89	2.27	34	2.27	34
辽宁	7.47	112	6.07	91	3.27	49	3.27	49

续表

地区	2006—2010 年新增建设用地规模		建设占用农用地		占用耕地		2006—2010 年补充耕地	
	万 hm^2	万亩	万 hm^2	万亩	万 hm^2	万亩	万 hm^2	万亩
吉林	4.67	70	4.00	60	2.67	40	2.67	40
黑龙江	6.47	97	5.60	84	3.20	48	3.20	48
上海	2.60	39	2.13	32	1.60	24	1.60	24
江苏	9.73	146	8.33	125	6.00	90	6.00	90
浙江	8.67	130	6.93	104	5.33	80	5.33	80
安徽	7.53	113	6.67	100	5.07	76	5.07	76
福建	6.47	97	5.53	83	2.87	43	2.87	43
江西	6.13	92	5.13	77	3.20	48	3.20	48
山东	11.20	168	8.00	120	6.33	95	6.33	95
河南	10.40	156	8.20	123	6.33	95	6.33	95
湖北	7.13	107	6.00	90	4.47	67	4.47	67
湖南	7.00	105	6.27	94	3.33	50	3.33	50
广东	11.33	170	8.67	130	3.67	55	3.67	55
广西	9.53	143	7.27	109	4.00	60	4.00	60
海南	2.67	40	2.00	30	0.93	14	0.93	14
重庆	5.33	80	4.47	67	2.73	41	2.73	41
四川	9.33	140	7.80	117	4.80	72	4.80	72
贵州	6.13	92	5.20	78	3.20	48	3.20	48
云南	5.93	89	5.13	77	3.60	54	3.60	54
西藏	1.07	16	0.93	14	0.20	3	0.20	3
陕西	5.33	80	4.73	71	3.60	54	3.60	54
甘肃	4.07	61	2.87	43	1.87	28	1.87	28
青海	2.67	40	2.00	30	0.67	10	0.67	10
宁夏	2.47	37	1.80	27	1.07	16	1.07	16
新疆	6.73	101	3.87	58	2.67	40	2.67	40
兵团	1.13	17	0.60	9	0.47	7	0.47	7
国家整理复垦开发重大工程							14.00	210

2.4 《镇规划标准》GB 50188—2007(节录)

4 用地分类和计算

4.1 用地分类

4.1.1 镇用地应按土地使用的主要性质划分为:居住用地、公共设施用地、生产设施用地、仓储用地、对外交通用地、道路广场用地、工程设施用地、绿地、水域和其他用地9大类、30小类。

4.1.2 镇用地的类别应采用字母与数字结合的代号,适用于规划文件的编制和用地的统计工作。

4.1.3 镇用地的分类和代号应符合表4.1.3的规定。

表4.1.3 镇用地的分类和代号

类别代号		类别名称	范围
大类	小类		
R		居住用地	各类居住建筑和附属设施及其间距和内部小路、场地、绿化等用地,不包括路面宽度等于和大于6 m的道路用地
	R1	一类居住用地	以一至三层为主的居住建筑和附属设施及其间距内的用地,含宅间绿地、宅间路用地;不包括宅基地以外的生产性用地
	R2	二类居住用地	以四层和四层以上为主的居住建筑和附属设施及其间距、宅间路、组群绿化用地
C		公共设施用地	各类公共建筑及其附属设施、内部道路、场地、绿化等用地
	C1	行政管理用地	政府、团体、经济、社会管理机构等用地
	C2	教育机构用地	托儿所、幼儿园、小学、中学及专科院校、成人教育及培训机构等用地
	C3	文体科技用地	文化、体育、图书、科技、展览、娱乐、度假、文物、纪念、宗教等设施用地
	C4	医疗保健用地	医疗、防疫、保健、休疗养等机构用地
	C5	商业金融用地	各类商业服务业的店铺,银行、信用、保险等机构及其附属设施用地
	C6	集贸市场用地	集市贸易的专用建筑和场地,不包括临时占用街道、广场等设摊用地
M		生产设施用地	独立设置的各种生产建筑及其设施和内部道路、场地、绿化等用地
	M1	一类工业用地	对居住和公共环境基本无干扰、无污染的工业,如缝纫、工艺品制作等工业用地
	M2	二类工业用地	对居住和公共环境有一定干扰和污染的工业,如纺织、食品、机械等工业用地
	M3	三类工业用地	对居住和公共环境有严重干扰、污染和易燃易爆的工业,如采矿、冶金、建材、造纸、制革、化工等工业用地
	M4	农业服务设施用地	各类农产品加工和服务设施用地,不包括农业生产建筑用地
W		仓储用地	物资的中转仓库、专业收购和储存建筑、堆场及其附属设施、道路、场地、绿化等用地
	W1	普通仓储用地	存放一般物品的仓储用地
	W2	危险品仓储用地	存放易燃、易爆、剧毒等危险品的仓储用地

续表

类别代号		类别名称	范围
大类	小类		
T		对外交通用地	镇对外交通的各种设施用地
	T1	公路交通用地	规划范围内的路段、公路站场、附属设施等用地
	T2	其他交通用地	规划范围内的铁路、水路及其他对外交通路段、站场和附属设施等用地
S		道路广场用地	规划范围内的道路、广场、停车场等设施用地，不包括各类用地中的单位内部道路和停车场地
	S1	道路用地	规划范围内路面宽度等于和大于 6 m 的各种道路、交叉口等用地
	S2	广场用地	公共活动广场、公共使用的停车场用地，不包括各类用地内部的场地
U		工程设施用地	各类公用工程和环卫设施以及防灾设施用地，包括其建筑物、构筑物及管理、维修设施等用地
	U1	公用工程用地	给水、排水、供电、邮政、通信、燃气、供热、交通管理、加油、维修、殡仪等设施用地
	U2	环卫设施用地	公厕、垃圾站、环卫站、粪便和生活垃圾处理设施等用地
	U3	防灾设施用地	各项防灾设施的用地，包括消防、防洪、防风等
G		绿地	各类公共绿地、防护绿地，不包括各类用地内部的附属绿化用地
	G1	公共绿地	面向公众、有一定游憩设施的绿地，如公园、路旁或临水宽度等于和大于 5 m 的绿地
	G2	防护绿地	用于安全、卫生、防风等的防护绿地
E		水域和其他用地	规划范围内的水域、农林用地、牧草地、未利用地、各类保护区和特殊用地等
	E1	水域	江河、湖泊、水库、沟渠、池塘、滩涂等水域，不包括公园绿地中的水面
	E2	农林用地	以生产为目的的农林用地，如农田、菜地、园地、林地、苗圃、打谷场以及农业生产建筑等
	E3	牧草和养殖用地	生长各种牧草的土地及各种养殖场用地等
	E4	保护区	水源保护区、文物保护区、风景名胜区、自然保护区等
	E5	墓地	
	E6	未利用地	未使用和尚不能使用的裸岩、陡坡地、沙荒地等
	E7	特殊用地	军事、保安等设施用地，不包括部队家属生活区等用地

4.2 用地计算

4.2.1 镇的现状和规划用地应统一按规划范围计算。

4.2.2 规划范围应为建设用地以及因发展需要实行规划控制的区域，包括规划确定的预留发展、交通设施、工程设施等用地，以及水源保护区、文物保护区、风景名胜区、自然保护区等。

4.2.3 分片布局的规划用地应分片计算用地，再进行汇总。

4.2.4 现状及规划用地应按平面投影面积计算，用地的计算单位应为公顷(hm^2)。

4.2.5 用地面积计算的精确度应按制图比例尺确定。1:10 000、1:25 000、1:50 000 的图纸应取值到个位数；1:5 000 的图纸应取值到小数点后一位数；1:1 000、1:2 000 的图纸应取值到小数点后两位数。

5 规划建设用地标准

5.1 一般规定

5.1.1 建设用地应包括本标准表 4.1.3 用地分类中的居住用地、公共设施用地、生产设施用地、仓储用地、对外交通用地、道路广场用地、工程设施用地和绿地 8 大类用地之和。

5.1.2 规划的建设用地标准应包括人均建设用地指标、建设用地比例和建设用地选择三部分。

5.1.3 人均建设用地指标应为规划范围内的建设用地面积除以常住人口数量的平均数值。人口统计应与用地统计的范围相一致。

5.2 人均建设用地指标

5.2.1 人均建设用地指标应按表 5.2.1 的规定分为四级。

表 5.2.1 人均建设用地指标分级

级 别	一	二	三	四
人均建设用地指标/（m^2/人）	>60 ~ ≤80	>80 ~ ≤100	>100 ~ ≤120	>120 ~ ≤140

5.2.2 新建镇区的规划人均建设用地指标应按表 5.2.1 中第二级确定；当地处现行国家标准《建筑气候区划标准》GB50178 的 Ⅰ、Ⅶ建筑气候区时，可按第三级确定；在各建筑气候区内均不得采用第一、四级人均建设用地指标。

5.2.3 对现有的镇区进行规划时，其规划人均建设用地指标应在现状人均建设用地指标的基础上，按表 5.2.3 规定的幅度进行调整。第四级用地指标可用于Ⅰ、Ⅶ建筑气候区的现有镇区。

表 5.2.3 规划人均建设用地指标

现状人均建设用地指标/（m^2/人）	规划调整幅度/（m^2/人）
≤60	增 0 ~ 15
>60 ~ ≤80	增 0 ~ 10
>80 ~ ≤100	增、减 0 ~ 10
>100 ~ ≤120	减 0 ~ 10
>120 ~ ≤140	减 0 ~ 15
>140	减至 140 以内

注：规划调整幅度是指规划人均建设用地指标对现状人均建设用地指标的增减数值。

5.2.4 地多人少的边远地区的镇区，可根据所在省、自治区人民政府规定的建设用地指标确定。

5.3 建设用地比例

5.3.1 镇区规划中的居住、公共设施、道路广场以及绿地中的公共绿地 4 类用地占建设用地的比例宜符合表 5.3.1 的规定。

表 5.3.1 建设用地比例

类别代号	类别名称	占建设用地比例/%	
		中心镇镇区	一般镇镇区
R	居住用地	28~38	33~43
C	公共设施用地	12~20	10~18
S	道路广场用地	11~19	10~17
G1	公共绿地	8~12	6~10
以上4类用地之和		64~84	65~85

注:以上4类用地的比例要结合实例情况确定,不能同时都取上限或下限。

5.3.2 邻近旅游区及现状绿地较多的镇区,其公共绿地所占建设用地的比例可大于所占比例的上限。

5.4 建设用地选择

5.4.1 建设用地的选择应根据区位和自然条件、占地的数量和质量、现有建筑和工程设施的拆迁和利用、交通运输条件、建设投资和经营费用、环境质量和社会效益以及具有发展余地等因素,经过技术经济比较,择优确定。

5.4.2 建设用地宜选在生产作业区附近,并应充分利用原有用地调整挖潜,同土地利用总体规划相协调。需要扩大用地规模时,宜选择荒地、薄地,不占或少占耕地、林地和牧草地。

5.4.3 建设用地宜选在水源充足,水质良好,便于排水、通风和地质条件适宜的地段。

5.4.4 建设用地应符合规定:①应避开河洪、海潮、山洪、泥石流、滑坡、风灾、发震断裂等灾害影响以及生态敏感的地段;②应避开水源保护区、文物保护区、自然保护区和风景名胜区;③应避开有开采价值的地下资源和地下采空区以及文物埋藏区。

5.4.5 在不良地质地带严禁布置居住、教育、医疗及其他公众密集活动的建设项目。因特殊需要布置本条严禁建设以外的项目时,应避免改变原有地形、地貌和自然排水体系,并应制订整治方案和防止引发地质灾害的具体措施。

5.4.6 建设用地应避免被铁路、重要公路、高压输电线路、输油管线和输气管线等所穿越。

5.4.7 位于或邻近各类保护区的镇区,宜通过规划,减少对保护区的干扰。

6 居住用地规划

6.0.1 居住用地占建设用地的比例应符合本标准5.3的规定。

6.0.2 居住用地的选址应有利生产,方便生活,具有适宜的卫生条件和建设条件,并应符合规定:①应布置在大气污染的常年最小风向频率的下风侧以及水污染源的上游;②应与生产劳动地点联系方便,又不相互干扰;③位于丘陵和山区时,应优先选用向阳坡和通风良好的地段。

6.0.3 居住用地的规划应符合规定:①应按照镇区用地布局的要求,综合考虑相邻用地的功能、道路交通等因素进行规划;②根据不同的住户需求和住宅类型,宜相对集中布置。

6.0.4 居住建筑的布置应根据气候、用地条件和使用要求,确定建筑的标准、类型、层数、朝向、间距、群体组合、绿地系统和空间环境,并应符合规定:①应符合所在省、自治区、直辖市人民政府规定的镇区住宅用地面积标准和容积率指标以及居住建筑的朝向和日照间距系数;②应满足自然通风要求,在现行国家标准《建筑气候区划标准》GB50178 的Ⅱ、Ⅲ、Ⅳ气候区,居住建筑的朝向应符合夏季防热和组织自然通风的要求。

6.0.5　居住组群的规划应遵循方便居民使用、住宅类型多样、优化居住环境、体现地方特色的原则,应综合考虑空间组织、组群绿地、服务设施、道路系统、停车场地、管线敷设等的要求,区别不同的建设条件进行规划,并应符合规定:①新建居住组群的规划,镇区住宅宜以多层为主,并应具有配套的服务设施;②旧区居住街巷的改建规划,应因地制宜体现传统特色和控制住户总量,并应改善道路交通、完善公用工程和服务设施,搞好环境绿化。

7　公共设施用地规划

7.0.1　公共设施按其使用性质分为行政管理、教育机构、文体科技、医疗保健、商业金融和集贸市场 6 类,其项目的配置应符合表 7.0.1 的规定。

表 7.0.1　公共设施项目配置

类　别	项　　目	中心镇	一般镇
一、行政管理	1. 党政、团体机构	●	●
	2. 法庭	○	—
	3. 各专项管理机构	●	●
	4. 居委会	●	●
二、教育机构	5. 专科院校	○	—
	6. 职业学校、成人教育及培训机构	○	○
	7. 高级中学	●	○
	8. 初级中学	●	●
	9. 小学	●	●
	10. 幼儿园、托儿所	●	●
三、文体科技	11. 文化站(室)、青少年及老年之家	●	●
	12. 体育场馆	●	○
	13. 科技站	●	○
	14. 图书馆、展览馆、博物馆	●	○
	15. 影剧院、游乐健身场	●	○
	16. 广播电视台(站)	●	○
四、医疗保健	17. 计划生育站(组)	●	●
	18. 防疫站、卫生监督站	●	●
	19. 医院、卫生院、保健站	●	○
	20. 休疗养院	○	—
	21. 专科诊所	○	○

续表

类别	项目	中心镇	一般镇
五、商业金融	22. 百货店、食品店、超市	●	●
	23. 生产资料、建材、日杂商店	●	●
	24. 粮油店	●	●
	25. 药店	●	●
	26. 燃料店(站)	●	●
	27. 文化用品店	●	●
	28. 书店	●	●
	29. 综合商店	●	●
	30. 宾馆、旅店	●	○
	31. 饭店、饮食店、茶馆	●	●
	32. 理发馆、浴室、照相馆	●	●
	33. 综合服务站	●	●
	34. 银行、信用社、保险机构	●	○
六、集贸市场	35. 百货市场	●	●
	36. 蔬菜、果品、副食市场	●	●
	37. 粮油、土特产、畜、禽、水产市场	根据镇的特点和发展需要设置	
	38. 燃料、建材家具、生产资料市场		
	39. 其他专业市场		

注:表中●——应设的项目;○——可设的项目。

7.0.2 公共设施的用地占建设用地的比例应符合标准5.3的规定。

7.0.3 教育和医疗保健机构必须独立选址,其他公共设施宜相对集中布置,形成公共活动中心。

7.0.4 学校、幼儿园、托儿所的用地,应设在阳光充足、环境安静、远离污染和不危及学生、儿童安全的地段,距离铁路干线应大于300 m,主要入口不应开向公路。

7.0.5 医院、卫生院、防疫站的选址,应方便使用和避开人流和车流量大的地段,并应满足突发灾害事件的应急要求。

7.0.6 集贸市场用地应综合考虑交通、环境与节约用地等因素进行布置,并应符合规定:①集贸市场用地的选址应有利于人流和商品的集散,并不得占用公路、主要干路、车站、码头、桥头等交通量大的地段,不应布置在文体、教育、医疗机构等人员密集场所的出入口附近和妨碍消防车辆通行的地段,影响镇容环境和易燃易爆的商品市场,应设在集镇的边缘,并应符合卫生、安全防护的要求;②集贸市场用地的面积应按平集规模确定,并应安排好大集时临时占用的场地,休集时应考虑设施和用地的综合利用。

8 生产设施和仓储用地规划

8.0.1 工业生产用地应根据其生产经营的需要和对生活环境的影响程度进行选址和布置,并应符合规定:①一类工业用地可布置在居住用地或公共设施用地附近;②二、三类工业用地应布置在常年最小风向频率的上风侧及河流的下游,并应符合现行国家标准《村镇规划卫生标准》GB18055 的有关规定;③新建工业项目应集中建设在规划的工业用地中;④对已造成污染的二类、三类工业项目必须迁建或调整转产。

8.0.2 镇区工业用地的规划布局应符合规定:①同类型的工业用地应集中分类布置,协作密切的生产项目应邻近布置,相互干扰的生产项目应予分隔;②应紧凑布置建筑,宜建设多层厂房;③应有可靠的能源、供水和排水条件以及便利的交通和通信设施;④公用工程设施和科技信息等项目宜共建共享;⑤应设置防护绿带和绿化厂区;⑥应为后续发展留有余地。

8.0.3 农业生产及其服务设施用地的选址和布置应符合规定:①农机站、农产品加工厂等的选址应方便作业、运输和管理;②养殖类的生产厂(场)等的选址应满足卫生和防疫要求,布置在镇区和村庄常年盛行风向的侧风位和通风、排水条件良好的地段,并应符合现行国家标准《村镇规划卫生标准》GB18055 的有关规定;③兽医站应布置在镇区的边缘。

8.0.4 仓库及堆场用地的选址和布置应符合规定:①应按存储物品的性质和主要服务对象进行选址;②宜设在镇区边缘交通方便的地段;③性质相同的仓库宜合并布置,共建服务设施;④粮、棉、油类、木材、农药等易燃易爆和危险品仓库严禁布置在镇区人口密集区,与生产建筑、公共建筑、居住建筑的距离应符合环保和安全的要求。

2.5 天津市城市用地分类标准(节录)

天津市城市用地分类标准

用地代码			用地名称	范围	颜色值RGB
大类	中类	小类			
R			居住用地	居住小区、居住街坊、居住组团和单位生活区等各种类型的成片或零星的用地,不包括教育、科研单位内住宅用地	
	R1		一类居住用地	市政基础设施齐全、布局完整、环境良好、以低层住宅为主的用地,不包括中小学和幼儿园用地,建设年代为 20 世纪 90 年代以后的	255,255,0
		R11	住宅用地	住宅建筑用地	255,255,0
		R12	公共服务设施用地	居住小区及小区级以下的公共设施和管理设施用地。含社区服务医疗站和体育用地,不包括中小学和幼儿园用地	255,255,0
		R13	道路用地	居住小区及小区级以下的小区路、组团路或小街、小巷、小胡同及停车场等用地	255,255,0
		R14	绿地	居住小区及小区级以下的小游园等用地	255,255,0
	R2		二类居住用地	市政基础设施齐全、布局完整、环境较好,以多、中、高层住宅为主的用地,不包括中小学和幼儿园用地,建设年代为 20 世纪 80 年代以后的	255,223,127
		R21	住宅用地	住宅建筑用地	255,223,127
		R22	公共服务设施用地	居住小区及小区级以下的公共设施和管理设施用地,含社区服务医疗站和体育用地,不包括中小学和幼儿园用地	255,223,127
		R23	道路用地	居住小区及小区级以下的小区路、组团路或小街、小巷、小胡同及停车场等用地	255,223,127
		R24	绿地	居住小区及小区级以下的小游园等用地	255,223,127

续表

用地代码			用地名称	范围	颜色值 RGB
大类	中类	小类			
R	R3		三类居住用地	市政公用设施比较齐全、布局不完整、环境一般或住宅与工业等用地有混合交叉的用地，不包括中小学和幼儿园用地，建设年代为20世纪70年代以后的	255，191，0
		R31	住宅用地	住宅建筑用地	255，191，0
		R32	公共服务设施用地	居住小区及小区级以下的公共设施和服务设施用地，不包括中小学和幼儿园用地	255，191，0
		R33	道路用地	居住小区及小区级以下的小区路、组团路或小街、小巷、小胡同及停车场等用地	255，191，0
		R34	绿地	居住小区及小区级以下的小游园等用地	255，191，0
	R4		四类居住用地	以简陋住宅为主的用地，不包括中小学和幼儿园用地	127，127，0
		R41	住宅用地	住宅建筑用地	127，127，0
		R42	公共服务设施用地	居住小区及小区级以下的公共设施和服务设施用地，不包括中小学和幼儿园用地。	127，127，0
		R43	道路用地	居住小区及小区级以下的小区路、组团路或小街、小巷、小胡同及停车场等用地	127，127，0
		R44	绿地	居住小区及小区级以下的小游园等用地	127，127，0
	R/村		城中村	城市内的以农村居住点、生产为主的用地	204，204，102
	Rs		中小学、幼儿园用地	中小学用地、幼儿园用地	255，127，255
C			公共设施用地	居住区及居住区级以上的行政、经济、文化、教育、卫生、体育以及科研设计等机构和设施的用地，不包括居住用地中的公共服务设施用地	
	C1		行政办公用地	行政、党派和团体等机构用地	255，127，191
		C11	市属办公用地	市属机关，如人大、政协、人民政府、法院、检察院、各党派和团体以及企事业管理机构等办公用地	255，127，191
		C12	非市属办公用地	在本市的非市属机关及企事业管理机构等行政办公用地	255，127，191
	C2		商业金融业用地	商业、金融业、服务业、旅馆业和市场等用地	255，0，0
		C21	商业用地	综合百货商店、商场和经营各种食品、服装、纺织品、医药、日用杂货、五金交电、文化体育、工艺美术等专业、零售、批发商店及其附属的小型工场、车间和仓库等用地，商业性写字楼用地	255，0，0
		C22	金融保险业用地	银行及分理处、信用社、信托投资公司、证券交易所和保险公司以及外国驻本市的金融和保险机构等用地	255，0，0
		C23	贸易咨询用地	各种贸易公司、商社及其咨询机构等用地	255，0，0
		C24	服务业用地	各种饮食、照相、理发、浴室、洗染、修理和交通售票等用地	255，0，0
		C25	旅馆业用地	旅馆、招待所、度假村及其附属设施等用地	255，0，0
		C26	市场用地	独立地段的农贸市场、小商品市场、工业品市场和综合市场等用地	153，0，0

续表

用地代码			用地名称	范围	颜色值 RGB
大类	中类	小类			
C	C3		文化娱乐用地	新闻出版、文化艺术团体、广播电视、图书展览、游乐等设施用地	255,127,159
		C31	新闻出版用地	各种通信社、报社和出版社等用地	255,127,159
		C32	文化艺术团体用地	各种文化艺术团体等用地	255,127,159
		C33	广播电视用地	各级广播电台、电视台和转播台、差转台等用地	255,127,159
		C34	图书展览用地	公共图书馆、博物馆、科技馆、展览馆和纪念馆等用地	255,127,159
		C35	影剧院用地	电影院、剧场、音乐厅、杂技场等演出场所，包括各单位对外营业的同类用地	255,127,159
		C36	游乐用地	独立地段的游乐场、舞厅、俱乐部、文化宫、青少年宫、老年活动中心等用地	255,127,159
	C4		体育用地	体育场馆和体育训练基地等用地，不包括学校单位内的体育用地	0,76,0
		C41	体育场馆用地	室内外体育运动用地，如体育场馆、游泳场馆、各类球场、溜冰场、赛马场、跳伞场、摩托车场、射击场，包括附属的业余体校用地	0,76,0
		C42	体育训练用地	为各类体育运动专设的训练基地用地	0,76,0
	C5		医疗卫生用地	医疗、保健、卫生、防疫、康复和急救设施等用地	255,191,127
		C51	医院用地	综合医院和各类专科医院等用地，如妇幼保健院、精神病院、肿瘤医院等	255,191,127
		C52	卫生防疫用地	卫生防疫站、专科防治所、检验中心、急救中心血库等用地	255,191,127
		C53	休疗养用地	休养所和疗养院等用地	255,191,127
	C6		教育科研设计用地	高等院校、中等专业学校、科学研究和勘测设计机构等用地。不包括中学、小学和幼托用地，该用地应归人居住用地	255,63,0
		C61	高等学校用地	大学、学院、专科学校和独立地段的研究生院、军事院校用地	255,63,0
		C62	中等专业学校用地	中等专业学校、技工学校、职业学校，不包括附属于普通中学内的职业高中用地	255,63,0
		C63	成人与业余学校用地	独立地段的电视大学、夜大学、教育学院、党校、干校、业余学校和培训中心等用地	255,63,0
		C64	特殊学校	聋、哑、盲人学校及工读学校等用地	255,63,0
		C65	科研设计	科学研究、勘测设计、观察测试、科技信息和科技咨询等机构用地，不包括附设于单位内的研究室和设计室等用地	255,63,0
	C7		文物古迹用地	具有保护价值的古遗址、古墓葬、古建筑、革命遗址等用地	76,0,38
	C8		公寓用地		255,0,0
		C81	居住型公寓		255,0,0
		C82	酒店型公寓		255,0,0
		C83	混合型公寓		255,0,0
	C9		其他公共设施用地	除以上之外的公共设施用地，如宗教活动场所、社会福利院等用地	153,0,76

续表

用地代码			用地名称	范围	颜色值 RGB
大类	中类	小类			
M			工业用地	工矿企业的生产车间、库房及其附属设施等用地。包括专用的铁路、码头和道路(厂区以外的专用线应计入铁路用地),不包括露天矿用地	
	M1		一类工业用地	对居住和公共设施等环境基本无干扰和污染的工业用地,如电子工业、缝纫工业、工艺品制造工业等用地	76,0,0
	M2		二类工业用地	对居住和公共设施等环境有一定干扰和污染的工业用地,如食品、医药制造、纺织用地	76,38,38
	M3		三类工业用地	对居住和公共设施等环境有严重干扰和污染的用地,如冶金、大中型机械制造、化学、造纸、制革、建材等用地	76,57,0
W			仓储用地	包括国家、省、市的储备仓库、转运仓库、批发仓库和物资部门的供应仓库、厂外专用地段的仓库,其他仓储企业的库房、堆场和包装加工车间及其附属设施等用地	
	W1		普通仓库	以库房建筑为主的储存一般货物的仓库用地	223,127,255
	W2		危险品仓库	存放易燃、易爆和剧毒等危险品的专用仓库用地	191,0,255
	W3		堆场用地	露天堆放货物为主的仓库用地	114,0,153
	W4		物流用地	物流中心用地	57,0,76
T			对外交通用地	铁路、公路、港口等城市对外交通运输及其附属设施等用地	
	T1		铁路用地	铁路站场和线路等用地	173,173,173
	T2		公路用地	一、二、三级公路线路及长途客运站。公路管理站等用地	214,214,214
		T21	高速公路用地	高速公路用地	214,214,214
		T22	一、二、三级公路用地	一级、二级和三级公路用地	214,214,214
		T23	长途客运站用地	长途客运站用地	214,214,214
	T3		管道运输用地	运输煤炭、石油和天然气等地面管道运输用地	
	T4		港口用地	海港和河港的陆域部分,包括码头作业区、辅助生产区和客运站等用地	91,91,91
		T41	海港用地	海港港口用地	91,91,91
		T42	河港用地	河港港口用地	91,91,91
	T5		机场用地	民用及军用的机场用地,包括飞行区、航站区等用地,不包括净空控制范围用地	51,51,51

续表

用地代码			用地名称	范围	颜色值 RGB
大类	中类	小类			
S			道路广场用地	市级、区级和居住区级的道路、广场和停车场等用地	
	S1		道路用地	主次干路、支路,包括交叉路口,不包括居住、工业用地内部道路	0,0,0
		S11	主干路用地	快速干路和主干路用地	0,0,0
		S12	次干路用地	次干路用地	0,0,0
		S13	支路用地	主次干路用地间的联系道路用地	0,0,0
	S2		广场用地	公共活动广场用地,不包括单位内的广场用地	173,173,173
		S21	交通广场用地	交通集散为主的广场用地	173,173,173
		S22	游憩集会广场用地	游憩、纪念和集会等为主的广场用地	173,173,173
	S3		社会停车场库用地	公共使用的停车场和停车库用地,不包括各类用地配建的停车场库用地	132,132,132
		S31	机动车停车场库	机动车停车场库用地	132,132,132
		S32	非机动车停车场库	非机动车停车场库用地	132,132,132
	S4		交通设施用地	公共交通和货运交通等设施用地	51,51,51
		S41	公共交通用地	公共汽车、出租汽车、有轨、无轨电车和地下铁路(地面部分)的停车场、保养场、车辆段和首末站等用地	51,51,51
		S42	货运交通	货运公司车队的站场等用地	51,51,51
		S49	其他交通设施	除以上之外的交通设施,如交通指挥中心、交通队、教练场、加油站、汽车维修站等用地	51,51,51
U			市政基础设施用地	市级、区级和居住区级的市政基础设施用地	
	U1		供应设施用地	供水、供电、供燃气和供热等设施用地	0,153,204
		U11	供水用地	独立地段的水厂及其附属构筑物用地	0,153,204
		U12	供电用地	变电站所、高压塔基等用地	0,153,204
		U13	供燃气用地	储气站、调压站、罐装站和地面输气管等用地	0,153,204
		U14	供热用地	大型锅炉房,调压、调温站和地面输热管等用地	0,153,204
	U4		环境卫生设施用地	环境卫生设施用地	0,127,255
		U41	雨水、污水处理用地	雨水、污水泵站,排渍站,处理厂等用地	0,127,255
		U42	粪便垃圾处理用地	粪便、垃圾的收集、转运、堆放、处理等设施用地	0,127,255
	U5		施工与维修设施用地	房屋建筑、设备安装、市政工程、绿化和地下构筑物等施工及养护维修设施等用地	0,102,204
	U6		殡葬设施用地	殡仪馆、火葬场、骨灰存放处和墓地设施用地	0,76,153
	U9		其他市政公用设施用地	除以上之外的市政基础设施,如消防、防洪等设施用地	0,95,127

续表

用地代码			用地名称	范围	颜色值 RGB
大类	中类	小类			
G			绿地	市级、区级和居住区级的公共绿地及生产防护绿地，不包括专用绿地、园地和林地	
	G1		公共绿地	向公众开放，有一定游憩设施的绿化用地，包括其范围内的水域	0,204,0
		G11	公园	综合性公园、纪念性公园、动物园、植物园、古典园林、风景名胜公园和居住区小公园	0,204,0
		G12	街头绿地	沿道路、河湖和城墙，设有一定游憩设施或起装饰性作用的绿化用地	0,204,0
	G2		生产防护绿地	园林生产绿地和防护绿地	0,255,127
		G21	园林生产绿地	提供苗木、草皮和花卉的圃地	0,255,127
		G22	防护绿地	用于隔离、卫生和安全的防护林带及绿地	0,255,127
D			特殊用地	特殊性质的用地	
	D1		军事用地	直接用于军事目的的军事设施用地，如指挥机关，营区、训练场、试验场、军用洞库、仓库，军用通信、导航、观测台，不包括部队家属生活区	0,127,127
	D2		外事用地	外国驻华使馆、领事馆及其生活设施等用地	102,204,204
	D3		保安用地	监狱、拘留所、劳改场所和安全保卫部门，不包括公安局和公安分局	127,223,255
E			水域和其他用地	除以上各大类用地之外的用地	
	E1		水域		0,255,255
	E2		耕地	种植各种农作物的土地	200,220,100
		E21	菜地	种植蔬菜为主的耕地，包括温室、塑料大棚等用地	200,220,100
		E22	灌溉水田	有水源保证和灌溉设施，在一般年景能正常灌溉，用以种植水稻、莲藕、席草等水生作物的耕地	200,220,100
		E29	其他耕地	除以上之外的耕地	200,220,100
	E3		园地	果园、桑园、茶园、橡胶园等用地	200,220,100
	E4		林地	生长乔木、竹类、灌木、沿海红树林等林木的土地	200,220,100
	E5		牧草地	生长各种牧草的土地	200,220,100
	E6		村镇建设用地		220,180,130
		E61	村镇居住用地	以农村住宅为主的用地，包括住宅、公共服务设施和道路等用地	220,180,130
		E62	村镇企业用地	村镇企业及其附属设施用地	220,180,130
		E63	村镇公路用地	村镇与城市、村镇与村镇之间的公路用地	220,180,130
		E69	村镇其他用地	村镇其他用地	220,180,130
	E7		弃置地	由于各种原因未使用或尚不能使用的土地，如裸岩、石砾地、陡坡地、塌陷地、盐碱地、沙荒地、沼泽地、废窑坑等	255,255,255
	E8		露天矿用地	各种矿藏的露天开采用地	215,200,185

注：镇规划用地分类参照上表执行。

天津市乡、村庄用地分类标准

类别代号		类别名称	范围	颜色值 RGB
大类	小类			
R		居住建筑用地	各类居住建筑及其间距和内部道路、场地、绿化等用地	
	R1	居民住宅用地	居民住宅、庭院及其间距用地	255,255,0
	R2	村民住宅用地	村民独家使用的住房和附属设施及其户间间距用地、进户小路用地，不包括自留地及其他生产性用地	255,223,127
	R3	其他居住用地	R1、R2 以外的居住用地，如单身宿舍、青年公寓、老年人住宅等用地	255,191,0
C		公共设施用地	各类公共建筑及其附属设施、内部道路、场地、绿化等用地	
	C1	行政管理用地	政府、团体、经济贸易管理机构等用地	255,127,191
	C2	教育机构用地	托儿所、幼儿园、小学、中学及各类高(中)级专业学院、成人教育等用地	204,204,102
	C3	文体科技用地	文化、科技、图书、展览、娱乐、体育、文物、宗教等设施用地	255,127,159
	C4	医疗保健用地	医疗、防疫、保健、休疗养等机构用地	255,191,127
	C5	商业金融用地	各类商业服务业的店铺、银行、信用、保险等机构及其附属设施用地	255,0,0
	C6	集贸市场用地	集市及各种专项贸易的建筑和场地，不包括临时占用街道、广场等设摊用地	153,0,0
M		生产建筑用地	独立设置的各种所有制的生产性建筑及其设施和内部道路、场地、绿化等用地	
	M1	一类工业用地	对居住和公共环境基本无干扰和污染的工业，如缝纫、电子、工艺品等工业用地	76,0,0
	M2	二类工业用地	对居住和公共环境有一定干扰和污染的工业，如纺织、食品、农副产品加工、小型机械等工业用地	76,38,38
	M3	三类工业用地	对居住和公共环境有严重干扰和污染的工业，如采矿、冶金、化学、造纸、制革、建材、大中型机械制造等工业用地	76,57,0
	M4	农业生产设施用地	各类农业建筑，如打谷场、饲养场、农机站、育秧房、兽医站等及其附属设施用地，不包括农林种植地、牧草地、养殖水域	220,180,130
W		仓储用地	物资的中转仓库、专业收购和储存建筑及其附属道路、场地、绿化等用地	
	W1	普通仓储用地	存放一般物品的仓储用地	223,127,255
	W2	危险品仓储用地	存放易燃、易爆、剧毒等危险品的仓储用地	191,0,255
T		对外交通用地	对外交通的各种设施用地	
	T1	公路交通用地	公路站场及规划范围内的路段、附属设施等用地	173,173,173
	T2	其他交通用地	铁路、水运及其他对外交通的路段和设施等用地	214,124,214
S		道路广场用地	规划范围内的道路、广场、停车场等设施用地	
	S1	道路用地	干路、支路用地，包括其交叉口用地，不包括各类用地内部的道路用地	0,0,0
	S2	广场用地	公共活动广场、停车场用地，不包括各类用地内部的场地	173,173,173

续表

类别代号		类别名称	范围	颜色值 RGB
大类	小类			
U		公用工程设施用地	各类公用工程和环卫设施用地，包括其建筑物、构筑物及管理、维修设施等用地	
	U1	公用工程用地	给水、排水、供电、邮政、电信、广播电视、供气、供热、殡仪、防灾和能源等设施用地	0,153,204
	U2	交通设施用地	公交、货运及交通管理、加油、维修等设施用地	51,51,51
	U3	环卫设施用地	公厕、垃圾站、粪便和垃圾处理设施等用地	0,127,255
	U4	防灾设施用地	各项防灾设施的用地，包括消防、防洪、防风等	0,95,127
G		绿化用地	各类公共绿地、生产防护绿地，不包括各类用地内部的绿化用地	
	G1	公共绿地	面向公众、有一定游憩设施的绿地，如公园、街巷中的绿地、路旁或临水宽度等于和大于5 m的绿地	0,204,0
	G2	防护绿地	用于安全、卫生、防风等的防护林带和绿地	0,255,127
E		水域和其他用地	规划范围内的水域、农林种植地、牧草地、闲置地和特殊用地	
	E1	水域	江河、湖泊、水库、沟渠、池塘、滩涂等水域，不包括公园绿地中的水面	0,255,255
	E2	农林用地	以生产为目的的农林种植用地，如农田、菜地、园地、林地、打谷场等	95,127,0
	E3	养殖用地	生长各种牧草的土地及各种养殖场等	200,220,100
	E4	闲置地	尚未使用的土地	255,255,255
	E5	保护区	文物保护区、风景名胜区、自然保护区等	76,0,38
	E6	特殊用地	军事、外事、保安等设施用地，不包括部队家属生活区、公安、消防机构等用地	0,127,127

2.6 深圳城市规划对建筑基地和建筑的限定（《建筑设计技术手册》2011）（节录）

2 场地

2.1 基地总平面设计

2.1.1 建筑基地的“一书两证”

建筑基地审批程序应有：①核发《选址意见书》；②审批建设用地、核发《建设用地规划许可证》；③审批建设工程、核发《建设工程规划许可证》。以上程序，俗称“一书两证”。

2.1.2 建筑基地控制线

（1）红 线：①用地红线指各类建筑工程项目用地的使用权属范围的边界线；②道路红线指规划的城市道路（含居住区级道路）用地的边界线；③建筑控制线（建筑红线）指有关法规或详细规划确定的建筑物、构筑物的基底位置不得超出的界线。

（2）蓝线。这是指水资源保护范围界限。

（3）绿线。这是指绿化用地规划控制线。

(4)紫线。这是指历史文化街区和历史建筑保护范围界限。

(5)黄线。这是指城市基础设施用地控制线。

2.1.3 城市规划对建筑基地和建筑的限定

深圳城市规划对建筑基地和建筑的限定见表2.1.3－1和表2.1.3－2。

表2.1.3－1 深圳城市规划对建筑基地和建筑的限定

<table>
<tr><td rowspan="6">建筑基地</td><td rowspan="3">基地与城市道路连接的道路宽度</td><td>当基地内建筑面积≤3 000 m^2时</td><td>≥4 m</td></tr>
<tr><td>当基地内建筑面积>3 000 m^2,且只有一条基地道路与城市道路相连接时</td><td>≥7 m</td></tr>
<tr><td>当基地内建筑面积>3 000 m^2,有两条道路与城市相连接时</td><td>≥4 m</td></tr>
<tr><td>基地机动车出入口位置及设置要求</td><td colspan="2">1. 与大中城市主干道交叉口的距离,自道路红线交叉点量起不应小于70 m
2. 与人行横道线、人行过街天桥、人行地道(包括引道、引桥)的最边缘线不应小于5 m
3. 距地铁出入口、公共交通站台边缘不应小于10 m
4. 距公园、学校、儿童及残疾人使用建筑的出入口不应小于20 m
5. 基地道路坡度>8%时,应设缓冲段与城市道路相连接</td></tr>
<tr><td>大型、特大型文化娱乐,商业,体育,交通等人员密集建筑的基地</td><td colspan="2">1. 基地应至少有一面直接临城市道路,其长度应按建筑规模或疏散人数确定,并至少不小于基地周长的1/6
2. 基地应至少有2个或2个以上不同方向通向城市道路的(不包括与基地道路连接的)出口</td></tr>
<tr><td>相邻基地建筑关系</td><td>1. 按规划条件执行;原则上双方应各留出按详规控制高度计算得出的建筑日照间距的一半,不得影响其他地块内建筑物的日照和采光标准;满足防火规范对各类建筑间距的规定
2. 抗震设防城市的城市干路两侧的高层建筑应由道路红线向后退10～15 m</td><td rowspan="5">应经当地城市规划行政主管部门批准</td></tr>
<tr><td colspan="2">地下建筑</td><td>距红线应不小于地下建筑深度(室外地坪到地下建筑物底板)的0.7倍,并不得小于3～5 m</td></tr>
<tr><td colspan="2">道路旁骑楼</td><td>1. 骑楼柱外缘距道路红线不得小于0.45 m
2. 骑楼建筑底层外墙面距道路红线不得小于3.5 m
3. 骑楼净高不得小于3.6 m
4. 骑楼地面应与人行道地面相平,无人行道时应高出道路边界0.10～0.20 m</td></tr>
<tr><td rowspan="2">允许突出道路红线的建筑突出物</td><td>在有人行道的路面上空</td><td>1. 2.5 m以上允许突出建筑构件:凸窗、窗扇、窗罩、空调机位,突出深度不应大于0.50 m
2. 2.5 m以上允许突出活动遮阳,突出宽度不应大于人行道宽度减1 m,并不应大于3 m
3. 3 m以上允许突出雨篷、挑檐,突出深度不应大于3 m</td></tr>
<tr><td>在无人行道的路面上空</td><td>4 m以上允许突出建筑构件:窗罩、空调机位,突出深度不应大于0.50 m</td></tr>
</table>

表 2.1.3－2 深圳市建筑退让用地红线距离

建筑类别			宜退让距离	最小退让距离/m
住宅建筑	主要朝向	高层	建筑高度的0.25倍	12
		多层	建筑高度的0.4～0.5倍	9
		低层	建筑高度的0.5倍	6
	次要朝向	高层	满足消防间距或通道要求;侧面有居室窗户的,须同时满足视觉卫生要求	10
		多层		7
		低层		4
	主要朝向为东西向或多层、低层住宅侧面宽度≥12 m、高层住宅侧面宽度≥25 m		各个方向的退让距离均应按主要朝向控制	—
	与公园、绿地、广场及水面等开敞空间相邻		可根据该地区的相关规划要求确定	—
	与高速、快速路相邻		临道路一侧	15
	与城市干道相邻		临道路一侧	不宜 <12
非居住建筑	高层		不宜小于建筑高度的0.15倍	12
	多层		—	9
	低层		—	6
	与高速、快速路相邻		临道路一侧	不宜 <15
	与城市干道相邻		临道路一侧	不宜 <12
地下室			满足消防、人防、地下管线、基坑支护和基础施工要求	3
底层设连续骑楼的商业建筑			在满足交通要求前提下可零退线,但骑楼外缘距道路红线应≥0.45 m,其底层外墙面至道路红线距离应≥3.5 m,其净高应≥3.6 m	0

各种管线与绿化种植间的最小水平净距见表2.6.2－4。

表 2.6.2－4 管线与绿化种植的最小净距

管线名称	最小水平净距/m	
	乔木(至中心)	灌木
给水管、闸井	1.5	1.5
污水管、雨水管、探井	1.5	1.5
燃气管、探井	1.2	1.2
电力电缆、电信电缆	1.0	1.0
电信管道	1.5	1.0
热力管	1.5	1.5
地下杆柱(中心)	2.0	2.0
消防龙头	1.5	1.2
道路侧石边缘	0.5	0.5

2.7　规划设计各类控制指标

(1)居住区分级控制指标见表2.7－1。

表2.7－1　居住区分级控制指标

项目类别	居住区	小区	组团
户数/户	10 000～16 000	3 000～5 000	300～1 000
人口/人	30 000～50 000	10 000～15 000	1 000～3 000

(2)人均居住区用地控制指标见表2.7－2。

表2.7－2　人均居住区用地控制指标　m^2/人

居住规模	层数	建筑气候区划			备注
		Ⅰ Ⅱ Ⅵ Ⅶ	Ⅲ Ⅴ	Ⅳ	
居住区	低层(1～3层)	33～47	30～43	28～40	摘自《居住区规》表3.0.3
	多层(4～6层)	20～28	19～27	18～25	
	多层、高层(＞6层)	17～26	17～26	17～26	
小区	低层(1～3层)	30～43	28～40	26～37	
	多层(4～6层)	20～28	19～26	18～25	
	中高层(7～9层)	17～24	15～22	14～20	
	高层(≥10层)	10～15	10～15	10～15	
组团	低层(1～3层)	25～35	23～32	21～30	
	多层(4～6层)	16～35	15～22	14～20	
	中高层(7～9层)	14～20	13～18	12～16	
	高层(≥10层)	8～11	8～11	8～11	

注:本表各项指标按每户3.2人计算。

(3)居住区用地平衡控制指标见表2.7－3。

表2.7－3　居住区用地平衡控制指标　%

用地构成	居住区	小区	组团	备注
住宅用地(R01)	50～60	55～65	70～80	摘自《居住区规》3.0.2.1表3.0.2
公建用地(R02)	15～25	12～22	6～12	
道路用地(R03)	10～18	9～17	7～15	
公共绿地(R04)	7.5～18	5～15	3～6	
居住区用地(R)	100	100	100	

注:参与居住区用地平衡的用地应为构成居住区用地的四项用地,其他用地不参与平衡。

(4)居住区各级中心绿地设置规定见表2.7-4。

表2.7-4 居住区各级中心绿地设置规定

中心绿地名称	要求	最小规模/hm^2	居住区绿地率
居住区公园	园内布局应有明确的功能划分	1.00	新区建设不应低于30%,旧区改建不宜低于25%
小游园	园内布局应有一定的功能划分	0.40	
组团绿地	灵活布局	0.04	

注:①绿化面积(含水面)不宜小于70%。

②组团绿地不小于1/3面积在建筑日照阴影线范围之外。

(5)居住区公共服务设施控制指标见表2.7-5。

表2.7-5 居住区公共服务设施控制指标 m^2/千人

类别 \ 居住规模		居住区		小区		组团	
		建筑面积	用地面积	建筑面积	用地面积	建筑面积	用地面积
总指标		1 668~3 293 (2 228~4 213)	2 172~5 559 (2 762~6 329)	968~2 397 (1 338~2 977)	1 091~3 835 (1 491~4 585)	362~856 (703~1 056)	488~1 058 (868~1 578)
其中	教育	600~1 200	1 000~2 400	330~1 200	700~2 400	160~400	300~500
	医疗卫生(含医院)	78~198 (178~398)	138~378 (298~548)	38~98	78~228	6~20	12~40
	文化	125~245	225~645	45~75	65~105	18~24	40~60
	商业服务	700~910	600~940	450~570	100~600	150~370	100~400
	社区服务	59~464	76~668	59~292	76~328	19~32	16~28
	金融邮电(含银行、邮电局)	20~30 (60~80)	25~50	16~22	22~34	—	—
	市政公用(含居民存车处,不含锅炉房)	40~150 (460~820)	70~360 (500~960)	30~140 (400~720)	50~140 (450~760)	9~10 (350~510)	20~30 (400~550)
	行政管理及其他	46~96	37~72	—	—	—	

(6)居住用地开发强度控制指标见表2.7-6。

表2.7-6 居住用地开发强度控制指标

住宅类型	建筑密度/%		容积率	
	小区	组团	小区	组团
独立式住宅用地	≤12	≤16	≤0.3	≤0.3
低层	≤30	≤35	≤0.8	≤1.0
多层	≤25	≤32	≤1.5	≤1.8

续表

	建筑密度/%		容积率	
中高层	≤23	≤30	≤2.0	≤2.4
高层	≤22	≤22	≤2.8	≤3.2

注:各种住宅层数混合的居住小区和组团取两者的指标值作为控制指标的上、下限值。

(7)工业区开发强度控制指标见表2.7-7。

表2.7-7 工业区开发强度控制指标

工业区类型	建筑密度/%	容积率
一类工业区	≤45	1.2~1.6
二类工业区	≤40	1.2~1.6
三类工业区	≤40	0.8

(8)住宅建筑净密度见表2.7-8(1)和2.7-8(2)。

表2.7-8(1) 住宅建筑净密度控制指标 %

住宅层数	建筑气候区划		
	Ⅰ Ⅱ Ⅵ Ⅶ	Ⅲ Ⅴ	Ⅳ
低层(1~3层)	35	40	43
多层(4~6层)	28	30	32
中高层(7~9层)	25	28	30
高层(≥10层)	20	20	22

注:①混合层取两者的指标值作为控制指标的上、下限值。

②住宅建筑面积净密度:住宅建筑基底总面积与住宅用地面积的比率(%)。

③摘自《居住区规划》表5.0.6-1。

表2.7-8(2) 住宅建筑面积净密度控制指标 万m^2/hm^2

住宅层数	建筑气候区划		
	Ⅰ Ⅱ Ⅵ Ⅶ	Ⅲ Ⅴ	Ⅳ
低层(1~3层)	1.10	1.20	1.30
多层(4~6层)	1.70	1.80	1.90
中高层(7~9层)	2.00	2.20	2.40
高层(≥10层)	3.50	3.50	3.50

注:①混合层取两者的指标值作为控制指标的上、下限值。

②本表不计入地下层面积。

③住宅建筑面积净密度:每公顷住宅用地拥有的住宅建筑面积(万m^2/hm^2)。

④摘自《居住区规划》表5.0.6-2。

2.8 《城乡用地评定标准》CJJ 132—2009(节录)

1 总则

1.0.1 为科学制定城乡规划和选择城乡发展用地提供依据,规范城乡用地评定的基本技术要求,制定本标准。

1.0.2 本标准适用于城市、镇总体规划和乡、村庄规划的用地评定。

1.0.3 城乡用地评定,应遵守下列基本原则:①应采取现场踏勘与资料调查并重,定性分析与定量计算相结合、综合分析与重点分析相结合的调查分析研究方法;②应重视城乡用地的生态适宜性和安全性,优化人居用环境,促进城乡可持续发展;③应考虑人为影响因素对城乡用地产生的影响。

1.0.4 城乡用地评定,除执行本标准外,尚应符合国家现行有关标准的规定。

2 术语

2.0.1 城乡用地评定(urban and rural land evaluation):对拟作为城乡发展的用地,根据其自然环境条件、人为影响因素,作出工程技术上的综合评定,确定用地建设的适宜性等级类别,为合理选择城乡发展用地提供依据。

2.0.2 适宜建设用地(suitable land):场地稳定、适宜工程建设,不需要或采取简单的工程措施即可适应城乡建设要求,自然环境条件、人为影响因素的限制程度可忽略不计的用地。

2.0.3 可建设用地(buildable land):场地稳定性较差、较适宜工程建设,需采取工程措施,场地条件改善后方能适应城乡建设要求,自然环境条件、人为影响因素的限制程度为一般影响的用地。

2.0.4 不宜建设用地(unsuitable land):场地稳定性差、工程建设适宜性差,必须采取特定的工程措施后才能适应城乡建设要求,自然环境条件、人为影响因素的限制程度为较重影响的用地。

2.0.5 不可建设用地(unbuildable land):场地不稳定、不适宜工程建设,完全或基本不能适应城乡建设要求,自然环境条件、人为影响因素的限制程度为严重影响的用地。

2.0.6 城乡用地工程措施(urban and rural land engineering methods):为满足城乡规划和各项建设的基本要求,对准备建设的城乡用地,需要采取的工程处理方式。

2.0.7 特殊指标(specific index):自然环境条件、人为影响因素等方面对城乡发展用地的建设适宜性具有限制性影响的因素。尤其是对城乡用地的安全性影响突出的限制因素。

2.0.8 基本指标(basic index):自然环境条件、人为影响因素等方面对城乡发展用地的建设适宜性,具有普遍性影响的因素。

2.0.9 评定区(evaluation area):拟作为城乡发展用地的范围,包括城乡建成区用地和拟定的新区用地。

2.0.10 评定单元(evaluation unit):城乡用地评定的基本单位和基本作业对象。同一评定单元评定要素的属性基本一致。

3　一般规定

3.0.1　城乡用地评定区,应在对应的城乡规划区内划定。

3.0.2　城乡用地评定区,应划分为评定单元。划分评定单元依据的界线条件应符合规定:现状建成区用地、评定区界线;地貌单元、工程地质单元分区、水系界线;洪水淹没线,强震区、活动断裂、不良地质现象的影响范围界线;各类保护区、控制区的范围界线。

3.0.3　城乡用地评定单元的建设适宜性等级类别、名称,应符合下列规定。

Ⅰ类　适宜建设用地。

Ⅱ类　可建设用地。

Ⅲ类　不宜建设用地。

Ⅳ类　不可建设用地。

3.0.4　城乡用地评定区范围内地质灾害严重的地段、多发区,必须取得地质灾害危险性评估报告。

3.0.5　城乡用地评定应取得评定区范围内的自然环境条件和人为影响因素等基础资料,对采用的基础资料应作可靠性评估;其调查类别和内容应按本标准附录A确定,并应符合下列规定。

(1)城乡用地评定应采用最新测绘的国家分幅地形图,其比例尺应分别与具体编制的城乡规划所采用的比例尺一致,城市应为1/10 000～1/25 000,镇、乡、村庄应为1/1 000～1/10 000。

(2)城市用地评定应取得城市规划工程地质、水文地质勘察报告,镇、乡、村庄用地评定宜取得规划工程地质、水文地质勘察报告。

(3)城乡用地评定应取得城市、镇总体规划,乡、村庄规划,土地利用总体规划,相关的生态环境规划、国土规划、区域规划、江河流域规划的文本和图纸,各类保护区、控制区的用地范围资料;宜取得拟定的城乡规划区范围资料。

3.0.6　城乡用地评定成果应包括评定报告、评定图。其编制应符合下列规定。

(1)城乡用地评定应编制综合图。综合图、专题图,宜按本标准附录B表B.0.2的规定编制。

(2)城乡用地评定报告,宜按本标准附录B编制。

(3)城乡用地评定附表,宜采用本标准附录C表C－1、表C－2和表C－3的格式编制。

3.0.7　城乡用地评定图例,宜按本标准附录D表D的规定采用,并应按国家现行标准《城市规划制图标准》CJJ/T97的有关规定执行。

3.0.8　城乡用地评定报告成果档案,应符合城乡建设档案、城乡地理信息数据库系统、地块建设适宜性等级类别查询的要求。

4　评定指标

4.1　评定指标体系

4.1.1　城乡用地评定单元的评定指标体系应由指标类型、一级和二级指标层构成。指标类型应分为特殊指标和基本指标;一级指标层应分为工程地质、地形、水文气象、自然生态和人为影响5个层面;二级指标层应为具体指标。

4.1.2　城乡用地评定单元的评定指标体系,应符合表4.1.2的规定。

表 4.1.2 城乡用地评定单元的指标体系

序号	指标类型	一级指标	二级指标	城市评定单元的地理特征类别				镇、乡、村评定单元的地理特征类别			
				滨海	平原	高原	丘陵山地	滨海	平原	高原	丘陵山地
1-01	特殊指标	工程地质	断裂*								
1-02			地震液化*								
1-03			岩溶暗河*								
1-04			滑坡崩塌*								
1-05			泥石流*								
1-06			地面沉陷*								
1-07			矿藏*								
1-08			特殊性岩土*								
1-09			岸边冲刷*								
1-10			冲沟*								
1-11		地形	地面坡度*								
1-12			地面高程*								
1-13		水文气象	洪水淹没程度*								
1-14			水系水域*								
1-15			灾害性天气*								
1-16			生态敏感度*								
1-17		自然生态	各类保护区*								
1-18		人为影响	各类控制区*								
2-01	基本指标	工程地质	地震基本烈度	○	○	○	○	○	○	○	○
2-02			岩土类型	○	○	○	○	●	●	●	●
2-03			地基承载力	√	√	√	√	√	√	√	√
2-04			地下水埋深(水位)	√	√	○	○	√	√	○	○
2-05			土—水腐蚀性	○	○	○	○	○	●	●	●
2-06			地下水水质	●	●	●	●	√	√	○	○
2-07		地形	地形形态	○	○	√	√	○	○	√	√
2-08			地面坡向	○		○	√	○	●	○	√
2-09			地面坡度*	√	√	√	√	○	○	√	√
2-10		水文气象	地表水水质	●	●	●	●	○	○	√	√
2-11			洪水淹没程度*	√	√	√	√	√	√	√	√
2-12			最大冻土深度	○	○	○	○	○	○	○	○
2-13			污染风向区位	○	○	○	○	○	○	○	○
2-14		自然生态	生物多样性	○	○	√	√	○	○	√	√
2-15			土壤质量	○	○	○	○	○	○	○	○
2-16			植被覆盖率	√	√	√	√	√	√	√	√
2-17		人为影响	土地使用强度	○	○	○	○	●	●	●	●
2-18			工程设施强度	○	○	○	○	●	●	●	●

注:①表中未列入而确需列入的评定指标,可在保证评定指标体系系统性的前提下列入。

②表中加注＊的指标,为对城乡用地评定影响突出的主导环境要素。

③表中"√"为必须采用指标,"○"为应采用指标,"●"为宜采用指标。

④表中各类保护区、控制区包括:自然、基本农田、水源保护区,生态敏感区,文物保护单位,历史文化街区,风景名胜区,军事禁区,军事管理区,净空、区域廊道限制区等。

4.1.3 城乡用地评定单元必须采用涉及的特殊指标。

4.1.4 城乡用地评定单元的基本指标应依据本标准第4.1.1、4.1.2条的规定,结合评定单元的具体情况选择采用。

4.2 评定指标的定性分级、定量分值、定量标准

4.2.1 特殊指标的定性分级,根据其对用地建设适宜性的限制影响程度应分为"一般影响、较重影响、严重影响"三级。

4.2.2 基本指标的定性分级,根据其对用地建设适宜性的影响程度应分为"适宜、较适宜、适宜性差、不适宜"四级。

4.2.3 评定指标的定量分值,应与其定性分级对应设置,并应符合表4.2.3的规定。

表4.2.3 评定指标的定量分值

指标类型	定性分级	定量分值		
		分数/分	代号	评定取向
特殊指标	一般影响	2	Y_j	以小分值为优
	较重影响	5		
	严重影响	10		
基本指标	适　宜	10	X_i	以大分值为优
	较适宜	6		
	适宜性差	3		
	不适宜	1		

4.2.4 评定指标的定量标准,应由其具体表现特征、定量分值及对应的定性分级构成,并应符合下列规定。

(1)洪水淹没线对应的防洪标准,必须按现行国家标准《防洪标准》GB50201的有关规定执行。

(2)放射性岩土的分级,必须按现行国家标准《电离辐射防护与辐射源安全基本标准》GB18871的有关规定执行。

(3)泥石流的分类,应按现行国家标准《岩土工程勘察规范》GB50021的有关规定执行;场地土、水腐蚀性的分级,应按国家标准《岩土工程勘察规范》GB50021的有关规定确定。

(4)地下水水质的分类,应按现行国家标准《地下水质量标准》GB/T14848的有关规定执行。

(5)地表水水质的分级,应按现行国家标准《地表水环境质量标准》GB3838的有关规定执行。

(6)土壤质量的分类,应按现行国家标准《土壤环境质量标准》GB15618 的有关规定执行。

4.2.5 特殊指标的定量标准和应用,应符合本标准附录 E 表 E 的规定。

4.2.6 基本指标的定量标准和采用,应符合本标准附录 F 表 F 的规定。

5 评定方法

5.1 评定方法、判定标准、评定步骤

5.1.1 城乡用地评定应采用定性评判和定量计算评判相结合的方法。

5.1.2 城乡用地评定的定性评判,应采用评定单元涉及的特殊指标对用地建设适宜性限制影响的多因子分级定性评判法。

5.1.3 城乡用地评定的定量计算评判,应采用评定单元的基本指标多因子分级加权指数和法与特殊指标多因子分级综合影响系数法,并应按下列公式计算:

$$P = K\sum_{i=1}^{m} \omega_i \cdot X_i \tag{5.1.3-1}$$

$$K = 1/\sum_{j=1}^{n} Y_j \tag{5.1.3-2}$$

$$\omega_i = \omega_i' \cdot \omega_i'' \tag{5.1.3-3}$$

式中 P——评定单元的综合定量计算分值,P 值以高分值为优;

K——特殊指标多因子分级综合影响系数,K 值以大数值为优,$K \leqslant 1$,设 $n=0$ 时,$K=1$;

m——基本指标因子数;

i——基本指标因子数序号;

ω_i——第 i 项基本指标计算权重;

ω_i'——第 i 项基本指标的一级权重;

ω_i''——第 i 项基本指标的二级权重;

X_i——第 i 项基本指标定量分值;

n——特殊指标因子数;

j——特殊指标因子数序号;

Y_j——第 j 项特殊指标的定量分值。

5.1.4 基本指标的相对权重,应按其各项一级、二级指标在评定过程中的相对重要程度设置,并应按公式(5.1.3-1)计算;基本指标的一级权重 ω_i'值,可根据一级指标的相对重要程度和本标准附录 G 表 G 确定,二级权重 ω_i''值,宜根据采用的二级指标及其相对重要程度具体确定。

5.1.5 评定单元建设适宜性等级类别定性评判的判定标准,应符合下列规定。

(1)出现 1 个“严重影响级——10 分”的情形,必须判定为不可建设用地。

(2)仅出现 1 个“较重影响级——5 分”的情形,必须判定为不宜建设用地。

(3)仅出现 1 个“一般影响级——2 分”的情形,应判定为可建设用地。

5.1.6 评定单元建设适宜性等级类别定量计算评判的判定标准,应符合表 5.1.6 的规定。

表 5.1.6 定量计算评判的判定标准

类别等级	类别名称	评定单元定量计算分值判定标准/分
Ⅰ类	适宜建设用地	$P \geqslant 60.0$
Ⅱ类	可建设用地	$30.0 \leqslant P < 60.0$
Ⅲ类	不宜建设用地	$10.0 \leqslant P < 30.0$
Ⅳ类	不可建设用地	$P < 10.0$

5.1.7 城乡用地评定的一般步骤,应符合下列规定。

(1)踏勘现场,调查搜集、整理、评估基础资料。

(2)确定评定区,划分评定单元,选择采用评定指标、评定参数。

(3)选择评定方法,进行定性、定量计算评判。

(4)根据定性评判、定量计算评判的判定标准,判定各评定单元的建设适宜性等级类别。

(5)编制城乡用地评定报告和评定图。

5.2 城乡用地建设适宜性的综合评定

5.2.1 城乡用地评定方法的采用,应结合评定区的构成特点,并应符合下列规定。

(1)对现状建成区用地,可只采用定性评判法进行评定。

(2)对拟定的新区用地,应采用定性评判与定量计算评判相结合的方法进行评定。

5.2.2 城乡用地评定单元的综合评定,应符合下列规定。

(1)应选择适宜的评定指标。

(2)应重点分析对城乡用地安全性影响突出的主导环境要素。

5.2.3 城乡用地评定单元涉及的人为影响指标层面中各类保护区、控制区等二级指标,当出现下列情况之一时,应解除其对评定单元建设适宜性的人为影响限制。

(1)相关法律、法规自行撤销限制的。

(2)经法定程序撤销限制的。

(3)以特定措施的实施取消限制的。

5.2.4 评定单元建设适宜性等级类别的主要特征,应符合表 5.2.4 规定。

表 5.2.4 评定单元建设适宜性等级类别的主要特征

等级类别	类别名称	主要特征			
		场地稳定性	场地工程建设适宜性	工程措施程度	人为影响因素的限制程度
Ⅰ	适宜建设用地	稳定	适宜	不需要或稍微处理	可忽略不计
Ⅱ	可建设用地	稳定性较差	较适宜	需简单处理	一般影响
Ⅲ	不宜建设用地	稳定性差	适宜性差	特定处理	较重影响
Ⅳ	不可建设用地	不稳定	不适宜	无法处理	严重影响

5.2.5 评定单元建设适宜性特征的"场地稳定性"、"场地工程建设适宜性",应按国家现行标准《城市规划工程地质勘察规范》CJJ 57 的有关规定执行。

5.2.6 城乡用地评定应提出城乡用地选择的意见和建议。

附录 A 基础资料的调查类别

表 A 基础资料的调查类别

大类	中类	小类
自然环境条件资料	工程地质资料	专业图纸、文本资料:地质灾害危险性评估报告;城乡规划工程地质、水文地质勘察报告图纸文本资料 区域地质简况资料:地质构造体系或构造单元,规划区在区域地质中的位置,规划区及邻近地段的主要构造形态,新构造运动的形迹和特点,软弱结构面的产状和性质,如断层位置、类型、产状、断距、破碎带的宽度及充填胶结情况,岩土接触面及软弱夹层特性等 第四纪地质简况资料:规划区内各场地或各工程地质单元的地层结构、成因年代、埋藏条件、空间分布规律、岩性和土性描述、横向和竖向变化规律以及岩(土)层物理力学性质,特殊性岩(土)的类型、分布、地层岩性及其工程地质特性 地震地质资料:动力地质作用的成因类型、空间分布、形成与诱发条件,原生地质环境稳定性 水文地质资料:地下水的类型,埋藏、补给、径流和排泄条件,地下水位及其动态变化,地下水的化学类型、矿化度、污染情况及环境水对建筑材料的腐蚀性 资源资料:地下矿藏种类、分布范围、储量及开采价值,旧矿井的范围,有无地面沉陷及建筑材料资源,风景景观资源,地下古文物资源的分布、数量及开发利用价值
	地形资料	规划区地形图资料:图纸比例尺城市为1/10 000~1/25 000;镇、乡、村为1/1 000~1/10 000
		专业图、图纸文本资料:卫生图片、航片、遥感影像图,地下岩洞、河流测图资料
		规划区地貌资料:第四系覆盖层的成因类型、分布、厚度、岩性特征、地貌单元划分及各地貌单元特征,地形形态,地面坡度、地面坡向、地面高程与高差
	水文气象资料	水文资料:规划区水系分布;江、河、湖、海、渠的水位、流量、流速、水量、水质、流向;历史上不同再现期的最大洪水位、洪涝灾害,洪水不淹没界线、范围和面积;洪水的规律、流量、流速、含沙量、河道变化情况;江河区流域情况、流域规划、河道海堤整治状况与规划、防洪设施;海滨区的潮汐、海流、浪(波)涛;山区的山洪、泥石流、水土流失等 气象资料:风象(风向、风频、风速、风口)、气温(平均气温、极端气温、四季的分配、取暖期、防暑降温期、无霜期、冻土深度)、降水(降水量、降水强度、蒸发量)、建筑气候区划、气压、日照和灾害性天气、湿度等
	生态资料	野生动植物分布、植被状况、生态环境状况
人为影响资料	城乡规划资料	城乡总体规划、土地利用规划、生态环境规划、相关区域规划与国土规划、江河流域规划的图纸文本,规划区内自然保护区、自然与文化遗产保护规划、风景名胜区规划的图纸文本
	土地利用资料	规划区各类用地使用情况、历次土地利用重大变更资料、土地资源分析评价资料、各类保护区、控制区范围
	工程设施资料	地下铁道、人防工程、地下采空区的分布情况及文物埋藏范围,铁路、公路、高压线路、通信线路及各类管线走向、占地范围资料
	环境资料	环境监测资料、"三废"排放资料(数量和危害情况)、垃圾、灾变及其他影响环境的有害因素的分布及危害情况,地方病及其他有害公民健康的环境资料

附录 B 城乡用地评定报告编制提纲

B.0.1 城乡用地评定报告编制提纲应包括下列内容。

1 前言

(1)概况。拟编制规划的城乡类别、性质、发展规模、发展方向及规划设想。

(2)规划区、评定区范围和简况。

(3)以往的城乡用地评定简况。

2　城乡用地评定方法

(1)评定依据和原则。

(2)评定方法。

(3)评定资料搜集、整理及可靠性评估。

3　规划区、评定区环境条件特征概述

(1)历史地理简况。城乡建制沿革,城址及村落建成区范围的变迁,江、湖、河、海等水系岸线的变迁,暗河、湖、沟、坑的分布及其演变概述。

(2)地质特征概述,区域地质特征,评定区内的动力地质作用、工程地质(尤其是不良地质现象)特征,水文地质条件概述。

(3)地形特征概述。

(4)水文水系及现有防洪设施概述。

(5)气候、气象条件概述。

(6)生态条件、资源概述。

(7)人为影响因素概述,各类保护区、控制区等的位置、范围,地下采空区与地下、地面工程设施的分布概述。

4　城乡用地综合评定

(1)划定评定区并划分为评定单元,选择采用评定指标、评定参数。

(2)选择评定方法,进行定性、定量计算评判。

(3)根据定性评判、定时计算评判的判定标准,判定各评定单元的建设适宜性等级类别。

(4)综合提出用地评定结论。

5　城乡用地选择的建议

(1)有关地段的地质灾害及洪涝灾害防治建议。

(2)城乡用地选择的建议。

B.0.2　城乡用地评定图(综合图和专题图)的编制要求应符合表B.0.2的要求。

表B.0.2　城乡用地评定图的编制要求

<table>
<tr><th>类别</th><th>图件名称</th><th>主题内容</th><th>比例尺</th><th>适宜对象</th></tr>
<tr><td rowspan="4">专题图</td><td>评定要素图</td><td>强震区场地、活动断裂、不良地质现象分布,地下水等深线、水系水域、矿藏分布,洪水淹没线、生态敏感度分区等</td><td rowspan="5">城市:
1/10 000～1/25 000
镇、乡、村:
1/1 000～1/10 000</td><td>城市、镇、乡、村</td></tr>
<tr><td>评定单元划分图</td><td>地貌类型、工程地质分区、强震区场地及断裂的分布、不良地质现象分布、矿藏分布界线等</td><td>丘陵山地城市、镇、乡、村</td></tr>
<tr><td>地形分析图</td><td>地形形态,地面坡度、坡向、高程</td><td rowspan="2">城市、镇、乡、村</td></tr>
<tr><td>土地利用现状图</td><td>城乡土地利用状况,地下、地面工程设施强度,各类保护区、控制区的位置与范围</td></tr>
<tr><td>综合图</td><td>城乡用地评定图</td><td>1. 用地评定单元范围
2. 水系及洪水淹没线
3. 构造地质要素,矿藏、不良地质现象分布
4. 工程设施分布,各类保护区、控制区的位置与范围
5. 评定单元的综合评定等级类别</td><td>城市、镇、乡、村</td></tr>
</table>

附录 C 评定附表

表 C－1 评定单元的定性评判

单元编号：××（分区号）－×××（单元号）

涉及的特殊指标		定量标准			特殊指标定量分值 Y_j	备 注
指标名称	指标特征描述	严重影响级（10 分）	较重影响级（5 分）	一般影响级（2 分）		
断裂						
地震液化						
岩溶暗河						
滑坡崩塌						
泥石流						
地面沉陷						
矿藏						
特殊性岩土						
岸边冲刷						
冲沟						
地面坡度						
地面高程						
洪水淹没程度						
水系水域						
灾害性天气						
生态敏感度						
各类保护区						
各业控制区						
特殊指标综合影响系数		$KK=1/\sum_{j=1}^{n} Y_j$				

表 C－2 评定单元的定量计算

单元编号：××（分区号）－×××（单元号）

二级指标	二级权重 ω_i''				一级权重 ω_i'		计算权重 ω_i				基本指标定量分值 X_i	基本指标权重分值 $\omega_i \cdot X_i$
地震基本烈度												
岩土类型												
地基承载力												
地下水埋深												
土－水腐蚀性												
地下水水质												

续表

二级指标	二级权重 ω_i''				一级权重 ω_i'		计算权重 ω_i				基本指标定量分值 X_i	基本指标权重分值 $\omega_i \cdot X_i$
地貌地形形态												
地面坡向												
地面坡度												
地表水水质												
洪水淹没程度												
最大冻土深度												
污染风向区位												
生物多样性												
土壤质量												
植被覆盖率												
土地使用强度												
工程设施强度												
定量计算分值 P	$P = K\sum_{i=1}^{m}\omega_i \cdot X_i$											

表 C-3 评定单元的建设适宜性等级类别汇总

评定单元编号		评定方法	适用的判定标准		评定单元		备 注
分 区	单 元		定性评判标准	定量计算评判标准	定量计算分值	建设适宜性等级类别	

附录 D 城乡用地评定图例

表 D-1 城乡用地评定图例表

序号	名 称	黑白图例	彩色图例(数字表示 Auto CAD 色号)
1	不可建设用地		27
2	不宜建设用地		40
3	可建设用地		80
4	适宜建设用地		60
5	评定单元界线		251
6	标准洪水淹没线		1
7	建成区界线		7

附录 E 特殊指标的定量标准

表 E 特殊指标的定量标准

一级指标	二级指标	定量标准		
		严重影响级(10 分)	较重影响级(5 分)	一般影响级(2 分)
工程地质	断 裂	强烈全新活动断裂 发震断裂	中等、微弱全新活动断裂 构造性地裂	非全新活动断裂
	地震液化	—	严重液化	中等、轻微液化
	岩溶暗河	—	强发育	较发育
	滑坡崩塌	不稳定滑坡、崩塌区	基本稳定滑坡、崩塌区	稳定滑坡、崩塌区
	泥石流	I_1 II_1类泥石流沟谷	I_2 II_2类泥石流沟谷	I_3 II_3类泥石流沟谷
	地面沉陷	强烈	较强烈	—
	矿藏	极具开采价值	较具开采价值	—
	特殊性岩土	年剂量当量限值≥50 毫希弗/年的放射性岩土	年剂量当量限值 1~50 毫希弗/年的放射性岩土	年剂量当量限值<1 毫希弗/年的放射性岩土
		—	多年冻土	强烈湿陷性土、强膨胀性土
	岸边冲刷	—	岸边改变,宽度>10 m	冲刷变形宽度>3 m,≤10 m
地形	冲沟	—	有强扩展性	有扩展性
	地面坡度	≥100%	<100%,≥50%	<50%,≥25%
	地面高程	—	海拔>4 000 m	海拔>3 000 m 而≤4 000 m

续表

一级指标	二级指标	定量标准		
		严重影响级(10分)	较重影响级(5分)	一般影响级(2分)
水文气象	洪水淹没程度	—	场地标高低于设防洪(潮)标高<1.5 m,≥1.0m	场地标高低于设防(潮)标高<1.0 m,≥0.5m
	水系水域	跨区域防洪标准行洪、泄洪的水系水域	区域防洪标准蓄滞洪的水系水域,城乡防洪标准行洪、泄洪的水系水域	城乡防洪标准蓄滞洪的水系水域
	灾害性天气	—	影响严重的风口、雷击区	—
自然生态	生态敏感度	湿地、绿洲、草地、原始森林等具有特殊生态价值的原生态区	自然和人工生态基础优势区	自然和人工生态基础良好区
人为影响	各类保护区	自然保护区的核心区、缓冲区	自然保护区的实验区	自然保护区的外围保护地带
		基本农田保护区范围	耕地	—
		水工程保护范围	水源地的一级保护区	水源地二级保护区
	各类控制区	生态敏感区控制范围	—	—
		文物保护单位、历史文化街区的保护范围	文物保护单位、历史文化街区的建设控制地带	文物保护单位、历史文化街区的环境协调区
	各类控制区	—	风景名胜区的范围	风景名胜区的外围保护地带
		军事禁区	军事禁区外围的安全控制范围 军事管理区	军事禁区的缓冲区 军事设施区
		—	区域高压电力、管道运输走廊 铁路、高速公路等交通廊道	微波通道、飞机场净空限制区

注:表中未列入而确需列入的特殊指标,其定量标准应按本表的规定比照确定。

附录F 基本指标的定量标准

表F 基本指标的定量标准

一级指标	二级指标	定量标准			
		不适宜级(1分)	适宜性差级(3分)	较适宜级(6分)	适宜级(10分)
	地震基本烈度	≥Ⅸ度区	Ⅸ度区	Ⅶ、Ⅷ度区	<Ⅵ度区
工程地质	岩土类型	浮泥 深厚填土 松散饱和粉细砂	极软岩石粉土	较软岩石 密实沙土 硬塑黏性土	较硬、坚硬岩石 卵、砾石 中密沙土
	地基承载力*	<70 kPa	120 kPa	200 kPa	>250 kPa
	地下水埋深(水位)*	<1.0 m	1.5 m	2.5 m	≥3.0 m
	土—水腐蚀性	严重腐蚀	强腐蚀	中等腐蚀	弱腐蚀
	地下水水质	Ⅴ类	Ⅳ类	Ⅲ类	Ⅰ、Ⅱ类

续表

一级指标	二级指标	定量标准			
		不适宜级(1分)	适宜性差级(3分)	较适宜级(6分)	适宜级(10分)
地形	地形形态	非常复杂地形 地形破碎，很不完整	复杂地形 地形分割较严重，不完整	比较复杂地形 地形较完整	简单地形 地形完整
	地面坡向	北	西北、东北	东、西	南、东南、西南
	地面坡度*	≥50%	<50%，≥25%	<25%，>10%	≤10%
水文气象	地表水水质	五级	四级	三级	一、二级
	洪水淹没程度	场地标高低于防洪(潮)标高≥1.0m	场地标高低于防洪(潮)标高<1.0 m，≥0.5m	场地标高低于防洪(潮)标高<0.5 m	场地标高高于防(潮)标高
	最大冻土深度*	>3.5 m	3.0 m	2.0 m	≤1.0 m
	污染风向区位	高污染可能区位	较高污染可能区位	低污染可能区位	无污染可能区位
自然生态	生物多样性	稀少单一	一般	较丰富	丰富
	土壤质量	Ⅰ类	Ⅱ类	Ⅲ类	低于Ⅲ类
	植被覆盖率*	<10%	25%	35%	>45%
人为影响	土地使用强度	高	较高	一般	低
	工程设施强度	设施密度大，对用地分割强	设施密度较大，对用地分割较强	设施密度较小，对用地分割较小	设施密度小，对用地无分割

注：①表中未列入而确需列入的基本指标，其定量标准应按本表的规定比照确定。

②标注＊的指标其定量分值可采用插入法求得。

附录G 基本指标的相对权重值

表G 基本指标的相对权重值

一级指标	二级指标	二级权重 ω_i''				一级权重 ω_i'		计算权重 ω_i			
		评定单元的地理特征类别									
		滨海	平原	高原	丘陵山地	单一类别	复合类别	滨海	平原	高原	丘陵山地
工程地质	地震基本烈度					0.25～0.35					
	岩土类型										
	地基承载力										
	地下水埋深										
	土—水腐蚀性										
	地下水水质										
地形	地形形态					0.15～0.25					
	地面坡向										
	地面坡度										

续表

一级指标	二级指标	二级权重 ω_i''				一级权重 ω_i'		计算权重 ω_i			
		评定单元的地理特征类别									
		滨海	平原	高原	丘陵山地	单一类别	复合类别	滨海	平原	高原	丘陵山地
水文气象	地表水水质					0.20～0.30					
	洪水淹没程度										
	最大冻土深度										
	污染风向区位										
自然生态	生物多样性					0.10～0.25					
	土壤质量										
	植被覆盖率										
人为影响	土地使用强度					0.05～0.15					
	工程设施强度										

注：1. 单一类别为具有评定单元的滨海、平原、高原、丘陵山地等特征类别之一类者。

2. 复合类别为具有评定单元的滨海、平原、高原、丘陵山地等特征类别之二以上者。

3. 一级权重 ω_i'值总和为1.00。其值具体采用时，单一类别的评定单元不小于表中规定的下限，复合类别的评定单元不大于表中规定的上限；每个一级指标层所含各个二级指标的权重 ω_i''值之和为10。

3 城市道路交通

3.1 《城市道路设计规划》CJJ 37—90(节录)

第一节 道路分类与分级

第2.1.1条 按照道路在道路网中的地位、交通功能以及对沿线建筑物的服务功能等,城市道路分为四类。

一、快速路

快速路应为城市中大量、长距离、快速交通服务。快速路对向车行道之间应设中间分车带,其进出口应采用全控制或部分控制。

快速路两侧不应设置吸引大量车流、人流的公共建筑物的进出口。两侧一般建筑物的进出口应加以控制。

二、主干路

主干路应为连接城市各主要分区的干路,以交通功能为主。自行车交通量大时,宜采用机动车与非机动车分隔形式,如三幅路或四幅路。

主干路两侧不应设置吸引大量车流、人流的公共建筑物的进出口。

三、次干路

次干路应与主干路结合组成道路网,起集散交通的作用,兼有服务功能。

四、支路

支路应为次干路与街坊路的连接线,解决局部地区交通,以服务功能为主。

第2.1.2条 除快速路外,每类道路按照所在城市的规模、设计交通量、地形等分为Ⅰ、Ⅱ、Ⅲ级。大城市应采用各类道路中的Ⅰ级标准,中等城市应采用Ⅱ级标准,小城市应采用Ⅲ级标准。各级道路的设计速度应符合表2.2.1的规定。

表2.2.1 各类各级道路计算行车速度

道路类别	快速路	主干路			次干路			支路		
道路级别	—	Ⅰ	Ⅱ	Ⅲ	Ⅰ	Ⅱ	Ⅲ	Ⅰ	Ⅱ	Ⅲ
计算行车速度/(km/h)	80,60	60,50	50,40	40,30	50,40	40,30	30,20	40,30	30,20	20

注:条件许可时,宜采用大值。

表 4.3.1 机动车车道宽度

车型及行驶状态	计算行车速度/(km/h)	车道宽度/m
大型汽车或大、小型汽车混行	≥40	3.75
	<40	3.50
小型汽车专用线		3.50
公共汽车停靠站		3.00

注:①大型汽车包括普通汽车及铰接车。

②小型汽车包括 2t 以下的载货汽车、小型旅行车、吉普车、小客车及摩托车等。

表 4.4.2 非机动车车道宽度

车辆种类	自行车	三轮车	兽力车	板车
非机动车车道宽度/m	1.0	2.0	2.5	1.5~2.0

表 4.5.2.1 人行道最小宽度

项 目	人行道最小宽度/m	
	大城市	中、小城市
各级道路	3	2
商业或文化中心区以及大型商店或大型公共文化机构集中路段	5	3
火车站、码头附近路段	5	4
长途汽车站	4	4

表 4.5.2.2 设施带宽度

项 目	宽 度/m
设置行人护栏	0.25~0.50
设置杆柱	1.0~1.5

注:如同时设置护栏与杆柱时,宜采用表中设置杆柱项中的大值。

第 4.6.1 条 分车带按其在横断面中的不同位置与功能分为中间分车带(简称中间带)及两侧分车带(简称两侧带)。分车带由分隔带及两侧路缘带组成。

分车带最小宽度及侧向净宽等见表 4.6.1。

第 4.6.2 条 分隔带可用缘石围砌,高出路面 10~20 cm,在人行横道及停靠站处应铺装。

表 4.6.1 分车带最小宽度

分车带类别	中间带			两侧带		
计算行车速度/(km/h)	80	60,50	40	80	60,50	40
分隔带最小宽度/m	2.00	1.50	1.50	1.50	1.50	1.50

续表

分车带类别		中间带			两侧带		
路缘带宽度/m	机动车道	0.50	0.50	0.25	0.50	0.50	0.25
	非机动车道	—	—	—	0.25	0.25	0.25
侧向净宽/m	机动车道	1.00	0.75	0.50	0.75	0.75	0.50
	非机动车道	—	—	—	0.50	0.50	0.50
安全带宽度/m	机动车道	0.50	0.25	0.25	0.25	0.25	0.25
	非机动车道	—	—	—	0.25	0.25	0.25
分车带最小宽度/m		3.00	2.50	2.00	2.25	2.25	2.00

注:1. 快速路的分车带均应采用表中 80 km/h 栏中规定值。

2. 计算行车速度小于 40 km/h 的主干路与次干路可设路缘带。分车带采用 40 km/h 栏中规定值。

3. 支路可不设路缘带,但应保证 25 cm 的侧向净宽。

4. 表中分隔带最小宽度系按设施带宽度 1 m 考虑的,如设施带宽度大于 1 m 应增加分隔带宽度。

5. 安全带宽度为侧向净宽与路缘带宽度之差。

第 4.7.2 条　计算行车速度大于或等于 40 km/h 时,应设硬路肩。硬路肩铺装应具有承受车辆荷载的能力。硬路肩中路缘带的路面结构与机动车车行道相同,其余部分可适当减薄。硬路肩最小宽度见表 4.7.2。

表 4.7.2　硬路肩最小宽度

计算行车速度/(km/h)	80	60,50	40
硬路肩最小宽度/m	1.00	0.75	0.50
有少量行人时的最小宽度/m	1.75	1.50	1.25

注:左侧路肩可采用表中硬路肩最小宽度。

接近城市、村镇有行人的路段,右侧硬路肩宽度应根据人流确定,但不得小于表 4.7.2 规定值。

不设硬路肩时,路肩宽度不得小于 1.25 m。

第 4.7.3 条　保护性路肩宽度应满足安设护栏、杆柱、交通标志牌的要求。最小宽度为 50 cm。

保护性路肩为土质或简易铺装。

第 4.7.4 条　快速路右侧路肩宽度小于 2.5 m,且交通量较大时,应设紧急停车带,其间距宜为 300 ~500 m。

第 5.1.11 条　视距的规定如下。

(1)道路平面、纵断面上的停车视距应大于或等于表 5.1.11 -1 规定值。寒冷积雪地区应另行计算。

(2)车行道上对向行驶的车辆有会车可能时,应采用会车视距。其值为表 5.1.11 -1 中停车视距的两倍。

(3)对于凸形竖曲线和立交等可能影响行车视距、危及行车安全的地方,均需验算行车视距，验算时，标高为0.1 m，目高在凸形竖曲线时为1.2 m，在桥下凹形竖曲线时为1.9 m。

表 5.1.11-1 停车视距

计算行车速度/(km/h)	80	60	50	45	40	35	30	25	20	15	10
停车视距/m	110	70	60	45	40	35	30	25	20	15	10

停车场出入口不应少于两个，其净距宜大于10 m；条件困难或停车容量小于50 veh（辆）时，可设一个出入口，但其进出通道的宽度宜采用9～10 m。

表 11.2.6 停车场设计车型及外廓尺寸 m

项目 设计车型	总长	总宽	总高
微型汽车	3.2	1.6	1.8
小型汽车	5.0	1.8	1.6
中型汽车	8.7	2.5	4.0
普通汽车	12.0	2.5	4.0
铰 接 车	18.0	2.5	4.0

注：1. 微型汽车包括微型客货车、机动三轮车。

2. 中型汽车包括中型客车、旅游车和装载4 t以下的货运汽车。

3. 小型汽车、普通汽车、铰接车同第2.3.1条。

表 11.2.7 车辆停放纵、横向净距 m

项目		设计车型	
		微型汽车、小型汽车	中型汽车、普通汽车、铰接车
车间纵向净距		2.0	4.0
背对停车时车间尾距		1.0	1.0
车间横向净距		1.0	1.0
车与围墙、护栏及其他构筑物间	纵净距	0.5	0.5
	横净距	1.0	1.0

注：停车场内背对停车，两车间植树时，车间尾距为1.5 m。

第11.2.10条 停车场的竖向设计应与排水设计结合，最小坡度与广场要求相同，与通道平行方向的最大纵坡度为1%，与通道垂直方向为3%。

表 11.2.8 机动车停车场设计参数

停放方式			垂直通道方向的车位尺寸 W_v/m					平行通道方向的车位尺寸 l_p/m					通道宽度 ω_t/m					单位停车宽度 ω_u/m					单位停车面积 A_u/(m^2/veh)				
			设计车型分类																								
			Ⅰ	Ⅱ	Ⅲ	Ⅳ	Ⅴ	Ⅰ	Ⅱ	Ⅲ	Ⅳ	Ⅴ	Ⅰ	Ⅱ	Ⅲ	Ⅳ	Ⅴ	Ⅰ	Ⅱ	Ⅲ	Ⅳ	Ⅴ	Ⅰ	Ⅱ	Ⅲ	Ⅳ	Ⅴ
平行式		前进停车	2.6	2.8	3.5	3.5	3.5	5.2	7.0	12.7	16.0	22.0	3.0	4.0	4.5	4.5	5.0	8.2	9.6	11.5	11.5	12.0	21.3	33.6	73.0	92.0	132.0
斜列式	30°	前进停车	3.2	4.2	6.4	8.0	11.0	5.2	5.6	7.0	7.0	7.0	3.0	4.0	5.0	5.8	6.0	9.4	12.4	17.8	21.8	28.0	24.4	34.7	62.3	76.1	98.0
	45°	前进停车	3.9	5.2	8.1	10.4	14.7	3.7	4.0	4.9	4.9	4.9	3.0	4.0	6.0	6.8	7.0	10.8	14.4	22.2	27.6	36.4	20.0	28.8	54.4	67.5	89.2
	60°	前进停车	4.3	5.9	9.3	12.1	17.3	3.0	3.2	4.0	4.0	4.0	4.0	5.0	8.0	9.5	10.0	12.6	16.8	26.6	33.7	44.6	18.9	26.9	53.2	67.4	89.2
		后退停车	4.3	5.9	9.3	12.1	17.3	3.0	3.2	4.0	4.0	4.0	3.5	4.5	6.5	7.3	8.0	12.1	16.3	25.1	31.5	42.6	18.2	26.1	50.2	62.9	85.2
垂直式		前进停车	4.2	6.0	9.7	13.0	19.0	2.6	2.8	3.5	3.5	3.5	6.0	9.5	10.0	13.0	19.0	14.4	21.5	29.4	39.0	57.0	18.7	30.1	51.5	68.3	99.8
		后退停车	4.2	6.0	9.7	13.0	19.0	2.6	2.8	3.5	3.5	3.5	4.2	6.0	9.7	13.0	19.0	12.6	18.0	29.1	39.0	57.0	16.4	25.2	50.9	68.3	99.8

注:1. 表中Ⅰ类为微型汽车,Ⅱ类为小型汽车,Ⅲ类为中型汽车,Ⅳ类为普通汽车,Ⅴ类为铰接车。

2. 计算公式:$\omega_u = \omega_t + 2\omega_v$,$A_u = \omega_u \times l_p/2$。

3. 表列数值系按通道两侧停车计算;单侧停车时,应另行计算。

第 11.2.11 条 自行车停车场应结合道路、广场和公共建筑布置，划定专门用地，合理安排。

表 11.2.11 自行车停车带宽度、通道宽度、单位停车面积

停放方式		停车带宽度/m		停车车辆间距/m	通道宽度/m		单位停车面积/(m^2/veh)			
		单排停车 ω_{so}	双排停车 ω_{s_t}	s_b	一侧停车 ω_{t1}	两侧停车 ω_{t2}	单排一侧停车 A_{01}	单排两侧停车 A_{02}	双排一侧停车 A_{t1}	双排两侧停车 A_{t2}
斜列式	30°	1.00	1.60	0.50	1.20	2.00	2.20	2.00	2.00	1.80
	45°	1.40	2.26	0.50	1.20	2.00	1.84	1.70	1.65	1.51
	60°	1.70	2.77	0.50	1.50	2.60	1.85	1.73	1.67	1.55
垂直式		2.00	3.20	0.60	1.50	2.60	2.10	1.98	1.86	1.74

注：计算公式

$$A_{01}=(\omega_{so}+\omega_{t1})s_b/\sin\theta_b \quad (11.2.11-1)$$

$$A_{02}=(\omega_{so}+\omega_{t2}/2)s_b/\sin\theta_b \quad (11.2.11-2)$$

$$A_{t1}=(\omega_{st}/2+\omega_{t1})s_b/\sin\theta_b \quad (11.2.11-3)$$

$$A_{t2}=(\omega_{st}+\omega_{t2})s_b/\sin\theta_b \quad (11.2.11-4)$$

第五节 公共电、汽车停靠站

第 15.5.1 条 公共电、汽车交通应结合地下铁道、缆车、索道、轮渡等交通站点设站。城区停靠站间距一般为 500～600 m，郊区视具体情况确定。

道路交叉口附近的站位，宜安排在交叉口出口道一侧，距交叉口 50～100 m 为宜。

第 15.5.2 条 停靠站在道路上的设置方式主要取决于道路横断面型式。单幅路或双幅路道路上，停靠站沿路侧带边缘设置；三幅路或四幅路道路上，沿两侧带设置。

第 15.5.3 条 港湾式停靠站可布设在路侧带或较宽的两侧带内，各部尺寸见表 15.5.3。

表 15.5.3 港湾式停靠站各部尺寸

主线计算行车速度/(km/h)	80	60	50	40	30	20
计算加减速段长度采用速度/(km/h)	60	50	40	35	30	20
减速段长度/m	90	65	40	30	25	10
站台长度/m	20	20	20	20	20	20
加速段长度/m	140	95	60	45	35	15
总长度/m	250	180	120	95	80	45

注：1. 表中“站台长度”系按停靠铰接车确定。若停放单节公共汽车时，长度可缩短为 15 m。

2. 几条公共汽车线路合设站点时，视具体情况加长站台长度。

附表 6.1 法定计量单位及其与公制单位换算

量的名称	单位名称	单位符号	与公制单位近似换算关系	附 注
力；重力	牛[顿]	N	1 N = 0.1 kgf	
	千牛[顿]	kN	1 kN = 0.1 tf = 100 kgf	

续表

量的名称	单位名称	单位符号	与公制单位近似换算关系	附　注
压力,压强;应力	帕[斯卡]	Pa	1 Pa = 0.1 kgf/m^2	1 Pa = 1 N/m^2
	千帕[斯卡]	kPa	1 kPa = 0.1 tf/m^2	
	兆帕[斯卡]	MPa	1 MPa = 1 N/mm^2 = 10 kgf/cm^2	
力矩	牛[顿]·米	N·m	1 N·m = 10 kgf·cm	
	千牛[顿]·米	kN·m	1 kN·m = 0.1tf·m	
弹性模量 剪切模量	兆帕[斯卡]	MPa	1 MPa = 10 kgf/cm^2	
速度	米每秒	m/s		1 m/s = 3.6 km/h
	千米每小时	km/h		
加速度	米每二次方秒	m/s^2		
长度	千米	km		俗称公里
	米	m		
	厘米	cm		
	毫米	mm		
面积	平方千米	km^2		1 km^2 = 10^6 m^2 = 1Mm^2
	平方米	m^2		
	平方厘米	cm^2		
	平方毫米	mm^2		
体积	升	L(l)		1 L = $10^{-3}$$m^3$
	立方米	m^3		1 m^3 = 1kL
	立方厘米	cm^3	1 cm^3 = 10^{-3}L	
密度	千克每立方米	kg/m^3		1 kg/m^3 = 10^{-3}g/cm^3
时间	秒	s		
	分	min		1 min = 60 s
	小时	h		1 h = 60 min = 3 600 s
	天[日]	d		1 d = 24 h = 86 400 s
平面角	弧度	rad		
	[角]秒	(″)		1″ = (π/648 000) rad
	[角]分	(′)		1′ = 60″(π/10 800) rad
	度	(°)		1° = 60′(π/180) rad
摄氏温度	摄氏度	℃		
光通量	流[明]	lm		
发光强度	坎[德拉]	cd		
光亮度	尼特	cd/m^2		
光照度	勒[克斯]	lx		
频率	赫[兹]	Hz		s^{-1}
电压	伏[特]	V		1 kV = 10^3 V
	千伏[特]	kV		
线膨胀系数	每摄氏度	℃$^{-1}$		

注:1. 周、月、年(年的符号为 a)为一般常用时间单位。

2. [　]内的字,是在不致混淆的情况下,可以省略的字。

3. (　)内的字为前者的同义语。

4. 角度单位度、分、秒的符号不处于数字后时,用括孤。

5. 升的符号中,小写字母 l 为备用符号。

6. 构成十进倍数和分数单位的词头按国务院《关于我国统一实行法定计量单位的命令》的规定。

7. 本规范中法定计量单位与公制计量单位有关力的近似换算关系采用 1 kgf≈10 N。

附表 6.2 在法定计量单位之外本规范采用的单位

单位名称	单位符号	含义
辆每小时	veh/h	veh 为 vehicle 的编写
辆每天	veh/d	
辆每小时每米	veh/(h·m)	
小客车每小时	pcu/h	pcu 为 passenger car unit 的缩写
小客车每天	pcu/d	
[行]人每小时	P/h	P 为 pedestrian 的缩写
[行]人每小时每米	P/(h·m)	
[行]人每绿灯小时每米	P/(t_{gh}·m)	累计绿色信号灯 1 h 通过的[行]人数
秒每辆	s/veh	车头时距
米每辆	m/veh	车头时距
轴数每天	n/d	标准轴载 P_k(或轴载 P_1)每天的作用轴数

3.2 《城市道路交通规划设计规范》GB 50220—95(节录)

3.2 公共交通线路网

3.2.1 城市公共交通线路网应综合规划。市区线、近郊线和远郊线应紧密衔接。各线的客运能力应与客流量相协调。线路的走向应与客流的主流向一致;主要客流的集散点应设置不同交通方式的换乘枢纽,方便乘客停车与换乘。

3.2.2 在市中心区规划的公共交通线路网的密度,应达到 3~4 km/km²,在城市边缘地区应达到 2~2.5 km/km²。

3.2.3 大城市乘客平均换乘系数不应大于 1.5,中、小城市不应大于 1.3。

3.2.4 公共交通线路非直线系数不应大于 1.4。

3.2.5 市区公共汽车与电车主要线路的长度宜为 8~12 km,快速轨道交通的线路长度不宜大于 40 min 的行程。

3.3 公共交通车站

3.3.1 公共交通的站距应符合表 3.3.1 的规定。

表 3.3.1 公共交通站距

公共交通方式	市区线/m	郊区线/m
公共汽车与电车	500~800	800~1 000
公共汽车大站快车	1 500~2 000	1 500~2 500
中运量快速轨道交通	800~1 000	1 000~1 500
大运量快速轨道交通	1 000~1 200	1 500~2 000

3.3.2 公共交通车站服务面积,以 300 m 半径计算,不得小于城市用地面积的 50%;以 500 m 半径计算,不得小于 90%。

3.3.4 公共交通车站的设置应符合下列规定。

3.3.4.1 在路段上,同向换乘距离不应大于 50 m,异向换乘距离不应大于 100 m;对置设站,应在车辆前进方向迎面错开 30 m。

3.3.4.2 在道路平面交叉口和立体交叉口上设置的车站,换乘距离不宜大于 150 m,并不得大于 200 m。

3.3.4.3 长途客运汽车站、火车站、客运码头主要出入口 50 m 范围内应设公共交通车站。

3.3.7 公共汽车和电车的首末站应设置在城市道路以外的用地上,每处用地面积可按 1 000 ~ 1 400 m^2 计算。有自行车存车换乘的,应另外附加面积。

3.3.8 城市出租汽车采用营业站定点服务时,营业站的服务半径不宜大于 1 km,其用地面积为 250 ~ 500 m^2。

3.4.3 公共交通车辆保养场用地面积指标宜符合表 3.4.3 的规定。

表 3.4.3 保养场用地面积指标

保养场规模/辆	每辆车的保养场用地面积/(m^2/辆)		
	单节公共汽车和电车	铰接式公共汽车和电车	出租小汽车
50	220	280	44
100	210	270	42
200	200	260	40
300	190	250	38
400	180	230	36

3.4.4 无轨电车和有轨电车整流站的规模应根据其所服务的车辆型号和车数确定。整流站的服务半径宜为 1 ~ 2.5 km。一座整流站的用地面积不应大于 1 000 m^2。

3.4.5 大运量快速轨道交通车辆段的用地面积,应按每节车厢 500 ~ 600 m^2 计算,并不得大于每双线千米 8 000 m^2。

3.4.6 公共交通车辆调度中心的工作半径不应大于 8 km,每处用地面积可按 500 m^2 计算。

4.2.4 自行车道路网密度与道路间距宜按表 4.2.4 的规定采用。

表 4.2.4 自行车道路网密度与道路间距

自行车道路与机动车道的分隔方式	道路网度/(km/km^2)	道路间距/m
自行车专用路	1.5 ~ 2.0	1 000 ~ 1 200
与机动道间用设施隔离	3 ~ 5	400 ~ 600
路面划线	10 ~ 15	150 ~ 200

5.2.3 人行道宽度应按人行带的倍数计算,最小宽度不得小于 1.5 m。人行带的宽度和通行能力应符合表 5.2.3 的规定。

表 5.2.3 人行带宽度和最大通行能力

所在地点	宽度/m	最大通行能力/(人/h)
城市道路上	0.75	1 800
车站码头、人行天桥和地道	0.90	1 400

5.2.4 在城市的主干路和次干路的路段上，人行横道或过街通道的间距宜为 250 ~ 300 m。

5.2.6 属于下列情况之一时，宜设置人行天桥或地道。

5.2.6.1 横过交叉口的一个路口的步行人流量大于 5 000 人次/h，且同时进入该路口的当量小汽车交通量大于 1 200 辆/h 时。

5.2.6.2 通过环形交叉口的步行人流总量达 1 800 人次/h，且同时进入环形交叉的当量小汽车交通量达到 2 000 辆/h 时。

5.2.6.3 行人横过城市快速路时。

5.2.6.4 铁路与城市道路相交道口，因列车通过一次阻塞步行人流超过 1 000 人次或道口关闭的时间超过 15 min 时。

5.2.7 人行天桥或地道设计应符合城市景观的要求，并与附近地上或地下建筑物密切结合；人行天桥或地道的出入口处应规划人流集散用地，其面积不宜小于 50 m^2。

5.2.8 地震多发地区的城市，人行立体过街设施宜采用地道。

5.3.1 商业步行区的紧急安全疏散出口间隔距离不得大于 160 m。区内道路网密度可采用 13 ~ 18 km/km^2。

5.3.2 商业步行区的道路应满足送货车、清扫车和消防车通行的要求。道路的宽度可采用 10 ~ 15 m，其间可配置小型广场。

5.3.3 商业步行区内步行道路和广场的面积，可按每平方米容纳 0.8 ~ 1.0 人计算。

5.3.4 商业步行区距城市次干路的距离不宜大于 200 m，步行区进出口距公共交通停靠站的距离不宜大于 100 m。

5.3.5 商业步行区附近应有相应规模的机动车和非机动车停车场或多层停车库，其距步行区进出口的距离不宜大于 100 m，并不得大于 200 m。

6.3.3 货物流通中心用地总面积不宜大于城市规划用地总面积的 2%。

6.3.4 大城市的地区性货物流通中心应布置在城市边缘地区，其数量不宜少于两处；每处用地面积宜为 50 万 ~ 60 万 m^2。中、小城市货物流通中心的数量和规模宜根据实际货运需要确定。

6.3.5 生产性货物流通中心，应与工业区结合，服务半径宜为 3 ~ 4 km。其用地规模应根据储运货物的工作量计算确定，或宜按每处 6 万 ~ 10 万 m^2 估算。

6.3.6 生活性货物流通中心的用地规模，应根据其服务的人口数量计算确定，但每处用地面积不宜大于 5 万 m^2，服务半径宜为 2 ~ 3 km。

7 城市道路系统

7.1 一般规定

7.1.1 城市道路系统规划应满足客、货车流和人流的安全与畅通，反映城市风貌、城市历史和文化传统，为地上地下工程管线和其他市政公用设施提供空间，满足城市救灾避难和日照通风的要求。

7.1.2 城市道路交通规划应符合人与车交通分行,机动车与非机动交通分道的要求。

7.1.3 城市道路应分为快速路、主干路、次干路和支路4类。

7.1.4 城市道路用地面积应占城市建设用地面积的8%~15%。对规划人口在200万以上的大城市,宜为15%~20%.

7.1.5 规划城市人口人均占有道路用地面积宜为7~15 m²。其中:道路用地面积宜为6.0~13.5 m²/人,广场面积宜为0.2~0.5 m²/人,公共停车场面积宜为0.8~1.0 m²/人。

7.1.6 城市道路中各类道路的规划指标应符合表7.1.6-1和表7.1.6-2的规定。

表7.1.6-1 大、中城市道路网规划指标

项目	城市规模与人口/万人		快速路	主干路	次干路	支路
机动车设计速度/(km/h)	大城市	>200	80	60	40	30
		≤200	60~80	40~60	40	30
	中等城市		—	40	40	30
道路网密度/(km/km²)	大城市	>200	0.4~0.5	0.8~1.2	1.2~1.4	3~4
		≤200	0.3~0.4	0.8~1.2	1.2~1.4	3~4
	中等城市		—	1.0~1.2	1.2~1.4	3~4
道路中机动车车道条数/条	大城市	>200	6~8	6~8	4~6	3~4
		≤200	4~6	4~6	4~6	2
	中等城市		—	4	2~4	2
道路宽度/m	大城市	>200	40~45	45~55	40~50	15~30
		≤200	35~40	40~50	30~45	15~20
	中等城市		—	35~45	30~40	15~20

表7.1.6-2 小城市道路网规划指标

项　目	城市人口/万人	干路	支路
机动车设计速度/(km/h)	>5	40	20
	1~5	40	20
	<1	40	20
道路网密度/(km/km²)	>5	3~4	3~5
	1~5	4~5	4~6
	<1	5~6	6~8
道路中机动车车道条数/条	>5	2~4	2
	1~5	2~4	2
	<1	2~3	2

续表

项　目	城市人口/万人	干路	支路
道路宽度/m	>5	25～35	12～15
	1～5	25～35	12～15
	<1	25～30	12～15

7.2　城市道路网布局。

7.2.6　城市环路应符合以下规定。

7.2.6.1　内环路应设置在老城区或市中心区的外围。

7.2.6.2　外环路宜设置在城市用地的边界内1～2 km处,当城市放射的干路与外环路相交时,应规划好交叉口上的左转交通。

7.2.6.3　大城市的外环路应是汽车专用道路,其他车辆应在环路外的道路上行驶。

7.2.6.4　环路设置,应根据城市地形、交通的流量流向确定,可采用半环或全环。

7.2.6.5　环路的等级不宜低于主干路。

7.2.8　山区城市道路网规划应符合下列规定。

7.2.8.1　道路网应平行等高线设置,并应考虑防洪要求。主干路宜设在谷地或坡面上。双向交通的道路宜分别设置在不同的标高上。

7.2.8.2　地形高差特别大的地区,宜设置人、车分开的两套道路系统。

7.2.8.3　山区城市道路网的密度宜大于平原城市,并应采用表7.1.6－1、表7.1.6－2中规定的上限值。

7.2.9　当旧城道路网改造时,在满足道路交通的情况下,应兼顾旧城的历史文化、地方特色和原有道路网形成的历史;对有历史文化价值的街应适当保护。

7.2.10　市中心区的建筑容积率达到8时,支路网密度宜为12～16 km/km^2;一般商业集中地区的支路网密度宜为10～12 km/km^2。

7.2.11　次干路和支路网宜划成1∶2～1∶4的长方格,沿交通主流方向应加大交叉口的间距。

7.2.12　道路网节点上相交道路的条数宜为4条,并不得超过5条。道路宜垂直相交,最小夹角不得小于45°。

7.2.13　应避免设置错位的T字形路口。已有的错位T字形路口,在规划时应改造。

7.2.14　大、中、小城市道路交叉口的形式应符合表7.2.14－1和表7.2.14－2的规定。

表7.2.14－1　大、中城市道路交叉口的形式

相交道路	快速路	主干路	次干路	支路
快速路	A	A	A,B	—
主干路		A,B	B,C	B,D
次干路			C,D	C,D
支路				D,E

注:A为立体交叉口,B为展宽式信号灯管理平面交叉口,C为平面环形交叉口,D为信号灯管理平面交叉口,E为不设信号灯的平面交叉口。

表 7.2.14－2 小城市的道路交叉口的形式

规划人口/万人	相交道路	干路	支路
>5	干路	C,D,B	D,E
	支路		E
1～5	干路	C,D,E	E
	支路		E
<1	干路	D,E	E
	支路		E

注:B、C、D、E 的含义同表 7.2.14－1 注。

7.3 城市道路

7.3.1 快速路规划应符合下列要求。

7.3.1.1 规划人口在 200 万以上的大城市和长度超过 30 km 的带形城市应设置快速路。快速路应与其他干路构成系统,与城市对外公路有便捷的联系。

7.3.1.2 快速路上的机动车道两侧不应设置非机动车道。机动车道应设置中央隔离带。

7.3.1.3 与快速路交汇的道路数量应严格控制。相交道路的交叉口形式应符合表 7.2.14－1 的规定。

7.3.1.4 快速路两侧不应设置公共建筑出入口。快速路穿过人流集中的地区,应设置人行天桥或地道。

7.3.2 主干路规划应符合下列要求。

7.3.2.1 主干路上的机动车与非机动车应分道行驶,交叉口之间分隔机动车与非机动的分隔带宜连续。

7.3.2.2 主干路两侧不宜设置公共建筑物出入口。

7.3.3 次干路两侧可设置公共建筑物,并可设置机动车和非机动车的停车场、公共交通站点和出租汽车服务站。

7.3.4 支路规划应符合下列要求。

7.3.4.1 支路应与次干路和居住区、工业区、市中心区、市政公用设施用地、交通设施用地等内部道路相连接。

7.3.4.2 支路可与平行快速路的道路相接,但不得与快速路直接相接。在快速路两侧的支路需要连接时,应采用分离式立体交叉跨过或穿过快速路。

7.3.4.3 支路应满足公共交通线路行驶的要求。

7.3.4.4 在市区建筑容积率大于 4 的地区,支路网的密度应为表 7.1.6－1 和表 7.1.6－2 中所规定数值的 2 倍。

7.3.5 城市道路规划,应与城市防灾规划相结合,并应符合下列规定。

7.3.5.1 地震设防的城市,应保证震后城市道路和对外公路的交通畅通,并应符合要求:①干路两侧的高层建筑应由道路红线向后退 10～15 m;②新规划的压力主干管不宜设在快速路和主干路的车行道下面;③路面宜采用柔性路面;④道路立体交叉口宜采用下穿式;⑤道路网中宜设置小广场和空地,并应结合道路两侧的绿地,划定疏散避难用地。

7.3.5.2　山区或湖区定期受洪水侵害的城市，应设置通向高地的防灾疏散道路，并适当增加疏散方向的道路网密度。

7.4　城市道路交叉口

7.4.1　城市道路交叉口，应根据相交道路的等级、分向流量、公共交通站点的设置、交叉口周围用地的性质，确定交叉口的形式及其用地范围。

7.4.4　平面交叉口的进出口应设展宽段，并增加车道条数；每条车道宽度宜为3.5 m，并应符合下列规定。

7.4.4.1　进口道展宽段的宽度，应根据规划的交通量和车辆在交叉口进口停车排队的长度确定。在缺乏交通量的情况下，可采用下列规定，预留展宽段的用地：①当路段单向三车道时，进口道至少四车道；②当路段单向两车道或双向三车道时，进口道至少三车道；③当路段单向一车道时，进口道至少两车道。

7.4.4.2　展宽段的长度，在交叉口进口道外侧自缘石半径的端点向后展宽50～80 m。

7.4.4.3　出口道展宽段的宽度，根据交通量和公共交通设站的需要确定，或与进口道展宽段的宽度相同；其展宽的长度在交叉口出口道外侧自缘石半径的端点向车前延伸30～60 m。当出口道车道条数达3条时，可不展宽。

7.4.4.4　经展宽的交叉口应设置交通标志、标线和交通岛。

7.4.10　城市道路平面交叉口的规划用地面积宜符合表7.4.10的规定。

表7.4.10　平面交叉口规划用地面积　万 m^2

城市人口/万人 \ 相交道路等级	T字形交叉口			十字形交叉口			环形交叉口		
	>200	50～200	<50	>200	50～200	<50	中心岛直径/m	环道宽度/m	用地面积
主干路与主干路	0.60	0.50	0.45	0.80	0.65	0.60	—	—	—
主干路与次干路	0.50	0.40	0.35	0.65	0.55	0.50	40～60	20～40	1.0～1.5
次干路与次干路	0.40	0.30	0.25	0.55	0.45	0.40	30～50	16～20	0.8～1.2
次干路与支路	0.33	0.27	0.22	0.45	0.35	0.30	30～40	14～18	0.6～0.9
支路与支路	0.20	0.16	0.12	0.27	0.22	0.17	25～35	12～15	0.5～0.7

7.4.15　城市中各种立交桥形式，主要由处理左转交通的方式决定。从国内已建成的或提出的设计方案看，各种立体交叉口各有特点。

第一类：双层式立体交叉口

(1)菱形立体交叉口：常用于主、次干路相交的交叉口上。用地较小，约2.0万～2.5万 m^2。

(2)苜蓿叶形立体交叉口：桥梁工程很少，直行通行能力大，占地面积大，达8万～12万 m^2。长条苜蓿叶形立体交叉口，用地面积较小些，为6.5万 m^2。

(3)环形立体交叉口：①由平面环形交叉口改造而成，通行能力明显提高，其用地面积约3.0万～4.5万 m^2；②环形立体交叉口是由两层环形交叉口相叠而成，交通顺畅，用地较小，约为2.5万～3.0万 m^2。

第二类　三层式立体交叉口

(1)十字形立体交叉口:用地面积为4.0万~5.0万 m^2。

(2)环形立体交叉口:①直行机动车在上、下层垂直穿过,左、右转的机动车和所有非机动车在中间一层环形交叉口上混行通过,用地面积为5.0万~5.5万 m^2;②机动车与非机动车分别在上、下两层环形交叉口上行驶,直行交通量特别大的机动车道由环形交叉口的最下层穿过,若因地下管道限制,也可以从最上层跨越环形交叉口,但工程量和用地面积要增加很多,用地面积为4.5万~5.5万 m^2。

(3)苜蓿叶形与环形立体交叉口:使用效果好但占地大,达7.0~12.0万 m^2。

(4)环形与苜蓿叶形立体交叉口:其通行能力是所有立体交叉口中最大的,用地面积5.0万~6.0万 m^2。

第三类:四层式环形立体交叉口

由一个非机动车平面环形交叉口套在一个三层或机动车环形立体交叉口内组成。层数多,土建工程量大,用地面积为6.0万~8.0万 m^2。

7.4.15 各种形式立体交叉口的用地面积和规划通行能力宜符合表7.4.15的规定。

表7.4.15 立体交叉口规划用地面积和通行能力

立体交叉口层数	立体交叉口中匝道的基本形式	机动车与非机动车交通有无冲突点	用地面积/万 m^2	通行能力/(千辆/h)	
				当量小汽车	当量自行车
二	菱形	有	2.0~2.5	7~9	10~13
	苜蓿叶形	有	6.5~12.0	6~13	16~20
	环形	有	3.0~4.5	7~9	15~20
		无	2.5~3.0	3~4	12~15
三	十字路口形	有	4.0~5.0	11~14	13~16
	环形	有	5.0~5.5	11~14	13~14
		无	4.5~5.5	8~10	13~15
	苜蓿叶形与环形①	无	7.0~12.0	11~13	13~15
	环形与苜蓿叶形②	无	5.0~6.0	11~14	20~30
四	环形	无	6.0~8.0	11~14	13~15

①、②:三层立体交叉中的苜蓿叶形为机动车匝道,环形为非机动车匝道。

7.5 城市广场

7.5.1 全市车站、码头的交通集散广场用地总面积,可按规划城市人口每人0.07~0.10 m^2计算。

7.5.2 车站、码头前的交通集散广场的规模由聚集人流量决定,集散广场的人流密度宜为1.0~1.4人/m^2。

7.5.3 车站、码头前的交通集散广场上供旅客上下车的停车点,距离进出口不宜大于50 m;允许车辆短暂停留,但不得长时间存放。机动车和非机动车的停车场应设置在集散广场外围。

7.5.4 城市游憩集会广场用地的总面积,可按规划城市人口每人0.13~0.40 m^2计算。

7.5.5 城市游憩集会广场不宜太大。市级广场每处宜为4万~10万 m^2,区级广场每处宜为1万~3万 m^2。

8.1.1 城市公共停车场应分为外来机动车公共停车场、市内机动车公共停车场和自行车公共停车场3类,其用地总面积可按规划城市人口每人0.81 m^2计算。其中:机动车停车场的用地宜为80%~90%,自行车停车场的用地宜为10%~20%。市区宜建停车楼或地下停车库。

8.1.4 机动车公共停车场的服务半径,在市中心地区不应大于200 m;一般地区不应大于300 m;自行车公共停车场的服务半径宜为50~100 m,并不得大于200 m。

8.1.7 机动车公共停车场用地面积,宜按当量小汽车停车位数计算。地面停车场用地面积,每个停车位宜为25~30 m^2;停车楼和地下停车库的建筑面积,每个停车位宜为30~35 m^2。摩托车停车场用地面积,每个停车位宜为2.5~2.7 m^2。自行车公共停车场用地面积,每个停车位宜为1.5~1.8 m^2。

8.2.1 城市公共加油站的服务半径宜为0.9~1.2 km。

8.2.2 城市公共加油站应大、中、小相结合,以小型站为主,其用地面积应符合表8.2.2的规定。

表8.2.2 公共加油站的用地面积

昼夜加油的车次数	300	500	800	1 000
用地面积/万 m^2	0.12	0.18	0.25	0.30

8.2.5 附设机械化洗车的加油站,应增加用地面积160~200 m^2。

3.3 城市综合交通系统规划(《城市规划原理》2003)(节录)

一、基本概念

1. 城市综合交通规划

(1)对外交通——城市与区域联系的交通,包括公路、铁路、航空和水运交通。

(2)城市交通——城市内的交通,包括城市道路交通、城市轨道和城市水上交通。

2. 城市交通系统

城市交通系统把分散在城市各处的城市生产生活活动连接起来,在组织生产、安排生活、提高城市客货流的有效运转及促进城市经济发展方面起着十分重要的作用。

城市交通系统由3个系统组成:①城市运输系统(交通行为的运作);②城市道路系统(通道);③城市交通管理系统(管理与控制)。

二、城市道路系统规划

1. 影响城市道路系统布局的因素

(1)城市在区域中的位置——城市外部联系和自然地理条件。

(2)城市用地布局形态——城市骨架关系。

(3)城市交通运输系统——市内交通联系。

2. 城市道路系统规划基本要求

(1)各级道路成为划分城市各分区、组团、各类用地的分界线。

(2)是联系城市各分区、组团、各类用地的通道。

(3)组织城市景观(交通功能道路宜直,生活性道路宜自然)。

(4)道路功能同毗邻用地性质相协调(要注意避免在交通性道路两侧安排可能产生或吸引大量人流的生活性设施与用地,在生活性道路两侧同样避免布局会产生或吸引大量车流、货流的交通性用地)。

(5)道路系统完整(各级道路级配合理),交通均衡分布(减少多余的出行距离及不必要的往返运输和迂回运输,减少跨越分区或组团的远距离交通)。

(6)适当的路网密度和道路面积率(8% ~15%、20% ~30%)。一般城市中心区的道路网密度较大,边缘区较小;商业区的道路网密度较大,工业区较小。

(7)要有利于交通分流(形成快速和常规、交通性与生活性、机动与非机动、车与人等不同系统)。

(8)为交通组织和管理创造条件(不越级衔接,尽量正交;交叉口道路不超过5条,交叉角不小于60°)。

(9)与对外交通衔接得当(内外道路有别,不能混淆而产生冲突;城市道路与铁路场站、港区码头和机场之间要联系方便)。

(10)道路最好能避免正东西方向,应有利于夏季通风、冬季抗御寒风。

(11)避免过境交通穿越市区、交通性道路穿越生活居住区。

(12)道路规划与工程管线的敷设留有足够的空间。

3. 城市道路系统规划的程序

(1)现状调整,资料准备(经济发展、交通现状、用地布局资料)及图纸。

(2)道路系统初步规划方案(功能、骨架要求)。

(3)交通规划初步方案(交通量预测及分配道路面积密度的预测)。

(4)修改道路系统规划方案(深入研究道路红线、断面、交叉口)。

(5)绘制道路系统规划图(含平面图、横断面图)。

(6)编制道路系统规划说明书。

4. 城市道路分类

(1)按城市骨架分类。

• 快速路:联系组团间交通、中长距离交通、快速交通;是城市与高速公路的联系通道,应布置在城市组团之间的绿化分割带中;两侧不宜设置吸引大量人流的公共建筑物。

• 主干路:联系城市各组团及对外交通枢纽、中距离交通服务、常速的道路。

• 次干路:组团内联系,位于主干道之间,较低速度,属集散交通。

• 支路:汇集交通量。

(2)按道路功能分类。

• 交通性道路:满足交通运输要求,车速快、车辆多、车行道宽,避免布置吸引大量人流的公共建筑,可分为货运交通干道、客运交通干道和客货混合交通干道。

• 生活性通道:满足生活性交通要求(以步行、自行车交通为主),可分为生活性干道和生活性支路。

5. 城市干道网类型

(1)方格网式道路系统:①适于地形平坦城市,有利于建筑的布置;②由于平行方向有多条道路,交通分散、灵活性大,但对角线方向的交通联系不便,非直线系数大,增加放射道路,又产生复杂的交叉口和三角形街坊;③交通穿越中心区。

(2)环行放射式道路系统:①以广场组织城市,利于市中心同外围市郊联系;②环行干道利于中心城区外的市区和郊区之间的联系;③放射形干道易把外围交通引入市中心,环行干道促使城市成同心圆不断向外扩张。

(3)自由式道路系统:①因地制宜,不规则布局,非直线系数较大;②较易形成活泼、丰富的景观效果。

(4)混合式道路系统:①方格网+环形放射式的道路系统,是大城市发展后期形成的效果较好的一种道路网形式,如北京等城市;②链式道路网,由一两条主要交通干道作为纽带,串联较小范围的道路网而形成,如兰州等城市。

6. 城市各级道路的衔接

(1)衔接的原则:①低速让高速;②次要让主要;③生活性让交通性;④适当分离(公路与城市道路)。

(2)高速公路与城市道路的衔接:①不得直接与城市生活性道路、交通性次干道相连;②对于较大城市,可以直接引到城市中心地区边缘,连接城市外围高速公路环路,再由此环路与城市快速路相连;③对于较大城市,通过立体交叉引出联络交通干道,与城市快速路网连接;④对于小城镇,通过立体交叉引出联络交通干道,与主干道连接。

(3)公路与城市道路的衔接:①可以直接与城市外围干道相连,要避免直通城市中心;②把公路与城市交通分离开来,有两种方式——立交、公路绕城改道。

7. 城市交通枢纽布局

城市交通枢纽包括货运交通枢纽、客运交通枢纽及设施性交通枢纽3类。

(1)货运交通枢纽:①它是城市主要货流的重要出行端;②它包括铁路货站、公路货站、水运货运码头、汽车运输站场、仓库等;③仓储设施一般要靠近转运设施布置,应加强货运交通枢纽与货运干道的便捷联系;④从事物流活动的企业叫物流企业,物流活动即物品从供应地向接收地的实体流动的过程,根据实际需要,将运输、储存、装卸、包装、流通加工、配送、信息处理等基本功能实施有机结合,组成物流中心;⑤市级物流中心通常布置在城市外围环路与通往其他城市的高速公路相交的地方;⑥在城市中心地区,可以结合商业中心和工业用地的布置安排若干个次一级的货物流通中心。

(2)客运交通枢纽:①铁路、水运、航空等客运设施布局,主要取决于对外交通的布局;②公路长途客运设施布置在市中心区边缘附近或靠近铁路、水运客站附近,并与城市对外公路干线有方便的联系;③客运交通枢纽包括城市对外客运与市内公共交通客运相互转换的枢纽,市内大型人流集散点的枢纽,市区和郊区结合部的枢纽;④客运交通枢纽的布局既要方便居民换乘,有利于道路客流的均衡分布,又要促进城市中心的发展建设。

(3)设施性交通枢纽(人工天桥、地铁和停车场):①停车场包括市中心停车场、城市主要出入口停车场、超级市场和大型城外游憩地的停车场;②城市公共停车场的用地总面积按照城市人口每人0.8 m^2 ~1.0 m^2安排。

8. 城市道路系统的技术空间布局

(1)交叉口间距:快速路 1 500 ~2 500 m,主干道 700 ~1 200 m,次干道 350 ~500 m,支路 150 ~250 m。

(2)道路网密度如下。

①城市干道网密度 = 干道(快速路、主干路、次干路)总长度/城市用地总面积。

规范:大城市为 2.4 ~3 km/km^2,中等城市为 2.2 ~2.6 km/km^2。

②城市道路网密度 = 城市道路总长度/城市用地总面积。

规范:大城市为 5 ~7 km/km^2,中等城市为 5 ~6 km/km^2。

(3)道路红线宽度:①道路红线用地包括车行道、步行道、绿化带和分割带 4 部分;②道路实际宽度根据周边用地功能、交叉口而发生变化,红线不应该是一条直线;③快速路红线宽度 60 ~100 m,主干路 40 ~70 m,次干路 30 ~50 m,支路 20 ~30 m。

3.4 《公园设计规范》CJJ 48—92(节录)

第 5.1.1 条 各级园路应以总体设计为依据,确定路宽、平曲线和竖曲线的线形以及路面结构。

第 5.1.2 条 园路宽度宜符合表 5.1.2 的规定。

表 5.1.2 园路宽度 m

园路级别	陆地面积/hm^2			
	<2	2 ~ <10	10 ~50	>50
主路	2.0 ~3.5	2.5 ~4.5	3.5 ~5.0	5.0 ~7.0
支路	1.2 ~2.0	2.0 ~3.5	2.0 ~3.5	3.5 ~5.0
小路	0.9 ~1.2	0.9 ~2.0	1.2 ~2.0	1.2 ~3.0

第 5.1.3 条 园路线形设计应符合下列规定。

(1)与地形、水体、植物、建筑物、铺装场地及其他设施结合,形成完整的风景构图。

(2)创造连续展示园林景观的空间或欣赏前方景物的透视线。

(3)路的转折、衔接通顺,符合游人的行为规律。

第 5.1.4 条 主路纵坡宜小于 8%,横坡宜小于 3%,粒料路面横坡宜小于 4%,纵、横坡不得同时无坡度。山地公园的园路纵坡应小于 12%,超过 12% 应作防滑处理。主园路不宜设梯道,必须设梯道时,纵坡宜小于 36%。

第 5.1.5 条 支路和小路,纵坡宜小于 18%。纵坡超过 15% 的路段,路面应作防滑处理;纵坡超过 18%,宜按台阶、梯道设计,台阶踏步数不得少于 2 级,坡度大于 58% 的梯道应作防滑处理,宜设置护栏设施。

第 5.1.6 条 经常通行机动车的园路宽度应大于 4 m,转弯半径不得小于 12 m。

第 5.1.7 条 园路在地形险要的地段应设置安全防护设施。

第 5.1.8 条 通往孤岛、山顶等卡口的路段,宜设通行复线;必须沿原路返回的,宜适当放宽路面。应根据路段行程及通行难易程度,适当设置供游人短暂休憩的场所及护栏设施。

第5.1.9条 园路及铺装场地应根据不同功能要求确定其结构和饰面。面层材料应与公园风格相协调,并宜与城市车行路有所区别。

第5.1.10条 公园出入口及主要园路宜便于通过残疾人使用的轮椅,其宽度及坡度的设计应符合《方便残疾人使用的城市道路和建筑物设计规范》(JGJ 50)中的有关规定。

第5.1.11条 公园游人出入口宽度应符合下列规定。

(1)总宽度符合表5.1.11的规定。

表5.1.11 公园游人出入口总宽度下限 m/万人

游人人均在园停留时间/h	售票公园	不售票公园
>4	8.3	5.0
1~4	17.0	10.2
<1	25.0	15.0

注:单位"万人"指公园游人容量。

(2)单个出入口最小宽度1.5 m。

(3)举行大规模活动的公园,应另设安全门。

3.5 《城市居住区规划设计规范》GB 50180—93(2002年版)(节录)

8 道路

8.0.2 居住区内道路可分为居住区道路、小区路、组团路和空间小路四级。其道路宽度,应符合下列规定。

8.0.2.1 居住区道路:红线宽度不宜小于20 m。

8.0.2.2 小区路:路面宽6~9 m,建筑控制线之间的宽度,需敷设供热管线的不宜小于14 m;无供热管线的不宜小于10 m。

8.0.2.3 组团路:路面宽3~5 m;建筑控制线之间的宽度,需敷设供热管线的不宜小于10 m;无供热管线的不宜小于8 m。

8.0.2.4 宅间小路:路面宽不宜小于2.5 m。

8.0.3 居住区内道路纵坡规定,应符合表3.0.3的规定。

表3.0.3 居住区内道路纵坡控制指标 %

道路类别	最小纵坡	最大纵坡	多雪严寒地区最大纵坡
机动车道	≥0.2	≤8.0 L≤200 m	≤5.0 L≤600 m
非机动车道	≥0.2	≤3.0 L≤50 m	≤2.0 L≤100 m
步行道	≥0.2	≤8.0	≤4.0

注:L为坡长,m。

8.0.5 居住区内道路设置,应符合下列规定。

8.0.5.1 小区内主要道路至少应有两个出入口,居住区内主要道路至少应有两个方向与外围道路相连,机动车道对外出入口间距不应小于 150 m。沿街建筑物长度超过 150 m 时,应设不小于 4 m×4 m 的消防车通道。人行出口间距不宜超过 80 m,当建筑物长度超过 80 m 时,应在底层加设人行通道。

8.0.5.2 居住区内道路与城市道路相接时,其交角不宜小于 75°;当居住区内道路坡度较大时,应设缓冲段与城市道路相接。

8.0.5.3 进入组团的道路,既应方便居民出行和利于消防车救护车的通行,又应维护院落的完整性和利于治安保卫。

8.0.5.4 在居住区内公共活动中心,应设置为残疾人通行的无障碍通道,通行轮椅车的坡道宽度不应小于 2.5 m,纵坡不应大于 2.5%。

8.0.5.5 居住区内尽端式道路的长度不宜大于 120 m,并应在尽端设不小于 12 m×12 m 的回车场地。

8.0.5.6 当居住区内用地坡度大于 8% 时,应辅以梯步解决竖向交通,并宜在梯步旁附设推行自行车的坡道。

8.0.5.7 在多雪严寒的山坡地区,居民区内道路路面应考虑防滑措施;在地震设防地区,居民区内的主要道路,宜采用柔性路面。

8.0.5.8 居住区内道路边缘至建筑物、构筑物的最小距离应符合表 8.0.5 规定。

表 8.0.5 道路边缘至建、构筑物最小距离 m

道路级别 / 与建、构筑物关系			居住区道路	小区路	组团路及宅间小路
建筑物面向道路	无出入口	高层	5.0	3.0	2.0
		多层	3.0	3.0	2.0
	有出入口		—	5.0	2.5
建筑物山墙面向道路		高层	4.0	2.0	1.5
		多层	2.0	2.0	1.5
围墙面向道路			1.5	1.5	

注:居住区道路的边缘指红线;小区路、组团路及宅间小路的边缘指路面边线。当小区路没有人行便道时,其道路边缘指便道边线。

8.0.6.1 居民汽车停车率不应小于 10%。

8.0.6.2 居住区地面停车率(居住区内居民汽车的停车位数量与居住户数的比率)不宜超过 10%。

8.0.6.3 居民停车场、库的布置应方便居民使用,服务半径不宜大于 150 m。

3.6 建设部住宅产业化促进中心《居住区环境景观设计导则》(2006 版)(节录)

表 5.2 居住区道路宽度

道路名称	道路宽度
居住区道路	红线宽度不宜小于 20 m
小区路	路面宽 5 ~ 8 m,建筑控制线之间的宽度,采暖区不宜小于 14 m,非采暖区不宜小于 10 m
组团路	路面宽 3 ~ 5 m,建筑控制线之间的宽度,采暖区不宜小于 10 m,非采暖区不宜小于 8 m
宅间小路	路面宽不宜小于 2.5 m
园路(甬路)	不宜小于 1.2 m

3.7 《城市绿地设计规范》GB 50420—2007(节录)

6 道路、桥梁

6.1.1 城市绿地内道路设计应以绿地总体设计为依据,按游览、观景、交通、集散等需求,与山水、树木、建筑、构筑物及相关设施相结合,设置主路、支路、小路和广场,形成完整的道路系统。

城市绿地的道路除带状绿地设置单一通道外,均宜设置环形主干道,避免让游人走回头路。

6.1.2 城市绿地应设 2 个或 2 个以上出入口,出入口的选址应符合城市规划及绿地总体布局需求,出入口应与主路相通。出入口旁应设置集散广场和停车场。

6.1.3 绿地的主路应构成环道,并可通行机动车。主路宽度不应小于 3.00 m。通行消防车的主路宽度不应小于 3.50 m,小路宽度不应小于 0.80 m。

6.1.4 绿地内道路应随地形曲直、起伏。主路纵坡不宜大于 8%,山地主路纵坡不应大于 12%。支路、小路纵坡不宜大于 18%。当纵坡超过 18% 时,应设台阶,台阶级数不应少于 2 级。

6.1.5 绿地的道路及铺装地坪宜设透水、透气、防滑的路面和铺地。喷水池边应设防滑地坪。

6.1.6 依山或傍水且对游人存在安全隐患的道路,应设置安全防护栏杆,栏杆高度必须大于 1.05 m。

6.2 桥梁

6.2.1 桥梁设计应以绿地总体设计布局为依据,与周边环境相协调,并应满足通航的要求。

6.2.2 考虑重车较少,通行机动车的桥梁应按公路二级荷载的 80% 计算,桥两端应设置限载标志。

6.2.3 人行桥梁,桥面活荷载应按 3.5 kN/m^2 计算,桥头设置车障。

6.2.4 不设护栏的桥梁、亲水平台等临水岸边，必须设置宽 2.00 m 以上的水下安全区，其水深不得超过 0.70 m。汀步两侧水深不得超过 0.50 m。

6.2.5 通游船的桥梁，其桥底与常水位之间的净空高度不应小于 1.50 m。

3.8 《城市公共交通分类标准》CJJ/P 114—2007（节录）

2.0.4 城市公共交通分类应符合表 2.0.4 的规定。

表 2.0.4 城市公共交通分类

分类名称及代码			主要指标及特征		
大类	中类	小类	车辆和线路条件	客运能力 N 平均运行速度 v	备注
城市道路公共交通 GJ_1	常规公共汽车 GJ_{11}	小型公共汽车 GJ_{111}	车长：3.5～7 m 定员：≤40 人	N：≤1 200 人次/h v：15～25 km/h	适用于支路以上等级道路
		中型公共汽车 GJ_{112}	车长：7～10 m 定员：≤80 人	N：≤2 400 人次/h v：15～25 km/h	适用于支路以上等级道路
		大型公共汽车 GJ_{113}	车长：10～12 m 定员：≤110 人	N：≤3 300 人次/h v：15～25 km/h	适用于次干路以上等级道路
		特大型（铰接）公共汽车 GJ_{114}	车长：13～18 m 定员：135～180 人	N：≤5 400 人次/h v：15～25 km/h	适用于主干路以上等级道路
		双层公共汽车 GJ_{115}	车长：10～12 m 定员：≤120 人	N：≤3 600 人次/h v：15～25 km/h	适用于主干路以上等级道路
	快速公共汽车系统 GJ_{12}	大型公共汽车 GJ_{121}	车长：10～12 m 定员：≤110 人	N：≤1.1 万人次/h v：25～40 km/h	适用于主干路及公交专用道
		特大型（铰接）公共汽车 GJ_{122}	车长：13～18 m 定员：110～150 人	N：≤1.5 万人次/h v：25～40 km/h	适用于主干路及公交专用道
		超大型（双铰接）公共汽车 GJ_{123}	车长：≥23 m 定员：≤200 人	N：≤2.0 万人次/h v：25～40 km/h	适用于主干路以上等级道路及公交专用道
	无轨电车 GJ_{13}	中型无轨电车 GJ_{131}	车长：7～10 m 定员：≤80 人	N：≤2 400 人次/h v：15～25 km/h	适用于支路以上等级道路
		大型无轨电车 GJ_{132}	车长：10～12 m 定员：110 人	N：≤3 300 人次/h v：15～25 km/h	适用于支路以上等级道路
		特大型（铰接）无轨电车 GJ_{133}	车长：13～18 m 定员：120～170 人	N：≤5 100 人次/h v：15～25 km/h	适用于主干路以上等级道路
	出租汽车 GJ_{14}	小型出租汽车 GJ_{141}	定员：≤5 人		随时租用或预订，按计价器收费或按日包车
		中型出租汽车 GJ_{142}	定员：7～19 人		预订、按计程或计时包车
		大型出租汽车 GJ_{143}	定员：≥20 人		预订、按计程或计时包车

续表

分类名称及代码			主要指标及特征		
大类	中类	小类	车辆和线路条件	客运能力 N 平均运行速度 v	备注
城市轨道交通 GJ_2	地铁系统 GJ_{21}	A 型车辆 GJ_{211}	车长:22.0 m 车宽:3.0 m 定员:310 人 线路半径:≥300 m 线路坡度:≤35‰	N:4.5~7.0 万人次/h v:≥35 km/h	高运量适用于地下、地面或高架
		B 型车辆 GJ_{212}	车长:19 m 车宽:2.8 m 定员:230~245 人 线路半径:≥250 m 线路坡度:≤35‰	N:2.5~5.0 万人次/h v:≥35 km/h	大运量适用于地下、地面或高架
		L_B 型车辆 GJ_{213}	车长:16.8 m 车宽:2.8 m 定员:215~240 人 线路半径:≥100 m 线路坡度:≤60‰	N:2.5~4.0 万人次/h v:≥35 km/h	大运量适用于地下、地面或高架
	轻轨系统 GJ_{22}	C 型车辆 GJ_{221}	车长:18.9~30.4 m 车宽:2.6 m 定员:200~315 人 线路半径:≥50 m 线路坡度:≤60‰	N:1.0~3.0 万人次/h v:25~35 km/h	中运量适用于高架、地面或地下
		L_C 型车辆 GJ_{222}	车长:16.5 m 车宽:2.5~2.6 m 定员:150 人 线路半径:≥60 m 线路坡度:≤60‰	N:1.0~3.0 万人次/h v:25~35 km/h	中运量适用于高架、地面或地下
	单轨系统 GJ_{23}	跨座式单轨车辆 GJ_{231}	车长:15 m 车宽:3.0 m 定员:150~170 人 线路半径:≥50 m 线路坡度:≤60‰	N:1.0~3.0 万人次/h v:30~35 km/h	中运量适用于高架
		悬挂式单轨车辆 GJ_{232}	车长:15 m 车宽:2.6 m 定员:80~100 人 线路半径:≥50 m 线路坡度:≤60‰	N:0.8~1.25 万人次/h v≥20 km/h	中运量适用于高架
	有轨电车 GJ_{24}	单厢或铰接式有轨电车(含 D 型车)GJ_{241}	车长:12.5~28 m 车宽:≤2.6 m 定员:110~260 人 线路半径:≥30 m 线路坡度:≤60‰	N:0.6~1.0 万人次/h v:15~25 km/h	低运量适用于地面(独立路权)、街面混行或高架
		导轨式胶轮电车 GJ_{242}	—	—	—

续表

分类名称及代码			主要指标及特征		
大类	中类	小类	车辆和线路条件	客运能力 N 平均运行速度 v	备注
城市轨道交通 GJ_2	磁浮系统 GJ_{25}	中低速磁浮车辆 GJ_{251}	车长:12 ~ 15 m 车宽:2.6 ~ 3.0 m 定员:80 ~ 120 人 线路半径:≥50 m 线路坡度:≤70‰	N:1.5 ~ 3.0 万人次/h 最高运行速度:100 km/h	中运量主要适用于高架
		高速磁浮车辆 GJ_{252}	车长:端车 27 m 中车 24.8 m 车宽:3.7 m 定员:端车 120 人 中车 144 人 线路半径:≥350 m 线路坡度:≤100‰	N:1.0 ~ 2.5 万人次/h 最高运行速度:500 km/h	中运量主要适用于郊区高架
	自动导向轨道系统 GJ_{26}	胶轮特制车辆 GJ_{261}	车长:7.6 ~ 8.6 m 车宽:≤3 m 定员:70 ~ 90 人 线路半径:≥30 m 线路坡度:≤60‰	N:1.0 ~ 3.0 万人次/h v:≥25 km/h	中运量主要适用于高架或地下
	市域快速轨道系统 GJ_{27}	地铁车辆或专用车辆 GJ_{271}	线路半径:≥500 m 线路坡度:≤30‰	最高运行速度:120 ~ 160 km/h	适用于市域内中、长距离客运交通
城市水上公共交通 GJ_3	城市客渡 GJ_{31}	常规渡轮 GJ_{311}	定员:≤1 200 人	v: <35 km/h	静水航速
		快速渡轮 GJ_{312}	定员:≤300 人	v:≥35 km/h	静水航速
		旅游观光轮 GJ_{313}	定员:≤500 人	v: <35 km/h	静水航速
	城市车渡 GJ_{32}	—	定员:8 ~ 60 标准车位	v: <30 km/h	单车载重 5 t 的车辆限界为一个标准车位
城市其他公共交通 GJ_4	客运索道 GJ_{41}	往复式索道 GJ_{411}	吊厢定员:4 ~ 200 人 索道坡度≤55°	N:≤4 000 人次/h v:≤12 m/s	—
		循环式索道 GJ_{412}	吊厢定员:4 ~ 24 人 吊椅或吊篮定员:2 ~ 16 人 索道坡度≤45°	N:≤4 800 人次/h v:≤6 m/s	—
	客运缆车 GJ_{42}	—	车长:8.5 ~ 16 m 定员:48 ~ 120 人 线路坡度≤45°	N:≤2 400 人次/h v:≤5 m/s	—
	客运扶梯 GJ_{43}	—	线路坡度≤30°	N:≤12 000 人次/h v:≤0.75 m/s	—

续表

分类名称及代码			主要指标及特征		
大类	中类	小类	车辆和线路条件	客运能力 N 平均运行速度 v	备注
城市其他公共交通 GJ_4	客运电梯 GJ_{44}	—	定员:12～48 人	N:≤2 000 人次/h v:≤10 m/s	—

注:1.“平均运行速度”是指公共交通线路的起点站至终点站间全程距离除以车辆全程运行时间(包括沿途停站时间在内)所得的平均速度指标。又称“运送速度”或“旅行速度”。

2. 表中 L_B 和 L_C 型车辆为直线电机车辆。

具体规划参见《城市轨道交通技术规范》GB 50490—2009(节录)。

1)GJ_{21} 地铁系统

地铁是一种大运量的轨道运输系统,采用钢轮钢轨体系,标准轨距为 1 435 mm,主要在大城市地下空间修筑的隧道中运行。

地铁系统的列车编组通常由 4～8 辆组成,列车长度为 70～190 m,要求线路有较长的站台相匹配,最高行车速度不应小于 80 km/h。地铁系统的主要标准及特征如表 1 所示。

表 1 地铁系统主要标准及特征

项 目		标准及特征		
车辆	车型	A 型	B 型	L_B 型
	车辆基本宽度/mm	3 000	2 800	2 800
	车辆基本长度/m	22.0	19.0	16.8
	车辆最大轴重/t	≤16	≤14	≤13
	列车编组/辆	4～8	4～8	4～8
	列车长度/m	100～190	80～160	70～140
线 路	类型、型式	地下、高架及地面,全封闭型		
	线路半径/m	≥300	≥250	≥100
	线路坡度/‰	≤35	≤35	≤60
客运能力/(万人次/h)		4.5～7.0	2.5～5.0	2.5～4.0
供电电压及方式		DC 1500 V 接触网供电	DC 1500/750 V 接触网或三轨	DC 1500/750 V 接触网或三轨
平均运行速度/(km/h)		≥35		

注:1. 表中客运能力按行车间隔 2 min 和列车额定载客量(站立 6 人/m^2)计算。

2. 平均运行速度即旅行速度,系指起点站至终点站间全程距离除以全程运行时间(包括沿途停站时间)。

2)GJ_{22} 轻轨系统

轻轨系统是一种中运量的轨道运输系统,采用钢轮钢轨体系,标准轨距为 1 435 mm,主要在城市地面或高架桥上运行,线路采用地面专用轨道或高架轨道,遇繁华街区,也可进入地下或与地铁接轨。

轻轨系统主要标准及特征如表2所示。

表2 轻轨系统主要标准及特征

项目		标准及特征			
	车型	C型			L_C型车
		C-Ⅰ	C-Ⅱ	C-Ⅲ	
车辆	车辆基本宽度/mm	2 600	2 600	2 600	2 600
	车辆基本长度/m	18.9	22.3	30.4	16.5
	车辆最大轴重/t	11	11	11	11
	列车编组/辆	1~3	1~3	1~3	2~6
	列车长度/m	20~60	25~70	35~90	35~100
线路	类型、型式	高架、地面或地下,封闭或专用车道			封闭
	线路半径/m	≥50			≥60
	线路坡度/‰	≤60			
客运能力/(万人次/h)		1.0~3.0			
供电电压及方式		DC 750 V/1500 V、架空接触网或三轨			
平均运行速度/(km/h)		25~35			

3)CJ_{23}单轨系统

单轨系统是一种车辆与特制轨道梁组合成一体运行的中运量轨道运输系统,轨道梁不仅是车辆的承重结构,同时是车辆运行的导向轨道。

单轨系统适用于单向高峰小时最大断面客流量1.0~3.0万人次的交通走廊。因其占地面积很少,与其他交通方式完全隔离,运行安全可靠,建设适应性较强。主要适用范围:①城市道路高差较大、道路半径小、线路地形条件较差的地区;②旧城改造已基本完成,而该地区的城市道路又比较窄;③大量客流集散点的接驳线路;④市郊居民区与市区之间的联络线;⑤旅游区域内景点之间的联络线、旅游观光线路等。

4)CJ_{24}有轨电车

单厢或铰接式有轨电车CJ_{241},是一种低运量的城市轨道交通,电车轨道主要铺设在城市道路路面上,车辆与其他地面交通混合运行。

5)CJ_{25}磁浮系统

磁浮系统在常温条件下,利用电导磁力悬浮技术使列车上浮,因此车厢不需要车轮、车轴、齿轮传动机构和架空输电线网,列车运行方式为悬浮状态,采用直流电机驱动行驶,现行标准轨距为2 800 mm,主要在高架桥上运行,特殊地段也可在地面或地下隧道中运行。

磁浮列车适用于城市人口超过200万的特大城市,是重大客流集散区域或城市群市际之间较理想的直达客运交通,也是中运量轨道运输系统的一种先进技术客运方式,对客运能力1.5~3.0万人次/h的中远程交通走廊较为适用。

6)CJ_{26}自动导向轨道系统

自动导向轨道系统适用于城市机场专用线或城市中客流相对集中的点对点运营线路，必要时，中间可设少量停靠站。

7)CJ_{27}市域快速轨道系统

市域快速轨道系统是一种大运量的轨道运输系统，客运量可达20~45万人次/日(一般不采用高峰小时客运量的概念)。市域快速轨道系统适用于城市区域内重大经济区之间中长距离的客运交通。市域快速轨道列车主要在地面或高架桥上运行，必要时也可采用隧道。

3.9　《公路工程技术标准》JTGB 01—2003(2004年3月1日起施行)(节录)

1.0.2　公路分级

公路根据使用任务、功能和适用的交通量分为高速公路、一级公路、二级公路、三级公路、四级公路5个等级。

1.0.3　公路等级的选用

公路等级应根据公路网的规划，从全局出发，按照公路的使用任务、功能和远景交通量综合确定。

2.0.3　公路用地

新建公路路堤两侧排水沟外缘(无排水沟时为路堤或护坡道坡脚)以外，路堑坡顶截水沟外缘(无截水沟为坡顶)以外不小于1 m的土地为公路用地范围；在有条件的地段，高速公路、一级公路不小于3 m，二级公路不小于2 m的土地为公路用地范围。

公路用地还包括立体交叉、服务设施、安全设施、交通管理设施、停车设施、公路养护管理及绿化和苗圃等工程的用地范围。

3.0.2　行车道宽度(见表3.0.2)

高速公路和一级公路，一般为4车道，必要时车道数可按双数增加。

二级公路，平原、微丘区慢行车很少或将慢行车分开的路段，行车道宽度为7 m，并设路缘线；有一定混合交通的路段，行车宽度一般为9 m；混合交通量大，并且将慢行道分开又有困难时，其行车道宽度可加宽到12 m，并划线分快、慢行道。

四级公路，平原、微丘区的行车道宽度，当交通量较大时，可采用6.0 m。

表3.0.2　各级公路行车道宽度

公路等级	高速公路						一		二		三		四	
计算行车速度/(km/h)	120			100	80	60	100	60	80	40	60	30	40	20
车道数	8	6	4	4	4	4	4	4	2	2	2	2	1或2	
行车道宽度/m	2×15.0	2×11.25	2×7.5	2×7.5	2×7.5	2×7.0	2×7.5	2×7.0	9.0	7.0	7.0	6.0	3.5或6.0	

二级公路当混合交通量大，并且将慢行道分开有困难时，其行车道宽度可加宽到14 m，

并应划线分快、慢行车道。

3.0.3 爬坡车道和变速车道

高速公路互通式立体交叉、服务区等处,应设置变速车道,其宽度一般为3.5 m。

3.0.4 高速公路应设置中间带,中间带宽度见表3.0.4。

表3.0.4 中间带宽度

公路等级		高速公路				一级公路	
计算行车速度/(km/h)		120	100	80	60	100	60
中央分隔带宽度/m	一般值	3.00	2.00	1.50	1.50	2.00	1.50
	低限值	2.00	1.50	—	—	1.50	—
左侧路缘带宽度/m	一般值	0.75	0.75	0.50	0.50	0.50	0.50
	低限值	0.50	0.50	0.25	0.25	0.25	0.25
中央带宽度/m	一般值	4.50	3.50	2.50	2.50	3.00	2.50
	低限值	3.00	2.50	2.00	2.00	2.00	2.00

注:当受条件限制时,可采用低限值,计算行车速度为120 km/h的四车道高速公路,宜采用3.50 m的硬路肩,六车道、八车道、高速公路可采用3.0 m的硬路肩。

高速公路采用分离式断面时,行车道左侧应设硬路肩,宽度一般为:计算行车速度120 km/h时采用1.25 m,计算行车速度100 km/h时采用1.00 m,计算行车速度小于或等于80 km/h时采用0.75 m。

高速公路和一级公路应在路肩宽度内设右侧路缘带,其宽度一般为0.5 m。

四级公路路肩宽度,当采用单车道路面时,一般为1.5 m,其余情况下为0.5 m。

二级、三级、四级公路在村镇附近及混合交通量大的路段,路肩应予加固。

在路肩上设置路用设施时,不得侵入该等级公路的建筑限界以内。

3.0.6 应急停车带

高速公路和一级公路,当右侧硬路肩的宽度小于2.50 m时,应设应急停车带。应急带的设置间距不宜大于500 m,应急停车带的宽度包括硬路肩在内为3.5 m,有效长度不小于30 m。

3.0.7 错车道

四级公路,当采用4.5 m的单车道路基时,应在适当距离设置错车道。设置错车道路段的路基宽度不小于6.5 m,有效长度不小于20 m。

3.0.15 纵坡

表3.0.15 各级公路最大纵坡

公路等级	高速公路				一		二		三		四	
计算行车速度/(km/h)	120	100	80	60	100	60	80	40	60	30	40	20
最大纵坡/%	3	4	5	5	4	6	5	7	6	8	6	8

注:高速公路受地形条件或其他特殊情况限制时,经技术经济论证,可增加1%纵坡。在海拔2 000 m以上或积雪冰冻地区的四级公路,最大纵坡不大于8%。

公路等级如何划分(《中国消费报》2008.12.5)(节录)。

公路根据使用任务、功能和适应的交通量划分为5个等级。

高速公路:具有特别重要的政治、经济意义。为专门供汽车分向分车道行驶并全部控制出入的干线公路。分为四车道、六车道、八车道高速公路。一般能适应按各种汽车折合成小客车的年平均昼夜交通量为25 000辆以上。

一级公路:为连接重要政治、经济中心,通往重点工矿区、港口、机场,专供汽车分道行驶并部分控制出入的公路。一般能适应按各种汽车折合成小客车的年平均昼夜交通量为15 000~30 000辆。

二级公路:为连接政治、经济中心或大矿区、港口、机场等地的公路。一般能适应按各种车辆折合成中型载重汽车的年平均昼夜交通量为3 000~7 500辆。

三级公路:为沟通县以上城市的公路。一般能适应按各种车辆折合成中型载重汽车的年平均昼夜交通量为1 000~4 000辆。

四级公路:为沟通县、乡(镇)、村的公路。一般能适应按各种车辆折合成中型载重汽车的年平均昼夜交通量为双车道1 500辆以下、单车道200辆以下。

3.10 《上海市基础设施用地指标》(试行)(节录)

关于上海市道路交通工程建设用地的规模控制,原则上市区以指标下限值、郊区可采用中值控制,不宜突破上限。

8.2 城市道路交通工程

包括城市道路、交叉口、管理设施、城市广场、公共停车场、公共加油站和互通式立交等7类。

8.2.1 城市道路

表8.2.1 城市道路用地宽度指标

快速路/m	主干路/m	次干路/m	支路/m
40~80	45~60	30~50	15~30

注:1.城市快速路、主次干路用地宽度不包括根据环境影响报告批复所需要增加的用地宽度。

2.跨海越江通道、地下道路、超大桥梁等需根据运营安全、养护管理需要专题研究用地指标。

3.在城市风貌区、居住区、商业区等区域的次干路和支路红线宽度下限可根据规划道路红线宽度及现场实施条件适当缩减。

4.上述用地宽度不包括公交港湾式停靠站的用地宽度。

8.2.2 平面交叉口

(1)依据上海市《城市道路平面交叉规划与设计规程》DGJ 08—96—2001的规定,新建平面交叉口进口道规划红线需展宽,宽度增加值和展宽长度见表8.2.2。

(2)平面交叉口出口道规划红线应增宽3 m,增宽长度视道路等级取60~80 m,渐变段为30~50 m,干路取上限,支路取下限。当相邻两交叉口之间展宽段和展宽渐变段长度之和接近和超过两交叉口的距离时,应将本路段作一体化展宽。

(3)进、出口道展宽段及汽车变段规划红线长度和街区地块出入口距离交叉口的距离，应从交叉口转角缘石曲线的端点起向上、下游计算。

表 8.2.2 平面交叉口进口道规划红线宽度增加值和展宽长度

相交道路交叉口	规划红线宽度增加值/m			进口道规划红线长度/m					
				展宽段长度			展宽渐变段长度		
	主干路	次干路	支路Ⅰ	主干路	次干路	支路Ⅰ	主干路	次干路	支路Ⅰ
主—主交叉口	10~15	—	—	80~120	—	—	30~50	—	—
主—次交叉口	5~10	5~10	—	70~100	50~70	—	20~40	20~40	—
主—支交叉口	3~5	—	3~5	50~70	—	30~40	15~30	—	15~30
次—次交叉口	—	5~10			50~70			15~30	
次—支交叉口	—	3~5	3~5	—	40~60	30~40	—	15~30	15~30
支—支交叉口			3~5			20~40			15~30

注：1. 相邻两交叉口之间展宽段和展渐变段长度之和接近或超过两交叉口的距离时，应将本路段作一体化展宽。
2. 跨河桥梁两侧亦应作相应展宽，展宽段和展宽渐变段长度，按道路类别参照执行。

8.2.4 城市广场推荐用地指标见表 8.2.4.

表 8.2.4 城市广场用地指标

序号	名 称	用地指标/hm^2
1	市级广场	4~10
2	区级广场	1~3

8.2.5 城市公共停车场推荐用地指标见表 8.2.5。

表 8.2.5 城市公共停车场用地指标

序 号	名 称	规 模	用地指标/(m^2/车位)
1	汽车	>300 停车位	25~30
2	摩托车		2.5~2.7
3	自行车		1.5~1.8

8.2.6 公共加油站的用地面积见表 8.2.6。

表 8.2.6 公共加油站用地指标

昼夜加油的车次数	300	500	800	1 000
用地面积/hm^2	0.12	0.18	0.25	0.30

8.2.7 城市道路互通式立体交叉的用地指标见表8.2.7。

表8.2.7 城市道路互通式立体交叉的用地指标 hm²/座

交叉道路			高速公路	城市主干路	其他道路
主线道路等级	城市快速路	高值	55.00	45.00	16.00
		中值	40.00	40.00	14.50
		低值	30.00	30.00	13.00
	城市主干路	高值	45.00	40.00	16.00
		中值	40.00	30.00	14.50
		低值	30.00	20.00	13.00

注:1.表中高值指所有转弯交通量较大或与直行交通量相接近,或交叉条件复杂、用地规模受地形地物影响较大;中值为一般情况;低值指不多于一个方向的左转弯交通量大于单一道的通行能力,或所有左转弯匝道设计车速 <60 km/h。

2.表中四肢交叉的单喇叭不包括主线、被交叉公路和匝道之间的三角区用地。

3.上表一般立交为四肢交叉,五肢及五肢以上多肢交叉的枢纽型立交,每增加一肢交叉,用地数量可增加15%~25%,增加的交叉公路等级越高,越靠近高限。

4.城市道路立交应根据实际地形、地物设置,立交用地面积可根据实际用地需要调整。

8.3 城市公共交通工程

8.3.1 公交线路起讫站、枢纽站建筑面积和用地指标见表8.3.1。

表8.3.1 公交线路起讫站、枢纽站用地指标

序号	项目	1线路站点	2线路站点	3线路枢纽站	3线路以上枢纽
1	车道面积/m^2	750	1 100	1 500	2 000
2	候车廊/m^2	60	120	180	200
3	车道面积/m^2	190	280	320	350
4	车道面积/m^2	1 000	1 500	2 000	2 550

注:1.公交线路起讫站、枢纽站用地宜按以上标准控制,具体占地面积可视地形作相应调整。

2.以上标准适用于新建城市公共汽(电)车起讫站及枢纽站。

3.3条线路以上的公共汽(电)车枢纽站,每增加一条线路,车道扩大300~500 m^2,候车廊增加60 m^2,车队用房视实际情况适度增加。

4.车队用房包括生产用房(调度室、维修储藏室、办公室)和生活用房(职工休息更衣室、用餐室、厨房、厕所)等。

5.以上标准不包括配建的自行车停车位(场)和公共停车位(场)用地。

8.3.2 停车场(库)。

(2)停车场的生产、生活用地(包括各种必要设施及生产、生活建筑,不包括绿化用地)宜按150 m^2/标准车确定。

注:①本标准仅适用于上海市交通系统新建、改建、扩建建筑工程及停放标准大型车(长12 m,宽2.5 m,高3.2 ~4.2 m)的专用停车场(库)。

②与加油加气合建站,用地再增加10 m^2/标准车。

③新建场(库)绿化率宜按20%~30%设置,改建停车场(库)绿化率按规划要求,不宜低于15%。

(3)多层停车库建筑面积宜按不高于130 m^2/标准车确定。建筑层数不宜超过4层,停车数量不宜超过500辆。

8.3.3 公交保养场用地按所承担的保养车辆数计算,每辆标准车用地不高于250 m^2。

8.3.4 出租汽车营业站用地宜按每辆车占地不高于32 m^2控制(不包括绿化用地。其中,停车场用地每辆车26 m^2,营业用地每辆车6 m^2)。

8.3.5 公交修理厂用地按所承担年修理车辆数计算,宜按不高于250 m^2/标准车控制。

8.4 公路交通工程

公路交通工程用地包括公路主线、交叉工程和沿线设施3类。

8.4.1 公路红线

1. 高速公路:红线宽度50~70 m。

2. 等级公路:一级公路红线宽度45~55 m,二级公路红线宽度40~55 m,三级公路红线宽度30~40 m,四级公路红线宽度20~30 m。

3. 上述公路红线宽度不包括根据环境影响报告批复所需增加的用地宽度。

8.4.2 管理中心设施一般由主线或匝道收费站、交通监控和通信管理、路政管理、交通管理和运行管理等部分组成。若管理中心单独设置,其用地指标为4 000~5 000 m^2。

8.4.3

(2)本市服务区按规模划分为大型服务区、中型服务区、小型服务区和高速公路服务点。对外高速公路服务区以大型服务区为主,市域高速公路服务区以中型服务区为主。

大型服务区,一侧停车80~150辆,每侧占地1.20~1.70 hm^2。

中型服务区,一侧停车50~80辆,每侧占地0.85~1.20 hm^2。

小型服务区,一侧停车30~50辆,每侧占地0.65~0.90 hm^2。

高速公路服务点,每侧占地0.20~0.33 hm^2。

8.4.4 收费设施

(1)收费设施分主线收费站和匝道收费站两类,见表8.4.4-1。

表8.4.4-1 高速公路匝道及主线收费站用地指标及管理用房建筑面积

型式		占地面积/m^2	建筑面积/m^2	容积率
匝道收费站	3~5车道数	800~1 000	250~300	0.3
	5~10车道数	1 330~1 670	450~550	0.3
主线收费站(22个车道)	含主线收费、通信监控站	2 330~2 670	700~800	0.3
	含主线收费、通信监控站、路政用房	2 660~3 000	850~950	0.3
	含主线收费、通信监控站、路政用房、交警用房	4 000~4 670	1 250~1 350	0.3
	含主线收费、通信监控站、路段管理用房、路政用房、交警用房	8 000~8 670	2 500	0.3

注:1. 采用底层独立式形式,按中心城外一般镇和其他地区标准,建筑高度在10 m以下。

2. 房建部分已考虑了由于景观要求而增加的建筑面积。

3. 交警用房暂按400 m^2列入,可根据现场情况,由市政局等单位和交警部门协商调整。

4. 未考虑出省主线收费站的交运检查、公安设卡等管理用房的面积。

5. 未考虑办公用车停车面积,若需停车,可在绿地内设置植草砖,以备停车使用。

(2)主线收费站收费广场及过渡段用地指标，一般不宜超过表 8.4.4－2 的规定。收费广场及过渡段用地指标中已扣除主线行车道及中间带宽度范围内的用地。

表 8.4.4－2　主线收费站收费广场及过渡段用地指标

公路等级	行车道宽度及中间带宽度/m	收费车道数		收费广场及过渡段用地指标/(hm^2/座)	每增减一个收费车道调整指标/(hm^2/座)
		进口	出口		
高速公路	2×15＋4.5	6	13	2.159 8	0.145 0
	2×11.25＋4.5	5	11	1.577 7	0.119 0
	2×7.5＋4.5		7	0.675 8	0.085 6
	2×7.5＋3.5			0.699 7	0.086 7
	2×7.5＋2.5			0.724 0	0.087 8
	2×7.0＋2.5			0.748 7	0.088 9
一级公路	2×7.5＋3.0	3	5	0.338 9	0.070 6
	2×7.0＋2.5			0.370 5	0.070 6
二级公路	9.0	3	3	0.257 9	0.061 1
	7.0			0.287 2	0.062 5

9.2　车辆基地。

9.2.1　车辆基地用地指标见表 9.2.1。

表 9.2.1　上海城市轨道交通网络车辆基地用地指标

车辆基地	车辆段	定修段	停车场	辅助停车场
用地指标/hm^2	30～40	25～30	15～20	10～15

注：车辆基地用地面积的幅度视以下情况确定：设计规模、地块形状、占用水系、周边道路改造、绿化率要求、特殊设施（例如：回转线、三角线、八字出入段线、试车线等）、建设征地差异、地块开发等因素。通常规划控制用地面积应留有适当余地，以便在具体实施时避免发生因面积不足而损失绿化率。

9.3.1　车站用地指标见表 9.3.1 和表 9.3.2。

表 9.3.1　上海城市轨道交通网络车辆基地用地指标

分类		制式和编组	有效站台长度/m	占地面积/m^2	
标准站	高架车站	A 型车 6 节编组	140	主体部分	≤3 500
				附属部分	≤800
	地下车站	A 型车 6 节编组	140	主体部分	≤6 000
				附属部分	≤3 000

注：1. 地下车站的“占地面积”是指“地下建、构筑物的平面投影面积”。

2. 本表格所列指标仅适用于无配线、无换乘的独立标准车站，且为 6 节编组、A 型车。对于有配线或换乘的车站，则应根据实际情况而定。

表 9.3.2 上海城市轨道交通地下车站出入口、风井用地指标

分类		占地面积/m^2
出入口	独立出入口	105~120
	与消防通道合建的出入口	135~160
	独立残疾人电梯	40~50
单座风井		16~25

注:1. 本表格中所列出入口的占地面积指的是出入口地面上构筑物的占地面积,不包括其地面以上部分,也不包括地面的广场,出入口周围的广场属于城市道路用地范围。

2. 地下标准车站一般不少于 4 个出入口、8 个风井,地下有配线车站一般不少于 6 个出入口、10 个风井,风井和出入口的数量根据工艺要求和具体情况可以有所增减。

9.4.1 区间的宽度指标见表 9.4.1。

表 9.4.1 上海城市轨道交通区间占地宽度

分类			投影线宽度/m
高架区间	单线	无应急平台	4.7
		有应急平台	5.0
	双线	无应急平台	8.4
		有应急平台	9.3
地下区间	单圆隧道		6.2
	双圆隧道		10.9
	旁通道		3.3
地面区间	单线		22.5
	双线		26.5
中间风井	地下部分平面投影线面积 300~850 m^2		
	单个出风口占地面积一般不超过 20 m^2		

注:1. 高架区间的下方,只有柱墩占用土地。

2. 地下区间不占用地面面积,仅占用地下空间。

3. 结构形式和设备若有更改,可进行微调。

9.5.1 上海城市轨道交通控制中心用地指标见表 9.5.1。

表 9.5.1 上海城市轨道交通控制中心用地指标

	用地指标/m^2
一般控制中心(OCC)	≤2 000
组合控制中心(COCC+ETC)	≤17 000

注:组合控制中心,即整个上海市轨道交通网络的运营协调指挥和应急处理中心(COCC+ETC),包括一般控制中心的建设用地。

9.6　主变电所

9.6.1　上海轨道交通的供电方式以110 kV集中供电为主,但根据上海电网及轨道交通线路的具体情况,也可结合35 kV电压等级采用混合供电方式。

9.6.2　主变电站的用地指标见表9.6.2。

表9.6.2　上海城市轨道交通主变电所用地指标

	用地指标/m^2
110 kV地下主变电所	≤3 000
110 kV地面主变电所	≤2 500

注:35 kV主变电所结合车站建筑一起建造,原则上不考虑独立设置。

10.1　铁路工程总则

10.1.1　本指标适用于上海市铁路工程建设用地的规模控制。铁路工程建设用地规模一般不应大于本指标给出的限值。

10.2.1　新建铁路工程用地指标根据国家《新建铁路工程项目建设用地指标》编制,采用了平原地区的用地指标。

10.2.2　用地指标按下列条件编制。

(1)建设类别:新建单线、双线铁路。

(2)铁路等级:Ⅰ、Ⅱ、Ⅲ级国家铁路和Ⅰ、Ⅱ、Ⅲ级铁路专用线。

(3)牵引种类:电力、内燃。

(4)车站分布:单线站间距离10 km,每4个区间设一个有货场的车站;双线站间距离15 km,设一个有货场的车站。

(5)到发线有效长度:Ⅰ级双线1 050 km,Ⅰ级单线850 km,Ⅱ级单线650 km,Ⅲ级单线550 km。

(6)轨道类型:国家铁路分Ⅰ级铁路重型、Ⅱ级铁路次重型、Ⅲ级铁路轻型;铁路专用线分Ⅰ、Ⅱ、Ⅲ级。

10.2.3　新建铁路工程用地指标不应超过表10.2.3-1和10.2.3-2的规定。

表10.2.3-1　新建铁路工程用地指标

牵引种类		电力	内燃
国家铁路	Ⅰ级双线/(hm^2/km)	6.524 1	6.457 9
	Ⅰ级单线/(hm^2/km)	5.218 4	5.162 9
	Ⅱ级双线/(hm^2/km)	—	5.089 2
	Ⅲ级双线/(hm^2/km)	—	4.713 7

表 10.2.3－2　新建铁路工程代征地指标

牵引种类		电力	内燃
国家铁路	Ⅰ级双线/(hm^2/km)	0.071 2	0.071 2
	Ⅰ级单线/(hm^2/km)	0.079 1	0.079 1
	Ⅱ级双线/(hm^2/km)	—	0.080 0
	Ⅲ级双线/(hm^2/km)	—	0.080 5

注:1. 新建铁路工程用地指标,主要包括路基、桥涵、隧道、中间站、区段站、机务设备、车辆设备、给水排水、通信、信号、电气、电气化、房屋建筑、石渣场及苗圃等用地。

2. 新建铁路工程用地指标,系下列条件组合。

a. 国家铁路　由区间、区段站、中间站等单项指标组成,按电力、内燃牵引时,计算长度 400 km,编制每千米综合用地指标。

b. 铁路专用线　根据线路情况,由相应的单项、单元用地指标组成。

3.11《天津市城市规划管理技术规定》(2009 年 3 月 1 日起施行)(节录)

第二百六十条　城市道路分为快速路、主干路、次干路和支路。

城市道路用地面积应当占城市建设用地面积的 15% ~20%,规划城市人口人均占有道路用地面积为 7 ~15 m^2。

第二百六十二条　中心城区、滨海新区、新城的城市道路规划指标应当符合下表规定:

道路类别	机动车设计速度/(km/h)	道路网密度/(km/km^2)	机动车道条数(双向)	红线宽度/m
快速路	60 ~80	0.4 ~0.6	6 ~12	60 ~100
主干路	40 ~60	0.8 ~1.4	4 ~8	30 ~60
次干路	30 ~50	1.0 ~1.6	4 ~6	20 ~40
支路	20 ~40	3.0 ~4.0	2 ~4	12 ~25

第二百六十五条　主干路与主干路的交叉口间距一般应当为 600 ~1 000 m,次干路与主干路、次干路与次干路的交叉口间距一般应当为 400 ~600 m,支路的交叉口间距一般应当为 200 ~400 m。

第二百六十六条　中心商务区、中心商业区等建筑容积率大于或者等于 4 且小于 6 的,支路网密度一般应当为 6 ~8 km/km^2;大于或者等于 6 且小于 8 的,支路网密度一般应当为 10 ~12 km/km^2;大于或者等于 8 的,支路网密度一般应当为 12 ~16 km/km^2。

第二百六十七条　道路网节点上相交道路的条数一般应当为 4 条,特殊情况不得超过 5 条。道路一般应当垂直相交,最小夹角不得小于 45°。

道路应当避免设置错位的 T 字形路口。原有的错位 T 字形路口,有条件的应当逐步调整。

第二百七十二条　城市道路交叉口的形式以及其他用地范围,应当根据相交道路的等级、分向流量、交叉口周围用地的性质合理确定。道路交叉口的形式一般应当符合下表的规定。

道路等级	高速公路	快速路	主干路	次干路	支路
高速公路	A	A、A1	A、A1	A1	/
快速路		A、A1	A、A1	A1	/
主干路			A、A1、B	A1、B	B、D
次干路				B、C、D	C、D
支路					D、E

注:A为互通立交或者部分互通立交,A1为分离式立交,B为平面扩大式信号平交,C为平面环交,D为信号平交,E为交通标志标线控制平交。

第二百七十三条 平面扩大路口进口道扩大段的宽度按照增加的机动车道条数计算,每条机动车道宽度一般为3 m,扩大段长度应当根据交通量和车辆在交叉口排队的长度确定。出口道扩大段的宽度一般应当与进口道扩大段的宽度相同。

没有交通量统计的,平面扩大路口用地应当符合下表规定。

方向	路口扩大/m	扩大长度/m		
进口车道	一类:3	一类:长80	直线段:50	渐变段:30
	二类:6	二类:长90	直线段:60	渐变段:30
出口车道	一类:3	一类:长60	直线段:30	渐变段:30
	二类:6	二类:长70	直线段:40	渐变段:30

注:1. 根据路口周边用地及建筑情况合理选用。

2. 中心城区平面扩大路口按照已批准的路网执行。

第二百七十四条 城市道路平面交叉口的红线转弯半径应当符合下表规定。

道路等级	快速路	主干路	次干路	支路
快速路	30~40 m	25~35 m	20~25 m	15~20 m
主干路		25~30 m	20~25 m	15 m
次干路			15~20 m	12~15 m
支路				8~12 m

注:有条件的,应当取上限。

第二百七十五条 道路立体交叉应当符合下列规定。

(五)相邻互通式立体交叉间的最小净距离应当符合下表规定。

行车速度/(km/h)	80	60	50	40
最小净距离/m	1 000	900	800	700

第二百七十六条　立体交叉口、跨河桥梁、高架桥、地道引道两端，以及隧道进出口外30 m内，不得设置平面交叉口和非港湾式公交停靠站。

高架桥下满足道路交通要求的，可以适当设置公共停车场。

第二百八十条　城市道路通行净高应当符合下列规定。

（一）快速路、主干路的机动车道不低于5.0 m，其他道路机动车道不低于4.5 m，大件通道不低于7.5 m。

（二）人行道、自行车道不低于2.5 m。

没有条件达到前款规定通行净高的，应当设置标志横杆，采取绕行等措施。

第二百八十五条　道路横断面布置应当体现公交优先原则，有条件的道路设置公交专用车道或者公交专用道路。

新建、改建的主、次干路一般应当同时设置港湾式公共交通停靠站，客流量较大的路段，应当设置公交专用道。

建设港湾式停靠站，站距应当符合下表规定：

公共交通方式	市区线/m	郊区线/m
普通公交	500～800	800～1 000
快速公交	1 000～2 000	1 500～2 500

第二百八十七条　新建居住小区或者公共建筑的机动车出入口与一般平面交叉路口的距离，次干路以上等级道路从道路红线转角切点起算，应当大于80 m；与平面扩大路口展宽段起点的距离，应当大于10 m；地块沿道路长度小于80 m的，出入口应当设置在长边段。

第二百八十八条　新建、改建的学校、幼儿园的出入口位于次干路以上等级道路的，应当退让道路绿线一定距离，出入口与道路绿线之间应设有不小于200 m^2 的交通集散场地。

第二百九十一条　轨道交通上下行线路平行的，线路中心线两侧各20 m为黑线范围。车站段线路中心线两侧各25 m，长290 m为黑线范围。

轨道交通上下行线路分开的，轨道中心线两侧各20 m为黑线范围，特殊线路段除外。

第二百九十六条　车站间距应当根据线路功能、沿线两侧用地性质确定。位于中心城区、滨海新区核心区、新城城区的车站间距一般为0.9～1.5 km，其他地区一般为1.5～2.5 km，超长线路可以适当加大车站间距。

第三百零九条　轨道线路上跨二级及其以上等级公路的，净高不低于5.5 m，净宽应当满足相应公路等级的限界要求；上跨三级及其以下等级公路的，净高不低于4.5 m，净宽应当满足相应公路等级的限界要求；上跨机耕路的，净高不低于4.0 m，净宽不小于5 m；上跨的公路或者城市道路为大件通道的，净高不低于7.5 m。

第三百一十条　轨道线路上跨城市主干路或者快速路的，净高不低于5.0 m；上跨次干路及其以下等级城市道路的，净高不低于4.5 m。

轨道线路上跨城市道路，应当一跨跨越。受条件限制的，桥墩应当设置在规划道路隔离带上，但应当一跨跨越机动车道。

第三百一十一条　轨道线路以及车站位于地下的，结构覆土厚度应当满足各类管线敷设要求,并不小于3 m。

第三百一十三条 公路分为高速公路、一级公路、二级公路、三级公路、四级公路。

第三百一十七条 公路红线控制宽度一般应当符合下列规定。

(一)高速公路为100 m。

(二)一级国道干线公路为80 m。

(三)一级市道干线公路为60 m。

(四)二级公路为40 m。

(五)三级公路为30 m。

(六)四级公路为20 m。

第三百一十八条 公路交通工程以及沿线设施规划建设应当符合下列规定。

(一)建设规模与标准应当根据公路网规划、公路的功能、等级、交通量等因素确定。

(二)高速公路平均每隔50 km设置服务区,服务区应当设置停车场、加油站、公共卫生间、车辆修理所、餐饮以及商店等设施;每隔15~25 km设置停车区,停车区应当设置停车位、公共卫生间以及座椅。

(三)服务设施的用地指标,应当根据公路沿线城镇布局、道路通行能力等因素综合确定,并符合下表规定。

服务设施类型	建筑面积/(m^2/处)	用地指标/(hm^2/座)
服务区	5 500-8 000	4.0-7.0
停车区	1 000-2 000	1.0-1.6

注:1. 上限适用于六车道及其以上公路,下限适用于四车道公路。

2. 离中心城区较近、停车需求较大且有条件的服务区及停车区的用地指标,可以适当扩大。

(四)收费设施分为主线收费站和匝道收费站。收费设施的用地指标,根据收费车道数量确定,应当符合下表规定。

收费设施类型	用地指标/hm^2
主线收费站	0.8~1.2
匝道收费站	0.3~0.6
每增减一个收费车道	0.04-0.05

注:上限适用于六车道及其以上公路,下限适用于四车道公路。

第三百一十九条 高速公路应当每隔2 000 m设置一处紧急停车带和中央分隔带活动开口。

第三百二十条 铁路等级分为高速铁路、一级铁路、二级铁路、三级铁路、四级铁路。其中,高速铁路包括城际铁路。

第三百二十一条 高速铁路应当符合下列规定。

(一)牵引种类为电力;设计速度大于250 km/h。

(二)正线数目为双线,正线间距为5 m。

（三）一般地段的最大坡度为20‰，条件不具备的地段最大坡度不大于30‰。

（四）到发线有效长度为650 m。

（五）最小曲线半径为7 000 m，条件不具备的地段最小曲线半径不小于5 500 m。

（六）引入枢纽的加速、减速地段，高速正线可以采用与行车速度相适应的线路平面标准。

第三百二十二条　一级铁路正线应当符合下列规定。

（一）设计速度为120～160 km/h。

（二）正线数目为双线，正线间距为5 m。

（三）最大坡度为6‰。

（四）牵引种类为内燃，预留电化条件。

（五）到发线有效长度为1 050 m。

（六）最小曲线半径为2 000 m，条件不具备的地段最小曲线半径不小于800 m。

第三百二十三条　二级铁路正线应当符合下列规定。

（一）设计速度为80～120 km/h。

（二）正线数目为双线，正线间距为5 m。

（三）最大坡度为6‰。

（四）牵引种类为内燃，预留电化条件。

（五）到发线有效长度为1 050 m。

（六）最小曲线半径为1 200 m，条件不具备的地段最小曲线半径不小于500 m。

第三百二十四条　三级铁路、四级铁路按照有关设计规范执行。

第三百二十六条　铁路规划控制线的控制宽度一般应当符合下列规定。

（一）中心城区、滨海新区核心区内的高速铁路段，为外侧轨道中心线以外各40 m，其余区域为外侧轨道中心线以外各50 m。

（二）一级铁路正线为外侧轨道中心线以外32 m。

（三）二级铁路正线为外侧轨道中心线以外25 m。

（四）三、四级铁路为外侧轨道中心线以外15 m。

第三百二十七条　铁路站前广场包括站房平台、车站专用场地以及公交站、停车场等。铁路站前广场用地应当符合下列规定。

（一）车站专用场地最小用地面积指标，按照最高聚集人数一般不小于4.5 m^2/人。

（二）最高聚集人数4 000人以上的旅客车站，应当设立体站前广场。

（三）特大型、大型车站的行包托取厅附近应当设置停放行包车辆的场地。

第三百二十九条　交通流集中的地区应当将不同交通方式的线路和站场集中设置，形成公共交通枢纽。

第三百三十条　公交首末站应当符合下列规定。

（一）火车站、码头、大型商场、公园、体育馆、剧院等主要客流集散点，应当设置；新建居住区人口1万人以上的，应当设置；有多条线路的，应当统一设置。

（二）城市公交车拥有量按照每万人15辆计算。用地面积按照每辆标准车90～100 m^2计算，或者按照每条线路1 000～1 400 m^2计算。有自行车存车换乘或加油设施的，应当另外增加面积。

第三百三十二条　长途客运站占地面积按照不同等级和每100人次日发车量指标核定,用地指标应当符合下表规定。

设施名称	一级车站	二级车站	三、四、五级车站
占地面积/(m^2/百人次)	360	400	500

注:规模较小的四、五级车站占地面积不小于2 000 m^2。

第三百三十七条　机动车地面停车场按照每个车位占地30 m^2计算。停车楼和地下停车库按照每个车位占建筑面积35 m^2计算。多层停车库按每个机动车位占地面积15.5 m^2。

第三百三十九条　机动车停车场出入口的设置应当符合下列规定。

(一)出入口应符合行车视距的要求,并应设右转出入车道。

(二)出入口应距离交叉口、桥隧坡道起止线50 m以外。

(三)少于50个停车位的停车场,可设一个出入口,其宽度一般应当采用双车道;50至300个停车位的停车场,应设两个出入口;大于300个停车位的停车场,出口和入口应分开设置,两个出入口之间的距离应大于20 m。

(四)停车场出入口应当设置缓冲区,起坡道和闸机不得占压道路红线和建筑退让范围。

第三百四十六条　城市道路上的公交停靠站应当符合下列规定。

(一)设置在公共交通线路经过的主要客流集散点,应当与人行天桥或者人行地道结合。

(二)在路段上设置的,上、下行对称的站点应当相互避让50~100 m;但机动车道宽度大于或者等于22 m的,可以不避让。避让距离按照站点间道路平面垂直距离计算。

(三)在道路交叉口附近设置的,一般应当距离交叉口大于50 m;沿主干路设置的,应当大于100 m;在平面扩大路口附近设置的,应当在渐变段以外。

(四)数条公交线路经过同一路段的,应当合并设置,通行能力应当与各条线路最大发车频率的总和相适应,但电车、汽车不得合并设置。

(五)应当在轨道交通车站、长途汽车客运站、客运码头、大型公园、体育场馆等吸引大量人流的主要出入口边线两侧一定范围内设置,但不得影响消防以及正常的城市交通。

(六)车站台宽度不小于2 m。

(七)公交港湾式的,站台长度不小于25 m,车辆进站减速渐变段长度不小于15 m,车辆出站加速渐变段长度不小于20 m。

第三百四十条　加油站、加气站及加油加气合建站选址应当符合下列规定。

(一)中心城区、滨海新区核心区、新城平均服务半径为0.9~1.2 km,其他镇区范围内平均服务半径为1.0~1.4 km,公路间隔为7~8 km,高速公路设置在服务区内。

(二)满足红线、绿线退让要求,有特殊要求的道路除外。

(三)进出口的视线距离不小于100 m,不得设置在道路平曲线和竖曲线以内。

(四)与城市一、二级饮用水源以及饮用水源汲水点的距离不得小于500 m。

(五)中心城区、滨海新区核心区、新城及居民密集区内不得设置一级加油站、一级液化石油气加气站和一级加油加气合建站。

第三百四十一条　加油站、加气站用地面积应当符合下表规定。

最大加油、加气车次/天	用地面积/m^2
>1 000	>3 000
800~1 000	2 500~3 000
500~800	1 800~2 500
300~500	1 200~1 800
<300	<1 200

加油站、加气站的建筑面积一般控制在 200 m^2 以内。加油加气合建站的用地面积可以增加 200 m^2。附设机械化洗车的，可以增加 160~200 m^2。

第三百四十八条　人行道宽度应当按照人行带的倍数计算，最小宽度不小于 1.5 m。人行带的宽度和通行能力计算应当符合下表规定。

所在地点	宽度/m	最大通行能力/(人/h)	
		平路	步梯
城市道路	0.75	1 800	
车站码头、人行天桥和地道	0.90	1 400	1 000

第三百四十九条　应当根据行人过街需求，在主干路、次干路设置人行横道或过街通道。人行横道或者过街通道的间距为 250~300 m。

第三百五十二条　有下列情况的城市道路上应当设置人行天桥、过街地道。

(一)城市快速路。

(二)通过环形交叉口的步行人流总量每小时大于 18 000 人次，且进入环形交叉口的当量小汽车交通量每小时大于 2 000 辆的。

(三)横过交叉口的一个路口的步行人流量每小时大于 5 000 人次，且进入路口的当量小汽车交通量每小时大于 1 200 辆的。

3.12 《镇规划标准》GB 50188—2007(节录)

9.2　镇区道路规划

9.2.1　镇区的道路应分为主干路、干路、支路、巷路四级。

9.2.2　道路广场用地占建设用地的比例应符合本标准 5.3 的规定。

9.2.3　镇区道路中各级道路的规划技术指标应符合表 9.2.3 的规定。

表 9.2.3 镇区道路规划技术指标

规划技术指标	道路级别			
	主干路	干路	支路	巷路
计算行车速度/(km/h)	40	30	20	—
道路红线宽度/m	24~36	16~24	10~14	—
车行道宽度/m	14~24	10~14	6~7	3.5
每侧人行道宽度/m	4~6	3~5	0~3	0
道路间距/m	≥500	250~500	120~300	60~150

9.2.4 镇区道路系统的组成应根据镇的规模分级和发展需求按表 9.2.4 确定。

表 9.2.4 镇区道路系统组成

规划规模分级	道路级别			
	主干路	干路	支路	巷路
特大、大型	●	●	●	●
中 型	○	●	●	●
小 型	—	○	●	●

注:●为应设的级别;○为可设的级别。

9.2.5 镇区道路应根据用地地形、道路现状和规划布局的要求,按道路的功能性质进行布置,并应符合下列规定:①连接工厂、仓库、车站、码头、货场等以货运为主的道路不应穿越镇区的中心地段;②文体娱乐、商业服务等大型公共建筑出入口处应设置人流、车辆集散场地;③商业、文化、服务设施集中的路段,可布置为商业步行街,根据集散要求应设置停车场地,紧急疏散出口的间距不得大于 160 m;④人行道路宜布置无障碍设施。

9.3.3 高速公路和一级公路的用地范围应与镇区建设用地范围之间预留发展所需的距离。

规划中的二、三级公路不应穿过镇区和村庄内部,对于现状穿过镇区和村庄的二、三级公路应在规划中进行调整。

3.13 《山东省村庄建设规划编制技术导则》(试行)(节录)

9.2 道路

9.2.1 布局原则

(1)保证道路车行入户。

(2)1 000 人以上的村庄可按三级道路系统进行布置,1 000 人以下的村庄酌情选择道路等级与宽度。

9.2.2 道路等级

村庄道路可分为主要道路、次要道路、宅间道路三级。

村庄主要道路的间距在120～300 m，村庄主、次道路的间距宜在100～150 m。根据村庄不同规模，选择相应的道路等级系统。

9.2.3　道路宽度

主要道路：路面宽度10～14 m，建筑控制线14～18 m；

次要道路：路面宽度6～8 m，建筑控制线10 m；

宅间道路：路面宽度3.5 m。

3.14　《村庄整洁技术规范》GB 50445—2008（节录）

8.2　道路工程

8.2.1　村庄整洁应合理保留原有路网形态和结构，必要时应打通"断头路"，保证有效联系，并应设置消防通道，消防通道应符合下列规定。

（1）消防通道可利用交通道路，应与其他公路相接通；消防通道上禁止设立影响消防车通行的隔离桩、栏杆等障碍物；当管架、过街桥等障碍物跨越道路时，净高不应小于4 m。

（2）消防通道宽度不宜小于4 m，转弯半径不宜小于8 m。

（3）建房、挖坑、堆柴草饲料等活动，不得影响消防车通行。

（4）消防通道宜成环状布置或设置平坦的回车场；尽端式消防回车场不应小于15 m×15 m，并应满足相应的消防规范要求。

8.2.2　道路面宽度（路肩宽度可采用0.25～0.75 m）如下：

（1）主要道路路面宽度不宜小于4.0 m；

（2）次要道路路面宽度不宜小于2.5 m；

（3）宅间道路路面宽度不宜大于2.5 m。

3.15　《居住区环境景观设计导则》（2006版）（节录）

5.1　景观功能

5.1.6　居住区内的消防车道占人行道、院落车行道合并使用时，可设计成隐蔽式车道，即在4 m幅宽的消防车道内种植不妨碍消防车通行的草坪花卉，铺设步行道，平日作为绿地使用，应急时供消防车使用，有效地弱化单纯消防车道的生硬感，提高环境和景观效果。

5.2　居住区道路宽度应符合表5.2的要求。

表5.2　居住区道路宽度

道路名称	道路宽度
居住区道路	红线宽度不宜小于20 m
小区路	路面宽5～8 m，建筑控制线之间的宽度，采暖区不宜小于14 m，非采暖区不宜小于10 m
组团路	路面宽3～5 m，建筑控制线之间的宽度，采暖区不宜小于10 m，非采暖区不宜小于8 m
宅间小路	路面宽不宜小于2.5 m
园路（甬路）	不宜小于1.2 m

7.7 坡道

7.7.1 坡道是交通和绿化系统中重要的设计元素之一，直接影响到使用和感观效果。居住区道路最大纵坡不应大于8%；园路不应大于4%；自行车专用道路最大纵坡控制在5%以内；轮椅坡道一般为6%，最大不超过8.5%，并采用防滑路面；人行道纵坡不宜大于2.5%。

7.7.2 坡度的视觉感受与适用场所应符合表7.7.2的要求。

表7.7.2 坡度的视觉感受与适用场所

坡度/%	视觉感受	适用场所	选择材料
1	平坡、行走方便、排水困难	渗水路面、局部活动场	地砖、料石
2～3	微坡、较平坦、活动方便	室外场地、车道、草皮路、绿化种植区、园路	混凝土、沥青、水刷石
4～10	缓坡、导向性强	草坪广场、自行车道	种植砖、砌块
10～25	陡坡、坡型明显	地面草皮	种植砖、砌块

7.7.3 园路、人行道坡道宽一般为1.2 m，但考虑到轮椅的通行，可设定为1.5 m以上，有轮椅交错的地方其宽度应达到1.8 m。

4 城市公共管理服务设施

4.1 《城市公共设施规划规范》GB 50442—2008(节录)

1.0.4 城市公共设施用地指标应依据规划城市规模确定。城市规模与人口规模划分应符合表1.0.4的规定。

表1.0.4 城市规模与人口规模划分标准

城市规模	小城市	中等城市	大城市		
			Ⅰ	Ⅱ	Ⅲ
人口规模/万人	<20	20～<50	50～<100	100～<200	≥200

1.0.5 城市公共设施规划用地综合(总)指标应符合表1.0.5的规定。

表1.0.5 城市公共设施规划用地综合(总)指标

城市规模 / 分项	小城市	中等城市	大城市		
			Ⅰ	Ⅱ	Ⅲ
占中心城区规划用地比例/%	8.6～11.4	9.2～12.3	10.3～13.8	11.6～15.4	13.0～17.5
人均规划用地/(m^2/人)	8.8～12.0	9.1～12.4	9.1～12.4	9.5～12.8	10.0～13.2

3 行政办公

3.0.1 行政办公设施规划用地指标应符合表3.0.1的规定。

表3.0.1 行政办公设施规划用地指标

城市规模 / 分项	小城市	中等城市	大城市		
			Ⅰ	Ⅱ	Ⅲ
占中心城区规划用地比例/%	0.8～1.2	0.8～1.3	0.9～1.3	1.0～1.4	1.0～1.5
人均规划用地/(m^2/人)	0.8～1.3	0.8～1.3	0.8～1.2	0.8～1.1	0.8～1.1

3.0.2 行政办公设施用地布局宜采取集中与分散相结合的方式,以利提高效率。

4 商业金融

4.0.1 商业金融设施规划用地指标宜符合表4.0.1的规定。

表 4.0.1 商业金融设施规划用地指标

分项 \ 城市规模	小城市	中等城市	大城市		
			Ⅰ	Ⅱ	Ⅲ
占中心城区规划用地比例/%	3.1～4.2	3.3～4.4	3.5～4.8	3.8～5.3	4.2～5.9
人均规划用地/(m^2/人)	3.3～4.4	3.3～4.3	3.2～4.2	3.2～4.0	3.2～4.0

4.0.2 商业金融设施宜按市级、区级和地区级分级设置，形成相应等级和规模的商业金融中心。各级商业金融中心规划用地指标宜符合表 4.0.2 的规定。

表 4.0.2 各级商业金融中心规划用地指标 hm^2

分项 \ 城市规模	小城市	中等城市	大城市		
			Ⅰ	Ⅱ	Ⅲ
市级商业金融中心	30～40	40～60	60～100	100～150	150～240
区级商业金融中心	—	10～20	20～60	60～80	80～100
地区级商业金融中心	—	—	12～16	16～20	20～40

注：400 万人口以上城市，市级商业金融中心规划用地面积可按 1.2～1.4 的系数进行调整。

4.0.3 商业金融中心的规划布局应符合下列基本要求。

(1)商业金融中心应以人口规模为依据合理配置，市级商业金融中心服务人口宜为 50 万～100 万人，服务半径不宜超过 8 km；区级商业金融中心服务人口宜为 50 万人以下，服务半径不宜超过 4 km；地区级商业金融中心服务人口宜为 10 万人以下，服务半径不宜超过 1.5 km。

(2)商业金融中心规划用地应具有良好的交通条件，但不宜沿城市交通主干路两侧布局。

(3)在历史文化保护城区不宜布局新的大型商业金融设施用地。

4.0.4 商品批发场地宜根据所经营的商品门类选址布局，所经营商品对环境有污染时还应按照有关标准规定，规划安全防护距离。

5 文化娱乐

5.0.1 文化娱乐设施规划用地指标应符合表 5.0.1 的规定。

表 5.0.1 文化娱乐设施规划用地指标

分项 \ 城市规模	小城市	中等城市	大城市		
			Ⅰ	Ⅱ	Ⅲ
占中心城区规划用地比例/%	0.8～1.0	0.8～1.1	0.9～1.2	1.1～1.3	1.1～1.5
人均规划用地/(m^2/人)	0.8～1.1	0.8～1.1	0.8～1.0	0.8～1.0	0.8～1.0

5.0.2 文化娱乐设施规划各类设施的规划用地比例宜符合表 5.0.2 的规定。

表 5.0.2　文化娱乐各类设施占文化娱乐设施规划用地比例

设施类别	广播电视和出版类	图书和展览类	影剧院、游乐、文化艺术类
占文化娱乐设施规划用地比例/%	10～15	20～35	50～70

5.0.3　具有公益性的各类文化娱乐设施的规划用地比例不得低于表 5.0.3 的规定。

表 5.0.3　公益性的各类文化娱乐设施规划用地比例

设施类别	广播电视和出版类	图书和展览类	影剧院、游乐、文化艺术类
占文化娱乐设施规划用地比例/%	10	20	50

5.0.4　规划中宜保留原有的文化娱乐设施，规划新的大型游乐设施用地应选址在城市中心区外围交通方便的地段。

6　体育

6.0.1　体育设施规划用地指标应符合表 6.0.1 的规定，并保障具有公益性的各类体育设施规划用地比例。

表 6.0.1　体育设施规划用地指标

城市规模 / 分项	小城市	中等城市	大城市		
			Ⅰ	Ⅱ	Ⅲ
占中心城区规划用地比例/%	0.6～0.7	0.6～0.7	0.6～0.8	0.7～0.8	0.7～0.9
人均规划用地/(m^2/人)	0.6～0.7	0.6～0.7	0.6～0.7	0.6～0.8	0.6～0.8

6.0.2　大中城市宜分级设置市级和区级体育设施，其规划用地指标宜符合表 6.0.2 的规定。

表 6.0.2　市级、区级体育设施规划用地指标　hm^2

城市规模 / 级别	小城市	中等城市	大城市		
			Ⅰ	Ⅱ	Ⅲ
市级体育设施	9～12	12～15	15～20	20～30	30～80
区级体育设施	—	6～9	9～11	10～15	10～20

6.0.3　根据拟定举办体育赛事的类别和规模，新建体育设施用地布局应满足用地功能、环境和交通疏散的要求，并适当留有发展用地。

6.0.4　群众性体育活动设施，宜布局在方便、安全、对生活休息干扰小的地段。

7　医疗卫生

7.0.1　医疗卫生设施规划千人指标床位数应符合表 7.0.1 的规定。

表 7.0.1 医疗卫生设施规划千人指标床位数 床/千人

城市规模	小城市	中等城市	大城市		
			Ⅰ	Ⅱ	Ⅲ
千人指标床位数	4~5	4~5	5~6	6~7	≥7

7.0.2 医疗卫生设施规划用地指标应符合表 7.0.2 的规定。

表 7.0.2 医疗卫生设施规划用地指标

分项＼城市规模	小城市	中等城市	大城市		
			Ⅰ	Ⅱ	Ⅲ
占中心城区规划用地比例/%	0.7~0.8	0.7~0.8	0.7~1.0	0.9~1.1	1.0~1.2
人均规划用地/(m^2/人)	0.6~0.7	0.6~0.8	0.7~0.9	0.8~1.0	0.9~1.1

7.0.3 疗养院规划用地宜布局在自然环境较好的地段,规划用地指标应符合表 7.0.3 的规定。

表 7.0.3 疗养设施规划用地指标

规　　模	小 型	中 型	大 型	特大型
床位数/床	50~100	100~300	300~500	≥500
规划用地/hm^2	1~3	>3~6	>6~9	>9

7.0.4 医疗卫生设施用地布局应考虑服务半径,选址在环境安静交通便利的地段。传染性疾病的医疗卫生设施宜选址在城市边缘地区的下风方向。大城市应规划预留"应急"医疗设施用地。

8 教育科研设计

8.0.1 教育科研设计设施规划用地指标应符合表 8.0.1 的规定。

表 8.0.1 教育科研设计设施规划用地指标

分项＼城市规模	小城市	中等城市	大城市		
			Ⅰ	Ⅱ	Ⅲ
占中心城区规划用地比例/%	2.4~3.0	2.9~3.6	3.4~4.2	4.0~5.0	4.8~6.0
人均规划用地/(m^2/人)	2.5~3.2	2.9~3.8	3.0~4.0	3.2~4.5	3.6~4.8

8.0.2 教育设施规划用地指标,应按学校发展规模计算。

8.0.3 新建高等院校和对场地有特殊要求重建的科研院所,宜在城市边缘地区选址,并宜适当集中布局。

9 社会福利

9.0.1 社会福利设施规划用地指标应符合表 9.0.1 的规定。

表 9.0.1 社会福利设施规划用地指标

分项＼城市规模	小城市	中等城市	大城市		
			Ⅰ	Ⅱ	Ⅲ
占中心城区规划用地比例/%	0.2～0.3	0.3～0.4	0.3～0.5	0.3～0.5	0.3～0.5
人均规划用地/(m^2/人)	0.2～0.3	0.2～0.4	0.2～0.4	0.2～0.4	0.2～0.4

9.0.2 老年人设施布局宜邻近居住区环境较好的地段，其规划人均用地指标宜为 0.1～0.3 m^2。

9.0.3 残疾人康复设施应在交通便利，且车流、人流干扰少的地带选址，其规划用地指标应符合表 9.0.3 规定。

表 9.0.3 残疾人康复设施规划用地指标

城市规模	小城市	中等城市	大城市		
			Ⅰ	Ⅱ	Ⅲ
规划用地/hm^2	0.5～1.0	1.0～1.8	1.8～3.5	3.5～5	≥5

9.0.4 儿童福利院设施宜邻近居住区选址，其规划用地指标应符合表 9.0.4 规定。

表 9.0.4 儿童福利设施规划用地指标

城市规模	一般标准	较高标准	高标准
单项规划用地/hm^2	0.8～1.2	1.2～2	≥2

注：①一般标准指中小城市普通儿童福利设施。

②较高标准指大城市设施要求较高的儿童福利设施。

③高标准指 SOS 国际儿童村及其他有专项要求的儿童福利设施。

附录 A 城市公共设施规划用地指标汇总

指标分项	分项指标＼城市规模	小城市	中等城市	大城市		
				Ⅰ	Ⅱ	Ⅲ
行政办公	占中心城区规划用地比例/%	0.8～1.2	0.8～1.3	0.9～1.3	1.0～1.4	1.0～1.5
	人均规划用地/(m^2/人)	0.8～1.3	0.8～1.3	0.8～1.2	0.8～1.1	0.8～1.1
商业金融	占中心城区规划用地比例/%	3.1～4.2	3.3～4.4	3.5～4.8	3.8～5.3	4.2～5.9
	人均规划用地/(m^2/人)	3.3～4.4	3.3～4.3	3.2～4.2	3.2～4.0	3.2～4.0
文化娱乐	占中心城区规划用地比例/%	0.8～1.0	0.8～1.1	0.9～1.2	1.1～1.3	1.1～1.5
	人均规划用地/(m^2/人)	0.8～1.1	0.8～1.1	0.8～1.0	0.8～1.0	0.8～1.0
体育	占中心城区规划用地比例/%	0.6～0.7	0.6～0.7	0.6～0.8	0.7～0.8	0.7～0.9
	人均规划用地/(m^2/人)	0.6～0.7	0.6～0.7	0.6～0.7	0.6～0.8	0.6～0.8
医疗卫生	占中心城区规划用地比例/%	0.7～0.8	0.7～0.8	0.7～1.0	0.9～1.1	1.0～1.2
	人均规划用地/(m^2/人)	0.6～0.7	0.6～0.8	0.7～0.9	0.8～1.0	0.9～1.1

续表

指标分项 \ 城市规模	分项指标	小城市	中等城市	大城市 Ⅰ	大城市 Ⅱ	大城市 Ⅲ
教育科研设计	占中心城区规划用地比例/%	2.4~3.0	2.9~3.6	3.4~4.2	4.0~5.0	4.8~6.0
	人均规划用地/(m^2/人)	2.5~3.2	2.9~3.8	3.0~4.0	3.2~4.5	3.6~4.8
社会福利	占中心城区规划用地比例/%	0.2~0.3	0.3~0.4	0.3~0.5	0.3~0.5	0.3~0.5
	人均规划用地/(m^2/人)	0.2~0.3	0.2~0.4	0.2~0.4	0.2~0.4	0.2~0.4
综合总指标	占中心城区规划用地比例/%	8.6~11.4	9.2~12.3	10.3~13.8	11.6~15.4	13.0~17.5
	人均规划用地/(m^2/人)	8.8~12.0	9.1~12.4	9.1~12.4	9.5~12.8	10.0~13.2

4.2 《天津市居住区公共服务设施配置标准》DBJ 11250—2008(节录)

3　公共服务设施的项目分类与一般规定

3.1　项目分类

3.1.1　按使用性质划分为7大类:教育、医疗卫生、文化体育绿地、社区服务、行政管理、商业服务金融、市政公用。按项目内容分成56小项,其中:教育类4项、医疗卫生类2项、文化体育绿地类10项、社区服务类7项、行政管理5项、商业服务金融类8项、市政公用类19项。另加公建预留1项,共计56项设施,参见表3.1.1。

表3.1.1　居住区公共服务设施分级分类项目数据

项目类别	居住区级项目数	小区级项目数	组团(街坊)级项目数	三级合计项目数
教　育	2	2	0	4
医疗卫生	1	1	0	2
文化体育绿地	4	3	3	10
社区服务	3	2	2	7
行政管理	3	0	2	5
商业服务金融	4	2	2	8
市政公用	7	4	8	19
公建预留	1	0	0	1
合　计	25	14	17	56

4　公共服务设施分级与配置标准

4.1　公共服务设施的分级

4.1.1　居住区公共服务设施配套标准的分级结构和规模:居住区公共服务设施配套仍按居住区、小区、组团(街坊)三级配置。其中:居住区人口规模为5万~8万人,小区级1万~1.5万人,组团(街坊)级3 000~5 000人;配置标准表内一般规模分别按5万人、1万人、0.3万人计算。

4.2 公共服务设施的分级配置标准

4.2.1 居住区级公共服务设施总建筑面积千人指标为1 526~1 788 m^2,人均建筑面积1.53~1.79 m^2;总用地面积千人指标为1 944~2 243 m^2,人均用地面积1.94~2.22 m^2(不含公共绿地和居民停车指标,以下相同)。居住区级公共服务设施配置标准详见附表A.0.4。

4.2.2 居住小区级公共服务设施总建筑面积千人指标为1 152~1 276 m^2,人均建筑面积1.15~1.28 m^2;总用地面积千人指标为1 386~1 638 m^2,人均用地面积1.39~1.64 m^2。居住小区级公共服务设施配置标准详见附表A.0.5。

4.2.3 居住组团级公共服务设施总建筑面积千人指标为345~438 m^2,人均建筑面积0.35~0.44 m^2;总用地面积千人指标为216~253 m^2,人均用地面积0.22~0.25 m^2。居住组团(街坊)级公共服务设施配置标准详见附表A.0.6。

4.2.4 居住区、小区、组团三级合计公共服务设施总建筑面积千人指标为3 023~3 502 m^2,人均建筑面积3.02~3.5 m^2;总用地面积千人指标为3 546~4 134 m^2,人均用地面积3.55~4.13 m^2(不含公共绿地和居民停车指标)。居住区公共服务设施分类分级面积表详见附表A.0.1。

4.2.5 居住区教育类千人座位数:幼儿每千人28座,小学每千人50座,初中每千人23座,高中每千人21座。千人面积指标:建筑面积1 191 m^2/千人,用地面积1 806~2 050 m^2/千人。教育类分级配套标准详见附表A.0.2。

4.2.6 居住区公共绿地为1 500~2 000 m^2/千人,人均1.5~2.0 m^2(其中:居住区级0.5 m^2/人,小区级0.5 m^2/人,组团级0.5~1.0 m^2/人)。

4.2.7 居民自行车停车面积:270~540 m^2/千人;居民机动车停车面积(地面停车位按总户数的15%,地面停车面积按每个车位30 m^2,地下停车面积按每个车位35 m^2计算):普通商品房千人用地面积为1 607 m^2/千人,千人建筑面积为5 312~15 937 m^2/千人;经济适用房和廉租房机动车停车面积2 143 m^2/千人。居住区居民停车标准详见附表A.0.3。

居住区内学校、医疗、娱乐、餐饮、商业服务等设施的停车指标需符合现行《天津市建筑项目配建停车场(库)标准》(DB 29-6—2004)的要求。

附录A 附表A.0.1—附表A.0.6

附表A.0.1 居住区公共服务设施分类分级面积 m^2/千人

分级 分类	(1)居住区级建筑面积/用地面积	(2)小区级建筑面积/用地面积	(3)组团(街坊)级建筑面积/用地面积	(4)总指标=(1)+(2)+(3)建筑面积/用地面积
教育	461/792~880	730/1 014~1 170	—	1 191/1 806~2 050
医疗卫生	6 060	15/10	—	75/70
文化体育	210~220/330	30~40/100~130	67/93~113	307~327/523~573
社区服务	140~150/160~164	140~130	120~160/65~70	390~450/355~364
行政管理	64~73/44~55	—	35~41/—	99~114/44~55
商业金融	464~690/263~383	205~308/100~150	70~90/50~60	739~1 088/413~593
市政公用	118~134/255~311	32~43/32~48	53~80/9~10	203~257/295~369
公建预留用地	—/40~60	—	—	—/40~60

续表

分类＼分级	(1)居住区级建筑面积/用地面积	(2)小区级建筑面积/用地面积	(3)组团(街坊)级建筑面积/用地面积	(4)总指标=(1)+(2)+(3)建筑面积/用地面积
合计	1 526～1 788/1 944～2 243	1 152～1 276/1 386～1 638	345～438/216～253	3 023～3 502/3 546～4 134

注:上表数据不含绿地及居民停车指标。

附表 A.0.2 居住区教育类配置标准

项目	内容	千人座位	一般规模/m^2		控制性指标/(m^2/千人)		指导性指标/(m^2/千人)	生均指标
			建筑面积	用地面积	建筑面积	用地面积	建筑面积	
幼儿园	5年制	28	2 800	3 640～4 200	280	364～420		生均建筑面积10 m^2,生均用地面积13～15 m^2
小学	6年制	50	9 000	13 000～15 000	450	650～750		生均建筑面积9 m^2,生均用地面积13～15 m^2
初中	3年制	23	11 500	20 700～23 000	230	414～460		生均建筑面积10 m^2,生均用地面积18～20 m^2
高中	3年制	21	11 550	18 900～21 000		378～420	231	生均建筑面积11 m^2,生均用地面积18～20 m^2
合计		122	34 850	56 240～63 200	960	1 806～2 050	231	

注:1. 本标准按幼儿园每个小区配置一处。小学两个小区配置一处。初中和高中每个居住区分别配置一处,也可结合配置为完全中学(内含初中部和高中部),面积指标叠加计算。上表一般规模幼儿园按1万人、小学按2万人、中学按5万人配置一处计算。规划建设时还应根据小区或居住区的实际人口,按千人指标重新核算。

2. 本标准幼儿园按学龄前1～6岁,五年制计算,每班20～25人计,1万人的小区有280名幼儿,约11～14个班,因此幼儿园按每个小区配置1处考虑。小学按每班45人计,1万人的小区有500名学生约为12个班;小学规模一般应为24～30个班,因此按两个小区(约2万人)配置1所小学考虑,面积指标叠加计算。初中按每班45～50人计,5万人的居住区有1 150名学生,约为23～26个班。高中按每班50人计,5万人的居住区有1 050名学生约为21个班。中学规模一般应为24～48个班,因此初中和高中可分别独立建设2所学校(1所初中校、1所高中校),也可以将初中和高中合并建设为一所中学,面积指标叠加计算。

3. 小学一般应设置60 m直跑道,200 m环形跑道。初中24班以下(含24班)一般应设置100 m直跑道,200 m环形跑道;25班以上(含25班)一般应设置100 m直跑道,300 m环形跑道。高中一般应设置100 m直跑道,400 m环形跑道。

附表 A.0.3 居住区居民停车标准

	分 类	建筑面积/(m^2/户)	小汽车/(车位/户)	自行车位/(辆/户)
商品房	第一类	≥150	1.5	1.0
	第二类	≥90,<150	1.0	1.5
	第三类	≥60,<90	0.7	1.8
	第四类	<60	0.5	2.0
经济适用房、廉租房		——	0.2	2.0

注:1. 小汽车每个停车位面积30～35 m^2(地上30 m^2,地下35 m^2),如采用垂直机械停车可按实际布置计算停车面积,本标准未计算此类停车方式的面积指标。地面停车率原则上不超过住宅总户数的15%。自行车每个车位停车面积1.5 m^2,地面停车率原则上不超过住宅总户数的50%。

2. 在小区内部出入口附近应设置地面机动车停车位供外来人员临时使用,原则上应设置不低于配建机动车停车位总规模的百分之二(含在配建总规模内)。

附表 A.0.4 居住区级公共服务设施配置标准

分类	序号	项目	配置内容	一般规模/(m^2/处)		控制性指标/(m^2/千人)		指导指标/(m^2/千人)	配置规定
				建筑面积	用地面积	建筑面积	用地面积	建筑面积	
教育	1	高级中学	3年制	11 550	18 900 ~ 21 000		378 ~ 420	231	每千人21座,生均建筑面积11 m^2,生均用地面积18 ~ 20 m^2。
教育	2	初级中学	3年制	11 500	20 700 ~ 23 000	230	414 ~ 460	—	每千人23座,生均建筑面积10 m^2,生均用地面积18 ~ 20 m^2。
教育	小计			23 050	39 600 ~ 44 000	230	792 ~ 880	231	
医疗卫生	3	社区医疗服务中心	医疗、防疫、保健、理疗、康复	3 000	3 000	60	60	—	
医疗卫生	小计			3 000	3 000	60	60	—	
文化体育绿地	4	社区文化活动中心	多功能厅、图书馆、信息苑、社区教育	7 500	5 000	—	100	150	可结合社区服务中心配置,服务人口5万人
文化体育绿地	5	社区体育运动场	健身跑道、篮球、门球、网球、运动设施	500	6 500	—	130	10	可结合居住区级中心公园配置
文化体育绿地	6	室内综合健身馆	含游泳馆、乒乓球、台球、跳操、健身房等	2 500 ~ 3 000	5 000	—	100	50 ~ 60	有条件的地方可结合配置小型游泳池、用地面积可适当加大
文化体育绿地	7	居住区公园	人均≥0.5 m^2		≥10 000		≥500	—	2万 ~ 2.5万人设1处,绿化面积(含水面)不低于70%
文化体育绿地	小计			10 500 ~ 11 000	26 500	—	≥830	210 ~ 220	
社区服务	8	社区养老院	全托护理型,包括生活起居、餐饮服务、文化活动、医疗保健等	4 500	6 000	90	120	—	每个居住区设1处,每千人3张床位。每床位建筑面积≥30 m^2,每床位占地面积≥40 m^2
社区服务	9	老年人活动中心	老人娱乐、康复、保健服务及文体活动场地	500	1 000 ~ 1 250	10	20		每个居住区设1处。应设置≥300 m^2的室外活动场地
社区服务	10	社区综合服务中心(含老人服务中心)	行政和社区公共服务,含老人服务、家政服务、就业指导、教育培训等	2 000 ~ 2 400	1 000 ~ 1 200	40 ~ 50	20 ~ 24		可与其他建筑结合配置,但应有独立出入口。(其中:老人服务中心建筑面积应≥200 m^2)
社区服务	小计			7 000 ~ 7 400	8 000 ~ 8 450	140 ~ 150	160 ~ 164	—	

续表

分类	序号	项目	配置内容	一般规模/（m^2/处）		控制性指标/（m^2/千人）		指导指标/（m^2/千人）	配置规定
				建筑面积	用地面积	建筑面积	用地面积	建筑面积	
行政管理	11	街道办事处		1 500 ~ 1 750	1 000 ~ 1 250	30 ~ 35	20 ~ 25		可与其他公共建筑结合配置，但应有独立出入口
	12	公安派出所（含训练场地）		1 600 ~ 1 750	1 200 ~ 1 500	32 ~ 35	24 ~ 30		应独立占地
	13	工商税务市场管理		100 ~ 150	—	2 ~ 3	—		可与其他建筑结合设置
	小计			3 200 ~ 3 650	2 240 ~ 2 750	64 ~ 73	44 ~ 55		
商业金融	14	社区商业服务中心	日用百货、副食、食品、服装鞋帽、书店、药店、洗染、理发	20 000 ~ 30 000	10 000 ~ 15 000	—	200 ~ 300	400 ~ 600	商业、服务可分开配置，也可结合设置
	15	菜市场	含农副产品及加工食品	1 000 ~ 1 500	1 000 ~ 1 500	40 ~ 60	40 ~ 60		2.5 万人 1 处，服务半径 400 ~ 500 m
	16	餐饮店	饭店、快餐等	500 ~ 600	500	—	20	20 ~ 24	2 万 ~ 2.5 万人设 1 处，服务半径 400 ~ 500 m。不得与住宅结合设置
	17	银行储蓄	证券、保险	200 ~ 300	150	—	3	4 ~ 6	可与其他建筑结合设置
	小计			21 700 ~ 32 400	11 500 ~ 17 150	40 ~ 60	263 ~ 383	424 ~ 630	
市政公用	18	邮政支局		500 ~ 600	400	—	8	10 ~ 12	可结合其他建筑设置并预留车位
	19	基层环卫机构		800 ~ 1 200	1 550 ~ 2 350	—	31 ~ 47	16 ~ 24	每个居住区设 1 处，应独立占地，可以停靠环卫车辆
	20	小型垃圾转运站	含垃圾收集站	300 ~ 400	800	—	16	6 ~ 8	每 2 ~ 3 km^2 配置 1 处。用地面积含周边绿化隔离带，其宽度不小于 5 m；与相邻建筑间距不小于 10 m
	21	110 kV 变电站（35 kV 变电站）		3 000（1 500）	5 000（1 200 ~ 1 500）	—	100（24 ~ 30）	60（30）	居住区根据负荷需要设置 35 kV 或者 110 kV 变电站，两者不应同时在一个居住区内设置
	22	煤气服务站		200	—	—	—	8	可结合其他建筑设置并预留车位
	23	自来水服务站		200	—	—	—	8	可结合其他建筑设置并预留车位

续表

分类	序号	项目	配置内容	一般规模/（m²/处）		控制性指标/（m²/千人）		指导指标/（m²/千人）	配置规定
				建筑面积	用地面积	建筑面积	用地面积	建筑面积	
市政公用	24	公交首末站		500～700	5 000～7 000	—	100～140	10～14	规划位置根据"控制性详细规划"的要求安排。每1万～1.5万人一条线，每条线路占地1 000～1 400 m²。邻近地铁站位置的居住区，其公交首末站用地宜选用标准指标的下限
	小计			5 500～6 100	12 750～15 150	—	255～311	118～134	
	25	公建预留用地		—	2 000～3 000		40～60	—	
总计				73 950～86 600	105 590～120 400	534～573	2 444～27 443	983～1 215	

注：110 kV 变电站不应同时在一个居住区内设置，总计数据只包含了110 kV 变电站。

附表 A.0.5　居住小区级公共服务设施配置标准

分类	序号	项目	配置内容	一般规模/（m²/处）		控制性指标/（m²/千人）		指导指标/（m²/千人）	配置规定
				建筑面积	用地面积	建筑面积	用地面积	建筑面积	
教育	1	小学	6年制	9 000	13 000～15 000	450	650～750	—	千人50座，生均建筑面积9 m²，生均用地面积13～15 m²
	2	幼儿园	学龄前儿童	2 800	3 640～4 200	280	364～420	—	千人28座，生均建筑面积10 m²，生均用地面积13～15 m²
	小计			11 800	16 400～19 200	730	1 014～1 170	—	
医疗卫生	3	社区医疗服务中心	防预、医疗、计划生育等	150	100	15	10	—	1万～15万人设1处，可与社区服务站结合配置，必须有独立出入口
	小计			150	100	15	10	—	

续表

分类	序号	项目	配置内容	一般规模/(m^2/处)		控制性指标/(m^2/千人)		指导指标/(m^2/千人)	配置规定
				建筑面积	用地面积	建筑面积	用地面积	建筑面积	
文化体育绿地	4	社区文化活动站(会所)	文化康乐、图书阅览	300～400	400～500	—	40～50	30～40	可与其他建筑结合配置，应有独立出入口
	5	居民活动场	户外健身场地、集会、表演	—	600～800	—	60～80	—	可与小区绿地结合设置
	6	小区中心绿地		—	≥5 000	—	500	—	人均≥0.5 m^2，绿化面积(含水面)不低于70%
	小计			300～400	6 000～6 300	—	600～630	30～40	
社区服务	7	托老所(含老年人活动站)	主要为日托照料型：含休息、餐饮服务、康复保健、文娱活动	≥800	1 000	80	100		规模≥40座。每千人4座，每座建筑面积20 m^2，占地25 m^2。宜靠近集中绿地安排。(其中：老年人活动站建筑面积应≥150 m^2，并应设不小于150 m^2的室外活动场地)
	8	社区服务站(含老年人服务站)	行政和社区公共服务。含信息服务、家政和老人服务、宣传教育	600	300	60	30	—	服务半径宜小于500 m。可与其他建筑结合设置，但应有独立出入口。(其中：老年人服务站应≥150 m^2)
	小计			1 400	1 300	140	130	—	
商业金融	9	社区商业服务中心网点	含超市、日用品、食品、小商品等	2 000～3 000	1 000～1 500	—	100～150	200～300	可与其他建筑结合设置
	10	储蓄所	各种储蓄网点	50～80	—	—	—	5～8	可与其他建筑结合设置
	小计			2 050～3 080	1 000～1 500	—	100～150	205～308	
市政公用	11	邮政所		200	—	—	—	20	与其他建筑结合设置
	12	环卫清扫班点		25～35	160～240	—	16～24	2～3	按保洁工人建筑面积3～4 m^2/人，用地面积20～30 m^2/人
	13	公厕		50～100	60～100	—	12～20	10～20	
	14	煤气中低压调压站		—	42	—	4	—	
	小计			275～335	262～382	—	32～48	32～43	
总计				15 975～17 165	25 062～28 782	885	1 886～2 138	267～391	

附表 A.0.6 居住组团(街坊)级公共服务设施配置标准

<table>
<tr><th rowspan="2">分类</th><th rowspan="2">序号</th><th rowspan="2">项目</th><th rowspan="2">配置内容</th><th colspan="2">一般规模/(m^2/处)</th><th colspan="2">控制性指标/(m^2/千人)</th><th>指导指标/(m^2/千人)</th><th rowspan="2">配置规定</th></tr>
<tr><th>建筑面积</th><th>用地面积</th><th>建筑面积</th><th>用地面积</th><th>建筑面积</th></tr>
<tr><td rowspan="4">文体绿地</td><td>1</td><td>文化活动室</td><td>科普教育、阅览及文化活动室</td><td>200</td><td>100</td><td>—</td><td>33</td><td>67</td><td>含老人活动室 100 m^2</td></tr>
<tr><td>2</td><td>居民健身场地</td><td>含老人、儿童活动场地</td><td>—</td><td>180~240</td><td>—</td><td></td><td>60~80</td><td>可与绿地结合,但不得占用绿化面积</td></tr>
<tr><td>3</td><td>组团绿地</td><td>含绿化、活动场地</td><td>—</td><td>≥1 000</td><td>—</td><td>≥500</td><td>—</td><td>人均 0.5~1.0 m^2,绿化面积不低于 70%</td></tr>
<tr><td colspan="3">小计</td><td></td><td>200</td><td>1 280~1 340</td><td>593~613</td><td>67</td><td></td></tr>
<tr><td rowspan="3">社区服务</td><td>4</td><td>社区服务点</td><td>含电子政务、中介服务等</td><td>90~120</td><td>45~60</td><td>30~40</td><td>15~20</td><td>—</td><td></td></tr>
<tr><td>5</td><td>物业管理服务用房</td><td>房屋及设施的管理、维修、保安、保洁服务等</td><td>300</td><td>150</td><td>90~120</td><td>50</td><td></td><td>新建住宅总建筑面积小于等于 5 万 m^2,物业管理用房取总建筑面积的 4‰;大于 5 万 m^2,物业管理用房取 3‰(需要独立用房,不得设置在地下)</td></tr>
<tr><td colspan="3">小计</td><td>390~420</td><td>195~210</td><td>120~160</td><td>65~70</td><td>—</td><td></td></tr>
<tr><td rowspan="3">行政管理</td><td>6</td><td>居委会</td><td>管理、协调</td><td>100</td><td>—</td><td>30~35</td><td>—</td><td>—</td><td></td></tr>
<tr><td>7</td><td>社区警务室</td><td>值班、巡逻</td><td>15~20</td><td>—</td><td>5~6</td><td>—</td><td>—</td><td></td></tr>
<tr><td colspan="3">小计</td><td>115~120</td><td>—</td><td>35~41</td><td>—</td><td>—</td><td></td></tr>
<tr><td rowspan="3">商业</td><td>8</td><td>早点铺</td><td>以提供早点服务为主的小吃、快餐</td><td>90~120</td><td>≥90</td><td>—</td><td>≥30</td><td>30~40</td><td>每个居住组团应设置 1 处,服务半径 200~300 m。不得与住宅结合配置,可与其他公共服务设施结合</td></tr>
<tr><td>9</td><td>便利店</td><td>含便民超市</td><td>120~150</td><td>60~90</td><td>—</td><td>20~30</td><td>40~50</td><td></td></tr>
<tr><td colspan="3">小计</td><td>210~270</td><td>150~180</td><td>—</td><td>50~60</td><td>70~90</td><td></td></tr>
<tr><td>市政公用</td><td>10</td><td>自行车存车处</td><td></td><td>—</td><td>—</td><td>—</td><td>270~540</td><td>—</td><td>自行车每户 1.0~2.0 辆。每个车位停车面积 1.5 m^2,地面停车率原则上不超过住宅总户数的 50%</td></tr>
</table>

续表

分类	序号	项目	配置内容	一般规模/（m^2/处）		控制性指标/（m^2/千人）		指导指标/（m^2/千人）	配置规定
				建筑面积	用地面积	建筑面积	用地面积	建筑面积	
市政公用	11	机动车存车场（库）		—	—	—	1 607	5 312 ~ 15 937	本表内千人指标按商品房计，每户 0.5 ~ 1.5 辆。每个车位停车面积 30 ~ 35 m^2/车；地面停车率原则上不超过住宅总户数的 15%。其配置标准详见表 A. 0.3（居住区居民停车标准）
	12	垃圾分类投放点			6	—	—	—	每 50 ~ 100 户设置 1 处，每处用地面积 6 m^2（仅用于放置垃圾收集设施）
	13	热交换站		120 ~ 200	—	—	—	40 ~ 67	可与其他建筑结合设置，应有独立房间
	14	10 kV 配电站		—	83、103、138、259	—	—	—	可与其他建筑结合设置，配电站规模和数量应按照用电负荷和远景预期确定，供电半径不宜超过 200 m
	15	箱式变电站		—	12 ~ 15	—	8 ~ 10	—	规模和数量应按照用电负荷和远景预期确定，供电半径不宜超过 200 m。只设置在居住区的多层区域
	16	电信设备间		25	—	—	—	8	可与其他公建结合设置，宜与有线电视设备间共同设置，但要保证有线电视设备间的独立通道
	17	有线电视设备间		15				5	可与其他公建结合设置，宜与电信设备间结合，但要保证有线电视设备间的独立通道
		小计		160 ~ 240	101 ~ 280	—	1 885 ~ 2 157	5 365 ~ 16 017	千人指标含居民停车和绿地
总计				1 075 ~ 1 250	1 726 ~ 2 010	155 ~ 201	2 593 ~ 2 900	5 502 ~ 16 174	

4.3 《公共图书馆建设用地指标》2008北京(节录)

第十六条　公共图书馆根据服务人口数量分为大型馆、中型馆和小型馆。

大型馆：指服务人口150万(含)、建筑面积20 000 m^2以上的公共图书馆，其主要功能为文献信息资料借阅等日常公益性服务以及文献收藏、研究、业务指导和培训、文化推广等。

中型馆：指服务人口20万~150万、建筑面积4 500~20 000 m^2的公共图书馆，其主要功能为文献信息资料借阅、大众文化传播等日常公益性服务。

小型馆：指服务人口5万~20万(含)、建筑面积1 200~4 500 m^2的公共图书馆，其主要功能为文献信息资料借阅、大众文化传播等日常公益性服务。

第十七条　公共图书馆建设用地主要包括公共图书馆建筑用地、集散场地、绿化用地及停车场地。

第十八条　公共图书馆的设置应符合表1的要求，逐步发展成为公共图书馆体系。

大型馆覆盖的6.5 km服务半径内不应再设置中型馆，大、中型馆覆盖的2.5 km服务半径内不应再设置小型馆。

表1　公共图书馆的设置原则

服务人口/万人	设置原则	服务半径/km
≥150	大型馆：设置1~2处，但不得超过2处；服务人口达到400万时，宜分2处设置	≤9.0
	中型馆：每50万人口设置1处	≤6.5
	小型馆：每20万人口设置1处	≤2.5
20~150	中型馆：设置1处	≤6.5
	小型馆：每20万人口设置1处	≤2.5
5~20	小型馆：设置1处	≤2.5

第十九条　公共图书馆的选址：应在人口集中、公交便利、环境良好、相对安静的地区，同时满足各类公共图书馆合理服务半径的要求。

第二十条、第二十一条、第二十二条　小型馆、中型馆与大型馆建设用地控制指标应符合表2、表3、表4的规定。

表2　小型馆建设用地控制指标

服务人口/万人	藏书量/万册(件)	建筑面积/m^2	容积率	建筑密度/%	用地面积/m^2
5	5	1 200	≥0.8	25~40	1 200~1 500
10	10	2 300	≥0.9	25~40	2 000~2 500
15	15	3 400	≥0.9	25~40	3 000~4 000
20	20	4 500	≥0.9	25~40	4 000~5 000

注：1. 表中服务人口指小型馆所在城镇或服务片区内的规划总人口。

2. 表中用地面积为单个小型馆建设用地面积。

表3 中型馆建设用地控制指标

服务人口/万人	藏书量/万册(件)	建筑面积/m^2	容积率	建筑密度/%	用地面积/m^2
30	30	5 500	≥1.0	25~40	4 500~1 500
40	35	6 500	≥1.0	25~40	5 500~6 500
50	45	7 500	≥1.0	25~40	6 500~7 500
60	55	8 500	≥1.1	25~40	7 000~8 000
70	60	9 500	≥1.1	25~40	8 000~9 000
80	70	11 000	≥1.1	25~40	8 500~10 000
90	80	12 500	≥1.2	25~40	9 000~10 500
100	90	13 500	≥1.2	25~40	9 500~11 000
120	100	16 000	≥1.2	25~40	10 000~13 000

注:1. 表中服务人口指中型馆所在城镇或服务片区内的规划总人口。

2. 表中用地面积为单个中型馆建设用地面积。

表4 大型馆建设用地控制指标

服务人口/万人	藏书量/万册(件)	建筑面积/m^2	容积率	建筑密度/%	用地面积/m^2
150	130	20 000	≥1.2	30~40	11 000~17 000
200	180	27 000	≥1.2	30~40	14 000~22 000
300	270	40 000	≥1.3	30~40	20 000~30 000
400	360	53 000	≥1.4	30~40	27 000~38 000
500	500	70 000	≥1.5	30~40	35 000~47 000
800	800	104 000	≥1.5	30~40	46 000~69 000
1000	1000	120 000	≥1.5	30~40	52 000~80 000

注:1. 表中服务人口指大型馆所在城市的规划总人口。

2. 表中用地面积是指大型馆建设用地(包括分2处建设)的总面积。

3. 大型馆总藏书超过1 000万册的,可按照每增加100万册藏书,增补建设用地5 000 m^2进行控制。

第二十三条 公共图书馆停车场地包括自行车停车和机动车停车场地。

自行车停车宜达到每百平方米建筑面积配建2个车位的标准。

小型馆原则上不宜设置机动车停车场。大、中型馆的机动车停车,应以利用地下空间为主;确需设置地面停车场的,其用地不得超过建设用地总面积的8%。

4.4 《公共图书馆建设标准》建标108—2008(节录)

第十条 新建、改建和扩建的公共图书馆规模,应以服务人口数量和相应的人均藏书量、千人阅览座席指标为基本依据,兼顾服务功能、文献资源数量与品种和当地经济发展水平确定。

服务人口是指公共图书馆服务范围内的常住人口。

第十一条 公共图书馆分为大型馆、中型馆、小型馆。其建设规模与服务人口数量对应指标见表1。

表1 公共图书馆建设规模与服务人口数量对应指标

规 模	服务人口/万
大 型	150以上
中 型	20~150
小 型	20及以下

第十二条 公共图书馆的建设内容包括房屋建筑、场地、建筑设备和图书馆技术设备。

第十三条 公共图书馆的房屋建筑包括藏书、借阅、咨询服务、公共活动与辅助服务、业务、行政办公、技术设备、后勤保障8类用房。

各级公共图书馆用房项目设置见附表1和附表2。

附表1 公共图书馆网络传输速率(网络接口带宽)标准

规模	互联网接口	局域网主干	局域网分支
大型	100 MB以上	千兆或万兆字节	百兆或千兆字节
中型	100 MB以上	千兆字节	百兆字节
小型	100 MB以上	千兆字节	百兆字节

附表2 公共图书馆信息点设置标准

区 域	数 量
行政办公区	100 $m^2$2个
业务区	100 $m^2$2个以上
阅览区	阅览座位的30%左右
电子阅览区	阅览座位的105%
研究室	100 $m^2$2个
书库	50 $m^2$1个
办证、检索、复印和休息区	10 $m^2$1个

第十七条 公共图书馆选址的要求是:①宜位于人口集中、交通便利、环境相对安静、符合安全和卫生及环保标准的区域;②应符合当地建设的总体规划及公共文化事业专项规划,布局合理;③应具备良好的工程地质及水文地质条件;④市政配套设施条件良好。

第十八条 公共图书馆的建设用地应符合《公共图书馆建设用地指标》的规定。绿地率宜为30%~35%。

第二十条 公共图书馆总建筑面积以及相应的总藏书量、总阅览座席数量,按表2的控制指标执行。

表2 公共图书馆总建筑面积以及相应的总藏书量、总阅览座席数量控制指标

规模	服务人口/万	建筑面积		藏书量		阅览座席	
		千人面积指标/（m^2/千人）	建筑面积控制指标/m^2	人均藏书/（册、件/人）	总藏量/（万册、件）	千人阅览座席/（座/千人）	总阅览座席/座
大型	400~1 000	9.5~6	38 000~60 000	0.8~0.6	320~600	0.6~0.3	2 400~3 000
	150~400	13.3~9.5	20 000~38 000	0.9~0.8	135~320	0.8~0.6	1 200~2 400
中型	100~150	13.5~13.3	13 500~20 000	0.9	90~135	0.9~0.8	900~1 200
	50~100	15~13.5	7 500~13 500	0.9	45~90	0.9	450~900
	20~50	22.5~15	4 500~7 500	1.2~0.9	24~45	1.2~0.9	240~450
小型	10~20	23~22.5	2 300~4 500	1.2	12~24	1.3~1.2	130~240
	3~10	27~23	800~2 300	1.5~1.2	4.5~12	2.0~1.3	60~130

注:1. 服务人口1 000万以上的,参照1 000万服务人口的人均藏书量、千人阅览座席数指标执行。

2. 表中服务人口处于两个数值区间的,采用直线内插法确定其建筑面积、藏书量和阅览座席指标。

3. 建筑面积指标所包含的项目见附录。

第二十一条　在确定公共图书馆建筑面积时,首先应依据服务人口数量和表2确定相应的藏书量、阅览座席和建筑面积指标,再综合考虑服务功能、文献资源的数量与品种和当地经济发展水平因素,在一定的幅度内调整。

一、根据服务功能调整,是指省、地两级具有中心图书馆功能的公共图书馆增加满足功能需要的用房面积。主要包括增加配送中心、辅导、协调和信息处理、中心机房(主机房、服务器)、计算机网络管理与维护等用房的面积。

二、根据文献资源的数量与品种调整总建筑面积的方法是:

(1)根据藏书量调整建筑面积=(设计藏书量-藏书量指标)÷每平方米藏书量标准÷使用面积系数

(2)根据阅览座席数量调整建筑面积=(设计藏书量-藏书量指标)÷1000册/1座席×每个阅览座席所占面积指标÷使用面积系数

三、根据当地经济发展水平调整总建筑面积,主要采取调整人均藏书量指标以及相应的千人阅览座席指标的方法。调整后的人均藏书量不应低于0.6册(5万人口以下的,人均藏书量不应少于1册)。

四、总建筑面积调整幅度应控制在±20%以内。

第二十二条　少年儿童图书馆的建筑面积指标包括在各级公共图书馆总建筑面积指标之内,可以独立建设,也可以合并建设。

独立建设的少年儿童图书馆,其建筑面积应依据服务的少年儿童人口数量按表2的规定执行;合并建设的公共图书馆,专门用于少年儿童的藏书与借阅区面积之和应控制在藏书和借阅区总面积的10%~20%。

第二十三条　公共图书馆各类用房使用面积比例参照表3确定,其总使用面积系数宜控制在0.7。

表 3 公共图书馆各类用房使用面积比例

序号	用房类别	比例/%		
		大型	中型	小型
1	藏书区	30~35	55~60	55
2	借阅区	30		
3	咨询服务区	3~2	5~3	5
4	公共活动与辅助服务区	13~10	15~13	15
5	业务区	9	10~9	10
6	行政办公区	5	5	5
7	技术设备区	4~3	4	4
8	后勤保障区	6	6	6

4.5 《文化馆建设用地指标》2008 北京(节录)

第十二条　文化馆按其行政管理级别分为省(自治区、直辖市)级文化馆、市(地、州、盟)级文化馆和县(旗、市、区)级文化馆 3 个等级。

省、自治区、直辖市应设置省级文化馆,市(地、州、盟)应设置市级文化馆,县(旗、市、区)应设置县级文化馆。

第十三条　文化馆按其建设规模分为大型馆、中型馆和小型馆 3 种类型。

建筑面积达到或超过 6 000 m^2 的为大型馆;

建筑面积达到或超过 4 000 m^2 但不足 6 000 m^2 的为中型馆;

建筑面积达到或超过 2 000 m^2 但不足 4 000 m^2 的为小型馆。

第十四条　文化馆的设置原则应满足表 1 的规定。

服务人口不足 5 万人的地区,不设置独立的文化馆建设用地,鼓励文化馆与其他相关文化设施联合建设。

表 1　文化馆的设置原则

类型	设置原则	城镇人口或服务人口/万人	服务范围或服务半径
大型馆	省会、自治区首府、直辖市和大城市	≥50	市区
中型馆	中等城市	20~50	市区
	市辖区	≥30	3.0~4.0 km
小型馆	小城市、县城	5~20	市区或镇区
	市辖区或独立组团	5~30	1.5~2.0 km

注:大型馆覆盖的 4.0 km 服务半径内不再设置中型馆,大、中型馆覆盖的 2.0 km 服务半径内不再设置小型馆。

第十五条　文化馆建设用地包括文化馆建筑用地、室外活动场地、绿化用地、道路和停车场用地。

第十六条 各类文化馆的建设用地面积控制指标应符合表 2 的规定。

表 2 文化馆建设用地控制指标

类 型	建筑面积/m^2	容积率	建筑密度/%	建设用地总面积/m^2	建设用地中的室外活动场地/m^2
大型馆	≥6 000	≥1.3	25 ~40	4 500 ~6 500	1 200 ~2 000
中型馆	4 000 ~6 000	≥1.2	25 ~40	3 500 ~5 000	900 ~1 500
小型馆	2 000 ~4 000	≥1.0	25 ~40	2 000 ~4 000	600 ~1 000

第十七条 文化馆停车场地包括自行车停车和机动车停车。

自行车停车应按每百平方米建筑面积 2 个车位配置。

机动车停车应充分利用地下空间及社会停车设施，地面停车场地面积应控制在建设用地总面积的 8% 以内。

附表 1 我国文化馆建筑规模现状调研数据 m^2

数据内容	省级文化馆	计划单列市文化馆	直辖市区馆	地级市文化馆	计划单列市区馆	县级市文化馆	县级文化馆
平均数	5 305	6 363	5 596	4 344	3 155	2 503	1 894
中位数	3 800	6 747	4 506	3 950	3 000	2 009	1 467

附表 2 我国文化馆室外活动场地、容积率现状调研数据

数据内容	省级馆	地市级馆	县区级馆
室外活动场地平均值/m^2	2 383	2 295	1 288
室外活动场地中位值/m^2	1 100	1 200	600
容积率平均值	1.48	1.34	1.17
容积率中位值	1.02	0.94	0.78

4.6 《科学技术馆建设标准》建标 101—2007(节录)

第十六条 科技馆建设规模按建筑面积分类，分成特大、大、中、小型 4 类：建筑面积 30 000 m^2 以上的为特大型馆，建筑面积 15 000 m^2 以上至 30 000 m^2 的为大型馆，建筑面积 8 000 m^2 以上至 15 000 m^2 的为中型馆，建筑面积 8 000 m^2 及以下的为小型馆。

科技馆的建筑面积不宜小于 5 000 m^2，常设展厅建筑面积不应小于 3 000 m^2，短期展厅建筑面积不宜小于 500 m^2。

第十七条 科技馆建设规模适用范围：特大型馆一般适用于城市户籍人口 400 万人以上的城市，大型馆一般适用于城市户籍人口在 200 万以上至 400 万人的城市，中型馆一般适用于城市户籍人口在 100 万以上至 200 万人的城市，小型馆一般适用于城市户籍人口在 50 万至 100 万人的城市。

科技馆建设规模中建筑面积和展厅面积与该馆所在城市建馆当年的城市户籍人口数量的比例关系见表1。

表1 科技馆所在城市的城市户籍人口数量与建设规模的关系

科技馆所在城市的城市户籍人口数量	建筑面积/(m^2/万人)	展厅面积/(m^2/万人)
400万以上	75	30~36
200万以上至400万	75	36~42
100万以上至200万	75~80	42~48
50万至100万	80~100	48~60

注:1.接近200万城市户籍人口的中型科技馆,其建筑面积宜采用万人面积指标低值。

2.接近100万城市户籍人口的小型科技馆,其建筑面积宜采用万人面积指标低值。

第十八条 经济发达地区和旅游热点地区的城市,科技馆建设规模可在本标准第十七条规定的基础上增加,但增加的规模不应超过20%。

第十九条 少数民族地区省会、自治区首府城市应建设中型及以上规模科技馆。

第二十条 科技馆房屋建筑中展览教育用房、公众服务用房、业务研究用房、管理保障用房所占比例见表2。上述用房的具体面积指标分配参见本标准附录1至附录3。

表2 科技馆各种用房所占比例

房屋功能	百分比/%			
	特大型馆	大型馆	中型馆	小型馆
展览教育用房	55~60	60~65	65~70	65~75
公众服务用房	15~20	10~15	5~10	5~10
业务研究用房	10~15	10~15	5~10	5~10
管理保障用房	10~15	10~15	15~20	10~20

第二十一条 科技馆展品的数量可根据展厅建筑面积按15~30 m^2/件估算。

第二十二条 科技馆展览的展品实物占地率宜为20%~30%。

第二十三条 科技馆常设展厅单位面积年观众量可按30~60人预计。

第二十四条 科技馆展厅设计应按瞬时最高观众容量合理确定各主要专业技术计算指标,并按百人疏散指标计算展厅应有疏散总宽度。瞬时最高观众容量宜取0.2~0.25人/m^2,即5~4 m^2/人。

第二十六条 科技馆的总体布局应体现以下要点。

(5)科技馆用地应根据建筑要求合理确定总平面的各项技术指标,并优先利用周边的公共资源。建筑密度宜为25%~35%,容积率宜为0.7~1。室外用地应统筹安排道路、观众集散场地、室外展览场地(室外活动场地)、地面停车场地。绿地率应符合当地的规划要求。

第三十条 科技馆展厅设计应注意以下事项。

(3)科技馆展厅应能适应常规展览的需求,应根据展厅的体量与经济性确定展厅柱网与层高。柱网宜为方形或矩形，跨度应大于或等于9 m。展厅净高一层宜为4.5～6.0 m，二层以上宜为4.0～5.0 m。首层展厅设计可变荷载宜大于或等于8 kN/m²，其余各层可变荷载宜大于或等于4 kN/m²。

第三十二条　科技馆建筑耐火等级不应低于二级。消防设计超出现行规范规定时，可采用火灾性能化设计与火灾危险性评估方法解决。

第三十六条　科技馆照明宜满足以下要求。

(1)馆内的视觉环境应根据区域的功能、视觉的要求和环境的气氛进行设计。人工照明应向观众提供良好的视觉环境，遵循既创造适宜氛围，又能使光学辐射对特殊收藏类展品的损害减到最低程度的原则，达到视觉效果好、照度适当、系统安全可靠、经济适用、节能、便于更换和维护的目的。

(2)科技馆主要区域的照度宜符合表3规定，其他区域的照度应符合《建筑照明设计标准》GB 50034。

(3)展厅和公共区的照明应采用自动控制。

(4)主要功能区光源的显色指数(R_a)应符合表4规定。

第三十七条　科技馆的展厅、报告厅、影像厅等室内空气质量应进行控制，卫生间宜自然通风。

第三十八条　科技馆室内空场背景噪声应控制在50 dB(A)以下，空场混响时间应控制在1.8 s之内，并避免声聚焦。展教设备也应选用低噪声产品并采取吸声措施。

表3　科学技术馆主要区域照度值

区域类型		参考平面	照度标准/lx
展教用房	展厅	地面	200
	报告厅	0.75 m水平面	200
	影像厅	0.75 m水平面	150
	科普活动室	0.75 m水平面	300
公众服务用房	门厅、大厅、休息厅	地面	200
	票房、问询处、商品部	0.75 m水平面	300
	餐饮部	0.75 m水平面	200
业务研究用房	展品制作维修车间	0.75 m水平面	300
	技术档案室	0.75 m水平面	200
	设计研究室	0.75 m水平面	300
	声像制作室	0.75 m水平面	300
管理保障用房	办公室、会议室	0.75 m水平面	300
	接待室、监控室	0.75 m水平面	200
	设备机房	0.75 m水平面	150

注：1. 除表3所列区域以外的场所，可参照类似功能区域的相关国家标准的照度标准。

2. 在满足功能要求情况下，照明光源应优先选择高效节能型。

表4 科技馆主要区域光源的显色指数标准

场所	显色指数范围
展板、特殊展区、特殊展品	$R_a \geq 90$
一般展区、接待室、阅览室、设计研究室、商品部	$R_a \geq 80$
办公室、报告厅	$R_a \geq 60$

第四十条 科技馆的电力设施宜满足以下要求。

(1)科技馆电源设施应按表5负荷等级要求配置。

表5 负荷等级表

馆规模	特大型	大型	中型	小型
用户负荷等级	一级	二级	二级	二级

(2)科技馆的用电负荷密度可按表6估算。

表6 负荷密度估算参考表 VA/m²

馆规模	特大型	大型	中型	小型
用电负荷	90~145	85~135	75~115	70~105
变压器安装容量	70~115	65~105	60~95	55~85

(3)科技馆展厅区宜按15~30 m²设置1个安全电源插口,且20%为三相电源。

(4)公共区内不应有外露的配电设备。公众可触摸、操作的展品电气部件应采用安全低电压供电。

第四十二条 科技馆宜采用现代先进技术实施智能化管理,智能化管理系统可按表7标准设置。

表7 智能化管理系统设置表

馆类型	建筑设备监控				安全技术防范	信息自动查询	智能化系统集成
	冷热源	空调	照明	配电			
特大、大型馆	○	○	○	○	○	○	○
中型馆	○	○	○	—	○	○	—
小型馆	—	—	○	—	—	○	—

注:表中"○"表示该项可设置。

第五十条 科技馆的管理和运行需设置行政管理、公共关系、设计研究、公众教育、公众服务、工程管理等部门,科技馆的建筑应满足上述部门设置的需要。

第五十一条 科技馆工作人员编制总数主要根据科技馆建设规模确定,可按表11控制。科技馆工作人员中,管理人员宜占总数的10%~15%,专业技术人员宜占总数的65%~75%,工勤人员宜占总数的15%~20%。

表 11 科技馆建设规模与工作人员数量

馆类型	特大型馆	大型馆	中型馆	小型馆
(工作人员/人)/(建筑面积/m^2)	1/200	1/180	1/180	1/160

附录 1 大型科技馆面积指标参考表(以总建筑面积 22 000 m^2 为例)

房屋用途	用房组成	面积/m^2	备注	比例
展览教育用房	常设展厅	9 500 ~ 10 000	含儿童展览厅 2 000 m^2	60% ~65%
	短期展厅	1 400 ~ 1 500		
	科普活动室	1 000 ~1 100	含教室、实验室	
	科普报告厅	500 ~ 600		
	特效电影厅	500 ~ 600		
	其　他	300 ~ 500		
	合　计	建筑面积:13 200 ~ 14 300		
公众服务用房	门厅/大厅/检票	900 ~ 1500		10% ~15%
	票房/问讯处	100 ~ 150		
	医务室	50 ~ 100		
	群众休息区/存包	600 ~ 800		
	商品部/餐饮部	500 ~ 600		
	其他	50 ~ 100		
	合计	建筑面积:2 200 ~ 3 300		
业务研究用房	展品与材料库	600 ~ 900		10% ~15%
	展品制作维修车间	700 ~ 900		
	设计研究办公室	550 ~ 800		
	情报研究编辑室	100 ~ 200		
	图书资料室/档案室	150 ~ 300		
	声像制作室	50 ~ 100		
	其他	50 ~ 100		
	合计	建筑面积:2 200 ~ 3 300		
管理保障用房	行政办公室	850 ~ 1 300		10% ~15%
	会议室/接待室	180 ~ 260		
	警卫/值班室	50 ~ 80		
	内部食堂	120 ~ 180		
	设备用房	1 050 ~ 1 380		
	其他	50 ~ 100		
	合计	建筑面积:2 200 ~ 3 300		

续表

房屋用途	用房组成	面积/m^2	备注	比例
共计		总建筑面积:19 800 ~ 24 200 总使用面积:15 400 ~ 18 700 平均总建筑面积:22 000	平面系数为 0.7 ~ 0.8	90% ~ 110% 平均 100%

附录 2　中型科技馆面积指标参考表(以总建筑面积 12 000 m^2 为例)

房屋用途	用房组成	面积/m^2	备注	比例
展览教育用房	常设展厅	5 600 ~ 6 000	含教室、实验室	65% ~ 70%
	短期展厅	860 ~ 950		
	科普活动室	680 ~ 730		
	科普报告厅/电影厅	360 ~ 390		
	其他	300 ~ 330		
	合计	建筑面积:7 800 ~ 8 400		
公众服务用房	门厅/大厅/检票	250 ~ 500		5% ~ 10%
	票房/问讯处	50 ~ 100		
	休息/存包	200 ~ 350		
	商品部	50 ~ 150		
	其他	50 ~ 100		
	合计	建筑面积:600 ~ 1 200		
业务研究用房	展品与材料库	150 ~ 300		5% ~ 10%
	展品维修车间	100 ~ 200		
	设计研究室	120 ~ 340		
	图书资料/档案室	100 ~ 200		
	声像制作室	40 ~ 80		
	其他	40 ~ 80		
	合计	建筑面积:600 ~ 1 200		
管理保障用房	行政办公室	750 ~ 1 000		15% ~ 110%
	会议室/接待室	100 ~ 150		
	警卫/值班室	40 ~ 80		
	设备用房	860 ~ 1 070		
	其他	50 ~ 100		
	合计	建筑面积:1 800 ~ 2 400		
共计		总建筑面积:10 800 ~ 13 200 总使用面积:7 560 ~ 10 560 平均建筑面积:12 000	平面系数为 0.7 ~ 0.8	90% ~ 110% 平均 100%

附录3　小型科技馆面积指标参考(以总建筑面积7 000 m^2为例)

房屋用途	用房组成	面积/m^2	备注	比例
展览教育用房	常设展厅	330～3 500		
	短期展厅	700～900		
	科普活动室	250～350	含教室、实验室	65%～75%
	科普报告厅/电影厅	150～250		
	其他	150～250		
	合计	建筑面积:4 550～5 250		
公众服务用房	门厅/大厅/检票	125～250		
	票房/问讯处	25～50		
	休息/存包处	100～200		5%～10%
	商品部	50～100		
	其他	50～100		
	合计	建筑面积:350～700		
业务研究用房	展品与材料库	90～180		
	展品制作维修车间	60～120		
	设计研究室	100～200		5%～10%
	图书资料/档案室	50～100		
	声像制作室	20～40		
	其他	30～60		
	合计	建筑面积:350～700		
管理保障用房	行政办公室	300～600		
	会议室/接待室	60～120		
	警卫/值班室	20～40		10%～20%
	设备用房	280～560		
	其他	40～80		
	合计	建筑面积:700～1 400		
共　计		总建筑面积:5 950～8 050 总使用面积:4 655～6 440 平均建筑面积:7 000	平面系数为 0.7～0.8	85%～115% 平均100%

条文说明

有关资料(见附表1～附表2)研究表明:发达国家的科技馆建筑面积与所在城市人口的比例多控制在50～80 m^2/万人。根据中国科技馆编辑出版的《科技馆研究文选》中的相关资料,部分发达国家已建成的科技馆建筑面积与所在城市人口比例的平均值为78.4 m^2/万人(附表1)。

附表1 部分发达国家科技馆建筑面积、展厅面积与当地人口数量关系

馆名	建筑面积/m^2	展厅面积/m^2	城市人口/万人	城市每万人占有建筑面积/(m^2/万人)	城市每万人占有展厅面积/(m^2/万人)
伦敦科学博物馆	52 000	30 000	675	77	44
美国芝加哥科学与工业博物馆	56 000	37 000	806	69	46
美国洛杉矶科学与工业博物馆	80 000	50 000	1 453	55	34
加拿大安大略科学中心	47 000	17 000	366	128	46
新加坡科学中心	15 000	11 700	240	63	49
平均值	—	—	—	78.4	43.8

据编制组对日本部分科技馆的实地考察，其面积指标平均值为 79.31 m^2/万人(见附表2)。

附表2 日本部分科技馆建筑面积与城市人口的关系

<table>
<tr><th>馆名</th><th>所在城市</th><th>昼间人口/万人</th><th>建筑面积/m^2</th><th>建筑面积/城市昼间人口(万人指标)</th><th>备注</th></tr>
<tr><td>日本科学技术馆</td><td rowspan="3">东京</td><td rowspan="3">1 680</td><td>25 160</td><td rowspan="3">58.67</td><td>—</td></tr>
<tr><td>日本国立科学博物馆(主馆)</td><td>32 811</td><td>—</td></tr>
<tr><td>日本科学未来馆</td><td>40 590</td><td>—</td></tr>
<tr><td>仙台市科学馆</td><td>仙台</td><td>130</td><td>12 208</td><td>93.91</td><td>包含部分自然博物馆内容</td></tr>
<tr><td>名古屋市科学馆</td><td>名古屋</td><td>250</td><td>21 687</td><td>86.75</td><td>—</td></tr>
<tr><td>神户市立青少年科学馆</td><td>神户</td><td>254</td><td>12 000</td><td>77.92</td><td>—</td></tr>
<tr><td>总计</td><td></td><td>2 214</td><td>144 456</td><td>79.31</td><td>—</td></tr>
</table>

注:日本的城市昼间人口统计指白天在该城市生活和工作的人口数量。

近10年,我国已建成12座建筑面积在5 000 m^2 以上的科技馆,其建筑面积万人指标见附表3。

附表3 全国部分城市科技馆现状及面积指标分析(按人口顺序排列)

人口	城市名称	所属省、自治区、直辖市	目前城市人口/万人		科技馆名称	现有科技馆规模			规模指标/(m^2/万人)	2020预计城市人口/万		规模指标/(m^2/万人)
			常住	1.2倍		建筑面积/m^2	展厅面积/m^2	展/建比例		常住	1.2倍	
400万以上	上海市	上海	1 020	1 224	上海科技馆	98 000	60 000	61.2%	80	1 260	1 512	65
	北京市	北京	790	948	中国科技馆	43 000	17 200	40.0%	45	968	1 162	37
	天津市	天津	540	648	天津科技馆	21 000	10 000	47.6%	32	658	790	27
400万~200万	南京市	江苏省	304	365	江苏科学宫	13 586	9 158	67.4%	37	374	449	30
	哈尔滨市	黑龙江省	288	346	黑龙江科技馆	24 785	15 000	60.5%	72	354	425	58
	济南市	山东省	207	248	山东科技馆	20 970	12 500	59.6%	85	255	306	69
200万~100万	郑州市	河南省	183	220	郑州市科技馆	8 426	4 091	48.6%	38	224	269	31
	石家庄市	河北省	176	211	河北科技馆	21 960	9 921	45.2%	104	216	259	85
	南昌市	江西省	150	180	江西科技馆	16 263	8 300	51.0%	90	184	221	74
	唐山市	河北省	138	166	唐山科技馆	7500	4000	53.3%	45	170	204	37
	合肥市	安徽省	120	144	安徽科技馆	12 000	4 000	33.3%	83	147	176	68
					合肥市科技馆	11 837	6 000	50.7%	82	—	—	67
平均值	—	—	—	—	—	—	—	—	66	—	—	54

注:1. 城市常住人口来源于2001年全国人口抽样数据。

2. 据权威部门统计,2001年我国城市化率为37.66%,到2020年我国的城市化率预计将达50%。

国内外部分科技馆调研数据的统计结果见附表4—附表21。

附表4　国内部分科技馆各功能分区面积比例

馆　名	建筑面积/m^2	展览教育用房/%	公众服务用房/%	业务研究用房/%	管理保障用房/%	其他/%
中国科技馆	43 000	71.0	4.3	4.5	17.5	2.7
黑龙江科技馆	25 000	55.7	28.6	1.2	14.5	—
天津科技馆	21 000	65.5	6.4	3.2	10.7	14.1
安徽科技馆	12 000	51.9	7.5	14.1	26.5	—
厦门市青少年科技馆	9 800	70.7	17.3	4.3	7.7	—
郑州科技馆	8 400	71.8	4.0	3.7	20.5	—
嘉兴科技馆	7 600	66.7	3.3	4.9	6.7	18.4
唐山科技馆	7 500	51.3	16.6	8.2	11.4	12.5

附表5　国内部分科技馆每件展品广义上所占展厅面积统计

馆名	常设展厅面积/m^2	展品数量/件	展品所占面积平均值/(m^2/件)
中国科技馆A馆1~3层	10 807	360	30.0
黑龙江科技馆	12 000	380	31.6
山东科技馆	12 500	470	26.6
天津科技馆	10 000	372	26.9
合肥科技馆	6 000	330	18.2
郑州科技馆	4 200	273	15.4
安徽科技馆	4 000	180	22.2
厦门市青少年科技馆	3 500	170	20.6
蚌埠科技馆	2 200	132	16.8
平均值	—	—	23.1

附表6　国外部分科技馆每件展品广义上所占展厅面积统计

馆名	常设展厅面积/m^2	展品数量/件	展品所占面积平均值/(m^2/件)
加拿大安大略科学中心	17 000	700	24.3
法国巴黎发现宫	12 500	800	15.6
韩国汉城国立科学博物馆	9 488	400	23.7
日本科学技术馆	8 000	400	20.0
美国旧金山探索馆	6 500	500	13.0
美国西雅图太平洋科学中心	5 500	200	27.5
美国洛杉矶加州科学中心	3 000	250	12.0
德国不莱梅大学科学中心	3 000	250	12.0
日本大阪市立科学馆	3 000	170	17.6
日本科学未来馆	8 000	300	26.6
平均值	—	—	19.2

附表7　国内部分科技馆展品实物占地率

馆　名	常设展厅面积/m^2	展品实物占地面积/m^2	展品实物占地率/%	开馆时间
中国科技馆A馆	14 000	3 458	24.7	2000.5
山东科技馆	12 500	3 000	24.0	2003.1
黑龙江科技馆	12 000	3 600	30.0	2003.8
天津科技馆	10 000	1 766	17.7	1995.1
江西科技馆	8 000	1 944	24.3	2002.9
合肥科技馆	6 000	1 740	29.0	2002.5
郑州科技馆	4 200	1 215	28.9	2000.4
安徽科技馆	4 000	952	23.8	1999.9
厦门市青少年科技馆	3 500	796	22.7	2001.5
蚌埠科技馆	2 200	496	22.5	—
平均值	—	—	24.8	—

注:展品实物占地率=展品实物占地面积(m^2)/常设展厅面积(m^2)。

附表8　国内部分科技馆年观众流量及单位面积展厅年观众流量统计

馆　名	常设展厅面积/m^2	年观众流量/万人	单位面积展厅年观众流量/(人/(m^2·年))
中国科技馆	17 200	160	93.0
黑龙江科技馆	12 000	53	44.0
天津科技馆	10 000	33	33.3
合肥科技馆	6 000	20	33.3
江西科技馆	9 100	15	16.5
郑州科技馆	4 200	17	34.6
安徽科技馆	4 000	15	37.5
平均值	—	—	41.7

附表9　国外著名科技馆年观众流量及单位面积展厅年观众流量统计

馆　名	常设展厅面积/m^2	年观众流量/万人	单位面积展厅年观众流量/(人/(m^2·年))
加拿大安大略科学中心	17 000	150	88
法国巴黎发现宫	12 500	60	48
日本神户青少年科技馆	9 600	30	31
日本科学技术馆	8 000	55	68
日本名古屋市科学馆	7 200	65	90
美国旧金山探索馆	6 500	35	54
美国西雅图太平洋科学中心	5 500	60	109
荷兰NEMO	5 000	35	70
荷兰菲利浦科技展览馆	3 000	40	133
平均值	—	—	77

附表 10　国内部分科技馆疏散楼梯总宽度实际尺寸与瞬时最高观众容量对比

馆　名	二层展厅建筑面积/m^2	疏散楼梯实际总宽度/m	按瞬时最高观众容量需要的疏散楼梯总宽度/m
中国科技馆 A 馆	4 136	7.2	8.3 ~ 10.3
沈阳科学宫 1 号工程	4 545	10.8	9.1 ~ 11.4
沈阳科学宫 2 号工程	3 082	6.0	6.2 ~ 7.7
黑龙江科技馆	5 649	9.9	11.3 ~ 14.1
江西省科技馆	2 598	6.6	5.2 ~ 6.5

附表 11　国内部分科技馆总平面技术指标及单体建筑平面系数统计

相关指标＼馆名	中国科技馆	黑龙江科技馆	河北科技馆	郑州科技馆	合肥科技馆	江西科技馆
总用地面积/m^2	58 000	51 810	12 818	7 366	16 710	41 029
建筑占地面积/m^2	10 723	9 131	3 319	3 472	4 066	7 274
总建筑面积/m^2	39 641	25 238	12 700	8 426	11 782	16 750
室外展览场地面积/m^2	—	6 150	3 375	—	2 500	—
室外活动场地面积/m^2	—	—	—	500	1 500	6 800
室外停车场地面积/m^2	23 165	3 763	820	—	1 200	1 200
其余道路广场面积/m^2		8 936	3 440	2 744	4 935	1 200
绿化用地面积/m^2	24 112	23 830	1 864	650	2 509	24 554
建筑密度/%	18.5	17.6	26	47.14	24.4	17.73
容积率	0.68	0.49	0.99	1.14	0.7	0.41
绿地率/%	41.6	49	14.5	9	15	59.85
展教服务用房 *K* 值/%	A 馆 84	84	84.2	71	77	主馆 86.7，宇宙剧场 85.99
业务保障用房 *K* 值/%	—		74.3			
地下车库面积/m^2	—	—	—	626	—	—
附　注	中国航空工业规划设计研究院统计	中国航空工业规划设计研究院统计	河北科技馆统计	郑州科技馆统计	机械工业第一设计研究院统计	南昌有色冶金设计研究院现代建筑分院统计

附表 12　国内部分科技馆跨度、层高、荷载统计

馆　名	柱网最大跨度/m	标准层层高/m	首层荷载/(kN/m^2)	楼层荷载/(kN/m^2)	开馆时间(年月)
黑龙江科技馆	15	7	10	4	2003.8
山东科技馆	10	4.2 ~ 4.8	6	6	2003.12
合肥科技馆	10	7	8	4	2002.5
江西科技馆	17	8.6	地面	4	2002.9
中国科技馆 A 馆	17	7	10	3.5	2000.5
郑州科技馆	13.66	6.3	3.5	3.5	2000.5

续表

馆　名	柱网最大跨度/m	标准层层高/m	首层荷载/(kN/m²)	楼层荷载/(kN/m²)	开馆时间(年月)
安徽科技馆	13	4.8	4.5	3.5	1999.9
天津科技馆	9	7	10	3.5	1995.1
河北科技馆新馆	18	7.2	10	4	—
贵州科技馆	9.5	6	3.5	3.5	—
沈阳科学宫	9	6	10	4	—

附表 13　日本部分科技馆跨度、层高、荷载统计

馆　名	柱网最大跨度/m	标准层层高/m	首层荷载/(kN/m²)	楼层荷载/(kN/m²)	开馆时间(年月)
日本国立科学博物馆(新馆)	25	7~10	15	5	2003.3
日本科学未来馆	30	9	10	5	2001.7
仙台科学馆	28	4~6	5	3	1996
名古屋科技馆	15	4.5	—	—	1989
神户青少年科学馆	20	4.3~5.5	地面	2.5	1984
日本科学技术馆	12	4	10	5	1964

附表 14　国内外公共建筑照度标准值比较　lx

类别	建筑照明设计标准	CIE	德国	美国	俄罗斯	日本
普通办公室高	300	500	300	500	300	300~750
档办公室	500		500			
设计室、绘图室	500	750	750	750	500	750~1 500
陈列厅、营业厅	200~300	500	300	100	200	200~500
接待室、会议室	300			300	200	300~750
档案室	200	200	—	—	75	150~300
休息室	300	100	100	100	50~75	75~150
楼梯间、电梯间	50	150	50	100	10~100	100~300
走道、交通区		100	100	50	20~75	100~200
贮藏室、库房	50	100	50~200	100	75	75~150
厕所	75~150	200	100	50	50~75	100~200
盥洗室	75~150	200	100	50	50~75	100~200
资料来源	GB 50034—2004	CIE S 008/E—2001	DIN 5035—1990	IESNA—2000	CH/HII 23—05—95	JIS Z9110—1979

附表 15　1995 年以来新建科技馆投资费用一览

馆　名	建筑面积/m²	常设展厅面积/m²	房屋建设工程费		室外工程费		展教装备费			开馆时间(年月)
			工程投资/元	/(元/m²(建筑面积))	工程投资/万元	/(元/m²(建筑面积))	工程投资/万元	展品数量/件	/(元/m²(展厅面积))	
天津科技馆	21 000	10 000	9 080	4 324	—	—	2 300	318	2 300	1995.1
安徽科技馆	12 000	4 000	3 674	3 062	426	355	1 520	180	3 800	1999.9

续表

馆名	建筑面积/m²	常设展厅面积/m²	房屋建设工程费		室外工程费		展教装备费			开馆时间(年月)
			工程投资/元	/(元/m²(建筑面积))	工程投资/万元	/(元/m²(建筑面积))	工程投资/万元	展品数量/件	/(元/m²(展厅面积))	
中国科技馆A馆	23 000	14 000	13 250	5 760	—	—	7 000	450	5 000	2000.5
郑州科技馆	8 400	4 200	1 928	2 295	160	190	789	273	1 880	2000.5
江苏科学宫	13 600	9 100	5 800	4 264	—	—	2 400	220	2 640	2000.5
厦门青少年科技馆	9 800	3 500	—	—	1 245	—	1 100	170	3 140	2001.5
合肥科技馆	11 800	6 000	7 000	5 932	1 000	847	1 800	260	3 000	2002.5
江西科技馆	16 000	9 100	8 000	5 000	500	313	3 000	213	3 300	2002.9
黑龙江科技馆	25 000	12 000	17 120	6 848	1 880	752	2 500	280	2 080	2003.8
山东科技馆	21 000	12 500	—	—	—	—	3 200	470	2 560	2003.12
平均值	—	—	—	4 686	—	491	—	—	2 970	—

注:1. 表中展品数量未包括赞助展品数量。

2. 表中室外工程费未单列时,建设费用包括房屋建筑工程费和室外工程费。

3. 表中厦门青少年科技馆地理环境特殊,室外工程费未进行平均。

附表 16 建设费用投资估算参考指标

元/m²

馆类型 \ 费用名称	建筑安装工程费		展教装备费	工程建设其他费
	房屋建筑工程费	室外工程费		
特大型馆	3 000 ~ 7 000	350 ~ 750	1 400 ~ 2 500	560 ~ 840
大型馆	3 000 ~ 7 000	350 ~ 750	1 500 ~ 2 800	560 ~ 840
中型馆	2 600 ~ 6 000	300 ~ 600	1 600 ~ 2 900	480 ~ 720
小型馆	2 500 ~ 5 500	260 ~ 600	1 800 ~ 2 700	440 ~ 660

附表 17 日本部分科技馆房屋建筑工程费用、展教装备费用调研统计

馆名	建筑面积/m²	建筑安装工程费用/亿日元	展教装备费用/亿日元	展教装备费用/(建安工程费用+展教装备费用)/亿日元
日本国立科学博物馆(新馆)	22 800	100	65	39.4
日本科学未来馆	40 600	200	100	33.3
仙台市科学馆	12 200	56.6	13.3	—
琵琶湖博物馆	24 000	154.4	45.6	22.8
平均值	—	—	—	31.8

注:2004 年 6 月调研结果。

附表 18 国内部分科技馆运行经费统计

馆名	建筑面积/m^2	展厅面积/m^2	建设投资/万元	现状支出		现有支出满足程度	开馆时间(年月)
				/(万元/年)	/(元/m^2·年)		
天津科技馆	21 000	10 000	11 380	750	357	不足	1995.1
安徽科技馆	12 000	4 000	5 620	350	292	不足	1999.9
中国科技馆	43 000	17 200	—	3500	814	满足	2000.5
郑州科技馆	8 400	4 200	2 877	390	464	不足	2000.5
江苏科技馆	13 600	9 100	8 000	752	553	不足	2000.5
厦门青少年科技馆	9 800	3 500	5 845	500	510	基本满足	2001.5
合肥科技馆	11 800	6 000	9 800	660	559	基本满足	2002.5
江西科技馆	16 000	9 100	11 500	700	438	不足	2002.9
平均值	—	—	—	—	498	—	—

附表 19 地区分类

地区类别	行政区划
Ⅰ	上海、江苏、浙江、安徽、福建、江西、湖北、湖南、广东、广西、四川、贵州、云南、重庆、海南
Ⅱ	北京、天津、河北、山西、山东、河南、陕西、甘肃、宁夏
Ⅲ	内蒙古、辽宁、吉林、黑龙江、西藏、青海、新疆

科技馆建设投资与运行费用估算例题。

例题 1:计划建造面积为 20 000 m^2的科技馆。

科技馆建设投资 = 建筑安装工程费 + 工程建设其他费 + 展教装备费 + 预备费
= 20 000 m^2 × (5 000 + 550 + 700 + 2 150)元/m^2 × (1 + 4.5%)
= 16 800 万元 + 756 万元
= 17 556 万元

科技馆年运行费用 = 一般费用 + 专项费用
= 20 000 m^2 × (5 000 + 550)元/m^2 × 9%
+ 20 000 m^2 × 2 150 元/m^2 × 10%
= 1 429 万元

例题 2:计划建造面积为 12 000 m^2的科技馆。

科技馆建设投资 = 建筑安装工程费 + 工程建设其他费 + 展教装备费 + 预备费
= 12 000 m^2 × (4 300 + 480 + 600 + 2 250)元/m^2 × (1 + 4.5%)
= 9 156 万元 + 412.2 万元
= 9 568.2 万元

科技馆年运行费用 = 一般费用 + 专项费用
= 12 000 m^2 × (4 300 + 480)元/m^2 × 9%
+ 12 000 m^2 × 2 250 元/m^2 × 10%
= 786.2 万元

附表 20 国外部分科技馆工作人员统计

馆类型	馆名	工作人员/人	建筑面积/m²	工作人员/建筑面积	平均工作人员/平均建筑面积
特大型馆	美国国家历史与技术博物馆	278	61 200	1/220	1/147
	德国德意志博物馆	380	60 000	1/158	
	日本东京科学未来馆	235	40 590	1/173	
	加拿大安大略科学中心	225	33 108	1/174	
大、中型馆	新加坡科学中心	67	11 700	1/175	1/167
	韩国国家科学博物馆	74	10 710	1/145	
	美国旧金山探索馆	64	8 500	1/132	
	日本东京科学技术馆	130	25 160	1/194	
小型馆	美国西雅图太平洋科学中心	45	7 350	1/163	1/153
	德国不莱梅大学科学中心	30	4 000	1/133	
	日本名古屋电气科技馆	25	5 200	1/208	
	日本京都光科技馆	28	3 000	1/107	

附表 21 国内部分科技馆工作人员统计

馆类型	馆名	工作人员/人	建筑面积/m²	工作人员/建筑面积	平均工作人员/平均建筑面积
特大型馆	中国科技馆	182	43 000	1/236	1/236
大、中型馆	黑龙江科技馆	115	25 000	1/217	1/189
	天津科技馆	109	21 000	1/192	
	江西科技馆	86	16 000	1/186	
	江苏科学宫	63	13 600	1/216	
	安徽科技馆	67	12 000	1/179	
	合肥科技馆	58	11 800	1/203	
	厦门市科技馆	43	9 800	1/228	
	郑州科技馆	82	8 400	1/102	
小型馆	蚌埠市科技馆	30	4 400	1/110	1/227
	唐山市科技馆	38	7 500	1/197	
	嘉兴市科技馆	18	7 600	1/422	

4.7 《城市社区体育设施建设用地指标》2005(节录)

第二条 本指标是编制和审批城市社区体育设施工程项目可行性研究报告、确定项目建设用地规模的依据,是编审初步设计文件、核定和审批建设项目用地面积的尺度,是城市规划中配套设置城市社区体育设施用地的依据。

第三条 本指标适用于城市社区体育设施的规划与建设。改建、扩建社区体育设施工程项目可参照执行。

第八条 城市社区体育设施建设应纳人城市规划，贯彻统一规划、合理布局、因地制宜、综合开发、配套建设的原则。

第十条 城市社区体育设施可设置在适宜的公共绿地中，同时应合理利用已有的学校体育设施和城市公共体育设施。

第二十五条 篮球场地可分为标准篮球场地与3人制篮球场地，其场地面积应符合表1的规定。

表1 篮球项目面积指标

项 目	长度/m	宽度/m	边线缓冲距离/m	端线缓冲距离/m	场地面积/m^2
标准篮球场地	28	15	1.5~5	1.5~2.5	560~730
3人制篮球场地	14	15	1.5~5	1.5~2.5	310~410

注：1. 如设有防护网等围护设施，场地边线外缓冲距离可设为1.5 m；如无围护设施，则应设不小于2 m的缓冲距离。

2. 如考虑设置临时看台，可在单侧选用5 m的最大缓冲距离来设置临时看台。

第二十六条 排球场地面积应符合表2的规定。

表2 排球项目面积指标

项 目	长度/m	宽度/m	边线缓冲距离/m	端线缓冲距离/m	场地面积/m^2
标准排球场地	18	9	1.5~2	3~6	290~390

第二十七条 足球场地可分为11人制足球场地、7人制足球场地、5人制足球场地，其场地面积应符合表3的规定。

表3 足球项目面积指标

项目	长度/m	宽度/m	缓冲距离/m	场地面积/m^2
11人制足球场	90~120	45~90	3~4	4 900~12 550
7人制足球场地	60	35	1~2	2 300~2 500
5人制足球场地	25~42	15~25	1~2	460~1 340

第二十八条 门球场地面积应符合表4的规定。

表4 门球项目面积指标

项目	长度/m	宽度/m	缓冲距离/m	场地面积/m^2
门球场地	20~25	15~25	1	380~730

第二十九条 网球、乒乓球、羽毛球的场地面积应符合表5的规定。乒乓球和羽毛球场地宜设置在室内。

表5 网球、乒乓球和羽毛球项目面积指标

项　目	长度/m	宽度/m	边线缓冲距离/m	端线缓冲距离/m	场地面积/m²
网球场地	23.77	10.97	2.5～4	5～6	540～680
乒乓球场地(两台一组)	10～13	5.5～9.5			40～85
羽毛球场地	13.4	6.1	1.5～2	1.5～2	150～175

第三十条　游泳池分为标准游泳池、普通游泳池和小型游泳池，其综合场地面积应符合表6的规定。

表6 游泳池面积指标

项　目	长度/m	宽度/m	池侧缓冲距离/m	池端缓冲距离/m	更衣室面积/m²	设备用房面积/m²	场地面积/m²
标准游泳池	50	21～25	3～4	2～3	200～300	30～100	1 680～2 250
普通游泳池	25	12～15	3～4	2～3	60～100	30～100	610～910
小型游泳池	—	—	—	—	—	—	150～300

第三十一条　轮滑场和滑冰场的场地面积宜符合表7的规定，有条件的地区可以适当扩大规模。滑冰场可利用其他体育项目场地，不宜单独设置。

表7 轮滑和滑冰项目面积指标

项　目	长度/m	宽度/m	护栏外缓冲距离/m	场地面积/m²
轮滑场	28	15	1～2	510～610
滑冰场				

第三十二条　武术、体育舞蹈、体操等运动项目可合并使用一处室外综合健身场地。每处室外健身场地的面积不应小于400 m²，不得超过2 000 m²。

第三十三条　室外综合健身场地的场地形状应便于开展集体项目，其最短边边长不得小于10 m。

第三十四条　每处儿童游戏场地的面积应为150 ～500 m²。

第三十五条　在体育设施的综合布局规划中应考虑设置长走(散步、健步走)的步行道或跑步的跑道，其面积指标应符合表8的规定。

表8 跑道与步行道面积指标

长度/m	场地面积/m²
60～100	300～1 000
100～200	500～2 000
200～400	1 000～4 000

注:1.如果跑道长度在60～100 m之间，应设置为直道，跑道长度大于100 m时应设置为环形跑道。

2.跑道分道数按4～8条考虑，每条宽度为1.25 m。

第三十六条　棋牌项目的场地面积宜为 40 ~ 150 m^2。

第三十七条　台球场地面积应符合表 9 的规定。

表 9　台球项目面积指标

项　　目	长度/m	宽度/m	场地面积/m^2
斯诺克(最大)	7	5	35
美式 8 球(最小)	6	4	24

第三十八条　健身器械设在室内时,健身房的面积宜为 80 ~ 400 m^2,且每处不得小于 60 m^2。

第三十九条　健身器械设在室外时,其场地面积依据设置器材的尺寸、数量和缓冲距离综合计算确定。

第四十一条　服务设施包括更衣室、小型餐饮、器材租售,每处的面积可根据表 10 的规定选取。

表 10　服务设施面积指标

体育设施项目数量	每处服务设施面积/m^2		
	更衣室(含厕所、淋浴)	小型餐饮	器材租售
1 ~ 2 个	15 ~ 20	—	10
3 ~ 5 个	20 ~ 30	10 ~ 20	20 ~ 30
5 个以上	50 ~ 100	20 ~ 50	50 ~ 100

第四十二条　管理设施包括社区体育指导中心、社区体育俱乐部、体质检测中心、教室与阅览室、器材储藏室。每处的面积应按表 11 中的规模设置。

表 11　管理设施面积指标

项　　目	每处面积/m^2
社区体育指导中心(含社区体育俱乐部)	30 ~ 60
体质检测中心(含卫生室)	40 ~ 60
教室与阅览室	40 ~ 60
器材储藏室	10 ~ 15

第四十四条　城市社区体育设施可根据需要设置在室内或室外,室外用地面积与室内建筑面积控制指标应满足以下要求。

(1)人均室外用地面积 0.30 ~ 0.65 m^2,人均室内建筑面积 0.10 ~ 0.26 m^2。

(2)根据不同的人口规模,城市社区体育设施项目室外用地面积与室内建筑面积应符合表 12 的规定。

表 12　城市社区体育设施分级面积指标

人口规模/人	室外用地面积/m^2	室内建筑面积/m^2
1 000～3 000	650～950	170～280
10 000～15 000	4 300～6 700	2 050～2 900
30 000～50 000	18 900～27 800	7 700～10 700

注:1. 较大人口规模的指标均包含较小人口规模的指标。

2. 在 30 000～50 000 人口规模的社区中宜集中设置一处社区体育中心,其面积指标为 10 300～13 600 m^2(室外)和 3 600～4 900 m^2(室内),已包含在本表的指标中。

3. 当室外项目设置于室内时,用地面积指标相应减少,室内建筑面积指标相应增加;反之亦然。

第四十五条　旧区改建中应考虑安排城市社区体育设施,其面积指标可以酌情降低,但不得低于表 12 中规定面积的 70 %。

第四十六条　城市社区体育设施除符合第四十四条的要求外,其项目的设置宜符合表 13 的规定。

第四十七条　在规划与建设中应设置适应多种体育项目的多功能运动场地。

第四十八条　室外活动场地的面积不宜少于所有城市社区体育设施场地总面积的 60%,该比例在寒冷地区可酌情降低。

表 13　城市社区体育设施分级配建

项　目	场地数量/个			备　注
	1 000～3 000 人	10 000～15 000 人	30 000～50 000 人	
篮球	—	1	3	—
排球	—	—	1	—
11 人制足球	—	—	—	也可以设置 1 个 11 人制足球场替代 7 人制足球场
7 人制足球	—	—	1	
5 人制足球	—	1	2	
门球	—	1	3	—
乒乓球	2	6	16～20	—
羽毛球	—	2	6	—
网球	—	1	3	—
游泳池	—	1	3	3 个游泳池中有 1 个为标准游泳池
滑冰场	—	—	1	根据南北方气候选取其中一个即可
轮滑场	—	—	1	
室外综合健身场地(武术、体育、舞蹈、体操)	1	1	3	3 个场地中有 1 个面积较大
儿童游戏场	1	3	9	9 个场地中有 1 个面积较大
室外健身器械	1	1	3	根据器材的数量和类型而定

续表

项　目	场地数量/个			备　注
	1 000 ~ 3 000 人	10 000 ~ 15 000 人	30 000 ~ 50 000 人	
步行道	—	—	—	可与绿化或跑道合并设置，不单独安排用地
60 ~ 100 m 跑道	—	1	2	如有条件，可设置 200 ~ 400 m 跑道
100 ~ 200 m 跑道	—	—	1	
200 ~ 400 m 跑道	—	—	—	
棋牌	1	3	9	—
健身房	—	1	3	3 个健身房中应有一个面积较大
台球	—	2	6 ~ 8	—
社区体育指导中心（含社区体育俱乐部）	—	1	3	3 个配套设施中应有 1 个面积较大
体质检测中心（含卫生室）	—	1	3	
教室与阅览室	—	1	3	
器材储藏室	—	1	3	
服务设施	—	—	—	根据体育设施的分布确定数量

注：备注中所指面积较大是指按照单项用地指标中的上限取值。

4.8 《综合医院建设标准》建标 110—2008（节录）

第二条　本建设标准是为综合医院建设项目决策和科学、合理确定项目建设水平服务的全国统一标准，是编制、评估和审批综合医院建设项目可行性研究报告的依据，是有关部门审查项目设计和对工程项目建设全过程监督、检查的尺度。

第三条　本建设标准适用于建设规模在 200 ~ 1 000 张病床的综合医院新建工程项目。一般情况下，不宜建设 1 000 床以上的超大型医院。确需建设 1 000 床以上医院时可参照执行。改建、扩建工程项目可参照执行。

第十条　综合医院的建设规模，按病床数量可分为 200 床、300 床、400 床、500 床、600 床、700 床、800 床、900 床、1 000 床 9 种。

第十一条　新建综合医院的建设规模，应根据当地城市总体规划、区域卫生规划、医疗机构设置规划、拟建医院所在地区的经济发展水平、卫生资源和医疗保健服务的需求状况以及该地区现有医院的病床数量进行综合平衡后确定。

第十二条　综合医院的日门（急）诊量与编制床位数的比值宜为 3∶1，也可按本地区相同规模医院前 3 年日门（急）诊量统计的平均数确定。

第十四条　磁共振成像装置、X 线计算机体层摄影装置、核医学、高压氧舱、血液透析机等大型医疗设备以及中、西药制剂室等设施，应按照地区卫生事业发展规划的安排并根据医院的技术水平和实际需要合理设置，用房面积单独计算。

第十六条　综合医院中急诊部、门诊部、住院部、医技科室、保障系统、行政管理和院内生活用房等 7 项设施的床均建筑面积指标，应符合表 1 的规定。

表1 综合医院建筑面积指标

建设规模	200~300床	400~500床	600~700床	800~900床	1 000床
建筑面积指标/(m^2/床)	80	83	86	88	90

第十七条 综合医院各组成部分用房在总建筑面积中所占的比例,宜符合表2的规定。

表2 综合医院各类用房占总建筑面积的比例

部　　门	各类用房占总建筑面积的比例/%
急诊部	3
门诊部	15
住院部	39
医技科室	27
保障系统	8
行政管理	4
院内生活	4

注:各类用房占总建筑面积的比例可根据地区和医院的实际需要作适当调整。

第十八条 综合医院内预防保健用房的建筑面积,应按编制内每位预防保健工作人员20 m^2配置。

第十九条 承担医学科研任务的综合医院,应以副高及以上专业技术人员总数的70%为基数,按每人32 m^2的标准另行增加科研用房,并应根据需要按有关规定配套建设适度规模的中间实验动物室。

第二十条 医学院校的附属医院、教学医院和实习医院的教学用房配置,应符合表3的规定。

表3 综合医院教学用房建筑面积指标

医院分类	附属医院	教学医院	实习医院
面积指标/(m^2/学生)	8~10	4	2.5

注:学生的数量按上级主管部门核定的临床教学班或实习的人数确定。

第二十一条 磁共振成像装置等单列项目的房屋建筑面积指标,可参照表4。

表4 综合医院单列项目房屋建筑面积指标

项目名称	单列项目房屋建筑面积/m^2
磁共振成像装置(MRI)	310
正电子断层扫描装置(PET)	300
X线计算机体层摄影装置(CT)	260
X线造影(导管)机	310

续表

项目名称		单列项目房屋建筑面积/m^2
血液透析室(10床)		400
体外震波碎石机室		120
洁净病房(4床)		300
高压氧舱	小型(1~2人)	170
	中型(8~12人)	400
	大型(18~20人)	600
直线加速器		470
核医学(含ECT)		600
核医学治疗病房(6床)		230
钴60治疗机		710
矫形支具与假肢制作室		120
制剂室		按《医疗机构制剂配制质量管理规范》执行

注:1.本表所列大型设备机房均为单台面积指标(含辅助用房面积)。

2.本表未包括的大型医疗设备,可按实际需要确定面积。

第二十二条　新建综合医院应配套建设机动车和非机动车停车设施。停车的数量和停车设施的面积指标,按建设项目所在地区的有关规定执行。

第二十三条　根据建设项目所在地区的实际情况,需要配套建设采暖锅炉房(热力交换站)设施的,应按有关规范执行。

第二十六条　综合医院的规划布局与平面布置,应符合下列规定。

(1)建筑布局合理、节约用地。

(2)满足基本功能需要,并适当考虑未来发展。

(3)功能分区明确,科学地组织人流和物流,避免或减少交叉感染。

(4)根据不同地区的气候条件,建筑物的朝向、间距、自然通风、采光和院区绿化应达到相关标准,提供良好的医疗和工作环境。

(5)应充分利用地形地貌,在不影响使用功能和满足安全卫生要求的前提下,医院建筑可适当集中布置。

(6)应配套建设机动车和非机动车停车设施。

第二十七条　综合医院的建设用地,包括急诊部、门诊部、住院部、医技科室、保障系统、行政管理和院内生活用房等7项设施的建设用地、道路用地、绿化用地、堆晒用地(用于燃煤堆放与洗涤物品的晾晒)和医疗废物与日产垃圾的存放、处置用地。

床均建设用地指标应符合表5和附表1的规定。

表5　综合医院建设用地指标

建设规模	200~300床	400~500床	600~700床	800~900床	1 000床
用地指标/(m^2/床)	117	115	113	111	109

注:当规定的指标确实不能满足需要时,可按不超过11 m^2/床指标增加用地面积,用于预防保健、单列项目用房的建设和医院的发展用地。

附表 1　综合医院建筑面积统计

规模 / 名称	200 床	300 床	400 床	500 床	600 床	700 床	800 床	900 床	1 000 床
医院/所	21	23	22	28	27	15	28	6	36
面积/(m^2/床)	78.11	90.37	82.66	91.70	87.27	101.10	92.92	106.43	92.77

注:上表数据来自 2003 年对全国 28 个省、自治区、直辖市的 206 所综合医院(所)的调查结果统计。

第二十八条　承担医学科研任务的综合医院,应按副高及以上专业技术人员总数的 70% 为基数,按每人 30 m^2,承担教学任务的综合医院应按每位学生 30 m^2,在床均用地面积指标以外,另行增加科研和教学设施的建设用地。

第三十条　新建综合医院的绿地率不应低于 35%,改建、扩建综合医院的绿地率不应低于 30%。

对于 1 000 床以上的综合医院,可参照 1 000 床面积指标执行。

本建设标准中的门诊、医技科室等与门(急)诊量有关的房屋面积是按 3:1 的诊床比计算的(见附表 2),当实际需要大于或小于这一比例时,这些用房的面积则应按百分比相应地增加或减少。

附表 2　综合医院 7 项建设内容分科室建筑面积指标　　m^2

规模 / 部门	200 床	300 床	400 床	500 床	600 床	700 床	800 床	900 床	1 000 床
急诊部	480	720	996	1 245	1 548	1 806	2 112	2 376	2 700
门诊部	2 400	3 600	4 980	6 225	7 740	9 030	10 560	11 880	13 500
医技科室	6 240	9 360	12 948	16 185	20 124	23 478	27 456	30 888	35 100
住院部	4 320	6 480	8 964	11 205	13 932	16 254	19 008	21 384	24 300
保障系统	1 280	1 920	2 656	3 320	4 128	4 816	5 632	6 336	7 200
行政管理	640	960	1 328	1 660	2 064	2 408	2 816	3 168	3 600
院内生活	640	960	1 328	1 660	2 064	2 408	2 816	3 168	3 600
合计	16 000	24 000	33 200	41 500	51 600	60 200	70 400	79 200	90 000
床均面积	80	80	83	83	86	86	88	88	90

注:保障系统中含医疗业务用蒸汽锅炉用房,采暖锅炉用房面积单列。

附表 3　综合医院建设用地情况统计

名称 / 规模	床均占地面积/(m^2/床)		名称 / 规模	床均占地面积/(m^2/床)	
	1988 年	2002 年		1988 年	2002 年
200 床	129.21	128.27	700 床	147.97	107.55
300 床	125.03	89.03	800 床	142.04	77.23
400 床	109.05	99.26	900 床	—	84.29
500 床	87.06	90.85	1 000 床	—	65.12
600 床	90.84	81.82			

从附表3的统计可以看出,不同规模的综合医院之间床均用地面积的差距是比较大的。

1988年的调查数据表明,我国综合医院的建筑容积率大多在0.5~0.7之间;2002年的调查数据表明,这项指标已增加到0.6~1.4之间,医院的环境质量下降明显。为保证综合医院保持较好的环境质量,本建设标准通过对调研资料的综合分析,根据我国现阶段综合医院的现实情况和实际需要,以0.7的建筑容积率为基点规定了不同规模的综合医院中包括急诊部、门诊部、住院部、医技科室、保障系统、行政管理和院内生活用房等7项设施的床均用地面积指标,并在指标以外确定了11 m^2/床的幅度面积,用于预防保健用房、单列项目用房的建设和医院的发展用地。这样,既可保证建设用地的实际需要,又使医院的发展用地得以保障,避免土地的浪费。

对于1 000床以上的综合医院,可参照1 000床用地指标执行。

4.9 《中医医院建设标准》2008 北京(节录)

第十七条 中医医院的急诊部、门诊部、住院部、医技科室和药剂科室等基本用房及保障系统、行政管理和院内生活服务等辅助用房的床均建筑面积应符合表1的指标。

表1 中医医院建筑面积指标

建设规模							
建设规模	床位数/床	60	100	200	300	400	500
	日门(急)诊/人次	210	350	700	1 050	1 400	1 750
建筑面积/(m^2/床)		69~72	72~75	75~78	78~80	80~84	84~87

注:1. 根据中医医院建设规模、所在地区、结构类型、设计要求等情况选择上限或下限。

2. 大于500床的中医医院建设,参照500床建设标准执行。(下同)

第十八条 中医医院基本用房及辅助用房在总建筑面积中的比例关系见表2。

表2 中医医院各种功能用房占总建筑面积的比例 %

床位数/床	60	100	200	300	400	500
急诊部	3.1	3.2	3.2	3.2	3.2	3.3
门诊部	16.7	17.5	18.2	18.5	18.5	19.0
住院部	29.2	30.5	33.0	34.5	35.5	35.7
医技科室	19.7	17.5	17.0	16.6	16.0	16.0
药剂科室	13.5	12.1	9.4	8.5	8.3	8.0
保障系统	10.4	10.4	10.4	10.0	9.8	9.0
行政管理	3.7	3.8	3.8	3.7	3.7	3.8
院内生活服务	3.7	5.0	5.0	5.0	5.0	5.2

注:1. 使用中,各种功能用房占总建筑面积的比例可根据不同地区和中医医院的实际需要做适当调整。

2. 药剂科室未含中药制剂室。

第十九条 每日门(急)诊人次与病床数之比值与建设标准取用值相差较大时,可按每一日门(急)诊人次平均2 m^2调整日门(急)诊部与其他功能用房建筑面积的比例关系。

第二十条　中药制剂室、中医传统疗法中心单列项目用房建筑面积指标可参照表3。

表3　中医医院单列项目用房建筑面积指标

建筑面积/m^2 建筑规模/床位数 项目名称	100	200	300	400	500
中药制剂室	(小型)500～600		(中型)800～1200		(大型)2 000～2 500
中医传统疗法中心(针灸治疗室、熏蒸治疗室、灸疗法室、足疗区按摩室、候诊室、医护办公室等中医传统治疗室及其他辅助用房)	350		500		650

第二十一条　承担科研、教学和实习任务的中医医院,应以具有高级职称以上专业技术人员总数的70%为基数,按每人30 m^2的标准另行增加科研用房的建筑面积。

中医药院校的附属医院、教学医院和实习医院的教学用房配置,应符合表4的规定。

表4　中医医院教学用房建筑面积指标

医院分类	附属医院	教学医院	实习医院
面积指标/(m^2/学生)	8～10	4	2.5

注:学生的数量按上级主管部门核定的临床教学班或实习的人数确定。

以下附表1至附表6摘自本标准条文说明。

近年来全国中医、中西医结合、民族医医院的床位数与千人口的比例数见附表1至附表6。

附表1　2004年全国中医、中西医结合、民族医医院床位数/千人口统计

地区	床位数	地区	床位数	地区	床位数
北京	0.461	安徽	0.137	重庆	0.181
天津	0.471	福建	0.246	贵州	0.137
河北	0.239	江西	0.200	云南	0.205
山西	0.263	山东	0.221	西藏	0.219
内蒙	0.230	河南	0.234	陕西	0.289
辽宁	0.307	湖北	0.192	甘肃	0.256
吉林	0.306	湖南	0.248	青海	0.347
黑龙江	0.273	广东	0.232	宁夏	0.257
上海	0.287	广西	0.194	新疆	0.271
江苏	0.218	海南	0.124		
浙江	0.313	四川	0.201		
平均值	0.233				

注:本表是根据2005年《全国中医药统计摘编》资料统计;我国台湾地区和港、澳地区未统计在内。

附表 2 2005 年全国中医、中西医结合、民族医医院床位数/千人口统计

地区	床位数	地区	床位数	地区	床位数
北京	0.504	安徽	0.153	重庆	0.208
天津	0.448	福建	0.237	贵州	0.138
河北	0.242	江西	0.224	云南	0.215
山西	0.291	山东	0.246	西藏	0.220
内蒙	0.235	河南	0.238	陕西	0.292
辽宁	0.316	湖北	0.201	甘肃	0.272
吉林	0.308	湖南	0.278	青海	0.335
黑龙江	0.284	广东	0.221	宁夏	0.259
上海	0.303	广西	0.215	新疆	0.279
江苏	0.232	海南	0.127		
浙江	0.323	四川	0.224		
平均值	0.245				

注:本表是根据 2005 年《全国中医药统计摘编》资料统计,我国台湾地区和港、澳地区未统计在内。

附表 3 2006 年全国中医、中西医结合、民族医医院床位数/千人口统计

地区	床位数	地区	床位数	地区	床位数
北京	0.545	安徽	0.179	重庆	0.218
天津	0.468	福建	0.271	贵州	0.163
河北	0.257	江西	0.227	云南	0.219
山西	0.287	山东	0.260	西藏	0.231
内蒙	0.243	河南	0.245	陕西	0.306
辽宁	0.316	湖北	0.209	甘肃	0.284
吉林	0.321	湖南	0.289	青海	0.341
黑龙江	0.293	广东	0.229	宁夏	0.287
上海	0.307	广西	0.221	新疆	0.318
江苏	0.248	海南	0.144		
浙江	0.349	四川	0.232		
平均值	0.258				

注:本表是根据 2006 年《全国中医药统计摘编》资料统计;我国台湾地区和港、澳地区未统计在内。

附表 4 全国部分中医医院建设规模调查汇总

序号	中医医院名称	床位	日门(急)诊/(人次/日)	日门(急)诊/(人次/床)	建筑面积/(m^2/床)
1	中国中医科学院广安门医院	649	3 500	5.39	107
2	北京市密云县中医医院	150	350	2.33	93
3	北京市延庆县中医医院	118	320	2.71	62

续表

序号	中医医院名称	床位	日门(急)诊/(人次/日)	日门(急)诊/(人次/床)	建筑面积/(m^2/床)
4	江苏省射阳县中医医院	200	480	2.40	76
5	江苏省常熟市中医医院	461	1 200	2.60	94
6	河南中医学院第一附属医院	1 022	2 200	2.15	74
7	河南中医学院第二附属医院	500	1 200	2.40	49
8	广东省深圳市中医院	600	3 800	6.33	75
9	湖北省中医院	600	2 000	3.33	112
10	广东省肇庆市中医院	250	540	2.16	120
11	湖北省公安县中医医院	220	460	2.09	80
12	广东省中医院	900	6 000	6.67	82
13	成都中医药大学附属医院	642	2 500	3.89	56
14	四川省射洪县中医医院	200	550	2.75	35
15	四川省乐山市中医医院	200	580	2.90	52
16	泸州医学院附属医院	200	500	2.50	71
17	四川中医药研究院附属医院	200	500	2.50	107
18	四川省骨科医院	246	520	2.11	85
19	成都市中西医结合医院	705	1 800	2.55	95
20	四川省广元市中医医院	200	420	2.10	102
21	四川省眉山市中医医院	250	650	2.60	67
22	湖北省荆州市中医医院	303	560	1.85	97
23	云南省中医院	500	1 400	2.80	73
24	广东省高要市中医院	200	380	1.90	95
25	甘肃省张掖市中医医院	100	300	3.00	78
26	黑龙江省汤源县中医医院	60	150	2.50	45
27	吉林省中西医结合医院	300	1 000	3.33	67
28	吉林省中医院	500	1 500	3.00	66
29	广东省佛山市南海区中医院	400	2 200	5.50	75
30	广东省佛山市中医院	1300	4210	3.24	110
平均值				3.05	80

附表5 全国中医医院床均建筑面积指标

2004年					
总业务用房面积/m^2	21 138 589	总床位/张	296 416	床均建筑面积/(m^2/床)	71.30
2005年					
总业务用房面积/m^2	21 067 140	总床位/张	309 529	床均建筑面积/(m^2/床)	68.10

注:本表是根据2004、2005年《全国中医药统计摘编》资料统计,我国台湾地区和港、澳地区未统计在内。

附表6　中医医院停车位指标

计算单位	机动车停车位/个	自行车停车位/个
1 000 m^2建筑面积	2～3	15～25

第五十一条　新建中医医院的投资估算,应按国家现行有关规定编制。投资估算中建筑安装工程费参照工程所在地办公楼的1.1～1.3倍估算,工程建设其他费用按工程所在地的标准执行。

本条条文说明提供了部分民用建筑工程造价参考指标,详见附表7。

附表7　部分民用建筑工程造价参考指标

序号	项目名称	建设地点	结构类型	建筑面积/m^2	层数		单方造价/(元/m^2)
					地上	地下	
1	综合办公楼	广州市	框剪结构	24 180	26	2	3 367
2	行政办公楼	广州市	框架结构	15 977	13		2 148
3	行政办公楼	广州市	框架结构	21 253	9	1	3 277
4	公建综合楼	北京市	框剪结构	20 000	10	2	3 755
5	公建综合楼	北京市	框剪结构	96 518	11	2	2 415
6	公建综合楼	北京市	框剪结构	105 000	17	4	3 273
7	公建综合楼	北京市	框剪结构	42 000	13	3	3 024
8	医院工程	北京市	框剪结构	34 982	12	2	4 237
9	医院住院楼	北京市	框架结构	63 485	6	2	4 906
10	医院住院楼	广州市	框架结构	13 500	5	1	2 471
11	医院综合楼	广州市	框架结构	7 500	6		2 009
12	医院工程	广州市	框架结构	19 417	6	1	2 621
13	医院综合楼	广州市	框剪结构	57 700	30	2	4 221

注:本表的数据摘录《常用房屋建筑工程技术经济指标》(2005年)、《2005年广州地区建设工程技术经济指标》、《民用建筑可行性研究与快速报价》(2002年)及编制组调研资料。

第五十二条　中医医院工程建设工期定额可参照表8。

表8　中医医院工程建设工期定额

建设规模	床位	60	100	200	300	400	500
	建筑面积/m^2	4 140～4 320	7 200～7 500	15 000～15 600	23 400～24 000	32 000～33 600	42 000～43 500
建设工期/月		8～12	16～24	22～28			

注:1. 建设工期指从基础工程破土开工起至全部工程结束,并达到以国家验收标准验收为止的时间。

2. 严寒地区可适当延长工期,但最多不超过规定工期的20%。

3. 本建设工期为考虑各种因素的综合值。由于各地施工条件不同,允许各地在15%幅度内调整。当有一层地下室时工期增加1～2个月。

中医医院建设工期是在调研全国各地中医医院建设工期的基础上，并以建设部 2000 年批准颁布的《全国统一建筑安装工程工期定额》为依据确定的。本条工期计算是以一个单项（位）工程为基数确定的。如为两个以上单项工程，工期的计算是以一个单项（位）工程最大工期为基数，另加其他单项（位）工程工期总和乘以相应系数计算，一般不超过两项，乘以系数 0.25 计算。

例如：在Ⅱ类地区建一座 300 床位的中医医院，总建筑面积 24 000 m^2，其中住院楼为 8 层框架结构，建筑面积 12 000 m^2；门诊楼为 4 层框架结构，建筑面积 8 000 m^2；综合楼为 4 层砖混结构，建筑面积 4 000 m^2。查《定额》得出各建筑物的建设工期：住院楼基础工程为 55 天，主体工程为 455 天；门诊楼基础工程为 55 天，主体工程为 285 天；综合楼基础工程为 45 天，主体工程为 180 天。按《定额》的计算方法，总的建设工期为 55 + 55 + 45 + 455 + (285 + 180) × 25% 计 726 天，合计 24.2 个月。

在实际实施中，可参考本指标或按照当地城市建设主管部门的有关规定和实际情况确定具体的建设工期。

第五十三条　中医医院工作人员的编制，按照国家有关规定，根据中医医院的特点，床位数与人员编制的比值一般应控制在 1∶1.3 ~ 1∶1.7，承担科研、教学和实习任务的中医医院，以临床编制人员数量为基数，可按适当的比例另外增加编制。

4.10 《乡镇卫生院建设标准》建标 107—2008（节录）

第八条　按床位规模分为无床、1 ~ 20 床和 21 ~ 99 床卫生院 3 种类型。乡镇卫生院床位规模宜控制在 100 床以内。

第九条　乡镇卫生院床位规模应根据其服务人员数量、当地经济发展水平、服务半径、地理位置、交通条件等因素，按照乡镇卫生院的类型、基本任务和功能合理确定，每千服务人口宜设置 0.6 ~ 1.2 张床位。

第十条　乡镇卫生院服务人口宜按以下规定确定。

（1）一般卫生院按本乡镇常住人口加暂住人口计算。

（2）中心卫生院按本乡镇常住人口加暂住人口，再加上级卫生行政主管部门划定的辐射乡镇人口的 1/3 计算。

第十一条　乡镇卫生院项目构成包括房屋建筑、场地和附属设施。其中房屋建筑主要包括预防保健及合作医疗管理用房、医疗（门诊、放射、检验和住院）用房、行政后勤保障用房等。场地包括道路、绿地和停车场等，附属设施包括供电、污水处理、垃圾收集等。

第十二条　乡镇卫生院按实际设置的床位规模，其预防保健及合作医疗管理、医疗、行政后勤保障等用房建筑面积宜符合表 1 的规定。

表 1　房屋建筑面积指标

规模 名称	无床	1 ~ 20 床	21 ~ 99 床
核定方式	按院核定（m^2/院）	按院核定（m^2/院）	按床位核定（m^2/床）
建筑面积/m^2	200 ~ 300	300 ~ 1 100	55 ~ 50

注：乡镇卫生院基本面积指标应根据当地实际情况和业务工作需要在上下限范围内取值。建筑面积指标中不含职工生活用房。

第十三条　乡镇卫生院各功能用房面积分配应满足功能、业务及设备装备的需要。可按表 2 执行。各类用房建议尺寸宜符合表 3 规定。

表 2　各功能用房面积　m^2

名称＼规模	无床	20 床	40 床	80 床
预防保健、合作医疗管理	48	84	108	144
门诊	60	174	288	516
放射、检验	30	138	220	428
住院(含手术室、产房)	24	220	517	1 036
行政后勤保障	40	96	240	456
使用面积合计	200	712	1 373	2 580
建筑面积合计(平面系数按 65%)	308	1 095	2 112	3 969

表 3　各类用房建议尺寸

<table>
<tr><th colspan="2">名　称</th><th>建议采用尺寸(中—中)/m</th></tr>
<tr><td rowspan="4">走廊</td><td>病房</td><td>2.7</td></tr>
<tr><td rowspan="2">门诊</td><td>单侧候诊 2.1</td></tr>
<tr><td>双侧候诊 2.7</td></tr>
<tr><td>手术室</td><td>2.7</td></tr>
<tr><td rowspan="3">病房</td><td>六人病房</td><td>6.0×6.0</td></tr>
<tr><td>三人病房</td><td>3.6×6.0</td></tr>
<tr><td>辅助用房</td><td>3.6×4.5</td></tr>
<tr><td rowspan="2">门诊</td><td>小诊室</td><td>3.0×4.2</td></tr>
<tr><td>大诊室</td><td>3.3×4.5</td></tr>
<tr><td rowspan="3">手术室</td><td>大间</td><td>6.0×6.0</td></tr>
<tr><td>中间</td><td>4.5×6.0</td></tr>
<tr><td>小间</td><td>4.2×4.8</td></tr>
<tr><td colspan="2">X 光室</td><td>6.0×6.0</td></tr>
<tr><td colspan="2">化验室</td><td>4.5×6.0</td></tr>
</table>

第十四条　乡镇卫生院职工生活设施用房建筑面积，应按国家及地方有关标准执行。

第十五条　乡镇卫生院宜一次规划，一次建设，确有困难的可一次规划，分期建设。

第十六条　乡镇卫生院选址应符合下列规定。

(1)应具备较好的工程地质条件和水文地质条件。

(2)应方便群众、交通便利。

(3)周边宜有便利的水、电、路等公用基础设施。

(4)应环境安静、远离污染源，并与少年儿童活动密集场所有一定距离。

(5)应远离易燃、易爆物品的生产和贮存区、高压线路及其设施。

第十七条 乡镇卫生院的总平均布局,应根据功能、流程、管理、卫生等方面要求,对建筑平面、道路、管线、绿化和环境等进行综合设计。

第二十七条 乡镇卫生院建设用地指标,不应超过表4规定。

表4 建设用地指标

规 模	用地面积指标(容积率)
无床	0.7
1~20床	0.7
21~99床	0.8~1.0

注:建设用地指标中不含职工生活用房用地。

4.11 《中小学建筑设计规范》GB 50099—2008(节录)

3 基本规定

3.1 基本原则及基本规定

3.1.1 各种学校的适宜办学规模如下:完全小学及初级中学为12班、18班、24班、30班,完全中学及高级中学为18班、24班、30班、36班,九年制学校为18班、27班、36班、45班。

在生源少的偏远地区所建设的4班的非完全小学及6班的完全小学也纳入本规范规定的范围。凡特别注明仅对这类学校有效的规定不得沿用于其他类学校的建设。

3.1.2 每班学生人数如下:小学为近期每班45人,远期每班40人;中学为近期每班50人,远期每班45人;九年制学校中1~6年级与小学相同,7~9年级与中学相同。

3.1.3 学校设计必须为学生健康发育创造环境。

3.1.4 规划与设计应执行《城市道路和建筑物无障碍设计规范》,并为部分残疾学生创造可在普通学校就读的环境。

3.1.5 应根据各地区的气候和地域差异、经济技术的发展水平、因地制宜地进行设计。

3.1.6 学校用地包括建筑用地、体育用地、绿化用地、广场及道路用地,学校建筑包括教学用房及教学辅助用房、行政办公及管理用房、生活服务用房。

3.1.7 学校设计宜继承、维系所在地的历史文化传统和民族、生活习俗,发挥民族特色和地方特色。

3.1.8 环境及建筑的造型及装饰设计应优美、得体、简约、有创意、朴实无华。不宜设置大量装饰性构件。

3.1.9 学校建设应设置必要的市政配套基础设施,市政配套基础设施应和主体建筑同时投入使用。规划与建筑设计的进程应符合这一要求。

3.1.10 建筑设计必须在总平面设计获得批准后进行。

3.1.11 学校的校园规划和建筑设计除执行本规范的规定外,尚应符合国家现行的其他相关标准及规范的规定。

3.2 安全设计

3.2.1 学校设计必须执行“安全第一”的原则。必须保障校园和学校建筑内每一个场所的环境安全,保护每一个教学环节的环境安全。在遭受意外突发灾害时,学校的建筑及设施应使校园具有抵御灾害的能力。

3.2.2 易产生次生灾害的实验设施及相关设备应有防爆、防振、防泄漏等固定装置。

3.2.3 中小学校设计应有益于建立安全的教学秩序,并且在遭遇突发事件时具有可靠的应急能力,并应满足下列要求。

(1)必须严格执行《建筑设计防火规范》GB 50016、《建筑抗震设计规范》GB 50011 及《民用建筑工程室内环境污染控制规范》GB 50325 的规定。

(2)学校临街的主要入口外应留有安全的缓冲场地,避免影响交通。

(3)校内道路及建筑物内的走道组成的交通网应做到路径明确、安全、通畅,并兼顾使日常教学活动有序地进行和在应急状态下快速疏散两个方面。

(4)学生疏散设计中每 1 股人流的宽度:小学生为 0.55 m,中学生为 0.60 m。

(5)校园围墙、大门应设置安防设施。课余时间不向社会开放的部分应加设有利于封闭管理的安防设施。

(6)体育设施的布置必须使同一节体育课及每天课外活动时,多个班级能够安全地同时进行体育运动。

3.2.4 学校宜利用操场及大空间建筑在发生意外灾害时作为市民的避难场所。

3.2.5 当学校被确定为避灾疏散场所时,必须执行下列规定。

(1)建立有保障的校园生命线(含应急照明、避难空间通风换气、应急水源及食品备用库、应急厕所)系统。

(2)应双路供电,并自备柴油发电机组。

(3)应急能力建设必须保证应急设施的配置,在面对突发事件的情况下,能立即开启应急联动系统。确保接警、处警及重大活动协调管理做到快速反应,安全可靠。除设置专用指挥室外,并应预留指挥系统必备的电气管线。

3.3 社区共用设施

3.3.1 学校作为国家的资源,其部分设施(体育场地、报告厅、图书室等教学资源)在课余时间应与社区共用。为此,规划设计应使之既不影响教学秩序又有方便共用的可能性。

3.3.2 在人口密集地区有多个学校校址较集中,或组成学区时,各校宜共同合建部分可共用的建筑和场地,提高这些建筑和场地的利用率。

3.4 绿色设计

3.4.1 应保护环境,进行绿色设计,把学校建设成为绿色建筑。校园建设及校舍建筑可作为环境教学的直观教材。

3.4.2 在改建、扩建工程中宜充分利用学校原有的建设资源、场地的自然条件及尚可使用的旧建筑。

3.4.3 学校建设不应破坏所在地的文物,不能导致破坏当地的自然水系、湿地、森林、基本农田和各类保护区。

3.4.4 设计中应采用成熟的新技术,采用绿色能源、可再生材料,本土的地产材料、产业化的建筑产品、部品,贯彻落实节约用地、节约能源、节约用水、节约材料的基本国策。

4 基地和总平面

4.1 基地

4.1.1 中小学校校址必须建在安全地带,严禁置于地震危险地段、地下采空区、洪涝或泥石流多发区、滑坡地、雷暴区、飓风口、未处理的含氡土壤地、电磁波辐射区等不安全地段。学校与各类污染源的距离应符合国家有关防护距离的规定。

4.1.2 学校是学生身心得以健康成长的园地。严禁与传染病院、医院太平间、殡仪馆毗邻。与甲、乙、丙类液体与气体储罐(区)及可燃材料堆场、加油站之间的距离必须符合《建筑设计防火规范》GB 50016 的规定。不应与公共娱乐场所、批发市场、网吧等对学生精神健康有损的场所相近设置。

4.1.3 校址选择及基地建设应避免破坏当地文物、自然水系、湿地、森林、基本农田和其他保护区。

4.1.4 校址不得建在学生必须直接跨越城市干道或必须跨越高速车道上学的地段。

4.1.5 学校出入口的设置应避免对城市交通的不利影响。

4.1.6 学校主要教学用房的外墙面与铁路的距离不应小于 300 m;与高速路或每小时机动车流量为 270 辆的城市干道的同侧路边的距离不应小于 80 m;当距离小于 80 m 时,必须采取有效的隔声措施。

4.1.7 对邻里造成的噪声干扰不应超过国家标准对邻里单位的噪声质量所规定的限值。

4.1.8 学校校址宜选择设在周边学生易于入学的地段。城镇小学最大服务半径宜为 500 m,城镇中学最大服务半径宜为 1 000 m。寄宿制学校不作规定。

4.1.9 学校应建在可以提供达到饮用水标准的水源及有电、气、热源及排水等市政设施的地段。当必须在不具备市政条件的地段建校时,须提供采用绿色能源、废污水处理、垃圾无害处理的条件。

4.1.10 校园内严禁高压输电线及架空燃气管道穿过。

4.2 用地

4.2.1 学校用地布置的基本规定:①必须保证普通教室的日照及声、光环境质量达到标准,并使各教学用房满足对声、光环境质量要求及对位置、朝向的设置规定;②用地中必须具有与学校规模相适应的环行跑道的平坦场地;③中小学校建设应提高土地利用效率,宜科学地利用原地形地貌(包括开发地下空间),创造再生地。

4.2.2 建筑用地

(1)中小学校的建筑用地包括教学及教学辅助用房、行政办公和生活服务用房、设备用房等全部建筑的用地。

(2)自行车库、机动车停车库的用地均计入建筑用地指标。这一部分用地的量因学校所在地的交通环境不同而有很大的差异,应单独表述其用地量。

(3)学校必要的设备、设施的用地。

(4)有住宿生的学校应有宿舍用地,纳入建筑用地指标,但需单独表述其用地量。

4.2.3 体育用地

(1)小学必须配置供广播体操、体操、技巧、武术、舞蹈、跳绳、体育游戏、2 ~ 3 种球类和跑、跳、投掷等田径项目基本动作教学的场地,应有 200 m 环行跑道。非完全小学可不设环行跑道。

(2)中学和九年制学校必须配置供广播体操、体操、技巧、武术、舞蹈用地,必须具有与办学规模相匹配的环行跑道(最小规模为200 m)的田径场地和篮球、排球、足球场地。

4.2.4 绿化用地

(1)绿化用地指集中绿地(含景观水面)和宽度不小于8 m的绿带,包括供教学使用的栽培园地及小动物饲养园。

(2)宜有三分之一的绿化用地在标准的建筑日照阴影线范围以外。

4.2.5 道路及广场用地

(1)包括消防车道、步行道、无顶盖的地上停车场;不包括绿地内、建筑物边缘、体育场地中的甬路和有达标植被的绿地停车场。

(2)有条件的学校可设升旗广场。

4.2.6 用地范围界定及面积指标的确定应遵循下列原则。

(1)建筑用地含建筑基底、建筑物边缘的甬路和零星绿地(宽度不足8 m的绿地)。贴近建筑物边缘无绿地和甬路时,建筑用地计至台阶、坡道及散水外缘。

(2)体育用地面积的确定及计量应遵照以下规定。

A. 各类学校依据其体育课课程标准确定场地内容,按其规模确定场地设置的数量。

各类学校应设置的场地内容详见表4.2.6的规定;各项体育场地的形状、用地及高度详见本规范附录A。

表4.2.6 体育场地的设置规定

项目	学校类别				面积/m²	备注
	初小	完小	初中	高中		
广播体操	√	√			2.88/生	按全校学生数计算
			√	√	3.88/生	
60 m直跑道	√	√			589.60	按6道计面积各校应调整
100 m直跑道			√	√	899.14	
200 m环道		√			4 627.60	含60 m直跑道
			√	√	6 488.70	含100 m直跑道
400 m环道					16 020.40	有条件时宜设置
足球		√	√	√	5 044.00	完全小学宜设
篮球	√	√	√	√	608.00	
排球		√	√	√	360.00	
跳高			√	√	60.00	坑长5 m
跳远			√	√	270.00	坑长10 m
立定跳远	√	√			80.00	
铅球		√	√	√	56.52	面积仅为投掷区落地区为40°扇形
铁饼		√	√	√	72.00	
体操	√	√	√	√	169.00	

续表

项　　目	学校类别				面积/m^2	备　注
	初小	完小	初中	高中		
器械		√	√	√	315.00	
技巧	√	√	√	√	196.00	
武术	√	√	√	√	160.00	

注:表中所示面积除投掷类项目(铅球、铁饼)外均含安全区。

B. 球场设置数量须满足九年制的 7~9 年级及中学学生每周必须进行一次大球(篮、排、足球)训练的需求。

C. 体育用地范围计量界定于各种项目的安全保护带的外缘,跑道界定于外缘之外 1 m 处。

(3)绿化用地面积的确定及计量应遵照以下规定:①平均每名中小学生绿化用地最小面积为 1 m^2;②成片绿地、种植园及小动物饲养园的用地计量外缘之内的面积,成片绿地内的甬路计入绿地;③田径场地、球场等体育场地不计入绿地;④宽度不足 8 m 的绿带面积计入绿地,不计入集中绿地;⑤每 100 m 有不少于 3 棵乔木的绿地停车场计入绿地;⑥建筑屋顶绿化及地下室顶板覆土绿化的面积依学校所在地的有关规定计量。

(4)道路及广场用地面积计量范围的界定应遵循以下规定:①用地范围界定至路面或广场外缘,校门外安全退让之道路或小广场,在学校用地红线以内的面积计入道路及广场用地;②地上露天停车场面积计算指标为每 1 辆小型机动车位占地 25 m^2 ~30 m^2,每 1 辆中型机动车位占地 60 m^2,每 1 辆自行车占地 1.5 m^2 ~1.8 m^2。

(5)当建筑用地、体育用地、广场及道路用地间有宽度不足 8 m 的绿带隔离时,以该绿带的中心线为界,绿带面积分别计入绿地。

(6)地上各层及地下建筑功能不同时,依建筑面积按比例分摊计量各种用地。

4.3　总平面

4.3.1　总平面设计应包括总平面布置(含建筑布置、体育场地布置、绿地布置、道路及广场布置)、消防设计、安全设计、竖向设计、节地节能节水节材措施及管网综合设计。有条件的地区可增加周边灾害风险图。

4.3.2　小学的主要教学用房宜设在 4 层以下,不超过 4 层;中学的主要教学用房宜设在 5 层以下,不超过 5 层。

4.3.3　教学建筑的布置应满足下列日照要求:①普通教室满窗日照不应少于冬至日 2 h;②至少有 1 间科学教室或生物实验室能在冬季获得日照;③学生的种植园、饲养园应有充分日照。

4.3.4　布置学校建筑时宜模拟所在地的微气候定位,组织校园气流,冬季阻风,夏季引风,实现低能耗通风换气。

4.3.5　建筑用地、体育用地、绿化用地、道路及广场用地的布置应做到布局合理,联系方便,互不干扰。

4.3.6　体育用地的设置应遵守下列规定:①每一个运动项目的场地必须平整,在其周边应有相应的安全防护空间;②应对整个体育场地的布置进行安全设计;③室外田径场及足球、篮球、排球的纵轴应南北向。依所在地不同纵轴的允许偏斜度不同,北偏东最大允许偏差为10°,北偏西最大允许偏差为20°。

4.3.7 各类教室有窗一侧的墙与相对的教学用房或室外运动场地边缘间的最小距离为25 m。

4.3.8 应结合校园用地的微气候进行总平面设计,避免空气质量和声环境受到自身的污染,当校园面积较小,难以借助朝向和距离处理时,应采取有效的建筑措施。

4.3.9 室外场地及有师生出入的建筑主要出入口处必须设置无障碍设施。

4.3.10 在可能条件下,宜根据对教育进步与学校发展、变化的科学预测预留调整的条件。

5 教学用房及教学辅助用房

5.1 构成和基本规定

5.1.1 教学及教学辅助用房是中小学校建设的主体,包括普通教室、专用教室、公共教学用房及其各自的辅助用房。

5.1.2 普通教室与专用教室、公共教学用房间应联系方便。专用教室与其教师用房、教学管理用房宜成组布置。各类学校教学用房的设置要求详见表5.1.2。

表5.1.2 教学用房的设置规定

房间名称		非完全小学	完全小学	独立初中	九年制学校	独立高中	完全中学
专用教室	普通教室	应设	应设	应设	应设	应设	应设
	科学教室	应设	应设	/	应设	/	/
	实验室	/	/	应设	应设	应设	应设
	计算机教室	宜设	宜设	应设	应设	应设	应设
	语言教室	应设	应设	宜设	宜设	宜设	宜设
	史地教室	宜设	宜设	宜设	宜设	宜设	宜设
	美术教室	应设	应设	应设	应设	应设	应设
	书法教室	宜设	宜设	宜设	宜设	宜设	宜设
	音乐教室	应设	应设	应设	应设	应设	应设
	舞蹈教室	宜设	应设	宜设	应设	宜设	宜设
	风雨操场	可设	宜设	宜设	宜设	宜设	宜设
	游泳池	/	可设	可设	可设	可设	可设
	劳技教室	应设	应设	应设	应设	应设	应设
公共教学用房	合班教室	/	应设	应设	应设	应设	应设
	多媒体教室	可设	可设	可设	可设	可设	可设
	图书室	应设	应设	应设	应设	应设	应设
	科技活动室	应设	应设	应设	应设	应设	应设
	体质测试室	宜设	宜设	宜设	宜设	宜设	宜设
	心理咨询室	应设	应设	应设	应设	应设	应设
	德育展览室	宜设	宜设	宜设	宜设	宜设	宜设

根据学校的类别、学制、规模和建设能力分别设置上表中一部分或全部教学用房及其辅助用房。表中舞蹈教室可兼用作形体教室。

5.2 普通教室

5.2.1 普通教室同层宜设置教师休息室。

5.2.2 普通教室内课桌椅的布置应符合下列规定。①课桌的最小平面尺寸为宽0.60 m,深0.40 m。②课桌椅的最小排距,宜为0.90 m,小学可以为0.85 m;纵向走道的最小宽度为0.60 m,非完全小学可以为0.55 m。③前排边座的学生与黑板远端的最小水平视角为30°。④最前排课桌的前沿与黑板的最小水平距离宜为2.50 m。最后一排课桌的后沿与黑板的最大水平距离:小学宜为8.00 m。中学宜为9.00 m。⑤教室后部最后一排座位之后应留最小宽度为0.60 m的横向疏散走道。

5.3 科学教室、实验室

Ⅰ 一般规定

5.3.1 科学教室和实验室的桌椅类型和排列布置依实验内容及教学模式而异。

(1)实验桌平面尺寸应符合表5.3.1的规定。

表5.3.1 实验桌平面尺寸

类别	长度/m	宽度/m
双人单侧实验桌	1.20(每生占有长度0.60)	0.60
四人双侧实验桌	1.50(每生占有长度0.75)	0.90
岛式实验桌(6人)	1.80(每生占有长度0.60)	1.25
气垫导轨实验桌	1.50	0.60
教师演示桌	2.40	0.70

(2)实验桌的布置应符合下列规定:①最前排实验桌的前沿与黑板的最小水平距离为2.50 m;最后排实验桌的后沿与黑板的最大水平距离为11.00 m,与后墙的最小距离为1.20 m;②边座学生与黑板远端的最小水平视角为30°;③两实验桌长边最小净距离为双人单侧操作时为0.60 m,四人双侧操作时为1.30 m,超过四人双侧操作时为1.50 m;④中间纵向走道的最小净距离为双人单侧操作时0.70 m,四人(或多于四人)双向操作时0.90 m,实验室若为边演示边实验的阶梯式实验室时,纵向走道应有便于仪器药品车通行的坡道;⑤实验桌端侧与墙面(或墙面突出物)间宜留出疏散走道,最小净宽宜为0.60 m。

Ⅱ 科学教室

5.3.2 科学教室宜与种植园、饲养园邻近,联系方便。

5.3.3 科学教室应附设仪器室、实验员室、准备室、植物培养室。宜贴近设置科学课教师办公室。

5.3.4 在未设置生物实验室的学校中,必须做到在冬季至少有一个科学教室有日照,并可以在有阳光处放置盆栽植物。

5.3.5 实验桌椅的布置可以采用双人单侧的实验桌平行于黑板布置,或采用多人双侧实验桌成组布置。

5.3.6 教室内应设置给水排水装置,并设地漏。

Ⅲ 化学实验室

5.3.7 化学实验室、化学药品室不宜朝向西或西南。当设有危险药品库时,危险药品库必须建在建筑物基底之外的地下,且不得在消防通道及疏散路径的下面,必须设置防爆设施。

5.3.8 化学实验室宜设在首层。

5.3.9 每一实验桌端侧应设洗涤池(岛式实验桌可在桌面中间设通长洗涤槽),每一间化学实验室内均应设置一个急救冲洗水龙头。

5.3.10 化学实验室的实验桌应有通风排气装置,排风口宜设在桌面处;外墙至少应设置2个机械排风扇,下口距地面0.10~0.15 m,在其室内一侧应设保护罩及保温门,在室外风扇洞口处加设挡风罩。药品室的药品柜内宜设通风设施。

5.3.11 有条件的学校可以设置仅供教师演示使用或仅在准备室内设置的毒气柜。柜内设通风及给排水装置,严禁装入照明灯具、电源插座及燃气开关。

5.3.12 化学实验室及药品室、准备室的地面宜采用易冲洗、耐酸碱、耐腐蚀的地面材料,并设地漏。

Ⅳ 物理实验室

5.3.13 当学校具有2个及以上的物理实验室时,应有1个为力学实验室。光学、热学、声学、电学等实验可在同一实验室内完成,但应具有相应的装备和设施。

5.3.14 物理实验室应附设仪器室、实验员室、准备室。宜贴近设置物理课教师办公室。

5.3.15 力学实验室需设置气垫导轨实验桌,在桌的一端的地面设置供气泵用的电源插座;另一端与相邻桌椅或墙壁之间应留有0.90 m空间。

5.3.16 光学实验室需在窗口贴墙的内壁处装置可开启180°的遮光通风百叶窗,室内墙面宜采用深色。实验桌上宜加设局部工作照明。

5.3.17 热学实验室应在每一实验桌旁设置给、排水装置并设置热源。

5.3.18 电学实验室应在每一个实验桌上设置一组包括不同电压的电源插座,电源的控制开关必须设在教师实验桌处。

5.3.19 实验员室宜设钳台等必要的小型机修工具及设施。

Ⅴ 生物实验室

5.3.20 当学校有2个生物实验室时,宜分设为显微镜观察实验室及解剖实验室。

5.2.21 生物实验室应附设仪器室、药品室、标本陈列室、标本储藏室(可与标本陈列室合并)、实验员室、准备室,宜设植物培植温室。宜贴近设置生物课教师办公室。

5.3.22 应有一个生物实验室朝南或东南,宜设向阳的阳台或向阳的可以搁置盆栽植物的宽窗台。

5.3.23 显微镜观察实验室的实验桌旁宜加设放置该桌学生所用显微镜的小柜。实验桌上宜加设局部工作照明。

5.3.24 解剖实验室应设置给排水设施。可在教室内集中设置,也可设在每个实验桌旁。

5.3.25 标本陈列室和标本储藏室宜朝北,并应采取防潮、降温、隔热、防虫、防鼠等措施。

5.3.26 植物培植温室可在校园内独立建造，也可以建在屋顶上或建在建筑物能充分得到日照的地方。小动物饲养园应独立建造。

Ⅵ 综合实验室

5.3.27 中学及九年制学校可以设置综合实验室，用以进行跨学科的综合实验教学。

5.3.28 应附设1间准备室。当与化学、物理、生物实验室邻近布置时，可以不设。

5.3.29 应设置给排水、通风、换气、电源等设施，这些设施全部贴邻侧墙及后墙装设。实验室中部保留空间的最小面积为100 m^2，在此空间内不设置固定的实验桌椅。

Ⅶ 演示实验室

5.3.30 中学和九年制学校宜设演示实验室，供老师演示学生不宜自行操作的实验。空间以容纳1~2个班为宜。

5.3.31 演示教室宜为阶梯教室，设计视点应定位于教师演示实验台桌面的中心，每排座位错位布置，隔排升高值宜为0.12 m。

5.3.32 教室宜设置后背附设书写板的座椅。最小排距为0.90 m，每个座位的宽度宜为0.50 m。

5.3.33 教室最后排（地面最高处）净高的允许最小值为2.20 m。

5.3.34 教师与学生同时进行同一实验的边演示边实验实验室应设置为阶梯形楼地面，阶梯最小宽度宜为1.35 m。

5.4 史地教室

5.4.1 应附设历史教学资料储藏室、地理教学资料储藏室和陈列室（陈列廊）。宜贴近设置历史课及地理课教师的办公室。

5.4.2 课桌椅布置方式和普通教室相同。课桌椅可采用标准课桌椅（普通教室用），也可以在课桌端部的旁边加设小柜，用以存放本桌学生使用的小地球仪。可在史地教室内布置标本展示柜。

5.4.3 史地教室内应配置黑板、讲台、银幕挂钩、投影仪及屏幕、挂镜线、电源插座和网络接口。设置简易天象仪的地理教室在学生课桌上宜安装局部工作照明。

5.4.4 历史和地理的教学资料储藏室均应采取防潮、降温、隔热、防虫、防鼠等措施。

5.5 美术教室、书法教室

Ⅰ 美术教室

5.5.1 美术教室应附设教具贮藏室，宜设教师工作室、作品陈列室（或作品展览廊），宜贴近设置美术课教师的办公室。

5.5.2 美术教室应有良好的天然采光。窗应朝北，可设顶部北向采光。

5.5.3 教室内应设可以放置石膏像的教具柜。中学美术教室内应有能容纳一个班用画架写生的空间。

5.5.4 教室内应配置书写白板、银幕挂钩、投影仪及屏幕、挂镜线、窗帘杆、洗涤池和电源插座。

5.5.5 教室应采用易于清洗的地面。墙面及顶棚的颜色应为白色。

5.5.6 学校可有一间现代艺术课教室，其墙面及顶棚的装修做吸声处理。

Ⅱ 书法教室

5.5.7 书法教室也可用以进行工艺技法教学。

5.5.8 书法教室可附设书画储藏室。

5.5.9 书法条案宜平行于黑板布置。条案长1.50 m,宽0.60 m,供2名学生合用。条案的长边最小净距为0.60 m,纵向走道最小宽度为0.70 m。

5.5.10 教室内应配置黑板、讲台、银幕挂钩、投影仪及屏幕、挂镜线,给排水装置及电源插座。

5.5.11 教室应采用易于清洗的地面。

5.6 音乐教室

5.6.1 音乐教室应附设乐器存放室,宜贴近设置音乐课教师的办公室。

5.6.2 小学应有1间较大的音乐教室以适应唱游课边唱边舞的需要,非完全小学可不另设。

5.6.3 音乐教室中应有1间设置合唱台。合唱台需2~3排,顺后墙布置,每排升高0.40 m,宽度为0.90 m。

5.6.4 教室内装修应进行声学处理,并应采用隔音门和隔声通风窗。

5.6.5 讲台处留有教师用琴的位置。应设置五线谱黑板、讲台、银幕挂钩、投影仪及屏幕、窗帘杆和电源插座。

5.7 舞蹈兼形体教室

5.7.1 在此教室可对男女学生分班进行舞蹈艺术课、体操课、技巧课、武术课的教学,也可在此进行形体训练活动。

5.7.2 此教室应附设更衣室,宜附设厕所、浴室和器材储藏室。

5.7.3 教室内应在一面与采光窗相垂直的墙上设通长镜面,镜高2.10 m(含镜座)。两侧侧墙及后墙上装置可升降的把杆,把杆的最小高度为0.90 m。把杆与墙间的最小净距离为0.40 m。

5.7.4 教室地面(楼面)宜为木地板。

5.7.5 顶棚灯具应吸顶安装,采暖等各种设施应暗装。

5.7.6 各地需要教授有地方或民族特有的基本训练时,教室设计要适应其特殊需要。

5.8 计算机教室及远程教育教室

Ⅰ 计算机教室

5.8.1 计算机教室的数量依据学校规模及计算机课时数确定,未设置语言教室的学校可在计算机教室进行外语课的教学,其课时计入计算机教室的利用参数。

5.8.2 计算机教室应附设一间辅助用房供管理员工作及存放资料盘。宜就近设置计算机课程任课教师的办公室。

5.8.3 计算机桌椅布置需符合下列原则。

(1)学生计算机桌的平面尺寸为:长0.75 m(每生),宽0.65 m。前后桌最小距离为0.70 m。桌端部与墙面(含突出物)间的最小距离为0.15 m。

(2)纵向走道最小净宽为0.70 m。

(3)学生计算机桌椅可平行于黑板排列,也可顺侧墙及后墙成围合式排列。

5.8.4 教室地面宜采用防静电架空地板,不得采用木地板或无导出静电功能的塑料地板。

Ⅱ　远程教育教室

5.8.5　远程教育教室供教师通过信息网络共享社会教学资源。

5.8.6　教室可容纳 6 ~ 20 个座位。小学的最小使用面积为 39 m^2,中学的最小使用面积为 45 m^2。

5.8.7　远程教育教室的其他建筑要求与计算机教室相同,也可利用计算机教室接受远程教育。

5.9　语言教室

5.9.1　计算机教室可兼作语言教室使用。普通教室、计算机教室、多媒体合班教室均可安排部分外语课。当学校不在计算机教室安排外语教学时,必须设置语言教室,数量依据学校规模、教学模式和课时安排确定。语言教室应附设辅助用房以存放视听教学资料。宜贴近设置外语课教师的办公室。

5.9.2　语言教室的课桌椅排列布置与计算机教室相同。教室的楼、地面应设暗装电缆槽。

5.9.3　中小学校宜设置可利用多媒体教学并进行情景对话表演训练的语言教室。课桌椅可采用普通教室的课桌椅,也可采用带书写板的座椅。课桌椅可平行于黑板布置,也可以向前围合式布置。应留出约 20 m^2 的表演区。

5.10　多媒体教室

5.10.1　多媒体教室宜能容纳 2 个班或 1 个年级,当容纳多于 2 个班时教室宜设计为阶梯教室。当前后每 6 ~ 8 m^2 设 1 个显示屏时,最后一排与黑板的最大距离为 24 m,但多个显示屏的影像和多个声源到达每一个学生座位时,其视听效果不能产生时间差。

5.10.2　教室内应在前墙安装推拉黑板和投影屏幕(或数字化智能屏幕)。当教室较长学生不能清晰地看到屏幕影像时,需在顶棚上或柱上固定显示屏,固定位置必须使学生的视线在水平方向上偏离屏幕中轴线的允许最大角度为 45°,垂直方向上的允许最大仰角为 30°。学生座椅前缘与显示屏的水平距离与显像管的尺寸相比最小为 4 ~ 5 倍,最大为 10 ~ 11 倍。屏幕宜加设遮光板。

5.11　公共教室

5.11.1　当公共教室是只容纳 2 个班的合班教室时,楼地面以平地为宜;多于 2 个班则以阶梯教室为宜。

5.11.2　教室宜附设 1 间辅助用房,储存(并维护)此教室常用的现代化教学器材。

5.11.3　小学的合班教室(容纳 2 个班)内宜放置可移动的课座椅,可兼供小学低年级学生 1 个班进行唱游课和游戏课。

5.11.4　阶梯教室设计视点应定位于黑板底边缘的中点处。前后排座位错位布置时,视线隔排升高值为 0.12 m。

5.11.5　教室可设置后背附设书写板的固定座椅,也可采用带书写板的可移动座椅。

5.11.6　课桌椅的布置应遵守下列规定。

(1)教室最前排课桌的前沿与黑板间的最小水平距离为 2.50 m,最后排课桌的后沿与黑板间的最大水平距离为 18.00 m。

(2)前排边座的学生与黑板远端间的最小水平视角为 30°。

(3)座位宽度为 0.50 m。小学座位最小排距为 0.85 m,中学最小排距为 0.90 m。

(4)纵向、横向走道最小宽度均为0.90 m,当另有同方向走道时,靠墙走道的最小宽度为0.60 m。

5.11.7　当设多媒体教学装置时,可兼作多媒体教室。

5.11.8　应进行教室的声学设计,在室内装修时设置吸声墙、反射板,创造清晰度和混响效果合宜的大教学空间。

5.12　体育用房

Ⅰ　风雨操场

5.12.1　风雨操场宜贴近室外体育场设置。

5.12.2　风雨操场应附设体育器材室,宜附设更衣室、厕所、浴室。体育教师办公室及体育教师专用的更衣室及浴厕宜设置其中。当风雨操场被确定作为突发事件的避难所时,必须设置配套的储备仓库。

5.12.3　风雨操场可容纳1个或多个班的学生同时上课,但项目活动的空间需略有分隔。

5.12.4　风雨操场容纳的内容可依据学校的办学特色及面积的可行性在本规范的附录A中选择确定。

5.12.5　风雨操场如设置围护结构,应避免眩光影响。窗台高度不宜低于2.10 m(有避免眩光的设施时可自行调整),窗台以下墙面宜为深色。

5.12.6　门窗玻璃、灯具等均应设置护网或护罩,顶棚及上部各种悬吊物应有牢固的固定措施。

5.12.7　地面应采用有弹性的材料。固定设备的埋件不得高出地面。

5.12.8　风雨操场宜兼作集会场所,且宜加设舞台。当配置音响设施时,应结合室内装修进行声学设计。

5.12.9　应合理布置门窗,尽量获取天然采光及自然通风。外墙在室内地面0.10 m以上应设遮光通风窗。

Ⅱ　体育器材室

5.12.10　中小学校必须在紧邻体育场和风雨操场处设置体育器材室。体育器材室的位置还应方便当体育设施向社会开放时的管理工作。

5.12.11　应有便于借用小型器材的窗口和便于搬运大型器材的门及通道。

5.12.12　室内应有防虫、防潮处理,地面及墙面均应采用耐擦洗材料。

Ⅲ　游泳池

5.12.13　有条件的学校可建室内游泳池,在第Ⅲ、Ⅳ建筑气候区宜建室外游泳池。泳池规格为50 m或25 m。不设跳水池。

5.12.14　辅助建筑的设备设置按本规范6.2第Ⅰ—Ⅵ条的规定计算,淋浴计算按女生每12人1个浴位,男生每18人1个浴位设置。

5.12.15　游泳池应设消毒池。游泳池的设计应符合卫生防疫部门的相关规定。

5.12.16　游泳池池底、池岸地面及消毒池池底的铺砌必须采用防滑材料。

5.13　劳动技术教室

5.13.1　劳动技术教室的内容和数量依据办学规模、省级地方课程及学校办学特色确定。其中,信息技术教育必修的部分课时可安排在计算机教室进行,但中学必须设置木工、金工技术教室;高中必须设置信息技术教室,设硬件组装和维修的空间及设施。

5.13.2 劳动技术教室必须设置其各专业内容所需要的水、电、气等设施。空间、尺度、装修均因内容而异,不作统一规定。

5.13.3 有油烟或气味发散的劳技教室必须设置有效的排气设施,有振动或发出噪声的劳技教室必须减振减噪、隔振隔噪。

5.14 图书室

5.14.1 图书室包括学生阅览室、教师阅览室、图书杂志及报刊阅览室、视听阅览室、书库、借书空间、登录及整修工作室。可以附设小会议室和小型交流空间。

5.14.2 图书室应置于醒目、学生出入方便、环境安静的地方。

5.14.3 图书室的设计应遵守以下原则。

(1)教师与学生的阅览室应分开设置。

(2)每个图书阅览座位所需面积为:①学生 1.50 m^2;②教师 2.10 m^2。

(3)每个视听阅览座位所占面积为 5.00 m^2。

(4)视听阅览室应附设资料储藏室,最小面积为 18.00 m^2。

(5)视听阅览室应设电源、通信网络。宜设防静电架空楼、地面。

(6)书库面积按以下原则计算:①小学宜为每平方米藏书量 500~700 册;②中学宜为每平方米藏书量 500~600 册。

(7)书库应采取通风、防潮、防虫、防鼠及遮阳的措施。

(8)借书处应有班级集体借书的空间。

(9)视听阅览室可兼作计算机教室、语言教室或远程教育教室使用。

5.15 科技活动室

5.15.1 中小学校应设科技活动室。其房间大小及数量依据学校的办学特色和建设条件确定。

5.15.2 各活动室的设备设施应根据活动内容需要设置。

5.16 体质测试室

5.16.1 中小学校宜设置体质测试室。

5.16.2 体质测试室宜设在风雨操场或医务室附近。

5.16.3 体质测试室宜设 2 间相通的房间,使用面积总计宜为 24 m^2。

5.17 心理咨询室

5.17.1 中小学校应设置心理咨询室。

5.17.2 心理咨询室的位置不宜设在人流较多的公共活动场所附近,宜设在思想品德课教师办公室附近。

5.17.3 心理咨询室宜分设相连通的 2 间。其最小总面积应按下列要求设置:小学为 25.00 m^2,初中及九年制学校为 30.00 m^2,高中为 54.00 m^2。

5.17.4 心理咨询室可以附设话题讨论室、发泄室、心理剧表演室等用房。

5.17.5 心理咨询室宜安静、明亮。

5.17.6 心理咨询室应设网络通信接口。

5.18 德育展览室

5.18.1 中小学校宜设德育展览室。

5.18.2 德育展览室可以和其他展览空间合并或连通。

5.18.3 德育展览室的位置宜设在学校或主要教学楼入口、会议室、合班教室附近，或在学生经常经过的走廊旁附设可封闭的展览廊。

5.18.4 德育展览室的面积宜为60.00 m^2。

5.19 任课教师办公室

5.19.1 任课教师的办公室可分设年级组教师办公室和各课程教研组办公室。

5.19.2 年级组教师办公室宜和该年级普通教室同层设置，有专用教室的教研组办公室宜和专用教室成组设置，其他教研组可集中设置于行政办公室或图书室附近。

5.19.3 每一教师办公的使用面积按5 m^2 计算。

6 行政和生活服务用房

6.1 行政办公用房

6.1.1 行政办公用房应设党政办公室、学生组织及学生社团办公室、会议室、网络中心、文印室、广播室、值班室、传达室、保健室、总务仓库及维修工作间，宜设档案室。房间面积及数量依学校的类别及规模确定。

6.1.2 各种行政办公室的位置设置宜关注以下相关的联系。

(1)校务办公室宜设置在便于和各教师办公室、校长室联系的位置，并宜靠近校门，以方便接待来访人员。

(2)教务办公室宜设置在各教研组课任教师办公室附近。

(3)总务办公室宜设置在学校的后勤出入口(临街次要校门)及食堂、维修工作间附近。

6.1.3 行政办公室的使用面积按平均每人4 m^2 确定。

6.1.4 会议室宜设在便于教师、来客、学生使用的适中位置。

6.1.5 网络控制室

(1)网络控制室的位置宜设在计算机教室、合班教室或图书室附近。

(2)应有良好的通风条件，宜设空调。

(3)墙面应容易清洗。

(4)宜设置防静电架空地板。

6.1.6 广播室的窗户应面向操场。

6.1.7 值班室可作为学校的安防控制中心。宜设置在靠近校门、建筑物主要出入口及行政办公室附近。

6.1.8 保健室的设置应符合下列规定。

(1)保健室的面积和形状应能容纳常用诊疗设备，并能满足视力检查的要求。

(2)小学保健室可以只设1间，中学宜分设相通的2间，分别为接诊室和检查室，有条件时可设观察室。

(3)室内应设洗手盆、洗涤池和电源插座。

(4)保健室应设在首层，宜临近体育场地，并方便急救车辆就近停靠。

(5)保健室旁宜设卫生健康宣传栏。

6.2 生活服务用房

6.2.1 中小学校应建饮水处、厕所、食堂、停车场地或车库、设备用房等生活服务用房，宜设置淋浴室，寄宿制学校应设学生宿舍及值班教师宿舍。

Ⅰ 饮水处

6.2.2 教学用房内应在每层设饮水处,按每 40~45 人一个饮水口设置。

6.2.3 饮水处前应有学生等候的空间,不应占用走道的疏散空间。

Ⅱ 厕所

6.2.4 教学用房每层均应分设厕所。

6.2.5 教师厕所与学生厕所应分设。

6.2.6 每层均应设置无障碍厕位或厕所。

6.2.7 当体育场地中心与室内最近的厕所间的距离超过 90 m 时,可设室外厕所。其面积宜按照学生总人数的 15% 计算。这种室外厕所宜预留扩建的条件。

6.2.8 教学用房的建筑内学生厕所中卫生器具的数量应符合下列规定。

(1)男生每 40 人设 1 个大便器(或 1.00 m 长大便槽),每 40 人设 1.00 m 长小便槽或每 20 人设 1 个小便斗。

(2)女生每 20 人设 1 个大便器(或 1.00 m 长大便槽),每 40~45 人设 1 个洗手盆(或 0.60 m 长盥洗槽)。

(3)小学大便槽的最大宽度为 0.18 m。

(4)厕所附近(或在厕所内)应设污水池。

(5)厕所应设地漏。

6.2.9 教学用房内厕所的位置,应便于使用和不影响环境卫生。

6.2.10 厕所应设前室。

6.2.11 学生厕所应采用自然采光、自然通风,并应安置排气管道。

6.2.12 有条件时应采用水冲式厕所。

6.2.13 学校食堂应设工作人员专用的厕所。

Ⅲ 淋浴室

6.2.14 宜在风雨操场、体育教研组、舞蹈教室旁附设淋浴室。可在厨房或维修工作间附近设淋浴间。

6.2.15 风雨操场及舞蹈教室附设的淋浴室可按一个班的人数设定,女生设 4 个淋浴位,男生设 3 个淋浴位。

Ⅳ 食堂

6.2.16 宜按需求设置食堂。

6.2.17 食堂包括学生餐厅、教职员工餐厅、配餐室及厨房。走读制学校不设学生餐厅及厨房时,应设置配(发)餐室。

6.2.18 食堂不应设在教学用房的楼下。

6.2.19 配餐室内宜设热饭点、洗手盆和洗涤池。

6.2.20 必须采取有效措施使厨房的气味排出时,不干扰教学环境。

6.2.21 厨房外宜附设杂物露天放置及蔬菜粗加工的小院,小院宜靠近后勤出入的校门。

Ⅴ 学生宿舍

6.2.22 寄宿制学校宿舍可以和教学楼贴邻,但不宜在一栋建筑中分层合建。更不宜合用建筑的同一个出入口。宿舍宜能够自行封闭管理。

6.2.23　学生宿舍必须男女分区设置。

6.2.24　学生宿舍应设居室、管理室（男女分设）、储藏室、清洁用具室、盥洗室、厕所和衣物晾晒空间。宜设洗衣间和公共活动室。

6.2.25　居室内每室居住人数不宜超过6人。居室面积按每人4.50 m^2 计。当采用双层床时，最小层高宜为3.60 m。

6.2.26　居室内的储藏空间每人0.50～0.70 m^2，且最小深度为0.60 m。

6.2.27　学生宿舍宜分层（每层人数较多时可再行分组）设置公共盥洗室、有淋浴间的厕所。盥洗室门及厕所门与居室门间允许的最远距离为25 m。

6.2.28　小学生宿舍不宜在居室内附设卫生间。

Ⅵ　设备用房

6.2.29　学校的设备用房指变电室、配电室、锅炉房、消防水池、通风机房、燃气调压箱、通风网络机房等，学校设计应根据学校周边的市政条件，设置上列的部分或全部设备用房。

6.2.30　依据使用和管理的需要设安防监控中心。安防工程的设置应遵守《安全防范工程技术规范》GB 50348 的规定。监控室可与值班室合并。

7　主要教学用房及教学辅助用房面积指标、净高和建筑构造

7.1　主要教学用房面积指标

7.1.1　学校主要教学用房（除风雨操场、劳技教室外）的使用面积指标宜符合表7.1.1的规定。

表7.1.1　主要教学用房使用面积指标

房间名称	使用面积/（m^2/每生）		备　注
	小学	中学	
普通教室	1.25	1.44	
科学教室	1.78	1.89	
实验室		1.92	
综合实验室		2.88	
演示实验室		1.44	若容纳2个班，则指标为1.20
史地教室	2.00	1.92	
语言教室	2.00	1.92	
计算机教室	2.00	1.92	
美术教室	2.00	1.92	
书法教室	2.00	1.92	
音乐教室	1.70	1.64	
舞蹈教室	2.14	3.15	宜和体操共用（12.5 m×12.5 m）
合班教室	0.89	0.90	容纳2个班
阶梯教室		0.90	宜容纳1个年级

注：表中指标是按小学每班45人、中学每班50人排布测定的每个学生的使用面积，如果班级人数定额不同时需进行调整，但增加的座位必须在“黑板可视线”范围以内。

7.1.2　劳技教室的工艺内容不同,每间房间的大小均不同,各地、各校均不同。

7.1.3　教师办公室的使用面积按每1位教师5 m^2 设置。

7.1.4　阅览室的使用面积应按座位计算。

7.1.5　主要教学辅助用房的使用面积宜符合表7.1.5的规定。

表7.1.5　主要教学辅助用房使用面积指标

房间名称	使用面积/(m^2/每间)		备　注
	小学	中学	
普通教室教师休息室	3.5	3.5	指标为使用面积/每教师
实验员室	12.0	12.0	
仪器室	18.0	24.0	指标为每室最小面积
药品室	18.0	24.0	
准备室	18.0	24.0	
标本陈列室	42.0	42.0	可将标本陈列在可封闭的走廊内
历史资料室	12.0	12.0	
地理资料室	12.0	12.0	
语言教室资料室	24.0	24.0	
计算机教室资料室	24.0	24.0	
美术教室教具室	24.0	24.0	
乐器室	24.0	24.0	
舞蹈教室更衣室、厕所	2.4	3.5	
阶梯教室教师休息室		24.0	

7.3.34　教学用房及教学辅助用房的基本设备及设施见表7.3.34:

表7.3.34　主要教学用房的基本设备、设施

房间名称	黑板	书写白板	讲台	投影仪接口	银幕挂钩	吊挂屏幕	展示园地	挂镜线	广播音箱	多媒体音箱	衣物柜	清洁柜	遮光通风窗	给排水装置	热源	通风装置	电源插座	通信接口
普通教室	●		●	●	●		●		●		◎	◎					●	○
科学教室	●		●	●					●					●			●	
化学实验室	●		●	◎	◎				●					●			●	
力学实验室	●		●	◎	◎				●								●	
热学实验室	●		●	◎	◎				●					●	●		●	
光学实验室	●		●	◎	◎				●				◎				●	
声学实验室	●		●		◎				●								●	
显微镜观察室		●	●	◎	◎		◎	◎	●								●	
解剖室		●	●	◎	◎		◎	◎	●		◎			●			●	

续表

房间名称	黑板	书写白板	讲台	投影仪接口	银幕挂钩	吊挂屏幕	展示园地	挂镜线	广播音箱	多媒体音箱	衣物柜	清洁柜	遮光通风窗	给排水装置	热源	通风装置	电源插座	通信接口
综合实验室	●		●	◎	◎				●					●	●	◎	●	
演示实验室	●		●	◎	◎				●					●	◎	◎	●	
史地教室	●		●	●	●		◎	●	●								●	
美术教室		●	●	●	●		◎	●	●		○	◎		●			●	
书法教室	●		●	●	●		◎	●	●		○	◎		●			○	
音乐教室	●		●	◎	◎			◎	●		○						●	
舞蹈教室								○	●		○						◎	
语言教室	●		●	○	○				●								●	
计算机教室		●	●	○	○				●							◎	●	
远程教育教室		◎	●	●	●				●				○			◎	●	●
多媒体教室	◎		●	●		●			●	●			○				●	
风雨操场									●		◎						●	
信息技术教室		◎					◎	◎	●		◎						●	
公共教室	●		●	●	●				●								●	
阅览室							◎	◎	●									
视听阅览室							◎		●							◎	●	●
体质测试室							○	◎	●					●			●	
心理咨询室							◎	◎									●	●
德育展览室							●	●	◎								●	●
教师办公室								◎	●		◎	◎		◎			●	●
网络控制室									●							◎	●	●

注：● 为应设置，◎为宜设置，○为可设置。

9.4.8 学校建筑智能化设计还应符合现行国家标准《智能建筑设计标准》GB/T 50314 的有关规定。

附录 A 体育场地

<table>
<tr><th rowspan="2">项目</th><th rowspan="2">最小高度/m</th><th colspan="2">本场尺寸/m</th><th colspan="2">安全区宽度/m</th><th rowspan="2">场地面积/m^2</th></tr>
<tr><th>长向</th><th>短向</th><th>端线外</th><th>线外</th></tr>
<tr><td>足球</td><td></td><td>60.00 ~ 80.00</td><td>45.00 ~ 60.00</td><td>2.00</td><td>1.50</td><td>3 072.00 ~ 5 292.00</td></tr>
<tr><td>篮球</td><td>7.00</td><td>28.00</td><td>15.00</td><td>2.00</td><td>2.00</td><td>608.00</td></tr>
<tr><td rowspan="2">排球</td><td>7.00</td><td rowspan="2">18.00</td><td rowspan="2">9.00</td><td>3.00</td><td>3.00</td><td>360.00</td></tr>
<tr><td>12.50*</td><td>8.00*</td><td>5.00*</td><td>646.00*</td></tr>
<tr><td rowspan="2">羽毛球</td><td rowspan="2">9.00</td><td rowspan="2">13.40</td><td>单打 5.18</td><td rowspan="2">2.00</td><td rowspan="2">2.00</td><td>159.73</td></tr>
<tr><td>双打 6.10</td><td>175.74</td></tr>
</table>

续表

项目	最小高度/m	本场尺寸/m		安全区宽度/m		场地面积/m^2
		长向	短向	端线外	线外	
乒乓球	4.00	14.00	7.00	/	/	98.00
体操	12.00	12.00	12.00	0.50	0.50	169.00
艺术体操		27.00	13.00	1.00	1.00	435.00
鞍马		5.50	4.50	/	/	24.75
吊环	12.00	12.00	6.00	/	/	72.00
跳马		37.00	4.00	/	/	148.00
双杠		15.00	9.00	/	/	135.00
单杠		18.00	9.00	/	/	162.00
高低杠		15.00	9.00	/	/	135.00
单人技巧	14.00	40.00	3~5.00	/	/	120.00~200.00
双人-集体技巧		26.00	12.00	1.00	1.00	392.00
武术		31.00	8.00	1.00	1.00	330.00

注：* 为正式比赛场地，场地面积计算含安全区。

4.12 《农村普通中小学校建设标准》建标 109—2008（节录）

第七条　农村普通中小学校的建设规模，应根据学制、学校规模、校舍建筑面积指标确定。

第八条　学校规模和班额宜根据生源按下列规定设置。

（1）小学：非完全小学为 4 班，30 人/班；完全小学为 6 班、12 班、18 班、24 班，近期 45 人/班，远期 40 人/班。

（2）初级中学为 12 班、18 班、24 班，近期 50 人/班，远期 45 人/班。

第九条　建设规模和建筑面积指标。

（1）农村普通中小学校校舍建筑面积指标分规划指标和基本指标。新建学校应按规划指标进行校园总体规划，首期建设的校舍建筑面积不应低于基本指标的规定。

（2）农村普通中小学校建设规模和生均建筑面积指标应符合表 1-1 至表 1-3 的规定。

表 1-1　农村普通中小学校建设规模和生均建筑面积规划指标

学校类别	面积/m^2	建设规模				
		4 班	6 班	12 班	18 班	24 班
非完全小学	建筑面积	670	—	—	—	—
	生均面积	5.58	—	—	—	—

续表

学校类别	面积/m²	建设规模				
		4 班	6 班	12 班	18 班	24 班
完全小学	建筑面积	—	2 228	4 215	5 470	7 065
	生均面积	—	8.25	7.81	6.75	6.54
初级中学	建筑面积	—	—	6 000	8 030	10 275
	生均面积	—	—	10.00	8.92	8.56

注:完全小学、初级中学未包括学生宿舍的建筑面积。

表 1-2　农村普通中小学校建设规模和生均建筑面积基本指标

学校类别	面积/m²	建设规模				
		4 班	6 班	12 班	18 班	24 班
非完全小学	建筑面积	543	—	—	—	—
	生均面积	4.52	—	—	—	—
完全小学	建筑面积	—	2 120	3 432	4 655	6 117
	生均面积	—	7.85	6.35	5.75	5.66
初级中学	建筑面积	—	—	4 678	6 310	7 988
	生均面积	—	—	7.80	7.01	6.66

注:完全小学、初级中学未包括学生宿舍的建筑面积。

表 1-3　农村全寄宿制中小学校建设规模和生均建筑面积指标

学校类别	面积/m²	建设规模		
		12 班	18 班	24 班
全寄宿制完全小学	建筑面积	7 752	10 785	14 185
	生均面积	14.35	13.31	13.13
全寄宿制初级中学	建筑面积	10 050	14 097	18 375
	生均面积	16.75	15.66	15.31

第十条　农村普通中小学校舍由教学及教学辅助用房、办公用房、生活用房 3 部分构成。

第十一条　教学及教学辅助用房。

(1)小学:非完全小学设置普通教室、多功能教室(兼多媒体教室)、图书室、体育器材室,完全小学设置普通教室、音乐教室、美术教室(艺术教室)、科学教室、计算机教室、多功能教室(兼多媒体教室)、远程教育教室、图书室、科技活动室、体育活动室、心理咨询室以及教学辅助用房。

(2)初级中学:设置普通教室、音乐教室、美术教室(艺术教室)、实验室、技术教室、计算机教室、多媒体教室、多功能教室、远程教育教室、图书室、科技活动室、体育活动室、心理咨询室以及教学辅助用房。

第十七条　学校必须编制校园总体规划。总体规划应按教学区、体育运动区、生活区等不同功能要求合理布局,并应符合下列要求。

(1)教学、图书、实验用房应布置在校园的静区,并保证有良好的建筑朝向。

(2)校园内各建筑之间、校内建筑与相邻的校外建筑之间的距离,应符合国家现行标准、规范中的规划、消防、日照等有关规定。

(3)教学用房与体育活动场地应有合理的间距。田径场地和球类场地的长轴宜为南北方向。

(4)校园内的交通应便捷,校园道路应避免穿越体育运动场地。学校的主出入口不宜设在主要交通干道边上,校门外侧应设置人流缓冲区。

第二十一条　农村普通中小学校建设用地包括建筑用地、体育运动场用地、绿化用地3部分。

建筑用地系指用于校舍建设的基地,其面积按确定的建筑容积率(非完全小学宜大于0.30,完全小学不宜大于0.70,初级中学不宜大于0.8)计算,公式如下:

建筑用地面积＝建筑面积/建筑容积率

(1)建筑用地:学校建筑用地包括建筑物、构筑物占地面积,建筑物周围道路,房前屋后零星绿地及建筑群组之间的小片活动场地。

(2)体育运动场用地:①学校体育运动场地包括体育课、课间操及课外活动所需要的场地;②非完全小学和完全小学6班应分别设置60 m和100 m直跑道,完全小学12班、18班、24班均应设置200 m环形跑道田径场,初级中学12班应设置200 m环形跑道田径场,18班、24班均应设置300 m环形跑道田径场,中小学校应设置适量的球类、器械等运动场地。

(3)绿化用地:①学校绿化用地指成片的集中绿地和学生劳动种植园地等;②非完全小学可不设置集中绿地,完全小学和初级中学宜设置集中绿地和学生种植园地,用地面积为完全小学6班、12班不宜小于6 m^2/生,完全小学18班不宜小于5 m^2/生,24班不宜小于4 m^2/生,初级中学12班不宜小于6 m^2/生,18班、24班不宜小于5 m^2/生,全寄宿制完全小学、初级中学12班、18班不宜小于7 m^2/生,24班不宜小于6 m^2/生。

第二十二条　农村普通中小学校建设用地面积和生均用地面积指标,应符合表2－1、表2－2的规定。

表2－1　农村普通中小学校建设用地面积和生均用地面积指标

学校类别	学校规模/班	用地面积/m^2	生均用地面积/m^2
非完全小学	4	2 973	25
完全小学	6	9 131	34
	12	15 699	29
	18	18 688	23
	24	21 895	20
初级中学	12	17 824	30
	18	25 676	29
	24	29 982	25

注:1.完全小学、初级中学未含学生宿舍用地面积。

2.开展劳动技术教育所需的实习实验场、自行车存放用地(1.50 m^2/辆),可根据实际情况另行增加。

表2-2　农村全寄宿制中小学校建设用地面积和生均用地面积指标

学校类别	学校规模/班	用地面积/m^2	生均用地面积/m^2
完全小学	12	21 292	39
	18	27 901	34
	24	34 226	32
初级中学	12	23 487	39
	18	35 059	39
	24	41 307	34

注:开展劳动技术教育所需的实习实验场、自行车存放用地(1.50 m^2/辆),可根据实际情况另行增加。

第二十三条　农村普通中小学校校舍建筑面积总指标应符合表3-1、表3-2的规定。

表3-1　农村普通小学校舍建筑面积总指标

指　标	小学规划指标					小学基本指标					全寄宿制完全小学指标		
	4班	6班	12班	18班	24班	4班	6班	12班	18班	24班	12班	18班	24班
教学及教学辅助用房使用面积/m^2	344	928	1 817	2 277	2 936	294	878	1 362	1 808	2 387	1 817	2 277	2 936
办公用房使用面积/m^2	65	128	203	269	332	50	113	188	249	312	203	269	332
生活用房使用面积/m^2	60	281	509	736	971	36	281	509	736	971	2 631	3 925	5 243
使用面积合计/m^2	469	1 337	2 529	3 282	4 239	380	1 272	2 059	2 793	3 670	4 651	6 471	8 511
建筑面积/m^2	670	2 228	4 215	5 470	7 065	543	2 120	3 432	4 655	6 117	7 752	10 785	14 185

注:完全小学12班、18班、24班的规划指标、基本指标未包括学生宿舍的建筑面积(5 m^2/生)。

表3-2　农村普通初级中学校舍建筑面积总指标

指　标	初级中学规划指标			初级中学基本指标			全寄宿制初级中学指标		
	12班	18班	24班	12班	18班	24班	12班	18班	24班
教学及教学辅助用房使用面积/m^2	2 557	3 317	4 208	1 826	2 373	2 950	2 557	3 317	4 208
办公用房使用面积/m^2	333	447	561	271	359	447	333	447	561
生活用房使用面积/m^2	710	1 054	1 396	710	1 054	1 396	3 140	4 694	6 256
使用面积合计/m^2	3 600	4 818	6 165	2 807	3 786	4 793	6 030	8 458	11 025
建筑面积/m^2	6 000	8 030	10 275	4 678	6 310	7 988	10 050	14 097	18 375

注:初级中学规划指标、基本指标未包括学生宿舍的建筑面积(5.50 m^2/生)。

第二十四条　农村普通小学教学及教学辅助用房使用面积指标如下。

(1)农村普通非完全小学教学及教学辅助用房使用面积指标应符合表4-1的规定。

表 4－1 农村普通非完全小学教学用房使用面积指标

用房名称	规划指标(4 班 120 人)			基本指标(4 班 120 人)		
	间数	每间使用面积/m²	使用面积小计/m²	间数	每间使用面积/m²	使用面积小计/m²
普通教室	4	40	160	4	40	160
多功能教室(兼多媒体教室)	1	80	80	1	80	80
多功能准备室(电教器材)	1	25	25	—	—	—
图书室	1	54	54	1	54	54
体育器材室	1	25	25	—	—	—
合　计	—	—	344	—	—	294

(2)农村普通完全小学教学及教学辅助用房使用面积指标应符合表 4－2、表 4－3 的规定。

表 4－2 农村普通完全小学教学及教学辅助用房使用面积规划指标

用房名称	6 班 270 人			12 班 540 人			18 班 810 人			24 班 1 080 人		
	间数	每间使用面积/m²	使用面积小计/m²	间数	每间使用面积/m²	使用面积小计/m²	间数	每间使用面积/m²	使用面积小计/m²	间数	每间使用面积/m²	使用面积小计/m²
普通教室(含机动教室)	7	54	378	13	54	702	20	54	1 080	26	54	1 404
音乐教室	—	—	—	1	80	80	1	80	80	2	80	160
音乐准备室	—	—	—	1	25	25	1	25	25	1	25	25
美术教室(艺术教室)	—	—	—	1	80	80	1	80	80	1	80	80
美术准备室	—	—	—	1	25	25	1	25	25	1	25	25
科学教室	1	80	80	1	80	80	1	80	80	2	80	160
科学准备室	1	39	39	1	39	39	1	39	39	1	39	39
计算机教室	1	80	80	1	80	80	1	80	80	2	80	160
计算机准备室	1	25	25	1	25	25	1	25	25	1	25	25
多功能教室(兼多媒体教室)	1	107	107	1	107	107	1	134	134	1	189	189
多功能准备室(电教器材)	1	25	25	1	25	25	1	25	25	1	25	25
远程教育教室	1	39	39	1	39	39	1	39	39	1	39	39
图书室	1	80	80	1	121	121	1	162	162	1	202	202
科技活动室	—	—	25	—	—	25	—	—	39	—	—	39
体育活动室	—	—	—	1	300	300	1	300	300	1	300	300
体育器材室	1	25	25	1	39	39	1	39	39	1	39	39
心理咨询室	—	—	25	—	—	25	—	—	25	—	—	25
合　计	—	—	928	—	—	1 817	—	—	2 277	—	—	2 936

注:表中 12 班、18 班、24 班的指标适用于相同办学规模的全寄宿制完全小学。

表 4－3 农村普通完全小学教学及教学辅助用房使用面积基本指标

用房名称	6 班 270 人			12 班 540 人			18 班 810 人			24 班 1 080 人		
	间数	每间使用面积 /m²	使用面积小计 /m²	间数	每间使用面积 /m²	使用面积小计 /m²	间数	每间使用面积 /m²	使用面积小计 /m²	间数	每间使用面积 /m²	使用面积小计 /m²
普通教室（含机动教室）	7	54	378	13	54	702	20	54	1 080	26	54	1 404
音乐教室	—	—	—	1	80	80	1	80	80	2	80	160
音乐准备室	—	—	—	1	25	25	1	25	25	1	25	25
科学教室	1	80	80	1	80	80	1	80	80	2	80	160
科学准备室	1	39	39	1	39	39	1	39	39	1	39	39
计算机教室	1	80	80	1	80	80	1	80	80	2	80	80
计算机准备室	1	25	25	1	25	25	1	25	25	1	25	25
多功能教室（兼多媒体教室）	1	107	107	1	107	107	1	134	134	1	189	189
多功能准备室（电教器材）	1	25	25	1	25	25	1	25	25	1	25	25
远程教育教室	1	39	39	1	39	39	1	39	39	1	39	39
图书室	1	80	80	1	121	121	1	162	162	1	202	202
体育器材室	1	25	25	1	39	39	1	39	39	1	39	39
合　计	—	—	878	—	—	1 362	—	—	1 808	—	—	2 387

第二十五条　农村普通初级中学教学及教学辅助用房使用面积指标应符合表 5－1、表 5－2 的规定。

表 5－1 农村普通初级中学教学及教学辅助用房使用面积规划指标

用房名称	12 班 600 人			18 班 900 人			24 班 1 200 人		
	间数	每间使用面积/m²	使用面积小计/m²	间数	每间使用面积/m²	使用面积小计/m²	间数	每间使用面积/m²	使用面积小计/m²
普通教室（含机动教室）	13	61	793	20	61	1220	26	61	1 586
音乐教室	1	93	93	1	93	93	1	93	93
音乐准备室	1	30	30	1	30	30	1	30	30
美术教室（艺术教室）	1	93	93	1	93	93	1	93	93
美术准备室	1	30	30	1	30	30	1	30	30
实验室	3	93	279	3	93	279	4	93	372
仪器准备室	3	45	135	3	45	135	4	45	180
技术教室	—	93	93	—	140	140	—	140	140
计算机教室	1	93	93	1	93	93	2	93	186
计算机准备室	1	30	30	1	30	30	1	30	30
多媒体教室	1	93	93	1	93	93	1	93	93
多功能教室	1	124	124	1	155	155	1	218	218

续表

用房名称	12班600人			18班900人			24班1 200人		
	间数	每间使用面积/m²	使用面积小计/m²	间数	每间使用面积/m²	使用面积小计/m²	间数	每间使用面积/m²	使用面积小计/m²
多功能准备室(电教器材)	1	30	30	1	30	30	1	30	30
远程教育教室	1	45	45	1	45	45	1	45	45
图书室	—	155	155	—	218	218	—	281	281
体育活动室	1	300	300	1	450	450	1	608	608
体育器材室	1	50	50	1	60	60	1	70	70
科技活动室	—	—	61	—	—	93	—	—	93
心理咨询室	—	—	30	—	—	30	—	—	30
合　计	—	—	2 557	—	—	3 317	—	—	4 208

注:表中指标适用于相同办学规模的全寄宿制初级中学。

表5-2　农村普通初级中学教学及教学辅助用房使用面积基本指标

用房名称	12班600人			18班900人			24班1 200人		
	间数	每间使用面积/m²	使用面积小计/m²	间数	每间使用面积/m²	使用面积小计/m²	间数	每间使用面积/m²	使用面积小计/m²
普通教室(含机动教室)	13	61	793	20	61	1 220	26	61	1 586
音乐教室	1	93	93	1	93	93	1	93	93
音乐准备室	1	30	30	1	30	30	1	30	30
实验室	3	93	279	3	93	279	4	93	372
仪器准备室	3	45	135	3	45	135	4	45	180
技术教室	—	93	93	—	140	140	—	140	140
计算机教室	1	93	93	1	93	93	1	93	93
计算机准备室	1	30	30	1	30	30	1	30	30
远程教育教室	1	45	45	1	45	45	1	45	45
图书室	—	155	155	—	218	218	—	281	281
体育器材室	1	50	50	1	60	60	1	70	70
心理咨询室	—	—	30	—	—	30	—	—	30
合　计	—	—	1 826	—	—	2 373	—	—	2 950

第二十六条　农村普通小学办公用房使用面积指标应符合表6的规定。

表 6 农村普通小学办公用房使用面积指标

指 标	规划指标					基本指标				
班级规模/班	4	6	12	18	24	4	6	12	18	24
使用面积/m^2	65	128	203	269	332	50	113	188	249	312

注:表中 12 班、18 班、24 班的规划指标适用于相同办学规模的全寄宿制完全小学。

第二十七条 农村普通初级中学办公用房使用面积指标应符合表 7 的规定。

表 7 农村普通初级中学办公用房使用面积指标

指 标	规划指标			基本指标		
班级规模/班	12	18	24	12	18	24
使用面积/m^2	333	447	561	271	359	447

注:表中规划指标适用于相同办学规模的全寄宿制初级中学。

第二十八条 农村普通小学生活用房使用面积指标应符合表 8－1、表 8－2 的规定。

表 8－1 农村普通小学生活用房使用面积指标

指 标	规划指标					基本指标				
班级规模/班	4	6	12	18	24	4	6	12	18	24
使用面积/m^2	60	281	509	736	971	36	281	509	736	971

注:表中 12 班、18 班、24 班的使用面积未包括学生宿舍的使用面积。

表 8－2 农村全寄宿制普通完全小学生活用房使用面积指标

班级规模/班	12	18	24
使用面积/m^2	2 631	3 925	5 243

第二十九条 农村普通初级中学生活用房使用面积指标应符合表 9 的规定。

表 9 农村普通初级中学生活用房使用面积指标

指 标	普通初级中学生活用房规划指标			普通初级中学生活用房基本指标			全寄宿制初级中学生活用房基本指标		
班级规模/班	12	18	24	12	18	24	12	18	24
使用面积/m^2	710	1 054	1 396	710	1 054	1 396	3 140	4 694	6 256

注:表中 12 班、18 班、24 班普通初级中学的使用面积未包括学生宿舍的使用面积。

(条文说明)

第二十二条 中小学校建设用地面积和生均用地面积指标,是根据第二十一条(1)、(2)、(3)款规定计算的,应符合附表 1 的规定。

附表 1 农村普通中小学校建设用地面积

学校类别及规模		建筑用地/m²	体育活动场地/m²							绿化用地/m²	合计/m²	平均每生用地面积/(m²/生)
			总计	其中								
				60 m直跑道	游戏场地	环形跑道(含100 m直跑道)	篮球场地	排球场地	器械场地			
非完全小学	4 班	2 233	740	640	100	—	—	—	—	—	2 973	25
完全小学	6 班	3 183	4 328	—	150	3 570	608	—	—	1 620	9 131	34
	12 班	6 021	6 438	—	150	5 394	608	286	—	3 240	15 699	29
	18 班	7 814	6 824	—	150	5 394	608	572	100	4 050	18 688	23
	24 班	10 093	7 482	—	150	5 394	1 216	572	150	4 320	21 895	20
初级小学	12 班	7 500	6 724	—	—	5 394	608	572	150	3 600	17 824	30
	18 班	10 038	11 138	—	—	9 150	1 216	572	200	4 500	25 676	29
	24 班	12 844	11 138	—	—	9 150	1 216	572	200	6 000	29 982	25
全寄宿制完全小学	12 班	11 074	6 438	—	150	5 394	608	286	—	3 780	21 292	39
	18 班	15 407	6 824	—	150	5 394	608	572	100	5 670	27 901	34
	24 班	20 264	7 482	—	150	5 394	1 216	572	150	6 480	342 26	32
全寄宿制初级中学	12 班	12 563	6 724	—	—	5 394	608	572	150	4 200	23 487	39
	18 班	17 621	11 138	—	—	9 150	1 216	572	200	6 300	35 059	39
	24 班	22 969	11 138	—	—	9 150	1 216	572	200	7 200	41 307	34

注:①非全寄宿制完全小学、初级中学的建筑用地未包括学生宿舍的建设用地。

②开展劳动技术教育所需的实习实验场、自行车存放用地(1.50 m²/辆),可根据实际情况另行增加。

4.13 《全日制普通中等专业学校用地面积定额》(《建筑设计技术手册》2011)(节录)

全日制普通中等专业学校用地面积定额汇总见表2.7.3。

表 2.7.3 全日制普通中等专业学校用地面积定额汇总 m²/生

类别	规模/人	校舍建筑用地	体育用地	集中用地	总用地面积
工、农、林、医疗	640	42	19	5	66
	960	39	18	5	62
	1 280	37	16	5	58
	1 600	35	14	5	54
政法、财经	640	29	19	5	53
	960	27	18	5	50
	1 280	25	16	5	46

续表

类别	规模/人	校舍建筑用地	体育用地	集中用地	总用地面积
体育	640	48	34	5	87
	960	47	33	5	85
师范	640	29	19	5	53
	960	27	18	5	50

4.14 《普通高等学校建筑规划面积指标》(1992)(节录)

表2.7.7是根据《普通高等院校建筑面积指标》(1992)整理综合而成的。

表2.7.7　大学、大专、高职、高等院校各项用地指标　m^2/生

学校用地		四项总用地 (1)(2)(3)(4)	(1) 建筑用地	(2) 室外体育用地	(3) 集中绿化用地	(4) 停车场用地
大学大专	综合、师范、民族类	53~61	31~35	9~10	11~12	2
	外语、财经、政法类	48~53	28~31	9~10	10~11	
	理工、农林、医类	55~62	33~38	9~10	11~12	
	体育院校	77~87	47~52	13~15	15~17	
	艺术院校	70~79	45~51	9~10	14~16	
高职高专	综合、师范、民族类	56~64	33~39	10	11~13	2
	外语、财经、政法类	50~55	29~32	10	10~11	
	理工、农林、医类	59~66	35~41	10	12~13	
	体育院校	85~91	51~56	15	17~18	
	艺术院校	73~83	47~54	10	15~17	

注:1. 用地指标与学校类别有关,也与学校规模有关,学校规模越大,用地指标越小,反之则越大。

2. 本用地指标不包括:实验实习用地,实习医院、附中、附小、附幼用地,不适合建筑的山地、河流、池塘、湖泊等。

3. 规模较大的垃圾转运站、堆煤场、污水生化处理设施用地,学校应另行申请。

4. 容积率宜为0.65(体育院校)~0.80,绿化率≥35%,集中绿地率≥20%。

5 城市规划中有关绿化的规定

5.1 《城市绿线管理办法》中华人民共和国建设部(自2002年11月1日起施行)(节录)

第五条 城市规划、园林绿化等行政主管部门应当密切合作,组织编制城市绿地系统规划。

城市绿地系统规划是城市总体规划的组成部分,应当确定城市绿化目标和布局,规定城市各类绿地的控制原则,按照规定标准确定绿化用地面积,分层次合理布局公共绿地,确定防护绿地、大型公共绿地等的绿线。

第六条 控制性详细规划应提出不同类型用地的界线、规定绿化率控制指标和绿化用地界线的具体坐标。

第七条 修建性详细规划应当根据控制性详细规划,明确绿地布局,提出绿化配置的原则或者方案,划定绿地界线。

第八条 城市绿线的审批、调整,按照《城乡规划法》、《城市绿化条例》的规定进行。

第九条 批准的城市绿线要向社会公布,接受公众监督。

任何单位和个人都有保护城市绿地、服从城市绿线管理的义务,有监督城市绿线管理、对违反城市绿线管理行为进行检举的权利。

第十条 城市绿线范围内的公共绿地、防护绿地、生产绿地、居住区绿地、单位附属绿地、道路绿地、风景林地等,必须按照《城市用地分类与规划建设用地标准》、《公园设计规范》等标准,进行绿地建设。

第十一条 城市绿线内的用地,不得改作他用,不得违反法律法规、强制性标准以及批准的规划进行开发建设。

有关部门不得违反规定,批准在城市绿线范围内进行建设。

因建设或者其他特殊情况,需要临时占用城市绿线内用地的,必须依法办理相关审批手续。

在城市绿线范围内,不符合规划要求的建筑物、构筑物及其他设施应当限期迁出。

5.2 《城市绿化条例》1992年8月1日(节录)

第九条 城市绿化规划应当从实际出发,根据城市发展需要,合理安排同城市人口和城市面积相适应的城市绿化用地面积。

城市人均公共绿地面积和绿化覆盖率等规划指标,由国务院城市建设行政主管部门根据不同城市的性质、规模和自然条件等实际情况规定。

第十条 城市绿化规划应当根据当地的特点,利用原有的地形、地貌、水体、植被和历史文化遗址等自然、人文条件，以方便群众为原则，合理设置公共绿地、居住区绿地、防护绿地、生产绿地和风景林地等。

5.3 《城市绿化规划建设指标的规定》1994(节录)

第二条 本规定所称城市绿化规划指标包括人均公共绿地面积、城市绿化覆盖率和城市绿化率。

第三条 人均公共绿地面积，是指城市中每个居民平均占有公共绿地的面积。

$$人均公共绿地面积(m^2)=\frac{城市公共绿地总面积}{城市非农业人口}$$

人均公共绿地面积根据城市人均建设用地指标而定。

分 类	人均建设用地/m^2	人均公共绿地面积/m^2	
		2000 年	2020 年
一	75	不小于 5	不小于 6
二	75～105	不小于 6	不小于 7
三	105	不小于 7	不小于 8

第四条 城市绿化覆盖率，是指城市绿化覆盖面积占城市面积的比率。

$$城市绿化覆盖率(\%)=\left(\frac{城市内全部绿化种植垂直投影面积}{城市面积}\right)\times 100\%$$

到 2010 年应不小于 35%。

第五条 城市绿地率，是指城市各类绿地总面积占城市面积的比率。

$$城市绿化率(\%)=\left(\frac{城市各类绿地面积之和}{城市总面积}\right)\times 100\%$$

到 2010 年应不少于 30%。

为保证城市绿地率指标的实现，各类绿地单项指标应符合下列要求。

(1)新建居住区绿地占居住区总用地比率不低于 30%。

(2)城市主干道绿带面积占道路总用地比率不低于 20%。次干道绿带面积所占比率不低于 15%。

(3)城市内河、海、湖等水体及铁路旁的防护林带宽度应不少于 30 m。

(4)单位附属绿地面积占单位总用地面积比率不低于 30%，其中工业企业、交通枢纽、仓储、商业中心等绿地率不低于 20%；产生有害气体及污染工厂的绿地率不低于 30%，并根据国家标准设立不少于 50 m 的防护林带。

学校、医院、休疗养院所、机关团体、公共文化设施、部队等单位的绿地率不低于 35%。

(5)生产绿地面积占城市建成区总面积比率不低于 2%。

(6)公共绿地中绿化用地所占比率，应参照 CJJ 48—92《公园设计规范》执行。

5.4 《城市绿地分类标准》CJJ/T 85—2002(节录)

2 城市绿化分类

2.0.1 绿地应按主要功能进行分类,并与城市用地分类相对应。

2.0.2 绿地分类应采用大类、中类、小类3个层次,共5大类、13中类、11小类,以反映绿地的实际情况以及绿地与城市其他各类用地之间的层次关系,满足绿地的规划设计、建设管理、科学研究和统计等工作使用的需要。

2.0.4 绿地具体分类应符合表2.0.4的规定。

表2.0.4 绿地分类

类别代码			类别名称	内容与范围	备注
大类	中类	小类			
G_1			公园绿地	向公众开放,以游憩为主要功能,兼具生态、美化、防灾等作用的绿地	
	G_{11}		综合公园	内容丰富,有相应设施,适合于公共开展各类户外活动的规模较大的绿地	
		G_{111}	全市性公园	为全市居民服务,活动内容丰富、设施完善的绿地	
		G_{112}	区域性公园	为市区内一定区域的居民服务,具有较丰富的活动内容和设施完善的绿地	
	G_{12}		社区公园	为一定居住用地范围内的居民服务,具有一定活动内容和设施的集中绿地	不包括居住组团绿地
		G_{121}	居住区公园	服务于一个居住区的居民,具有一定活动内容和设施,为居住区配套建设的集中绿地	服务半径:0.5~1.0 km
		G_{122}	小区游园	为一个居住小区的居民服务、配套建设的集中绿地	服务半径:0.3~0.5 km
	G_{13}		专类公园	具有特定内容或形式,有一定游憩设施的绿地	
		G_{131}	儿童公园	单独设置,为少年儿童提供游戏及开展科普、文体活动,有安全、完善设施的绿地	
		G_{132}	动物园	在人工饲养条件下,移地保护野生动物,供观赏、普及科学知识,进行科学研究和动物繁育,并具有良好设施的绿地	
		G_{133}	植物园	进行植物科学研究和引种驯化,并供观赏、游憩及开展科普活动的绿地	
		G_{134}	历史名园	历史悠久,知名度高,体现传统造园艺术并被审定为文物保护单位的园林	
		G_{135}	风景名胜公园	位于城市建设用地范围内,以文物古迹、风景名胜点(区)为主形成的具有城市公园功能的绿地	
		G_{136}	游乐公园	具有大型游乐设施,单独设置,生态环境较好的绿地	绿化占地比例应大于等于65%
		G_{137}	其他专类公园	除以上各种专类公园外具有特定主题内容的绿地。包括雕塑园、盆景园、体育公园、纪念性公园等	绿化占地比例应大于等于65%
	G_{14}		带状公园	沿城市道路、城墙、水滨等,有一定游憩设施的狭长形绿地	
	G_{15}		街旁绿地	位于城市道路用地之外,相对独立成片的绿地,包括街道广场绿地、小型沿街绿化用地等	绿化占地比例应大于等于65%

续表

类别代码			类别名称	内容与范围	备注
大类	中类	小类			
G_2			生产绿地	为城市绿化提供苗木、花草、种子的苗圃、花圃、草圃等圃地	
G_3			防护绿地	城市中具有卫生、隔离和安全防护功能的绿地。包括卫生隔离带、道路防护绿地、城市高压走廊绿带、防风林、城市组团隔离带等	
G_4			附属绿地	城市建设用地中绿地之外各类用地中的附属绿化用地。包括居住用地、公共设施用地、工业用地、仓储用地、对外交通用地、道路广场用地、市政设施用地和特殊用地中的绿地	
	G_{41}		居住绿地	城市居住用地内社区公园以外的绿地，包括组团绿地、宅旁绿地、配套公建绿地、小区道路绿地等	
	G_{42}		公共设施绿地	公共设施用地内的绿地	
	G_{43}		工业绿地	工业用地内的绿地	
	G_{44}		仓储绿地	仓储用地内的绿地	
	G_{45}		对外交通绿地	对外交通用地内的绿地	
	G_{46}		道路绿地	道路广场用地内的绿地，包括行道树绿带、分车绿带、交通岛绿地、交通广场和停车场绿地等	
	G_{47}		市政设施绿地	市政公用设施用地内的绿地	
	G_{48}		特殊绿地	特殊用地内的绿地	
G_5			其他绿地	对城市生态环境质量、居民休闲生活、城市景观和生物多样性保护有直接影响的绿地。包括风景名胜区、水源保护区、郊野公园、森林公园、自然保护区、风景林地、城市绿化隔离带、野生动植物园、湿地、垃圾填埋场恢复绿地等	

3 城市绿地的计算原则与方法

3.0.1 计算城市现状绿地和规划绿地的指标时，应分别采用相应的城市人口数据和城市用地数据；规划年限、城市建设用地面积、规划人口应与城市总体规划一致，统一进行汇总计算。

3.0.2 绿地应以绿化用地的平面投影面积为准，山丘、坡地不能以表面积计算。每块绿地只应计算一次。

3.0.3 绿地计算的所用图纸比例、计算单位和统计数字精确度均应与城市规划相应阶段的要求一致。

3.0.3 《城市用地分类与规划建设用地标准》对城市规划不同阶段用地计算的图纸比例、计算单位、数字统计精确度作了明确规定，绿地计算时应与城市规划相应阶段的要求一致，以保证城市用地统计数据的整合性。

3.0.4 绿地的主要统计指标应按下列公式计算：

$$A_{glm} = A_{gl}/N_{P} \tag{3.0.4-1}$$

式中 A_{glm}——人均公园绿地面积，m^2/人；

A_{gl}——公园绿地面积，m^2/人；

N_P——城市人口数量，人。

$$A_{gm} = (A_{g1} + A_{g2} + A_{g3} + A_{g4})/N_{P} \tag{3.0.4-2}$$

式中 A_{gm}——人均绿地面积，m^2/人；

A_{g1}——公园绿地面积，m^2；

A_{g2}——生产绿地面积，m^2；

A_{g3}——防护绿地面积，m^2；

A_{g4}——附属绿地面积，m^2；

N_P——城市人口数量，人。

$$\lambda_{g} = [(A_{g1} + A_{g2} + A_{g3} + A_{g4})/A_{c}] \times 100\% \tag{3.0.4-3}$$

式中 λ_g——绿地率，%；

A_{g1}——公园绿地面积，m^2；

A_{g2}——生产绿地面积，m^2；

A_{g3}——防护绿地面积，m^2；

A_{g4}——附属绿地面积，m^2；

A_c——城市的用地面积，m^2。

3.0.5 在表3.0.5中设“小计”、“中计”、“合计”项是为了便于与城市总体规划相协调。“小计”项中扣除“小区游园”后与《城市用地分类与规划建设用地标准》中的“绿地”一致；“中计”项与“城市建设用地平衡表”相对应；“合计”项可以得出绿地占城市总体规划用地的比例。因为城市建设用地和城市总体规划用地是城市总体规划与城市建设统计中使用的两个不同的用地范围，所以本标准提出针对这两个用地范围的绿地率指标，以反映不同空间层次的绿化水平。

3.0.5 绿地的数据统计应按表3.0.5的格式汇总。

表3.0.5 城市绿地统计

序号	类别代码	类别名称	绿地面积/hm^2		绿地率/%（绿地占城市建设用地比例）		人均绿地面积/（m^2/人）		绿地占城市总体规划用地比例/%	
			现状	规划	现状	规划	现状	规划	现状	规划
1	G_1	公园绿地								
2	G_2	生产绿地								
3	G_3	防护绿地								
小计										
4	G_4	附属绿地								
中计										
5	G_5	其他绿地								
合计										

备注：____年现状城市建设用地____ hm^2，现状人口____万人；

____年规划城市建设用地____ hm^2，规划人口____万人；

____年城市总体建设用地____ hm^2。

3.0.6　城市绿化覆盖率应作为绿地建设的考核指标。

5.5 《工业企业总平面设计规范》GB 50187—93（节录）

第8.2.12条　树木与建筑物、构筑物及地下管线的最小间距应符合表8.2.12的规定。

表8.2.12　树木与建筑物、构筑物及地下管线的最小间距

建筑物、构筑物及地下管线名称	最小间距/m	
	至乔木中心	至灌木中心
建筑物外墙：有窗	3.0~5.0	1.5
无窗	2.0	1.5
挡土墙顶或墙脚	2.0	0.5
高2 m及2 m以上的围墙	2.0	1.0
标准轨距铁路中心线	5.0	3.5
窄轨距铁路中心线	3.0	2.0
道路边缘	1.0	0.5
人行道边缘	0.5	0.5
排水明沟边缘	1.0	0.5
给水管	1.5	不限
排水管	1.5	不限
热力管	2.0	2.0
煤气管	1.5	1.5
氧气管、乙炔管、压缩空气管	1.5	1.0
电缆	2.0	0.5

注：1. 表中间距除注明者外，建筑物、构筑物自最外边轴线算起，城市型道路自路面边缘算起，公路型道路自路肩边缘算起；管线自管壁或防护设施外缘算起；电缆按最外一根算起。

2. 树木至建筑物外墙（有窗时）的距离，当树冠直径小于5 m时采用3 m，大于5 m时采用5 m。

3. 树木至铁路、道路弯道内侧的间距应满足视距要求。

4. 建筑物、构筑物至灌木中心系指灌木丛最外边的一株灌木中心。

附录二　工业企业总平面设计的主要技术经济指标的计算规定。

十、绿化占地面积

（1）乔木、花卉、草坪混植的大块绿地及单独的草坪绿地，按绿地周边界限所包围的面积计算。

（2）花坛，按花坛用地面积计算。

（3）乔木、灌木绿地用地面积，按附表2.1规定计算。

附表2.1　绿化用地面积计算

植物类别	用地计算面积/m^2
单株乔木	2.25

续表

植物类别	用地计算面积/m²
单行乔木	1.5 L
多行乔木	(B+1.5)L
单株大灌木	1.0
单株小灌木	0.25
单行绿篱	0.5 L
多行绿篱	(B+0.5)L

注:L——绿化带长度,m;B——总行距,m。

十一、绿地率应按下式计算:

$$绿地率=\frac{绿化占地面积}{厂区用地面积}\times 100\%$$

5.6 《城市居住区规划设计规范》GB 50180—93(节录)

7 绿地

7.0.1 居住区内绿地,应包括公共绿地、宅旁绿地、配套公建所属绿地和道路绿地,其中包括了满足当地植树绿化覆土要求、方便居民出入的地下或半地下建筑的屋顶绿地。

7.0.2.3 绿地率:新区建设不应低于30%,旧区改建不宜低于25%。

7.0.3 居住区内的绿地规划,应根据居住区的规划布局形式、环境特点及用地的具体条件,采用集中与分散相结合,点、线、面相结合的绿地系统,并宜保留和利用规划范围内的已有树木和绿地。

7.0.4 居住区内的公共绿地,应根据居住区不同的规划布局形式设置相应的中心绿地,以及老年人、儿童活动场地和其他的块状、带状公共绿地等,并应符合下列规定。

7.0.4.1 中心绿地的设置应符合下列规定。

(1)符合表7.0.4-1规定,表内"设置内容"可视具体条件选用。

表7.0.4-1 各级中心绿地设置规定

中心绿地名称	设置内容	要求	最小规模/hm²
居住区公园	花木草坪、花坛水面、凉亭雕塑、小卖茶座、老幼设施、停车场地和铺装地面等	园内布局应有明确的功能划分	1.00
小游园	花木草坪、花坛水面、雕塑、儿童设施和铺装地面等	园内布局应有一定的功能划分	0.40
组团绿地	花木草坪、桌椅、简易儿童设施等	灵活布局	0.04

(2)至少应有一个边与相应级别的道路相邻。

(3)绿化面积(含水面)不宜小于70%。

(4)便于居民休憩、散步和交往之用,宜采用开敞式,以绿篱或其他通透式院墙栏杆作分隔。

(5)组团绿地的设置应满足有不少于1/3的绿地面积在标准的建筑日照阴影线范围之

外的要求,并便于设置儿童游戏设施和适于成人游憩活动。其中院落式组团绿地的设置还应同时满足表7.0.4－2中的各项要求。

表7.0.4－2　院落式组团绿地设置规定

封闭型绿地		开敞型绿地	
南侧多层楼	南侧高层楼	南侧多层楼	南侧高层楼
$L \geq 1.5\ L_2$ $L \geq 30$ m $S_1 \geq 800$ m² $S_2 \geq 1\ 000$ m²	$L \geq 1.5\ L_2$ $L \geq 50$ m $S_1 \geq 1\ 800$ m² $S_2 \geq 2\ 000$ m²	$L \geq 1.5\ L_2$ $L \geq 30$ m $S_1 \geq 500$ m² $S_2 \geq 600$ m²	$L \geq 1.5\ L_2$ $L \geq 50$ m $S_1 \geq 1\ 200$ m² $S_2 \geq 1\ 400$ m²

注:1. L——南北两楼正面间距,m;

L_2——当地住宅的标准日照间距,m;

S_1——北侧为多层楼的组团绿地面积,m^2;

S_2——北侧为高层楼的组团绿地面积,m^2。

2. 开敞型院落式组团绿地应符合本规范附录A第A.0.4条规定。

7.0.4.2　其他块状带状公共绿地应同时满足宽度不小于8 m,面积不小于400 m^2和7.0.4条第1款(2)、(3)、(4)项及第(5)项中的日照环境要求。

7.0.4.3　公共绿地的位置和规模,应根据规划用地周围的城市级公共绿地的布局综合确定。

7.0.5　居住区内公共绿地的总指标,应根据居住人口规模分别达到:组团不少于0.5 m^2/人,小区(含组团)不少于1 m^2/人,居住区(含小区与组团)不少于1.5 m^2/人,并应根据居住区规划布局形式统一安排、灵活使用。旧区改建可酌情降低,但不得低于相应指标的70%。

条文说明:根据居住区分组规模及按正文表7.0.4－1分级设置中心绿地的要求确定的各级指标,分别占总指标的1/3左右,即:①组团级指标人均不小于0.5 m^2,可满足300～700户设置一个面积500～1 000 m^2以上的组团绿地的要求;②小区级指标人均不小于0.5 m^2(即1.0～0.5 m^2),可满足每小区设置一个面积4 000～6 000 m^2以上的小区级中心绿地(小游园)的要求;③同理,居住区级公园指标人均不小于0.5 m^2(即1.0～1.5 m^2),可达到每居住区设置一个面积15 000 m^2以上的居住区级公园的要求。

根据我国一些城市的居住区规划建设实践,居住区级公园用地在1 000 m^2以上,即可建成具有较明确的功能划分、较完善的游憩设施和容纳相应规模的出游人数的基本要求;用地4 000 m^2以上的小游园,可以满足有一定的功能划分、一定的游憩活动设施和容纳相应的出游人数的基本要求。

5.7　《天津市居住区绿地设计规范》DBJ 10680—2006(节录)

3　一般要求

3.2　居住区内人均绿地不得小于1.5 m^2/人。旧居住区绿地改造,可根据实际,制定可行的绿地指标。

3.3 新建居住区绿地率不得低于35%。

3.4 居住区绿地设计应遵循以下原则:社会性原则、经济性原则、生态性原则、地域性原则和历史性原则。

4 集中式绿地

4.1 居住区内的绿地,应根据居住区不同的规划布局形式,设置相应的集中式绿地,以及老年人、儿童活动场地,并应符合下列规定。

(1)集中式绿地的设计应符合表4.1规定,表内"设置内容"可视具体条件选用。

表4.1 各级集中式绿地设置规定

集中式绿地名称	设置内容	要求	最小规模/hm^2
小区游园	亭、廊、藤架、花木、草坪、花坛、水面、雕塑、儿童活动设施和铺地等	园内布局应有一定的功能划分	0.40
组团绿地	花木、草坪、桌椅、简易儿童活动设施等	灵活布局	0.10

(2)集中式绿地的绿化面积(含水面)不宜小于70%。

4.5 根据不同居住区的特点,集中布置适当规模的水景设施。水景设计应考虑冬季的枯水景观,占地面积不宜超过绿地面积的5%。

5 分散式绿地

5.1 分散式绿地设计应以植物种植为主,发挥降温增湿、安全防护和美化环境的作用。

5.4 宽度在20 m以上的宅旁绿地设计应以绿化为主,适当设置简单的活动和休憩场地,一般不宜设置游戏器械、健身设施等。

6 道路绿地(包括停车场绿地)

6.2 道路绿地必须保障通行的安全性要求,道路转弯半径15 m内要保持视线通透,灌木高应控制在0.6 m以内,其枝叶不应伸入路面范围内。

6.6 道路绿地内植物栽植位置应避让管线。

6.10 停车场绿化设计必须满足停车、通行转弯等要求。

6.14 停车场绿化选用的乔木分枝点应满足以下要求:①机动车停车场大于3.0 m;②非机动车停车场大于2.5 m。

天津滨海新区:《滨海新区生态绿化系统规划》按总人口规模统计,人均生态绿地319 m^2/人,高于主城区人均约174 m^2/人的生态绿地水平(根据天津总规划、主城区),2020年建设用地总量为4 000 km^2,人均295 m^2/人,生态绿地约1 192 km^2。

5.8 《城市道路绿化规划与设计规范》CJJ 75—97(节录)

3 道路绿化规划

3.1 道路绿化率指标

3.1.1 在规划道路红线宽度时,应同时确定道路绿地率。

3.1.2 道路绿地率应符合下列规定。

3.1.2.1 园林景观路绿地率不得小于40%。

3.1.2.2 红线宽度大于50 m的道路绿地率不得小于30%。

3.1.2.3 红线宽度在40~50 m的道路绿地率不得小于25%。

3.1.2.4 红线宽度小于40 m的道路绿地率不得小于20%。

3.2 道路绿地布局与景观

3.2.1 道路绿地布局应符合下列规定。

3.2.1.1 种植乔木的分车绿带宽度不得小于1.5 m,主干路上的分车绿带宽度不宜小于2.5 m,行道树绿带宽度不得小于1.5 m。

3.2.1.2 主、次干路中间分车绿带和交通岛绿地不得布置成开放式绿地。

3.2.1.3 路侧绿带宜与相邻的道路红线外侧其他绿地相结合。

3.2.1.4 人行道毗邻商业建筑的路段,路侧绿带可与行道树绿带合并。

3.2.1.5 道路两侧环境条件差异较大时,宜将路侧绿带集中布置在条件较好的一侧。

5 交通岛、广场和停车场绿地设计

5.2 广场绿地设计

5.2.1 广场绿化应根据各类广场的功能、规模和周边环境进行设计。广场绿化应利于人流、车流集散。

5.2.2 公共活动广场周边宜种植高大乔木。集中成片绿地不应小于广场总面积的25%,并宜设计成开放式绿地,植物配置宜疏朗通透。

5.2.3 车站、码头、机场的集散广场绿化应选择具有地方特点的树种。集中成片绿地不应小于广场总面积的10%。

5.2.4 纪念性广场应用绿化衬托主体纪念物,创造与纪念主题相应的环境气氛。

5.3 停车场绿化设计

5.3.1 停车场周边应种植高大庇荫乔木,并宜种植隔离防护绿带;在停车场内宜结合停车间隔带种植高大庇荫乔木。

5.3.2 停车场种植的庇荫乔木可选择行道树种。其树木枝下高度应符合停车位净高度的规定:小型汽车为2.5 m,中型汽车为3.5 m,载货汽车为4.5 m。

6 道路绿化与有关设施

6.1 道路绿化与架空线

6.1.1 在分车绿带和行道树绿带上方不宜设置架空线。必须设置时,应保证架空线下有不小于9 m的树木生长空间。架空线下配置的乔木应选择开放形树冠或耐修剪的树种。

6.1.2 树木与架空电力线路导线的最小垂直距离应符合表6.1.2的规定。

表6.1.2 树木与架空电力线路导线的最小垂直距离

电压/kV	1~10	35~110	154~220	330
最小垂直距离/m	1.5	3.0	3.5	4.5

6.2 道路绿化与地下管线

6.2.1 新建道路或经改建后达到规划红线宽度的道路,其绿化树木与地下管线外缘的最小水平距离宜符合表6.2.1的规定,行道树绿带下方不得敷设管线。

表 6.2.1 树木与地下管线外缘最小水平距离

管线名称	距乔木中心距离/m	距灌木中心距离/m
电力电缆	1.0	1.0
电信电缆(直埋)	1.0	1.0
电信电缆(管道)	1.5	1.0
给水管道	1.5	—
雨水管道	1.5	—
污水管道	1.5	—
燃气管道	1.2	1.2
热力管道	1.5	1.5
排水盲沟	1.0	—

6.2.2 当遇到特殊情况不能达到表 6.2.1 中规定的标准时,其绿化树木根颈中心至地下管线外缘的最小距离可采用表 6.2.2 的规定。

表 6.2.2 树木根颈中心至地下管线外缘最小距离

管线名称	距乔木根颈中心距离/m	距灌木根颈中心距离/m
电力电缆	1.0	1.0
电信电缆(直埋)	1.0	1.0
电信电缆(管道)	1.5	1.0
给水管道	1.5	1.0
雨水管道	1.5	1.0
污水管道	1.5	1.0

6.3 道路绿化与其他设施

6.3.1 树木与其他设施的最小水平距离应符合表 6.3.1 的规定。

表 6.3.1 树木与其他设施最小水平距离

设施名称	至乔木中心距离/m	至灌木中心距离/m
低于 2 m 的围墙	1.0	—
挡土墙	1.0	—
路灯杆柱	2.0	—
电力、电信杆柱	1.5	—
消防龙头	1.5	2.0
测量水准点	2.0	2.0

道路绿化率:道路红线范围内各种绿带宽度之和占总宽度的百分比。

道路绿带:道路红线范围内的带状绿地。道路绿带分为分车绿带、行道树绿带和路侧绿带。

5.9 《天津市城市道路绿化建设标准》DBJ 10416—2004(节录)

道路绿地:指道路工程规划范围内两侧的绿地、隔离带(岛)、行道树和行道树绿带。

道路绿化率:指道路工程规划范围内所有绿地面积占道路规划总面积的百分比。

4 道路绿化

4.1 新建道路绿地率应达到以下指标。

4.1.1 规划红线宽度大于50 m的道路绿地率不得小于30%。

4.1.2 规划红线宽度为40~50 m的道路绿地率不得小于25%。

4.1.3 规划红线宽度小于40 m的道路绿地率不得小于20%。

4.1.4 园林景观路绿地率不得小于40%。

4.2 绿地种植结构应符合以下指标。

4.2.1 速生与慢生、常绿与落叶、彩叶树种与一般树种合理搭配。常绿乔木与落叶乔木之比宜为1:4。常绿灌木与落叶灌木之比宜为1:3。

4.2.2 绿地面积在5 000 m^2以上,可适当设计小品,道路绿化用地面积不得小于该段绿化总面积的70%。

4.2.3 1 000 m^2以上绿地,每百平方米绿地乔木数不少于3株。一般景观路段,10 000 m^2以上绿地,植物种类不少于20种;重要景观路段,10 000 m^2以上绿地,植物种类不少于30种。

4.3 宽20 m以上的绿带可设计适当的片林。

4.4 市郊区道路绿带宜保留适当的野生地被植物。

4.5 道路两侧环境条件差异较大时,宜将路侧绿带集中布置在条件较好的一侧。

4.6 毗邻河道的道路,其绿化应结合环境条件,突出自然景观特色。

4.7 道路两侧墙体、栅栏等宜实施垂直绿化。

5 道路分车带(岛)绿化

5.1 道路分车带(岛)绿化必须服从行车安全要求。

5.2 主干道路分车绿带宽度不宜小于2.5 m,行道树绿带宽度不宜小于1.2 m。

5.3 中间分车绿带的栽植宜阻挡相向行驶车辆的眩光。

5.10 《天津市城市绿化工程施工技术规程》DBJ 10368—2004(节录)

绿化工程:树木、花卉、草坪、地被植物等的栽植工程。

客土:将栽植地点或栽植穴中不适合栽植的土壤更换成适合栽植的土壤,或掺入某种栽培基质,改善土壤的理化性质。

种植土:理化性能良好,结构疏松、通气、保水、保肥,适宜于园林植物生长的土壤。

11.0.16 主要水生花卉最适水深,应符合表11.0.16的规定。

表 11.0.16 水生花卉最适水深

类 别	代表品种	最适水深/cm	备 注
湿生类	草蒲、千屈菜	0.5～10	千屈菜可盆栽
挺水类	荷、宽叶香蒲	100 以内	——
浮水类	芡实、睡莲	50～300	睡莲可水中盆栽
漂浮类	浮萍、凤眼莲	浮于水面	根不生于泥土中

12 重盐碱地栽植

12.0.1 pH 值大于 8.5 或全盐含量在 0.5% 以上,矿化度较高的土壤,为重盐碱地。

12.0.2 植物材料应选择抗盐能力较强的植物。

12.0.3 根据重盐碱地不同土地条件,可分别采取以下排盐措施。

(1)地下水位距地面不足 1 m 时,应抬高地面或挖排水明沟,达到符合植物生长要求为宜。

(2)铺设隔淋层,其层厚应符合设计要求,不得低于地下水位。

(3)铺设排盐管,排盐管沟的开挖、沟底与排盐管之间的隔淋层的填埋处理应符合设计要求。排盐管,分级铺设,其坡降应不小于 1‰～2‰。排盐支管上口封堵,下口用无纺布包扎牢固,必须接入排水系统,高于排水水位。铺设完工后宜做通水试验。

12.0.4 铺设主排盐管应符合设计要求,如遇到软土层应做技术处理。

12.0.5 客土必须符合种植标准。

重盐碱地栽植条文说明。

12.0.1—12.0.4 重盐碱地绿化必须采取综合治理盐碱地措施才能收到良好效果。如地下水位较高时,可以采取抬高地面或作台田方式,增挖排水明渠以利排盐。采取作隔淋层、下设排盐管、增施有机肥及土壤添加剂,进行改土,雨季前加强浇灌,降雨后及时中耕、采取选择耐盐树种等多种措施,从而进一步提高重盐碱地区的苗木栽植成活率。

15.0.2 绿化工程质量验收应划分为单位工程、分部工程、分项工程,可按附录表 A 采用。

附录表 A 绿化工程分部、分项工程划分

序号	分部工程	分项工程
1	土方工程	测量、清废、土壤改良、更换栽植土、地形整理、整地
2	排盐工程	放线、开槽、铺设垫层、设置排盐管、设隔离层、还槽、砌筑检查井
3	乔木栽植	定点放线、挖树穴、刨苗、苗木运输、修剪、栽植、支撑、浇水
4	花灌木栽植	定点放线、挖树穴、施肥、苗木运输、清除包装物、栽植、浇水
5	绿篱及模纹栽植	放线、挖栽植槽、施肥、苗木运输、栽植、浇水、修剪
6	草坪栽植	施肥、平整土地、设置排水坡度、栽植、浇水、病虫害防治、修剪
7	花卉栽植	测量放线、花坛土建施工、施肥整地、花苗运输、栽植、浇水
8	大树移植	移植前根冠处理、挖穴、土壤改良、刨台、包装、运输、栽植、支撑、浇水、养护

5.11　《公园设计规范》CJJ 48—92(节录)

附录表2　公园树木与地下管线最小水平距离　m

名称	新植乔木	现状乔木	灌木或绿篱外缘
电力电缆	1.50	3.5	0.50
通信电缆	1.50	3.5	0.50
给水管	1.50	2.0	—
排水管	1.50	3.0	—
排水盲沟	1.00	3.0	—
消防笼头	1.20	2.0	1.20
煤气管道(低中压)	1.20	3.0	1.00
热力管	2.00	5.0	2.00

注:乔木与地下管线的距离是指乔木树干基部的外缘与管线外缘的净距离,灌木或绿篱与地下管线的距离是指地表处分蘖枝干中最外的枝干基部的外缘与管线外缘的净距。

附录表3　公园树木与地面建筑物、构筑物外缘最小水平距离　m

名　称	新植乔木	现状乔木	灌木或绿篱外缘
测量水准点	2.00	2.00	1.00
地上杆柱	2.00	2.00	—
挡土墙	1.00	3.00	0.50
楼房	5.00	5.00	1.50
平房	2.00	5.00	—
围墙(高度小于2 m)	1.00	2.00	0.75
排水明沟	1.00	1.00	0.50

注:同附录表3。

附录表4　栽植土层厚度　cm

植物类型	草坪植物	小灌木	大灌木	浅根乔木	深根乔木
栽植土层厚度	>30	>45	>60	>90	>150
必要时设置排水层的厚度	20	30	40	40	40

5.12　《天津市城市绿化条例》2004(节录)

第十一条　各类建设项目的绿地率(绿地面积占用地总面积的比例)应达到下列规划指标。

(1)新建居住区或者成片建设区绿地率,中环线以内不得低于35%,中环线以外不得低于40%。其中,用于建设公共绿地的绿地面积,不得低于建设项目用地总面积的10%。

(2)新建城市道路绿地率应当达到国家规定标准,改造旧有城市道路应当使绿地率逐步达到国家规定的标准。

(3)新建宾馆、疗养院、学校、医院、体育、文化娱乐、机关等公共设施的绿地率不得低于35%,工厂、仓储附属绿地的绿地率不得低于20%,产生有害气体及污染的工厂绿地率不得低于30%。

(4)新建供水厂、污水处理厂和垃圾处理厂的绿地率不得低于45%。

(5)城市河流、湖泊等水体周围的绿地率和新建铁路、公路的绿化带宽度应当符合绿地系统规划和有关技术规程。

(6)城市生产绿地的面积不得低于城市建成区总面积的2%。

第三十七条　本市绿地是指:①公共绿地,是指向公众开放的市级公园、区级公园、居住区公园、小游园、道路、广场地以及动物园、植物园、特种公园等;②居住区绿地,是指除居住区公园、小游园以外的其他居住区内的绿地;③单位附属绿地,是指机关、团体、学校、部队、企业、事业单位等内部的绿地;④生产绿地,是指为城市绿化提供苗木、花草、种子的苗圃、花圃、草圃等;⑤防护绿地,是指用于保护城市环境、卫生、安全以及防灾等目的的绿带、绿地;⑥风景林地,是指具有一定景观价值的林地。

第四十条　本条例自2004年10月15日起执行。

5.13 《天津市城市规划管理技术规定》2009实施(节录)

第八十九条　综合公园用地应当符合下列规定。

(1)市级综合公园占地面积一般为20 hm^2 以上,建筑物基底占公园陆地面积的比例应当小于5%。

(2)区级综合公园占地面积一般为10 hm^2 以上,建筑物基底占公园陆地面积的比例应当小于6%。

(3)绿化用地面积不得小于公园陆地面积的75%。

(4)除与公园功能相关的各种休息、游览、公用、管理及服务建筑外,不得建设与公园功能无关的其他性质的建筑物。

第九十条　社区公园包括居住区公园和小区游园,其用地应当符合下列规定。

(1)居住区公园占地面积不得小于1 hm^2,服务半径为0.5~1 km,可以设置花木草坪、水面、凉亭、雕塑、活动设施等。

(2)小区游园占地面积不得小于0.4 hm^2,服务半径为0.3~0.5 km,可以设置花木草坪、水面、雕塑、活动设施。

(3)至少有一边与道路相邻,绿化、水面占地比例不低于75%。

第九十一条　专类公园包括儿童公园、动物园、植物园、历史名园等。

专类公园绿化用地面积不得小于公园陆地面积的75%。除与公园功能相关的各种休息、游览、公用、管理及服务建筑外,不得建设与公园功能无关的其他性质的建筑物。

第九十二条　儿童公园占地面积为2~4 hm^2,应当设有儿童科普和游戏设施,布置紧凑,建筑物基底占公园陆地面积的比例不大于5%。

第九十三条 动物园用地应当符合下列规定。

(1)综合性动物园占地面积应当大于20 hm^2,建筑物基底占公园陆地面积的比例不得大于14 %;专类动物园占地面积为5 ~20 hm^2,建筑物基底占公园陆地面积的比例不得大于15%。

(2)应当设置适合游人参观、休息和普及科学知识的设施。

(3)设置安全、卫生隔离设施、绿带、饲料加工场和兽医站。

(4)园内不得设置检疫站、隔离场和饲料基地。

第九十四条 植物园用地应当符合下列规定。

(1)综合性植物园占地面积不得小于40 hm^2,建筑物基底占公园陆地面积的比例应当小于4%。

(2)综合性植物园,设置体现本园特点的科学普及展览区和相应的科学研究实验区。

(3)专类植物园占地面积为2 ~20 hm^2,建筑物基底占公园陆地面积的比例应当小于6%。

(4)独立的盆景园占地面积为2 ~10 hm^2,建筑物基底占公园陆地面积的比例应当小于9%。

第九十五条 历史名园应当保留原有格局和名木古树。

历史名园的建筑以及各类设施,应当与名园的整体风格相统一,不得破坏和影响原有景观。

第九十六条 带状公园用地应当符合下列规定。

(1)宽度应当大于8 m,地块面积不小于400 m^2。

(2)以大面积绿化为主,布置小型休息设施。

(3)绿化用地占地比例不小于75%。

(4)园内不设置机动车停车设施。

第九十七条 街旁绿地面积不小于400 m^2,绿化占地比例不得小于75%,不得设置机动车停车设施。

第九十八条 公园内各类管理及服务建筑物的檐口高度不大于10 m,但有特殊功能要求的除外。公园绿地周边建筑物新建、扩建、改建的,应当结合公园进行城市设计。

第九十九条 生产绿地的面积不得小于建成区总面积的2%。

生产绿地内除必要的管理性建筑物外,不得建设其他性质的建筑物和构筑物。

有条件的生产绿地可以作为公共绿地和植物园。

第一百条 防护绿地的宽度应当符合下列规定。

(1)产生有害气体以及污染物的工厂绿地宽度,不小于50 m;污染严重的,根据实际需要增加。

(2)海岸防风林带为80 ~100 m。

第一百零一条 城镇建设用地范围内的一级、二级河道两侧防护绿地的宽度按照下列规定划定。

(1)沿河道有现状或者规划道路的,从河堤外坡脚或者护岸或者天然河岸起到道路红线之间作为绿带。

(2)沿河道没有现状或者规划道路的,以河道控制线为基线参照滨河道路绿化控制线要求预留绿化宽度。一级河道绿带不小于 25 m,二级河道绿带不小于 15 m。

第一百零二条　轨道交通规划控制线范围内可以设置防护绿地。

第一百零三条　公路两侧防护绿地的宽度按照下列规定划定。

(1)高速公路红线外不小于 100 m,其中穿越城区、镇区的不小于 50 m。

(2)一级公路红线外不小于 50 m,其中穿越城区、镇区的不小于 20 m。

(3)二级公路红线外不小于 40 m,其中穿越城区、镇区的不小于 20 m。

(4)三级、四级公路红线外不小于 20 m,其中穿越城区、镇区的不小于 10 m。

第一百零四条　饮用水源保护区应当分级设置防护林带。一级保护区防护林带宽度为 200 m,二级保护区防护林带宽度为 2 000 m。

第一百零五条　各类防护绿地,绿化用地占地比例不得小于 90%。

第一百零六条　道路附属绿地,是指道路及广场用地范围内可以进行绿化的用地。道路附属绿地一般应当符合下列规定。

(1)规划主干路上设置绿化隔离带的,其绿化隔离带宽度应当不小于 2.5 m。

(2)行道树绿化带宽度一般不小于 1.5 m。

(3)绿化应当满足行车视距、车辆通行和行人正常行走的要求,平面交叉口内的绿化应当与路面渠化相结合。

(4)路侧绿带宽度大于 8 m 的,可以为开放式绿地;其中,绿化用地面积不小于该段绿带总面积的 70%。

(5)公共活动广场的集中成片绿地不小于广场总面积的 25%,一般应当为开放式绿地。

(6)车站、码头、机场等设施的集散广场,集中成片绿地不小于广场总面积的 10%。

第一百零七条　新建单位附属绿地率标准参照下表规定。

代码	用地名称	绿地率下限/%	代码	用地名称	绿地率下限/%
C_1	行政办公	35	C_5	医疗卫生	35
C_3	文化娱乐	35	C_6	教育科研	35
C_4	体育	35	W	仓储	20

新建供水厂、污水处理厂和垃圾处理厂的绿地率不低于 45%,排水泵站绿地率不低于 20%,变电站绿地率根据具体情况确定。

第一百零八条　新建居住区的绿地标准应当符合下列规定。

(1)中环线以内绿地率不低于 35%,中环线至外环线不低于 40%。

(2)居住区内公共绿地的总指标,应当根据居住人口规模分别确定。组团不小于每人 0.5 m^2,小区不小于每人 1 m^2,居住区不小于每人 1.5 m^2。旧区改建可以酌情降低,但不得低于本条第(1)项规定。

(3)居住组团应当设置集中绿地,用地面积不小于 400 m^2,位于标准建筑日照阴影线范围外的面积大于三分之一。

(4)中小学、托幼用地绿地率不低于 35%。

第一百零九条　地下建设项目覆土深度大于 0.6 m,地表进行绿化的,可以计入地表绿地率。

第一百一十条 城市道路两侧需要设置绿带的，宽度从道路红线起算，一般按照下列规定划定。

(1)内环线两侧不小于5 m；中环线两侧不小于20 m；外环线内侧包括辅道用地不小于100 m，外环线外侧包括辅道用地为500～1 000 m。

(2)环城四区以内其他道路绿带的宽度不小于下表规定。

类别	内环线以内	内环线至中环线	中环线至外环线	环城四区(外环线以外)	
				城区、镇区段	其他地区
快速路/m	10	20	30	30	50
主干路/m	5	10	20	20	40
次干路/m	3	5	10	10	30

(3)环城四区以外地区的道路绿带宽度不小于下表规定。

类别	地区、镇区段	其他地区
快速路/m	30	50
主干路/m	20	40
次干路/m	10	30

(4)滨河道路的道路绿带的宽度不小于下表规定。

滨河 42 km^2 范围内/m	内环线以内	10
	内环线至中环线	25
	中环线至外环线	50
滨河 42 km^2 范围外/m	一级河道	25
	二级河道	15

第一百一十一条 立交桥周围绿带的宽度按照下列规定划定。

(1)现状互通立交桥，以匝道外边线水平投影线为基线，引桥段从立交起坡点计算，后退50 m。

(2)规划互通立交桥，以立交用地控制线为基线后退50 m。

(3)分离式立交桥，按照道路等级确定。

5.14 《深圳市城市规划标准与准则》(节录)

(1)全市的城市绿地率应不小于45%，城市绿化覆盖率应大于50%。

(2)街头绿地中的绿化面积不应小于70%。

(3)全市园林生产绿地面积占城市总用地面积的比率应不低于20%。

防护绿化规划标准。

(1)产生有害气体及污染物的工业用地与其他用地之间应建卫生防护林带,其宽度不得少于50 m。

(2)城市内河、湖泊等水体及铁路旁的防护林带宽度不少于30 m,海岸防风林带宽度应为70~100 m。

(3)高速公路两侧应建卫生隔离防护林带,每侧的宽度应为30~50 m。

(4)城市垃圾处理场和污水处理厂的下风方向宜建设卫生防护林带。

(5)城市各组团之间应根据地形设组团隔离绿带,绿带内除园林路、广场、园林建筑小品及管理建筑外,不得建设其他性质的建筑物和构筑物。

其他单位附属绿地面积占单位总用地面积见下表。

单位附属绿地率规划指标

用地类型	单位类别	绿地率/%
政府社团用地	医院、疗养院	≥45
	学校、机关团体	≥40
	体育场馆、大型文化娱乐设施	≥30
商业服务业设施用地	旅馆	≥30
	商业、服务业、商业性办公	≥20
对外交通用地	交通枢纽	≥20
仓储用地	≥20	
市政公用设施用地	≥30	

道路绿带分为分车绿带、行道树绿带和路侧绿带。

种植乔木的分车绿带宽度不应小于1.5 m;主干路上的分车绿带宽度不宜小于2.5 m;行道树绿带宽度不应小于1.5 m;当路侧或路中绿带宽度大于8 m时,应计入城市绿化,可辟为街头绿地,其中绿化用地面积应不小于该段绿带总面积的70%。

公共活动广场周边宜种植高大乔木,集中成片绿地不应小于广场总面积的25%,并宜设计成开放式绿地,植物配置宜疏朗通透;车站、码头、机场的集散广场绿化应选择具有地方特色的树种,集中成片绿地不应小于广场总面积的10%。

5.15 《上海市绿化条例》(2002年5月1日起施行)(节录)

第十五条 建设项目绿地面积占建设项目用地总面积的配套绿化比例,应当达到下列标准。

(1)新建居住区内绿地面积占居住区用地总面积的比例不得低于35%,其中用于建设集中绿地的面积不得低于居住区用地总面积的10%;按照规划成片改建、扩建居住区的绿地面积不得低于居住区用地总面积的25%。

（2）新建学校、医院、疗休养院所、公共文化设施，其附属绿地面积不得低于单位用地总面积的35%；其中，传染病医院还应当建设宽度不少于50 m的防护绿地。

（3）新建工业园区附属绿地总面积不得低于工业园区总面积的20%，工业园区内各项目的具体绿地比例，由工业园管理机构确定；工业园区外新建工业项目以及交通枢纽、仓储等项目的附属绿地，不得低于项目用地总面积的20%，新建产生有毒有害气体的项目的附属绿地面积不得低于工业项目用地总面积的30%，并应当建设宽度不少于50 m的防护绿地。

（4）新建地面主干道路红线内的绿地面积不得低于道路用地总面积的20%，新建其他地面道路红线内的绿地面积不得低于道路用地总面积的15%。

5.16　《包头市城市规划管理技术规定》（节录）

第四十六条　创建国家园林城市，本市规划建设项目实施绿化率指标控制。各类建筑基地内的绿地面积占基地面积的比例必须符合表4的规定。

对表4未尽项目用地的绿地率由市规划行政主管部门按相关规定执行。

表4　建设用地绿地率控制指标

<table>
<tr><th>用地类别</th><th>旧区/%</th><th>新区/%</th></tr>
<tr><td>社会停车场（库）用地（S3）</td><td rowspan="8">≥25</td><td rowspan="8">≥30</td></tr>
<tr><td>对外交通用地（T）</td></tr>
<tr><td>市政公共设施用地（U）</td></tr>
<tr><td>商业金融业用地（C2）</td></tr>
<tr><td>市场用地（C26）</td></tr>
<tr><td>一类工业用地（M1）</td></tr>
<tr><td>二类工业用地（M2）</td></tr>
<tr><td>三类工业用地（M3）</td></tr>
<tr><td>仓储用地（W）</td><td rowspan="5">≥30</td><td rowspan="5">≥35</td></tr>
<tr><td>行政办公用地（C1）</td></tr>
<tr><td>文化娱乐用地（C3）</td></tr>
<tr><td>教育科研设计用地（C6）</td></tr>
<tr><td>二类居住用地（R2）</td></tr>
<tr><td>体育用地（C4）</td><td rowspan="3">≥35</td><td rowspan="3">≥40</td></tr>
<tr><td>医疗卫生用地（C5）</td></tr>
<tr><td>一类居住用地（R1）</td></tr>
</table>

第四十九条　新建、扩建、改建的城市道路绿地率应符合下列规定。

（1）城市景观道路绿化率不小于40%。

（2）道路红线宽度大于50 m的绿地率应不小于25%。

(3)道路红线宽度在 40 ~ 50 m 的绿地率应不小于 20%。

(4)道路红线宽度在 40 m 以下的绿地率应不小于 15%。

第五十条　生产性绿地、防护绿地应符合下列规定。

(1)生产性绿地面积占城市总面积的比率应不低于 2%，应为城市提供充足的苗木生产。

(2)三类工业厂房应建相应的卫生防护林带，其宽度不得小于 800 m。

(3)过境铁路、高速公路两侧应建卫生隔离防护林带，其宽度不小于 100 m。

(4)城市垃圾处理场、污水处理厂的周围应建卫生防护林带，其宽度不小于 400 m。

(5)饮用水源保护区的防护林保护按相关规定执行。

5.17 《镇规划标准》GB 50188—2007(节录)

12.4.2　公共绿地主要应包括镇区级公园、街区公共绿地，以及路旁、水旁宽度大于 5 m 的绿带，公共绿地在建设用地中的比例宜符合：公共绿地在中心镇镇区占建设用地比例 8% ~12%，一般镇镇区占建设用地比例 6% ~10% 的规定。

12.4.3　防护绿地应根据卫生和安全防护功能的要求，规划布置水源保护区防护绿地、工矿企业防护绿带、养殖业的卫生隔离带铁路和分路防护绿带、高压电力线路走廊绿化和防风林带等。

5.18 《山东省村庄建设规划编制技术导则》(试行)(节录)

8.2.1　新建的村庄绿地率不应小于 30%，旧村改造绿地率不小于 25%。

8.2.2　村民人均公共绿地标准按表 8 - 1 执行。

表 8 - 1　村民人均公共绿地标准

人口规模/人	<500	500 ~ 1 000	>1 000
人均公共绿地面积/m^2	≥0.5	≥1.0	≥1.5

8.2.3　公共绿地至少有一边与村庄干道相邻，其中的绿化面积(含水面)不宜小于 70%。

8.2.4　公共绿地应同时满足宽度不小于 5 m，面积不小于 400 m^2 要求。

5.19 《城市绿地设计规范》GB 50420—2007(节录)

3　基本规定

3.0.1　城市绿地设计内容应包括总体设计、单项设计、单体设计等。

3.0.2　城市绿地设计应以批准的城市绿地系统规划为依据，明确绿地的范围和性质，根据其定性、定位作出总体设计。

3.0.3　城市绿地总体设计应符合绿地功能要求，因地制宜，发挥城市绿地的生态、景观、生产等作用,达到功能完善、布局合理、植物多样、景观优美的效果。

3.0.4 城市绿地设计应根据基地的实际情况,提倡对原有生态环境保护、利用和适当改造的设计理念。

3.0.7 城市绿地范围内原有树木宜保留、利用。如因特殊需要在非正常移栽期移植,应采取相应技术措施确保成活,胸径在250 mm以上的慢长树种,应原地保留。

3.0.8 城市绿地范围内的古树名木必须原地保留。

3.0.9 城市绿地的建筑应与环境协调,并符合以下规定。

(1)公园绿地内建筑占地面积应按公园绿地性质和规模确定游憩、服务、管理建筑占用地面积比例:小型公园绿地不应大于3%,大型公园绿地宜为5%,动物园、植物园、游乐园可适当提高比例。

(2)其他绿地内各类建筑占用地面积之和不得大于陆地总面积的2%。

3.0.10 城市开放绿地的出入口、主要道路、主要建筑等应进行无障碍设计,并与城市道路无障碍设施连接。

3.0.11 地震烈度6度以上(含6度)的地区,城市开放绿地必须结合绿地布局设置专用防灾、救灾设施和避难场地。

3.0.12 城市绿地中涉及游人安全处必须设置相应警示标志。

4 竖向设计

4.0.1 城市绿地的竖向设计应以总体设计布局及控制高程为依据。

4.0.5 在改造地形填挖土方时,应避让基地内的古树名木,并留足保护范围(树冠投影外3~8 m),应有良好的排水条件,且不得随意更改树木根颈处的地形标高。

4.0.6 绿地内山坡、谷地等地形必须保持稳定。当土坡超过土壤自然安息角呈不稳定时,必须采用挡土墙、护坡等技术措施,防止水土流失或滑坡。

4.0.7 土山堆置高度应与堆置范围相适应,并应做承载力计算,防止土山位移、滑坡或大幅度沉降而破坏周边环境。

4.0.8 若用填充物堆置土山时,其上部覆盖土厚度应符合植物正常生长的要求。

4.0.9 绿地中的水位应有充足的水源和水量,除雨、雪、地下水等水源外,小面积水体也可以人工补给水源。水体的常水位与池岸顶边的高差宜在0.3 m,并不宜超过0.5 m。水体可设闸门或溢水口以控制水位。

4.0.10 水体深度应随不同要求而定,栽植水生植物及营造人工湿地时,水深宜为0.1~1.2 m。

4.0.11 城市开放绿地内,水体岸边2 m范围内的水深不得大于0.7 m;当达不到此要求时,必须设置安全防护设施。

4.0.12 未经处理或处理未达标的生活污水和生产废水不得排入绿地水体。在污染区及其邻近地区不得设置水体。

5 种植设计

5.0.12 儿童游乐区严禁配置有毒、有刺等易对儿童造成伤害的植物。

6 道路、桥梁

6.1.1 城市绿地内道路设计应以绿地总体设计为依据,按游览、观景、交通、集散等需求,与山水、树木、建筑、构筑物及相关设施相结合,设置主路、支路、小路和广场,形成完整的道路系统。

6.1.2 城市绿地应设2个或2个以上出入口,出入口的选址应符合城市规划及绿地总体布局要求,出入口应与主路相通。出入口旁应设置集散广场和停车场。

6.1.3 绿地的主路应构成环道,并可通行机动车。主路宽度不应小于3.00 m。通行消防车的主路宽度不应小于3.50 m,小路宽度不应小于0.80 m。

6.1.4 绿地内道路应随地形曲直、起伏。主路纵坡不宜大于8%,山地主路纵坡不应大于12%。支路、小路纵坡不宜大于18%,当纵坡超过18%时,应设台阶,台阶级数不应少于2级。

6.1.5 绿地的道路及铺装地坪宜设透水、透气、防滑的路面和铺地。喷水池边应设防滑地坪。

6.1.6 依山或傍水且对游人存在安全隐患的道路,应设置安全防护栏杆,栏杆高度必须大于1.05 m。

6.2.4 不设护栏的桥梁、亲水平台等临水岸边,必须设置宽2.00 m以上的水下安全区,其水深不得超过0.70 m。汀步两侧水深不得超过0.50 m。

6.2.5 通游船的桥梁,其桥底与常水位之间的净空高度不应小于1.50 m。

7 园林建筑、园林小品

7.1 园林建筑

7.1.1 园林建筑设计应以绿地总体设计为依据,景观、游览、休憩、服务性建筑除应执行相应建筑设计规范外,还应遵循下列原则。

(1)优化选址。遵循“因地制宜”、“精在体宜”、“巧于因借”的原则,选择最佳地址,建筑应与山水、植物等自然环境相协调,建筑不应破坏景观。

(2)控制规模。除公园外,城市绿地内的建筑占用地面积不得超过陆地总面积的2%。

(3)创造特色。园林建筑设计应运用新理念、新技术、新材料,充分利用太阳能、风能、热能等天然能源,利用当地的社会和自然条件,创造富有鲜明地方特点、民族特色的园林建筑。

7.1.2 动物笼舍、温室等特种园林建筑设计,必须满足动物和植物的生态习性要求,同时还应满足游人观赏视觉和人身安全要求,并满足管理人员人身安全及操作方便的要求。

7.2 围墙

7.2.1 城市绿地不宜设置围墙,可因地制宜选择沟渠、绿墙、花篱或栏杆等替代围墙。必须设置围墙的城市绿地宜采用透空花墙或围栏,其高度宜在0.80~2.20 m。

7.3 厕所

7.3.1 城市开放绿地内厕所的服务半径不应超过250 m。

7.4 园椅、废物箱、饮水器

7.4.1 城市开放绿地应按游人流量、观景、避风向阳、庇荫、遮雨等因素合理设置园椅或座凳,其数量可根据游人量调整,宜为20~50个/hm^2。

7.4.2 城市开放绿地的休息座椅旁应按不小于10%的比例设置轮椅停留位置。

7.4.3 城市绿地内应设置废物箱分类收集垃圾,在主路上每100 m应设1个以上,游人集中处适当增加。

7.5 水景

7.5.3 景观水体必须采用过滤、循环、净化、充氧等技术措施,保持水质洁净。与游人接触的喷泉不得使用再生水。

7.5.4　城市绿地的水岸宜采用坡度为1∶2～1∶6的缓坡，水位变化比较大的水岸，宜设护坡或驳岸。绿地的水岸宜种植护岸且能净化水质的湿生、水生植物。

7.6　堆山、叠石

7.6.1　城市绿地以自然地形为主，应慎重抉择大规模堆山、叠石。堆叠假山宜少而精。

7.6.2　人工堆叠假山应以安全为前提进行总体造型和结构设计，造型应完整美观、结构应牢固耐久。

7.10　游戏及健身设施

7.10.1　城市绿地内儿童游戏及成人健身设备及场地，必须符合安全、卫生的要求，并应避免干扰周边环境。

7.10.2　儿童游戏场地宜采用软质地坪或洁净的沙坑。沙坑周边应设防沙粒散失的措施。

8　给水、排水及电气

8.1.1　给水设计用水量应根据各类设施的生活用水、消防用水、浇洒道路和绿化用水、水景补水、管网渗漏水和未预见用水等确定总体用水量。

8.1.2　绿地内天然水或中水的水量和水质能满足绿化灌溉要求时，应首选天然水或中水。

8.1.3　绿地内生活给水系统不得与其他给水系统连接。确需连接时，应有生活给水系统防回流污染的措施。

8.1.4　绿化灌溉给水管网从地面算起最小服务水压应为0.10 MPa，当绿地内有堆山和地势较高处需供水，或所选用的灌溉喷头和洒水栓有特定压力要求时，其最小服务水压应按实际要求计算。

8.1.5　给水管宜随地形敷设，在管路系统高凸处应设自动排气阀，在管路系统低凹处应设泄水阀。

8.1.6　景观水池应有补水管、放空管和溢水管。当补水管的水源为自来水时，应有防止给水管被回流污染的措施。

8.2　排水

8.2.1　排水体制应根据当地市政排水体制、环境保护等因素综合比较后确定。

8.2.2　绿地排水宜采用雨水、污水分流制。污水不得直接排入水体，必须经处理达标后排入。

8.3　电气

8.3.1　绿地景观照明及灯光造景应考虑生态和环保要求，避免光污染影响，室外灯具上射逸出光不应大于总输出光通量的25%。

8.3.2　城市绿地用电应为三级负荷，绿地中游人较多的交通广场的用电应为二级负荷；低压配电宜采用放射式和树干式相结合的系统，供电半径不宜超过0.3 km。

8.3.3　室外照明配电系统在进线电源处应装设具有检修隔离功能的四级开关。

8.3.4　城市绿地中的电气设备及照明灯具不应使用0类防触电保护产品。

8.3.5　安装在水池内、旱喷泉内的水下灯具必须采用防触电等级为Ⅲ类、防护等级为IPX8的加压水密型灯具，电压不得超过12 V。旱喷泉内禁止直接使用电压超过12 V的潜水泵。

8.3.6　喷水池的结构钢筋、进出水池的金属管道及其他金属件、配电系统的PE线应做局部等电位连接。

8.3.7 室外配电装置的金属构架、金属外壳、电缆的金属外皮、穿线金属管、灯具的金属外壳及金属灯杆,应与接地装置相连(接PE线)。

8.3.8 城市开放绿地内宜设置公用电话亭和有线广播系统。

5.20 《城市绿地规划规范》(征求意见稿)

前言

根据住房和城乡建设部建标[2006]77号文件《关于印发"2006年工程建设标准规范制订、修订计划(第一批)的通知"》要求,规范编制组广泛调查研究,认真总结实践经验,参考有关国内外相关技术标准,并在广泛征求意见的基础上,结合《城市绿地分类标准》CJJ/T 85—2002 J 185—2002,制订了本规范。

本规范的主要内容是:总则、术语、一般规定、总体布局、公园绿地规划、防护绿地规划、附属绿地规划、其他绿地规划。

本规范中的强制性条文待定。

本规范由住房和城乡建设部负责管理和对强制性条文的解释,由主编单位负责具体技术内容的解释。

本规范主编单位:大连市城市规划设计研究院(大连市西岗区长春路186号,邮政编码116011)。

本规范参编单位:华南农业大学
中国城市规划设计研究院
中国·城市建设研究院
南京市规划设计研究院有限责任公司
清华大学
深圳园林科学研究所

本规范主要起草人:(略)

本规范主要审查人:(略)

1 总则

1.0.1 为落实生态文明建设理念和科学发展观,创造良好的城市生态环境,有效利用城市土地空间,促进城市社会经济可持续发展,实现城市地区人与自然和谐共存,提高城市绿地规划的工作质量,根据国家有关法律、法规的要求制定本规范。

1.0.2 本规范适用于城市总体规划、控制性详细规划和城市绿地系统规划中与城市绿地规划建设相关的工作。

1.0.3 城市绿地规划工作应遵循以下基本原则。

1)保证绿量

城市建设应根据城市功能的发挥和发展的需求,配置必要的城市绿地,确保城市绿地与城市人口、用地规模相对应。

2)保障生态

城市绿地规划应通过合理布局有效发挥绿地生态服务功能,提倡城市绿化以种植乔木和乡土植物为主。

3)城乡统筹

城市绿地规划应统筹安排城市规划区内的各类绿地,构建区域平衡、城乡协调、人与自然和谐共存的绿地系统。

4)以人为本

城市绿地规划应综合考虑绿地的景观游憩与防灾避险功能,构建宜人环境,绿地建设要做到平时有利于居民身心健康,出现灾害时有助于防灾减灾。

5)经济实用

城市绿地规划应因地制宜,充分考虑土地利用、建设成本、管养费用等经济因素,提高城市绿地建设的可操作性和绿地养护的可持续性。

1.0.4　城市绿地规划除执行本规范外,还应符合国家现行有关法律、法规和强制性标准的规定。

2　术语

2.0.1　城市绿地(urban green space)

城市绿地按《城市绿地分类标准》(CJJ/T 85—2002 J 185—2002)的规定执行。

2.0.2　游赏用地(sight-seeing land)

特指公园内可供游人使用的有效游憩场地面积。

2.0.3　防灾公园(disaster prevention park)

指城市在发生地震等严重灾害时,为了保障市民的生命安全、强化城市防灾结构而建设的具有避难疏散功能的绿地。

2.0.4　滨水带状公园(shore linear park)

滨水带状公园是指沿江、河、湖、海建设,对水系起保护作用,并与水系共同发挥城市生态廊道的作用,设有一定游憩设施的狭长形绿地。

2.0.5 城墙带状公园(circumvallation linear park)

城墙带状公园是指沿城墙遗迹或遗址等设置,对其起保护和展示作用,并发挥城市生态廊道作用,设有一定游憩设施的狭长形绿地。.

2.0.6　道路带状公园(road linear park)

道路带状公园是指沿城市道路建设,具有景观轴线或生态廊道功能,设有一定游憩设施的狭长形绿地。

2.0.7　城市绿化隔离带 (urban green belt)

在城市组团、功能区之间设置的用以防止城市无序蔓延,保留未来发展用地,提供城市居民休憩环境,以及保护城市安全和生态平衡的绿色开敞空间。

2.0.8　郊野公园 (country park)

郊野公园是位于城市郊区,以自然风光为主、以生态系统保护、游览休闲、康乐活动和科普教育为主要功能的区域性公园。

2.0.9　湿地公园 (wetland park)

湿地公园是指纳入城市绿地系统的、具有湿地的生态功能和典型特征的、以维护区域水文过程、保护物种及其栖息地、开展生态旅游和生态环境教育的湿地景观区域。

2.0.10　城市绿线(city green line)

城市绿线指城市各类绿地的范围控制线。

3　一般规定

3.0.1　城市绿地规划应根据城市的性质、规模、用地、空间布局等总体要求,分别确定各类城市绿地的位置、性质、规模、功能要求、用地布局、主要出入口设置方位及其边界控制线以及对周边道路、交通、给水、排水、防洪、供电、通信等各类市政设施的配套要求。

3.0.2 城市绿地规划应考虑城市绿地的防灾避险功能。地震烈度在6度以上的城市,应结合城市公园绿地设置防灾避险场地,其用地比例不得少于总面积的30%。位于地震活动带上的城市,应设置防灾公园。城市旧区改造中,应安排紧急避险绿地和疏散通道。不具备防灾避险条件的城市绿地、需要特别保护的动物园、文物古迹密集区、历史名园等,不纳入城市防灾避险体系,但应做好公园自身的防灾避险工作,完善相应的基本设施。

3.0.3 城市公园绿地应根据城市用地条件和发展需要并按照适宜服务半径分类均衡布置。综合公园和社区公园的选址,应有利于方便市民使用和创造特色城市景观。

3.0.4 城市公园范围内的大面积水体应纳入公园用地统一规划并计入公园总面积。利用山林地建设城市公园的,其中坡度小于20%的缓坡平地面积应不低于公园总面积的30%。

3.0.5 城市公园绿地的规划建设一般应按以下程序顺序进行:①立项规划;②勘察设计;③施工建设;④竣工验收;⑤移交管理。在公园规划建设过程中,要坚持政府主导、专家领衔、部门合作、公众参与的原则。

3.0.6 城市绿化用地应保证足够的种植土层厚度。在城市旧区鼓励开展屋顶绿化,满足合理覆土深度(灌木不小于0.8 m,乔木不小于1.5 m)且高度在18 m以下的屋顶绿化,可按60%的比例计入附属绿地统计面积。

3.0.7 位于城市建设用地以外、城市规划区范围以内的其他绿地,应纳入城市绿地系统规划,与城市建设用地内的绿地共同构成完整的绿地系统。

3.0.8 城市绿地规划中应考虑天然降水的收集储存和利用,太阳能、风能、沼气的收集利用等,提倡城市绿地使用城市中水或再生水。

3.0.9 绿地的植物配置,应根据气候条件、绿地功能和景观的需要,做有针对性的选择,提倡采用本土植物,乔、灌、草和花卉相结合。

4 总体布局

4.0.1 综合公园应在城市绿地系统规划中优先考虑,其规划面积应与城市规模相匹配。市、区两级的综合公园应结合城市道路系统呈网络化布局以方便市民游憩。综合公园的单个面积一般不宜小于5 hm^2。

4.0.2 社区公园应结合城市居住区进行布局,应满足300~500 m的服务半径,其单个面积一般在0.1~5 hm^2之间。

4.0.3 直辖市、省会城市和主要的风景旅游城市可设置动物园或野生动物园;一般城市不宜设置动物园;动物园的选址应位于城市近郊,在城市的下游及下风向地段,远离城市各种污染源,要有配套较完善的市政设施,要求水源充足、地形丰富、植被良好。

4.0.4 100万人以上的特大城市应设置植物园,具有特殊气候带或地域植物特色的城市宜设置植物园或专类植物园,其他城市可根据需要进行设置。植物园的选址要求水源充足,土层深厚,现状天然植被丰富,地形有一定变化,避开城市污染源。

4.0.5 带状公园宜选择滨水、沿山林、沿城垣遗址(迹)等资源丰富的地区进行建设,加强城市景观风貌的保护和塑造,以城市道路或自然地形等为界。

4.0.6 街旁绿地的设置应沿城市道路并位于道路红线之外,边界与城市道路红线重合,结合城市道路及公共设施用地进行布局,形态可分为广场绿地和沿街绿地。

4.0.7 生产绿地可在城市规划区范围内选址建设,总面积不少于城市建设用地面积的2%。

4.0.8 城市外围、城市功能区之间、城市粪便处理厂、垃圾处理厂、水源地、净水厂、污水处理厂,加油站、化工厂、生产经营易燃易爆以及影响环境卫生的商品工厂、市场,生产烟、雾、粉尘及有害气体等的工业企业周围必须设置防护绿地,外围还应设置必要的绿化隔离带。

4.0.9 城市快速路、主干路、城区铁路沿线应设置防护绿地,防护绿地宜采用乔木、灌木、地被植物复层混交的绿化结构形式。

4.0.10 其他绿地建设应划定明确的边界,通过绿线进行管理和控制。根据生态系统的完整性和价值的高低,划定保护分区,分别确定保护要求,包括生态核心区、生态缓冲区、生态廊道、生态恢复区等,在保护分区的基础上合理制定功能分区、游憩分区、管理分区等,与市域空间管制的禁止建设地区、限制建设地区相一致。

5 公园绿地规划

5.1 综合公园与社区公园规划

5.1.1 公园绿地设置规模

综合公园与社区公园均为城市居民主要的日常休憩场所,其服务对象与绿地性质相近,开放程度与使用强度在城市绿地中属于最高类别,有明显的共性。按照公园面积的大小,综合公园与社区公园可分为6个规模等级。

(1)A级≥50 hm^2。

(2)20 hm^2≤B级<50 hm^2。

(3)3 hm^2≤C级<20 hm^2。

(4)1 hm^2≤D级<3 hm^2。

(5)0.3 hm^2≤E级<1 hm^2。

(6)0.1 hm^2≤F级<0.3 hm^2。

各个规模等级的综合公园和社区公园应在城市中均衡分布、系统布局;公园配套设施水平应达到一定的合理服务半径,符合表5.1.1的要求。

表5.1.1 综合公园与社区公园的设置规模、服务半径和主要内容

公园类型		规模等级	适宜规模/hm^2	服务半径/m	主要服务对象	主要项目内容
综合公园	市级综合公园	A	>50	>3 000(乘车30~60 min)	全市居民	具有良好的自然或人工营造风景资源,区位良好,交通便捷,易达性强。能够为全市的城市居民提供多样性的户外游憩活动空间,如野营、划船、垂钓、游泳、烧烤、探险、散步、观光、体育运动、科学研究、文化教育等。活动内容设施齐全
	区级综合公园	B	20~50	2 000~3 000(骑车30 min,乘车20 min)	全市居民	具有良好的自然风景资源,交通便捷,靠近居住区域。能够为所在区的城市居民提供自然或人工环境区域,以满足其户外游憩活动需求,如野营、划船、垂钓、游泳、烧烤、探险、散步、观光、体育运动等

续表

<table>
<tr><th colspan="2">公园类型</th><th>规模等级</th><th>适宜规模/hm²</th><th>服务半径/m</th><th>主要服务对象</th><th>主要项目内容</th></tr>
<tr><td rowspan="6">社区公园</td><td rowspan="3">居住区公园</td><td rowspan="2">C</td><td>5~20</td><td>1 200~2 000（骑车20 min，乘车10 min）</td><td>市辖区居民</td><td rowspan="2">有明确的功能分区，提供的设施种类繁多，具有多样性的环境，包括具有运动复合体的集中游憩设施。可以满足一定区域内市民对康乐活动的广泛需要。包括集中游憩设施的区域，也可提供户外休息、散步、观光、游览、野营等户外活动区域</td></tr>
<tr><td>3~5</td><td>800~1 200（步行20 min内）</td><td>居住区居民</td></tr>
<tr><td>D</td><td>1~3</td><td>500~800（步行8~15 min）</td><td>近邻居民</td><td>以动态康体活动为主，兼顾静态休闲。为主流的康体活动及青少年运动提供场地设施，同时也为静态康乐活动提供场所</td></tr>
<tr><td rowspan="2">小区游园</td><td>E</td><td>0.3~1</td><td>300~500（步行5~8 min）</td><td>近邻居民</td><td>动静态休闲结合，为居民提供休息和休闲活动场所，提供少量康体设施。具有集中的游憩活动项目，如儿童游戏场、溜冰场等</td></tr>
<tr><td>F</td><td>0.1~0.3</td><td>200~300（步行3~5 min）</td><td>居住区内老人和儿童</td><td>以静态活动为主，并兼顾某些动态康体活动。主要设有儿童游乐场所、老人康体场所。为有限人口或特殊群体如老人、儿童、残障人士等提供特别的休闲设施</td></tr>
</table>

5.1.2 公园绿地环境容量

城市公园绿地规划需考虑适宜的环境容量，一般可通过人均公园面积指标进行控制。综合公园与社区公园规划建设的合理环境容量，须结合公园用地布局结构确定，见表5.1.2。

表5.1.2 综合公园与社区公园环境容量规划指标

<table>
<tr><th colspan="2">公园类型</th><th>规模等级</th><th>适宜规模/hm²</th><th>服务半径/m</th><th>适宜的人均公园面积/m²</th><th>服务半径内城市人口人均公园面积/m²</th></tr>
<tr><td rowspan="3">综合公园</td><td rowspan="2">市级综合公园</td><td>A</td><td>> 50</td><td>> 3 000（乘车30~60 min）</td><td>50~70</td><td rowspan="2">≥3（容纳10%市民同时游园）</td></tr>
<tr><td>B</td><td>20~50</td><td>2 000~3 000（骑车30 min内，乘车20 min内）</td><td>50~70</td></tr>
<tr><td>区级综合公园</td><td rowspan="2">C</td><td>5~20</td><td>1 200~2 000（步行40 min，骑车20 min，乘车10 min内）</td><td rowspan="2">30~50</td><td rowspan="2">≥2</td></tr>
<tr><td rowspan="4">社会公园</td><td rowspan="2">居住区公园</td><td>3~5</td><td>800~1 200（步行20 min内）</td></tr>
<tr><td>D</td><td>1~3</td><td>500~800（步行8~15 min内）</td><td>20~30</td><td rowspan="3">≥2</td></tr>
<tr><td rowspan="2">小区游园</td><td>E</td><td>0.3~1</td><td>300~500（步行5~8 min内）</td><td>20~30</td></tr>
<tr><td>F</td><td>0.1~0.3</td><td>200~300（步行3~5 min内）</td><td>10~20</td></tr>
</table>

规划确定城市综合公园与社区公园建设规模时，还应考虑一些不确定因素对公园环境容量的影响。如公园服务半径范围内人口、经济、社会文化、传统习俗及地理气候条件等，使公园环境容量具有一定弹性，以利于适应城市社区生活方式的变化。

5.1.3 公园建设用地平衡

综合公园与社区公园的建设用地平衡,应以园内可供游人使用的有效游憩场地面积——“游赏用地”为依据进行规划控制。计算方式如下:

公园游赏用地=(公园总用地面积-园内景观水体面积)×坡度面积修正系数

式中,坡度修正系数详见表5.1.3。

表5.1.3 公园建设用地面积计算的坡度修正系数

斜坡坡度	计算在供应标准内的土地面积百分比/%	说明
<1:10	100	全部计入公园供应标准土地
1:10~1:5	60	进行适当地块平整工程后宜作动态游憩活动
1:5~1:2	30	适合作静态游憩活动
>1:2	无	不宜作公园休憩活动用地

综合公园与社区公园规划建设用地平衡指标宜按表5.1.4控制。

表5.1.4 综合公园与社区公园游赏用地比例控制

公园类型		公园用地面积/hm^2	公园内各分项游赏用地比例/%					
			Ⅰ 园路场地	Ⅱ 游戏康体	Ⅳ 园林建筑	Ⅴ 园务管理	Ⅵ 植被绿地	Ⅶ 体育游乐
综合公园	市级综合公园	>50	5~15	>2	<3.5	<1	>75	<3
	区级综合公园	20~50	5~15	>3	<4	<1	>75	<5
	居住区公园	5~20	5~15	>3	<5	<2	>70	<5
社区公园	居住区公园	3~5	10~20	>5	<3	<1	>70	<7
		1~3	10~20	>10	<2	—	>70	<10
	小区游园	0.3~1	15~25	>10	<1	—	>65	<10
		0.1~0.3	20~30	>10	<0.5	—	>65	—

综合公园与社区公园内需设置的基本设施,主要有休闲游憩、交通导游、安全卫生、商业服务、市政配套、防灾避灾以及园务管理等类别,各规模等级的公园对相关设施的配备有不同要求,具体如表5.1.5所示。

5.1.4 公园功能设施配置

综合公园与社区公园的功能设施可分为应设置、宜设置、可设置及不宜设置4类。其基本功能区的设置内容包括休闲游憩、游戏康体、文化教育、园务管理、商业服务、大型游乐、体育运动等7项,详见表5.1.6。公园中可适当设置小型商业服务及游乐运动项目以方便市民游憩生活需要和提升公园使用功能,如餐厅、茶室、游乐设施、小型球场等。在公园的规划建设工作中,应妥善控制此类项目的用地比例以保证公园作为生态绿地的基本属性。综合公园应有配套方便的公共交通和停车设施,出入口不应设在交通性主干道上。

表 5.1.5 综合公园与社区公园的基本设施规划配置

基本设施配置		公园规模/hm²						
		社区公园				综合公园		
		小区游园		居住区公园		区级综合公园	市级综合公园	
		0.1～0.3	0.3～1	1～3	3～5	5～20	20～50	＞50
游憩休闲设施	休息椅凳	●	●	●	●	●	●	●
	遮阳避雨设施	○	●	●	●	●	●	●
	游戏健身设施	●	●	●	●	●	●	●
	观赏游憩空间	●	●	●	●	●	●	●
交通导游系统	园路分级	2	2	2～3	3	3	3	3
	停车场	—	—	—	△	○	●	●
	自行车存放处	—	—	△	●	●	●	●
	无障碍设施	●	●	●	●	●	●	●
	门岗	—	△	○	○	●	●	●
	标志系统	○	○	○	●	●	●	●
卫生安全设施	垃圾箱	●	●	●	●	●	●	●
	公厕	—	△	○	●	●	●	●
	治安亭	—	△	△	○	○	●	●
	医疗设施	—	—	△	○	○	●	●
	警示标志	●	●	●	●	●	●	●
商业服务设施	小卖、服务部	—	△	○	○	○	●	●
	餐厅、茶座	—	—	—	△	○	●	●
	摄影、工艺品	—	—	—	△	△	○	○
	游艺设施	—	—	—	△	△	△	△
市政设施	电力照明	●	●	●	●	●	●	●
	给排水	●	●	●	●	●	●	●
	能源、通信	—	—	△	△	○	●	●
园务管理设施	管理办公处	—	△	△	○	●	●	●
	仓库、修理间	—	△	△	○	○	●	●
	广播宣传室	—	—	△	△	○	●	●
	生产圃地	—	—	—	△	○	●	●
	垃圾中转站	—	—	—	△	○	●	●
防灾避灾设施		—	△	△	○	○	○	○

注："●"表示应设置，"○"表示宜设置，"△"表示可设置，"—"表示不宜设置。

表 5.1.6　综合公园与社区公园的基本功能区规划配置

基本功能设置		公园规模/hm²						
		社区公园				综合公园		
		小区游园		居住区公园		区级综合公园	市级综合公园	
		0.1~0.3	0.3~1	1~3	3~5	5~20	20~50	>50
1	休闲游憩	●	●	●	●	●	●	●
2	游戏康体	●	●	●	●	●	●	●
3	文化教育	○	○	○	●	●	●	●
4	园务管理	—	—	△	○	●	●	●
5	商业服务	—	—	△	○	○	●	●
6	大型游乐	—	—	—	△	○	○	○
7	体育运动	—	△	○	○	△	△	△

注:"●"表示应设置,"○"表示宜设置,"△"表示可设置,"—"表示不宜设置。

5.1.5　公园植物造景配置

综合公园与社区公园的植物造景配置应遵循如下原则。

(1)适地适树,尽量提高公园内应用植物种类的多样性。

(2)公园植被结构应以乔木为主,努力建构优良的复层植物群落。

(3)注重营造各公园景区的植物景观特色。

(4)植物造景配置须兼顾近、远期景观效果。

(5)植物造景配置应符合当地市民的游赏习惯,创造群众喜闻乐见和有地方特色的游憩空间。

(6)公园内建筑物的屋顶绿化,须保证乔、灌、草等植物土层厚度与承重、防水安全。

(7)公园内草坪与林地的比例按表 5.1.7 控制。在大、中型综合公园内,应规划设置一定面积的生态保育地,其用地比例宜控制在公园总面积的 10% 左右。

表 5.1.7　综合公园与社区公园的绿地结构规划控制指标

公园类型		社区公园				综合公园		
		小区游园		居住区公园		区级综合公园	市级综合公园	
公园规模/hm²		0.1~0.3	0.3~1	1~3	3~5	5~20	20~50	>50
绿地构成	草坪占绿地比例/%	<30	<30	<30	<25	<25	<20	<20
	风景林地占绿地比例/%	>70	>70	>70	>70	>70	>70	>70
	生态保育地占绿地比例/%	—	—	—	>10	>10	>15	>20

注:生态保育地与风景林地在规划控制指标上可以重叠。

5.1.6　公园特色景观营造

城市综合公园与社区公园的规划建设应力求合理运用自然、历史与文化资源,充分发挥地带性植物特色,营造一定的主题景观,开展有特色的游憩活动。其主要的实现途径有以下几种。

(1)利用历史文化古迹等有利资源,整合为公园特色景观。

(2)运用主题雕塑或建、构筑物等设施营造特色景观。

(3)通过园内一定规模的特色植物配置形成特色景观。

(4)营造园中园、精品园或专类景区形成特色景观。

(5)举办大型季节性、主题游憩活动创造公园特色。

5.2 专类公园规划

5.2.1 植物园

(1)植物园的用地规模宜大于 40 hm^2,专类植物园不宜小于 2 hm^2。

(2)植物园的用地比例应符合《公园设计规范》CJJ 48—92 的要求。

(3)植物园周边应有快捷、方便的公共交通系统。

5.2.2 动物园

(1)动物园的用地规模宜大于 20 hm^2,专类动物园以 5 ~ 20 hm^2 为宜。

(2)动物园的用地比例应符合《公园设计规范》CJJ 48—92 的要求。

(3)动物园周边应有快捷、方便的公共交通系统。

5.2.3 儿童公园

(1)儿童公园面积宜大于 2 hm^2,不宜超过 20 hm^2。儿童公园可独立设置或结合城市综合公园设置。

(2)儿童公园的用地比例应符合《公园设计规范》CJJ 48—92 的要求。

5.2.4 历史名园

(1)历史名园规划应符合《中华人民共和国文物保护法》的规定,保护历史名园的原真性和完整性。

(2)历史名园外围应划定建设控制区与环境协调区,并制定相应的保护规划。

5.2.5 风景名胜公园

(1)风景名胜公园的规模应根据风景名胜区与城区界线的交叉范围确定。

(2)风景名胜公园的规划应符合《风景名胜区规划规范》的要求。

5.2.6 防灾公园

(1)防灾公园的规模宜大于 20 hm^2。

(2)防灾公园应根据防灾功能的需要,在公园的总体布局中,对场地、道路、水电供应、通信、医疗救助、食物储备、直升机停机坪等统筹安排。

5.2.7 其他专类公园,应有名副其实的主题内容,全园面积宜大于 2 hm^2。

表 5.2.1 专类公园用地比例 %

陆地面积 /hm^2	用地类型	专类公园类型						
		儿童公园	动物园	专类动物园	植物园	专类植物园	风景名胜公园	其他专类公园
<2	Ⅰ	15 ~ 25	—	—	—	15 ~ 25	—	—
	Ⅱ	<1.0	—	—	—	<1.0	—	—
	Ⅲ	<4.0	—	—	—	<7.0	—	—
	Ⅳ	>65	—	—	—	>65	—	—

续表

陆地面积/hm^2	用地类型	专类公园类型						
		儿童公园	动物园	专类动物园	植物园	专类植物园	风景名胜公园	其他专类公园
2~5	Ⅰ	10~20	—	10~20	—	10~20	—	10~20
	Ⅱ	<1.0	—	<2.0	—	<1.0	—	<1.0
	Ⅲ	<4.0	—	<12	—	<7.0	—	<5.0
	Ⅳ	>65	—	>65	—	>70	—	>70
5~10	Ⅰ	8~18	—	8~18	—	8~18	—	8~18
	Ⅱ	<2.0	—	<1.0	—	<1.0	—	<1.0
	Ⅲ	<4.5	—	<14	—	<5.0	—	<4.0
	Ⅳ	>65	—	>65	—	>70	—	>75
10~20	Ⅰ	5~15	—	5~15	—	—	—	5~15
	Ⅱ	<2.0	—	<1.0	—	—	—	<0.5
	Ⅲ	<4.5	—	<14	—	—	—	<3.5
	Ⅳ	>70	—	>65	—	—	—	>80
20~50	Ⅰ	—	5~15	—	5~10	—	—	5~15
	Ⅱ	—	<1.5	—	<0.5	—	—	<0.5
	Ⅲ	—	<12.5	—	<3.5	—	—	<2.5
	Ⅳ	—	>70	—	>65	—	—	>80
≥50	Ⅰ	—	5~10	—	3~8	—	3~8	5~10
	Ⅱ	—	<1.5	—	<0.5	—	<0.5	<0.5
	Ⅲ	—	<11.5	—	<2.5	—	<1.5	<1.5
	Ⅳ	—	>75	—	>85	—	>85	>85

注：Ⅰ——园路及铺装场地；Ⅱ——管理建筑；Ⅲ——游览、休憩、服务、公用建筑；Ⅳ——绿化用地。

5.3 带状公园规划

5.3.1 带状公园分为滨水带状公园、城墙带状公园和道路带状公园3类。

5.3.2 带状公园规模设置应符合下列规定。

(1)带状公园根据依托载体的尺度大小，以及保持生态效应要求，规模宜大于5 hm^2。

(2)带状公园最窄处宽度必须满足游人通行、绿化种植带的延续以及小型游憩设施的布置要求，其最小宽度不得小于12 m。

(3)带状公园的长度应根据滨水、城墙、道路等所处特定的地理条件而定，考虑到其具有生态廊道效应，带状公园长度应大于1 km。

5.3.3 带状公园主要用地比例控制要求。

带状公园内部用地比例应根据公园类型和陆地面积确定，其绿化、建筑、园路及铺装场地等主要用地的比例宜符合表5.3.3的规定。对于带状公园的其他用地比例，可根据用地条件和市场需求酌情考虑。

表 5.3.3　带状公园主要用地比例　%

用地类型 公园类型	绿化用地	建筑用地		园路及铺装场地
		管理建筑	公用建筑	
滨水带状公园	>65	<0.5	<1.5	10~15
城墙带状公园	>80	<0.5	<1.0	10~15
道路带状公园	>70	<0.5	<1.0	10~25

注：上述用地为园区主要用地，比例不足 100%，其余是水面、构筑物等其他用地。

5.3.4　带状公园保护控制应满足下列要求。

(1)滨水带状公园应根据水源和现状地形等条件，确定各类水体的形状和使用要求。按照水系保护的要求，划定必要的保护范围，以及对河道驳岸的处理提出合理化的建议和规定。

(2)城墙带状公园按当地城墙保护法规的要求，划定城墙两侧一定距离为城墙保护范围，严禁任何建设；城墙保护范围外侧一定距离为控制范围，以绿化为主，可建设少量、低层与公园相关的小型配套设施。

(3)道路带状公园应设置在交通量较小的生活性干道，不得设置在交通性干道附近，同时植物配置应保证道路视线通畅，不得影响车辆的安全通行。

5.4　街旁绿地规划

5.4.1　街旁绿地一般包括广场绿地、沿街绿地。

5.4.2　街旁绿地环境容量设置宜遵循下列要求。

(1)城市广场绿地总面积宜按城市人口 0.1~0.4 m^2/人计算，规划环境容量指标详见表 5.4.2。

表 5.4.2　广场绿地环境容量规划指标

规模等级	适宜规模/hm^2	服务半径/m	服务半径内城市人口人均广场绿地面积/m^2
特大城市	> 5	> 3 000	≥0.10
大中城市	3~4	1 200~2 000	≥0.12
小城市	1~2		≥0.15
区级			
居住区级	0.5~1.0	500~800	≥0.2

(2)沿街绿地宜大于 1 000 m^2。

5.4.3　街旁绿地指标控制要求。

(1)广场绿地的绿化用地比例应大于等于 40%，沿街绿地的绿化用地比例应大于等于 65%。

(2)街旁绿地建筑密度宜控制在 1% 以下，容积率宜控制在 0.03 以下。

5.4.4　街旁绿地设施配套内容。

(1)广场绿地功能设施设置主要内容包括休闲游憩、游戏康体、文化教育、园务管理、商业服务、防灾避灾等6项,详见表5.4.4。

(2)沿街绿地以绿化游憩为主,其他功能可不作要求。

表5.4.4 广场绿地基本设施规划配置

基本设施配置		广场绿地
游憩休闲设施	休息椅凳	●
	遮阳避雨设施	●
	游戏健身设施	●
	观赏游憩空间	●
交通导游系统	园路分级	—
	停车场	○
	自行车存放处	●
	无障碍设施	●
	门岗	—
	标志系统	●
卫生安全设施	垃圾箱	●
	公厕	○
	治安亭	△
	医疗设施	△
	警示标志	●
商业服务设施	小卖、服务部	△
	餐厅、茶座	△
	摄影、工艺品	△
	游艺设施	△
市政设施	电力照明	●
	给排水	●
	能源、通信	○
园务管理设施	管理办公处	○
	仓库、修理间	—
	广播宣传室	△
	生产圃地	—
	垃圾中转站	—
防灾避灾设施		●

注:"●"表示应设置,"○"表示宜设置,"△"表示可设置,"—"表示不宜设置。

5.4.5 街旁绿地植栽应满足下列要求。

(1)以常绿树种为主,乔、灌、草和花卉搭配为宜,防护与观赏相结合。

(2)乔、灌木不应选用枝叶有硬刺或枝叶形状呈尖硬剑、刺状以及有浆果或分泌物坠地的种类，铺栽草坪应选用耐践踏的种类。

5.4.6 停车场的植物配置应根据不同生态条件和植物的习性，形成庇荫，避免阳光直射车辆，以改善停车场环境，宜采用混凝土或塑料植草砖铺地，应选择耐受性强的抗压植物。鼓励结合广场绿地建设地下停车库。

6 防护绿地规划

6.0.1 城市防护绿地包括具有卫生、安全、隔离等功能的各类防护绿带、防风林等。

6.0.2 水源地周围必须设置防护绿带，宽度执行《城镇及工矿供水水文地质勘查规范》DZ 44—86 的规定。植物配置应选择净化能力强、抗风、滞尘的植物。

6.0.3 净水厂周围必须设置防护绿带，宽度执行《城市给水工程规划规范》GB 50282—98 的规定。植物配置应选择净化能力强、抗风、滞尘的植物。

6.0.4 粪便处理厂周围必须设置防护绿带，宽度不宜小于 100 m。植物配置应选择枝叶浓密、抑杀细菌、净化效能好的植物。

6.0.5 污水处理厂周围必须设置防护绿带，宽度不宜小于 50 m。植物配置应选择枝叶浓密、抑杀细菌、净化效能好的植物。

6.0.6 垃圾处理厂周围必须设置防护绿带，宽度不宜小于 50 m。植物配置应选择枝叶浓密、抑杀细菌、净化效能好的植物。

6.0.7 工业区与非工业区之间应设置防护绿带，宽度不宜小于 50 m。植物配置应选择枝叶茂密、抗污性能好、净化能力强、降噪音能力强的植物。

6.0.8 学校与道路主干线之间应设置防护绿带，宽度不宜小于 10 m。植物配置应选择枝叶茂密、降噪、滞尘的植物。

6.0.9 医院与道路主干道、商业区之间应设置防护绿带，宽度不宜小于 15 m，植物配置应选择枝叶浓密、降噪音效果好、抑杀细菌、净化效能好、有助于治疗康复和精神慰藉的植物。

6.0.10 快速路防护绿带宽度单侧不宜小于 30 m。植物配置应选择枝叶茂密、耐污染、吸尘、降噪音能力强的植物。

6.0.11 城市主干道防护绿带宽度单侧不宜小于 10 m。植物配置应结合城市景观的需要，乔、灌木相结合。

6.0.12 城区铁路沿线防护绿带宽度单侧不宜小于 30 m，专用铁路线防护绿带单侧不宜小于 10 m。

6.0.13 受风沙、风暴潮侵袭的城市，在盛行风向的上风侧应设置两道以上防风林带，每道宽度不宜小于 50 m。

7 附属绿地规划

7.0.1 附属绿地包括居住绿地、道路绿地、公共设施绿地、工业绿地、仓储绿地、对外交通绿地、市政设施绿地和特殊绿地。

7.0.2 居住绿地规划应符合以下规定。

(1)居住绿地规划宜与居住区规划同步进行，结合居住区的规划布局形式、环境特点及用地的具体条件，统筹安排。

(2)居住绿地规划应综合考虑周边道路路网、车行与人行交通、建筑布局、空间环境等综合因素，构建结构合理、使用方便、景观优美的绿地系统。

(3)居住绿地布局应方便居民使用,有利居民户外活动和植物正常生长,并综合考虑安全防卫和物业管理要求。

(4)居住绿地内宜设置一定面积的老年人、儿童活动场地。

(5)居住绿地植物配置应遵循3条基本原则:①绿化应以乔木为主,强调乔木、灌木与地被植物相结合;②植物选择应适地适树,并符合植物间伴生的生态习性;③宜保留有价值的原有树木,对古树名木应予以保护。

(6)新建居住区居住绿地应不小于居住区用地面积的30%,改建、扩建居住区居住绿地应不小于居住区用地面积的25%。

(7)居住绿地中的道路绿地率不宜小于15%。

(8)居住绿地绿化面积(不含水面)不宜小于70%。

(9)居住绿地面积统计应符合以下要求:①居住区内的私家庭院、独立运动场地不应计入居住绿地面积统计;②在组团绿地内设置的、面积不超过组团绿地面积25%的儿童活动场地和综合健身场地可计入居住绿地面积;③按《种植屋面工程技术规程》JGJ 155—2007设计,实现永久绿化,满足当地植树绿化覆土要求,方便居民出入的地上、地下或半地下建筑的屋顶绿化可计入居住绿地面积;④居住绿地面积计算要求应符合《城市居住区规划设计规范》GB 50180—93 中 A.0.2 附图、A.0.3 附图、A.0.4 附图的规定。

(10)居住绿地中的组团绿地设置应符合表7.0.2的规定。

表7.0.2　组团绿地控制指标

绿地名称	最小规模 /hm^2	占居住区用地比例/%	总面积单位指标（居住区人口规模）	绿化面积（不含水面）	布局要求
组团绿地	0.04	3~6	≥0.5 m^2/人(旧区不应低于本指标的70%)	不宜小于70%	至少应有一个边与相应级别的道路相邻,不少于1/3的绿地面积在标准的建筑日照阴影线范围之外

(11)院落式组团绿地的设置应符合《城市居住区规划设计规范》GB 50180—93 中表7.0.4-2的要求。

7.0.3　道路绿地规划应符合以下要求。

(1)道路规划时应同时确定道路绿地率。

(2)道路绿地率应符合《城市道路绿化规划与设计规范》CJJ 75—97 中3.1.2的要求。

(3)道路绿地内的绿带宽度不宜小于1.5 m。

(4)道路绿地布局应综合考虑道路交通需求、交通安全、景观效果、市政设施布置以及与沿路建筑物、公园绿地、河道等的关系。

(5)道路绿地景观规划宜与毗邻的其他类型绿地相结合。

(6)道路绿地景观规划应体现城市地方特色和城市风貌,并与建筑、市政设施等共同组成街道景观。

7.0.4　公共设施绿地规划应符合以下要求。

(1)文化娱乐用地、教育科研设计用地、行政办公用地、体育用地内的绿地率不应低于35%。

(2)商业金融用地的绿地率不应低于20%。

(3)其他公共设施用地的绿地率不应低于30%。

(4)公共设施绿地的绿化面积不应小于70%。

(5)公共设施绿地统计应符合以下要求:①集中成片的绿地按实际范围计算;②绿地中的园林设施和场地占地,可计算为绿地面积;③庭院绿化的用地面积,按设计中可用于绿化的用地计算,距建筑外墙1.5 m和道路边线1 m以内的用地,不计算为绿化用地;④宅旁(宅间)绿化面积计算,起止绿地边界对无便道的道路算到路缘石,当道路设有人行便道时算到便道边,房屋墙脚1.5 m内部计算为绿地,对其他围墙、院墙可计算到墙脚;⑤道路绿地面积计算,以道路红线内各种绿带实际面积为准进行计算,种植有行道树的将行道树绿带按1.5 m宽度统计在道路绿地中;⑥株行距在6 m×6 m以下栽有乔木的停车场,可计算为绿地面积。

7.0.5 工业绿地规划应符合以下要求。

(1)一类、二类工业用地绿地率不应低于20%。

(2)三类工业用地和其他产生有害气体及污染工厂的工业用地绿地率不应低于30%。应按本规范防护绿地6.0.7设立不小于50 m的防护林带。

(3)工业绿地统计应按照本规范中7.0.4执行。

7.0.6 仓储用地绿地率不应低于20%,绿地统计应按照本规范中7.0.4执行。

7.0.7 市政设施用地绿地率不应低于20%,净水厂、粪便处理厂、污水处理厂、垃圾处理厂等有特殊要求的市政用地绿地应按《室外给水设计规范》GBJ 13—86、《城市粪便处理厂设计规范》CJJ 64—95、《室外排水设计规范》GBJ 14—87、《生活垃圾焚烧处理工程技术规范》CJJ 92—2002、《生活垃圾卫生填埋技术规范》CJJ 17—2004的规定执行。绿地统计应按照本规范中7.0.4执行。

7.0.8 特殊绿地规划应根据自身用地情况确定绿地率和绿地布局,绿地率不宜小于25%。

8 其他绿地规划

8.1 郊野公园规划

8.1.1 郊野公园的选址应符合以下要求。

(1)选址距离中心城区不宜超过80 km。

(2)应与其他城市建成区内外的绿地形成连续的系统,以保护城市内外各种自然、半自然生态系统的完整性,为物种提供迁移廊道。

8.1.2 郊野公园的规划要求如下。

(1)应为当地和周边城镇居民提供观光、度假、健身、科普、漫步、远足、烧烤、露营等环境和必要的游客中心、教育中心、小径、标本室等人工设施。

(2)郊野公园主要以城郊的自然、半自然生态系统和景观为主,应保持现有植被、水体和地形的自然状态,应减少人工构筑的痕迹,突出自然性、野趣及乡村原始风貌,应控制公园内的人工构筑物数量。

(3)郊野公园应根据城市周边的郊野自然景观特征有机布局,灵活组织,其功能定位也根据用地组成有侧重,总体应保护为主、利用为辅,协调自然保护与游憩双重功能,从协调保护与利用的关系出发,应合理划分生态核心区、生态恢复区和郊野游览区等分区。

8.2　湿地规划

8.2.1　湿地公园的选址应符合要求。

湿地公园应位于城市的近郊，远离城市的污染源，可达性好，与区域水文过程保持紧密联系，包括地表径流汇流、地表水下渗及与地下水的交换等过程。

(1)在水体汇流和循环的自然路径上，包括低洼区域、历史洪泛区、古河道等。

(2)下水位应达到或接近地表，或者处于浅水淹覆状态，地表有水的时间应在1年中不少于3个月，并且该季节应是湿地植物的每年生长季节。

(3)紧邻现有的河湖或海洋边沿、湿地公园滨海时，其边界线应满足水深不超过6 m，湿地公园滨河时，其边界线应满足水深不超过2 m。

8.2.2　湿地公园的规模：为充分发挥湿地的综合效益，城市湿地公园应具有一定的规模，一般不应小于25 hm^2，其中最小水量时段的水面面积应不小于10 hm^2。

8.2.3 湿地公园的范围：湿地公园应维护地段的生物多样性、水文连贯性、环境完整性、生态系统的动态稳定性，其范围应尽可能以水域为核心，将区域内影响湿地生态系统连续性和完整性的各种用地都纳入规划范围，特别是湿地周边的林地、草地、溪流、水体等。

8.2.4　湿地公园的规划要求如下。

(1)湿地公园功能分区应包括重点保护区、湿地展示区、游览活动区和管理服务区等区域。

(2)切实保护湿地的规模、性质、特征的基础上，结合湿地的经济价值和观赏价值，适度开展休闲、游览、科研和科普活动。

(3)严格限定湿地公园中各类管理服务设施的数量、规模与位置；建筑风格应体现地域特征，公园整体风貌应与湿地整体特征相适应。

(4)恢复次生态的湿地植物群落，应以本地物种为主导，慎重引进外来物种时，避免造成新的污染和灾害。

8.3　城市绿化隔离带规划

8.3.1　绿化隔离带主要由城市规划区内各组团之间的各类生态用地组成，如生产绿地、防护绿地，以及耕地、园地、林地、牧草地、水域等，其间可伴有少量市政设施、道路交通及特殊用地。根据其所在城市的功能及自然地貌的特征，呈环形、楔形、廊道形、卫星形、缓冲形、中心形等不同形态。

8.3.2　城市绿化隔离带的布局要求如下。

(1)城市绿化隔离带用地的主体应是绿地及其他自然、半自然生态用地，应严格保留，并保持在较高比例。

(2)应根据区内自然条件，遵循现状地形地貌、湖泊水系、动植物资源、历史文化遗产的分布进行布局，并与道路交通系统、城市设施走廊等协调；沿湖泊、水系布局的绿化隔离带，应符合国家关于防洪、航运的要求，并使之发挥生物保护和游憩的功能。

8.3.3　生产易燃、易爆、烟、粉尘及有害气体等化工企业及园区，其防护绿地外围须加设绿化隔离带，宽度不应小于《化工企业安全卫生设计规范》(HG 20571—95)、《石油化工企业卫生防护距离》(SH 3093—1999)的卫生防护距离。

6　绿色建筑与生态、低碳、环保

绿色建筑的定义：在建筑的全寿命周期内，最大限度地节约资源（节能、节地、节水、节材）、保护环境和减少污染，为人们提供健康、适用和高效的使用空间，与自然和谐共生的建筑。

绿色建筑是将可持续发展理念引入建筑领域的结果，将成为未来建筑的主导趋势。我国从人与自然和谐发展，节约资源，有效利用资源和保护环境，采取加大节能减排力度，按经济结构优化方式，低排放、高效能、高效率、循环再生、再利用的低碳发展模式，坚持可持续发展的理念。

在我国国民经济和社会发展第十二个五年规划纲要中的第六篇题为《绿色发展　建设资源节约型环境友好型社会》中有：

第二十一章　积极应对全球气候变化；

第二十二章　加强资源节约和管理；

第二十三章　大力发展循环经济；

第二十四章　加大环境保护力度；

第二十五章　促进生态保护和修复；

第二十六章　加强水利和防灾减灾体系建设。

在第三章“主要目标”中提到，按照与应对国际金融危机冲击重大部署衔接，与到2020年实现全面建设小康社会奋斗目标紧密衔接要求，综合考虑未来发展趋势和条件，今后五年经济社会发展的主要目标是：资源节约，环境保护成效显著；耕地保有量保持在18.18亿亩；单位工业增加值用水量降低30%，农业灌溉用水有效利用系数提高到0.53；非化石能源占一次能源消费比重达到11.4%；单位国内生产总值能源消耗降低16%，单位国内生产总值二氧化碳排放降低17%；主要污染物排放总量显著减少，化学需氧量、二氧化硫排放分别减少8%，氨氮、氮氧化物排放分别减少10%；森林覆盖率提高到21.66%，森林蓄积量增加6亿m^3。

6.1　《绿色建筑评价标准》GB/T 50378—2006（节录）

1　总则

1.0.1　为贯彻执行节约资源和保护环境的国家技术经济政策，推进可持续发展，规范绿色建筑的评价，制定本标准。

1.0.2　本标准用于评价住宅建筑和公共建筑中的办公建筑、商场建筑和旅馆建筑。

1.0.3　评价绿色建筑时，应统筹考虑建筑全寿命周期内，节能、节地、节水、节材、保护环境、满足建筑功能之间的辩证关系。

1.0.4　评价绿色建筑时，应依据因地制宜的原则，结合建筑所在地域的气候、资源、自然环境、经济、文化等特点进行评价。

1.0.5　绿色建筑的评价除应符合本标准外，尚应符合国家的法律法规和相关的标准，体现经济效益、社会效益和环境效益的统一。

2.0.1　绿色建筑（green building）。在建筑的全寿命周期内，最大限度地节约资源（节能、节地、节水、节材）、保护环境和减少污染，为人们提供健康、适用和高效的使用空间，与自然和谐共生的建筑。

3.1.1　绿色建筑的评价以建筑群或建筑单体为对象。评价单栋建筑时，凡涉及室外环境的指标，以该栋建筑所处环境的评价结果为准。

3.1.2　对新建、扩建与改建的住宅建筑或公共建筑的评价，应在其投入使用1年后进行。

3.2　评价与等级划分

3.2.1　绿色建筑评价指标体系由节地与室外环境、节能与能源利用、节水与水资源利用、节材与材料资源利用、室内环境质量和运营管理6类指标组成。每类指标包括控制项、一般项与优选项。

3.2.2　绿色建筑应满足本标准第4章住宅建筑或第5章公共建筑中所有控制项的要求，并按满足一般项数和优选项数的程度，划分为3个等级，等级划分按表3.2.2－1、表3.2.2－2确定。

表3.2.2－1　划分绿色建筑等级的项数要求（住宅建筑）

等级	一般项数（共40项）						优选项数（共9项）
	节地与室外环境（共8项）	节能与能源利用（共6项）	节水与水资源利用（共6项）	节材与材料资源利用（共7项）	室内环境质量（共6项）	运营管理（共7项）	
★	4	2	3	3	2	4	—
★★	5	3	4	4	3	5	3
★★★	6	4	5	5	4	6	5

表3.2.2－2　划分绿色建筑等级的项数要求（公共建筑）

等级	一般项数（共40项）						优选项数（共14项）
	节地与室外环境（共6项）	节能与能源利用（共10项）	节水与水资源利用（共6项）	节材与材料资源利用（共8项）	室内环境质量（共6项）	运营管理（共7项）	
★	3	4	3	5	3	4	—
★★	4	5	4	6	4	5	6
★★★	5	6	5	7	5	6	10

4 住宅建筑

4.1 节地与室外环境

控制项

4.1.3 人均居住用地指标:低层不高于43 m^2、多层不高于28 m^2、中高层不高于24 m^2、高层不高于15 m^2。

4.1.4 住区建筑布局保证室内外的日照环境、采光和通风的要求,满足现行国家标准《城市居住区规划设计规范》GB 50180—93 中有关住宅建筑日照标准的要求。

4.1.5 种植适应当地气候和土壤条件的乡土植物,选用少维护、耐候性强、病虫害少、对人体无害的植物。

4.1.6 住区的绿地率不低于30%,人均公共绿地面积不低于1~2 m^2。

一般项

4.1.14 根据当地的气候条件和植物自然分布特点,栽植多种类型植物,乔、灌、草结合,构成多层次的植物群落,每100 m^2绿地上不少于3株乔木。

4.1.15 选址和住区出入口的设置方便居民充分利用公共交通网络。住区出入口到达公共交通站点的步行距离不超过500 m。

4.1.16 住区非机动车道路、地面停车场和其他硬质铺地采用透水地面,并利用园林绿化提供遮阳。室外透水地面面积比不小于45%。

优选项

4.1.17 合理开发利用地下空间。

4.1.18 合理选用废弃场地进行建设。对已被污染的废弃地进行处理并达到有关标准。

4.2 节能与能源利用

一般项

4.2.9 根据当地气候和自然资源条件,充分利用太阳能、地热能等可再生能源。可再生能源的使用量占建筑总消耗的比例大于5%。

优选项

4.2.10 采暖或空调能耗不高于国家标准或备案的建筑节能标准规定值的80%。

4.2.11 可再生能源的使用量占建筑总能耗的比例大于10%。

4.3 节水与水资源利用

控制项

4.3.3 采用节水器具和设备,节水率不低于8%。

4.3.4 景观用水不采用市政供水,并自备地下水井供水。

一般项

4.3.10 降雨量大的缺水地区,通过技术经济比较,合理确定雨水集蓄及利用方案。

4.3.11 非传统水源利用率不低于10%。

优选项

4.3.12 非传统水源利用率不低于30%。

4.4 节材与材料资源利用

一般项

4.4.3 施工现场500 km以内生产的建筑材料重量占建筑材料总重量的70%以上。

4.4.7 在建筑设计选材时考虑使用材料的可再循环使用性能。在保证安全和不污染环境的情况下,可再循环材料使用重量占所用建筑材料总重量的10%以上。

4.4.8 土建与装修工程一体化设计施工,不破坏和拆除已有的建筑构件及设施。

4.4.9 在保证性能的前提下,使用以废弃物为原料生产的建筑材料,其用量占同类建筑材料的比例不低于30%。

优选项

4.4.10 采用资源消耗和环境影响小的建筑结构体系。

4.4.11 可再利用建筑材料的使用率大于5%。

5 公共建筑

5.1 节地与室外环境

5.1.1 场地建设不破坏当地文物、自然水系、湿地、基本农田、森林和其他保护区。

5.1.2 建筑场地选址无洪灾、泥石流及含氡土壤的威胁,建筑场地安全范围内无电磁辐射危害和火、爆、有毒物质等危险源。

5.1.3 不对周边建筑物带来光污染,不影响周围居住建筑的日照要求。

5.1.4 场地内无排放超标的污染源。

5.1.5 施工过程中制定并实施保护环境的具体措施,控制由于施工引起各种污染以及对场地周边区域的影响。

一般项

5.1.6 场地环境噪声符合现行国家标准《城市区域环境噪声标准》GB 3096的规定。

5.1.7 建筑物周围人行区风速低于5 m/s,不影响室外活动的舒适性和建筑通风。

5.1.10 场地交通组织合理,到达公共交通站点的步行距离不超过500 m。

5.1.11 合理开发利用地下空间。

优选项

5.1.14 室外透水地面面积比大于等于40%。

5.2 节能与能源利用

控制项

5.2.1 围护结构热工性能指标符合国家批准或备案的公共建筑节能标准的规定。

5.2.2 空调采暖系统的冷热源机组能效比符合现行国家标准《公共建筑节能设计标准》GB 50189—2005第5.4.5、5.4.8及5.4.9条规定,锅炉热效率符合第5.4.3条规定。

一般项

5.2.6 建筑总平面设计有利于冬季日照并避开冬季主导风向,夏季利于自然通风。

5.2.7 建筑外窗可开启面积不小于外窗总面积的30%,建筑幕墙具有可开启部分或设有通风换气装置。

5.2.8 建筑外窗的气密性不低于现行国家标准《建筑外窗气密性能分级及其检测方

法》GB 7107 规定的 4 级要求。

优选项

5.2.16 建筑设计总能耗低于国家批准或备案的节能标准规定值的 80%。

5.2.17 采用分布式热电冷联供技术,提高能源的综合利用率。

5.2.18 根据当地气候和自然资源条件,充分利用太阳能、地热能等可再生能源,可再生能源产生的热水量不低于建筑生活热水消耗量的 10%,或可再生能源发电量不低于建筑用电量的 2%。

5.3 节水与水资源利用

控制项

5.3.2 设置合理、完善的供水、排水系统。

一般项

5.3.8 绿化灌溉采用喷灌、微灌等高效节水灌溉方式。

5.3.11 办公楼、商场类建筑非传统水源利用率不低于 20%,旅馆类建筑不低于 15%。

优选项

5.3.12 办公楼、商场类建筑非传统水源利用率不低于 40%,旅馆类建筑不低于 15%。

5.4 节材与材料资源利用

控制项

5.4.1 建筑材料中有害物质含量符合现行国家标准 GB 18580 ~ GB 18588 和《建筑材料放射性核素限量》GB 6566 的要求。

5.4.2 建筑造型要素简约,无大量装饰性构件。

一般项

5.4.3 施工现场 500 km 以内生产的建筑材料重量占建筑材料总重量的 60% 以上。

5.4.7 在建筑设计选材时考虑材料的可循环使用性能。在保证安全和不污染环境的情况下,可再循环材料使用重量占所用建筑材料总重量的 10% 以上。

5.4.10 在保证性能的前提下,使用以废弃物为原料生产的建筑材料,其用量占同类建筑材料的比例不低于 30%。

优选项

5.4.11 采用资源消耗和环境影响小的建筑结构体系。

5.4.12 可再利用建筑材料的使用率大于 5%。

5.5.5 宾馆和办公建筑室内背景噪声符合现行国家标准《民用建筑隔声设计规范》GBJ 118 中室内允许噪声标准中的二级要求,商场类建筑室内背景噪声水平满足现行国家标准《商场(店)、书店卫生标准》GB 9670 的相关要求。

(条文说明)

4.3.11 非传统水源利用率指的是采用再生水、雨水等非传统水源代替市政自来水或地下水供给景观、绿化、冲厕等杂用的水量占总用水量的百分比。根据《建筑中水设计规范》GB 50336 等标准规范,住宅冲厕用水占 20% 以上。

非传统水源利用率可通过下列公式计算:

$$R_u = \frac{W_u}{W_t} \times 100\%$$

$$W_u = W_R + W_r + W_s + W_o$$

式中 R_u——非传统水源利用率,%;

W_u——非传统水源设计使用量(规划设计阶段)或实际使用量(运行阶段),m^3/a;

W_t——设计用水总量(规划设计阶段)或实际用水总量(运行阶段),m^3/a;

W_R——再生水设计利用量(规划设计阶段)或实际利用量(运行阶段),m^3/a;

W_r——雨水设计利用量(规划设计阶段)或实际利用量(运行阶段),m^3/a;

W_s——海水设计利用量(规划设计阶段)或实际利用量(运行阶段),m^3/a;

W_o——其他非传统水源利用量(规划设计阶段)或实际利用量(运行阶段),m^3/a;

5.1.6 对于公共建筑而言,应根据其类型划分,分别满足国家的《城市区域环境噪声标准》GB 3096 规定的环境噪声标准。要求对场地周边的噪声现状进行检测,并对规划实施后的环境噪声进行预测。当拟建噪声敏感建筑不能避免临近交通干线,或不能远离固定的设备噪声源时,就需要采取措施来降低噪声干扰。对于交通干线两侧区域,尽管满足了区域环境噪声的要求:白天 $L_{Aeq} \leqslant 70$ dB(A),夜间 $L_{Aeq} \leqslant 55$ dB(A),但并不意味着临街的公共建筑的室内就安静了,仍需要在围护结构,如临街外窗方面,采取隔声措施。

5.2.1 在公共建筑,特别是大型商场、高档旅馆酒店、高档办公楼等的全年能耗中,大约50% ~60%消耗于空调制冷与采暖系统,20% ~30%用于照明。而在空调采暖这部分能耗中,大约20% ~50%由外围护结构传热所消耗(夏热冬暖地区约20%,夏热冬冷地区约35%,寒冷地区约40%,严寒地区约50%),因此本标准对绿色建筑围护结构提出了节能要求。

5.2.8 为了保证建筑的节能,抵御夏季和冬季室外空气过多地向室内渗漏,对外窗的气密性能有较高的要求。

本标准规定绿色建筑外窗的气密性不低于现行国家标准《建筑外窗气密性分级及其检测方法》GB/T 7107 规定的4级要求,即在10 Pa压差下,每小时每米缝隙的空气渗透量在0.5 ~1.5 m^3之间和每小时每平方米面积的空气渗透量在1.5 ~4.5 m^3之间。

5.3.2 公共建筑给水排水系统的规划设计要符合《建筑给水排水设计规范》GB 50015等的规定。管材、管道附件及设备等供水设施的选取和运行不对供水造成二次污染,而且要优先采用节能的供水系统,如采用变频供水、叠压供水(利用市政余压)系统等;高层建筑生活给水系统分区合理,低压区充分利用市政供水压力,高压区采用减压分区时不多于一区,每区供水压力不大于0.45 MPa;要采取减压限流的节水措施,如生活给水系统入户管表前供水压力不大于0.2 MPa;供水系统选用高效低耗的设备如变频供水设备、高效水泵等。

5.3.8 绿化灌溉鼓励采用喷灌、微灌、渗灌、低压管灌等节水灌溉方式;鼓励采用湿度传感器或根据气候变化的调节控制器;为增加雨水渗透量和减少灌溉量,对绿地来说,鼓励选用兼具渗透和排放两种功能的渗透性排水管。

目前普遍采用的绿化灌溉方式是喷灌,即利用专门的设备(动力机、水泵、管道等)把水加压,或利用水的自然落差将有压水送到灌溉地段,通过喷洒器(喷头)喷射到空中散成细小的水滴,均匀地散布,比地面漫灌要省水30% ~50%。喷灌时要在风力小时进行。当采用再生水灌溉时,因水中微生物在空气中易传播,应避免采用喷灌方式。

微灌包括滴灌、微喷灌、涌流灌和地下渗灌,它是通过低压管道和滴头或其他灌水器,以持续、均匀和受控的方式向植物根系输送所需水分,比地面漫灌省水50% ~70%,比喷灌省水15% ~20%。微灌的灌水器孔径很小,易堵塞。微灌的用水一般都应进行净化处理,先经过沉淀除去大颗粒泥沙,再进行过滤,除去细小颗粒的杂质等,特殊情况还需进行化学处理。

5.5.5 室内背景噪声水平是影响室内环境质量的重要因素之一。

《民用建筑隔声设计规范》GBJ 118 中对宾馆和办公类建筑室内允许噪声级提出了标准要求;《商场(店)、书店卫生标准》GB 9670 中规定商场内背景噪声级不超过60 dB(A),而出售音响的柜台背景噪声级不能超过85 dB(A)。

2011 年我国绿色建筑评价标准修订情况分析如下。

工程建设国家标准《绿色建筑评价标准》GB/T50378—2006 是总结我国绿色建筑方面的实践经验和研究成果,借鉴国际先进经验制定的第一部多目标、多层次的绿色建筑综合评价标准。该标准明确了绿色建筑的定义、评价指标和评价方法,确立了我国以"四节一环保"为核心内容的绿色建筑发展理念和评价体系。自 2006 年发布实施以来,有效指导了我国绿色建筑实施工作,累计评价项目数量逾百个。该标准已经成为我国各级、各类绿色建筑标准研究和编制的重要基础。

"十一五"期间,我国绿色建筑快速发展。随着绿色建筑各项工作的逐步推进,绿色建筑的内涵和外延不断丰富,各行业、各类别建筑践行绿色理念的需求不断提出,《绿色建筑评价标准》已不能完全适应现阶段绿色建筑实践及评价工作的需要。

根据住房和城乡建设部建标[2011]17 号文的要求,中国建筑科学研究院、上海市建筑科学研究院(集团)有限公司会同有关单位开展《绿色建筑评价标准》的修订工作。目前,该标准修订工作已全面启动。

6.2 《中新天津生态城绿色建筑设计标准》 J 11548—2010

1 总则

1.0.1 为在中新天津生态城中贯彻执行节约资源和保护环境的技术经济政策,推进可持续发展,规范绿色建筑设计,制定本标准。

1.0.2 本标准适用于中新天津生态城中新建、改建、扩建的建筑设计。

1.0.3 中新天津生态城绿色建筑设计应遵循因地制宜的原则、全寿命周期控制的原则、精专化的设计原则。

1.0.4 中新天津生态城绿色建筑设计鼓励采用创新设计,鼓励适宜中新天津生态城的新材料、新产品、新技术、新工艺的使用,鼓励被动式适宜技术的运用。不得选用国家和天津市明令淘汰和限制使用的落后建材产品。

1.0.5 中新天津生态城的建筑应满足《中新天津生态城绿色建筑评价标准》DB/T 29—192 的要求。

1.0.6 中新天津生态城的建筑设计除应符合本设计标准的规定外，尚应符合国家和天津市现行有关标准的规定。

2 术语

2.0.1 绿色建筑(green building)

在建筑的全寿命周期内，最大限度地节约资源(节能、节地、节水、节材)、保护环境和减少污染，为人们提供健康、适用和高效的使用空间，与自然和谐共生的建筑。

2.0.2 热岛强度(heat island index)

热岛效应是指一个地区(主要指城市内)的气温高于周边郊区的现象，可以用两个代表性测点的气温差值(城市中某地温度与郊区气象测点温度的差值)即热岛强度表示。本标准采用夏季典型日的室外热岛强度(中新天津生态城城区室外气温与周边地区气温的差值，即 8:00～18:00 之间的气温差别平均值)作为评价指标。

2.0.3 可再生能源(renewable energy)

指从自然界获取的、可以再生的非化石能源，包括风能、太阳能、水能、生物质能、地热能和海洋能等。

2.0.4 非传统水源(nontraditional water source)

指不同于传统市政供水的水源，包括再生水、雨水和海水等。

2.0.5 可再利用材料(reusable material)

指在不改变所回收物质形态的前提下进行材料的直接再利用，或经过再组合、再修复后再利用的材料。

2.0.6 可再循环材料(recyclable material)

指已经无法进行再利用的材料通过改变物质形态，生成另一种材料，实现多次循环利用的材料。

3 规划与景观

3.1 场地规划

3.1.1 建设场地的规划设计应满足下列要求。

(1)符合《中新天津生态城总体规划(2008—2020 年)》及当地主管部门提出的要求。

(2)根据规划条件和任务要求，对建筑布局、道路、竖向、绿化及工程管线等进行综合性的场地设计。

(3)规划设计因地制宜，和周围自然环境建立有机的共生关系，宜保持和利用原有地形、地貌和水体水系，保护用地及其周围的自然环境。

3.1.2 根据场地的基本条件，应对场地进行资源利用与生态保护方面的综合设计，宜采取以下措施。

(1)对场地土壤盐碱度、土壤氡含量和土壤污染程度进行检测与评估，必要时，应采取应对措施，以满足国家相关规范要求。

(2)对场地及周边湿地、水体进行评估，宜保护并利用场地及周边湿地、水体，不应破坏场地与周边原有水系的关系,应采取措施保证雨水渗透对地下水的补给,防止场地污染物对地下水造成污染。

(3)调查场地及周边地区的动植物资源,宜充分保留、利用原有植被,维持场地植物多样性,规划有利于动物跨越迁徙的生态廊道。

(4)对场地及周边已有市政基础设施和公共服务设施进行调查,应在设计中合理利用。

(5)利用地源能时,应对地下土壤分层、温度分布和渗透能力进行调查。

3.2 建筑总体布局

3.2.1 建筑总体布局应符合下列要求。

(1)基地总平面设计功能分区合理,内外交通路网清晰,人流车流有序。对建筑群体、环境、道路、广场、绿化格局、管线设计等应满足总体空间使用要求。

(2)建筑布置应按其不同功能,争取最好的朝向和自然通风,满足防火和卫生规范要求。对居住建筑、学校教学用房、托儿所、医疗、科研实验室等需要安静的建筑,应采取措施避免噪声干扰。

(3)宜在保证使用功能的前提下减少建筑的占地面积。

3.2.2 合理利用地下空间,应符合下列要求。

(1)宜利用住宅或公共建筑地下空间作为停车场或其他市政配套设施用房。

(2)在满足人防工程使用功能的同时,宜合理利用人防工程作为小区平时的配套工程使用。

3.2.3 配套设施应满足如下要求。

(1)大、中型公共建筑应配套建设机动车停车场、库,宜采用地下或多层车库。

(2)居住区公共服务设施的建设内容和规模应符合《天津市居住区公共服务设施配置标准》DB 29－7 的有关规定,并应符合以下要求:①配套公共服务设施相关项目宜建综合楼集中设置;②中小学、托幼设施布局宜与社区中心和社区绿地结合布置,学校的体育设施应向社会居民开放;③居住区公共服务设施按规划配建,配建的综合建筑宜与周边地区实现资源共享。

3.3 场地室外环境

3.3.1 场地噪声环境应符合下列规定。

(1)符合现行国家标准《城市区域环境噪声标准》GB 3096 的规定。

(2)应积极采取综合措施,防止和减少环境噪声对场地的影响。

3.3.2 场地光环境应符合以下规定。

(1)满足现行国家标准《城市居住区规划设计规范》GB 50180 中 5.0.2 中的规定。

(2)住宅建筑满足大寒日日照不低于 2 h 的标准。

(3)居住区公共绿地及公共活动区域的设置应满足至少 1/3 面积在标准的建筑日照阴影线范围之外的要求。

(4)在满足基本照度要求的前提下,室外夜景照明应舒适、温和,避免眩光。

(5)公共建筑布局、形体等不对周边建筑物产生不利影响,不影响周围有日照要求建筑的日照标准时数。采用玻璃幕墙时,应避免产生光污染。

3.3.3 场地风环境应符合以下规定。

(1)建筑布局应有利于自然通风,减少气流对区域微环境和建筑本身的不利影响。

(2)宜对场地风环境进行典型气象条件下的模拟预测,优化建筑布局、植物种植形式等,以取得良好的自然通风,保证室外环境的舒适度,不影响室外活动的舒适性。

3.3.4 场地热环境应符合以下规定。

(1)宜对场地热岛强度和室外热舒适度进行模拟预测,优化方案降低热岛强度。

(2)建筑屋顶、立面及室外铺装、小品面层材料等宜选择反射率高的浅色材料。

(3)宜根据场地条件,采取各项措施为硬质地面遮阳,降低场地热岛强度。

(4)宜采用绿化设计、水景设计等多样化手段降低场地室外热岛强度。

3.4 场地交通组织

3.4.1 场地出入口设计应符合以下规定。

(1)与城市道路连接方位应符合中新天津生态城主管部门提供的城市规划条件。

(2)主要出入口到达公交站点的步行距离不应超过500 m。

3.4.2 场地内道路应符合以下规定。

(1)应合理组织场地内交通,人流、车流与物流合理分流,防止干扰,居住区内宜实行人车分流。

(2)场地内公共区域应设置无障碍人行道路。

3.4.3 居住区内宜考虑采用清洁能源的公共交通工具,并根据场地需求合理设置站点。

3.4.4 场地内无障碍设计应符合以下要求。

(1)公共建筑场地主要出入口、公共通道、楼梯、电梯、公共厕所等应进行无障碍设计。

(2)居住区主要出入口、公共通道、楼梯、电梯等应进行无障碍设计。

3.4.5 场地内停车场设计应符合以下要求。

(1)符合《天津市建设项目配建停车场(库)标准》DB 29-6及场地规划条件的规定配置。

(2)应设置便利的自行车、汽车及公共交通停放场地,并设置便于停车的构筑物。

(3)地上停车场地应平整、坚实、防滑,并满足排水要求,坡度不超过0.5%,场地应设置遮阳设施,宜采用透水铺装材料铺装。

(4)机动车停放宜采用停车楼或室外机械式立体停车装置,并合理设置共用停车位,可设置专用的清洁能源汽车停车位并设置配套设施。

(5)大型自行车停车场和机动车停车场应分别布置,机动车与自行车交通不应交叉。

3.5 绿化与景观环境设计

3.5.1 场地内可绿化用地应全部用绿色植物覆盖,并宜结合建筑采用垂直绿化和屋顶绿化等全方位立体绿化。

3.5.2 植物种类的选择,应符合下列规定。

(1)选择天津当地乡土植物。

(2)易养护、耐候性强、病虫害少、对人体无害的植物。

(3)具有改善盐碱地土壤性状、能够适应盐碱地土壤的植物。

(4)垂直绿化的植物选择应依据墙体附着情况确定。

(5)屋顶绿化的植物应根据屋顶绿化形式,选择维护成本较低、适应屋顶环境的植物。

3.5.3 绿化用地的栽培土壤应符合下列规定。

(1)栽植土层厚度符合植物生长要求,且无大面积不透水层。

(2)酸碱度适宜。

(3)栽植土壤不符合以上各款规定者,应采取相应的工程排盐措施,应进行土壤改良。

3.5.4 种植设计应符合下列规定。

(1)乔、灌、藤、草结合,构成多层次的植物群落。

(2)室外活动场地宜选用高大乔木,枝下净空不低于2.2 m,且夏季乔木庇荫面积宜大于活动范围的50%。

(3)人行道路两侧绿化不宜选用硬质叶片的丛生植物;宜选用高大乔木,路面范围内枝下净空不低于2.2 m。

(4)植物种植位置与建筑物、构筑物、道路和地下管线、高压线等设施的距离应符合相关要求。

3.5.5 室外活动场地、非机动车道、地面停车场和其他硬质铺地的设计。

(1)宜选择透水性铺装。

(2)利用园林绿化提供遮荫、覆绿。

3.5.6 屋顶绿化应符合以下要求。

(1)根据屋顶绿化形式及植物生长条件,确定合理的屋顶绿化构造。

(2)通过计算,确定屋顶绿化的荷载等级,满足建筑荷载要求。

(3)应保证屋顶排水顺畅。应至少设置两个排水口,有条件的可增设一个溢水口。

(4)应选择可靠的耐根穿刺的防水层。

(5)宜安装蓄水装置,收集雨水或灌溉水,过滤后循环利用。

3.5.7 垂直绿化应符合下列要求。

(1)应根据种植地的朝向种植攀缘植物,宜在建筑物西向种植喜阳攀援植物;东南向的墙面或构筑物前应种植喜阳的攀缘植物;北向墙面或构筑物前,应栽植耐荫或半耐荫的攀缘植物。

(2)宜采用地栽形式。

(3)采用容器(种植槽或盆)栽植时,应设排水装置或系统。

3.5.8 生态水景的设计应符合下列要求。

(1)对场地内溪流、湖泊、水潭等水体,应注意水岸空间的生态绿化设计,注重生态景观结构与净化功能的一致性,保护和维持生物多样性。

(2)生态水池的设计应根据天津的水文情况和场地情况,合理确定水面的大小,结合场地地下水位和地质情况,合理确定水池的基底标高。

(3)宜根据水体功能,种植多样性的水生植物。

(4)宜结合雨水利用,采用具有水体净化作用的措施。

6.3 《生态环境状况评价技术规范》HJ/T 192—2006(试行)

1 范围

本技术规范规定了生态环境状况评价的指标体系和计算方法。

本规范适用于我国县级以上区域生态环境现状及动态趋势的年度综合评价。

2 规范性引用文件

下列标准中的条款通过本标准的引用而成为本标准的条款。如下列标准被修订,其最新版本适用于本标准。

GB 3095　环境空气质量标准

GB 3838　地表水环境质量标准

GB/T 14848　地下水质量标准

3 术语和定义

3.1 生态环境质量指数

反映被评价区域生态环境质量状况,数值范围 0~100。

3.2 生物丰度指数

指通过单位面积上不同生态系统类型在生物物种数量上的差异,间接地反映被评价区域内生物丰度的丰贫程度。

3.3 植被覆盖指数

指被评价区域内林地、草地、农田、建设用地和未利用地 5 种类型的面积占被评价区域面积的比重,用于反映被评价区域植被覆盖的程度。

3.4 水网密度指数

指被评价区域内河流总长度、水域面积和水资源量占被评价区域面积的比重,用于反映被评价区域水的丰富程度。

3.5 土地退化指数

指被评价区域内风蚀、水蚀、重力侵蚀、冻融侵蚀和工程侵蚀的面积占被评价区域面积的比重,用于反映被评价区域内土地退化程度。

3.6 环境质量指数

指被评价区域内受纳污染物负荷,用于反映评价区域所承受的环境污染压力。

3.7 林地

指生长乔木、灌木、竹类等的林业用地。包括有林地、灌木林地、疏林地和其他林地。单位:km^2。

3.8 有林地

指郁闭度大于 30% 的天然林和人工林,包括用材林、经济林、防护林等成片林地。单位:km^2。

3.9 灌木林地

指郁闭度大于 40%、高度在 2 m 以下的矮林地和灌丛林地。单位:km^2。

3.10 疏林地

指郁闭度为10 %～30 %的稀疏林地。单位:km^2。

3.11 其他林地

包括果园、桑园、茶园等在内的其他林地。单位:km^2。

3.12 草地

指以生长草本植物为主,覆盖度在5 %以上的各类草地,包括以牧为主的灌丛草地和郁闭度在10 %以下的疏林草地。单位:km^2。

3.13 高覆盖度草地

指覆盖度大于50%的天然草地、改良草地和割草地,此类草地一般水分条件较好,草被生长茂密。单位:km^2。

3.14 中覆盖度草地

指覆盖度为20 %～50 %的天然草地和改良草地,此类草地一般水分不足,草被较稀疏。单位:km^2。

3.15 低覆盖度草地

指覆盖度为5 %～20 %的天然草地,此类草地水分缺乏,草被稀疏,牧业利用条件较差。单位:km^2。

3.16 耕地

指耕种农作物的土地,包括熟耕地、新开荒地、休闲地、轮歇地、草田轮作地;以种植农作物为主的农果、农桑、农林用地;耕种3年以上的滩地和滩涂。单位:km^2。

3.17 水田

指有水源保证和灌溉设施,在一般年景能正常灌溉,种植水稻、莲藕等水生作物的耕地,包括实行水稻和旱地轮种的耕地。单位:km^2。

3.18 旱地

指无灌溉水源和设施,靠天然降水生长作物的耕地;有水源和浇灌设施,在一般年景能正常灌溉的旱作物耕地;以种菜为主的耕地,正常轮作的休闲地和轮歇地。单位:km^2。

3.19 水域湿地

指天然陆地水域和水利设施用地,包括河渠、水库、坑塘、海涂和滩地。单位:km^2。

3.20 河流(渠)

天然或人工形成的线状水体。单位:km^2。

3.21 湖泊(库)

天然或人工作用下形成的面状水体。包括天然湖泊和人工水库两类。单位:km^2。

3.22 滩涂湿地

指受潮汐影响比较大、海边潮间带水分条件比较好的土地,或河、湖水域平水期水位与洪水期水位之间的土地。单位:km^2。

3.23 建设用地

指城乡居民点及县辖以外的工矿、交通等用地。单位:km^2。

3.24 城镇建设用地

指大、中、小城市及县镇以上建成区用地。单位：km^2。

3.25 农村居民点

指农村居民点。单位：km^2。

3.26 其他建设用地

指独立于城镇以外的厂矿、大型工业区、采石场，以及交通道路、机场及特殊用地。单位：km^2。

3.27 未利用地

为未利用的土地，包括难利用的土地或植被覆盖度小于5%的土地。单位：km^2。

3.28 沙地

指地表为沙覆盖，植被覆盖度小于5%的土地，包括沙漠，不包括水系中的沙滩。单位：km^2。

3.29 盐碱地

指地表盐碱聚集，植被稀少，只能生长耐盐碱植物的土地。单位：km^2。

3.30 裸土地

指地表土质覆盖，植被覆盖度在5%以下的土地。单位：km^2。

3.31 裸岩石砾

指地表为岩石或石砾，植被覆盖度小于5%的土地。单位：km^2。

3.32 其他未利用地

指其他未利用土地，包括高寒荒漠、苔原、戈壁等。

3.33 河流长度

特指空间分辨率30 m×30 m的遥感影像能够分辨的1:25万水系图上的天然形成或人工开挖的河流及主干渠长度。单位：km。数据来源：遥感更新和国家地理中心1:25万基础地理数据。

3.34 近岸海域面积

海岸线以外2 km海洋区域。单位：km^2。

3.35 土地轻度侵蚀

评价区域内受自然营力（风力、水力、重力及冻融等）和人类活动综合作用下，土壤侵蚀模数≤2 500 t/(km^2·a)，平均流失厚度≤1.9 mm/a的区域。单位：km^2。数据来源：地面监测与遥感更新相结合。

3.36 土地中度侵蚀

指评价区域内受自然营力（风力、水力、重力及冻融等）和人类活动综合作用下，土壤侵蚀模数在2 500~5 000 t/(km^2·a)之间，平均流失厚度在1.9~3.7 mm/a之间的区域。单位：km^2。数据来源：地面监测与遥感更新相结合。

3.37 土地重度侵蚀

指评价区域内受自然营力（风力、水力、重力及冻融等）和人类活动综合作用下，土壤侵蚀模数>5 000 t/(km^2·a)，平均流失厚度>3.7 mm/a的区域。单位：km^2。数据来源：地面监测与遥感更新相结合。

3.38 水资源量

指被评价区域内地表水资源量和地下水资源量的总量。单位:百万 m^3。数据来源:统计数据。

3.39 二氧化硫年排放量

指被评价区域内每年由于工业生产、居民生活和交通工具等产生并排放的二氧化硫总量。单位:t。数据来源:环境统计年报。

3.40 COD 年排放量

指被评价区域内每年由于工业生产、居民生活等产生并排放的化学需氧量(COD)总量。单位:t。数据来源:环境统计年报。

3.41 固体废物年排放量

指被评价区域内每年由于工业生产产生并排放的固体废物总量。单位:t。数据来源:环境统计年报。

3.42 降水量

指被评价区域内年度降水总量。单位:mm。数据来源:统计数据。

3.43 归一化系数

归一化系数 = $100/A_{最大值}$。

$A_{最大值}$ 指某指数归一化处理前的最大值。

注:以上 3.7 至 3.34 部分各指标的数据除特别注明外,其他均通过遥感更新获取。

4 评价指标及计算方法

4.1 生物丰度指数的权重及计算方法

4.1.1 权重

生物丰度指数分权重见表 1。

表 1 生物丰度指数分权重

	林地			草地			水域湿地			耕地		建筑用地			未利用地			
权重	0.35			0.21			0.28			0.11		0.04			0.01			
结构类型	有林地	灌木林地	疏林地和其他林地	高覆盖度草地	中覆盖度草地	低覆盖度草地	河流	湖泊(库)	滩涂湿地	水田	旱地	城镇建设用地	农村居民点	其他建设用地	沙地	盐碱地	裸土地	裸岩石砾
分权重	0.6	0.25	0.15	0.6	0.3	0.1	0.1	0.3	0.6	0.6	0.4	0.3	0.4	0.3	0.2	0.3	0.3	0.2

4.1.2 计算方法

生物丰度指数 = A_{bio} ×(0.35 × 林地 + 0.21 × 草地 + 0.28 × 水域湿地 + 0.11 × 耕地 + 0.04 × 建设用地 + 0.01 × 未利用地)/区域面积

式中 A_{bio}——生物丰度指数的归一化系数。

4.2 植被覆盖指数的权重及计算方法

4.2.1 权重

植被覆盖指数的分权重见表2。

表2　植被覆盖指数分权重

	林地			草地			耕地		建筑用地			未利用地			
权重	0.38			0.34			0.19		0.07			0.02			
结构类型	有林地	灌木林地	疏林地和其他林地	高覆盖度草地	中覆盖度草地	低覆盖度草地	水田	旱地	城镇建设用地	农村居民点	其他建设用地	沙地	盐碱地	裸土地	裸岩石砾
分权重	0.6	0.25	0.15	0.6	0.3	0.1	0.7	0.3	0.3	0.4	0.3	0.2	0.3	0.3	0.2

4.2.2　计算方法

植被覆盖指数 $=A_{veg}\times$(0.38×林地面积+0.34×草地面积+0.19×耕地面积+0.07×建设用地+0.02×未利用地)/区域面积

式中　A_{veg}——植被覆盖指数的归一化系数。

4.3　水网密度指数计算方法

水网密度指数 $=A_{riv}\times$河流长度/区域面积 $+A_{lak}\times$湖库(近海)面积/区域面积 $+A_{res}\times$水资源量/区域面积

式中　A_{riv}——河流长度的归一化系数;

A_{lak}——湖库面积的归一化系数;

A_{res}——水资源量的归一化系数。

4.4　土地退化指数的权重及计算方法

4.4.1　权重

土地退化指数分权重见表3。

表3　土地退化指数分权重

土地退化类型	轻度侵蚀	中度侵蚀	重度侵蚀
权重	0.05	0.25	0.7

4.4.2　计算方法

土地退化指数 $=A_{ero}\times$(0.05×轻度侵蚀面积+0.25×中度侵蚀面积+0.7×重度侵蚀面积)/区域面积

其中　A_{ero}——土地退化指数的归一化系数。

4.5　环境质量指数的权重及计算方法

4.5.1　权重

环境质量指数的分权重见表4。

表4 环境质量指数的分权重

类型	二氧化硫(SO_2)	化学需氧量(COD)	固体废物
权重	0.4	0.4	0.2

4.5.2 计算方法

环境质量指数 = 0.4 ×(100 − A_{SO_2} × SO_2 排放量/区域面积)+ 0.4 ×(100 − A_{COD} × COD 排放量/区域年均降雨量)+ 0.2 ×(100 − A_{sol} × 固体废物排放量/区域面积)

其中 A_{SO_2}——SO_2 的归一化系数；

A_{COD}——COD 的归一化系数；

A_{sol}——固体废物的归一化系数。

5 生态环境状况指数(Ecological Index，EI)计算方法

5.1 各项评价指标权重

各项评价指标权重，见表5。

表5 各项评价指标权重

指标	生物丰度指数	植被覆盖指数	水网密度指数	土地退化指数	环境质量指数
权重	0.25	0.2	0.2	0.2	0.15

5.2 *EI* 计算方法

EI = 0.25 × 生物丰度指数 + 0.2 × 植被覆盖指数 + 0.2 × 水网密度指数 + 0.2 × 土地退化指数 + 0.15 × 环境质量指数

6 生态环境状况分级

根据生态环境状况指数，将生态环境分为五级，即优、良、一般、较差和差，见表6。

表6 生态环境状况分级

级别	优	良	一般	较差	差
指数	$EI \geq 75$	$55 \leq EI < 75$	$35 \leq EI < 55$	$20 \leq EI < 35$	$EI < 20$
状态	植被覆盖度高，生物多样性丰富，生态系统稳定，最适合人类生存	植被覆盖度较高，生物多样性较丰富，适合人类生存	植被覆盖度中等，生物多样性一般水平，较适合人类生存，但有不适人类生存的制约性因子出现	植被覆盖较差，严重干旱少雨，物种较少，存在着明显限制人类生存的因素	条件较恶劣，人类生存环境恶劣

7 生态环境状况变化幅度分级

生态环境状况变化幅度分为4级，即无明显变化、略有变化(好或差)、明显变化(好或差)、显著变化(好或差)，见表7。

表7 生态环境状况变化度分级

级别	无明显变化	略有变化	明显变化	显著变化
变化值	$\lvert\Delta EI\rvert \leqslant 2$	$2<\lvert\Delta EI\rvert \leqslant 5$	$5<\lvert\Delta EI\rvert \leqslant 10$	$\lvert\Delta EI\rvert >10$
描述	生态环境状况无明显变化	如果$2<\Delta EI\leqslant 5$,则生态环境状况略微变化;如果$-2>\Delta EI\geqslant -5$,则生态环境状况略微变差	如果$5<\Delta EI\leqslant 10$,则生态环境状况明显变好;如果$-5>\Delta EI\geqslant -10$,则生态环境状况明显变差	如果$\Delta EI>10$,则生态环境状况显著变好;如果$\Delta EI<-10$,则生态环境状况显著变差

6.4 《城市环境保护规划规范》(征求意见稿)2009 (节录)

1 总则

1.0.1 为使城市环境保护规划编制工作更好地贯彻执行国家城市规划、环境保护的有关法规和方针政策,保护环境、防治污染,确保规划编制质量,制定本规范。

1.0.2 本规范适用于城市总体规划中的环境保护规划。

1.0.3 城市环境保护规划的期限和范围应与城市总体规划一致。

1.0.4 城市环境保护规划应以城市总体规划的城市性质及社会经济目标为依据,合理确定城市环境指标。

1.0.5 城市环境保护规划包括:城市环境功能区划及各专项规划内容。城市环境功能区划包括城市水环境功能区划、城市环境空气质量功能区划及城市声环境质量功能区划,分别执行相应标准和规范。

1.0.6 城市环境保护规划除执行本规范外,尚应符合国家现行有关标准与规范的规定。

2 城市水环境保护

2.1 一般规定

2.1.1 城市水环境保护主要包括城市规划区内的各种地表水体、地下水体和近海水域。城市水环境质量标准应按《地表水环境质量标准》(GB 3838)、《地下水水质标准》(GB/T 14848)、《海水水质标准》(GB 3097)执行。

2.1.2 明确重点水域环境得到改善、控制生态环境恶化及城市污废水得到有效治理的规划目标,明确水环境质量、生态状况明显改善及城市污废水得到根本治理的规划目标。

2.2 城市水环境功能区划

2.2.1 城市水环境功能区划包括地表水环境功能区划、地下水环境功能区划和近岸海域环境功能区划(适用于有近岸海域城市)。

2.2.2 地表水环境功能区划分为5类,应按《地表水环境质量标准》(GB 3838)执行。

2.2.3 地下水环境功能区划为5类,应按《地下水水质标准》(GB/T 14848)执行。

2.2.4 近岸海域环境功能区划分为4类,应按《海水水质标准》(GB 3097)执行。

2.2.5 不得降低现状水域使用功能。对于兼有两种以上功能的水域,应按高功能确定保护目标。对于尚待开发的留用备择区,不得随意降级使用。

2.3 城市水环境保护规划

2.3.1 合理调整工业布局,加强废水处理设施的管理,严格控制新污染源产生。

2.3.2 完善城市污水收集及处理系统,加速污水治理的进行,防治水污染。

2.3.3 提高水的重复利用和循环利用率,最大限度减少用水量和排污水量,节约用水。

2.3.4 划定城市饮用水水源保护区。饮用水水源保护区分为地表水饮用水源保护区和地下水饮用水源保护区。地表水饮用水源保护区包括一定面积的水域和陆域;地下水饮用水源保护区指地下水饮用水源地的地表区域,根据不同地区地下水开采程度将地下水划分禁采、限采和控采区。其划分标准应按《饮用水水源保护区划分技术规范》(HJ/T 338)执行,卫生标准应按《生活饮用水卫生标准》(GB 5749)执行。

2.3.5 划定城市滨水功能区。滨水功能区保护规划必须将滨水功能区作为整体进行保护:包括水体、岸线和滨水区,并宜按蓝线、绿线和灰线3个层次进行规划控制。

3 城市大气环境保护

3.1 一般规定

3.1.1 环境空气质量标准应按《环境空气质量标准》(GB 3095)执行。

3.1.2 空气质量目标和减排目标应根据规划区空气现状、环境保护防治技术和经济条件、城市规划目标等,按照环境空气质量标准、大气污染物排放标准和大气污染物减排计划等制定。

3.2 环境空气质量功能区划

3.2.1 环境空气质量功能区应分成一、二、三类区,应分别按《环境空气质量标准》的一、二、三级标准执行。

3.2.2 环境空气质量功能区的划分应根据城市用地规划,按《环境空气质量功能区划分原则与技术方法》(HJ 14)执行,功能区之间应设置缓冲带。

3.3 城市大气环境保护规划

3.3.1 城市用地规划必须合理布局,避免或减少大气污染。

3.3.2 根据城市自然条件,应结合绿地、水系、道路、轨道等规划为城市留出通风廊道。

3.3.3 在规划城市能源结构时,应充分利用太阳能、风能、水能等清洁能源。

3.3.4 在燃煤供热地区,应采用集中供热为主的供热方式。应根据节能要求确定热指标。

3.3.5 规划新建或扩建的排放二氧化硫的火电厂和其他大中型企业,必须规划建设配套脱硫、除尘装置或者采取其他控制二氧化硫排放、除尘的措施,保证符合规定的污染物排放标准及总量控制指标。

3.3.6 营运的机动车船宜使用清洁能源,使用天然气时,应按《汽车加油加气站设计与施工规范》(GB 50156)规划建设加气站。

3.3.7 规划区应减少裸露地面和地面尘土,防治城市扬尘污染。

3.3.8 对尚未达到规定的大气环境质量标准的区域和酸雨控制区、二氧化硫污染控制区,可划定为主要大气污染物排放总量控制区。

（条文说明）

3.1.1　二氧化硫（SO_2）、可吸入颗粒物（PM10）、二氧化氮（NO_2）、一氧化碳（CO）、臭氧（O_3）和酸雨等是空气质量标准中列出的部分污染物，是空气中对人体危害较大的污染物，空气污染指数也是一种反映和评价空气质量的数值。

3.1.2　如国家园林城市和"创模"对全年空气污染指数（API）小于等于100的天数都有不同的要求。二氧化硫（SO_2）排放量是减排的主要污染物之一。

3.2.1、3.2.2　按《环境空气质量功能区划分原则与技术方法》（HJ 14），新规划的工业区应为一般工业区。一、二类功能区面积不得小于4 km^2。缓冲带的宽度根据区划面积、污染源分布、大气扩散能力确定，一般情况下一类区与三类区之间的缓冲带宽度不小于500 m，其他类别功能区之间的缓冲带宽度不小于300 m。缓冲带内的环境空气质量应向要求高的区域靠拢。

3.3.1　主要根据风向频率对各类用地进行规划，避免将工业用地布置在上风向，对于可能产生污染的适当设置隔离带或缓冲带。

3.3.2　通风廊道宜与城市主导风向一致，宽度宜大于80 m。

3.3.3　有条件的地区应采用太阳能、风能、水能、天然气等清洁能源，改善能源结构，减少大气污染。

3.3.4　采用集中供热，取消小的锅炉房是供热地区改善空气质量的重要方法。根据节能要求确定热指标，可以逐步减少能源消耗。

3.3.7　可采取规划绿地、水面代替裸露地面。

4　城市声环境保护

4.1　一般规定

4.1.1　城市声环境质量标准应按《声环境质量标准》（GB 3096）执行。

4.1.2　城市声环境保护规划的编制，应在分析城市噪声污染相关资料并对城市声环境现状评价基础上进行。

4.1.3　城市声环境保护规划应结合城市用地布局、人口分布等的变化，对城市噪声污染变化趋势作业预测，制定城市声环境保护与防治目标。

4.2　城市声环境功能区划

4.2.1　城市声环境功能区划分方法参照《城市区域环境噪声适用区划分技术规范》（GB/T 15190）进行。

4.2.2　城市声环境功能区划分为0、1、2、3、4五类区域，应分别按《声环境质量标准》（GB 3096）的0～4类标准执行。

4.3　城市声环境保护规划

4.3.1　依据城市总体规划确定各类城市环境噪声功能区覆盖范围内的噪声敏感建筑物集中区域，并对其提出预防噪声污染的措施。

4.3.2　合理布局、设计，通过自然衰减降低主要噪声源对周围敏感点的声环境影响，降低噪声防治成本，确保噪声敏感建筑物集中区域声环境质量达标。

4.3.3　依据各类城市环境噪声功能区的分布特点，提出降低交通噪声对噪声敏感建筑物集中区域干扰的措施。

4.3.4 依据对现状功能区的评价结果，提出对影响功能区达标的重点噪声源的治理措施。

4.3.5 依据对主要噪声污染类型、污染源分布特点的分析，提出旧城区改造用地布局优化的措施。

4.3.6 结合城市总体规划用地布局的调整，提出旧城区道路综合整治措施和路网优化建议。

4.3.7 声环境保护规划应制定城市噪声污染防治的管理措施（非技术性措施）。

（条文说明）

4.1.1 《声环境质量标准》（GB3096—2008）是为贯彻《中华人民共和国环境噪声污染防治法》，防治噪声污染，保障城乡居民正常生活、工作和学习的声环境质量而制定的国家标准。该标准按照区域使用功能特点和环境质量要求，对声环境功能区进行分类并确定了各类功能区的环境噪声限值。城市总体规划阶段声环境保护规划中，声环境功能区分类和环境噪声限值执行该标准的相关规定。

4.1.2 调研、收集城市声环境现状资料，是编制声环境保护规划的基础工作。通过对全国20多个大中型城市的调研情况来看，声环境现状资料主要来源于各级环境保护行政主管部门的相关监测数据和分析报告。城市声环境现状调查包括以下方面。

（1）规划范围内现有噪声敏感建筑物集中区域、保护目标的分布情况。

（2）城市区域环境噪声平均等效声级，区域环境噪声声源构成和分布，55 dB（A）以下、55～60 dB（A）之间以及60 dB（A）以上的声级覆盖面积，暴露在不同声级下的人口数量和分布。

（3）城市道路交通噪声平均等效声级，暴露在不同声级下的道路长度及分布。

（4）现状声环境功能区面积及达标覆盖率。在现状调查基础上，通过对各类噪声源在区域环境噪声声源中所占比重进行排序，确定主要噪声源类型，评价城市区域环境噪声污染状况，有利于有针对性地制定声环境保护措施，改善城市声环境质量。

5 城市固体废弃物处理

5.1 一般规定

5.1.1 城市固体废物主要包括一般固体废物、危险废物、放射性固体废物、其他固体废物4类。

（1）一般固体废物包括生活垃圾、一般工业固体废物。

（2）危险废物包括医疗废物、电子废弃物、工业危险废物。

5.1.2 城市固体废弃物处置推行减量化、资源化、无害化原则，逐步实行城市固体废弃物分类收集、分类运输、分类储存和分类处理。

5.1.3 城市固体废物处置场不得建在自然保护区、风景名胜区、生活饮用水源保护区和人口密集的居住区以及其他需要特殊保护的地区。

5.2 城市固体废弃物处理规划

5.2.1 生活垃圾处置应符合《城市环境卫生设施规划规范》（GB 50337）、《生活垃圾焚烧污染控制标准》(GB 18485)、《生活垃圾填埋污染控制标准》(GB 16889)和《城市生活垃圾卫生填埋技术规范》(CJJ 17)的规定。

5.2.2 一般工业固体废物处置应符合《一般工业固体废物贮存、处置场污染控制标准》(GB 8599)的规定。

5.2.3 危险废物集中贮存和处置应符合《危险废物贮存污染控制标准》(GB 18597)、《危险废物焚烧污染控制标准》(GB 18484)的规定。

5.2.4 医疗废物集中贮存和处置应符合《危险废物焚烧污染控制标准》(GB 18484)、《危险废物贮存污染控制标准》(GB 18597)、《医疗废物集中处置技术规范》(环发[2003]206)和《医疗废物管理条例》的规定。

(1)根据城市发展需要,可在城市一定区域范围内设置医疗废物集中贮存设施、医疗废物集中焚烧处置设施、医疗废物卫生填埋场等设施,其服务范围可以为一个城市,也可以为多座城市共同设置。

(2)医疗废物集中焚烧、填埋处理工程项目的建设,宜近、远期结合,统筹规划。建设规模、布局和选址应进行技术经济论证、环境影响评价和环境风险评价。

5.2.5 电子废弃物处置

建立电子废弃物回收系统,量大的城市可考虑建设废弃家用电器与电子产品处理处置厂和废电池再生资源工厂,其处置应符合《危险废物焚烧污染控制标准》(GB 18484)和《废电池污染防治技术政策》中的规定。

5.2.6 工业危险废物应按照《国家危险废物名录》、《危险废物鉴别标准》(GB 5085)进行分类、鉴别,原则上由生产企业单独处理,并按国家有关危险废物处置规定全过程严格管理和处理处置。

5.2.7 城市放射废物处置,应在专业部门指导下,进行专业处置。

5.2.8 应建设城市建筑垃圾消纳场地对城市建筑垃圾进行处理。建筑垃圾消纳场的选址必须符合城乡规划,大小兼顾、远近结合、防止污染、有效保护、综合利用,与城市建筑垃圾源头有效结合,方便处理,方便管理。

6 城市放射性与电磁辐射环境保护

6.0.1 伴有辐射照射的设施或设备与居住区的直线距离应符合《辐射防护规定》(GB 8703)的规定。

6.0.2 各类无线电通信设备发射天线以及一切产生 100 kHz ~ 300 GHz 频率范围内的电磁辐射污染的设施或设备离开人口稠密区的距离,应符合《电磁辐射防护规定》(GB 8702)的规定,并应避让对电磁辐射影响敏感项目。

7 城市自然环境保护与建设

7.0.1 应按照保护城市自然景观、生物生境、生态系统结构和功能恢复,改善城市环境,塑造城市特色,提高城市生活质量和可持续发展的要求,制定合理的城市自然环境保护目标。

7.0.2 应对野生动物及鸟类的栖息地、迁徙路线等重要生境进行保护,保证生物物种的多样性,以改善城市的生态环境。

7.0.3 应确保城市自然水系网络的畅通;应在自然要素与建设用地方面留有一定的缓冲区,有效地保证自然山水形态的完整性。

7.0.4 对人类具有特殊价值或具有潜在自然灾害的地区,规划应划定保护区。

7.0.5 统筹安排城乡建设用地及生态环境建设用地,结合城市禁建区、限建区的划定,制定城市生态环境系统建设规划。

7.0.6 应加强对森林公园、城郊农业用地、自然风景林、郊野山林、苗圃、果园等的改造和利用,推进城市绿地系统中的生态化建设。

7.0.7 应保护规划区内的城市湿地。湿地流域不可渗透的地面的面积应控制在8%~10%内,同时应保持50%的森林植被,用于改善湿地生境状况。

7.0.8 应提出废弃土地生态恢复的建设要求,提出在废弃土地上恢复植被群落的途径,并根据实际情况提出合理的使用功能。

7.0.9 城区及郊区应建立自然保护区或生态调节区,保护郊区环境,城乡结合增强城市生态系统的调节能力,促进良性循环。

本标准用词说明

(1)为便于在执行本标准条文时区别对待,对要求严格程度不同的用词说明如下。

①表示很严格,非这样做不可的用词:正面词采用"必须",反面词采用"严禁"。

②表示严格,在正常情况下均应这样做的用词:正面词采用"应",反面词采用"不应"或"不得"。

③表示允许稍有选择,在条件许可时首先应这样做的用词:正面词采用"宜",反面词采用"不宜"。

④表示有选择,在一定条件下可以这样做的,采用"可"。

(2)条文中指明应按其他有关标准执行时的写法为:"应符合……规定"或"应按……执行"。

6.5 《居住区环境景观设计导则》(2006)(节录)

1 总则

1.3 居住区环境景观设计应坚持以下原则。

1.3.1 坚持社会性原则。通过美化居住生活环境,赋予环境景观亲切宜人的艺术感染力,体现社区文化,促进人际交往和精神文明建设,为构建和谐住区创造条件。要遵循以人为本的原则,提倡公共参与,调动社会资源,取得良好的环境、经济和社会效益。

1.3.2 坚持经济性原则。以建设节约型社会为目标,顺应市场发展需求及地方经济状况,注重节能、节水、节材,注重合理使用土地资源。提倡朴实简约,反对浮华铺张,并尽可能采用新技术、新材料、新设备,达到优良的性价比。

1.3.3 坚持生态原则。应尽量保持现存的良好生态环境,改善原有的不良生态环境。提倡将先进的生态技术运用到环境景观的塑造中去,利于人类的可持续发展。

1.3.4 坚持地域性原则。应体现所在地域的自然环境特征,因地制宜地创造出具有时代特点和地域特征的空间环境,避免盲目移植。

1.3.5 坚持历史性原则。要尊重历史,保护和利用历史性景观,对于历史保护地区的住区景观设计,更要注重整体的协调统一,做到保留在先,改造在后。

2 住区环境的综合营造

2.1 总体环境

2.1.1 环境景观规划必须符合城市总体规划、分区规划及详细规划的要求。要从场地的基本条件、地形地貌、土质水文、气候条件、动植物生长状况和市政配套设施等方面去分析设计的可行性和经济性。

2.1.2 依据住区的规模和建筑形态,从平面和空间两个方面入手,通过合理的用地配置、适宜的景观层次安排,必备的设施配套,达到公共空间与私密空间的优化,达到住区整体意境及风格塑造的和谐。

2.1.3 通过借景、组景、分景、添景等多种手法,使住区内外环境协调。濒临城市河道的住区宜充分利用自然水资源,设置亲水景观;临近公园或其他类型景观资源的住区,应有意识地留设景观视线通廊,促成内外景观的交融;毗邻历史古迹保护区的住区应尊重历史景观,让珍贵的历史文脉融于当今的景观设计元素中,使其具有鲜明的个性,并为保护区的开发建设创造更高的经济价值。

2.2 光环境

2.2.1 住区休闲空间应争取良好的采光环境,有助于居民的户外活动;在气候炎热地区,需考虑足够的庇荫构筑物,以方便居民交往活动。

2.2.2 选择硬质、软质材料时需考虑对光的不同反射程度,以调节室外居住空间受光面与背光面的不同光线要求;住区小品设施设计时宜避免采用大面积的金属、玻璃等高反射性材料,减少住区光污染;户外活动场地布置时,其朝向需考虑减少眩光。

2.2.3 在满足基本照度要求的前提下,住区室外灯光设计应营造舒适、温和、安静、优雅的生活气氛,不宜盲目强调灯光亮度;光线充足的住区宜利用日光产生的光影变化来形成外部空间的独特景观。

2.3 通风环境

2.3.1 住区住宅建筑的排列应有利于自然通风,不宜形成过于封闭的围合空间,做到疏密有致、通透开敞。

2.3.2 为调节住区内部通风排浊效果,应尽可能扩大绿化种植面积,适当增加水面面积,有利于调节通风量的强弱。

2.3.3 户外活动场的设置应根据当地不同季节的主导风向,并有意识地通过建筑、植物、景观设计来疏导自然气流。

2.3.4 住区内的大气环境质量标准宜达到二级。

2.4 声环境

2.4.1 城市住区的白天噪声允许值宜不超过45 dB,夜间噪声允许值宜不超过40 dB。靠近噪声污染源的住区应通过设置隔声墙、人工筑坡、植物种植、水景造型、建筑屏障等进行防噪。

2.4.2 住区环境设计中宜考虑用优美轻快的背景音乐来增强居住生活的情趣。

2.5 温、湿度环境

2.5.1 温度环境：环境景观配置对住区温度会产生较大影响。北方地区冬季要从保暖的角度考虑硬质景观设计，南方地区夏季要从降温的角度考虑软质景观设计。

2.5.2 湿度环境：通过景观水量调节和植物呼吸作用，使住区的相对湿度保持在20%~60%。

2.6 嗅觉环境

2.6.1 住区内部应引进芬香类植物，排斥散发异味、臭味和引起过敏、感冒的植物。

2.6.2 必须避免废弃物对环境造成的不良影响，应在住区内设置垃圾收集装置，推广垃圾无毒处理方式，防止垃圾及卫生设备气味的排放。

2.7 视觉环境

2.7.1 以视觉控制环境景观是一个重要而有效的设计方法，如对景、衬景、框景等设置景观视廊都会产生特殊的视觉效果，由此而提升环境的景观价值。

2.7.2 要综合研究视觉景观的多种元素组合，达到色彩适人、质感亲切、比例恰当、尺度适宜、韵律优美的动态观赏和静态观赏效果。

2.8 人文环境

2.8.1 应十分重视保护当地的文物古迹，并对保留建筑物妥善修缮，发挥其文化价值和景观价值。

2.8.2 要重视对古树名树的保护，提倡就地保护，避免异地移植，也不提倡从居住区外大量移入名贵树种，造成树木存活率降低。

2.8.3 保持地域原有的人文环境特征，发扬优秀的民间习俗，从中提炼代表性设计元素，创造出新的景观场景，引导新的居住模式。

2.9 建筑环境

2.9.1 建筑设计应考虑建筑空间组合，建筑造型等与整体景观环境的整合，并通过建筑自身形体的高底组合变化和住区内、外山水环境的结合，塑造具有个性特征和可识别性的住区整体景观。

2.9.2 建筑外立面处理

(1)形体。住区建筑的立面设计提倡简洁的线条和现代风格，并反映出个性特点。

(2)材质。鼓励建筑设计中选用美观经济的新材料，通过材质变化及对比来丰富外立面。建筑底层部分外环境处理宜细。外墙材料选择时需注重防水处理。

(3)色彩。居住建筑宜以淡雅、明快为主。在景观单调处，可通过建筑外墙面的色彩变化或适宜的壁画来丰富外部环境。

(4)住宅建筑外立面设计应考虑室外设施的位置，保持住区景观的整体效果。

4 绿化种植景观

4.1 居住区公共绿地设置

居住区公共绿地设置根据居住区的不同的规划组织结构类型，设置相应的中心公共绿地，包括居住区公园(居住区级)、小游园(小区级)和组团绿地(组团级)以及儿童游戏场和其他的块状、带状公共绿地等，并应符合表4.1规定。表中“设置内容”，可根据具体条件选用。

表 4.1 居住区各级中心公共绿地设置规定

中心绿地名称	设置内容	要求	最小规模 /hm^2	最大服务半径 /m
居住区公园	花木草坪、花坛水面、凉亭雕塑、小卖茶座、老幼设施、停车场地和铺装地面等	园内布局应有明确的功能划分	1.0	800～1 000
小游园	花木草坪、花坛水面、雕塑、儿童设施和铺装地面等	园内布局应有一定的功能划分	0.4	400～500
组团绿地	花木草坪、桌椅、简易儿童设施等	可灵活布局	0.04	

注:1. 居住区公共绿地至少有一边与相应级别的道路相邻。

2. 应满足有不少于 1/3 的绿地面积在标准日照阴影范围之外。

3. 场状、带状公共绿地同时应满足宽度不小于 8 m、面积不少于 400 m^2 的要求。

4. 参见《城市居住区规划设计规范》。

4.2 公共绿地指标

公共绿地指标应根据居住人口规模分别达到:组团级不少于 0.5 m^2/人,小区(含组团)不少于 1 m^2/人,居住区(含小区和组团)不少于 1.5 m^2/人。

6 场地景观

6.1 健身运动场

6.1.1 居住小区的运动场所分为专用运动场和一般的健身运动场。小区的专用运动场多指网球场、羽毛球场、门球场和室内外游泳场,这些运动场应按其技术要求由专业人员进行设计。健身运动场应分散在住区方便居民就近使用、不扰民的区域。不允许有机动车和非机动车穿越运动场地。

6.1.2 健身运动场包括运动区和休息区。运动区应保证有良好的日照和通风,地面宜选用平整防滑适于运动的铺装材料,同时满足耐磨、耐腐蚀的要求。室外健身器材要考虑老年人的使用特点,要采取防跌倒措施。休息区布置在运动区周围,供健身运动的居民休息和存放物品。休息区宜种植遮阳乔木,并设置适量的座椅。有条件的小区可设置饮水装置(饮泉)。

6.2 休闲广场

6.2.1 休闲广场应设于住区的人流集散地(如中心区、主入口处),面积应根据住区规模的规划设计要求确定,形式宜结合地方特色和建筑风格考虑。广场上应保证大部分面积有日照和遮风条件。

6.2.2 广场周边宜种植适量庭荫树和设置休息座椅,为居民提供休息、活动、交往的设施,在不干扰居民休息的前提下保证适度的灯光照度。

6.2.3 广场铺装以硬质材料为主,形式及色彩搭配应具有一定的图案感,不宜采用无防滑措施的光面石材、地砖、玻璃等。广场出入口应符合无障碍设计要求。

6.3 游乐场

6.3.1 儿童游乐场应该在景观绿地中划出固定的区域,一般均为开敞式。游乐场地必须阳光充足，空气清洁，能避开强风的袭扰。应与住区的主要交通道路相隔一定距离，减少汽车噪声的影响并保障儿童的安全。游乐场的选址应充分考虑儿童活动产生的嘈杂声对附近居民的影响，离开居民窗户 10 m 远为宜。

6.3.2 儿童游乐场周围不宜种植遮挡视线的树木，保持较好的可通视性，便于成人对儿童进行目光监护。

6.3.3 儿童游乐场设计的选择应能吸引和调动儿童参与游戏的热情，兼顾实用性与美观色彩鲜艳但应与周围环境相协调。游戏器械选择和设计应尺度适宜，避免儿童被器械划伤或从高处跌落，可设置保护栏、柔软地垫、警示牌等。

6.3.4 居住区中心较具规模的游乐场附近应为儿童提供饮用水和游戏水，便于儿童饮用、冲洗和进行筑沙游戏等。

6.3.5 儿童游乐设施设计要点见表 6.5.3。

表 6.5.3 儿童游乐设施设计要点

序号	设施名称	设计要点	适用年龄
1	沙坑	①居住区沙坑一般规模为 10 ~ 20 m^2，沙坑中安置游乐器具的要适当加大，以确保基本活动空间，利于儿童之间的相互接触 ②沙坑深 40 ~ 45 mm，沙子必须以中细沙为主，并经过冲洗。沙坑四周应竖 100 ~ 150 mm 的围沿，防止沙土流失或雨水灌入。围沿一般采用混凝土、塑料和木制，上可铺橡胶软垫 ③沙坑内应敷设暗沟排水，防止动物在坑内排泄	3 ~ 6 岁
2	滑梯	①滑梯由攀登段、平台段和下滑段组成，一般采用木材、不锈钢、人造水磨石、玻璃纤维、增强塑料制作，保证滑板表面平滑 ②滑梯攀登架倾角为 70 °左右，宽 400 mm，踢板高 60 mm，双侧设扶手栏杆。休息平台周围设 800 mm 高防护栏杆。滑板倾角 20° ~ 35°，宽 400 mm，两侧直缘为 180 mm，便于儿童双脚制动 ③成品滑板和自制滑梯都应在梯下部铺厚度不小于 30 mm 的胶垫或 400 mm 的沙土，防止儿童坠落受伤	3 ~ 6 岁
3	秋千	①秋千分板式、座椅式、轮胎式几种，其场地尺寸根据秋千摆动幅度及周围游乐设施间距确定 ②秋千一般高 2.5 m，长 3.5 ~ 6.7 m（分单座、双座、多座），周边安全护栏高 600 mm，踏板距地 350 ~ 450 mm。幼儿用距地为 250 mm ③地面需设排水系统和铺设柔性材料	6 ~ 15 岁
4	攀登架	①攀登架标准尺寸为 2.5 m × 2.5 m（高 × 宽），格架宽为 500 mm，架杆选用钢骨和木制。多组格架可组成攀登架式迷宫 ②架下必须铺装柔性材料	8 ~ 12 岁
5	跷跷板	①普通双连式跷跷板宽 1.8 m，长 3.6 m，中心轴高 450 mm ②跷跷板端部应放置旧轮胎等设备作缓冲垫	8 ~ 12 岁

续表

序号	设施名称	设计要点	适用年龄
6	游戏墙	①墙体高控制在1.2 m以下，供儿童跨越或骑乘，厚度为150~350 mm ②墙上可适当开孔洞，供儿童穿越和窥视产生游乐兴趣 ③墙体顶部边沿应做成圆角，墙下铺软垫 ④墙上绘制的图案不易退色	6~10岁
7	滑板场	①滑板场为专用场地，要利用绿化种植、栏杆等与其他休闲区分隔开 ②场地用硬质材料铺装，表面平整，并具有较好的摩擦力 ③设置固定的滑板练习器具，铁管滑架、曲面滑道和台阶总高度不宜超过600 mm，并留出足够的滑跑安全距离	10~15岁
8	迷宫	①迷宫由灌木丛墙或实墙组成，墙高一般在0.9~1.5 m之间，以能遮挡儿童视线为准，通道宽为1.2 m ②灌木丛墙需进行修剪，以免划伤儿童 ③地面以碎石、卵石、水刷石等材料铺砌	6~12岁

8　水景景观

水景景观以水为主，水景设计应结合场地气候、地形及水源条件。南方干热地区应尽可能为居住区居民提供亲水环境，北方地区在设计不结冰期的水景时，还必须考虑结冰期的枯水景观。人工水体严禁使用自来水。

8.2.5　生态水池/涉水池

(1)生态水池是适于水下动植物生长，又能美化环境、调节小气候、供人观赏的水景。在居住区里的生态水池多饲养观赏鱼虫和习水性植物(如鱼草、芦苇、荷花、莲花等)，营造动物和植物互生互美的生态环境。

(2)水池的深度应根据饲养鱼的种类、数量和水草在水下生存的深度确定。一般在0.3~1.5 m，为了防止陆上动物的侵扰，池边平面与水面需保证有0.15 m的高差。水池壁与池底平整以免伤鱼。池壁与池底以深色为佳。不足0.3 m的浅水池，池底可做艺术处理，显示水的清澈透明。池底和池畔宜设隔水层，池底隔水层上覆盖0.3~0.5 m厚土，种植水草。

(3)涉水池。涉水池可分水面下涉水和水面上涉水两种。水面下涉水主要用于儿童嬉水，其深度不得超过0.3 m，池底必须进行防滑处理，不能种植苔藻类植物；水面上涉水主要用于跨越水面，应设置安全可靠的踏步平台和踏步石(汀步)，面积不小于0.4 m×0.4 m，并满足连续跨越的要求，其水深不应大于0.5 m。上述两种涉水方式应设水质过滤装置，保持水的清洁，以防儿童误饮池水。

6.6 《上海建设生态型城市规划实施阶段标准》（节录）

城市规划内容	指标	单位	标准
土地使用	人口密度	人/km^2	3 500（市区）
	人口自然增长率	‰	≤3
	人均城市建筑用地	m^2/人	75
	单位土地产出率	亿元/km^2	≥7
	基本农田保护率	%	≥80
	高新技术园区面积	km^2	>50
	第三产业用地（公共设施用地比率）	%	>15
	人均高等教育用地面积	m^2/人	≥15
	万人医院病床数	床/万人	90
	中低价位、中小套型普通商品住房和廉租房的土地供应占居住用地的比重	%	70
	绿化覆盖率	%	33～45
	建成区绿地率	%	≥38
	城镇人均公共绿地面积	m^2/人	≥11（城区）
			≥12（建成区）
			16（市区）
	人均生态用地	m^2/人	≥100
	人均耕地	亩/人	≥0.3
	建成区道路广场透水面积率	%	≥50
	规划中城市发展占用的土地面积占区域总面积的比例	%	23.66
建筑与城市设计	人均居住面积	m^2/人	16～20
	住房成套率	%	90
	建筑节能达标率	%	100
	建筑中水利用率	%	5～15
	人均公共场所或公共场所面积	m^2/人	17.5
	节能省地型住宅与生态住宅比例	%	≥20

城市规划内容	指标	单位	标准
建筑与城市设计	建筑屋顶绿化面积占绿地面积比重	%	5
	环境绿化建筑材料使用率	%	15
交通与市政基础设施	万人拥有公交车辆数	辆/万人	≥14
	国际互联网用户比例	%	≥43.0（总计）
		%	100（居民拥有率）
	公交出行比重	%	30
	万元 GDP 能耗	吨标煤/万元	≤1.4
	万元 GDP 水耗	m^3/万元	≤150
	城市气化率	%	≥90
	自来水普及率	%	100
	人均生活用水（市区）	L/（d·人）	455（上下浮动10%）
	人均生活用电（市区）	kW·h/（d·人）	8（上下浮动10%）
	轨道交通服务区覆盖率	%	≥90
	公交车平均车速	km/h	20
	公交专用车道长度比重	%	5
	免费开放公园比重	%	≥90
	城镇生活污水集中处理率	%	≥70
	城镇生活垃圾无害化处理率	%	100
	清洁能源比重	%	≥70

续表

城市规划内容	指标	单位	标准	城市规划内容	指标	单位	标准
交通与市政基础设施	可再生能源比重	%	15	环境卫生与城市防灾	人均疏散用地面积	m^2/人	3
	再生水利用率	%	≥30		人均人防建筑面积	m^2/人	0.4
	危险物处理率	%	100		万元工业产值垃圾产生量	吨/万元	0.04～-0.07
	城市K功能区水质达标率	%	100		工业用水重复率	%	≥50
自然历史保护	人均森林面积	hm^2/人	≥0.1		城市人均生活垃圾	kg/(d·人)	1.0～1.3
	受保护地区占用环境比例	%	≥17		城市生命线系统完好率	%	≥80
	优秀历史建筑保护完好率	%	100		城市公共厕所密度	座/km^2(建筑区)	≥2
	森林覆盖率(平原地区)	%	≥15		噪声达标区覆盖率	%	≥95
	城市建成区内本地植物指数		≥0.7		工业固体废物处置利用率	%	≥80
	建成区自然环境中生存的鸟类、鱼类和植物等的综合物种指数		≥0.5		集中式饮用水源地水质达标率	%	100
					城市酸雨频率	%	<20

6.7 《生态工业园区建设规划编制指南》HJ/T 409—2007

1 适用范围

本标准规定了编制生态工业园区建设规划的原则、方法、内容和要求。

生态工业园区建设不仅局限于国家经济技术开发区、国家级高新技术产业开发区、国家级保税区、国家级进出口加工区和省级各类开发区,还包括工业集中区及以大型企业为核心的工业聚集区域。根据园区的产业和行业结构特点,可将生态工业园区分为行为类生态工业园区、综合类生态工业园区和静脉产业类生态工业园区3种类型。

本标准适用于指导国家生态工业示范园区建设规划编制工作,省级及其他生态工业园区规划编制工作也可参照本标准执行。

2 规范性引用文件

本标准内容引用了下列文件中的条款:

行业类生态工业园区标准 HJ/T 273—2006(试行);

综合类生态工业园区标准 HJ/T 274—2006(试行);

静脉产业类生态工业园区标准 HJ/T 275—2006(试行)。

3 术语和定义

下列术语和定义适用于本标准。

3.1 生态工业园区

指依据清洁生产要求、循环经济理念和工业生态学原理而设计建立的一种新型工业园区。它通过物质流或能量流传递等方式把不同工厂或企业连接起来,形成共享资源和互换副产品的产业共生组合,使一家工厂的废弃物或副产品成为另一家工厂的原料或能源,模拟自然生态系统,在产业系统中建立"生产者—消费者—分解者"的循环途径,寻求物质闭环循环、能量多能利用和废物产生最小化。

3.2 行业类生态工业园区

指以某一类工业行业的一个或几个企业为核心,通过物质和能量的集成,在更多同类企业或相关行业企业间建立共生关系而形成的生态工业园区。

3.3 综合类生态工业园区

主要指在高新技术产业开发区、经济技术开发区等工业园区基础上改造而成的生态工业园区。

3.4 静脉产业类生态工业园区

指以从事静脉产业生产的企业为主体建设的工业园区。静脉产业是以保障环境安全为前提,以节约资源、保护环境为目的,运用先进的技术,将生产和消费过程中产生的废物转化为可重新利用的资源和产品,实现各类废物的再利用和资源化的产业,包括废物转化为再生资源及将再生资源加工为产品两个过程。

4 规划编制工作程序

4.1 确定任务

园区管委会、园区行政主管部门或园区开发建设单位委托具有相关规划编制经验的单位编制生态工业园区规划,通过委托文件和合同明确编制规划各方责任、要求、工作进度安排、验收方式等。

4.2 调查、收集资料

收集编制规划所必需的生态环境、社会、经济背景或现状资料,包括社会经济发展规划,区域总体规划和土地利用规划,产业结构、产业发展规模和布局规划,以及园区主导行业发展规划、区域生态功能区划、水环境功能区划、土地功能区划等有关资料。信息收集以广和全为原则,应包括所有与规划有关的经济、社会、科技、人文以及自然、地理、生态、环境污染等方面的信息。调查范围以拟建设的生态工业园区为主,兼顾对园区发展影响较大的周边区域。

4.3 编制规划大纲

按照本标准要求的规划主要内容编制规划大纲。

4.4 编制规划

按照规划大纲的要求编制生态工业园区建设规划。

4.5 成果

包括生态工业园区建设规划和生态工业园区建设规划技术报告。

5 规划编制主要内容

5.1 生态工业园区概况和现状分析

5.1.1 概况

主要包括园区发展概况、地理位置、自然地理条件、主要资源条件等内容。

5.1.2 社会现状

描述园区人口状况,科、教、文、卫状况,基础设施状况(能源供应、给排水等)、道路交通状况以及周围区域内相关的产业结构、专用设施、基础设施、共享设施的建设等情况。

5.1.3 经济现状

描述园区经济、工业发展水平。从经济发展、物质减量与循环、污染控制等方面评价描述园区主导行业、重点企业及其发展状况。

5.1.4 环境现状

(1)水环境现状:描述园区水环境质量现状、污水排放和处理现状和污水基础处理设施现状,分析园区水环境发展趋势,评价园区水环境质量和容量。

(2)大气环境现状:描述园区大气环境质量现状和大气污染物排放和处理现状,分析园区产业结构和能源供给变化,评估园区大气环境质量变化趋势。

(3)固体废物现状:描述园区生活垃圾和工业固体废物的主要类型、产生量、收集、贮运、处理处置和综合利用情况。

(4)生态环境现状:描述园区绿化面积、园区绿化率、生物多样性情况、自然生态系统稳定性、园区生态景观、宜居程度等园区生态环境现状。

5.2 生态工业园区建设必要性分析

5.2.1 园区环境影响回顾性分析

收集园区过去5~10年的社会、经济、环境资料,应通过资料分析回顾园区社会、经济和生态环境发展历史,评估园区社会经济发展和生态环境保护之间的协调关系,评估园区建设对环境的影响和未来发展趋势。对建设10年以上的园区,要进行过去5~10年的分析。建设不足5年的园区,按实际建设年限进行回顾性分析,主要包括:园区污染源数量和分布的变化,主要污染物特征和产排污量的变化,重点污染源排放达标情况分析,潜在的环境风险和应急方案,主要能源和资源的消耗水平及其国内外的比较,园区建址的环境敏感性分析,区域环境质量的变化,区域环境容量和环境承载力的变化,环境法律法规的贯彻执行,环保投入,环境管理等内容。

5.2.2 生态工业园区建设的必要性和意义

结合资料收集和调研分析的结果,重点识别园区面对的制约因素,应从环境质量改善、资源约束改善、产业结构合理调整等方面分析生态工业园区建设对园区的影响和意义。

5.2.3 生态工业园区建设的有利条件分析

根据园区自身特点,应从资源、产业基础、基础设施、人才、政策、区位、交通、生态工业雏形等方面分析生态工业园区建设的有利条件。

5.2.4 生态工业园区建设的制约因素分析

根据资料收集和调研分析,应从环境承载力、资源承载力、产业结构、环境管理机制等方面分析园区发展的制约因素,找出制约园区可持续发展的突出问题。

5.3 生态工业园区建设总体设计

5.3.1 指导思想

生态工业园区建设应坚持贯彻落实科学发展观,以生态文明建设为目标,以循环经济理念为指导,以节能减排工作为重点,结合园区的特点,通过对园区的生态化改造和建设,实现区域的可持续发展。

规划指导思想中要体现与发挥区域比较优势、提高市场竞争力相结合,与引进高新技术、提高经济增长质量相结合,与区域改造和产业结构调整相结合,与环境保护和区域节能减排工作相结合。

(1)与发挥区域比较优势、提高市场竞争力相结合:应有选择地对全国范围内已完成生态工业园区建设规划的各类园区进行广泛调研和比较研究,发现、辨识和提炼规划区域独特的区域比较优势,以及由此决定的核心竞争力,在此基础上进一步提出提升和扩大这些核心竞争力的措施和途径。

(2)与引进高新技术、提高经济增长质量相结合:应对园区现有主导产业的技术水平、发展趋势进行调研,在保障体系设计、入园项目选择原则确定等规划工作中把引进和开发高新技术作为园区产业结构调整和升级的根本动力,实现生态工业链网中物质、能量和信息的高效转化和流动。

(3)与区域改造和产业结构调整相结合:应与区域改造和产业结构调整充分结合,促进区内企业规模化、科技化、高效益和低污染,逐步实现以主导产业为核心、不同产业之间以及与自然生态系统之间的生态耦合和资源共享,实现物质和能量的多级利用。

(4)与环境保护和区域节能减排工作相结合:应坚持预防为主、防治结合的方针,围绕区域节能减排目标,强化污染物总量控制,基于区域环境容量进行产业结构调整和优化布局,使园区产业布局、经济发展规模和速度与区域环境承载力相适应。

5.3.2 基本原则

(1)与自然和谐共存原则:园区应与区域自然生态系统相结合,保持尽可能多的生态功能,最大限度地降低园区对局地景观和水文背景、区域生态系统造成的影响。

(2)生态效率原则:应通过园区各企业、企业生产单元的清洁生产和其之间的副产品交换,降低园区总的物耗、水耗和能耗,尽可能降低资源消耗和废物产生,提高园区生态效率。

(3)生命周期原则:应加强原材料入园前以及产品、废物出园后的生命周期管理,最大限度地降低产品全生命周期的环境影响。

(4)因地制宜原则:应突出园区自身的社会、经济、生态环境以及自然条件等特点。

(5)高科技、高效益原则:应采用现代化生物技术、生态技术、节能技术、节水技术、再循环技术和信息技术,采纳国际上先进的生产过程管理和环境管理标准。

(6)软硬件并重原则:园区建设应突出关键工程项目,突出项目间工业生态链建设。同时必须建立和完善环境管理体系、信息支持系统、优惠政策等软件,使园区得到健康、持续发展。

(7)3R 原则:应体现“减量化、再利用、资源化”(3R)原则。

5.3.3 规划范围

园区规划应明确生态工业园区规划核心区的准确边界范围,并根据生态工业园区与外界的物质流、能量流等方面的交换关系,提出规划的扩展区和辐射区范围。对于国家批复的各类开发区、核心区和扩展区均不得超过国家批准的边界范围。规划范围的确定应与原有的土地使用功能和用地规划相一致。

5.3.4 规划期限

园区规划应明确生态工业园区规划的数据基准年,在基准年的基础上,提出规划近期目标和中远期目标的具体年限,通常近期年限为 3 ~5 年,中远期年限为 5 ~8 年。

5.3.5 规划依据

园区规划应对生态工业园区规划和建设具有指导和支持作用的各项政策、标准和规划作为规划依据逐一进行描述。主要的规划依据包括:①国家和地方环境保护、清洁生产和循环经济方面的相关法律法规；②国家和地方对生态工业园的管理政策；③国家和地方有关园区的发展政策；④园区所在区域国民经济和社会发展规划(纲要)；⑤园区控制性规划；⑥相关行业清洁生产标准；⑦相关行业中长期发展规划；⑧园区所在区域循环经济规划；⑨园区所在区域产业发展规划；⑩园区所在区域环境保护规划；⑪园区所在区域土地利用规划；⑫园区所在区域交通、电力等基础设施规划；⑬其他。

5.3.6 规划目标与指标

1)规划目标和指标体系

根据园区发展现状和未来发展趋势，提出生态工业园区建设近期(3~5年)和中远期(5~8年)的目标和具体指标。

行业类生态工业园区规划指标体系可参照 HJ/T 273 的要求，指标应体现园区核心行业的特点。

综合类生态工业园区规划指标体系可参照 HJ/T 274 的要求。

静脉产业类生态工业园区规划指标体系可参照 HJ/T 275 的要求。

园区应根据自身特点增加指标类别，以体现园区的产业结构调整，环境质量改善，重点污染物、污染源总量控制，人文特色等内容。

在定量指标的赋值过程中，可以采用趋势外推法、情景分析法、类比分析法和综合平衡法等方法。

2)指标可达性分析

运用趋势外推、情景分析等方法，根据园区发展趋势，结合生态工业园区建设中重点支撑项目的引进和保障体系的建设，分析主要指标的可达性。

5.3.7 总体框架

按照产业循环体系、资源循环利用和污染控制体系及保障体系3部分对生态工业园区建设进行总体框架设计，提出生态工业园区总体发展思路，设计并描述生态工业园区总体生态工业链，绘制生态工业总体框架图和园区总体生态工业链图。

产业循环体系包括各主导(核心)行业的产业共生和物质循环。资源循环利用和污染控制体系主要是大气和水污染物的控制、固体废物的处理处置、水资源的循环利用、固体废物的资源化利用和能源的多级利用。保障体系主要是为园区建设和发展提供组织、政策、技术、工具等保障措施。

5.4 园区主导行业生态工业发展规划

5.4.1 行业类生态工业园区

(1)分析园区核心行业发展现状、存在问题和发展潜力。

(2)从行业发展、物质代谢与循环、污染控制等方面建立核心行业生态工业发展指标体系。

(3)从产品设计、生产过程工艺改造、原料替代、物料循环使用、资源和能源使用等多个方面，提出行业发展的清洁生产方案。

(4)以核心行业为基础，优化园区的能源与利用效率，根据行业自身的特点，构建行业生态工业模式，重点提出核心行业发展方案，内容包括核心行业物质流分析、产品链设计、工业代谢关系图等。

5.4.2 综合类生态工业园区

(1)根据园区特点,分析确定园区主导行业的数量和类型,综合考虑此类园区中各主导行业的发展前景。

(2)对每个主导行业分别开展规划,分析各主导行业发展现状、存在问题和发展潜力。

(3)从行业发展、物质代谢与循环、污染控制等方面建立各主导行业生态工业发展指标体系。

(4)从产品设计、生产过程工艺改造、原料替代、物料循环使用、资源和能源使用等多个方面,提出各主导行业发展的清洁生产方案。

(5)根据行业自身的特点,构建各主导行业自身生态工业发展模式,提出各主导行业发展方案,内容包括行业物质流分析、产品链设计、工业代谢关系图等。

(6)分析发掘几个主导行业之间的生态工业关系,构建园区内行业间的物质代谢循环模式,提高园区能源与资源的利用效率,优化园区的工业布局,提出园区行业共生网络设计方案。

5.4.3 静脉产业类生态工业园区

(1)针对静脉产业类生态工业园区的产业结构特点,根据园区内静脉产业企业情况,分析园区发展现状、存在问题和发展潜力,开展废物资源可行性预测。

(2)从静脉产业发展、物质代谢与循环、污染控制、二次污染防治等方面建立静脉产业生态工业发展指标体系。

(3)根据静脉产业的特点,从废物资源化和再生加工为产品过程中资源能源减量、生产过程中产生的废物再利用以及再次资源化等方面,提出园区静脉产业的减量、再利用和资源化措施。

(4)重点关注静脉产业中废物转化为再生资源及将再生资源加工为产品两个过程,提出生态产业链的设计方案,包括静脉产业物质流分析、产品链设计、工业代谢关系图等。

(5)提出静脉产业发展方案,通过物质、能源的集约利用、梯级利用以及基础设施和信息的共享,实现区域废物综合利用的最大化和排放最少化,建立以各类废物开展循环经济为主要特征的新的经济增长机制。

5.5 资源循环利用和污染控制规划

5.5.1 水循环利用和污染控制规划

(1)评估水资源开发利用和水质现状(水资源现状、水环境现状、工业废水处理现状、工业废水循环利用现状、污水集中处理现状、重点污染源排放现状),分析水资源开发利用和水环境存在的问题,评估园区对本身区域环境质量的改善及对所在水系下游地区的环境责任。

(2)水资源消耗和污水排放预测分析。

(3)规划近期和中远期水循环利用和污染控制目标和指标的制定。指标主要包括单位工业增加值新鲜水耗、单位工业增加值废水排放量、单位工业增加值 COD 排放量、园区污水集中处理率、工业废水稳定达标排放率、工业用水循环利用率、间接冷却水循环利用率、区域中水回用率、再生水使用量、再生水与新鲜水供水比例等。

(4)水循环利用和污染控制方案。包括水资源管理方案、水减量化方案(工业节水方案、生活节水方案)、水资源供应方案、水资源替代方案、废水循环利用方案和重点污染源水污梁控制方案等。

(a)水资源管理方案:建立健全并贯彻落实水资源一体化的政策、法规与管理办法,强化法制管理和科学管理,严格用水许可证制度、排水许可证制度、水资源利用监管制度,实行总量监督与监测、污水处理厂企业化管理及运行机制等。

(b)水减量化方案:通过推行企业清洁生产,降低单位产值(产品)的耗水量;通过调整工业结构,淘汰或限制耗水量大、水污染物排放量大的行业和产品;通过推行生活节水用具,提高公众节水意识,降低生活用水量。

(c)水资源供应方案:设计多源供水方案,提出饮用水、工业用水、工业冷却水、景观用水、绿化用水、中水和生活杂用水等集成与共享的水资源梯级利用模式与方法。

(d)水资源替代方案:通过中水回用以及海水的利用、雨水利用等模式,提出水资源的可行性替代方案。

(e)废水循环利用方案:提出将排放的废水进行处理后用于某些水单元或将废水直接用于某些水单元的废水循环利用方案以及水污染物的循环利用方案。根据地理范围将废水的循环利用分为厂域和区域两个层次。循环利用的同时,要注意二次污染的防治。

(f)重点污染源水污染控制方案:针对水污染排放重点源,通过清洁生产审核,提高过程控制和末端治理技术水平,提出重点污染源水污染控制方案。

5.5.2 大气污染控制和循环利用规划

(1)评估园区大气环境质量状况、环境演变历程和趋势、污染排放状况等,分析园区发展过程中面临的主要大气环境问题。

(2)根据园区社会经济发展特点、环境空气质量变化综合分析,预测规划近期和中远期主要污染物排放量。

(3)规划近期和中远期大气污染控制以及循环利用目标和指标的制定。指标主要包括单位工业增加值废气排放量、单位工业增加值 SO_2 排放量、单位工业增加值 NO_x 排放量、单位工业增加值碳排量、大气治理设施的有效运行率、主要大气污染物排放达标率、全年空气环境质量达标天数等。

(4)根据规划近期和中远期目标,提出相应的大气污染控制战略,包括工程措施、技术措施、管理措施和政策措施等;针对本地区大气特征污染物,提出相应的解决方案;针对废气排放重点源,提出工业废气污染控制和循环利用方案;针对静脉产业类型的企业和项目,建立大气污染源转移和二次污染防治方案。

5.5.3 固体废物循环利用和污染控制规划

(1)工业固体废物和生活垃圾等的现状和存在问题的分析。

(2)工业固体废物和生活垃圾等的产生量及排放量预测。

(a)工业固体废物产生量预测,推荐采用产污系数法。

(b)居民(包括居民小区、农村、机关事业单位、医院、餐饮服务业等)固体废物产生与排放量预测,采用现场调查、排污系数与类比分析法。

(3)规划近期和中远期固体废物减量化、资源化和无害化目标和指标的确定。指标主要包括单位工业增加值工业固体废物排放量、工业固体废物综合利用率、危险废物安全处置率、固体废物回收利用率、生活垃圾处理处置率等。

(4)工业固体废物和生活垃圾等的减量和循环利用方案如下。

(a)建立健全并贯彻落实固体废物分类收集、减量化排放、资源化利用、无害化处理与处置的一体化管理体系和政策、法规,培育市场化运作模式和网络。

(b)调查分析园区固体废物的来源和种类,通过推行清洁生产实现固体废物的减量化。

(c)建立固体废物的集中收集、交换利用和资源化的模式与方法。分析园区固体废物的种类与特点,结合园区的发展规划提出固体废物资源化利用模式。

(d)构筑企业内部、企业之间和整个园区废物资源化利用的循环网络。通过分析企业生产需求,考虑工业企业特点,培育和建立园区废物资源化利用的网络体系。

(e)针对静脉产业类园区和行业类、综合类园区中静脉产业类型的企业和项目,建立防止污染源转移和二次固体废物污染防治方案。

(5)工业固体废物和生活垃圾等实现减量化、资源化和无害化的技术手段和项目。

(a)建立固体废物收集、资源化利用、管理与运行的市场化运行机制与模式及相应的政策法规。

(b)居民区、机关事业、宾馆及企业的废物资源化利用工程。

(c)不同行业固体废物交换利用或有偿使用项目。

(d)生活垃圾分类收集与资源化利用、无害化处理项目。

(e)危险固体废物的收集、储运及无害化处理项目。

5.5.4 能源利用规划

通过调查园区能源储量、能源供应的来源和有效性,结合园区经济发展水平和对优质能源的承担能力,制定园区近期和中远期的能源供应规划,园区能量梯级利用与节能规划,以及园区企业内部、企业之间和园区与外部的能量交换规划。

(1)能源消耗预测分析,对能量梯级利用与节能现状和存在问题的分析。

(2)规划近期和中远期能源利用目标和指标的制定。

(3)能量供给及供应网络。

在考虑园区经济承受力和能源供应的基础上,制定包括电网优化、热力网、天然气网、加油站、加气站网络的能源供应网络优化规划以及供热与热电厂的热电平衡规划等。

规划天然气、太阳能、风能、地热能和生物能等较清洁的能源的比例。

为减少运输业对环境的影响,考虑采用清洁燃料作为运输车辆的燃料,因地制宜地利用工业锅炉或改造中低压凝汽机组为热电联产,向园区和社区供热、供电,依照燃料能值的不同制定园区不同种类的化石燃料,如煤、天然气、石油制品的利用规划。

(4)提出能量梯级利用与节能方案:①制定鼓励使用清洁能源的政策;②推广节能技术,充分利用园区的光热资源,如节能汽车、节能建筑、太阳能取暖、太阳能热水、日光温室、保温墙体材料使用、工业生产余压回收利用、余热回收利用等;③发展热电联产项目,平衡冷量、热量和电量需求等;④发展清洁发电项目,如风能、太阳能、天然气和清洁煤利用发电等;⑤优化区域能量供应的网络,特别是电网、热网、天然气管网等的分布及能量供应平衡。

5.6 重点支撑项目及其投资与效益分析

5.6.1 重点支撑项目

1)项目选择条件

综合考虑园区产业结构特点和生态工业园区建设的需求,确定入园项目应满足的条件。

入园项目选择的总体原则是符合国家和园区自身的产业政策和环保政策,同时符合构建产业循环体系、资源循环利用和污染控制体系及保障体系的基本要求，针对园区的产业结构和经济发展现状与未来的发展趋势，引进具有支撑功能的项目。

2）项目内容

结合生态工业园区建设的实际，分别筛选和提出产业循环体系、资源循环利用和污染控制体系以及保障体系的重点支撑项目，包括产业补链项目、基础设施项目、服务管理项目等。项目内容注意要满足生态工业园区的总体设计理念和环境保护的具体要求。规划文本中应将各专项规划中有关重点工程与投资方案内容进行汇总，并作为规划的重点内容之一加以明确。

重点支撑项目的确定应包括建设项目名称、建设位置、主要工艺技术、实施期限、建设内容（包括分年度建设内容）、实施主体等相关内容。要对项目内容、规模、作用和实施时间安排等作出详细描述。

参照园区建设重点项目清单和地方性工程预算文件对各建设项目的投资进行科学合理的估算。投资方案要提出具体的投资数量和资金来源，并做出年度投资计划表。

5.6.2　投资与效益分析

重点对园区发展生态工业的综合效益进行分析评价，对生态工业园区建设的各项成本及收益进行初步的全面系统的核算，评估园区生态工业建设的成效。

1）经济效益分析

主要从4个方面分析生态工业园区建设带来的经济效益：①物质减量、再用、循环带来的直接经济效益；②污染减排带来的间接经济效益；③促进园区本身经济总量稳定增长，同时带动园区所在地区经济增长；④经济增长质量的改善，吸引投资的力度的加强。

2）生态环境效益

主要从3个方面分析生态工业园区建设带来的生态环境效益：①园区及周边地区水、大气和土壤环境质量的改善；②降低对自然资源的需求，减少能源消耗；③改善生态质量，树立生态景观形象。

3）社会效益分析

主要从3个方面分析：①扩大社会就业，提高园区教、科、文、卫软硬件水平；②改善人居环境，促进居民生活质量的全面提高；③增强园区活力，提高园区综合竞争能力。

5.7　生态工业园区建设保障措施

提出保障规划实施和规划目标实现的组织、政策、技术、管理和其他各项措施，包括政策保障措施、组织机构建设、技术保障体系、环境管理工具、公众参与、宣传教育与交流以及能够保障生态工业园区建设顺利开展的其他措施。

5.7.1　政策保障

（1）制定生态工业园区建设管理办法和相关的实施细则。其内容要注意与园区现行的法律、法规和政策相衔接，如果现行法律、法规和政策有不协调之处，需作及时调整。

（2）通过国家和当地政府法律、法规的实施和执行来保障园区的发展。

（3）各级政府及园区要制定相关扶持政策，保障生态工业园区建设的顺利实施。政策应包括产业允许和限制政策、投资和融资政策、信贷和土地使用优先政策、税收政策、财务补贴政策等。鼓励和发展环保产业，扶持生态工业。对通过清洁生产和ISO 14001环境管理体系审核的企事业单位给予政策上的优惠。

5.7.2 组织机构建设

(1)行政管理机构及运行机制:建立生态工业园区建设领导小组和实施小组,成员包括建设、规划、环保、物价、财税、招商、计划发展、国土等部门;根据不同园区的具体行政管理机构特点,分别采用政府主导、政企分管或企业管理等管理模式,负责整个园区的生态工业建设和运行的管理与实施。

(2)领导干部目标考核:制定有关规定,将生态工业园区的建设内容列入园区管委会或所在区域行政主管部门相关领导干部的考核目标之中。

(3)人才引进和培养:通过制定各种人才政策,积极吸引国内外优秀人才在园区开展短期和长期的工作;在国内外有关大学定向培养人才,在当地建立专业院校,进行专业培养和职工培训,从而达到加速培养高层次专业技术人才,培养高素质决策管理者,同时不断提高现有技术干部业务素质的目的。

(4)专家咨询机制:建立以国家、省、市有关领导和科研单位、大专院校相关方面专家组成的专家咨询小组,负责对园区的规划、设计、建设、运行中的全局性、方向性、技术性问题提出咨询意见和建议。

5.7.3 技术保障体系

(1)信息交流技术体系。建设具有信息基础设施、信息管理体系和信息交流平台的数字园区,允许园区成员利用该系统进行数据的存储、搜索和分析,充分发挥信息在园区的管理、企业间信息交流、技术支持、环境咨询等作用。信息应网罗国际、国内、区域的经贸信息,生态工业政策和技术信息,资源深加工和综合利用信息,环保技术信息,新材料、新工艺信息,节能、节水、降耗信息,公众参与信息等。建立和完善废物交换信息平台,以满足不同企业间废物交换利用的信息需要。

(2)生态工业技术研发。建立与加强国内外科研机构联系,建立起跨地区的松散型科研联合体;依托国内科研机构,大力推进产学研结合,组织实施园区的科研项目。积极引进国内外各种有利于生态工业建设的新技术、新工艺、新材料、新产品,建立和完善科技推广服务体系,建立有效的技术激励和扩散机制,促进科技成果转变和生态产业的发展。探索、试验、扶持区域物料、能源、水资源、环境容量联合调度利用技术和措施。

(3)生态设计。试行和推行产品的生态设计和生命周期评价制度,提升产品生产过程和使用过程的环境友好性。

(4)生态工业孵化器。根据园区特点,建立园区生态工业孵化器,为项目进行工业生态性评估、与现有企业的相容性评估,为园区企业的工业生态改造、构筑工业生态链条、维持工业生态系统健康运转提供技术支持,有针对性地提出园区补链企业需求,担负将企业和园区建设成为生态工业系统的任务。

(5)生态工业园区稳定运行风险应急预案。评估园区物质、能量循环代谢的关键节点,分析其出现问题对生态工业园区运行可能产生的影响,制订相应的规避方案和风险发生的应急措施,以保证园区某一节点出现问题后,仍能够维持正常运转。

(6)园区环境风险应急预案。评估园区重点风险源,分析其环境安全隐患和可能出现的风险事故,制订相应的安全管理方案和风险发生的应急措施。

5.7.4 环境管理工具

在园区企业间推行废物生命周期管理、环境管理体系、清洁生产审核、生命周期评价和环境标志等环境管理手段。

5.7.5 公众参与

建立公众参与机制，制定公众参与的鼓励政策，形成公众参与的制度。建立园区的监督体系，强化社会监督机制，增强舆论监督能力，实现信息的双向交流。

5.7.6 宣传教育与交流

通过对生态工业园的宣传、产品推介、合作规划等方式，大力开展国际环境科技和生态工业领域的交流与合作，借鉴国际经验提高园区建设发展水平，提高园区的国际知名度。加强宣传教育，提高公众生态工业意识。宣传教育分高级决策层、中级技术管理层、大众和社区3个层次。

5.7.7 其他保障措施

根据生态工业园区实际情况，建立其他能够保障生态工业园区建设顺利开展的政策、经济、技术等措施。

6 标准实施

本标准由各级人民政府环境保护行政主管部门负责组织实施。

6.8 《水利水电工程环境保护设计规范》SL 492—2011（节录）

《规范》规定了水环境保护、生态保护、大气环境保护、声环境保护、固体废物处置、土壤环境保护、人群健康保护、景观保护、移民安置环境保护等保护目标的技术标准、设计内容和技术要求。

摘录强制性条文如下。

2 水环境保护

2.1 生态与环境需水保障措施

2.1.1 根据初步设计阶段工程建设及运行方案，应复核工程生态基流、敏感生态需水及水功能区等方面的生态与环境需水，提出保障措施。

2.1.5 水库调度运行方案应满足河湖生态与环境需水下泄要求，明确下泄生态与环境需水的时期及相应流量等。

2.2 水质保障

2.2.6 重要的大、中型湖库型饮用水水源地应采取主要入库支流、库尾建设生态滚水堰、前置库、库岸生态防护、水库周边及湿地生态修复工程、水库内生态修复及清淤工程等生态修复措施，应明确措施的布局、形式、规模、工程量等。

2.5 地下水位降低减缓措施

2.5.1 地下水水位降低减缓措施应针对施工基坑排水工程防（截）渗等对地下水用户和生态环境影响程度，经技术经济论证，采取减缓周边地下水位降低的措施。

3 生态保护

3.1 陆生植物保护

3.1.1 陆生植物保护应对珍稀、濒危、特有植物、古树名木、天然林、草原等进行重点保护，采取就地保护或迁地保护等措施。

3.2 陆生动物保护

3.2.1 陆生动物保护应对珍稀、濒危和有重要经济价值的野生动物及其栖息地、繁殖地和迁移通道等进行重点保护，采取就地保护或迁地保护措施。

3.3 水生生物保护

3.3.1 水生生物保护应对珍稀、濒危、特有和具有重要经济、科学研究价值的野生水生动植物及其栖息地，鱼类产卵场、索饵场、越冬场，以及洄游性水生生物及其洄游通道等重点保护。

3.4 湿地生态保护

3.4.1 湿地生态保护包括湿地与河湖水系连通性的维护、湿地生态水量的保障、重要生境的保护和修复等，应根据工程影响和保护需求提出相应的工程措施及非工程措施。

6.9 《城市轨道交通地下工程建设风险管理规范》GB 50652—2011（节录）

4 工程建设风险等级标准

4.2.4 城市轨道交通地下工程环境影响等级标准宜按建设对周边环境的影响程度划分为五级，并宜符合下列规定。

（1）导致周边区域环境影响的等级标准，宜符合表4.2.4的规定。

（2）造成周围建（构）筑物影响的经济损失等级标准，宜符合表4.2.5的规定。

表4.2.4 环境影响等级标准

等级	A	B	C	D	E
影响范围及程度	涉及范围非常大，周边生态环境发生严重污染或破坏	涉及范围很大，周边生态环境发生较重污染或破坏	涉及范围大，区域内生态环境发生污染或破坏	涉及范围较小，邻近区生态环境发生轻度污染或破坏	涉及范围很小，施工区生态环境发生少量污染或破坏

4.2.5 经济损失等级标准宜按建设风险引起的直接经济损失费用划分为五级，工程本身和第三方的直接经济损失等级标准宜符合表4.2.5的规定。

表4.2.5 工程本身和第三方直接经济损失等级标准

等级	A	B	C	D	E
工程本身	1 000万元以上	500万~1 000万元	100万~500万元	50万~100万元	50万元以下
第三方	200万元以上	100万~200万元	50万~100万元	10万~50万元	10万元以下

第二部分

1 城市给水工程

1.1 城市总体规划用水量预测方法

城市总体规划中，用水量规划是一项重要指标，其值将直接控制和影响城市给水系统的规模和建设计划。城市用水量的规划涉及未来发展的许多因素和条件，有的因素属于地区的自然条件，如水资源本身的条件；有的因素属于人为因素，如国家的建设方针、政策、国民经济计划、社会经济结构、科学技术的发展、经济与生产发展、人民生活水平、人口计划、水资源技术状况（包括给水排水技术与节水技术）等。

所以，如何科学估计远期的城市用水量，是决定城市总体规划是否科学严谨的重要因素，以下简要介绍当前用于城市、工业企业用水量中远期规划的几种方法。

1.1.1 经验预测法

这种方法是给水排水规划工作者按照城市总体规划，在历年城市用水量递增状况和城市发展状况的基础上，凭借自己的分析和判断，作出城市用水量增加的估计。这种方法看似简单，实不易行，可靠性较差。

1.1.2 统计分析法

如果统计资料比较完全，而且有一定的年份，可以依靠资料作较为可靠的预估。可能会出现两种情况：一种是具有多年的用水量实测资料，而且历年用水量的递增呈现一定的规律，在此情况下可以用模式预估未来的用水量；另一种是历年用水量资料看不出有一定的变化规律，或者资料年份不足，而有别的与用水量紧密相关的资料可以利用，在此情况下可以用分项估计法预测未来的用水量。

1）模式预测法

对已经进入稳定发展的城市，年用水量有规律性的递增，有可能呈现逐年递增率 P（%）基本上是平稳的情况，则可以用下列模式表示：

$$Q_n = Q_0(1 + P/100)^n \tag{1-1}$$

式中 Q_n——n 年后预估城市用水量，m^3/d；

Q_0——基准年（一般即工程设计年的前一年）的城市用水量，m^3/d；

P——城市用水总量的年平均增长率；

n——预测年与基准年间隔的年限。

当 P 值呈现递增或递减现象，而递变率 q（%）的公比基本平稳时，即：

$$P_n = P_1(1 + q/100)^{n-1}; \tag{1-2}$$

$$Q_n = Q_{n-1}[1 + P_1/100(1 + q/100)^{n-1}] \tag{1-3}$$

式中：q 为正值时，表明递增率逐年上涨；q 为负值时，表明递增率逐年下降。

不论用水量递增率是否呈现平稳、上升或下降,只要运用现有资料推得 P 和 q 后,即可预估未来的用水量。但是在运用计算公式进行预估时,应同时对所得数字进行判断,特别是当 q 值较大时。

2)分项预测法

用水量的分项可粗可细,视现有统计资料而异。对一般城市,用水量可划分为生产用水量和生活用水量。生活用水量包括除工业生产用水之外的所有用水,其值是人口与生活用水量标准之积。如果资料表明人口与生活用水量标准的递增都有一定规律,则生活用水量可以据此预估。生产用水量的预估也可以根据现有资料进行分析,根据分析结果预估未来用水量。

1.1.3 根据《城市给水工程规划规范》的相关用水量标准预测

1)人均综合用水指标法

根据规划人口数并合理选用人均综合用水量指标,将其相乘得出规划的用水量。用水量指标应根据当地的具体情况,参照《城市给水工程规划规范》(GB 50282—98)合理选定。人均综合用水指标法在城市总体规划中应用较广泛,其计算式如下:

$$Q = nqk \tag{1-4}$$

式中 Q——城市用水量,m^3/d;

n——规划期末人口数;

q——规划期限内的人均综合用水量指标,万 $m^3/(万人·d)$;

k——规划期城市用水普及率。

2)单位用地指标法

该法是根据规划的城市建设用地规模,合理确定单位用地的用水指标,推算出城市用水总量。此方法在城市详细规划中应用也较广泛,其计算式如下:

$$Q = \sum s_i q_i \tag{1-5}$$

式中 Q——城市用水量,m^3/d;

s_i——规划期末分类城市建设用地规模,km^2;

q_i——各类城市建设用地用水量标准,万 $m^3/(km^2·d)$。

3)分类加和法

该法是分别对各类用水进行预测,求出各类用水量后再加和,从而得到总用水量。这种方法是人均综合用水指标法和单位用地指标法的细化。根据规划的人口规模可进行人均综合生活用水和居民生活用水的预测;根据不同性质的城市建设用地规模可进行工业用水、生活用水、公共设施用水、道路广场等其他用水的预测。分类加和法在城市的各层次规划的用水量预测计算中应用非常广泛。

1.1.4 预测城市用水量时应注意的问题

(1)预测方法的选用应结合具体情况,在充分利用资料的条件下,选用合适的预测方法。规划时,应采用多种方法进行预测,并互相校核。

(2)认真分析以往的资料,选用数据时要慎选,避免做虚功。

(3)充分考虑各种影响城市用水量的因素,如水资源丰富程度、基础设施情况、人们生活的区域和习惯、用水大户情况等。分析这些因素的变化情况后,再确定预测指标。

(4)注意人口的变化,依据规划人口的增减情况进行预测。

(5)掌握城市用水的变化趋势,随着工业的发展,城市人口聚集,生活水平的提高,用水量变化幅度较大;当城市水资源的可开发受到限制时,新增用水量主要靠重复用水来解决,变化幅度逐渐变小,有时还会负增长。

(6)注意城市自备水源的水量,城市中的一些用水大户(如大型工矿企业)常用自备水源供水,而不从城市管网中取水。在水资源规划和水量平衡时,对自备水源应进行统一规划。

1.2　城市总体、分区规划中的给水工程规划

1.2.1　用水量构成

城市用水量由以下两部分组成。

第一部分用水量指由城市给水工程统一供给的水量 。包括以下内容。

(1)居民生活用水量:城镇居民日常生活所需的用水量。

(2)工业用水量:工业企业生产过程所需的用水量。

(3)公共设施用水量:宾馆、饭店、医院、科研机构、学校、机关、办公楼、商业、娱乐场所、公共浴室等用水量。

(4)其他用水量:交通设施用水、仓储用水、市政设施用水、浇洒道路用水、绿化用水、消防用水、特殊用水(军营、军事设施、监狱等)等水量。

第二部分用水量指不由城市给水工程统一供给的水量。包括工矿企业和大型公共设施的自备水,河湖为保护环境需要的各种用水,保证航运要求的用水,农业灌溉和水产养殖业、畜牧业用水,农村居民生活用水和乡镇企业的工业用水等水量。

自备水源供水的工矿企业和公共设施的用水量应纳入城市用水量中,由城市给水工程进行统一规划。城市河湖环境用水和航道用水、农业灌溉和养殖及畜牧业用水、农村居民和乡镇企业用水等的水量应根据有关部门的相应规划纳入城市用水量中。

注:城市包括设市城市和建制镇。

1.2.2　用水量指标

城市总体规划包括市域城镇体系规划和中心城区规划。当进行城市总体规划的给水工程规划时,其用水量预测按现行的《城市给水工程规划规范》中的指标采用。

(1)城市给水工程统一供给的用水量预测宜采用表 1.2－1 和表 1.2－2 中的指标。

表 1.2-1 城市单位人口综合用水量指标 万 m^3/(万人·d)

区域	城市规模			
	特大城市	大城市	中等城市	小城市
一区	0.8~1.2	0.7~1.1	0.6~1.0	0.4~0.8
二区	0.6~1.0	0.5~0.8	0.35~0.7	0.3~0.6
三区	0.5~0.8	0.4~0.7	0.3~0.6	0.25~0.5

注:1. 特大城市指市区和近郊区非农业人口100万及以上的城市,大城市指市区和近郊区非农业人口50万及以上不满100万的城市,中等城市指市区和近郊区非农业人口20万及以上不满50万的城市,小城市指市区和近郊区非农业人口不满20万的城市。

2. 一区包括贵州、四川、湖北、湖南、江西、浙江、福建、广东、广西、海南、上海、云南、江苏、安徽、重庆。

二区包括黑龙江、吉林、辽宁、北京、天津、河北、山西、河南、山东、宁夏、陕西、内蒙古河套以东和甘肃黄河以东的地区。

三区包括新疆、青海、西藏、内蒙古河套以西和甘肃黄河以西的地区。

3. 经济特区及其他有特殊情况的城市,应根据用水实际情况,用水指标可酌情增减。

4. 用水人口为城市总体规划确定的规划人口数。

5. 本表指标为规划期最高日用水量指标。

6. 本表指标已包括管网漏失水量。

表 1.2-2 城市单位建设用地综合用水量指标 万 m^3/(km^2·d)

区域	城市规模			
	特大城市	大城市	中等城市	小城市
一区	1.0~1.6	0.8~1.4	0.6~1.0	0.4~0.8
二区	0.8~1.2	0.6~1.0	0.4~0.7	0.3~0.6
三区	0.6~1.0	0.5~0.8	0.3~0.6	0.25~0.5

注:本表注同表1.2-1的注1~6。

(2)城市给水工程统一供给的综合生活用水量的预测,应根据城市特点、居民生活水平等因素确定。人均综合生活用水量宜采用表1.2-3中的指标。

表 1.2-3 人均综合生活用水量指标 L/(人·d)

区域	城市规模			
	特大城市	大城市	中等城市	小城市
一区	300~540	290~530	280~520	240~450
二区	230~400	210~380	190~360	190~350
三区	190~330	180~320	170~310	170~300

注:1. 综合生活用水为城市居民日常生活用水和公共建筑用水之和,不包括浇洒道路、绿地、市政用水和管网漏失水量。

2. 表1.2-1注1~5适用于本表。

(3)在城市总体规划阶段,估算城市给水工程统一供水的给水干管管径或预测分区的用水量时,可按照下列不同性质用地用水量指标确定。

①城市居住用地用水量应根据城市特点、居民生活水平等因素确定。单位居住用地和

水量可采用表1.2-4中的指标。

表1.2-4 单位居住用地用水量指标 万m^3/(km^2·d)

用地代号	区域	城市规模			
		特大城市	大城市	中等城市	小城市
R	一区	1.70~2.50	1.50~2.30	1.30~2.10	1.10~1.90
	二区	1.40~2.10	1.25~1.90	1.10~1.70	0.95~1.50
	三区	1.25~1.80	1.10~1.60	0.95~1.40	0.80~1.30

注:1.本表指标已包括管网漏失水量。

2.用地代号引自现行国家标准《城市用地分类与规划建设用地标准》(GBJ 137)。

3.表1.2-1注1~5适用于本表。

②城市公共设施用地用水量应根据城市规模、经济发展状况和商贸繁荣程度以及公共设施的类别、规模等因素确定。单位公共设施用地用水量可采用表1.2-5中的指标。

表1.2-5 单位公共设施用地用水量指标 万m^3/(km^2·d)

用地代号	用地名称	用水量指标 C
C	行政办公用地	0.50~1.00
	商贸金融用地	0.50~1.00
	体育、文化娱乐用地	0.50~1.00
	旅馆、服务业用地	1.00~1.50
	教育用地	1.00~1.50
	医疗、休疗养用地	1.00~1.50
	其他公共设施用地	1.00~1.50

注:1.本表指标已包括管网漏失水量。

2.用地代号引自现行国家标准《城市用地分类与规划建设用地标准》(GBJ 137)。

③城市工业用地用水量应根据产业结构、主体产业、生产规模及技术先进程度等因素确定。单位工业用地用水量可采用表1.2-6中的指标。

表1.2-6 单位工业用地用水量指标 万m^3/(km^2·d)

用地代号	工业用地类型	用水量指标	用地代号	工业用地类型	用水量指标
M1	一类工业用地	1.20~2.00	M3	三类工业用地	3.00~5.00
M2	二类工业用地	2.00~3.50			

注:1.本表指标包括了工业用地中职工生活用水及管网漏失水量。

2.用地代号引自现行国家标准《城市用地分类与规划建设用地标准》(GBJ 137)。

④城市其他用地用水量可采用表1.2-7中的指标。

表 1.2－7　单位其他用地用水量指标　　万 m^3/（km^2 · d）

用地代号	工业用地类型	用水量指标	用地代号	工业用地类型	用水量指标
W	仓储用地	0.20～0.50	U	市政公用设施用地	0.25～0.50
T	对外交通用地	0.30～0.60	G	绿地	0.10～0.30
S	道路广场用地	0.20～0.30	D	特殊用地	0.50～0.90

注：1. 本表指标已包括管网漏失水量。

2. 用地代号引自现行国家标准《城市用地分类与规划建设用地标准》（GBJ 137）。

（4）进行城市水资源供需平衡分析时，城市给水工程统一供水部分所要求的水资源供水量为城市最高日用水量除以日变化系数再乘上供水天数。各类城市的日变化系数可采用表 1.2－8 中的数值。

表 1.2－8　日变化系数

特大城市	大城市	中等城市	小城市
1.1～1.3	1.2～1.4	1.3～1.5	1.4～1.8

1.3　城市详细规划中的给水工程规划

1.3.1　用水量构成

设计用水量由下列各项组成，水厂设计规模，应按下列各项用水的最高日用水量之和确定：①综合生活用水量 Q_1，包括居民生活用水量和公共建筑及设施用水量；②工业企业生产用水量 Q_2；③工业企业工作人员生活用水量 Q_3；④浇洒道路和绿地用水量 Q_4；⑤未预见用水和管网漏损水量 Q_5；⑥消防用水量 Q_x。

1.3.2　用水量变化

1）日变化系数

全年中，由于气候、生活习惯、生产计划等有所变化，故每日用水量也有变化。例如夏季用水量比冬季多，节假日用水量较平日多等。日变化系数 K_d 可表示如下：

$$K_d = 年最高日用水量/年平均日用水量$$

通常日变化系数 K_d 在 1.1～2.0 之间变化。

2）时变化系数

一日中各小时用水量，由于作息制度和生活习惯而有所差别，例如，白天用水较晚上多。时变化系数 K_h 可表示如下：

$$K_h = 日最高时用水量/日平均时用水量$$

通常时变化系数在 1.3～2.5 之间变化。

3）用水量时变化曲线

当设计城市给水管网、选择水厂二级泵站水泵工作级数以及确定水塔或清水池容积时，需按城市各种用水量求出城市最高日最高时用水量和逐时用水量变化，以便使设计的给水系统能较为合理地适应城市用水量变化的需要。

在设计新城市给水管网或旧城市给水管网扩建时，可根据当地现有水厂的资料，或参照城市所在地区、气候、人口、工业发展情况等条件，采用情况相类似的城市的资料作为规划的依据。

4）工业企业用水量时变化系数

工人在车间内生活用水量的时变化系数，冷车间为3.0，热车间为2.5。工人沐浴用水量，假定集中在每班下班后1 h。

1.3.3 各项用水定额及用水量计算

1）综合生活用水量 Q_1

居民生活用水定额和综合生活用水定额应根据当地国民经济和社会发展、水资源充沛程度、用水习惯，在现有用水定额基础上，结合城市总体规划和给水专业规划，本着节约用水的原则，综合分析确定。在缺乏实际用水资料的情况下，可按表1.3－1、表1.3－2和表1.3－3选用。

$$Q_1 = fq_1N_1 \quad (m^3/d)$$

式中 f——给水普及率，%；

q_1——最高日综合生活用水定额，m^3/d；

N_1——设计年限内计划人口数。

表1.3－1 居民生活用水定额 L/(人·d)

地域分区	特大城市		大城市		中小城市	
	最高日	平均日	最高日	平均日	最高日	平均日
一	180～270	140～210	160～250	120～190	140～230	100～170
二	140～200	110～160	120～180	90～140	100～160	70～120
三	140～180	110～150	120～160	90～130	100～140	70～110

注：指标摘自《室外给水设计规范》（GB 50013—2006），适用于新建、扩建或改建的城镇及工业区永久性给水工程设计。

表1.3－2 城市居民生活用水量标准

地域分区	日用水量/（L/（人·d））	适用范围
一	80～135	黑龙江、吉林、辽宁、内蒙古
二	85～140	北京、天津、河北、山东、河南、山西、陕西、宁夏、甘肃
三	120～180	上海、江苏、浙江、福建、江西、湖北、湖南、安徽
四	150～220	广西、广东、海南
五	100～140	重庆、四川、贵州、云南
六	75～125	新疆、西藏、青海

注：1.表中所列日用水量是满足人们日常生活基本需要的标准值。在核定城市居民用水量时，各地应在标准值区间内直接选定。

2. 城市居民生活用水考核不应以日作为考核周期，日用水量指标应作为月度考核周期计算水量指标的基础值。
3. 指标值中的上限值是根据气温变化和用水高峰月变化参数确定的，一个年度当中对居民用水可分段考核，利用区间值进行调整使用。上限值可作为一个年度当中最高月的指标值。
4. 家庭用水人口的计算，由各地根据本地实际情况自行制定的管理规则或办法。
5. 以本标准为指导，各地视本地情况可制定地方标准或管理办法组织实施。
6. 本标准摘自《城市居民生活用水量标准》(GB/T 50331—2002)，适用于确定城市居民生活用水量指标。各地在制定本地区的城市居民生活用水量地方标准时，应符合本标准的规定。

表 1.3-3 综合生活用水定额 L/(人·d)

地域分区	特大城市		大城市		中小城市	
	最高日	平均日	最高日	平均日	最高日	平均日
一	260~410	210~340	240~390	190~310	220~370	170~280
二	190~280	150~240	170~260	130~210	150~240	110~180
三	170~270	140~230	150~250	120~200	130~230	100~170

注：1. 特大城市指市区和近郊区非农业人口 100 万及以上的城市；大城市指市区和近郊区非农业人口 50 万及以上、不满 100 万的城市；中、小城市指市区和近郊区非农业人口不满 50 万的城市。
2. 一区包括湖北、湖南、江西、浙江、福建、广东、广西、海南、上海、江苏、安徽、重庆、二区包括四川、贵州、云南、黑龙江、吉林、辽宁、北京、天津、河北、山西、河南、山东、宁夏、陕西、内蒙古河套以东和甘肃黄河以东的地区，三区包括新疆、青海、西藏、内蒙古河套以西和甘肃黄河以西的地区。
3. 经济开发区和特区城市，根据用水实际情况，用水定额可酌情增加。
4. 当采用海水或污水再生水等作为冲厕用水时，用水定额相应减少。
5. 指标摘自《室外给水设计规范》(GB 50013—2006)，适用于新建、扩建或改建的城镇及工业区永久性给水工程设计。

2）工业企业生产用水量

$$Q_2 = q_2 N_2 (1-n) \quad (\mathrm{m^3/d})$$

式中 q_2——工业万元产值用水量，$\mathrm{m^3}$/万元；
N_2——设计年限内日计划万元产值，万元/d；
n——工业用水重复利用率，%。

3）工业企业工作人员生活用水量

$$Q_3 = \sum (q_{31} N_{31} M_{31} + q_{32} N_{32} M_{32}) \quad (\mathrm{m^3/d})$$

式中 q_{31}——生活用水定额，一般车间 25 L/(人·班)，高温车间 35 L/(人·班)，小时变化系数 2.5~3.0；
N_{31}——每班工作人数，人/班；
M_{31}——每日工作班数，班/d；
q_{32}——沐浴用水定额，L/(人·班)，见表 1.3-4；
N_{32}——每班沐浴人数，人/班；
M_{32}——每日工作班数，班/d；
$\sum$——各工业企业生活用水量求和。

表 1.3-4 工业企业内工作人员沐浴用水量

分级	车间卫生特征			用水量 L/(人·班)
	有毒物质	生产粉尘	其他	
1 级	极易经皮肤吸收引起中毒的剧毒物质(如有机磷、三硝基甲苯、四乙基铅等)		处理传染性材料、动物原料(如皮、毛等)	60
2 级	易经皮肤吸收或有恶臭的物质,或高毒物质(如丙烯晴、吡啶、苯酚等)	严重污染全身或对皮肤有刺激的粉尘(如炭黑、玻璃棉等)	高温作业、井下作业	60
3 级	其他毒物	一般粉尘(如棉尘)	重作业	40
4 级	不接触有毒物质及粉尘、不污染或轻度污染身体(如仪表、机械加工、金属冷加工等)			40

4)浇洒道路和绿化用水量

$$Q_4 = q_{41}N_{41}M_{41} + q_{42}N_{42}M_{42} \quad (m^3/d)$$

式中 q_{41}、q_{42}——浇洒道路和绿地用水定额,L/(m^2·次);

N_{41}、N_{42}——道路和绿地面积,m^2;

M_{41}、M_{42}——每日浇洒道路和绿地的次数,次/d。

浇洒道路和绿化用水量,应根据路面、绿化、气候和土壤等条件确定。一般绿化用水可按 1.0~3.0 L/(m^2·d)计,洒水次数按气候条件可按 1~2 次/日计,干旱地区可酌情增加。道路广场浇洒:2.0~3.0 L/(m^2·d)计,洒水次数按气候条件可按 2~3 次/日计。

5)未预见水量和管网漏失水量

$$Q_5 = (15\% \sim 25\%)(Q_1 + Q_2 + Q_3 + Q_4) \quad (m^3/d)$$

6)消防用水量

$$Q_x = q_x N_x \quad (L/s)$$

式中 q_x——一次灭火用水量,L/s,见表 1.3-5;

N_x——同一时间内火灾次数,见表 1.3-5。

表 1.3-5 城镇、居住区室外的消防用水量

人数/万人	同一时间内的火灾次数 N_x/次	一次灭火用水量 q_x/(L/s)	人数/万人	同一时间内的火灾次数 N_x/次	一次灭火用水量 q_x/(L/s)
≤1.0	1	10	≤40.0	2	65
≤2.5	1	15	≤50.0	3	75
≤5.0	2	25	≤60.0	3	85
≤10.0	2	35	≤70.0	3	90
≤20.0	2	45	≤80.0	3	95
≤30.0	2	55	≤100	3	100

7)最高日用水量 Q_d

最高日用水量是指设计年限内用水量最多的一日的用水量,可由上述各项用水求和得到:

$$Q_d = (1.15 \sim 1.25)(Q_1 + Q_2 + Q_3 + Q_4) \quad (m^3/d)$$

一般最高日用水量中不计入消防用水量,这是由于消防用水量是偶然发生的,其数量占总用水量比例较小。但是对于较小规模的给水工程,消防用水量占总用水量比例较大时,应将消防用水量计入最高日用水量。

给水工程设计将最高日用水量作为设计用水量,即设计水量。

1.3.4 城市最高日平均时用水量

城市最高日平均时用水量为

$$Q_c = Q_d/24 \quad (m^3/h)$$

城市取水构筑物的取水量和水厂的设计水量,应以最高日用水量再加上自身用水量计算(必要时还应校核消防补充水量)。水厂自身用水量的大小取决于给水处理方法、构筑物形式以及原水水质等因素,一般采用最高日用水量的5% ~10%。因此,取水构筑物的设计取水量和水厂的设计水量应为

$$Q_P = (1.05 \sim 1.10) Q_d/24 \quad (m^3/h)$$

1.3.5 城市最高日、最高时用水量

城市最高日、最高时用水量为

$$Q_{max} = K_h Q_d/24 \quad (m^3/h)$$

K_h为城市用水量时变化系数,设计城市给水管网时,按最高时用水量计算,即

$$q_{max} = Q_{max}/3\,600 \quad (L/s)$$

设计给水系统时,常需编制城市逐时用水量计算表和时变化曲线,即将城市各种用水量在同一小时内相加以求得逐时的合并用水量。应该注意的是,各种用水的最高时用水量并不一定同时发生,因此不能将其直接相加,而应从总用水量时变化表中求出合并后最高时用水量,作为设计依据。

1.4 居住小区给水工程设计

1.4.1 用水量构成

居住小区给水设计用水量应根据各种用水量确定:①居民生活用水量;②公共建筑用水量;③消防用水量;④浇洒道路和绿化用水量;⑤车辆冲洗和循环冷却水补充水量;⑥管网漏失水量和未预见水量。

1.4.2 各项用水指标

(1)居民生活用水定额和综合生活用水定额,应根据当地国民经济和社会发展规划、城市总体规划和水资源充沛程度,在现有用水定额基础上,结合给水专业规划和给水工程发展的条件综合分析确定;在缺乏实际用水资料情况下可按表1.4-1和表1.4-2确定。

表 1.4-1 居民小区居民生活用水定额及小时变化系数

住宅卫生器具设置标准	每户设有大便器、洗涤盆、无沐浴设备			每户设有大便器、洗涤盆和沐浴设备			每户设有大便器、洗涤盆、沐浴设备和集中热水供应		
用水情况 / 分区	最高日/(L/(人·d))	平均日/(L/(人·d))	时变化系数	最高日/(L/(人·d))	平均日/(L/(人·d))	时变化系数	最高日/(L/(人·d))	平均日/(L/(人·d))	时变化系数
一	85~120	55~90	2.5~2.2	130~170	90~125	2.3~2.1	170~230	130~170	2.0~1.8
二	90~125	60~95	2.5~2.2	140~180	100~140	2.3~2.1	180~240	140~180	2.0~1.8
三	95~130	65~100	2.5~2.2	140~180	110~150	2.3~2.1	185~245	145~185	2.0~1.8
四	95~130	65~100	2.5~2.2	150~190	120~160	2.3~2.1	190~250	150~190	2.0~1.8
五	85~120	55~90	2.5~2.2	140~180	100~140	2.3~2.1	180~240	140~180	2.0~1.8

注:1. 本指标摘自《居住小区给水排水设计规范》(CECS 57:94)。

2. 本表所列用水量已包括居住小区内小型公共建筑的用水量,但未包括浇洒道路、大面积绿化和大型公共建筑的用水量。

3. 所在地区的分区见现行的《室外给水设计规范》(GB 50013)中的规定。

4. 如当地居民生活用水量与本表 1.4-1 规定有较大出入时,其用水定额可按当地生活用水量资料适当增减。

表 1.4-2 居民生活用水定额 L/(人·d)

城市规模	特大城市		大城市		中、小城市	
用水情况 / 分区	最高日	平均日	最高日	平均日	最高日	平均日
一	180~270	140~210	160~250	120~190	140~230	100~170
二	140~200	110~160	120~180	90~140	100~160	70~120
三	140~180	110~150	120~160	90~130	100~140	70~110

注:本指标摘自《室外给水设计规范》(GB 50013—2006),适用于新建、扩建或改建的城镇及工业区永久性给水工程设计。

(2)公共建筑的生活用水定额及小时变化系数应按现行的《建筑给水排水设计规范》确定。

(3)浇洒道路和绿化用水量。居住小区浇洒道路和绿化用水量,应根据路面、绿化、气候和土壤等条件确定。一般绿化用水可按 1.0~3.0 L/(m^2·d)计,干旱地区可酌情增加。道路广场浇洒按 2.0~3.0 L/(m^2·d)计,也可参照表 1.4-3 确定。

表 1.4-3 浇洒道路和绿化用水量

路面性质	用水量标准/(L/(m^2·次))
碎石路面	0.40~0.70
土路面	1.00~1.50
水泥或沥青路面	0.20~0.50
绿化及草地	1.50~2.00

注:浇洒次数一般按每日上午、下午各一次计算。

(4)汽车冲洗用水量和循环冷却水补充水量。汽车冲洗定额,根据车辆用途、道路路面等级和污染程度以及采用的冲洗方式等因素确定。表 1.4－4 供洗车场设计选用，附设在民用建筑中停车库可按 10%～15% 轿车车位计算抹车用水。

表 1.4－4　汽车冲洗用水量定额　L/(辆·次)

冲洗方式	软管冲洗	高压水枪冲洗	循环用水冲洗	抹车
轿车	200～300	40～60	20～30	10～15
公共汽车 载重汽车	400～500	80～120	40～60	15～30

注：1. 同时冲洗汽车数量按洗车台数量确定。

2. 在水泥和沥青路面行驶的汽车，宜选用下限值；路面等级较低时，宜选用上限值。

3. 冲洗一辆车可按 10 min 考虑。

空调冷冻设备循环冷却水系统的补充水量，应根据气候条件、冷却塔形式确定。一般可按循环水量的 1.0%～2.0% 计算。

(5)居住小区管网漏失水量与未预见水量之和可按小区最高日用水量的 10%～15% 计算。

(6)居住小区消防用水量、水压及火灾延续时间，应按现行的《建筑设计防火规范》(GB 50016)及《高层民用建筑设计防火规范》(GB 50045)执行。

1.5　镇及农村用水量

1.5.1　建制镇用水量

根据《镇规划标准》(GB 50188—2007)要求，给水工程规划中的集中式给水主要应包括用水量、水质标准、水源及卫生防护、水质净化、管网布置，分散式给水主要应包括确定用水量、水质标准、水源及卫生防护、取水设施。

集中式给水的用水量应包括生活、生产、消防、浇洒道路和绿化用水量，管网漏水量和未预见水量，并应符合下列规定。

1)生活用水量的计算。

(1)居住建筑的生活用水量可根据现行国家标准《建筑气候区划标准》GB 50178 的规定按表 1.5－1 预测。

表 1.5－1　居住建筑的生活用水量指标　L/(人·d)

建筑气候区划	镇区	镇区外
Ⅲ、Ⅳ、Ⅴ区	100～200	80～160
Ⅰ、Ⅱ区	80～160	60～120
Ⅵ、Ⅶ区	70～140	50～100

(2)公共建筑的生活用水量应符合现行国家标准《建筑给水排水设计规范》GB 50015

的有关规定,也可按居住建筑生活用水量的8%～25%估算。

2)生产用水量

生产用水量包括工业用水量、农业服务设施用水量,可按所在省、自治区、直辖市人民政府的有关规定计算。

3)消防用水量

消防用水量应符合现行国家标准《建筑设计防火规范》GB 50016 的有关规定。

4)浇洒道路和绿地的用水量

浇洒道路和绿地的用水量可根据当地条件确定。

5)管网漏失水量及未预见水量

管网漏失水量及未预见水量可按最高日用水量的15%～25%计算。

6)给水工程规划的用水量

给水工程规划的用水量可按表1.5－2中人均综合用水量指标预测。

表1.5－2　人均综合用水量指标　L/(人·d)

建筑气候区划	镇区	镇区外
Ⅲ、Ⅳ、Ⅴ区	150～350	120～260
Ⅰ、Ⅱ区	120～250	100～200
Ⅵ、Ⅶ区	100～200	70～160

注:1.表中为规划期高日用水量指标,已包括管网漏失及未预见水量。

2.有特殊情况的镇区应根据用水实际情况,酌情增减用水量指标。

7)生活饮用水的水质应符合现行国家标准《生活饮用水卫生标准》GB 5749 的有关规定。

1.5.2　水源的选择

水源的选择应符合下列规定。

(1)水量应充足,水质应符合使用要求。

(2)应便于水源卫生防护。

(3)生活饮用水、取水、净水、输配水设施应做到安全、经济和具备施工条件。

(4)选择地下水作为给水水源时,不得超量开采;选择地表水作为给水水源时,其枯水期的保证率不得低于90%。

(5)水资源匮乏的镇应设置天然降水的收集贮存设施。

(6)给水管网系统的布置和干管的走向与给水的主要流向一致,并应以最短距离向用水大户供水。给水干管最不利点的最小服务水头,单层建筑物可按10～15 m计算,建筑物每增加一层应增压3 m。

1.5.3　农村用水量

1)用水量

农村给水工程设计供水能力,即最高日的用水量应包括:①生活用水量;②乡镇工业用水量;③畜禽饲养用水量;④公共建筑用水量;⑤消防用水量;⑥其他用水量。

2)生活用水量

生活用水量可按照表1.5－3中所规定的用水定额计算。当实际生活用水量与表1.5－3有较大出入时,可按当地生活用水量统计资料适当增减。

表1.5－3 农村生活用水定额

给水设备类型	社区类别	最高日用水量/(L/(人·d))	时变化系数
从集中给水龙头取水	村庄	20～50	3.5～2.0
	镇区	20～60	2.5～2.0
户内有给水龙头,无卫生设备	村庄	30～70	3.0～1.8
	镇区	40～90	2.0～1.8
户内有给水排水卫生设备,无淋浴设备	村庄	40～100	2.5～1.5
	镇区	85～130	1.8～1.5
户内有给水排水卫生设备和淋浴设备	村庄	130～190	2.0～1.4
	镇区	130～190	1.7～1.4

注:采用定时给水的时变化系数应取5.0～3.2。

3)乡镇工业用水量

乡镇工业用水量应依据有关行业、不同工艺现行用水定额,也可按照表1.5－4的规定计算。当用水量与表1.5－4有较大出入时,可按当地用水量统计资料,经主管部门批准,适当增减用水定额。

表1.5－4 各类乡镇工业生产用水定额

工业类别	用水定额/(m^3/t)	工业类别	用水定额
榨油	6～30	制砖	7～12 m^3/万块
豆制品加工	5～15	屠宰	0.3～1.5 m^3/头
制糖	15～30	制革	0.3～1.5 m^3/张
罐头加工	10～40	制茶	0.2～0.5 m^3/担
酿酒	20～50		

4)畜禽饲养用水量

畜禽饲养用水量可按表1.5－5计算。

表1.5－5 主要畜禽饲养用水定额

畜禽类别	用水定额/L/(头·d)	畜禽类别	用水定额
马	40～50	羊	5～10 L/(头·d)
牛	50～120	鸡	0.5～1.0 L/(只·d)
猪	20～90	鸭	1.0～2.0 L/(只·d)

注:表中的用水定额未包括卫生清扫用水。

5）公共建筑用水量

公共建筑用水量应按现行的《建筑给水排水设计规范》（GB 50015）规定执行，也可按生活用水量的8%～25%计算。

6）消防用水量

消防用水量应按现行的《村镇建筑设计防火规范》GBJ 39的规定执行。允许短时间断给水的集镇和村庄，在计算供水能力时，可不单列消防用水量，但供水能力必须高于消防用水量。设计配水管网时，应按规定设置消火栓。

6）未预见水量及管网漏失水量

未预见水量及管网漏失水量可按最高日用水量的15%～25%合并计算。即按最高日生活用水量、乡镇工业用水量、饲养畜禽最高日用水量、公共建筑最高日用水量之和的15%～25%计算。

1.6 给水厂、给水泵站等给水设施的用地标准

1.6.1 总体规划、分区规划阶段

1）水厂用地控制指标

水厂用地控制指标如下表所示。

建设规模/（万 m^3/d）	地表水水厂/（$m^2 \cdot d/m^3$）	地下水水厂/（$m^2 \cdot d/m^3$）
5～10	0.70～0.50	0.40～0.30
10～30	0.50～0.30	0.30～0.20
30～50	0.30～0.10	0.20～0.08

注：1. 建设规模大的取下限，建设规模小的取上限。

2. 地表水水厂建设用地按常规处理工艺进行，厂内设置预处理或深度处理构筑物以及污水处理设施时，可根据需要增加用地。
3. 地下水水厂建设用地按消毒工艺进行，厂内设置特殊水质处理工艺时，可根据需要增加用地。
4. 本表指标未包括厂区周围绿化地带用地。
5. 水厂厂区周围应设置宽度不小于10 m的绿化地带。

2）给水泵站用地控制指标

给水泵站用地控制指标如下表所示。

建设规模/（万 m^3/d）	用地指标/（$m^2 \cdot d/m^3$）
5～10	0.25～0.20
10～30	0.20～0.10
30～50	0.10～0.03

注：1. 建设规模大的取下限，建设规模小的取上限。

2. 加压泵站设有大容量的调节水池时，可根据需要增加用地。
3. 本表指标未包括厂区周围绿化地带用地。
4. 泵站周围应设置宽度不小于10 m的绿化地带，并宜与城市绿化用地相结合。

2 建筑给水工程

2.1 用水定额

2.1.1 居住建筑

住宅的最高日生活用水定额及小时变化系数，应根据住宅类别、建筑标准、卫生器具完善程度和地区条件，按表2.1－1确定。

表2.1－1 住宅的最高日生活用水定额及小时变化系数

住宅类型		卫生器具设置标准	用水定额（最高日）/（L/（人·d））	小时变化系数	使用时间/h
普通住宅	Ⅰ	有大便器、洗涤盆	85～150	3.0～2.5	24
	Ⅱ	有大便器、洗脸盆、洗涤盆、洗衣机、热水器和沐浴设备	130～300	2.8～2.3	24
	Ⅲ	有大便器、洗脸盆、洗涤盆、洗衣机、家用热水机组或集中热水供应和沐浴设备	180～320	2.5～2.0	24
高级住宅、别墅		有大便器、洗脸盆、洗涤盆、洗衣机及其他设备（净身器等）、家用热水机组或集中热水供应和沐浴设备、洒水栓	200～350 （300～400）	2.3～1.8	24

注：1. 直辖市、经济特区、省会、首府及下列各省、自治区：广东、福建、浙江、江苏、湖南、湖北、四川、广西、安徽、江西、海南、云南、贵州的特大城市（市区和近郊区非农业人口100万及以上的城市）可取上限；其他地区可取中、下限。

2. 当地主管部门对住宅生活用水标准有规定的，按当地规定执行。

3. 别墅用水定额中含庭院绿化用水，汽车抹车水。

4. 表中用水量为全部用水量，当采用分质供水时，有直引水系统的，应扣除直引水用水定额；有杂用水系统的，应扣除杂用水定额。

5. 括号内数字为参考数。

2.1.2 公共建筑

集体宿舍、旅馆等公共建筑的生活用水定额及小时变化系数，应根据卫生器具完善程度和区域条件、使用要求，按表2.1－2确定。

表 2.1-2 集体宿舍、旅馆和其他公共建筑的生活用水定额及小时变化系数

序号	建筑物名称	卫生器具设置标准	单位	生活用水量标准（最高日）/L	小时变化系数	每日使用时间/h	备注
1	单身职工宿舍、学生宿舍、招待所、培训中心、普通旅馆	设公用厕所、盥洗室	每人每日	50～100	3.0～2.5	24	
		设公用厕所、盥洗室和淋浴室	每人每日	80～130	3.0～2.5	24	
		设公用厕所、盥洗室、淋浴室、洗衣室	每人每日	100～150	3.0～2.5	24	
		设单独卫生间及沐浴设备、公用洗衣室	每人每日	120～200 （150～250）	3.0～2.5 （2.5～2.0）	24	
		单身公寓	每人每日	（200～300）	（2.0）	24	
2	宾馆客房	旅客	每一床位每日	250～400	2.5～2.0	24	
		员工	每人每日	80～100	2.5～2.0	24	
		旅馆式公寓	每人每日	（300～400）	（2.0）	24	
3	医院住院部	设公用厕所、盥洗室	每一病床每日	100～200	2.5～2.0	24	
		设公用厕所、盥洗室和淋浴室	每一病床每日	150～250	2.5～2.0	24	
		病房设单独卫生间及淋浴室	每一病床每日	250～400	2.5～2.0	24	
		医务人员	每人每班	150～250		8	
		门诊部、诊疗所	每一病人每次	10～15	1.5～1.2	8～12	
		疗养院、休养所住房部	每一病床每日	200～300	2.0～1.5	24	
4	养老院、托老所	全托	每人每日	100～150	2.5～2.0	24	
		日托	每人每日	50～80	2.0	10	
5	幼儿园、托儿所	有住宿	每一儿童每日	50～100	3.0～2.5	24	
		无住宿	每一儿童每日	30～50	2.0	10	
6	教学实验楼	中小学校	每学生每日	20～40	1.5～1.2	8～9	
		高等学校	每学生每日	40～50	1.5～1.2	8～9	
7	办公建筑	办公楼	每人每班	30～50	1.5～1.2	8～10	
		公寓式办公楼	每人每天	（300～350）	（2.0）	10～16	
8	图书馆		每一阅览者	（25）	（2.0）	（4）	
9	科研楼	化学	每一工作人员每班	（460）			
		生物	每一工作人员每班	（310）			
		物理	每一工作人员每班	（125）			
		药剂调制	每一工作人员每班	（310）			
10	商场	每平方米营业厅面积每日		5～8	1.5～1.2	12	
11	公共浴室	沐浴	每一顾客每次	100	2.0～1.5	12	
		沐浴、浴盆	每一顾客每次	120～150	2.0～1.5	12	
		桑拿浴（沐浴、按摩池）	每一顾客每次	150～200	2.0～1.5	12	

续表

序号	建筑物名称	卫生器具设置标准	单位	生活用水量标准（最高日）/L	小时变化系数	每日使用时间/h	备注
12	理发室、美容院	每一顾客每次		40～100	2.0～1.5	12	
13	洗衣房	每公斤干衣		40～80	1.5～1.2	8	
14	餐饮业	中餐酒楼	每一顾客每次	40～60	1.5～1.2	10～12	
		快餐店、职工及学生食堂	每一顾客每次	20～25	1.5～1.2	12～16	
		酒吧、咖啡厅、茶座、卡拉OK房	每一顾客每次	5～15	1.5～1.2	18	
15	电影院	每一观众每场		3～5	1.5～1.2	3	
16	剧院、俱乐部、礼堂	观众	每一观众每场	3～5	1.5～1.2	3	
		演职员	每人每场	（40）	（2.5～2.0）	（4～6）	
17	会议厅	每一座位每次		6～8	1.2	4	
18	体育场、体育馆	运动员淋浴	每人每次	30～40（50）	3.0～2.0（2.0）	4	（每日使用3次）（每日3场）
		观众	每一观众每场	3（3～5）	1.2（2.0）		
		工作人员	每人每日	（100）	（2.0）		
19	健身中心		每人每次	30～50	1.5～1.2	8～12	
20	停车库地面冲洗用水		每平方米每次	2～3	1.0	6～8	
21	客运站旅客、展览中心观众		每人次	3～6	1.5～1.2	8～16	
22	菜市场冲洗地面及保鲜用水		每平方米每日	10～20	2.5～2.0	8～10	

注：使用表2.1－2应注意下列几点。

①除养老院、托儿所、幼儿园的用水定额中含食堂用水，其他均不含食堂用水。

②除注明外均不含员工用水，员工用水定额每人每班40－60 L。

③医疗建筑用水中已含医疗用水。

④表中生活用水定额包括生活热水和生活饮用水在内。

⑤停车库地面冲洗可按1日冲洗1次计。

⑥表中带括号的数据供参考。

⑦办公室的人数一般应由甲方或建筑专业提供，当无法获得确切人数时可按5～7 m^2（有效面积）/人计算。（有效面积可按图纸算得，若资料不全，可按60%的建筑面积估算）

⑧餐饮业的顾客人数，一般应由甲方或建筑专业提供，当无法获得确切人数时，可按0.85～1.3 m^2（餐厅有效面积）/位计算。（餐厅有效面积可按图纸算得，若资料不全，可按80%的餐厅建筑面积估算）用餐次数可按2.5～4.0次计。餐饮业服务人员按20%席位数计（其用水量应另计）。海鲜酒楼还应另加海鲜养殖水量。

⑨商场按顾客人次数计算用水量时，按每平方米营业厅面积0.8人，人流5～10次/日，用水人次数5%～10%计。商场不设公共卫生间时，只计算员工用水量。

⑩空调、采暖用水应另计。

⑪门诊部和诊疗所的就诊人数一般应由甲方或建筑专业提供，当无法获得确切人数时可按下列公式计算：

$$n_m = (n_g m_g)/300$$

式中 n_m——每日门诊人数；

n_g——门诊部、诊疗所服务居民数；

m_g——每一位居民一年平均门诊次数，城镇按7～10次计，农村按3～5次计；300为每年工作日数。

⑫洗衣房的每日洗衣量可按下列公式计算：

$$G = (\sum m_i G_i)/D$$

式中 G——每日洗衣总量,kg/d;

m_i——各种建筑的计算单位数,人、床、席等;

G_i——每一计算单位每月水洗衣服的数量(kg/人·月或kg/床·月等)(当使用单位不提供时可参见表2.1-3);

D——洗衣房每月的工作日数,一般按25日计算。

表2.1-3 各种建筑水洗织品的数量

序号	建筑物名称		计算单位	干织品数量/kg	备注
1	居民		每人每月	(6.0)	旅馆等级见《旅馆建筑设计规范》
2	公共浴室		每席位每日	7.5	
3	理发室		每一技师每月	40.0	
4	食堂		每100席位每日	15~20	
5	旅馆	六级	每床位每月	10~15	
		四—五级	每床位每月	15~30	
		三级	每床位每月	45~75	
		一—二级	每床位每月	120~180	
6	集体宿舍		每床位每月	(8.0)	
7	医院	100张病床以下综合医院	每一病床每月	50	
		内科和神经科	每一病床每月	40	
		外科、妇科和儿科	每一病床每月	60	
		妇产科	每一病床每月	80	
8	疗养院		每人每月	30	
9	休养所		每人每月	20	
10	托儿所		每一小孩每月	40	
11	幼儿园		每一小孩每月	30	

注:1.表中干织品数量为综合指标,包括各类工作人员和公共设施的衣物在内。

2.大中型综合医院可按分科数量累加计算。

3.括号内数字为参考数字。

各种干织品单件质量可参考表2.1-4。

表2.1-4 水洗织品单件质量

序号	织品名称	规格/cm	单位	干织品质量/kg	备注
1	床单	200×235	条	0.8~1.0	
2	床单	167×200	条	0.75	
3	床单	133×200	条	0.50	
4	被套	200×235	件	0.9~1.2	
5	罩单	215×300	件	2.0~2.15	
6	枕套	80×50	只	0.14	

续表

序号	织品名称	规格/cm	单位	干织品质量/kg	备注
7	枕巾	85×55	条	0.30	
8	枕巾	60×45	条	0.25	
9	毛巾	55×35	条	0.08~0.1	
10	擦手巾		条	0.23	
11	面巾		条	0.03~0.04	
12	浴巾	160×80	条	0.2~0.3	
13	地巾		条	0.3~0.6	
14	毛巾被	200×235	条	1.5	
15	毛巾被	133×200	条	0.9~1.0	
16	线毯	133×200	条	0.9~1.4	
17	桌布	135×135	件	0.3~0.45	
18	桌布	165×165	件	0.5~0.65	
19	桌布	185×185	件	0.7~0.85	
20	桌布	230×230	件	0.9~1.4	
21	餐巾	50×50	件	0.05~0.06	
22	餐巾	56×56	件	0.07~0.08	
23	小方巾	28×28	件	0.02	
24	家具套		件	0.5~1.2	平均值
25	擦布		条	0.02~0.08	平均值
26	男上衣		件	0.2~0.4	
27	男下衣		件	0.2~0.3	
28	工作服		套	0.5~0.6	
29	女罩衣		条	0.2~0.4	
30	睡衣		件	0.3~0.6	
31	裙子		件	0.3~0.5	
32	汗衫		件	0.2~0.4	
33	衬衣		件	0.25~0.3	
34	衬裤		件	0.1~0.3	
35	绒衣、绒裤		件	0.75~0.85	
36	短裙		件	0.1~0.3	
37	围裙		条	0.1~0.2	
38	针织外衣裤		件	0.3~0.6	

2.1.3 旅馆和医院

旅馆和医院生活综合用水量及小时变化系数可按表 2.1-5 的标准选定。

表 2.1-5 旅馆和医院生活综合用水量及小时变化系数

序号	建筑物名称		单位	生活用水量标准（最高日）/L	小时变化系数	备注
1	旅馆	中等标准	每一床位每日	300~400	2.0	(1)包括除消防用水及空调冷冻设备补充水外的其他综合用水量；(2)医院不包括水疗、泥疗等设备用水
		高标准（有热水供应）	每一床位每日	1000~1200	2.0~1.5	
2	医院、疗养院、休养所	100 张病床以下	每一床位每日	500~800	2.0	
		101~500 张病床	每一床位每日	1000~1500	2.0~1.5	
		500 张病床以上	每一床位每日	1500~2000	1.8~1.5	

2.1.4 工业建筑

工业企业建筑、管理人员的生活用水定额可取 30~50 L/(人·班)；车间工人的生活用水定额应根据车间性质确定，一般应采用 30~50 L/(人·班)；用水时间为 8 h，小时变化系数为 1.5~2.5。

工业企业建筑淋浴用水定额，应根据《工业企业设计卫生标准》中车间的卫生特征分级确定，一般可采用 40~60 L/(人·次)，延续供水时间为 1 h。

2.1.5 汽车冲洗用水定额

汽车冲洗用水定额宜按下列规定确定。

(1)洗车场汽车冲洗用水定额，可根据车辆类型及采用的冲洗方式，按表 2.1-6 确定。

表 2.1-6 汽车冲洗用水量定额 L/(辆·次)

冲洗方式	软管冲洗	高压水枪冲洗	电脑洗车	循环用水冲洗	抹车
轿车	200~300	40~60(8)	(15)	20~30	10~15
公共汽车 载重汽车	400~500	80~120		40~60	15~30

注：表中括号内的数据为北京市节水办 2002 年发布的《北京市主要行业用水定额》中用于营业洗车厂的数据。

(2)无洗车台的车库及地下车库，可按 10%~15% 轿车车位计算抹车用水量。

2.1.6 卫生器具的给水额定流量、当量、连接管径和最低工作压力

卫生器具的给水额定流量、当量、连接管径和最低工作压力应按表 2.1-7 确定。

表 2.1-7　卫生器具的给水额定流量、当量、连接管公称管径和最低工作压力

序号	给水配件名称		额定流量/(L/s)	当量	连接管公称管径/mm	最低工作压力/MPa
1	洗脸盆、拖布盆、盥洗槽	单阀水嘴	0.15~0.20	0.75~1.00	15	0.050
		单阀水嘴	0.30~0.40	1.50~2.00	20	
		混合水嘴	0.15~0.20 (0.14)	0.75~1.00 (0.70)	15	
2	洗脸盆	单阀水嘴	0.15	0.75	15	0.050
		混合水嘴	0.15(0.10)	0.75(0.50)	15	
3	洗手盆	感应水嘴	0.10	0.50	15	0.050
		混合水嘴	0.15(0.10)	0.75(0.50)	15	
4	浴盆	单阀水嘴	0.20	1.00	15	0.050
		混合水嘴(含带淋浴转换器)	0.24(0.20)	1.20(1.00)	15	0.050~0.070
5	淋浴器混合阀		0.15(0.10)	0.75(0.50)	15	0.050~0.10
6	大便器	冲洗水箱浮球阀	0.10	0.50	15	0.020
		延时自闭式冲洗阀	1.20	6.00	25	0.100~0.150
7	小便器	手动或自动自闭式冲洗阀	0.10	0.50	15	0.050
		自动冲洗水箱进水阀	0.10	0.50	15	0.020
8	小便槽穿孔冲洗管(每 m 长)		0.05	0.25	15~20	0.015
9	净身盆冲洗水嘴		0.10(0.07)	0.50(0.35)	15	0.050
10	医院倒便器		0.20	1.00	15	0.050
11	实验室化验水嘴(鹅颈)	单联	0.07	0.35	15	0.020
		双联	0.15	0.75	15	0.020
		三联	0.20	1.00	15	0.020
12	饮水器喷嘴		0.05	0.25	15	0.050
13	洒水栓		0.40	2.00	20	0.050~0.10
			0.70	3.50	25	0.050~0.10
14	室内地面冲洗水嘴		0.20	1.00	15	0.050
15	家用洗衣机水嘴		0.20	1.00	15	0.050

注:1. 表中括号内的数值系在有热水供应时,单独计算冷水或热水时使用。

2. 当浴盆上附设淋浴器时,或混合水嘴有淋浴器转换开关时,其额定流量和当量只计算水嘴,不计淋浴器。但水压应按淋浴器计。

3. 家用燃气热水器所需水压应按产品要求和热水供应系统最不利配水点所需工作压力确定。

4. 绿地的自动喷灌应按产品要求设计。

2.2 用水量、设计流量和水力计算

2.2.1 用水量计算

1)生活给水最高日用水量

生活给水最高日用水量应按下式计算:

$$Q_d = mq_d \tag{2-1}$$

式中 Q_d——最高日用水量,L/d;

m——用水单位数;

q_d——最高日生活用水定额,可按表2.1-1、表2.1-2确定。

2)生活给水最大时用水量

生活给水最大时用水量应按下式计算:

$$Q_h = K_h Q_d / T \tag{2-2}$$

式中 Q_h——最大时用水量,L/h;

Q_d——最高日用水量,L/d;

T——建筑物的用水时间,h,可按表2.1-1、表2.1-2确定;

K_h——小时变化系数,可按表2.1-1、表2.1-2确定。

3)生活给水平均秒流量

生活给水平均秒流量应按如下方法确定。

(1)最大时平均秒流量应按下式计算:

$$Q_s = Q_h / 3\,600 = mK_h q_d / (3\,600T) \tag{2-3}$$

(2)平均时平均秒流量应按下式计算:

$$Q_{s \cdot p} = Q_d / (3\,600\ T) = mq_d / (3\,600T) \tag{2-4}$$

式中 Q_h——最大时用水量,L/h;

Q_d——最高日用水量,L/d;

Q_s——最大时平均秒流量,L/s;

$Q_{s \cdot p}$——平均时平均秒流量,L/s;

m、q_d——同公式(2-1);

K_h、T——同公式(2-2)。

2.2.2 设计秒流量计算

1)住宅建筑生活给水管道的设计秒流量

该流量应按如下方法确定。

(1)设计秒流量计算:

$$q_g = 0.2UN_g \tag{2-5}$$

式中 q_g——计算管段的设计秒流量,L/s;

0.2——一个卫生器具给水当量的额定流量,L/s;

N_g——计算管段的卫生器具给水当量总数。

U——计算管段的卫生器具给水当量的同时出流概率，%，应按公式(2-6)计算。

注：大便器延时自闭式冲洗阀的给水当量不应直接纳入计算，应将计算结果附加1.10 L/s流量后作为设计流量。

(2)计算管段的卫生器具给水当量同时出流概率U值应按下式计算：

$$U=\frac{1+\alpha_c(N_g-1)^{0.49}}{\sqrt{N_g}} \tag{2-6}$$

式中 α_c——对应于不同U_0的系数(可按U_0值查表2.2-1确定)，其中U_0为生活给水管道的最大时卫生器具给水当量的平均出流概率，%，应按式(2-7)计算确定。

表2.2-1 给水管段卫生器具给水当量同时出流概率计算公式的系数α_c值

U_0/%	α_c	U_0/%	α_c
1.0	0.003 23	4.0	0.028 16
1.5	0.006 97	4.5	0.032 63
2.0	0.010 97	5.0	0.037 15
2.5	0.015 12	6.0	0.046 29
3.0	0.019 39	7.0	0.055 55
3.5	0.023 74	8.0	0.064 89

(3)计算管道的最大时卫生器具给水当量平均出流概率U_0值应按下式计算：

$$U_0=\frac{Q_s}{0.2N_g} \tag{2-7}$$

式中 Q_s——最大时平均秒流量，L/s，按式(2-3)计算。

注：计算出的U_0值宜在表2.2-2给出的参考值范围内。

表2.2-2 住宅的卫生器具给水当量最大时平均出流概率U_0参考值

建筑物性质	普通住宅Ⅰ型	普通住宅Ⅱ型	普通住宅Ⅲ型	别 墅
U_0参考值/%	3.0~4.0	2.5~3.5	2.0~2.5	1.5~2.0

注：住宅类型的特征见表2.1-1。

(4)当有2条或2条以上U_0值不同的给水支管与给水干管连接时，给水干管最大时卫生器具给水当量平均出流概率应按下式计算：

$$\overline{U_0}=\frac{\sum U_{0i}N_{gi}}{\sum N_{gi}} \tag{2-8}$$

式中 $\overline{U_0}$——给水干管的最大时卫生器具给水当量平均出流概率，%；

U_{0i}——支管的最大时卫生器具给水当量平均出流概率，%；

N_{gi}——相应支管的卫生器具给水当量总数。

注：①求得U_0(或$\overline{U_0}$)后，可根据计算管段的卫生器具当量总数N_g值从《建筑给水排水

设计规范》(GB 50015—2003)附录D查得给水设计秒流量。

②当计算管段的N_g值超过《建筑给水排水设计规范》附录D的最大值时，其流量应取最大时平均秒流量，即：$q_g = 0.2U_0N_g$

2)集体宿舍、旅馆、宾馆、医院、疗养院、办公楼、商场、幼儿园、养老院、客运站、会展中心、中小学教学楼、公共厕所等用水分散型建筑的给水设计秒流量

该设计秒流量应按下式计算：

$$q_g = 0.2\alpha\sqrt{N_g} \tag{2-9}$$

式中 q_g——计算管段的给水设计秒流量，L/s；

N_g——计算管段的卫生器具给水当量总数；

α——根据建筑物用途而定的系数，应按表2.2-3确定。

表2.2-3 根据建筑物用途而定的系数α值

建筑物名称	幼儿园、托儿所、养老院	门诊部、诊疗所	办公楼、商场	学校	医院、疗养院、休养所	集体宿舍、旅馆、招待所、宾馆	客运站、会展中心、公共厕所
α	1.2	1.4	1.5	1.8	2.0	2.5	3.0

注：1. 如计算值小于该管段上一个最大卫生器具给水额定流量时，应采用一个最大的卫生器具给水额定流量作为设计秒流量。

2. 计算值大于该管段上按卫生器具给水额定流量累加所得流量值时，应采用卫生器具给水额定流量累加所得流量值。

3. 有大便器延时自闭冲洗阀的给水管段，大便器延时自闭冲洗阀的给水当量均以0.5计，计算所得q_g附加1.1 L/s的流量后，为该管段的给水设计秒流量。

4. 综合楼建筑的α值应按加权平均法计算。

3)工业企业的生活间、公共浴室、职工食堂或营业餐厅的厨房、体育场馆、剧院、普通理化实验室等用水集中型建筑的给水设计秒流量

该设计秒流量应按下式计算：

$$q_g = \sum q_0 n_0 b \tag{2-10}$$

式中 q_g——计算管段的给水设计秒流量，L/s；

q_0——同类型的一个卫生器具给水额定流量，L/s；

n_0——同类型卫生器具数；

b——卫生器具数的同时给水百分数，%，可按表2.2-4、表2.2-5、表2.2-6确定。

注：①计算值小于该管段上一个最大卫生器具给水额定流量时，应采用一个最大的卫生器具给水额定流量作为设计秒流量。

②大便器延时自闭冲洗阀应单列计算，当单列计算值小于1.2 L/s时，以1.2 L/s计；大于1.2 L/s时，以计算值计。

表2.2-4 工业企业生活间等卫生器具同时给水百分数

卫生器具名称	同时给水百分数/%				
	工业企业生活间	公共浴室	剧院化妆间	体育场馆运动员休息室	剧院体育场馆观众卫生间等
洗涤盆(池)	33	15	15	15	—

续表

卫生器具名称	同时给水百分数/%				
	工业企业生活间	公共浴室	剧院化妆间	体育场馆运动员休息室	剧院体育场馆观众卫生间等
洗手盆	50	50	50	50	50~70
洗脸盆、盥洗槽水嘴	60~100	60~100	50	80	—
浴盆	—	50	—	—	—
无间隔淋浴器	100	100	—	100	—
有间隔淋浴器	80	60~80	60~80	60~100	—
大便器冲洗水箱	30	20	20	20	50~70
大便器自闭式冲洗阀	2	2	2	2	8~12
小便器自闭式冲洗阀	10	10	10	10	40~50
小便器(槽)自动冲洗水箱	100	100	100	100	100
净身盆	33	—	—	—	—
饮水器	30~60	30	30	30	30
小卖部洗涤盆	—	50	—	—	50

注:健身中心的卫生间,可采用本表体育场馆运动员休息室的同时给水百分率。

表 2.2-5　公共厨房设备同时给水百分数

厨房设备名称	污水盆(池)	洗涤盆(池)	煮锅	生产性洗涤机	器皿洗涤机	开水器	蒸汽发生器	灶台水嘴
同时给水百分数/%	50	70	60	40	90	50	100	30

注:职工或学生饭堂的洗碗台水嘴,按 100% 同时给水,但不与厨房用水叠加。

表 2.2-6　实验室化验水嘴同时给水百分数

化验水嘴名称	同时给水百分数/%	
	科学研究实验室	生产实验室
单联化验水嘴	20	30
双联或三联化验水嘴	30	50

2.3　水力计算

(1)生活给水管道的水流速度,宜按表 2.2-7 采用。

表 2.2-7　生活给水管道的水流速度

公称直径 DN/mm	15~20	25~40	50~70	≥80
水流速度/(m/s)	≤1.0	≤1.2	≤1.5	≤1.8

(2)给水管道单位长度沿程水头损失可按下式计算：

$$i = 105C_h^{-1.85} d_j^{-4.87} q_g^{1.85}$$

式中 i——管道单位长度水头损失，kPa/m；

d_j——管道计算内径，m；

q_g——给水设计流量，m^3/s；

C_h——海澄-威廉系数。

(3)管道局部水头损失宜采用管(配)件当量长度法计算，阀门和螺纹管件当量长度可按表2.2-8确定。资料不足时，可按表2.2-9进行估算，但水表等附件的水头损失，应按产品所给定的压力损失值单独计算，当未确定产品时，可参照表2.2-10估算。

表2.2-8 阀门和螺纹管件当量长度

管件内径/mm	管件当量长度/m						
	90°标准弯头	45°标准弯头	标准三通90°转角流	三通直向流	闸板阀	球阀	角阀
9.5	0.3	0.2	0.5	0.1	0.1	2.4	1.2
12.7	0.6	0.4	0.9	0.2	0.1	4.6	2.4
19.1	0.8	0.5	1.2	0.2	0.2	6.1	3.6
25.4	0.9	0.5	1.5	0.3	0.2	7.6	4.6
31.8	1.2	0.7	1.8	0.4	0.2	10.6	5.5
38.1	1.5	0.9	2.1	0.5	0.3	13.7	6.7
50.8	2.1	1.2	3	0.6	0.4	16.7	8.5
63.5	2.4	1.5	3.6	0.8	0.5	19.8	10.3
76.2	3	1.8	4.6	0.9	0.6	24.3	12.2
101.6	4.3	2.4	6.4	1.2	0.8	38	16.7
127	5.2	3	7.6	1.5	1	42.6	21.3
152.4	6.1	3.6	9.1	1.8	1.2	50.2	24.3

注：当管件为凹口螺纹或管道为等径焊接时，当量长度取本表值的1/2。

表2.2-9 生活给水配水管局部水头损失占管道沿程水头损失百分数

管(配)件内径	与管道内径相同		略大于管道内径		略小于管道内径	
连接方式	三通分水	分水器分水	三通分水	分水器分水	三通分水	分水器分水
占沿程水头损失/%	25~30	15~20	50~60	30~35	70~80	35~40

注：本表只适用于配水管，不适用分路很少的给水干管。

表 2.2－10　水表及附件的局部水头损失

名称	住宅入户水表	建筑物引入管上的水表		过滤器	减压阀		倒流防止器
		生活用水工况	校核消防工况		比例式	可调式	
水头损失/MPa	0.01 (0.025)	0.03	0.05	0.01 (0.02)	按阀后动水压为阀后静水压的 80%～90%计算	0.1	0.025～0.04 (0.07)

注：1. 阀后静水压是流量为零时阀后压力，即按减压比例计算所得的阀后压力，有水流动时，阀后压力值（动水压）小于静水压，其差即为减压阀的水头损失。

2. 括号中数值为参考值。

3 城市排水工程

3.1 城市排水系统的体制和组成

3.1.1 城市排水的分类

城市排水可分为3类，即生活污水、工业废水和降水径流。城市污水是指排入城市排水管道的生活污水和工业废水的总和。生活污水、工业废水以及降水均有各自的来源和特征，现分述如下。

1)生活污水

生活污水是指人们日常生活中所产生的污水。来自住宅、机关、学校、医院、商店、公共场所及工厂的厕所、浴室、厨房、洗衣房等处排出的水。这类污水中含有较多的有机杂质，并带有病原微生物和寄生虫卵等。

2)工业废水

工业废水是指工业生产过程中所产生的废水，来自工厂车间或矿厂等地。根据它的污染程度不同，又分为生产废水和生产污水两种。

(1)生产废水:是指生产过程中，水质只受到轻微污染或仅是水温升高，可不经处理直接排放的废水。如机械设备的冷却水等。

(2)生产污水:是指在生产过程中，水质受到较严重的污染，需经处理后方可排放的废水。其污染物质，有的主要是无机物，如发电厂的水力冲灰水;有的主要是有机物，如食品工厂废水;有的含有机物、无机物并有毒性，如石油工业废水、化学工业废水等。废水性质随工厂类型及生产工艺过程不同而异。

3)降水

降水是指地面上径流的雨水和冰雪融化水。降水径流的水质与流经表面情况有关。一般是较清洁的，但初期雨水径流却比较脏。雨水径流排除的特点是:时间集中、量大、以暴雨径流危害最大。

3.1.2 城市排水体制

对生活污水、工业废水和降水径流采取的汇集方式，称为排水体制，也称排水制度。按汇集方式可分为分流制和合流制2种基本类型。

1)分流制排水系统

当生活污水、工业废水、降水径流用2个或2个以上的排水管渠系统来汇集和输送时，称为分流制排水系统。其中汇集生活污水和工业废水的系统称为污水排除系统，汇集和排泄降水的系统称为雨水排除系统，只排除工业废水的称为工业废水排除系统。分流排水系统又分为下列2种。

(1)完全分流制:分别设置污水和雨水两个管渠系统,前者用于汇集生活污水和部分工业生产污水,并输送到污水处理厂,经处理后再排放;后者汇集雨水和部分工业生产废水,就近直接排入水体。

(2)不完全分流制:城市中只有污水管道系统而没有雨水管渠系统,雨水沿着地面,于道路边沟和明渠泄入天然水体。这种体制只有在地形条件有利时采用。

对于新建城市或地区,有时为了解决污水出路问题,初期采用不完全分流制,先只埋设污水管道,以少量经费解决近期迫切的污水排除问题。对于地势平坦、多雨易造成积水地区,不宜采用不完全分流制。

2)合流制排水系统

将生活污水、工业废水和降水用一个管渠系统汇集输送的称为合流制排水系统。根据污水、废水、雨水混合汇集后的处置方式不同,可分为下列3种情况。

(1)直泄式合流制:管渠系统布置就近坡向水体,分若干排出口,混合的污水不经处理直接泄入水体。这种形式的排水系统会对环境卫生及水体污染造成很严重的影响,所以这种排水系统不宜再使用。

(2)全处理合流制:污水、废水、雨水混合汇集后全部输送到污水厂处理后再排放。这对防止水体污染,保护环境很好。但是晴天和雨天的污水量相差很大,且水质很不稳定,造成污水厂运行管理上的困难,因此,在实际情况中很少采用这种排水系统。

(3)截流式合流制:这种体制是在街道管渠中合流的生活污水、工业废水、雨水全部排向沿河的截流干管,晴天时全部输送到污水处理厂;雨天时当雨量增大,雨水和生活污水、工业废水的混合水量超过一定数量时,其超出部分通过溢流井排入水体。这种体制在城市老区应用较多。

3)排水体制的选择

随着我国经济社会发展的深入以及国际上对全球环境污染问题的重视,我国已经制定了严格的控制污水排放标准,确保环境卫生和水体不受污染。所以合理地选择排水体制,是城市排水系统规划中一个十分重要的问题。它关系到整个排水系统是否经济实用,能否满足环境保护要求,同时也影响排水工程的总投资、初期建设投资和经营管理费用。所以选择哪种排水体制最适合相应城市的实际情况,应该从环境保护、基建投资、维护管理、施工等4个方面综合比较后再确定。总之,排水体制的选择应根据城市总体规划、环保要求、当地自然条件、水体条件、城市污水量和污水水质情况、城市原有排水设施等情况综合考虑,通过技术经济比较后决定。一般新建城区的排水系统,多采用分流制;旧城区排水系统改造多采用截流式合流制。同一城市的不同地区,根据具体条件,可采用不同的排水体制。

3.1.3 城市排水系统的组成

1)城市污水排除系统

收集城市生活污水和部分工业生产污水的排水系统,主要由5个部分组成:①室内(房屋内或车间内)污水管道系统及卫生设备;②室外污水管道系统,包括街坊或庭院(厂区)内和街道下污水管道系统;③污水泵站及污水压力管道;④污水处理厂;⑤污水排出口设施,包括出水口(渠)、事故出水口及灌溉渠等。

2)工业废水排除系统

有些工业废水不排入城市污水管道或雨水管道,单独形成系统,其组成为:①车间内部管道系统及排水设备;②厂区管道系统及附属设备;③污水泵站及污水压力管道;④污水处理站;⑤污水出水口。

3)城市雨水排除系统

雨水来自两个部分:一部分来自屋面,一部分来自地面。雨水排除系统主要包括:①房屋雨水管道系统及设备,包括天沟、竖管及房屋周围的雨水管沟;②街坊(或厂区)和街道雨水管渠系统,包括雨水口,庭院雨水沟、支管、干管等;③雨水提升泵站;④出水口(渠)。

雨水一般就近排入水体,不需处理。在地势平坦、区域较大的城市或河流洪水位较高、雨水自流排放有困难的情况下,设置雨水泵站排水。

此外,对于合流制排水系统,只有一种管渠系统,除具有雨水口、溢流口外,其主要组成部分和污水排除系统相同。

3.2 城市污水量计算

城市污水量(即城市全社会污水排放量),包括城市给水工程统一供水的用户和自备水源供水用户排出的污水量。主要包括城市生活污水量和部分工业废水量以及少量的其他污水(市政、公用设施及其他用水产生的污水),因其数量小和排出方式的特殊性无法进行统计,故忽略不计。城市污水量与城市规划年限、发展规模有关,是城市污水管道系统规划设计的基本数据。

生活污水量的大小取决于生活用水量。在城市人民生活中,绝大多数用过的水都成为污水流入污水管道。据部分城市的实测资料统计,污水量约占用水量的80% ~90%。生活污水量和生活用水量的这种关系符合大多数城市的情况。如果已知城市用水量,在城市污水管道系统规划设计时,可以根据当地的具体条件取城市生活用水量的80% ~90%作为城市生活污水量。在详细规划设计中也可以根据城市规模、污水量标准和污水量的变化情况计算生活污水量。

工业废水量则与工业企业的性质、工艺流程、技术设备等有关。

3.2.1 城市总体规划阶段污水量预测

1)城市污水量

城市污水量主要用于确定城市污水总规模。其值宜根据城市综合(平均日)用水量乘以城市污水排放系数确定。

城市综合(平均日)用水量即城市供水总量,包括市政、公用设施及其他用水量及管网漏失水量,当采用《城市给水工程规划规范》(GB 50282)中“表2.2.3-1 城市单位综合用水量指标”或“表2.2.3-2 城市单位建设用地综合用水量指标”估算城市污水量时,应注意按规划城市的用水特点将“最高日”用水量换算成“平均日”用水量。

2)城市综合生活污水量

城市综合生活污水量宜根据城市综合生活用水量(平均日)乘以城市综合生活污水排放系数确定。

当采用《城市给水工程规划规范》(GB 50282)中表 2.2.4"人均综合生活用水量指标"估算城市综合生活污水量时，应注意按规划城市的用水特点将"最高日"用水量换算成"平均日"用水量。

3)城市工业废水量

城市工业废水量宜根据城市工业用水量(平均日)乘以城市工业废水排放系数确定。

城市平均日工业用水量即工业新鲜用水量(或称为工业补充水量)，它不包含工业重复利用水量。当工业用水量资料不足或不易取得时，也可采用将已估算出的城市污水量减去城市综合生活污水量，可以得到较为接近的城市工业废水量。

4)污水排放系数的确定

污水排放系数应是在一定的计量时间(年)内的污水排放量与用水量(平均日)的比值。即：

$$污水排放系数 = \frac{一定计量时间(年)内的污水排放量}{一定计量时间(年)内的用水量(平均日)}$$

根据城市污水性质的不同，污水排放系数可分为城市污水排放系数、城市综合生活污水排放系数和工业废水排放系数。

当规划城市供水量、排水量统计分析资料缺乏时，城市分类污水排放系数可根据城市居住、公共设施和各类工业用地的布局，结合以下因素，按表 3.2-1 的规定确定。

(1)城市污水排放系数应根据城市综合生活用水量和工业用水量之和占城市供水总量的比例确定。

(2)城市综合生活污水排放系数应根据城市规划的居住水平、给水排水设施完善程度与城市排水设施规划普及率，结合第三产业产值在国内生产总值的比重确定。

(3)城市工业废水排放系数应根据城市的工业结构和生产设备、工艺先进程度及城市排水设施普及率确定。

表 3.2-1 城市分类污水排放系数

城市污水分类	污水排放系数
城市污水	0.70～0.80
城市综合生活污水	0.80～0.90
城市工业废水	0.70～0.90

注：工业废水排放系数不含石油、天然气开采业和煤炭与其他矿采选业以及电力蒸汽热水产供业废水排放系数，其数据应按厂、矿区的气候、水文地质条件和废水利用、排放方式确定。

5)总体规划阶段不同性质用地污水量估算

(1)城市居住用地和公共设施用地污水量可按相应的用水量乘以表 3.2-1 中城市综合生活污水排放系数确定。

(2)城市工业用地工业废水量可按相应用水量乘以表 3.2-1 中工业废水排放系数。

(3)其他用地污、废水量可根据用水性质、水量和产生污、废水的数量及其出路分别确定。

6)地下水渗入对污水量估算的影响

在一些地下水位较高地区，估算污水系统水量时，宜考虑地下水渗入量。因为地质条件、管道及接口材料和施工质量等因素，一般均存在地下水渗入现象。但具体在不同的情况下渗入量多少目前尚无成熟资料，只有个别国家或地区采用经验数据，比如日本采用每人每日最大污水量10% ~ 20%；据专业杂志介绍，上海浦东城市化地区地下水渗入量采用1 000 $m^3/(km^2 \cdot d)$，具体规划时按污水量的10%考虑。所以，建议各规划城市应根据当地水文地质情况，结合管道和接口采用的材料以及施工质量按当地经验确定。

7)污水量总变化系数的确定

污水量的变化情况常用变化系数表示。有日变化系数、时变化系数和总变化系数之分。

$$日变化系数\ K_d = \frac{最高日污水量}{平均日污水量}$$

$$时变化系数\ K_h = \frac{最高日最高时污水量}{最高日平均时污水量}$$

$$总变化系数\ K_z = K_h K_d$$

污水量变化系数随污水量的大小而不同。污水量越大，其变化幅度越小，变化系数较小；反之则变化系数较大。

城市综合生活污水量总变化系数采用《室外排水设计规范》(GB 50014—2006)中规定数据。为使用方便，摘录如表3.2-2所示。

表3.2-2 综合生活污水量总变化系数

污水平均流量/(L/s)	5	15	40	70	100	200	500	≥1 000
总变化系数	2.3	2.0	1.8	1.7	1.6	1.5	1.4	1.3

3.2.2 城市详细规划污水量计算

1)居住区生活污水量的计算

(1)居住区生活污水量标准。城市居民每人每日的平均污水量，称为居住区生活污水量标准。它取决于用水量标准，并与城市所在地区的气候、建筑设备及人们的生活习惯、生活水平有关。居住区生活污水量标准应根据城市排水现状资料，按城市的近、远期规划年限并综合考虑各影响因素确定。对于新建城市应参照条件相似的城市的生活污水量标准确定。一般可按表3.2-3中规定采用。在选用生活污水量标准时，应注意与本城市采用的用水量标准相协调。

表3.2-3 居住区生活污水量标准(平均日)

卫生设备情况	污水量标准/(L/(人·d))				
	第一分区	第二分区	第三分区	第四分区	第五分区
室内无给排水卫生设备，从集中给水龙头取水，由室外排水管道排水	10 ~ 20	10 ~ 25	20 ~ 35	25 ~ 40	10 ~ 25
室内有给排水卫生设备，但无水冲式厕所	20 ~ 40	30 ~ 45	40 ~ 65	40 ~ 70	25 ~ 40
室内有给排水卫生设备，但无淋浴设备	55 ~ 90	60 ~ 95	65 ~ 100	65 ~ 100	55 ~ 90
室内有给排水卫生设备和淋浴设备	90 ~ 125	100 ~ 140	110 ~ 150	120 ~ 160	100 ~ 140

续表

卫生设备情况	污水量标准/(L/(人·d))				
	第一分区	第二分区	第三分区	第四分区	第五分区
室内有给排水卫生设备,并有淋浴和集中热水供应	130~170	140~180	145~185	150~190	140~180

注:1. 表中数值已包括居住区内小型公共建筑的污水量,但属全市性的独立公共建筑的污水量未包括在内。

2. 在选用表列各项水量时,应按所在地的分区,考虑当地气候、居住区规模、生活习惯及其他因素。

3. 第一分区包括:黑龙江、吉林、内蒙古的全部,辽宁的大部分,河北、山西、陕西偏北的一小部分,宁夏偏东的部分。

第二分区包括:北京、天津、河北、山东、山西、陕西的大部分,甘肃、宁夏、辽宁的南部,河南的北部,青海偏东和江苏偏北的一小部分。

第三分区包括:上海、浙江的全部,江西、安徽、江苏的大部分,福建北部,湖南、湖北的东部,河南南部。

第四分区包括:广东、台湾的全部,广西的大部分,福建、云南的南部。

第五分区包括:贵州的全部,四川、云南的大部分,湖南、湖北的西部,陕西和甘肃在秦岭以南的地区,广西偏北的一小部分。

4. 其他地区的生活污水量标准,根据当地气候和人民生活习惯具体情况,可参照相似地区的标准确定。

(2)变化系数。城市生活污水量逐年、逐月、逐日、逐时都在变化,是不均匀的。但是,在城市污水管道规划设计中,通常都假定在 1 h 内污水流量是均匀的。因为管道有一定容量,这样假定不致影响运转。

污水量的变化情况常用变化系数表示。变化系数有日变化系数、时变化系数和总变化系数:

$$日变化系数\ K_d = \frac{最高日污水量}{平均日污水量}$$

$$时变化系数\ K_h = \frac{最高日最高时污水量}{最高日平均时污水量}$$

$$总变化系数\ K_z = K_d K_h$$

污水量变化系数随污水流量的大小而不同。污水流量愈大,其变化幅度愈小,变化系数较小;反之则变化系数较大。生活污水量总变化系数一般按表 3.2-4 采用。当污水平均日流量为表中所列污水平均日流量中间数值时,其总变化系数可用内插法求得。

表 3.2-4 生活污水量总变化系数

污水平均流量/(L/s)	5	15	40	70	100	200	500	1 000	≥1 500
总变化系数	2.3	2.0	1.8	1.7	1.6	1.5	1.4	1.3	1.2

(3)居住区生活污水量的计算。城市污水管道规划设计中需要确定居住区生活污水的最高日最高时污水流量,常由平均日污水量与总变化系数求得。

①居住区平均日污水量计算

$$Q_P = \frac{q_0 N}{24 \times 3\ 600}$$

式中 Q_P——居住区平均日污水量,L/s;

q_0——居住区生活污水量标准,L/(人·日);

N——居住区规划设计人口数，人。

由于表3.2-3中未包括全市性的独立公共建筑的污水量，因此这部分污水量应单独计算。

②最高日最高时污水量的计算

$$Q_1 = Q_P K_z + \sum \frac{q_g N_g K_h}{24 \times 3\,600}$$

式中 Q_1——居住区最高日最高时污水量，L/s；

Q_P——居住区平均日污水量，L/s；

K_z——总变化系数，按 Q_P 查表3.2-4；

N_g——某类公共建筑生活污水量单位的数量，相当于用水量单位；

q_g——某类公共建筑生活污水量标准，按公共建筑生活用水量标准采用，L/(d·污水量单位的数量)；

K_h——小时变化系数，按表3.2-4采用。

为了便于计算，有些城市的设计部门根据人口密度、卫生设备、生活习惯与生活水平等条件制定相应的综合性指标。这项指标也称为污水的面积比流量，是指城市单位面积（包括公共建筑及小型工厂）每日排出的污水量。例如北京和天津就按1 L/(hm^2·s)计算污水量。

2）工业企业生活污水量的计算

工业企业的生活污水主要来自生产区的食堂、浴室、厕所等。其污水量与工业企业的性质、脏污程度、卫生要求等因素有关。工业企业职工的生活污水量标准应根据车间性质确定，一般采用25~35 L/(人·班)，时变化系数为2.5~3.0。淋浴污水量标准按表3.2-5淋浴用水量中规定确定。淋浴污水在每班下班后1 h均匀排出。

表3.2-5 工业企业内工作人员沐浴用水量

分级	车间卫生特征			用水量/(L/(人·班))
	有毒物质	生产粉尘	其他	
1级	极易经皮肤吸收引起中毒的剧毒物质（如有机磷、三硝基甲苯、四乙基铅等）		处理传染性材料、动物原料（如皮、毛等）	60
2级	易经皮肤吸收或有恶臭的物质，或高毒物质（如丙烯晴、吡啶、苯酚等）	严重污染全身或对皮肤有刺激的粉尘（如炭黑、玻璃棉等）	高温作业、井下作业	60
3级	其他毒物	一般粉尘（如棉尘）	重作业	40
4级	不接触有毒物质及粉尘、不污染或轻度污染身体（如仪表、机械加工、金属冷加工等）			40

工业企业生活污水量用下式计算：

$$Q_2 = \frac{25 \times 3.0A_1 + 35 \times 2.5A_2}{8 \times 3\,600} + \frac{40A_3 + 60A_4}{3\,600}$$

式中 Q_2——工业企业职工的生活污水量，L/s；

A_1——一般车间最大班的职工总人数，人；

A_2——热车间最大班的职工总人数,人;

A_3——三、四级车间最大班使用淋浴的人数,人;

A_4——一、二级车间最大班使用淋浴的人数,人。

3)工业废水量的计算

工业企业废水量通常按工厂或车间的日产量和单位产品的废水量计算,其计算公式为:

$$Q_3 = \frac{mMK_z}{3\ 600\ T}$$

式中 Q_3——工业废水量,L/s;

m——生产单位产品排出的平均废水量,L/单位产品;

M——每日生产的产品数量,单位产品;

T——每日生产的小时数,h;

K_z——总变化系数。

工业废水量也可按生产设备的数量和每一设备单位时间排出的废水量计算。

工业废水量计算所需要资料通常由工业企业提供,规划设计人员应调查核实。若无工业企业提供的资料,可参照条件相似的工业企业的废水量确定。

4)城市污水量的计算

在城市污水管道系统规划设计中,城市污水量通常是将上述几项污水量累加计算,其公式如下:

$$Q = Q_1 + Q_2 + Q_3$$

式中 Q——城市污水管道设计污水流量,L/s。

工业废水量 Q_3 中,凡不排入城市污水管道的工业废水量不予计算。

3.3 污水管道水力计算

3.3.1 最大设计充满度

污水管道的设计充满度是指管道排泄设计污水量时的充满度。设计充满度应小于或等于最大设计充满度。污水管道的最大设计充满度见下表。

管径 D 或暗渠高 H/mm	最大设计充满度(h/D 或 h/H)	管径 D 或暗渠高 H/mm	最大设计充满度(h/D 或 h/H)
150~300	0.60	500~900	0.75
350~450	0.70	≥1 000	0.80

注:h——管道或暗渠中污水的高度。

3.3.2 设计流速

设计流速是指在设计充满度情况下,排泄设计流量的平均流速。其值应满足以下要求。

(1)管道见下表。

管径 D/mm	最小设计流速/(m/s)	最大设计流速/(m/s)
≤500	0.7	金属管道最大为 10 m/s,非金属管道最大为 5 m/s
>500	0.8	

(2)明渠见下表。

明渠最大设计流速/(m/s)	水深为 0.4～1.0 m 时	2.0	干砌块石明渠
		4.0	浆砌块石或浆砌砖明渠
	水深小于 0.4 m 时	1.7	干砌块石明渠
		3.4	浆砌块石或浆砌砖明渠
	水深大于 1.0 m 时	2.5	干砌块石明渠
		5	浆砌块石或浆砌砖明渠
	水深大于或等于 2.0 m 时	2.8	干砌块石明渠
		5.6	浆砌块石或浆砌砖明渠
明渠最小设计流速/(m/s)	0.4		

3.3.3 污水管道最小管径和最小设计坡度

管道位置	最小管径/mm	最小设计坡度
在街坊和厂区内	150	0.007
在街道下	200	0.004

3.3.4 国内主要污水处理工艺比较

参见下表。

国内主要污水处理工艺比较表

序号	主要工艺类型	适用污水厂规模	污染物负荷	主要污染物去除功效					技术特点								污泥		能耗	设备闲置率	操作管理维护	运转可靠性	单位建设成本	单位运行成本	备注说明
				SS	COD	BOD	脱氮功能	除磷功能	电子受体供给方式	典型泥龄/d	反应池流态及分布	典型曝气设备	处理流程	规模占地	先进性	成熟性	产生量	后续稳定处理							
1	传统活性污泥(ASP)	Ⅰ、Ⅱ类	中	较好	一般	好	无	无	好氧	3～6	推流	鼓风曝气	一般	中	较差	最好	中	需要，采用厌氧消化，节能效益高	较高，但规模越大越低	较低	较简单	好	中，规模越大越低	中，规模越大越低	只能作为常规二级处理，适用于大型城市污水处理厂
3	AB	Ⅲ、Ⅳ、Ⅴ类	高	好	较好	好	常规无，改良有，效果较差	常规无，改良有，效果较差	好氧或缺氧/好氧或缺氧	3～6，10～15	推流或循环流	鼓风或机械曝气	较复杂	较高	一般	较好	大	需要	较高	较低	较复杂	较好	较高	较高	适合于高浓度污水处理、超负荷污水处理厂的改造，大型污水处理厂往往因资金严重不足，而必须分期进行
4	一级强化或A段+排海(江)	Ⅰ、Ⅱ、Ⅲ类	高、中	差	差	差	无	无	好氧或兼氧	0.5～1	推流	鼓风曝气	简单	低	差	好	大	需要，如采用厌氧消化节能效益高	低	低	简单	好	低	低	过渡型工艺，在性价比上有较好的优势，一般适用于排江、排海场合，目前已很少采用
5	厌氧好氧 常规	Ⅰ、Ⅱ、Ⅲ、Ⅳ、Ⅴ类	中	较好	较好	好	可有	可有	厌氧(缺氧)/好氧空间交替	3～6	推流	鼓风曝气	较复杂	较高	一般	好	较大	需要	中	较低	一般	较好	中	较低	适用于除磷或者脱氮的场合

续表

序号	主要工艺类型		适用污水厂规模	污染物负荷	主要污染物去除功效					技术特点				处理流程	规模占地	先进性	成熟性	污泥		能耗	设备闲置率	操作管理维护	运转可靠性	单位建设成本	单位运行成本	备注说明
					SS	COD	BOD	脱氮功能	除磷功能	电子受体供给方式	典型泥龄/d	反应池流态及分布	典型曝气设备					产生量	后续稳定处理							
6	厌氧缺氧好氧	改良	Ⅰ、Ⅱ、Ⅲ、Ⅳ、Ⅴ类	高、中	较好	较好	好	可有	可有	厌氧（缺氧）/好氧空间交替	3～7	推流	鼓风曝气	较复杂	较高	一般	较好	较大	需要	中	较低	一般	较好	中	较低	适用于除磷或者脱氮的场合
		常规	Ⅱ、Ⅲ、Ⅳ、Ⅴ类	中	较好	好	好	一般	一般	厌氧/缺氧/好氧空间交替，内回流，进水分流	10～15	推流为主，局部完全混合	底部鼓风曝气	复杂	高	较好	较好	较大	需要	中	中	较复杂	较好	较高	中	适用于同时除磷脱氮的场合
		改良	Ⅱ、Ⅲ、Ⅳ、Ⅴ类	中	较好	好	好	较好	较好	缺氧/厌氧/缺氧/好氧空间交替，内回流，进水分流	10～15	推流为主，局部完全混合	底部鼓风曝气	复杂	高	好	一般	较大	需要	中	中	较复杂	较好	较高	中	增加了回流比，脱氮除磷效果较好
		倒置	Ⅱ、Ⅲ、Ⅳ、Ⅴ类	中	较好	好	好	较好	较好	缺氧/厌氧/好氧空间交替，进水分流	7～12	推流为主，局部完全混合	底部鼓风曝气	复杂	高	好	一般	较大	需要	中	中	较复杂	较好	较高	中	增加了回流比，脱氮除磷效果较好

续表

序号	主要工艺类型		适用污水厂规模	污染物负荷	主要污染物去除功效					技术特点								污泥		能耗	设备闲置率	操作管理维护	运转可靠性	单位建设成本	单位运行成本	备注说明
					SS	COD	BOD	脱氮功能	除磷功能	电子受体供给方式	典型泥龄/d	反应池流态及分布	典型曝气设备	处理流程	规模占地	先进性	成熟性	产生量	后续稳定处理							
7	氧化沟	Carrousel	Ⅲ、Ⅳ、Ⅴ类	高、中	较好	较好	好	较好	较好	缺氧/好氧空间交替	8~15	循环流	机械曝气	较简单	中	好	较好	中	不需要	高	较高	较简单	较好	较高	高	新型Carrousel 2000、Carrousel 3000适用范围更广、脱氮除磷效果更好
		Orbal	Ⅲ、Ⅳ、Ⅴ类	中	较好	较好	好	好	一般	缺氧/好氧空间交替	10~15	循环流串联	机械曝气	较简单	中	好	较好	中	不需要	高	较高	一般	较好	高	高	推荐应用于中小规模的城市污水处理厂
		三沟氧化沟	Ⅲ、Ⅳ、Ⅴ类	中	较好	较好	好	不稳定	不稳定	缺氧/好氧空间交替	10~15	循环流串联交替	机械曝气	较简单	中	好	较好	中	不需要	高	较高	一般	一般	中	高	适合间歇排放和流量变化较大的地方
		一体化氧化沟	Ⅲ、Ⅳ、Ⅴ类	中	较好	较好	好	一般	一般	缺氧/好氧空间交替	10~15	循环流	机械曝气	较简单	中	好	较差	中	不需要	高	较高	一般	较差	中	高	

续表

序号	主要工艺类型		适用污水厂规模	污染物负荷	主要污染物去除功效					技术特点								污泥		能耗	设备闲置率	操作管理维护	运转可靠性	单位建设成本	单位运行成本	备注说明
					SS	COD	BOD	脱氮功能	除磷功能	电子受体供给方式	典型泥龄/d	反应池流态及分布	典型曝气设备	处理流程	规模占地	先进性	成熟性	产生量	后续稳定处理							
8	序列间歇式活性污泥法(SBR)	经典SBR	Ⅳ、Ⅴ类	中、低	好	较好	好	一般	一般	厌氧/缺氧/好氧时间交替	12~20	完全混合	鼓风曝气	简单	低	较好	较好	小	不需要	较低	较低	一般	一般	中	中	中小城镇污水和厂矿企业的工业废水，尤其是间歇排放和流量变化较大的地方
		ICEAS	Ⅳ、Ⅴ类	中、低	好	较好	好	一般	一般	厌氧/缺氧/好氧时间交替	12~20	完全混合	鼓风曝气	较简单	低	好	较好	小	不需要	较低	中	较复杂	一般	较高	中	
		CASS	Ⅳ、Ⅴ类	中、低	好	较好	好	较好	较好	厌氧/缺氧/好氧空间及时间交替	12~22	完全混合	鼓风曝气	较简单	低	好	较好	小	不需要	较低	中	较复杂	一般	较高	中	

3.3.5 各类电镀废水处理工艺特点比较

见下表。

各类电镀废水处理工艺特点比较表

工艺方法	建设投资	工艺流程	占地面积	处理效果	出水水质	运行成本	污泥数量	设备维护	工艺弱点
离子交换法	高	复杂	少	好	好	运行复杂,反冲废液需再处理,费用较高	污泥量少,回收价值高	设备需经常检查维护,树脂费用较高	操作复杂,处理能力受限制
电解法(微电介)	低	一般	少	不清	不清	设备运行成本不高,工程上处理效果不清	污泥量少,废渣可回收	需经常处理与更换电极	处理能力受限制,未见一定规模工程实例
化学法	中	较复杂	多	尚可	一般	用电量大,加药剂较多,操作复杂,污泥量大,需操作人员多,成本高,通常为6元/吨	污泥量大,回收价值不高,有害固废物处置费高	设备受酸碱腐蚀大,维修量大,设备使用期短	药剂费高,一级排放标准,达标困难,特别是Ni、Cu
化学螯合沉淀法	中	较复杂	多	较好	一般	用电量大,加药剂较多,操作复杂,污泥量大,需操作人员多,成本高	污泥量大,回收价值不高,有害固废物处置费高	设备受酸碱腐蚀大,维修量大,设备使用期短	药剂费比化学法高
BM菌法	中	简单	较少	较好	较好	耗电量少,培菌费用低,菌废比1:(80~100),操作简单人员少,处理成本较低,通常为2.5元/吨	污泥量少,回收价值高	设备数量少,大部分工作在中性条件下进行,故障率低,维修简便	培菌需加温,母菌培养较难
CHA生化法	偏低	简单	少	较好	较好	培菌温度降低,气温5℃以上不需加温,菌活性增强,菌废比提高至1:(100~150),处理成本2元/吨左右	污泥量少,回收价值高	设备数量少,大部分工作在中性条件下进行,故障率低,维修简便	母菌培养较难

3.4 小区室外雨水系统设计

3.4.1 雨水系统设置

在有市政雨水管道的地区,建筑物室外场地敷设雨水管网系统。

室外下沉的范围、绿地、广场、道路等低洼处积水时,若有溢流进室内的可能,则应设置有水泵压力流排水系统,该低洼处的雨水口不得直接接入室外雨水井。

3.4.2 雨水口

1)布置雨水口

(1)雨水口一般布置在道路上的汇水点和低洼处;双向坡路面在路两边设置,单向坡路面应在路面低的一边设置。

(2)道路的变汇处和侧向支路上,能截流雨水径流处。

(3)广场、停车场的适当位置处及低洼处,地下车道的入口处。

(4)建筑前后空地和绿地的低洼点等处。

2)雨水口的形式、数量及间距

(1)无道牙路面和广场、停车场,用平箅式雨水口;有道牙的路面,用边式雨水口;有道牙路面的低洼处且箅隙易被树叶堵塞时用联合式雨水口。

(2)道路上的雨水口宜每隔25~40 m设置一个。当道路纵坡大于0.02时,雨水口的间距可大于50 m。

3)雨水口的设置与连接

(1)雨水口连接管的长度不宜超过25 m,连接管上串联的雨水口不宜超过2个。

(2)雨水口连接管最小管径为200 mm,坡度为0.01,管顶覆土厚度不宜小于0.7 m。

(3)连接管埋设在路面或有重荷载处地面的下面时,应沿管道做基础,无重荷载处地面以下的连接管做枕基基础,具体做法见国标图。

(4)雨水口的深度不宜大于1.0 m。泥砂量大的地区,可根据需要设置沉泥(砂)槽;有冻胀影响的地区,可根据当地经验确定。

(5)平箅式雨水口长边应与道路平行,箅面宜低于路面30~40 mm,在土面上时宜低50~60 mm。

(6)雨水口不得修建在其他管道的顶上。

(7)雨水口箅盖,一般采用铸铁箅子,也可以采用钢筋混凝土箅子。雨水口的底和侧墙采用砖、石或混凝土材料。

3.4.3 雨水检查井

(1)检查井一般设在:管道(包括接户管)的交接处和转弯处、管径或坡度的改变处、跌水处、直线管道上每隔一定距离处。

(2)检查井应尽量避免布置在主入口处。

(3)室外或居住小区的直线管段上检查井的最大间距按下表采用。

检查井最大间距

管径/mm	200～300	400	≥500
最大间距/m	30	40	50

(4)检查井内同高度上接入的管道数量不宜多于3条。

(5)室外地下或半地下式供水水池的排水口、溢流口,游泳池的排水口,内庭院、建筑物门口的雨水口,当集水口处的标高低于雨水检查井处的地面标高时,不得接入该检查井。

(6)检查井的形状、构造和尺寸可按国家标准图选用。检查井在车行道上时应采用重型铸铁井盖。

(7)排水接户管埋深小于1.0 m时,采用小井径检查井,尺寸一般为$\Phi700$。

3.4.4 跌水井

(1)管道跌水水头大于1.0 m时,应设跌水井。

(2)跌水井不得有支管接入。

(3)管道转弯处不得设置跌水井。

(4)跌水方式一般采用竖管、矩形竖槽。

(5)跌水井的一次跌水水头见下表:

跌水井最大跌水水头高度

进水管管径/mm	≤200	250～400	>400
最大跌水高度/m	6.0	4.0	水力计算确定

3.4.5 管道

1)雨水管道布置

(1)室外雨水管道布置应按管线短、埋深小、自流排出的原则确定。

(2)雨水管道宜沿道路和建筑物的周边呈平行布置。宜路线短、转弯少,并尽量减少管线交叉。检查井间的管段应为直线。

(3)与道路交叉时,应尽量垂直于路的中心线。

(4)干管应靠近主要排水构筑物,并布置在连接支管较多的一侧。

(5)管道应尽量布置在道路外侧的人行道或草地的下面,不允许布置在乔木的下面。

(6)应尽量远离(≥1.5 m)生活饮用水管道。

(7)雨水管与建筑物、构筑物和其他管道的净距离,按《城市工程管线综合规划规范》的相关规定执行。

2)管道连接与敷设

(1)管道在检查井内宜采用管顶平接法,井内出水管管径不宜小于进水管。

(2)雨水管道转弯和交接处,水流转角应不小于90°。当管径超过300 mm且跌水水头大于0.3 m时可不受此限制。

(3)管道在车行道下时,管顶覆土厚度不得小于0.7 m,否则,应采取防止管道受压破损的技术措施,如用金属管或金属套管等。

(4)当管道不受冰冻或外部荷载的影响时,管顶覆土厚度不宜小于0.6 m。

(5)雨水管道的基础做法,参照国标图执行。

3)明沟(渠)

(1)明沟底宽一般不小于0.3 m,超高不得小于0.2 m。

(2)明沟与管道互相连接时,连接处必须采取措施,防止冲刷管道基础。

(3)明沟下游与管道连接处,应设格栅和挡土墙。明沟应加铺砌,铺砌高度不低于设计超高。

3.4.6 管材与接口

(1)雨水管道宜采用双波纹塑料管、加筋塑料管、混凝土管、钢筋混凝土管等。

(2)穿越管沟等特殊地段应采用钢管或铸铁管。

(3)非金属承插口管采用水泥沙浆接口或水泥沙浆抹带接口,铸铁管采用石棉水泥接口,钢管一律采用焊接接口。

3.5 小区雨水管道水力计算

3.5.1 雨水流量

室外设计雨水流量按以下公式计算:

$$Q = \Psi qF$$

式中 Q——雨水设计流量,L/s;

Ψ——径流系数;

q——设计暴雨强度,$L/(s \cdot hm^2)$;

F——汇水面积,hm^2。

各雨水口的雨水流量按5 min降雨强度和划分的汇水面积计算;各管段的雨水流量计算是采用汇水面积叠加,而不是流量叠加,式中的汇水面积取计算管段负担的所有汇水面积之和。

3.5.2 雨水口的泄流量

该流量按下表采用。

雨水口的泄水流量

雨水口形式(箅子尺寸为750 mm×450 mm)	泄水流量/(L/s)
平箅式雨水口单箅	15~20
平箅式雨水口双箅	35
平箅式雨水口三箅	50

续表

雨水口形式(箅子尺寸为 750 mm×450 mm)	泄水流量/(L/s)
边沟式雨水口单箅	20
边沟式雨水口双箅	35
联合式雨水口单箅	30
联合式雨水口双箅	50

3.5.3 管道流速

雨水管道的流速 V 在最小流速和最大流速之间选取,见下表:

雨水管道流速限值

	金属管	非金属管	明渠(混凝土)
最大流速/(m/s)	10	5	4
最小流速/(m/s)	0.75	0.75	0.4

3.5.4 雨水管道坡度

水力坡度 I 采用管道敷设坡度,管道敷设坡度应大于最小坡度,并小于0.15。最小坡度见下表:

雨水管道最小坡度

管径/mm	200	250	300	350	400	450	500	600	≥700
最小坡度/%	0.5	0.4	0.3	0.25	0.2	0.18	0.15	0.12	0.1

3.5.5 雨水最小管径

雨水管道直径不得小于下表中的数值。

雨水管最小管径

管道名称	出户管的汇集管	支管及干管	雨水口连接管
最小管径/mm	200	300	200

3.5.6 水泵压力流系统

(1)降雨强度的设计重现期视雨水溢流进室内带来的危害程度确定,一般不低于10年,会造成严重影响的,应不低于50年。

(2)确定雨水泵流量和集水池的容积时,可充分利用汇水地面的储水能力,把地面积水量作为调节水量处理，以使水泵及水池的容量不致过大，并可实现平时的小雨量时自动控制装置也能有效地运行。

(3)地面积水允许深度以不向室内溢水为准，并留有一定余量。

(4)为使较小重现期的雨水也能及时排除，可考虑设一台以上的工作泵。

3.6 小区雨水利用

1)雨水直接利用

雨水直接利用可将雨水收集后经混凝、沉淀、过滤、消毒等处理工艺后，用作生活杂用水如冲厕、洗车、绿化、水景补水等，或将径流引入小区中水处理站作为中水水源之一。但在雨水全年分配不均匀地区，需设有较大的调蓄构筑物，且在旱季，设备常处于闲置状态，其可行性和经济性略差。

2)雨水间接利用

雨水间接利用是指将雨水适当处理后回灌至地下水层或将径流经土壤渗透净化后涵养地下水。土壤渗透是最简单、可行的雨水利用方式。

3)屋面初期径流的 COD

屋面初期径流的 COD 为 300～2 000 mg/L，SS 为 400～800 mg/L，路面径流的污染性更强，径流水质随降雨过程而改善，最终屋面径流 COD < 100 mg/L，路面径流 COD < 300 mg/L。

4)土壤渗透的净化作用

(1)渗透深度达 1 m 时，沙性黏土的 COD 去除率为 45%～65%，人工土(50%炉渣，50%沙性黏土)的去除率为 65%以上。人工土比天然土有更大的含水容量和更好的净化效果。

(2)渗透深度影响净化效果，但表层 1～2 m 土壤对雨水径流起主要净化作用。

(3)为防止污染地下水，土壤渗透的 COD 负荷应小于 100 mg/(m^2·s)，渗透前径流的 COD 应控制在 100～200 mg/L 范围内。

(4)为充分利用土壤净化能力，在雨水直接利用时也宜将径流收集后先经 1～2 m 天然或人工土壤(花坛、绿地等)渗透净化后再进入处理系统。

5)土壤的渗透能力

根据达西定律

$$Q = KAJ$$

式中 Q——渗透流量，m^3/s；

K——渗透系数，m/s；

A——过水断面面积，m^2；

J——水力坡降。

当地下水水位较低时，J 近似等于 1，渗透系数 K 是土壤渗透能力的关键参数。

6)土壤渗透系数 K

土壤渗透系数 K 由土壤性质决定，可参考下表确定，也可经实验测定。城区土壤多为受扰动后的回填土，均匀性差，需取大量样土测定 K 值才能得到代表性结果。在现场原位

测定 K 值可使用立管注水法、圆环注水法等，也可使用简易的土槽注水法等。

土壤渗透系数经验值

土壤种类	K	
	/(m/d)	/(cm/s)
黏土	<0.005	$<6\times10^{-6}$
亚黏土	0.005 ~ 0.1	$6\times10^{-6}\sim1\times10^{-4}$
轻亚黏土	0.1 ~ 0.5	$1\times10^{-4}\sim6\times10^{-4}$
黄土	0.25 ~ 0.5	$3\times10^{-4}\sim6\times10^{-4}$
粉沙	0.5 ~ 1.0	$6\times10^{-4}\sim1\times10^{-3}$
细沙	1.0 ~ 5.0	$1\times10^{-3}\sim6\times10^{-3}$
中沙	5.0 ~ 20.0	$6\times10^{-3}\sim2\times10^{-2}$
均质中沙	35 ~ 50	$4\times10^{-2}\sim6\times10^{-2}$
粗沙	20 ~ 50	$2\times10^{-2}\sim6\times10^{-2}$
均质粗沙	60 ~ 75	$7\times10^{-2}\sim8\times10^{-2}$

7）常用的渗透设施

（1）绿地。植被具有净化径流和水土保护作用，应充分利用城市中的绿地，尽量将径流引入绿地。为增加渗透量，在绿地中可做浅沟以在降雨时临时储水。沟内仍种植植物，平时沟内无水。若有条件可适当置换土壤，用人工土壤（50%炉渣加50%天然土）代替天然土壤以增加渗透量。随着城市中绿地面积所占比例增加，绿地渗透具有巨大潜力。

（2）渗透地面。

①多孔沥青地面。在厚 6 ~ 7 cm 的表面沥青层中不使用细小骨料，孔隙率 12% ~ 16%。蓄水层由两层碎石组成，上层粒径 1 ~ 3 cm，厚 10 cm，下层粒径 2.5 ~ 5 cm，厚度视蓄水要求定。蓄水层孔隙率为 38% ~ 40%。多孔沥青路面有堵塞问题，堵塞后需用吸尘机或高压水冲洗以恢复其孔隙率。

②多孔混凝土地面。其构造类同于多孔沥青地面，但表层为厚度 12 ~ 13 cm、孔隙率 15% ~ 25% 的无沙混凝土层。此种地面的抗堵塞性能远远高于多孔沥青地面。

③嵌草砖。嵌草砖是带有各种形状空隙的混凝土块，开孔率可达 20% ~ 30%。孔中植草，因而能有效地净化径流和美化环境。混凝土块若受过多、过重车辆碾压，易发生不均匀沉降或错位，不宜设置于交通繁忙地带。

（3）渗透管、沟、渠。渗透管、沟等由无砂混凝土或穿孔管等透水材料制成，多设于地下，四周填有粒径 10 ~ 20 mm 砾石以储水。无砂混凝土、穿孔管、土工布等的渗透性能强，因此渗透管、沟、渠等设施的渗透能力取决于其周围土壤的渗透系数。

（4）渗井。渗井仅适用于清洁的径流。

8）渗透管、沟、渠等的渗透表面

渗透管、沟、渠等的渗透表面应高于地下水最高水位或地下不透水岩层 1.2 m 以上，并应距房屋基础 3 m 以上。在地面坡度大于 15% 或土壤渗透系数小于 2×10^{-5} cm/s 的地区不适于使用雨水渗透设施。

9)小区雨水渗透利用

小区雨水渗透利用实际上是用经过计算的渗透管、沟、渠等替代部分雨水管道,径流进入管系后能渗透也能流动。对于小于或等于设计重现期的降雨,全部径流均能通过渗透设施渗入地下。对于大于设计重现期的降雨,渗透设施仅能渗下一部分径流,多余部分径流需排出小区至市政雨水管网或水体。

10)渗透设施的计算方法

该方法是基于水量平衡,即对某设计降雨重现期作径流量、渗透量和储存量3者之间的平衡计算。

(1)推理计算法。

①设计径流量

$$V_T = 1.25\{[3\,600 q_T (CA + A_0) t]/1\,000\}$$

式中 q_T——重现期为 T,降雨历时为 t 的暴雨强度,$L/(hm^2 \cdot s)$;

C——服务面积的平均径流系数;

A——渗透设施的服务面积,hm^2;

A_0——渗透设施直接承受降雨的面积,可忽略不计,对于埋地管沟,$A_0=0$,hm^2;

t——降雨历时,h;

1.25——经验修正系数。

②设计渗透量

$$V_P = KJA_s \cdot 3\,600\ t$$

式中 K——土壤渗透系数,m/s;

J——水力坡降,近似等于1;

A_s——有效渗透面积,m^2。

为安全起见,K 乘以0.3~0.5的安全系数;在 A_s 中不计入渗透管、沟的底面积,侧面积也乘以0.5的系数。因底面积易堵且沟、管中水位上下波动,取1/2高度作为平均水位。

③设计存储空间 V 为设计径流量与设计渗透量之差的最大值

$$\begin{aligned} V &= \max[V_T + V_P] \\ &= \max[4.5 q_T (CA + A_0) t - 3\,600 K A_s t] \end{aligned}$$

令 $dV/dt=0$,用图解法或迭代法解此方程得相应 t 值,它即为存储空间最大时所对应的降雨历时,据此 t 计算得的 V 值即为所需的最大存储空间,即设计存储空间。

(2)经验公式计算法。

$$L = \frac{A \cdot 10^{-7} \cdot q_t t \cdot 60}{bhS + \left(b + \frac{h}{2}\right) t \cdot 60 \cdot \frac{k}{2}}$$

$$S = \frac{\frac{\pi}{4} d^2 + S_k \left(bh - \frac{\pi D^2}{4}\right)}{bh}$$

式中 L——渗透管、沟、渠的长度,m;

A——管段的汇水面积,m^2;

q_t——对于某重现期为 T，降雨历时为 t 的暴雨强度，$L/(hm^2 \cdot s)$；

t——降雨历时，min；

b——渗透沟管宽度，m；

h——渗透沟有效高度，h；

S——存储系数，即沟内存储空间与沟的总有效容积之比；

k——土壤渗透系数，m/s；

d——沟内渗透管内径；

D——沟内渗透管外径；

S_k——砾石填料的储存系数，可取 0.4。

计算时也是先假设渗透设施的高、宽（h、b）和砾石填料的储存系数 S_k，根据不同降雨历时 t 求得一系列 L 值，从中选取最大值。

11）渗透设施的设计步骤

（1）确定当地暴雨强度公式及设计暴雨重现期。

（2）渗透管、沟、渠定线，划分各设计管段的服务面积，计算相应的径流系数。

（3）设定设计管段的长、宽、高（L、b、h）和砾石填料的孔隙率（常取 0.4），计算此管段的存储空间 V'。

（4）利用推理计算法或经验公式计算法得出此管段所需设计存储空间 V。

（5）比较 V 和 V'，若 $V' < V$ 则需调整所设定的管段的 L（或 b 和 h）重新试算，直到 V' 等于或略大于 V。

（6）确定设计渗透管、沟、渠的 L、b、h 后，再移至下一个设计管段。

12）屋面和路面径流

屋面和路面径流可靠重力沿地面流入绿地、花坛，多余部分通过雨水口进入渗透管系。为防止渗透管沟的堵塞，建议在雨水口内设置截污装置如挂篮等，并定期清刷。

13）为保证雨水利用对小区建筑和管理的要求

（1）竖向设计中要合理确定绿地高程，绿地宜低于周围地面、路面 5 ~ 10 cm 以充分利用其储留和渗透能力。

（2）屋面和路面选用低污染性防水材料。建议新建构筑物使用瓦质、板式屋面。建议对已有沥青油毡平屋面施行“平改坡”改造，以从源头控制径流污染。

（3）加强地面清洁管理，因保持地面清洁是最简单且有效的径流污染控制及渗透设施的防堵措施。

（4）若有条件可在房屋雨落管下端出口处作屋面初期径流弃流池，以收集最初 2 mm 降雨形成的受严重污染的径流。此部分初期径流可排入污水管中。但弃流池至今尚无定型设施，还有待开发。

3.7 我国若干城市暴雨强度公式

列表如下。

省、自治区、直辖市	城市名称	暴雨强度公式	编制单位
北京		$q=\frac{2\,001(1+0.811\lg P)}{(t+8)^{0.711}}$	北京市政设计研究院采用数理统计法编制
		$i=\frac{10.662+8.842\lg Te}{(t+7.857)^{0.679}}$	同济大学采用解析法编制
上海		$q=\frac{5\,544(P^{0.3}-0.42)}{(t+10+7\lg P)^{0.82+0.07\lg P}}$	上海市政设计研究院采用数理统计法编制
		$i=\frac{17.812+14.668\lg Te}{(t+10.472)^{0.796}}$	同济大学采用解析法编制
天津		$q=\frac{3\,833.34(1+0.85\lg P)}{(t+17)^{0.85}}$	天津排水管理处采用数理统计法编制
		$i=\frac{49.586+39.864\lg Te}{(t+25.334)^{1.012}}$	同济大学采用解析法编制
重庆		$q=\frac{2\,822(1+0.775\lg P)}{(t+12.8P^{0.076})^{0.77}}$	系1973年版手册收录公式
河北	石家庄	$q=\frac{1\,689(1+0.898\lg P)}{(t+7)^{0.729}}$	石家庄城建局及河北师范大学采用数理统计法编制
		$i=\frac{10.785+10.176\lg Te}{(t+7.876)^{0.741}}$	同济大学采用解析法编制
	承德	$q=\frac{2839[1+0.728\lg(P-0.121)]}{(t+9.6)^{0.87}}$	南京市设计院采用数理统计法编制
	秦皇岛	$i=\frac{7.369+5.589\lg Te}{(t+7.067)^{0.615}}$	同济大学采用解析法编制
	唐山	$q=\frac{935(1+0.87\lg P)}{t^{0.6}}$	唐山市城建局采用湿度饱和差法编制
	廊坊	$i=\frac{16.956+13.017\lg Te}{(t+14.085)^{0.785}}$	同济大学采用解析法编制
	沧州	$i=\frac{10.227+8.099\lg Te}{(t+4.819)^{0.671}}$	同济大学采用解析法编制
	保定	$i=\frac{14.973+10.266\lg Te}{(t+13.877)^{0.776}}$	同济大学采用解析法编制
	邢台	$i=\frac{9.609+8.583\lg Te}{(t+9.381)^{0.677}}$	同济大学采用解析法编制
	邯郸	$i=\frac{7.802+7.500\lg Te}{(t+7.767)^{0.602}}$	同济大学采用解析法编制

续表

省、自治区、直辖市	城市名称	暴雨强度公式	编制单位
山西	太原	$q=\frac{880(1+0.86\lg T)}{(t+4.6)^{0.62}}$	太原理工大学采用数理统计法编制
		$q=\frac{1\,446.22(1+0.867\lg T)}{(t+5)^{0.796}}$	太原市政设计院防排室采用数理统计法编制
		$i=\frac{20.270+17.207\lg Te}{(t+12.745)^{0.998}}$	同济大学采用解析法编制
	大同	$q=\frac{1\,532.7(1+1.08\lg T)}{(t+6.9)^{0.87}}$	太原理工大学采用数理统计法编制
		$q=\frac{2\,684(1+0.85\lg T)}{(t+13)^{0.947}}$	大同市城建局采用数理统计法编制
	朔县	$q=\frac{1\,402.8(1+0.8\lg T)}{(t+6)^{0.81}}$	太原理工大学采用数理统计法编制
	原平	$q=\frac{1\,803.6(1+1.04\lg T)}{(t+8.64)^{0.8}}$	太原理工大学采用数理统计法编制
	阳泉	$q=\frac{1\,730.1(1+0.61\lg T)}{(t+9.6)^{0.78}}$	太原理工大学采用数理统计法编制
		$q=\frac{2\,639(1+0.97\lg P)}{(t+10)^{0.85}}$	阳泉城建局采用数理统计法编制
	榆次	$q=\frac{1\,736.8(1+1.08\lg T)}{(t+10)^{0.81}}$	太原理工大学采用数理统计法编制
	离石	$q=\frac{1\,045.4(1+0.8\lg T)}{(t+7.64)^{0.7}}$	太原理工大学采用数理统计法编制
	长治	$q=\frac{3\,340(1+1.43\lg T)}{(t+15.8)^{0.98}}$	太原理工大学采用数理统计法编制
	临汾	$q=\frac{1\,207.4(1+0.94\lg T)}{(t+5.64)^{0.74}}$	太原理工大学采用数理统计法编制
	侯马	$q=\frac{2\,212.8(1+1.04\lg T)}{(t+10.4)^{0.83}}$	太原理工大学采用数理统计法编制
		$q=\frac{1\,017(1+1.7\lg P)}{t^{0.73}}$	侯马城建局采用图解法编制
	运城	$q=\frac{993.7(1+1.04\lg T)}{(t+10.3)^{0.65}}$	太原理工大学采用数理统计法编制
内蒙	包头	$q=\frac{1\,663(1+0.985\lg P)}{(t+5.40)^{0.85}}$	是1973年手册收录公式
		$i=\frac{9.96(1+0.985\lg P)}{(t+5.40)^{0.85}}$	包头市建筑设计院采用数理统计法编制
	集宁	$q=\frac{534.4(1+\lg P)}{t^{0.63}}$	集宁市市政建设管理处采用图解法编制
	赤峰	$q=\frac{1\,600(1+1.35\lg P)}{(t+10)^{0.8}}$	哈尔滨建筑工程学院采用图解法编制
	海拉尔	$q=\frac{2\,630(1+1.05\lg P)}{(t+10)^{0.99}}$	哈尔滨建筑工程学院采用图解法编制

续表

省、自治区、直辖市	城市名称	暴雨强度公式	编制单位
黑龙江	哈尔滨	$q=\frac{2\,889(1+0.9\lg P)}{(t+10)^{0.88}}$	黑龙江省城市规划设计院采用图解法编制
		$q=\frac{4\,800(1+\lg P)}{(t+15)^{0.98}}$	哈尔滨建筑工程学院采用数理统计法编制
		$q=\frac{2\,989.3(1+0.95\lg P)}{(t+11.77)^{0.88}}$	哈尔滨城市建设管理局采用数理统计法编制
	漠河	$q=\frac{1\,469.6(1+1.01\lg P)}{(t+6)^{0.86}}$	黑龙江省城市规划设计院采用图解法编制
	呼玛	$q=\frac{2\,538(1+0.875\lg P)}{(t+10.4)^{0.93}}$	黑龙江省城市规划设计院采用图解法编制
	黑河	$q=\frac{2\,806(1+0.83\lg P)}{(t+8.5)^{0.93}}$	黑龙江省城市规划设计院采用图解法编制
		$q=\frac{1\,611.6(1+0.9\lg P)}{(t+5.65)^{0.824}}$	哈尔滨建筑工程学院采用数理统计法编制
	嫩江	$q=\frac{1\,703.4(1+0.8\lg P)}{(t+6.75)^{0.8}}$	哈尔滨建筑工程学院采用数理统计法编制
	北安	$q=\frac{1\,503(1+0.85\lg P)}{(t+6.0)^{0.78}}$	黑龙江省城市规划设计院采用图解法编制
	齐齐哈尔	$q=\frac{1\,920(1+0.89\lg P)}{(t+6.4)^{0.86}}$	黑龙江省城市规划设计院采用图解法编制
		$q=\frac{2\,951(1+0.92\lg P)}{(t+11)^{0.94}}$	哈尔滨建筑工程学院采用数理统计法编制
		$q=\frac{2\,822.3(1+1.195\lg P)}{(t+10)^{0.986}}$	中国给水排水东北设计院采用图解法编制
	大庆	$q=\frac{1\,820(1+0.91\lg P)}{(t+8.3)^{0.77}}$	黑龙江省城市规划设计院采用图解法编制
	佳木斯	$q=\frac{3\,139.6(1+0.98\lg P)}{(t+10)^{0.94}}$	黑龙江省城市规划设计院采用图解法编制
		$i=\frac{4.220+6.175\lg Te}{(t+4.659)^{0.632}}$	同济大学采用解析法编制
		$q=\frac{2\,310(1+0.81\lg P)}{(t+8)^{0.87}}$	中国给水排水东北设计院采用湿度饱和差法编制
	同江	$q=\frac{2\,672(1+0.84\lg P)}{(t+9)^{0.89}}$	黑龙江省城市规划设计院采用图解法编制
	抚远	$q=\frac{1\,586.5(1+0.81\lg P)}{(t+6.2)^{0.78}}$	黑龙江省城市规划设计院采用图解法编制
	虎林	$q=\frac{1\,469.4(1+1.0\lg P)}{(t+6.7)^{0.76}}$	黑龙江省城市规划设计院采用图解法编制
	鸡西	$q=\frac{2\,054(1+0.76\lg P)}{(t+7)^{0.87}}$	黑龙江省城市规划设计院采用图解法编制
吉林	牡丹江	$q=\frac{2\,550(1+0.92\lg P)}{(t+10)^{0.93}}$	哈尔滨建筑工程学院采用图解法编制

续表

省、自治区、直辖市	城市名称	暴雨强度公式	编制单位
吉林	长春	$q=\frac{1\,600(1+0.8\lg P)}{(t+5)^{0.76}}$	哈尔滨建筑工程学院、长春市勘测设计处采用图解法编制
		$i=\frac{6.337+5.701\lg Te}{(t+4.367)^{0.633}}$	同济大学采用解析法编制
		$q=\frac{896(1+0.68\lg P)}{t^{0.6}}$	吉林省建筑设计院采用湿度饱和差法编制
	白城	$q=\frac{662(1+0.7\lg P)}{t^{0.6}}$	吉林省建筑设计院采用湿度饱和差法编制
	四平	$q=\frac{937.7(1+0.7\lg P)}{t^{0.6}}$	吉林省建筑设计院采用湿度饱和差法编制
	吉林	$q=\frac{860.5(1+0.7\lg P)}{t^{0.6}}$	吉林省建筑设计院采用湿度饱和差法编制
		$q=\frac{2\,166(1+0.68\lg P)}{(t+7)^{0.831}}$	吉林市城乡建设环境保护委员会采用数理统计法编制
	郭尔罗斯	$q=\frac{696(1+0.68\lg P)}{t^{0.6}}$	吉林省建筑设计院采用湿度饱和差法编制
	通化	$q=\frac{1154.3(1+0.7\lg P)}{t^{0.6}}$	吉林省建筑设计院采用湿度饱和差法编制
	浑江	$q=\frac{696(1+1.05\lg P)}{t^{0.67}}$	浑江市城建局采用图解法编制
	延吉	$q=\frac{666.2(1+0.7\lg P)}{t^{0.6}}$	吉林省建筑设计院采用湿度饱和差法编制
	海龙	$q=\frac{16.4(1+0.899\lg P)}{(t+10)^{0.867}}$	中国市政工程东北设计院采用图解法编制
辽宁	沈阳	$q=\frac{1\,984(1+0.77\lg P)}{(t+9)^{0.77}}$	沈阳市政设计院采用数理统计法编制
		$i=\frac{11.522+9.348\lg Te}{(t+8.196)^{0.738}}$	同济大学采用解析法编制
	本溪	$q=\frac{1\,500(1+0.56\lg P)}{(t+6)^{0.70}}$	本溪市城建局采用数理统计法编制
		$q=\frac{1\,393(1+0.631\lg P)}{(t+5.045)^{0.67}}$	辽宁省城市建设规划研究院编制
	丹东	$q=\frac{1\,221(1+0.668\lg P)}{(t+7)^{0.605}}$	丹东市规划管理处采用数理统计法编制
		$q=\frac{1\,697(1+0.82\lg P)}{(t+10)^{0.71}}$	哈尔滨建筑工程学院采用数理统计法编制
	大连	$q=\frac{1\,900(1+0.66\lg P)}{(t+8)^{0.8}}$	哈尔滨建筑工程学院采用数理统计法编制
	营口	$q=\frac{1\,800(1+0.8\lg P)}{(t+8)^{0.76}}$	哈尔滨建筑工程学院采用数理统计法编制
		$q=\frac{1\,686(1+0.77\lg P)}{(t+8)^{0.72}}$	营口市城建局采用数理统计法编制
	鞍山	$q=\frac{2\,306(1+0.701\lg P)}{(t+11)^{0.757}}$	沈阳市市政工程设计院采用数理统计法编制
	辽阳	$q=\frac{1\,220(1+0.75\lg P)}{(t+5)^{0.65}}$	哈尔滨建筑工程学院采用数理统计法编制

续表

省、自治区、直辖市	城市名称	暴雨强度公式	编制单位
辽宁	黑山	$q=\frac{1\,676(1+0.9\lg P)}{(t+7.4)^{0.747}}$	锦州市规划设计处采用数理统计法编制
	锦州	$q=\frac{2\,200(1+0.85\lg P)}{(t+7)^{0.8}}$	哈尔滨建筑工程学院采用图解法编制
		$q=\frac{2\,322(1+0.875\lg P)}{(t+10)^{0.79}}$	锦州市规划设计处采用数理统计法编制
	锦西	$q=\frac{1\,878(1+\lg P)}{(t+6)^{0.732}}$	锦州市规划设计处采用数理统计法编制
	绥中	$q=\frac{1\,833(1+0.806\lg P)}{(t+9)^{0.724}}$	锦州市规划设计处采用数理统计法编制
山东	济南	$q=\frac{4\,700(1+0.753\lg P)}{(t+17.5)^{0.898}}$	济南市市政工程设计研究院
	德州	$q=\frac{3\,082(1+0.7\lg P)}{(t+15)^{0.79}}$	济南市市政工程设计研究院
	淄博	$i=\frac{15.873(1+0.78\lg P)}{(t+10)^{0.91}}$	淄博市城市规划设计室编制
	潍坊	$q=\frac{4\,091.17(1+0.824\lg P)}{(t+16.7)^{0.87}}$	潍坊市城建局采用数理统计法编制
	掖县	$i=\frac{17.034+17.322\lg Te}{(t+9.508)^{0.837}}$	同济大学采用解析法编制
	龙口	$i=\frac{3.781+3.118\lg Te}{(t+2.605)^{0.467}}$	同济大学采用解析法编制
	长岛	$i=\frac{5.941+4.976\lg Te}{(t+3.626)^{0.622}}$	同济大学采用解析法编制
	烟台	$i=\frac{6.912+7.373\lg Te}{(t+9.018)^{0.609}}$	同济大学采用解析法编制
	莱阳	$i=\frac{5.824+6.241\lg Te}{(t+8.173)^{0.532}}$	同济大学采用解析法编制
	海阳	$i=\frac{4.953+4.063\lg Te}{(t+0.158)^{0.523}}$	同济大学采用解析法编制
	枣庄	$i=\frac{65.512+52.455\lg Te}{(t+22.378)^{1.069}}$	同济大学采用解析法编制
江苏	南京	$q=\frac{2\,989.3(1+0.671\lg P)}{(t+13.3)^{0.8}}$	南京建筑设计院采用数理统计法编制
		$i=\frac{16.060+11.914\lg Te}{(t+13.228)^{0.775}}$	同济大学采用解析法编制
	徐州	$q=\frac{1\,510.7(1+0.514\lg P)}{(t+9.0)^{0.64}}$	南京建筑设计院采用数理统计法编制
		$i=\frac{16.8+6.6\lg(P-0.175)}{(t+13.8)^{0.76}}$	南京建筑设计院、徐州市城建局采用数理统计法编制
		$i=\frac{18.604+11.148\lg Te}{(t+15.101)^{0.801}}$	同济大学采用解析法编制
	连云港	$q=\frac{3\,360.04(1+0.82\lg P)}{(t+35.7)^{0.74}}$	南京建筑设计院采用 CRA 法编制

续表

省、自治区、直辖市	城市名称	暴雨强度公式	编制单位
江苏	淮阴	$q=\frac{5\ 030.04(1+0.887\lg P)}{(t+23.2)^{0.88}}$	南京建筑设计院采用CRA法编制
		$q=\frac{3\ 207.3(1+0.655\lg P)}{(t+19)^{0.758}}$	淮阴城建局采用数理统计法编制
	盐城	$q=\frac{945.22(1+0.761\lg P)}{(t+3.5)^{0.57}}$	南京建筑设计院采用CRA法编制
	扬州	$q=\frac{8\ 248.13(1+0.641\lg P)}{(t+40.3)^{0.95}}$	南京建筑设计院采用CRA法编制
	南通	$q=\frac{2\ 007.34(1+0.752\lg P)}{(t+17.9)^{0.71}}$	南京建筑设计院采用CRA法编制
	镇江	$q=\frac{2\ 418.16(1+0.787\lg P)}{(t+10.5)^{0.78}}$	南京建筑设计院采用数理统计法编制
	常州	$q=\frac{3\ 727.44(1+0.742\lg P)}{(t+15.8)^{0.88}}$	南京建筑设计院采用CRA法编制
	无锡	$q=\frac{10\ 579(1+0.828\lg P)}{(t+46.4)^{0.99}}$	南京建筑设计院采用CRA法编制
	苏州	$q=\frac{2\ 887.43(1+0.794\lg P)}{(t+18.8)^{0.81}}$	南京建筑设计院采用CRA法编制
安徽	合肥	$q=\frac{3\ 600(1+0.76\lg P)}{(t+14)^{0.84}}$	合肥城建局采用数理统计法编制
		$i=\frac{24.927+20.228\lg Te}{(t+17.008)^{0.868}}$	同济大学采用解析法编制
	蚌埠	$q=\frac{2\ 550(1+0.77\lg P)}{(t+12)^{0.774}}$	蚌埠城建局采用数理统计法编制
	淮南	$q=\frac{2\ 034(1+0.71\lg P)}{(t+6.29)^{0.71}}$	上海市政工程设计院
	芜湖	$q=\frac{3\ 345(1+0.78\lg P)}{(t+12)^{0.83}}$	芜湖市政公司采用数理统计法编制
		$i=\frac{25.170+19.957\lg Te}{(t+14.941)^{0.871}}$	同济大学采用解析法编制
	安庆	$q=\frac{1\ 986.8(1+0.777\lg P)}{(t+8.404)^{0.689}}$	安庆市政工程管理处采用数理统计法编制
		$i=\frac{7.934+6.165\lg Te}{(t+7.156)^{0.586}}$	同济大学采用解析法编制
浙江	杭州	$q=\frac{10\ 174(1+0.844\lg P)}{(t+25)^{1.038}}$	杭州市建筑设计院采用数理统计法编制
		$i=\frac{10.600+7.736\lg Te}{(t+6.403)^{0.686}}$	同济大学采用解析法编制
	诸暨	$i=\frac{20.688+17.734\lg Te}{(t+6.146)^{0.891}}$	同济大学采用解析法编制
	宁波	$i=\frac{18.105+13.90\lg Te}{(t+13.265)^{0.778}}$	同济大学采用解析法编制
	温州	$q=\frac{910(1+0.61\lg P)}{t^{0.49}}$	浙江省城乡规划设计院

续表

省、自治区、直辖市	城市名称	暴雨强度公式	编制单位
江西	南昌	$q=\frac{1\,386(1+0.69\lg P)}{(t+1.4)^{0.64}}$	江西省建筑设计院采用数理统计法编制
		$q=\frac{1\,215(1+0.854\lg P)}{t^{0.6}}$	是1973年版手册收录公式
	庐山	$q=\frac{2\,121(1+0.61\lg P)}{(t+8)^{0.73}}$	江西省建筑设计院采用数理统计法编制
	修水	$q=\frac{3\,006(1+0.78\lg P)}{(t+10)^{0.79}}$	江西省建筑设计院采用数理统计法编制
	鄱阳	$q=\frac{1\,770(1+0.58\lg P)}{(t+8)^{0.66}}$	江西省建筑设计院采用数理统计法编制
	宜春	$q=\frac{2\,806(1+0.67\lg P)}{(t+10)^{0.79}}$	江西省建筑设计院采用湿度饱和差法编制
		$q=\frac{4\,125(1+0.903\lg P)}{(t+16.3)^{0.934}}$	宜春城建局采用数理统计法编制
	贵溪	$q=\frac{7\,014(1+0.49\lg P)}{(t+19)^{0.96}}$	江西省建筑设计院采用数理统计法编制
		$q=\frac{910(1+0.49\lg P)}{t^{0.50}}$	是1973年版手册收录公式
	吉安	$q=\frac{5\,010(1+0.48\lg P)}{(t+10)^{0.92}}$	江西省建筑设计院采用数理统计法编制
	赣州	$q=\frac{3\,173(1+0.56\lg P)}{(t+10)^{0.79}}$	江西省建筑设计院采用数理统计法编制
		$q=\frac{900(1+0.60\lg P)}{t^{0.544}}$	是1973年版手册收录公式
福建	福州	$i=\frac{6.162+3.881\lg Te}{(t+1.774)^{0.567}}$	同济大学采用解析法编制
	厦门	$q=\frac{850(1+0.745\lg P)}{t^{0.514}}$	福建省城乡规划设计研究院
河南	郑州	$q=\frac{7\,650[1+1.15\lg(P+0.143)]}{(t+37.3)^{0.99}}$	南京建筑设计院采用CRA法编制
		$q=\frac{3\,073(1+0.892\lg P)}{(t+15.1)^{0.824}}$	机械工业第四设计院采用数理统计法编制
	安阳	$q=\frac{3\,680P^{0.4}}{(t+16.7)^{0.858}}$	机械工业第四设计院采用数理统计法编制
		$q=\frac{3\,605P^{0.405}}{(t+16.9)^{0.853}}$	中国市政工程中南设计院采用数理统计法编制
	新乡	$q=\frac{1\,102(1+0.623\lg P)}{(t+3.20)^{0.6}}$	南京建筑设计院采用CRA法编制
	济源	$i=\frac{22.973+35.317\lg Tm}{(t+27.857)^{0.926}}$	同济大学采用解析法编制
	洛阳	$q=\frac{3\,336(1+0.872\lg P)}{(t+14.8)^{0.884}}$	机械工业第四设计院采用数理统计法编制

续表

省、自治区、直辖市	城市名称	暴雨强度公式	编制单位
河南	开封	$q=\frac{5\,075(1+0.61\lg P)}{(t+19)^{0.92}}$	中国市政工程中南设计院采用数理统计法编制
		$i=\frac{9.537+6.584\lg Te}{(t+8.624)^{0.662}}$	同济大学采用解析法编制
		$q=\frac{4\,801(1+0.74\lg P)}{(t+17.4)^{0.913}}$	机械工业第四设计院采用数理统计法编制
	商丘	$i=\frac{9.821+9.068\lg Te}{(t+4.492)^{0.694}}$	同济大学采用解析法编制
	许昌	$q=\frac{1\,987(1+0.747\lg P)}{(t+11.7)^{0.75}}$	南京建筑设计院采用 CRA 法编制
	平顶山	$q=\frac{883.8(1+0.837\lg P)}{t^{0.57}}$	平顶山城市规划设计院采用湿度饱和差法编制
	南阳	$i=\frac{3.591+3.970\lg Te}{(t+3.434)^{0.416}}$	同济大学采用解析法编制
	信阳	$q=\frac{2\,058P^{0.341}}{(t+11.9)^{0.723}}$	机械工业第四设计院采用数理统计法编制
湖北	汉口	$q=\frac{983(1+0.65\lg P)}{(t+4)^{0.56}}$	中国市政工程中南设计院采用数理统计法编制
		$i=\frac{5.359+3.996\lg Te}{(t+2.834)^{0.510}}$	同济大学采用解析法编制
	老河口	$q=\frac{6\,400(1+1.059\lg P)}{t+23.36}$	武汉建材学院采用数理统计法编制
	随州	$q=\frac{1\,190(1+0.9\lg P)}{t^{0.7}}$	中国市政工程中南设计院采用湿度饱和差法编制
	恩施	$q=\frac{1\,108(1+0.73\lg P)}{t^{0.626}}$	是 1973 年版手册收录公式
	荆州	$i=\frac{18.007+16.535\lg Te}{(t+14.3)^{0.847}}$	同济大学采用解析法编制
	沙市	$q=\frac{684.7(1+0.854\lg P)}{t^{0.526}}$	沙市城建局采用解析法编制
		$q=\frac{39.045(1+0.899\lg P)}{t+15.267}$	武汉建材学院采用数理统计法编制
		$q=\frac{1\,871(1+0.869\lg P)}{(t+9.7)^{0.746}}$	机械工业第四设计院采用数理统计法编制
	黄市	$q=\frac{2\,417(1+0.79\lg P)}{(t+7)^{0.7655}}$	黄市市规划院、武汉建材学院采用数理统计法编制
		$q=\frac{1\,026(1+0.711\lg P)}{t^{0.57}}$	湖南大学采用数理统计法编制
湖南	长沙	$q=\frac{3\,920(1+0.68\lg P)}{(t+17)^{0.86}}$	湖南大学采用数理统计法编制
		$i=\frac{24.904+18.632\lg Te}{(t+19.801)^{0.863}}$	同济大学采用解析法编制
	常德	$i=\frac{6.890+6.251\lg Te}{(t+4.367)^{0.602}}$	同济大学采用解析法编制
	益阳	$q=\frac{914(1+0.882\lg P)}{t^{0.584}}$	益阳城建局采用图解法编制

续表

省、自治区、直辖市	城市名称	暴雨强度公式	编制单位
湖南	株州	$q=\frac{1\,108(1+0.95\lg P)}{t^{0.623}}$	是1973年版手册收录公式
	衡阳	$q=\frac{892(1+0.67\lg P)}{t^{0.57}}$	是1973年版手册收录公式
广东	广州	$q=\frac{2\,424.17(1+0.533\lg T)}{(t+11.0)^{0.668}}$	广州市市政工程研究所采用数理统计法编制
		$i=\frac{11.163+6.646\,1\lg Te}{(t+5.033)^{0.625}}$	同济大学采用解析法编制
	韶关	$q=\frac{958(1+0.63\lg P)}{t^{0.544}}$	是1973年版手册收录公式
	汕头	$q=\frac{1042(1+0.56\lg P)}{t^{0.488}}$	是1973年版手册收录公式
	深圳	$q=\frac{975(1+0.745\lg P)}{t^{0.442}}$	《给水排水手册》中公式
		$q=\frac{998.000\,2(1+0.568\lg P)}{(t+1.983)^{0.465}}$	《深圳市民用建筑技术要求与规定》(1999)中调整后的公式
	佛山	$q=\frac{1\,930(1+0.58\lg P)}{(t+9)^{0.66}}$	佛山市城建局采用数理统计法编制
海南	海口	$q=\frac{2\,338(1+0.4\lg P)}{(t+9)^{0.65}}$	海口市城建局采用数理统计法编制
广西	南宁	$q=\frac{10\,500(1+0.707\lg P)}{(t+21.1P)^{0.119}}$	广西建委综合设计院采用数理统计法编制
		$i=\frac{32.287+18.194\,1\lg Te}{(t+18.880)^{0.851}}$	同济大学采用解析法编制
	河池	$q=\frac{2\,850(1+0.597\lg P)}{(t+8.5)^{0.757}}$	广西建委综合设计院采用数理统计法编制
		$i=\frac{17.930+10.803\,1\lg Te}{(t+9.014)^{0.775}}$	同济大学采用解析法编制
	融水	$q=\frac{2\,097(1+0.516\lg P)}{(t+6.7)^{0.65}}$	广西建委综合设计院采用数理统计法编制
		$i=\frac{8.081+4.760\lg Te}{(t+2.969)^{0.552}}$	同济大学采用解析法编制
	桂林	$q=\frac{4\,230(1+0.402\lg P)}{(t+13.5)^{0.841}}$	广西建委综合设计院采用数理统计法编制
		$i=\frac{15.661+7.438\lg Te}{(t+10.056)^{0.735}}$	同济大学采用解析法编制
	柳州	$q=\frac{2\,415P^{0.341}}{(t+8.24P^{0.327})^{0.725}}$	广西建委综合设计院采用数理统计法编制
		$i=\frac{6.598+3.929\lg Te}{(t+3.019)^{0.541}}$	同济大学采用解析法编制
	百色	$q=\frac{2\,800(1+0.547\lg P)}{(t+9.5)^{0.747}}$	广西建委综合设计院采用数理统计法编制
		$i=\frac{13.304+7.753\lg Te}{(t+8.779)^{0.691}}$	同济大学采用解析法编制
	宁明	$q=\frac{4\,030(1+0.62\lg P)}{(t+12.5)^{0.823}}$	广西建委综合设计院采用数理统计法编制

续表

省、自治区、直辖市	城市名称	暴雨强度公式	编制单位
广西	东兴	$i=\frac{4.557+2.485\lg Te}{(t+1.738)^{0.314}}$	同济大学采用解析法编制
	钦州	$q=\frac{1\,817(1+0.505\lg P)}{(t+5.7)^{0.58}}$	广西建委综合设计院采用数理统计法编制
		$i=\frac{6.834+3.540\lg Te}{(t+1.802)^{0.471}}$	同济大学采用解析法编制
	北海	$q=\frac{1\,625(1+0.437\lg P)}{(t+4)^{0.57}}$	广西建委综合设计院采用数理统计法编制
		$i=\frac{6.019+3.117\lg Te}{(t+0.756)^{0.456}}$	同济大学采用解析法编制
	玉林	$q=\frac{2\,170(1+0.484\lg P)}{(t+6.4)^{0.665}}$	广西建委综合设计院采用数理统计法编制
		$i=\frac{11.320+6.319\lg Te}{(t+6.117)^{0.634}}$	同济大学采用解析法编制
	梧州	$q=\frac{2\,670(1+0.466\lg P)}{(t+7)^{0.72}}$	广西建委综合设计院采用数理统计法编制
		$i=\frac{9.165+4.761\lg Te}{(t+3.033)^{0.596}}$	同济大学采用解析法编制
陕西	西安	$q=\frac{1\,008.8(1+1.475\lg P)}{(t+14.72)^{0.704}}$	西北建工学院采用数理统计法编制
		$i=\frac{37.603+50.124\lg Te}{(t+30.177)^{1.078}}$	同济大学采用解析法编制
	榆林	$q=\frac{8.22(1+1.152\lg P)}{(t+9.44)^{0.746}}$	西北建工学院采用数理统计法编制
	子长	$q=\frac{18.612(1+1.04\lg P)}{(t+15)^{0.877}}$	西北建工学院采用数理统计法编制
	延安	$q=\frac{932(1+1.292\lg P)}{(t+8.22)^{0.7}}$	西北建工学院采用数理统计法编制
	宝鸡	$q=\frac{1\,838.6(1+0.94\lg P)}{(t+12)^{0.932}}$	西北建工学院采用数理统计法编制
		$i=\frac{2.264+2.152\lg Te}{(t+3.907)^{0.573}}$	同济大学采用解析法编制
	汉中	$q=\frac{434(1+1.04\lg P)}{(t+4)^{0.518}}$	西北建工学院采用数理统计法编制
	安康	$i=\frac{14.547+16.373\lg Te}{(t+23.002)^{0.839}}$	同济大学采用解析法编制
宁夏	银川	$q=\frac{242(1+0.83\lg P)}{t^{0.477}}$	是1973年版手册收录公式
甘肃	兰州	$q=\frac{1\,140(1+0.96\lg P)}{(t+8)^{0.8}}$	兰州市勘测设计院采用数理统计法编制
		$i=\frac{18.260+18.984\lg Te}{(t+14.317)^{1.066}}$	同济大学采用解析法编制
	平凉	$i=\frac{4.452+4.841\lg Te}{(t+2.570)^{0.668}}$	同济大学采用解析法编制
	张掖	$q=\frac{88.4P^{0.623}}{t^{0.456}}$	是1973年版手册收录公式

续表

省、自治区、直辖市	城市名称	暴雨强度公式	编制单位
甘肃	临夏	$q=\frac{479(1+0.86\lg P)}{t^{0.621}}$	是1973年版手册收录公式
	靖远	$q=\frac{284(1+1.35\lg P)}{t^{0.505}}$	是1973年版手册收录公式
	天水	$i=\frac{37.104+33.385\lg Te}{(t+18.431)^{1.131}}$	同济大学采用解析法编制
青海	西宁	$q=\frac{308(1+1.39\lg P)}{t^{0.58}}$	西宁市城建局采用图解法编制
新疆	乌鲁木齐	$q=\frac{195(1+0.82\lg P)}{(t+7.8)^{0.63}}$	乌鲁木齐城建局采用数理统计法编制
	塔城	$q=\frac{750(1+1.1\lg P)}{t^{0.85}}$	是1973年版手册收录公式
	乌苏	$q=\frac{1\,135P^{0.583}}{t+4}$	是1973年版手册收录公式
四川	成都	$q=\frac{2\,806(1+0.803\lg P)}{(t+12.8P^{0.231})^{0.768}}$	是1973年版手册收录公式
		$i=\frac{20.154+13.371\lg Te}{(t+18.768)^{0.784}}$	同济大学采用解析法编制
	渡口	$q=\frac{2\,422(1+0.614\lg P)}{(t+13)^{0.78}}$	渡口市规划院采用图解法编制
		$q=\frac{2\,495(1+0.49\lg P)}{(t+10)^{0.84}}$	渡口市建筑勘测院采用数理统计法编制
	雅安	$q=\frac{1\,272.8(1+0.63\lg P)}{(t+6.64)^{0.56}}$	重庆市建工学院采用数理统计法编制
	乐山	$q=\frac{13\,690(1+0.691\,5\lg P)}{t+50.4P^{0.038}}$	是1973年版手册收录公式
	宜宾	$q=\frac{1\,169(1+0.828\lg P)}{(t+4.4P^{0.428})^{0.561}}$	是1973年版手册收录公式
	泸州	$q=\frac{10\,020(1+0.56\lg P)}{t+36}$	是1973年版手册收录公式
	自贡	$q=\frac{4\,392(1+0.591\lg P)}{(t+19.3)^{0.804}}$	是1973年版手册收录公式
	内江	$q=\frac{1\,246(1+0.705\lg P)}{(t+4.73P^{0.0102})^{0.597}}$	是1973年版手册收录公式
贵州	贵阳	$i=\frac{6.853+4.195\lg Te}{(t+5.168)^{0.601}}$	同济大学采用解析法编制
		$q=\frac{1\,887(1+0.707\lg P)}{(t+9.35P^{0.031})^{0.695}}$	是1973年版手册收录公式
	桐梓	$q=\frac{2\,022(1+0.674\lg P)}{(t+9.58P^{0.044})^{0.733}}$	是1973年版手册收录公式
	毕节	$q=\frac{5\,055(1+0.473\lg P)}{(t+17)^{0.95}}$	是1973年版手册收录公式
	水城	$q=\frac{42.25+62.60\lg P}{t+35}$	六盘水市城建局
	安顺	$q=\frac{3\,756(1+0.875\lg P)}{(t+13.14P^{0.158})^{0.827}}$	是1973年版手册收录公式

续表

省、自治区、直辖市	城市名称	暴雨强度公式	编制单位
贵州	罗甸	$q=\frac{763(1+0.647\lg P)}{(t+0.915P^{0.775})^{0.51}}$	是1973年版手册收录公式
	榕江	$q=\frac{2\,223(1+0.767\lg P)}{(t+8.93P^{0.168})^{0.729}}$	是1973年版手册收录公式
云南	昆明	$i=\frac{8.918+6.183\lg Te}{(t+10.247)^{0.649}}$	同济大学采用解析法编制
		$q=\frac{700(1+0.775\lg P)}{t^{0.496}}$	是1973年版手册收录公式
	丽江	$q=\frac{317(1+0.958\lg P)}{t^{0.45}}$	云南省设计院编制
	下关	$q=\frac{1\,534(1+1.035\lg P)}{(t+9.86)^{0.762}}$	中国市政工程西南设计院采用数理统计法编制
	腾冲	$q=\frac{4\,342(1+0.96\lg P)}{t+13P^{0.09}}$	是1973年版手册收录公式
	思茅	$q=\frac{3\,350(1+0.5\lg P)}{(t+10.5)^{0.85}}$	是1973年版手册收录公式
	昭通	$q=\frac{4\,008(1+0.667\lg P)}{t+12P^{0.08}}$	是1973年版手册收录公式
	沾益	$q=\frac{2\,355(1+0.654\lg P)}{(t+9.4P^{0.157})^{0.08}}$	是1973年版手册收录公式
	开远	$q=\frac{995(1+1.15\lg P)}{t^{0.58}}$	云南省设计院编制
	广南	$q=\frac{977(1+0.641\lg P)}{t^{0.57}}$	是1973年版手册收录公式

注：1. 表中 P、T 代表设计降雨的重现期，Te 代表非年最大值法选样的重现期，Tm 代表年最大值法选样的重现期。

2. i 的单位是 mm/min，q 的单位是 L/(s·hm^2)。

3.8 雨水利用

3.8.1 城市水资源的现状

随着我国城市化进程的加快和国民经济的高速发展，水资源短缺和水环境污染日趋严重。对水资源进行合理开发、高效利用、全面节约、有效保护和综合治理，已成为一项重要的战略任务。加强水资源管理，控制水资源污染，从根本上解决我国水资源短缺问题，越来越成为制约我国经济和社会发展的重要因素。

我国是一个水资源相对贫乏、时空分布又极不均匀的国家。水资源年内年际变化大，降水及径流的年内分配集中在夏季的几个月中；连丰、连枯年份交替出现，造成一些地区干旱灾害出现频繁和水资源供需矛盾突出等问题。我国水资源总量28 000多亿 m^3，居世界第6位，但人均水资源占有量只有2 300 m^3，约为世界人均水平的1/4。全国水资源的81%集中分布在长江及其以南地区，而淮河及其以北地区，水资源量仅占全国的19%。

因而，总体来说：水资源的分布是南方多于北方，东部地区多于西部地区。由于水资源分布的差异以及我国水资源污染的日益加重,我国城市的水资源正在面临着不足和短缺等问题。造成城市水资源不足和短缺的主要原因:一是水资源总量先天不足,人口多,人均水资源少;二是水源水质日趋恶化,不能满足水体正常循环使用的功能要求,大大减少了有效水资源的利用状况。城市中的一部分污水没有经过处理直接排入江河湖海中,造成天然水体的污染,破坏了天然水体的良性循环。目前,全国城市水源只有30%符合卫生标准,全国七大水系有一半以上被污染,流经42个大中城市的44条河流中大约有93%被污染。

3.8.2 城市雨水利用现状

1. 国外城市雨水利用情况

在国外,德国和日本等一些发达国家,城市雨水的资源化和雨水的收集利用已有较长的历史。其经验和方法,对我国大部分城市特别是对那些严重缺水的城市很有借鉴意义。我国城市雨水利用起步较晚,目前主要在缺水地区有一些小型、局部的非标准性应用。

美国和许多欧洲国家也转变过去单纯解决雨水排放问题观念,认识到雨水对城市的重要性,制定了相应的政策与法规,限制雨水的直接排放与流失,控制雨水径流的污染,收取雨水排放费,要求或鼓励雨水的截流、贮存、利用或回灌地下,改善城市水环境与生态环境。1972年芝加哥城市卫生街区开始在没有下水道和设置分流式下水道的新土地开发区强制性地实施雨水贮留设施,以应付因城市化而增大的雨水径流。其贮留设施的蓄水方式是各式各样的,有蓄水湖、湿或干的池子、地下蓄水设施。并为解决集水面积971 km^2 的合流式下水道地区的水质和洪水问题,在上游建造了3个大型雨水贮留池(总贮留量1.57亿 m^3)和街区下的一条大型地下河似的雨水贮留管。整个卫生街区的全部贮留设施的贮留高(贮留水量与流域面积的比,相当于降雨形成的径流深度)是172 mm,可见其贮留量之大。

日本在20世纪80年代也提出"雨水径流抑制性下水道",采用各种渗透设施或雨水收集利用系统截流雨水,做了大量研究和许多示范工程,并纳入国家下水道推行计划,在政策和资金上给予支持。结合已有的中水道工程,雨水利用工程也逐步规范化和标准化,如在城市屋顶修建用雨水浇灌的"空中花园",在建筑中设置雨水收集储藏装置与中水道工程共同发挥作用。像东京、福冈、大阪和名古屋大型棒球场的雨水利用系统,集水面在1.6万~3.5万 m^2,蓄水池容积1 000~2 800 m^3,经沙滤和消毒后用于冲洗厕所和绿化,每个系统年利用雨水量在3万t以上。

丹麦过去供水主要靠地下水,一些地区的含水层已经被过度开采。为此在丹麦开始寻找可替代的水源。在城市地区从屋顶收集雨水,收集后的雨水经过收集管底部的预过滤设备,进入贮水池进行储存。使用时利用泵经进水口的浮筒式过滤器过滤后,用于冲洗厕所和洗衣服。在7个月的降雨期,从屋顶收集起来的雨水量,就足以满足冲洗厕所的用水。而洗衣服的需水量仅4个月就可以满足。每年能从居民屋顶收集645万立方米的雨水,如果用于冲洗厕所和洗衣服,将占居民冲洗厕所和洗衣服实际用水量的68%。相当于居民总用水量的22%,占市政总饮用水产量的7%。

澳大利亚在雨水利用方面做得非常好。比如他们在很多新开发居民点附近的停车场、人行道铺的都是透水砖,并在地下修建地下蓄水管网。雨水收集后,先被集中到第一级人工池里过滤、沉淀;然后,在第二级池子里进行化学处理,除去一些污染物;最后在第三个种有类似芦苇的植物并养鱼的池塘里进行生物处理,也就是让池塘中的动植物吃掉一些有机物。

经过这三道工序后,雨水才被送到工厂作为工业用水直接利用。

综上所述,国外发达国家城市雨水利用的主要经验是:制定了一系列有关雨水利用的法律法规,建立了完善的屋顶蓄水和由入渗池、井、草地、透水地面组成的地表回灌系统,收集的雨水主要用于冲厕所、洗车、浇庭院、洗衣服和回灌地下水。

2. 德国的雨水利用技术

1)雨水径流收集技术

德国联邦和各州有关法律规定,受到污染的降水径流必须经处理达标后方可排放,且雨水处理费用与处理同等数量的污水同等昂贵。由于下垫面条件的不同,来自不同面积上的降水径流水质有较大的差异,如来自屋顶等面积上的降水径流除初期受到轻度污染外,后期径流一般水质良好;而来自机动车道等面积上的降水径流,则由于机动车辆的磨损而含有大量的金属、橡胶和燃油等污染物质。因此,德国一般将来自不同面积上的降水径流分别收集,对来自屋顶等的径流,稍加处理或不经处理即直接用于冲洗厕所、灌溉绿地或构造水景观等;对来自机动车道等面积上的径流,则要处理达标后方可排放。这样,一方面减轻了污水处理的压力,又通过利用雨水减少了大量的自来水供应。

2)雨水径流传输与贮存技术

由于降水是随机事件,往往难以与用水同步,因此,需要将来自不同面积上的降水径流通过一定的传输和储存设施滞贮备用。在德国,径流的传输主要有两种形式,即地下管道传输和地表明沟传输。其中地下管道传输与我国通常采用的排雨管线在设计思想上有所不同,德国的雨水管线不仅考虑要传输雨水,同时还考虑了用做暂存雨水和缓解洪峰的功能;地表明沟传输是德国城市的风景之一,其设计思想既考虑了传输雨水的功能,更关注了对构造城市景观的作用,通常是模拟天然水流蜿蜒曲折的轨迹,或构筑特定的造型。德国降水径流贮存的形式多样,有家庭利用雨水等采用的预制混凝土或塑料蓄水池等;也有社区环境利用雨水等采用的构造水景观或人工湖等;还有为增加雨水入渗将绿地或花园做成起伏的地形或采用人工湿地等。总之,德国将雨水的传输和储存与城市景观建设与环境改善融为一体,既有效利用了雨水资源、减轻了污水处理厂对雨水处理和自来水供水的压力,又增加了城市景观,起到了一举三益的作用。

3)雨水径流过滤、控制与处理技术

来自不同下垫面的降水径流通常含有不同的杂质,如树叶、草木、沙土颗粒等,为了除去这些杂质,德国研究、开发了不同形式的径流过滤器。根据过滤能力的不同可分为分散式和集中式两种。分散式过滤器一般体积较小,安装于房屋的每个漏雨管的下端;集中式过滤器一般体积较大,它是将来自不同面积上的径流汇集到一起,然后进行集中过滤。这两种过滤器均可将径流中直径大于 0.25 mm 的杂质过滤出去。

由于受到污染的降水径流必须经过处理后方能利用或排放,而通常径流量变化范围都比较大,且是随机的,为了达到理想的处理效果,德国还研究、开发了径流控制设备。这种设备与贮水设施相结合,先将径流贮存在储水设施中,再通过径流控制设备使径流以恒定流量进入污水处理厂,以达到预期的处理效果。

4)雨水径流的利用

在德国,雨水径流主要用于构造城市水景观和人工水面、灌溉绿地、补给地下水、冲洗厕所和洗衣及改善生态环境等。考察期间,我们先后参观了大面积商业开发区利用雨水构造水景观、人工水面和回灌地下水的范例,居民小区利用起伏地形增加雨水入渗和单户家庭利用雨水冲洗厕所的范例,及利用道路雨水径流回灌地下水的范例。这些范例表明,德国雨水径流已被广泛用于不同的领域。

5)不同开发区雨水利用技术

A. 大面积商业开发区雨水利用技术

德国联邦和各州有关法律不但规定了受到污染的降水径流必须经处理达标后排放,还规定新建或改建开发区必须考虑雨水利用系统,且规定考虑了雨水利用,可减免雨水排放费。因此,开发商在进行开发区规划、建设或改造时,均将雨水利用作为重要内容考虑,尤其在大面积商业开发区建设时,更是结合开发区水资源实际,因地制宜,将雨水利用作为提升开发区品位的组成部分。以下是3处成功的范例。

A)柏林坡斯坦广场(Potsdamer Platz)

坡斯坦广场是东西德统一后开发兴建的欧洲最大的商业区,总投资约为80亿德国马克,日本索尼、德国奔驰汽车等世界知名公司均在此建有中心或办公总部。由于柏林市地下水位埋深较浅,因此要求商业区建成后既不能增长地下水的补给量,也不能增加雨水排放量。为此,开发商对雨水利用采用了如下方案:对适宜建设绿地的屋顶全部建成绿色屋顶,利用绿地的滞蓄作用滞蓄雨水,一方面延缓径流的产生,起到防洪作用,另一方面增加雨水的蒸发,起到增加空气湿度、改善生态环境的作用;对不宜建设绿地的屋顶,将屋顶雨水通过雨漏管经除去前期径流和过滤后引入地面蓄水池,构造水景观。水景观与位于楼宇地下室的泵站相连,形成循环流动水流。泵站前设水质自动监测系统,若水流水质不能满足要求时,要先进入处理系统,处理达标后再进入循环系统;若水流水质满足要求,则直接进入循环系统。水景观由3部分组成:一是涌泉状的水循环系统出口,若隐若现于水生植物之中;二是两个面积为1.3万 m^2 的地面蓄水池,池内水面有鸳鸯戏水,水中有金鱼游动,路经此处的游人无不留恋驻足;阶梯状瀑布上游与蓄水池相连,下游与泵站相连,形成循环系统。

B)慕尼黑国际展览中心

慕尼黑国际展览中心也是近年来德国投资较大的又一建筑工程,总投资约2.3亿德国马克,是在原慕尼黑机场搬迁后改建的。由于展览中心是人员流动频繁之地,因此,这里雨水利用的总体思路是先用于构造水景观,多余雨水用于回灌地下水。为此,设计将展览大厅屋顶的雨水收集至总库容为2 500 m^3 的地下蓄水池,经泵站输送至水面近2.5万 m^2 的人工湖内。湖内设高大喷泉,湖周围种植水生植物,水鸟在湖面飞翔,与高大的展览厅群交相辉映,更显现出展览中心的气派与辉煌。蓄水池的设计标准为5年一遇暴雨。标准内降水可满足景观用水要求,超标准降水将溢流至地面入渗系统,入渗回灌地下水。

C)慕尼黑新机场

慕尼黑新机场占地面积约20 km^2,于1992年由现国际展览中心处搬迁至此。由于机场建设前为农田,地下水位埋藏较浅,因此,要求机场建设不能破坏原水量及水质平衡系统。为此,机场范围内屋顶的雨水收集后通过管道排入下游排水系统,跑道、停车场及机动车道上的雨水收集后进入雨水处理系统处理后排入排水系统。为不截断上游来水的通道,在各机场建筑物基础之下修建了排水管道系统,保证了上游地下水流可顺利穿越机场建筑物。同时跑道与滑行道间修建地下渗水系统,以保证降水的快速入渗。

B. 居民小区雨水利用技术

德国不但在大面积商业开发区具有成熟的雨水利用技术,在成规模的居民小区建设中也体现了雨水利用的观念。下面介绍3处居民小区的雨水利用技术。

A)柏林市居民小区

这是一私人开发商开发的小区,约有居民1万人。设计雨水利用的标准为5年一遇短历时暴雨。其雨水利用的理念为:屋顶的雨水首先通过雨漏管进入楼宇周围绿地,经过天然土壤渗入地下,若雨水大于土壤的入渗能力,则进入小区的入渗沟或洼地;道路及停车场的雨水径流直接进入小区的入渗沟或洼地。入渗沟或洼地根据绿地的耐淹水平设计,标准内降水径流可全部入渗,遇超标准降水,则通过溢流系统排入市政污水管道。该小区已建成3年,观测表明,3年来无径流流失,系统可拦蓄超5年一遇短历时暴雨。

B)汉诺威 Kronsberg 居住小区

Kronsberg 居住小区是为2000年汉诺威世界博览会而开发的居民小区,总面积150 hm^2。博览会期间用于接待参会人员,会后销售给当地居民。该小区是采用全新概念建设的绿色环保小区:能源方面,全部采用太阳能和风能,无外来电力供应;供水方面,首先利用雨水满足灌溉和环境用水需求,不足时采用自来水补充;建筑材料全部采用新型保温隔热环保材料。同时采用节能、节水技术,最大限度节约能源和用水。雨水的利用除采用绿地、入渗沟、洼地等方式外,透水型人行道也被广泛应用,同时,还经过特殊设计,利用贮蓄径流的地下蓄水池与径流进入蓄水池的撞击声模拟海浪的声音,增添了小区的气息。观测证明,小区建成后,径流系数几乎没有增加。

C)曼海姆 Wallstadt 小区

Wallstadt 小区位于曼海姆市的东部,总面积19 hm^2,是一借助雨水利用工程保持和改善生态环境的新建小区。曼海姆地区主要风向为由西向东,为使小区建成后不隔断对曼海姆市中心的通风通道,规划在小区中部构造了两条贯穿东西的明渠。这里所有雨水均通过一定造型的地面宽浅式明沟进入明渠。明渠模仿天然河流修建,局部地段兴建涌泉或造型建筑物,渠边种植水生植物,形成水景观。明渠底部采用防渗处理,以保持稳定的水面,若水量过大,会溢过防渗层渗入地下水。

C. 单户家庭雨水利用技术

德国是世界上发达国家之一,人民生活水平较高,住房多为独门独户的单户家庭。其雨水利用技术也非常成熟。一般模式是将屋顶雨水通过雨漏管收集,通过分散或集中过滤除去径流中颗粒物质,然后将水引入蓄水池贮蓄,再通过水泵输送至用水单元。一般用于冲洗厕所或灌溉绿地等。有一处单户家庭雨水利用系统,雨水不仅用于冲洗厕所,还用于洗涤衣物。

D. 道路雨水利用技术

德国监测认为,机动车道的降水径流含有较高浓度的污染物质,必须经过处理后方可排放,为此,德国沿机动车道均设有径流收集系统,城区所收集径流直接送至污水处理厂处理,高速公路所收集径流要进入沿路修建的处理系统处理后排放。一般采用沉淀后经氧化沟处理,再渗入地下的方式。

3. 我国城市雨水利用情况

我国城市雨水利用虽具有悠久的历史,但真正意义上的城市雨水利用的研究与应用却是从20世纪80年代开始的,并于90年代发展起来。但总的来说技术还较落后,缺乏系统性,更缺少法律、法规保障体系。20世纪90年代以后,我国特大城市的一些建筑物已建有雨水收集系统,但是没有处理和回用系统。比较典型的有山东省的长岛县、辽宁省的獐子岛和葫芦岛、浙江省舟山市等雨水集流利用工程。

我国大中城市的雨水利用基本处于探索与研究阶段,北京、上海、大连、哈尔滨、西安等许多城市相继开展研究,已显示出良好的发展势头。由于缺水形势严峻,北京市开展的步伐较快。北京市水利局和德国埃森大学的示范小区雨水利用合作项目于2000年开始启动,北京市政设计院开始立项编制雨水利用设计指南,北京市政府66号令(2000年12月1日)中也明确要求开展市区的雨水利用工程等。因此,北京市的城市雨水利用已进入示范与实践阶段,可望成为我国城市雨水利用技术的龙头。通过一批示范工程,争取用较短的时间带动整个领域的发展,实现城市雨水利用的标准化和产业化,从而加快我国城市雨水利用的步伐。

3.8.3 城市雨水利用技术

今后城市雨水利用技术发展的一个突出特点就是它的国际化与集成化。成熟的雨水利用技术从屋面雨水的收集、截污、储存、过滤、渗透、提升、回用到控制都有一系列的定型产品和组装式成套设备。对于雨水的利用工程可分为雨水的收集、雨水的处理和雨水的供应3个部分。

1. 雨水的收集

雨水的收集利用,在广义的范围内,包括了大型水库的建设,河川径流的取用等。雨水收集的方式有许多种形式,例如屋顶集水、地面径流集水、截水网等。其收集效率会随着收集面材质、气象条件(日照、温湿度等)以及降雨时间的长短等因素而有所差异。

1)雨水集蓄利用方式

A. 屋面雨水利用

A)屋面雨水集蓄利用系统

利用屋顶做集雨面的雨水集蓄利用系统主要用于家庭、公共和工业等方面的非饮用水,如浇灌、冲厕、洗衣、冷却循环等中水系统。可产生节约饮用水,减轻城市排水和处理系统的负荷,减少污染物排放量和改善生态环境等多种效益。

该系统又可分为单体建筑物分散式系统和建筑群集中式系统。由雨水汇集区、输水管系、截污装置、储存、净化和配水等几部分组成。有时还设渗透设施与贮水池溢流管相连,使超过储存容量的部分溢流雨水渗透。

屋面雨水集蓄利用技术在许多国家得到广泛应用,德国已实现产业化和标准化,一些专业公司开发出成套设备和产品。德国 Ludwigshafen 已经运行10年的公共汽车洗车工程利用1 000 m^2 屋面雨水作为主要的冲洗水源;法兰克福 Possmann 苹果榨汁厂将绿色屋面雨水作为冷却循环水源等,是屋面雨水用于工业项目的成功范例。

B)屋顶绿化雨水利用系统

屋顶绿化是一种削减径流量、减轻污染和城市热岛效应、调节建筑温度和美化城市环境新的生态技术,也可作为雨水集蓄利用和渗透的预处理措施,既可用于平屋顶,也可用于坡屋顶。

植物和种植土壤的选择是屋顶绿化的技术关键,防渗漏则是安全保障。植物应根据当地气候和自然条件,筛选本地生的耐旱植物,还应与土壤类型、厚度相适应。上层土壤应选择孔隙率高、密度小、耐冲刷、且适宜植物生长的天然或人工材料。在德国常用的有火山石、沸石、浮石等,选种的植物多为色彩斑斓的各种矮小草本植物,十分宜人。屋顶绿化系统可提高雨水水质并使屋面径流系数减小到0.3,有效地削减雨水径流量。该技术在德国和欧洲城市已广泛应用。

C)园区雨水集蓄利用系统

在新建生活小区、公园或类似的环境条件较好的城市园区,可将区内屋面、绿地和路面的雨水径流收集利用,达到更显著削减城市暴雨径流量和非点源污染物排放量、优化小区水系统、减少水涝和改善环境等效果。因这种系统较大,涉及面更宽,需要处理好初期雨水截污、净化、绿地与道路高程、室内外雨水收集排放系统等环节和各种关系。

B. 雨水渗透

采用各种雨水渗透设施,让雨水回灌地下,补充涵养地下水资源,是一种间接的雨水利用技术。还有缓解地面沉降、减少水涝和海水的倒灌等多种效益。可分为分散渗透技术和集中回灌技术两大类。

分散式渗透可应用于城区、生活小区、公园、道路和厂区等各种情况,规模大小因地制宜,设施简单,可减轻对雨水收集、输送系统的压力,补充地下水,还可以充分利用表层植被和土壤的净化功能减少径流带入水体的污染物。但一般渗透速率较慢,而且在地下水位高、土壤渗透能力差或雨水水质污染严重等条件下应用受到限制。

集中式深井回灌容量大,可直接向地下深层回灌雨水,但对地下水位、雨水水质有更高的要求,尤其对用地下水做饮用水源的城市应慎重。

A)渗透地面

渗透地面可分为天然渗透地面和人工渗透地面两大类,前者在城区以绿地为主。绿地是一种天然的渗透设施。主要优点有:透水性好;城市有大量的绿地可以利用,节省投资;一般生活小区建筑物周围均有绿地分布,便于雨水的引入利用;可减少绿化用水并改善城市环境;对雨水中的一些污染物具有较强的截留和净化作用。缺点是渗透流量受土壤性质的限制,雨水中如含有较多的杂质和悬浮物,会影响绿地的质量和渗透性能。

人造透水地面是指城区各种人工铺设的透水性地面,如多孔的嵌草砖、碎石地面,透水性混凝土路面等。主要优点是:能利用表层土壤对雨水的净化能力,对预处理要求相对较低;技术简单,便于管理;城区有大量的地面,如停车场、步行道、广场等可以利用。缺点是:渗透能力受土质限制,需要较大的透水面积,对雨水径流量的调蓄能力低。在条件允许的情况下,应尽可能多采用透水性地面。

B)渗透管沟

雨水通过埋设于地下的多孔管材向四周土壤层渗透,其主要优点是占地面积少,管材四周填充粒径20~30 mm的碎石或其他多孔材料,有较好的调储能力。缺点是一旦发生堵塞或渗透能力下降,很难清洗恢复。而且由于不能利用表层土壤的净化功能,对雨水水质有要求,应采取适当预处理,不含悬浮固体。在用地紧张的城区,表层土渗透性很差而下层有透水性良好的土层、旧排水管系的改造利用、雨水水质较好、狭窄地带等条件下较适用。一般要求土壤的渗透系数明显大于6~10 m/s,距地下水位要有一定厚度的保护土层。

可以采用地面敞开式渗透沟或带盖板的渗透暗渠，弥补地下渗透管不便管理的缺点，也减少挖深和土方量。渗沟可采用多孔材料制作或做成自然的带植物浅沟，底部铺设透水性较好的碎石层。特别适于沿道路、广场或建筑物四周设置。

C）渗透井

渗透井包括深井和浅井两类，前者适用水量大而集中、水质好的情况，如城市水库的泄洪利用。城区一般宜采用后者。其形式类似于普通的检查井，但井壁做成透水的，在井底和四周铺设 ϕ10 ~ 30 mm 的碎石，雨水通过井壁、井底向四周渗透。

渗透井的主要优点是：占地面积和所需地下空间小，便于集中控制管理。缺点是：净化能力低，水质要求高，不能含过多的悬浮固体，需要预处理。渗透井适用于拥挤的城区或地面和地下可利用空间小、表层土壤渗透性差而下层土壤渗透性好等场合。

D）渗透池（塘）

渗透池的最大优点是：渗透面积大，能提供较大的渗水和储水容量；净化能力强；对水质和预处理要求低；管理方便；具有渗透、调节、净化、改善景观等多重功能。缺点是：占地面积大，在拥挤的城区应用受到限制；设计管理不当会造成水质恶化，蚊蝇孳生，和池底部的堵塞，渗透能力下降；在干燥缺水地区，蒸发损失大，需要兼顾各种功能作好水量平衡。渗透池适用于汇水面积较大、有足够可利用地面的情况。特别适合在城郊新开发区或新建生态小区里应用。结合小区的总体规划，可达到改善小区生态环境、提供水的景观、小区水的开源节流、降低雨水管系负荷与造价等一举多得的目的。

E）综合渗透设施

可根据具体工程条件将各种渗透装置进行组合。例如在一个小区内可将渗透地面、绿地、渗透池、渗透井和渗透管等组合成一个渗透系统。其优点是：可以根据现场条件的多变选用适宜的渗透装置，取长补短，效果显著，如渗透地面和绿地可截留净化部分杂质，超出其渗透能力的雨水进入渗透池（塘），起到渗透、调节和一定净化作用，渗透池的溢流雨水再通过渗井和滤管下渗，可以提高系统效率并保证安全运行。缺点是：装置间可能相互影响，如水力计算和高程要求；占地面积较大。

C. 雨水综合利用系统

生态园区雨水综合利用系统是利用生态学、工程学、经济学原理，通过人工净化和自然净化的结合，雨水集蓄利用、渗透与园艺水景观等相结合的综合性设计，从而实现建筑、园林、景观和水系的协调统一，实现经济效益和环境效益的统一，以及人与自然的和谐共存。这种系统具有良好的可持续性，能实现效益最大化，达到意想不到的效果。但要求设计者具有多学科的知识和较高的综合能力，设计和实施的难度较大，对管理的要求也较高。

具体做法和规模依据园区特点而不同，一个 1992 年建于柏林市的某小区雨水收集利用工程，将 160 栋建筑物的屋顶雨水通过收集系统进入 3 个容积为 650 m^3 的贮水池中，主要用于浇灌。溢流雨水和绿地、步行道汇集的雨水进入一个仿自然水道，水道用沙和碎石铺设，并种有多种植物。之后进入一个面积为 1 000 m^2、容积为 1 500 m^3 的水塘（最大深度 3 m）。水塘中有以芦苇为主的多种水生植物，同时利用太阳能和风能使雨水在水道和水塘间循环，连续净化，保持水塘内水清见底，形成植物、鱼类等生物共存的生态系统。遇暴雨时多余的水通过渗透系统回灌地下，整个小区基本实现雨水零排放。

柏林 Potsdamer 广场 Daimlerchrysler 区域城市水体工程也是雨水生态系统的成功范例。

该区域年产雨水径流量 2.3 万 m^3。采取的主要措施有：建有绿色屋顶 4 hm^2；雨水贮存池 3 500 m^3，主要用于冲厕和浇灌绿地（包括屋顶花园）；建有人工湖 12 hm^2，人工湿地 1 900 m^2，雨水先收集进入贮存池，在贮存池中，较大颗粒的污染物经沉淀去除，然后用泵将水送至人工湿地和人工水体。通过水体基层、水生植物和微生物等进一步净化雨水。此外，还建有自动控制系统，对磷、氮等主要水质指标进行连续监测和控制。该水系统达到一种良性循环，野鸭、水鸟、鱼类等动植物依水栖息，使建筑、生物、水等元素达到自然的和谐与统一。

2. 雨水的处理

雨水水质控制是现代城市雨水利用的重要组成部分和主要特征。城市雨水水质情况比较复杂，城市和区域的不同，汇水面、季节、降雨特征等的不同都会导致径流水质的很大差别。雨水径流污染主要表现在以下方面。

一是由于大气的污染，直接由降水带来的污染物。这取决于各城市的空气状况，也可能由大气的迁移，从外域带入。从北京城区降雨水质分析结果看，天然雨水中含有一些污染成分，如 SS、COD、硫化物、氮氧化物等，但浓度相对较低。

二是屋面材料的影响和在非降雨期屋面上积累的大气沉降物。屋面材料对径流水质有非常明显的影响，尤其是沥青油毡类屋面比水泥砖、瓦质类屋面的污染量高许多倍，而且严重影响市容。材料老化和夏季的高温曝晒，径流中的污染物浓度都会有显著的升高，色度大，主要为溶解性 COD，多集中在初期径流中，浓度为每升数百甚至数千毫克，取决于降雨量、气温、降雨间隔时间、屋面材料品质等，降雨后期的浓度可稳定在 100 mg/L 以内。

路面雨水径流水质和影响因素更复杂。路面材料、汽车排泄物、生活垃圾、裸露或植被地带冲出的泥沙等。其成分复杂，随机性很大。一般规律也是污染物主要集中在初期径流中，浓度受降雨间隔时间、雨量与雨强、路面状况等因素影响。主要污染成分有 COD、SS、油类、表面活性剂、重金属及其他无机盐类。COD、SS 均可能高达每升数千毫克。

1）水质控制方法

A. 雨水水质源头控制

源头控制是最有效和最经济的方法，比如控制城市大气污染。我国不少城市目前的空气状况很差，导致雨水水质下降，如不少城市的酸雨，不仅对渗透设施的利用会有影响，而且由于降水直接进入地面和地下水源，也会影响当地生态环境和水环境质量。

因此，控制城市大气污染不仅改善城市的空气质量，美化城市环境，也能对水污染控制有明显的贡献。

B. 屋面雨水水质的控制

屋顶的设计及材料选择是控制屋面雨水径流水质的有效手段。应该对油毡类屋面材料的使用加以限制，逐步淘汰污染严重的品种。一些城市有计划地对这类旧屋顶进行改造，不仅美化了市容，还解决材料老化漏水、保温抗寒效果差等问题，改善了居民的居住条件，也很好地控制了屋面污染源。

利用建筑物四周的一些花坛和绿地来接纳屋面雨水，既美化环境，又净化了雨水。在满足植物正常生长的要求下，尽可能选用渗滤速率和吸附净化污染物能力较大的土壤填料。一般厚 1 m 左右的表层土壤渗透层有很强的净化能力。

C. 路面雨水水质控制

路面径流水质复杂，比屋面雨水更难以收集控制，改善路面污染状况，这是控制路面雨水污染源的最有效方法。包括相关的政策、法规、管理及技术等各种措施。如合理地规划与设计城市用地，减少城区土壤的侵蚀，加强对建筑工地的管理，加大对市民的宣传与教育力度，配合严格的法规和管理，最大限度地减少城市地面垃圾与污染物，保持市区地面的清洁等。

这方面，我国许多城市还存在不少问题，城区地面污染严重，垃圾、裸露地面的泥沙侵蚀、施工工地等都是比较突出的污染源。把雨水口和雨水井当作垃圾筒，随意倾倒污水和垃圾现象也非常普遍，在雨季严重地污染水体并影响下水道的正常运行，造成路面积水。

A）路面雨水截污装置

为了控制路面带来的树叶、垃圾、油类和悬浮固体等污染物，可以在雨水口和雨水井设置截污挂篮和专用编织袋等，或设计专门的浮渣隔离、沉淀截污井。这些设施需要定期清理。也可设计绿地缓冲带来截留净化路面的径流污染物，但必须考虑对地下水的潜在威胁，限用于污染较轻的径流，如生活小区、公园的路面雨水。

B）初期雨水弃流装置

设计特殊装置分离污染较重的初期径流，保护后续渗透设施和收集利用系统的正常运行。合理确定并分离初期径流水量和有效地对随机的降雨进行控制是这种装置的技术关键，北京建筑工程学院研制的“分流式雨水弃流自动控制装置”（国家发明和实用新型专利）可高效率地对初期雨水实施自动控制。

2）雨水处理技术

除了上述源头控制措施外，还可以在径流的输送途中或终端采用雨水滞留沉淀、过滤、吸附、稳定塘及人工湿地等处理技术。需要注意雨水的水质特性，如颗粒分布与沉淀性能、水质与流量的变化、污染物种类和含量等。我国对城市雨水水质特性和相应的处理技术的研究尚处于初级阶段，没有相应的技术规范和要求。随着城市雨水利用技术的推广和城市非点源污染控制的开展，雨水的净化处理也将受到越来越多的重视。

雨水收集后的处理过程，与一般的水处理过程相似，唯一不同的是雨水的水质明显地比一般回收水的水质好，依据试验研究显示，雨水除了 pH 值较低（平均约在 5.6 左右）以外，初期降雨所带入的收集面污染物或泥沙，是最大的问题所在。而一般的污染物（如树叶等）可经由筛网筛除，泥沙则可经由沉淀及过滤的处理过程去除。这些设备的组合与处理容量需在经济与集水区条件考量下来调整其大小。处理方法与装置则主要取决于：①集水方式；②雨水取用目的与处理水质的目标；③收集面积与雨水流量；④建设计划与相关的条件；⑤经济能力与管理维护条件。

屋顶集水一般以下述程序来处理所收集的雨水：

集水→筛选→沉淀→沙滤→停留槽→消毒（视情况而定）→处理水槽（供水槽）

雨水的处理设备包括有筛网槽以及两个沉淀槽。沉淀槽下方则设有清洗排泥管，用来方便槽底淤泥的清洗排除，维持沉淀槽的循环使用。

3）雨水的应用

雨水的使用，在未经过妥善处理前（如消毒等），一般建议用于替代不与人体接触的用水（如卫生用水、浇灌花木等）为主；也可将所收集来的雨水，经处理与储存的过程后，用水泵将雨水提升至顶楼的水塔，供厕所的冲洗使用。与人接触的用水，仍以自来水供应。

雨水除了可以作为街厕冲洗用水外，也可作为其他用水，如空调冷却水、消防用水、洗车用水、花草浇灌、景观用水、道路清洗等均可使用，此外，也可以经处理消毒后供居民饮用。

通常利用雨水贮留渗透的场所一般为公园、绿地、庭院、停车场、建筑物、运动场和道路等。雨水回收利用的主要措施是结合降水特点及地形、地质条件，采用雨水渗透利用方案，设计出一种从“高花坛”、“低绿地”到“浅沟渗渠渗透”逐级下渗雨水的利用模式。采用的渗透设施有渗透池、渗透管、渗透井、透水性铺盖、浸透侧沟、调节池和绿地等。还可直接在城市的一些建筑物上设置收集雨水的设施，将收集到的雨水用于消防、植树、洗车、冲洗厕所和冷却水补给等，经处理后水质较好的也可以供居民饮用。

4 热水及饮水供应

4.1 热水用水定额

1)住宅和公共建筑内,生活热水用水定额

该用水定额应根据水温、卫生设备完善程度、热水供应时间、当地气候条件、生活习惯和水资源情况等确定。集中供应热水时,各类建筑的热水用水定额应按表 4.1-1 确定。卫生器具的 1 次和 1 h 热水用水定额和水温应按表 4.1-2 确定。

表 4.1-1 热水用水定额

序号	建筑物名称		单位	各温度时最高日用水定额/L			
				50 ℃	55 ℃	60 ℃	65 ℃
1	住宅	有自备热水供应和淋浴设备	每人每日	49 ~ 98	44 ~ 88	40 ~ 80	37 ~ 73
		有集中热水供应和淋浴设备	每人每日	73 ~ 122	66 ~ 110	60 ~ 100	55 ~ 92
2	别墅		每人每日	86 ~ 134	77 ~ 121	70 ~ 110	64 ~ 101
3	单身职工宿舍、学生宿舍、招待所、培训中心、普通旅馆、	设公用盥洗室	每人每日	31 ~ 94	28 ~ 44	25 ~ 40	23 ~ 37
		设公用盥洗室、淋浴室	每人每日	49 ~ 73	44 ~ 88	40 ~ 60	37 ~ 55
		设公用盥洗室、淋浴室、洗衣室	每人每日	61 ~ 98	55 ~ 88	50 ~ 80	46 ~ 73
		设单独卫生间、公用洗衣室	每人每日	73 ~ 122	66 ~ 110	60 ~ 100	55 ~ 92
4	宾馆、客房	旅客	每床位每日	147 ~ 196	132 ~ 176	120 ~ 160	110 ~ 146
		员工	每人每日	49 ~ 61	44 ~ 55	40 ~ 50	37 ~ 56
5	医院住院部	设公用盥洗室	每床位每日	55 ~ 122	50 ~ 110	45 ~ 100	41 ~ 92
		设公用盥洗室、淋浴室	每床位每日	73 ~ 122	66 ~ 110	60 ~ 100	55 ~ 92
		设单独卫生间	每床位每日	134 ~ 244	121 ~ 220	110 ~ 200	101 ~ 184
		门诊部、诊疗所	每病人每次	9 ~ 16	8 ~ 14	7 ~ 13	6 ~ 12
		疗养院、休养所住房部	每床位每日	122 ~ 196	110 ~ 176	100 ~ 160	92 ~ 146
6	养老院		每床位每日	61 ~ 86	55 ~ 77	50 ~ 70	46 ~ 64
7	幼儿园、托儿所	有住宿	每儿童每日	25 ~ 49	22 ~ 44	20 ~ 40	19 ~ 37
		无住宿	每儿童每日	12 ~ 19	11 ~ 17	10 ~ 15	9 ~ 14

续表

序号	建筑物名称		单位	各温度时最高日用水定额/L			
				50 ℃	55 ℃	60 ℃	65 ℃
8	公共浴室	淋浴	每顾客每次	49～73	44～66	40～60	37～55
		淋浴、浴盆	每顾客每次	73～98	66～88	60～80	55～73
		桑拿浴（淋浴、按摩池）	每顾客每次	85～122	77～110	70～100	64～91
9	理发室、美容院		每顾客每次	12～19	11～17	10～15	9～14
10	洗衣房		每千克干衣	19～37	17～33	15～30	14～28
11	餐饮厅	营业餐厅	每顾客每次	19～25	17～22	15～20	14～19
		快餐店、职工及学生食堂	每顾客每次	9～12	8～11	7～10	7～9
		酒吧、咖啡厅、茶座、卡拉OK房	每顾客每次	4～9	4～9	3～8	3～8
12	办公楼		每人每班	6～12	6～11	5～10	5～9
13	健身中心		每人每班	19～31	17～28	15～25	14～23
14	体育场馆	运动员淋浴	每人每次	31～43	28～39	25～35	23～34
15	会议厅		每座位每次	2～4	2～4	2～3	2～3

注：1. 表内所列用水定额均已包括在冷水用水定额之内。

2. 冷水温度按5 ℃计。

3. 本表热水温度为计算温度，卫生器具使用热水温度见表4.1－2。

表4.1－2　卫生器具的1次和1 h热水用水定额及水温

序号	卫生器具名称		1次用水量/L	小时用水量/L	使用水温/℃
1	住宅、旅馆、别墅、宾馆	带有淋浴器的浴盆	150	300	40
		无淋浴器的浴盆	125	250	40
		淋浴器	70～100	140～200	37～40
		洗脸盆、盥洗槽水龙头	3	30	30
		洗涤盆（池）	—	180	50
2	集体宿舍淋浴器	有淋浴小间	70～100	210～300	37～40
		无淋浴小间	—	450	37～40
		盥洗槽水龙头	3～5	50～80	30
3	餐饮业	洗涤盆（池）	—	250	50
		洗脸盆：工作人员用	3	60	30
		顾客用	—	120	30
		淋浴器	40	400	37～40
4	幼儿园、托儿所	浴盆：幼儿园	100	400	35
		托儿所	30	120	35
		淋浴器：幼儿园	30	180	35
		托儿所	15	90	35
		盥洗槽水龙头	1.5	25	30
		洗涤盆（池）	—	180	50

续表

序号	卫生器具名称		1次用水量/L	小时用水量/L	使用水温/℃
5	医院、疗养院、休养所	洗手盆	—	15~25	35
		洗涤盆(池)	—	300	50
		浴盆	125~150	250~300	40
6	公共浴室	浴盆	125	250	40
		淋浴盆:有淋浴小间	100~150	200~300	37~40
		无淋浴小间	—	450~540	37~40
		洗脸盆	5	50~80	35
7	办公楼	洗手盆	—	50-100	35
8	理发室 美容院	洗脸盆		35	35
9	实验室	洗脸盆		60	50
		洗手盆		15~25	30
10	剧场	淋浴器	60	200~400	37~40
		演员用洗脸盆	5	80	35
11	体育场馆	淋浴器	30	300	35
12	工业企业生活间 淋浴器:龙头	一般车间	40	360~540	37~40
		脏车间	60	180~480	40
	洗脸盆或盥洗槽水龙头	一般车间	3	90~120	30
		脏车间	5	100~150	35
13	净身器		10~15	120~180	30

注:一般车间指现行的《工业企业设计卫生标准》中规定的3、4级卫生特征的车间,脏车间指该标准中规定的1、2级卫生特征的车间。

2)集中热水供应系统的热水在加热前的水质处理

该水质处理应根据水质、水量、水温、使用要求等因素经技术经济比较确定,对建筑用水宜进行水质处理。

按60 ℃计算的日用水量大于或等于10 m^3时,原水总硬度(以碳酸钙计)大于357 mg/L时,洗衣房用水应进行水质处理,其他建筑用水宜进行水质处理。按60 ℃计算的日用水量小于10 m^3时,其原水可不进行水质处理。对溶解氧控制要求较高时,可采取除氧措施。

3)冷水的计算温度

计算温度应以当地最冷月平均水温资料确定。当无水温资料时,可按表4.1-3采用。

表4.1-3 冷水计算温度

分　区	地面水水温/℃	地下水水温/℃
第1分区	4	6~10
第2分区	4	10~15
第3分区	5	15~20
第4分区	10~15	20
第5分区	7	15~20

注:分区的具体划分,应按现行的《室外给水设计规范》的规定确定。

分区划分如下。

第一分区：黑龙江、吉林、内蒙古的全部，辽宁的大部分，河北、山西、陕西偏北部分，宁夏偏东部分。

第二分区：北京、天津、山东全部，河北、山西、陕西的大部分，河北北部，甘肃、宁夏、辽宁的南部，青海偏东和江苏偏北的一小部分。

第三分区：上海、浙江全部，江西、安徽、江苏的大部分，福建北部，湖南、湖北东部，河南南部。

第四分区：广东、台湾全部，广西大部分，福建、云南的南部。

第五分区：重庆、贵州全部，四川、云南的大部分，湖南、湖北的西部，陕西和秦岭以南地区，广西偏北的小部分。

4）直接制备生活热水的热水锅炉、热水机组或水加热器出口的最高水温和配水点的最低水温

该最高水温和最低水温可按表4.1-4确定。

表4.1-4 热水锅炉或水加热器出口的最高水温和配水点的最低水温

水质处理情况	热水锅炉热水机组或水加热器出口最高水温/℃	配水点最低水温/℃
原水水质无需软化处理，原水水质需水质处理且有水质处理	75	50
原水水质需水质处理但未进行水质处理	60	50

注：1. 当热水供应系统只供淋浴和盥洗用水，不供洗涤盆（池）洗涤用水时，配水点最低水温可不低于40 ℃。

2. 局部热水供应系统和以热力管网热水作热媒的热水供应系统，配水点最低水温为50 ℃。

3. 从安全、卫生、节能、防垢等考虑，适宜的热水供水温度为55~60 ℃。

4. 医院的水加热温度不宜低于60 ℃。

5）盥洗用、沐浴用和洗涤用的热水水温

该水温参见表4.1-5。

表4.1-5 盥洗用、沐浴用和洗涤用的热水温度

用水对象	热水温度/℃
盥洗用（包括洗脸盆、盥洗槽、洗手盆用水）	30~35
沐浴用（包括浴盆、淋浴器用水）	37~40
洗涤用（包括洗涤盆、洗涤池用水）	约50

注：1. 当配水点处最低水温降低时，热水锅炉和水加热器最高水温亦可相应降低。

2. 集中热水供应系统中，在水加热设备和热水管道保温条件下，加热设备出口处与配水点的热水温度差，一般不大于10 ℃。

4.2 热水供应系统的选择

（1）热水供应系统的选择，应根据使用要求、耗热量及用水点分布情况，结合热源条件

确定。

(2)集中热水供应系统的热源,应首先利用工业余热、废热、地热和太阳能。

注:①废热锅炉所利用的烟气温度,不宜低于400 ℃。

②以太阳能为热源的集中热水供应系统,可附设一套辅助加热装置。

③以地热水为热源时,应按地热水的水温、水质、水量、水压,采取相应的技术措施。

(3)当没有条件利用工业余热、废热或太阳能时,应优先采用能保证全年供热的热力管网作为集中热水供应系统的热源。当热力管网只在采暖期运行,是否设置专用锅炉,应进行技术经济比较确定。

(4)如区域性锅炉房或附近的锅炉房能充分供给蒸汽或高温水时,宜采用蒸汽或高温水作为集中热水供应系统的热源,不另设专用锅炉房。

(5)局部热水供应系统的热源宜采用蒸汽、燃气、燃油、炉灶余热、太阳能或电能等。

(6)利用废热(废汽、烟气、高油废液等)作为热媒,应采取措施:①加热设备应防腐,其构造应便于清除水垢和杂物;②防止热媒管道渗漏而污染水质;③消除废汽压力波动和除油。

(7)升温后的冷却水,其水质如符合本规范第(3)条规定的要求时,可作为生活用热水。

(8)采用蒸汽直接通入水中的加热方式,宜用于开式热水供应系统,并应符合条件:①蒸汽中不含油质及有害物质;②加热时应采用消声加热混合器,其所产生的噪声不超过允许值;③当不回收凝结水经技术经济比较为合理时。

注:应采取防止热水倒流至蒸汽管道的措施。

(9)集中热水供应系统,要求及时取得不低于规定温度的热水的建筑物内,应设置热水循环管道。

(10)定时供应热水系统,当设置循环管道时,应保证干管中的热水循环。

全日供应热水的建筑物或定时供应热水的高层建筑,当设置循环管道,应保证干管和立管中的热水循环。有特殊要求的建筑物,还应保证支管中的热水循环。

(11)集中热水供应系统的建筑物,用水量较大的集中浴室、洗衣房、厨房等,宜设置单独的热水管网;热水为定时供应时,如个别单位对热水供应时间有特殊要求时,宜设置单独的热水管网或局部加热设备。

(12)高层建筑热水供应系统的分区,应与给水系统的分区一致。各区的水加热器、贮水器的进水,均应由同区的给水系统供应。

(13)当给水管道的水压变化较大且用水点要求水压稳定时,宜采用开式热水供应系统。当卫生器具设有冷热水混合器或混合龙头时,冷、热水供应系统应在配水点处有相同的水压。

(14)公共浴室淋浴器出水水温应稳定,并宜采取下列措施:①采用开式热水供应系统;②给水额定流量较大的用水设备的管道,应与淋浴器配水管道分开;③多于3个淋浴器的配水管道,宜布置成环形;④成组淋浴器的配水支管的沿途水头损失,当淋浴器少于或等于6个时,可采用每米不大于200 Pa,当淋浴器多于6个时,可采用每米不大于350 Pa,但其最小管径不得小于25 mm。

注:①工业企业生活间和学校的淋浴室,宜采用单管热水供应系统,单管热水供应系统应有热水水温稳定的技术措施;②公共浴室不宜采用公用浴池淋浴方式。

4.3 热水量和耗热量的计算

(1)集中热水供应系统中,锅炉、水加热器的设计小时热水供应量和贮水器的容积,应根据日热水用量小时变化曲线、加热方式及锅炉和水加热器的工作制度经计算确定。

(2)住宅、旅馆、医院等建筑的集中热水供应系统全日供热水时的设计小时耗热量,应按下式计算:

$$Q_h = K_h \frac{mq_r C(t_r - t_l)\rho_r}{86\ 400} \tag{4.3-1}$$

式中 Q_h——设计小时耗热量,W;

m——用水计算单位数、人数或床位数;

q_r——热水用水定额,L/(人·d)或L/(床·d)等,应按本规范表4.1-1采用;

c——水的比热,J/(kg·K);

t_r——热水温度,℃,应按表4.1-2采用;

t_l——冷水温度,℃,宜按表4.1-3采用;

K_h——小时变化系数,全日供应热水时可按表4.3-1、表4.3-2、表4.3-3采用。

表4.3-1 住宅的热水小时变化系数 K_h 值

居住人数 m	100	150	200	250	300	500	1 000	3 000
K_h	5.12	4.49	4.13	3.88	3.70	3.28	2.86	2.48

表4.3-2 旅馆的热水小时变化系数 K_h 值

床位数 m	150	300	450	600	900	1 200
K_h	6.84	5.61	4.97	4.58	4.19	3.90

表4.3-3 医院的热水小时变化系数 K_h 值

床位数 m	50	75	100	200	300	500
K_h	4.55	3.78	3.54	2.932	2.60	2.23

注:1. 当旅馆、医院、疗养院已有卫生器具数时,可按第(3)条规定计算设计小时耗热量,其卫生器具同时使用百分数,旅馆客房卫生间内浴盆可按30%~50%计,其他器具不计;医院、疗养院病房内卫生间的浴盆可按25%~50%计,其他器具不计。

2. 不同类型建筑,由同一供热站供应热水时,应计算建筑物之间热水供应同时使用的百分数。

(3)工业企业生活间、公共浴室、学校、剧院、体育馆(场)等建筑的集中热水供应系统全日供热水时的设计小时耗热量,应按下式计算:

$$Q_h = \sum \frac{q_h(t_r - t_l)n_0 bc\rho}{3\ 600} \tag{4.3-2}$$

式中 Q_h——设计小时耗热量,W;

q_h——卫生器具热水的小时用水定额,L/h,应按表4.1-2采用;

c——水的比热，J/(kg·℃K)；

t_r——热水温度，℃，应按表4.1-2采用；

t_1——冷水温度，℃，宜按表4.1-3采用；

n_0——同类型卫生器具数；

b——卫生器具同时使用百分数，公共浴室和工业企业生活间、学校、剧院及体育馆（场）等的浴室内的淋浴器和洗脸盆均应按100%计。

(4)集中热水供应系统当由采用容积式或半容积式水加热器加热水，或由快速式、半即热式水加热器加热水，且附设有贮水器且容积符合要求时，其设计小时耗热量应按本规范第(2)条和第(3)条确定。集中热水供应系统当由快速式或半即热式水加热器加热水，且不附设贮水器时，其设计小时耗热量应由设计秒流量确定。

4.4 水的加热和贮存

(1)加热设备应根据使用特点、耗热量、加热方式、热源情况和燃料种类、维护管理等因素按下列规定选用：①宜采用一次换热的燃油、燃气或煤等燃料的热水锅炉；②当热源采用蒸汽或高温水时，宜采用传热效果好的容积式、半容积式、快速式、半即热式水加热器；③间接加热设备的选型应结合设计小时耗热量，贮水器容积，热水用水量、蒸汽锅炉型号、数量等因素，经综合技术经济比较后确定；④无蒸汽、高温水等热源和无条件利用燃气、煤、油等燃料时，可采用电热水器；⑤当热源利用太阳能时，宜采用热管、真空管式太阳能热水器。

(2)医院的热水供应系统的锅炉或水加热器不得少于两台，当一台检修时，其余各自的总供热能力不得小于设计小时耗热量的50%。

床位数在50张以下的小型医院，当锅炉或水加热器的计算加热面积不大，根据其构造情况，所设置的两台锅炉或水加热器，每台的供热能力，可按设计小时耗热量计算。

(3)单个煤气热水器，不得用于下列建筑物：①工厂车间和旅馆单间的浴室内；②疗养院、休养所的浴室内；③学校（食堂除外）；④锅炉房的淋浴室内。

(4)表面式水加热器的加热面积，应按下式计算：

$$F_{jr}=\frac{C_r Q_z}{\varepsilon K\Delta t_j} \tag{4.4-1}$$

式中 F_{jr}——表面式水加热器的加热面积，m^2；

Q_z——制备热水所需的热量，W；

K——传热系数，W/(m^2·K)；

ε——由于水垢和热媒分布不均匀影响传热效率的系数，一般采用0.6~0.8；

Δt_j——热媒与被加热水的计算温度差，℃，按4.4节第(5)条的规定确定；

C_r——热水供应系统的热损失系数，宜采用1.1~1.2。

(5)快速式水加热器热媒与被加热水的计算温度差，应按下式计算。

①容积式水加热器：

$$\Delta t_j=\frac{t_{mc}+t_{mz}}{2}-\frac{t_c+t_z}{2} \tag{4.4-2}$$

式中 Δt_j——计算温度差，℃；

t_{mc}和t_{mz}——热媒的初温和终温,℃;

t_c和t_z——被加热水的初温和终温,℃。

②快速式水加热器:

$$\Delta t_j = \frac{\Delta t_{max} - \Delta t_{min}}{\ln \dfrac{\Delta t_{max}}{\Delta t_{min}}} \tag{4.4-3}$$

式中 Δt_j——计算温度差,℃;

Δt_{max}——热媒和被加热水在水加热器一端的最大温度差,℃;

Δt_{min}——热媒和被加热水在水加热器另一端的最小温度差,℃。

(6)热媒的计算温度,应符合规定:①热媒为蒸汽,其压力大于70 kPa时,应按饱和蒸汽温度计算,压力小于及等于70 kPa时,应按100 ℃计算;②热媒为热力管网的热水,应按热水管网供、回水的最低温度计算,但热媒的初温与被加热水的终温的温度差,不得小于10 ℃。

(7)容积式水加热器或加热水箱,当冷水从下部进入,热水从上部送出,其计算容积宜附加20%~25%。

当采用有导流装置的容积式水加热器时,其计算容积应附加10%~15%,当采用半容积式水加热器时,或带有强制罐内水循环装置的容积式水加热器时,其计算容积可不附加。

(8)集中热水供应系统中的贮水器容积,应根据日热水用水量小时变化曲线及锅炉、水加热器的工作制度和供热量以及自动温度调节装置等因素计算确定。

对贮水器的贮热量不得小于表4.4-1的规定。

表4.4-1 贮水器的贮热量

加热设备	工业企业淋浴室不小于	其他建筑物不小于
容积式水加热器或加热水箱	30 min设计小时耗热量	45 min设计小时耗热量
有导流装置的容积式水加热器	20 min设计小时耗热量	30 min设计小时耗热量
半容积式水加热器	15 min设计小时耗热量	15 min设计小时耗热量
半即热式水加热器	见注②	见注②
快速式水加热器	见注②	见注②

注:1. 当热媒按设计秒流量供应,且有完善可靠的温度自动调节装置时,可不计算贮水器容积。

2. 半即热式和快速式水加热器用于洗衣房或热源供应不充分时,也应设贮水器贮存热量,其贮热量同有导流装置的容积式水加热器。

(9)在设有高位热水箱的连续加热的热水供应系统中,应设置冷水补给水箱。

注:当有冷水箱可补给热水供应系统冷水时,可不另设冷水补给水箱。

(10)冷水补给水箱的设置高度(以水箱底计算),应保证最不利处的配水点所需水压。冷水补给水管的设置,应符合要求:①冷水补给水管的管径,应保证能补给热水供应系统的设计秒流量;②冷水补给水管除供热水贮水器或水加热器外,不宜再供其他用水;③有第一循环的热水供应系统,冷水补给水管应接入热水贮水器,不得接入第一循环管的同一水管或锅炉。

(11)热水箱应加盖,并设溢流管、泄水管和引出室外的通气管。热水箱溢流水位超出冷水补给水箱的水位高度,应按热水膨胀量确定。泄水管、溢流管不得与排水管道直接连接。加热设备和贮热设备宜根据水质情况采用耐腐蚀材料或衬里。

(12)水加热器的布置,应符合要求:①水加热器的一侧应有净宽不小于0.7 m的通道,前端应留有抽出加热盘管的位置;②水加热器上部附件的最高点至建筑结构最低点的净距,应满足检修的要求,但不得小于0.2 m,房间净高不得低于2.2 m。

(13)锅炉、容积式水加热器,应装设温度计、压力表和安全阀(蒸汽锅炉开式热水箱还应装设水位计)。安全阀的直径,应按计算确定,并应符合锅炉安全等有关规定。

注:开式热水供应系统的热水锅炉和容积式水加热器,可不设安全阀。

(14)在开式热水供应系统中,应设膨胀管。其高出水箱水面的垂直高度应按下式计算:

$$h = H\left(\frac{\rho_1}{\rho_r} - 1\right) \tag{4.4-4}$$

式中 h——膨胀管高出水箱水面的垂直高度,m;

H——锅炉、水加热器底部至高位水箱水面的高度,m;

ρ_1——冷水的密度,kg/m^3;

ρ_r——热水的密度,kg/m^3。

(15)在闭式热水供应系统中,应采取消除水加热时热水膨胀引起的超压措施。

(16)膨胀管的设置要求和管径的选择,应符合要求:①膨胀管上严禁装设阀门;②膨胀管如有冻结可能时,应采取保温措施;③膨胀管的最小管径,宜按表4.4-2确定。

表4.4-2 膨胀管最小管径

锅炉或水加热器传热面积/m^2	<10	≥10且<15	≥15且<20	≥20
膨胀管最小管径 /mm	25	32	40	50

注:对多台锅炉或水加热器,宜分设膨胀管。

(17)设置锅炉、水加热器或贮水器的房间,应便于泄水,防止污水倒灌,并应设置良好的通风和照明。

4.5 小区集中生活热水用水定额

(1)小区内居住建筑和公共建筑。生活热水用水定额应根据水温、卫生设备的完善程度、热水供应时间、当地气候条件、生活习惯和水资源情况确定。各类建筑物的热水用水定额可按表4.5-1确定。

表 4.5－1　热水用水定额

序号	建筑物名称		单位	最高日用水定额（60 ℃）/L	使用时间/h
1	住宅	有自备热水供应和淋浴设备	每人每日	40～80	24
		有集中热水供应和淋浴设备	每人每日	60～100	24
2	别墅		每人每日	70～110	24 或定时供应
3	单身职工宿舍、学生宿舍、招待所、培训中心、普通旅馆、	设公用盥洗室	每人每日	25～40	24 或定时供应
		设公用盥洗室、淋浴室	每人每日	40～60	24 或定时供应
		设公用盥洗室、淋浴室、洗衣室	每人每日	50～80	24 或定时供应
		设单独卫生间、公用洗衣室	每人每日	60～100	24 或定时供应
4	宾馆、培训中心、客房	旅客、培训人员	每床位每日	120～160	24 或定时供应
		员工	每人每日	40～50	24 或定时供应
5	医院住院部	设公用盥洗室	每床位每日	45～100	24
		设公用盥洗室、淋浴室	每床位每日	70～130	24
		设单独卫生间	每床位每日	110～200	24
		门诊部、诊疗所	每病人每次	7～13	24
		疗养院、休养所住房部	每床位每日	100～160	24
		医务人员	每人每班	70～130	8
6	养老院		每床位每日	50～70	24
7	幼儿园、托儿所	有住宿	每儿童每日	20～40	24 或定时供应
8	公共浴室	淋浴	每顾客每次	40～60	12
		淋浴、浴盆	每顾客每次	60～80	12
		桑拿浴（淋浴、按摩池）	每顾客每次	70～100	12

注：1. 热水温度按 60 ℃计。

2. 表中所列用水定额均已包括在冷水用水量定额中。

3. 未列入表的建筑物热水用水定额参见《建筑给水排水设计规范》GB 50015 有关条款。

（2）卫生器具的 1 次和 1 h 热水用水定额及水温可按表 4.5－2 确定。

表 4.5－2　卫生器具的 1 次和 1 h 热水用水定额及水温

序号	卫生器具名称		1 次用水量/L	小时用水量/L	使用水温/℃
1	住宅、旅馆、别墅、宾馆	带有淋浴器的浴盆	150	300	40
		无淋浴器的浴盆	125	250	40
		淋浴器	70～100	140～200	37～40
		洗脸盆、盥洗槽水龙头	3	30	30
		洗涤盆（池）	—	180	50
2	单身职工宿舍、学生宿舍、招待所、普通宾馆	有淋浴小间	70～100	210～300	37～40

续表

序号	卫生器具名称		1次用水量/L	小时用水量/L	使用水温/℃
3	幼儿园、托儿所	浴盆:幼儿园	100	400	35
		托儿所	30	120	35
		淋浴器:幼儿园	30	180	35
		托儿所	15	90	35
		盥洗槽水龙头	15	25	30
		洗涤盆(池)	—	180	50
4	医院、疗养院、休养所	洗手盆	—	15~25	35
		洗涤盆(池)	—	300	50
		浴盆	125~150	250~300	40
5	公共浴室	浴盆	125	250	40
		淋浴器:有淋浴小间	100~150	200~300	37~40
		洗脸盆	5	50~80	35

注:未列入表中的1次和1h热水用水定额参见《建筑给水排水设计规范》GB 50015有关条款。

5 中水工程

5.1 中水系统设置及水源选择

5.1.1 中水系统设置条件

为实现污、废水利用的资源化，达到节约用水，治理污染，保护环境的目的，在建设各类建筑物和建筑小区时，应按照《建筑中水设计规范》(GB 50336—2002)的要求，并结合当地的有关规定配套建设中水设施，中水必须与主体工程同时设计，同时施工，同时使用。特别是缺水城市和缺水地区在进行各类建筑物和建筑小区建设时，其总体规划设计应包括污水、废水、雨水资源的综合利用和中水设施建设的内容。根据较早建设中水设施城市的经验，凡符合以下条件的工程应设计中水处理设施：①建筑面积大于2万 m^2 或回收水量大于等于100 m^3/d 的宾馆、饭店、公寓和高级住宅等；②建筑面积大于3万 m^2 或回收水量大于等于100 m^3/d 的机关、科研单位、大专院校和大型文娱、体育等建筑；③建筑面积大于5万 m^2 或回收水量大于等于150 m^3/d 或综合污水量大于等于750 m^3/d 的居住小区(包括别墅区、公寓区等)和集中建筑区(院校、机关大院、产业开发区等)；④应配套建设中水设施的建设项目，如中水来源水量或中水回用水量过小(小于50 m^3/d)，应设计安装中水管道系统。

5.1.2 中水水源

1. 水源选择原则

(1) 中水水源应根据排水的水质、水量、排水状况和中水回用的水质、水量等条件确定。

(2) 应优先选择水量充裕稳定、污染物浓度低、处理工艺简单的水作为中水水源。

(3) 中水水源可取自生活排水和其他可以利用的水源作为中水水源。

(4) 建筑屋面雨水，目前可作为中水水源的补充。

(5) 严禁传染病医院、结核病医院和放射性废水作为中水水源。经消毒处理后的综合医院污水只可作为独立的不与人接触的中水水源，如将产出的中水用于滴灌绿化等。

2. 中水水源可选择的种类和选取顺序

1) 建筑物中水水源可选择的种类和选取顺序

(1) 卫生间、公共浴室的盆浴和淋浴等的排水。

(2) 盥洗排水。

(3) 空调循环冷却系统排污水。

(4) 冷凝水。

(5) 游泳池排污水。

(6) 洗衣排水。

(7) 厨房排水。

(8)冲厕排水。

2)建筑小区中水水源可选择的种类和选取顺序

(1)小区内建筑物杂排水,以居民洗浴水为优先水源。

(2)小区或城市污水处理厂出水。

(3)小区内的雨水,目前可以作为补充水源。

(4)小区内的污水。

(5)小区附近相对洁净的工业排水,水质、水量必须稳定,并要有较高的使用安全性。

5.2 中水的利用及水质标准

5.2.1 中水利用和要求

(1)中水用途主要是建筑杂用水和城市杂用水,如冲厕、浇洒道路、绿化用水、消防、车辆冲洗、建筑施工、冷却用水等。

(2)中水利用除满足水量外,还应符合下列要求:①满足不同用途,选用不同的水质标准;②卫生上应安全可靠,卫生指标如大肠菌群数等必须达标;③中水还应符合人们的感官要求,即无不快感觉,以解除人们使用中水的心理障碍,主要指标有浊度、色度、嗅觉、LAS等;④中水回用的水质不应引起设备和管道的腐蚀和结垢,主要指标有 pH 值、硬度、蒸发残渣、TDS 等。

(3)污水再生利用按用途分类,包括农林牧渔用水、城市杂用水、工业用水、景观环境用水、补充水源水等,详见表 5.2-1。

表 5.2-1 城市污水再生利用分类

序号	分类	范围	示例
1	农、林、牧、渔业用水	农田灌溉	种籽与育种、粮食与饲料作物、经济作物
		造林育苗	种籽、苗木、苗圃、观赏植物
		畜牧养殖	畜牧、家畜、家禽
		水产养殖	淡水养殖
2	城市杂用水	城市绿化	公共绿地、住宅小区绿化
		冲厕	厕所便器冲洗
		道路清扫	城市道路冲洗及喷洒
		车辆冲洗	各种车辆冲洗
		建筑施工	施工场地清扫、浇洒、灰尘抑制、混凝土制备与养护、施工中的混凝土构件及建筑物冲洗
		消防	消火栓、消防水炮

续表

序号	分类	范围	示例
3	工业用水	冷却用水	直流式、循环式
		洗涤用水	冲渣、冲灰、消烟除尘、清洗
		锅炉用水	中压、低压锅炉
		工艺用水	溶料、水浴、蒸煮、漂洗、水力开采、水力输送、增湿、稀释、搅拌、选矿、油田回注
		产品用水	浆料、化工制剂、涂料
4	环境用水	娱乐性景观	娱乐性景观河道、景观湖泊及水景
		观赏性景观	观赏性景观河道、景观湖泊及水景
		湿地环境用水	恢复自然湿地、营造人工湿地
5	补充水源水	补充地表水	河流、湖泊
		补充地下水	水源补给、防止海水入侵、防止地面沉降

5.2.2 中水水质标准

(1)中水用作冲厕、道路清扫、消防、绿化、车辆冲洗、建筑施工等城市杂用水时,其水质应符合最新国家标准《城市污水再生利用　城市杂用水水质》(GB/T 18920)的规定。

(2)中水用于景观环境用水,其水质应符合最新国家标准《城市污水再生利用　景观环境用水水质》(GB/T 18921)的规定。

(3)中水用于建筑空调冷却水补水或空调采暖系统补水时,其水质应符合相应的规范、标准的相关规定。

(4)中水用于食用作物、蔬菜浇灌用水时,其水质应符合《农田灌溉水质标准》(GB 5084)的规定。

(5)中水用于多种用途时,其水质应按最高水质标准确定。

5.3 中水原水水量计算及其水质

5.3.1 中水原水量计算

1. 建筑物中水原水量

(1)建筑物中水原水量可按下式计算:

$$Q_Y = \sum \alpha\beta Qb$$

式中 Q_Y——中水原水量,m^3/d;

α——最高日给水量折算成平均日给水量的折减系数,一般为0.67~0.91,按《室外给水设计规范》中的用水定额分区和城市规模取值,城市规模按特大城市→大城市→中、小城市,分区按三→二→一的顺序由低至高取值;

β——建筑物按给水量计算排水量的折减系数,一般取0.8~0.9;

Q——建筑物最高日生活用水量,按《建筑给水排水设计规范》中的用水定额计算确定，m^3/d；

b——建筑物分项给水百分率，各类建筑物的分项给水百分率应以实测资料为准，在无实测资料时，可按表5.2-2选取。

表5.2-2 各类建筑物的分项给水百分率 %

项目	住宅	宾馆、饭店	办公楼、教学楼	公共浴室	餐饮业、营业餐厅
冲厕	21.3~21	10~14	60~66	2~5	6.7~5
厨房	20~19	12.5~14	—	—	93.3~95
沐浴	29.3~32	50~40	—	98~95	—
盥洗	6.7~6.0	12.5~14	40~34	—	—
洗衣	22.7~22	15~18	—	—	—
总计	100	100	100	100	100

注：沐浴包括盆浴和淋浴。

(2)用作中水水源的水量宜为中水回用量的100%~115%，以保证中水处理设备的完全运转。

2.建筑小区中水原水量

(1)小区建筑物分项排水原水量可按"建筑物中水原水量计算方法计算确定。

(2)小区综合排水量可按下式计算：

$$Q_{Y1} = Q_1\alpha\beta$$

式中 Q_{Y1}——小区综合排水量，m^3/d；

Q_1——小区最高日给水量，按《建筑给水排水设计规范》的规定计算；

α——最高日给水量折算成平均日给水量的折减系数，一般为0.67~0.91，按《室外给水设计规范》中的用水定额分区和城市规模取值，城市规模按特大城市→大城市→中、小城市，分区按三→二→一的顺序由低至高取值；

β——建筑物按给水量计算排水量的折减系数，一般取0.8~0.9。

(3)小区中水水源的水量应根据小区中水用量和可回收排水项目水量平衡计算确定。

5.3.2 原水水质

(1)原水的水质随建筑物所在地区及使用性质的不同导致其污染成分和浓度各不相同，设计时可根据实际水质调查分析确定。

(2)在无实测资料时，各类建筑物的各种排水污染物浓度可参照表5.2-3确定。

表5.2-3 各类建筑物各种排水污染物浓度 mg/L

类别	住宅			宾馆、饭店			办公楼、教学楼			公共浴室			餐饮业、营业餐厅		
	BOD_5	COD_{CR}	SS	BOD_5	COD_{CR}	SS	BOD_5	COD_{CR}	SS	BOD_5	COD_{CR}	SS	BOD_5	COD_{CR}	SS
冲厕	300~450	800~1 100	350~450	250~300	700~1 000	300~400	260~340	350~450	260~340	260~340	350~450	260~340	260~340	350~450	260~340

续表

类别	住宅			宾馆、饭店			办公楼、教学楼			公共浴室			餐饮业、营业餐厅		
	BOD_5	COD_{CR}	SS	BOD_5	COD_{CR}	SS	BOD_5	COD_{CR}	SS	BOD_5	COD_{CR}	SS	BOD_5	COD_{CR}	SS
厨房	500 ~ 650	900 ~ 1 200	220 ~ 280	400 ~ 550	800 ~ 1 100	180 ~ 220	—	—	—	—	—	—	500 ~ 600	900 ~ 1 100	250 ~ 280
沐浴	50 ~ 60	120 ~ 135	40 ~ 60	40 ~ 50	100 ~ 110	30 ~ 50	—	—	—	45 ~ 55	110 ~ 120	35 ~ 55	—	—	—
盥洗	60 ~ 70	90 ~ 120	100 ~ 150	50 ~ 60	80 ~ 100	80 ~ 100	90 ~ 110	100 ~ 140	90 ~ 110	—	—	—	—	—	—
洗衣	220 ~ 250	310 ~ 390	60 ~ 70	180 ~ 220	270 ~ 330	50 ~ 60	—	—	—	—	—	—	—	—	—
综合	230 ~ 300	455 ~ 600	155 ~ 180	140 ~ 175	295 ~ 380	95 ~ 120	195 ~ 260	260 ~ 340	195 ~ 260	50 ~ 65	115 ~ 135	40 ~ 65	190 ~ 590	890 ~ 1 075	255 ~ 285

(3)小区中水水源设计水质，当无实测资料时，可参照：①当采用生活污水作中水水源时，可按表 5.2－3 中综合水质指标取值；②当采用城市污水处理厂出水为水源时，可按二级处理实际出水水质或表 5.2－4 指标执行；③利用其他种类原水的水质需进行实测。

表 5.2－4　二级处理出水标准

项目	BOD_5	COD_{CR}	SS	NH_3-N	TP
浓度/(mg/L)	≤20	≤100	≤20	≤15	1.0

5.4　中水处理系统组成及形式

5.4.1　系统组成

(1)中水系统由原水系统、处理系统和中水供水系统 3 部分组成。

(2)中水工程设计应按系统工程考虑，做到统一规划、合理布局、相互制约和协调配合。实现建筑或建筑小区的使用功能、节水功能和环境功能的统一。

5.4.2　系统形式

(1)建筑物中水宜采用原水污、废分流，中水专供的完全分流系统。

(2)建筑小区可采用的系统形式：①全部完全分流系统，原水分流管系和中水供水管系覆盖全区；②部分完全分流系统，原水分流管系和中水供水管系均为区内部分建筑；③半完全分流系统，无原水分流管系(原水为综合污水或外接水源)，只有中水供水管系或将建筑内的杂排水分流出来，处理后用于室外杂用；④无分流简化系统，无原水分流管系，中水用于河道景观、绿化及室外其他杂用。

(3)中水系统形式的选择，应根据工程实际情况、原水和中水用量平衡和稳定、系统的技术经济合理性等因素综合考虑确定。

5.4.3 原水系统

(1)原水管道宜按重力流设计,靠重力流不能直接接入的排水可采取局部提升等措施接入。

(2)原水系统应计算原水收集率,收集率不应低于回收排水项目给水量的75%。

(3)室内外原水管道及附属构筑物均应采取防渗、防漏措施,并应有防止不符合水质要求的排水接入的措施。井盖应做“中水”标志。

(4)原水系统应设分流、溢流设施和超越管,宜在流入处理站之前能满足重力排放要求。

(5)当有厨房排水进入原水系统时,应经过隔油处理后,方可进入原水集水系统。

(6)原水应能计量,宜设置瞬时和累计流量的计量装置,如设置超声波流量计和沟槽流量计等。当采用调节池容量法计量时应安装水位计。

(7)冲厕污水进入原水系统时,应经过化粪池处理后方可进入。

(8)当采用雨水为水源补充或中水水源时,应有可靠的调储设施,并具有初期雨水剔除和超量溢流功能。

5.4.4 中水供水系统

(1)中水供水系统必须独立设置。

(2)中水系统供水量按照《建筑给水排水设计规范》中的用水定额及“各类建筑物分项给水百分率”表中规定的百分率计算确定。

(3)中水供水系统的设计秒流量和管道水力计算、供水方式及水泵的选择等可参照给水系统设计。

(4)中水供水管道宜采用塑料给水管、塑料和金属复合管或其他给水管材,不得采用非镀锌的钢管。

(5)中水储存池(箱)宜采用耐腐蚀、易清垢的材料制作。钢板池(箱)内、外壁及其附件均应采取防腐处理。

(6)在中水供水系统上应根据使用要求安装计量装置。

5.5 中水处理工艺流程

中水处理工艺流程列表如下。

水质类型	处理流程
以优质杂排水为原水的中水工艺流程	(1)以生物接触氧化为主的工艺流程: 原水→格栅→调节池→生物接触氧化→沉淀→过滤→消毒→中水 (2)以生物转盘为主的工艺流程: 原水→格栅→调节池→生物转盘→沉淀→过滤→消毒→中水 (3)以混凝沉淀为主的工艺流程: 原水→格栅→调节池→混凝沉淀→过滤→活性炭→消毒→中水

续表

水质类型	处理流程
以优质杂排水为原水的中水工艺流程	(4)以混凝气浮为主的工艺流程： 原水→格栅→调节池→混凝气浮→过滤→消毒→中水 (5)以微絮凝过滤为主的工艺流程： 原水→格栅→调节池→絮凝过滤→活性炭→消毒→中水 (6)以过滤－臭氧为主的工艺流程： 原水→格栅→调节池→过滤→臭氧→消毒→中水 (7)以物化处理－膜分离为主的工艺流程： 原水→格栅→调节池→絮凝沉淀过滤(或微絮凝过滤)→精密过滤→膜分离→消毒→中水
以综合生活污水为原水的中水工艺流程	(1)以生物接触氧化为主的工艺流程： 原水→格栅→调节池→两段生物接触氧化→沉淀→过滤→消毒→中水 (2)以水解－生物接触氧化为主的工艺流程： 原水→格栅→水解酸化调节池→两段生物接触氧化→沉淀→过滤→消毒→中水 (3)以厌氧－土地处理为主的工艺流程： 原水→水解池或化粪池→土地处理→消毒→植物吸收利用
以粪便水为主要原水的中水工艺流程	(1)以多级沉淀分离－生物接触氧化为主的工艺流程： 原水→沉淀1→沉淀2→接触氧化1→接触氧化2→沉淀3→接触氧化3→沉淀4→过滤→活性炭→消毒→中水 (2)以膜生物反应器为主的工艺流程： 原水→化粪池→膜生物反应器→中水
以城市污水处理厂出水为原水的中水工艺流程	城市再生水厂的基本处理工艺： 城市污水→一级处理→二级处理→混凝、沉淀(澄清)→过滤→消毒→中水 二级处理厂出水→混凝、沉淀(澄清)→过滤→消毒→中水

6 供热规划

城乡供热规划包括集中热源向城乡供应生产和生活用蒸汽、热水的所有供热形式。

供热系统主要是由热源、热力管网及热力站等传输系统和热用户 3 大部分构成。

供热规划的工作内容主要有：①热负荷性质参数分析和负荷预测；②根据热负荷性质参数及其分布划分供热分区，确定供热方式和热源的选择及其布点；③供热管网系统的布局和各种热能转换设施（热力站等）的布置。

供热规划，主要参照中华人民共和国行业标准《城镇供热管网设计规范》CJJ 34—2010 制定。

6.1 热负荷预测

《城镇供热管网设计规范》中的相关条款节录如下。

Ⅰ 总则

1.0.2 本规范适用于供热热水介质设计压力小于或等于 2.5 MPa，设计温度小于或等于 200 ℃；供热蒸汽介质设计压力小于或等于 1.6 MPa，设计温度小于或等于 350 ℃的下列城镇供热管网的设计。

（1） 以热电厂或锅炉房为热源，自热源至建筑物热力入口的供热管网。

（2） 供热管网新建、扩建或改建的管线、中继泵站和热力站等工艺系统。

3 耗热量

3.1 热负荷

3.1.1 热力网支线及用户热力站设计时，采暖、通风、空调及生活热水热负荷，宜采用经核实的建筑物设计热负荷。

3.1.2 当无建筑物设计热负荷资料时，民用建筑的采暖、通风、空调及生活热水热负荷可按下列公式计算。

1. 采暖热负荷

$$Q_h = q_h A_e \times 10^{-3} \qquad (6.1-1)$$

式中 Q_h——采暖设计热负荷，kW；

q_h——采暖热指标，W/m²，可按表 6.1－1 取用；

A_c——采暖建筑物的建筑面积，m²。

表 6.1－1 采暖热指标推荐值 W/m²

建筑物类型	采暖热指标 q_h	
	未采取节能措施	采取节能措施
住宅	58～64	40～45

续表

建筑物类型	采暖热指标 q_h	
	未采取节能措施	采取节能措施
居住区综合	60~67	45~55
学校、办公	60~80	50~70
医院、托幼	65~80	55~70
旅馆	60~70	50~60
商店	65~80	55~70
食堂、餐厅	115~140	100~130
影剧院、展览馆	95~115	80~105
大礼堂、体育馆	115~165	100~150

注:1. 表中数值适用于我国东北、华北、西北地区。

2. 热指标中已包括约5%的管网热损失。

2. 通风热负荷

$$Q_v = K_v Q_h \quad (6.1-2)$$

式中 Q_v——通风设计热负荷,kW;

Q_h——采暖设计热负荷,kW;

K_v——建筑物通风热负荷系数,可取0.3~0.5。

3. 空调热负荷

1)空调冬季冷负荷

$$Q_a = q_a A_k \times 10^{-3} \quad (6.1-3)$$

式中 Q_a——空调冬季设计热负荷,kW;

q_a——空调热指标,W/m²,可按表6.1-2取用;

A_k——空调建筑物的建筑面积,m²。

2)空调夏季冷负荷

$$Q_c = \frac{q_c A_k \times 10^{-3}}{C_{op}} \quad (6.1-4)$$

式中 Q_c——空调夏季设计冷负荷,kW;

q_c——空调冷指标,W/m²,可按表6.1-2取用;

A_k——空调建筑物的建筑面积,m²;

C_{op}——吸收式制冷机的制冷系数,取0.7~1.2。

表6.1-2 空调热指标、冷指标推荐值 W/m²

建筑物类型	办公	医院	旅馆、宾馆	商店、展览馆	影剧院	体育馆
热指标 q_a	80~100	90~120	90~120	100~120	115~140	130~190
冷指标 q_c	80~110	70~100	80~110	125~180	150~200	140~200

注:1. 表中数值适用于我国东北、华北、西北地区。

2. 寒冷地区热指标取较小值,冷指标取较大值;严寒地区热指标取较大值,冷指标取较小值。

4. 生活热水热负荷

1)生活热水平均热负荷

$$Q_{wa} = q_w A \times 10^{-3} \tag{6.1-5}$$

式中 Q_{wa}——生活热水平均热负荷,kW;

q_w——生活热水热指标,W/m²,应根据建筑物类型,采用实际统计资料,居住区可按表6.1-3取用;

A——总建筑面积,m²;

表6.1-3 居住区采暖期生活热水日平均热指标 W/m²

用水设备情况	热指标 q_w
住宅无生活热水,只对公共建筑供热水	2~3
全部住宅有沐浴设备并供给生活热水	5~15

注:1. 冷水温度较高时采用较小值,冷水温度较低时采用较大值。

2. 热指标中已包括约10%的管网热损失在内。

2)生活热水最大热负荷

$$Q_{wmax} = K_h Q_{wa} \tag{6.1-6}$$

式中 Q_{wmax}——生活热水最大热负荷,kW;

Q_{wa}——生活热水平均热负荷,kW;

K_h——小时变化系数,根据用热水计算单位数按现行国家标准《建筑给水排水设计规范》(GBJ 15)规定取用。

3.1.3 工业热负荷应包括生产工艺热负荷、生活热负荷和工业建筑的采暖、通风、空调热负荷。(相关计算公式略,详见《城镇供热管网设计规范》)

3.1.4 当无工业建筑采暖、通风、空调、生活及生产工艺热负荷的设计资料时,对现有企业,应采用生产建筑和生产工艺的实际耗热数据,并考虑今后可能的变化;对规划建设的工业企业,可按不同行业项目估算指标中典型生产规模进行估算,也可按同类型、同地区企业的设计资料或实际耗热定额计算。

3.1.5 热力网生产工艺最大热负荷应取经核实后的各热用户最大热负荷之和乘以同时使用系数,同时使用系数一般可取0.6~0.9。

6.2 供热方式与热源选择

6.2.1 集中供热

这是指利用锅炉房或热电厂等大型集中热源通过供热管网,利用热水或蒸汽向居民区和工厂提供采暖或生产用热。

6.2.2 分散供热

这是指小到一家一户,大不过三、四幢楼就有一个热源的供热方式。一般以供热面积不小于 10 万 m^2 为限。

6.2.3 集中供热系统的热媒

这里主要是指蒸汽和热水两种。集中供热系统热媒参数的选择原则:①以热电厂为热源,设计供水温度可取 110 ~ 115 ℃,回水温度取 70 ℃;②以区域锅炉房为热源,供热规模较小时,供回水温度采用 95/70 ℃的水温,供热规模较大时,采用较高供水温度。

在实际建设中最广泛应用的热源形式基本上为集中锅炉房和热电厂。

6.2.4 热电厂

火力发电厂在生产电能的过程中,利用汽轮机排汽或从汽轮机中间抽出一部分蒸汽提供给供热系统以满足生产和生活的需要,把这种联合生产、供给热能和电能的火力发电厂称为热电厂。规划机炉台数,不宜超过四机六炉。

大型热电厂一般都有十几回输电线路和几条大口径供热干管引出。供热干管占地较宽,一条管线要占 3 ~ 5 m 的宽度。因此要留出足够的出线走廊宽度。

以下节录自《城镇供热管网设计规范》。

4.2.2 当不具备条件进行最佳供、回水温度的技术经济比较时,热水热力网供、回水温度可按下列原则确定。

(1)以热电厂或大型区域锅炉房为热源时,设计供水温度可取 110 ℃ ~ 150 ℃,回水温度不应高于 70 ℃。热电厂采用一级加热时,供水温度取小值;采用二级加热(包括串联尖峰锅炉)时,供水温度取大值。

(2)以小型区域锅炉房为热源时,设计供、回水温度可采用户内采暖系统的设计温度。

(3)多热源联网运行的供热系统中,各热源的设计供、回水温度应一致。当区域锅炉房与热电厂联网运行时,应采用以热电厂为热源的供热系统的最佳供、回水温度。

(4)热电厂用地面积参考表 6.2-1 和表 6.2-2。

表 6.2-1 热电厂用地指标规定

装机容量/万 kW	机组类型	占地面积/hm^2
4×30	高压	55 ~ 58
6×30	高压	65 ~ 70
4×60	高压	60 ~ 68
4×100	高压	80 ~ 85

表 6.2-2 小型热电厂占地参考值

规模/kW	2×1 500	2×3 000	2×6 000	2×12 000
占地面积/hm^2	1 ~ 1.5	2.0 ~ 2.8	3.5 ~ 4.5	5.5 ~ 7.0

6.2.5 锅炉房用地面积

锅炉房占地面积参见表 6.2-3 至表 6.2-10。

表 6.2－3 燃煤锅炉房的用地面积

锅炉房总容量		用地面积/hm²
蒸汽锅炉/(t/h)	热水锅炉/MW	
<80	<56	<1
80～140	56～116	1～1.8
140～300	116～232	1.8～3.5
—	232～464	3.5～6.0
—	≥464	≥4.0

表 6.2－4 燃气锅炉房的用地面积

锅炉房总容量/MW	用地面积/m²
<21	<1 800
21～56	1 800～2 500
56～116	2 500～4 000
>116	4 000～5 000

表 6.2－5 采暖锅炉房用地规模

锅炉房发热量/MW	使用固体燃料/hm²	使用气体燃料/hm²
5.8～11.6	0.7	0.7
>11.6～58	1.5	1.2
>58～116	2.6	2.0
>116～232	3.2	2.5

表 6.2－6 不同规模热水锅炉房的用地面积参考

锅炉房总容量/MW	用地面积/hm²
5.8～11.6	0.3～0.5
11.6～35	0.6～1.0
35～58	1.1～1.5
58～116	1.6～2.5
116～232	2.6～3.5
232～350	4～5

表 6.2－7 不同规模蒸汽锅炉房的用地面积参考

锅炉房额定蒸汽出力/(t/h)	锅炉房内是否有汽水换热站	用地面积/hm²
10～20	无	0.25～0.45
	有	0.3～0.5

续表

锅炉房额定蒸汽出力/(t/h)	锅炉房内是否有汽水换热站	用地面积/hm^2
20~60	无	0.5~0.8
	有	0.6~1.0
60~100	无	0.8~1.2
	有	0.9~1.4

表 6.2-8 热力站建筑面积参考

用户采暖面积/万 m^2	热力站建筑面积/m^2
2.0~5.0	160
5.1~10.0	200
10.1~15.0	240
15.1~20.0	280
20.1~35.0	320

热力站用地面积一般为 100~200 m^2,供热面积在 5 万 m^2 以下的取下限,供热面积在 5 万 m^2 以上或为双区供热的取上限。重要地区应采用箱式换热站。

表 6.2-9 热力站规模

规模种类	1	2	3	4	5	6	7
供热建筑物面积/($\times 10^4 m^2$)	5	8	12	16	20	30	40
热负荷/(GJ/h)	13	20	30	40	50	75	100

《煤气与热力》(第 28 卷第 9 期 2008 年 9 月)"集中供热系统热力站规模的确定"一文有以下观点。

(1)热水热力网民用热力站最佳供热规模,应通过技术经济比较确定。当不具备技术经济比较条件时,热力站的规模宜按下列原则确定。

①对于新建的居住区,热力站最大规模以供热范围不超过本街区为限。一是考虑热力站二级管网不宜跨出本街区的市政道路;二是考虑热力站的供热半径不超过 500 m,便于管网的调节和管理。

②对已有采暖系统的小区,在减少原有采暖系统改造工程量的前提下,宜减少热力站的个数。

(2)蒸汽热力站是蒸汽分配站。通过分汽缸对各分支进行控制、分配,并提供了分支计量的条件。分支管上安装阀门,可使各分支管路分别切断进行检修,而不影响其他管路正常工作,提高供热的可靠性。蒸汽热力站是转换站,根据热负荷的不同需要,通过减温减压可满足不同参数的需要,通过换热系统可满足不同介质的需要。

表 6.2－10 不同总供热面积下容积率对热力站最佳规模的影响

容积率	总供热面积/m^2					
	70×10^4	80×10^4	100×10^4	120×10^4	200×10^4	400×10^4
	热力站最佳规模/m^2					
0.5	7.5×10^4	8.0×10^4	10.0×10^4	10.0×10^4	12.5×10^4	12.5×10^4
0.6	7.5×10^4	8.0×10^4	10.0×10^4	10.0×10^4	12.5×10^4	12.5×10^4
0.7	8.0×10^4	8.0×10^4	10.0×10^4	10.0×10^4	12.5×10^4	12.5×10^4
0.8	8.0×10^4	8.0×10^4	10.0×10^4	10.0×10^4	12.5×10^4	12.5×10^4
0.9	8.0×10^4	8.0×10^4	10.0×10^4	10.0×10^4	12.5×10^4	12.5×10^4
1.0	8.0×10^4	8.0×10^4	10.0×10^4	10.0×10^4	12.5×10^4	12.5×10^4
1.1	8.0×10^4	8.0×10^4	10.0×10^4	10.0×10^4	12.5×10^4	12.5×10^4
1.2	10.0×10^4	8.0×10^4	12.0×10^4	12.0×10^4	15.0×10^4	15.0×10^4
1.3	10.0×10^4	10.0×10^4	12.0×10^4	12.0×10^4	15.0×10^4	15.0×10^4
1.4	12.0×10^4	15.0×10^4	15.0×10^4	15.0×10^4	15.0×10^4	15.0×10^4
1.5	12.0×10^4	15.0×10^4	15.0×10^4	15.0×10^4	15.0×10^4	18.0×10^4
1.6	15.0×10^4	15.0×10^4	18.0×10^4	18.0×10^4	18.0×10^4	20.0×10^4

下面通过实例，探讨以上热力站最佳规模确定方法的可行性。

工程实例 1，某西部城市的新规划供热区域，采用供热锅炉房供热，总供热面积为 $203\times10^4 m^2$，设计容积率为 0.9，建设热力站 16 座，热力站供热半径为 0.5～1.0 km，实际供热效果良好。

工程实例 2，华北某城市，采用热电厂供热，供热锅炉房调峰，总供热面积为 $402\times10^4 m^2$，设计容积率为 1.1，建设热力站 32 座，热力站供热半径为 0.7～1.0 km，实际供热效果良好。因此，以上确定方法可行。

值得注意的是，这里讨论的确定方法不可一概而论。例如，在东部沿海某城市的开发区，由于该地区土地资源宝贵，使大规模热力站成为主要选择。

6.2.6 中继泵站（中继加压泵站）

中继泵应采用调整泵，且应减少中继泵的台数。设置 4 台或 4 台以上水泵，并联运行时可不设备用泵。

中继泵站用地面积可参考表 6.2－11 和表 6.2－12。

中继泵站不得在环状运行的管段上设置。

表 6.2－11 中继泵站占地面积估算

中继泵站的供热建筑面积/万 m^2	10	20	50	100
占地面积/m^2	200～250	300～350	400～500	500～600

表 6.2-12 中继泵站用地指标

供热建筑面积/万 m^2	<50	50~100	100~300	300~500	500~800	800~1 300
占地面积/m^2	<500	700	1 000	1 500	2 000	2 500

注:上述面积中不包括储水罐面积,如需要设置储水罐,可适当增加占地面积。

6.3 锅炉房

(1)《锅炉房设计规范》(GB 50041—2008)适用于下列范围内的工业、民用、区域锅炉房及其室外热力管道设计:①蒸汽锅炉的单台额定蒸发量为 1~75 t/h,额定出口蒸汽压力为 0.10~3.82 MPa(表压),额定出口蒸汽温度小于等于 450 ℃;②热水锅炉房,其单台锅炉额定热功率为 0.7~70 MW,额定出口水压为 0.10~2.50 MPa(表压),额定出口温度小于等于 180 ℃;③符合①、②款参数的室外蒸汽管道、凝结水管道和闭式循环热水系统。本规范不适用于余热锅炉、垃圾焚烧锅炉和其他特殊类型锅炉的锅炉房和城市热力网设计。

(2)根据《锅炉房设计规范》(GB 50041—2008)中的规定:①锅炉房的锅炉台数不宜少于 2 台,但当选用 1 台锅炉能满足热负荷和检修需要时,可以只设置 1 台;②锅炉房的锅炉总台数,对新建锅炉房不宜超过 5 台,扩建改建时,总台数不宜超过 7 台,非独立锅炉房,不宜超过 4 台;③锅炉房有多台锅炉时,当其中 1 台额定蒸发量或热功率最大的锅炉检修时,其余锅炉应能满足连续生产用热所需的最低热负荷以及采暖通风、空调和生活用热所需的最低热负荷。

锅炉房总装机容量应按下式确定:

$$Q_B = Q_O/\eta_1 \tag{6.3-1}$$

式中 Q_B——锅炉房总装机容量,W;

Q_O——锅炉负担的采暖设计热负荷,W;

η_1——室外管网输送效率,一般取 0.92。

(3)选用锅炉的额定热效率应符合《公共建筑节能设计标准》GB 50189—2005 的规定(见表 6.3-1)和《民用建筑节能设计标准》JGJ 26—95 的规定(见表 6.3-2)。

表 6.3-1 锅炉的额定热效率

锅炉类型	热效率/%
燃煤(Ⅱ类烟煤)蒸汽、热水锅炉	≥78
燃油燃气蒸汽、热水锅炉	≥89

表 6.3-2 燃煤锅炉的最低额定效率 %

燃料品种		发热值/(kJ/kg)	锅炉容量/MW				
			2.8	4.2	7.0	14.0	28.0
烟煤	Ⅲ	>19 700	74	76	78	80	82

多台锅炉联合运行时，在最小热负荷工况下，单台燃煤锅炉的运行负荷不应低于锅炉额定负荷的60%，单台燃油、燃气锅炉的运行负荷不应低于额定负荷的30%。

(4)表6.3－3介绍部分各种额定功率的各类锅炉的型号，供参考。

表6.3－3 锅炉

产品名	商标名	规格型号
1.4—14 MW 热水锅炉	双峰	SZS-Y(Q)型
10—20 t/h 蒸汽锅炉	双峰	SZX-AII 型
10—20 t/h 蒸汽锅炉	双峰	SZX-AII 型
10.5—58 MW 热水锅炉	双峰	SHL-T 型
10.5—58 MW 热水锅炉	双峰	SHL-T 型
14—58 MW 热水锅炉	双峰	DZL-AII 型
14—58 MW 热水锅炉	双峰	DZL-AII 型
14—58 MW 热水锅炉	双峰	SHL-AII 型
14—58 MW 热水锅炉	双峰	SHL-AII 型
15—75 t/h 蒸汽锅炉	双峰	SHL-T 型
15—75 t/h 蒸汽锅炉	双峰	SHL-T 型
2—20 t/h 蒸汽锅炉	双峰	SZS-Y(Q)型
2.8—14 MW 热水锅炉	双峰	SZL-AII 型
2.8—14 MW 热水锅炉	双峰	SZL-AII 型
20—75 t/h 蒸汽锅炉	双峰	SHL-AII 型
20—85 t/h 蒸汽锅炉	双峰	SHL-AII 型
7—14 MW 热水锅炉	双峰	SZX-AII 型
7—14 MW 热水锅炉	双峰	SZX-AII 型
锅炉	威玛	GV 型(14.7～51.6 kW)
锅炉	威玛	1888 型(237～1 400 kW)
热水锅炉	航龙	CWNS－4.2 MW
热水锅炉	航龙	CWNS－2.8 MW
热水锅炉	航龙	CWNS－2.1 MW
热水锅炉	航龙	CWNS－1.4 MW
燃油燃气热水锅炉	金象特高	DZS 7.0,10.5,14.0,24.5,28.0
燃油燃气热水锅炉	金象特高	CWNS 0.7,1.05,1.4,2.1,2.8,4.2,5.6,7.0
燃油燃气热水锅炉	金象特高	WNS 0.5,1,2,3,4,6,8,10
燃油(气)热水锅炉	大强王	CWNS 1.4－95/70 型
燃油(气)热水锅炉	大强王	CWNS 2.8－95/70 型
燃油(气)热水锅炉	大强王	CWNS 2.1－95/70 型
燃油(气)热水锅炉	大强王	CWNS 1.8－95/70 型

(5)锅炉房设计常用估算指标和生活间面积指标,见表6.3-4和表6.3-5。

表6.3-4 锅炉房设计常用估算指标

序号	项目	单台锅炉容量/(t/h)					
		2	4	6(6.5)	10	20	35
1	锅炉房标准煤耗量/(t/(h·台))	0.36	0.58	0.81	1.23	2.30	3.80
2	锅炉房建筑面积/(m^2/台)	150	280	450	600	800	1 400
3	锅炉房厂区占地面积/(m^2/台)	400	800	2 500	3 500	5 000	7 000
4	锅炉房耗电量/(kW·h/台)	20~30	40~50	65~85	100~130	200~250	350~450
5	锅炉房高度/m	5~5.5	5.5~6.5	7~12	8~15	12~18	15~20
6	锅炉中心距/m	5	6	6	7.5	9	12
7	锅炉房耗水量/(t/(h·台))	3	6	10	15	25	40
8	锅炉房运行人员/(人/台)	5	9	15	25	30	32

表6.3-5 锅炉房生活间面积指标

生活间及其面积 \ 锅炉容量/(t/h)		2~6	8~16	20~25	≥80
办公室/m^2		—	—	20	25
值班、休息室/m^2		12	15	20	25
化验室/m^2		—	15	25	2×25
更衣室/m^2		—	—	15	15
浴室	淋浴器数量/个	—	1	2	3
	浴池数量/个	—	—	1	1
洗手间数量/个		1	1	2	2

(6)热水锅炉系列设计参数,见表6.3-6至表6.3-12。

表6.3-6 额定出口热水压力

MPa

额定供热量/MW	0.392	0.686			0.98		1.27	1.57		2.45
	额定出口热水温度/回水温度/℃									
		95/70	115/70	130/70	115/70	130/70	150/90	150/90	150/110	180/110
7		△		△	△	△	△			
10.5					△	△	△			
14					△	△	△	△		
29							△	△	△	△
58、116								△	△	△

表 6.3-7 热水锅炉(燃煤)

型　　号	额定功率/MW	额定出水压力/MPa	额定出水/进水温度/℃
1. SZL 长短包热水锅炉	4.2~17.5	0.7~1.6	95~150/70~90
2. DZL 型上置锅壳热水锅炉	0.7~70	0.7~1.6	95~150/70~90
3. SHL 型热水锅炉	4.2~87	0.7~1.6	95~150/70~90
4. DHL(QXL)TT 型系列热水锅炉	29~87	0.7~1.6	95~150/70~90
5. DHL(QXL)型角管系列热水锅炉	14~87	0.7~1.6	95~150/70~90
6. DZL 型下置锅壳热水锅炉	14~87	1.25~1.6	95~150/70~90
7. SZL 型下置锅壳热水锅炉	4.2~46	0.7~1.6	95~150/70~90
8. QXF 型系列循环流化床热水锅炉	29~116	1.25~1.6	95~150/70~90

表 6.3-8 热水锅炉

型　　号	额定功率/MW	额定出水压力/MPa	额定出水/进水温度/℃
1. WNS 型系列热水锅炉	0.7~14	0.7~1.6	95~130/70
2. KDZS 型系列热水锅炉	14~29	1.0~1.6	95~150/70~110
3. KSZS 型系列热水锅炉	2.8~7.0	1.0~1.6	95~150/70~110
4. SZS 型系列热水锅炉	14~70	1.0~1.6	95~150/70~110
5. DHS 型系列热水锅炉	58~112	1.0~1.6	95~150/70~110
6. FZ(R)型系列热水锅炉	0.35~2.8	1.0~1.6	95~130/70
7. DR 型系列热水锅炉	0.07~1.4	0.4~1.6	95~130/70

表 6.3-9 蒸汽锅炉(燃煤)

型　　号	额定蒸发量/(t/h)	额定蒸汽压力/MPa	额定蒸汽温度饱和或过热温度/℃
1. SZL 长短包蒸汽锅炉	6~25	0.7~1.6	250~410
2. DZL 型上置锅壳蒸汽锅炉	1~75	0.7~1.6	饱和温度
3. SHL 型蒸汽锅炉	6~75	0.7~2.5	饱和温度或过热温度 250~450
4. DHL(BCG)TT 型系列蒸汽锅炉	35~120	2.5~5.29	饱和或过热温度 350~485
5. DHL(BCG)型角管系列蒸汽锅炉	6~120	0.7~3.82	饱和或过热温度 250~450
6. SZL 型下置锅壳系列蒸汽锅炉	6~65	1.0~2.5	饱和或过热蒸汽温度 250~450
7. BCG 型系列循环流化床蒸汽锅炉	35~240	2.45~9.8	过热蒸汽温度 350~540

表 6.3-10 燃油、气蒸汽锅炉

型　　号	额定蒸发量/(t/h)	额定蒸汽压力/MPa	额定蒸汽温度/℃
1. WNS 型系列蒸汽锅炉	1~20	0.7~1.6	饱和温度
2. KDZS 型系列蒸汽锅炉	20~40	1.0~3.82	饱和或过热蒸汽温度 250~450
3. KSZS 型系列蒸汽锅炉	4~10	1.0~1.6	饱和或过热蒸汽温度 250~400

续表

型　　号	额定蒸发量/(t/h)	额定蒸汽压力/MPa	额定蒸汽温度/℃
4. SZS 型系列蒸汽锅炉	20～100	1.0～3.82	饱和或过热蒸汽温度 250～450
5. FZ(R)型系列蒸汽锅炉	0.5～4	0.7～1.6	饱和温度
6. DR 型系列蒸汽锅炉	0.1～2	0.4～3.82	饱和或过热蒸汽温度 250～450

表 6.3-11　DZS 型热水锅炉技术参数

锅炉型号		DZS 14	DZS 17.5	DZS 21	DZS 29	DZS 46
额定热功率/MW		14	17.5	21	29	46
额定出水压力/MPa		1.0/1.25/1.6				
额定出水温度/℃		95/115/130/150				
额定回水温度/℃		70/90				
热效率/%		90～92				
燃料消耗量	100#重油	1 366	1 676.3	2 010.2	2 742.2	4 515
	天然气	1 551.7	1 913.2	2 294.6	3 098.3	5 193
林格曼黑度		<1 级				
最大件运输尺寸/mm		11 125×3 600×3 670	11 125×3 600×3 670	11 125×3 600×3 670	10 461×1 436×1 895	12 380×1 436×1 895
最大安装占地尺寸/mm		11 400×3 957×3 670	11 400×5 780×3 670	11 400×5 920×3 670	12 489×7 450×7 000	15 300×10 138×7 800
运输形式		块装或散装			散装	

表 6.3-12　DZS 型蒸汽锅炉技术参数

锅炉型号		DZS 20	DZS 25	DZS 30	DZS 40	DZS 65
额定蒸发量/(t/h)		20	25	30	40	65
额定出口蒸汽压力/MPa		1.0/1.25/1.6/2.45				
额定出口蒸汽温度/℃		饱和/250/300/350/450				
给水温度/℃		20、104				
热效率/%		90～92				
燃料消耗量	100#重油	1 451.2	1 676.3	2 012.2	2 522.8	4 560
	天然气	1 611.5	1 913.2	2 296.8	2 776.8	5 210
林格曼黑度		<1 级				
最大件运输尺寸/mm		11 125×3 600×3 670	11 125×3 600×3 670	11 125×3 600×3 670	10 461×1 436×1 895	12 380×1 436×1 895
最大安装占地尺寸/mm		11 400×5 780×3 670	11 400×5 780×3 670	11 400×5 780×3 670	12 489×7 450×7 000	15 300×10 138×7 800
运输形式		块装或散装			散装	

6.4 环保节能的供暖和空调系统

以环保节能为主要特征的绿色建筑及相应的供暖和空调系统正被快速地推广应用。

地源热泵是新兴集中供暖和空调系统之一。

新兴起的热泵技术和地能相结合的方式,通过一套系统可同时解决采暖、制冷及生活热水的问题,并且这个技术非常节能环保。

地源热源(土壤源)是以大地为热源对建筑进行“空调”的技术。地下土壤的温度一年四季基本上保持恒温。地源热泵技术简单地说就是把土壤中的热量从低位转移到高位,冬季通过热泵将大地中的低位热能提高到地表来对建筑供暖,同时蓄存冷量,以备夏用;夏季通过热泵将建筑物内的热量转移到地下对建筑进行降温,同时蓄存热量,以备冬用。

地源热泵的换热部分为地下工程,可设于绿地、车场、道路等建筑物周边任何可利用的空间内,不占用宝贵的土地资源。

地源热泵系统的使用没有燃烧,没有废气的排放,安全保证度高,因而机房可灵活设置于建筑物内,无需专属空间。

地源热泵不抽取地下水,所以不受地下水资源条件和地层结构的限制。

建筑面积500 000 m^2以下的范围供暖和空调可根据当地情况选用。

6.5 供热厂

《城镇供热厂工程项目建设标准》建标112—2008的相关条款如下。

第三条 本建设标准适用于城镇燃煤、燃气供热厂新建工程,改建、扩建工程可参照执行。

第十条 城镇供热厂与热力网的建设必须同步进行。

第十一条 单台锅炉额定蒸发量大于或等于20 t/h的蒸汽锅炉、热负荷年利用小时大于或等于4 000 h的较大型供热厂,经技术经济比较具有明显经济效益和节能效果的,应采用热电联产的集中供热方式。

第十二条 在地震烈度为6度及以上的地区,供热厂的建筑物、构筑物、锅炉本体和管道的设计,均应采取符合该地区抗震设防标准的措施。

第十五条 城镇供热厂工程建设规模,应根据城市总体规划和供热规划,按照核实后的设计热负荷确定。供热厂的建设规模可按表1执行。

表1 供热厂建设规模分类

燃料种类	供热厂类别	蒸汽锅炉/(t/h)		热水锅炉/MW	
		单台容量	总容量	单台容量	总容量
燃煤	Ⅰ类	20	80	14	56
	Ⅱ类	35	140	29	116
	Ⅲ类	75	300	58(70)	232(280)
	Ⅳ类	—	—	116	464
燃气	Ⅰ类	—	—	7	21
	Ⅱ类	—	—	14	56
	Ⅲ类	—	—	29	116

注:供热厂的建设规模与表中不一致时,可参照相近容量的供热厂规模选用。

第四十一条 供热厂的生产建(构)筑物的面积,应根据设备、管道布置、工艺流程及运行、维护检修进行合理布置。

第四十三条 供热厂附属设施用房的建筑面积可按表2所列指标采用。

表2 供热厂附属设施建筑面积指标

燃料种类	供热厂类别	辅助生产用房/m^2	管理用房/m^2	生活设施用房/m^2	合计/m^2	单位建筑面积/(m^2/MW)
燃煤	Ⅰ类	≤300	≤300	≤300	≤900	≤16
	Ⅱ类	≤450	≤400	≤350	≤1 200	≤11
	Ⅲ类	≤700	≤600	≤600	≤1 900	≤9
	Ⅳ类	≤850	≤700	≤700	≤2 250	≤5
燃气	Ⅰ类	≤40	≤30	≤20	≤90	≤4.5
	Ⅱ类	≤120	≤60	≤60	≤240	≤4
	Ⅲ类	≤260	≤100	≤120	≤480	≤4

注:1. 辅助生产用房主要包括维修、仓库以及化验室等。

2. 管理用房主要包括生产管理、行政管理办公室以及传达室等,不含热网运行管理、收费等的办公用房。

3. 生活设施用房主要包括食堂、浴室、自行车棚、值班宿舍等。

4. 蒸汽锅炉可按对应的热水锅炉折算单位指标(1t/h = 0.7 MW)。

5. 供热厂的供热规模与表1不一致时,按单位指标(m^2/MW)折算附属设施建筑面积。

第四十四条 供热厂的建设用地,必须坚持科学合理、节约用地的原则,在满足生产、生活、办公需要的情况下尽量减少用地,供热厂的建设用地应符合表3的规定。

表3 供热厂建设用地

燃料种类	供热厂类别	用地指标/m^2	单位用地指标/(m^2/MW)
燃煤	Ⅰ类	≤15 000	≤268
	Ⅱ类	≤26 000	≤224
	Ⅲ类	≤38 000	≤164
	Ⅳ类	≤55 000	≤118
燃气	Ⅰ类	≤2 400	≤115
	Ⅱ类	≤2 800	≤50
	Ⅲ类	≤4 400	≤40

注:蒸汽锅炉可按对应的热水锅炉折算单位指标(1t/h=0.7 MW)。

第五十四条 各类供热厂劳动定员,可参照表4所列指标选用。

表4 供热厂劳动定员

燃料种类	供热厂类别	劳动定员/人
燃煤	Ⅰ类	45~50
	Ⅱ类	50~60
	Ⅲ类	60~72
	Ⅳ类	68~82
燃气	Ⅰ类	18~32
	Ⅱ类	
	Ⅲ类	

第五十六条 供热厂投资估算指标可参照表5所列指标采用。

表5 供热厂投资估算指标

燃料种类	供热厂类别	炉　型	指　标	
			蒸汽锅炉(万元/(t/h)	热水锅炉(万元/MW)
燃煤	Ⅰ类	链条锅炉	38~42	54~60
	Ⅱ类	链条锅炉	36~40	52~58
	Ⅲ类	链条锅炉	35~39	50~56
		循环流化床锅炉	38~42	54~60
	Ⅳ类	循环流化床锅炉	—	52~58
燃气	Ⅰ类	—	—	36~45
	Ⅱ类	—		
	Ⅲ类	—		

注:1. 指标采用现行北京市工程造价信息计算,不同时间、地点、人工、材料价格变动,可调整后使用。

2. 指标未考虑湿陷性黄土区、地震设防、永久性冻土和地质情况十分复杂等因素的特殊要求。

3. 指标不包括征地、拆迁、青苗与破路补偿等费用。

第五十七条　供热厂建设工期可按表6所列指标控制。

表6　供热厂建设工期

燃料种类	供热厂类别	工期/月		
		设计	施工	合计
燃煤	Ⅰ类	4~5	5~6	9~11
	Ⅱ类	5~6	6~7	11~13
	Ⅲ类	6~7	8~9	14~16
	Ⅳ类	8~9	10~11	18~20
燃气	Ⅰ类	3~4	4~5	7~9
	Ⅱ类			
	Ⅲ类			

注:1. 设计阶段包括初步设计和施工图设计。

2. 建设工期定额不包括因审批拖延、返工、资金不到位、停工待料及自然灾害等影响而延误的工期。

3. 建设工期定额上限一般适用于工程地质条件复杂、需做地基处理、技术要求高、施工条件较差、规模大等情况；下限一般适用于工程地质条件较好、技术要求一般、施工条件较好、规模小等情况。

第五十八条　新建供热厂用电量、用水量、耗煤量和耗气量等应符合表7~表10的规定。

表7　供热厂用电量指标

项　目	炉　型	单　位	用电量
燃煤蒸汽锅炉	链条锅炉	kW/(t/h)	13~20
	循环流化床锅炉	kW/(t/h)	25~35
燃煤热水锅炉	链条锅炉	kW/MW	15~25
	循环流化床锅炉	kW/MW	30~50
燃气热水锅炉	—	kW/MW	8~20

表8　供热厂用水量指标

项　目	炉　型	单　位	用水量
燃煤蒸汽锅炉	链条锅炉	$m^3/(t/h)$	0.5~1.2
	循环流化床锅炉	$m^3/(t/h)$	0.5~1.2
燃煤热水锅炉	链条锅炉	m^3/MW	0.4~1.0
	循环流化床锅炉	m^3/MW	0.4~1.0
燃气热水锅炉	—	m^3/MW	0.4~1.0

表9 供热厂耗煤量指标

项目	炉型	单位	用电量
燃煤蒸汽锅炉	链条锅炉	kg/(t/h)	100 ~ 110
	循环流化床锅炉	kg/(t/h)	86 ~ 96
燃煤热水锅炉	链条锅炉	kg/MW	140 ~ 160
	循环流化床锅炉	kg/MW	120 ~ 140

表10 供热厂耗气量指标

项目	单位	耗气量(天然气)
燃气热水锅炉	m^3/MW	108 ~ 120

注:天然气热值按35 162 kJ/m^3(标态)计算。

从以上调查表中可以看出,由于各供热厂的系统配置不同,其单位造价也有所变化,链条锅炉的供热厂:一类费用投资集中在41万~46万元/MW(个别特殊的除外),考虑二类费后(不包括征地、折迁)其投资控制在50万~60万元/MW;循环流化床锅炉的供热厂:一类费用投资在45万~50万元/MW(个别特殊的除外),考虑二类费后(不包括征地、拆迁)其投资控制在52万~60万元/MW。

供热厂的投资受到下列因素的影响较大:①锅炉房的布置(单层或双层);②锅炉房的土建结构型式(混凝土或钢结构);③系统和工艺设备的标准;④除尘和脱硫的方式;⑤控制系统的水平;⑥贮煤场的容量;⑦厂区地形(土方工程);⑧材料价格的波动等。在调查选择项目时已考虑了上述情况,但对某项具体工程,如有特殊情况(如土方量大或要求的自控水平高等因素),投资可能有所增加。

6.6 管网布置与敷设

城市道路上的热力网管道应平行于道路中心线,并宜敷设在车行道以外的地方,同一条管道应只沿街道的一侧敷设。

工厂的热力网管道,宜采用地上敷设。

城市街道上和居住区内的热力网管宜采用地下敷设。热水热力网管道地下敷设时,应优先采用直埋敷设;热水或蒸汽管道采用管沟敷设时,应首选不通行管沟敷设。蒸汽管道采用管沟困难时,可采用保温性能良好、防水性能可靠、保护管耐腐蚀的预制保温管直埋敷设,其设计寿命不应低于25年。

直埋敷设热水管道应采用钢管、保温层、保护外壳结合成一体的预制保温管道。

热力管道可与自来水管道、电压10 kV以下的电力电缆、通信线路、压缩空气管道、压力排水管道和重油管道一起敷设在综合管沟内。在综合管沟内,热力网管道应高于自来水管道和重油管道,并且自来水管道应做绝热层和防水层。

热力网管道与建筑物、构筑物间的最小距离应符合表6.6-1至表6.6-3的有关规定。

表 6.6-1 地下敷设热力网管道与构筑物及其他管线的最小距离

建筑物、构筑物或管道名称	与热力网管道最小水平净距/m	与热力网管道最小垂直净距/m
铁路钢轨	钢轨外侧 3.0	轨底 1.2
电车钢轨	钢轨外侧 2.0	轨底 1.0
桥墩(高架桥、栈桥)边缘	2.0	
架空管道支架基础边缘	1.5	
地铁	5.0	0.8
电气铁路接触网电杆基础	3.0	
道路路面		0.7

表 6.6-2 热力网管道与建筑物、构筑物间的最小距离

建筑物、构筑物或管线名称		水平距离/m	垂直距离/m
地下敷设热力网管道	管沟管道与建筑物基础之间	0.5	—
	直埋闭式管道 *DN*≤250 与建筑物基础之间	2.5	—
	直埋闭式管道 *DN*≥300 与建筑物基础	3.0	—
	直埋开式热水热力网管道与建筑物基础	5.0	—
	与铁路钢轨之间	轨外侧 3.0	轨底 1.2
	与电力钢轨之间	轨外侧 2.0	轨底 1.0
	与铁路、公路路基边坡底脚或边沟边缘	1.0	—
	与通信照明或 10 kV 以下电力线路的电杆	1.0	—
	与桥墩(高架桥、栈桥)边缘	2.0	—
	与架空管道支架基础边缘	1.5	—
	与 30~60 kV 高压输电线铁塔基础边缘	2.0	—
	与 110~220 kV 高压输电线铁塔基础边缘	3.0	—
	与通信电缆(管沟、直埋)之间	1.0	0.15
	与 35 kV 以下电力电缆和控制电缆	2.0	0.5
	与 35~110 kV 电力电缆和控制电缆	2.0	1.0
	管沟管道与压力 <150 kPa 燃气管道	1.0	0.15
	管沟管道与压力 150~300 kPa 燃气管道	1.5	0.15
	管沟管道与压力 300~800 kPa 燃气管道	2.0	0.15
	管沟管道与压力 >800 kPa 燃气管道	4.0	0.15
	直埋管道与压力 <300 kPa 燃气管道	1.0	0.15
	直埋管道与压力 300~800 kPa 燃气管道	1.5	0.15
	直埋管道与压力 >800 MPa 燃气管道	2.0	0.15
	与给水管道或排水管道	1.5	0.15
	与乔、灌木(中心)	1.5	—
	与道路路面	—	0.7

续表

	建筑物、构筑物或管线名称	水平距离/m	垂直距离/m
地上敷设热力网管道	与铁路钢轨之间	轨外侧 3.0	轨顶一般 5.5 电气铁路 6.55
	与电力钢轨之间	轨外侧 2.0	
	与公路路面边缘(或边沟边缘)	0.5	4.5
	与电压≤1 kV 架空输电线路	1.5	1.0
	与电压 1 ~ 10 kV 架空输电线路	2.0	2.0
	与电压 35 ~ 110 kV 架空输电线路	4.0	4.0
	与电压 220 kV 架空输电线路	5.0	5.0
	与电压 330 kV 架空输电线路	6.0	6.0
	与电压 500 kV 架空输电线路	6.5	6.5

表 6.6-3　热力网管道与建筑物(构筑物)或其他管线的最小距离

	建筑物、构筑物或管线名称	水平距离/m	垂直距离/m
地下敷设热力网管道	建筑物基础:对于管沟敷设热力网管道	0.5	—
	对于直埋闭式热水热力网管道 DN≤250	2.5	—
	对于直埋闭式热水热力网管道 DN≥300	3.0	—
	对于直埋开式热水热力网管道	5.0	—
	铁路钢轨	钢轨外侧 3.0	轨底 1.2
	电车钢轨	钢轨外侧 2.0	轨底 1.0
	铁路、公路路基边坡底脚或边沟的边缘	1.0	—
	通信、照明或 10 kV 以下电力线路的电杆	1.0	—
	桥墩(高架桥、栈桥)边缘	2.0	—
	架空管道支架基础边缘	1.5	—
	35 ~ 220 kV 高压输电线铁塔基础边缘	3.0	—
	通信电缆管块	1.0	0.15
	直埋通信电缆(光缆)	1.0	0.15
	35 kV 以下电力电缆和控制电缆	2.0	0.5
	110 kV 电力电缆和控制电缆	2.0	1.0
	燃气管道压力 <0.005 MPa,对于管沟敷设热力网管道	1.0	0.15
	燃气管道压力≤0.4 MPa,对于管沟敷设热力网管道	1.5	0.15
	燃气管道压力≤0.8 MPa,对于管沟敷设热力网管道	2.0	0.15
	燃气管道压力 >0.8 MPa,对于管沟敷设热力网管道	4.0	0.15
	燃气管道压力≤0.4 MPa,对于直埋敷设热力网管道	1.0	0.15
	燃气管道压力≤0.8 MPa,对于直埋敷设热力网管道	1.5	0.15

续表

建筑物、构筑物或管线名称		水平距离/m	垂直距离/m
地下敷设热力网管道	燃气管道压力>0.8 MPa,对于直埋敷设热力网管道	2.0	0.15
	给水管道	1.5	0.15
	排水管道	1.5	0.15
	地铁	5.0	0.8
	电气铁路接触网电杆基础	3.0	—
地下	乔木(中心)	1.5	—
	灌木(中心)	1.5	—
	车行道路面	—	0.1
地上敷设热力网管道	铁路钢轨	轨外侧3.0	轨顶一般5.5,电气铁路6.55
	电车钢轨	轨外侧2.0	—
	公路边缘	1.5	—
	公路路面	—	4.5
	架空输电线	导线最大风偏时	热力网管道在下面交叉通过导线最大垂度时
	1 kV 以下	1.5	1.0
	1~10 kV	2.0	2.0
	35~110 kV	1.5	4.0
	220 kV	1.5	5.0
	330 kV	1.5	6.0
	500 kV	2.0	6.5
	树冠	0.5 (到树中不小于2.0)	—

注:1. 表中不包括直埋敷设蒸汽管道与建筑物(构筑物)或其他管线的最小距离的规定。

2. 当热力网管道的埋设深度大于建(构)筑物基础深度时,最小水平净距应按土壤内摩擦角计算确定。

3. 热力网管道与电力电缆平行敷设时,电缆处土壤温度与月平均土壤自然温度比较,全年任何时候对于电压10 kV的电缆不高出10 ℃,对于电压35~110 kV的电缆不高出5 ℃时,可减小表中所列距离。

4. 在不同深度并列敷设各种管道时,各种管道间的水平净距不应小于其深度差。

5. 热力网管道检查室、方形补偿器壁龛与燃气管道最小水平净距亦应符合表中规定。

6. 在条件不允许时,可采取有效技术措施并经有关单位同意后,可以减小表中规定的距离,或采用埋深较大的暗挖法、盾构法施工。

(1)地下敷设热力网管道和管沟应有一定坡度,其坡度不应小于0.002。进入建筑物的管道宜坡向干管。

(2)燃气管道不得进入热力网管沟。当自来水、排水管道或电缆与热力网管道交叉必须穿入热力网管沟时,应加套管或用厚度不小于100 mm的混凝土防护层与管沟隔开,同时不得妨碍热力管道的检修及地沟排水。套管应伸出管沟以外,每侧不应小于1 m。

热力网管沟与燃气管道交叉当垂直净距小于300 mm时,燃气管道应加套管。套管两端应超出管沟1 m以上。

(3)地上敷设的热力网管道同架空输电线或电气化铁路交叉时，管道的金属部分(包括交叉点两侧 5 m 范围内钢筋混凝土结构的钢筋)应接地。接地电阻不应大于 10 Ω。

(4)城市热力网管道应采用无缝钢管、电弧焊或高频焊焊接钢管。

管道跨越水面、峡谷地段时，在桥梁主管部门同意的条件下，可在永久性的公路桥上架设。

6.7　供热管径估算

(1)确定热水一次管网主干线管径时，采用的经济比摩阻数值宜根据工程具体条件确定。一般情况下，主干线比摩阻可采用 30～70 Pa/m。

(2)热水一次管网支干线、支线应按允许压力降确定管径，但供热介质流速不应大于 3.5 m/s。支干线比摩阻不应大于 300 Pa/m，连接一个热力站的支线比摩阻可大于 300 Pa/m。

(3)蒸汽管网的凝结水管道设计比摩阻可取 100 Pa/m。

(4)蒸汽热力网供热介质的最大允许设计流速应按下列数值：①过热蒸汽管道的公称直径大于 200 mm 的管道按 80 m/s，小于等于 200 mm 的管道按 50 m/s；②饱和蒸汽管道的公称直径大于 200 mm 的管道按 60 m/s，小于等于 200 mm 的管道按 35 m/s。

管道直径及流速等参见表 6.7－1 至表 6.7－12。

表 6.7－1　蒸汽、水及压缩空气管道的介质流速

工作介质	管道种类	流速①/(m/s)	工作介质	管道种类	流速①/(m/s)
过热蒸汽	*DN*＞200	40～60	锅炉给水	往复泵出口管	1～2
	DN＝200～100	30～50		给水总管	1.5～3
	DN＜100	20～40	凝结水	凝结水泵吸水管	0.5～1.0
饱和蒸汽	*DN*＞200	30～40		凝结水泵出水管	1～2
	DN＝200～100	25～35		自流凝结水管	＜0.5
	DN＜100	15～30	生水	上水管、冲洗水管(压力)	1.5～3
二次蒸汽	利用的二次蒸汽管	15～30		软化水管、反洗水管(压力)	1.5～3
	不利用的二次蒸汽管	60		反洗水管(自流)、溢流水管	0.5～1
废汽	利用的锻锤废汽管	20～40		盐水管	1～2
	不利用的锻锤废汽管	60	冷却水	冷水管	1.5～2.5
乏汽	排汽管(从受压容器中排出)	80		热水管(压力式)	1～1.5
	排汽管(从无压容器中排出)	15～30	热网循环水	供回水管　室外管网	0.5～3
	排汽管(从安全阀排出)	200～400		供回水管　锅炉房出口②	与热网干管一致
锅炉给水	水泵吸水管	0.5～1.0			
	离心泵出口管	2～3	压缩空气	小于 1.0 MPa 压缩空气管	8～12

①小管取较小值，大管取较大值。

②当热网管径未确定时，可按单位管长的压降 $\Delta h \approx 100$ Pa/m 确定其管径。

表 6.7－2 国产蒸汽锅炉主蒸汽管直径

锅炉容量/(t/h)	蒸汽温度/℃	蒸汽压力/MPa	主蒸汽管(外径×壁厚)/mm	根数	锅炉容量/(t/h)	蒸汽温度/℃	蒸汽压力/MPa	主蒸汽管(外径×壁厚)/mm	根数
6.5	饱和	1.3	133×4	1	120	450	3.9	273×11	1
10	饱和	1.3	159×4.5	1	130	450	3.9	273×11	1
20	饱和	1.3	219×6	1	220	540	10.0	273×20	1
20	400	2.5	159×7	1	410	540	10.0	273×20	2
35	450	3.9	159×7	1	400	555	14.0	273×20	2
65	450	3.9	219×9	1	670	540	14.0	377×30	2
75	450	3.9	219×9	1	1 000	555	17.0	353×40	2

表 6.7－3 热水管道水力计算($\rho=958.4\ \mathrm{kg/m^3}$　$K_d=0.5$ mm　$t=100$ ℃)

DN/mm	50		65		80		100	
$D_w \times S$/(mm×mm)	57×3.5		76×3.5		89×3.5		108×4	
G/(t/h)	ω/(m/s)	Δh/(Pa/m)	ω/(m/s)	Δh/(Pa/m)	ω/(m/s)	Δh/(Pa/m)	ω/(m/s)	Δh/(Pa/m)
6.0	0.89	284.8						
6.2	0.92	304.1						
6.4	0.95	324.0	0.50	58.2				
6.6	0.97	344.6	0.51	61.9				
6.8	1.00	365.8	0.53	65.8				
7.0	1.03	387.6	0.54	69.7				
7.5	1.11	445.0	0.58	80.0				
8.0	1.18	506.3	0.62	90.9				
8.5	1.26	571.5	0.66	102.7				
9.0	1.33	640.7	0.70	115.2				
9.5	1.40	713.9	0.74	128.3	0.52	51.3		
10.0	1.48	791.1	0.78	142.2	0.55	56.7		
10.5			0.81	156.7	0.58	62.6		
11.0			0.85	172.0	0.60	68.7		
11.5			0.89	188.1	0.63	75.1		
12.0			0.93	204.7	0.66	81.7		
12.5			0.97	222.2	0.69	88.7		
13.0			1.01	240.3	0.71	95.9		
13.5			1.05	259.1	0.74	102.9	0.50	36.1
14.0			1.09	278.6	0.77	111.3	0.52	38.8
14.5			1.12	298.9	0.80	119.4	0.54	41.7
15.0			1.16	319.9	0.82	127.8	0.55	44.6
16.0			1.24	364.0	0.88	145.3	0.59	50.7
17.0			1.32	410.8	0.93	164.2	0.63	57.2
18.0			1.40	460.6	0.99	184	0.66	64.2

DN/mm	80	100	125	150				
$D_w \times S$/(mm×mm)	89×3.5	108×4	133×4	159×4.5				
G/(t/h)	ω/(m/s)	Δh/(Pa/m)	ω/(m/s)	Δh/(Pa/m)	ω/(m/s)	Δh/(Pa/m)	ω/(m/s)	Δh/(Pa/m)
19	1.04	205.0	0.70	71.5				
20	1.10	227.2	0.74	79.3				

续表

21	1.15	250.5	0.78	87.3	0.50	26.8		
22	1.21	274.9	0.81	95.8	0.52	29.4		
23	1.26	300.4	0.85	104.8	0.54	32.1		
24	1.32	327.1	0.89	114.1	0.57	35.0		
25	1.37	355.0	0.92	123.8	0.59	37.9		
26	1.43	383.9	0.96	133.9	0.61	41.4		
27	1.48	414.0	1.00	144.5	0.64	44.3		
28			1.03	155.3	0.66	47.6		
29			1.07	166.6	0.69	51.1		
30			1.11	178.3	0.71	54.7		
31			1.14	190.4	0.73	58.4		
32			1.18	202.9	0.76	62.2		
33			1.22	215.7	0.78	66.2		
34			1.26	229.0	0.80	70.3		
35			1.29	242.6	0.83	74.4		
36			1.33	256.8	0.85	78.7		
37			1.37	271.2	0.87	83.2	0.61	31.75
38			1.40	286.1	0.90	87.7	0.62	33.4
39			1.44	301.3	0.92	92.4	0.64	35.2
40			1.48	316.9	0.95	97.2	0.66	37.0
41					0.97	102.1	0.67	38.9
42					0.99	107.1	0.68	40.9

DN/mm	100		125		150		200	
$D_w \times S$ /(mm×mm)	108×4		133×4		159×4.5		219×6	
G/(t/h)	ω/(m/s)	Δh/(Pa/m)	ω/(m/s)	Δh/(Pa/m)	ω/(m/s)	Δh/(Pa/m)	ω/(m/s)	Δh/(Pa/m)
43	1.59	366.2	1.02	112.3	0.71	42.8		
44	1.62	383.5	1.04	117.6	0.72	44.9		
45	1.66	401.1	1.06	113.0	0.74	46.9		
46	1.70	419.1	1.09	128.6	0.75	49.0		
47	1.74	437.6	1.11	134.2	0.77	51.2		
48	1.77	456.4	1.13	140.0	0.79	53.3		
49	1.81	475.6	1.16	145.8	0.80	55.6		
50	1.85	495.2	1.18	151.9	0.82	57.9		
52	1.92	535.7	1.23	164.2	0.85	62.6		
54			1.28	177.1	0.89	67.5		
56			1.32	190.5	0.92	72.6		
58			1.37	204.3	0.95	77.9		
60			1.42	218.6	0.98	83.4	0.52	15.2
62			1.47	233.5	1.02	89.0	0.53	16.3
64			1.51	248.8	1.05	94.9	0.55	17.4
66			1.56	264.6	1.08	100.8	0.57	18.4
68			1.61	280.9	1.12	107.1	0.59	19.6
70			1.65	297.6	1.15	113.5	0.60	20.7
72			1.70	314.9	1.18	120.1	0.62	22.0
74			1.75	332.6	1.21	126.8	0.64	23.1
76			1.80	350.8	1.25	133.8	0.65	24.4
78			1.84	869.5	1.28	142.9	0.69	27.0
80			1.89	388.8	1.31	148.2	0.69	27.0

续表

85				1.39	167.3	0.73	30.6	

DN/mm	150	200	250	300				
$D_w \times S$/(mm×mm)	159×4.5	219×4	273×6	325×7				
G/(t/h)	ω/(m/s)	Δh/(Pa/m)	ω/(m/s)	Δh/(Pa/m)	ω/(m/s)	Δh/(Pa/m)	ω/(m/s)	Δh/(Pa/m)
90	1.48	187.6	0.78	34.3				
95	1.56	209.0	0.82	38.2				
100	1.64	231.6	0.86	42.3				
105	1.72	255.3	0.90	46.4				
110	1.81	280.2	0.95	51.2	0.60	15.1		
115	1.89	306.3	0.99	56.0	0.62	16.5		
120	1.97	333.5	1.03	61.0	0.65	17.9		
125	2.05	361.8	1.08	66.1	0.68	19.5		
130	2.13	391.4	1.12	71.4	0.70	21.1		
135	2.20	422.1	1.16	77.1	0.73	22.7		
140	2.30	453.9	1.21	80.9	0.76	24.4		
145			1.25	88.9	0.79	26.3		
150			1.29	95.2	0.81	28.0		
155			1.34	101.6	0.84	30.0		
160			1.38	108.3	0.87	31.9	0.61	12.7
165			1.42	115.2	0.89	34.0	0.63	13.5
170			1.46	122.2	0.92	36.1	0.65	14.3
175			1.51	129.6	0.95	38.2	0.67	15.2
180			1.55	137.0	0.98	40.4	0.69	16.1
190			1.64	152.7	1.03	45.0	0.73	17.9
200			1.72	169.2	1.08	49.9	0.76	19.8
210			1.81	186.5	1.14	55.0	0.80	21.9
220					1.90	204.7	1.19	60.4
230					1.98	223.7	1.25	66.0

DN/mm	100	125	150	200				
$D_w \times S$/(mm×mm)	108×4	133×4	159×4.5	219×6				
G/(t/h)	ω/(m/s)	Δh/(Pa/m)	ω/(m/s)	Δh/(Pa/m)	ω/(m/s)	Δh/(Pa/m)	ω/(m/s)	Δh/(Pa/m)
240	2.07	243.6	1.30	71.8				
250	2.15	264.4	1.36	77.9				
260	2.24	286.0	1.41	84.3				
270	2.33	308.04	1.46	90.9	1.03	36.2		
280	2.41	331.6	1.52	97.8	1.07	38.9		
290	2.50	355.7	1.57	104.9	1.11	41.7		
300			1.63	112.2	1.15	44.7		
310			1.68	119.9	1.18	47.6		
320			1.73	127.7	1.22	50.8		
330			1.79	135.8	1.26	54.0		
340			1.84	144.2	1.30	60.8		
350			1.90	152.8	1.34	57.3		
360			1.95	161.7	1.37	64.3	1.01	28.5
370			2.01	170.7	1.41	67.9	1.04	30.1
380			2.06	180.1	1.45	71.6	1.06	31.8

续表

390			2.11	189.7	1.49	75.5	1.09	33.5
400			2.17	199.5	1.53	79.4	1.12	35.2
410			2.22	209.7	1.57	83.4	1.15	37.0
420			2.28	220.0	1.60	87.5	1.18	38.8
430			2.33	230.6	1.64	91.7	1.20	40.7
440			2.38	241.5	1.68	96.0	1.23	42.6
450			2.44	252.5	1.72	100.5	1.26	44.6
460			2.49	263.9	1.76	105.0	1.29	46.6
470			2.55	275.6	1.79	109.6	1.32	48.6

DN/mm	300	350	400	450				
$D_w \times S$/(mm×mm)	325×7	377×7	426×7	478×7				
G/(t/h)	ω/(m/s)	Δh/(Pa/m)	ω/(m/s)	Δh/(Pa/m)	ω/(m/s)	Δh/(Pa/m)	ω/(m/s)	Δh/(Pa/m)
480	1.83	114.3	1.34	50.7	1.04	26.1		
490	1.87	119.1	1.37	52.8	1.07	27.1		
500	1.91	124.0	1.40	55.0	1.09	28.3		
520	1.99	134.2	1.46	59.5	1.13	30.6		
540	2.06	144.6	1.51	64.2	1.17	33.0		
560	2.14	155.5	1.57	69.0	1.22	35.5		
580	2.21	166.9	1.63	74.0	1.26	38.1		
600	2.29	178.6	1.68	79.2	1.31	40.8	1.03	21.9
620	2.37	190.7	1.74	84.6	1.35	43.5	1.06	23.3
640			1.79	90.2	1.39	46.4	1.10	24.9
660			1.85	95.8	1.44	49.3	1.13	26.5
680			1.91	101.7	1.48	52.3	1.17	28.0
700			1.96	107.8	1.52	55.5	1.20	29.7
720			2.02	114.1	1.57	58.7	1.23	31.5
740			2.07	120.5	1.61	62.0	1.27	33.2
760			2.13	127.1	1.65	65.4	1.30	35.1
780			2.19	133.9	1.70	68.9	1.34	36.9
800			2.24	140.8	1.74	72.4	1.37	38.8
820			2.30	148.0	1.78	76.1	1.41	40.8
840			2.35	155.3	1.83	79.9	1.44	42.8
860			2.41	162.8	1.87	83.7	1.47	44.9
880			2.47	170.4	1.91	87.6	1.51	46.9
900			2.52	178.3	1.96	91.7	1.54	49.1
920			2.58	186.3	2.00	95.8	1.58	51.4

DN/mm	400	450	500	600				
$D_w \times S$/(mm×mm)	426×7	478×7	529×7	630×7				
G/(t/h)	ω/(m/s)	Δh/(Pa/m)	ω/(m/s)	Δh/(Pa/m)	ω/(m/s)	Δh/(Pa/m)	ω/(m/s)	Δh/(Pa/m)
940	2.04	100.1	1.61	53.6	1.31	31.1		
960	2.09	104.4	1.65	56.0	1.34	32.3		
980	2.13	108.7	1.68	58.3	1.36	33.7		
1 000	2.18	113.2	1.71	60.7	1.39	35.1		
1 020	2.22	117.8	1.75	63.1	1.42	36.6		
1 040	2.26	122.4	1.78	65.7	1.45	38.0	1.01	14.9
1 060	2.31	127.2	1.82	68.2	1.48	39.5	1.03	15.5

续表

1 080	2.35	132.0	1.85	70.8	1.50	41.0	1.05	16.1
1 100	2.39	137.0	1.89	73.4	1.53	42.5	1.07	16.7
1 150	2.50	149.7	1.97	80.3	1.60	46.5	1.12	18.1
1 200	2.61	163.0	2.06	87.3	1.67	50.6	1.17	19.8
1 300	2.83	191.3	2.23	102.5	1.81	59.4	1.26	23.2
1 350	2.94	206.3	2.32	110.5	1.88	64.0	1.31	25.1
1 400			2.40	118.9	1.95	68.8	1.36	27.0
1 450			2.49	127.6	2.02	73.8	1.41	28.9
1 500			2.57	136.5	2.09	80.0	1.46	30.9
1 550			2.66	145.7	2.16	84.4	1.51	33.0
1 600			2.74	155.3	2.23	39.9	1.56	35.2
1 650			2.83	165.1	2.30	95.6	1.61	37.6
1 700					2.37	101.4	1.65	39.7
1 750					2.44	107.5	1.70	42.0
1 800					2.51	113.8	1.75	44.5
1 850					2.58	120.1	1.80	47.0

DN/mm	600	700	800	900				
$D_w \times S$/(mm × mm)	630 × 7	720 × 8	820 × 8	920 × 8				
G/(t/h)	ω/(m/s)	△*h*/(Pa/m)	ω/(m/s)	△*h*/(Pa/m)	ω/(m/s)	△*h*/(Pa/m)	ω/(m/s)	△*h*/(Pa/m)
2 100	2.04	60.6	1.56	30.1	1.20	15.0		
2 200	2.14	66.5	1.64	33.0	1.26	16.5		
2 300	2.24	72.7	1.71	36.2	1.31	18.0	1.04	9.8
2 400	2.34	79.2	1.79	39.3	1.37	19.6	1.08	10.7
2 500	2.43	85.8	1.86	42.7	1.43	21.3	1.13	11.6
2 600	2.53	92.9	1.94	46.2	1.49	23.0	1.17	12.4
2 700	2.63	100.2	2.01	50.0	1.54	24.9	1.22	13.4
2 800	2.72	107.7	2.09	53.5	1.60	26.8	1.27	14.5
2 900	2.82	115.5	2.16	57.4	1.66	28.6	1.31	15.5
3 000	2.92	123.7	2.23	61.4	1.71	32.4	1.36	16.7
3 100	3.02	132.0	2.31	65.7	1.77	32.7	1.40	17.7
3 200	3.11	140.7	2.38	70.0	1.83	36.3	1.45	18.9
3 300	3.21	149.6	2.46	74.4	1.88	36.3	1.49	20.1
3 400	3.31	158.9	2.53	79.0	1.94	39.4	1.54	21.4
3 500	3.41	168.3	2.61	83.7	2.00	41.7	1.58	22.6
3 600	3.50	178.1	2.68	88.5	2.06	44.2	1.63	23.9
3 700			2.76	93.5	2.11	46.6	1.67	25.3
3 800			2.83	98.6	2.17	49.2	1.72	26.7
3 900			2.91	103.9	2.23	51.8	1.76	28.1
4 000			2.98	109.3	2.28	54.5	1.81	29.5
4 200			3.13	120.4	2.40	60.2	1.90	32.5

DN/mm	800	900	1 000	1 200				
$D_w \times S$/(mm × mm)	820 × 8	920 × 8	1 020 × 10	1 220 × 12				
G/(t/h)	ω/(m/s)	△*h*/(Pa/m)	ω/(m/s)	△*h*/(Pa/m)	ω/(m/s)	△*h*/(Pa/m)	ω/(m/s)	△*h*/(Pa/m)
4 400	2.51	66.0	1.99	35.8				
4 600	2.63	70.1	2.08	39.1				
4 800	2.74	78.5	2.17	42.5				

续表

5 000	2.86	85.2	2.26	46.2				
5 200	2.97	92.1	2.35	49.9				
5 400	3.08	99.4	2.44	53.8				
5 600	3.20	106.9	2.53	57.9				
5 800			2.62	62.1	2.14	36.7	1.50	14.4
6 000			2.71	66.4	2.22	39.2	1.55	15.4
6 200			2.80	71.0	2.29	41.8	1.60	16.5
6 400			2.89	75.7	2.36	44.6	1.65	17.5
6 600			2.98	80.5	2.44	47.4	1.70	18.6
6 800			3.07	85.4	2.51	50.4	1.76	19.8
7 000			3.16	90.5	2.58	53.4	1.81	21.0
7 200			3.25	95.7	2.66	56.4	1.81	21.0
7 400			3.34	101.1	2.73	59.7	1.91	23.4
7 600			3.43	106.6	2.81	62.9	1.96	24.7
7 800			3.52	112.3	2.88	66.3	2.01	26.0
8 000					2.95	69.8	2.07	27.3
8 200					3.03	73.3	2.12	28.7
8 400					3.10	76.9	2.17	30.2
8 600					3.18	80.6	2.22	31.7
8 800					3.25	84.3	2.27	33.1
9 000					3.32	88.2	2.33	34.7

表 6.7-4 蒸汽管道水力计算($\rho=1$ kg/m^3 $K_d=0.2$ mm $t=300$ ℃)

DN/mm	80		100		125		150	
$D_w \times S$/(mm×mm)	89×3.5		108×4		133×4		159×4.5	
G/(t/h)	ω/(m/s)	Δh/(Pa/m)	ω/(m/s)	Δh/(Pa/m)	ω/(m/s)	Δh/(Pa/m)	ω/(m/s)	Δh/(Pa/m)
1.6	84.2	1 068.2						
1.8	94.7	1 352.4						
2.0	105	1 666.0	70.8	585.1				
2.2	116	2 018.8	77.9	707.6				
2.4	126	2 401.0	84.9	842.8				
2.6	137	2 812.6	92.0	989.8				
3.0	158	3 743.6	106	1 313.2	67.9	406.7		
3.2	168	4 263.0	113	1 499.4	72.5	462.6		
3.4	179	4 811.8	120	1 695.4	77.0	522.3		
3.6	189	5 390.0	127	1 891.4	81.5	586.0		
3.8	200	6 007.4	134	2 116.6	86.1	652.7		
4.0			142	2 342.2	90.6	723.2	62.9	277.3
4.2			149	2 577.4	95.1	979.7	66.1	305.8
4.4			156	2 832.2	100	875.1	69.2	336.1
4.6			163	3 096.8	104	956.5	72.3	366.5
4.8			170	3 371.2	109	1 038.8	75.5	399.8
5.0			177	3 655.4	113	1 127	78.6	433.2
5.2			184	3 959.2	118	1 225	81.8	469.4
5.4			191	4 263	122	1 323	84.9	505.7
5.6			198	4 586.4	127	1 421	88.1	543.9
5.8			205	4 919.6	131	1 519	91.2	583.1

续表

6.0			212	5 262.6	136	1 626.8	94.4	624.3
6.2			219	5 625.2	140	1 734.6	97.5	666.4

DN/mm	125		150		200		250	
$D_w \times S$/(mm × mm)	133 × 4		159 × 4.5		219 × 6		273 × 6	
G/(t/h)	ω/(m/s)	Δ*h*/(Pa/m)	ω/(m/s)	Δ*h*/(Pa/m)	ω/(m/s)	Δ*h*/(Pa/m)	ω/(m/s)	Δ*h*/(Pa/m)
6.4	145	1 852.2	101	701.5	52.9	135.2	33.8	41.2
6.6	149	1 969.8	104	755.6	54.5	143.1	34.8	43.1
6.8	154	2 087.4	107	801.6	56.2	151.9	35.9	46.1
7.0	159	2 214.8	110	849.7	57.8	156.8	36.9	49.0
7.5	170	2 538.2	118	975.1	61.9	180.3	39.6	55.9
8.0	181	2 891.0	126	1 107.4	66.1	204.8	42.2	62.7
8.5	193	3 263.4	134	1 254.4	70.2	231.4	44.9	70.6
9.0	204	3 665.2	142	1 401.4	74.3	259.7	47.5	79.4
9.5			149	1 568.0	78.5	289.1	50.1	88.2
10.0			157	1 734.6	82.6	320.5	52.8	98.0
10.5		165	1 911.0	86.7	352.8	55.4	107	8
11.0			173	2 097.2	90.8	387.1	57.1	114.7
11.5			181	2 293.2	95.0	423.4	59.7	125.4
12.0			189	2 499.0	99.1	460.6	62.3	137.2
12.5			197	2 714.6	103	499.8	64.9	149.0
13.0			204	2 930.2	107	541	67.5	160.7
13.5			212	3 165.4	111	583.1	70.1	173.5
14.0			220	3 400.6	116	627.2	72.7	188.2
14.5			228	3 645.6	120	673.3	75.3	199.9
15.0			236	3 900.4	124	720.3	77.9	213.6
16.0			252	4 439.4	132	819.3	83.1	243.0
17.0			267	5 507.8	140	925.1	88.3	274.4
18.0			283	5 615.4	149	1 038.8	93.5	307.7

DN/mm	250		300		350		400	
$D_w \times S$/(mm × mm)	273 × 6		325 × 7		377 × 8		426 × 8	
G/(t/h)	ω/(m/s)	Δ*h*/(Pa/m)	ω/(m/s)	Δ*h*/(Pa/m)	ω/(m/s)	Δ*h*/(Pa/m)	ω/(m/s)	Δ*h*/(Pa/m)
19	98.7	343	69.5	137.2	52.2	62.7		
20	104	380.2	73.2	151.9	54.9	69.6		
21	109	419.4	76.8	167.6	56.4	74.5		
22	114	459.6	80.5	184.2	59.1	82.3		
23	119	502.7	84.2	200.9	61.8	89.2		
24	125	546.8	87.8	218.5	64.5	97		
25	130	590.9	91.8	237.2	67.1	105.8		
26	135	641.9	95.1	256.8	69.8	114.7	54.2	60.8
27	140	692.9	98.8	276.4	72.5	123.5	56.3	65.7
28	145	744.8	102	297.9	75.2	132.3	58.4	68.6
29	151	798.7	106	319.5	77.9	142.1	60.5	73.5
30	156	855.5	110	342	80.6	151.9	62.5	78.4
31	161	973.4	113	364.6	83.3	162.9	64.6	84.3
32	166	973.1	117	389.1	85.9	173.5	66.7	89.2
33	171	1 038.8	121	413.6	88.6	184.2	68.8	95.1

续表

34	177	1 097.6	124	439	91.3	196	70.9	100.9
35	182	1 166.2	128	465.5	94	206.8	73	106.8
36	187	1 234.8	132	492	96.7	219.5	75.1	112.7
37	192	1 303.4	135	519.4	99.4	231.3	77.1	119.6
38	197	1 372	139	547.8	102	244	79.2	126.4
39	203	1 440.6	143	577.2	105	257.7	81.3	133.3
40	208	1 519	146	607.6	107	270.5	83.4	140.1
41	213	1 597.4	150	638	110	284.2	85.5	147
42	218	1 675.8	154	669.3	113	298.9	87.6	153.9
DN/mm	350		400		450		500	
$D_w \times S$ /(mm × mm)	377 × 7		426 × 7		478 × 7		529 × 7	
G/(t/h)	*ω*/(m/s)	Δ*h*/(Pa/m)	*ω*/(m/s)	Δ*h*/(Pa/m)	*ω*/(m/s)	Δ*h*/(Pa/m)	*ω*/(m/s)	Δ*h*/(Pa/m)
43	115	312.6	89.6	161.7	70.7	87.2	57.4	50
44	118	327.3	91.7	168.6	72.3	91.1	58.7	52.9
45	121	343	93.8	176.4	74	95.1	60	54.9
46	124	357.7	95.9	185.2	75.6	99	61.4	57.8
47	126	373.4	98	193.1	77.3	103.9	62.7	59.8
48	129	390	100	200.9	78.9	107.8	64	62.7
49	132	405.7	102	209.7	80.5	112.7	65.4	65.7
50	134	423.4	104	218.5	82.2	117.6	66.7	68.6
52	140	457.7	108	236.2	85.5	127.4	69.4	73.5
54	145	492.9	113	254.8	88.8	137.2	72.1	79.4
56	150	530.2	117	273.4	92	147	74.7	82.3
58			121	294	95.3	159	77.4	92.1
60			125	314.6	98.6	168.6	80.1	98
62			129	335.2	102	180.3	82.7	104.9
64			133	357.7	105	192.1	85.4	111.7
66			138	380.2	108	204.8	88.1	118.6
68			142	403.8	112	216.6	90.7	126.4
70			146	427.3	115	230.3	93.4	133.3
72			150	452.8	118	243.0	96.1	141.1
74			154	478.2	122	266.8	98.7	149
76			158	504.7	125	271.5	101	157.8
78			163	531.2	128	285.2	104	165.6
80			167	558.6	131	300	107	174.4
85			177	631.1	140	3 391	113	197
DN/mm	500		600		700		800	
$D_w \times S$ (mm × mm)	529 × 7		630 × 7		720 × 8		820 × 8	
G/(t/h)	*ω*/(m/s)	Δ*h*/(Pa/m)	*ω*/(m/s)	Δ*h*/(Pa/m)	*ω*/(m/s)	Δ*h*/(Pa/m)	*ω*/(m/s)	Δ*h*/(Pa/m)
90	120	220.5	83.9	86.2	64.3	43.1		
95	127	246.0	88.6	97.0	67.8	48.2		
100	133	272.4	93.3	106.8	71.4	52.9		
105	140	300	97.6	117.6	75.0	58.8		
110	147	324.4	103	129.4	78.5	64.7	60.2	32.3
115	153	359.7	107	141.1	82.1	70.6	63	35.3
120	160	392.0	112	153.9	85.7	76.4	65.7	38.2

续表

125	167	425.3	117	167.6	89.3	83.3	68.4	42.1
130	173	460.6	121	181.3	92.8	90.2	71.2	45.1
135	180	495.9	126	195.0	96.4	97.0	73.9	49.0
140	187	534.1	131	209.7	100	104.9	76.6	51.9
145	193	572.3	135	225.4	104	111.7	79.4	55.9
150	200	612.5	140	241.1	107	120.5	92.1	59.8
155			145	256.8	111	128.4	84.9	64.7
160			149	274.4	114	139.2	87.6	68.6
165			154	291.1	118	145	90.3	72.5
170			159	309.7	121	153.9	93.1	77.4
175			163	327.3	125	163.7	95.8	81.4
180			168	346.9	129	172.5	98.5	86.2
190			177	386.1	136	193.1	104	96.0
200			187	428.3	143	213.6	109	106.8
210			196	471.4	150	235.2	115	117.6
220			205	517.4	157	257.7	120	129.4
230			214	566.4	164	282.2	126	141.4

DN/mm	100		125		150		200	
$D_w \times S$ /(mm×mm)	108×4		133×4		159×4.5		219×6	
G/(t/h)	ω/(m/s)	Δ*h*/(Pa/m)	ω/(m/s)	Δ*h*/(Pa/m)	ω/(m/s)	Δ*h*/(Pa/m)	ω/(m/s)	Δ*h*/(Pa/m)
240	171	307.7	131	153.9	104	83.3	84.9	49.0
250	178	333.2	137	166.6	108	91.4	88.5	53.9
260	186	360.6	142	180.3	113	98.0	92.0	57.8
270	193	389.1	148	195.0	117	105.8	95.5	62.7
280	200	418.5	153	209.7	121	113.7	99.1	67.6
290	207	448.8	159	224.4	126	122.5	103	72.5
300	214	480.2	164	240.1	130	130.4	106	77.4
310	221	512.5	170	256.8	134	139.2	110	82.3
320	228	545.9	175	273.4	139	148.9	113	88.2
330	236	581.1	181	291.1	143	157.8	117	94.1
340	243	616.4	186	308.7	147	167.6	120	98.9
350	250	653.7	192	327.3	152	179.3	124	104.9
360			197	345.9	156	188.2	127	110.7
370			203	365.5	160	198.9	131	117.6
380			208	385.1	165	211.7	134	123.5
390			213	405.7	169	220.5	138	130.3
400			219	427.3	173	244.0	145	150.9
410			224	448.8	178	244.0	145	139.2
420			230	471.4	182	255.8	149	150.9
430			235	493.9	186	268.5	152	165.6
440			241	517.4	191	281.3	156	165.6
450					195	294	159	173.5
460					199	306.7	163	181.3
470					204	320.5	166	189.4

表 6.7－5 凝结水管道水力计算($\rho=958.4$ kg/m^3 $K_d=1$ mm $t=100$ ℃)

DN/mm	25		32		40		50	
$D_w\times S$/(mm×mm)	32×2.5		38×25		45×2.5		57×2.5	
G/(t/h)	ω/(m/s)	Δh/(Pa/m)	ω/(m/s)	Δh/(Pa/m)	ω/(m/s)	Δh/(Pa/m)	ω/(m/s)	Δh/(Pa/m)
1.0	0.51	283.9	0.34	95.6	0.23	33.8		
1.2	0.61	408.8	0.41	137.6	0.28	48.6		
1.4	0.71	556.4	0.47	187.4	0.32	66.2		
1.6	0.81	726.8	0.54	244.7	0.37	86.4		
1.8	0.91	919.8	0.61	309.7	0.42	109.5		
2.0	1.01	1 135.5	0.68	382.3	0.46	135.1		
2.2			0.75	462.6	0.51	163.5	0.32	49.1
2.4			0.81	550.6	0.55	194.5	0.35	58.4
2.6			0.88	646.1	0.60	228.3	0.38	68.6
2.8			0.95	749.3	0.65	264.8	0.41	79.5
3.0			1.02	860.2	0.69	304.0	0.44	91.2
3.2					0.74	345.8	0.47	103.9
3.4					0.78	390.4	0.50	117.2
3.6					0.83	437.7	0.53	131.4
3.8					0.88	487.6	0.56	146.4
4.0					0.92	540.4	0.59	162.3
4.2					0.97	595.7	0.62	178.9
4.4					1.02	653.9	0.65	196.4
4.6					1.06	714.6	0.68	214.6
4.8					1.11	778.1	0.71	233.6
5.0					1.15	844.4	0.74	253.5
5.2					1.20	912.6	0.77	274.2
5.4					1.25	984.9	0.80	285.8
5.6							0.83	318.0

DN/mm	50		65		80		100	
$D_w\times S$/(mm×mm)	57×3.5		76×3.5		89×3.5		108×4	
G/(t/h)	ω/(m/s)	Δh/(Pa/m)	ω/(m/s)	Δh/(Pa/m)	ω/(m/s)	Δh/(Pa/m)	ω/(m/s)	Δh/(Pa/m)
5.8	0.86	341.1	0.45	60.5	0.32	24.0		
6.0	0.89	365.0	0.47	64.6	0.33	25.7		
6.2	0.92	389.8	0.48	69.1	0.34	27.4		
6.4	0.95	415.4	0.50	73.6	0.35	29.2		
6.6	0.97	441.8	0.51	78.3	0.36	31.1		
6.8	1.00	468.9	0.53	83.1	0.37	33.0		
7.0	1.03	497.0	0.54	88.1	0.38	35.0		
7.5	1.11	570.5	0.58	101.1	0.41	40.1		
8.0	1.18	649.1	0.62	115.1	0.44	45.7		
8.5	1.26	732.7	0.66	130.0	0.47	51.5	0.31	17.8
9.0	1.33	821.4	0.70	145.6	0.48	57.8	0.33	20.0
9.5	1.40	915.3	0.74	162.3	0.52	64.4	0.35	22.2
10.0	1.48	1 014.2	0.78	179.8	0.55	71.3	0.37	24.7
10.5			0.81	198.3	0.58	78.7	0.39	27.2
11.0			0.85	217.6	0.60	86.3	0.41	29.9
11.5			0.89	237.7	0.63	94.4	0.42	32.6

续表

12.0			0.93	258.9	0.66	102.7	0.44	35.6
12.5			0.97	280.9	0.69	115.0	0.46	38.6
13.0			1.01	303.8	0.71	120.5	0.48	41.7
13.5			1.05	327.6	0.74	130.0	0.50	45.0
14.0			1.09	352.4	0.77	139.8	0.52	48.4
14.5			1.12	378.0	0.80	149.9	0.54	51.9
15.0			1.16	404.6	0.82	160.5	0.55	55.6
16.0			1.24	460.2	0.88	182.6	0.59	63.2

DN/mm	80		100		125		150	
$D_w \times S$ (mm×mm)	89×3.5		108×4		133×4		159×4.5	
G/(t/h)	ω/(m/s)	Δh/(Pa/m)	ω/(m/s)	Δh/(Pa/m)	ω/(m/s)	Δh/(Pa/m)	ω/(m/s)	Δh/(Pa/m)
17	0.93	206.2	0.63	71.3	0.40	21.8	0.28	8.2
18	0.99	231.1	0.66	80.1	0.43	24.4	0.30	9.2
19	1.04	277.1	0.70	89.2	0.45	27.1	0.31	10.3
20	1.10	285.4	0.74	98.8	0.47	30.1	0.33	11.4
21	1.15	314.6	0.78	109.0	0.50	33.1	0.34	12.5
22	1.21	345.3	0.81	119.6	0.52	36.4	0.36	13.8
23	1.26	377.4	0.85	130.6	0.54	39.8	0.38	15.1
24	1.32	410.9	0.89	142.3	0.57	43.3	0.39	16.4
25	1.37	445.8	0.92	154.4	0.59	46.9	0.41	17.8
26	1.43	482.3	0.96	167.0	0.61	50.9	0.43	19.3
27	1.48	520.1	1.00	180.1	0.64	54.8	0.44	20.8
28	1.54	559.3	1.03	193.6	0.66	58.9	0.46	22.3
29	1.59	600.0	1.07	207.8	0.69	63.2	0.48	24.0
30	1.65	642.0	1.11	222.4	0.71	67.6	0.49	25.7
31	1.70	685.5	1.14	237.4	0.73	72.2	0.51	27.3
32	1.76	730.5	1.18	252.9	0.76	76.9	0.53	29.2
33	1.81	776.8	1.22	269.0	0.78	81.8	0.54	31.1
34	1.87	824.7	1.26	285.6	0.80	86.9	0.56	32.9
35	1.92	873.9	1.29	302.6	0.83	92.1	0.57	34.9
36	1.98	924.5	1.33	320.2	0.85	97.4	0.59	36.9
37	2.03	976.6	1.37	338.2	0.87	102.9	0.61	39.0
38	2.09	1 030.1	1.40	356.7	0.90	108.6	0.62	41.2
39			1.44	375.7	0.92	114.4	0.64	43.3
40			1.48	395.2	0.95	120.2	0.66	45.6

DN/mm	100		125		150		200	
$D_w \times S$ /mm	108×4		133×4		159×4.5		219×6	
G/(t/h)	ω/(m/s)	Δh/(Pa/m)	ω/(m/s)	Δh/(Pa/m)	ω/(m/s)	Δh/(Pa/m)	ω/(m/s)	Δh/(Pa/m)
41	1.51	415.2	0.97	126.3	0.67	47.9	0.35	8.6
42	1.55	435.8	0.99	132.6	0.69	50.3	0.36	9.1
43	1.59	456.8	1.02	139.0	0.71	52.7	0.37	9.5
44	1.62	478.2	1.04	145.5	0.72	55.2	0.38	10.0
45	1.66	500.2	1.06	152.2	0.74	57.7	0.39	10.5
46	1.70	522.7	1.09	159.1	0.75	60.3	0.40	10.9
47	1.74	545.7	1.11	166.0	0.77	62.9	0.40	11.4
48	1.77	569.2	1.13	173.2	0.79	65.7	0.41	11.8

续表

49	1.81	593.1	1.16	180.5	0.80	68.4	0.42	12.3
50	1.85	617.6	1.18	188.0	0.82	71.2	0.43	12.8
52			1.23	203.3	0.85	77.0	0.45	13.9
54			1.28	219.2	0.89	83.1	0.47	15.0
56			1.32	235.7	0.92	89.4	0.48	16.2
58			1.37	252.8	0.95	95.8	0.50	17.3
60			1.42	270.6	0.98	102.6	0.52	18.5
62			1.47	289.0	1.02	109.6	0.53	19.8
64			1.51	307.9	1.05	116.7	0.55	21.1
66			1.56	327.4	1.08	124.1	0.57	22.4
68			1.61	347.6	1.12	131.7	0.59	23.8
70			1.65	368.4	1.15	139.7	0.60	25.3
72			1.70	389.6	1.18	147.7	0.62	26.8
74			1.75	411.6	1.21	156.0	0.64	28.2
76			1.80	434.1	1.25	164.5	0.65	29.8
78			1.84	457.4	1.28	173.4	0.67	31.4

DN/mm	150		200		250		300	
$D_w \times S$ (mm × mm)	159 × 4.5		219 × 6		273 × 6		325 × 7	
G/(t/h)	*ω*/(m/s)	△*h*/(Pa/m)	*ω*/(m/s)	△*h*/(Pa/m)	*ω*/(m/s)	△*h*/(Pa/m)	*ω*/(m/s)	△*h*/(Pa/m)
80	1.31	182.4	0.69	33.0	0.43	9.7		
85	1.39	205.9	0.73	37.2	0.46	10.9		
90	1.48	230.8	0.78	41.7	0.49	12.3		
95	1.56	257.2	0.82	46.6	0.51	13.6		
100	1.64	284.9	0.86	51.5	0.54	15.1	0.38	6.0
105	1.72	314.1	0.90	56.8	0.57	16.7	0.40	6.6
110	1.81	344.7	0.95	62.3	0.60	18.2	0.42	7.3
115	1.89	376.8	0.99	68.2	0.62	20.0	0.44	7.9
120	1.97	410.3	1.03	74.2	0.65	21.8	0.46	8.6
125			1.08	80.6	0.68	23.6	0.48	9.3
130			1.12	87.1	0.70	25.5	0.50	10.1
135			1.16	94.0	0.73	27.5	0.52	10.9
140			1.21	101.0	0.76	29.6	0.53	11.8
145			1.25	108.4	0.79	31.8	0.55	12.5
150			1.29	115.9	0.81	34.0	0.57	13.4
155			1.34	123.9	0.84	36.3	0.59	14.4
160			1.38	132.0	0.87	38.7	0.61	15.3
165			1.42	142.3	0.89	41.2	0.63	16.3
170			1.46	149.0	0.92	43.6	0.65	17.2
175			1.51	157.9	0.95	46.3	0.67	18.3
180			1.55	167.0	0.98	48.9	0.69	19.4
190			1.64	186.1	1.03	54.5	0.73	21.6
200			1.72	206.2	1.08	60.4	0.76	23.9
210			1.81	227.3	1.14	66.6	0.80	26.4
220			1.90	249.5	1.18	73.1	0.84	28.9

经济比压降

选定热水热网各干线时，首先应选定推荐比压降。可按表6.7-7中数值选用。

表 6.7-6 热水热网允许流速

公称直径 DN/mm	15	20	25	32	40	50	≤150	≥200
允许流速 ω/(m/s)	0.60	0.80	1.00	1.30	1.50	2.00	≤2.30	≤3.0

表 6.7-7 推荐比压降

设计供、回水温差/℃	比压降 Δh/(Pa/m)推荐值
<40	40～60
40～80	60～80

表 6.7-8 热水热网通过能力(ρ=958.4 kg/m^3 K_d=0.5 mm)

公称直径 DN/mm	在单位压力降 Δh/(Pa/m)时的通过能力/(t/h)(100 ℃)				在下列供、回水温度时的供热能力/(GJ/h)											
					150/70/℃				130/70/℃				95/70/℃			
					单位压力降 Δh/(Pa/m)											
	50	100	150	200	50	100	150	200	50	100	150	200	50	100	150	200
25	0.46	0.70	0.82	0.95	0.17	0.21	0.29	0.34	0.13	0.17	0.21	0.25	0.05	0.07	0.08	0.10
32	0.82	1.16	1.42	1.54	0.29	0.38	0.46	0.50	0.21	0.29	0.34	0.38	0.08	0.12	0.14	0.16
40	1.37	1.94	2.4	2.75	0.46	0.63	0.80	0.92	0.34	0.50	0.59	0.67	0.15	0.21	0.25	0.29
50	2.50	3.5	4.3	4.95	0.84	1.17	1.26	1.68	0.63	0.88	1.08	1.26	0.25	0.38	0.46	0.50
65	5.90	8.4	10.2	11.7	1.97	3.65	3.44	3.94	1.47	2.14	2.56	2.93	0.63	0.88	1.05	1.22
80	9.40	13.2	16.2	18.5	3.14	4.40	5.45	6.29	2.35	3.31	4.06	4.61	0.96	1.38	1.68	1.97
100	15.80	22	27.5	31.5	5.24	7.33	9.22	10.48	3.90	5.53	6.91	7.96	1.63	2.31	2.85	3.31
125	28.50	40	49	56	9.22	13.41	16.34	18.86	7.12	10.06	12.12	14.25	2.93	4.19	5.15	5.87
150	46.40	64	79	93	15.50	21.37	26.40	31.40	11.73	15.92	19.69	23.46	4.82	6.70	7.96	9.64
200	107	152	186	215	36.03	50.28	62.85	71.23	26.82	38.13	46.09	54.47	11.31	15.92	19.69	22.63
250	190	275	330	380	50.66	92.18	108.9	125.7	46.09	67.04	83.8	96.37	20.45	28.28	34.57	39.81
300	310.5	430	530	600	104.8	142.5	176	201.1	79.61	108.9	134.1	150.8	32.47	45.9	57.3	64.74
350	470	640	790	910	150.8	213.2	264	305.9	113	159	197	230	47.1	66.8	81.5	94.9
400	660	930	1 150	1 320	222	314	385	444	168	235	289	331	69	98	121	138
450	910	1 280	1 560	1 830	302	432	524	616	226	323	390	461	92	135	163	192
500	1 180	1 700	2 050	2 400	402	566	687	805	302	427	515	603	126	178	215	252
600	1 900	2 650	3 250	3 800	629	888	1 089	1 274	474	666	817	955	198	278	341	398
700	2 700	3 500	4 600	5 400	905	1 274	1 542	1 810	679	955	1 156	1 358	283	398	482	566
800	3 800	5 400	6 500	7 700	1 274	1 856	2 179	2 577	955	1 358	1 634	1 927	398	566	681	804
900	5 200	7 300	8 800	10 300	1 739	2 451	2 954	3 457	1 299	1 831	2 208	2 585	542	764	921	1 078
1 000	6 800	9 500	11 600	13 500	2 263	3 184	3 897	4 525	1 697	2 388	2 923	3 394	708	996	1 219	1 415
1 200	10 700	15 000	18 600	21 500	3 583	5 028	6 243	7 333	2 682	3 771	4 609	5 405	1 118	1 573	1 922	2 254
1 400	16 020	23 000	28 000	32 000	5 363	7 710	9 386	10 726	4 022	5 782	7 039	8 045	1 677	2 411	2 935	3 355

表 6.7-9 中列出了蒸汽管道的最大允许流速，选定流速时不能超过表中数值，并应留有一定的发展余地。

表 6.7-9 蒸汽管道最大流速

蒸汽管道管径/mm	允许流速/(m/s)	
	过热蒸汽	饱和蒸汽
$DN \geqslant 200$	80	65
$DN \leqslant 200$	50	35

表 6.7-10 热水管网管径估算表

热负荷		供、回水温差/℃									
		20		30		40(110~70)		60(130~70)		80(150~70)	
万 m^2	MW	流量/(t/h)	管径/mm	流量/(t/h)	管径/mm	流量/(t/h)	管径/mm	流量/(t/h)	管径/mm	流量/(t/h)	管径/mm
10	6.98	300	300	200	250	150	250	100	200	75	200
20	13.96	600	400	400	350	300	300	200	250	150	250
30	20.93	900	450	600	400	450	350	300	300	225	300
40	27.91	1 200	600	800	450	600	400	400	350	300	300
50	34.89	1 500	600	10 00	500	750	450	500	400	375	350
60	41.87	1 800	600	1200	600	900	450	600	400	450	350
70	48.85	2 100	700	1 400	600	1 050	500	700	450	525	400
80	55.82	2 400	700	1 600	600	1 200	600	800	450	600	400
90	62.80	2 700	700	1 800	600	1 350	600	900	450	675	450
100	69.78	3 000	800	2 000	700	1 500	600	1 000	500	750	450
150	104.67	4 500	900	3 000	800	2 250	700	1 500	600	1 125	500
200	139.56	6 000	1 000	4 000	900	3 000	800	2 000	700	1 500	600
250	174.45	7 500	800×2	5 000	900	3 750	800	2 500	700	1 875	600
300	209.34	9 000	900×2	6 000	1 000	4 500	900	3 000	800	2 250	700
350	244.23	10 560	900×2	7 000	1 000	5 250	900	3 500	800	2 625	700
400	279.12			8 000	900×2	6 000	1 000	4 000	900	3 000	800
450	314.01			9 000	900×2	6 750	1 000	4 500	900	3 375	800
500	348.90			10 000	900×2	7 500	800×2	5 000	900	3 750	800
600	418.68					900	900×2	6 000	1 000	4 500	900
700	488.46					10 500	900×2	7 000	1 000	5 250	900
800	558.24							8 000	900×2	6 000	1 000
900	628.02							9 000	900×2	6 750	1 000
1 000	697.80							10 000	900×2	7 500	800×2

注：当热指标为 70 W/m^2时，单位压降不超过 49 Pa/m。

表 6.7－11 凝结水管道管径估算

流量/(t/h)	5	10	20	30	40	50	60	70	80	90	100	120	150	200	250
管径/mm	70	80	100	125	150	150	175	175	200	200	200	250	250	300	300

表 6.7－12 饱和蒸汽管径估算

蒸汽流量/(t/h)	蒸汽压力/MPa				蒸汽流量/(t/h)	蒸汽压力/MPa			
	0.3	0.5	0.8	1.0		0.3	0.5	0.8	1.0
5	200	175	150	150	100		600	500	500
10	250	200	200	175	120			600	600
20	300	250	250	250	150			600	600
30	350	300	300	250	200			700	700
40	400	350	350	300	250			700	700
50	400	400	350	350	300			800	700
60	450	400	400	350	400			800	800
70	500	450	400	400	500			900	900
80		500	500	450	600			1 000	900
90		500	500	450					

附录:室内热环境设计计算参数

1. 只设采暖系统的民用建筑的室内设计计算温度宜按附录表1至附录表3确定。

附录表1 集中采暖系统室内设计计算温度

序号	建筑类型及房间名称	室内温度/℃	序号	建筑类型及房间名称	室内温度/℃
1	普通住宅:		4	办公楼:	
	卧室、起居室、一般卫生间	18		门厅、楼(电)梯	16
	厨房	15		一般办公室、设计绘图室	20
	设采暖的楼梯间及外廊	14		会议室、接待室、多功能厅	18
2	银行:			走道、洗手间、公共食堂	16
	营业大厅	18		车库	5
	走道、洗手间	16	5	餐饮:	
	办公室	20		餐厅、饮食、小吃、办公室	18
	楼(电)梯	14		洗碗间	16
3	高级住宅、公寓:			制作间、洗手间、配餐间	16
	卧室、起居室、书房、餐厅、无沐浴设备的卫生间	20		厨房、热加工间	10
	有沐浴设备的卫生间	25		干菜、饮料库	8
	厨房	15	6	影剧院:	
	门厅、楼梯间、走廊	16		门厅、走道	14

续表

序号	建筑类型及房间名称	室内温度/℃	序号	建筑类型及房间名称	室内温度/℃
6	影剧院：		11	交通：	
	门厅、走道	14		民航候机厅、办公室	20
	观众厅、放映室、洗手间	18		候车厅、售票厅	16
	休息厅、吸烟室	18		公共洗手间	16
	化妆室	20	12	医疗及疗养建筑：	
7	体育：			成人病房、诊室、治疗、化验室、活动室、餐厅等	20
	比赛厅（不含体操）、练习厅	16		儿童病房、婴儿室、高级病房、放射诊断及治疗室	22
	体操练习厅	18		门厅、挂号处、药房、洗衣房、走廊、病人厕所等	18
	休息厅	18		消毒、污物、解剖、工作人员厕所、洗碗间、厨房	16
	运动员、教练员的更衣、休息室	20		太平间、药品库	12
	游泳池大厅	25～28	13	学校：	
	观众区	22～24		厕所、门厅、走道、楼梯间	16
	检录处	20～24		教室、阅览室、实验室、科技活动室、教研室、办公室	18
8	集体宿舍、无中央空调系统的旅馆、招待所：			人体写生美术教室模特所在局部区域	26
	大厅、接待处	16		风雨操场	14
	客户、办公室	20	14	幼儿园、托儿所：	
	餐厅、会议室	18		活动室、卧室、乳儿室、喂奶、隔离室、医务室、办公室	20
	走道、楼（电）梯间	16		盥洗室、厕所	22
	公共浴室	25		浴室及其更衣室	25
	公共洗手间	16		洗衣房	18
9	商业：			厨房、门厅、走廊、楼梯间	16
	营业厅（百货、书籍）	18	15	未列入各类公共建筑的共同部分：	
	鱼肉、蔬菜营业厅	14		电梯机房	5
	副食（油、盐、杂货）、洗手间	16		电话总机房、控制中心等	18
	办公区	20		设采暖的汽车停车库	5～10
	米面贮藏库	5		汽车修理间	12～16
	百货仓库	10		空调机房、水泵房等	10
10	图书馆：				
	大厅	16			
	洗手间	16			
	办公室、阅览室	20			
	报告厅、会议室	18			
	特藏、胶卷、书库	14			

附录表 2　主要城市所处气候分区

气候分区	代表性城市
严寒地区 A 区	海伦、博克图、伊春、呼玛、海拉尔、满洲里、齐齐哈尔、富锦、哈尔滨、牡丹江、克拉玛依、佳木斯、安达
严寒地区 B 区	长春、乌鲁木齐、延吉、通辽、通化、四平、呼和浩特、抚顺、大柴旦、沈阳、大同、本溪、阜新、哈密、鞍山、伊宁、西宁
寒冷地区	兰州、太原、唐山、阿坝、喀什、北京、天津、大连、阳泉、平凉、石家庄、德州、晋城、天水、西安、拉萨、康定、济南、青岛、安阳、郑州、洛阳、宝鸡、徐州、张家口、酒泉、吐鲁番、银川、丹东
夏热冬冷地区	南京、蚌埠、盐城、南通、合肥、安庆、九江、武汉、黄石、岳阳、汉中、安康、上海、杭州、宁波、宜昌、长沙、南昌、株洲、永州、赣州、韶关、桂林、重庆、达县、万州、涪陵、南充、宜宾、成都、贵阳、遵义、凯里、绵阳
夏热冬暖地区	福州、莆田、龙岩、梅州、兴宁、英德、河池、柳州、贺州、泉州、厦门、广州、深圳、湛江、汕头、海口、南宁、北海、梧州

附录表 3　空气调节系统室内设计计算参数

建筑类型	房间类型	夏季			冬季		
		温度/℃	相对湿度/%	气流平均速度/(m/s)	温度/℃	相对湿度/%	气流平均速度/(m/s)
住宅	卧室和起居室	26~28	64~65	≤0.3	18~20	—	≤0.2
旅馆	客房	24~27	65~50	≤0.25	18~22	≥30	≤0.15
	宴会厅、餐厅	24~27	65~55	≤0.25	18~22	≥40	≤0.15
	文体娱乐房间	25~27	60~40	≤0.3	18~20	≥40	≤0.2
	大厅、休息厅、服务部门	26~28	65~50	≤0.3	16~18	≥30	≤0.2
医院	病房	25~27	65~45	≤0.3	18~22	55~40	≤0.2
	手术室、产房	25~27	60~40	≤0.2	22~26	60~40	≤0.2
	检查室、诊断室	25~27	60~40	≤0.25	18~22	60~40	≤0.2
办公楼	一般办公室	26~28	<65	≤0.3	18~20	—	≤0.2
	高级办公室	24~27	60~40	≤0.3	20~22	55~40	≤0.2
	会议室	25~27	<65	≤0.3	16~18	—	≤0.2
	计算机房	25~27	65~45	≤0.3	16~18	—	≤0.2
	电话机房	24~28	65~45	≤0.3	18~20	—	≤0.2
影剧院	观众厅	26~28	≤65	≤0.3	16~18	≥30	≤0.2
	舞台	25~27	≤65	≤0.3	16~20	≥35	≤0.2
	化妆室	25~27	≤60	≤0.3	18~22	≥35	≤0.2
	休息厅	28~30	<65	≤0.5	16~18	—	≤0.3
学校	教室	26~28	≤65	≤0.3	16~18	—	≤0.2
	礼堂	26~28	≤65	≤0.3	16~18	—	≤0.2
	实验室	25~27	≤65	≤0.3	16~20	—	≤0.2
图书馆	阅览室	26~28	65~45	≤0.3	16~18	—	≤0.2
博物馆	展览厅	26~28	60~45	≤0.3	16~18	50~40	≤0.2
美术馆	善本、舆图、珍藏、档案库和书库	22~24	60~45	≤0.3	12~16	60~45	≤0.2
档案馆	缩微胶片库①	20~22	50~30	≤0.3	16~18	50~30	≤0.2

续表

建筑类型	房间类型	夏季			冬季		
		温度/℃	相对湿度/%	气流平均速度/(m/s)	温度/℃	相对湿度/%	气流平均速度/(m/s)
体育馆	观众席	26~28	≤65	0.15~0.3 0.2~0.5	16~18	50~35	≤0.2
	比赛厅	26~28	≤65	乒乓球、羽毛球≤0.2 其余0.2~0.5	16~18	—	≤0.2
	练习厅	26~28	≤65	乒乓球、羽毛球≤0.2 其余0.2~0.5	16~18	—	≤0.2
	游泳池大厅	26~28	≤75	≤0.2	26~28	≤75	≤0.2
	休息厅	28~30	≤65	≤0.5	16~18	—	≤0.2
百货商店	营业厅	26~28	65~50	0.2~0.5	16~18	50~30	0.1~0.3
电视、广播中心	播音室、演播室	25~27	60~40	≤0.3	18~20	50~40	≤0.2
	控制室	24~26	60~40	≤0.3	20~22	55~40	≤0.2
	机房	25~27	60~40	≤0.3	16~18	55~40	≤0.2
	节目制作室、录音室	25~27	60~40	≤0.3	18~20	50~40	≤0.2

①缩微胶片库保存胶片的环境要求，必要时可根据胶片类别按国家标准规定，并考虑其储藏条件等原因。

2. 公共建筑主要空间的设计新风量按附录表4确定。

附录表4 公共建筑主要空间的设计新风量

建筑类型与房间名称			新风量/(m^3/(h·人))
旅游旅馆	客房	5星级	50
		4星级	40
		3星级	30
	餐厅、宴会厅、多功能厅	5星级	30
		4星级	25
		3星级	20
		2星级	15
	大堂、四季厅	4~5星级	10
	商业、服务	4~5星级	20
		2~3星级	10
	美容、理发、康乐设施		30
旅店	客房	一~三级	30
		四级	20
文化娱乐	影剧院、音乐厅、录像厅		20
	游艺厅、舞厅(包括卡拉OK歌厅)		30
	酒吧、茶座、咖啡厅		10
体育馆			20
商场(店)、书店			20

续表

建筑类型与房间名称			新风量/(m^3/(h·人))
饭馆(餐厅)			20
办　公			30
学校	教　室	小学	11
		初中	14
		高中	17

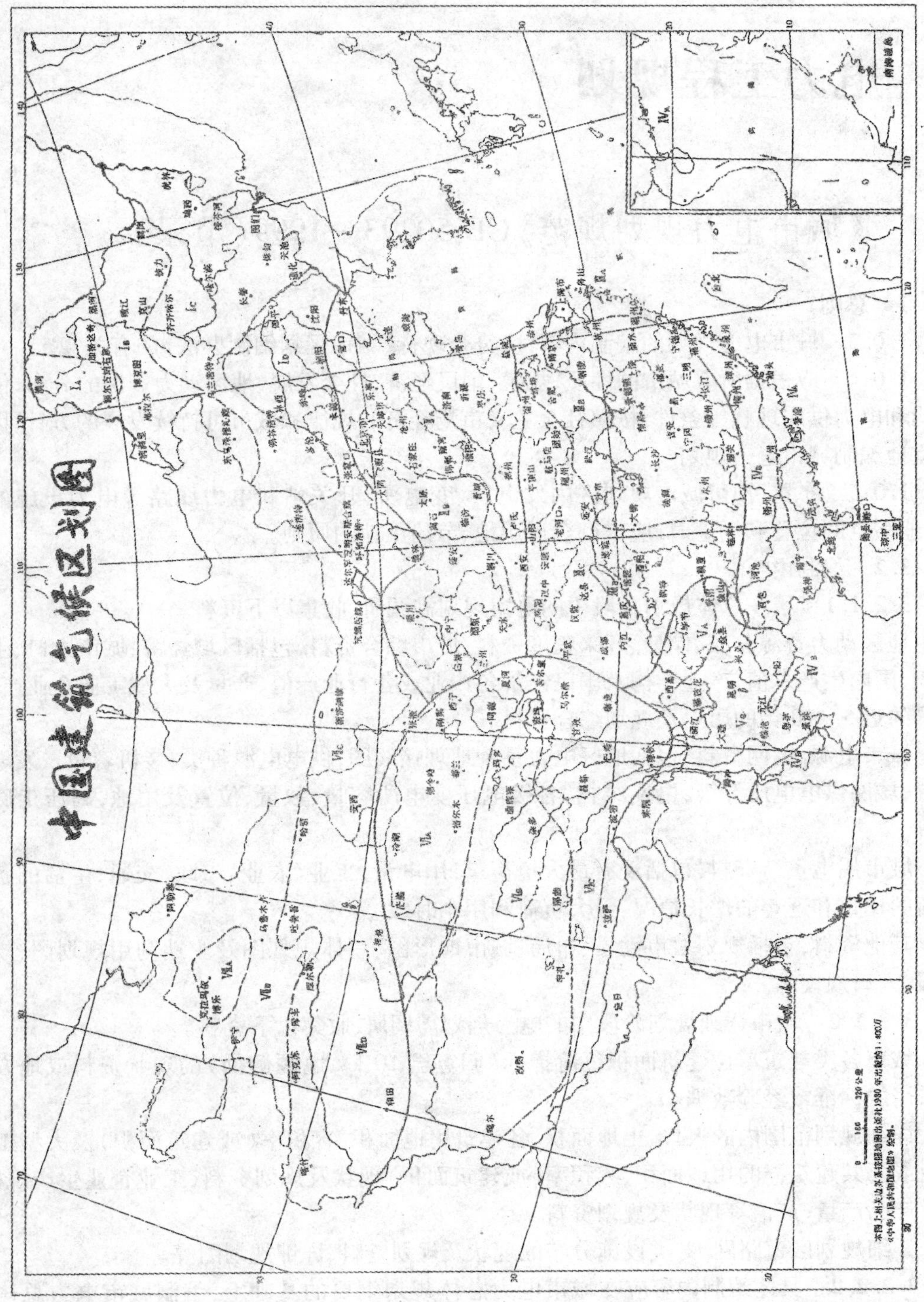
中国建筑气候区划图

7　电力工程规划

7.1　《城市电力规划规范》GB 50293—1999(节录)

1　总则

1.0.3　城市电力规划的编制内容,应符合现行《城市规划编制办法》的有关规定。

1.0.4　应根据所有城市的性质、规模、国民经济、社会发展、地区动力资源的分布、能源结构和电力供应现状等条件,按照社会主义市场经济的规律和城市可持续发展的方针,因地制宜地编制城市电力规划。

1.0.5　布置、预留城市规划区内发电厂、变电所、开关站和电力线路等电力设施的地上、地下空间位置和用地时,应贯彻合理用地、节约用地的原则。

3.2　编制内容

3.2.1.1　城乡总体规划阶段中的电力规划需调研、收集以下资料。

地区动力资源分布、储量、开采程度资料;城市综合资料,包括区域经济、城市人口、土地面积、国内生产总值、产业结构及国民经济各产业或各行业产值、产量及大型工业企业产值、产量的近5~10年的历史及规划综合资料。

城市电源、电网资料,包括地区电力系统地理接线图,供电电源种类,装机容量及发电厂位置,城网供电电压等级,电网结构,各级电压变电所容量、数量、位置及用地,高压走廊宽度等。

城市用电负荷资料,包括现有最大负荷量,用电量,工业、农业、市政、交通、生活的各类负荷的比重和逐年的增长情况,最大负荷利用小时数。

其他资料,包括规划城市性质、布局、城市地形图、总体规划图及土地利用规划图、规划年限、人口规模等。

3.2.1.2　城市详细规划阶段中的电力规划需调研、收集以下资料。

城市各类建筑单位建筑面积负荷指标(归算至10 kV电源侧处)的现状资料或地方现行采用的标准或经验数据。

详细规划范围内的人口、土地面积、各建筑用地面积、容积率(或建筑面积)及大型工业企业或公共建筑群的用地面积、容积率(或建筑面积)现状及规划资料,工业企业生产规模、主要产品产量、产值等现状及规划资料。

详细规划区道路网、各类设施分布的现状及规划资料、详细规划图等。

3.2.2.2　具体编制内容应在城市电力总体规划纲要的基础上,编制城市电力总体规划,内容宜包括:

(1)预测规划区域用电负荷;

(2)电力平衡;

(3)确定城市供电电源种类和布局;

(4)确定城网供电电压等级和层次；

(5)确定城网中的主网布局及其变电所容量、数量；

(6)确定35 kV及以上高压送、配电线路走向及其防护范围；

(7)提出城市规划区内的重大电力设施近期建设项目；

(8)绘制市域和市区(或市中心区)电力总体规划图，编写说明书。

3.2.4.1 编制电力控制性详细规划内容：

(1)确定各类建筑的规划用电指标，并进行负荷预测；

(2)确定供电电源的容量、数量及位置、用地；

(3)布置中压配电网或中、高压配电网，确定其变电所、开关站的数量、结构形式及位置、用地；

(4)确定中、高压电力线路的路径、敷设方式及高压走廊(或地下电缆通道)宽度；

(5)绘制电力控制性详细规划图，编写说明书。

3.2.4.2 修建性详细规划配套编制的电力修建性详细规划内容：

(1)估算用电负荷；

(2)确定供电电源点的数量、容量及位置、用地面积(或建筑面积)；

(3)布置中、低压配电网及其开关站，10 kV公用配电所的容量、数量、结构形式及位置、用地面积(或建筑面积)；

(4)确定中、低压配电线路的路径、敷设方式及线路导线截面；

(5)投资估算；

(6)绘制电力修建性详细规划图，编写规划说明书。

4.2 城市用电负荷预测

4.2.1 城市用电负荷预测(以下简称负荷预测)内容宜符合下列要求。

4.2.1.1 城市电力总体规划负荷预测内容宜包括：

(1)全市及市区(或市中心区)规划最大负荷；

(2)全市及市区(或市中心区)规划年总用电量；

(3)全市及市区(或市中心区)居民生活及第一、二、三产业各分项规划年用电量；

(4)市区及其各分区规划负荷密度。

4.2.1.2 电力分区规划负荷预测内容宜包括：

(1)分区规划最大负荷；

(2)分区规划年用电量。

4.2.1.3 城市电力详细规划负荷预测内容宜包括：

(1)详细规划区内各类建筑的规划单位建筑面积负荷指标；

(2)详细规划区规划最大负荷；

(3)详细规划区规划年用电量。

4.2.3 预测方法的选择宜符合下列原则。

4.2.3.1 城市电力总体规划阶段负荷预测方法，宜选用电力弹性系数法、回归分析法、增长率法、人均用电指标法、横向比较法、负荷密度法、单耗法等。

4.2.3.2 城市电力详细规划阶段的负荷预测方法宜选用：

(1)一般负荷宜选用单位建筑面积负荷指标法等；

(2)点负荷宜选用单耗法,或由有关专业部门、设计单位提供负荷、电量资料。

7.2 负荷预测方法

1. 总体规划阶段负荷预测方法、宜选用电力弹性系数法

城网的电力弹性系数应根据地区工业结构、用电性质,并对历史资料及各类用电的比重发展趋势加以分析后确定。

电力弹性系数:是国内生产总值或工农业产值的增长速度与用电量增长速度之间的比值。即:$E=Y/X$。

2. 需要系数法

利用一个需要系数乘以设备容量即可求出设备组的有功计算负荷。此法适用于工厂中设备台数较多的车间或全厂计算负荷的确定。

有功计算负荷

$$P_{js}=K_xP_e \tag{7.2-1}$$

无功计算负荷

$$Q_{js}=P_{js}\tan\phi \tag{7.2-2}$$

视在计算负荷

$$S_{js}=\sqrt{P_{js}^2+Q_{js}^2}=\frac{P_{js}}{\cos\phi} \tag{7.2-3}$$

计算电流

$$I_{js}=\frac{S_{js}}{\sqrt{3}\,U_e}\quad(\mathrm{A}) \tag{7-4}$$

式中 P_{js}——有功计算负荷,kW;

Q_{js}——无功计算负荷,kvar;

S_{js}——视在计算负荷,kVA;

K_x——需要系数;

P_e——用电单位设备总容量,kW;

$\cos\phi$——用电单位设备功率因数;

$\tan\phi$——$\cos\phi$ 相应的正切值;

U_e——供电电压额定值,kV;

I_{js}——计算电流,A。

用电设备的需要系数和功率因数:

工厂设备部分,参见表 7.2-1。

民用建筑部分,参见表 7.2-2 和表 7.2-3。

表 7.2-4 为需要系数及功率因数表。

住宅用电负荷需要系数,参见表 7.2-5。

表 7.2-1 用电设备组的需要系数和功率因数值

序号	用电设备组名称	需要系数 K_x	cos ϕ	tan ϕ
1	小批生产的金属冷加工机床	0.16~0.20	0.50	1.73
2	大批生产的金属冷加工机床	0.18~0.25	0.50	1.73
3	小批生产的金属热加工机床	0.25~0.30	0.50	1.33
4	大批生产的金属热加工机床	0.30~0.35	0.65	1.17
5	通风机、水泵、空气压缩机及电动发电机组	0.70~0.80	0.80	0.75
6	非连锁的连续运输机械及铸造车间整砂机械	0.50~0.60	0.75	0.88
7	连锁的连续运输机械及铸造车间整砂机械	0.65~0.70	0.75	0.88
8	锅炉房和机加工、机修、装配等类车间的吊车($\varepsilon=25\%$)	0.10~0.15	0.50	1.73
9	铸造车间的吊车($\varepsilon=25\%$)	0.15~0.25	0.50	1.73
10	自动连续装料的电阻炉设备	0.75~0.80	0.95	0.33
11	实验室用的小型电热设备(电阻炉、干燥箱等)	0.70	1.00	0
12	工频感应电炉(未带无功补偿装置)	0.80	0.35	2.68
13	高频感应电炉(未带无功补偿装置)	0.80	0.60	1.33
14	电弧熔炉	0.90	0.87	0.57
15	点焊机、缝焊机	0.35	0.60	1.33
16	对焊机、铆钉加热机	0.35	0.70	1.02
17	自动弧焊变压器	0.50	0.40	2.29
18	单头手动弧焊变压器	0.35	0.35	2.68
19	多头手动弧焊变压器	0.40	0.35	2.68
20	单头弧焊电动发电机组	0.35	0.60	1.33
21	多头弧焊电动发电机组	0.70	0.75	0.88
22	生产厂房照明(有天然采光)	0.80~0.90	1.00	0
23	生产厂房照明(无天然采光)	0.90~1.00	1.00	0

表 7.2-2 用电设备的需要系数和功率因数值

序号	用电设备组名称	需要系数 K_x	cos ϕ	tan ϕ
1	办公楼照明	0.70~0.80	1.00	0
2	设计室照明	0.90~0.95	1.00	0
3	科研楼照明	0.80~0.90	1.00	0
4	仓库照明	0.50~0.70	1.00	0
5	锅炉房照明	0.90	1.00	0
6	宿舍区照明	0.60~0.80	1.00	0
7	医院照明	0.50	1.00	0
8	食堂照明	0.90~0.95	1.00	0
9	商店照明	0.90	1.00	0
10	学校照明	0.60~0.70	1.00	0

续表

序号	用电设备组名称	需要系数 K_x	cos ϕ	tan ϕ
11	展览馆照明	0.70~0.80	1.00	0
12	旅馆照明	0.60~0.70	1.00	0
13	旅馆客房照明	0.35~0.45	1.00	0
14	旅馆其他场所照明	0.50~0.70	1.00	0
15	旅馆用冷水机组、泵	0.65~0.75	0.80	0.75
16	旅馆用通风机	0.60~0.70	0.80	0.75
17	旅馆用电梯	0.18~0.22	0.50	1.73
18	旅馆用洗衣机	0.30~0.35	0.70	1.02
19	旅馆用厨房设备	0.35~0.45	0.75	0.88
20	旅馆用窗式空调器	0.35~0.45	0.80	0.75

注：表中所有照明负荷的 cos ϕ 和 tan ϕ 值均按白炽灯照明的数值（cos $\phi=1$，tan $\phi=0$）。如为其他光源照明，则其 cos ϕ 和 tan ϕ 按表 7.2－3 所示数值确定。

表 7.2－3　照明设备的 cos ϕ 和 tan ϕ

光源类别	cos ϕ	tan ϕ
白炽灯、卤钨灯	1.00	0
荧光灯（无补偿）	0.55	1.52
荧光灯（有补偿）	0.90	0.48
高压汞灯	0.45~0.65	1.98~1.16
高压钠灯	0.45	1.98
金属卤化物灯	0.40~0.61	2.29~1.29
镝　灯	0.52	1.60
氙　灯	0.90	0.48

表 7.2－4　需要系数及功率因数

负荷名称	规模（台数）	需要系数 K_x	cos ϕ	备　注
照明	面积 < 500 m^2	1~0.9	0.9~1	含插座容量，荧光灯就地补偿或采用电子镇流器
	500~3 000 m^2	0.9~0.7	0.9	
	3 000~15 000 m^2	0.75~0.55		
	商场照明	0.9~0.7		
冷冻机房、锅炉房	1~3 台	0.9~0.7	0.8~0.85	
	>3 台	0.7~0.6		
热力站、水泵房、通风机	1~5 台	1~0.8	0.8~0.85	
	>5 台	0.8~0.6		

续表

负荷名称	规模(台数)	需要系数 K_x	cos ϕ	备　注
电梯		0.18～0.22	0.7(交流梯) 0.8(直流梯)	
洗衣机房、厨房	≤100 kW	0.4～0.5	0.8～0.9	
	>100 kW	0.3～0.4		
窗式空调	4～10 台	0.8～0.6	0.8	
	10～50 台	0.6～0.4		
	50 台以上	0.4～0.3		
舞台照明	<200 kW	1～0.6	0.9～1	
	>200 kW	0.6～0.4		

注:1. 一般动力设备为 3 台及以下时,需要系数取为 $K_x=1$。

2. 照明负荷需要系数的大小与灯的控制方式和开启率有关。大面积集中控制的灯比相同建筑面积的多个小房间分散控制的灯的需要系数大。插座容量的比例大时,需要系数的选择可以偏小些。

表 7.2-5　住宅用电负荷需要系数

按单相配电计算时所连接的基本户数	按三相配电计算时所连接的基本户数	需要系数	
		通用值	推荐值
3	9	1	1
4	12	0.95	0.95
6	18	0.75	0.80
8	24	0.66	0.70
10	30	0.58	0.65
12	36	0.50	0.60
14	42	0.48	0.55
16	48	0.47	0.55
18	54	0.45	0.50
21	63	0.43	0.50
24	72	0.41	0.45
25～100	75～300	0.40	0.45
125～200	375～600	0.33	0.35
260～300	780～900	0.26	0.30

注:1. 表中通用值系目前采用的住宅需要系数值,推荐值是为计算方便而提出,仅供参考。

2. 住宅的公用照明及公用电力负荷需要系数,一般可按 0.8 选取。

3. 单位产品耗电量法

利用单位产品耗电量乘以工厂年产量,求出工厂的年耗电量。然后将年耗电量除以年最大有功负荷利用小时,即可求得工厂的有功计算负荷。对工业区较适合,适用于近、中期规划。

$$A_a = \sum W_i Q_i \qquad (7.2-5)$$

式中 A_a——年用电量,kW·h;

Q_i——某种产品(或产值)的产量;

W_i——某种产品(或产值)的用电单耗,kW·h(或相同实用单位万元)。

4. 负荷密度法和单位指标法

此二法是目前对民用建筑计算负荷常用的计算方法。

负荷密度法计算有功功率:

$$P_{js} = \frac{\alpha S}{1\,000} \ (\mathrm{kW}) \qquad (7.2-6)$$

式中 α——预计负荷密度(单位面积功率),W/m^2;

S——建筑面积,m^2。

利用负荷密度法计算的有功功率为规划值或为可能发生的最大负荷值,在确定计算负荷时,还应结合具体情况,乘以不同的同时系数。

部分用电单位负荷密度参考值,见表 7.2-6。

表 7.2-6 部分用电单位负荷密度参考值

序号	用电单位名称	负荷密度	序号	用电单位名称	负荷密度
1	机械加工车间(照明)	7~10	20	食堂、餐厅(照明)	10~13
2	机修电修车间(照明)	7.5~9	21	医院、托儿所、幼儿园(照明)	9~12
3	木工车间(照明)	10~12	22	学校(照明)	12~15
4	铸工车间(照明)	8~10	23	俱乐部(照明)	10~13
5	锻压车间(照明)	7~9	24	商店(照明)	12~15
6	热处理车间(照明)	10~13	25	浴室、更衣室、厕所(照明)	6~8
7	表面处理车间(照明)	9~11	26	一般住宅或小家庭公寓	5.91~10.70 (7.53)
8	焊接车间(照明)	7~10	27	中等家庭公寓	10.76~16.14 (13.45)
9	装配车间(照明)	8~11	28	高级家庭公寓	21.52~26.5 (25.8)
10	元件、仪表、装配试验厂房(照明)	10~13	29	豪华家庭公寓	43.04~64.5 (48.4)
11	工厂中央试验室(照明)	9~12	30	商店	48.4~277 (161.4)
12	计量室(照明)	10~13	31	无空调的商店	(43)
13	冷冻站、氧气站、煤气站(照明)	8~10	32	有空调的商店	(194)
14	空气压缩站、水泵房(照明)	6~9	33	餐厅、咖啡馆	(247)
15	锅炉房(照明)	7~9	34	百货商场	14.5~215 (161.4)
16	材料库(照明)	4~7	35	办公室	80.7~107.6 (96.8)

续表

序号	用电单位名称	负荷密度	序号	用电单位名称	负荷密度
17	变、配电所(照明)	8~12	36	旅馆	48.4~124 (71)
18	办公室、资料室(照明)	10~15	37	居民住宅楼(北京地区)②	25
19	设计室、绘图室(照明)	12~18			

注:1. 表中序号1~25均为照明负荷密度,单位为W/ m^2(1990年参考值);表中26~36负荷密度单位为VA/ m^2。

2. 表中序号37为北京市首规委1990年10月关于北京住宅用电负荷标准的批复数。

3. 表中括号内数字为平均值。

单项建设用地负荷密度指标见表7.2-7。

表7.2-7 单项建设用地负荷密度指标

用地符号	类别名称	负荷密度/(kW/ hm^2)	用地符号	类别名称	负荷密度/(kW/ hm^2)
CI	商业用地	400~700	T	对外交通用地	15
R31	商住用地	150~350	S	道路广场用地	15
R	居住用地	150~250	C7	旅游度假用地	15
G/IC	政府社团用地	200~400	G	绿地	10
M	工业用地	200~300	E	其他用地	150
W	仓储用地	20			

5. 人均用电指标法或综合用电水平法

根据单位消耗电量来推算各分类用户的用电量。

以人口或面积计算时:

$$A_a = Sd \tag{7.2-7}$$

式中 A_a——年用电量;

S——计算范围内人口或建筑面积(用地面积);

d——用电水平指标。

6. 增长率法等

无论是采用哪一种负荷计算方法来确定计算负荷,都要充分考虑到负荷的功率因数、无功功率的补偿、路线和变压器的功率损耗等具体情况,以提高计算负荷的准确程度。

以下内容摘自《城市电力规划规范》GB 50293—1999。

4.3 规划用电指标

4.3.2 城市总体规划阶段,人均综合用电量指标按表4.3.2和表4.3.3选定。

表4.3.2 规划人均综合用电量指标

指标分级	城市用电水平分类	人均综合用电量/(kW·h/(人·年))	
		现状(1995年)	规划(2010年)
1	用电水平较高城市	3 500~2 501	8 000~6 001

续表

指标分级	城市用电水平分类	人均综合用电量/(kW·h/(人·年))	
		现状(1995年)	规划(2010年)
2	用电水平中上城市	2 500~1 501	6 000~4 001
3	用电水平中等城市	1 500~701	4 000~2 501
4	用电水平较低城市	700~250	2 500~1 000

表4.3.3 规划人均居民生活用电量指标

指标分级	城市用电水平分类	人均综合用电量/(kW·h/(人·年))	
		现状(1995年)	规划(2010年)
1	用电水平较高城市	400~201	2 500~1 501
2	用电水平中上城市	200~101	1 500~801
3	用电水平中等城市	100~51	800~401
4	用电水平较低城市	50~20	400~250

年最大负荷利用小时 t_{max} 可参见附表A。

附表A 不同行业的年最大负荷利用小时 T_{max}

行业名称	T_{max}/h	行业名称	T_{max}/h	行业名称	T_{max}/h
铝电解	8 200	化学工业	7 300	城市生活用电	2 500
有色金属电解	7 500	铁合金工业	7 700	农业灌溉	2 800
有色金属采选	5 800	机械制造工业	5 000	一般仓库	2 000
有色金属冶炼	6 800	建材工业	6 500	农业企业	3 500
黑色金属冶炼	6 500	纺织工业	6 000	农村照明	1 500
煤炭工业	6 000	食品工业	4 500	冷藏库	4 000
石油工业	7 000	电气化铁道	6 000		

4.3.4 城市电力总体规划或电力分区规划，当采用负荷密度法进行负荷预测时，其居住、公共设施、工业3大类建设用地的规划单位建设用地负荷指标的选取，应根据3大类建设用地中所包含的建设用地小类类别、数量、负荷特征，并结合所在城市3大类建设用地的单位建设用地用电现状水平和表4.3.4规定，经综合分析比较后选定。

表4.3.4 规划单位建设用地负荷指标

城市建设用地用电类别	单位建设用地负荷指标/(kW/hm²)	城市建设用地用电类别	单位建设用地负荷指标/(kW/hm²)
居住用地用电	100~400	工业用地用电	200~800
公共设施用地用电	300~1 200		

注：1. 城市建设用地包括居住用地、公共设施用地、工业用地、仓储用地、对外交通用地、道路广场用地、市政公用设施用地、绿化用地和特殊用地8大类，不包括水域或其他用地。

2. 超出表中三大类建设用地以外的其他各类建设用地的规划单位建设用地负荷指标的选取，可根据所在城市的具体情况确定。

4.3.5 城市电力详细规划阶段的负荷预测，当采用单位建筑面积负荷指标法时，其居住建筑、公共建筑、工业建筑三大类建筑的规划单位建筑面积负荷指标的选取，应根据3大建筑中所包含的建筑小类类别、数量、建筑面积（或用地面积、容积率）、建筑标准、功能及各类建筑用电设备配置的品种、数量、设施水平等因素，结合当地各类建筑单位建筑面积负荷现状水平和表4.3.5规定，经综合分析比较后选定。

表4.3.5 规划单位建筑面积负荷指标

建筑用电类别	单位建筑面积负荷指标/（W/m^2）	建筑用电类别	单位建筑面积负荷指标/（W/m^2）
居住建筑用电	20～60（1.4～4 kW/户）	工业用地用电	20～80
公共建筑用电	30～120		

注：超出表中三大类建筑以外的其他各类建筑的规划单位建筑面积负荷指标的选取，可结合当地实际情况和规划要求，因地制宜确定。

以下表4.2.2-4和表4.2.2-5摘自《城市基础设施工程规划手册》。

表4.2.2-4 分类综合用电指标参考

用地分类及其代号			综合用电指标/（W/m^2）	备注
居住用地R	一类居住用地	高级住宅别墅	30～60	按每户2台及以上空调、2台热水器、有烘干的洗衣机，有电灶，家庭全电气化
	二类居住用地	中级住宅	15～30	按有空调、电热水器、无电灶，家庭基本电气化
	三类居住用地	普通住宅	10～15	每户一般76 m^2以下，安装有一般家用电器
公共设施用地C	行政办公用地（C1）		15～26	行政、党派和团体等机构用地
	商业金融用地（C2）		22～44	商业、金融业、服务业、旅馆业和市场等用地
	文化娱乐用地（C3）		20～35	新闻出版、文艺团体、广播电视、图书展览、游乐等设施用地
	体育用地（C4）		14～30	体育场馆和体育训练基地
	医疗卫生用地（C5）		18～25	医疗保健、卫生防疫、康复和急救设施等用地
	教育科研设计用地（C6）		15～30	高校、中专、科研和勘测设计机构用地
	文物古迹用地（C7）		15～18	
	其他公共设施用地（C9）		8～10	宗教活动场所、社会福利院等用地
工业用地M	一类工业用地（M1）		20～25	无干扰、污染的工业，如高科技电子工业、缝纫工业、工艺品制造工业
	二类工业用地（M2）		30～42	有一定干扰、污染的工业，如食品、医药、纺织等工业
	三类工业用地（M3）		45～56	部分中型机械、电器工业企业
仓储用地W	普通仓库用地（W1）		5～10	
	危险品仓库用地（W2）			
	堆场用地（W3）		1.5～2	

续表

用地分类及其代号		综合用电指标/（W/m²）	备　注
对外交通用地 T	T1、T2 中的铁路公路站	25～30	
	港口用地（T4）	100～500 500～2 000 2 000～5 000 （单位是 kW）	年吞吐量 10～50 万 t 港 年吞吐量 50～100 万 t 港 年吞吐量 100～500 万 t 港 不同港口用电量差别很大，实用中宜作点负荷调查比较确定
	机场用地（T6）	35～42	
道路广场用地 S	道路用地（S1）	17～20	全开发区（新区）该类用电负荷密度
	广场用地（S2） 社会停车场库用地（S3）		
市政公用设施用地 U	供应（供水、供电、供燃气、供热）设施用地（U1）	830～850	全开发区（新区）该类用电负荷密度
	交通设施用地（U2）		
	邮电设施用地（U3）		
	环卫设施用地（U4）		
	施工与维修设施用地（U5）		
	其他（如消防等）		

表 4.2.2－5　规划单位建筑面积用电负荷指标

大类	小　类	用电指标/（W/m²）
居住建筑用地	多层普通住宅	4（kW/户）
	多层中级住宅	4～5（kW/户）
	高层高级住宅	5～8（kW/户）
	别墅	7～10（kW/户）
公共建筑用地	高级宾馆、饭店及 40 层以上高层写字楼	120～160
	中档宾馆及 40 层以下 15 层以上写字楼	100～140
	普通宾馆及 15 层以下写字楼	70～100
	科技馆、影剧院、医院等大型公建	60～100
	银行	60～100
	大型商场	80～120
	一般商场	25～50
	行政办公楼	40～60
	科研、设计单位	20～60
	中、小学，幼儿园，托儿所等	20～50
	体育馆	70～100
	停车场（地下及室内）建筑	15～40
工业建筑用地	工业标准厂房	45～80

续表

大类	小　类	用电指标/(W/m^2)
仓储建筑用地	一般仓库	2~6
	冷藏仓库	8~15
其他建筑用地		12~18

表7.2-8摘自《深圳市电力规划指标》。

表7.2-8　深圳市规划负荷密度指标

深圳单位建筑面积负荷密度指标/(W/m^2)		分类用地负荷指标	
		用地类型	负荷密度/(kW/hm^2)
1. 高层办公	80~120		
2. 中、多层办公	40~60	R居住用地	200~500
3. 酒店、宾馆	80~120	C商业用地	400~1 000
4. 商场、购物中心	60~80	GIC政府社团	300~700
5. 建筑裙房、综合服务设施	40~60	M工业用地	200~500
6. 工业厂房	40~80	W仓储	20~40
7. 停车库	20~30	T对外交通	15~30
8. 中、小学,幼儿园	30~40	S道路广场	15~30
9. 医疗服务	40~60	U市政公用设施用地	150~250
10. 体育设施	60~80	G绿地	10~15
11. 居住	30~60	D特殊用地	150~250
		E水域或其他非城市建设用地	5~10

7.3　城市供电电源

7.3.1　发电厂

《城市规划资料集》第11分册工程规划部分(2005)(节录)

4.3.1　水力发电厂

水力发电厂规模按装机容量的划分见表4.3.1。

表4.3.1　水力发电厂规模等级的划分

规模	大型	中型	小型
装机容量/(万kW)	>15	1.2~15	<1.2

4.3.2　火力发电厂

1)火力发电厂的选址原则

符合城市总体规划的要求,尽量布局在3类工业用地内。尽量靠近铁路、港口等运输线,靠近水源。燃煤电厂应有足够的储灰场。

厂址应考虑电厂输电线路的出线要求,留有适当的出线走廊宽度。

电厂厂址应在城市主导风向的下风向,并应有一定的防护距离。

厂址应满足地质、防震、防洪等建厂条件要求,厂址标高应高于百年一遇的洪水位。

2)火力发电厂建设指标

火力发电厂规模按装机容量的划分见表4.3.2-1。

表4.3.2-1 火力发电厂规模等级的划分

规模	大型	中型	小型
装机容量/万 kW	>25	2.5~25	<2.5

《电力工业标准汇编》(2008)(节录)

火力发电厂建设用地指标参见表4.3.2-2、表4.3.2-3、表7.3-1、表7.3-2、表7.3-3。

表4.3.2-2 燃煤电厂占地参考指标

单机容量/万 kW	规划容量/万 kW	厂区占地/hm^2	用地指标/(hm^2/万 kW)
1.2	10	8~10	0.8~1.0
2.5	20	10~15	0.5~0.75
5.0	40	20~26	0.5~0.65
10~12.5	60	24~33	0.4~0.55
20	80	28~36	0.35~0.45
30	120	36~42	0.3~0.35
60	240	60~72	0.25~0.3

表4.3.2-3 热电厂占地参考指标

装机容量/万 kW	机组类型	占地面积/hm^2	每千瓦占地面积/m^2
2×6	中压	22.72	23.1
2×12.5	中压	48.25	19.3
2×12+2×25	中压	125.71	16.9
5×25	高压	66.5	5.25
2×25	高压	44.35	8.87
1×50	高压	21.98	1.6
100	高压	21.98	1.6
112.0	高压	96.64	5.9
200	高压	68	3.4
450	高压	75	1.67

表 7.3-1 火电厂占地控制指标

总容量/MW	机组组合（台数×机组容量/MW）	厂区占地/hm²	单位容量占地/（hm²/万 kW）	总容量/MW	机组组合（台数×机组容量/MW）	厂区占地/hm²	单位容量占地/（hm²/万 kW）
200	4×50	17	0.85	800	4×200	34	0.43
300	2×50+2×100	19	0.63	1 200	4×300	47	0.39
400	4×100	25	0.63	2 400	4×600	66	0.28
600	2×100+2×200	30	0.5				

注：向带有直接配水器的用户供应热水的热电厂，占地面积应增加 20%。

表 7.3-2 扩建火电厂占地指标

机组组合（台数×机组容量/MW）	占地面积/hm²	单位容量占地/（hm²/万 kW）	机组组合（台数×机组容量/MW）	占地面积/hm²	单位容量占地/（hm²/万 kW）
4×12	3.2	0.66	2×12+2×25	3.7	0.50
4×25	6.5	0.65	2×25+2×50	7.5	0.50
4×50	12	0.60	2×50+2×125	14	0.40
4×125	21	0.42	2×125+2×300	25	0.71
4×300	28	0.23	2×300+2×600	36	0.20

表 7.3-3 燃煤发电厂用地

单机容量/万 kW	20	30	60	100
单机占地参考指标/（hm²/台）	7～8	9～10	15～18	20～25

4.3.3 核电厂

(1)核电厂选址，应尽量建在人口密度较低，地区平均人口密度较小的地点。核电厂距 10 万人口的城镇和距 100 万人口以上大城市的市区发展边界，应分别保持适当的直线距离。

核电厂周围应设置非居住区，即隔离区，以核电厂为中心半径 1 km 以内为隔离区，非居住区内严禁有常住居民。

(2)安全防护标准

核电厂非居民区周围应设置限制区，限制区半径（以反应堆为中心）一般不得小于 5 km。

核电厂周围应设置应急计划区。应急计划区半径（以核反应堆为中心）为 10 km。应急计划区内不应有 10 万人以上的城镇。并不宜有人口密度超过 10 000 人/km² 的人口聚集区。

国内外一些核电站与临近城市的距离，见表 7.3-4。

表 7.3-4 国内外一些核电站与临近城市的距离 km

城市	国家	人口/万人	厂名	规模/MW	城市中心与电厂之间的距离
纽约	美国	1718	INDIAPOINT	2×1 020	55

续表

城市	国家	人口/万人	厂名	规模/MW	城市中心与电厂之间的距离
费城	美国	480	LIMERICK	2×1 092	45
釜山	韩国	245	KOR11ご2	560+650	35
汉堡	德国	230	STADE	670	30
台北	中国	200	CHINSAM	2×630	28
大亚湾	中国	香港600,深圳1 200	大亚湾核电站	2×900	距香港52 km,距深圳45 km
京都	日本	142	OHI	2×1 150	60
里昂	法国	120	BUGER	4×900	35

《天津市城市规划管理技术规定》(2009)(节录)

天津市城市规划管理技术规定热电厂用地指标

装机容量/万 kW	机组类型	占地面积/hm^2
4×30	高压	55~58
6×30	高压	65~70
4×60	高压	60~68
4×100	高压	80~85

7.3.2 电源变电所

变电所的用地面积,应按变电所最终规模规划预留;规划新建的35~500 kV变电所用地面积的预留,可根据《城市电力规划规范》的规定,结合所在地区的实际用地条件,因地制宜选定。表7.2.7-1至7.2.7-3摘自《城市电力规划规范》(GB/50293—1999)。

表7.2.7-1 35~110 kV变电所规划用地面积控制指标

变压等级/kV	主变压器容量/(MVA/台)	变电所结构形式及用地面积/m^2		
		全户外式用地面积	半户外式用地面积	户内式用地面积
110/10	20~63/2~3	3 500~5 500	1 500~3 000	800~1 500
35/10	5.6~31.5/2~3	2 000~3 500	1 000~2 000	500~1 000

表7.2.7-2 220~500 kV变电所规划用地面积控制指标

变压等级/kV	主变压器容量/(MVA/台组)	变电所结构形式	用地面积/m^2
500/220	750/2	户外式	98 000~110 000
330/220及330/110	90~240/2	户外式	45 000~55 000
330/110及330/10	90~240/2	户外式	40 000~47 000
220/110(66、35)及220/10	90~180/2~3	户外式	12 000~30 000
220/110(66、35)	90~180/2~3	户外式	8 000~20 000

续表

变压等级/kV	主变压器容量/(MVA/台组)	变电所结构形式	用地面积/m²
220/110(66、35)	90~180/2~3	半户外式	5 000~8 000
220/110(66、35)	90~180/2~3	户外式	2 000~4 500

表7.2.7-3 35~500 kV变电所主变压器单台(组)容量

变电所电压等级/kV	单台(组)主变压器容量/MVA	变电所电压等级/kV	单台(组)主变压器容量/MVA
500	500、750、1 000、1 500	110	20、31.5、40、50、63
330	90、120、150、180、240	66	20、31.5、40、50
220	90、120、150、180、240	35	5.6、7.5、10、15、20、31.5

表7.3-5至7.3-8摘自《城市规划与建设强制性标准实施手册》。

表7.3-5 变电站的用地面积

电压/kV	110/35/10	110/10	63/10	35/10
用地/m²	4000	2500	1000	800

表7.3-6 35~500 kV变电站的建设用地指标

序号	电压等级/kV	类型		主变容量/(MVA/台)	配电装置形式	出线回路数(回)	主接线	用地面积 $a\times b$	用地面积/hm²
1	35	Ⅰ	地上	31.5/3	35和10 kV: 户内开关柜	10 kV:30	35 kV:线变组 10 kV:单线4分段	52×39	0.203
		Ⅱ	半地下					60×45	0.270
2	110	Ⅰ	地上	40/3	110 kV:户内GIS 10 kV:户内开关柜	10 kV:36	110 kV:环进环出 支接变压器 10 kV:单母6分段	60×40	0.240
		Ⅱ	地下					66×55	0.363
3	220	Ⅰ	户外中间站	240/3	220 kV:户外中型管母 110 kV:户内GIS 35 kV:户内开关柜	220 kV:6 110 kV:9 35 kV:30	220 kV:双母线双分段 110 kV:单母线3分段 35 kV:单母线6分段	120×150	1.800
			户外中心站			220 kV:10 110 kV:12 35 kV:30		180×150	2.700
		Ⅱ	户内地上		220 kV:户外中型管母 110 kV:户内GIS 35 kV:户内开关柜	220 kV:12 110 kV:9 35 kV:30		150×100	1.500
		Ⅲ	地下	300/3	220 kV:户内GIS 110 kV:户内GIS 35 kV:户内GIS	110 kV:12 35 kV:30	220 kV:线路变压器组 110 kV:单母线3分段 35 kV:单母线6分段	105×55	0.578

续表

序号	电压等级/kV	类型		主变容量/(MVA/台)	配电装置形式	出线回路数(回)	主接线	用地面积 $a \times b$	用地面积/ hm^2
4	500	Ⅰ	户外	1 000/4	500 kV:户外 AIS 220 kV:户外 AIS	500 kV:8 220 kV:20	500 kV:一个半断路器双母双分段 220 kV:一个半断路器双母双分段	265×345	9.143
5	500	Ⅱ	户内	1 500/3	500 kV:户内 AIS 220 kV:户内 AIS	500 kV:3 220 kV:21	500 kV:线路变压器组带断路器 220 kV:双母线3段	200×100	2.000

注:1. 表中的用地面积为变电站围墙内所有设施的控制面积,消防道路宽度按 4 m 考虑。

2. 表中的用地面积均不考虑变电站长边沿靠市政道路布置。

3. 35 kV、110 kV 变电站,变压器运输、吊装通道 8~10 m。

4. 表中的用地面积均不考虑绿化率,有绿化率要求时,应相应增加用地面积。

5. 表中 35 kV、110 kV 变电站的用地面积内,均不考虑设置独立的事故油池和消防水池。

6. 当变电站的规模超过表中所列数值时,应根据实际情况另行考虑。

7. 在满足表中面积数据时,也要同时满足长和宽的要求,并兼顾线路走廊布置要求。

8. 表中 200 kV 户内地上变电站按采取一种无功补偿式设置用地控制指标,如需采用两种无功补偿形式,则相应增加用地面积。

估算变电室规模的公式如下:

$$变电室面积=3.3\sqrt{变压器设备容量(kVA)}\quad (m^2)$$

表 7.3-7 城市变电站用地参考

变压等级/kV	主变压器容量/(MVA/台)	变电站结构形式	用地面积/m^2
500/220	750~1 200/2~4	户外式	60 000~110 000
220/110/35 及 220/35/10	90~250/2~4	户外式	20 000~40 000
		户内式	10 000
110/35 及 110/10	20~63/2~3	户外式	10 000
		户内式	5 000
35/10	5.6~31.5/2~3	户外式	3 000
		户内式	1 500

表 7.3-8 变电站主变及用地规模

等级/kV	标准主变装机/kVA	户内 GIS 占地面积/m^2	户外 GIS 占地面积/m^2	户外式占地面积/m^2
110	3×50、3×63	3 000~4 000	4 000~5 000	—
220	3×180、4×240	5 000~8 000	8 000~15 000	25 000~35 000
500	3×1 000、4×1 000	—	—	10 000~12 500

表 7.3-9 和表 7.3-10 摘自《上海市基础设施用地指标》(试行)。

上海轨道交通的供电方式以110 kV集中供电为主,根据上海电网及轨道交通线路的具体情况,也可结合35 kV电压等级采用混合供电方式。

表7.3-9 上海城市轨道交通主变电所用地指标

分 类	用地指标/m^2
110 kV地下主变电所	≤3 000
110 kV地面主变电所	≤2 500

表7.3-10 上海地区的变电站用地面积

电压等级/kV	变压器容量	市区变电站用地面积/m^2	郊区变电站用地面积/m^2	备 注
500	3台×75kVA		250 000 (500 m×500 m)	
220	3台×18万kVA	7 000 (70×100)	22 500 (150×150)	
110	2台×6.3万kVA	2 000~3 000 (40×75)	5 200 (80×65)	
35	3台×2.0万kVA	建筑外框828 (23×36) 采用氯氟化硫小型组合电器		外围需有防火间距,距高层>13 m,距多层>7 m
	2台×2.0万kVA	1 270 (47×27)	1 650 (55×30)	
10	2台×750 kVA 2台×1 000 kVA	126(9×10) 160(16×10)		160 m^2的配电间为有高进高出的开关设备

各级变电所的合理供电半径应根据城市总体规划布局,城市负荷密度和负荷分布特点,经技术经济比较后确定。各级变电所一般的合理供电半径见表7.3-11至表7.3-13。

表7.3-11 各级变电所合理供电半径

变电所电压等级/kV	变电所二次侧电压/kV	合理供电半径/km	变电所电压等级/kV	变电所二次侧电压/kV	合理供电半径/km
6、10		0.25~8	220	110、6~10	50~100
35	6~10	5.0~15	330	110、220	100~200
110	35、6~10	15~50	500	220	200~300

表7.3-12 变电所合理供电半径

变电所的电压等级/kV	变电所二次侧电压/kV	合理供电半径/km
500	220	200~300
330	220、1 100	100~200
220	110、66、35、10	50~100
110	10	15~30

续表

变电所的电压等级/kV	变电所二次侧电压/kV	合理供电半径/km
66	10	5 ~ 15
35	10	5 ~ 10
10		0.25 ~ 0.5

表 7.3 – 13 区域性电网供电半径

电压等级/kV	输送功率/kW	输送距离/km	电压等级/kV	输送功率/kW	输送距离/km
35	1 万 ~ 2 万	<50			
110	3 万 ~ 6 万	<100	330	80 万	1 000
220	12 万 ~ 24 万	200 ~ 300	500	120 万	600

上海市电网供电半径见表 7.3 – 14。

表 7.3 – 14 上海市电网供电半径

电压等级/kV	送电距离/km		电压等级/kV	送电距离/km	
	市区	郊区		市区	郊区
0.38 /0.22	0.2 ~ 0.3	>0.5	35	>2	10 ~ 25
6.6 ~ 10	1.0 ~ 1.5	5 ~ 10	110		10 ~ 50

7.4 城市电网

(1)城市电网电压等级应符合国家电压标准与下列规定:500、330、220、110、66、35、10 kV 和 380/220 V。

送电电压:500 kV、330 kV、220 kV;

高压配电电压:110 kV、66 kV、35 kV;

中压配电电压:10 kV(6 kV)、(20 kV);

低压配电电压:380/220 V。

为了适应城市中心负荷密度不断增长的压力,提高线路的送电能力,限低线路电能损耗和电压损耗,国家标准《标准电压》GB 156—90 已将 20 kV 列入标准电压。20 kV 作为配电网络在苏州工业园区已应用。在新开发的地区或工业、产业园区,可以考虑应用。

城市配电网,系从输电网接受电能,再分配给城市电力用户的电力网。

(2)容载比。城网中各电压层网容量之间,应按一定变电容载比配置,是反映城网供电能力的重要技术经济指标之一,应符合现行《城市电力规划设计导则》的有关规定。

220 kV 电网变电容载比不小于 1.6,一般为 1.6 ~ 1.9。

110 kV 电网容载比不小于 2.0,35 kV 电网容载比不小于 2.1,10 kV 电网容载比在 2.2 ~2.5 之间。35 ~ 110 kV 电网容载比一般也可为 1.8 ~ 2.1。

《城市配电网规划设计规范》GB 50613—2010(节录)

5.5.2 规划编制中,高压配电网的容载比,可按照规划的负荷增长率在1.8~2.2范围内选择。当负荷增长较缓慢时,容载比取低值,反之取高值。

6.2 高压变电站

6.2.5 变电站的主变压器台数最终规模不宜少于2台,但不宜多于4台,主变压器单台容量宜符合表6.2.5容量范围的规定。同一城网相同电压等级的主变压器宜统一规格,单台容量规格不宜超过3种。

表6.2.5 变电站主变压器单台容量范围

变电站最高电压等级/kV	主变压器电压比/kV	单台主变压器容量/MVA
110	110/35/10	31.5、50、63
	110/20	40、50、63、80
	110/10	31.5、40、50、63
66	66/20	40、50、63、80
	66/10	31.5、40、50
35	35/10	5、6.3、10、20、31.5

6.2.6 变电站最终出线规模应符合下列规定。

(1)110 kV变电站110 kV出线宜为2~4回,有电厂接入的变电站可根据需要增加至6回,每台变压器的35 kV出线宜为4~6回,20 kV出线宜为8~10回,10 kV出线宜为10~16回。

(2)66 kV变电站66 kV出线宜为2~4回,每台变压器的10 kV出线宜为10~14回。

(3)35 kV变电站35 kV出线宜为2~4回,每台变压器的10 kV出线宜为4~8回。

7.2.1 中压开关站应符合下列规定。

(1)当变电站的10(20)kV出线走廊受到限制,10(20)kV配电装置馈线间隔不足且无扩建余地时,宜建设开关站。开关站应配合城市规划和市政建设同步进行,可单独建设,也可与配电站配套建设。

(2)开关站宜根据负荷分布均匀布置,其位置应交通运输方便,具有充足的进出线通道,满足消防、通风、防潮、防尘等技术要求。

(3)中压开关站转供容量可控制在10~30 MVA,电源进线宜为2回或2进1备,出线宜为6~12回。开关站接线应简单可靠,宜采用单线分段接线。

7.2.2 中压室内配电站、预装箱式变电站、台架式变压器的设计应符合下列规定。

(1)配电站站址设置应符合:①配电站位置应接近负荷中心,并按照配电网规划要求确定配电站的布点和规模;②位于居住区的配电站宜按“小容量、多布点”的原则设置。

(2)室内配电站宜按两台变压器设计,通常采用两路进线,变压器容量应根据负荷规定,宜为315~1 000 kVA。

(3)预装箱式变电站,中压预装箱式变电站可采用环网接线单元,单台变压器容量宜为

315～630 kVA，低压出线宜为4～6回。

（4）台架式变压器应靠近负荷中心，变压器台架宜按最终容量一次建成，变压器容量宜为500 kVA及以下，低压出线宜为4回及以下。

7.3.1 配电变压器选型应符合下列规定。

（3）配电变压器的容量宜按下列范围选择：①台架式三相配电变压器宜为50～500 kVA；②台架式单相配电变压器不宜大于50 kVA；③配电站内油浸变压器不宜大于630 kVA，干式变压器不宜大于1 000 kVA。

（4）配电变压器运行负载率宜按60%～80%设计。

10 kV及20 kV配电变压器技术数据参考表7.4－1和表7.4－2。

表7.4－1 10 kV环氧树脂浇注干式变压器

型号	容量/kVA	额定电压/kV		U_K/%
		高压	低压	
SC8—30/10	30	10	0.4	4
SC8—50/10	50	10	0.4	
SC8—80/10	80	10	0.4	
SC8—100/10	100	10	0.4	
SC8—125/10	125	10	0.4	
SC8—160/10	160	10	0.4	
SC8—200/10	200	10	0.4	
SC8—250/10	250	10	0.4	
SC8—315/10	315	10	0.4	
SC8—400/10	400	10	0.4	
SC8—500/10	500	10	0.4	
SC8—630/10	630	10	0.4	
SC8—800/10	800	10	0.4	6
SC8—1000/10	1 000	10	0.4	
SC8—1250/10	1 250	10	0.4	
SC8—1600/10	1 600	10	0.4	
SC8—2000/10	2 000	10	0.4	
SC8—2500/10	2 500	10	0.4	

表 7.4－2　20 kV 无励磁调压配电变压器

型号	容量/kVA	额定电压/kV		U_K/%
		高压	低压	
SC8—50/20	50	20	0.4	
SC8—80/20	80	20	0.4	
SC8—100/20	100	20	0.4	
SC8—125/20	125	20	0.4	
SC8—160/20	160	20	0.4	
SC8—200/20	200	20	0.4	6
SC8—250/20	250	20	0.4	
SC8—315/20	315	20	0.4	
SC8—400/20	400	20	0.4	
SC8—500/20	500	20	0.4	
SC8—630/20	630	20	0.4	
SC8—800/20	800	20	0.4	
SC8—1000/20	1 000	20	0.4	
SC8—1250/20	1 250	20	0.4	6
SC8—1600/20	1 600	20	0.4	
SC8—2000/20	2 000	20	0.4	
SC8—2500/20	2 500	20	0.4	

7.5　居住区供配电

7.5.1　独立建设的变电站

居住区可按负荷情况建设 35 kV、建筑面积 1 500 m^2 的独立变电站。一般建筑面积 $4\times10^4 m^2$ 设立一个 10 kV 变电站。为适应住宅用电量的不断增长，按 50 W/m^2 的用电量计算，住宅面积大约为 $7\times10^4 m^2$ 左右，应建一座变电站。低压电源电缆的供电半径要小于 250 m。

在《城市居住区规划设计规范》GB 50180—93（2002 年版）中，居住区应设开闭所。小区建变电室。

在预测居民住宅的负荷时，负荷密度法和单位指标法是配合使用的。目前对新建住宅楼居民每户的负荷，根据户型的不同，一般定在 4～10 kW/户。

1）住宅用电负荷标准

（1）根据《天津市住宅设计标准》DBJ 10968—2007 用电负荷标准：每套住宅应设电能计量表。每套住宅的用电负荷标准及电能表规格不应小于表 7.5－1 的规定。

表 7.5－1 用电负荷标准及电能表规格

套型	用电负荷标准/kW	电能表规格/A
一类	4.0	5(20)
二类	4.0	5(20)
三类	6.0	10(30)
四类	6.0	10(30)

注:1. 每套住宅用电负荷一般按 50 W/m^2(建筑面积)计算,当四类住宅按建筑面积计算每套住宅的用电负荷大于 6 kW 时,应相应增大电能表的量程。单相电能表规格可选 10(40)A、15(60)A。

2. 工程设计应以上述标准进行用电负荷计算,不再按灯具插座等容量逐一统计。

当住宅在四类以上,按每套住宅的建筑面积来确定负荷时,一般采用 8 kW、10 kW、12 kW 等确定负荷。底层商业网点供电设备容量不确定时,按 50 W/m^{2}计算其设备装接容量。

2.《城市配电网规划设计规范》GB50613—2010(节录)

10.4 居民供电负荷计算

10.4.1 居住住宅以及公共服务设施用电负荷应综合考虑所在城市的性质、社会经济、气候、民族、习俗及家庭能源使用的种类等因素确定。各类建筑在进行节能改造和实施新节能标准后,其用电负荷指标应低于原指标。城市住宅、商业和办公用电负荷指标可按表 10.4.1 的规定计算。

表 10.4.1 住宅、商业和办公用电负荷指标

类 型		用电指标/(kW/户)或负荷密度/(W/m^2)
普通住宅套型	一类	2.5
	二类	2.5
	三类	4
	四类	4
康居住宅套型	基本型	4
	提高型	6
	先进型	8
商 业		60～150 W/m^2
办 公		50～120 W/m^2

注:1. 普通住宅按居住空间个数(个)/使用面积(m^2)划分:一类 2/24、二类 3/45、三类 3/56、四类 4/68。

2. 康居住宅按适用性质、安全性能、耐久性能、环境性能和经济性能划分为先进型 3 A(AAA),提高型 2 A(AA)和基本型 A(A)3 类。

10.4.2 配电变压器的容量应根据用户负荷指标和负荷需要系数计算确定。

7.5.2 小区开闭所及小区配电室的设计原则

(1)小区开闭所每单回路电源的出线设计为 4 回路以上。

(2)小区配电室的单台变压器最大设计容量为 630 kVA,一般不宜超过 3 台,变压器的

经济运行负荷应为变压器安装容量的70% 左右。

(3)小区配电室的每台变压器低压出线设计为四路,每回路出线容量一般设计在200 kW左右。(可余留一路作备用)

(4)新建高层住宅的动力负荷大于250 kVA时,应为高压供电方式,必须设计独立的配电室。

(5)天津市规定了高层、中层及多层住宅小区的供电电源及其类型和站址规划要求。供电电源取自10 kV公用变电站,其类型有土建变电站和预装式(箱式)变电站。

独立建筑的变电站规格参照表7.5-2进行规划。

表7.5-2 独立建设的变电站规格

<table>
<tr><th colspan="2">类型</th><th>配电变压器
最大容量/kVA</th><th>占地规模/m³
(长×宽×高)</th><th>主要适用
住宅类型</th><th>防火
等级</th><th>所供住宅建筑面积
/万 m²</th></tr>
<tr><td rowspan="6">独立土建</td><td rowspan="2">油浸设备</td><td>2×630</td><td>12.5×8.2×4.5</td><td>多层、中高层、高层</td><td rowspan="2">一级</td><td>2.25~2.5</td></tr>
<tr><td>4×630</td><td>22.3×11.6×4.5</td><td rowspan="3">中高层、高层</td><td>4.5~5.0</td></tr>
<tr><td rowspan="4">无油设备</td><td>2×1 000</td><td rowspan="2">12.5×6.6×4.2</td><td rowspan="4">二级</td><td>3.6~4.0</td></tr>
<tr><td>2×800</td><td>2.88~3.2</td></tr>
<tr><td>4×1 000</td><td rowspan="2">18.7×7.4×4.2</td><td rowspan="2">高层</td><td>7.2~8.0</td></tr>
<tr><td>630</td><td>5.76~6.4</td></tr>
<tr><td>箱变</td><td>油浸设备</td><td></td><td>55×2.65×3.0</td><td>多层</td><td>一级</td><td>1.134~1.26</td></tr>
</table>

注:1. 箱变占地面积按照其基础占地考虑。

2. 楼内设置的变电站容量、供电面积参照此表。

3. 所供住宅建筑面积考虑小区内有配置双电源负荷需要时,应相对降低供电建筑面积,其折减系数取0.9。尽量少用2×1 000kVA和4×1 000 kVA。

每5万 m²建筑面积至少配置一座土建变电站,按照负荷要求,不足处应由预装式(箱式)变电站补充。

7.5.3 配电变压器选择

中华人民共和国行业标准《民用建筑电气设计规范》JGJ 16—2008 中规定,配电变压器的长期工作负载率不宜大于85%。

设置在民用建筑中的变压器,应选择干式、气体绝缘或非可燃性液体绝缘的变压器。当单台变压器油量为100 kg及以上时,应设置单独的变压器室。

变压器低压侧电压为0.4 kV时,单台变压器容量不宜大于1 250 kVA。户外预装式变电所单台变压器容量不宜大于800 kVA。

各类变压器的适用范围和参考型号见表7.5-3。

表 7.5-3 各类变压器的适用范围及参考型号

变压器形式	适用范围	参考型号
普通油浸式、密闭油浸式	一般正常环境的变电所	应优先选用 S 9 ~ S 11、S 15、S 9—M 型配电变压器
干式	用于防火要求较高或潮湿、多尘环境的变电所	SC(B)9 ~ SC(B)11 等系列环氧树脂浇注变压器 SC 10 型非包封线圈干式变压器
密封式	用于具有化学腐蚀性气体、蒸气或具有导电及可燃粉尘、纤维,会严重影响变压器安全运行的场所	S 9 - M_n^b、S11 - M、R 型油浸变压器
防雷式	用于多雷区及土壤电阻率较高的山区	SZ 等系列防雷变压器,具有良好的防雷性能,承受单相负荷能力也较强。变压器绕组连接方法一般为 D,yn11 及 Y,zn0

7.6 《镇规划标准》中的供电工程

在《镇规划标准》GB 50188—2007 中的供电工程规划,其供电负荷的设计应包括生产和公共设施用电、居民生活用电。

用电负荷可采用现状年人均综合用电指标乘以增长率进行预测。

规划期末年人均综合用电量可按下式计算:

$$Q = Q_1(1 + K)^n$$

式中 Q——规划期末年人均综合用电量,kWh/(人·a);

Q_1——现状年人均综合用电量,kWh/(人·a);

K——年人均综合用电量增长率,%;

n——规划期限,年。

K 值可依据人口增长和各产业发展速度分阶段进行预测。

《镇规划标准》(节录)

10.4.3 变电所的选址应做到线路进出方便和接近负荷中心。变电所规划用地面积控制指标可根据表 10.4.3 选定。

表 10.4.3 变电所规划用地面积指标

变压等级/kV (一次电压/二次电压)	主变压器容量/[kVA/台(组)]	变电所结构形式及用地面积/m^2	
		户外式用地面积	半户外式用地面积
110(66/10)	20 ~ 63/2 ~ 3	3 500 ~ 5 500	1 500 ~ 3 000
35/10	5.6 ~ 31.5/2 ~ 3	2 000 ~ 3 500	1 000 ~ 2 000

10.4.4 电网规划应符合下列规定。

(1)镇区电网电压等级宜定为 110、66、35、10 kV 和 380/220 V,采用其中 2 ~ 3 级和 2 个变压层次。

(2)电网规划应明确分层分区的供电范围,各级电压、供电线路输送功率和输送距离应符合表 10.4.4 的规定。

表 10.4.4 电力线路的输送功率、输送距离及线路走廊宽度

线路电压/kV	线路结构	输送功率/kW	输送距离/km	线路走廊宽度/m
0.22	架空线	50 以下	0.15 以下	—
	电缆线	100 以下	0.20 以下	—
0.38	架空线	100 以下	0.50 以下	—
	电缆线	175 以下	0.60 以下	—
10	架空线	3 000 以下	8 ~ 15	—
	电缆线	5 000 以下	10 以下	—
35	架空线	2 000 ~ 10 000	20 ~ 40	12 ~ 20
66、110	架空线	10 000 ~ 50 000	50 ~ 150	15 ~ 25

10.4.5 供电线路的设置应符合下列规定。

(1)架空电力线路应根据地形、地貌特点和网络规划,沿道路、河渠和绿化带架设;路径宜短捷、顺直,并应减少同道路、河流、铁路的交叉。

(2)设置 35 kV 及以上高压架空电力线路应规划专用线路走廊(表 3 - 41),并不得穿越镇区中心、文物保护区、风景名胜区和危险品仓库等地段。

(3)镇区的中、低压架空电力线路应同杆架设,镇区繁华地段和旅游景区宜采用埋地敷设电缆。

(4)电力线路之间应减少交叉、跨越,并不得对弱电产生干扰。

(5)变电站出线宜将工业线路和农业线路分开设置。

10.4.6 重要工程设施、医疗单位、用电大户和救灾中心应设专用线路供电,并应设置备用电源。

10.4.7 结合地区特点,应充分利用小型水力、风力和太阳能等能源。

7.7 城市电力线路

7.7.1 架空电力线路

城市架空电力线路路径选择,应根据地形、地貌特点和城市道路网规划沿道路、河渠、绿化带架设,应满足防洪、抗震要求。

表 7.7 - 1 城市架空线路走廊控制指标

电压等级/kV	单回/m	双回/m	同塔四回/m	导线边防护距离/m
500	70	70	75	20
220	45	45	45 ~ 60	15
110	30	30	30 ~ 50	10

表 7.7－2　架空电力线路的规划走廊宽度（单杆单回水平排列或单杆多回垂直排列）

线路电压等级/kV	高压走廊宽度/m	双回/m
500	60～75	80
220	30～40	40
110	15～25	30
35	12～20	20

表 7.7－3　架空电力线路的线路杆塔档距

线路电压等级/kV	市区/m	郊区/m
110 以上	200～300	300
35	100～200	200
10	40～50	50～100
3 以下	40～50	40～60
10 接户线	不小于 40	
1 以下接户线	不小于 25	

表 7.7－4　边导线与建筑物之间的最小水平距离

线路电压/kV	<1	1～10	35	110	220	500
安全距离/m	1.0	1.5	3.0	4.0	5.0	8.5

表 7.7－5　架空电力线路导线与地面最小垂直距离　m

线路经过地区	线路电压/kV				
	<1	1～10	35～110	220	500
居民区	6.0	6.5	7.0	7.5	14
非居民区	5.0	5.0	6.0	6.5	11
交通困难地区	4.0	4.5	5.0	5.5	8.5

注：居民区指工业企业地区、港口、码头、火车站、城镇、集镇等人口密集地区。

非居民区指居民区以外的地区，虽然时常有人、车辆或农业机械到达，但房屋稀少的地区。

交通困难地区指车辆、农业机械不能到达的地区。

表 7.7－6　架空电力线路与街道行道树之间最小垂直距离

线路电压/kV	<1	1～10	35～110	220	500
最小垂直距离/m	1.0	1.5	3.0	3.5	7.0

表 7.7－7　架空电力线路导线与建筑物之间垂直距离

线路电压/kV	1～10	35	110	220	500
垂直距离/m	3.0	4.0	5.0	6.0	9.0

7.7.2 电力电缆的敷设

1)电缆埋地敷设

电缆埋地敷设应符合下列规定。

(1)当沿同一路径敷设的室外电缆小于或等于8根且场地有条件时,宜采用直接埋地敷设。在城镇较易翻修的人行道下或道路边,也可采用电缆直埋敷设。

(2)埋地敷设的电缆宜采用有外护层的铠装电缆。在流沙层、回填土地带等可能发生位移的土壤中,应采用钢丝铠装电缆。

(3)在有化学腐蚀或杂散电流腐蚀的土壤中,不得采用直接埋地敷设电缆。

(4)电缆在室外直接埋地敷设时,电缆外皮至地面的深度不应小于0.7 m,并应在电缆上下分别均匀铺设100 mm厚的细沙或软土,并覆盖混凝土保护板或类似的保护层。

在寒冷地区,电缆宜埋设于冻土层以下。当无法深埋时,应采取措施,防止电缆受到损伤。

(5)电缆通过有振动和承受压力的地段应穿导管保护,保护管的内径不应小于电缆外径的1.5倍。保护管两端各伸出2 m,电缆保护管管顶距路面的距离不小于1 m。

(6)埋地敷设的电缆严禁平行敷设于地下管道的正上方或下方。

2)电缆沟和电缆隧道内敷设电缆

(1)在电缆与地下管网交叉不多、地下水位较低或道路开挖不便且电缆需分期敷设的地段,当同一路径的电缆根数小于或等于18根时,宜采用电缆沟布线。当电缆多于18根时,宜采用电缆隧道布线。

(2)电缆沟和电缆隧道应采取防水措施,其底部应做不小于0.5%的坡度坡向集水坑(井)。积水可经逆止阀直接接入排水管道或经集水坑(井)用泵排出。

(3)电缆沟盖板应满足可能承受荷载和适合环境且经久耐用的要求,可采用钢筋混凝土盖板或钢盖板,可开启的地沟盖板的单块质量不宜超过50 kg。

电缆沟内可有多层铁架用以架设电缆,其顶部盖板通常与地面相平。

表7.7-8 电缆与电缆沟尺寸配合

电缆数目	电缆沟尺寸/mm		电缆数目	电缆沟尺寸/mm	
	宽	高		宽	高
2	200	200	12	1 000	550
4	400	200	16	1 000	700
6	600	200	20	1 000	850
8	1 000	400			

注:电缆支架均用25×4扁钢或ϕ13圆钢接地。

(4)10 kV电缆沟采用0.8 m×1.0 m、1.0 m×1.0 m、1.2 m×1.2 m标准断面。与110 kV电缆同沟敷设时,采用1.4 m×1.4 m或2(1.4×1.4)m^2。

表 7.7-9　220 kV、110 kV 电缆通道控制指标　m

	单回直埋	双回直埋	单沟复合沟	双沟复合沟
220 kV	2.5	3.5	—	—
110 kV	2.0	3.0	1.0	3.8

(5)电缆隧道即内部可通过施工及检修人员，两侧有多层铁架用以架设电缆的地下构筑物，如同人防通道，宽度为 1.6～1.8 m，高度为 2.0～2.2 m，人可在内通行检视或敷设电缆。隧道内应有照明，电压不超过 36 V，还有排水及通风设施，宜采用自然通道。局部或管道交叉处净高不宜小于 1.4 m。

(6)电缆隧道应每隔不大于 75 m 的距离设安全孔(人孔)；安全孔距隧道的首、末端不宜超过 5 m。安全孔的直径不得小于 0.7 m。

(7)与电缆隧道无关的其他管线不宜穿过电缆隧道。

3)电缆在排管内敷设应符合下列规定

(1)电缆排管内敷设方式宜用于电缆根数不超过 12 根、不宜采用直埋或电缆沟敷设的地段。

(2)电缆排管可采用混凝土管、混凝土管块、玻璃钢电缆保护管及聚氯乙烯管等。

(3)敷设在排管内的电缆宜采用塑料护套电缆。

(4)电缆排管管孔数量应根据实际需要确定，并应根据发展预留备用管孔。备用管孔不宜小于实际需要管孔数的 10%。

(5)当地面上均匀荷载超过 100 kN/m^{2}时，必须采取加固措施，防止排管受到机械损伤。

(6)排管孔的内径不应小于电缆外径的 1.5 倍，且电力电缆的管孔内径不应小于 90 mm，控制电缆的管孔内径不应小于 75 mm。

(7)电缆排管敷设时，应有倾向人(手)孔井侧不小于 0.5% 的排水坡度，必要时可采用人字坡，并在人(手)孔井内设集水坑；排管顶部距地面不宜小于 0.7 m，位于人行道下面的排管距地面不应小于 0.5 m；排管沟底应垫平夯实，并应铺设不少于 80 mm 厚的混凝土垫层。

(8)当在线路转角、分支或变更敷设方式时，应设电缆人(手)孔井，在直线段上应设置一定数量的电缆人(手)孔井，人(手)孔井间的距离不宜大于 100 m。

(9)电缆人孔井的净空高度不应小于 1.8 m，其上部人孔的直径不应小于 0.7 m。

4)地下电缆安全保护区为电缆线路两侧各 0.75 m 所形成的两平行线内的区域

在港区内的海底电缆保护区为线路两侧各 100 m 所形成的两平行线内的区域。

江河电缆保护区一般不小于线路两侧各 100 m 所形成的两平行线内的水域，中、小河流一般不小于线路两侧各 50 m 所形成的两平行线内的水域。

5)桥梁电缆的敷设

(1)电缆在小桥上敷设，并通过跨度小于 32 m 的小桥时，电缆采用钢管保护，埋设于路基石渣内或安装于人行道栏杆立柱外侧的电缆支架上。

(2)电缆在大桥上敷设时，可采用电缆在电缆桥架内敷设。在混凝土梁上，电缆桥架安装在人行道栏杆的外侧；在钢梁上，电缆桥架安装在人行道外侧的下弦梁上。

电缆桥架的支架间距，在混凝土梁上为 2～3 m，在钢梁上为 3～5 m。

6～10 kV 电缆的经济电流范围可参考附表 B。

附表 B 6～10 kV 交联聚乙烯绝缘电缆的经济电流范围 A

线芯材料	截面/mm²	低电价区(西北、西南)			中电价区(华北、华中、东北)			高电价区(华东、华南)		
		一班制	二班制	三班制	一班制	二班制	三班制	一班制	二班制	三班制
		T_{max} = 2 000 h	T_{max} = 4 000 h	T_{max} = 6 000 h	T_{max} = 2 000 h	T_{max} = 4 000 h	T_{max} = 6 000 h	T_{max} = 2 000 h	T_{max} = 4 000 h	T_{max} = 6 000 h
铜芯	35	62～87	46～66	36～51	57～80	42～59	32～45	53～75	38～54	29～41
	50	87～123	66～93	51～72	80～113	59～83	45～64	75～105	54～76	41～58
	70	123～170	93～128	72～100	113～156	83～115	64～88	105～145	76～105	58～80
	95	170～222	128～167	100～130	156～204	115～150	88～115	145～190	105～137	80～104
	120	222～279	167～210	130～164	204～257	150～188	115～145	190～239	137～172	104～131
	150	279～347	210～261	164～203	257～319	188～234	145～180	239～297	172～214	131～163
	185	347～438	261～330	203～257	319～403	234～296	180～227	297～376	214～270	163～206
	240	438～558	330～421	257～328	403～514	296～377	227～290	376～478	270～344	206～262
	300	558	421	328	514	377	290	478	344	262
铝芯	35	28～40	22～30	17～24	27～38	20～29	16～23	24～34	18～25	14～20
	50	40～56	30～43	24～34	38～54	29～40	23～32	34～48	25～36	20～28
	70	56～78	43～59	34～47	54～74	40～56	32～44	48～67	36～50	28～39
	95	78～102	59～78	47～62	74～97	56～73	44～57	67～88	50～65	39～50
	120	102～128	78～98	62～77	97～122	73～92	57～72	88～110	65～81	50～63
	150	128～169	98～129	77～103	122～161	92～122	72～96	110～146	81～108	63～84
	185	169～190	129～145	103～115	161～181	122～137	96～107	146～164	108～121	84～94
	240	190～256	145～196	115～155	181～244	137～184	107～145	164～221	121～163	94～127
	300	256	196	155	244	184	145	221	163	127

注：1. 低电价区 0.3～0.33 元/kWh，中电价区 0.38～0.4 元/kWh，高电价区 0.5～0.52 元/kWh。

2. 本表原始数据摘自国际铜业协会（中国）资料。

8 电信工程规划

8.1 城市固定电话网

8.1.1 电话业务预测方法

1)电话分类

电话可以分为业务电话、住宅电话和公用电话三类,家庭电话普及率一般按住宅电话或住宅电话普及率的增长规律预测。

我国电话普及率常用的综合普及率分为话机普及率(部/百人)和主线普及率(线/百人),较多使用的是话机普及率。

2)国际上推荐的预测公式

国际上的经验表明,一国人均国民生产总值越高,则电话普及率也越高。国际上运用回归分析法对世界上不少国家和地区的情况进行分析研究,推荐如下公式:

$$y = 1.675X^{1.4156} \times 10^{-4}$$

式中 y——话机普及率(部/百人);

X——人均国民生产总值(美元)。

此公式可用作宏观预测。

8.1.2 电话预测指标

1)大单位电话小区预测指标

大单位用户宜按每百人占用电话数作为需要率指标,表8.1-1为某大城市大单位电话小区预测需要率指标。

2)小单位电话小区预测指标

小单位用户宜按每单位需用电话数作为需要率指标。表8.1-2为某大城市小单位电话小区预测指标。

表8.1-1 某大城市大单位电话小区预测指标

用户性质分类	每百人需要的局号数			
	1990年	1995年	2005年	2020年
国家机关	18	26	3	55~60
科研单位	10	18	23~27	32~38
基建部门	12	20	25~30	35~42
金融银行	12	20	25~30	35~45

续表

用户性质分类	每百人需要的局号数			
	1990 年	1995 年	2005 年	2020 年
出版机构	10	18	22 ~ 24	34 ~ 40
大贸易公司	16	25	30 ~ 32	54 ~ 58
大型商场	10	16	20 ~ 24	28 ~ 32
交通邮电	6	12	18 ~ 22	30 ~ 35
大工厂企业(千人以上)	5	10	15 ~ 18	25 ~ 30
文教卫生	6	12 ~ 16	20 ~ 24	30 ~ 32
大专院校	4	10 ~ 14	20 ~ 24	30 ~ 32

表 8.1 - 2 某大城市小单位电话小区预测指标

用户性质分类		每百人需要的局号数			
		1990 年	1995 年	2000 年	2020 年
宾馆旅馆	涉外宾馆		35	45 ~ 50	60 ~ 65
	高级宾馆		20	30 ~ 35	50 ~ 55
	普通宾馆		12	16 ~ 18	26 ~ 32
	普通旅馆		8	12 ~ 14	20 ~ 25
工厂	100 人以下	1	2	2.5 ~ 4	8 ~ 10
	100 ~ 300 人	4	6	8 ~ 10	15 ~ 18
	300 ~ 500 人	6	9	10 ~ 12	20 ~ 25
	500 ~ 1 000 人	12	16	18 ~ 23	30 ~ 40
学校	中学	4	5	8 ~ 14	20 ~ 28
	小学	2	3	5 ~ 7	12 ~ 18
	幼托	1	2	2 ~ 3	3 ~ 4
商店	1 ~ 2 个门面	0.3	0.7	1	2
	3 ~ 4 个门面	0.5	1	1 ~ 2	3 ~ 5
影剧院		2	3	5	8 ~ 10

3)小区电话预测指标

住宅电话小区预测指标可以按各类住宅分别制定。一般以每户(家庭),每百户平均需用电话数作为需要率指标。表 8.1 - 3 为某大城市各类住宅电话小区预测指标。表 8.1 - 4 为按建筑面积测算的小区电话预测指标。

表 8.1－3　某大城市各类住宅电话小区预测指标

住宅分类	每户(套)局号数			备注
	1995 年	2000 年	2020 年	
高级别墅	1.5	2～2.5	3～4	
普通别墅	1.2	1.5～2	2～3	
高级公寓	1.4	1.5～2	3～4	
普通公寓	1	1.2～1.5	2～2.5	
高级楼房	1	1.2～1.4	1.5～2	大于 110 m^2/每户
普通楼房	0.6	0.8～1	1～1.2	小于 100 m^2/每户

表 8.1－4　按建筑面积测算的若干城市综合的小区预测指标

建筑、用户性质分类			需要率指标	
			经济发达城市	一般城市
住宅电话	别墅	400～500 m^2/户	2.5～3 线/400～500 m^2	1.8～2 线/300～400 m^2
		300～400 m^2/户		
		200～300 m^2/户	1.8～2.4 线/200～300 m^2/户	1.3～1.5 线/200～250 m^2
		200～250 m^2/户		
	公寓	120～140 m^2/套	2～2.5 线/120～140 m^2/户	1.8～2 线/120～140 m^2
		80～120 m^2/套	1.7～2.0 线/80～120 m^2/户	1.3～1.5 线/80～120 m^2
	楼房	140 m^2/户	1.6～1.8 线/140 m^2/户	1.3～1.5 线/140 m^2
		110～120 m^2/户	1.2 线/110～120 m^2	0.9～1 线/110～120 m^2
		60～90 m^2/户	0.9～1 线/60～90 m^2/户	0.8～0.9 线/60～90 m^2
业务电话	写字楼	高级	1 部/25 m^2	1 部/30 m^2
		普通	1 部/35 m^2	1 部/40 m^2
	行政办公楼	高级	1 部/30 m^2	1 部/35 m^2
		普通单位	1 部/40 m^2	1 部/45 m^2
业务电话	商业楼	大商场	1 线/60～100 m^2	1 线/80～130 m^2
		贸易市场	1 线/30～35 m^2	1 线/40～45 m^2
		商店	1 线/25～50 m^2	1 线/25～55 m^2
		金融大厦	1 部/25 m^2	1 部/30 m^2
		宾馆	1 部/20～25 m^2	1 部/25～30 m^2
		旅馆	1 部/40～45 m^2	1 部/45～50 m^2
	大厂房	轻工业类	1 部/100～150 m^2	1 部/120～160 m^2
		重工业类	1 部/150～180 m^2	1 部/150～200 m^2

注：1. 写字楼、办公楼、金融大厦、宾馆、旅馆、大企业的话机需要率换算为主线需要率，应考虑小交换机。

2. 住宅电话可由建筑面积换算为不同类别户数预测指标。

4）公用电话小区预测指标

公用电话小区预测指标，可以按不同城市、不同地段的公用电话服务半径要求制定。

一般在城市中心公用电话服务半径小一点,在城市边缘地区公用电话服务半径大一些,郊区公用电话仅设在人口聚焦点。表 8.1-5 为某大城市公用电话的小区预测指标。

表 8.1-5 某大城市公用电话的小区预测指标

所在城市地段	预测需要率/(局号数/人数)		
	1995 年	2000 年	2020 年
市中心	1/150	1/100	1/25~40
城市边缘区	1/250	1/200	1/80~100
主要大街	1/400	1/250	1/100
公共场所	根据设计		

8.1.3 规划阶段

1)总体规划阶段

总体规划阶段主要考虑:住宅电话每户一部;非住宅电话(指业务办公电话)一般占住宅电话的1/3;电话局、站设备容量(安装率)近期50%,中期为80%,远期为85%(均指程控设备);电话出局管道孔数为设备容量的1.5倍;出局电缆的线对数(指音兹电缆)平均为1 200~1 800对;住宅人口每部3~3.5人,每户住宅建筑面积60~80 m^2;每座电话端局的终期容量为4~6万门,每处电话站的终期设备容量1~2万门。

2)详细规划阶段

除上述以外还应参考有关居住区市政公用设施配套的千人指标及当时当地有关政策和规定。

小区内500~1 000户需要设置公用电话二部(来话去话各一部),设置电话配线间(室内)一处,使用面积不得少于6 m^2。

1.4 电信局所布置

1)局所选址原则

(1)接近计算的线路网中心。

(2)避开靠近110 kV以上变电站和线路的地点,避免强电对弱电干扰。

(3)便于进局电缆两路进线和电缆管道的敷设。

(4)兼营业服务点的局所和单局制局所一般宜在城市中心选址。

在局址选择时,必须符合环境安全、服务方便、技术合理和经济实用的原则。对于局所设的规模、局所占地范围、建筑面积等,都要留有一定的发展用地。

2)电信局所的规划分区

电信局所一般分枢纽局、汇接局、端局,局所规划趋向少局所、大容量、多模块。

电话局所分区界线应结合自然地物线划分,交换区域的形状尽可能成矩形,最好接近正形。

3)电信局所的规模

特大城市、大城市:较多采用20~30万门,可有多个枢纽局。

中等城市:20 万门以下,一般 1 ~2 个枢纽局。

小城市:一般 10 万门以下,1 个枢纽局。

4)局所预留用地

局所预留用地面积,在参照有关规定和统计调查的基础上,分析多个实例计算得出,供规划参考,见表 8.1 -6。表 8.1 -7 为电信局所与广播电视、雷达、电力、铁路安全的距离。

表 8.1 -6 电信局所规划参考技术指标

局所容量/万门	2	3	4	5	6	8	10
占地面积/m^2	2 000	2 500	3 000	3 500	4 000	4 500	5 000
机房建筑面积/m^2	4 000	5 000	6 000	7 000	8 000	9 000	10 000
附属建筑面积/m^2	400	500	600	700	800	1 000	1 200
服务半径/km	0.5 ~1.0	1.0 ~1.5	1.5 ~2.0	2.0 ~2.5	2.0 ~2.5	2.5 ~3.0	3.0 ~3.5
服务人口规模/万人	2.8 ~3.1	4.3 ~4.6	5.7 ~6.2	7.1 ~7.7	8.6 ~9.2	11.4 ~12.3	14.3 ~15.4
出局管道孔数/孔	36	40	48	30 ×2	36 ×2	48 ×2	48 ×2
投资总额/万元	5 000	6 000	7 000	7 500	8 000	9 000	10 000

表 8.1 -7 电信局所与广播电视、雷达、电力、铁路的安全距离 m

广播电视	雷达	电力架空		电站		铁路		高速公路
		110 kV	>220 kV	发电站	变电站	电力机车	内然机车	
300	500	100	300	500	500	500	300	100

5)电话系统的组成

某城只有一个市话局,称单局制。若城市较大,设立几个或几十个市话分局,称为多局制。各分局间都有线路互通,称为局间中继线。两个不同分局内的用户通话,要通过局间中继线连通两个分局的交换机协同工作。这种方式称为电话交换网。这个电话交换机所在地称电话交换局。此局服务的范围称为电话交换区。

市话局间可以相连互通,当城市范围很大时,电话局数很多,将城市划分为几个区域,每个区域可将若干相邻电话分局的交换区汇合成一个较大的汇接区,每个汇接区域内设立一个汇接局,汇接局同时也是市话分局。这种将几个市话交换区划为一个较大汇接区的办法称为汇接方式。

通常交换机能同时接通的话路均占电话用户数的 15% 左右。

8.1.5 电话交换局的网络构成形式

1)网状网络

网状网络即是几个电话交换局间能相互直接沟通、不需经第三局转接的网络。这种网络形式,接线迅速,控制方便,但中继线较多,线路利用率低,只适用于话务特大的地区。

2)星形网

星形网是由中心电话交换局即(汇接局)与交换分局(即终端局)形成星形辐射状相连

的网络。这类网络中继线长度均可减少，但当中心局发生障碍时将影响全部通信。

3)复合网

复合网是网状与星形两类网络的结合体。首先确定若干中心电话交换局即汇接局，每个中心电话局与其周围若干个端局相连，中心电话局之间可以直达话路相连，这样可以减少线路数量，同时也可以获得较高的线路利用率，这种电话网称为复合网或称为汇接制。

大城市的市内电话局容量较大，下设电话分局甚多，常采取汇接制方式，建立局向中继。全市设若干个汇接局，每个汇接局下设若干端局，每个端局接入若干用户小交换机及用户线路。

上海地区的市话汇接交换局按装机 10 万门的规模加汇接设施，建筑面积为 10 000 m^2 左右，建设用地约为 4 000 m^2/处。

端局按规模 5 万门安排，建筑面积 7 000 m^2左右，建筑用地约为 3 000 m^2/处。

最小电话局用地约为 2 000 m^2/处。

8.1.6 线路工程

有线通信线路按其结构分为架空明线和电缆线路两种。电缆线路又可分架空电缆线路、地下电缆线路和海底电缆线路 3 种。目前常用的有 20 ~ 3 600 对的音频通信电缆，一对线能适应一对用户的通话；对称电缆和同轴电缆能在一对线上传输多路电信号。

电话是一种双向通信，通话时，双方都要讲和听，因此必须实行双向传输。

(1)架空明线的载波电话都采用双频带二线制传输信号。在 A、B 两地之间，用一对线路(两根导线)来传输信号，A→B 方向传输某个频带，B→A 方向传输另一频带。由于两个方向的信号频带不同，因而可以在同一对线路上传输。

高频电缆载波电话通常都是采用四线传输，即在一对线上传输 A→B 方向的信号，而在另一对线上传输 B→A 方向的信号。由于两个方向的信号是分别在两对线上传输的，所以双方向的传输频带是一样的，而且不需要用方向滤波器来分隔信号了。

(2)根据一般规定：明线或引入线超过 8 对(条)，即应敷设架空电缆；在一条杆路上，允许架设 2 条 200 对的电缆；超过 2 条 200 对电缆时便采取地下敷埋方案。

另外一种地下埋设方式为建造地下的埋设电话导管方式，即将铅包的光皮电缆直接穿放在电话导管的管孔之间。

光纤通信就是以光波为载体，以光导纤维为传输媒质，将信号从一处传输到另一处的一种通信手段。

使用光导纤维就可以用几十公里长的中继传输 10 000 路电话，比之同轴电缆每隔 1.5 km 设置一处中继站来说是极大的飞跃。现在若需通信容量达到 10 万路的话，有 20 根光导纤维就够用了。(一根光导纤维传输 10 000 路电话，但需分为上行、下行两个方向，就需 20 根光导纤维)

现在作为传递信息的主要手段的通信网络越来越完善，正从单一功能的通信网络如电话网、数据网、有线电视网、广播网向功能齐全和统一的综合业务数字网(ISDN)发展。作为公用通信网的 ISDN 正从窄带(N-ISDN)向宽带(B-ISDN)的综合业务数字网方向发展。这些网的主干线用光缆支撑。

各种专用通信网作为公用网的补充，已得到迅速发展。局域网在各个大型企业、事业单位和高层大楼中均已安装或正在安装光纤局域网或其他形式网络。

随着光纤通信的发展,光纤到马路边、光纤到办公室、光纤到家的目标已不是梦想,而是已经或即将到来的事情。用户网光缆芯数可以是单芯、双芯、数芯,也可是数百上千芯,目前实用的是30芯、12芯。对用户光缆的要求在性能上要达到规定指标,而且随着网的迅速发展,对用户光缆的需求量也会愈来愈大。当前兴起的智能化大楼用的光缆也是用户光缆的一部分。

8.1.7 电信管道

1)主干管道

主干管道敷设主干线路、中继线路、长途线路、专用线路。一般采用局向用户辐射或环状建设方式、树型结构和管孔逐渐递减方式。

建设局所宜设电缆的主干线路长度一般不超过2 km,超过2 km以上采用光缆为优。

当主干管道超过60孔以上时,特别是大容量局所的出局管道,常建设不同规模的短段电信通道。

城市45 m宽以上的道路,一般考虑两侧敷设。

2)配线管道

配线管道主要敷设接入点到用户的配线电缆、用户光缆,也包括广播电视用户线路。

配线管道采用辐射建设方式,一般采用12孔以下塑料管。

天津通信支线管道管孔规划规定:除满足服务范围内终期通信线路需要外,应当预留1至2孔作为备用,最少管孔不得少于6孔。

3)室外线路敷设

(1)管道的管孔数应按终期电缆条数及备用孔数确定。建筑物电话线路引入管道,每处管孔数不宜少于2孔。

(2)室外管道通常采用硬塑料管或混凝土管块。

(3)主干管道的孔径大于75 mm,用作配线管道的孔径大于50 mm。

(4)管道的埋深一般为0.8~1.2 m。在穿越人行道、车行道时,最小埋深不得小于表8.1-8、表8.1-9的规定。

表8.1-8 路面至管顶的最小深度 m

管道类别	人行道下	车行道下	与电车轨道交叉(从轨道底部算起)	与铁道交叉(从轨道底部算起)
水泥管、石棉水泥管和塑料管	0.5	0.7	1.0	1.5
钢管	0.2	0.4	0.7	1.2

表8.1-9 管道的最小埋深

管道种类	管顶至路面或铁道路基的最小埋深/m			
	人行道	车行道	电车轨道	铁道
混凝土管块、硬塑料管	0.5	0.7	1.0	1.3
钢管	0.2	0.4	0.7	0.8

(5)电话线路管道与其他各种管线及建筑物等的最小净距应符合表 8.1－10 的规定。

(6)每段管道一般不宜大于 120 m,最长不超过 150 m,并应有大于或等于 3.0‰～4.0‰的坡度。

表 8.1－10 电话电缆管道、直埋电缆与其他各种地下管线及建筑物等的最小净距 m

其他地下管道及建筑物名称		平行净距		交叉净距	
		电缆管道	直埋电缆	电缆管道	直埋电缆
给水管	ϕ75～ϕ150 mm	0.50	0.50	0.15	0.50
	ϕ200～ϕ400 mm	1.00	1.00		
	ϕ400 mm 以上	1.50	1.50		
排水管		1.00	1.00	0.15	0.50
热力管		1.00	1.00	0.25	0.50
煤气管	p≤300 kPa	1.00	1.00	0.15 *	0.50
	300～800 kPa	2.00	1.00	0.15 *	0.50
10 kV 以下电力电缆		0.50	0.50	0.50	0.50
建筑物的散水边缘			0.50		
建筑物(无散水时)			1.00		
建筑物基础		1.50			

注:在交叉处煤气管如有接口时,电缆管道应加包封。

(7)人(手)孔位置的选择应符合要求:①人(手)孔位置应选择在管道分支点、建筑物引入点等处,在交叉路口、管道坡度较大的转折处或主要建筑物附近宜设置人(手)孔;②人(手)孔间的距离不宜超过 150 m。

8.1.8 有线通信线路路由

汇接局之间、汇接局至端局之间线路路由应直达,或距离最短为佳。线路管孔应有足够的容量。首先选用通信光缆以及同轴电缆等容量大的线路,线路敷设最好采用管道埋设。

有线通信的管道宜建于光缆、电缆集中的地带,尽可能避开交换区界线、铁路、河流等。

应采用通信综合管道敷设,道路两侧有很多用户时,应在道路两侧敷设。

8.1.9 通信地埋管道位置

通信地埋管道位置应在道路红线范围内,尽可能敷设在人行道或非机动车道下。

目前在我国城市规划及建设通信管道中,由于 PVC、PE 波纹管和梅花管等新型管材具有运输、安装方便,不渗漏,不堵塞,不易损坏等优点,已逐步取代混凝土组装管孔。

8.2 有线电视、广播线路

我国电视节目采用兼容制(即黑白、彩色均能接收),频带约 6 MHz,一个单方向的电视节目将占用一个同轴管的全部或一部分传输频带。双方向传输则需通过两个同轴管传送。

(1)广播电视线路应结合城市电信网路由规划。广播电视线路敷设可与通信电缆敷设同管道,也可与架空通信电缆同杆架设。

(2)广播、电视台站建设标准:省、市广播及电视中心建设规模按表8.2-1规定。

表8.2-1 广播、电视中心建设规模分类

规模级别	项目	一类	二类
省级电视中心	建筑面积/m^2	14 000	19 000
	占地面积/hm^2	3~4	4~5
市广播、电视中心	建筑面积/m^2	6 000	8 000
	占地面积/hm^2	1.2~1.5	1.6~2

(3)广播、电视中心台(站)建设应选择地势平坦,土质坚实的地段,距重要军事设施、机场、大型桥梁等的距离不小于5 km,无线场地边缘距主干铁路不小于1 km,距电力设施见表8.2-2。

表8.2-2 架空电力线路和变电站对电视转播台无线电干扰的防护间距标准 m

频段	架空电力线			变电站		
	110 kV	220~330 kV	500 kV	110 kV	220~330 kV	500 kV
VHF(Ⅰ)	300	400	500	1 000	1 300	1 800
VHF(Ⅱ)	150	250	350	1 000	1 300	1 800

城市架空电力线路经过电视转播台附近时,应尽量从电视转播台非主要接收方向一侧通过。

电视塔的规划与建设应利用地理环境,建设在公园内的山上或旅游景区内的高处。

8.3 邮政规划

邮政通信网是邮政支局所及其他设施和各级邮件处理中心、邮政支局所基本服务网点通过邮路相互连接所组成的传递邮件的网络系统。

城市总体规划用地布局的邮政设施主要是邮政处理中心、邮政局、邮件转运站。

在详细规划阶段,考虑邮政支局所的分布位置、规模等,并落实涉及的总体规划中上述设置的位置与规模。

2008年北京的邮政局所,平均服务半径为2.4 km,每一局所服务人口1.7万人;综合邮件处理中心10 hm^2;航空邮件转运站3 hm^2。

(1)邮件处理中心即邮件与封发中心,也是邮政枢纽。邮政通信枢纽局址除通信局所一般选址原则外,优先考虑在客运火车站附近选址,局址应有方便接发火车邮件的邮运通道,有方便出入枢纽的汽车通道;如果主要靠公路和水路运输时,可在长途汽车站或港口码头附近选址。

(2)邮政局、所,邮政局是城市邮政部门的行政机关,较多在城市中心区设置。邮政支局按《城市邮电支局所工程暂行技术规定》,不同等级规定建筑面积如表8.3－1、表8.3－2和表8.3－3。

邮政支局结合城市规划用地密度和容积率等要求控制,邮政所营业所可考虑配建。

表8.3－1 城市邮政局、所设置标准

<table>
<tr><td rowspan="2">省会级城市邮政局</td><td>邮政业务/(万元/km²)</td><td><0.1</td><td>0.10～0.50</td><td>0.50～2.50</td><td>2.50～6.50</td><td>6.50～12.5</td><td>12.5～18.5</td><td>18.5～28.5</td><td>>28.5</td></tr>
<tr><td>平均服务半径/km</td><td>4.15</td><td>4.15～2.40</td><td>2.40～1.39</td><td>1.39～1.00</td><td>1.00～0.80</td><td>0.80～0.70</td><td>0.70～0.60</td><td>0.60</td></tr>
<tr><td rowspan="2">一类地级市支局</td><td>邮政业务总量密度/(万元/km²)</td><td><0.08</td><td>0.08～0.30</td><td>0.30～0.90</td><td>0.90～3.00</td><td>3.00～10.00</td><td>10.00～23.0</td><td>23.0～33.0</td><td>>33.0</td></tr>
<tr><td>平均服务半径/km</td><td>4.59</td><td>4.59～3.03</td><td>3.03～2.16</td><td>2.16～1.48</td><td>1.48～10.2</td><td>1.02～0.79</td><td>0.79～0.70</td><td>>0.70</td></tr>
<tr><td rowspan="2">二类地级市支局</td><td>邮政业务总量密度/(万元/km²)</td><td><0.03</td><td>0.03～0.10</td><td>0.10～0.40</td><td>0.40～1.60</td><td>1.60～6.10</td><td>6.10～13.10</td><td>13.10～20.6</td><td>>20.6</td></tr>
<tr><td>平均服务半径/km</td><td>4.70</td><td>4.70～3.31</td><td>3.31～2.21</td><td>2.21～1.48</td><td>1.48～1.00</td><td>1.00～0.80</td><td>0.80～0.70</td><td>0.70</td></tr>
<tr><td rowspan="2">城市邮政所</td><td>人口密度/(万人/km²)</td><td colspan="2">800～2 500</td><td>2 500～5 000</td><td colspan="2">5 000～10 000</td><td>10 000～20 000</td><td colspan="2">20 000～30 000</td></tr>
<tr><td>服务半径/km</td><td colspan="2">3.0～1.5</td><td>1.5～1.1</td><td colspan="2">1.1～0.7</td><td>0.7～0.6</td><td colspan="2">0.6～0.5</td></tr>
</table>

表8.3－2 邮政支局、所建筑面积 m²

等级	邮政支局	邮政所
一	2 010～2 250	254～218
二	1 700	215～239
三	1 300	141～165

注:建筑标准中包括邮政营业、投递、发行等生产和生活辅助用户面积。

表8.3－3 邮政支局面积要求 m²

项目		一等局(业务收入1 000万元以上)	二等局(业务收入500～1 000万元)	三等局(业务收入100～500万元)
建筑面积	邮政支局	2 580	1 990	1 520
	邮政营业支局	1 980	1 540	1 200
用地面积	邮政支局	3 700～4 500	2 800～3 300	2 170～2 500
	邮政营业支局	2 800～3 300	2 170～2 500	1 700～2 000

8.4 城市无线通信

8.4.1 收、发信场选址

收、发信场宜布置在交通方便、地形较平坦的台地,周围环境应无干扰影响。收、发信场一般选择在大中城市两侧的远郊区,并使通信主向避开市区。

(1)新划分的无线电收、发信区距居民集中区边缘10 km左右,距工业区边缘11 km

左右。

新建的各类长、中、短波无线电台、卫星地面站以及其他大、中型固定台站,都应建在无线电收发信区内。只有功率小和对通信环境要求不高的小型电台,经批准后方可设在缓冲区和居民集中区。设在居民集中区的发信机最大发射功率不得超过 150 W。

发信台技术区边缘距输电线、架空通信线的距离应满足表 8.4-1 要求。

各种干扰源与收信台技术边缘之间的距离应满足表 8.4-2 要求,新建 60 kV 以上高压输电线路时,要避免穿越无线电收发信区。

表 8.4-1 发信台技术区边缘距输电线、架空通信线的最小距离

天线名称	距架空通信线/m	距 1 kV 以下输电线/m	距 1 kV 以上输电线/m
长、中波天线发射功率在 150 kW 以下	不小于 500	按电业部门规定,允许天线设备进行维护工作的距离	按电业部门规定,允许天线设备进行维护工作的距离
长、中波天线发射功率在 150 kW 以上	1 000		
短波天线的发射主向	不小于 300		不小于 300
短波天线的其他方向	50		50
短波弱向天线	200		200

表 8.4-2 各种干扰源与收信台技术边缘之间的最小距离

干扰源名称		最小距离/km
设有感应加热高频设备的工厂	8 kW 以上	2.0
	10 kW 以上	4.0 以上
设有介质加热高频设备的工厂	1 kW	1.0
	2 kW 以上	1.5 以上
装有高频设备的医院	电疗器械	1.0
	手术器械	2.0
工业企业、拖拉机站、大型汽车停车场、汽车修理厂、有 X 光设备的医院		2.0~3.0
电气化铁路和电车道		2.0
汽车行驶繁忙的公路		1.0
接收方向的架空通信线		1.0
非接收方向的架空通信线		0.2
高压输电线(在一切方向)35 kV 以下		1.0
高压输电线(在一切方向)60 kV		1.2
高压输电线(在一切方向)220 kV		2.0
高压输电线(在一切方向)500 kV		3.0
高压变电站(一次电压 220~500 kV)		2.0~3.0

8.4.2 移动电话网结构

根据移动电话系统预测容量决定移动电话的覆盖范围,采用小区、中区或大区制式,以及组网结构等。

我国移动电话技术体制确定450 MHz 的移动电话系统为大区制系统。大区制系统在其业务区内(业务区半径一般为30 km 左右,亦可大至60 km)有一个或多个无线频道,按相等可用频道原则工作。

(1)大区制系统的用户容量一般较小,约几十至几百个用户,但随着频率合成技术和多频道共同技术的发展,一个大区也可以容纳几千至1 万用户。当用户较多时,基站含控制和交换设备,以中继线接入市话网;当用户较少时,基站则仅含控制设备(无线用户集中器),以用户线接入市话网。控制和交换设备也可以和基站分开而设在市话局内。

(2)小区制系统是将业务区分成若干蜂窝状小区(基站区),在每个基站区中心(或相互隔开的顶角)设一无线基站,基站区半径为1.5~15 km,约每隔2~3 个基站区,无线频率就可重复使用。每个基站区的无线基站都与中心控制局或无线交换局相连。小区制系统属于大容量移动通信系统。我国移动电话技术体制确定900 MHz 移动电话系统为小区制系统。

(3)界于大区制和小区制之间的一种系统,称为中区制移动通信系统,即每个无线基站的服务半径在15~30 km 之间,但其工作方式和小区制基本相同,由于它的容量一般在1 000~10 000 用户之间,故又称为中容量移动通信系统。

8.4.3 移动通信频点配置

1)150 MHz 频段

150 MHz 频段为公用和专用系统共用,其分组的分频段为:138.000~149.900 MHz、150.050~167.000 MHz。

在其中对不同业务(如单工、双工、寻呼等)又有详细的划分,具体内容可参看“中国无线电频率业务分配表”。

2)蜂窝式公众网的工作频段

我国规定指配给蜂窝式公众移动电话网的频段有两个。

(1)450 MHz 频段:450.500~453.500 MHz(移动台发)、460.500~463.500 MHz(基台发),共120 对频点。

(2)900 MHz 频段:879.000~899.000 MHz(移动台发)、924.000~944.00 MHz(基台发),共799 对频点。

频道间隔:我国体制规定,短波及超短波(超高频)(VHF 及 UHF)的调频通信,均采用25 kHz 的频道间隔。

8.4.4 微波通信

微波站站址应选择地区条件较好,且地势较高的稳固地形,站址通信方向近处应较开阔,无阻挡以及无反射电波的物体处。

站址应避免本系统干扰和外系统干扰(如雷达、地球站、有关广播电视频道和无线通信干扰)。

众所周知,只有单一传输手段的电信网往往是脆弱的。尽管光纤传输网在容量方面有着微波网无法比拟的优点，但不管是在通信干线还是支线上，微波系统仍然是光纤网不可缺少的补充和保护手段。多年来的经验表明，在发生自然灾害的情况下，总是首先靠无线通信方式恢复电信业务。因此，在大力发展光纤传输网的同时，还应注意数字微波网的建设与维护。尤其是在自然灾害多发的地区，应该适当发展微波通信系统，形成地面（光纤）和空中（微波）的立体通信网络。只有采取了多种传输媒质间的互相保护，才能提高本地网电路的可靠性。

总之，本地传输网应建设成立体交叉、安全可靠、适应业务发展需要的基础骨干网。要重新审视微波干线、光缆干线的网络结构，加强对光缆、微波等不同传输手段的综合利用，同时应确保网络的多通道与多路由，最终保障传输网络的安全。

8.4.5 摘自2008年《电信技术》中的有关内容

8.4.5.1 移动电话网规划

1. 移动电话网结构

根据移动电话系统预测容量决定移动电话的覆盖范围，采用小区、中区或大区制式，以及组网结构等。

我国移动电话技术体制确定450 MHz的移动电话系统为大区制系统。大区制系统在其业务区内（业务区半径一般为30 km左右，亦可大至60 km）有一个或多个无线频道，按相等可用频道原则工作。

大区制系统的用户容量一般较小，约几十至几百个用户，但随着频率合成技术和多频道共同技术的发展，一个大区也可以容纳几千至一万用户。当用户较多时，基站含控制和交换设备，以中继线接入市话网；当用户较少时，基站则仅含控制设备（无线用户集中器），以用户线接入市话网。控制和交换设备也可以和基站分开而设在市话局内。

小区制系统是将业务区分成若干蜂窝状小区（基站内），在每个基站区中心（或相互隔开的顶角）设一无线基站，基站区半径为1.5～15 km，每隔2～3个基站区，无线频率就可重复使用。每个基站区的无线基站都与中心控制局或无线交换局相连。

小区制系统属于大容量移动通信系统。我国移动电话技术体制确定900 MHz移动电话系统为小区制系统。

界于大区制和小区制之间的一种系统，为中区制移动通信系统，即每个无线基站的服务半径在15～30 km之间，但其工作方式和小区制基本相同，由于它的容量一般在1 000～10 000用户之间，故又称为中容量移动通信系统。

2. 话务量规划

可以用趋势进行预测。

8.4.5.2 高层建筑网络覆盖实现方案探讨

1. 高层建筑网络覆盖存在的问题

（1）乒乓效应：受到多个蜂窝小区的信号覆盖，附近多个基站的旁瓣信号交叠覆盖高层区域，信号不稳定，远处基站由于角度关系，主瓣可能会直接正对高层区域，但由于路径损耗大，干扰因素多，信号也不稳定。通话时多个基站信号来回切换，产生“乒乓效应”，导致通话断续甚至掉话。

(2)孤岛效应:由于高层建筑主服小区信号不够强,接收的多个远外基站信号之间及其与主服小区之间未做切换关系,信号质量恶化造成话音质量差或通话中断。

(3)信号高误码:10层以上的建筑,在高层的窗边容易接收到周围各个基站的信号,由于接收到的室外信号太多,难以避免信号同、邻频现象。信号不稳使信号场强难以达到同频保护比和邻频保护比的要求,在窗边或房间内的信号误码等级较高(经常高于4级)严重影响话音质量。

(4)信号弱覆盖:由于市区宏站天线下倾角较大,当建筑高度超过20层时,会因为超过宏站信号覆盖范围而成为信号弱覆盖区。钢筋混凝土结构对GSM信号产生很强的穿透损耗,在建筑内部形成信号弱覆盖区甚至信号盲区。

2. 高层建筑的分类及特点

以网络信号在楼层中的覆盖特点分(指楼高15层以上的大楼):

1~10层为低层(接收邻近宏站主瓣信号,信号质量良好);

11~20层为中层(接收邻近宏站旁瓣信号及远处宏站的飘移信号,部分区域可通过网络优化改善);

20层以上为高层(无信号或接收远处宏站的飘移信号、信号质量极差)。

9 城乡燃气工程规划

9.1 燃气用气量和燃气质量

9.1.1 燃气用气量

设计用气量应根据当地供气原则和条件确定,包括下列各种用气量:

(1)居民生活用气量;

(2)商业用气量;

(3)工业企业生产用气量;(部分工业产品的用气定额参照表9.1-1至表9.1-16)

(4)采暖通风和空调用气量;

(5)燃气汽车用气量;

(6)其他用气量。

注:当电站采用城镇燃气发电或供热时,尚应包括电站用气量。

各种用户的燃气设计用气量,应根据燃气发展规划和用气量指标确定。

其他用气量中主要包括两部分:一是管网的漏损量,另一部分是未预见量。一般未预见气量按总用气量5%计算。

9.1.2 城市燃气年用气量的计算

1)居民生活用气量

影响居民生活燃气用量的因素很多,主要有居民的生活水平和生活习惯,社会上主、副食品的成品和半成品供应情况,燃气用具的配置情况,气候条件,有无集中采暖和热水供应等,而且各个城市或各个地区的居民用气量不尽相同。对于已有燃气供应的城市,居民生活用气量通常是根据实际统计资料,按一定的方法进行分析和计算得到的用气定额来确定。对于尚未供应城市燃气的城市,在规划时可参考附近地区的城市居民生活用气定额,结合本地区的具体情况确定。我国几个城市的居民用气定额见表9.1-1。

表9.1-1 城镇居民生活用气量指标 MJ/(人·a)

城镇地区	有集中采暖的用户	无集中采暖的用户
东北地区	2 303~2 721	1 884~2 303
华东、中南地区	—	2 093~2 303
北京	2 721~3 140	2 512~2 913
成都	—	2 512~2 913

注:1.本表系指一户装有一个煤气表的居民用户,住宅内做饭和热水的用气量,不适用于瓶装液化石油气居民用户。

2.“采暖”指非燃气采暖。

3.燃气热值按低热值计算。

2)商业用气量

公共建筑用气量,一般是根据实际资料统计分析而得到的用气定额计算。根据《城镇燃气设计规范》(GB 50028—2006)的资料,得出的几种公共建筑用气定额见表 9.1-2,供参考。

计算公共建筑年用气量时,首先应该了解现状(如公共建筑设施的床位,幼儿园和托儿所的入园、入托人数等)和规划公共建筑的数量、规模(如饮食业的座位、营业额、用粮数),医院、旅馆设施的标准(如入园、入托人数比例,医院、旅馆的床位和饮食业座位的千人指标等),然后结合表 9.1-2 的用气定额进行计算。

当不能取得公共建筑设施的用气统计资料和规划指标时,可向煤炭供应部门搜集上述用户的现状年耗煤量,并考虑自然增长(据历年统计资料推算增长率),进行计算。在折算时要考虑燃气和烧煤的热效率不同。

表 9.1-2 集中公共建筑的用气量指标

类别		单　位	用气量指标
职工食堂		MJ/(人·a)	1 884 ~ 2 303
饮食业		MJ/(座·a)	7 955 ~ 9 211
托儿所、幼儿园	全托	MJ/(人·a)	1 884 ~ 2 512
	半托	MJ/(人·a)	1 256 ~ 1 675
医院		MJ/(床位·a)	2 931 ~ 4 187
旅馆、招待所	有餐厅	MJ/(床位·a)	3 350 ~ 5 024
	无餐厅	MJ/(床位·a)	670 ~ 1 047
高级宾馆		MJ/(床位·a)	8 374 ~ 10 467
理发		MJ/(人·a)	3.35 ~ 4.19

注:1. 职工食堂的用气量指标包括做副食和热水在内。

2. 燃气热值按低热值计算。

采用表 9.1-2 数值时,需要注意下列几点。

(1)居民生活的用气定额是指每户装一个燃气表的情况,不包括采暖的用气指标。

(2)职工食堂的用气定额包括做副食和热水在内。

(3)表中用气定额是以耗热量表示的,如改以用气量表示时,则要除以燃气的低热值。例如,燃气的低热值为 16.747 $\mathrm{MJ/m^3}$,职工食堂的用气量定额为:

$$\frac{16.8 \sim 21\ \mathrm{MJ/kg}\ 粮食}{16.747\ \mathrm{MJ/m^3}} = 1.0 \sim 1.254\ \mathrm{m^3/kg}\ 粮食$$

如果需要利用表 9.1-2 进行公共建筑年用气量计算,就应该了解现状和规划期内的公共建筑设施的数量、规模,如饮食业座位,职工食堂的用粮数,医院、旅馆的床位,幼儿园、托儿所的入园、入托人数等。

3)房屋采暖用气量

房屋采暖用气量与建筑面积、耗热指标和采暖期长短等因素有关,一般可按下式计算:

$$Q_c = \frac{Fqn \times 100}{Q\eta} \tag{9.1-1}$$

式中 Q_c——年采暖用气量,m^3/a;

F——使用燃气采暖的建筑面积,m^2;

q——耗热指标,W/m^2;

n——最大负荷利用小时,h;

Q——燃气的低热值,kJ/m^3;

η——燃气采暖系统热效率,%。

由于各个地区的冬季室外采暖计算温度不同,各种建筑物对室内温度又有不同的要求,所以各地的耗热指标 q 是不一样的,一般可由实测确定。η 值因采暖系统不同而异,一般可达70% ~80%。

最大负荷利用小时 n 可用下式计算:

$$n = n_1 \frac{t_1 - t_2}{t_1 - t_3} \tag{9-2}$$

式中 n——采暖最大负荷利用小时,h;

n_1——采暖期,h;

t_1——室内温度,℃;

t_2——采暖期室外空气平均温度,℃;

t_3——采暖期室外计算温度,℃。

4)工业用气量

工业用气量的确定与工业企业的生产规模、工作班制和工艺特点有关。在规划阶段,由于各种原因,很难对每个工业用户的用气量进行精确计算,往往根据其煤炭消耗量折算煤气用量,折算时应考虑自然增长率、使用不同燃料时热效率的差别。作为概略计算,也可以参照相似条件的城市的工业和民用用气量比例,取一个适当的百分数来估算。

有条件时,可利用各种工业产品的用气定额来计算工业用气量。

5)未预见气量

未预见气量主要是指管网的燃气漏损量和发展过程中未预见到的供气量。一般未预见气量按总用气量5%计算。

6)燃料的折算

当公共建筑和工业企业的用气量定额不易得到统计资料和规划指标时,其他燃料(如煤)的年用量可以用下式折算为燃气的年用量:

$$V = \frac{1\,000 G_1 Q_d \eta_1}{Q_D \eta_2} \tag{9-3}$$

式中 V——燃气的年用量,m^3/a;

G_1——其他燃料的年用量,t/a;

Q_d——其他燃料的低热值,kJ/kg;

Q_D——燃气的低热值,kJ/m^3;

η_1——使用其他燃料时的热效率,%;

η_2——使用燃气时的热效率,%。

常用燃料的 Q_d 值可按表9.1-3采用。

表 9.1-3 常用燃料的 Q_d 值 kJ/kg

燃料	木柴	标准煤	烟煤	无烟煤	焦炭	重油	汽油	柴油	煤油
Q_d	2 300 ~2 400	70 000	5 000 ~6 500	5 500 ~6 500	6 000 ~6 500	10 000	10 500	10 200	10 300

9.1.3 总体(分区)规划阶段燃气用量的预测

总体(分区)规划阶段燃气用量预测方法有二。

(1)分项相加法

$$Q = Q_1 + Q_2 + Q_3 + \cdots + Q_n$$

式中 Q——燃气总用量;

$Q_1 \cdots Q_n$——各类燃气负荷。

(2)比例估算法

$$Q = Q_s / P$$

式中 Q——燃气总用量;

Q_s——居民生活用气量;

P——居民生活用气占总用气量的比例。

9.1.4 详细规划阶段燃气负荷的计算

详细规划阶段多采用不均匀系数法,一般以小时计算流量为依据确定燃气管网及设备的通过能力,包括总体与分区规划。

居民生活用气定额根据当地实际统计资料经过分析,计算得出。

$$Q_j = \frac{Q_y}{365 \times 24} \times K_m K_d K_h$$

式中 Q_j——燃气的计算流量,m^3/h;

Q_y——燃气的年用气量,m^3/a;

K_m——月高峰系数,$K_m = 1.1 \sim 1.3$;

K_d——日高峰系数,$K_d = 1.05 \sim 1.2$;

K_h——小时高峰系数,$K_h = 2.2 \sim 3.2$。

工业企业和燃气汽车用户燃气小时计算流量,宜按每个独立用户生产的特点和燃气用量(或燃料用量)的变化情况,编制成月、日、小时用气负荷资料确定。

用气的高峰系数应根据城市用气量的实际统计资料确定。工业企业生产用气的不均匀性,可按各用户燃气量的变化叠加后确定。居民生活和公共建筑用气的高峰系数,当缺乏用气量的实际统计资料时,结合当地具体情况,可按下列范围选用:

$$K_m^{max} = 1.1 \sim 1.3$$

$$K_d^{max} = 1.05 \sim 1.2$$

$$K_h^{max} = 2.2 \sim 3.2$$

$$K_m^{max} K_d^{max} K_h^{max} = 2.54 \sim 4.99$$

供应用户数多时,小时高峰系数取偏小的数值。对于个别的独立居民点,当总户数少于 1 500 户时,作为特殊情况,小时高峰系数甚至可以采取 3.3 ~4.0。

此外，居民生活及公共建筑小时最大流量也可采用供气量最大利用小时数来计算。所谓供气量最大利用小时数就是假设把全年8 760 h(24 h/d×365 d)所使用的燃气总量，按一年中最大小时用量连续大量使用所能延续的小时数。

9.1.5 城镇燃气分配管道

城镇燃气分配管道的最大小时流量用供气量最大利用小时数计算时，计算公式如下：

$$Q=\frac{Q_y}{n} \qquad (9.1-4)$$

式中 Q——燃气管道计算流量，Nm^3/h；

Q_y——燃气的年用气量，Nm^3/a；

n——供气量最大利用小时数，h/a，见表9.1-4。

供气量最大利用小时数与不均匀系数间的关系为

$$n=\frac{8\ 760}{K_m^{max}K_d^{max}K_h^{max}}$$

部分供气量最大利用小时数见表9.1-4。

表9.1-4 供气量最大利用小时数

名 称	气化人口数/(万人)													
	0.1	0.2	0.3	0.5	1	2	3	4	5	10	30	50	75	≥100
n/(h/a)	1 800	2 000	2 050	2 100	2 200	2 300	2 400	2 500	2 600	2 800	3 000	3 300	3 500	3 700

大型工业用户可根据企业特点选用负荷最大利用小时数，一班制工业企业 $n=2\ 000\sim3\ 000$，两班制工业企业 $n=3\ 500\sim4\ 500$，三班制工业企业 $n=6\ 000\sim6\ 500$。

表9.1-5 小时用气量占日用气量的百分数 %

时间/h	居民生活和公共建筑	工业企业	时间/h	居民生活和公共建筑	工业企业	时间/h	居民生活和公共建筑	工业企业
6~7	4.87	4.88	14~15	2.27	5.53	22~23	1.27	2.39
7~8	5.20	4.81	15~16	4.05	5.24	23~24	0.98	2.75
8~9	5.17	5.46	16~17	7.10	5.45	24~1	1.35	1.97
9~10	6.55	4.82	17~18	9.59	5.55	1~2	1.30	2.68
10~11	11.27	3.87	18~19	6.10	4.87	2~3	1.65	2.23
11~12	10.42	4.85	19~20	3.42	4.48	3~4	0.99	2.96
12~13	4.09	5.03	20~21	2.13	4.34	4~5	1.63	3.22
13~14	2.77	5.27	21~22	1.48	4.84	5~6	4.35	2.51

表9.1-6 生活用气量指标 MJ/(人·a)(万kcal/(人·a))

城镇地区	有集中采暖的用户	无集中采暖的用户
东北地区	2 303~2 721(55~65)	1 884~2 303(45~55)
华东、中南地区	—	2 093~2 303(50~55)

续表

城镇地区	有集中采暖的用户	无集中采暖的用户
北京	2 721 ~ 3 140(65 ~ 75)	2 512 ~ 2 931(60 ~ 70)
成都	—	2 512 ~ 2 931(60 ~ 70)

注:指一户装一个煤气表并在住宅内做饭和热水的居民用户,不适用液化石油气用户;采暖指非燃气采暖;燃气热值按低热值计算。

表 9.1-7 几种公共建筑用气量指标

类别		单位	用气量指标
职工食堂		MJ/(人·a)(1.0×10^4kcal/(人·a))	1 884 ~ 2 303(45 ~ 55)
饮食业		MJ/(座·a)(1.0×10^4kcal/(座·a))	7 955 ~ 9 211(190 ~ 220)
幼儿园托儿所	全托	MJ/(人·a)(1.0×10^4kcal/(人·a))	1 884 ~ 2 512(45 ~ 66)
	半托	MJ/(人·a)(1.0×10^4kcal/(人·a))	1 256 ~ 1 675(30 ~ 40)
医院		MJ/(床位·a)(1.0×10^4kcal/(床位·a))	2931 ~ 4187(70 ~ 100)
旅馆、招待所	有餐厅	MJ/(床位·a)(1.0×10^4kcal/(床位·a))	3 350 ~ 5 024(80 ~ 120)
	无餐厅	MJ/(床位·a)(1.0×10^4kcal/(床位·a))	670 ~ 1 047(16 ~ 25)
高级宾馆		MJ/(人·a)(1.0×10^4kcal/(人·a))	8 374 ~ 10 467(200 ~ 250)
理发		MJ/(人·次)(1.0×10^4kcal/(人·次))	3.35 ~ 4.19(0.08 ~ 0.1)

注:职工食堂的用气量指标包括做副食和热水在内。燃气热值按低热值计算。

表 9.1-8 中对于供给学生午餐的中学、小学可参照大学、中专的一半用气量计算。

表 9.1-8 公共建筑一般用气量指标

用途	单位	用气量	用途	单位	用气量
大学、中专	kJ/(人·d)	6 280	盆浴	kJ/(人·次)	46 050
中学、小学	kJ/(人·d)	1 470	洗衣房	10^4kJ/t 干衣	1 760
澡堂淋浴	kJ/(人·d)	20 930	面包	10^4kJ/t	327
淋浴	kJ/(人·d)	14 240	理发店	kJ/(人·次)	3 350 ~ 4 180

表 9.1-9 居民住宅用户炊事及生活热水耗热量指标

城市	耗热量/(MJ/(人·a))		城市	耗热量/(MJ/(人·a))	
	无集中采暖设备	有集中采暖设备		无集中采暖设备	有集中采暖设备
北京	2 510 ~ 2 930	2 720 ~ 3 140	南京	2 300 ~ 2 510	—
天津	2 510 ~ 2 930	2 720 ~ 3 140	上海	2 300 ~ 2 510	—
哈尔滨	2 590 ~ 2 820	2 820 ~ 2 980	杭州	2 300 ~ 2 510	—
沈阳	2 550 ~ 2 780	2 760 ~ 2 960	广州、深圳	2 930 ~ 3 140	—
大连	2 450 ~ 2 680	2 680 ~ 2 900			

注:1. 集中采暖设备是指由锅炉房集中供采暖热水或由地区电厂供采暖热水的采暖设备。

2. 耗热量按一户一台两眼煤气灶定额热负荷以内计算核定。

3. 生活热水不包括自用浴室加热，炊事不包括烤箱、烘箱等用热。

表 9.1－10 居民住宅采暖用气量估算指标

住宅建筑物体积/m^3	采暖用气量/[MJ/m^3hK]	住宅建筑物体积/m^3	采暖用气量/[MJ/m^3hK]
3 000 以下	1.76	20 000 以下	1.21
5 000 以下	1.59	25 000 以下	1.17
10 000 以下	1.38	30 000 以下	1.13
15 000 以下	1.30	大于 30 000	1.09

表 9.1－11 公共建筑燃气用具耗热量

公共建筑燃气用具名称	耗热量/(MJ/h)	公共建筑燃气用具名称	耗热量/(MJ/h)
烤箱灶(4 个火眼供 10 人使用)	48.4	红外线糕点烤炉(炉内平均温度 240 ℃)	586.6
烤箱灶(3 个火眼)	53.2	自动热水器(159～270 L/h)	49.9
爆炒灶	26.4	快速温水器(240～250 L/h)	41.9
爆炒灶	39.8	开水炉(热水 150 L)	167.6
爆炒灶	46.7	容积式沸水器(沸水 20 L/h)	16.8～21.0
爆炒灶	92.2	自动沸水器(沸水 200 L/h)	99.7
蒸饭灶(水管式)	114.0	热风采暖炉(22 m^2房间、采暖温度 16 ℃)	14.7
煎饼灶	49.9		
六眼灶	295.0	双联辐射采暖器	36.9
烘箱灶(8 个灶眼)	335.2	低压白炽煤气灯(500～1 000 烛光)	10.5～209.5
煤气冰箱	14.7		

表 9.1－12 居民住宅煤气用具耗热量

煤气用具名称	用气量/(MJ/h)	煤气用具名称	用气量/(MJ/h)
双眼灶，使用		液化石油气	8.4～14.6
液化石油气	(9.2～10.5)×2	天然气	9.2～14.6
天然气	(10.5～11.5)×2	人工煤气	9.2～14.6
人工煤气	(10.5～11.5)×2	热水器	35.0～52.0
矿井气	10.8×2	煤气火锅	8.8
水煤气、半水煤气	10.5×2	煤气采暖器(热水式、热风式、红外线式)	14.0～18.0
单眼灶，使用人工煤气	11.8		
烤箱，使用		煤气冰箱	≤14.6

9.1.6 采暖通风和空调用气指标

采暖通风和空调用气指标可按国家现行标准《城市热力网设计规范》CJJ 34 或当地建筑物耗热量指标确定，参见表 9.1－13、表 9.1－14、表 9.1－15。

1)采暖热负荷

$$Q_h = q_h A \times 10^{-3} \tag{9.1-6}$$

式中　Q_h——采暖设计热负荷,kW;

q_h——采暖热指标,W/m^2;

A——采暖建筑物的建筑面积,m。

2)通风热负荷

$$Q_v = K_v Q_h \tag{9.1-7}$$

式中　Q_v——通风设计热负荷,kW;

Q_h——采暖设计热负荷,kW;

K_v——建筑物通风热负荷系数,可取0.3~0.5。

3)空调热负荷

空调冬季热负荷

$$Q_a = q_a A \times 10^{-3} \tag{9.1-8}$$

式中　Q_a——空调冬季设计热负荷,kW;

q_a——空调热指标,W/m^2;

A——空调建筑物的建筑面积,m^2。

空调夏季热负荷

$$Q_c = \frac{q_c A \times 10^{-3}}{COP} \tag{9.1-9}$$

式中　Q_c——空调夏季设计热负荷,kW;

q_c——空调冷指标,W/m^2;

A——空调建筑物的建筑面积,m^2;

COP——吸收式制冷机的制冷系数,可取0.7~1.2。

表9.1-13　采暖热指标推荐值 q_h　W/m^2

建筑物类型	住宅	居住区综合	学校办公	医院托幼	旅馆	商店	食堂餐厅	影剧院展览馆	大礼堂体育馆
未采取节能措施	58~64	60~67	60~80	65~80	60~70	65~80	115~140	95~115	115~165
采取节能措施	40~45	45~55	50~70	55~70	50~60	55~70	100~130	80~105	100~150

注:1.表中数值适用于我国东北、华北、西北地区。

2.热指标中已包括约5%的管网热损失。

表9.1-14　房屋采暖耗热指标

序号	房屋类别	采暖指标/(W/m^2)	耗热指标/(kJ/(m^2·h))
1	工厂厂房		418.68~628.02
2	住宅	47~70	167.47~251.21
3	办公楼、学校	58~81	209.34~293.08
4	医院、幼儿园	64~81	230.27~293.08

续表

序号	房屋类别	采暖指标/(W/m²)	耗热指标/(kJ/(m²·h))
5	宾馆	58~70	209.34~252.21
6	图书馆	47~76	167.47~272.14
7	商店	64~87	210.27~314.01
8	单层住宅	81~105	293.08~376.81
9	食堂、餐厅	115~140	418.68~502.42
10	影院	93~116	334.94~418.68
11	大礼堂、体育馆	116~163	418.68~586.15

表 9.1-15 空调热指标 q_a、冷指标 q_c 推荐值 W/m²

建筑物类型	办公	医院	旅馆、宾馆	商店、展览馆	影剧院	体育馆
热指标	80~100	90~120	90~120	100~120	115~140	130~190
冷指标	80~110	70~100	80~110	125~180	150~200	140~200

注:1.表中数值适用于我国东北、华北、西北地区。

2.寒冷地区热指标取较小值、冷指标取较大值;严寒地区热指标取较大值、冷指标取较小值。

表 9.1-16 部分工业产品的用气定额

序号	产品名称	加热设备	产品产量单位	单位产品耗热量/GJ	备注
1	炼铁(生铁)	高 炉	t	2.93~4.61	由矿石炼铁
2	化铁(生铁)	冲天炉	t	4.61~5.02	将生铁熔化
3	炼 钢	平 炉	t	6.28~7.54	包括辅助车间
4	化 铝	化铝锅	t	3.14~3.35	
5	盐(NaCl)	熬盐锅	t	17.58	
6	洗衣粉	干燥器	t	12.56~15.07	仅干燥用热
7	二氧化钛	干燥器	t	4.19	仅干燥用热
8	黏土耐火砖	熔烧窑	t	4.81~5.86	
9	混凝土砖	熔烧窑	t	8.37~12.77	
10	高铝砖	熔烧窑	t	5.28~5.86	
11	镁铝砖	熔烧窑	t	5.28~5.86	
12	石 灰	熔烧窑	t	5.28	
13	白云石	熔烧窑	t	10.26	
14	玻璃制品	熔化、退火等	t	12.56~16.75	
15	白炽灯	熔化、退火等	万只	15.07~20.93	
16	日光灯	熔化、退火等	万只	16.75~25.12	
17	织物烧毛	烧毛机	10 km	0.80~0.84	
18	织物预烘热熔	染色预烘热熔机	10 km	4.19~5.02	
19	的确良	热定型机	10 km	4.19~5.02	

续表

序号	产品名称	加热设备	产品产量单位	单位产品耗热量/GJ	备　注
20	蒸　汽	锅　炉	t	2.93～3.35	
21	电　力	发　电	kW·h	0.012～0.017	
22	动　力	燃汽轮机	MJ	0.008～0.009	
23	还原矿	还原熔烧竖炉	t	1.34～1.42	选矿车间
24	球团矿	平式球团炉	t	1.84～1.88	烧结车间
25	中型方坯	连续加热炉	t	2.30～2.93	锻压延伸
26	小型方坯	连续加热炉	t	1.88～2.30	锻压延伸
27	中板钢坯	连续加热炉	t	4.19	锻压延伸
28	薄板钢坯	连续加热炉	t	1.93	锻压延伸
29	焊管钢坯	连续加热炉	t	4.61	锻压延伸
30	小焊管坯	连续加热炉	t	2.30～2.85	锻压延伸
31	中厚钢板	连续加热炉	t	3.01～3.18	锻压延伸
32	无缝钢管	连续加热炉	t	3.98～4.19	锻压延伸
33	钢　球	连续加热炉	t	3.35	锻压延伸
34	钢零部件	室式加热炉	t	2 508～3 344	锻压延伸
35	钢零部件	缝式加热炉	t	3 762～4 598	锻压延伸、冷料
36	钢零部件	台车式加热炉	t	2 926～4 598	锻压延伸、冷料
37	钢零部件	台车式加热炉	t	2 808～3 762	锻压延伸
38	中厚板常化	辊底式常化炉	t	2 717	热处理车间
39	中板常化	辊底式常化炉	t	3 762	热处理车间
40	薄板退火	罩式退火炉	t	1 254	热处理车间
41	冷轧薄板退火	罩式退火炉	t	1 672	热处理车间
42	中厚板退火	罩式退火炉	t	2 299	热处理车间
43	棒钢退火	罩式退火炉	t	1 254～1 672	热处理车间
44	带钢退火	罩式退火炉	t	1 045～1 170	热处理车间
45	薄板退火	隧道式退火炉	t	2 290	热处理车间
46	钢零部件	室式退火炉	t	3 553	热处理车间、退火
47	钢零部件	室式常化淬火炉	t	3 135	热处理车间、常化、淬火
48	钢零部件	室式回火炉	t	1 672	热处理车间、回火
49	可锻铸铁	室式退火炉	t	12 540	热处理车间、退火
50	钢零部件	台车式退火炉	t	2 926～3 762	热处理车间、退火
51	钢零部件	台车式淬火常化炉	t	2 290～2 926	热处理车间、淬火、常化
52	钢零部件	台车式回火炉	t	1 881～2 290	热处理车间、回火
53	可锻铸铁	台车式退火炉	t	6 688～7 524	热处理车间、退火
54	钢零部件	井式淬火常化炉	t	2 808～4 598	热处理车间、常化、淬火
55	钢零部件	坑式淬火常化炉	t	2 090～6 270	热处理车间、常化、淬火

续表

序号	产品名称	加热设备	产品产量单位	单位产品耗热量/GJ	备　注
56	铝　丝	镀锌、回火炉	t	2 926 ~ 3 344	热处理车间、镀锌、回火
57	氧化锌	间接氧化锌圆窑	t	5 434 ~ 5 852	化工
58	醇硫酸钠	干燥器	t	16 720	化工
59	面　包	烘烤炉	t	3 260 ~ 3 344	食品
60	糕点、饼干	烘烤炉	t	4 180 ~ 4 598、2 926	食品
61	熬　糖	熬制锅	t	2 926	食品
62	内燃机			5.30 ~ 6.2 MJ/(kW·h)	
63	汽车行驶			8.0 ~ 9.3 MJ/(kW·h)	

表 9.1－17　不同燃气之间的体积换算系数概略值

	液化石油气	天然气	催化油制气	炼焦煤气	混合人工气	矿井气
	$Q=41.9$ MJ/kg	$Q=35.6$ MJ/m^3	$Q=18.9$ MJ/m^3	$Q=17.6$ MJ/m^3	$Q=14.7$ MJ/m^3	$Q=13.4$ MJ/m^3
液化石油气	1	1.18	2.22	2.38	2.86	3.13
天然气	0.85	1	1.89	2.02	2.43	2.66
催化油制气	0.45	0.53	1	1.07	1.29	1.41
炼焦煤气	0.42	0.49	0.93	1	1.20	1.31
混合人工气	0.35	0.41	0.78	0.83	1	1.09
矿井气	0.32	0.38	0.71	0.76	0.91	1

注：Q 为燃气低热值。

表 9.1－18　天然气作为化工原料时的用气定额　　m^3/t

序号	化工产品	用气定额	序号	化工产品	用气定额
1	合成氨	1 000	7	聚丙烯(人造羊毛)	4 800
2	氰氢酸	1 720	8	维尼龙	4 500
3	三氯甲烷	500	9	聚氯乙烯	2 870
4	浓乙炔	5 000 ~ 6 000	10	丙酮	1 300 ~ 1 500
5	甲醛(29%)	5 300	11	槽法炭黑	45 000 ~ 50 000
6	合成橡胶	5 640	12	炉法炭黑	7 000

表 9.1－19　各种燃气的热工特性

燃气种类	低热值 Q_d	
	(MJ/m^3)	($kcal/m^3$)
液化石油气	107	25 000
石油拌生气	40.5	9 680
天然气	35.8	8 550
炼焦煤气	17.4	4 150

几种燃气的密度和相对密度(即平均密度和平均相对密度)列于表9.1-20。

表9.1-20 几种燃气的密度和相对密度

燃气种类	密度/(kg/Nm³)	相对密度
天然气	0.75~0.8	0.58~0.62
焦炉煤气	0.4~0.5	0.3~0.4
气态液化石油气	1.9~2.5	1.5~2.0

由表9.1-20可知,天然气、焦炉煤气都比空气轻,而气态液化石油气约比空气重一倍。混合液体平均密度与101 325 Pa、277K时水的密度之比称为混合液体相对密度。在常温下,液态液化石油气的密度是500 kg/m³左右,约为水的一半。

表9.1-21 我国各地的天然气参数

气源	体积分数/%								高热值/(MJ·m⁻³)	低热值/(MJ·m⁻³)	华白数/(MJ·m⁻³)	燃烧势	相对密度
	甲烷	乙烷	丙烷	异丁烷	正丁烷	戊烷	氮气	二氧化碳					
陕甘宁天然气	94.70	0.55	0.08	1.00	0.00	0.00	3.66	—	38.20	34.47	50.26	37.89	0.578
塔里木天然气	96.27	1.77	0.30	0.06	0.08	0.13	1.39	—	40.27	36.36	52.99	39.85	0.578
广西北海天然气	80.38	12.48	1.80	0.08	0.11	0.06	5.09	—	43.16	39.21	46.85	32.03	0.849
成都天然气	96.15	0.25	0.01	0.00	0.00	0.00	3.59	—	38.47	34.70	50.96	38.42	0.570
忠武线输送天然气	97.00	1.50	0.50	0.00	0.00	0.00	1.00	—	40.18	36.27	53.16	40.09	0.571
东海天然气	88.48	6.68	0.35	0.00	0.00	0.00	4.49	—	40.28	36.40	51.58	39.39	0.610
青岛天然气	96.56	1.34	0.30	—	0.20	0.00	1.60	—	39.89	36.68	52.77	39.74	0.742
昌邑天然气	98.06	0.22	0.12	—	0.13	0.00	1.47	—	39.47	35.61	52.58	39.56	0.729
渤海天然气	83.57	8.08	0.08	—	—	—	4.14	4.13	37.02	33.29	—	—	—
南海东方1-1天然气	77.52	1.50	0.29	0.07	0.03	—	20.59	—	31.70	28.60	34.20	—	0.862

4)各种燃气的比例

建设部《2005年城市建设统计公报》显示:到2005年末,我国设市城市共661个,城市人口为35 894×10⁴人。2005年,在城市用气总量中,人工煤气供应总量为255.8×10⁸ m³/a,天然气供应总量为210.5×10⁸m³/a,液化石油气供应总量为1 222×10⁴kg/a。各种燃气所占比例(按热量计)大致为:人工煤气为25%,液化石油气为32%,天然气为43%。城市用气人口为29 488×10⁴人,燃气普及率为82.2%,比上年增加了0.7个百分点。当前城市燃气行业正处在一个大发展时期,人工煤气和液化石油气作为城市燃气主要气源的局面,将随着天然气在城市燃气中的迅速增长发生根本性转变。

5)各种燃气的发展趋势

根据有关部门的统计,我国近年来城市燃气发展的历史数据表明,天然气的应用增长速度比较快。近年来的城市燃气用气量见表9.1-22。

表 9.1－22 我国近年来的城市燃气用气量

年份	1995	1996	1997	1998	1999	2000
人工煤气用气量/($m^3 \cdot a^{-1}$)	127×10^8	135×10^8	126×10^8	167×10^8	132×10^8	152×10^8
天然气用气量/($m^3 \cdot a^{-1}$)	67×10^8	64×10^8	66×10^8	69×10^8	80×10^8	82×10^8
液化石油气用气量/($t \cdot a^{-1}$)	489×10^4	576×10^4	579×10^4	797×10^4	761×10^4	$1\,054\times10^4$
年份	2001	2002	2003	2004	2005	
人工煤气用气量/($m^3 \cdot a^{-1}$)	137×10^8	199×10^8	202×10^8	214×10^8	256×10^8	
天然气用气量/($m^3 \cdot a^{-1}$)	99×10^8	126×10^8	142×10^8	169×10^8	210×10^8	
液化石油气用气量/($t \cdot a^{-1}$)	982×10^4	$1\,136\times10^4$	$1\,126\times10^4$	$1\,127\times10^4$	$1\,222\times10^4$	

表 9.1－23 常用燃料的 Q_d 值(低热值)

燃料	木柴	标准煤	烟煤	无烟煤	焦炭	重油	汽油	柴油	煤油
Q_d/(kJ/kg)	2 300～2 400	70 000	5 000～6 500	5 500～6 500	6 000～6 500	10 000	10 500	10 200	10 300

表 9.1－24 兰州市燃气管网压力级制

输气干线	1.2～2.5 MPa
高压南北干线	0.6～0.8 MPa
各高中压调压站进口压力	0.5～0.8 MPa
中压管网起点压力	0.2 MPa
中压管网最低压力	0.11 MPa
低压管网压力	1 800～3 000 Pa

表 9.1－25 上海市燃气管网压力级制

浦东地区	高压 A 级 1.5 MPa、中压 A 级 0.4 MPa、中压 B 级 0.1 MPa、低压
浦西地区	中压 B、低压

表 9.1－26 部分国家的燃气管道压力

国名	高压/MPa	中压/MPa		低压/kPa	
		A	B	A	B
日本	1.0～2.0	0.3～1.0	0.01～0.3	<10	—
法国	0.4～1.6	0.04～0.4	0.01～0.04	3～5	1.8～2.5
奥地利	—	—	0.01～0.02	—	1.7～2.3
比利时	0.4～1.2	0.04～0.4	0.01～0.04	2.5～5	2～2.5
加拿大	0.4～1.2	0.1～0.4	0.02～0.1	3.5～15	1～3.5
意大利	0.5～1.2	0.15～0.5	0.05～0.15	—	1.8～2.7
荷兰	0.3～0.8	0.1～0.3	0.02～0.1	4～10	2.5～3
西班牙	0.5～0.15	0.1～0.5	—	—	1.5～2.3

续表

国名	高压/MPa	中压/MPa		低压/kPa	
		A	B	A	B
英国	0.7～2.3	0.3～0.7	0.03～0.2	3～5	2～3
美国	0.9～7.0	0.42	0.02～0.14	—	1～3
原南斯拉夫	0.5～0.7	0.1～0.3	—	10～15	2～2.5
罗马尼亚	>0.6	0.2～0.6	0.005～0.2	≤5	—
原苏联	0.56～1.2	0.3～0.6	0.005～0.3	≤5	—
巴基斯坦	1.05	0.56	—	—	2
澳大利亚	0.5～3	—	0.005～0.5	≤5	—

注:表中低压管道的压力,A是指用户前有调压装置时的低压管道的压力,B是指用户前无调压装置时的低压管道的压力。

一些发达国家和地区的城市有关长输管道和城市燃气输配管道的压力情况如表9.1-27。

表9.1-27 一些城市的燃气输配管道压力 MPa

城市名称	长输管道	城区或外环高压管道	市区次高压管道	中压管道	低压管道
洛杉矶	5.93～7.17	3.17	1.38	0.138～0.41	0.002 0
温哥华	6.62	3.45	1.20	0.41	0.002 8或0.006 9或0.013 8
多伦多	9.65	1.90～4.48	1.20	0.41	0.001 7
香港		3.50	(A)0.40～0.7 (B)0.24～0.4	0.007 5～0.24	0.007 5或0.002 0
悉尼	4.50～6.35	3.45	1.05	0.21	0.007 5
纽约	5.50～7.00	2.80		0.10～0.40	0.002 0
巴黎	6.80(一环以外整个法兰西岛地区)	4.00(巴黎城区向外10～15 km的一环)	0.4～1.9	A,≤0.40 B,≤0.04(老区)	0.002 0
莫斯科	5.5		0.3～1.2	A,0.100～0.3 B,0.005～0.1	≤0.005 0
东京	7.0		1.0～2.0	A,0.30～1.0 B,0.01～0.3	≤0.010 0

表9.1-28 我国一些主要城市的煤气管网系统压力分级

序号	城市	低压/Pa	中压/MPa	次高压或高压/MPa	备注
1	北京	$\frac{1\,100\sim1\,200}{3\,200}$	0.1	0.3	$\frac{人工煤气}{天然气}$
2	上海	1 500	0.1～0.15		人工煤气
3	天津	$\frac{1\,600}{3\,200}$	0.1～0.15		$\frac{人工煤气}{天然气}$

续表

序号	城市	低压/Pa	中压/MPa	次高压或高压/MPa	备 注
4	沈阳	200~3 000 / 3 200	0.1~0.16		人工煤气 / 天然气
5	大连	2 000~3 000	0.13~0.15		人工煤气
6	哈尔滨	1 500~2 000	0.03~0.1	0.3	人工煤气
7	长春	2 000~3 000	0.1~0.15		人工煤气
8	石家庄	1 500	0.07		人工煤气
9	太原	1 500	0.1		人工煤气
10	长沙	1 500	0.1		人工煤气
11	武汉	1 500	0.1		人工煤气
12	南京	1 500	0.1		人工煤气
13	郑州	3 200		0.25	天然气
14	广州	3 200		0.3	炼厂气、油制气
15	昆明	1 500	~0.1		人工煤气
16	成都	4 000	0.1~0.2	0.7~0.8	天然气
17	重庆	3 000	0.1	0.3~0.6	天然气
18	西安	1 500	0.1		人工煤气
19	济南	1 500 / 3 200	0.1		人工煤气 / 天然气
20	青岛	1 500	0.15		人工煤气
21	南昌	1 500	0.1		人工煤气
22	福州	1 500	0.1		人工煤气
23	贵阳	1 500	0.1		人工煤气
24	兰州	1 500	~0.2		人工煤气
25	合肥	1 500	0.07		人工煤气
26	乌鲁木齐	1 500	0.15		人工煤气
27	鞍山	1 500 / 3 200	0.15 / 0.35~0.5		人工煤气 / 天然气
28	抚顺	1 500	~0.1		人工煤气
29	锦州	1 500	~0.1		人工煤气
30	无锡	1 500	0.15		人工煤气

燃气灶具前的实际压力允许波动范围取为0.75~1.5 Pa是比较合适的。

因低压燃气管道的计算压力降必须根据民用燃气灶具压力允许的波动范围确定，则有1.5 Pa－0.75 Pa＝0.75 Pa。

按最不利情况即当用气量最小时，靠近调压站的最近用户处有可能达到压力的最大值，但由调压站到此用户之间最小仍有约150 Pa的阻力（包括煤气表阻力和干、支管阻力），故低压燃气管道（包括室内和室外）总的计算压力降最少还可加大150 Pa，故 $\Delta P_d = 0.75 + 150$。低压管道压力情况如表9.1－29。此表只是低压燃气管道的总压力降，至于其在街区干管、庭院管和室内管中的分配,还应根据情况进行技术经济分析、比较和研究。

表 9.1-29 低压燃气管道的计算压力降 Pa

所用燃气种类及燃具额定压力	从调压站到最远燃具的总压力降	管道中包括	
		街区	庭院和室内
天然气、油田气、液化石油气与空气的混合气以及其他低热值为 33.5 ~ 41.8 MJ/m^3的燃气。民用燃气燃具前额定压力为 2 000 Pa 时	1 800	1 200	600
同上述燃气民用燃气燃具前额定压力为 1 300 Pa 时	1 150	800	350
低热值为 14.65 ~ 18.8 MJ/m^3的人工煤气与混合气民用燃气燃具前额定压力为 1 300 Pa 时	1 150	800	350

表 9.1-30 低压燃气管道压力数值 Pa

燃气种类	人工煤气		天然气
燃气灶额定压力 P_n	800	1 000	2 000
燃气灶前最大压力 P_{max}	1 200	1 500	3 000
燃气灶前最小压力 P_{min}	600	750	1 500
调压站出口最大压力	1 350	1 650	3 150
低压燃气管道总的计算压力降(包括室内和室外都在内)	750	900	1 650

低压管网压力降分配应根据技术经济条件,选择最佳分配比例,一般低压输配干管为总压降的 55% ~75%。

低压燃气管网压力降在街区干管、庭院管和室内管中的分配推荐值见表 9.1-31。

表 9.1-31 低压燃气管道压力降分配 Pa

燃气种类及灶具额定压力	总压力降 ΔP	街 区	单层建筑		多层建筑	
			庭院	室内	庭院	室内
人工煤气 1 000 Pa	900	500	200	200	100	300
天然气 2 000 Pa	1 650	1 050	300	300	200	400

部分发达国家的庭院管道已是中压管道(高达 0.3 MPa),仅在户内才有低压管道。我国城市的庭院管道仍以低压居多,少数城市为中压。

9.2 燃气输配系统

9.2.1 《城镇燃气设计规范》GB 50028—2006(节录)

6 燃气输配系统

6.1 一般规定

6.1.1 本章适用于压力不大于 4.0 MPa(表压)的城镇燃气(不包括液态燃气)室外输

配工程的设计。

6.1.3　城镇燃气干管的布置,应根据用户用量及其分布,全面规划,并宜逐步形成环状管网供气进行设计。

6.1.4　采用天然气作气源时,城镇燃气逐月、逐日的用气不均匀性的平衡,应由气源方(即供气方)统筹调度解决。

需气方对城镇燃气用户应做好用气量的预测,在各类用户全年的综合用气负荷资料的基础上,制定逐月、逐日用气量计算。

6.1.5　在平衡城镇燃气逐月、逐日的用气不均匀性基础上,平衡城镇燃气逐小时的用气不均匀性,城镇燃气输配系统尚应具有合理的调降供气措施。(略)

6.1.6　城镇燃气管道的设计压力(P)分为7级,并应符合表6.1.6的要求。

表6.1.6　城镇燃气管道设计压力(表压)分级

名称		压力/MPa
高压燃气管道	A	$2.5 < p \leq 4.0$
	B	$1.6 < p \leq 2.5$
次高压燃气管道	A	$0.8 < p \leq 1.6$
	B	$0.4 < p \leq 0.8$
中压燃气管道	A	$0.2 < p \leq 0.4$
	B	$0.01 \leq p \leq 0.2$
低压燃气管道		$p < 0.01$

6.3.3　地下燃气管道不得从建筑物和大型构筑物(不包括架空的建筑物和大型构筑物)的下面穿越。

地下燃气管道与建筑物、构筑物或相邻管道之间的水平和垂直净距,不应小于表6.3.3-1和表6.3.3-2的规定。

表6.3.3-1　地下燃气管道与建筑物、构筑物或相邻管道之间的水平净距　m

项目		地下燃气管道压力/MPa				
		低压	中压		次高压	
		<0.01	B ≤0.2	A ≤0.4	A 0.8	A 1.6
建筑物	基础	0.7	1.0	1.5	—	—
	外墙面(出地面处)	—	—	—	5.0	13.5
给水管		0.5	0.5	0.5	1.0	1.5
污水、雨水排水管		1.0	1.2	1.2	1.5	2.0
电力电缆(含电车电缆)	直埋	0.5	0.5	0.5	1.0	1.5
	在导管内	1.0	1.0	1.0	1.0	1.5
通信电缆	直埋	0.5	0.5	0.5	1.0	1.5
	在导管内	1.0	1.0	1.0	1.0	1.5

续表

项目		地下燃气管道压力/MPa				
		低压	中压		次高压	
		<0.01	B ≤0.2	A ≤0.4	A 0.8	A 1.6
其他燃气管道	$DN\leqslant300$ mm	0.4	0.4	0.4	0.4	0.4
	$DN>300$ mm	0.5	0.5	0.5	0.5	0.5
热力管	直埋	1.0	1.0	1.0	1.5	2.0
	在管沟内(至外壁)	1.0	1.5	1.5	2.0	4.0
电杆(塔)的基础	≤35 kV	1.0	1.0	1.0	1.0	1.0
	>35 kV	2.0	2.0	2.0	5.0	5.0
通信照明电杆(至电杆中心)		1.0	1.0	1.0	1.0	1.0
铁路路堤坡脚		5.0	5.0	5.0	5.0	5.0
有轨电车钢轨		2.0	2.0	2.0	2.0	2.0
街树(至树中心)		0.75	0.75	0.75	1.2	1.2

表 6.3.3-2 地下燃气管道与构筑物或相邻管道之间的垂直净距 m

项目		地下燃气管道(当有套管时,以套管计)
给水管、排水管或其他燃气管道		0.15
热力管、热力管的管沟底(或顶)		0.15
电缆	直埋	0.50
	在导管内	0.15
铁路(轨底)		1.20
有轨电车(轨底)		1.00

注:1. 当次高压燃气管道压力与表中数不相同时,可采用直线方程内插法确定水平净距。
2. 如受地形限制不能满足表 6.3.3-1 和表 6.3.3-2 要求时,经与有关部门协商,采取有效的安全防护措施后,表 6.3.3-1 和表 6.3.3-2 规定的净距,均可适当缩小,但低压管道不应影响建(构)筑物和相邻管道基础的稳固性,中压管道距建筑物基础不应小于 0.5 m 且距建筑物外墙面不应小于 1 m,次高压燃气管道距建筑物外墙面不应小于 3.0 m。其中当对次高压 A 燃气管道采取有效的安全防护措施或当管道壁厚不小于 9.5 mm 时,管道距建筑物外墙面不应小于 6.5 m;当管壁厚度不小于 11.9 mm 时,管道距建筑物外墙面不应小于 3.0 m。
3. 表 6.3.3-1 和表 6.3.3-2 规定除地下燃气管道与热力管的净距不适于聚乙烯燃气管道和钢骨架聚乙烯塑料复合管外,其他规定均适用于聚乙烯燃气管道和钢骨架聚乙烯塑料复合管道。聚乙烯燃气管道与热力管道的净距应按国家现行标准《聚乙烯燃气管道工程技术规程》GJJ 63 执行。
4. 地下燃气管道与电杆(塔)基础之间的水平净距,还应满足本规范表 6.5.7 地下燃气管道与交流电力线接地体的净距规定。

表 6.5.7 地下燃气管道与交流电力线接地体的净距 m

电压等级/kV	10	35	110	220
铁塔或电杆接地体	1	3	5	10
电站或变电所接地体	5	10	15	30

6.3.4 地下燃气管道埋设的最小覆土厚度(路面至管顶)应符合下列要求:

(1)埋设在机动车道下时,不得小于 0.9 m;

(2)埋设在非机动车车道(含人行道)下时,不得小于0.6 m;

(3)埋设在机动车不可能到达的地方时,不得小于0.3 m;

(4)埋设在水田下时,不得小于0.8 m。

注:当不能满足上述规定时,应采取有效的安全防护措施。

6.3.5 输送湿燃气的燃气管道,应埋设在土壤冰冻线以下。

6.3.5条文说明部分,国内外燃气管道的埋设深度见表6.3.5-1。

表6.3.5-1 国内外燃气管道的埋设深度(至管顶)(m)

地点	条件	埋设深度	最大冻土深度	备注
北京	主干道 干线 支线 非车行道	≥1.20 ≥1.00 ≥0.80	0.85	北京市《地下煤气管道设计施工验收技术规定》
上海	机动车道 车行道 人行道 街坊 引入管	1.00 0.80 0.60 0.60 0.30	0.06	上海市标准《城市煤气、天然气管道工程技术规程》DGJ 08-10—2004
大连		≥1.00	0.93	《煤气管道安全技术操作规程》
鞍山		1.40	1.08	
沈阳	*DN* 250 mm以下 *DN* 250 mm以上	≥1.20 ≥1.00		
长春		1.80	1.69	
哈尔滨	向阳面 向阴面	1.80 2.30	1.97	
中南地区	车行道 非车行道 水田下 街坊泥土路	≥0.80 ≥0.60 ≥0.60 ≥0.40		《城市煤气管道工程设计、施工、验收规程》(城市煤气协会中南分会)
四川省	车行道 直埋 套管 非车行道 郊区旱地 郊区水田 庭院	0.80 0.60 0.60 0.60 0.80 0.40		《城市煤气输配及应用工程设计、安装、验收技术规程》
美国	一级地区 二、三、四级地区 (正常土质/岩石)	0.762/0.457 0.914/0.610		美国联邦法规49-192《气体管输最低安全标准》
日本	干管 特殊情况 供气管: 车行道 非车行道	1.20 0.60 >0.60 >0.30		《道路施行法》第12条及本支管指针(设计篇);供给管、内管指针(设计篇)

续表

地点	条件	埋设深度	最大冻土深度	备注
原苏联	高级路面	≥0.80		《燃气供应建筑法规》GHnII Ⅱ—37
	非高级路面	>0.90		
	运输车辆不通过之地	0.60		
原东德	一般	0.8~1.0		DINZ 470
	采取特别防护措施	0.6		

燃气管道坡向凝水缸的坡度不宜小于0.003。为防止地下水在管内积聚也应敷设有坡度,使水容易排除。为了排除管内燃气冷凝水,要求管道保持一定的坡度。国内外有关燃气管道坡度的规定如表6.3.5-2,地下燃气管道的坡度国内外一般采用的数值大部分都不小于0.003。但在很多旧城市中的地下管一般都比较密集,往往有时无法按规定坡度敷设,在这种情况下允许局部管段坡度采取小于0.003的数值,故本条规范用词为"不宜"。

表6.3.5-2 国内外室外地下燃气管道的坡度

地点	管别	坡度	备注
北京	干管、支管	>0.003 0	北京市《地下煤气管道设计施工验收技术规定》
	干管、支管(特殊情况下)	>0.001 5	
上海	中压管	≥0.003	上海市标准《城市煤气、天然气管道工程技术规程》DGJ 08-10—2004
	低压管	≥0.005	
	引入管	≥0.010	
沈阳	干管、支管	0.003~0.005	
长春	干管	>0.003	
大连	干管、支管:		《煤气管道安全技术操作规程》
	逆气流方向	>0.003	
	顺气流方向	>0.002	
	引入管	>0.010	
天津		>0.003	天津市《煤气化工程管道安装技术规定》
中南地区		>0.003	《城市煤气管道工程设计、施工、验收规程》(城市煤气协会中南分会)
四川省		>0.003	《城市煤气输配及应用工程设计、安装、验收技术规程》
英国	配气干管	0.003	《配气干管规程》IGE/TD/3
	支管	0.005	《煤气支管规程》IGE/TD/4
日本		0.001~0.003	本支管指针(设计篇)
原苏联	室外地下煤气管道	≥0.002	《燃气供应建筑法规》GHnII Ⅱ—37

6.3.8 地下燃气管道从排水管(沟)、热水管(沟)、隧道及其他各种用途沟槽内穿过时,应将燃气管道敷设于套管内。套管伸出构筑物外壁不应小于表6.3.3-1中燃气管道与该构筑物的水平净距。套管两端应采用柔性的防腐、防水材料密封。

6.3.9 燃气管道穿越铁路、高速公路、电车轨道或城镇主要干道时应符合下列要求。

(1)穿越铁路或高速公路的燃气管道,应加套管。

注:当燃气管道采用定向钻穿越并取得铁路或高速公路部门同意时,可不加套管。

(2)穿越铁路的燃气管道的套管,应符合:①套管埋设的深度要求铁路轨底至套管顶不应小于1.20 m,并应符合铁路管理部门的要求;②套管宜采用钢管或钢筋混凝土管;③套管内径应比燃气管道外径大100 mm以上;④套管两端与燃气管的间隙应采用柔性的防腐、防水材料密封,其一端应装设检漏管;⑤套管端部距路堤坡脚外的距离不应小于2.0 m。

(3)燃气管道穿越电车轨道或城镇主要干道时宜敷设在套管或管沟内;穿越高速公路的燃气管道的套管、穿越电车轨道或城镇主要干道的燃气管道的套管或管沟,应符合下列要求:①套管内径应比燃气管道外径大100 mm以上,套管或管沟两端应密封,在重要地段的套管或管沟端部宜安装检漏管;②套管或管沟端部距电车道边轨不应小于2.0 m;距道路边缘不应小于1.0 m。

(4)燃气管道宜垂直穿越铁路、高速公路、电车轨道或城镇主要干道。

6.3.10 燃气管道通过河流时,可采用穿越河底或采用管桥跨越的形式。当条件许可时,可利用道路桥梁跨越河流,并应符合下列要求:

(1)随桥梁跨越河流的燃气管道,其管道的输送压力不应大于0.4 MPa;

(2)当燃气管道随桥梁敷设或采用管桥跨越河流时,必须采取安全防护措施。

6.3.11 燃气管道穿越河底时,应符合下列要求。

(1)燃气管道宜采用钢管。

(2)燃气管道至河床的覆土厚度,应根据水流冲刷条件及规划河床确定。对不通航河流不应小于0.5 m;对通航的河流不应小于1.0 m,还应考虑疏浚和投锚深度。

(3)稳管措施应根据计算确定。

(4)在埋设燃气管道位置的河流两岸上、下游应设立标志。

6.3.12 穿越或跨越重要河流的燃气管道,在河流两岸均应设置阀门。

6.3.13 在次高压、中压燃气干管上,应设置分段阀门,并应在阀门两侧设置放散管。在燃气支管的起点处,应设置阀门。

6.3.14 地下燃气管道上的检测管、凝水缸的排水管、水封阀和阀门,均应设置护罩或护井。

6.3.15 室外架空的燃气管道,可沿建筑物外墙或支柱敷设,并应符合下列要求。

(1)中压和低压燃气管道,可沿建筑耐火等级不低于二级的住宅或公共建筑的外墙敷设;次高压B、中压和低压燃气管道,可沿建筑耐火等级不低于二级的丁、戊类生产厂房的外墙敷设。

(2)沿建筑物外墙的燃气管道距住宅或公共建筑物中不应敷设燃气管道的房间门、窗洞口的净距:中压管道不应小于0.5 m,低压管道不应小于0.3 m。燃气管道距生产厂房建筑物门、窗洞口的净距不限。

(3)架空燃气管道与铁路、道路、其他管线交叉时的垂直净距不应小于表6.3.15的规定。

表6.3.15 架空燃气管道与铁路、道路、其他管线交叉时的垂直净距

建筑物和管线名称	最小垂直净距/m	
	燃气管道下	燃气管道上
铁路轨顶	6.0	—
城市道路路面	5.5	—

续表

建筑物和管线名称		最小垂直净距/m	
		燃气管道下	燃气管道上
厂区道路路面		5.0	—
人行道路路面		2.2	—
架空电力线电压	3 kV 以下	—	1.5
	3～10 kV	—	3.0
	35～66 kV	—	4.0
其他管道管径	≤300 mm	≤0.3，但不小于0.10	≤0.3，但不小于0.10
	>300 mm	0.30	0.30

注：1. 厂区内部的燃气管道，在保证安全的情况下，管底至道路路面的垂直净距可取4.5 m；管底至铁路轨顶的垂直净距，可取5.5 m。在车辆和人行道以外的地区，可在从地面到管底高度不小于0.35 m的低支柱上敷设燃气管道。

2. 电气机车铁路除外。

3. 架空电力线与燃气管道的交叉垂直净距尚应考虑导线的最大垂度。

6.4.13 高压地下燃气管道与构筑物或相邻管道之间的水平和垂直净距，不应小于表6.3.3－1和6.3.3－2次高压A的规定。但高压A和高压B地下燃气管道与铁路路堤坡脚的水平净距分别不应小于8 m或6 m，与有轨电车钢轨的水平净距分别不应小于4 m和3 m。

注：当达不到本条净距要求时，采取有效的防护措施后，净距可适当缩小。

9.2.2 管气管网系统优缺点分析

管气管网系统优缺点分析如表9.2－1。

表9.2－1 燃气管网系统的分类

类别		优点	缺点	适用范围
一级管网系统	低压一级管网系统	节省电能，降低成本，系统简单，供气比较安全，维护管理费低	管径较大，一次投资费用较高，管网起、终点压差大，厨房卫生条件较差	用气量较小，供气范围为2～3 km的城镇和地区
	中压一级管网系统	减少管道长度，节省投资，提高灶具燃烧效率	安装水平要求较高，相对低压供气安全较差	新城区和安全距离可以保证的地区
二级管网系统	人工煤气中压B，低压二级管网系统天然气中压B，低压二级管网系统	供气安全，安全距离容易保证，节省钢材	投资较大，增加管道长度，占用城市用地	街道狭窄，房屋密集的地区
	中压A，低压二级管网系统	输气干管直径较小，节省投资，用气低峰时，可以用于调峰	安全距离较高，采用钢管，折旧费用高	街道宽阔、建筑物密度较小的大、中城市

续表

类　别	优　点	缺　点	适用范围
三级管网系统	供气较安全可靠,用气低峰时,可以用于调峰	系统复杂,维护管理不便,投资大,经二级调压,部分压力损失,造成管径增大	特大城市
混合管网系统	投资较省,管道总长度较短,供气安全可靠		介于一、二级之间
多级管网系统	供气可靠,可利用外环高压储气调峰	系统复杂,维护管理不便,投资大	以天然气为主要气源的大城市

9.2.3　输气干线

1)输气干线的最小公称管壁厚度

输气干线的最小公称管壁厚度见表9.2-2。

表9.2-2　最小公称管壁厚度

钢管公称直径 *DN*	公称壁厚/mm	钢管公称直径 *DN*	公称壁厚/mm
100、150	2.5	600、650、700	6.5
200	3.5	750、800、850、900	6.5
250	4.0	950、1 000	8.0
300	4.5	1 050、1 100、1 150、1 200	9.0
350、400、450	5.0	1 300、1 400	11.5
500、550	6.0	1 500、1 600	13.0

2)输气干线最小覆土深度

输气干线最小覆土深度见表9.2-3。

表9.2-3　最小覆土厚度　m

地区等级	土壤类		岩石类	地区等级	土壤类		岩石类
	旱地	水田			旱地	水田	
一级地区	0.6	0.8	0.5	三级地区	0.8	0.8	0.5
二级地区	0.6	0.8	0.5	四级地区	0.8	0.8	0.5

3)输气干线跨越道路、铁路净空高度

输气干线跨越道路、铁路净空高度见表9.2-4。

表 9.2-4 输气管道跨越道路、铁路净空高度

道路类型	净空高度/m	道路类型	净空高度/m
人行道路	2.2	铁　路	6.0
公　路	5.5	电气化铁路	11.0

4)国外几个城市高压燃气管道到建筑物的水平净距

国外几个城市高压燃气管道到建筑物的水平净距见表 9.2-5。

表 9.2-5 国外几个城市高压燃气管道到建筑物的水平净距

城市或标准	管道压力、管径与到建筑物的水平净距	备　注
温哥华	管道输气压力 3.45 MPa,至建筑物净距约为 30 m(100 英尺)	经过市区
多伦多	管道输气压力小于或等于 4.48 MPa 至建筑物净距约为 30 m(100 英尺)	经过市区
洛杉矶	管道输气压力小于或等于 3.17 MPa 至建筑物净距为 6~9 m(20~30 英尺)	洛杉矶市区 90% 以上为三级地区(估计)
香　港	管道输气压力 3.5 MPa,采用 AP15LX42 钢材,管径 *DN*700,壁厚 12.7 mm,至建筑物净距最小为 3 m	在三级或三级以下地区敷设,不进入居民点和四级地区

在《城镇燃气规范》第 6.4.15 条中高压 A 燃气管道到建筑物的水平净距 30 m,燃气管道采用有效保护措施时,不应小于 15 m;高压 B 地下燃气管道与建筑物外墙面之间的水平净距不应小于 16 m,管道采取有效的保护措施时不应小于 10 m。

4)安全、防火距离

(1)关于埋地输气干线:埋地输气干线中心线至各类建(构)筑物的最小允许安全、防火距离见表 9.2-6 所示。

(2)关于压气站、配气站:输气干线压气站、配气站至各类建(构)筑物的最小允许安全、防火距离见表 9.2-7 所示。

表 9.2-6 埋地输气干线中心线至各类建筑物、构筑物的最小允许安全、防火距离

建(构)筑物的安全、防火类别	建(构)筑物名称	输气管公称压力 p/MPa								
		$p \leqslant 1.6$			$1.6 < p < 4.0$			$p \geqslant 4.0$		
		$D \leqslant 200$	$D = 225 \sim 450$	$D \geqslant 500$	$D \leqslant 200$	$D = 225 \sim 450$	$D \geqslant 500$	$D \leqslant 200$	$D = 225 \sim 450$	$D \geqslant 500$
Ⅰ	特殊的建(构)筑物、特殊的防护地带(例如大型地下构筑物及其防护区)、炸药及爆炸危险品仓库、军事设施	大于 200 m 并与有关单位协商确定								
Ⅱ	城镇、公共建筑(如学校、医院等)、重要工厂、火车站、汽车站、飞机场、港口、码头、重要水工建筑物	50	100	150	75	150	175	100	175	200

续表

建(构)筑物的安全、防火类别	建(构)筑物名称	输气管公称压力 p/MPa								
		$p \leqslant 1.6$			$1.6 < p < 4.0$			$p \geqslant 4.0$		
		$D \leqslant 200$	$D=225 \sim 450$	$D \geqslant 500$	$D \leqslant 200$	$D=225 \sim 450$	$D \geqslant 500$	$D \leqslant 200$	$D=225 \sim 450$	$D \geqslant 500$
Ⅲ	与输气管线平行的铁路干线、铁路专用线和县级、企业公路的桥梁	10	25	50	25	75	100	25	100	150
Ⅳ	与输气管线平行的铁路专用线,与输气管线平行的省、市、县级、战备公路以及重要的企业专用公路	大于10 m或与有关单位协商确定								
Ⅴ	与管线平行的≥110 kV架空电力线路、铁路专用线	50	75	100	75	100	100	100		
Ⅵ	与管线平行的35 kV架空电力线路、一级通信线路	10	15	20	15	20	25	25		
Ⅶ	与管线平行的10 kV架空电力线路、二级通信线路	8			10			15		
Ⅷ	与管线平行的外企业的埋地电力电缆、通信电缆和其他埋地管道	5								

注:1. 城镇:从规划建筑线算起。

2. 铁路、公路:从路基底边算起。

3. 桥梁:从桥墩底边算起。本表所列桥梁系指下述情况:铁路桥梁,桥长80 m或单孔跨距23.8 m或桥高30~50 m以上者;公路桥梁,桥长1 000 m或桥墩距40 m以上者。如桥梁规格小于以上值,则按一般铁路或公路对待。

4. 与输气管线平行的铁路或公路系指相互连续平行500 m以上者。

5. 除上述以外,其他建(构)筑物均从其外边线算起。

6. 表列钢管 $D \leqslant 200$ 指无缝钢管,$D > 200$ 指有缝钢管。钢管均由抗拉强度360~520 MPa的钢材所制成。管径 D 单位为mm。

5)其他规定

(1)输气管公称压力 $p \geqslant 1.6$ MPa的管线,不得架设在各级公路和铁路桥梁上。对于 $p < 1.6$ MPa的管线,如采取加强和防震等安全措施,并经主管部门同意,允许敷设在县级以下公路的非木质桥梁上。但桥上管段的全部环形焊口应经无损探伤检查合格。

(2)输气干线不得与电力、电信电缆及其他管线敷设在铁路或省级以上公路的同一涵洞内,也不得与电力、电信电缆和其他管线敷设在同一管沟内。

(3)单根的输气管线如采取安全措施,并经主管部门同意,允许穿越铁路或公路。其管线中心线与铁路或公路中心线交角一般不得大于60°并应尽量减少穿越处管段的环形焊口。

输气管线穿越铁路和重要公路时,需设保护套管。套管可用钢管或钢筋混凝土管,钢套管要防腐绝缘。套管内径至少比输气管外径大200 mm。套管两端与输气管之间要用填料密封。

输气管线通过天然或人工障碍物时，应视具体情况敷设单线或复线。当穿越重要铁路和公路时，平行的燃气管道之间的距离应不小于30 m，通过水域障碍时为30~50 m。

(4)输气干线与埋地电力、电信电缆或其他管线平行敷设时，其相互间距离不得小于10 m。输气干线与架空高压输电线(电信线)平行敷设时的安全、防火距离见表9.2-7。

输气管线压气站、燃气分配站至建(构)筑物的距离应遵守有关规定(见表9.2-8)。

表9.2-7 输气干线与架空高压输电线(电信线)平行敷设时的安全、防火距离

序号	架空高压输电线或电信线名称	与输气管最小间距/m
1	≥110 kV电力线	100
2	≥35 kV电力线	50
3	≥10 kV电力线	15
4	Ⅰ、Ⅱ级电信线	25

表9.2-8 输气干线压气站、配气站至各类建(构)筑物的最小允许安全、防火距离

建(构)筑物的防火类别	建(构)筑物的名称	最小安全、防火距离/m $\frac{\text{压气站}}{\text{配气站}}$
Ⅰ	特殊的建(构)筑物、特殊的防护地带(例如大型地下构筑物及其防护区)、炸药及爆炸危险品仓库、军事设施	$\frac{500}{300}$并与有关单位协商确定
Ⅱ	城镇，公共建筑(如学校、医院等)，重要工厂，火车站，汽车站，飞机场，港口，码头，重要水工构筑物，易燃及重要物资仓库(如大型粮仓、重要器材仓库等)，铁路干线和省级、市级、战略公路的桥梁	$\frac{500}{250}$
Ⅲ	铁路干线，铁路专用线和县级、企业公路的桥梁，35 kV以上架空高压输电线及其相应电压等级的变电站	$\frac{300}{200}$
Ⅳ	铁路专用线，省级、市级、县级、战略公路以及重要的企业专用公路，10 kV以上架空高压输电线及其相应等级的变电站	$\frac{100}{50}$

注：1. 城镇：从规划建筑线算起。

2. 铁路、公路：从路基底边算起。

3. 桥梁：从桥墩底边算起。本表所列桥梁系指下述情况：铁路桥梁，桥长80 m或单孔跨距23.8 m或桥高30~50 m以上者；公路桥梁，桥长100 m或桥墩距40 m以上者。如桥梁规格小于以上值，则按一般铁路或公路对待。

4. 表列其他建(构)筑物从其外边线算起。

对于水下穿越的输气管线，其防护地带应加宽至管中心线两侧各150 m(共300 m)。在该区域内严禁设置码头、抛锚、炸鱼、挖泥、掏沙、拣石以及疏浚、加深等工作。

9.2.3 高压天然气压力能的回收利用

下文引自《煤气与热力》第28卷，第4期(2008.4)燃气输配与储运栏目“高压天然气压力能的回收利用技术”一文。

高压管道输气现状和天然气的调压。

一般地，天然气的长途输送采用高压管输送的方式。国外大多数天然气输气管道压力在8~12 MPa范围内，我国西气东输的输气管道压力为10 MPa，忠武线的设计压力为6.3~

7.0 MPa。国内部分陆上天然气管道情况见表9.2-9。

表9.2-9 国内部分陆上天然气管道参数

管道名称	管道总长/km	外径/mm	设计压力/MPa	年输气能力/($m^3 \cdot a^{-1}$)
忠武线	1 375	711	6.4	30.0×10^8
陕呼线	506	457	6.4	9.5×10^8
陕京一线	918	660	6.4	13.2×10^8
涩宁兰线	953	660	6.4	20.0×10^8
西气东输线	3 856	1 016	10.0	120.0×10^8
川气东送线	1 702	1 016	10.0	120.0×10^8

9.3 天然气门站和储配站用地

9.3.1 门站和储配站用地

门站的控制用地一般为1 000~5 000 m^2;

门站与民用建筑之间的防火间距,不应小于25 m,距重要的公共建筑不宜小于50 m。

储配站内的储气罐与站外的建、构筑物的防火间距应符合现行国家标准《建筑防火规范》GB 50016 的有关规定。

储配站的用地一般与罐容和储罐的类型有关,占地0.6~4.8 hm^2。

门站若位于城区内,一般只包括调压、计量,用地面积较小。有的甚至只有400~600 m^2。西南地区目前还推出一种柜式门站,长×宽×高尺寸约为2 000 mm×1 000 mm×1 800 mm,主要包括一些降压计量设备。若加上周围防护用地,在200~300 m^2。

表9.3-1 上海燃气设施建设用地指标

序号	名 称	单位用地
1	城市天然气门站	首站:140~840(m^2/(万 m^3/h)) 门站:560~830(m^2/(万 m^3/h))
2	LNG 事故备用调峰站	14 900~44 400(m^2/万 m^3)
	LNG 卫星调峰站	15 000~416 000(m^2/万 m^3)
3	天然气储配站	10 000~28 745(m^2/万 m^3)
4	天然气加压站	200~230 (m^2/(万 m^3/h))
5	区域(专用)高中调压站	110~450 (m^2/(万 m^3/h))
6	高压阀室	70~120(m^2)

9.3.2 燃气储配站

根据输配系统具体情况,储配站与门站可合建。

城市燃气储配站的布置应当符合下列规定。

(1)在邻近建筑区主导风向的下风侧。

(2)与建筑物的净距离不得小于 30 m。

(3)与铁路干线外侧边轨距离不得小于 30 m,与铁路支线或者专用线外侧边轨距离不得小于 25 m。

(4)与 35 kV 以上室外变电站的围墙或者室内变电站的外墙距离不得小于 40 m。

(5)储配站内储气罐与站外的建筑物、构筑物的防火间距应当符合《建筑设计防火规范》(GB 50016)的有关规定。

(6)燃气储罐区地面应当高于防洪标高。

(以上是天津市城市规划管理技术规定。)

储配站应少占农田、节约用地并应注意与城市景观等协调。

储配站的用地一般与罐容和储罐的类型有关,占地 0.6~4.8 hm^2。

在《建筑设计防火规范》GB 50016 中的 4.3 指出的可燃、助燃气体储罐(区)的防火间距,可参照表 4.3.1、表 4.3.3、表 4.3.6。

表 4.3.1　湿式可燃气体储罐与建筑物、储罐堆物的防火间距　m

名称			湿式可燃气体储罐的总容积 V/m^3			
			$V<1\ 000$	$1\ 000\leqslant V<10\ 000$	$10\ 000\leqslant V<50\ 000$	$50\ 000\leqslant V<100\ 000$
甲类物品仓库 明火或散发火花的地点 甲、乙、丙类液体储罐 可燃材料堆场 室外变、配电站			20	25	30	35
民用建筑			18	20	25	30
其他建筑	耐火等级	一、二级	12	15	20	25
		三级	15	20	25	30
		四级	20	25	30	35

注:固定容积可燃气体储罐的总容积按储罐几何容积(m^3)和设计储存压力(绝对压力,10^5 Pa)的乘积计算。

4.3.3　湿式氧气储罐与建筑物、储罐、场地的防火间距　m

名称			湿式氧气储罐的容积 V/m^3		
			$V\leqslant1\ 000$	$1\ 000<V\leqslant50\ 000$	$V>50\ 000$
甲、乙、丙类液体储罐可燃材料堆场甲类物品仓库室外变、配电站			20	25	30
民用建筑			18	20	25
其他建筑	耐火等级	一、二级	10	12	14
		三级	12	14	16
		四级	14	16	18

注:固定容积氧气储罐的总容积按储罐几何容积(m^3)和设计储存压力(绝对压力,10^5 Pa)的乘积计算。

表 4.3.6 甲、乙、丙类液体储罐与铁路、道路的防火间距 m

名 称	厂外铁路线中心线	厂内铁路线中心线	厂外道路路边	厂内道路路边	
				主要	次要
甲、乙类液体储罐	35	25	20	15	10
丙类液体储罐	30	20	15	10	5

9.4 燃气调压站

1)调压站的位置选择

在城市燃气规划中,调压站的布置一般应考虑下列因素。

(1)力求布置在负荷中心,或靠近大用户。

(2)尽可能避开城市的繁华地段。

(3)要躲开明火

(4)调压站的作用半径,应视调压器类型、出口压力和燃气负荷的分布、密度等因素经过技术经济比较后确定。对于中低压调压站,作用半径以 0.5 km 为宜,具体情况可适当加大。

(5)调压站可设在居民区的街坊、广场或公园、绿地内。

(6)调压站为二级防火建筑。调压站与周围建筑应有一定的安全距离,调压站(含调压柜)与其他建筑物、构筑物的水平净距应符合《城镇燃气设计规范》(GB 50028—2006)中表 6.6.3 的规定。

表 6.6.3 调压站(含调压柜)与其他建筑物、构筑物的水平净距 m

设置形式	调压装置入口燃气压力级制	建筑物外墙面	重要公共建筑、一类高层民用建筑	铁路(中心线)	城镇道路	公共电力变配电柜
地上单独建筑	高压(A)	18.0	30.0	25.0	5.0	6.0
	高压(B)	13.0	25.0	20.0	4.0	6.0
	次高压(A)	9.0	18.0	15.0	3.0	4.0
	次高压(B)	6.0	12.0	10.0	3.0	4.0
	中压(A)	6.0	12.0	10.0	2.0	4.0
	中压(B)	6.0	12.0	10.0	2.0	4.0
调压柜	次高压(A)	7.0	14.0	12.0	2.0	4.0
	次高压(B)	4.0	8.0	8.0	2.0	4.0
	中压(A)	4.0	8.0	8.0	1.0	4.0
	中压(B)	4.0	8.0	8.0	1.0	4.0
地下单独建筑	中压(A)	3.0	6.0	6.0	—	3.0
	中压(B)	3.0	6.0	6.0	—	3.0
地下调压箱	中压(A)	3.0	6.0	6.0	—	3.0
	中压(B)	3.0	6.0	6.0	—	3.0

注:1. 当调压装置露天设置时,则指距离装置的边缘。

2. 当建筑物(含重要公共建筑)的某外墙为无门、无窗洞口的实体墙,且建筑物耐火等级不低于二级时,燃气进口压力级别为中压 A 或中压 B 的调压柜一侧或两侧(非平行),可贴靠上述外墙设置。

3. 当达不到上表净距要求时,采取有效措施,可适当缩小净距。

2)调压站的占地面积

占地该面积根据调压站的建筑面积和安全距离的要求来确定。调压站的建筑面积与调压站的种类有关。地上中低压调压站内设1/3台调压器时,建筑面积为15~40 m^2;地上高中压调压站设3台调压器时,建筑面积约为50 m^2。

调压站的主要设备是调压器,其流量可按下式计算:

$$Q_t = kQ_j$$

式中　Q_t——调压器的计算流量,m^3/h;

Q_j——管网的最大计算流量,m^3/h;

k——系数,$k=1.2$。

3)调压箱的设置位置

参见表9.4-1和表9.4-2。

表9.4-1　落地式调压箱与其他建筑物、构筑物的水平净距　m

调压装置燃气入口压力级制	距一般建筑物的外墙面	距高层建筑和重要公共建筑外墙面	距铁路或电车轨道	距道路路边	距公共电力变压器亭
中压A	4.0	8.0	8.0	1.0	4.0
中压B	4.0	8.0	8.0	1.0	4.0

表9.4-2　地下调压箱与其他建筑物、构筑物的水平净距　m

调压装置燃气入口压力级制	距一般建筑物的外墙面	距高层建筑和重要公共建筑外墙面	距铁路或电车轨道	距道路路边	距公共电力变压器亭
中压A	3.0	6.0	6.0		6.0
中压B	3.0	6.0	6.0		6.0

落地式调压箱的箱底距地坪高度宜为300 mm,可嵌入外墙壁或置于庭院的台上。

悬挂式调压箱的箱底距地坪的高度宜为1.2~1.8 m,可安装在用气建筑物的外墙壁上或悬挂于专用的支架上。

安装调压箱的位置应能满足调压器安全装置的安装要求,并使调压箱不被碰撞。

每个箱式调压器可供应200户居民使用。

表9.4-3和9.4-4的内容选自城市规划资料集第11分册。

表9.4-3　液化石油气供应站主要技术指标及用地

供应规模/(t/年)	供应户数/户	日供应量/(t/日)	占地面积/hm^2	储罐总容积/m^3
1 000	5 000~5 500	3	1.0	200
5 000	25 000~27 000	13	1.4	800
10 000	5 000~55 000	28	1.5	1 600~2 000

表 9.4－4 我国几个城市的居民液化石油气用户平均每户用气定额

项 目	北京	天津	上海	哈尔滨	长春	沈阳	南京	济南	广州	长沙
用气量定额/(kg/(户·月))	13～15	13～15	13～14	13～15	17	15	15～18	13	15～20	15

注:表内数据未考虑装设快速热水器。

9.5 压缩天然气瓶组供应站

《城镇燃气设计规范》GB 50028—2006(节录)

7.4.1 瓶组供气站的规模应符合下列要求。

(1)气瓶组最大储气总容积不应大于1 000 m^3,气瓶组总几何容积不应大于4 m^3。

(2)气瓶组储气总容积应按1.5倍计算月平均日供气量确定。

7.4.2 压缩天然气瓶组供气站宜设置在供气小区边缘,供气规模不宜大于1 000户。

9.6 液化石油气供应

《城镇燃气设计规范》GB 50028—2006(节录)

8 液化石油气供应

8.1 一般规定

8.1.1 液化石油气供应工程设计:①液态液化石油气运输工程;②液化石油气供应基地(包括储存站、储配站和灌装站);③液化石油气气化站、混气站、瓶组气化站;④瓶装液化石油气供应站;⑤液化石油气用户。

8.2 液态液化石油气运输

8.2.1 由生产厂或供应基地至接收站可采用管道、铁路槽车、汽车槽车或槽船运输。运输方式的选择应经技术经济比较后确定。条件接近时,宜优先采用管道输送。

8.2.2 液态液化石油气输送管道应按设计压力(p)分为3级,并应符合表8.2.2的规定。

表 8.2.2 液态液化石油气输送管道设计压力(表压)分级

管道级别	设计压力(MPa)
Ⅰ级	$p>4.0$
Ⅱ级	$1.6<p\leq4.0$
Ⅲ级	$p\leq1.6$

8.2.6 液态液化石油气在管道内的平均流速,应经技术经济比较后确定,可取0.8～1.4 m/s,最大不应超过3 m/s。

8.2.7 液态液化石油气输送管线不得穿越居住区、村镇和公共建筑群等人员集聚的地区。

8.2.8　液态液化石油气管道宜采用埋地敷设，其埋设深度应在土壤冰冻线以下，且应符合地下燃气管道埋设的最小覆土厚度。

8.2.9　地下液态液化石油气管道与建、构筑物或相邻管道之间的水平净距和垂直净距不应小于表8.2.9－1和表8.2.9－2的规定。

表8.2.9－1　地下液态液化石油气管道与建、筑物或相邻管道之间的水平净距　m

项目 \ 管道级别		Ⅰ级	Ⅱ级	Ⅲ级
特殊建、构筑物（军事设施、易燃易爆物品仓库、国家重点文物保护单位、飞机场、火车站和码头等）		100		
居民区、村镇、重要公共建筑		50	40	25
一般建、构筑物		25	15	10
给水管		1.5	1.5	1.5
污水、雨水排水管		2	2	2
热力管	直埋	2	2	2
	在管沟内（至外壁）	4	4	4
其他燃料管道		2	2	2
埋地电缆	电力线（中心线）	2	2	2
	通信线（中心线）	2	2	2
电杆（塔）的基础	≤35 kV	2	2	2
	>35 kV	5	5	5
通信照明电杆（至电杆中心）		2	2	2
公路、道路（路边）	高速，Ⅰ、Ⅱ级，城市快速	10	10	10
	其他	5	5	5
铁路（中心线）	国家线	25	25	25
	企业专用线	10	10	10
树木（至树中心）		2	2	2

注：1. 当因客观条件达不到本表规定时，可按本规范第6.4节的有关规定降低管道强度设计系数，增加管道壁厚和采取有效的安全保护措施后，水平净距可适当减小。

2. 特殊建、构筑物的水平净距应从其划定的边界线算起。

3. 当地下液态液化石油气管道或相邻地下管道中的防腐采用外加电流阴极保护时，两相邻地下管道（缆线）之间的水平净距尚应符合国家现行标准《钢质管道及储罐腐蚀控制工程设计规范》SY 0007的有关规定。

表8.2.9－2　地下液态液化石油气管道与构筑物或地下管道之间的垂直净距　m

项　目	地下液态液化石油气管道（当有套管时，以套管计）
给水管、污水、雨水排水管（沟）	0.20
热力管、热力管的管沟底（或顶）	0.20
其他燃料管道	0.20

续表

项目		地下液态液化石油气管道(当有套管时,以套管计)
通信线、电力线	直埋	0.50
	在导管内	0.25
铁路(轨底)		1.25
有轨电力(轨底)		1.00
公路、道路(路面)		0.90

注:1. 地下液化石油气管道与排水管(沟)或其他有沟的管道交叉时,交叉处应加套管。

2. 地下液化石油气管道与铁路、高速公路、Ⅰ级或Ⅱ级公路交叉时,尚应符合本规范第6.3.9条的有关规定。

8.2.9 条文说明。

(1)国内现状。我国一些城市敷设的地下液态液化石油气管道与建、构筑物的水平净距见表37。

表37 我国一些城市地下液态液化石油气管道与建、构筑物的水平净距 m

名称＼城市	北京	天津	南京	武汉	宁波	
一般建、构筑物	15	15	25	15	25	
铁路干线	15	25	25	25	10	
铁路支线	10	20	10	10	10	
公路	10	10	10	10	10	
高压架空电力线	1~1.5倍杆高	10	10	10	—	
低压架空电力线	2	2	—	1	—	
埋地电缆	2	2.5	—	1	—	
其他管线	2	1	—	2.5	—	
树木	2	1.5	—	1.5	—	

(2)现行国家标准《输油管道工程设计规范》GB 50253 的规定见表38。

表38 液态液化石油气管道与建、构筑物的间距

项目		间距/m
军工厂、军事设施、易燃易爆仓库、国家重点文物保护单位		200
城镇居民点、公共建筑		75
架空电力线		1倍杆高,且≥10
国家铁路线(中心线)	干线	25
	支线(单线)	10
公路	高速、Ⅰ、Ⅱ级	10
	Ⅲ、Ⅳ级	5

8.3.2 条文说明。

我国一些居民用户液化石油气实际用气指标见表39。

表39 我国一些城市居民用户液化石油气实际用气量指标

城市名称	北京	天津	上海	沈阳	长春	桂林	青岛	南京	济南	杭州
每户用气量指标/(kg/(户·月))	9.6~10.76	9.65~10.8	13~14	10.5~11	10.4~11.5	10.23~10.3	10.0	15~17	10.5	10.0
每人用气量指标/(kg/(人·月))	2.4~2.69	2.4~2.69	3.25~3.5	2.6~2.75	2.6~3.25	2.55~3.07	2.50	3.75~4.25	2.6	2.50

根据上表并考虑生活水平逐渐提高的趋势，北方地区可取15 kg/(月·户)，南方地区可取20 kg/(月·户)。

8.3.4 条文说明。

我国一些大城市，如北京、天津、南京、杭州、武汉、济南、石家庄等地采用两级储存，即分为储存站和灌装站两级储存。

一些城市液化石油气储存量及分储情况见表40。

表40 一些城市液化石油气储存量及分储情况表

城市		北京	天津	南京	杭州	济南	石家庄
总计	储罐总容量/m^3	17 680	9 992	7 680	2 398	约4 000	5 020
	总储存天数/d	21.8	52.4	36.4	70	43.9	77
储存站	储罐总容量/m^3	15 600	7 600	5 600	2 000	3 200	4 000
	储存天数/d	17.3	37.2	24.4	59	36	56
灌装站	储罐总容量/m^3	2 080	2 392	2 080	398	约800	1 020
	储存天数/d	4.5	15.2	12	11	约7.9	11

注：本表为1987年统计资料。

8.3.7 液化石油气供应基地的全压力式储罐与基地外建、构筑物、堆场的防火间距不应小于表8.3.7的规定。

半冷冻式储罐与基地外建、构筑物的防火间距可按表8.3.7的规定执行。

表8.3.7 液化石油气供应基地的全压力式储罐与基地外建、构筑物、堆场的防火间距 m

总容积/m^3	≤50	51~200	201~500	501~1 000	1 001~2 500	2 501~5 000	>5 000
单罐容积/m^3 项目	≤20	≤50	≤100	≤200	≤400	≤1 000	—
居住区、村镇和学校、影剧院、体育馆等重要公共建筑(最外侧建、构筑物外墙)	45	50	70	90	110	130	150
工业企业(最外侧建、构筑物外墙)	27	30	35	40	50	60	75

续表

<table>
<tr><td colspan="3" rowspan="2">总容积/m³
单罐容积/m³
项目</td><td>≤50</td><td>51~200</td><td>201~500</td><td>501~1 000</td><td>1 001~2 500</td><td>2 501~5 000</td><td>>5 000</td></tr>
<tr><td>≤20</td><td>≤50</td><td>≤100</td><td>≤200</td><td>≤400</td><td>≤1 000</td><td>—</td></tr>
<tr><td colspan="3">明火、散发火花地点和室外变、配电站</td><td>45</td><td>50</td><td>55</td><td>60</td><td>70</td><td>80</td><td>120</td></tr>
<tr><td colspan="3">民用建筑,甲、乙类液体储罐,甲、乙类生产厂房,甲、乙类物品仓库,稻草等易燃材料堆场</td><td>40</td><td>45</td><td>50</td><td>55</td><td>65</td><td>75</td><td>100</td></tr>
<tr><td colspan="3">丙类液体储罐,可燃气体储罐,丙、丁类生产厂房,丙、丁类物品仓库</td><td>32</td><td>35</td><td>40</td><td>45</td><td>55</td><td>65</td><td>80</td></tr>
<tr><td colspan="3">助燃气体储罐、木材等可燃材料堆场</td><td>27</td><td>30</td><td>35</td><td>40</td><td>50</td><td>60</td><td>75</td></tr>
<tr><td rowspan="3">其他建筑</td><td rowspan="3">耐火等级</td><td>一、二级</td><td>18</td><td>20</td><td>22</td><td>25</td><td>30</td><td>40</td><td>50</td></tr>
<tr><td>三级</td><td>22</td><td>25</td><td>27</td><td>30</td><td>40</td><td>50</td><td>60</td></tr>
<tr><td>四级</td><td>27</td><td>30</td><td>35</td><td>40</td><td>50</td><td>60</td><td>75</td></tr>
<tr><td rowspan="2">铁路(中心线)</td><td colspan="2">国家线</td><td>60</td><td colspan="2">70</td><td colspan="2">80</td><td colspan="2">100</td></tr>
<tr><td colspan="2">企业专用线</td><td>25</td><td colspan="2">30</td><td colspan="2">35</td><td colspan="2">40</td></tr>
<tr><td rowspan="2">公路、道路(路边)</td><td colspan="2">高速,Ⅰ、Ⅱ级,城市快速</td><td>20</td><td colspan="5">25</td><td>30</td></tr>
<tr><td colspan="2">其他</td><td>15</td><td colspan="5">20</td><td>25</td></tr>
<tr><td colspan="3">架空电力线(中心线)</td><td colspan="3">1.5 倍杆高</td><td colspan="4">1.5 倍杆高,但 35 kV 以上架空电力线不应小于 40</td></tr>
<tr><td rowspan="2">架空通信线(中心线)</td><td colspan="2">Ⅰ、Ⅱ级</td><td colspan="2">30</td><td colspan="5">40</td></tr>
<tr><td colspan="2">其他</td><td colspan="7">1.5 倍杆高</td></tr>
</table>

注:1. 防火间距应按本表储罐总容积或单罐容积较大者确定,间距的计算应以储罐外壁为准。

2. 居住区、村镇系指 1 000 人或 300 户以上者,以下者按本表民用建筑执行。

3. 当地下储罐单罐容积小于或等于 50 m³,且总容积小于或等于 400 m³时,其防火间距可按本表减少 50%。

4. 与本表规定以外的其他建、构筑物的防火间距,应按现行国家标准《建筑设计防火规范》GB 50016 执行。

8.3.8 液化石油气供应基地的全冷冻式储罐与基地外建、构筑物,堆场的防火间距不应小于表 8.3.8 的规定。

表 8.3.8 液化石油气供应基地的全冷冻式储罐与基地外建、构筑物,堆场的防火间距 m

项目	间距
明火、散发火花地点和室外变配电站	120
居住区、村镇和学校、影剧院、体育馆等重要公共建筑(最外侧建、构筑物外墙)	150
工业企业(最外侧建、构筑物外墙)	75
甲、乙类液体储罐,甲、乙类生产厂房,甲、乙类物品仓库,稻草等易燃材料堆场	100
丙类液体储罐,可燃气体储罐,丙、丁类生产厂房,丙、丁类物品仓库	80

续表

<table>
<tr><th colspan="3">项　目</th><th>间　距</th></tr>
<tr><td colspan="3">助燃气体储罐、木材等可燃材料堆场</td><td>75</td></tr>
<tr><td colspan="3">民用建筑</td><td>100</td></tr>
<tr><td rowspan="3">其他建筑</td><td rowspan="3">耐火等级</td><td>一、二级</td><td>50</td></tr>
<tr><td>三级</td><td>60</td></tr>
<tr><td>四级</td><td>75</td></tr>
<tr><td colspan="2" rowspan="2">铁路(中心线)</td><td>国家线</td><td>100</td></tr>
<tr><td>企业专用线</td><td>40</td></tr>
<tr><td colspan="2" rowspan="2">公路、道路(路边)</td><td>高速，Ⅰ、Ⅱ级，城市快速</td><td>30</td></tr>
<tr><td>其他</td><td>25</td></tr>
<tr><td colspan="3">架空电力线(中心线)</td><td>1.5 倍杆高，但 35 kV 以上架空电力线不应小于 40</td></tr>
<tr><td colspan="2" rowspan="2">架空通信线(中心线)</td><td>Ⅰ、Ⅱ级</td><td>40</td></tr>
<tr><td>其　他</td><td>1.5 倍杆高</td></tr>
</table>

注：1. 本表所指的储罐为单罐容积大于 5 000 m^3，且设有防液堤的全冷冻式液化石油气储罐。当单罐容积等于或小于 5 000 m^3 时，其防火间距可按本规范表 8.3.7 条中总容积相对应的全压力式液化石油气罐的规定执行。

2. 居住区、村镇系指 1 000 人或 300 户以上者，以下者按本表民用建筑执行。

3. 与本表规定以外的其他建、构筑物的防火间距，应按现行国家标准《建筑设计防火规范》GB 50016 执行。

4. 间距的计算应以储罐外壁为准。

8.4　气化站和混气站

8.4.3　气化站和混气站的液化石油气储罐与站外建、构筑物的防火间距应符合下列要求。

(1) 总容积大于 50 m^3 或单罐容积大于 20 m^3 的储罐与站外建、构筑物的防火间距不应小于本规范第 8.3.7 条的规定。

液化石油气混气站的用地根据混气规模不同一般为 3 500 ~ 7 000 m^2，布局气化站、混气站时，除满足自身用地外，主要还应考虑与站外建筑的防火间距，混气站占地见表 8.4.1 和表 8.4.3。

气化站的用地根据规模不同一般为 400 ~ 2 500 m^2，见表 8.4.2。

(2) 总容积等于或小于 50 m^3 且单罐容积等于或小于 20 m^3 的储罐与站外建、构筑物的防火间距不应小于表 8.4.3 的规定。

表 8.4.1　混气站规模及占地

混气能力/(万 m^3/日)	占地面积/m^2
4.1	3 500
6	5 400
7.4	7 000

表 8.4.2　液化石油气气化站规模及占地

规模/户数	占地面积/m^2
450	400
1 400	1 500
6 000	2 500

表 8.4.3 气化站和混气站的液化石油气储罐与站外建、构筑物的防火间距 m

项目			总容积/m^3	≤10	>10~≤30	>30~≤50
			单罐容积/m^3	—	—	≤20
居住区、村镇和学校、影剧院、体育馆等重要公共建筑，一类高层民用建筑（最外侧建、构筑物外墙）				30	35	45
工业企业（最外侧建、构筑物外墙）				22	25	27
明火、散发火花地点和室外变配电站				30	35	45
民用建筑，甲、乙类液体储罐，甲、乙类生产厂房，甲、乙类物品仓库，稻草等易燃材料堆场				27	32	40
丙类液体储罐，可燃气体储罐，丙、丁类生产厂房，丙、丁类物品库房				25	27	32
助燃气体储罐、木材等可燃材料堆场				22	25	27
其他建筑	耐火等级	一、二级		12	15	18
		三级		18	20	22
		四级		22	25	27
铁路（中心线）	国家线			40	50	60
	企业专用线			25		
公路、道路（路边）	高速，Ⅰ、Ⅱ级，城市快速			20		
	其　他			15		
架空电力线（中心线）				1.5 倍杆高		
架空通信线（中心线）				1.5 倍杆高		

注：1. 防火间距应按本表储罐总容积或单罐容积较大者确定，间距的计算应以储罐外壁为准。

2. 居住区、村镇系指 1 000 人或 300 户以上者，以下者按本表民用建筑执行。

3. 当采用地下储罐时，其防火间距可按本表减少 50%。

4. 与本表规定以外的其他建、构筑物的防火间距应按现行国家标准《建筑设计防火规范》GB 50016 执行。

5. 气化装置气化能力不大于 150 kg/h 的瓶组气化混气站的瓶组间、气化混气间与建、构筑物的防火间距可按本规范第 8.5.3 条执行。

8.5 瓶组气化站

8.5.3 当瓶组气化站配置气瓶的总容积超过 1 m^3时，应将其设置在高度不低于 2.2 m 的独立瓶组间内。

独立瓶组间与建、构筑物的防火间距不应小于表 8.5.3 的规定。

表 8.5.3 独立瓶组间与建、构筑物的防火间距 m

项目 \ 气瓶总容积/m^3	≤2	3~4
明火、散发火花地点	25	30
民用建筑	8	10
重要公共建筑、一类高层民用建筑	15	20

续表

项目 \ 气瓶总容积/m^3		≤2	3~4
道路(路边)	主要	10	
	次要	5	

注:1. 气瓶总容积应按配置气瓶个数与单瓶几何容积的乘积计算。

2. 当瓶组间的气瓶总容积大于 4 m^3 时,宜采用储罐,其防火间距按本规范第 8.4.3 和第 8.4.4 条的有关规定执行。

3. 瓶组间、气化间与值班室的防火间距不限。当两者毗连时,应采用无门、无窗洞口的防火墙隔开。

8.5.4 瓶组气化站的瓶组间不得设置在地下室和半地下室内。

8.6 瓶装液化石油气供应站

为适应市场经济发展的需要和体现规范可操作性的原则,故将瓶装液化石油气供应站按其供应范围(规模)和气瓶总容积分为Ⅰ、Ⅱ、Ⅲ级站。

(1)Ⅰ级站相当于原规范的瓶装供应站,其供应范围(规模)一般为 5 000~7 000 户,少数为 10 000 户左右。这类供应站大都设置在城市居民区附近,考虑经营管理、气瓶和燃器具维修、方便客户换气和环境安全等,其供应范围不宜过大,以 5 000~10 000 户较合适,气瓶总容积不宜超过 20 m^3(相当于 15 kg 气瓶 560 瓶左右)。

(2)Ⅱ级站供应范围宜为 1 000~5 000 户,相当于现行国家标准《城市居住区规划设计规范》GB 50180 规定的 1~2 个组团的范围。该站可向Ⅲ级站分发气瓶,也可直接供应客户。气瓶总容积不宜超过 6 m^3(相当于 15 kg 气瓶 170 瓶左右)。

(3)Ⅲ级站供应范围不宜超过 1 000 户,因为这类站数量多,所处环境复杂,故限制气瓶总容积不得超过 1 m^3(相当于 15 kg 气瓶 25 瓶)。

液化石油气瓶装供应站的用地面积一般在 500~600 m^2,控制用地根据容积不同而定。

8.6.1 瓶装液化石油气供应站应按其气瓶总容积 V 分为三级,并应符合表 8.6.1 的规定。

表 8.6.1 瓶装液化石油气供应站的分级

名 称	气瓶总容积/m^3
Ⅰ级站	$6 < V \leq 20$
Ⅱ级站	$1 < V \leq 6$
Ⅲ级站	$V \leq 1$

注:气瓶总容积按实瓶个数和单瓶几何容积的乘积计算。

8.6.3 Ⅰ级瓶装供应站的瓶库一般距面向出入口一侧居住区的建筑相对远一些,考虑与周围环境协调,故面向出入口一侧可设置高度不低于 2 m 的不燃烧体非实体围墙,且其底部实体部分高度不应低于 0.6 m,其余各侧应设置高度不低于 2 m 的不燃烧体实体围墙。

Ⅱ级瓶装供应站瓶库内的存瓶较少,故其四周设置非实体围墙即可,但其底部实体部分高度不应低于 0.6 m。围墙应采用不燃烧材料。主要考虑与居住区景观协调。

8.6.4 Ⅰ、Ⅱ级瓶装供应站的瓶库与站外建、构筑物的防火间距不应小于表 8.6.4 的规定。

表 8.6.4 Ⅰ、Ⅱ级瓶装供应站的瓶库与站外建、构筑物的防火间距 m

项目 \ 名称 / 气瓶容积/m^3		Ⅰ级站		Ⅱ级站	
		11~20	7~10	4~6	2~3
明火、散发火花地点		35	30	25	20
民用建筑		15	10	8	6
重要公共建筑、一类高层民用建筑		25	20	15	12
道路(路边)	主要	10		8	
	次要	5		5	

注:气瓶总容积按实瓶个数与单瓶几何容积的乘积计算。

9.7 液化天然气供应

《城镇燃气设计规范》GB 50028—2006(节录)

9.1 一般规定

9.1.1 本章适用于液化天然气总储存容积不大于 2 000 m^3 的城镇液化天然气供应站工程设计。

9.2 液化天然气气化站

9.2.4 液化天然气气化站的液化天然气储罐、集中放散装置的天然气放散总管与站外建、构筑物的防火间距不应小于表 9.2.4 的规定。

表 9.2.4 液化天然气气化站的液化天然气储罐、天然气放散总管与站外建、构筑物的防火间距 m

项目	储罐总容积/m^3							集中放散装置的天然气放散总管
	≤10	11~30	31~50	51~200	201~500	501~1 000	1 001~2 000	
居住区、村镇和影剧院、体育馆、学校等重要公共建筑(最外侧建、构筑物外墙)	30	35	45	50	70	90	110	45
工业企业(最外侧建、构筑物外墙)	22	25	27	30	35	40	50	20
明火、散发火花地点和室外变、配电站	30	35	45	50	55	60	70	30
民用建筑,甲、乙类液体储罐,甲、乙类生产厂房,甲、乙类物品仓库,稻草等易燃材料堆场	27	32	40	45	50	55	65	25
丙类液体储罐,可燃气体储罐,丙、丁类生产厂房,丙、丁类物品仓库	25	27	32	35	40	45	55	20

续表

项目		储罐总容积/m³							集中放散装置的天然气放散总管
		≤10	11～30	31～50	51～200	201～500	501～1 000	1 001～2 000	
铁路（中心线）	国家线	40	50	60	70		80		40
	企业专用线	25			30		35		30
公路、道路（路边）	高速Ⅰ、Ⅱ级城市快速	20			25				15
	其他	15			20				10
架空电力线（中心线）		1.5 倍杆高			1.5 倍杆高，但 35 kV 以上架空电力线不应小于 40 m				2.0 倍杆高
架空通信线（中心线）	Ⅰ、Ⅱ级	1.5 倍杆高		30	40				1.5 倍杆高
	其他	1.5 倍杆高							

注：1. 居住区、村镇系指 1 000 人或 300 户以上者，以下者按本表民用建筑执行。

2. 与本表规定以外的其他建、构筑物的防火间距应按现行国家标准《建筑设计防火规范》GB 50016 执行。

3. 间距的计算应以储罐的最外侧为准。

9.2.6 站内兼有罐装液化天然气钢瓶功能时，站区内设置储存液化天然气钢瓶（实瓶）的总容积不应大于 2 m³。

9.2.7 液化天然气气化站内总平面应分区布置，即分为生产区（包括储罐区、气化及调压等装置区）和辅助区。

生产区宜布置在站区全年最小频率风向的上风侧或上侧风侧。

液化天然气气化站应设置高度不低于 2 m 的不燃烧体实体围墙。

9.2.8 液化天然气气化站生产区应设置消防车道，车道宽度不应小于 3.5 m。当储罐总容积小于 500 m³时，可设置尽头式消防车道和面积不应小于 12 m×12 m 的回车场。

9.2.9 液化天燃气气化站的生产区和辅助区至少各设 1 个对外出入口。当液化天然气储罐总容积超过 1 000 m³时，生产区应设置 2 个对外出入口，其间距应不小于 30 m。

9.3 液化天然气瓶组气化站

9.3.1 液化天然气瓶组气化站采用气瓶组作为储存及供气设施，它应符合下列要求。

(1)气瓶组总容积不应大于 4 m³。

(2)单个气瓶容积宜采用 175 L 钢瓶，最大容积不应大于 410 L，灌装时不应大于其容积的 90%。

(3)气瓶组储气容积宜按 1.5 倍计算月最大日供气时确定。

9.3.2 气瓶组应在站内固定地点露天（可设置罩棚）设置。气瓶组与建、构筑物的防火间距不应小于表 9.3.2 的规定。

表 9.3.2 气瓶组与建、构筑物的防火间距 m

项目 \ 气瓶容积/m³	≤2	3～4
明火、散发火花地点	25	30
民用建筑	12	15
重要公共建筑、一类高层民用建筑	24	30

续表

项目 \ 气瓶容积/m³		≤2	3～4
道路(路边)	主要	10	10
	次要	5	5

注:气瓶总容积应按配置气瓶个数与单瓶几何容积的乘积计算。单个气瓶容积不应大于410 L。

9.8 燃气管道水力计算

《城镇燃气设计规范》GB 50028—2006(节录)

6.2.6 高压、次高压和中压燃气管道的单位长度摩擦阻力损失,应按式(6.2.6－1)计算:

$$\frac{p_1^2 - p_2^2}{L} = 1.27 \times 10^{10} \lambda \frac{Q^2}{d^5} \rho \frac{T}{T_0} Z \quad (6.2.6-1)$$

$$\frac{1}{\sqrt{\lambda}} = -2\lg\left[\frac{K}{3.7d} + \frac{2.51}{Re\sqrt{\lambda}}\right] \quad (6.2.6-2)$$

式中 p_1——燃气管道起点的压力(绝对压力),kPa;

p_2——燃气管道终点的压力(绝对压力),kPa;

Z——压缩因子,当燃气压力小于1.2 MPa(表压)时,Z取1;

L——燃气管道的计算长度,km;

λ——燃气管道的摩擦阻力系数,宜按式(6.2.6－2)计算;

K——管壁内表面的当量绝对粗糙度,mm;

Re——雷诺数(无量纲);

Q——燃气管道的计算流量,m³/h;

T——设计中采用的燃气温度,K;

T_0——273.15 K;

ρ——燃气密度,kg/m³;

d——管道内径,mm。

注:当燃气管道的摩擦力系数采用手算时,宜采用附录C公式。

6.2.7 室外燃气管道的局部阻力损失可按燃气管道摩擦阻力损失的5%～10%计算。

6.2.8 城镇燃气低压管道从调压站到最远燃具管道允许阻力损失,可按下式计算:

$$\Delta p_d = 0.75 p_n + 150$$

式中 Δp_d——从调压站到最远燃具的管道允许阻力损失,Pa;

p_n——低压燃具的额定压力,Pa。

注:Δp_d含室内燃气管道允许阻力损失,当由调压站供应低压燃气时,室内低压燃气管道允许的阻力损失应根据建筑物和室外管道等情况,经技术经济比较后确定。

附录C 燃气管道摩擦阻力计算

C.0.1 低压燃气管道

根据燃气在管道中不同的运动状态,其单位长度的摩擦阻力损失采用下列各式计算。

1　层流状态：$Re \leqslant 2\ 100$

$$\lambda = 64/Re$$

$$\frac{\Delta p}{L} = 1.13 \times 10^{10} \frac{Q}{d^4} v\rho \frac{T}{T_0} \qquad (C.0.1-1)$$

2　临界状态：$Re = 2\ 100 \sim 3\ 500$

$$\lambda = 0.03 + \frac{Re - 2\ 100}{65Re - 10^5}$$

$$\frac{\Delta p}{L} = 1.9 \times 10^6 \left(1 + \frac{11.8Q - 7 \times 10^4 dv}{23Q - 10^5 dv}\right) \frac{Q^2}{d^5} \rho \frac{T}{T_0} \qquad (C.0.1-2)$$

3　湍流状态：$Re > 3\ 500$

1）钢管

$$\lambda = 0.11 \left(\frac{K}{d} + \frac{68}{Re}\right)^{0.25}$$

$$\frac{\Delta p}{L} = 6.9 \times 10^6 \left(\frac{K}{d} + 192.2 \frac{dv}{Q}\right)^{0.25} \frac{Q^2}{d^5} \rho \frac{T}{T_0} \qquad (C.0.1-3)$$

2）铸铁管

$$\lambda = 0.102\ 236 \left(\frac{1}{d} + 5\ 158 \frac{dv}{Q}\right)^{0.284}$$

$$\frac{\Delta p}{L} = 6.4 \times 10^6 \left(\frac{1}{d} + 5\ 158 \frac{dv}{Q}\right)^{0.284} \frac{Q^2}{d^5} \rho \frac{T}{T_0} \qquad (C.0.1-4)$$

式中　Re——雷诺数；

Δp——燃气管道摩擦阻力损失，Pa；

λ——燃气管道的摩擦阻力系数；

L——燃气管道的计算长度，m；

Q——燃气管道的计算流量，m^3/h；

d——管道内径，mm；

ρ——燃气的密度，kg/m^3；

T——设计中所采用的燃气温度，K；

T_0——273.15，K；

v——0 ℃和101.325 kPa时燃气的运动黏度，m^2/s；

K——管壁内表面的当量绝对粗糙度，对钢管，输送天然气和气态液化石油气时取0.1 mm，输送人工煤气时取0.15 mm。

C.0.2　次高压和中压燃气管道

根据燃气管道不同材质，其单位长度摩擦阻力损失采用下列各式计算。

1）钢管

$$\lambda = 0.11 \left(\frac{K}{d} + \frac{68}{Re}\right)^{0.25}$$

$$\frac{p_1^2 - p_2^2}{L} = 1.4 \times 10^9 \left(\frac{K}{d} + 192.2 \frac{dv}{Q}\right)^{0.25} \frac{Q^2}{d^5} \rho \frac{T}{T_0} \qquad (C.0.2-1)$$

2）铸铁管

$$\lambda = 0.102\ 236 \left(\frac{1}{d} + 5\ 158 \frac{dv}{Q}\right)^{0.284}$$

$$\frac{p_1^2-p_2^2}{L}=1.3\times10^9\left(\frac{1}{d}+5\ 158\ \frac{dv}{Q}\right)^{0.284}\frac{Q^2}{d^5}\rho\frac{T}{T_0}\qquad(C.0.2-2)$$

式中 L——燃气管道的计算长度,km。

C.0.3 高压燃气管道的单位长度摩擦阻力损失

宜按现行的国家标准《输气管道工程设计规范》GB 50251 有关规定计算。

注:除附录C所列公式外,其他计算燃气管道摩擦阻力系数(λ)的公式,当其计算结果接近本规范式(6.2.6-2)时,也可采用。

在进行燃气管道水力计算时,利用将摩阻系数λ值的公式代入基本公式后得到的燃气管道计算公式,由此制成的计算图表。详见燃气水力计算图(附录图9-1至附录图9-4)。

9.9 我国部分城镇冻土深度及国内外燃气管道压力

长输管道输送的天然气必须经各地的调压站降压后才能供给普通用户使用,在各地天然气门站都设有调压装置。经过调压装置,超高压或高压的天然气逐步被降至中压。中压天然气通过城市燃气管网进入小区或各楼栋,借助调压箱或调压柜将压力降至低压供用户使用。国家标准《城镇燃气设计规范》(GB 50028—2006)规定,城镇燃气管道按燃气设计压力分为高压A、高压B、次高压A、次高压B、中压A、中压B和低压共7个级别。

9.9.1 冻土深度

全国北方主要城市最大冻土深度见表9.9-1。

表9.9-1 全国主要城镇最大冻土深度一览表

cm

地名	最大冻土深度	地名	最大冻土深度	地名	最大冻土深度
漠河	400	赤峰	201	都兰	201
加格达旗	309	呼和浩特	156	同德	162
黑河	298	达茂联合旗	268	夏河	142
嫩江	252	张家口	136	曲麻莱	250
满洲里	389	海拉尔	242	营口	111
博克图	311	东乌珠穆沁旗	346	丹东	88
客尔古纳右旗	>400	大连	93	北京市	85
天津市	69	承德	126	斑玛	137
齐齐哈尔	225	乐亭	80	鹤岗	238
哈尔滨	205	蔚县	150	虎林	187
鸡西	255	绥芬河	241	离石	101
长春	169	延安	79	塔城	146
桦甸	197	白银	108	额济纳旗	120
图门	181	乌兰浩特	249	兰州	103
通化	139	锡林浩特	289	银川	88

续表

地 名	最大冻土深度	地 名	最大冻土深度	地 名	最大冻土深度
多伦	199	四平	148	中宁	80
沈阳	148	朝阳	135	固原	121
林西	210	茫崖	229	冷潮	174
德令哈	196	刚察	>250	西宁	134
格尔本	88	库车	120	安西	116
克山	282	太原	77	张掖	123
杂多	229	博乐阿拉山口	188	吐鲁番	83
那曲	281	乌鲁木齐	139	哈密	127
甘孜	95	富蕴	175	昌都	81
玛多	277	二连浩特	337	克拉玛依	197
噶尔	176	杭锦后旗	127		

9.9.2 几个国家的燃气管道压力

几个国家的燃气管道压力见表 9.9-2。

表 9.9-2 几个国家的燃气管道压力

管道级别 / 国名	高压/MPa	中压/MPa		低压/kPa	
		A	B	A	B
日本	1.0~2.0	0.3~1.0	0.01~0.3	<10	—
法国	0.4~1.6	0.04~0.4	0.01~0.04	3~5	1.8~2.5
奥地利	—	—	0.01~0.2	—	1.7~2.3
比利时	0.4~1.2	0.04~0.4	0.01~0.04	2.5~5	2~2.5
加拿大	0.4~1.2	0.1~0.4	0.02~0.1	3.5~15	1~3.5
意大利	0.5~1.2	0.15~0.5	0.05~0.15	—	1.8~2.7
荷兰	0.3~0.8	0.1~0.3	0.02~0.1	4~10	2.5~3
西班牙	0.5~1.5	0.1~0.5	—	—	1.5~2.3
英国	0.7~2.3	0.3~0.7	0.03~0.2	3~5	2~3
美国	0.9~7.0	0.42	0.02~0.14	—	1~3
南斯拉夫	0.5~0.7	0.1~0.3		10~15	2~2.5
罗马尼亚	>0.6	0.2~0.6	0.005~0.2	≤5	—
原苏联	0.6~1.2	0.3~0.6	0.005~0.3	≤5	—
巴基斯坦	1.05	0.56	—	—	2
澳大利亚	0.5~3	—	0.005~0.5	≤5	—

注：表中低压管道的压力，A 是指用户前有调压装置时的低压管道的压力，B 是指用户前无调压装置时的低压管道的压力。

附录：燃气水力计算图

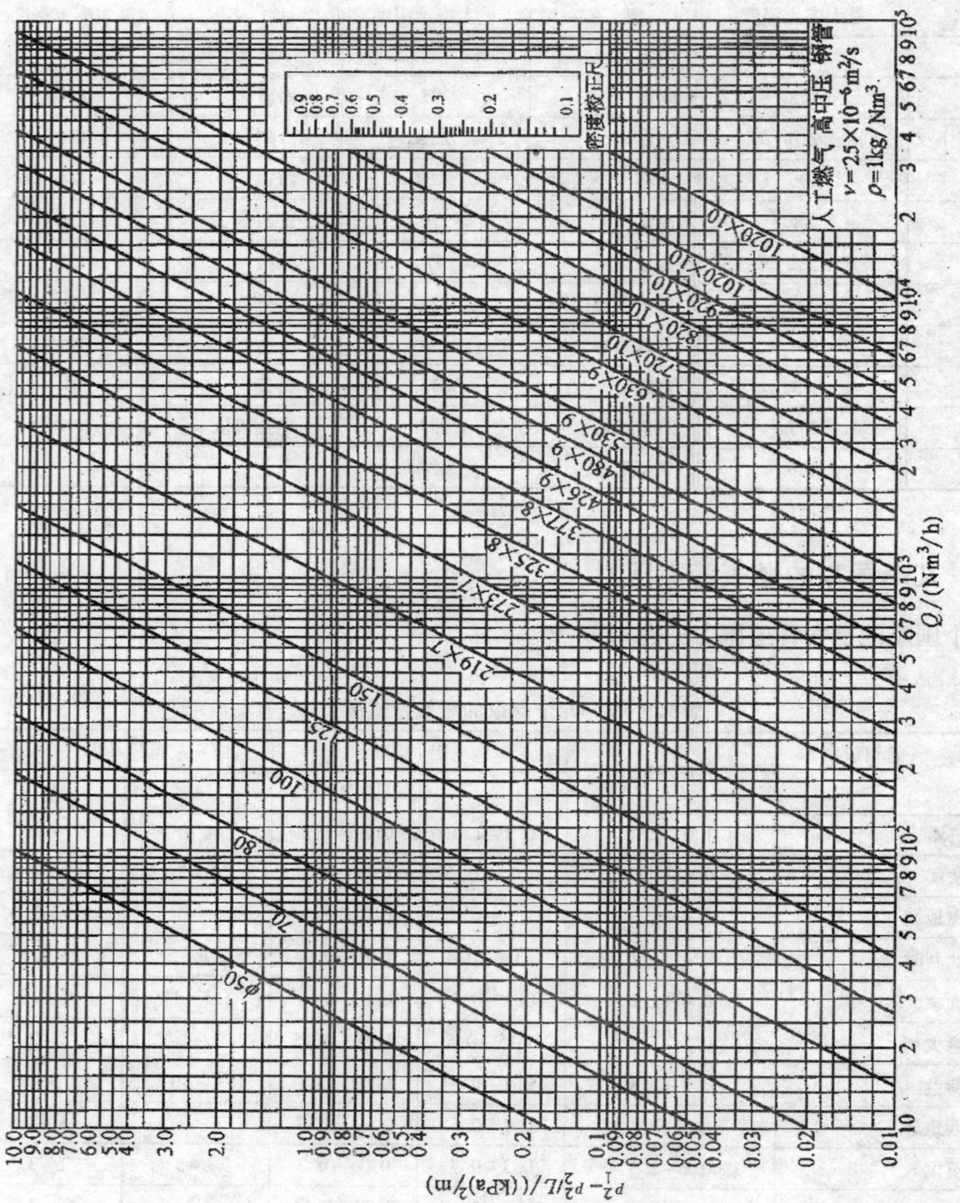

附录图 9－1

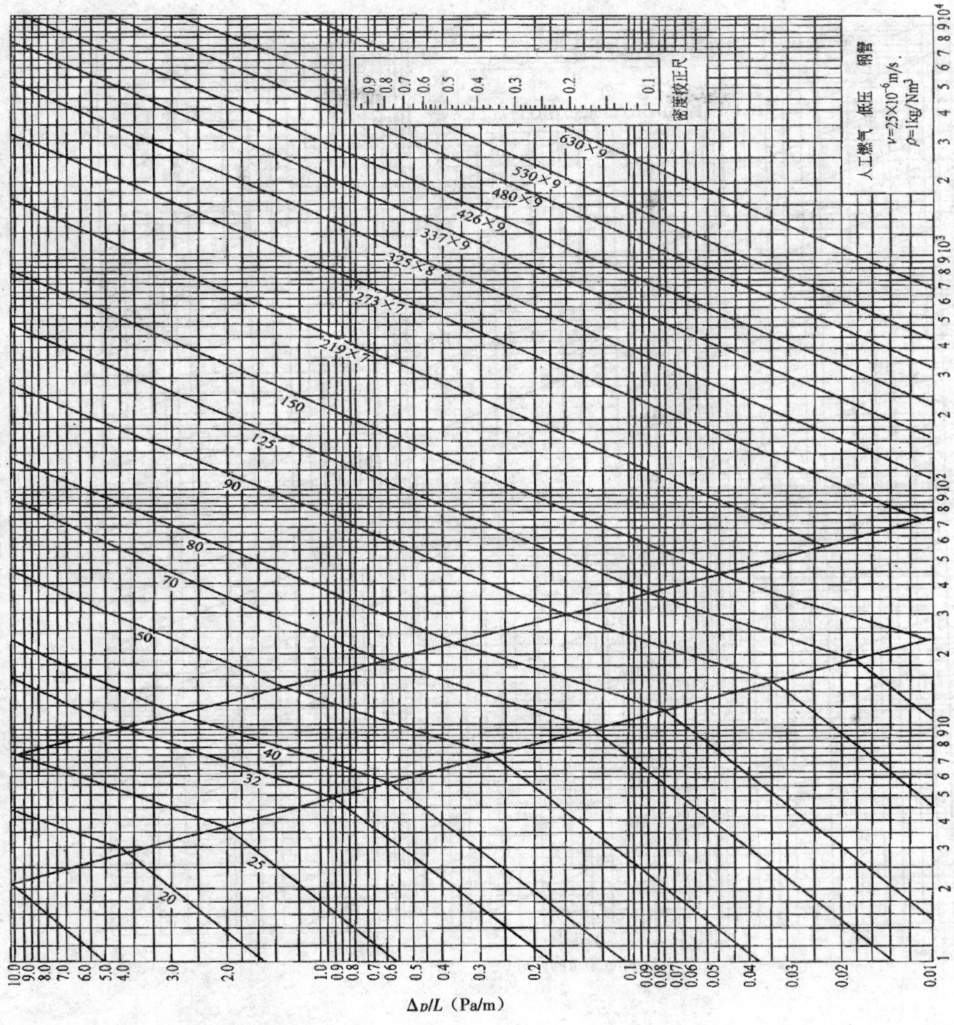

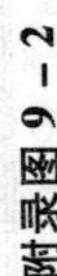

人工燃气 低压 钢管
ν=25×10⁻⁶m/s
ρ=1kg/Nm³
密度校正尺
0.9 0.8 0.7 0.6 0.5 0.4 0.3 0.2 0.1
630×9
530×9
480×9
426×9
377×9
325×8
273×7
219×7
150
125
90
80
70
50
40
32
25
20
Δp/L (Pa/m)
Q/ (Nm³/h)

附录图 9－2

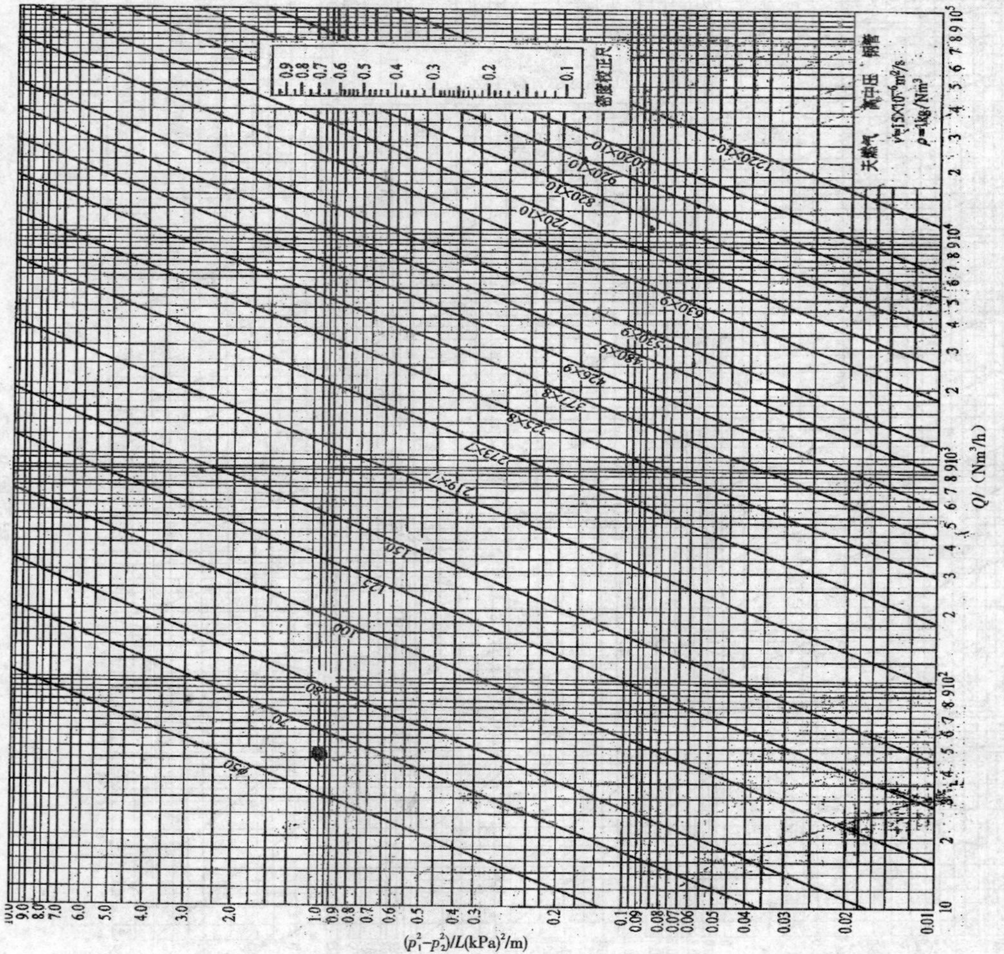

附录图 9－3

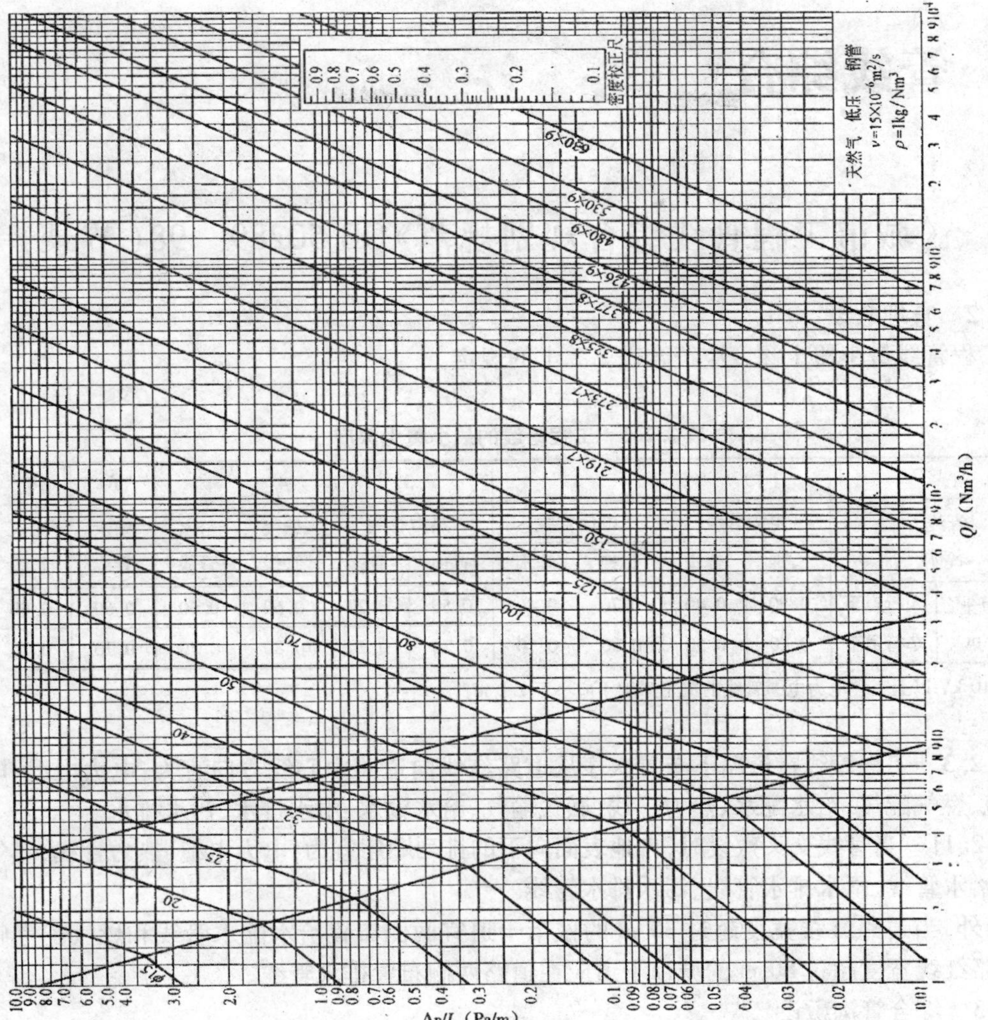
天然气 低压 钢管
ν=15×10⁻⁶m²/s
ρ=1kg/Nm³
密度校正尺
0.9 0.8 0.7 0.6 0.5 0.4 0.3 0.2 0.1
630×9
530×9
480×9
426×9
377×8
325×8
273×7
219×7
150
125
100
80
70
50
40
32
25
20
φ15
Δp/L (Pa/m)
Ql (Nm³/h)

附录图 9－4

10 管线综合

10.1 《城市工程管线综合规划规范》GB 50289—98(节录)

2.2 直埋敷设

工程管线最小覆土深度应符合表2.2.1的规定。

表2.2.1 工程管线的最小覆土深度

序号		1		2		3		4	5	6	7
管线名称		电力管线		电信管线		热力管线		燃气管线	给水管线	雨水管线	污水管线
		直埋	管沟	直埋	管沟	直埋	管沟				
最小覆土深度/m	人行道下	0.50	0.40	0.70	0.40	0.50	0.20	0.60	0.60	0.60	0.60
	车行道下	0.70	0.50	0.80	0.70	0.70	0.20	0.80	0.70	0.70	0.70

注:10 kV以上直埋电力电缆管线的覆土深度不应小于1.0 m。

2.2.3 工程管线在道路下布置次序从道路红线向道路中心线方向宜为:电力电缆、电信电缆、燃气配气、给水配水、热力干线、燃气输气、给水输水、雨水排水、污水排水。

2.2.11 当管线交叉敷设时,自地表面向下的排列顺序宜为:电力电缆、热力管线、燃气管线、给水管线、雨水排水管线、污水排水管线。

另外,当道路红线宽度超过30 m的城市干道宜两侧布置给水配水管线和燃气配气管线,道路红线宽度超过50 m的城市干道应在道路两侧布置排水管线。

2.3 综合管沟敷设

2.3.1 当遇下列情况之一时,工程管线宜采用综合管沟集中敷设。

2.3.1.1 交通运输繁忙或工程管线设施较多的机动车道、城市主干道以及配合兴建地下铁道、立体交叉等工程地段。

2.3.1.2 不宜开挖路面的路段。

2.3.1.3 广场或主要道路的交叉处。

2.3.1.4 需同时敷设两种以上工程管线及多回路电缆的道路。

2.3.1.5 道路与铁路或河流的交叉处。

2.3.1.6 道路宽度难以满足直埋敷设多种管线的路段。

2.3.3 综合管沟内相互无干扰的工程管线可设置在管沟的同一个小室,相互有干扰的工程管线应分别设在管沟的不同小室。

电信电缆管线与高压输电电缆管线必须分开设置;燃气管线与高压电力电缆分开设置;给水管线与排水管线可在综合管沟一侧布置,排水管线应布置在综合管沟的底部。

2.3.4 工程管线干线综合管沟的敷设,应设置在机动车道下面,其覆土深度应根据道路施工、行车荷载和综合管沟的结构强度以及当地的冰冻深度等因素综合确定；敷设工程管线支线的综合管沟，应设置在人行道或非机动车道下，其埋设深度应根据综合管沟的结构强度以及当地的冰冻深度等因素综合确定。

10.2 《天津市城市规划管理技术规定》（节录）

第二百四十九条　敷设各类市政管线间最小水平净距离，一般应当符合下表规定。

m

管线名称（列）/ 管线名称（行）			给水管线		中水管线	排水管线	燃气管线					热力管线		电力管线		通信管线	
			$d\le$ 200 mm	$d>$ 200 mm			低压	中压		次高压		直埋	管沟	直埋	排管	直埋	管道
								A	B	A	B						
给水管线	$d\le200$ mm				0.5	1.0	0.5			1.0	1.5	1.5		0.5		0.5	
给水管线	$d>200$ mm				0.5	1.5										1.0	
中水管线			0.5	0.5		0.5	0.5			1.0	1.5	1.5		0.5		1.0	
排水管线			1.0	1.5	0.5		1.0	1.2		1.5	2.0	1.5		0.5		1.0	
燃气管线	低压		0.5		0.5	1.0	DN≤300 mm 0.4 DN>300 mm 0.5					1.0		0.5		0.5	1.0
燃气管线	中压	A				1.2						1.0	1.5				
燃气管线	中压	B															
燃气管线	次高压	A	1.0		1.0	1.5						1.5	2.0	1.0		1.0	
燃气管线	次高压	B	1.5		1.5	2.0						2.0	4.0	1.5		1.5	
热力管线	直埋		1.5		1.5	1.5	1.0		1.0	1.5	2.0			2.0		1.0	
热力管线	管沟								1.5	2.0	4.0						
电力管线	直埋		0.5		0.5	0.5	0.5			1.0	1.5	2.0				35 kV以下 0.5	—
电力管线	排管															35 kV以下 2.0	—
通信管线	直埋		0.5	1.0	1.0	1.0	0.5			1.0	1.5	1.0		35 kV以下 0.5	35 kV以下 2.0	0.5	
通信管线	管道						1.0							—	—		

第二百五十条　敷设各类市政管线与建筑物、构筑物、树木等最小水平净距离，一般应当符合下表规定。

m

管线名称 \ 建、构筑物		建筑物基础	地上杆柱 通信照明 <10 kV	地上杆柱 高压铁塔基础边 ≤35 kV	地上杆柱 高压铁塔基础边 >35 kV	铁路（堤坡角）	城市道路侧石边缘	公路边缘	围墙或者篱笆	河道
给水管线	d≤200 mm	1.0	0.5	3.0		5.0	1.5		1.0	6
	d>200 mm	3.0								
中水管线	d≤200 mm	1.0	0.5	3.0		5.0	1.5		1.0	6
	d>200 mm	3.0								
排水管线		2.5	0.5	1.5		5.0	1.5	1.0		6
燃气管线	低压	0.7	1.0	1.0	5.0	5.0		1.5	1.0	6
	中压	1.5				5.0		1.5	1.0	
	次高压	6.5				5.0		1.5	1.0	
热力管		2.5	1.0	2.0	3.0	1.0	1.5		1.0	
电力电缆		0.5	0.6			3.0	1.5	1.0	0.5	
电力排管		0.5	1.0			3.0	1.5	1.0	0.5	
电力沟槽		0.5	1.0			3.0	1.5	1.0	0.5	
电信电缆		1.0	0.5	0.6		2.0	1.5	1.0		
电信管道		1.0	1.0	1.0		2.0	1.5	1.0		
地上杆柱	通信照明	2.0				地面杆高的4/3倍				
	高压塔基础边 ≤35 kV	3.0				最高杆（塔）高	最高杆（塔）高	最高杆（塔）高		最高杆（塔）高
	高压塔基础边 >35 kV	5.0				最高杆（塔）高加3 m	最高杆（塔）高	最高杆（塔）高		最高杆（塔）高

第二百五十一条　各类市政管线最小覆土深度应当符合下表规定。

管线种类 \ 覆土深度/m		垂直于道路中心线	平行于道路中心线 车行道下	平行于道路中心线 人行道下
给水管线		0.75	1.0	0.8
中水管线		0.75	1.0	0.8
排水管线		0.75	1.0	0.8
燃气管线		0.75	1.0	0.8
热力管线	直埋	1.0	1.0	0.8
	管沟	0.75	0.8	0.7
电力	直埋	0.75	0.7	0.6
	排管	0.75	0.7	0.5
通信	直埋	0.75	0.8	0.8
	管孔	0.75	0.7	0.5

第二百五十二条　管线综合规划应当减少道路交叉口处的管线交叉点。管线之间发生矛盾的，应当按照下列原则处理：

(一)压力管线让重力管线；

(二)临时管线让永久管线；

(三)小管径管线让大管径管线；

(四)可弯曲管线让不易弯曲管线；

(五)支管线让主干管线；

(六)新建管线让保留的现状管线。

第二百五十三条　各类市政管线相互交叉的，最小垂直净距离应当符合下表规定。

m

管线名称	给水管	排水管	煤气天然气管	液化石油气管	热力管	电力电缆	电力排管	电信电缆	电信管道
给水管	0.15	0.15/0.4	0.15	0.20	0.15	0.20	0.20	0.50	0.15
中水管	0.15/0.4	0.15	0.15	0.20	0.15	0.20	0.20	0.20	0.10
排水管	0.15/0.4	0.15	0.15	0.20	0.15	0.50	0.20	0.50	0.15
煤气天然气管	0.15	0.15	0.15	0.20	0.15	0.50	0.15	0.50	0.15
液化石油气管	0.20	0.20	0.20	0.20	0.20	0.50	0.20	0.50	0.20
热力管	0.15	0.15	0.15	0.20	0.15	0.20	0.50	0.15	0.15
电力电缆	0.20	0.50	0.50	0.50	0.20	0.50	0.50	0.20	0.15
电力排管	0.20	0.20	0.15	0.20	0.50	0.50	——	0.50	0.50
电信电缆	0.50	0.50	0.50	0.50	0.15	0.20	0.50	0.10	0.10
电信管道	0.15	0.15	0.15	0.20	0.15	0.15	0.50	0.10	0.10
涵洞基底	0.15	0.15	0.15	0.50	0.15	0.50	0.50	0.20	0.25
明沟沟底	0.50	0.50	0.50	0.50	0.50	0.50	0.50	0.50	0.50
铁路轨底	1.00	1.20	1.20	1.20	1.20	1.00	1.00	1.00	1.00

注：1. 表中电力电缆与其他管线垂直净距离为电压等级小于或者等于 35 kV 的数值，大于 35 kV 的为 1 m。

2. 给水管在中水管或排水管上方敷设的，最小垂直净距离为 0.15 m；给水管在中水管或排水管下方敷设的，最小垂直净距离为 0.4 m。

10.3 《天津市城市道路工程管网检查井综合设置技术规程》DB 29—83—2004(节录)

1　总则

1.0.1　为提高城市道路的载体功能，改变城市道路的景观，规范城市道路工程管网检查井的综合设置，做到技术先进、经济适用、安全可靠，特制定本技术规程。

1.0.2　本规程适用于天津市新建、扩建、改建的城市道路规划设计红线范围内的工程管网检查井的综合设置规划、设计、施工及验收，其他地区可参照执行。

1.0.3　本规程涉及的检查井包括供水工程、消防工程、排水工程、再生水工程、电力工程、通信工程、交通信号工程、燃气工程、热力工程等城市道路上建设的检查井。

3 工程管线布置的一般规定

3.0.1 道路两侧的用户管线不应布置在城市道路红线范围内。

3.0.2 用户管线的接口宜选择在支路级以下的道路，确需从主次干道接户的应提前做好预埋管，且应预埋至道路红线外。

3.0.4 横过路管线应选择在道路交叉口用地范围外，其位置宜结合检查井井位设置。

3.0.6 在路侧带下布置的工程管线宜为分支多、埋设浅、检修周期短或检修时间长等对建筑物基础安全没有影响的管线。宜布置电力电缆、通信电缆、燃气配气、再生水配水、路灯电缆、交通信号电缆。

3.0.9 快速路的机动车车行道下面不应布置任何工程管线，工程管线应在快速路两侧的辅路下敷设，宜为双系统管线布置。

3.0.10 城市道路下的工程管线建设规模应按照规划的远期规模设计，同行业、同级别、同种类的管线应同路径。

3.0.11 在道路交叉口用地范围内，工程管线的检查井较多，纵向管线交叉比较复杂且地形受限难以施作处，宜采用综合管沟集中敷设。

4 检查井综合设置的规定

4.1 一般规定

4.1.1 道路两侧用户支管及用户的检查井不应设置在规划道路红线范围内。

4.1.2 道路交叉口用地范围内宜考虑设置工程管线的交汇井或转弯井，其他形式的检查井不宜在此范围内设置。

4.1.6 以道路交叉口用地界线为基准线，按照城市道路红线向道路中心线方向平行布置工程管线的次序，路侧带下第一根管线检查井的位置宜在基准线外0～2 m范围内，第二根管线检查井的位置在基准线外2～4 m，第三根管线检查井的位置宜在基准线外4～6 m，第四根管线检查井的位置宜在基准线外6～8 m；非机动车道和机动车车行道下第一根管线检查井的位置宜在基准线外0～5 m，第二根管线检查井的位置宜在基准线外5～10 m，第三根管线检查井的位置宜在基准线外10～15 m，第四根管线检查井的位置宜在基准线外15～20 m，第五根管线检查井的位置宜在基准线外20～25 m。

4.1.7 在道路一个横截面上的检查井不应多于3个。

4.2.3 路侧带下相邻两条管线的检查井之间沿管线方向的距离不宜小于2 m。

4.3.2 非机动车车行道下相邻两条管线的检查井之间沿管线方向的距离不宜小于5 m。

4.4.3 机非混行车车行道下相邻两条管线的检查井之间沿管线方向的距离不宜小于5 m。

4.5.3 机动车车行道下相邻两条管线的检查井之间沿管线方向的距离不宜小于5 m。

4.6.3 分车带下相邻两条管线的检查井之间沿管线方向的距离不宜小于5 m。

10.4 《天津市管线综合规划编制管理工作规程》(天津市规划局 2010-09-07 印发)(节录)

管线综合规划是市政工程规划的组成部分,依法批准的市政工程规划方案是市政管线工程规划建设管理的依据。为加强和规范我市管线综合规划编制管理工作,根据《天津市城乡规划条例》和住房建设部《关于进一步加强城市地下管线保护工作的通知》(建质[2010]126 号)等法律法规,结合本市实际情况,制定本工作规程。

一、适用范围

凡结合道路、桥梁、轨道交通等建设工程同步实施 3 条以上管线,应当编制管线综合规划。

市内六区和环城四区行政辖区范围内的管线综合规划编制工作,应当遵守本规程。

滨海新区(包括功能区)、五区县行政辖区范围内的管线综合规划编制参照执行。

二、编制主体

管线综合规划由工程建设单位委托具有相应城乡规划编制资质的单位编制。

三、编制原则

(1)符合各管线专项规划、地区控制性详细规划和相关技术标准的规定,满足地区开发改造对市政设施容量的需要。

(2)根据道路、桥梁、轨道交通等建设工程设计方案,合理安排各类管线的走向和位置,满足相关工程建设要求,保障管线之间、管线与相邻建(构)筑物之间满足安全距离和要求。

(3)对相关专项规划中尚未实施的骨干管线,预留控制位置。

(4)根据管线材质、使用年限以及对相关工程的影响程度,综合考虑原有管线的保留或废弃。

四、编制文本

(一)规划文本

(1)规划概述。包括规划范围、建设工程现状、道路等相关建设工程的规划以及设计方案和规划需安排的管线等内容。

(2)规划依据。包括:有关法律、法规、规章,《城市工程管线综合规划规范》(GB 50289—98)等国家和本市相关的技术标准和规范,城市总体规划、区总体规划、专项规划、控制性详细规划,城乡规划主管部门核发的市政工程规划条例以及审定的道路等工程建设工程设计方案,地下空间规划管理信息中心审核的地下管线实测地形图,各管线专业单位提出的发展要求。

(3)管线综合规划方案。包括:管线与相关建设工程的关系,现状保留管线和规划管线的空间布局,特殊情况下的管线布局。

(二)规划图纸

(1)管线综合规划平面图,图纸比例为 1/(500~2000)。

(2)管线综合规划横断面图,图纸比例为 1/(100~200)。

(三)附件

(1)地下管线实测地形图。

(2)有关道路、桥梁、轨道交通等建设工程设计方案图。

(3)专业管线单位提交的管线方案及其说明文件。

(4)会议纪要等其他附件。

五、征求意见

工程建设单位组织编制管线综合规划,应当征求主管专业单位和相关单位的意见,也可以由受委托的管线综合规划编制单位征求意见。对意见采纳情况及理由应当在规划方案中予以说明。

六、方案评审

工程建设单位在管线综合规划编制完成后,应组织有关单位对管线综合规划方案进行评审,形成方案评审意见,也可以由受委托的管线综合规划编制单位组织评审。对于重要项目,可组织有关专家对管线综合规划进行论证。

七、方案调整

对已审批的管线综合规划进行调整的,工程建设单位应当向原审批机关提出申请,经同意后方可进行调整。

八、其他

(1)工程建设单位提供的电子数据文件应当符合城乡规划主管部门的格式要求。

(2)管线综合规划涉及国家秘密的,按照《保守国家秘密法》的有关规定办理。

(3)本规程从印发之日起施行。

11 环境卫生设施用地

11.1 《城镇环境卫生设施设置标准》CJJ 27—2005(节录)

3.3.3 各类城市用地公共厕所的设置标准应符合现行国家标准《城市环境卫生设施规划规范》GB 50337 的规定,公共厕所设置数量应采用表 3.3.3 的指标。

表 3.3.3 公共厕所设置数量指标

城市用地类别	设置密度/(座/km^2)	设置间距/m	建筑面积/(m^2/座)	独立式公共厕所用地面积/(m^2/座)
居住用地	3~5	500~800	30~60	60~100
公共设施用地	4~11	300~500	50~120	80~170
工业用地、仓储用地	1~2	800~1000	30	60

注:1. 居住用地中,旧城区宜取密度的高限,新城区宜取密度的中、低限。

2. 公共设施用地中,人流密集区域取高限密度、下限间距,人流稀疏区域取低限密度、上限间距。商业金融业用地宜取高限密度、下限间距。其他公共设施用地宜取中、低限密度,中、上限间距。

3. 其他各类城市用地的公共厕所设置结合周边用地类别和道路类型综合考虑,若沿路设置,可按主干路、次干路、有辅道的快速路为 500~800 m;支路、有人行道的快速路为 800~1 000 m。公共厕所建筑面积根据服务人数确定。独立式公共厕所用地面积根据公共厕所建筑面积按相应比例确定。

4. 用地面积中不包含与相邻建筑物间的绿化隔离带用地。

3.3.4 公共厕所的设计和建设应符合下列要求。

(3)独立式的公共厕所外墙与相邻建筑物距离一般不应小于 5.0 m,周围应设置不小于 3.0 m 的绿化带。

(4)公共厕所临近的道路旁,应设置明显、统一的公共厕所标志。

3.5 废物箱

3.5.2 废物箱的设置应便于废物的分类收集,分类废物箱应有明显标志并易于识别。

3.5.3 废物箱的设置间隔宜符合下列规定:商业、金融业街道为 50~100 m,主干路、次干路、有辅道的快速路为 100~200 m,支路、有人行道的快速路为 200~400 m。

4.1 垃圾收集站

4.1.1 在新建、扩建的居住区或旧城改建的居住区应设置垃圾收集站,并应与居住区同步规划、同步建设和同时投入使用。

4.1.3 收集站的服务半径不宜超过 0.8 km。收集站的规模应根据服务区域内规划人口数量产生的垃圾最大月平均日产生量确定,宜达到 4 t/d 以上。

4.1.4 收集站的设备配置应根据其规模、垃圾车箱容积及日运输车次来确定。建筑面积不应小于 80 m^2。

4.2　垃圾转运站

4.2.1　垃圾转运站宜设置在交通运输方便、市政条件较好并对居民影响较小的地区。

4.2.2　垃圾转运量小于150 t/d 的为小型转运站，转运量为150～450 t/d 的为中型转运站，转运量大于450 t/d 的为大型转运站。垃圾转运量可按下列公式计算：

$$Q=\frac{\delta \times n \times q}{1\ 000} \tag{4.2.2}$$

式中　Q——转运站规模，t/d；

δ——垃圾产量变化系数，按当地实际资料采用，若无资料时，一般可取1.13～1.40；

n——服务区域内人口数；

q——人均垃圾产量，kg/(人·d)，按当地实际资料采用，若无资料时，可采用0.8～1.8 kg/(人·d)。

4.2.3　转运站的设置应符合下列要求。

(1)小型转运站每2～3 km^2设置一座，用地面积不宜小于800 m^2。

(2)垃圾运输距离超过20 km时，应设置大、中型转运站。

(3)垃圾转运站用地面积应根据日转运量确定，并应符合表4.2.3的规定。

表4.2.3　垃圾转运站用地标准

转运量/(t/d)	用地面积/m^2	与相邻建筑间距/m	绿化隔离带宽度/m
≤150	≤3 000	≥10	≥5
150～450	2 500～10 000	≥15	≥8
>450	>8 000	≥30	≥15

注：1. 表内用地面积不包括垃圾分类和堆放作业用地。

2. 用地面积中包含沿周边设置的绿化隔离带用地。用地面积可根据绿化率的提高而增加。

3. 表中转运量按每日工作一班制计算。

4. 当选用的用地指标为两个档次的重合部分时，可采用下档次的绿化隔离带指标。

5. 二次转运站宜偏上限选取用地指标。

4.2.4　垃圾转运站外型应美观，并应与周围环境相协调，操作应实现封闭、减容、压缩，设备力求先进。飘尘、噪声、臭气、排水等指标应符合相应的环境保护标准。转运站绿化率不应大于30%。

4.5.1　垃圾处理设施

(3)各类垃圾处理厂内外应种植绿化隔离带，厂内绿化率不应大于30%。

4.5.2　卫生填埋设施应符合下列要求。

(1)卫生填埋设施应符合国家现行标准《城市环境卫生设施规划规范》GB 50337、《生活垃圾卫生填埋技术规范》CJJ 17、《城市生活垃圾卫生处理工程项目建设标准》(2001年7月1日施行)、《生活垃圾填埋污染控制标准》GB 16889的有关规定。

(2)卫生填埋场应选择在地质情况较好的远郊，并与垃圾处理综合利用相结合。用地面积的计算应符合本标准附录C的规定。

4.7.2　贮粪池应封闭并采取措施防止渗漏、气爆和燃烧。北方地区应采取防冻措施。贮粪池周围应视其规模设置围栏和绿化隔离带。

4.7.3　粪便的处理应逐步纳入城市污水管网，统一处理。在城市污水管网不健全地区，化粪池粪便可设置粪便处理厂或通过粪便预处理厂预处理后排入污水厂。

4.7.4　粪便处理厂用地面积根据处理量、处理工艺确定。用地面积应按表4.7.4规定计算。

表4.7.4　粪便无害化处理厂用地指标

处理方式	厌氧(高温)/(m^2/t)	厌氧—好氧/(m^2/t)	稀释—好氧/(m^2/t)	预处理/(m^2/t)
用地指标	20~25	12~15	25~30	6~10

附录A　垃圾日排出量及垃圾容器设置数量的计算方法

A.0.1　垃圾容器收集范围内的垃圾日排出重量应按下式计算：

$$Q = A_1 A_2 RC \tag{A.0.1}$$

式中　Q——垃圾日排出重量，t/d；

A_1——垃圾日排出重量不均匀系数，$A_1 = 1.1 \sim 1.5$；

A_2——居住人口变动系数，$A_2 = 1.02 \sim 1.05$；

R——收集范围内规划人口数量，人；

C——预测的人均垃圾日排出重量，t/(人·d)。

A.0.2　垃圾容器收集范围内的垃圾日排出体积应按下式计算：

$$V_{ave} = \frac{Q}{D_{ave} A_3} \tag{A.0.2-1}$$

$$V_{max} = K V_{ave} \tag{A.0.2-2}$$

式中　V_{ave}——垃圾平均日排出体积，m^3/d；

A_3——垃圾密度变动系数 $A_3 = 0.7 \sim 0.9$；

D_{ave}——垃圾平均密度，t/m^3；

K——垃圾高峰时日排出体积的变动系数，$K = 1.5 \sim 1.8$；

V_{max}——垃圾高峰时日排出最大体积，m^3/d。

A.0.3　收集点所需设置的垃圾容器数量应按下式计算：

$$N_{ave} = \frac{V_{ave}}{EB} A_4 \tag{A.0.3-1}$$

$$N_{max} = \frac{V_{max}}{EB} A_4 \tag{A.0.3-2}$$

式中　N_{ave}——平均所需设置的垃圾容器数量；

E——单只垃圾容器的容积，m^3/只；

B——垃圾容器填充系数 $B = 0.75 \sim 0.9$；

A_4——垃圾清除周期(d/次)，当每日清除2次时 $A_4 = 0.5$，每日清除1次时 $A_4 = 1$，每2日清除1次时 $A_4 = 2$，依次类推；

N_{max}——垃圾高峰时所需设置的垃圾容器数量。

附录C　垃圾最终处置场用地面积计算公式

C.0.1　垃圾最终处置场用地面积应按下式计算：

$$S=365y\left(\frac{Q_1}{D_1}+\frac{Q_2}{D_2}\right)\frac{1}{Lck_1k_2} \qquad (C.0.1)$$

式中 S——最终处置场的用地面积，m^2；

365——一年的天数；

y——处置场使用期限，年；

Q_1——日处置垃圾质量，t/d；

D_1——垃圾平均密度，t/m^3；

Q_2——日覆土质量，t/d；

D_2——覆盖土的平均密度，t/m^3；

L——处置场允许堆积（填埋）高度，m；

c——垃圾压实（沉降）系数，$c=1.25\sim1.8$；

k_1——堆积（填埋）系数，与作业方式有关，$k_1=0.35\sim0.7$，平原地区取高值，山区取低值；

k_2——处置场占地面积利用系数，$k_2=0.75\sim0.9$。

5.1.2 基层环境卫生机构的用地指标应按表5.1.2确定。

表5.1.2 基层环境卫生机构用地指标

基层机构设置数/（个/万人）	万人指标/（m^2/万人）		
	用地规模	建筑面积	修理工棚面积
1/1～5	310～470	160～240	120～170

注：1.表中“万人指标”中的“万人”，系指居住地区的人口数量。

2.用地面积计算指标中，人口密度大的取下限，人口密度小的取上限。

5.3.2 作息场所可单独设置或与其他环卫设施合建。作息场所设置指标应符合表5.3.2的规定。

表5.3.2 环境卫生清扫、保洁工人作息场所设置指标

作息场所设置数/（个/万人）	环境卫生清扫、保洁工人平均占有建筑面积/（m^2/人）	每处空地面积/（m^2/人）
1/0.8～1.2	3～4	20～30

注：表中万人系指工作地区范围的人口数量。

11.2 《城市环境卫生设施规划规范》GB 50377—2003（节录）

3.2.3 商业区、市场、客运交通枢纽、体育文化场馆、游乐场所、广场、大型社会停车场、公园及风景名胜区等人流集散场所附近应设置公共厕所。其他城市用地也应按需求设置相应等级和数量的公共厕所。

3.2.4 公共厕所位置应符合下列要求。

（1）设置在人流较多的道路沿线、大型公共建筑及公共活动场所附近。

(2)独立式公共厕所与相邻建筑物间宜设置不小于3 m宽绿化隔离带。

3.2.6　公共厕所建筑标准的确定:商业区、重要公共设施、重要交通客运设施、公共绿地及其他环境要求高的区域的公共厕所不低于一类标准,主、次干路及行人交通量较大的道路沿线的公共厕所不低于二类标准,其他街道及区域的公共厕所不低于三类标准。

3.3　生活垃圾收集点

3.3.1　生活垃圾收集点应满足日常生活和日常工作中产生的生活垃圾的分类收集要求,生活垃圾分类收集方式应与分类处理方式相适应。

3.3.3　生活垃圾收集点的服务半径不宜超过70 m,生活垃圾收集点可放置垃圾容器或建造垃圾容器间;市场、交通客运枢纽及其他产生生活垃圾量较大的设施附近应单独设置生活垃圾收集点。

3.3.4　医疗垃圾等固体危险废弃物必须单独收集、单独运输、单独处理。

3.3.5　生活垃圾收集点的垃圾容器或垃圾容器间的容量按生活垃圾分类的种类、生活垃圾日排出量及清运周期计算,其计算方法与《城市环境卫生设施规划规范》GB 50377同。

3.5　粪便污水前端处理设施

3.5.1　城市污水管网和污水处理设施尚不完善的区域,可采用粪便污水前端处理设施;城市污水管网和污水处理设施较为完善的区域,可不设置粪便污水前端处理设施,应将粪便污水纳入城市污水处理厂统一处理。规划城市污水处理设施规模及污水管网流量时应将粪便污水负荷计入其中。

3.5.2　当粪便污水前端处理设施的出水排入环境水体、雨水系统或中小系统时,其出水水质必须达到相关标准的要求。

3.5.3　粪便污水前端处理设施距离取水构筑物不得小于30 m,离建筑物净距不宜小于5 m;粪便污水前端处理设施设置的位置应便于清掏和运输。

4.2.3　生活垃圾转运站设置标准应符合表4.2.3的规定。

表4.2.3　生活垃圾转运站设置标准

转运量/(t/d)	用地面积/m^2	与相邻建筑间距/m	绿化隔离带宽度/m
>450	>8 000	>30	≥15
150~450	2 500~10 000	≥15	≥8
50~150	800~3 000	≥10	≥5
<50	200~1 000	≥8	≥3

注:1. 表内用地面积不包括垃圾分类和堆放作业用地。

2. 用地面积中包含周边设置的绿化隔离带用地。

3. 生活垃圾转运站的垃圾转运量可按本规范附录B公式计算。

4. 当选用的用地指标为两个档次的重合部分时,可采用下档次的绿化隔离带指标。

5. 二次转运站宜偏上限选取用地指标。

4.2.4　采用非机动车收运方式时,生活垃圾转运站服务半径宜为0.4~1 km;采用小型机动车收运方式时,其服务半径宜为2~4 km;采用大、中型机动车收运的,可根据实际情况确定其服务范围。

4.3 水上环境卫生工程设施

4.3.1 垃圾码头的设置应符合下列规定。

(1)在临近江河、湖泊、海洋和大型水面的城市,可根据需要设置以清除水生植物、漂浮垃圾和收集船舶垃圾为主要作业的垃圾码头以及为保证码头正常运转所需的岸线。

(4)垃圾码头综合用地按每米岸线配备不少于15~20 m^2的陆上作业场地,周边还应设置宽度不小于5 m的绿化隔离带。其岸线计算方法见附录C。

4.3.2 粪便码头的设置应符合下列规定。

(3)粪便码头综合用地的陆上作业场地同4.3.1条第4款,绿化隔离带宽度不得小于10 m。其岸线计算方法见附录C。

4.4 粪便处理厂

4.4.1 在污水处理率低、大量使用旱厕及粪便污水处理设施不健全的城市可设置粪便处理厂。

4.4.2 粪便处理厂应设置在城市规划建成区边缘并宜靠近规划城市污水处理厂,其周边应设置宽度不小于10 m的绿化隔离带,并与住宅、公共设施等保持不小于50 m的间距,粪便处理厂用地面积根据粪便日处理量和处理工艺确定。

4.5 生产垃圾卫生填埋场

4.5.1 生活垃圾卫生填埋场应位于城市规划建成区以外、地质情况较为稳定、取土条件方便、具备运输条件、人口密度低、土地及地下水利用价值低的地区,并不得设置在水源保护区和地下蕴矿区内。

4.5.2 生活垃圾卫生填埋场距大、中城市的城市规划建成区应大于5 km,距小城市规划建成区应大于2 km,距居民点应大于0.5 km。

4.5.3 生活垃圾卫生填埋场用地内绿化隔离带宽度不应小于20 m,并沿周边设置。

4.5.4 生活垃圾卫生填埋场四周宜设置宽度不小于100 m的防护绿地或生态绿地。

4.5.5 生活垃圾卫生填埋场使用年限不应小于10年,填埋场封场后应进行绿化或其他封场手段。

4.6 生活垃圾焚烧厂

4.6.1 当生活垃圾热值大于5 000 kJ/kg且生活垃圾卫生填埋场选址困难时宜设置生活垃圾焚烧厂。

4.6.2 生活垃圾焚烧厂宜位于城市规划建成区边缘或以外。

4.6.3 生活垃圾焚烧厂综合用地指标采用50~200 $m^2/(t/d)$,并不应小于1 hm^2,其中绿化隔离带宽度应不小于10 m并沿周边设置。

4.7 生活垃圾堆肥厂

4.7.1 生活垃圾中可生物降解的有机物含量大于40%时,可设置生活垃圾堆肥厂。

4.7.2 生活垃圾堆肥厂应位于城市规划建成区以外。

4.7.3 生活垃圾[illegible]合用地指标采用85~300 $m^2/(t/d)$,其中绿化隔离带宽度应不小于10 m并沿周边设置。

5 其他环境卫生设施

5.1 车辆清洗站

5.1.1 大、中城市的主要对外交通道路进城侧应设置进城车辆清洗站并宜设置在城市规划建成区边缘，用地宜为1 000 ~ 3 000 m^2。

5.1.2　在城市规划建成区内应设置车辆清洗站，其选址应避开交通拥挤路段和交叉口，并宜与城市加油站、加气站及停车场等合并设置，服务半径一般为0.9 ~ 1.2 km。

5.2　环境卫生车辆停车场

5.2.1　大、中城市应设置环境卫生车辆停车场，其他城市可根据自身情况决定是否设置环境卫生车辆停车场。

5.2.2　环境卫生车辆停车场的用地指标可按环境卫生作业车辆150 m^2/辆选取，环境卫生车辆数量指标可采用2.5辆/万人。

5.3　环境卫生车辆通道

5.3.1　通向环境卫生设施的通道应满足环境卫生车辆进出通行和作业的需要；机动车通道宽度不得小于4 m，净高不得小于4.5 m；非机动车通道宽度不得小于2.5 m，净高不得小于3.5 m。

5.3.2　机动车回车场地不得小于12 m×12 m，非机动车回车场地不小于4 m×4 m，机动车单边道尽端式道路不应长于30 m。

5.4　洒水车供水器

5.4.1　环境卫生洒水冲洗车可利用市政给水管网及地表水、地下水、中水作为水源，其水质应满足《城市污水再生利用城市杂用水水质》(GB/T 18920—2002)的要求；供水器宜设置在城市次干路和支路上，设置间距不宜大于1 500 m。

附录B　生活垃圾转运量计算

B.0.1　生活垃圾转运量计算方法：

$$Q=\delta nq/1\,000 \tag{B.0.1}$$

式中　Q——转运站生活垃圾的日转运量，t/d；

n——服务区域内居住人口数；

q——服务区域内生活垃圾人均日产量，kg/(人·d)，按当地实际资料采用，若无资料时，可采用0.8 ~ 1.8 kg/(人·d)；

δ——生活垃圾产量变化系数，按当地实际资料采用，若无资料时，一般可采用1.3 ~ 1.4。

附录C　垃圾、粪便码头岸线计算

C.0.1　垃圾、粪便码头所需要的岸线长度应根据装卸量、装卸生产率、船只吨位、河道允许船只停泊档数确定。码头岸线由停泊岸线和附加岸线组成。当日装卸量在300 t以内时，按表C.0.1选取。

表C.0.1　垃圾、粪便码头岸线计算

船只吨位/t	停泊档数	停泊岸线/m	附加岸线/m	岸线折算系数/(m/t)
30	二	110	15 ~ 18	0.37
30	三	90	15 ~ 18	0.30
30	四	70	15 ~ 18	0.24
50	二	70	18 ~ 20	0.24

续表

船只吨位/t	停泊档数	停泊岸线/m	附加岸线/m	岸线折算系数/(m/t)
50	三	50	18～20	0.17
50	四	50	18～20	0.17

注:作业制按每日一班制,附加岸线系拖轮的停泊岸线。

当日装卸量超过300 t时,码头岸线长度计算采用公式C.0.1,并与表C.0.1结合使用。

$$L = Qq + I \tag{C.0.1}$$

式中 L——码头岸线计算长度,m;

Q——码头垃圾或粪便日装卸量,t;

q——岸线折算系数,m/t,见表C.0.1;

I——附加岸线长度,m,见表C.0.1。

11.3 《天津市城市规划管理技术规定》2009(节录)

第一百一十二条 垃圾转运站用地面积依据日转运量确定,建设用地指标应当符合下表规定。

转运量/(t/d)	类型	用地面积/m^2	附属建筑面积/m^2	与相邻建筑间距/m	绿化间隔带宽度/m
≤150	小型	1 000～1 500	100	≥10	≥5
150～450	中型	1 500～4 500	100～300	≥15	≥8
>450	大型	>4 500	>300	≥30	≥15

注:垃圾转运站和再生资源回收站合并设置的,用地面积可以增加1 000至1 500 m^2。

第一百一十三条 生活垃圾卫生填埋场应当符合下列规定:

(一)距离中心城市、滨海新区核心区大于5 km,距离新城、建制镇建成区大于2 km,距离居民点大于0.5 km;

(二)用地面积指标根据设计处理量,依照规范计算执行;

(三)四周应当设置不小于100 m的防护绿带。

第一百一十四条 设置生活垃圾焚烧厂应当符合下列规定:

(一)选址在城镇以外地区;

(二)用地面积应当符合下表规定。

类型	日处理规模/t	总用地面积/万 m^2
Ⅰ类	>1 200	4～6
Ⅱ类	600～1 200	3～4

续表

类型	日处理规模/t	总用地面积/万 m^2
Ⅲ类	150～600	2～3
Ⅳ类	50～150	1～2

注：总用地面积指标含上限值，不含下限值。

第一百一十五条　公共厕所分为独立式、附建式和活动式。

加油站、公交首末端、地铁出入口以及大型公建等设施应当设置公共厕所。

第一百一十六条　独立式公共厕所应当符合下表规定。

城市用地类别	设置密度/(座/km^2)	设置间距/m	建筑面积/(m^2/座)	独立式公共厕所用地面积/(m^2/座)
居住用地	3～5	500～800	30～60	60～100
公共设施用地	4～11	300～500	50～120	80～170
工业用地仓储用地	1～2	800～1000	30	60

注：1. 其他各类城市用地的公共厕所可按下列标准设置：ⓐ结合周边用地类别和道路类型综合考虑，沿路设置的间距要求为主干路、次干路、有辅道的快速路为500～800 m，支路、有人行道的快速路为800～1 000 m；ⓑ公共厕所建筑面积根据服务人数确定；ⓒ独立式公共厕所用地面积根据公共厕所建筑面积按相应比例确定。

2. 用地面积中不包含与相邻建筑物间的绿化隔离带用地。

第一百一十七条　独立式公共厕所外墙与相邻建筑物距离一般不小于5 m，周围应当设置不小于3 m的绿化带。

11.4 《上海市基础设施用地指标》(节录)

5.2.1　公共厕所用地指标见表5.2.1。

表5.2.1　公共厕所用地指标

<table>
<tr><th colspan="2">区　域</th><th>设置密度/(座/km²)</th><th>独立式公共厕所用地面积/(m²/座)</th></tr>
<tr><td colspan="2">商业区、市中心、副中心、中心商务区等公共活动区</td><td>8</td><td>80～170</td></tr>
<tr><td rowspan="4">居住区</td><td>旧城居住区</td><td>5</td><td rowspan="4">60～100</td></tr>
<tr><td>旧城区改造地区</td><td>4～5</td></tr>
<tr><td>新建居住区</td><td>4</td></tr>
<tr><td>一般居住区</td><td>4</td></tr>
<tr><td colspan="2">工业区、仓储区</td><td>1～2</td><td>60</td></tr>
</table>

注：1. 新建公共厕所应考虑与环卫作息场所合建。

2. 新建独立公共厕所，外墙与相邻建筑物的间距宜大于5.0 m，并可设置绿化隔离带。

5.2.2　垃圾容器间的服务半径宜小于70 m。

5.3.1　小型垃圾压缩收集站用地指标见表5.3.1。

表 5.3.1　小型垃圾压缩收集站用地指标

序号	设计日处理能力/(t/d)	建筑面积/m^2	车辆运行场地/m^2	总用地面积/m^2
1	≤4	40~80	70	110~150

注:1. 以上用地面积不包含绿化隔离带用地和垃圾分类作业用地。

2. 超过上述处理能力的小型压缩收集站用地应根据实际情况另行考虑。

5.3.2　气力收集系统收集站用地指标见表 5.3.2。

表 5.3.2　气力收集系统收集站用地指标

垃圾量/(t/d)	机房用地面积/m^2	集装箱装卸区用地面积 /m^2	绿化隔离带宽度/m
<10	150~300	60~100	≥3
10~20	300~400	60~100	≥3
20~50	700~900	100~200	≥3

5.4　转运设施工程

5.4.1　垃圾(粪便)码头

(1)码头岸线长度为设计船型长度加富裕宽度或者设计并靠船舶的总长度加富裕宽度之和。富裕宽度按表 5.4.1 确定。

表 5.4.1　富裕宽度确定参数

设计船型载货量/t	富裕宽度/m
≤300	0.5~1.0*B*
>300	1.0~1.5*B*

注:*B* 为设计船型宽度。

(2)垃圾(粪便)码头综合用地按每米岸线配备不少于 15~20 m^2 的陆上作业场地,周边还应设置宽度不小于 5 m 的绿化隔离带。

(3)采用集装箱中转运输的垃圾码头,若需要附设垃圾压缩装箱功能的,其作业用地参照垃圾转运站用地标准。

5.4.2　垃圾转运站用地指标见表 5.4.2。

表 5.4.2　垃圾转运站建设用地指标

类型	设计转运量/(t/d)	用地指标/m^2
Ⅰ类	1 000~3 000	≤20 000
Ⅱ类	450~1 000	15 000~20 000
Ⅲ类	150~450	4 000~15 000
Ⅳ类	50~150	1 000~4 000

注:1. 表中指标不含垃圾分类、资源回收等其他功能用地。

2. 用地面积含转运站周边专门设置的绿化隔离带，但不含兼起绿化隔离作用的市政绿地和园林用地。

3. 与相邻建筑间隔自转运站边界起计算。

4. 对于临近江河、湖泊、海洋和大型水面的城市生活垃圾转运码头，其路上转运站用地指标可适当上浮。

5. 以上规模类型Ⅱ、Ⅲ、Ⅳ的设计运转量含下限值不含上限值，Ⅰ含上限值。

5.5.1 垃圾填埋场

新建填埋场的库容系数不宜小于 15 m^3/m^2。

5.5.2 垃圾焚烧厂建设用地指标见表 5.5.2。

表 5.5.2 垃圾焚烧厂建设用地指标

类型	日处理能力/(t/d)	用地指标/m^2
Ⅰ类	1 200～2 000	40 000～60 000
Ⅱ类	600～1 200	30 000～40 000

注：1. 对于大于 2 000 t/d 特大型焚烧处理工程项目，其超出部分建设用地面积按 30 m^2/(t/d) 递增计算。

2. 建设规模大的取上限，规模小的取下限，中间规模应采用内插法确定。

3. 本指标不含绿地面积。

5.5.3 垃圾综合处理厂用地指标主要是指堆肥工艺。用地指标见表 5.5.3。

表 5.5.3 垃圾综合处理厂建设用地指标

类型	日处理能力/(t/d)	用地指标/m^2
超Ⅰ类	≥600	50 000～80 000
Ⅰ类	300～600	35 000～50 000
Ⅱ类	150～300	25 000～35 000

注：1. 表中面积指标不包含综合利用产品深加工处理、残余物处理用地面积。

2. 建设规模大的取上限，规模小的取下限，中间规模应采用内插法确定。

3. 本指标不含绿地面积。

4. 如果综合处理厂包含超过一种处理工艺，则其建设用地指标可以酌情增加。

5.5.4 粪便预处理厂

粪便预处理厂用地面积为 6～10 m^2/t。

5.6.1 环卫作息场所用地指标见表 5.6.1。

表 5.6.1 环卫作息场所用地指标

作息场设置数/(个/万人)	每座建筑面积/m^2	每处空地面积/(m^2/作息工人)
1/2.5	60～80	20

5.6.2 基层环境卫生机构用地指标见表 5.6.2。

表 5.6.2 基层环境卫生机构用地指标

人口数/万人	设置数	用地规模/m^2	建筑面积/m^2	修理工棚面积/m^2
4~6	1	1 240~1 860	640~960	480~720

5.6.3 环卫专用停车场每辆大型车辆用地面积不超过 150 m^2。

5.6.4 水域保洁作业管理基地

(1)水域保洁作业基地按 14 km/座的密度设置,岸线长度按 150~180 m 布置,陆上用地面积按 1 000~1 200 m^2控制,并应设生产和生活用房。

(2)水域保洁管理基地按航道分段设管理站,使用岸线每处按 120~150 m 布置,陆上用地面积按 1 000~1 200 m^2控制。

11.5 《镇规划标准》GB 50188—2007(节录)

12.3.2 垃圾转运站的规划宜符合下列规定:

(1)宜设置在靠近服务区域的中心或垃圾产量集中和交通方便的地方;

(2)生活垃圾日产量可按每人 1.0~1.2 kg 计算。

12.3.3 镇区应设置垃圾收集容器(垃圾箱),每一收集容器(垃圾箱)的服务半径宜为 50~80 m。镇区垃圾应逐步实现分类收集、封闭运输、无害化处理和资源化利用。

12.3.6 镇区应设置环卫站,其规划占地面积可根据规划人口每万人 0.10~0.15 hm^2 计算。

11.6 《山东省村庄建设规划编制技术导则》(试行)2006(节录)

9.10.2 无害化卫生厕所覆盖率100%,普及水冲式卫生公厕。村庄公共厕所的服务半径一般为300 m,垃圾收集点的服务半径一般不超过70 m。

11.7 《村庄整洁技术规范》GB 50445—2008(节录)

5.2 垃圾收集与运输

5.2.2 垃圾收集点应放置垃圾桶或设置垃圾收集池(屋),并应符合下列规定:

(1)收集点可根据实际需要设置,每个村庄不应少于 1 个垃圾收集点;

(2)收集频次可根据实际需要设定,可选择每周 1~2 次。

5.2.3 垃圾收集点应规范卫生保护措施,防止二次污染。蝇、蚊孳生季节,应定期喷洒消毒及灭蚊蝇药物。

5.2.4 垃圾运输过程中应保持封闭或覆盖、避免遗撒。

11.8 《村镇规划卫生标准》GB 18055—2000(节录)

为贯彻“预防为主”的方针,控制天然和人为的有害因素对人体健康的直接和间接危害,充分利用有益于身心健康的自然因素,为村镇居民提供卫生良好的生活居住环境,保障身体健康,特制定本标准。

1 主题内容与适用范围

本标准规定了村镇规划卫生的基本原则、要求和住宅用地与产生有害因素企业、场所之间的卫生防护距离。

本标准适用于县以下的集镇(不含县城镇)和不同规模村庄的规划与建设,也适用于已编制的村镇规划的卫生评价和旧村镇的扩建和改建。

2 引用标准

GB 9981—88《农村住宅卫生标准》

GB 7959—87《粪便无害化卫生标准》

3 标准内容

3.1 村镇用地的卫生要求

3.1.1 村镇规划用地应首先选择对原有村庄、集镇的改造,新选用地要选择自然景观较好、向阳、高爽、易于排水、通风良好、土地未受污染或污染已经治理或自净、放射性本底值符合卫生要求、地下水位低的地段,并充分利用荒地,尽量少占或不占耕地。

3.1.2 村镇用地必须避开地方病高发区、重自然疫源地,必须避开强风、山洪、泥石流等的侵袭。

3.1.3 村镇应选在水源水质良好、水量充足、便于保护的地段。

3.2 村镇各类建筑用地布局的卫生要求

村镇用地要按各类建筑物的功能(例如住宅、工业副业生产、公共建筑、集贸市场等)划分合理的功能区。功能接近的建筑要尽量集中,避免功能不同的建筑混杂布置。对旧区的布局,要在充分利用的基础上逐步改造。

3.2.1 住宅建筑用地。

3.2.1.1 住宅建筑应布置在村镇自然条件和卫生条件最好的地段;选择在本地大气主要污染源常年夏季最小风向频率的下风侧和水源污染段的上游。

3.2.1.2 要有足够的住宅建筑用地,其中应有一定数量的公共绿地面积和基本卫生设施。

3.2.1.3 住宅设计要符合农村的住宅卫生标准(GB 9981—88),并使尽量多的居室有最好的朝向,以保证其良好日照和通风。

3.2.1.4 住宅用地与产生有害因素的乡镇工业、副业、饲养业、交通运输及农贸市场等场所之间应设卫生防护距离。

3.2.1.5 卫生防护距离标准(见附录)。

3.2.3 公共建筑用地。

3.2.3.1 公共建筑主要指行政管理、教育、文化科学、医疗卫生、商业服务和公用事业等设施,上述设施应按各自功能合理布置。

3.2.3.2　中、小学校要布置在安静的独立地段，教室离一到四级道路距离不得小于100 m。

3.2.3.3　医院、卫生院应设在水源的下游，靠近住宅用地、交通方便、四周便于绿化、自然环境良好的独立地段，并应避开噪声和其他有害因素的影响，病房离一至四级道路距离不得小于100 m。

3.2.4　集贸市场。

3.2.4.1　集贸市场要选在交通方便、避免对饮用水造成污染的地方。

3.2.4.2　集贸市场要有足够的面积，以平常日累计赶集人数计，人均面积不得少于0.7 m^2，其中包括人均0.15 m^2 的停车场。

3.2.4.3　集贸市场必须设有公厕，应有给排水设施，有条件的地方应设自来水，暂无条件者，应因地制宜供应安全卫生饮用水。

3.2.4.4　市场地面应采用硬质或不透水材料铺面，并有一定坡度，以利清洗和排水。

3.3　道路

一至四级道路应避免穿越村镇，机动车道应避免穿越住宅区，以保证住宅区交通安全和不受噪声等污染。

3.4　给水、排水的卫生要求

3.4.1　村镇给水应尽量采用水质符合卫生标准、量足、水源易于防护的地下水源，给水方式尽量采用集中式。以地面水为水源的集中式给水，必须对原水进行净化处理和消毒。

3.4.2　村、镇应逐步建立和完善适宜的排水设施、镇（乡）医院、卫生院传染病房的污水必须进行处理和消毒。

3.4.3　工厂和农副业生产场、所要对本厂（场、所）的污水进行适当的处理，符合国家有关标准后才能排放。

3.5　粪便、垃圾无害化

要结合当地条件，建造便于清除粪便、防蝇、防臭、防渗漏的户厕和公厕。按《粪便无害化卫生标准》（GB 7959—87）规定，根据当地的用肥习惯，采用沼气化粪池、沼气净化池、三格化粪池、高温堆肥等多种形式对粪便进行无害化处理。在接近农田的独立地段，合理安排足够的粪便和垃圾处理用地。

附　录

《村镇规划卫生标准》规定的住宅用地与产生有害因素的乡镇工业、副业、饲养业、交通运输及农贸市场等场所之间应设卫生防护距离。见下表。

卫生防护距离标准

产生有害因素的设施		卫生防护距离/m
养鸡场	规模200~10 000只	100~200
养鸡场	规模10 000~200 000只	200~600
养猪场	规模500~1 000头	200~800
养猪场	规模1 000~25 000头	800~1 000

续表

产生有害因素的设施		卫生防护距离/m
小型肉类加工厂	生产规模 1 500 t/年	100
排氯化工厂	用氯 600 t/年	300
磷肥厂	生产规模 40 000 t/年	600
氮肥厂	生产规模 25 000 t/年	800
小钢铁厂	生产规模 10 000 t/年	300
铅冶炼厂	生产规模 3 000 t/年	800
铁路		100
一至四级道路		100
四级以下机动车道		50
镇(乡)医院、卫生院		100
集贸市场(不包括大牲口市场)		50
粪便垃圾处理场		500
垃圾堆肥场		300
垃圾卫生填埋场		300
小三格化粪池集中设置场		30
大三、五格化粪池		30

注:1. 卫生防护距离系指产生有害因素的企业、场所的主要污染源的边缘至住宅建筑用地边界的最小距离。

2. 在严重污染源的卫生防护距离内应设置防护林带。

3. 养鸡场、养猪场和肉类加工厂应采用暗沟或管道排污,应设置不透水的储粪池,最好就近采用沼气或其他适宜的方式进行无害化处理。

4. 凡生产规模不足或超过本标准规定的上述企业(场所)或有其他特殊情况者,其卫生防护距离由当地卫生监督部门参照本标准确定。

第三部分

1 城市消防规划

城市消防规划应全面贯彻科学发展观,坚持“预防为主、防消结合”的消防工作方针和“科学合理、技术先进、经济适用”的规划原则,优化处理城市规划建设发展与消防安全保障体系的相互关系,从火灾预防、灭火救援等方面满足城市发展的安全需要,促进消防力量向多种形式发展,提高消防工作社会化水平。

城市消防规划是城市总体规划的重要组成部分,也是城市综合防灾减灾体系规划的基础之一,应与有关规划相衔接;城市消防安全布局和公共消防基础设施建设,应与城市综合防灾减灾系统和市政公用等工程系统的有关设施实现资源共享、优化配置。

1.1 城市消防规划的必要性和重要性

一个国家或地区、城镇,对灾害的防治与减轻所表现的行为效能,是评价其现代文明程度、社会保障力的重要标志之一。对于现代城市而言,不仅要重视物质财富的生产和积累,重视城市可持续发展、生态平衡,为人们提供生活方便、舒适和景观优美的环境,还必须强调城市系统的安全可靠,即城市必须具备与社会经济发展相适应的防灾、抗灾、救灾的综合能力,建立起相应的防灾救灾安全体系。

城市灾害包括火灾、爆炸、化学灾害、地震、洪水、危岩滑坡、泥石流、交通事故、战争等。在城市各类灾害中,火灾是发生频率最高、涉及面广泛、造成损失巨大、社会反响强烈的一种突发性灾害。为此,城市必须具备相应的抗御火灾的能力。《中华人民共和国消防法》规定:“城市人民政府应当按照国家规定的消防站建设标准建立公安消防队、专职消防队,承担火灾扑救工作。镇人民政府可以根据当地经济发展和消防工作的需要,建立专职消防队、义务消防队,承担火灾扑救工作。公安消防队除保证完成本法规定的火灾扑救工作外,还应当参加其他灾害或者事故的抢险救援工作。”而且,《消防改革与发展纲要》明确提出了我国消防事业改革与发展的基本原则和总体目标,并要求:“为了发挥消防队伍出动迅速和人员技能、器材装备方面的优势,更好地为经济建设和社会服务,消防队伍除承担防火监督和灭火任务外,还要积极参加其他灾害事故的抢险救援,要随时接受各单位和人民群众的报警求助,使消防队伍成为当地紧急处置各种灾害事故、抢险救援的一支突击队。”衡量、评价一个城市的公共基础设施是否完备,城市经济建设和社会发展是否具有安全保障,其重要标志之一,即是城市是否建立了完善而有效的消防安全体系。因此,城市消防安全体系是建立城市综合防灾救灾安全体系的重要基础,是城市防灾救灾工作中的一项首当其冲而又极其重要的任务。

通过编制科学合理的城市消防规划,为消防事业的发展制定具体目标,落实具体措施,搞好城市消防安全布局,加强城市公共消防设施建设,才能建立起完善的城市消防安全体系,才能提高城市防灾、抗灾和救灾的综合能力,“防”、“消”并举,才能防止大火发生或者把灾害损失减少到最低程度。

综上所述,城市必须建立防灾救灾安全体系,消防安全体系是城市综合防灾救灾体系的重要基础,而编制城市消防规划则是建立城市消防安全体系的重要基础。

目前,全国仍有数以万计的城市、建制镇尚未编制消防规划,而且,由于我国目前还没有颁布《城市消防规划规范》、《城市消防规划编制办法》之类的技术标准,在规划编制工作中暂无技术标准可遵照,以致城市消防规划编制工作难于组织和开展。目前已完成的规划成果质量也显得参差不齐,有的消防规划本身就不完全符合有关消防技术规定,有的消防规划缺乏可操作性,对城市消防设施建设不具备指导意义,消防规划不能很好地组织实施。因此,面对城市本身对消防安全的客观需要,面对日益严峻的火灾形势,城市消防规划编制和实施建设的落后局面必须尽快改变。

1.2 城市消防规划的地位和作用

1.2.1 有关法规摘要

《中华人民共和国城市规划法》规定:“编制城市规划应当符合城市防火、防爆、抗震、防洪、防泥石流和治安、交通管理、人民防空等要求”。

《中华人民共和国消防法》规定:“城市人民政府应当将包括消防安全布局、消防站、消防供水、消防通信、消防车通道、消防装备等内容的消防规划纳入城市总体规划,并负责组织有关主管部门实施。”

《城市消防规划建设管理规定》规定:“城市消防安全布局和消防站、消防给水、消防车通道、消防通信等公共消防设施,应当纳入城市规划,与其他市政基础设施统一规划、统一设计、统一建设。”

1.2.2 消防规划在城市规划中的地位和作用

城市规划是城市人民政府指导城市科学合理地发展建设和科学地管理城市的重要手段,是一项战略性、综合性很强的政府职能。

编制城市消防规划,就是根据城市总体规划所确定的城市发展目标、性质、规模和空间发展形态,城市功能分区、各类用地分布状况、基础设施配置状况和地域特点,综合研究并确定城市总体布局的消防安全要求和城市公共消防设施规划建设及其相互关系。因此,在编制城市总体规划时,一般应同步编制城市消防规划,以利于科学合理地调整城市消防安全布局,在城市建设发展中同步建设城市消防公共基础设施,适应现代城市消防防灾救灾(包括地震时的次生灾害、战争火灾和其他灾害事故)的客观需要,把城市火灾损失减少到最低程度。

在城市总体规划中,城市发展目标、城市性质、人口和用地规模、土地利用和空间布局结构、功能分区、城市交通系统、对外交通系统、园林绿地系统、河湖水系、历史文化保护、旧区改建等方面都与消防规划密切相关,特别是人员密集的公共活动场所、危险化学品产业或设施布局、城市道路、供水、通信、供电、燃气等方面,既有明确的消防安全需求,也包含着消防设施的规划建设条件。因此,城市消防规划作为一项重要的专业规划,应与城市的其他各项专业规划相互协调,才能体现规划的科学性、合理性。

我国消防工作实施的“预防为主、防消结合”方针是多年实践的总结，它科学地说明了防火与灭火的辩证关系，防火与灭火是一个问题的两个方面，相辅相成，有机结合。因此，城市消防规划就是一项既考虑城市消防安全布局、又考虑城市公共消防设施（消防站、消防给水、消防车通道、消防通信等）的专业规划。

综上所述，城市消防规划是城市总体规划的重要组成部分，是城市总体规划阶段的一个重要的专业专项规划，是城市总体规划在城市消防安全方面的深化、细化和完善。其作用是：确定城市消防的发展目标和总体布局，建立城市消防安全体系，为政府和相关部门提供决策和管理依据，指导城市公共消防设施建设，改善城市消防安全布局，适应保障城市消防安全的客观需要。

具体作用特别表现为：①具体落实城市消防设施规划建设用地并依法进行管理；②为制定政策和消防基础设施建设投资计划等提供依据。

1.3　现代城市消防规划编制工作的发展

城市是各种物质要素和社会、经济、文化等组成的综合体。城市环境的概念，包括了各种物质要素组成的硬环境和由社会、经济、文化等因素形成的软环境。城市规划学的更新和发展，已经从城市形体规划扩展到社会、经济、生态、地理等方面的规划，从建筑学和工程技术伸展到行政管理、心理与行为、人文科学等方面。各种学科的发展和交叉并形成新的学科，是现代科学技术发展的趋势。

我国现代城市消防规划的实践和理论，是伴随着现代城市总体规划、详细规划、各种工程规划的实践和城市消防安全的客观需要而产生和发展的。回顾现代城市消防规划的实践历程，大致经历了3个阶段。

1.3.1　以专题规划形式纳入城市总体规划

较早的城市消防规划专题出现在20世纪80年代，如1983年开始编制的《重庆市城市总体规划》中，即有了消防规划的一个专题篇章。在这个专题篇章中，构建了城市消防的基本框架，考虑了城市总体布局在消防安全上的要求，确定了城市消防公共设施规划的一些基本布局原则。

1.3.2　以专项编制形式补充城市总体规划

1989年9月1日公安部、建设部、国家计委、财政部以公消字第70号文发布了《城市消防规划建设管理规定》。1990年，重庆市率先开展了城市消防专项规划的编制实践，于1991年底完成了国内第一个消防专项规划——《重庆市城市消防系统总体规划》，并通过了公安部消防局和国内有关消防专家的评审。但由于这个时期国内的控制性详细规划编制工作才刚刚起步，城市规划建设区的控制性详细规划覆盖率非常低，影响到城市消防专项规划中确定的公共消防设施用地的落实，不能有效地进行控制和管理，以致于这个时期城市消防专项规划的可操作性比较差。1993年编制的福建省《石狮市消防系统总体规划》，作为较早编制的小城市的消防专项规划，也存在类似的问题，规划的实施缺乏相应的技术手段支持。

1.3.3 以系统、科学、实用和专项编制形式完善城市总体规划

在总结过去经验、教训的基础上,1995 年海口市公安消防局、市规划局与重庆市规划设计研究院联合编制的《海口市城市消防规划》,充分结合城市总体规划、分区规划、详细规划和各种工程规划的编制,结合城市的实际情况和特点,科学合理地构建了城市消防规划体系,第一次较好地解决了消防规划布局的合理性和可操作性问题。从 1998 年起,武汉、青岛、福州、广州、杭州、三亚、佛山等地编制的城市消防规划,也各具特色地丰富和完善了城市消防规划体系,推进了这些城市消防事业的发展。2000 年修编的《重庆市城市消防规划》又更进一步地结合了城市规划、土地、市政、建设、交通、发展与改革、财政等有关行政主管部门的管理要求和城市基础设施运营单位的建设要求以及城市社会经济发展、行政区划的现实情况,形成了比较规范的消防规划法律文件,创造了依法行政、依法管理的条件,有效地指导了城市公共消防设施的建设,在该规划完成以后的 5 年时间里,新建了城市消防指挥中心、消防训练培训基地、消防后勤基地和 56 个陆上消防站、2 个水上消防站,比过去几十年建设的总数翻了几翻,消防装备质量也进一步提高,使城市预防和抵御火灾及其他灾害的综合能力大踏步地迈上了一个新台阶。截止到 2003 年,先后有海口、福州、重庆、杭州、广州共 5 个城市的消防规划获得国家建设部优秀规划设计奖。2004 年编制完成的《上海市消防规划》还探索、研究了消防重大问题对策、灭火救援组织体系、消防人文环境、消防信息化、规划实施对策等课题,丰富了城市消防规划编制工作。

1.4 城市消防规划编制要点

城市消防规划是城市总体规划中的一项重要的专业规划,其任务是对城市总体消防安全布局和消防站、消防给水、消防通信、消防车通道等城市公共消防设施和消防装备进行统筹规划并提出实施意见和措施,为城市消防安全布局和公共消防设施、消防装备的建设提供科学合理的依据。

1.4.1 编制城市消防规划的一般要求

(1)城市消防规划的编制应在当地人民政府的领导下,由当地公安消防机构会同规划行政主管部门负责组织,委托具有相应城市规划设计资格的设计单位具体编制。编制经费由当地人民政府拨专款解决。

(2)规划设计单位在编制消防规划之前,应全面收集与城市消防规划有关的城市基础现状材料,在深入调查研究、多方案比较论证的基础上开展编制工作。

1.4.2 编制城市消防规划的技术文件要求

城市消防规划的技术文件主要包括基础现状资料、规划文本、规划说明书和规划图纸。

1)城市基础现状资料

该资料主要包括:①城市火灾特别是近 5 年的火灾情况;②易燃易爆危险物品生产、储存、装卸、供应场所的位置、规模等现状情况;③建筑密度高、耐火等级低、消防水源不足、消防通道不畅的建筑区、棚户区的分布、规模等现状情况;④高层建筑、人员密集的商业区、车

站、码头、港口、机场、地下建筑的分布、规模等现状情况；⑤文物古迹、园林建筑、新开发区的分布、规模等现状情况；⑥输油、输气管道，高压电线（缆）的分布等现状情况；⑦水厂、电厂的位置、规模等现状情况；⑧电信局、电话分局的位置、规模等现状情况；⑨城市消防站、消防给水、消防通信、消防车通道等公共消防设施和消防装备的现状情况；⑩城市自然条件及经济发展情况；⑪总体规划所确定的城市性质、规划期限、规划范围、规划人口、用地规模、城市布局等对编制规划有参考价值的资料。

2)规划文本

该文本应当表达规划意图和目标，并对规划的有关内容提出规定性要求，文字表达应准确、明了。

3)规划说明书

该说明书主要对城市消防安全布局及公共消防设施的现状进行分析，论证规划意图，解释规划文本。

4)规划图纸

该图纸分为现状图、近期规划图和远期规划图3类。现状图和规划图所表达的内容及要求应当与基础现状资料及规划文本的内容一致；规划图纸应符合有关图纸的技术要求，图纸比例可根据实际需要确定，一般宜为1:5 000～1:25 000。

1.5 城市消防规划的主要内容

1.5.1 城市重点消防地区布局

所谓城市重点消防地区是指对城市消防安全有重大影响、需要采取重点防火措施、配置相应的消防装备和警力的地区。根据城市规模的不同情况，此规划内容可纳入城市消防安全布局。

除城市重点消防地区、防火隔离和避难疏散地区以外的其他城市用地、地区，即是城市一般消防地区。

在特大城市和大、中城市的消防规划中，以“城市重点消防地区分布状况”作为“城市总体规划”与“消防专业专项规划”的切合点，通过对城市各类用地布局进行消防分类，定性评估城市不同地区各类用地的火灾风险，确定城市重点消防地区，从而合理调整城市消防安全布局，合理划分城市消防站责任区，合理确定消防站站级、位置、用地和消防装备等，提高城市消防安全布局和城市消防站总体布局的科学性、合理性。

1.5.2 城市消防安全布局

城市消防安全布局是贯彻消防工作以“预防为主”的关键所在，是决定城市消防大环境好坏的重要因素，是城市消防安全的重要基础。

城市消防安全布局的基本原则如下。

(1)统筹规划，积极采取社会化服务模式，合理地、相对集中地布局各类危险化学物品的生产、储存、运输装卸、供应场所，合理组织危险化学物品运输线路，合理控制总量及分布状况，从总体上减少城市的火险隐患。

(2)各类危险化学物品设施必须设置在城市边缘的独立安全地区,必须保持规定的防火安全距离。

(3)按照消防有关规范,加强建筑防火工作,严格控制并提高建筑的耐火等级和防火措施。

(4)按照城市综合防灾的要求,统筹规划防火隔离和避难疏散场所以及防灾减灾措施。

1.5.3 城市消防站布局

城市消防站担负着城市灭火的主要职责,而且,为了充分发挥消防队伍出动迅速和人员技能、器材装备方面的优势,更好地为经济建设和社会服务,国家要求消防队伍除承担防火监督和灭火任务外,还要积极参加其他灾害事故的抢险救援,向多功能发展。因此,必须高度重视城市消防站的合理布局和配套建设(特别是基础装备的配置),提高城市灭火、救灾的综合实力和整体能力,以确保城市消防安全。

1)城市消防站布局原则

(1)城市消防站布局的首要原则是:消防队接到火灾报警后,消防车在5 min内到达其责任区边沿最远点的火场。

其依据是:砖木结构建筑是目前城镇消防的主要灭火对象;消防队扑救砖木结构建筑初期火灾需要的极限时间为15 min;15 min消防时间的具体分配中,接警出动1 min,消防车行车到达火场4 min,行使速度30 km/h。

(2)消防站责任区面积为4~7 km^2。实际的规划编制运用中,标准型普通消防站责任区面积不大于7 km^2,小型普通消防站责任区面积不大于4 km^2。

消防站责任区面积的计算方法:

消防站责任区面积 = 2×(消防站保护半径)^2

= 2×(消防车4 min行驶路程/道路曲度系数)^2

(3)消防站责任区划分应结合地形条件、城市道路网结构特点,避免受到地形、河流、高速公路、铁路干线等的限制和分隔,并兼顾防火管理分区、专职消防站分布。对于受地形限制,被河流、高速公路、铁路干线分隔,年平均风力在3级以上或相对湿度在50%以下的地区,应适当缩小责任区面积。

(4)根据城市总体规划确定的用地布局结构和各个分区的功能定位,并结合城市重点消防地区分布状况,采取均衡布局与重点保护相结合的站点布局结构。

(5)区别对待城市旧区、新区的布点密度,视土地资源状况,旧区和城郊小城镇采取"小而密"的布局原则,新区采取以标准型普通消防站为主的布局原则,城市规划区内整体布局疏密结合。

(6)消防站理想布局形态与实际可用土地资源、岸线资源、空域资源相结合的原则。

(7)统一规划、分期实施、远近期结合,突出规划实施的可操作性,具体落实并有效控制消防站(设施)的建设用地,确保消防站近期和远期建设都能与城市建设同步发展。

2)消防站布局的主要规划内容

(1)陆上消防站规划。按照《城市消防站建设标准》进行规划布局。其中,特勤消防站的设置与城市总体要求和用地结构相对应,与扑救、处置特种火灾和其他灾害事故的多功能发展目标相适应。对于特大城市和大城市,建议每个特勤消防站平均服务约50万人口。

(2)现有陆上消防站规划调整。

(3)水上消防站规划。水上消防站根据城市水上消防的需要,规划区内江、河、海、湖及岸线,港口码头布局,沿岸工业和仓储用地布局,可用岸线资源和土地资源等因素进行布局。

(4)空中救援消防站规划。空中救援直升机消防站(中队)根据城市社会经济发展状况、空域范围、空军和民航机场的净空保护规定进行布局建设。城区内高层建筑密集区和广场、运动场、公园绿地等防灾疏散场所设置消防直升机临时起降点。

(5)消防指挥中心、训练培训基地、后勤基地规划。根据城市总体规划和消防安全体系的要求进行布局建设。

(6)消防装备规划。根据《城市消防站建设标准》和城市规划区各个消防站责任区内灭火、抢险救援的具体对象及要求,配备相应的消防装备。

(7)城市消防设施建设发展备用地规划。考虑到消防科学技术的发展和未来其他公共消防设施建设的需要,在特大城市和大、中城市的消防规划中,应预留几处"城市消防设施建设发展备用地",为消防事业的发展预留城市空间。

(8)编制《消防站规划选址图册》。协调城市规划、土地管理、消防监督以及有关部门和单位,具体落实消防站规划建设用地,用1/500地形图编制《消防站规划选址图册》。

(9)消防站用地管理规定。城市规划、土地、建设、消防监督等行政主管部门,必须严格按照政府批准的《消防站规划选址图册》进行消防站用地管理,任何单位和个人不得占用消防站用地进行其他建设活动,不得将消防站用地与其他用地进行商业、开发性质的土地置换,对于城市重大市政工程、公益事业建设项目确需调整、置换消防站用地的,应另行选择新的消防站用地。

1.5.4 消防给水规划

消防给水设施是城市公共消防设施的重要组成部分。据有关资料,大多数重大、特大火灾都存在着消防水源缺乏的问题。因此,无论在城市给水系统规划中,还是在城市消防规划中,消防给水规划都是非常重要的一个组成部分。

1.5.5 消防通信规划

现代化的消防通信系统是城市消防综合能力的主要标志之一。消防通信规划必须充分考虑利用有线和无线多种通信手段的特长,并将通信技术和计算机网络技术有机结合,建立起适应城市特点和要求的消防通信调度指挥系统。

1.5.6 消防通道规划

结合城市道路规划,确定消防车通道及易燃易爆危险物品运输通道的布局。依据城市消防车通道有关标准,对城市道路、桥梁、隧道、渡口、地下管沟等提出消防车通道宽度、间距、限高、承载力以及回车场地等方面的具体要求。对现有不能满足消防车通道要求的提出规划措施。

1.5.7 近期建设规划及投资估算

根据城市总体规划确定的近期目标和城市现状,从城市总体布局、消防安全、消防基础设施、社会消防等方面,分项分年度提出具体的新建、改建计划并提出分项消防工程投资估算评估。

1.5.8 实施规划的保障措施

根据城市消防现状及规划目标,提出确保规划得以有效落实的意见或建议。

1.6 国标《城市消防规划规范》(征求意见稿)(节录)

3 城市火灾风险评估

3.1 城市消防规划应根据城市历年火灾发生情况、易燃易爆危险化学物品设施布局状况和城市性质、规模、结构、布局等的消防安全要求以及现有公共消防基础设施条件等城市现状情况,科学分析评估城市火灾风险,为城市消防规划和建设提供科学的依据。

3.2 在分析评估城市火灾风险时,可将城市规划建成区分为3大类:城市重点消防地区,城市一般消防地区、防火隔离带及避难疏散场地。

3.3 确定城市重点消防地区的依据是火灾危险性大、损失大、伤亡大、社会影响大。

3.4 参照《城市用地分类与规划建设用地标准》(GBJ 137—90),对城市消防安全有较大影响的用地见表1.6-1;对城市消防安全有较大影响、需要采取相应的重点消防措施、配置相应的消防装备和警力的连片建设发展地区,可确定为城市重点消防地区。

表1.6-1 对城市消防安全有较大影响的用地

用地类别代号	用地类别名称
R2	二类居住用地中以高层住宅为主的用地
R3	三类居住用地中住宅与生产易燃易爆物品工业等用地混合交叉的用地
R4	四类居住用地中棚户区等易燃建筑密集地区
C1	行政办公用地中市属办公用地
C2	商业金融业用地
C3	文化娱乐用地
C4	体育用地中体育场馆用地
C5	医疗卫生用地中急救设施用地
C6	教育科研设计用地
C7	文物古迹用地中重要古建筑等用地
M2	二类工业用地中纺织工业等用地
M3	三类工业用地中化学工业、造纸工业、建材工业等用地
W2	危险品仓库用地
T1	铁路用地中站场用地
T2	公路用地中客运站用地
T3	管道运输用地中石油、天燃气等管道运输用地
T4	港口用地中危险品码头作业区、客运站等用地

续表

用地类别代号	用地类别名称
T5	机场用地中航站区等用地
U1	供应设施用地中重要电力、燃气等设施用地
U2	交通设施用地中加油站等用地
U3	邮电设施用地中重要枢纽用地
D1	军事用地中重要设施用地
D2	外事用地
D3	保安用地

专用或兼用的防火隔离带及避难疏散场地见表1.6－2。

表1.6－2 防火隔离带及避难疏散用地

用地类别代号	用地类别名称
T	对外交通用地中的线路等用地
S	道路广场用地
G	绿地
E	水域和其他用地中水域、耕地

城市规划建成区内除城市重点消防地区、防火隔离带及避难疏散场地以外的地区，可确定为城市一般消防地区。

3.5 城市重点消防地区可根据城市特点和消防安全的不同要求分为以下3类，分别采取相应的消防和规划措施。

A类重点消防地区：以工业用地、仓储用地为主的重点消防地区。

B类重点消防地区：以公共设施用地、居住用地为主的重点消防地区。

C类重点消防地区：以地下空间和对外交通用地、市政公用设施用地为主的重点消防地区。

4 城市消防安全布局

4.1 易燃易爆危险化学物品场所和设施布局的一般规定。

(1)各类易燃易爆危险化学物品的生产、储存、运输、装卸、供应场所和设施的布局，应符合城市规划、消防安全和安全生产监督等方面的要求。

(2)城市规划建成区内应合理控制各类易燃易爆危险化学物品的总量、密度及分布状况，相对集中地设置各类易燃易爆危险化学物品的生产、储存、运输、装卸、供应场所和设施，合理组织危险化学物品的运输线路，从总体上减少城市的火灾风险和其他安全隐患。

(3)各类易燃易爆危险化学物品的生产、储存、运输、装卸、供应场所和设施的布局，应与相邻的各类用地、设施和人员密集的公共建筑及其他场所保持规定的防火安全距离。

城市规划建成区内的现状，易燃易爆危险化学物品场所和设施，应按照有关规定严格控制其周边的防火安全距离。

城市规划建成区内新建的易燃易爆危险化学物品场所和设施，其防火安全距离应控制在自身用地范围以内；相邻布置的易燃易爆危险化学物品场所和设施之间的防火安全距离，按照规定距离的最大者控制。

(4)大、中型石油化工生产设施、二级及以上石油库等规模较大的易燃易爆化学物品场所和设施，应设置在城市规划建成区边缘且确保城市公共消防安全的地区，并不得设置在城市常年主导风向的上风向、城市水系的上游或其他危及城市公共安全的地区。

(5)汽车加油加气站的规划建设应符合《汽车加油加气站设计与施工规范》(GB 50156—2002)、《城市道路交通规划设计规范》(GB 50220—95)的有关规定。城市规划建成区内不得建设一级加油站、一级天然气加气站、一级液化石油气加气站和一级加油加气合建站，不得设置流动的加油站、加气站。

(6)城市可燃气体(液体)储配设施及管网系统应科学规划、合理布局，符合相关技术标准要求。

(7)城市规划建成区内应合理组织和确定易燃易爆危险化学物品的运输线路及高压输气管道走廊，不得穿越城市中心区、公共建筑密集区或其他的人口密集区。

4.2 建筑耐火等级低的危旧建筑密集区及消防安全条件差的其他地区(如旧城棚户区、城中村等)，应采取开辟防火间距、打通消防通道、改造供水管网、增设消火栓和消防水池、提高建筑耐火等级等措施，改善消防安全条件；应纳入旧城改造规划和实施计划，消除火灾隐患。

4.3 历史城区、历史地段、历史文化街区、文物保护单位等，应配置相应的消防力量和装备，改造并完善消防通道、水源和通信等消防设施。

4.4 城市地下空间及人防工程的建设和综合利用，应符合消防安全的规定，建设相应的消防设施及制定安全保障措施；应建立人防与消防的战时通信联系；有条件的消防站，可结合大型地下空间及人防工程，建设地下消防车库。

4.5 城市防灾避难疏散场地的服务半径宜为0.5~1.0 km。城市道路和面积大于10 000 m^2 以上的广场、运动场、公园、绿地等各类公共开敞空间，除满足其自身功能需要外，还应按照城市综合防灾减灾及消防安全的要求，兼作防火隔离带、避难疏散场地及通道。

5 城市消防站及消防装备

5.1 城市消防站的分类应符合下列要求。

(1)城市消防站分为陆上消防站、水上(海上)消防站和航空消防站；有条件的城市，应形成陆上、水上、空中相结合的消防立体布局和综合扑救体系。

(2)陆上消防站分为普通消防站和特勤消防站，普通消防站分为一级普通消防站和二级普通消防站。

5.2 陆上消防站的设置应符合下列要求。

(1)城市规划建成区内应设置一级普通消防站。城市规划建成区内设置一级普通消防站确有困难的区域可设二级普通消防站。消防站不应设在综合性建筑物中；特殊情况下，设在综合性建筑物中的消防站应有独立的功能分区。

(2)中等及以上规模的城市、地级及以上城市、经济较发达的县级城市和经济发达且有特勤任务需要的城镇应设置特勤消防站。特勤消防站的特勤任务服务人口不宜超过50万人/站。

(3)中等及以上规模的城市、地级以上城市的规划建成区内应设置消防设施备用地,用地面积不宜小于一级普通消防站;大城市、特大城市的消防设施备用地不应少于2处,其他城市的消防设施备用地不应少于1处。

5.3　陆上消防站的布局应符合下列要求。

(1)城市规划区内普通消防站的规划布局,一般情况下应以消防队接到出动指令后,在正常行车速度下5 min内可以到达其辖区边缘为原则确定。

(2)普通消防站的辖区面积不应大于7 km^2;特勤消防站兼有辖区消防任务的,其辖区面积同一级普通消防站。设在近郊区的普通消防站仍以消防队接到出动指令后5 min内可以到达其辖区边缘为原则确定辖区面积,其辖区面积不应大于15 km^2;有条件的城市,也可针对城市的火灾风险,通过评估方法合理确定消防站辖区面积。

(3)城市消防站辖区的划分,应结合地域特点、地形条件、河流、城市道路网结构,不宜跨越河流、城市快速路、城市规划区内的铁路干线和高速公路,并兼顾消防队伍建制、防火管理分区。对于受地形条件限制,被河流、城市快速路、高速公路、铁路干线分隔,年平均风力在3级以上或相对湿度在50%以下的地区,应适当缩小辖区面积。

(4)结合城市总体规划确定的用地布局结构、城市或区域的火灾风险评估、城市重点消防地区的分布状况,普通消防站和特勤消防站应采取均衡布局与重点保护相结合的布局结构,对于火灾风险高的区域应加强消防装备的配置。

(5)特勤消防站应根据特勤任务服务的主要灭火对象设置在交通方便的位置,宜靠近辖区中心。

5.4　陆上消防站建设用地面积应符合下列规定:

一级普通消防站	3 300 ~4 800 m^2
二级普通消防站	2 300 ~3 400 m^2
特勤消防站	4 900 ~6 300 m^2

注:①上述指标应根据消防站建筑面积大小合理确定,面积大者取高限,面积小者取低限;②上述指标未包含道路、绿化用地面积,各地在确定消防站建设用地总面积时,可按0.5 ~0.6的容积率进行测算;③消防站建设用地紧张且难以达到标准的特大城市,可结合本地实际,集中建设训练场地或训练基地,以保障消防员开展正常的业务训练。

5.5　陆上消防站的选址应符合下列要求。

(1)应设在辖区内适中位置和便于车辆迅速出动的主、次干道的临街地段。

(2)其主体建筑距医院、学校、幼儿园、影剧院、商场等容纳人员较多的公共建筑的主要疏散出口或人员集散地不宜小于50 m。

(3)辖区内有生产、贮存易燃易爆危险化学物品单位的,消防站应设置在常年主导风向的上风或侧风处,其边界距上述部位一般不应小于200 m。

(4)消防站车库门应朝向城市道路,至城市规划道路红线的距离不应小于15 m。

5.6　水上(海上)消防站的设置和布局应符合下列要求。

(1)城市应结合河流、湖泊、海洋沿线有任务需要的水域设置水上(海上)消防站。

(2)水上(海上)消防站应设置供消防艇靠泊的岸线,其靠泊岸线应结合城市港口、码头进行布局,岸线长度不应小于消防艇靠泊所需长度且不应小于100 m。

(3)水上(海上)消防站应以接到出动指令后在正常行船速度下30 min可以到达其服

务水域边缘为原则确定；水上（海上）消防站至其服务水域边缘距离不应大于20～30 km。

（4）水上（海上）消防站应设置相应的陆上基地，用地面积及选址条件同陆上一级普通消防站。

5.7 水上（海上）消防站的选址应符合下列要求。

（1）水上（海上）消防站宜设置在城市港口、码头等设施的上游处。

（2）辖区水域内有危险化学品港口、码头，或水域沿岸有生产、储存危险化学品单位的，水上（海上）消防站应设置在其上游处，并且其陆上基地边界距上述危险部位一般不应小于200 m。

（3）水上（海上）消防站不应设置在河道转弯、旋涡处及电站、大坝附近。

（4）水上（海上）消防站趸船和陆上基地之间的距离不应大于500 m，并且不应跨越铁路、城市主干道和高速公路。

5.8 航空消防站的设置应符合下列要求。

（1）大城市、特大城市宜设置航空消防站；航空消防站宜结合民用机场布局和建设，并应有独立的功能分区。

（2）航空消防站应设置陆上基地，用地面积同陆上一级普通消防站；陆上基地宜独立建设，如确有困难，可设在机场建筑内，但消防站用房应有独立的功能分区。

（3）设有航空消防站的城市宜结合城市资源设置飞行员、消防空勤人员训练基地。

5.9 消防直升飞机临时起降点的设置应符合下列要求。

城市的高层建筑密集区和广场、运动场、公园、绿地等防灾避难疏散场地应设置消防直升飞机临时起降点，临时起降点用地及环境应满足以下要求：①最小空地面积不应小于400 m^2，其短边长度不应小于20 m；②用地及周边10 m范围内不应栽种大型树木，上空不应设置架空线路。

5.10 城市应设置消防指挥中心，且应具有城市消防报警、接警、处警、通信及信息管理等功能，并可结合城市综合防灾的要求，增加城市灾害紧急处置功能。

5.11 中等及以上规模城市、地级以上城市应设置消防训练培训基地，并应满足消防技能训练、培训的要求。

5.12 中等及以上规模城市、地级以上城市应设置消防后勤保障基地，应满足消防汽训、汽修、医疗等后勤保障功能。

5.13 大中型企事业单位应按相关法律法规建立专职消防队，纳入城市消防统一调度指挥系统。此类专职消防队数量可不计入城市消防站的设置数量。

5.14 消防装备的配备应符合下列要求。

（1）陆上消防站应根据其辖区内城市规划建设用地的灭火和抢险救援的具体要求，配置各类消防装备和器材，具体配置应符合《城市消防站建设标准（修订）》（建标［2006］42号）的有关规定。

（2）水上（海上）消防站船只类型及数量配置应符合下列规定要求：

趸船	1艘
消防艇	1～2艘
指挥艇	1艘

（3）航空消防站配备的消防飞机数量不应少于1架。

5.15　编制城市消防规划时，应具体落实城市消防站等设施的规划建设用地，编制城市消防站规划选址图册（1/500 地形图），并制定相关措施有效控制其用地性质和规模。

6　消防通信

6.1　城市消防通信指挥系统应包括火灾报警、火警受理、火场指挥、消防信息综合管理和训练模拟等子系统。城市消防通信系统规划和建设应符合《消防通信指挥系统设计规范》（GB 50313—2000）的有关规定。

6.2　城市应设置 119 火灾报警服务台或设置 119、110、112“三台合一”报警服务台。

6.3　城市 119 报警服务台与各消防站之间应至少设一条火警调度专线，可用于语音调度或数据指令调度；与公安、交通管理、医疗救护、供水、供电、供气、通信、环保、气象、地震等部门或联动单位之间应至少设 1 条火警调度专线或数据指令调度通道；与消防重点保护单位之间应设 1 条火警调度专线。

6.4　城市应建立消防调度指挥专用无线通信网，社会公众无线通信网作为消防无线通信网的补充，不作为主要通信方式。

6.5　城市应建立消防信息综合管理系统，有条件的城市可建立消防图像监控系统、高空瞭望系统，并与道路交通图像监控、城市通信等系统联网，实现资源共享、预警和实时监控火灾状况。

7　消防供水

7.1　城市消防供水设施包括城市给水系统中的水厂、给水管网、市政消火栓（或消防水鹤）、消防水池，特定区域的消防独立供水设施，自然水体的消防取水点等。

消防用水除市政给水管网供给外，也可由城市人工水体、天然水源和消防水池等供给，但应确保消防用水的可靠性，且应设置道路、消防取水点（码头）等可靠的取水设施。使用再生水作为消防用水时，其水质应满足国家有关城市污水再生利用水质标准。

7.2　城市消防用水量，应根据城市人口规模按同一时间内的火灾次数和一次灭火用水量的乘积确定。当市政给水管网系统为分片（分区）独立的给水管网系统且未联网时，城市消防用水量应分片（分区）进行核定。同一时间内的火灾次数和一次灭火用水量应符合表 1.6－3、表 1.6－4 和表 1.6－5 的规定。

表 1.6－3　城市消防用水量

人数/万人	同一时间内火灾次数/次	一次灭火用水量/（L/s）
≤1.0	1	10
≤2.5	1	15
≤5.0	2	25
≤10.0	2	35
≤20.0	2	45
≤30.0	2	55
≤40.0	2	65
≤50.0	3	75
≤60.0	3	85

续表

人数/万人	同一时间内火灾次数/次	一次灭火用水量/(L/s)
≤70.0	3	90
≤80.0	3	95
≤100.0	3	100

注:城市室外消防用水量应包括居住区、工厂、仓库(含堆场、储罐)和民用建筑的室外消火栓用水量。当工厂、仓库和民用建筑的室外消火栓用水量按下表计算,其值不一致时,应取其较大值。

表 1.6-4 同一时间内的火灾次数表

名称	基地面积/hm^2	居住人数/万人	同一时间内的火灾次数/次	备注
工厂	≤100	≤1.5	1	按需水量最大的一座建筑物(或堆场、储罐)计算
		>1.5	2	工厂、居住区各一次
	>100	不限	2	按需水量最大的两座建筑物(或堆场、储罐)计算
仓库和民用建筑	不限	不限	1	按需水量最大的一座建筑物(或堆场、储罐)计算

注:采矿、选矿等工业企业,如各分散基地有单独的消防给水系统时,可分别计算。

表 1.6-5 工厂、仓库和民用建筑一次灭火的室外消火栓用水量 L/s

耐火等级	建筑物类别		建筑物体积 V/m^3					
			V≤1 500	1 500<V≤3 000	3 000<V≤5 000	5 000<V≤20 000	20 000<V≤50 000	V>50 000
一、二级	厂房	甲、乙类	10	15	20	25	30	35
		丙类	10	15	20	25	30	40
		丁、戊类	10	10	10	15	15	20
	仓库	甲、乙类	15	15	25	25	—	—
		丙类	15	15	25	25	35	45
		丁、戊类	10	10	10	15	15	20
	民用建筑		10	15	20	20	25	30
三级	厂房(仓库)	乙、丙类	15	20	30	40	45	—
		丁、戊类	10	10	15	20	25	35
	民用建筑		10	15	20	25	30	—
四级	丁、戊类厂房(仓库)		10	15	20	25	—	—
	民用建筑		10	15	20	25	—	—

注:1. 室外消火栓用水量应按消防用水量最大的一座建筑物计算。成组布置的建筑物应按消防用水量较大的相邻两座计算。

2. 国家级文物保护单位的重点砖木或木结构的建筑物,其室外消火栓用水量应按三级耐火等级民用建筑的消防用水量确定。

3. 铁路车站、码头和机场的中转仓库其室外消火栓用水量可按丙类仓库确定。

7.3　城市消防供水管道宜与城市生产、生活给水管道合并使用，但在设计时应保证在生产用水和生活用水高峰时段，仍能供应全部消防用水量。

高压（或临时高压）消防供水应设置独立的消防供水管道，应与生产、生活给水管道分开。

7.4　城市消防供水系统管网应布置成环状；若确有困难设置成枝状管网，当符合下列情况之一时，应设置城市消防水池。

（1）无市政消火栓或消防水鹤的城市区域。

（2）无消防车道的城市区域。

（3）消防供水不足的城市区域或建筑群（包括大面积棚户区或建筑耐火等级低的建筑密集区、历史文化街区、文物保护单位）。

（4）消防水池的容量应根据保护对象计算确定。蓄水的容量最低不宜小于 100 m^3。

7.5　市政消火栓等消防供水设施的设置数量或密度，应根据被保护对象的价值和重要性、潜在的火灾风险、所需的消防水量、消防车辆的供水能力、城市未来发展趋势等因素综合确定，一般应符合下列要求。

（1）市政消防栓应沿街、道路靠近十字路口设置，间距不应超过 120 m，当道路宽度超过 60 m 时，宜在道路两侧设置消火栓，且距路边不应超过 2 m，距建（构）筑物外墙不宜小于 5 m。

（2）城市重点消防地区应适当增加消火栓密度及水量、水压。

（3）市政消火栓规划建设时，应统一规格型号，一般为地上式室外消火栓。

（4）严寒地区可设置地下式室外消火栓或消防水鹤。消防水鹤的设置密度宜为 1 个/km^2，消防水鹤间距不应小于 700 m。

7.6　市政消火栓配水管网宜环状布置，配水管口径应根据可能同时使用的消火栓数量确定。市政消火栓的配水管最小公称直径不应小于 150 mm，最小供水压力不应低于 0.15 MPa。单个消火栓的供水流量不应小于 15 L/s，商业区宜在 20 L/s 以上。消防水鹤的配水管最小公称直径不应小于 200 mm，最小供水压力不应低于 0.15 MPa。

7.7　每个消防站的责任区至少设置一处城市消防水池或天然水源取水码头以及相应的道路设施，作为城市自然灾害或战时重要的消防备用水源。

8　消防车通道

8.1　消防车通道可依托于城市道路网络系统，由城市各级道路、居住区和企事业单位内部道路、建筑物消防车通道以及用于自然或人工水源取水的消防车通道等组成。

8.2　消防车通道应满足消防车辆安全、快捷通行的要求，遵循统一规划、快速合理、资源共享的原则。

8.3　城市各级道路应建设成环状，尽可能减少尽端路的设置。城市居住区和企事业单位内部道路应考虑城市综合防灾救灾和避难疏散的需要，满足消防车通行的要求。

8.4　消防车通道的技术指标应符合下列要求。

（1）街区内供消防车通行的道路中心线间距不宜超过 160 m。当建筑物的沿街部分长度超过 150 m 或总长度超过 220 m 时，宜设置穿过建筑物的消防车通道。

（2）消防车通道净宽度和净空高度不应低于 4 m，与建筑外墙宜大于 5 m；石油化工区的生产工艺装置、储罐区等处的消防车通道宽度不应小于 6 m，路面上净空高度不应低于 5

m,路面内缘转弯半径不宜小于 12 m。

(3)消防车通道的坡度不应影响消防车的安全行驶、停靠、作业等,举高消防车停留作业场地的坡度不宜大于 3%。

(4)消防车通道的回车场地面积不应小于 12 m×12 m,高层民用建筑消防车回车场地面积不宜小于 15 m×15 m,供大型消防车使用的回车场地面积不宜小于 18 m×18 m。

(5)消防车通道下的管道和暗沟等应能承受大型消防车辆的荷载,具体荷载指标应满足能承受规划区域内配置的最大型消防车辆的重量。

8.5 消防车通道的规划建设应符合道路、防火设计相关规范、标准的要求。

1.7 《城市消防站建设标准》(建标 152—2011)

第一章 总 则

第一条 为适应我国经济建设和社会发展的需要,提高城市消防站(以下简称"消防站")工程项目决策和建设的科学管理水平,增强城市抗御火灾和应急救援的能力,根据《中华人民共和国城乡规划法》和《中华人民共和国消防法》等法律规定,制定本建设标准。

第二条 本建设标准是为城市消防站建设项目决策和合理确定建设水平的统一控制标准;是编制消防规划和评估、审批消防站建设项目的重要依据;也是审查消防站建设项目初步设计和对整个建设过程监督检查的尺度。

第三条 本建设标准适用于城市新建和改、扩建的消防站项目,其他消防站的建设可参照执行。对有特殊功能要求的消防站建设,可单独报批。

第四条 消防站的建设应纳入当地国民经济社会发展规划、城乡规划以及消防专项规划,由各级政府负责,并按规划组织实施。

第五条 消防站的建设,应遵循利于执勤战备、安全实用、方便生活等原则。

第六条 消防站的建设,除执行本建设标准外,还应符合国家现行有关标准、规范的要求。

第二章 建设规模与项目构成

第七条 消防站分为普通消防站、特勤消防站和战勤保障消防站 3 类。

普通消防站分为一级普通消防站和二级普通消防站。

第八条 消防站的设置,应符合下列规定。

一、城市必须设立一级普通消防站。

二、城市建成区内设置一级普通消防站确有困难的区域,经论证可设二级普通消防站。

三、地级以上城市(含)以及经济较发达的县级城市应设特勤消防站和战勤保障消防站。

四、有任务需要的城市可设水上消防站、航空消防站等专业消防站。

第九条 消防站车库的车位数应符合表 1 的规定。

表1 消防站车库的车位数

消防站类别	普通消防站		特勤消防站、战勤保障消防站
	一级普通消防站	二级普通消防站	
车位数(个)	6~8	3~5	9~12

注:消防站车库的车位数含1个备用车位。

第十条 消防站建设项目由场地、房屋建筑和装备等部分构成。

消防站的场地主要是指室外训练场、道路、绿地、自装卸模块堆放场。

消防站的房屋建筑包括业务用房、业务附属用房和辅助用房。

普通消防站、特勤消防站的业务用房包括消防车库(码头、停机坪)、通信室、体能训练室、训练塔、执勤器材库、训练器材库、被装营具库、清洗室、烘干室、呼吸器充气室、器材修理间、灭火救援研讨和电脑室。

普通消防站、特勤消防站的业务附属用房包括图书阅览室、会议室、俱乐部、公众消防宣传教育用房、干部备勤室、消防员备勤室、财务室等。

普通消防站、特勤消防站的辅助用房包括餐厅、厨房、家属探亲用房、浴室、医务室、心理辅导室、晾衣室(场)、贮藏室、盥洗室、理发室、设备用房、油料库等。

战勤保障消防站的业务用房包括消防车库、通信室、体能训练室、器材储备库、灭火药剂储备库、机修物资储备库、军需物资储备库、医疗药械储备库、车辆检修车间、器材检修车间、呼吸器检修充气室、灭火救援研讨和电脑室、卫勤保障室。

战勤保障消防站的业务附属用房包括图书阅览室、会议室、俱乐部、干部备勤室、消防员备勤室、财务室等。

战勤保障消防站的辅助用房包括餐厅、厨房、家属探亲用房、浴室、晾衣室(场)、贮藏室、盥洗室、理发室、设备用房等。

消防站的装备由消防车辆(船艇、直升机)、灭火器材、灭火药剂、抢险救援器材、消防员防护器材、通信器材、训练器材、战勤保障器材以及营具和公众消防宣传教育设施等组成。

第十一条 水上消防站、航空消防站等专业消防站,其场地、码头、停机坪、房屋建筑等建设标准参照国家有关规定执行,装备的配备应满足所承担任务的需要。

第三章 规划布局与选址

第十二条 消防站的布局一般应以接到出动指令后5 min内消防队可以到达辖区边缘为原则确定。

第十三条 消防站的辖区面积按下列原则确定。

一、普通消防站不宜大于7 km^2,设在近郊区的普通消防站不应大于15 km^2。也可针对城市的火灾风险,通过评估方法确定消防站辖区面积。

二、特勤消防站兼有辖区灭火救援任务的,其辖区面积同普通消防站。

三、战勤保障消防站不单独划分辖区面积。

第十四条 消防站的选址应符合下列条件。

一、应设在辖区内适中位置和便于车辆迅速出动的临街地段,其用地应满足业务训练的需要。

二、消防站执勤车辆主出入口两侧宜设置交通信号灯、标志、标线等设施,距医院、学校、幼儿园、托儿所、影剧院、商场、体育场馆、展览馆等公共建筑的主要疏散出口不应小于50 m。

三、辖区内有生产、贮存危险化学品单位的，消防站应设置在常年主导风向的上风或侧风处，其边界距上述危险部位一般不宜小于200 m。

四、消防站车库门应朝向城市道路，后退红线不小于15 m。

第十五条 消防站不宜设在综合性建筑物中。特殊情况下，设在综合性建筑物中的消防站应自成一区，并有专用出入口。

第四章 建筑标准

第十六条 消防站的建筑面积指标应符合下列规定。

一、一级普通消防站：2 700～4 000 m^2。

二、二级普通消防站：1 800～2 700 m^2。

三、特勤消防站：4 000～5 600 m^2。

四、战勤保障消防站：4 600～6 800 m^2。

第十七条 消防站使用面积系数按0.65计算。普通消防站和特勤消防站各种用房的使用面积指标可参照表2确定。战勤保障消防站各种用房的使用面积指标可参照表3确定。

表2 普通消防站和特勤消防站各种用房的使用面积指标 m^2

房屋类别	名称	消防站类别		
		普通消防站		特勤消防站
		一级普通消防站	二级普通消防站	
业务用房	消防车库	540～720	270～450	810～1 080
	通信室	30	30	40
	体能训练室	50～100	40～80	80～120
	训练塔	120	120	210
	执勤器材库	50～120	40～80	100～180
业务用房	训练器材库	20～40	20	30～60
	被装营具库	40～60	30～40	40～60
	清洗室、烘干室、呼吸器充气室	40～80	30～50	60～100
	器材修理间	20	10	20
	灭火救援研讨、电脑室	40～60	30～50	40～80
业务附属用房	图书阅览室	20～60	20	40～60
	会议室	40～90	30～60	70～140
	俱乐部	50～110	40～70	90～140
	公众消防宣传教育用房	60～120	40～80	70～140
	干部备勤室	50～100	40～80	80～160
	消防员备勤室	150～240	70～120	240～340
	财务室	18	18	18

续表

房屋类别	名　称	消防站类别		
		普通消防站		特勤消防站
		一级普通消防站	二级普通消防站	
辅助用房	餐厅、厨房	90 ~ 100	60 ~ 80	140 ~ 160
	家属探亲用房	60	40	80
	浴室	80 ~ 110	70 ~ 110	130 ~ 150
	医务室	18	18	23
	心理辅导室	18	18	23
	晾衣室（场）	30	20	30
	贮藏室	40	30	40 ~ 60
	盥洗室	40 ~ 55	20 ~ 30	40 ~ 70
	理发室	10	10	20
	设备用房（配电室、锅炉房、空调机房）	20	20	20
	油料库	20	10	20
	其他	20	10	30 ~ 50
合　计		1 784 ~ 2 589	1 204 ~ 1 774	2 634 ~ 3 654

表 3　战勤保障消防站各种用房的使用面积指标

房屋类别	名　称	使用面积指标/m^2
业务用房	消防车库	810 ~ 1 080
	通信室	40
	体能训练室	60 ~ 110
	器材储备库	300 ~ 550
	灭火药剂储备库	50 ~ 100
业务用房	机修物资储备库	50 ~ 100
	军需物资储备库	120 ~ 180
	医疗药械储备库	50 ~ 100
	车辆检修车间	300 ~ 400
	器材检修车间	200 ~ 300
	呼吸器检修充气室	90 ~ 150
	灭火救援研讨、电脑室	40 ~ 60
	卫勤保障室	30 ~ 50

续表

房屋类别	名称	使用面积指标/m^2
业务附属用房	图书阅览室	30 ~ 60
	会议室	50 ~ 100
	俱乐部	60 ~ 120
	干部备勤室	60 ~ 110
	消防员备勤室	180 ~ 280
	财务室	18
辅助用房	餐厅、厨房	110 ~ 130
	家属探亲用房	70
	浴室	100 ~ 120
	晾衣室(场)	30
	贮藏室	40 ~ 50
	盥洗室	40 ~ 60
	理发室	20
	设备用房(配电室、锅炉房、空调机房)	20
	其他	30 ~ 40
合计		2 998 ~ 4 448

第十八条 消防站建筑物的耐火等级不应低于二级。

第十九条 消防站建筑物位于抗震设防烈度为 6 ~ 9 度地区的,应按乙类建筑进行抗震设计。

第二十条 消防车库应保障车辆停放、出动、维护保养和非常时期执勤战备的需要。

一、车库宜设修理间及检修地沟。修理间应用防火墙、防火门与其他部位隔开,并不宜靠近通信室。

二、消防车库的设计应有车辆充气、充电和废气排除的设施。

三、消防车库内外沟管盖板的承载能力,应按最大吨位消防车的满载轮压进行设计。车库地面和墙面应便于清洗,且地面应有排水设施。库内(外)应有供消防车上水用的市政消火栓。消防车库宜设倒车定位等装置。

第二十一条 消防站内供迅速出动用的通道净宽,单面布房时不应小于 1.4 m,双面布房时不应小于 2.0 m,楼梯不应小于 1.4 m。通道两侧的墙面应平整、无突出物,地面应采用防滑材料,楼梯踏步高度宜为 150 ~ 160 mm,宽度宜为 280 ~ 300 mm,两侧应设扶手,楼梯倾角不应大于 30°。

第二十二条 消防站应设必要的业务训练与体能训练设施。

第二十三条 消防站建筑装修、采暖、通风空调和给排水设施的设置应符合下列规定。

一、消防站外装修应庄重、简洁,宜采用体现消防站特点的装修风格。消防站的内装修应适应消防员生活和训练的需要,并宜采用色彩明快和容易清洗的装修材料。

二、位于采暖地区的消防站应按国家有关规定设置采暖设施,并应优先使用城市热网或集中供暖。最热月平均温度超过25 ℃地区消防站的备勤室、餐厅和通信室、体能训练室等宜设空调等降温设施。

三、消防站应设置给水、排水系统。

第二十四条 消防站的供电负荷等级不宜低于二级。消防站内应设电视、网络和广播系统;备勤室、车库、通信室、体能训练室、会议室、图书阅览室、餐厅及公共通道等,应设应急照明装置。

消防站主要用房及场地的照度标准应符合国家现行有关标准的规定。

第五章 建设用地

第二十五条 消防站建设用地应包括房屋建筑用地、室外训练场、道路、绿地等。战勤保障消防站还包括自装卸模块堆放场。

第二十六条 配备有消防船艇的消防站应有供消防船艇靠泊的岸线。

配备有直升机的消防站应有供直升机起降的停机坪。

第二十七条 各类消防站建设用地面积应符合下列规定。

一、一级普通消防站:3 900 ~5 600 m^2。

二、二级普通消防站:2 300 ~3 800 m^2。

三、特勤消防站:5 600 ~7 200 m^2。

四、战勤保障消防站:6 200 ~7 900 m^2。

注:上述指标未包含站内消防车道、绿化用地的面积,各地在确定消防站建设用地总面积时,可按0.5 ~0.6 的容积率进行测算。

第二十八条 消防站建设用地紧张且难以达到标准的特大城市,可结合本地实际,集中建设训练场地或训练基地,以保障消防员开展正常的业务训练。

第六章 装备标准

第二十九条 普通消防站装备的配备应适应扑救本辖区内常见火灾和处置一般灾害事故的需要。特勤消防站装备的配备应适应扑救特殊火灾和处置特种灾害事故的需要。战勤保障消防站的装备配备应适应本地区灭火救援战勤保障任务的需要。

第三十条 消防站消防车辆的配备,应符合下列规定。

一、消防站的消防车辆配备数量应符合表4 的规定。

表4 消防站配备车辆数量 辆

消防站类别	普通消防站		特勤消防站、战勤保障消防站
	一级普通消防站	二级普通消防站	
消防车辆数	5 ~7	2 ~4	8 ~11

二、消防站配备的常用消防车辆品种,宜符合表5 的规定。

表 5　各类消防站常用消防车辆品种配备标准　辆

品种		普通消防站：一级普通消防站	普通消防站：二级普通消防站	特勤消防站	战勤保障消防站
灭火消防车	水罐或泡沫消防车	2	1	3	—
	压缩空气泡沫消防车	△	△		
	泡沫干粉联用消防车	—	—	△	
	干粉消防车	△	△	△	
举高消防车	登高平台消防车	1	△	1	—
	云梯消防车				
	举高喷射消防车	△		△	
专勤消防车	抢险救援消防车	1	△	1	—
	排烟消防车或照明消防车	△	△	△	—
	化学事故抢险救援或防化洗消消防车	△	—	1	—
	核生化侦检消防车	—	—	△	—
	通信指挥消防车	—	—	△	—
战勤保障消防车	供气消防车	—	—	△	1
	器材消防车	△	△	△	1
	供液消防车	△	—	△	1
	供水消防车	△	△	△	△
	自装卸式消防车（含器材保障、生活保障、供液集装箱）	△	△	△	△
	装备抢修车	—	—	—	1
	饮食保障车	—	—	—	1
	加油车	—	—	—	1
	运兵车	—	—	—	1
	宿营车	—	—	—	△
	卫勤保障车	—	—	—	△
	发电车	—	—	—	△
	淋浴车	—	—	—	△
消防摩托车		△	△	△	—

注：1. 表中带“△”车种由各地区根据实际需要选配。

2. 各地区在配备规定消防车数量的基础上，可根据需要选配消防摩托车。

三、消防站主要消防车辆的技术性能应符合表 6、表 7 的规定。

表 6 普通消防站和特勤消防站主要消防车辆的技术性能

技术性能 \ 消防站类别		普通消防站				特勤消防站	
		一级普通消防站		二级普通消防站			
发动机功率/kW		≥180		≥180		≥210	
比功率/(kW/t)		≥10		≥10		≥12	
水罐消防车出水性能	出口压力/MPa	1	1.8	1	1.8	1	1.8
	流量/(L/s)	40	20	40	20	60	30
泡沫消防车出泡沫性能(类)		A、B		B		A、B	
登高平台、云梯消防车额定工作高度/m		≥18		≥18		≥50	
举高喷射消防车额定工作高度/m		≥16		≥16		≥20	
抢险救援消防车	起吊质量/kg	≥3 000	≥3 000	≥5 000			
	牵引质量/kg	≥5 000	≥5 000	≥7 000			

表 7 战勤保障消防站主要消防车辆的技术性能

车辆名称	主要技术性能
供气消防车	可同时充气气瓶数量≥4 只,灌充气时间<2 min
供液消防车	灭火药剂总载量≥4 000 kg
装备抢修车	额定载员≥5 人,车厢距地面<50 cm,厢内净高度≥180 cm;车载供气、充电等设备及各类维修工具
饮食保障车	可同时保障 150 人以上热食、热水供应
加油车	汽、柴油双仓双枪,总载量≥3 000 kg
运兵车	额定载员≥30 人
宿营车	额定载员≥15 人

第三十一条 普通消防站、特勤消防站的灭火器材配备,不应低于表 8 的规定。

表 8 普通消防站、特勤消防站灭火器材配备标准

名称 \ 消防站类别	普通消防站		特勤消防站
	一级普通消防站	二级普通消防站	
机动消防泵(含手抬泵、浮艇泵)	2 台	2 台	3 台
移动式水带卷盘或水带槽	2 个	2 个	3 个
移动式消防炮(手动炮、遥控炮、自摆炮等)	3 个	2 个	3 个
泡沫比例混合器、泡沫液桶、泡沫枪	2 套	2 套	2 套
二节拉梯	3 架	2 架	3 架
三节拉梯	2 架	1 架	2 架
挂钩梯	3 架	2 架	3 架
常压水带	2 000 m	1 200 m	2 800 m

续表

名称＼消防站类别	普通消防站		特勤消防站
	一级普通消防站	二级普通消防站	
中压水带	500 m	500 m	1 000 m
消火栓扳手、水枪、分水器以及接口、包布、护桥、挂钩、墙角保护器等常规器材工具	按所配车辆技术标准要求配备,并按不小于2: 1的备份比备份		

注:分水器和接口等相关附件的公称压力应与水带相匹配。

第三十二条 特勤消防站抢险救援器材品种及数量配备不应低于本建设标准附录一中附表1-1至附表1-9的规定,普通消防站的抢险救援器材品种及数量配备不应低于本建设标准附录一中附表1-10的规定。抢险救援器材的技术性能应符合国家有关标准。

第三十三条 消防站消防员基本防护装备配备品种及数量不应低于本建设标准附录二中附表2-1的规定。消防员特种防护装备配备品种及数量不应低于本建设标准附录二中附表2-2的规定。防护装备的技术性能应符合国家有关标准。

第三十四条 根据灭火救援需要,特勤消防站可视情配备消防搜救犬,最低配备不少于7头,并建设相应设施,配备相关器材。

第三十五条 消防站通信装备的配备,应符合现行国家标准《消防通信指挥系统设计规范》GB 50313和《消防通信指挥系统施工及验收规范》GB 50401的规定。

第三十六条 消防站应设置单双杠、独木桥、板障、软梯及室内综合训练器等技能、体能训练器材。

第三十七条 消防站的消防水带、灭火剂等易损耗装备,应按照不低于投入执勤配备量1:1的比例保持库存备用量。

第七章 人员配备

第三十八条 消防站一个班次执勤人员配备,可按所配消防车每台平均定员6人确定,其他人员配备应按有关规定执行。

第三十九条 消防站人员配备数量,应符合表9的规定。

表9 消防站人员配备数量

消防站类别	普通消防站		特勤消防站	战勤保障消防站
	一级普通消防站	二级普通消防站		
人数/人	30~45	15~25	45~60	40~55

第八章 主要投资估算指标

第四十条 消防站投资估算,应依据国家现行的有关规定,按照消防站的建设规模、建设标准和人员、装备配备标准确定。

第四十一条 在制定消防站建设规划与评估消防站建设项目可行性研究报告时,应结合当地物价、施工技术水平、建设工期等因素确定建筑安装工程投资估算指标。

第四十二条 消防站车辆和各类器材的投资,应根据其配备的标准,按实际价格确定。

在评估消防站建设项目可行性研究报告时，可参照表10确定。

表10 消防站车辆和各类器材投资估算指标 万元

消防站类型		车辆投资	器材投资
普通消防站	一级普通消防站	750～1 900	180～350
	二级普通消防站	450～1 400	120～200
特勤消防站		1 600～3 200	600～1 100
战勤保障消防站		1 500～2 600	800～1 500

注：1. 表中指标是依据本建设标准的配备要求，参照2010年国内外消防车辆和器材的价格编制。

2. 表中所确定的投资不含灭火剂的费用和通信器材的投资。

3. 通信器材的投资按现行国家标准《消防通信指挥系统设计规范》GB 50313、《消防通信指挥系统施工及验收规范》GB 50401的有关规定确定。

4. 战勤保障消防站的器材投资是指保障类器材的投资，不含应急储备的灭火剂、物资、装备、器材的投资。

附录一 消防站抢险救援器材配备品种与数量

附表1-1 特勤消防站侦检器材配备标准

序号	器材名称	主要用途及要求	配备	备份	备注
1	有毒气体探测仪	探测有毒气体、有机挥发性气体等。具备自动识别、防水、防爆性能	2套	—	—
2	军事毒剂侦检仪	侦检沙林、芥子气、路易氏气、氢氰酸等化学战剂。具备防水和快速感应等性能	*	—	—
3	可燃气体检测仪	可检测事故现场多种易燃易爆气体的浓度	2套	—	—
4	水质分析仪	定性分析水中的化学物质	*	—	—
5	电子气象仪	可检测事故现场风向、风速、温度、湿度、气压等气象参数	1套	—	—
6	无线复合气体探测仪	实时检测现场的有毒有害气体浓度，并将数据通过无线网络传输至主机。终端设置多个可更换的气体传感器探头。具有声光报警和防水、防爆功能	*	—	—
7	生命探测仪	搜索和定位地震及建筑倒塌等现场的被困人员，有音频、视频、雷达等几种	2套	—	优先配备雷达生命探测仪
8	消防用红外热像仪	黑暗、浓烟环境中人员搜救或火源寻找。性能符合《消防用红外热像仪》GA/T 635的要求，有手持式和头盔式两种	2台	—	—
9	漏电探测仪	确定泄漏电源位置，具有声光报警功能	1个	1个	—
10	核放射探测仪	快速寻找并确定α、β、γ射线污染源的位置。具有声光报警、射线强度显示等功能	*	—	—
11	电子酸碱测试仪	测试液体的酸碱度	1套	—	—
12	测温仪	非接触测量物体温度，寻找隐藏火源。测温范围：-20 ℃～450 ℃	2个	1个	—
13	移动式生物快速侦检仪	快速检测、识别常见的病毒和细菌，可在30 min之内提供检测结果	*	—	—
14	激光测距仪	快速准确测量各种距离参数	1个	—	—

续表

序号	器材名称	主要用途及要求	配备	备份	备注
15	便携危险化学品检测片	通过检测片的颜色变化探测有毒化学气体或蒸气。检测片种类包括强酸、强碱、氯、硫化氢、碘、光气、磷化氢、二氧化硫等	4套	—	—

注:表中所有"＊"表示由各地根据实际需要进行配备,本标准不作强行规定。

附表1-2 特勤消防站警戒器材配备标准

序号	器材名称	主要用途及要求	配备	备份
1	警戒标志杆	灾害事故现场警戒,有发光或反光功能	10根	10根
2	锥型事故标志柱	灾害事故现场道路警戒	10根	10根
3	隔离警示带	灾害事故现场警戒,具有发光或反光功能,每盘长度约250 m	20盘	10盘
4	出入口标志牌	灾害事故现场出入口标志,图案、文字、边框均为反光材料,与标志杆配套使用	2组	—
5	危险警示牌	灾害事故现场警戒警示,分为有毒、易燃、泄漏、爆炸、危险等5种标志,图案为发光或反光材料,与标志杆配套使用	1套	1套
6	闪光警示灯	灾害事故现场警戒警示,频闪型,光线暗时自动闪亮	5个	—
7	手持扩音器	灾害事故现场指挥,功率大于10 W,具备警报功能	2个	1个

附表1-3 特勤消防站救生器材配备标准

序号	器材名称	主要用途及要求	配备	备份	备注
1	躯体固定气囊	固定受伤人员躯体,保护骨折部位免受伤害,全身式,负压原理快速定型,牢固、轻便	2套	—	—
2	肢体固定气囊	固定受伤人员肢体,保护骨折部位免受伤害,分体式,负压原理快速定型,牢固、轻便	2套	—	—
3	婴儿呼吸袋	提供呼吸保护,救助婴儿脱离灾害事故现场,全密闭式,与全防型过滤罐配合使用,电驱动送风	*	—	—
4	消防过滤式自救呼吸器	事故现场被救人员呼吸防护,性能符合《消防过滤式自救呼吸器》GA 209的要求	20具	10具	含滤毒罐
5	救生照明线	能见度较低情况下的照明及疏散导向,具备防水、质轻、抗折、耐拉、耐压、耐高温等性能,每盘长度不小于100 m	2盘	—	—
6	折叠式担架	运送事故现场受伤人员,可折叠,承重不小于120 kg	2副	1副	—
7	伤员固定抬板	运送事故现场受伤人员,与头部固定器、颈托等配合使用,避免伤员颈椎、胸椎及腰椎再次受伤,担架周边有提手口,可供三人以上同时提、扛、抬,水中不下沉,承重不小于250 kg	3块	—	—
8	多功能担架	深井、狭小空间、高空等环境下的人员救助,可水平或垂直吊运,承重不小于120 kg	2副	—	—
9	消防救生气垫	救助高处被困人员,性能符合《消防救生气垫》GA 631的要求	1套	—	—
10	救生缓降器	高处救人和自救,性能符合《救生缓降器》GA 413的要求	3个	1个	—

续表

序号	器材名称	主要用途及要求	配备	备份	备注
11	灭火毯	火场救生和重要物品保护，耐燃氧化纤维材料，防火布夹层织制，在 900 ℃火焰中不熔滴，不燃烧	*	—	—
12	医药急救箱	现场医疗急救，包含常规外伤和化学伤害急救所需的敷料、药品和器械等	1个	1个	—
13	医用简易呼吸器	辅助人员呼吸，包括氧气瓶、供气面罩、人工肺等	*	—	—
14	气动起重气垫	交通事故、建筑倒塌等现场救援，有方形、柱形、球形等类型，依据起重重量，可划分为多种规格	2套	—	方形、柱形气垫每套不少于 4 种规格，球形气垫每套不少于 2 种规格
15	救援支架	高台、悬崖及井下等事故现场救援，金属框架，配有手摇式绞盘，牵引滑轮最大承载不小于 2.5 kN，绳索长度不小于 30 m	1组	—	—
16	救生抛投器	远距离抛投救生绳或救生圈，气动喷射，投射距离不小于 60 m	1套	—	—
17	水面漂浮救生绳	水面救援，可漂浮于水面，标识明显，固定间隔处有绳节，不吸水，破断强度不小于 18 kN	*	—	—
18	机动橡皮舟	水域救援，双尾锥充气船体，材料防老化、防紫外线，船底部有充气舷梁，铝合金拼装甲板，具有排水阀门，发动机功率大于 18 kW，最大承载能力不小于 500 kg	*	—	—
19	敛尸袋	包裹遇难人员尸体	20个	—	—
20	救生软梯	被困人员营救，长度不小于 15 m，荷载不小于 1 000 kg	2具	—	—
21	自喷荧光漆	标记救人位置、搜索范围、集结区域等	20罐	—	—
22	电源逆变器	电源转换，可将直流电转化为 220 V 交流电	1台	—	功率应与实战需求相匹配

注：表中所有“＊”表示由各地根据实际需要进行配备，本标准不作强行规定。附表 1－4 至附表 1－10 中的“＊”表示的意义相同。

附表 1-4 特勤消防站破拆器材配备标准

序号	器材名称	主要用途及要求	配备	备份	备注
1	电动剪扩钳	剪切扩张作业，由刀片、液压泵、微型电机、电池构成，最大剪切圆钢直径不小于 22 mm，最大扩张力不小于 135 kN。一次充电可连续切断直径 16 mm 钢筋不少于 90 次	1具	—	—
2	液压破拆工具组	建筑倒塌、交通事故等现场破拆作业，包括机动液压泵、手动液压泵、液压剪切器、液压扩张器、液压剪扩器、液压撑顶器等，性能符合《液压破拆工具通用技术条件》GB/T 17906 的要求	2套	—	—
3	液压万向剪切钳	狭小空间破拆作业，钳头可以旋转，体积小、易操作	1具	—	—
4	双轮异向切割锯	双锯片异向转动，能快速切割硬度较高的金属薄片、塑料、电缆等	1具	—	—
5	机动链锯	切割各类木质障碍物	1具	1具	增加锯条备份
6	无齿锯	切割金属和混凝土材料	1具	1具	增加锯片备份
7	气动切割刀	切割车辆外壳、防盗门等薄壁金属及玻璃等，配有不同规格切割刀片	*	—	—
8	重型支撑套具	建筑倒塌现场支撑作业，支撑套具分为液压式、气压式或机械手动式，具有支撑力强、行程高、支撑面大、操作简便等特点	1套	—	—
9	冲击钻	灾害现场破拆作业，冲击速率可调	*	—	—
10	凿岩机	混凝土结构破拆	*	—	—
11	玻璃破碎器	门窗玻璃、玻璃幕墙的手动破拆，也可对砖瓦、薄型金属进行破碎	1台	—	—
12	手持式钢筋速断器	直径 20 mm 以下钢筋快速切断，一次充电可连续切断直径 16 mm 钢筋不少于 70 次	1台	—	—
13	多功能刀具	救援作业，由刀、钳、剪、锯等组成的组合式刀具	5套	—	—
14	混凝土液压破拆工具组	建筑倒塌灾害事故现场破拆作业，由液压机动泵、金刚石链锯、圆盘锯、破碎镐等组成，具有切、割、破碎等功能	1套	—	—
15	液压千斤顶	交通事故、建筑倒塌现场的重载荷撑顶救援，最大起重量不少于 20 t	*	—	—
16	便携式汽油金属切割器	金属障碍物破拆，由碳纤维氧气瓶、稳压储油罐等组成，汽油为燃料	*	—	—
17	手动破拆工具组	由冲杆、拆锁器、金属切断器、凿子、钎子等部件组成，事故现场手动破拆作业	1套	—	—
18	便携式防盗门破拆工具组	主要用于卷帘门、金属防盗门的破拆作业，包括液压泵、开门器、小型扩张器、撬棍等工具。其中开门器最大升限不小于 150 mm，最大挺举力不小于 60 kN	2套	—	—
19	毁锁器	防盗门及汽车锁等快速破拆，主要由特种钻头螺丝、锁芯拔除器、锁芯切断器、换向扳手、专用电钻、锁舌转动器等组成	1套	—	—
20	多功能挠钩	事故现场小型障碍清除，火源寻找或灾后清理	1套	1套	—
21	绝缘剪断钳	事故现场电线电缆或其他带电体的剪切	2把	—	—

附表 1-5 特勤消防站堵漏器材配备标准

序号	器材名称	主要用途及要求	配备	备份	备注
1	内封式堵漏袋	圆形容器、密封沟渠或排水管道的堵漏作业。工作压力不小于 0.15 MPa	1 套	—	每套不少于 4 种规格
2	外封式堵漏袋	管道、容器、油罐车或油槽车、油桶与储罐罐体外部的堵漏作业,工作压力不小于 0.15 MPa	1 套	—	每套不少于 2 种规格
3	捆绑式堵漏袋	管道及容器裂缝堵漏作业,袋体径向缠绕,工作压力不小于 0.15 MPa	1 套	—	每套不少于 2 种规格
4	下水道阻流袋	阻止有害液体流入城市排水系统,材质具有防酸碱性能	2 个	—	—
5	金属堵漏套管	管道孔、洞、裂缝的密封堵漏,最大封堵压力不小于 1.6 MPa	1 套	—	每套不少于 9 种规格
6	堵漏枪	密封油罐车、液罐车及储罐裂缝,工作压力不小于 0.15 MPa,有圆锥形和楔形两种	*	—	每套不少于 4 种规格
7	阀门堵漏套具	阀门泄漏堵漏作业	*	—	—
8	注入式堵漏工具	阀门或法兰盘堵漏作业,无火花材料。配有手动液压泵,泵缸压力≥74 MPa	1 组	—	含注入式堵漏胶 1 箱
9	粘贴式堵漏工具	罐体和管道表面点状、线状泄漏的堵漏作业,无火花材料,包括组合工具、快速堵漏胶等	1 组	—	—
10	电磁式堵漏工具	各种罐体和管道表面点状、线状泄漏的堵漏作业	1 组	—	—
11	木制堵漏楔	压力容器的点状、线状泄漏或裂纹泄漏的临时封堵	1 套	1 套	每套不少于 28 种规格
12	气动吸盘式堵漏器	封堵不规则孔洞,气动、负压式吸盘,可输转作业	*	—	—
13	无火花工具	易燃易爆事故现场的手动作业,一般为铜质合金材料	2 套	—	配备不低于 11 种规格
14	强磁堵漏工具	压力管道、阀门、罐体的泄漏封堵	*	—	—

附表 1-6 特勤消防站输转器材配备标准

序号	器材名称	主要用途及要求	配备	备份
1	手动隔膜抽吸泵	输转有毒、有害液体。手动驱动,输转流量不小于 3 t/h,最大吸入颗粒粒径 10 mm,具有防爆性能	1 台	—
2	防爆输转泵	吸附、输转各种液体。一般排液量 6 t/h,最大吸入颗粒粒径 5 mm,安全防爆	1 台	—
3	黏稠液体抽吸泵	快速抽取有毒有害及黏稠液体,电机驱动,配有接地线,安全防爆	1 台	—
4	排污泵	吸排污水	*	—
5	有毒物质密封桶	装载有毒有害物质,防酸碱,耐高温	1 个	—
6	围油栏	防止油类及污水蔓延,材质防腐,充气、充水两用型,可在陆地或水面使用	1 组	—
7	吸附垫	酸、碱和其他腐蚀性液体的少量吸附	2 箱	1 箱
8	集污袋	暂存酸、碱及油类液体,材料耐酸碱	2 只	—

附表1-7 特勤消防站洗消器材配备标准

序号	器材名称	主要用途及要求	配备	备份
1	公众洗消站	对从有毒物质污染环境中撤离人员的身体进行喷淋洗消，也可以做临时会议室、指挥部、紧急救护场所等，帐篷展开面积30 m^2以上，配有电动充、排气泵，洗消供水泵，洗消排污泵，洗消水加热器，暖风发生器，温控仪，洗消喷淋器，洗消液均混罐，洗消喷枪，移动式高压洗消泵（含喷枪），洗消废水回收袋等	1套	—
2	单人洗消帐篷	消防员离开污染现场时特种服装的洗消，配有充气、喷淋、照明等辅助装备	1套	—
3	简易洗消喷淋器	消防员快速洗消装置，设置有多个喷嘴，配有不易破损软管支脚，遇压呈刚性，质量轻，易携带	1套	—
4	强酸、碱洗消器	化学品污染后的身体洗消及装备洗消，利用压缩空气为动力和便携式压力喷洒装置，将洗消药液形成雾状喷射，可直接对人体表面进行清洗，适用于化学品灼伤的清洗，容量为5 L	1具	—
5	强酸、碱清洗剂	化学品污染后的身体局部洗消及器材洗消，容量为50~200 mL	5瓶	—
6	生化洗消装置	生化有毒物质洗消	*	—
7	三合一强氧化洗消粉	与水溶解后可对酸、碱物质进行表面洗消	1袋	—
8	三合二洗消剂	对地面、装备进行洗消，不能对精密仪器、电子设备及不耐腐蚀的物体表面洗消	2袋	1袋
9	有机磷降解酶	对被有机磷、有机氯和硫化物污染的人员、服装、装备以及土壤、水源进行洗消降毒，尤其适用于农药泄漏事故现场的洗消，洗消剂本身无毒、无腐蚀、无刺激，降解后产物无毒害，无二次污染	2盒	1盒
10	消毒粉	用于皮肤、服装、装备的局部消毒，可吸附各种液态化学品，主要成分为蒙脱土，不溶于水和有机溶剂，无腐蚀性	2袋	1袋

附表1-8 特勤消防站照明、排烟器材配备标准

序号	器材名称	主要用途及要求	配备	备份	备注
1	移动式排烟机	灾害现场排烟和送风，有电动、机动、水力驱动等几种	2台	—	—
2	坑道小型空气输送机	狭小空间排气送风，可快速实现正负压模式转换，有配套风管	1台	—	—
3	移动照明灯组	灾害现场的作业照明，由多个灯头组成，具有升降功能，发电机可选配	1套	—	—
4	移动发电机	灾害现场供电，功率≥5 kW	2台	—	若移动照明灯组已自带发电机，则可视情况不配
5	消防排烟机器人	地铁、隧道及石化装置火灾事故现场排烟、冷却等	*	—	—

附表1-9 特勤消防站其他器材配备标准

序号	器材名称	主要用途及要求	配备	备份	备注
1	大流量移动消防炮	扑救大型油罐、船舶、石化装置等火灾，流量≥100 L/s，射程≥70 m	*	—	—

续表

序号	器材名称	主要用途及要求	配备	备份	备注
2	空气充填泵	气瓶内填充空气，可同时充填两个气瓶，充气量应不小于 300 L/min	1台	—	
3	防化服清洗烘干器	烘干防化服，最高温度 40 ℃，压力为 21 kPa	1组	—	—
4	折叠式救援梯	登高作业，伸展后长度不小于 3 m，额定承载不小于 450 kg	1具	—	—
5	水幕水带	阻挡稀释易燃易爆和有毒气体或液体蒸气	100 m	—	—
6	消防灭火机器人	高温、浓烟、强热辐射、爆炸等危险场所的灭火和火情侦察	*	—	—
7	高倍数泡沫发生器	灾害现场喷射高倍数泡沫	1个	—	—
8	消防移动储水装置	现场的中转供水及缺水地区的临时储水	*	—	水源缺乏地区可增加配备数量
9	多功能消防水枪	火灾扑救，具有直流喷雾无级转换、流量可调、防扭结等功能	10支	5支	又名导流式直流喷雾水枪
10	直流水枪	火灾扑救，具有直流射水功能	10支	5支	
11	移动式细水雾灭火装置	灾害现场灭火或洗消	*	—	—
12	消防面罩超声波清洗机	空气呼吸器面罩清洗	1台	—	—
13	灭火救援指挥箱	为指挥员提供辅助决策，内含笔记本电脑、GPS 模块、测温仪等	1套	—	—
14	无线视频传输系统	可对事故现场的音视频信号进行实时采集与远程传输，无线终端应具有防水、防爆、防震等功能	*	—	至少包含一个主机并能同时接收多路音视频信号

附表 1-10 普通消防站抢险救援器材配备标准

序号	器材名称	主要用途及要求	配备	备份	备注
侦检	有毒气体探测仪	探测有毒气体、有机挥发性气体等，具备自动识别、防水、防爆性能	1套	—	—
	可燃气体检测仪	可检测事故现场多种易燃易爆气体的浓度	1套	—	—
	消防用红外热像仪	黑暗、浓烟环境中人员搜救或火源寻找。性能符合《消防用红外热像仪》GA/T 635 的要求，有手持式和头盔式两种	1台	—	—
	测温仪	非接触测量物体温度，寻找隐藏火源。测温范围：-20 ℃ ~450 ℃	1个	1个	—
警戒	各类警示牌	事故现场警戒警示，具有发光或反光功能	1套	1套	—
	闪光警示灯	灾害事故现场警戒警示，频闪型，光线暗时自动闪亮	2个	1个	—
	隔离警示带	灾害事故现场警戒，具有发光或反光功能，每盘长度约 250 m	10盘	4盘	—

续表

序号	器材名称	主要用途及要求	配备	备份	备注
破拆	液压破拆工具组	建筑倒塌、交通事故等现场破拆作业，包括机动液压泵、手动液压泵、液压剪切器、液压扩张器、液压剪扩器、液压撑顶器等，性能符合《液压破拆工具通用技术条件》GB/T 17906的要求	2套	—	—
	机动链锯	切割各类木质障碍物	1具	1具	增加锯条备份
	无齿锯	切割金属和混凝土材料	1具	1具	增加锯片备份
	手动破拆工具组	由冲杆、拆锁器、金属切断器、凿子、钎子等部件组成，事故现场手动破拆作业	1套	—	—
	多功能挠钩	事故现场小型障碍清除，火源寻找或灾后清理	1套	1套	—
	绝缘剪断钳	事故现场电线电缆或其他带电体的剪切	2把	—	—
	便携式防盗门破拆工具组	主要用于卷帘门、金属防盗门的破拆作业，包括液压泵、开门器、小型扩张器、撬棍等工具，其中开门器最大升限不小于150 mm，最大挺举力不小于60 kN	2套	—	—
	毁锁器	防盗门及汽车锁等快速破拆，主要由特种钻头螺丝、锁芯拔除器、锁芯切断器、换向扳手、专用电钻、锁舌转动器等组成	1套	—	—
救生	救生缓降器	高处救人和自救，性能符合《救生缓降器》GA 413的要求	3个	1个	—
	气动起重气垫	交通事故、建筑倒塌等现场救援，有方形、柱形、球形等类型，依据起重量，可划分为多种规格	1套	—	方形、柱形气垫每套不少于4种规格，球形气垫每套不少于2种规格
	消防过滤式自救呼吸器	事故现场被救人员呼吸防护，性能符合《消防过滤式自救呼吸器》GA 209的要求	20具	10具	含滤毒罐
	多功能担架	深井、狭小空间、高空等环境下的人员救助，可水平或垂直吊运，承重不小于120 kg	1副	—	—
	救援支架	高台、悬崖及井下等事故现场救援，金属框架，配有手摇式绞盘，牵引滑轮最大承载不小于2.5 kN，绳索长度不小于30 m	1组	—	—
	救生抛投器	远距离抛投救生绳或救生圈，气动喷射，投射距离不小于60 m	*	—	—
	救生照明线	能见度较低情况下的照明及疏散导向，具备防水、质轻、抗折、耐拉、耐压、耐高温等性能，每盘长度不小于100 m	2盘	—	—
	医药急救箱	现场医疗急救，包含常规外伤和化学伤害急救所需的敷料、药品和器械等	1个	1个	—

序号	器材名称	主要用途及要求	配备	备份	备注
堵漏	木制堵漏楔	压力容器的点状、线状泄漏或裂纹泄漏的临时封堵	1套	—	每套不少于28种规格
	金属堵漏套管	管道孔、洞、裂缝的密封堵漏，最大封堵压力不小于1.6 MPa	1套	—	每套不少于9种规格
	粘贴式堵漏工具	罐体和管道表面点状、线状泄漏的堵漏作业，无火花材料，包括组合工具、快速堵漏胶等	1组	—	—
	注入式堵漏工具	阀门或法兰盘堵漏作业，无火花材料。配有手动液压泵，泵缸压力≥74 MPa	1组	—	含注入式堵漏胶1箱
	电磁式堵漏工具	各种罐体和管道表面点状、线状泄漏的堵漏作业	*	—	—
	无火花工具	易燃易爆事故现场的手动作业，一般为铜质合金材料	1套	—	配备不低于11种规格
排烟照明	移动式排烟机	灾害现场排烟和送风，有电动、机动、水力驱动等几种	1台	—	—
	移动照明灯组	灾害现场的作业照明，由多个灯头组成，具有升降功能，发电机可选配	1套	—	—
	移动发电机	灾害现场供电，功率≥5 kW	1台	—	若移动照明灯组已自带发电机，则可视情不配
其他	水幕水带	阻挡稀释易燃易爆和有毒气体或液体蒸气	100 m	—	—
	空气充填泵	气瓶内填充空气，可同时充填两个气瓶，充气量应不小于300 L/min	*	—	—
	多功能消防水枪	火灾扑救，具有直流喷雾无级转换、流量可调、防扭结等功能	6支	3支	又名导流式直流喷雾水枪
	直流水枪	火灾扑救，具有直流射水功能	10支	5支	—
	灭火救援指挥箱	为指挥员提供辅助决策，内含笔记本电脑、GPS模块、测温仪等	1套	—	—

附录二 消防站消防员基本防护和特种防护装备配备品种与数量

附表2-1 消防员基本防护装备配备标准

序号	名称	主要用途及性能	普通消防站				特勤消防站		备注
			一级普通消防站		二级普通消防站				
			配备	备份比	配备	备份比	配备	备份比	
1	消防头盔	用于头部、面部及颈部的安全防护，技术性能符合GA 44《消防头盔》的要求	2顶/人	4:1	2顶/人	4:1	2顶/人	2:1	—
2	消防员灭火防护服	用于灭火救援时身体防护，技术性能符合GA 10《消防员灭火防护服》的要求	2套/人	1:1	2套/人	1:1	2套/人	1:1	

续表

序号	名称	主要用途及性能	普通消防站				特勤消防站		备注
			一级普通消防站		二级普通消防站				
			配备	备份比	配备	备份比	配备	备份比	
3	消防手套	用于手部及腕部防护，技术性能不低于 GA 7《消防手套》中1类消防手套的要求	4副/人	1:1	4副/人	1:1	4副/人	1:1	宜根据需要选择配备2类或3类消防手套
4	消防安全腰带	登高作业和逃生自救，技术性能符合 GA 494《消防用防坠落装备》的要求	1根/人	4:1	1根/人	4:1	1根/人	4:1	—
5	消防员灭火防护靴	用于小腿部和足部防护，技术性能符合 GA 6《消防员灭火防护靴》的要求	2双/人	1:1	2双/人	1:1	2双/人	1:1	—
6	正压式消防空气呼吸器	缺氧或有毒现场作业时的呼吸防护，技术性能符合 GA 124《正压式消防空气呼吸器》的要求	1具/人	5:1	1具/人	5:1	1具/人	4:1	宜根据需要选择配备6.8 L、9 L或双6.8 L气瓶，并选配他救接口。备用气瓶按照正压式空气呼吸器总量1:1备份
7	佩戴式防爆照明灯	消防员单人作业照明	1个/人	5:1	1个/人	5:1	1个/人	5:1	—
8	消防员呼救器	呼救报警，技术性能符合 GA 401《消防员呼救器》要求	1个/人	4:1	1个/人	4:1	1个/人	4:1	配备具有方位灯功能的消防员呼救器，可不配方位灯
9	方位灯	消防员在黑暗或浓烟等环境中的位置标志	1个/人	5:1	1个/人	5:1	1个/人	5:1	
10	消防轻型安全绳	消防员自救和逃生，技术性能符合 GA 494《消防用防坠落装备》的要求	1根/人	4:1	1根/人	4:1	1根/人	4:1	—
11	消防腰斧	灭火救援时手动破拆非带电障碍物，技术性能符合 GA 630《消防腰斧》的要求	1把/人	5:1	1把/人	5:1	1把/人	5:1	优先配备多功能消防腰斧
12	消防员灭火防护头套	灭火救援时头面部和颈部防护，技术性能符合 GA 869《消防员灭火防护头套》的要求	2个/人	4:1	2个/人	4:1	2个/人	4:1	原名阻燃头套
13	防静电内衣	可燃气体、粉尘、蒸气等易燃易爆场所作业时躯体内层防护	2套/人	—	2套/人	—	3套/人	—	—
14	消防护目镜	抢险救援时眼部防护	1个/人	4:1	1个/人	4:1	1个/人	4:1	—
15	抢险救援头盔	抢险救援时头部防护，技术性能符合 GA 633《消防员抢险救援防护服装》的要求	1顶/人	4:1	1顶/人	4:1	1顶/人	4:1	—

续表

序号	名称	主要用途及性能	普通消防站				特勤消防站		备 注
			一级普通消防站		二级普通消防站				
			配备	备份比	配备	备份比	配备	备份比	
16	抢险救援手套	抢险救援时手部防护，技术性能符合 GA 633《消防员抢险救援防护服装》的要求	2 副/人	4:1	2 副/人	4:1	2 副/人	4:1	—
17	抢险救援服	抢险救援时身体防护，技术性能符合 GA 633《消防员抢险救援防护服装》的要求	2 套/人	4:1	2 套/人	4:1	2 套/人	4:1	—
18	抢险救援靴	抢险救援时小腿部及足部防护，技术性能符合 GA 633《消防员抢险救援防护服装》的要求	2 双/人	4:1	2 双/人	4:1	2 双/人	2:1	—

注：寒冷地区消防员的防护装具应考虑防寒需要。表中“备份比”系指消防员防护装备投入使用数量与备用数量之比。

附表 2-2　消防员特种防护装备配备标准

序号	名称	主要用途及性能	普通消防站				特勤消防站		备 注
			一级普通消防站		二级普通消防站				
			配备	备份比	配备	备份比	配备	备份比	
1	消防员隔热防护服	强热辐射场所的全身防护，技术性能符合 GA 634《消防员隔热防护服》的要求	4 套/班	4:1	4 套/班	4:1	4 套/班	2:1	优先配备带有空气呼吸器背囊的消防员隔热防护服
2	消防员避火防护服	进入火焰区域短时间灭火或关阀作业时的全身防护	2 套/站	—	2 套/站	—	3 套/站	—	—
3	二级化学防护服	化学灾害现场处置挥发性化学固体、液体时的躯体防护，技术性能符合 GA 770《消防员化学防护服装》的要求	6 套/站	—	4 套/站	—	1 套/人	4:1	原名消防防化服或普通消防员化学防护服，应配备相应的训练用服装
4	一级化学防护服	化学灾害现场处置高浓度、强渗透性气体时的全身防护，具有气密性，对强酸强碱的防护时间不低于 1 h，应符合 GA 770《消防员化学防护服装》的要求	2 套/站	—	2 套/站	—	6 套/站	—	原名重型防化服或全密封消防员化学防护服，应配备相应的训练用服装
5	特级化学防护服	化学灾害现场或生化恐怖袭击现场处置生化毒剂时的全身防护，具有气密性，对军用芥子气、沙林、强酸强碱和工业苯的防护时间不低于 1 h	*	—	*	—	2 套/站	—	可替代一级消防员化学防护服使用，应配备相应的训练用服装

续表

序号	名称	主要用途及性能	普通消防站				特勤消防站		备 注
			一级普通消防站		二级普通消防站				
			配备	备份比	配备	备份比	配备	备份比	
6	核污染防护服	处置核事故时，防止放射性污染伤害	—	—	—	—	*	—	原名防核防化服，距核设施及相关研究、使用单位较近的消防站宜优先配备
7	防蜂服	防蜂类等昆虫侵袭的专用防护	*	—	*	—	2套/站	—	有任务需要的普通消防站配备数量不宜低于2套/站
8	防爆服	爆炸场所排爆作业的专用防护	—	—	—	—	*	—	承担防爆任务的消防站配备数量不宜低于2套/站
9	电绝缘装具	高电压场所作业时全身防护，技术性能符合GB 6568.1《带电作业用屏蔽服装》的要求	2套/站	—	2套/站	—	3套/站	—	—
10	防静电服	可燃气体、粉尘、蒸气等易燃易爆场所作业时的全身外层防护，技术性能符合GB 12014《防静电工作服》的要求	6套/站	—	4套/站	—	12套/站	—	—
11	内置纯棉手套	应急救援时的手部内层防护	6副/站	—	4副/站	—	12套/站	—	—
12	消防阻燃毛衣	冬季或低温场所作业时的内层防护	*	—	*	—	1件/人	4:1	—
13	防高温手套	高温作业时的手部和腕部防护	4副/站	—	4副/站	—	6副/站	—	—
14	防化手套	化学灾害事故现场作业时的手部和腕部防护	4副/站	—	4副/站	—	6副/站	—	—
15	消防通用安全绳	消防员救援作业，技术性能符合GA 494《消防用防坠落装备》的要求	2根/班	2:1	2根/班	2:1	4根/班	2:1	—
16	消防Ⅰ类安全吊带	消防员逃生和自救，技术性能符合GA 494《消防用防坠落装备》的要求	*	—	*	—	4根/班	2:1	—

续表

序号	名称	主要用途及性能	普通消防站				特勤消防站		备注
			一级普通消防站		二级普通消防站				
			配备	备份比	配备	备份比	配备	备份比	
17	消防Ⅱ类安全吊带	消防员救援作业,技术性能符合 GA 494《消防用防坠落装备》的要求	2 根/班	2:1	2 根/班	2:1	4 根/班	2:1	宜根据需要选择配备消防Ⅱ类安全吊带和消防Ⅲ类安全吊带中的一种或两种
18	消防Ⅲ类安全吊带	消防员救援作业,技术性能符合 GA 494《消防用防坠落装备》的要求	2 根/班	2:1	2 根/班	2:1	4 根/班	2:1	
19	消防防坠落辅助部件	与安全绳和安全吊带、安全腰带配套使用的承载部件,包括8字环、D形钩、安全钩、上升器、下降器、抓绳器、便携式固定装置和滑轮装置等部件,技术性能符合 GA 494《消防用防坠落装备》的要求	2 套/班	3:1	2 套/班	3:1	2 套/班	3:1	宜根据需要选择配备轻型或通用型消防防坠落辅助部件
20	移动供气源	狭小空间和长时间作业时呼吸保护	1 套/站	—	1 套/站	—	2 套/站	—	—
21	正压式消防氧气呼吸器	高原、地下、隧道以及高层建筑等场所长时间作业时的呼吸保护,技术性能符合 GA 632《正压式消防氧气呼吸器》的要求	*	—	*	—	4 具/站	2:1	承担高层、地铁、隧道或在高原地区灭火救援任务的普通消防站配备数量不宜低于2具/站
22	强制送风呼吸器	开放空间有毒环境中作业时呼吸保护	*	—	*	—	2 套/站	—	滤毒罐按照强制送风呼吸器总量1:2备份
23	消防过滤式综合防毒面具	开放空间有毒环境中作业时呼吸保护	*	—	*	—	1 套/2 人	4:1	滤毒罐按照消防过滤式综合防毒面具总量1:2备份
24	潜水装具	水下救援作业时的专用防护	*	—	*	—	4 套/站	—	承担水域救援任务的普通消防站配备数量不宜低于4套/站
25	消防专用救生衣	水上救援作业时的专用防护,具有两种复合浮力配置方式,常态时浮力能保证单人作业,救人时最大浮力可同时承载两个成年人,浮力≥140 kg	*	—	*	—	1 件/2 人	2:1	承担水域应急救援任务的普通消防站配备数量不宜低于1件/2人
26	手提式强光照明灯	灭火救援现场作业时的照明,具有防爆性能	3 具/班	2:1	3 具/班	2:1	3 具/班	2:1	—

续表

序号	名称	主要用途及性能	普通消防站				特勤消防站		备注
			一级普通消防站		二级普通消防站				
			配备	备份比	配备	备份比	配备	备份比	
27	消防员降温背心	降低体温,防止中暑,使用时间不应低于2 h	4件/站	—	4件/站	—	4件/班	—	—
28	消防用荧光棒	黑暗或烟雾环境中一次性照明和标志使用	4根/人	—	4根/人	—	4根/人	—	—
29	消防员呼救器后场接收装置	接收火场消防员呼救器的无线报警信号,可声光报警,至少能够同时接收8个呼救器的无线报警信号	*	—	*	—	*	—	若配备具有无线报警功能的消防员呼救器,则每站至少应配备1套
30	头骨振动式通信装置	消防员间以及与指挥员间的无线通信,距离不应低于1 000 m,可配信号中继器	4个/站	—	4个/站	—	8个/站	—	—
31	防爆手持电台	消防员间以及与指挥员间的无线通信,距离不应低于1 000 m	4个/站	—	4个/站	—	8个/站	—	—
32	消防员单兵定位装置	实时标定和传输消防员在灾害现场的位置和运动轨迹	*	—	*	—	*	—	每套消防员单兵定位装置至少包含一个主机和多个终端

注:寒冷地区消防员的防护装具应考虑防寒需要。其中"备份比"系指消防员防护装备投入使用数量与备用数量之比。

2 防洪工程

城市防洪工程是城市建设的重要组成部分，必须在国家城市建设方针和技术经济政策指导下，注重城市防洪工程措施的综合效能研究，充分协调好城市防洪工程与城市市政建设、码头建设以及城市景观建设的关系，以获取最大的社会、经济和环境效益为目的。

城市防洪非工程措施是应用政策、法令、经济手段和除兴修工程以外的其他技术，规范人的防洪行为和洪水风险区内的开发行为，协调人与洪水之间关系，减轻或缓解洪水灾害影响，减小洪灾损失。由于洪水的发生及其量值都有随机性，单纯靠工程防洪既不经济，又不完善，防洪非工程措施正逐渐形成发展，并受到重视。城市防洪应在加强工程措施建设的同时，重视发挥非工程措施功能，实行工程措施与非工程措施相结合的城市防洪安全保障体系。

防洪规划是防洪工程建设的前期工作，一般结合总体规划或单独进行，可分为地区的、城市的及单项防洪工程的规划。

2.1 规划原则

国家经济建设的目标、方针、政策和防护区的重要性，是编制规划的基本依据。一般应遵循以下原则。

(1)全面规划统筹安排。洪水主要来自河流上游山丘地区，而灾害多集中在中下游和平原地区。规划中，要从全局出发，在全面规划、大局为重、统筹安排、分期实施的原则下处理好上下游、左右岸，近期与远景，大中小型等方面的关系。为了整体利益，必要时局部要作某些牺牲。

(2)综合利用。在基本满足一定防洪任务的前提下，根据综合利用的原则，尽可能地开发水资源，达到除害兴利的要求。

(3)蓄泄兼筹。因地制宜，蓄泄兼筹，合理安排洪水出路，一般在山丘地区结合兴利，修建山谷水库，控制调蓄洪水；在平原地区要以泄为主，加强对堤防、河道整治，充分扩大河槽宣泄能力，在有条件的河段利用湖洼地兴建分洪工程以削减超额洪水峰量。在条件许可的情况下，各河段都可以采取蓄泄兼筹、以泄为主的办法，分河段规划超额洪水的出路。

(4)区别对待标准内洪水和超标准洪水。对于拟定的设计标准内的洪水要有正常设施，使重点保护区避免发生灾害损失；对于超标准洪水则主要采取临时紧急措施，减少淹没损失，做到尽量避免人身伤亡和防止毁灭性灾害。

(5)防洪工程与非工程措施相结合。洪水的出现有极大的随机性，同时建设防洪系统受到经济技术条件的制约，防洪能达到的标准有一定的限度。因而，人们不可能单独依靠工程措施来控制洪水灾害，只有与非工程措施结合使用，才能有效地提高防御洪水的能力。

2.2 规划内容

城市防洪规划应包括下列主要内容：

(1)确定城市防洪、排涝规划标准；

(2)确定城市用地防洪安全布局原则，明确城市防洪保护区和蓄滞洪区范围；

(3)确定城市防洪体系，制定城市防洪、排涝工程方案与城市防洪非工程措施。

2.3 防洪标准

城市应根据其社会经济地位的重要性或非农业人口的数量分为四个等级。各等级的防洪标准按下表的规定确定。

等级	重要性	非农业人口/万人	防洪标准/重现期(年)
Ⅰ	特别重要的城市	≥150	≥200
Ⅱ	重要的城市	150～50	200～100
Ⅲ	中等城市	50～20	100～50
Ⅳ	一般城镇	≤20	50～20

以乡村为主的防护区(简称乡村防护区)，应根据其人口或耕地面积分为四个等级，各等级的防洪标准按下表的规定确定。

等级	防护区人口/万人	防护区耕地面积/万亩	防洪标准/重现期(年)
Ⅰ	≥150	≥300	100～50
Ⅱ	150～50	300～100	50～30
Ⅲ	50～20	100～30	30～20
Ⅳ	≤20	≤30	20～10

冶金、煤炭、石油、化工、林业、建材、机械、轻工、纺织、商业等工矿企业，应根据其规模分为四个等级，各等级的防洪标准按下表的规定确定。

等级	工矿企业规模	防洪标准/重现期(年)
Ⅰ	特大型	200～100
Ⅱ	大型	100～50
Ⅲ	中型	50～20
Ⅳ	小型	20～10

注：1. 各类工矿企业的规模，按国家现行规定划分。

2. 如辅助厂区(或车间)和生活区单独进行防护的，其防洪标准可适当降低。

工矿企业的尾矿坝或尾矿库，应根据库容或坝高的规模分为五个等级，各等级的防洪标准按下表的规定确定。

<table>
<tr><th rowspan="2">等 级</th><th colspan="2">工程规模</th><th colspan="2">防洪标准/重现期(年)</th></tr>
<tr><th>库容/10^8 m^3</th><th>坝高/m</th><th>设计</th><th>校核</th></tr>
<tr><td>Ⅰ</td><td colspan="3">具备提高等级条件的Ⅱ、Ⅲ级工程</td><td>2 000~1 000</td></tr>
<tr><td>Ⅱ</td><td>≥1</td><td>≥100</td><td>200~100</td><td>1 000~600</td></tr>
<tr><td>Ⅲ</td><td>1~0.10</td><td>100~60</td><td>100~50</td><td>500~200</td></tr>
<tr><td>Ⅳ</td><td>0.10~0.01</td><td>60~30</td><td>50~30</td><td>200~100</td></tr>
<tr><td>Ⅴ</td><td>≤0.01</td><td>≤30</td><td>30~20</td><td>100~50</td></tr>
</table>

国家标准轨距铁路的各类建筑物、构筑物，应根据其重要程度或运输能力分为三个等级，各等级的防洪标准按下表的规定，并结合所在河段、地区的行洪和蓄、滞洪的要求确定。

<table>
<tr><th rowspan="3">等级</th><th rowspan="3">重要程度</th><th rowspan="3">运输能力/
(10^4 t/年)</th><th colspan="4">防洪标准/重现期(年)</th></tr>
<tr><th colspan="3">设计</th><th>校核</th></tr>
<tr><th>路基</th><th>涵洞</th><th>桥梁</th><th>技术复杂、修复困难或重要的大桥和特大桥</th></tr>
<tr><td>Ⅰ</td><td>骨干铁路和准高速铁路</td><td>≥1 500</td><td>100</td><td>50</td><td>100</td><td>300</td></tr>
<tr><td>Ⅱ</td><td>次要骨干铁路和联结铁路</td><td>1 500~750</td><td>100</td><td>50</td><td>100</td><td>300</td></tr>
<tr><td>Ⅲ</td><td>地区(包括地方)铁路</td><td>≤750</td><td>50</td><td>50</td><td>50</td><td>100</td></tr>
</table>

注：1. 运输能力为重车方向的运量。

2. 每对旅客列车上下行各按每年 70×10^4 t 折算。

3. 经过蓄、滞洪区的铁路，不得影响蓄、滞洪区的正常运用。

汽车专用公路的各类建筑物、构筑物，应根据其重要性和交通量分为高速、Ⅰ、Ⅱ三个等级，各等级的防洪标准按下表的规定确定。

<table>
<tr><th rowspan="2">等级</th><th rowspan="2">重 要 性</th><th colspan="5">防洪标准/重现期(年)</th></tr>
<tr><th>路基</th><th>特大桥</th><th>大、中桥</th><th>小桥</th><th>涵洞及小型排水构筑物</th></tr>
<tr><td>高速</td><td>政治、经济意义特别重要的，专供汽车分道高速行驶，并全部控制出入的公路</td><td>100</td><td>300</td><td>100</td><td>100</td><td>100</td></tr>
<tr><td>Ⅰ</td><td>连接重要的政治、经济中心，通往重点工矿区、港口、机场等地，专供汽车分道行驶，并部分控制出入的公路</td><td>100</td><td>300</td><td>100</td><td>100</td><td>100</td></tr>
<tr><td>Ⅱ</td><td>连接重要的政治、经济中心或大工矿区、港口、机场等地，专供汽车行驶的公路</td><td>50</td><td>100</td><td>50</td><td>50</td><td>50</td></tr>
</table>

注：经过蓄、滞洪区的公路，不得影响蓄、滞洪区的正常运用。

一般公路的各类建筑物、构筑物，应根据其重要性和交通量分为Ⅱ、Ⅲ三个等级，各等级的防洪标准按下表的规定确定。

等级	重要性	防洪标准/重现期(年)				
		路基	特大桥	大、中桥	小桥	涵洞及小型排水构筑物
Ⅱ	连接重要的政治、经济中心或大工矿区、港口、机场等地的公路	50	100	100	50	50
Ⅲ	均通县城以上等地的公路	25	100	50	25	25
Ⅳ	均通县、乡(镇)、村等地的公路		100	50	25	

注：1. Ⅳ级公路的路基、涵洞及小型排水构筑物的防洪标准，可视具体情况确定。

2. 经过蓄、滞洪区的公路，不得影响蓄、滞洪区的正常运用。

江河港口主要港区的陆域，应根据所在城镇的重要性和受淹损失程度分为三个等级，各等级主要港区陆域的防洪标准按下表的规定确定。

等级	重要性和受淹损失程度	防洪标准/重现期(年)	
		河网、平原河流	山区河流
Ⅰ	直辖市、省会、首府和重要城市的主要滞区陆域，受淹后损失巨大	100~50	50~20
Ⅱ	中等城市的主要港区陆域，受淹后损失较大	50~20	20~10
Ⅲ	一般城镇的主要港区陆域，受淹后损失较小	20~10	10~5

天然、渠化河流和人工运河上的船闸的防洪标准，应根据其等级和所在河流以及船闸在枢纽建筑物中的地位，按下表的规定确定。

等　级	Ⅰ	Ⅱ	Ⅲ、Ⅳ	Ⅴ、Ⅵ、Ⅶ
防洪标准/重现期(年)	100~50	50~20	20~10	10~5

海港主要港区的陆域，应根据港口的重要性和受淹损失程度分为三个等级，各等级主要港区陆域的防洪标准按下表的规定确定。

等级	重要性和受淹损失程度	防洪标准/重现期(年)
Ⅰ	重要的港区陆域，受淹后损失巨大	200~100
Ⅱ	中等港区陆域，受淹后损失较大	100~50
Ⅲ	一般港区陆域，受淹后损失较小	50~20

注：海港的安全主要是防潮水，为统一起见，本标准将防潮标准统称防洪标准。

民用机场应根据其重要程度分为三个等级，各等级的防洪标准按下表的规定确定。

等级	重要程度	防洪标准/重现期(年)
Ⅰ	特别重要的国际机场	200~100
Ⅱ	重要的国内干线机场及一般的国际机场	100~50
Ⅲ	一般的国内支线机场	50~20

跨越水域(江河、湖泊)的输水、输油、输气等管道工程,应根据其工程规模分为三个等级,各等级的防洪标准按下表的规定和所跨越水域的防洪要求确定。

等级	工程规模	防洪标准/重现期(年)
Ⅰ	大型	100
Ⅱ	中型	50
Ⅲ	小型	20

注:经过蓄、滞洪区的管道工程,不得影响蓄、滞洪区的正常运用。

木材水运工程各类建筑物、构筑物,应根据其工程类别和工程规模分为二个或三个等级,各等级的防洪标准按下表的规定确定。

工程类别	等级	工程规模		防洪标准/重现期(年)	
				设计	校核
收漂工程	Ⅰ	设计容量/10^4 m^3	>7	50	100
	Ⅱ		7~2	20	50
	Ⅲ		<2	10	20
木材流送闸坝	Ⅰ	坝高/m	>15	50	100
	Ⅱ		15~5	20	50
	Ⅲ		<5	10	20
水上作业场	Ⅰ	年作业量/10^4 m^3	>20	50	100
	Ⅱ		20~10	20	50
	Ⅲ		<10	10	20
木材出河码头	Ⅰ	年出河量/10^4 m^3	>20	50	100
	Ⅱ		20~10	20	50
	Ⅲ		<10	10	20
推河场	Ⅰ	年推河量/10^4 m^3	>5	20	
	Ⅱ		≤5	10	

2.4 水库防洪术语解释

水库工程为完成不同任务不同时期和各种水文情况下,需控制达到或允许消落的各种库水位称为水库特征水位。相应于水库特征水位以下或两特征水位之间的水库容积称为水库特征库容。《水利水电工程水利动能设计规范》中,规定水库特征水位主要有正常蓄水位、死水位、防洪限制水位、防洪高水位、设计洪水位、校核洪水位等。主要特征库容有兴利库容(调节库容)、死库容、重叠库容、防洪库容、调洪库容、总库容等。

(1)正常蓄水位与兴利库容。水库在正常利用情况下,为满足兴利要求在开始供水时应蓄到的水位,称正常蓄水位,又称正常高水位、兴利水位或设计蓄水位。正常蓄水位至死水位之间的水库容积称为兴利库容,即调节库容。用以调节径流,提供水库的供水量。

(2)死水位与死库容。水库在正常运用情况下,允许消落到的最低水位,称死水位,又称设计低水位。死水位以下的库容称为死库容,也叫垫底库容。死库容的水量除遇到特殊情况外(如特大干旱年),它不直接用于调节径流。

(3)防洪限制水位与重叠库容。水库在汛期允许兴利蓄水的上限水位,也是水库在汛期防洪运用时的起调水位,称防洪限制水位。正常蓄水位至防洪限制水位之间的水库容积称为重叠库容,也叫共用库容。此库容在汛期腾空,作为防洪库容或调洪库容的一部分。

(4)防洪高水位与防洪库容。水库遇到下游防护对象的设计标准洪水时,在坝前达到的最高水位,称防洪高水位。只有当水库承担下游防洪任务时,才需确定这一水位。此水位可采用相应下游防洪标准的各种典型洪水,按拟定的防洪调度方式,自防洪限制水位开始进行水库调洪计算求得。防洪高水位至防洪限制水位之间的水库容积称为防洪库容。它用以控制洪水,满足水库下游防护对象的防洪要求。

(5)设计洪水位。水库遇到大坝的设计洪水时,在坝前达到的最高水位,称设计洪水位。它是水库在正常运用情况下允许达到的最高洪水位。也是挡水建筑物稳定计算的主要依据,可采用相应大坝设计标准的各种典型洪水,按拟定的调度方式,自防洪限制水位开始进行调洪计算求得。

(6)校核洪水位与调洪库容。水库遇到大坝的校核洪水时,在坝前达到的最高水位,称校核洪水位。它是水库在非常运用情况下,允许临时达到的最高洪水位,是确定大坝顶高及进行大坝安全校核的主要依据。此水位可采用相应大坝校核标准的各种典型洪水,按拟定的调洪方式,自防洪限制水位开始进行调洪计算求得。校核洪水位至防洪限制水位之间的水库容积称为调洪库容。它用以拦蓄洪水,在满足水库下游防洪要求的前提下保证大坝安全。

(7)总库容。校核洪水位以下的水库容积称为总库容。它是一项表示水库工程规模的代表性指标,可作为划分水库等级、确定工程安全标准的重要依据。

水库各库容与水位之间关系如下图所示。

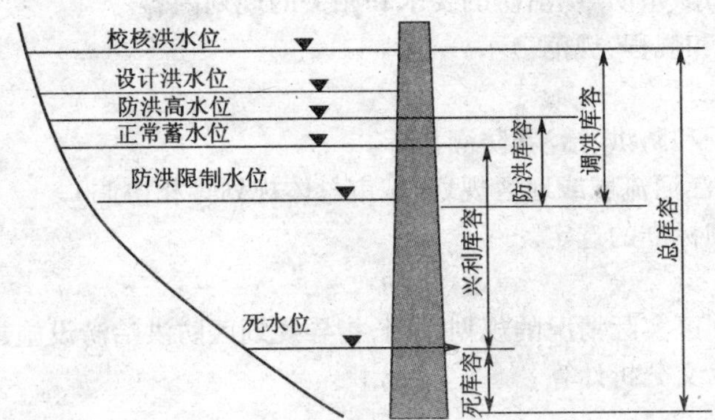

2.5 《城市防洪规划编制大纲》(修订稿)(节录)

1 城市概况

1.1 自然概况

城市的地理位置和面积。

所在地区的地形、地貌、地质、土壤和气候等自然概况。

市区及周边地区内影响城市防洪治涝安全的主要江、河、湖、海等的分布、演变情况、水文特征。

1.2 社会经济概况

城市发展沿革。

现状行政区划、人口、耕地,固定资产、国民生产总值等社会经济简况。

在国家、地区国民经济中的地位和作用。

城市社会经济发展状况,城市总体规划。

2 防洪、治涝现状和存在问题

2.1 洪涝灾害

以往洪、涝、潮灾害简况。

历史上主要洪涝年份的雨情、水情和灾情,对城市发展的影响。

2.2 防洪治涝现状

影响城市防洪治涝安全的有关河道、湖泊、水库、蓄滞洪区等的情况。

防洪、治涝、排水、防潮工程设施和非工程措施建设情况。

城市防洪、治涝、排水、防潮的现状能力和标准,历史大洪水再现时可能出现的水情和灾害。

2.3 存在问题

对现状防洪治涝设施存在的技术问题、管理问题、质量情况等提出评价。

3 规划目标和原则

3.1 规划依据

有关江河流域、地区的防洪规划概况和对该城市的防洪、治涝岸坡。

城市总体规划对城市防洪、治涝的要求和相关的规划内容。

有关法律、法规和规程、规范。

3.2 规划目标

规划的地区范围和防洪、治涝、防潮目标。

规划水平年(与江河流域或地区规划、城市总体规划等相协调)。

防洪、治涝、防潮标准的选定。

3.3 规划原则

提出适用于规划区实际情况的规划原则,指导规划区防洪治涝设施建设。

4 防洪、治涝水文分析计算

4.1 设计暴雨

暴雨观测、调查资料。

暴雨成因和特性。

历史大暴雨。

设计暴雨分析计算方法。

不同历时设计暴雨计算成果。

4.2 设计洪水

有关江河洪水观测、调查资料,洪水成因和特性。

所在地区历史大洪水的雨情和水情。

设计洪水计算方法。

设计洪水计算成果。

人类活动对洪水影响的分析研究。

4.3 设计潮水位

潮水位观测、调查资料。

潮汐、波浪特性。

历史大风暴潮的风情、雨情、潮情和海浪。

设计潮水位分析计算方法和成果。

4.4 治涝水文

市区涝水观测资料,内涝成因和特性。

所在地区历史上大涝年的雨情和城市涝情。

治涝水文分析计算方法。

治涝水文计算成果。

人类活动对涝水影响的分析研究。

5 防洪工程设施规划

5.1 防洪规划方案

历史上城市防洪、防潮、防凌方略和规划概况。

防洪、防潮、防凌的对策和措施研究。

有关河道、海岸等的演变规律分析。

可能采用的水库、堤防、分洪道、蓄滞洪区、挡潮闸等工程措施研究,防洪、防潮、防凌规划方案的拟定。

规划方案的洪水调节、洪水演算、设计洪水位和设计洪水水面线推算，以及设计潮水位、波浪爬高等防洪、防潮设计。

规划方案的分析、论证、比选。

选定的防洪工程设施规划方案。

超标准洪水的对策和措施。

5.2 防洪工程措施

地质勘探、试验资料，主要防洪工程设施的工程地质和水文地质条件，地质基本烈度。

新建、改建、扩建和加高、加固的防洪工程设施，分洪口门以及配套、补偿工程设施等的选址。

堤线走向和河道治导线等的拟定。

工程等级和设计标准。

主要防洪工程设施的参数和控制运用规定。

初拟防洪库容、挡潮闸、分洪道、堤防、河道整治工程和护岸等工程设施的设计方案。

根据《防洪法》初步拟定的规划保留区范围。

工程量和主要建筑物材料估算。

挖压占地和影响的人口等，补偿措施。

5.3 清障规划

河道、河口和行洪区行洪、排涝障碍情况调查。

清障原则和措施。

清障规划。

洲滩开发利用规划和管理。

6 治涝工程设施规划

6.1 治涝规划方案

城市排水管网和排涝系统。

治涝对策研究。

治涝分区和排涝任务。

可采用的截流、滞蓄、自排、提排等治涝措施研究、治涝规划方案的拟定。

规划方案的洪涝、涝潮遭遇，涝水滞蓄、调节，设计排涝水位、排涝河道设计水面线等分析计算。

治涝规划方案的分析、论证和比选。

选定的治涝工程设施规划方案。

6.2 治涝工程设施

主要治涝工程设施的工程地质、水文地质条件，地震基本烈度等。

新建、改建、扩建和加高、加固的排水管网、治涝工程设施以及配套和补偿工程设施等的选址。

排涝河道治理方案和堤线的选择。

工程等级和设计标准。

主要排水、治涝工程设施的参数和控制运用规定。

初拟的主要排水、治涝工程设施的设计方案。

工程量和主要建筑材料估算。

挖压占地和影响的人口等,补偿措施。

7　非工程设施规划

7.1　防洪、治涝指挥系统

系统现状和存在问题。

通信网络。

防洪、治涝指挥系统。

预警预报系统。

决策支持系统。

7.2　防洪、治涝预案

不同量级洪水、暴雨的预防对策和措施。

撤退、转移、安置方案。

防汛、治涝、抢险、救灾组织。

7.3　防灾、减灾

洪水风险图。

不同量级洪水、暴雨灾情评估。

减灾措施。

防洪基金和洪水保险等。

8　管理规划

8.1　管理体制和机构设置

管理体制。

管理机构设置和任务,管理人员编制。

8.2　管理设施

水文观测设施。

主要工程设施,建筑物的观测设施。

运行管理维护设施。

8.3　调度规划和管理经费

主要工程设施调度运用规程。

运行、管理、维修所需经费及来源。

9　环境影响评价

城市环境现状。

规划方案改善对环境的有利影响。

规划方案对环境可能带来的不利影响。

缓解和补偿对环境不利影响的措施预建议。

规划方案对环境影响的初步评价。

10　投资估算

投资估算的依据和方法。

规划方案投资估算。

投资分摊和资金筹措意见。

11 经济评价

11.1 费用

工程设施投资。

运行、管理、维护费用。

11.2 效益

减免洪、涝灾害损失和减少防汛费用等经济效益的分析估算。

规划方案的社会效益和改善生态、环境的效益分析。

11.3 经济评价

经济评价方法。

经济分析计算。

规划方案经济合理性评价。

12 规划实施意见和建议

规划实施意见。

问题和建议。

13 附录、附图

重要的城市社会经济等基础资料。

城市防洪、治涝规划方案和主要工程设施技术经济特征。

现状和规划的城市防洪、治涝工程设施和排水管网分布图。

河道、堤防纵横断面图等重要规划图。

主要工程设施设计图。

根据《防洪法》初步拟定的规划保留区范围图。

14 专题报告和附件

重要的专题报告和试验报告。

有关的重要文件、资料。

3 抗震防灾

3.1 《城市抗震防灾规划标准》GB 50413—2007(节录)

1 总则

1.0.1 为规范城市抗震防灾规划,提高城市的综合抗震防灾能力,最大限度地减轻城市地震灾害,根据国家有关法律法规的要求,制定本标准。

1.0.2 本标准适用于地震动峰值加速度大于或等于0.05 g(地震基本烈度为6度及以上)地区的城市抗震防灾规划。

1.0.3 城市抗震防灾规划应贯彻“预防为主,防、抗、避、救相结合”的方针,根据城市的抗震防灾需要,以人为本,平灾结合、因地制宜、突出重点、统筹规划。

1.0.5 按照本标准进行城市抗震防灾规划,应达到以下基本防御目标。

(1)当遭受多遇地震影响时,城市功能正常,建设工程一般不发生破坏。

(2)当遭受相当于本地区地震基本烈度的地震影响时,城市生命线系统和重要设施基本正常,一般建设工程可能发生破坏但基本不影响城市整体功能,重要工矿企业能很快恢复生产或运营。

(3)当遭受罕遇地震影响时,城市功能基本不瘫痪,要害系统、生命线系统和重要工程设施不遭受严重破坏,无重大人员伤亡,不发生严重的次生灾害。

2 术语

2.0.5 城市基础设施。

本标准所指城市基础设施,是指维持现代城市或区域生存的功能系统以及对国计民生和城市抗震防灾有重大影响的基础性工程设施系统,包括供电、供水和供气系统的主干管线和交通系统的主干道路以及对抗震救灾起重要作用的供电、供水、供气、交通、指挥、通信、医疗、消防、物资供应及保障等系统的重要建筑物和构筑物。

2.0.6 避震疏散场所。

用作地震时受灾人员疏散的场地和建筑,可划分为以下类型。

(1)紧急避震疏散场所:供避震疏散人员临时或就近避震疏散的场所,也是避震疏散人员集合并转移到固定避震疏散场所的过渡性场所。通常可选择城市内的小公园、小花园、小广场、专业绿地、高层建筑中的避难层(间)等。

(2)固定避震疏散场所:供避震疏散人员较长时间避震和进行集中性救援的场所。通常可选择面积较大、人员容置较多的公园、广场、体育场地/馆、大型人防工程、停车场、空地、绿化隔离带以及抗震能力强的公共设施、防灾据点等。

(3)中心避震疏散场所:规模较大、功能较全、起避难中心作用的固定避震疏散场所。场所内一般设抢险救灾部队营地、医疗抢救中心和重伤员转运中心等。

3 基本规定

3.0.1 城市抗震防灾规划应包括下列内容。

(1)总体抗震要求：①城市总体布局中的减灾策略和对策；②抗震设防标准和防御目标；③城市抗震设施建设、基础设施配套等抗震防灾规划要求与技术指标。

(2)城市用地抗震适宜性划分，城市规划建设用地选择与相应的城市建设抗震防灾要求和对策。

(3)重要建筑，超限建筑，新建工程建设，基础设施规划布局、建设与改造，建筑密集或高易损性城区改造，火灾、爆炸等次生灾害源，避震疏散场所及疏散通道的建设与改造等抗震防灾要求和措施。

(4)规划的实施和保障。

3.0.2 城市抗震防灾规划时，应符合下述要求。

(1)城市抗震防灾规划中的抗震设防标准、城市用地评价与选择、抗震防灾措施应根据城市的防御目标、抗震设防烈度和《建筑抗震设计规范》GB 50011 等国家现行标准确定。

3.0.3 城市抗震防灾规划按照城市规模、重要性和抗震防灾要求，分为甲、乙、丙 3 种编制模式。

3.0.4 城市抗震防灾规划编制模式应符合下述规定。

(1)位于地震烈度 7 度及以上地区的大城市编制抗震防灾规划应采用甲类模式。

(2)中等城市和位于地震烈度 6 度地区的大城市应不低于乙类模式。

(3)其他城市编制城市抗震防灾规划应不低于丙类模式。

3.0.5 进行城市抗震防灾规划和专题抗震防灾研究时，可根据城市不同区域的重要性和灾害规模效应，将城市规划区按照 4 种类别进行规划工作区划分。

3.0.6 城市规划区的规划工作区划分应满足下列规定。

(1)甲类模式城市规划区的建成区和近期建设用地应为一类规划工作区。

(2)乙类模式城市规划区内的建成区和近期建设用地应不低于二类规划工作区。

(3)丙类模式城市规划区内的建成区和近期建设用地应不低于三类规划工作区。

(4)城市的中远期建设用地应不低于四类规划工作区。

3.0.7 不同工作区的主要工作项目应不低于表 3.0.7 的要求。

表 3.0.7 不同工作区的主要工作项目

主要工作项目			规划工作区类别			
分类	序号	项目名称	一类	二类	三类	四类
城市用地	1	用地抗震类型分区	√*	√	#	#
	2	地震破坏和不利地形影响估计	√*	√	#	#
	3	城市用地抗震适宜性评价及规划要求	√*	√	√	√
基础设施	4	基础设施系统抗震防灾要求与措施	√	√	√	√
	5	交通、供水、供电、供气建筑和设施抗震性能评价	√*	√	#	×
	6	医疗、通信、消防建筑抗震性能评价	√*	√	#	×

续表

主要工作项目			规划工作区类别			
分类	序号	项目名称	一类	二类	三类	四类
城区建筑	7	重要建筑抗震性能评价及防灾要求	√*	√	√	√
	8	新建工程抗震防灾要求	√	√	√	√
	9	城区建筑抗震建设与改造要求和措施	√*	√	#	×
其他专题	10	地震次生灾害防御要求与对策	√*	√	√	×
	11	避震疏散场所及疏散通道规划布局与安排	√*	√	√	×

注:表中的"√"表示应做的工作项目,"#"表示宜做的工作项目,"×"表示可不做的工作项目。

* 表示宜开展专题抗震防灾研究的工作内容。

3.0.10　城市抗震防灾规划的成果应包括规划文本、图件及说明。规划成果应提供电子文件格式,图件比例尺应满足城市总体规划的要求。

8　避震疏散

8.1.1　避震疏散规划时,应对需避震疏散人口数量及其在市区分布情况进行估计,合理安排避震疏散场所与避震疏散道路,提出规划要求和安全措施。

8.2.6　避震疏散场所不应规划建设在不适宜用地的范围内。

8.2.7　避震疏散场所距次生灾害危险源的距离应满足国家现行重大危险源和防火的有关标准规范要求;四周有次生火灾或爆炸危险源时,应设防火隔离带或防火树林带。避震疏散场所与周围易燃建筑等一般地震次生火灾源之间应设置不小于30 m 的防火安全带;距易燃易爆工厂仓库、供气厂、储气站等重大次生火灾或爆炸危险源距离应不小于1 000 m。避震疏散场所内应划分避难区块,区块之间应设防火安全带。避震疏散场所应设防火设施、防火器材、消防通道、安全通道。

8.2.8　避震疏散场所每位避震人员的平均有效避难面积,应符合以下要求。

(1)紧急避震疏散场所人均有效避难面积不小于1 m^2,但起紧急避震疏散场所作用的超高层建筑避难层(间)的人均有效避难面积不小于0.2 m^2。

(2)固定避震疏散场所人均有效避难面积不小于2 m^2。

8.2.9　避震疏散场地的规模:紧急避震疏散场地的用地不宜小于0.1 hm^2,固定避震疏散场地不宜小于1 hm^2,中心避震疏散场地不宜小于50 hm^2。

8.2.10　紧急避震疏散场所的服务半径宜为500 m,步行大约10 min之内可以到达;固定避震疏散场所的服务半径宜为2~3 km,步行大约1 h之内可以到达。

8.2.11　避震疏散场地人员进出口与车辆进出口宜分开设置,并应有多个不同方向的进出口。人防工程应按照有关规定设立进出口,防灾据点至少应有一个进口与一个出口。其他固定避震疏散场所至少应有两个进口与两个出口。

8.2.12　城市抗震防灾规划时,对避震疏散场所,应逐个核定,在规划中应列表给出名称、面积、容纳的人数、所在位置等。当城市避震疏散场所的总面积少于总需求面积时,应提出增加避震疏散场所数量的规划要求和改善措施。

8.2.15　紧急避震疏散场所内外的避震疏散通道有效宽度不宜低于4 m,固定避震疏散场所内外的避震疏散主通道有效宽度不宜低于7 m。与城市出入口、中心避震疏散场所、市政府抗震救灾指挥中心相连的救灾主干道不宜低于15 m。避震疏散主通道两侧的建筑应能保障疏散通道的安全畅通。

计算避震疏散通道的有效宽度时,道路两侧的建筑倒塌后瓦砾废墟影响可通过仿真分析确定;简化计算时,对于救灾主干道两侧建筑倒塌后的废墟的宽度可按建筑高度的2/3计算,其他情况可按1/2~2/3计算。

3.2 《城市安全与我国城市绿地规划建设》(中国风景园林网)2008(节录)

3.1 城市避灾场所人均指标分析

(1)《北京中心城区地震及应急避难场所(室外)规划纲要》提出:紧急避难场所人均用地标准1.5~2.0 m^2,长期(固定)避难场所人均用地面积2.0~3.0 m^2,即各类避灾场所合计人均用地面积标准应不低于3.5~5 m^2。

(2)《城市防震防灾规划标准》GB 50413—2007规定:紧急避震疏散场所人均避难面积不小于1 m^2,固定避震疏散场所人均避难面积不小于2 m^2。

(3)本次抗震救灾中,救灾工作组提出灾民安置点的人均面积需要10 m^2,内容包括了避灾场所的各类主要设施、道路、医疗点等用地。汶川地震重灾区的过渡性(固定)安置点的实地调研,每个过渡性临时性房标准20 m^2/间,房间之间的防火安全距离4 m,每套房间平均居住4~5人,考虑安置区内需要有简易道路、食堂、浴室、医疗、给水、供电、管理等基本设施,人均避灾安置用地指标约需12 m^2。

在临时避难安置区内计算搭建帐蓬、连同间距范围和必要的道路占地,总的用地指标不少于4 m^2。综上所述,城市紧急避险场所应达到1~2 m^2/人,城市临时避灾安置场所不应少于4 m^2/人,城市过渡性(固定)避灾安置场所应达到10~12 m^2/人。

公园绿地能够提供5~6 m^2/人的避灾场所。

避灾绿地分级规划一览表

避灾场所名称	使用时间	基本指标/(m^2/人)	避灾条件	服务半径	相应的各类绿地
紧急疏散避险绿地	灾害突发时(灾害发生当天)	1.2	满足人员站立及疏散的基本空间	步行1 min到达	集中成片的附属绿地与居住区公园
临时避灾安置绿地	灾害初发后(灾后1日至数周内)	4.5	满足简易帐蓬搭建及人员疏散空间	步行10 min达300~500 m	上述绿地和区级公园
后期过渡避灾安置绿地	灾后恢复期(灾后数周至数年内)	10~12	满足过渡性住房搭建及维持基本空间	1 000~2 000 m	市区级公园和市郊其他绿地

紧急避难场所:用地面积不小于2 000 m^2,服务半径500 m以内,人均有效面积不小于1 m^2(人均用地面积不小于1.5 m^2),满足站立避难的基本空间需求。

国内外避难场所指标比较

	分级数	分级名称	人均有效面积/m^2		用地规模/m^2	
规范标准	3	紧急避难场所	≥3.0	≥1.0	≥1 000	
		固定避难场所		≥2.0	≥10 000	
		中心避难场所		—	≥500 000	
北京	2	紧急避难场所	3.5~5.0	1.5~2.0	≥2 000	老城区最低不低于1 m^2/人
		长期避难场所		2.0~3.0	≥4 000	
上海	3	Ⅰ级避难场所	3.0	2.0	≥20 000	
		Ⅱ级避难场所		1.0	≥4 000	
		Ⅲ级避难场所			≥2 000	
重庆	3	市区避难场所	1.5	9.0	≥100 000	主城区大型应急避难场所占地18 m^2
		区级避难场所		4.0	≥20 000	
		社区级避难场所		1.0	≥2 000	
太原	2	市级避难场所	2		能容纳5万人以上	
		县级避难场所	1.5		能容纳1~5万人	
台湾	3	紧急避难场所	1.8~3.0	0.5		
		临时避难场所		0.5		
		中长期避难场所		0.8~2.0		
日本	2	紧急避难场所	2.0		大型集中避难用地人均安全面积标准2 m^2（至少不低于1 m^2）	
		防灾公园	7.0			

注:1. 规范标准摘自《城市抗震防灾规划标准》(2007)。

2. 北京、上海、重庆标准来源于各自城市相关规划。

3. 我国台湾地区和日本标准摘自互联网。

根据成都《5.12 地震灾后过渡安置房规划导则》初步推算,过渡安置避难场所内以10户为一个标准单元,人均用地面积应在10~12 m^2/人。

(4)天津28个公园绿地为应急避难场所,××公园可容纳6万~8万人,紧急状态下可容纳15万人。

(5)哈尔滨人均避难场所1.5 m^2/人,20个应急场所用地面积多为3 000~4 000 m^2,可容纳50万人。

3.3 《建筑工程抗震设防分类标准》GB 50223—2008

1 总则

1.0.1 为明确建筑工程抗震设计的设防类别和相应的抗震设防标准,以有效地减轻地震灾害,制定本标准。

1.0.2 本标准适用于抗震设防区建筑工程的抗震设防分类。

1.0.3 抗震设防区的所有建筑工程应确定其抗震设防类别。

新建、改建、扩建的建筑工程,其抗震设防类别不应低于本标准的规定。

1.0.4 制定建筑工程抗震设防分类的行业标准,应遵守本标准的划分原则。

本标准未列出的有特殊要求的建筑工程,其抗震设防分类应按专门规定执行。

2 术语

2.0.1 抗震设防分类。

根据建筑遭遇地震破坏后，可能造成人员伤亡、直接和间接经济损失、社会影响的程度及其在抗震救灾中的作用等因素，对各类建筑所做的设防类别划分。

2.0.2 抗震设防烈度。

按国家规定的权限批准作为一个地区抗震设防依据的地震烈度。一般情况下，取50年内超越概率10%的地震烈度。

2.0.3 抗震设防标准。

衡量抗震设防要求高低的尺度，由抗震设防烈度或设计地震动参数及建筑抗震设防类别确定。

3 基本规定

3.0.1 建筑抗震设防类别划分，应根据下列因素的综合分析确定。

(1)建筑破坏造成的人员伤亡、直接和间接经济损失及社会影响的大小。

(2)城镇的大小、行业的特点、工矿企业的规模。

(3)建筑使用功能失效后，对全局的影响范围大小、抗震救灾影响及恢复的难易程度。

(4)建筑各区段的重要性有显著不同时，可按区段划分抗震设防类别。下部区段的类别不应低于上部区段。

(5)不同行业的相同建筑，当所处地位及地震破坏所产生的后果和影响不同时，其抗震设防类别可不相同。

注：区段指由防震缝分开的结构单元、平面内使用功能不同的部分、或上下使用功能不同的部分。

3.0.2 建筑工程应分为以下四个抗震设防类别。

(1)特殊设防类：指使用上有特殊设施，涉及国家公共安全的重大建筑工程和地震时可能发生严重次生灾害等特别重大灾害后果，需要进行特殊设防的建筑。简称甲类。

(2)重点设防类：指地震时使用功能不能中断或需尽快恢复的生命线相关建筑，以及地震时可能导致大量人员伤亡等重大灾害后果，需要提高设防标准的建筑。简称乙类。

(3)标准设防类：指大量的除(1)、(2)、(4)款以外按标准要求进行设防的建筑。简称丙类。

(4)适度设防类：指使用上人员稀少且震损不致产生次生灾害，允许在一定条件下适度降低要求的建筑。简称丁类。

3.0.3 各抗震设防类别建筑的抗震设防标准，应符合下列要求。

(1)标准设防类，应按本地区抗震设防烈度确定其抗震措施和地震作用，达到在遭遇高于当地抗震设防烈度的预估罕遇地震影响时不致倒塌或发生危及生命安全的严重破坏的抗震设防目标。

(2)重点设防类，应按高于本地区抗震设防烈度一度的要求加强其抗震措施；但抗震设防烈度为9度时应按比9度更高的要求采取抗震措施；地基基础的抗震措施，应符合有关规定。同时，应按本地区抗震设防烈度确定其地震作用。

(3)特殊设防类，应按高于本地区抗震设防烈度提高一度的要求加强其抗震措施；但抗震设防烈度为9度时应按比9度更高的要求采取抗震措施。同时，应按批准的地震安全性评价的结果且高于本地区抗震设防烈度的要求确定其地震作用。

(4)适度设防类,允许比本地区抗震设防烈度的要求适当降低其抗震措施,但抗震设防烈度为6度时不应降低。一般情况下,仍应按本地区抗震设防烈度确定其地震作用。

注:对于划为重点设防类而规模很小的工业建筑,当改用抗震性能较好的材料且符合抗震设计规范对结构体系的要求时,允许按标准设防类设防。

3.0.4 本标准仅列出主要行业的抗震设防类别的建筑示例;使用功能、规模与示例类似或相近的建筑,可按该示例划分其抗震设防类别。本标准未列出的建筑宜划为标准设防类。

4 防灾救灾建筑

4.0.1 本章适用于城市和工矿企业与防灾和救灾有关的建筑。

4.0.2 防灾救灾建筑应根据其社会影响及在抗震救灾中的作用划分抗震设防类别。

4.0.3 医疗建筑的抗震设防类别,应符合下列规定。

(1)三级医院中承担特别重要医疗任务的门诊、医技、住院用房,抗震设防类别应划为特殊设防类。

(2)二、三级医院的门诊、医技、住院用房,具有外科手术室或急诊科的乡镇卫生院的医疗用房,县级及以上急救中心的指挥、通信、运输系统的重要建筑,县级及以上的独立采供血机构的建筑,抗震设防类别应划为重点设防类。

(3)工矿企业的医疗建筑,可比照城市的医疗建筑示例确定其抗震设防类别。

4.0.4 消防车库及其值班用房,抗震设防类别应划为重点设防类。

4.0.5 20万人口以上的城镇和县及县级市防灾应急指挥中心的主要建筑,抗震设防类别不应低于重点设防类。

工矿企业的防灾应急指挥系统建筑,可比照城市防灾应急指挥系统建筑示例确定其抗震设防类别。

4.0.6 疾病预防与控制中心建筑的抗震设防类别,应符合下列规定。

(1)承担研究、中试和存放剧毒的高危险传染病病毒任务的疾病预防与控制中心的建筑或其区段,抗震设防类别应划为特殊设防类。

(2)不属于(1)款的县、县级市及以上的疾病预防与控制中心的主要建筑,抗震设防类别应划为重点设防类。

4.0.7 作为应急避难场所的建筑,其抗震设防类别不应低于重点设防类。

5 基础设施建筑

5.1 城镇给排水、燃气、热力建筑。

5.1.1 本节适用于城镇的给水、排水、燃气、热力建筑工程。

工矿企业的给水、排水、燃气、热力建筑工程,可分别比照城市的给水、排水、燃气、热力建筑工程确定其抗震设防类别。

5.1.2 城镇和工矿企业的给水、排水、燃气、热力建筑,应根据其使用功能、规模、修复难易程度和社会影响等划分抗震设防类别。其配套的供电建筑,应与主要建筑的抗震设防类别相同。

5.1.3 给水建筑工程中,20万人口以上城镇、抗震设防烈度为7度及以上的县及县级市的主要取水设施和输水管线、水质净化处理厂的主要水处理建(构)筑物、配水井、送水泵房、中控室、化验室等，抗震设防类别应划为重点设防类。

5.1.4 排水建筑工程中，20 万人口以上城镇、抗震设防烈度为 7 度及以上的县及县级市的污水干管(含合流)，主要污水处理厂的主要水处理建(构)筑物、进水泵房、中控室、化验室，以及城市排涝泵站、城镇主干道立交处的雨水泵房，抗震设防类别应划为重点设防类。

5.1.5 燃气建筑中，20 万人口以上城镇、县及县级市的主要燃气厂的主厂房、贮气罐、加压泵房和压缩间、调度楼及相应的超高压和高压调压间、高压和次高压输配气管道等主要设施，抗震设防类别应划为重点设防类。

5.1.6 热力建筑中，50 万人口以上城镇的主要热力厂主厂房、调度楼、中继泵站及相应的主要设施用房，抗震设防类别应划为重点设防类。

5.2 电力建筑。

5.2.1 本节适用于电力生产建筑和城镇供电设施。

5.2.2 电力建筑应根据其直接影响的城市和企业的范围及地震破坏造成的直接和间接经济损失划分抗震设防类别。

5.2.3 电力调度建筑的抗震设防类别，应符合下列规定。

(1)国家和区域的电力调度中心，抗震设防类别应划为特殊设防类。

(2)省、自治区、直辖市的电力调度中心，抗震设防类别宜划为重点设防类。

5.2.4 火力发电厂(含核电厂的常规岛)、变电所的生产建筑中，下列建筑的抗震设防类别应划为重点设防类。

(1)单机容量为 300 MW 及以上或规划容量为 800 MW 及以上的火力发电厂和地震时必须维持正常供电的重要电力设施的主厂房、电气综合楼、网控楼、调度通信楼、配电装置楼、烟囱、烟道、碎煤机室、输煤转运站和输煤栈桥、燃油和燃气机组电厂的燃料供应设施。

(2)330 kV 及以上的变电所和 220 kV 及以下枢纽变电所的主控通信楼、配电装置楼、就地继电器室，330 kV 及以上的换流站工程中的主控通信楼、阀厅和就地继电器室。

(3)供应 20 万人口以上规模的城镇集中供热的热电站的主要发配电控制室及其供电、供热设施。

(4)不应中断通信设施的通信调度建筑。

5.3 交通运输建筑。

5.3.1 本节适用于铁路、公路、水运和空运系统建筑和城镇交通设施。

5.3.2 交通运输系统生产建筑应根据其在交通运输线路中的地位、修复难易程度和对抢险救灾、恢复生产所起的作用划分抗震设防类别。

5.3.3 铁路建筑中，高速铁路、客运专线(含城际铁路)、客货共线Ⅰ、Ⅱ级干线和货运专线的铁路枢纽的行车调度、运转、通信、信号、供电、供水建筑，以及特大型站和最高聚集人数很多的大型站的客运候车楼，抗震设防类别应划为重点设防类。

5.3.4 公路建筑中，高速公路、一级公路、一级汽车客运站和位于抗震设防烈度为 7 度及以上地区的公路监控室，一级长途汽车站客运候车楼，抗震设防类别应划为重点设防类。

5.3.5 水运建筑中，50 万人口以上城市、位于抗震设防烈度为 7 度及以上地区的水运通信和导航等重要设施的建筑，国家重要客运站，海难救助打捞等部门的重要建筑，抗震设防类别应划为重点设防类。

5.3.6 空运建筑中，国际或国内主要干线机场中的航空站楼、大型机库，以及通信、供电、供热、供水、供气、供油的建筑，抗震设防类别应划为重点设防类。

航管楼的设防标准应高于重点设防类。

5.3.7 城镇交通设施的抗震设防类别，应符合下列规定。

(1)在交通网络中占关键地位、承担交通量大的大跨度桥应划为特殊设防类，处于交通枢纽的其余桥梁应划为重点设防类。

(2)城市轨道交通的地下隧道、枢纽建筑及其供电、通风设施，抗震设防类别应划为重点设防类。

5.4 邮电通信、广播电视建筑。

5.4.1 本节适用于邮电通信、广播电视建筑。

5.4.2 邮电通信、广播电视建筑，应根据其在整个信息网络中的地位和保证信息网络通畅的作用划分抗震设防类别。其配套的供电、供水建筑，应与主体建筑的抗震设防类别相同；当特殊设防类的供电、供水建筑为单独建筑时，可划为重点设防类。

5.4.3 邮电通信建筑的抗震设防类别，应符合下列规定。

(1)国际出入口局、国际无线电台、国家卫星通信地球站、国际海缆登陆站，抗震设防类别应划为特殊设防类。

(2)省中心及省中心以上通信枢纽楼、长途传输一级干线枢纽站、国内卫星通信地球站、本地网通枢纽楼及通信生产楼、应急通信用房，抗震设防类别应划为重点设防类。

(3)大区中心和省中心的邮政枢纽，抗震设防类别应划为重点设防类。

5.4.4 广播电视建筑的抗震设防类别，应符合下列规定。

(1)国家级、省级的电视调频广播发射塔建筑，当混凝土结构塔的高度大于250 m或钢结构塔的高度大于300 m时，抗震设防类别应划为特殊设防类；国家级、省级的其余发射塔建筑，抗震设防类别应划为重点设防类。国家级卫星地球站上行站，抗震设防类别应划为特殊设防类。

(2)国家级、省级广播中心、电视中心和电视调频广播发射台的主体建筑，发射总功率不小于200 kW的中波和短波广播发射台、广播电视卫星地球站、国家级和省级广播电视监测台与节目传送台的机房建筑和天线支承物，抗震设防类别应划为重点设防类。

6 公共建筑和居住建筑

6.0.1 本章适用于体育建筑、影剧院、博物馆、档案馆、商场、展览馆、会展中心、教育建筑、旅馆、办公建筑、科学实验建筑等公共建筑和住宅、宿舍、公寓等居住建筑。

6.0.2 公共建筑，应根据其人员密集程度、使用功能、规模、地震破坏所造成的社会影响和直接经济损失的大小划分抗震设防类别。

6.0.3 体育建筑中，规模分级为特大型的体育场，大型、观众席容量很多的中型体育场和体育馆(含游泳馆)，抗震设防类别应划为重点设防类。

6.0.4 文化娱乐建筑中，大型的电影院、剧场、礼堂、图书馆的视听室和报告厅、文化馆的观演厅和展览厅、娱乐中心建筑，抗震设防类别应划为重点设防类。

6.0.5 商业建筑中，人流密集的大型的多层商场抗震设防类别应划为重点设防类。当商业建筑与其他建筑合建时应分别判断，并按区段确定其抗震设防类别。

6.0.6 博物馆和档案馆中，大型博物馆，存放国家一级文物的博物馆，特级、甲级档案馆，抗震设防类别应划为重点设防类。

6.0.7 会展建筑中,大型展览馆、会展中心,抗震设防类别应划为重点设防类。

6.0.8 教育建筑中,幼儿园、小学、中学的教学用房以及学生宿舍和食堂,抗震设防类别应不低于重点设防类。

6.0.9 科学实验建筑中,研究、中试生产和存放具有高放射性物品以及剧毒的生物制品、化学制品、天然和人工细菌、病毒(如鼠疫、霍乱、伤寒和新发高危险传染病等)的建筑,抗震设防类别应划为特殊设防类。

6.0.10 电子信息中心的建筑中,省部级编制和贮存重要信息的建筑,抗震设防类别应划为重点设防类。

国家级信息中心建筑的抗震设防标准应高于重点设防类。

6.0.11 高层建筑中,当结构单元内经常使用人数超过 8 000 人时,抗震设防类别宜划为重点设防类。

6.0.12 居住建筑的抗震设防类别不应低于标准设防类。

7 工业建筑

7.1 采煤、采油和矿山生产建筑。

7.1.1 本节适用于采煤、采油和天然气以及采矿的生产建筑。

7.1.2 采煤、采油和天然气、采矿的生产建筑,应根据其直接影响的城市和企业的范围及地震破坏所造成的直接和间接经济损失划分抗震设防类别。

7.1.3 采煤生产建筑中,矿井的提升、通风、供电、供水、通信和瓦斯排放系统,抗震设防类别应划为重点设防类。

7.1.4 采油和天然气生产建筑中,下列建筑的抗震设防类别应划为重点设防类。

(1)大型油、气田的联合站、压缩机房、加压气站泵房、阀组间、加热炉建筑。

(2)大型计算机房和信息贮存库。

(3)油品储运系统液化气站,轻油泵房及氮气站、长输管道首末站、中间加压泵站。

(4)油、气田主要供电、供水建筑。

7.1.5 采矿生产建筑中,下列建筑的抗震设防类别应划为重点设防类:

(1)大型冶金矿山的风机室,排水泵房,变电、配电室等。

(2)大型非金属矿山的提升、供水、排水、供电、通风等系统的建筑。

7.2 原材料生产建筑。

7.2.1 本节适用于冶金、化工、石油化工、建材和轻工业原材料等工业原材料生产建筑。

7.2.2 冶金、化工、石油化工、建材、轻工业的原材料生产建筑,主要以其规模、修复难易程度和停产后相关企业的直接和间接经济损失划分抗震设防类别。

7.2.3 冶金工业、建材工业企业的生产建筑中,下列建筑的抗震设防类别应划为重点设防类。

(1)大中型冶金企业的动力系统建筑,油库及油泵房,全厂性生产管制中心、通信中心的主要建筑。

(2)大型和不容许中断生产的中型建材工业企业的动力系统建筑。

7.2.4 化工和石油化工生产建筑中,下列建筑的抗震设防类别应划为重点设防类。

(1)特大型、大型和中型企业的主要生产建筑以及对正常运行起关键作用的建筑。

(2)特大型、大型和中型企业的供热、供电、供气和供水建筑。

(3)特大型,大型和中型企业的通信、生产指挥中心建筑。

7.2.5　轻工原材料生产建筑中,大型浆板厂和洗涤剂原料厂等大型原材料生产企业中的主要装置及其控制系统和动力系统建筑,抗震设防类别应划为重点设防类。

7.2.6　冶金、化工、石油化工、建材、轻工业原料生产建筑中,使用或生产过程中具有剧毒、易燃、易爆物质的厂房,当具有泄毒、爆炸或火灾危险性时,其抗震设防类别应划为重点设防类。

7.3　加工制造业生产建筑。

7.3.1　本节适用于机械、船舶、航空、航天、电子(信息)、纺织、轻工、医药等工业生产建筑。

7.3.2　加工制造工业生产建筑,应根据建筑规模和地震破坏所造成的直接和间接经济损失的大小划分抗震设防类别。

7.3.3　航空工业生产建筑中,下列建筑的抗震设防类别应划为重点设防类。

(1)部级及部级以上的计量基准所在的建筑,记录和贮存航空主要产品(如飞机、发动机等)或关键产品的信息贮存所在的建筑。

(2)对航空工业发展有重要影响的整机或系统性能试验设施、关键设备所在建筑(如大型风洞及其测试间,发动机高空试车台及其动力装置及测试间,全机电磁兼容试验建筑)。

(3)存放国内少有或仅有的重要精密设备的建筑。

(4)大中型企业主要的动力系统建筑。

7.3.4　航天工业生产建筑中,下列建筑的抗震设防类别应划为重点设防类。

(1)重要的航天工业科研楼、生产厂房和试验设施、动力系统的建筑。

(2)重要的演示、通信、计量、培训中心的建筑。

7.3.5　电子信息工业生产建筑中,下列建筑的抗震设防类别应划为重点设防类。

(1)大型彩管、玻壳生产厂房及其动力系统。

(2)大型的集成电路、平板显示器和其他电子类生产厂房。

(3)重要的科研中心、测试中心、试验中心的主要建筑。

7.3.6　纺织工业的化纤生产建筑中,具有化工性质的生产建筑,其抗震设防类别宜按本标准7.2.4条划分。

7.3.7　大型医药生产建筑中,具有生物制品性质的厂房及其控制系统,其抗震设防类别宜按本标准6.0.9条划分。

7.3.8　加工制造工业建筑中,生产或使用具有剧毒、易燃、易爆物质且具有火灾危险性的厂房及其控制系统的建筑,抗震设防类别应划为重点设防类。

7.3.9　大型的机械、船舶、纺织、轻工、医药等工业企业的动力系统建筑应划为重点设防类。

7.3.10　机械、船舶工业的生产厂房,电子、纺织、轻工、医药等工业的其他生产厂房,宜划为标准设防类。

8　仓库类建筑

8.0.1　本章适用于工业与民用的仓库类建筑。

8.0.2　仓库类建筑,应根据其存放物品的经济价值和地震破坏所产生的次生灾害划分抗震设防类别。

8.0.3　仓库类建筑的抗震设防类别，应符合下列规定。

(1)储存高、中放射性物质或剧毒物品的仓库不应低于重点设防类，储存易燃、易爆物质等具有火灾危险性的危险品仓库应划为重点设防类。

(2)一般的储存物品的价值低、人员活动少、无次生灾害的单层仓库等可划为适度设防类。

本标准用词用语说明

(1)为了便于在执行本标准(规范)条文时区别对待，对要求严格程度不同的用词说明如下。

①表示很严格，非这样做不可的用词：正面词采用"必须"，反面词采用"严禁"。

②表示严格，在正常情况下均应这样做的用词：正面词采用"应"，反面词采用"不应"或"不得"。

③表示允许稍有选择，在条件许可时首先这样做的用词：正面词采用"宜"，反面词采用"不宜"；表示有选择，在一定条件下可以这样做的，采用"可"。

(2)标准(规范)中指定应按其他有关标准、规范执行时，写法为："应符合……的规定"或"应按……执行"。

3.4　《建筑抗震设计规范》GB 50011—2010(节录)

一般规定

1.0.2　抗震设防烈度为6度及以上地区的建筑，必须进行抗震设计。

1.0.3　本规范适用于抗震设防烈度为6、7、8和9度地区建筑工程的抗震设计及隔震、消能减震设计。抗震设防烈度大于9度地区的建筑和行业有特殊要求的工业建筑，其抗震设计应按有关专门规定执行。

注：本规范一般略去"抗震设防烈度"字样，如"抗震设防烈度为6度、7度、8度、9度"，简称为"6度、7度、8度、9度"。

3　抗震设计的基本要求

3.1　建筑抗震设防分类和设防标准。

3.1.1　建筑应根据其使用功能的重要性分为甲类、乙类、丙类、丁类4个抗震设防类别。甲类建筑应属于重大建筑工程和地震时可能发生严重次生灾害的建筑，乙类建筑应属于地震时使用功能不能中断或需尽快恢复的建筑，丙类建筑应属于除甲、乙、丁类以外的一般建筑，丁类建筑应属于抗震次要建筑。

3.1.2　建筑抗震设防类别的划分应符合国家标准《建筑抗震设防分类标准》GB 50223的规定。

3.1.3　各抗震设防类别建筑的抗震设防标准，应符合下列要求。

(1)甲类建筑，地震作用应高于本地区抗震设防烈度的要求，其值应按批准的地震安全性评价结果确定；抗震措施，当抗震设防烈度为6~8度时，应符合本地区抗震设防烈度提高1度的要求，当为9度时，应符合比9度抗震设防更高的要求。

(2)乙类建筑，地震作用应符合本地区抗震设防烈度的要求；抗震措施，一般情况下，当抗震设防烈度为6～8度时，应符合本地区抗震设防烈度提高1度的要求，当为9度时，应符合比9度抗震设防更高的要求；地基基础的抗震措施，应符合有关规定。

对较小的乙类建筑，当其结构改用抗震性能较好的结构类型时，应允许仍按本地区抗震设防烈度的要求采取抗震措施。

(3)丙类建筑，地震作用和抗震措施均应符合本地区抗震设防烈度的要求。

(4)丁类建筑，一般情况下，地震作用仍应符合本地区抗震设防烈度的要求；抗震措施应允许比本地区抗震设防烈度的要求适当降低，但抗震设防烈度为6度时不应降低。

3.2.2 抗震设防烈度和设计基本地震加速度取值的对应关系，应符合表3.2.2的规定。设计基本地震加速度为0.15 g 和0.30 g 地区内的建筑，除本规范另有规定外，应分别按抗震设防烈度7度和8度的要求进行抗震设计。

表3.2.2 抗震设防烈度和设计基本地震加速度值的对应关系

抗震设防烈度	6	7	8	9
设计基本地震加速度值	0.05 g	0.10(0.15)g	0.20(0.30)g	0.40 g

注：1. g 为重力加速度。

2. 表中括号内数值表示在0.10g 和0.20g 之间有一个0.15g 的区域，0.20g 和0.40g 之间有一个0.30g 的区域，在这两个区域内建筑的抗震设计要求，除另有规定外，分别采用的设防烈度为7度和8度。

3.2.3 建筑的设计特征周期应根据其所在地的设计地震分组和场地类别确定。本规范的设计地震共分为3组。对Ⅱ类场地，第一组、第二组和第三组的设计特征周期，应分别按0.35 s、0.40 s和0.45 s采用。

注：本规范一般把“设计特征周期”简称为“特征周期”。

3.2.4 我国主要城镇(县级及县级以上城镇)中心地区的抗震设防烈度、设计基本地震加速度值和所属的设计地震分组，可按本规范附录A采用。

3.3 场地和地基。

3.3.1 选择建筑场地时，应根据工程需要，掌握地震活动情况、工程地质和地震地质的有关资料，对抗震有利、不利和危险地段作出综合评价。对不利地段，应提出避开要求，当无法避开时应采取有效措施，不应在危险地段建造甲、乙、丙类建筑。

3.3.2 建筑场地为Ⅰ类时，甲、乙建筑应允许仍按本地区抗震设防烈度的要求采取抗震构造措施；丙类建筑应允许按本地区抗震设防烈度降低1度的要求采取抗震构造措施，但抗震设防烈度为6度时仍应按本地区抗震设防烈度的要求采取抗震构造措施。

3.3.3 建筑场地为Ⅲ、Ⅳ类时，对设计基本地震加速度为0.15 g 和0.30 g 的地区，除本规范另有规定外，宜分别按抗震设防烈度8度(0.20 g)和9度(0.40 g)时各类建筑的要求采取抗震构造措施。

附录A 我国主要城镇抗震设防烈度、设计基本地震加速度和设计地震分组

本附录仅提供我国抗震设防区各县级及县级以上城镇的中心地区建筑工程抗震设计时所采用的抗震设防烈度、设计基本地震加速度值和所属的设计地震分组。

注：本附录一般把“设计地震第一、二、三组”简称为“第一组、第二组、第三组”。

A.0.1 首都和直辖市

1 抗震设防烈度为8度，设计基本地震加速度值为0.20 g

第一组：北京（东城、西城、崇文、宣武、朝阳、丰台、石景山、海淀、房山、通州、顺义、大兴、平谷），延庆，天津（汉沽），宁河。

2 抗震设防烈度为7度，设计基本地震加速度值为0.15 *g*

第二组：北京（昌平、门头沟、怀柔），密云；天津（和平、河东、河西、南开、河北、红桥、塘沽、东丽、西青、津南、北辰、武清、宝坻），蓟县，静海。

3 抗震设防烈度为7度，设计基本地震加速度值为0.10 *g*

第一组：上海（黄浦、卢湾、徐汇、长宁、静安、普陀、闸北、虹口、杨浦、闵行、宝山、嘉定、浦东、松江、青浦、南汇、奉贤）。

第二组：天津（大港）。

4 抗震设防烈度为6度，设计基本地震加速度值为0.05 *g*

第一组：上海（金山），崇明；重庆（渝中、大渡口、江北、沙坪坝、九龙坡、南岸、北碚、万盛、双桥、渝北、巴南、万州、涪陵、黔江、长寿、江津、合川、永川、南川），巫山，奉节，云阳，忠县，丰都，壁山，铜梁，大足，荣昌，綦江，石柱，巫溪*。

注：上标＊指该城镇的中心位于本设防区和较低设防区的分界线，全附录A同。

A.0.2 河北省

1 抗震设防烈度为8度，设计基本地震加速度值为0.20 *g*

第一组：唐山（路北、路南、古冶、开平、丰润、丰南），三河，大厂，香河，怀来，涿鹿。

第二组：廊坊（广阳、安次）。

2 抗震设防烈度为7度，设计基本地震加速度值为0.15 *g*

第一组：邯郸（丛台、邯山、复兴、峰峰矿区），任丘，河间，大城，滦县，蔚县，磁县，宣化县，张家口（下花园、宣化区），宁晋*。

第二组：涿州，高碑店，涞水，固安，永清，文安，玉田，迁安，卢龙，滦南，唐海，乐亭，阳原，邯郸县，大名，临漳，成安。

3 抗震设防烈度为7度，设计基本地震加速度值为0.10 *g*

第一组：张家口（桥西、桥东），万全，怀安，安平，饶阳，晋州，深州，辛集，赵县，隆尧，任县，南和，新河，肃宁，柏乡。

第二组：石家庄（长安、桥东、桥西、新华、裕华、井陉矿区），保定（新市、北市、南市），沧州（运河、新华），邢台（桥东、桥西），衡水，霸州，雄县，易县，沧县，张北，兴隆，迁西，抚宁，昌黎，青县，献县，广宗，平乡，鸡泽，曲周，肥乡，馆陶，广平，高邑，内丘，邢台县，武安，涉县，赤城，走兴，容城，徐水，安新，高阳，博野，蠡县，深泽，魏县，藁城，栾城，武强，冀州，巨鹿，沙河，临城，泊头，永年，崇礼，南宫*。

第三组：秦皇岛（海港、北戴河），清苑，遵化，安国，涞源，承德（鹰手营子*）。

4 抗震设防烈度为6度，设计基本地震加速度值为0.05 *g*

第一组：围场，沽源。

第二组：正定，尚义，无极，平山，鹿泉，井陉县，元氏，南皮，吴桥，景县，东光。

第三组：承德（双桥、双滦），秦皇岛（山海关），承德县，隆化，宽城，青龙，阜平，满城，顺平，唐县，望都，曲阳，定州，行唐，赞皇，黄骅，海兴，孟村，盐山，阜城，故城，清河，新乐，武邑，枣强，威县，丰宁，滦平，平泉，临西，灵寿，邱县。

A.0.3 山西省

1 抗震设防烈度为8度,设计基本地震加速度值为0.20 *g*

第一组:太原(杏花岭、小店、迎泽、尖草坪、万柏林、晋源),晋中,清徐,阳曲,忻州,定襄,原平,介休,灵石,汾西,代县,霍州,古县,洪洞,临汾,襄汾,浮山,永济。

第二组:祁县,平遥,太谷。

2 抗震设防烈度为7度,设计基本地震加速度值为0.15 *g*

第一组:大同(城区、矿区、南郊),大同县,怀仁,应县,繁峙,五台,广灵,灵丘,芮城,翼城。

第二组:朔州(朔城区),浑源,山阴,古交,交城,文水,汾阳,孝义,曲沃,侯马,新绛,稷山,绛县,河津,万荣,闻喜,临猗,夏县,运城,平陆,沁源*,宁武*。

3 抗震设防烈度为7度,设计基本地震加速度值为0.10 *g*

第一组:阳高,天镇。

第二组:大同(新荣),长治(城区、郊区).阳泉(城区、矿区、郊区),长治县,左云,右玉,神池,寿阳,昔阳,安泽,平定,和顺,乡宁,垣曲,黎城,潞城,壶关。

第三组:平顺,榆社,武乡,娄烦,交口,隰县,蒲县,吉县,静乐,陵川,盂县,沁水,沁县,朔州(平鲁)。

4 抗震设防烈度为6度,设计基本地震加速度值为0.05 *g*

第三组:偏关,河曲,保德,兴县,临县,方山,柳林,五寨,岢岚,岚县,中阳,石楼,永和,大宁,晋城,吕梁,左权,襄垣,屯留,长子,高平,阳城,泽州。

A.0.4 内蒙古自治区

1 抗震设防烈度为8度,设计基本地震加速度值为0.30 *g*

第一组:土墨特右旗,达拉特旗*。

2 抗震设防烈度为8度,设计基本地震加速度值为0.20 *g*

第一组:呼和浩特(新城、回民、玉泉、赛罕),包头(昆都仑、东河、青山、九原),乌海(海勃湾、海南、乌达),土墨特左旗,杭锦后旗,磴口,宁城。

第二组:包头(石拐),托克托*。

3 抗震设防烈度为7度,设计基本地震加速度值为0.15 *g*

第一组:赤峰(红山*,元宝山区),喀喇沁旗,巴彦卓尔,五原,乌拉特前旗,凉城。

第二组:固阳,武川,和林格尔。

第三组:阿拉善左旗。

4 抗震设防烈度为7度,设计基本地震加速度值为0.10 *g*

第一组:赤峰(松山区),察右前旗,开鲁,傲汉旗,扎兰屯,通辽*。

第二组:清水河,乌兰察布,卓资,丰镇,乌特拉后旗,乌特拉中旗。

第三组:鄂尔多斯,准格尔旗。

5 抗震设防烈度为6度,设计基本地震加速度值为0.05 *g*

第一组:满洲里,新巴尔虎右旗,莫力达瓦旗,阿荣旗,扎赉特旗,翁牛特旗,商都,乌审旗,科左中旗,科左后旗,奈曼旗,库伦旗,苏尼特右旗。

第二组:兴和,察右后旗。

第三组:达尔军茂明安联合旗,阿拉善右旗,鄂托克旗,鄂托克前旗,包头(白云矿区),

伊金霍洛旗，杭锦旗，四王子旗，察右中旗。

A.0.5　辽宁省

1　抗震设防烈度为8度，设计基本地震加速度值为0.20 g

第一组：普兰店，东港。

2　抗震设防烈度为7度，设计基本地震加速度值为0.15 g

第一组：营口（站前、西市、鲅鱼圈、老边），丹东（振兴、元宝、振安），海城，大石桥，瓦房店，盖州，大连（金州）。

3　抗震设防烈度为7度，设计基本地震加速度值为0.10 g

第一组：沈阳（沈河、和平、大东、皇姑、铁西、苏家屯、东陵、沈北、于洪），鞍山（铁东、铁西、立山、千山），朝阳（双塔、龙城），辽阳（白塔、文圣、宏伟、弓长岭、太子河），抚顺（新抚、东洲、望花），铁岭（银州、清河），盘锦（兴隆台、双台子），盘山，朝阳县，辽阳县，铁岭县，北票，建平，开原，抚顺县*，灯塔，台安，辽中，大洼。

第二组：大连（西岗、中山、沙河口、甘井子、旅顺），岫岩，凌源。

4　抗震设防烈度为6度，设计基本地震加速度值为0.05 g

第一组：本溪（平山、溪湖、明山、南芬），阜新（细河、海州、新邱、太平、清河门），葫芦岛（龙港、连山），昌图，西丰，法库，彰武，调兵山，阜新县，康平，新民，黑山，北宁，义县，宽甸，庄河，长海，抚顺（顺城）。

第二组：锦州（太和、古塔、凌河），凌海，凤城，喀喇沁左翼。

第三组：兴城，绥中，建昌，葫芦岛（南票）。

A.0.6　吉林省

1　抗震设防烈度为8度，设计基本地震加速度值为0.20 g

前郭尔罗斯，松原。

2　抗震设防烈度为7度，设计基本地震加速度值为0.15 g

大安*。

3　抗震设防烈度为7度，设计基本地震加速度值为0.10 g

长春（难关、朝阳、宽城、二道、绿园、双阳），吉林（船营、龙潭、昌邑、丰满），白城，乾安，舒兰，九台，永吉*。

4　抗震设防烈度为6度，设计基本地震加速度值为0.05 g

四平（铁西、铁东），辽源（龙山、西安），镇赉，洮南，延吉，汪清，图们，珲春，龙井，和龙，安图，蛟河，桦甸，梨树，磐石，东丰，辉南，梅河口，东辽，榆树，靖宇，抚松，长岭，德惠，农安，伊通，公主岭，扶余，通榆*。

注：全省县级及县级以上设防城镇，设计地震分组均为第一组。

A.0.7　黑龙江省

1　抗震设防烈度为7度，设计基本地震加速度值为0.10 g

绥化，萝北，泰来。

2　抗震设防烈度为6度，设计基本地震加速度值为0.05 g

哈尔滨（松北、道里、南岗、道外、香坊、平房、呼兰、阿城），齐齐哈尔（建华、龙沙、铁锋、昂昂溪、富拉尔基、碾子山、梅里斯），大庆（萨尔图、龙凤、让胡路、大同、红岗），鹤岗（向阳、兴山、工农、南山、兴安、东山），牡丹江（东安、爱民、阳明、西安），鸡西（鸡冠、恒山、滴道、梨树、城子河、麻山），佳木斯（前进、向阳、东风、郊区），七台河（桃山、新兴、茄子河），伊春（伊春区，乌马、友好），鸡东，望奎，穆棱，绥芬河，东宁，宁安，五大连池，嘉荫，汤原，桦南，桦川，依兰，勃利，通河，方正，木兰，巴彦，延寿，尚志，宾县，安达，明水，绥棱，庆安，兰西，肇东，肇州，双城，五常，讷河，北安，甘南，富裕，尤江，黑河，肇源，青冈*，海林*。

注：全省县级及县级以上设防城镇，设计地震分组均为第一组。

A.0.8 江苏省

1 抗震设防烈度为8度，设计基本地震加速度值为0.30 g

第一组：宿迁（宿城、宿豫*）。

2 抗震设防烈度为8度，设计基本地震加速度值为0.20 g

第一组：新沂，邳州，睢宁。

3 抗震设防烈度为7度，设计基本地震加速度值为0.15 g

第一组：扬州（维扬、广陵、邗江），镇江（京口、润州），泗洪，江都。

第二组：东海，沭阳，大丰。

4 抗震设防烈度为7度，设计基本地震加速度值为0.10 g

第一组：南京（玄武、白下、秦淮、建邺、鼓楼、下关、浦口、六合、栖霞、雨花台、江宁），常州（新北、钟楼、天宁、戚墅堰、武进），泰州（海陵、高港），江浦，东台，海安，姜堰，如皋，扬中，仪征，兴化，高邮，句容，丹阳，金坛，镇江（丹徒），溧阳，溧水，昆山，太仓。

第二组：徐州（云龙、鼓楼、九里、贾汪、泉山），铜山，沛县，淮安（清河、青浦、淮阴），盐城（亭湖、盐都），泗阳，盱眙，射阳，赣榆，如东。

第三组：连云港（新浦、连云、海州），灌云。

5 抗震设防烈度为6度，设计基本地震加速度值为0.05 g

第一组：无锡（崇安、南长、北塘、滨湖、惠山），苏州（金阊、沧浪、平江、虎丘、吴中、相成），宜兴，常熟，吴江，泰兴，高淳。

第二组：南通（崇川、港闸），海门，启东，通州，张家港，靖江，江阴，无锡（锡山），建湖，洪泽，丰县。

第三组：响水，滨海，阜宁，宝应，金湖，灌南，涟水，楚州。

A.0.9 浙江省

1 抗震设防烈度为7度，设计基本地震加速度值为0.10 g

第一组：岱山，嵊泗，舟山（定海、普陀），宁波（北仑、镇海）。

2 抗震设防烈度为6度，设计基本地震加速度值为0.05 g

第一组：杭州（拱墅、上城、下城、江干、西湖、滨江、余杭、萧山），宁波（海曙、江东、江北、鄞州），湖州（吴兴、南浔），嘉兴（南湖、秀洲），温州（鹿城、龙湾、瓯海），绍兴，绍兴县，长兴，安吉，临安，奉化，象山，德清，嘉善，平湖，海盐，桐乡，海宁，上虞，慈溪，余姚，富阳，平阳，苍南，乐清，永嘉，泰顺，景宁，云和，洞头。

第二组：庆元，瑞安。

A.0.10 安徽省

1 抗震设防烈度为7度，设计基本地震加速度值为0.15 g

第一组：五河，泗县。

2 抗震设防烈度为7度，设计基本地震加速度值为0.10 g

第一组:合肥(蜀山、庐阳、瑶海、包河),蚌埠(蚌山、龙子湖、禹会、淮山),阜阳(颍州、颍东、颍泉),淮南(田家庵、大通),枞阳,怀远,长丰,六安(金安、裕安),固镇,凤阳,明光,定远,肥东,肥西,舒城,庐江,桐城,霍山,涡阳,安庆(大观、迎江、宜秀),铜陵县*。

第二组:灵璧。

3　抗震设防烈度为6度,设计基本地震加速度值为0.05 *g*

第一组:铜陵(铜官山、狮子山、郊区),淮南(谢家集、八公山、潘集),芜湖(镜湖、戈江、三江、鸠江),马鞍山(花山、雨山、金家庄),芜湖县,界首,太和,临泉,阜南,利辛,凤台,寿县,颍上,霍邱,金寨,含山,和县,当涂,无为,繁昌,池州,岳西,潜山,太湖,怀宁,望江,东至,宿松,南陵,宣城,郎溪,广德,泾县,青阳,石台。

第二组:滁州(琅琊、南谯),来安,全椒,砀山,萧县,蒙城,亳州,巢湖,天长。

第三组:濉溪,淮北,宿州。

A.0.11　福建省

1　抗震设防烈度为8度,设计基本地震加速度值为0.20 *g*

第二组:金门*。

2　抗震设防烈度为7度,设计基本地震加速度值为0.15 *g*

第一组:漳州(芗城、龙文),东山,诏安,龙海。

第二组:厦门(思明、海沧、湖里、集美、同安、翔安),晋江,石狮,长泰,漳浦。

第三组:泉州(丰泽、鲤城、洛江、泉港)。

3　抗震设防烈度为7度,设计基本地震加速度值为0.10 *g*

第二组:福州(鼓楼、台江、仓山、晋安),华安,南靖,平和,云宵。

第三组:莆田(城厢、涵江、荔城、秀屿),长乐,福清,平潭,惠安,南安,安溪,福州(马尾)。

4　抗震设防烈度为6度,设计基本地震加速度值为0.05 *g*

第一组:三明(梅列、三元),屏南,霞浦,福鼎,福安,柘荣,寿宁,周宁,松溪,宁德,古田,罗源,沙县,尤溪,闽清,闽侯,南平,大田,漳平,龙岩,泰宁,宁化,长汀,武平,建守,将乐,明溪,清流,连城,上杭,永安,建瓯。

第二组:政和,永定。

第三组:连江,永泰,德化,永春,仙游,马祖。

A.0.12　江西省

1　抗震设防烈度为7度,设计基本地震加速度值为0.10 *g*

寻乌,会昌。

2 抗震设防烈度为6度,设计基本地震加速度值为0.05 *g*

南昌(东湖、西湖、青云谱、湾里、青山湖),南昌县,九江(浔阳、庐山),九江县,进贤,余干,彭泽,湖口,星子,瑞昌,德安,都昌,武宁,修水,靖安,铜鼓,宜丰,宁都,石城,瑞金,安远,定南,龙南,全南,大余。

注:全省县级及县级以上设防城镇,设计地震分组均为第一组。

A.0.13　山东省

1　抗震设防烈度为8度,设计基本地震加速度值为0.20 *g*

第一组:郯城,临沭,莒南,莒县,沂水,安丘,阳谷,临沂(河东)。

2 抗震设防烈度为7度,设计基本地震加速度值为0.15 g

第一组:临沂(兰山、罗庄),青州,临驹,菏泽,东明,聊城,莘县,鄄城。

第二组:潍坊(奎文、潍城、寒亭、坊子),苍山,沂南,昌邑,昌乐,诸城,五莲,长岛,蓬莱,龙口,枣庄(台儿庄),淄博(临淄2),寿光*。

3 抗震设防烈度为7度,设计基本地震加速度值为0.10 g

第一组:烟台(莱山、芝罘、牟平),威海,文登,高唐,茌平,定陶,成武。

第二组:烟台(福山),枣庄(薛城、市中、峄城、山亭*),淄博(张店、淄川、周村),平原,东阿,平阴,梁山,郓城,巨野,曹县,广饶,博兴,高青,桓台,蒙阴,费县,微山,禹城,冠县,单县,夏津*,莱芜(莱城*、钢城)。

第三组:东营(东营、河口),日照(东港、岚山),沂源,招远,新泰,栖霞,莱州,平度,高密,垦利,淄博(博山),滨州*,平邑*。

4 抗震设防烈度为6度,设计基本地震加速度值为0.05 g

第一组:荣成。

第二组:德州,宁阳,曲阜,邹城,鱼台,乳山,兖州。

第三组:济南(市中、历下、槐荫、天桥、历城、长清),青岛(市南、市北、四方、黄岛、崂山、城阳、李沧),泰安(泰山、岱岳),济宁(市中、任城),乐陵,庆云,无棣,阳信,宁津,沾化,利津,武城,惠民,商河,临邑,济阳,齐河,章丘,泗水,莱阳,海阳,金乡,滕州,莱西,即墨,胶南,胶州,东平,汶上,嘉祥,临清,肥城,陵县,邹平。

A.0.14 河南省

1 抗震设防烈度为8度,设计基本地震加速度值为0.20 g

第一组:新乡(丑滨、红旗、凤泉、牧野),新乡县,安阳(北关、文峰、殷都、龙安),安阳县,淇县,卫辉,辉县,原阳,延津,获嘉,范县。

第二组:鹤壁(淇滨、山城*、鹤山*),汤阴。

2 抗震设防烈度为7度,设计基本地震加速度值为0.15 g

第一组:台前,南乐,陕县,武陟。

第二组:郑州(中原、二七、管城、金水、惠济),濮阳,濮阳县,长桓,封丘,修武,内黄,浚县,滑县,清丰,灵宝,三门峡,焦作(马村*),林州*。

3 抗震设防烈度为7度,设计基本地震加速度值为0.10 g

第一组:南阳(卧龙、宛城),新密,长葛,许昌*,许昌县*。

第二组:郑州(上街),新郑,洛阳(西工、老城、渡河、涧西、吉利、洛龙*),焦作(解放、山阳、中站),开封(鼓楼、龙亭、顺河、禹王台、金明),开封县,民权,兰考,孟州,孟津,巩义,偃师,沁阳,博爱,济源,荥阳,温县,中牟,杞县*。

4 抗震设防烈度为6度,设计基本地震加速度值为0.05 g

第一组:信阳(狮河、平桥),漯河(郾城、源汇、召陵),平顶山(新华、卫东、湛河、石龙),汝阳,禹州,宝丰,鄢陵,扶沟,太康,鹿邑,郸城,沈丘,项城,淮阳,周口,商水,上蔡,临颖,西华,西平,栾川,内乡,镇平,唐河,邓州,新野,社旗,平舆,新县,驻马店,泌阳,汝南,桐柏,淮滨,息县,正阳,遂平,光山,罗山,潢川,商城,固始,南召,叶县*,舞阳*。

第二组:商丘(梁园、睢阳),义马,新安,襄城,郏县,嵩县,宜阳,伊川,登封,柘城,尉氏,通许,虞城,夏邑,宁陵。

第三组:汝州,睢县,永城,卢氏,洛宁,渑池。

A.0.15 湖北省

1 抗震设防烈度为7度,设计基本地震加速度值为0.10 *g*

竹溪,竹山,房县。

2 抗震设防烈度为6度,设计基本地震加速度值为0.05 *g*

武汉(江岸、江汉、硚口、汉阳、武昌、青山、洪山、东西湖、汉南、蔡甸、江厦、黄陂、新洲),荆州(沙市、荆州),荆门(东宝、掇刀),襄樊(襄城、樊城、襄阳),十堰(茅箭、张湾),宜昌(西陵、伍家岗、点军、猇亭、夷陵),黄石(下陆、黄石港、西塞山、铁山),恩施,咸宁,麻城,团风,罗田,英山,黄冈,鄂州,浠水,蕲春,黄梅,武穴,郧西,郧县,丹江口,谷城,老河口,宜城,南漳,保康,神农架,钟祥,沙洋,远安,兴山,巴东,秭归,当阳,建始,利川,公安,宣恩,咸丰,长阳,嘉鱼,大冶,宜都,枝江,松滋,江陵,石首,监利,洪湖,孝感,应城,云梦,天门,仙桃,红安,安陆,潜江,通山,赤壁,崇阳,通城,五峰*,京山*。

注:全省县级及县级以上设防城镇,设计地震分组均为第一组。

A.0.16 湖南省

1 抗震设防烈度为7度,设计基本地震加速度值为0.15 *g*

常德(武陵、鼎城)。

2 抗震设防烈度为7度,设计基本地震加速度值为0.10 *g*

岳阳(岳阳楼、君山*),岳阳县,汨罗,湘阴,临澧,澧县,津市,桃源,安乡,汉寿。

3 抗震设防烈度为6度,设计基本地震加速度值为0.05 *g*

长沙(岳麓、芙蓉、天心、开福、雨花),长沙县,岳阳(云溪),益阳(赫山、资阳),张家界(永定、武陵源),郴州(北湖、苏仙),邵阳(大祥、双清、北塔),邵阳县,泸溪,沅陵,娄底,宜章,资兴,平江,宁乡,新化,冷水江,涟源,双峰,新邵,邵东,隆回,石门,慈利,华容,南县,临湘,沅江,桃江,望城,溆浦,会同,靖州,韶山,江华,宁远,道县,临武,湘乡*,安化*,中方*,洪江*。

注:全省县级及县级以上设防城镇,设计地震分组均为第一组。

A.0.17 广东省

1 抗震设防烈度为8度,设计基本地震加速度值为0.20 *g*

汕头(金平、濠江、龙湖、澄海),潮安,南澳,徐闻,潮州。

2 抗震设防烈度为7度,设计基本地震加速度值为0.15 *g*

揭阳,揭东,汕头(潮阳、潮南),饶平。

3 抗震设防烈度为7度,设计基本地震加速度值为0.10 *g*

广州(越秀、荔湾、海珠、天河、白云、黄埔、番禺、南沙、萝岗),深圳(福田、罗湖、南山、宝安、盐田),湛江(赤坎、霞山、坡头、麻章),汕尾,海丰,普宁,惠来,阳江,阳东,阳西,茂名(茂南、茂港),化州,廉江,遂溪,吴川,丰顺,中山,珠海(香洲、斗门、金湾),电白,雷州,佛山(顺德、南海、禅城*),江门(蓬江、江海、新会)*,陆丰*。

4 抗震设防烈度为6度,设计基本地震加速度值为0.05 *g*

韶关(浈江、武江、曲江),肇庆(端州、鼎湖),广州(花都),深圳(尤岗),河源,揭西,东源,梅州,东莞,清远,清新,南雄,仁化,始兴,乳源,英德,佛冈,龙门,龙川,平远,从化,梅县,兴宁,五华,紫金,陆河,增城,博罗,惠州(惠城、惠阳),惠东,四会,云浮,云安,高要,佛山(三水、高明),鹤山,封开,郁南,罗定,信宜,新兴,开平,恩平,台山,阳春,高州,翁源,连平,和平,蕉岭,大埔,新丰*。

注:全省县级及县级以上设防城镇,除大埔为设计地震第二组外,均为第一组。

A.0.18 广西壮族自治区

1 设防烈度为7度,设计基本地震加速度值为0.15 g

灵山,田东。

2 设防烈度为7度,设计基本地震加速度值为0.10 g

玉林,兴业,横县,北流,百色,田阳,平果,隆安,浦北,博白,乐业*。

3 设防烈度为6度,设计基本地震加速度值为0.05 g

南宁(青秀、兴宁、江南、西乡塘、良庆、邕宁),桂林(象山、叠彩、秀峰、七星、雁山),柳州(柳北、城中、鱼峰、柳南),梧州(长洲、万秀、蝶山),钦州(钦南、钦北),贵港(港北、港南),防城港(港口、防城),北海(海城、银海),兴安,灵川,临桂,永福,鹿寨,天峨,东兰,巴马,都安,大化,马山,融安,象州,武宣,桂平,平南,上林,宾阳,武鸣,大新,扶绥,东兴,合浦,钟山,贺州,藤县,苍梧,容县,岑溪,陆川,凤山,凌云,田林,隆林,西林,德保,靖西,那坡,天等,崇左,上思,龙州,宁明,融水,凭祥,全州。

注:全自治区县级及县级以上设防城镇,设计地震分组均为第一组。

A.0.19 海南省

1 抗震设防烈度为8度,设计基本地震加速度值为0.30 g

海口(龙华、秀英、琼山、美兰)。

2 抗震设防烈度为8度,设计基本地震加速度值为0.20 g

文昌,定安。

3 抗震设防烈度为7度,设计基本地震加速度值为0.15 g

澄迈。

4 抗震设防烈度为7度,设计基本地震加速度值为0.10 g

临高,琼海,儋州,屯昌。

5 抗震设防烈度为6度,设计基本地震加速度值为0.05 g

三亚,万宁,昌江,白沙,保亭,陵水,东方,乐东,五指山,琼中。

注:全省县级及县级以上设防城镇,除屯昌、琼中为设计地震第二组外,均为第一组。

A.00.20 四川省

1 抗震设防烈度不低于9度,设计基本地震加速度值不小于0.40 g

第二组:康定,西昌。

2 抗震设防烈度为8度,设计基本地震加速度值为0.30 g

第二组:冕宁*。

3 抗震设防烈度为8度,设计基本地震加速度值为0.20 g

第一组:茂县,汶川,宝兴。

第二组:松潘,平武,北川(震前),都江堰,道孚,泸定,甘孜,炉霍,喜德,普格,宁南,理塘。

第三组:九寨沟,石棉,德昌。

4 抗震设防烈度为7度,设计基本地震加速度值为0.15 g

第二组:巴塘,德格,马边,雷波,天全,芦山,丹巴,安县,青州,江油,绵竹,什邡,彭州,理县,剑阁*。

第三组:荥经,汉源,昭觉,布拖,甘洛,越西,雅江,九龙,木里,盐源,会东,新龙。

5 抗震设防烈度为7度,设计基本地震加速度值为0.10 *g*

第一组:自贡(自流井、大安、贡井、沿滩)。

第二组:绵阳(涪城、游仙),广元(利州、元坝、朝天),乐山(市中、沙湾),宜宾,宜宾县,峨边,沐川,屏山,得荣,雅安,中江,德阳,罗江,峨眉山,马尔康。

第三组:成都(青羊、锦江、金牛、武侯、成华、龙泽泉、青白江、新都、温江),攀枝花(东区、西区、仁和),若尔盖,色达,壤塘,石渠,白玉,盐边,米易,乡城,稻城,双流,乐山(金口轲、五通桥),名山,美姑,金阳,小金,会理,黑水,金川,洪雅,夹江,邛崃,蒲江,彭山,丹棱,眉山,青神,郫县,大邑,崇州,新津,金堂,广汉。

6 抗震设防烈度为6度,设计基本地震加速度值为0.05 *g*

第一组:泸州(江阳、纳溪、龙马潭),内江(市中、东兴),宣汉,达州,达县,大竹,邻水,渠县,广安,华蓥,隆昌,富顺,南溪,兴文,叙永,古蔺,资中,通江,万源,巴中,阆中,仪陇,西充,南部,射洪,大英,乐至,资阳。

第二组:南江,苍溪,旺苍,盐亭,三台,简阳,泸县,江安,长宁,高县,珙县,仁寿,威远。

第三组:犍为,荣县,梓潼,筠连,井研,阿坝,红原。

A.0.21 贵州省

1 抗震设防烈度为7度,设计基本地震加速度值为0.10 *g*

第一组:望谟。

第三组:威宁。

2 抗震设防烈度为6度,设计基本地震加速度值为0.05 *g*

第一组:贵阳(乌当"、白云"、小河、南明、云岩溪),凯里,毕节,安顺,都匀,黄平,福泉,贵定,麻江镇,龙里,平坝,纳雍,织金,普定,六枝,镇宁,惠水顺,关岭,紫云,罗甸,兴仁,贞丰,安龙,金沙,赤水,习水,思南*。

第二组:六盘水,水城,册亨。

第三组:赫章,普安,晴隆,兴义,盘县。

A.0.22 云南省

1 抗震设防烈度不低于9度,设计基本地震加速度值不小于0.40 *g*

第二组:寻甸,昆明(东川)。

第三组:澜沧。

2 抗震设防烈度为8度,设计基本地震加速度值为0.30 *g*

第二组:剑川,嵩明,宜良,丽江,玉龙,鹤庆,永胜,潞西,龙陵,石屏,建水。

第三组:耿马,双江,沧源,勐海,西盟,孟连。

3 抗震设防烈度为8度,设计基本地震加速度值为0.20 *g*

第二组:石林,玉溪,大理,巧家,江川,华宁,峨山,通海,洱源,宾川,弥渡,祥云,会泽,南涧。

第三组:昆明(盘龙、五华、官渡、西山),普洱(原思茅市),保山,马龙,呈贡,澄江,晋宁,易门,漾濞,巍山,云县,腾冲,施甸,瑞丽,梁河,安宁,景洪,永德,镇康,临沧,风庆*,陇川*。

4 抗震设防烈度为7度,设计基本地震加速度值为0.15 *g*

第二组:香格里拉,泸水,大关,永善,新平*。

第三组:曲靖,弥勒,陆良,富民,禄劝,武定,兰坪,云龙,景谷,宁洱(原普洱),沾益,个旧,红河,元江,禄丰,双柏,开远,盈江,永平,昌宁,宁蒗,南华,楚雄,勐腊,华坪,景东*。

5 抗震设防烈度为7度,设计基本地震加速度值为0.10 *g*

第二组:盐津,绥江,德钦,贡山,水富。

第三组:昭通,彝良,鲁甸,福贡,永仁,大姚,元谋,姚安,牟定,墨江,绿春,镇沅,江城,金平,富源,师宗,泸西,蒙自,元阳,维西,宣威。

6 抗震设防烈度为6度,设计基本地震加速度值为0.05 *g*

第一组:威信,镇雄,富宁,西畴,麻栗坡,马关。

第二组:广南。

第三组:丘北,砚山,屏边,河口,文山,罗平。

A.0.23 西藏自治区

1 抗震设防烈度不低于9度,设计基本地震加速度值不小于0.40 *g*

第三组:当雄,墨脱。

2 抗震设防烈度为8度,设计基本地震加速度值为0.30 *g*

第二组:申扎。

第三组:米林,波密。

3 抗震设防烈度为8度,设计基本地震加速度值为0.20 *g*

第二组:普兰,聂拉木,萨嘎。

第三组:拉萨,堆龙德庆,尼木,仁布,尼玛,洛隆,隆子,错那,曲松,那曲,林芝(八一镇),林周。

4 抗震设防烈度为7度,设计基本地震加速度值为0.15 *g*

第二组:札达,吉隆,拉孜,谢通门,亚东,洛扎,昂仁。

第三组:日土,江孜,康马,白朗,扎囊,措美,桑日,加查,边坝,八宿,丁青,类乌齐,乃东,琼结,贡嘎,朗县,达孜,南木林,班戈,浪卡子,墨竹工卡,曲水,安多,聂荣,日喀则*,噶尔*。

5 抗震设防烈度为7度,设计基本地震加速度值为0.10 *g*

第一组:改则。

第二组:措勤,仲巴,定结,芒康。

第三组:昌都,定日,萨迦,岗巴,巴青,工布江达,索县,比如,嘉黎,察雅,友贡,察隅,江达,贡觉。

6 抗震设防烈度为6度,设计基本地震加速度值为0.05 *g*

第二组:革吉。

A.0.24 陕西省

1 抗震设防烈度为8度,设计基本地震加速度值为0.20 *g*

第一组:西安(未央、莲湖、新城、碑林、灞桥、雁塔、阎良*、临潼),渭南,华县,华阴,潼关,大荔。

第三组:陇县。

2 抗震设防烈度为7度,设计基本地震加速度值为0.15 *g*

第一组:咸阳(秦都、渭城),西安(长安),高陵,兴平,周至,户县,蓝田。

第二组:宝鸡(金台、渭滨、陈仓),咸阳(杨凌特区),千阳,岐山,凤翔,扶风,武功,眉县,三原,富平,澄城,蒲城,泾阳,礼泉,韩城,合阳,略阳。

第三组:凤县。

3　抗震设防烈度为7度,设计基本地震加速度值为0.10 *g*

第一组:安康,平利。

第二组:洛南,乾县,勉县,宁强,南郑,汉中。

第三组:白水,淳化,麟游,永寿,商洛(商州),太白,留坝,铜川(耀州、王益、印台*),柞水*。

4　抗震设防烈度为6度,设计基本地震加速度值为0.05 *g*

第一组:延安,清涧,神木,佳县,米脂,绥德,安塞,延川,延长,志丹,甘泉,商南,紫阳,镇巴,子长*,子洲*。

第二组:吴旗,富县,旬阳,白河,岚皋,镇坪。

第三组:定边,府谷,吴堡,洛川,黄陵,旬邑,洋县,西乡,石泉,汉阴,宁陕,城固,宜川,黄龙,宜君,长武,彬县,佛坪,镇安,丹凤.山阳。

A.0.25　甘肃省

1　抗震设防烈度不低于9度,设计基本地震加速度值不小于0.40 *g*

第二组:古浪。

2　抗震设防烈度为8度,设计基本地震加速度值为0.30 *g*

第二组:天水(秦州、麦积),礼县,西和。

第三组:白银(平川区)。

3　抗震设防烈度为8度,设计基本地震加速度值为0.20 *g*

第二组:岩昌,肃北,陇南,成县,徽县,康县,文县。

第三组:兰州(城关、七里河、西固、安宁),武威,永登,天祝,景泰,靖远,陇西,武山,秦安,清水,甘谷,漳县,会宁,静宁,庄浪,张家川,通渭,华亭,两当,舟曲。

4　抗震设防烈度为7度,设计基本地震加速度值为0.15 *g*

第二组:康乐,嘉峪关,玉门,酒泉,高台,临泽,肃南。

第三组:白银(白银区),兰州(红古区),永靖,岷县,东乡,和政,广河,临潭,卓尼,迭部,临洮,渭源,皋兰,崇信,榆中,定西,金昌,阿克塞,民乐,永昌,平凉。

5　抗震设防烈度为7度,设计基本地震加速度值为0.10 *g*

第二组:张掖,合作,玛曲,金塔。

第三组:敦煌,瓜洲,山丹,临夏,临夏县,夏河,碌曲,泾川,灵台,民勤,镇原,环县,积石山。

6　抗震设防烈度为6度,设计基本地震加速度值为0.05 *g*

第三组:华池,正宁,庆阳,合水,宁县,西峰。

A.0.26　青海省

1　抗震设防烈度为8度,设计基本地震加速度值为0.20 *g*

第二组:玛沁。

第三组:玛多,达日。

2 抗震设防烈度为7度,设计基本地震加速度值为0.15 g

第二组:祁连。

第三组:甘德,门源,治多,玉树。

3 抗震设防烈度为7度,设计基本地震加速度值为0.10 g

第二组:乌兰,称多,杂多,囊谦。

第三组:西宁(城中、城东、城西、城北),同仁,共和,德令哈,海晏,湟源,湟中,平安,民和,化隆,贵德,尖扎,循化,格尔木,贵南,同德,河南,曲麻莱,久治,班玛,天峻,刚察,大通,互助,乐都,都兰,兴海。

4 抗震设防烈度为6度,设计基本地震加速度值为0.05 g

第三组:泽库。

A.0.27 宁夏回族自治区

1 抗震设防烈度为8度,设计基本地震加速度值为0.30 g

第二组:海原。

2 抗震设防烈度为8度,设计基本地震加速度值为0.20 g

第一组:石嘴山(大武口、惠农),平罗。

第二组:银川(兴庆、金凤、西夏),吴忠,贺兰,永宁,青铜峡,泾源,灵武,固原。

第三组:西吉,中宁,中卫,同心,隆德。

3 抗震设防烈度为7度,设计基本地震加速度值为0.15 g

第三组:彭阳。

4 抗震设防烈度为6度,设计基本地震加速度值为0.05 g

第三组:盐池。

A.0.28 新疆维吾尔自治区

1 抗震设防烈度不低于9度,设计基本地震加速度值不小于0.40 g

第三组:乌恰,塔什库尔干。

2 抗震设防烈度为8度,设计基本地震加速度值为0.30 g

第三组:阿图什,喀什,疏附。

3 抗震设防烈度为8度,设计基本地震加速度值为0.20 g

第一组:巴里坤。

第二组:乌鲁木齐(天山、沙依巴克、新市、水磨沟、头屯河、米东),乌鲁木齐县,温宿,阿克苏,柯坪,昭苏,特克斯,库车,青河,富蕴,乌什*。

第三组:尼勒克,新源,巩留,精河,乌苏,奎屯,沙湾,玛纳斯,石河子,克拉玛依(独山子),疏勒,伽师,阿克陶,英吉沙。

4 抗震设防烈度为7度,设计基本地震加速度值为0.15 g

第一组:木垒*。

第二组:库尔勒,新和,轮台,和静,焉耆,博湖,巴楚,拜城,昌吉,阜康*。

第三组:伊宁,伊宁县,霍城,呼图壁,察布查尔,岳普湖。

5 抗震设防烈度为7度,设计基本地震加速度值为0.10 g

第一组:鄯善。

第二组:乌鲁木齐(达坂城),吐鲁番,和田,和田县,吉木萨尔,洛浦,奇台,伊吾,托克逊,和硕,尉犁,墨玉,策勒,哈密*。

第三组:五家渠,克拉玛依(克拉玛依区),博乐,温泉,阿合奇,阿瓦提,沙雅,图木舒克,莎车,泽普,叶城,麦盖堤,皮山。

6 抗震设防烈度为6度,设计基本地震加速度值为0.05 g

第一组:额敏,和布克赛尔。

第二组:于田,哈巴河,塔城,福海,克拉玛依(马尔禾)。

第三组:阿勒泰,托里,民丰,若羌,布尔津,吉木乃,裕民,克拉玛依(白碱滩),且末,阿拉尔。

A.0.29 港澳特区和台湾省

1 抗震设防烈度不低于9度,设计基本地震加速度值不小于0.40 g

第二组:台中。

第三组:苗栗,云林,嘉义,花莲。

2 抗震设防烈度为8度,设计基本地震加速度值为0.30 g

第二组:台南。

第三组:台北,桃园,基隆,宜兰,台东,屏东。

3 抗震设防烈度为8度,设计基本地震加速度值为0.20 g

第三组:高雄,澎湖。

4 抗震设防烈度为7度,设计基本地震加速度值为0.15 g

第一组:香港。

5 抗震设防烈度为7度,设计基本地震加速度值为0.10 g

第一组:澳门。

3.5 《镇规划标准》GB 50188—2007(节录)

11 防灾减灾规划

11.1 一般规定

11.1.1 防灾减灾规划主要应包括消防、防洪、抗震防灾和防风减灾的规划。

11.1.2 镇的防灾减灾规划应依据县域或地区防灾减灾规划的统一部署进行规划。

11.2 消防规划

11.2.1 消防规划主要应包括消防安全布局和确定消防站、消防给水、消防通信、消防车通道、消防装备。

11.2.2 消防安全布局应符合下列规定。

(1)生产和储存易燃、易爆物品的工厂、仓库、堆场和储罐等应设置在镇区边缘或相对独立的安全地带。

(2)生产和储存易燃、易爆物品的工厂、仓库、堆场、储罐以及燃油、燃气供应站等与居住、医疗、教育、集会、娱乐、市场等建筑之间的防火间距不应小于50 m。

(3)现状中影响消防安全的工厂、仓库、堆场和储罐等应迁移或改造,耐火等级低的建筑密集区应开辟防火隔离带和消防车通道,增设消防水源。

11.2.3 消防给水应符合下列规定。

(1)具备给水管网条件时,其管网及消火栓的布置、水量、水压应符合现行国家标准《建筑设计防火规范》GB 50016 的有关规定。

(2)不具备给水管网条件时应利用河湖、池塘、水渠等水源规划建设消防给水设施。

(3)给水管网或天然水源不能满足消防用水时,宜设置消防水池,寒冷地区的消防水池应采取防冻措施。

11.2.4 消防站的设置应根据镇的规模、区域位置和发展状况等因素确定,并应符合下列规定。

(1)特大、大型镇区消防站的位置应以接到报警 5 min 内消防队到辖区边缘为准,并应设在辖区内的适中位置和便于消防车辆迅速出动的地段;消防站的建设用地面积、建筑及装置标准可按《城市消防站建设标准》的规定执行;消防站的主体建筑距离学校、幼儿园、托儿所、医院、影剧院、集贸市场等公共设施的主要疏散口的距离不应小于 50 m。

(2)中、小型镇区尚不具备建设消防站时,可设置消防值班室,配备消防通信设备和灭火设施。

11.2.5 消防车通道之间的距离不宜超过 160 m,路面宽度不得小于 4 m,当消防车通道上空有障碍物跨越道路时,路面与障碍物之间的净高不得小于 4 m。

11.2.6 镇区应设置火警电话。特大、大型镇区火警线路不应少于两对,中、小型镇区不应少于一对。

镇区消防站应与县级消防站、邻近地区消防站以及镇区供水、供电、供气等部门建立消防通信联网。

11.3 防洪规划

11.3.1 镇域防洪规划应与当地江河流域、农田水利、水土保持、绿化造林等的规划相结合,统一整治河道,修建堤坝、圩垸和蓄、滞洪区等。

11.3.2 镇域防洪规划应根据洪灾类型(河洪、海潮、山洪和泥石流)选用相应的防洪标准及防洪措施,实行工程防洪措施与非工程防洪措施相结合,组成完整的防洪体系。

11.3.3 镇域防洪规划应按现行国家标准《防洪标准》GB 50201 的有关规定执行;镇区防洪规划除应执行本标准外,尚应符合现行行业标准《城市防洪工程设计规范》CJJ 50 的有关规定。

邻近大型或重要工矿企业、交通运输设施、动力设施、通信设施、文物古迹和旅游设施等防护对象的镇,当不能分别进行设防时,应按就高不就低的原则确定设防标准及设置防洪设施。

11.3.4 修建围埝、安全台、避水台等就地避洪安全设施时,其位置应避开分洪口、主流顶冲和深水区,其安全超高值应符合表 11.3.4 的规定。

表 11.3.4　就地避洪安全设施的安全超高

安全设施	安置人口/人	安全超高/m
围埝	地位重要、防护面大、人口≥10 000 的密集区	>2.0
	≥10 000	2.0~1.5
	1 000~9 999	1.5~1.0
	<1 000	1.0
安全台、避水台	≥1 000	1.5~1.0
	<1 000	1.0~0.5

注:安全超高是指在蓄、滞洪时的最高洪水位以上,考虑水面浪高等因素,避洪安全设施需要增加的富余高度。

11.3.5　各类建筑和工程设施内设置安全层或建造其他避洪设施时,应根据避洪人员数量统一进行规划,并应符合现行国家标准《蓄滞洪区建筑工程技术规范》GB 50181 的有关规定。

11.3.6　易受内涝灾害的镇,其排涝工程应与排水工程统一规划。

11.3.7　防洪规划应设置救援系统,包括应急疏散点、医疗救护、物资储备和报警装置等。

11.4　抗震防灾规划

11.4.1　抗震防灾规划主要应包括建设用地评估和工程抗震、生命线工程和重要设施、防止地震次生灾害以及避震疏散的措施。

11.4.2　在抗震设防区进行规划时,应符合现行国家标准《中国地震动参数区划图》GB 18306 和《建筑抗震设计规范》GB 50011 等的有关规定,选择对抗震有利的地段,避开不利地段,严禁在危险地段规划居住建筑和人员密集的建设项目。

11.4.3　工程抗震应符合下列规定。

(1)新建建筑物、构筑物和工程设施应按国家和地方现行有关标准进行设防。

(2)现有建筑物、构筑物和工程设施应按国家和地方现行有关标准进行鉴定,提出抗震加固、改建和拆迁的意见。

11.4.4　生命线工程和重要设施,包括交通、通信、供水、供电、能源、消防、医疗和食品供应等应进行统筹规划,并应符合下列规定:

(1)道路、供水、供电等工程应采取环网布置方式;

(2)镇区人员密集的地段应设置不同方向的四个出入口;

(3)抗震防灾指挥机构应设置备用电源。

11.4.5　生产和贮存具有发生地震的次生灾害源,包括产生火灾、爆炸和溢出剧毒、细菌、放射物等单位,应采取以下措施:

(1)次生灾害严重的,应迁出镇区和村庄;

(2)次生灾害不严重的,应采取防止灾害蔓延的措施;

(3)人员密集活动区不得建有次生灾害源的工程。

11.4.6　避震疏散场地应根据疏散人口的数量规划,疏散场地应与广场、绿地等综合考虑,并应符合下列规定:

(1)应避开次生灾害严重的地段,并应具备明显的标志和良好的交通条件;

(2)镇区每一疏散场地的面积不宜小于4 000 m^2；

(3)人均疏散场地面积不宜小于3 m^2；

(4)疏散人群至疏散场地的距离不宜大于500 m；

(5)主要疏散场地应具备临时供电、供水并符合卫生要求。

11.5 防风减灾规划

11.5.1 易形成风灾地区的镇区选址应避开与风向一致的谷口、山口等易形成风灾的地段。

11.5.2 易形成风灾地区的镇区规划，其建筑物的规划设计除应符合现行国家标准《建筑结构荷载规范》GB 50009的有关规定外，尚应符合下列规定：

(1)建筑物宜成组成片布置；

(2)迎风地段宜布置刚度大的建筑物，体型力求简洁规整，建筑物的长边应同风向平行布置；

(3)不宜孤立布置高耸建筑物。

11.5.3 易形成风灾地区的镇区应在迎风方向的边缘选种密集型的防护林带。

11.5.4 易形成台风灾害地区的镇区规划应符合下列规定：

(1)滨海地区、岛屿应修建抵御风暴潮冲击的堤坝；

(2)确保风后暴雨及时排除，应按国家和省、自治区、直辖市气象部门提供的年登陆台风最大降水量和日最大降水量，统一规划建设排水体系；

(3)应建立台风预报信息网，配备医疗和救援设施。

11.5.5 宜充分利用风力资源，因地制宜地利用风能建设能源转换和能源储存设施。

3.6 《村庄整治技术规范》GB 50445—2008(节录)

3.1.1 村庄整治应综合考虑火灾、洪灾、震灾、风灾、地质灾害、雷击、雪灾和冻融等灾害影响，贯彻预防为主，防、抗、避、救相结合的方针，坚持灾害综合防御、群防群治的原则，综合整治、平灾结合，保障村庄可持续发展和村民生命安全。

3.1.2 村庄整治应达到在遭遇正常设防水准下的灾害时，村庄生命线系统和重要设施基本正常，整体功能基本正常，不发生严重次生灾害，保障农民生命安全的基本防御目标。

3.1.3 村庄整治应根据灾害危险性、灾害影响情况及防灾要求，确定工作内容，并应符合下列规定。

(1)火灾、洪灾和按表3.1.3确定的灾害危险性为C类和D类等对村庄具有较严重威胁的灾种，村庄存在重大危险源时，应进行重点整治，除应符合本规范规定外，尚应按照国家有关法律法规和技术标准规定进行防灾整治和防灾建设，条件许可时应纳入城乡综合防灾体系统一进行。

3.1.3 灾害危险性分类

灾害危险性 灾种	划分依据	A	B	C	D
地震	地震基本加速度 a/g	$a<0.05$	$0.05\leqslant a<0.15$	$0.15\leqslant a<0.30$	$a\geqslant 0.30$
风	基本风压 $\omega_0/(\mathrm{kN/m^2})$	$\omega_0<0.3$	$0.3\leqslant\omega_0<0.5$	$0.5\leqslant\omega_0<0.7$	$\omega_0\geqslant 0.7$
地质	地质灾害分区	一般区		易发区、地质环境条件为中等和复杂程度	危险区
雪	基本雪压 $s_0/(\mathrm{kN/m^2})$	$s_0<0.30$	$0.3\leqslant s_0<0.45$	$0.45\leqslant s_0<0.60$	$s_0\geqslant 0.60$
冻融	最冷月平均气温 /℃	>0	-5~0	-10~-5	<-10

3.1.5 村庄洪水、地震、地质、强风、雪、冻融等灾害防御,宜将下列设施作为重点保护对象,按照国家现行相关标准优先整治。

(1)变电站(室)、邮电(通信)室、粮库(站)、卫生所(医务室)、广播站、消防站等生命线系统的关键部位。

(2)学校等公共建筑。

3.1.6 村庄现状用地中的下列危险性地段,禁止进行农民住宅和公共建筑建设,既有建筑工程必须进行拆除迁建,基础设施现状工程无法避开时,应采取有效措施减轻场地破坏作用,满足工程建设要求:

(1)可能发生滑坡、崩塌、地陷、地裂、泥石流等的场地;

(2)发震断裂带上可能发生地表位错的部位;

(3)行洪河道;

(4)其他难以整治和防御的灾害高危害影响区。

3.1.7 对潜在危险性或其他限制使用条件尚未查明或难以查明的建设用地,应作为限制性用地。

3.2 消防整治

3.2.1 村庄消防整治应贯彻预防为主、防消结合的方针,积极推进消防工作社会化,针对消防安全局、消防站、消防供水、消防通信、消防通道、消防装备、建筑防火等内容进行综合整治。

3.2.2 村庄应按照下列安全布局要求进行消防整治。

(1)村庄内生产、储存易燃易爆化学物品的工厂、仓库必须设在村庄边缘或相对独立的安全地带,并与人员密集的公共建筑保持规定的防火安全距离。

严重影响村庄安全的工厂、仓库、堆场、储罐等必须迁移或改造,采取限期迁移或改变生产使用性质等措施,消除不安全因素。

(2)生产和储存易燃易爆物品的工厂、仓库、堆场、储罐等与居住、医疗、教育、集会、娱乐、市场等之间的防火间距不应小于50 m,并应符合规定:①烟花爆竹生产工厂的布置应符合现行国家标准《民用爆破器材工厂设计安全规范》GB 50089 的要求;②《建筑设计防火规范》GB 50016 规定的甲、乙、丙类液体储罐和罐区应单独布置在规划区常年主导风向下风或侧风方向,并应考虑对其他村庄和人员聚集区的影响。

(3)合理选择村庄输送甲、乙、丙类液体及可燃气体管道的位置,严禁在其干管上修建任何建筑物、构筑物或堆放物资。管道和阀门井盖应有明显标志。

(4)应合理选择液化石油气供应站的瓶库、汽车加油站和煤气、天然气调压站、沼气池及沼气储罐的位置,并采取有效的消防措施,确保安全。

燃气调压设施或气化设施四周安全间距需满足城镇燃气输配的相关规定,且该范围内不能堆放易燃易爆物品。通过管道供应燃气的村庄,低压燃气管道的敷设也应满足城镇燃气输配的有关规范,且燃气管道之上不能堆放柴草、农作物秸秆、农林器械等杂物。

(5)打谷场和易燃、可燃材料堆场,汽车、大型拖拉机车库,村庄的集贸市场或营业摊点的设置以及村庄与成片林的间距应符合农村建筑防火的有关规定,不得堵塞消防通道和影响消火栓的使用。

(6)村庄各类用地中建筑的防火分区、防火间距和消防通道的设置,均应符合农村建筑防火的有关规定;在人口密集地区应规划布置避难区域;原有耐火等级低、相互毗连的建筑密集区或大面积棚户区,应采取防火分隔、提高耐火性能的措施,开辟防火隔离带和消防通道,增设消防水源,改善消防条件,消除火灾隐患。防火分隔宜按 30 ~ 50 户的要求进行,呈阶梯布局的村寨,应沿坡纵向开辟防火隔离带。防火墙修建应高出建筑物 50 cm 以上。

(7)堆量较大的柴草、饲料等可燃物的存放应符合规定:①宜设置在村庄常年主导风向的下风侧或全年最小频率风向的上风侧;②当村庄的三、四级耐火等级建筑密集时,宜设置在村庄外;③不应设置在电气设备附近及电气线路下方;④柴草堆场与建筑物的防火间距不宜小于 25 m;⑤堆垛不宜过高过大,应保持一定安全距离。

(8)村庄宜在适当位置设置普及消防安全常识的固定消防宣传栏,易燃易爆区域应设置消防安全警示标志。

3.2.5 村庄整治应按照国家有关规定配置消防设施,并应符合下列规定。

(1)消防站的设置应根据村庄规模、区域位置、发展状况及火灾危险程度等因素确定,确需设置消防站时应符合规定:①消防站布局应符合接到报警 5 min 内消防人员到达责任区边缘的要求,并应设在责任区内的适中位置和便于消防车辆迅速出动的地段;②消防站的建设用地面积宜符合表 3.2.5 的规定;③村庄的消防站应设置由电话交换站或电话分局至消防站接警室的火警专线,并应与上一级消防站、邻近地区消防站,以及供水、供电、供气、义务消防组织等部门建立消防通信联网。

表 3.2.5 消防站规模分级

消防站类型	责任区面积/km^2	建设用地面积/m^2
标准型普通消防站	≤7.0	2 400 ~ 4 500
小型普通消防站	≤4.0	400 ~ 1 400

(2)5 000 人以上村庄应设置义务消防值班室和义务消防组织,配备通信设备和灭火设施。

3.2.6 村庄消防通道应符合现行国家标准《建筑设计防火规范》GB 50016 及农村建筑

防火的有关规定,并应符合下列规定。

(1)消防通道可利用交通道路,应与其他公路相连通;消防通道上禁止设立影响消防车通行的隔离桩、栏杆等障碍物;当管架、栈桥等障碍物跨越道路时,净高不应小于4 m。

(2)消防通道宽度不宜小于4 m,转弯半径不宜小于8 m。

(3)建房、挖坑、堆柴草饲料等活动,不得影响消防车通行。

(4)消防通道宜成环状布置或设置平坦的回车场,尽端式消防回车场不应小于15 m×15 m,并应满足相应的消防规范要求。

3.3 防洪及内涝整治

3.3.1 受江、河、湖、海、山洪、内涝威胁的村庄应进行防洪整治,并应符合下列规定。

(1)防洪整治应结合实际,遵循综合治理、确保重点、防汛与抗旱相结合、工程措施与非工程措施相结合的原则。根据洪灾类型确定防洪标准:①沿江、河、湖泊村庄防洪标准不应低于其所处江河流域的防洪标准;②邻近大型或重要工矿企业、交通运输设施、动力设施、通信设施、文物古迹和旅游设施等防护对象的村庄,当不能分别进行防护时,应按“就高不就低”的原则确定设防标准及防洪设施。

(2)应合理利用岸线,防洪设施选线应适应防洪现状和天然岸线走向。

(3)受台风、暴雨、潮汐威胁的村庄,整治时应符合防御台风、暴雨、潮汐的要求。

(4)根据历史降水资料易形成内涝的平原、洼地、水网圩区、山谷、盆地等地区的村庄整治应完善除涝排水系统。

3.3.2 村庄的防洪工程和防洪措施应与当地江河流域、农田水利、水土保持、绿化造林等规划相结合并应符合下列规定。

(1)居住在行洪河道内的村民,应逐步组织外迁。

(2)结合当地江河走向、地势和农田水利设施布置泄洪沟、防洪堤和蓄洪库等防洪设施;对可能造成滑坡的山体、坡地,应加砌石块护坡或挡土墙;防洪(潮)堤的设置应符合国家有关标准的规定。

(3)村庄范围内的河道、湖泊中阻碍行洪的障碍物,应制定限期清除措施。

(4)在指定的分洪口门附近和洪水主流区域内,严禁设置有碍行洪的各种建筑物,既有建筑物必须拆除。

(5)位于防洪区内的村庄,应在建筑群体中设置具有避洪、救灾功能的公共建筑物,并应采用有利于人员避洪的建筑结构形式,满足避洪疏散要求;避洪房屋应依据现行国家标准《蓄滞洪区建筑工程技术规范》GB 50181的有关规定进行整治。

(6)蓄滞洪区的土地利用、开发必须符合防洪要求,建筑场地选择、避洪场所设置等应符合《蓄滞洪区建筑工程技术规范》GB 50181的有关规定并应符合规定:①指定的分洪口门附近和洪水主流区域内的土地应只限于农牧业以及其他露天方式使用,保持自然空地状态;②蓄滞洪区内的高地、旧堤应予保留,以备临时避洪;③蓄滞洪区内存在有毒、严重污染物质的工厂和仓库必须制定限期拆除迁移措施。

3.3.3 村庄应选择适宜的防内涝措施,当村庄用地外围有较大汇水需汇入或穿越村庄用地时,宜用边沟或排(截)洪沟组织用地外围的地面汇水排除。

3.3.4 村庄排涝整治措施包括扩大坑塘水体调节容量、疏浚河道、扩建排涝泵站等,应符合下列规定。

（1）排涝标准应与服务区域人口规模、经济发展状况相适应，重现期可采用5～20年。

（2）具有排涝功能的河道应按原有设计标准增加排涝流量校核河道过水断面。

（3）具有旱涝调节功能的坑塘应按排涝设计标准控制坑塘水体的调节容量及调节水位，坑塘常水位与调节水位差宜控制在0.5～1.0 m。

（4）排涝整治应优先考虑扩大坑塘水体调节容量，强化坑塘旱涝调节功能，主要方法包括：①将原有单一渔业养殖功能坑塘改为养殖与旱涝调节兼顾的综合功能坑塘；②调整农业用地结构，将地势低洼的原有耕地改为旱涝调节坑塘；③受土地条件限制地区，宜采用疏浚河道、新（扩）建排涝泵站的整治方式。

3.3.5 村庄防洪救援系统，应包括应急疏散点、救生机械（船只）、医疗救护、物资储备和报警装置等。

3.3.6 村庄防洪通信报警信号必须能送达每户家庭，并应能告知村庄区域内每个人。

3.4 其他防灾项目整治

3.4.1 地质灾害综合整治应符合下列规定。

（1）应根据所在地区灾害环境和可能发生灾害的类型重点防御：山区村庄重点防御边坡失稳的滑坡、崩塌和泥石流等灾害；矿区和岩溶发育地区的村庄重点防御地面下沉和沉降灾害。

（2）地质灾害危险区应及时采取工程治理或者搬迁避让措施，保证村民生命和财产安全；地质灾害治理工程应与地质灾害规模、严重程度以及对人民生命和财产安全的危害程度相适应。

（3）地质灾害危险区内禁止爆破、削坡、进行工程建设以及从事其他可能引发地质灾害的活动。

（4）对可能造成滑坡的山体、坡地，应加砌石块护坡或挡土墙。

3.4.2 位于地震基本烈度六度及以上地区的村庄应符合下列规定。

（1）根据抗震防灾要求统一整治村庄建设用地和建筑，并应符合规定：①对村庄中需要加强防灾安全的重要建筑，进行加固改造整治；②对高密度、高危险性地区及抗震能力薄弱的建筑应制定分区加固、改造或拆迁措施，综合整治，位于本规定第3.1.6条规定的不适宜用地上的建筑应进行拆迁，位于本规范第3.1.7条规定限制性用地上的建筑应进行拆迁、外移或消除限制性使用因素。

（2）地震设防区村庄应充分估计地震对防洪工程的影响，防洪工程设计应符合现行行业标准《水工建筑物抗震实际规范》SL 203的规定。

3.4.3 村庄防风减灾整治应根据风灾危害影响统筹安排，并应符合下列规定。

（1）风灾危害性为D类地区的村庄建设用地选址应避开与风向一致的谷口、山口等易形成风灾的地段。

（2）风灾危害性为C类地区的村庄建设用地选址宜避开与风向一致的谷口、山口等易形成风灾的地段。

（3）村庄内部绿化树种选择应满足能抵御风灾正面袭击的要求。

（4）防风减灾整治应根据风灾危害影响，按照防御风灾要求和工程防风措施，对建设用地、建设工程、基础建设、非结构构件统筹安排进行整治，对于台风灾害危险地区村庄，应综合考虑台风可能造成的大风、风浪、风暴潮、暴雨洪灾等防灾要求。

(5)风灾危险性C类和D类地区村庄应根据建设和发展要求，采取在迎风方向的边缘种植密集型防护林带或设置挡风墙等措施，减小暴风雪对村庄的威胁和破坏。

3.4.4 村庄防雪灾整治应符合下列规定。

(1)村庄建筑应符合现行国家标准《建筑结构荷载规范》GB 50009的有关规定，并应符合规定：①暴风雪严重地区应统一考虑本规范3.4.3条防风减灾的整治要求；②建筑物屋顶宜采用适宜的屋面形式；③建筑物不宜设高低屋面。

(2)雪灾危害严重地区村庄应制定雪灾防御避灾疏散方案，建立避灾疏散场所，对人员疏散、避灾疏散场所的医疗和物资供应等作出合理规划和安排。

3.4.6 雷暴多发地区村庄内部易燃易爆场所、物资仓储、通信和广播电视设施、电力设施、电子设备、村民住宅及其他需要防雷的建(构)筑物、场所和设施，必须安装避雷、防雷设施。

3.5 避灾疏散

3.5.2 村庄道路出入口数量不宜少于2个，1 000人以上的村庄与出入口相连的主干道路有效宽度不宜小于7 m，避灾疏散场所内外的避灾疏散主通道的有效宽度不宜小于4 m。

3.5.3 避灾疏散场所应与村庄内部的晾晒场地，空旷地、绿地或其他建设用地等综合考虑，与火灾、洪灾、海啸、滑坡、山崩、场地液化、矿山采空区塌陷等其他防灾要求相结合，并应符合下列规定。

(1)应避开本规范3.1.6条规定的危险用地区段和发生灾害严重的地段。

(2)应具备明显标志的良好交通条件。

(3)有多个进出口，便于人员和车辆进出。

(4)应至少具备临时供水等必备生活条件的疏散场地。

3.5.4 避灾疏散场所距次生灾害危险源的距离应满足国家现行有关标准要求；四周有次生火灾或爆炸危险源时，应设防火隔离带或防火林带。避灾疏散场所与周围易燃建筑等一般火灾危险源之间应设置宽度不小于30 m的防火安全带。

3.5.5 村庄防洪保护区应制定就地避洪设施规划，有效利用安全堤防，合理规划和设置安全庄台、避洪房屋、围埝、避水台、避洪杆架等避洪场所。

3.5.6 修建围埝、安全庄台、避水台等就地避洪安全设施时，其位置应避开分洪口、主流顶冲和深水区，其安全超高值应符合表3.5.6规定。安全庄台、避水台迎流面应设护坡，并设置行人台阶和坡道。

表3.5.6 就地避洪安全措施的安全超高

安全措施	安置人口/人	安全超高/m
围埝	地位重要、防护面大、安置人口超过10 000的密集区	>2.0
	≥10 000	2.0~1.5
	1 001~9 999	1.5~1.0
	<1 000	1.0

续表

安全措施	安置人口/人	安全超高/m
安全庄台、避水台	≥1 000	1.5~1.0
	<1 000	1.0~0.5

注:安全超高指在蓄、滞洪时的最高洪水位以上,考虑水面浪高等因素避洪安全设施需要增加的富余高度。

3.5.7 防洪区的村庄宜在房前屋后种植高杆林木。

3.5.8 蓄滞洪区内学校、工厂等单位应利用屋顶或平台等建设集体避洪安全措施。

3.7 《重庆城乡规划村庄规划导则》(试行)2008(节录)

15 村庄防灾减灾规则

15.1 消防

15.1.1 村庄消防必须贯彻执行"预防为主、防消结合"的消防工作方针和"以人为本、科学实用、技术先进、经济合理"的规划原则。

15.1.2 村庄的消防给水、消防车通道和消防通信等公共消防设施应纳入村庄的总体建设规划。消防给水和消防设施应同时规划,并采用消防、生产、生活合一的给水系统。

15.1.3 生产和储存有爆炸危险物品的厂房,应在村庄边缘以外单独布置,并满足有关安全规划的要求。打谷场和易燃、可燃材料堆场,应布置在村庄边缘并靠近水源的地方。打谷场的面积不宜大于2 000 m^2,打谷场之间及其与建筑物的防火间距,不应少于25 m。

15.1.4 村庄消防车通道之间的距离不宜超过160 m。消防车通道可利用交通通道,并应与其他公路线连通,其路面宽度不应小于3.5 m,转弯半径不应小于8 m。当栈桥等障碍物跨越道路时,净高不应小于4 m。

15.1.5 无给水管网的村庄,消防给水应充分利用江河、湖泊、堰塘、水渠等天然水源,并应设置通向水源地的消防车通道和可靠的取水设施。利用天然水源时,应保证枯水期最低水位和冬季消防用水的可靠性。

15.1.6 设有给水管网的村庄及其工厂,仓库,易燃、可燃材料堆场,宜设置室外消防给水。无天然水源或给水管不能满足消防用水时,宜设消防水池,消防水池须不小于50 m^3。

15.1.7 村庄建设的规划间距和通道的设置应符合村庄防灾的要求。村庄规划应设消防室,面积不小于20 m^2。

15.1.8 室外消火栓应沿道路设置,并宜靠近十字路口,其间距不宜大于120 m。消火栓与房屋外墙的距离不宜小于5 m,当有困难时可适当减少,但不应小于1.5 m。

15.2 地质灾害防治

15.2.1 地质灾害防治应坚持预防为主,避让与治理相结合的原则。

15.2.2 村庄规划选址应避开易灾地段,特别是地质灾害极易发地区和高易发地区,应避免房屋选址在山沟的冲沟地区和滑坡易发地区以及危岩下方。村庄建设应防止高挖深填。

15.2.3 泥石流防治应采取防治结合,以防为主,避让、拦排结合,以排为主的方针并采用生物措施、工程措施以及管理措施等进行综合治理。

15.3 防洪

15.3.1 村庄防洪应与当地江河流域、农田水利建设、水土保持、绿地造林等的规划相结合,统一整治河道,修建堤坝等防洪措施。

15.3.2 山洪防治应充分利用山前水塘、洼地滞蓄洪水,以减轻下游排洪渠道的负担。

15.3.3 规划在山边布局的村庄应沿山边布置截流沟,避免山上雨水直接冲刷建筑基础。沟断面面积应根据集雨面积和暴雨强度进行专门设计。

15.3.4 村庄应按10~20年一遇洪水位防洪标准设防。

15.4 抗震和防气象灾害

15.4.1 村庄抗震防灾工作要贯彻"预防为主,防、抗、避、救相结合"的方针。

15.4.2 村庄防雷减灾工作,应实行安全第一、预防为主、防治结合原则。

15.4.3 村庄建筑物规划布局应避开雷电高易发地区。村庄建设应按照有关方针要求进行建设。

15.4.4 易形成风灾地区的村庄规划应避开与风向一致的谷口、山口等易形成风灾的地段,在迎风方向规划密集型的防护林带。

3.8 《从都市防灾探讨都市公园绿地体系规划》2004(节录)

——以台湾地区台北市为例

作者 游壁菁

1.3 都市避难据点特性及需求

台湾"921地震"10个灾区的有关资料显示,居民对于避难据点的选择可以归为几个特性:①靠近自家居所,可以就近待援以及处理财物等事宜;②地势空旷,有安全感;③环境熟悉,有归属感,居民间互相认识可互相照应;④有人管理,相关设施尚可,治安良好。

就避难据点区位与服务范围,大多数的避难据点均在灾区居民步行可及范围内,为500~600 m。就避难据点规模而言。大型的避难据点平均面积为2~3 hm^2,大约可以容纳6 000~8 000人避难。就避难据点平均使用密度而言,"921地震"10个灾区因避难地点类型的不同,避难密度为3.16~3.18 m^2/人。其中东势地区建筑物受损严重,其避难密度为3.16 m^2/人,在雾峰灾区中避难密度最高的雾峰林家花园入口广场,200 m^2的范围内搭设了近20个帐篷,每个帐篷以3人计算,每人避难面积为3.3~4 m^2,对比日本设定的防灾公园的避难密度2 m^2/人,台湾地区人均避难面积较高。

2 台湾地区台北市都市防灾公园绿地规划

台北市的公园根据功能、位置、使用对象分为以下种类。

(1)自然公园:为居民享受自然而设计,多位于都市周边自然景观良好的地区,因其具有丰富的自然条件,应予适当保护,以展现其自然、乡土之情怀。

(2)区域公园:以满足游憩需要而设,以表现乡土气息为主,并设置若干游憩设施,以供多元化的游憩活动。

(3)综合公园:为设置各种游憩设施的公园,可休息、散步、游戏及观赏景观等。此类公园多与都市相关文教设施同时考虑,成为都市主要开放空间,能够作为举办户外活动使用。

(4)河滨公园:配合河川整治,在高滩地设置各种球场、溜冰场、自行车道等设施及大面积草坪，以提供市民最佳的运动游憩开放空间。

（5）邻里公园：主要以邻里社区居民为服务对象，具有凝聚社区意识的功能，包括儿童游憩设施及供休息、散步等游憩设施。

2.1 台北市都市防灾空间规模

台北市2001年的人口统计共约263万余人，而面积在1 hm^2以上的公园的总面积约为504 hm^2，若发生灾害初步估计平均每人可分配的避难空间约为1.91 m^2。然而，如前所述，当灾害发生时，靠近自家居所仍然是大多数的避难者优先选择避难地点的依据，因此，若根据台北市行政区划来计算避难空间，则发现大同区由于集中较多的老旧社区且居住密度高，因此每人平均避难面积仅0.32 m^2，而北投区由于地处市郊且开发密度低，则每人平均避难空间可达7.86 m^2（表1）。这样的统计数字虽未将面积在1 hm^2以下的公园绿地计入平均避难空间中，但也可显示都市不均匀的开发及人口密度，对灾害发生时的疏散问题将形成障碍，若与日本每人2 m^2的避难空间的标准对照，则发现台北市仅南港区、中山区、北投区平均避难空间超过2 m^2，灾害发生时，大多数的行政区无法提供给居民足够的避难空间。

表1 台北市2001年各行政区人口统计

行政区	人口	1 hm^2以上公园面积/m^2	人均面积/（m^2/人）
士林	291 363	573 129	1.97
北投	248 582	1 954 054	7.86
大同	130 954	41 642	0.32
内湖	257 482	489 013	1.90
松山	205 120	84 641	0.41
中山	216 955	612 927	2.83
南港	113 784	245 953	2.16
信义	237 129	253 195	1.07
文山	255 642	169 480	0.66
大安	315 220	270 428	0.86
中正	161 625	104 070	0.64
万华	203 359	244 406	1.20
总计	2 637 215	5 042 938	1.91

资料来源：台北市政府都市发展局。

表2 台湾地区台北市既成公园（广场）提供为防灾公园相关基本资料

项次	公园（广场）名称	行政区	面积/m^2	周边资源
1	青年公园	万华	244.406	医院：和平医院、妇幼医院 消防：双园分队 警政：万华分局
2	二二八和平公园	中正	71.520	医院：台大医院 消防：城中分队 警政：中正一分局

续表

项次	公园(广场)名称	行政区	面积/m^2	周边资源
3	大安公园	大安	259.293	医院:仁爱医院、国泰医院 消防:金华分队 警政:大安分局
4	玉泉公园	大同	19.265	医院:中兴医院 消防:延平分队 警政:大同分局
5	新生公园	中山	195.000	医院:马偕医院 消防:圆山分队 警政:中山分局
6	民权公园	松山	25.270	医院:松山医院 消防:八德分队 警政:松山分局
7	大湖公园	内湖	126.717	医院:内湖国医中心 消防:内湖分队 警政:内湖分局
8	市府广场	信义	42.851	医院:台北医院、仁爱医院 消防:消防局 警政:信义分局
9	南港公园	南港	145.712	医院:忠孝医院 消防:南港分队 警政:南港分局
10	景华公园	文山	16.802	医院:万芳医院 消防:景美分队 警政:文山分局
11	士林官邸	士林	92.800	医院:荣总医院、振兴医院、阳明医院 消防:士林中队 警政:士林分局
12	北投公园	北投	39.400	医院:马偕医院、和信医院 消防:光明分队 警政:北投分局

表3 避难救援空间需求建议

说 明	建议面积/(m^2/人)	空间使用
空间需求	1	紧急避难时站立或坐下所需空间
	2	紧急避难时躺下所需空间
	9	搭设帐棚所需空间

资料来源:石渡,荣一. 防灾公园之规划与设计. 日本SANKI顾问公司环境计划部,1998。

表4 防灾据点整备计划人标准

	计划项目	内容	设置标准	注意事项
防救据点之准备	避难广场	草地、广场 空地 水池	以每人平均1～2 m^2 为安全需求面积(1 m^2 为平均每人站立或蹲下所需面积,2 m^2 为平均每人躺下所需面积)	需考虑功能分区
	防救据点内部信道	道路 通路	确保紧急联络线的通畅	紧急时可作为避难广场使用
	出入口设施	门	确保其双向性:出入口有效宽度在P(避难人数)/1 800	加强开关位置的标示
		墙	原则上不需设置墙,也可采用可拆卸设计:以植栽为替代方式	遭到破坏的可能性
	防灾绿带		配置于避难广场及防救据点外围,宽度10 m以上	设置自动洒水灭火系统,栽植复合树种构成消防林带
	既有设施改善	既有设施不燃化	全部设施不燃化为原则	
		改善危险设施	原则上拆除	
防灾设施之准备	防灾中心	综合管理设施 防灾教育设施 储备设施 其他	规模约在3 000 m^2,平时及紧急时使用	
	社区防灾中心	综合管理设施 防灾教育设施 储备设施 其他	规模约在600 m^2,平时均及紧急时使用	对应地区级的自主防灾活动
	储水设施	饮水设施	以每人每日饮用水需求量3 L计算,大量储备	适当选择明渠、暗沟的方式,保障饮用水的水质
		消防用水	附设出水口、水管、动力抽水机,附设自动洒水系统	
	紧急设施	临时厕所	配备化粪池、下水道,以每人每日污水制造量1.2 L计算	下水道可作为临时厕所的代用方式
		临时帐蓬	受伤者收容设施	
		寝具	以每人1套计算	
		垃圾场	以每人每日垃圾制造量200 g计算	
	储备设施	粮食	以每人每日400～900 g计算	扩大与其他粮食供应店、药局等的合作
		医疗品	以负伤者2%的需求量计算	
	指示设施	照明设施	配置避难指示灯及自动发电设备	设置具指示性的设施
		标志系统	配置全区标志系统	
		地标	配置水塔、钟楼等	

续表

	计划项目	内容	设置标准	注意事项
防灾设施之准备	通信设施	收、发信设施	配置无线设施	建立与业余无线电使用者的通信网路，考虑设置如光线导引的设备
		广播设施	配置扩音器	
	收容设施		以利用既有设施为原则	需研究其他疏散地的替代措施，紧急住宅用物资，以来自其他都市圈的援助为前提，考虑可否使用露营车、自用车作为紧急住宅
	消防设备	防灾6种工具	工作用具、破坏用具、工作材料、灭火机械、搬运工具、通信装置（无线电收发机）	

资源来源：何明锦，李威仪，从都市防灾系统检讨实质空间之防灾功能，内政部建筑研究所，1998。

3.9 《人民防空地下室设计规范》GB 50038—2005（节录）

3 建筑

3.1 一般规定

3.1.1 防空地下室的位置、规模、战时及平时的用途，应根据城市的人防工程规划以及地面建筑规划，地上与地下综合考虑，统筹安排。

3.1.2 人员掩蔽工程应布置在人员居住、工作的适中位置，其服务半径不宜小于200 m。

3.1.3 防空地下室距生产、储存易燃易爆物品厂房、库房的距离不应小于50 m，距有害液体、重毒气体的贮罐不应小于100 m。

注："易燃易爆物品"系指国家标准《建筑设计防火规范》（GBJ 16）中"生产、储存的火灾危险性分类举例"中的甲乙类物品。

1.0.1 本规范适用于新建或改建的属于下列抗力级别范围内的甲、乙类防空地下室以及居住小区的结合民用建筑易地修建的甲、乙类单建掘开式人防工程设计。

（1）防常规武器抗力级别5级和6级（以下分别简称为常5级和常6级）。

（2）防核武器抗力级别4级、4B级、5级、6级和6B级（以下分别简称为核4级、核4B级、核5级、核6级和核6B级）。

1.0.2 按照《人民防空法》和国家有关规定，结合新建民用建筑应该修建一定数量的防空地下室。但有时由于地质、地形、结构和施工等条件限制不宜修建防空地下室时，国家允许将应修建防空地下室的资金应用于居住小区内，易地建设单建掘开式人防工程。

1.0.3 防空地下室的设计必须贯彻"长期准备、重点建设、平战结合"的方针，并应坚持人防建设与经济建设协调发展与城市建设相结合的原则。在平面布置、结构造型、通风防潮、给水排水和供电照明等方面，应采取相应措施使其在确保战备效益的前提下，充分发挥社会效益和经济效益。

表 1－1 防空地下室的工程类别及相关称谓

序号	工程类别	单体工程	分项名称
1	指挥通信工程	各级人防指挥所、中心医院	
2	医疗救护工程	急救医院、救护站	
3	防空专业队工程	专业队掩蔽所①	专业队队员掩蔽部 专业队装备掩蔽部
4	人员掩蔽工程	一等人员掩蔽所、二等人员掩蔽所	
5	配套工程	核生化监测中心、食品站、生产车间、区域电站、区域供水站、物资库、汽车库、警报站	

①防空专业队是按专业组成的担负人民防空勤务的组织，包括抢险抢修医疗救护、消防、防化防疫、通信、运输、治安等专业队。

3.10 各地有关防灾的规划规定内容

一、北京

第 143 条 人防。

(1)积极利用地下空间进行主动防灾，利用地下空间的防灾特性开发地下空间，形成防灾系统。

(2)地下防护空间包括人防工程、兼顾人民防空地下空间、普遍地下空间 3 个大的方面。其规划布局以地铁、地下快速道路、地下商业区为骨干，以地铁网络为地下防护空间的发展轴，利用地铁在市区中心地区形成“一环多横多纵”的形态。以主要大型人防工程和地下综合体为地下防护空间的发展源。

(3)建设防空、抗震、防交通堵塞、防行为过失灾害(地面化学事故)、防生命线系统灾害等地下空间系统。

第 141 条 城市消防。

(1)消防队站的建设按照接到报警后消防车 5 min 内到达责任区边缘设置。消防队站的责任区面积为 4 ~7 km^2。

(2)本着“防消合一”的原则和消防部队建设的需要，贯彻属地原则，每一个区、县建立一个消防支队，在市域形成总队、支队、中队 3 个层次的管理体系。

(3)建设一个覆盖全市的集办公、管理、通信于一体的消防信息通信综合型网络，并通过与公安系统网络的互联，实现整个公共系统的信息资源共享。

(4)改革城市消防水源投资体制，加大消防水源投资管理力度。充分利用河流湖泊、雨水、再生中水等多种水源，结合小区建设、水系整治、避难场所设置、上水和中水管网建设等安排消火栓、吸水井、取水码头、蓄水池等消防取水设施，确保火灾扑救的需要。

二、天津市关于防灾设施用地的规定

1. 新建居住区应当按照有关规定配建人防设施，人防设施的出入口应当设置在交通方便处。

2. 消防站应符合下列规定。

(1)消防站布局应当以消防队接到报警 5 min 内到达责任区边缘为标准。中心城市消防站责任区面积不大于 4.2 km^2,其他地区为 7.0 ~ 8.0 km^2。

(2)消防站应当设置在责任区内交通方便,有利消防车迅速出动的适中位置。

(3)消防站车库门应当面临城市道路。

(4)消防站主体建筑距离学校、医院、幼儿园、影剧院和商场等人员密集的公共建筑及场所的主要疏散出口不小于 50 m。

(5)生产、贮存易燃易爆物品和有害气体的地区,消防站应当设置在常年主导风向的上风侧,距离液化石油气罐区、煤气站不小于 200 m。

(6)消防站分为一级普通消防站、二级普通消防站和特勤消防站,消防站用地面积应当符合下表规定:

消防站类型	用地面积/m^3
一级普通消防站	3 300 ~ 4 800
二级普通消防站	2 000 ~ 3 200
特勤消防站	4 900 ~ 6 300

3. 防震应急避难场所可以结合广场、绿地、体育场、学校操场等开放空间设置。

三、在中国人民防空"CCAD"及网上宣传的一些城市的资料

1)南京城市人防工程规划:人防工程配套控制要求,建邺区人民防空办公室。

(1)地面总建筑面积 >10 万 m^2 的居住区(生活区)、功能园区(包括产业园区、开发区、文教区等)均配建救护站工程,有效面积不低于 900 m^2。

(2)地面总建筑面积 >20 万 m^2 的居住区(生活区)、功能园区(包括产业园区、开发区、文教区等)均配建救护站工程,有效面积不低于 900 m^2。另配建专业队人员掩蔽部或医疗救护车辆掩蔽部,有效面积不低于 900 m^2。

(3)地面总建筑面积 >40 万 m^2 的居住区(生活区)、功能园区(包括产业园区、开发区、文教区等)配建专业队人员掩蔽部和车辆掩蔽部,总有效面积不低于 1 800 m^2。

(4)大型地下空间开发项目可配建专业队车辆掩蔽部,掩蔽车辆不少于 20 辆。对于控制重点,治安、医疗救护、运输等专业队工程宜结合居民区的分布布局;抢险抢修、消防和防化等专业工程,在贮存大量有毒液体、重毒气体的工厂、贮罐或仓库等重要经济目标周围的 200 ~ 1 200 m 的环形区域布置建设;在其他重要经济目标周围 100 ~ 1 000 m 环形区域布置建设。

2)南京《兴化市城市人防工程规划》由南京工程兵工程学院人防设计院编制,《规划》按照"战时防空、平时防灾"的要求进行设计。

整体规划了"指挥工程、医疗救护工程、防空专业队工程及人员掩蔽工程、配套工程等。2020 年人防工程建筑面积达 29.8 万 m^2,人均面积达 0.85 m^2,留城人口人均 1 m^2,掩蔽人口人均 1.42 m^2。

关于地下空间管理的规定有如下情况。

规划以单项地下工程为点,以城市各级中心地下空间为面,形成与地面空间结构相适应、"组团—集群式"的布局结构。

控制规划各级中心地下空间由独立空间和串连空间两部分构成。

(1)独立空间是指以商业、文化、休闲等内容的民用建筑人防地下室。规划对独立空间如中心地区、地铁地下车站周边100 m范围和竖向控制进行规划管理引导。

(2)串连空间是用于商业、文化、休闲等内容的民用建筑人防地下室,规划要求在各级中心规划范围和地铁车站周边100 m范围内,新建公建人防地下室,原则上不少于一层。规划对串连空间选址、空间建设、复合利用,与地铁站点设置方式,设防要求,出入口设置、口部处理进行规划管理引导。

(3)专项规划引导:规划对地下空间开发利用与历史文化资源保护、地下道路交通系统、平战结合的人防工程规划及地下设施规划4个专项规划进行管理引导。

杭州、深圳侧重人防;上海侧重于交通专项规划;南京是一项与地面空间有机结合的规划,是一项全面的、系统的、综合的规划,工程重点涉及到地下空间布局,各级中心地下空间开发利用引导,规划管理引导,专项规划等内容。

四、《南京市关于防空地下室易地建设收费的补充规定》2007,浦口区(节录)

1)人员掩蔽人防工程面积按居住人口人均掩蔽使用面积1 m^2,折算成建筑面积人均1.3 m^2标准计算。

2)居住人口按以下标准确定:建筑容积率≥1时,按3人/户计算;容积率<1时,按3.5人/户计算;经济适用房按2.5人/户计算。

3)小区所建人员掩蔽工程应布置在人员居住的适中位置,其服务半径不大于200 m。

4)新立项住宅小区必要的人防专业队工程按《南京市人防工程规划》第二十九条确定。为推动城市防护体系的尽快形成,在建住宅小区也可修建人防专业队工程,市人防办给予适当的资金补贴。

五、《烟台市城市人防工程规划及地下空间开发利用规划》(节录)

今后每栋新建建筑都必须同步建设防空地下室。

规划中要求30万m^2以上住宅区,必须建一个防空专业队工程,50万m^2以上的住宅区,必须建两个防空专业队工程;对结合民用建筑所建防空地下室要求更加严格,要求每一栋建筑的地下必须同步建设防空地下室;同时,对片区指挥所、医疗救护工程、区域电站、食品站等专用工程作了明确规定,并提出了具体措施。

六、《五华县城区人防工程规划》(节录)

民用建筑、地面总建筑面积在15 000 m^2以下的,按地面建筑面积4%的比例配建6级(含)以上防空地下室。

以下摘自《山地城乡规划》,重庆,2007.2,总第五期。

《山地城市地下空间控制性规划探索》中关于地下空间的有关资料。

表1 国内外城市中心区地下空间开发功能与开发强度分析

类型	城市名称	中心区名称	面积/km^2	地下空间主要功能	地面开发强度/万 m^2	地下空间开发强度/万 m^2
旧城市中心区	纽约	曼哈顿地区	22.27	地铁、步行街	7 432	19条地铁线步行街
	北京	王府井地区	1.65	地铁、地下停车、商业等	346	60(现有)
	南京	新街口地区	1.0	地铁、停车、商业等	40	20(现有,不计地铁站面积)
	蒙特利尔	Downtown	5个街区	地铁站、步行系统、商业、停车场等	580	580(其中商业90)
新建城市中心区	北京	中关村西区	0.5	停车系统、共同沟、中水雨水循环使用系统、商业、娱乐等	100	50
	深圳	中心区	6.0(建设用地4.0)	地铁、停车场、商业街等	不详	40(商业空间)
	杭州	钱江新城核心区	4.02	地铁、隧道、停车系统、步行系统、共同沟、变电站、商贸街、中水雨水循环使用系统、休闲娱乐设施等	650	200~300
	巴黎	拉德方斯	1.6	公交换乘中心、高速地铁线2条、高速公路、地下步行系统等	250(写字楼),住宅1.6万套	步行系统67 hm^2,集中管理的停车场26 000个车位

表2 国内其他城市公共地下通道断面

城市	地下通道断面
上海	单一的公共地下通道不小于6 m,带有商业设施的地下通道宽度不小于8 m,带有商业设施的地下通道不得低于3.5 m,单一的地下通道如果长度大于30 m,则必须保证地下空间高度在3 m以上
深圳	公共地下通道不小于6 m,其宽度按下式确定: $W \geq (P/1\ 800) + F$ W——公共地下通道的宽度; P——20年后预测高峰小时人流量(人/h); F——2.0 m的预留宽度(考虑购物行人,每侧1.0 m的预留宽度),没有商店等区域为1.0 m。

表3 国内外地下街建筑面积和出入口状况

地下街名称	商业空间总建筑面积/m^2	出入口总数/个	每个出入口平均服务面积/m^2	室内任一点到出入口的最大距离/m
日本东京八重洲地下街	18 352	42	435	30
日本东京歌舞伎町地下街	6 884	23	299	30
日本横滨站西口地下街	10 303	25	412	40
日本名古屋中央公园地下街	9 308	29	321	30
日本大孤虹街地下街	14 168	31	457	40
中国吉林市地下环行街	3 000	8	375	45
中国石家庄市站前地下街	5 140	6	856	80
中国沈阳北新客站地下街	6 370	10	637	56

4 人 防

4.1 中华人民共和国人民防空法(1997)

(1996 年 10 月 29 日第八届全国人民代表大会常务委员会第二十二次会议通过
1996 年 10 月 29 日中华人民共和国主席令第 78 号发布)

第一章 总则

第一条 为了有效地组织人民防空,保护人民的生命和财产安全,保障社会主义现代化建设的顺利进行,制定本法。

第二条 人民防空是国防的组成部分。国家根据国防需要,动员和组织群众采取防护措施,防范和减轻空袭危害。

人民防空实行长期准备、重点建设、平战结合的方针,贯彻与经济建设协调发展、与城市建设相结合的原则。

第三条 县级以上人民政府应当将人民防空建设纳入国民经济和社会发展计划。

第四条 人民防空经费由国家和社会共同负担。

中央负担的人民防空经费,列入中央预算;县级以上地方各级人民政府负担的人民防空经费,列入地方各级预算。

有关单位应当按照国家规定负担人民防空费用。

第五条 国家对人民防空设施建设按照有关规定给予优惠。

国家鼓励、支持企业事业组织、社会团体和个人,通过多种途径,投资进行人民防空工程建设;人民防空工程平时由投资者使用管理,收益归投资者所有。

第六条 国务院、中央军事委员会领导全国的人民防空工作。

大军区根据国务院、中央军事委员会的授权领导本区域的人民防空工作。

县级以上地方各级人民政府和同级军事机关领导本行政区域的人民防空工作。

第七条 国家人民防空主管部门管理全国的人民防空工作。

大军区人民防空主管部门管理本区域的人民防空工作。

县级以上地方各级人民政府人民防空主管部门管理本行政区域的人民防空工作。

中央国家机关人民防空主管部门管理中央国家机关的人民防空工作。

人民防空主管部门的设置、职责和任务,由国务院、中央军事委员会规定。

县级以上人民政府的计划、规划、建设等有关部门在各自的职责范围内负责有关的人民防空工作。

第八条 一切组织和个人都有得到人民防空保护的权利,都必须依法履行人民防空的义务。

第九条 国家保护人民防空设施不受侵害。禁止任何组织或者个人破坏、侵占人民防空设施。

第十条 县级以上人民政府和军事机关对在人民防空工作中做出显著成绩的组织或者个人，给予奖励。

第二章 防护重点

第十一条 城市是人民防空的重点。国家对城市实行分类防护。

城市的防护类别、防护标准，由国务院、中央军事委员会规定。

第十二条 城市人民政府应当制定防空袭方案及实施计划，必要时可以组织演习。

第十三条 城市人民政府应当制定人民防空工程建设规划，并纳入城市总体规划。

第十四条 城市的地下交通干线以及其他地下工程的建设，应当兼顾人民防空需要。

第十五条 为战时储备粮食、医药、油料和其他必需物资的工程，应当建在地下或者其他隐蔽地点。

第十六条 对重要的经济目标，有关部门必须采取有效防护措施，并制定应急抢险抢修方案。

前款所称重要的经济目标，包括重要的工矿企业、科研基地、交通枢纽、通信枢纽、桥梁、水库、仓库、电站等。

第十七条 人民防空主管部门应当依照规定对城市和经济目标的人民防空建设进行监督检查。被检查单位应当如实提供情况和必要的资料。

第三章 人民防空工程

第十八条 人民防空工程包括为保障战时人员与物资掩蔽、人民防空指挥、医疗救护等而单独修建的地下防护建筑，以及结合地面建筑修建的战时可用于防空的地下室。

第十九条 国家对人民防空工程建设，按照不同的防护要求，实行分类指导。

国家根据国防建设的需要，结合城市建设和经济发展水平，制定人民防空工程建设规划。

第二十条 建设人民防空工程，应当在保证战时使用效能的前提下，有利于平时的经济建设、群众的生产生活和工程的开发利用。

第二十一条 人民防空指挥工程、公用的人员掩蔽工程和疏散干道工程由人民防空主管部门负责组织修建；医疗救护、物资储备等专用工程由其他有关部门负责组织修建。

有关单位负责修建本单位的人员与物资掩蔽工程。

第二十二条 城市新建民用建筑，按照国家有关规定修建战时可用于防空的地下室。

第二十三条 人民防空工程建设的设计、施工、质量必须符合国家规定的防护标准和质量标准。

人民防空工程专用设备的定型、生产必须符合国家规定的标准。

第二十四条 县级以上人民政府有关部门对人民防空工程所需的建设用地应当依法予以保障；对人民防空工程连接城市的道路、供电、供热、供水、排水、通信等系统的设施建设，应当提供必要的条件。

第二十五条 人民防空主管部门对人民防空工程的维护管理进行监督检查。

公用的人民防空工程的维护管理由人民防空主管部门负责。

有关单位应当按照国家规定对已经修建或者使用的人民防空工程进行维护管理，使其保持良好使用状态。

第二十六条 国家鼓励平时利用人民防空工程为经济建设和人民生活服务。平时利用人民防空工程，不得影响其防空效能。

第二十七条 任何组织或者个人不得进行影响人民防空工程使用或者降低人民防空工程防护能力的作业，不得向人民防空工程内排入废水、废气和倾倒废弃物，不得在人民防空工程内生产和储存爆炸、剧毒、易燃、放射性和腐蚀性物品。

第二十八条 任何组织或者个人不得擅自拆除本法第二十一条规定的人民防空工程；确需拆除的，必须报经人民防空主管部门批准，并由拆除单位负责补建或者补偿。

第四章 通信和警报

第二十九条 国家保障人民防空通信、警报的畅通，以迅速准确地传递、发放防空警报信号，有效地组织、指挥人民防空。

第三十条 国家人民防空主管部门负责制定全国的人民防空通信、警报建设规划，组织全国的人民防空通信、警报网的建设和管理。

县级以上地方各级人民政府人民防空主管部门负责制定本行政区域的人民防空通信、警报建设规划，组织本行政区域人民防空通信、警报网的建设和管理。

第三十一条 邮电部门、军队通信部门和人民防空主管部门应当按照国家规定的任务和人民防空通信、警报建设规划，对人民防空通信实施保障。

第三十二条 人民防空主管部门建设通信、警报网所需的电路、频率，邮电部门、军队通信部门、无线电管理机构应当予以保障；安装人民防空通信、警报设施，有关单位或者个人应当提供方便条件，不得阻挠。

国家用于人民防空通信的专用频率和防空警报音响信号，任何组织或者个人不得占用、混同。

第三十三条 通信、广播、电视系统，战时必须优先传递、发放防空警报信号。

第三十四条 军队有关部门应当向人民防空主管部门通报空中情报，协助训练有关专业人员。

第三十五条 人民防空通信、警报设施必须保持良好使用状态。

设置在有关单位的人民防空警报设施，由其所在单位维护管理，不得擅自拆除。

县级以上地方各级人民政府根据需要可以组织试鸣防空警报；并在试鸣的五日以前发布公告。

第三十六条 人民防空通信、警报设施平时应当为抢险救灾服务。

第五章 疏散

第三十七条 人民防空疏散由县级以上人民政府统一组织。

人民防空疏散必须根据国家发布的命令实施，任何组织不得擅自行动。

第三十八条 城市人民防空疏散计划，由县级以上人民政府根据需要组织有关部门制定。

预定的疏散地区，在本行政区域内的，由本级人民政府确定；跨越本行政区域的，由上一级人民政府确定。

第三十九条 县级以上人民政府应当组织有关部门和单位，做好城市疏散人口安置和物资储运、供应的准备工作。

第四十条 农村人口在有必要疏散时，由当地人民政府按照就近的原则组织实施。

第六章 群众防空组织

第四十一条 县级以上地方各级人民政府应当根据人民防空的需要,组织有关部门建立群众防空组织。

群众防空组织战时担负抢险抢修、医疗救护、防火灭火、防疫灭菌、消毒和消除污染、保障通信联络、抢救人员和抢运物资、维护社会治安等任务,平时应当协助防汛、防震等部门担负抢险救灾任务。

第四十二条 群众防空组织由下列部门负责组建:

(一)城建、公用、电力等部门组建抢险抢修队;

(二)卫生、医药部门组建医疗救护队;

(三)公安部门组建消防队、治安队;

(四)卫生、化工、环保等部门组建防化防疫队;

(五)邮电部门组建通信队;

(六)交通运输部门组建运输队。

红十字会组织依法进行救护工作。

第四十三条 群众防空组织所需装备、器材和经费由人民防空主管部门和组建单位提供。

第四十四条 群众防空组织应当根据人民防空主管部门制定的训练大纲和训练计划进行专业训练。

第七章 人民防空教育

第四十五条 国家开展人民防空教育,使公民增强国防观念,掌握人民防空的基本知识和技能。

第四十六条 国家人民防空主管部门负责组织制定人民防空教育计划,规定教育内容。

在校学生的人民防空教育,由各级教育主管部门和人民防空主管部门组织实施。

国家机关、社会团体、企业事业组织人员的人民防空教育,由所在单位组织实施;其他人员的人民防空教育,由城乡基层人民政府组织实施。

第四十七条 新闻、出版、广播、电影、电视、文化等有关部门应当协助开展人民防空教育。

第八章 法律责任

第四十八条 城市新建民用建筑,违反国家有关规定不修建战时可用于防空的地下室的,由县级以上人民政府人民防空主管部门对当事人给予警告,并责令限期修建,可以并处十万元以下的罚款。

第四十九条 有下列行为之一的,由县级以上人民政府人民防空主管部门对当事人给予警告,并责令限期改正违法行为,可以对个人并处五千元以下的罚款、对单位并处一万元至五万元的罚款;造成损失的,应当依法赔偿损失:

(一)侵占人民防空工程的;

(二)不按照国家规定的防护标准和质量标准修建人民防空工程的;

(三)违反国家有关规定,改变人民防空工程主体结构、拆除人民防空工程设备设施或者采用其他方法危害人民防空工程的安全和使用效能的;

(四)拆除人民防空工程后拒不补建的;

(五)占用人民防空通信专用频率、使用与防空警报相同的音响信号或者擅自拆除人民防空通信、警报设备设施的;

(六)阻挠安装人民防空通信、警报设施,拒不改正的;

(七)向人民防空工程内排入废水、废气或者倾倒废弃物的。

第五十条 违反本法规定,故意损坏人民防空设施或者在人民防空工程内生产、储存爆炸、剧毒、易燃、放射性等危险品,尚不构成犯罪的,依照治安管理处罚条例的有关规定处罚;构成犯罪的,依法追究刑事责任。

第五十一条 人民防空主管部门的工作人员玩忽职守、滥用职权、徇私舞弊或者有其他违法、失职行为构成犯罪的,依法追究刑事责任;尚不构成犯罪的,依法给予行政处分。

第九章 附则

第五十二条 省、自治区、直辖市人民代表大会常务委员会可以根据本法制定实施办法。

第五十三条 本法自1997年1月1日起施行。

4.2 城市人防工程规划

4.2.1 概述

现代战争已经发展成为立体式的战争,对战争潜力有很大的破坏作用,特别是核武器、电子技术和空间技术在军事上的广泛应用,使现代战争进入了新的阶段。人防工程是一种反侵略战争的手段。人防工程建设,是在现代战争条件下"消灭敌人,保护自己"的重要战略措施,是积极防御战略方针的重要组成部分。

城市人防工程规划是根据城市防御空袭和城市发展规划进行的,既要满足人民防空的要求和目标,又要服务于城市发展的要求和目标。

编制人防工程规划的指导思想是,促进人防建设与城市建设的有机结合和协调发展,从整体上增强城市综合发展能力和防护能力,以保证城市具有平时发展经济、防御各种灾害,战时防空抗毁、保存战争潜力的双重功能。

城市人防工程规划的规划年限应与城市总体规划保持一致,一般近期5年,远期20年,还要考虑一定时限的远景设想。

4.2.2 城市人防工程规划原则与依据

(一)城市人防工程规划原则

1. 积极防御、全面规划

在战时,根据总体战略部署,某些城市将作为战略要地和交通枢纽,某些城市将成为支援前线的战略后方,某些城市将要成为拖住敌人、消灭敌人的战场。因此,在制定人防工程总体规划时,要使人防工程达到"三防"、"五能"的要求。这里的"三防",是指防核武器、防化学武器、防细菌武器,"五能"是指能打、能防、能机动、能生活、能生产。

人防工程必须全面规划。在一个大军区和省(区)范围内,应根据各重点城市所处的政治、经济和军事地位,统筹考虑。对一个城市而言,要根据该城市所处的备战地位、作战预案、城市建设总体规划和地形地物、水文与工程地质、水陆交通、人口密度、行政管理区划的现状等全面布局，把城市划分为若干个人防片区。对于一个工程，则要根据该城市和人防片区规划、工程点的地下水位、地质条件、工程点的用途等统一安排布局。

2. 平战结合

人防工程不仅在战时能防御敌人突然袭击和坚持城市斗争，而且在平时应尽量为生产、生活服务。根据战时需要，按照规定规划设计平战两用的人防工事。有防卫任务的城市，要把人防工程纳入战区的防御体系。但也要和平时的生产、生活服务相结合。

3. 打防结合

在人防工程总体规划中，应根据城市的战略地位，贯彻打防结合的原则。工程规划应与城市防卫统一考虑，使各片区既能独立防护，又能独立作战。火力工事与掩蔽工事相结合，支撑点上各种工事应与人防工事连通。

重要工事的出入口附近及其控制点，应设置射击工事，构成内部火力配置及其附近重要目标（公路、铁路、桥梁等）的交叉火力网的保护。重要交通要道可设置地堡式射击工事或防坦克工事，战时控制城市交通。

4. 城市建设与人防工程建设结合

人防工程建设是城市建设的一部分，必须统筹规划。在新建、改建大型工业、交通项目和民用建筑时，应同时规划构筑人防工事。如修地下铁路时应与疏散机动干道结合，新建楼房应考虑修一部分附建式防空地下室等。

（二）城市人防工程的规划依据

1. 城市的战略地位

编制人防工程总体规划的首要条件取决于城市的战略地位。战略地位是由城市所处的地理区位和城市在未来反侵略战争中的作用、地形特征、政治、经济、交通等条件决定的。

人防工程规划应根据城市的不同战略地位，分别设立设防要求。对于重点设防坚守城市，要结合城市防卫计划，确定敌人可能进攻的方向，坚守与疏通人口的比例，兵力部署，群众的疏散地域等。对于未来战争中可能成为敌人空袭目标的纵深城市，规划的重点应放在反空袭和人员的掩蔽疏散上。

2. 地形、工程地质和水文地质条件

城市的山丘地形常可作为防御或掩蔽的自然屏障，其工程规划应以山丘为重点，尽量向山里发展。平地则可构筑一定数量的地道作为掩蔽、疏散之用。

工程地质与水文地质条件对于工事的结构形式、构筑方法、施工安全、工程造价等有较大影响，因此工事的位置尽量应选在地质条件较好的地点，避开断层、裂隙发育、风化严重、地下水位高及崩塌、滑坡、泥石流等不利地质地段。

此外，在确定人防工程位置、规模、走向、埋深、洞口位置时，还应考虑雨量、风向、温度、湿度等气象条件。

3. 城市现状

城市现有地面建筑物的情况、地下各种网管现状、地面交通、人口密度、行政管理区划等，是编制人防工程规划的主要依据。如原有建筑物地下室、历史遗留下的各类防空工事、矿山废旧坑道、天然溶洞等，是否需建配合工程，均是编制人防工程规划的重要环节。

(三)城市人防工程建设原则

现代战争一般是核威慑条件下的常规战争,这是20世纪后半叶以及未来战争的特点。尽管越来越多的国家拥有核武器,但现代战争手段仍将以常规战争为主,而常规战争的科技含量越来越高,战争突发性和攻击准确性大大增强。战争的这些新特点对人防工程建设提出新的要求。我国20世纪50—60年代曾建设了一些人防工程,不仅数量不足,而且多数工事质量不高、选址随意,以防抗核毁伤为主,而对常规尖端武器袭击缺乏考虑,对平战结合考虑明显不够。在城市人防工程建设中,应遵循以下原则。

(1)提高人防工程的数量与质量,使之合乎保护人口和防护等级的要求。

(2)突出人防工程的防护重点,适当选择一批重点防护城市和重点防护目标,提高防护等级,保障重要目标城市与设施的安全。

(3)以新近分散掩蔽代替集中掩蔽,加强对常规武器直接命中的防护,以适应现代战争突发性、强打击、精度高的特点。

(4)加强人防工事间的连通,使之更有利于战争时次生危害的防御,并便于平战结合和防御其他灾害。

(5)综合利用城市地下设施,将城市各类地下空间纳入人防工程体系,研究平战功能转换的措施与方法。

4.2.3 人防工程的类型和特点

(一)按构筑方法分类

人防工程按其构筑方法分类,一般分为掘开式工事、防空地下室、坑道式工事和地道式工事4种类型。

1. 掘开式工事

掘开式工事采取掘开方法施工,其上部无较坚固的自然防护层或地面建筑物的单建式工事。顶部只有一定厚度的覆土,称为单层掘开式工事;顶部构筑遮弹层的,称为双层掘开式工事。这类工事具有4个特点:①受地质条件限制少;②作业面积大,便于快速施工;③地面土方量大,一般需要足够大的空地;④自然防护能力较低,若抵抗力要求较高时,则需要耗费较多材料,造价较高。

2. 防空地下室(附建式工事)

按照防护要求,在高大或坚固的建筑物底部修建的地下室,称为防空地下室。其特点:①不受地形条件影响,不单独占用城市用地,便于平时利用;②可以利用地面建筑物增加工事防护能力;③地下室与地面建筑物基础合为一体,可降低工程造价;④能有效增强地面建筑物的抗震能力。

3. 坑道式工事

利用山体或高地,在山地采用暗挖方法构筑的工事,或利用山体自然涵洞修建的工事,称为坑道式工事。该工事具有的特点:①自然防护层厚,防护能力强;②利用自然防护层,可减少人工覆盖厚度,节省材料;③便于自然排水和实现自然通风;④施工、使用比较方便;⑤受地形条件限制,作业面积小,不利于快速施工。

4. 地道式工事

在平地或小起伏地区,采取暗挖或掘开方法构筑的线性单建式工事,称为地道式工事。

该类工事具有的特点:①能充分利用地形、地质条件,增加工事防护能力;②不受地面建筑物和地下管线影响,但受地质条件影响较大,高水位和软土质地区构筑工事较困难;③防水、排水和自然通风较坑道工事困难;④施工作业面小,不利于快速施工;⑤坡度受限制,平时利用范围有限。

(二)按使用性质分类

人防工程按使用性质一般分为指挥工事、人员掩蔽工事、通道工事、医疗救护工事和库房等类型。其抗力标准根据抗地面超压(指动压)的不同分为5级:一级,240 t/m^2;二级,120 t/m^2;三级,60 t/m^2;四级,30 t/m^2;五级,10 t/m^2。

1. 指挥工事

指挥工事包括指挥所、通信站、广播站等工事。此类工事在战时居于重要地位,因此标准要高一些。指挥所定员一般为30~50人,大城市可增加到100人。人均面积2~3 m^2。抗力等级,全国重点城市和中央直辖市的区一级指挥所一般为四级,特别重要的才能定为三级。

2. 人员掩蔽工事

该工事是指掩蔽部和生活必需的房间。面积按留守人员人均1 m^2计算。抗力等级一般为五级,防空专业队伍可为四级。

3. 通道工事

通道工事指主干道、支干道、连通道等。抗力等级一般为五级。

4. 医疗救护工事

该工事是指医院、救护站、卫生所等。抗力等级一般为五级,个别重要的可为四级。面积按伤员和医务人员数量,每人4~5 m^2计算。

5. 库房

根据留守人员和防卫计划预定的储粮、储水及其他物资数量计算面积。

4.2.4 城市人防工程规划布局

(一)城市人防工程总面积的确定

城市人防规划需要确定人防工程的大致总量规模,才能确定人防设施的布局。预测城市人防工程总量首先需要确定城市战时留守人口数。一般来说,战时留守人口约占城市总人口的30%~40%。按人均1~1.5 m^2的人防工程面积标准,则可推算出城市所需的人防工程面积。

在居住区规划中,按照有关标准,在成片居住区内应按总建筑面积的2%设置人防工程,或按地面建筑面积总投资的6%左右进行安排。居住区防空地下室战时用途应以掩蔽居民为主,规模较大的居住区的防空地下室项目应尽量配套齐全。

专业人防工程的规模要求见表4.2-1。

表4.2-1 防空专业工程规模要求

项 目		使用面积/m²	参考指标
医疗救护工程	中心医院	3 000~3 500	200~300 病床
	急救医院	2 000~2 500	100~150 病床
	救护站	1 000~1 300	10~30 病床
连级专业队工程	救 护	600~700	救护车 8~10 辆
	消 防	1 000~1 200	消防车 8~10 辆,小车 1~2 辆
	防 化	1 500~1 600	大车 15~18 辆,小车 8~10 辆
	运 输	1 800~2 000	大车 25~30 辆,小车 2~3 辆
	通 信	800~1 000	大车 6~7 辆,小车 2~3 辆
	治 安	700~800	摩托车 20~30 辆,小车 6~7 辆
	抢险抢修	1 300~1 500	大车 5~6 辆,施工机械 8~10 辆

(二)城市人防工程设施规划布局

1. 人防工程设施规划布局原则

(1)避开易遭到袭击的重要军事目标,如军事基地、机场、码头等。

(2)避开易燃易爆品生产储运单位和设施,控制距离应大于 50 m。

(3)避开有害液体和有毒气体贮罐,距离应大于 100 m。

(4)人员掩蔽所距人员工作地点不宜大于 200 m。

另外,人防工程布局时要注意面上分散、点上集中,应有重点地组成集团或群体,以便于开发利用、易于连通、单建式与附建式结合、地上地下统一安排,要注意人防工程经济效益的充分发挥。

2. 人防工程分类规划布局

1)指挥通信工事

指挥通信工事包括中心所和各专业队指挥所,要求有完善的通信联络系统和坚固的掩蔽工事。

指挥通信工事布局原则如下。

(1)工程布局要根据人民防空部署,从保障指挥、通信联络顺畅出发,综合比较,慎重选定,应尽量避开火车站、飞机场、码头、电厂、广播电台等重要目标。

(2)工程应充分利用地形、地质等条件,提高工程防护能力,对于地下水位较高的城市,宜建掘开式工事和结合地面建筑修防空地下室。

(3)市、区级工程宜建在政府所在地附近,便于临战转入地下指挥,街道指挥所应结合小区建设布置。

2)医疗救护工事

医疗救护工事包括急救医院和救护站,负责战时救护医疗工作。

医疗救护工事布局时,应从本城市所处的战略地位、预计敌人可能采取的袭击方式、城市人口构成和分布情况、人员掩蔽条件,以及现有地面医疗设施及其发展情况等因素进行综合分析。具体规划时还应遵循以下原则。

(1)根据城市发展规划与地面新建医院结合修建。

(2)救护站应在满足平时使用需要的前提下,尽量分散布置。

(3)急救医院、中心医院应避开战时敌人袭击的主要目标及容易发生次生灾害的地带。

(4)尽量设置在宽阔道路或广场等较开阔地带,以利于战时解决交通运输;主要出入口应不致被堵塞,并设置明显标志,便于辨认。

(5)尽量选在地势高、通风良好及有害气体和污水不致集聚的地方。

(6)尽量靠近城市人防干道并使之连通。

(7)避开河流堤岸或水库下游以及在战时遭到破坏时可能被淹没的地方。

各级医疗设施的服务范围,在无更可靠资料作为依据时,可参考表4.2-2数据。

表4.2-2 各级医疗设施服务范围

序号	设施类型	服务人口/万人	备注
1	救护站	0.5~1	按平时城市人口计
2	急救中心	3~5	
3	中心医院	10左右	

医疗设施的建筑形式应结合当地地形、工程地质和水文条件以及地面建筑布局等确定。

与新建地面医疗设施结合或在地面建筑集区,宜采用附建式;平原空旷地带,地下水位低、地质条件有利时,可采用单建式或地道式;在丘陵和山区可采用坑道式。

3)专业队工事

专业队工事是为消防、抢修、救灾等各专业队提供掩蔽场所和物资的基地。专业队工事中,车库的布局应遵循以下原则。

(1)各种地下专用车库应根据人防工程总体规划,形成一个以各级指挥所直属地下车库为中心的,大体上均匀分布的地下车库网点,并尽可能使能通行车辆的疏散机动干道在地下互相连通起来。

(2)各级指挥所直属的地下车库,应布置在指挥所附近,并能从地下互相连通。有条件时,车辆应能开到指挥所门前。

(3)各级和各种地下专用车库应尽可能结合内容相同的现有车场或车队布置在其服务范围的中心位置,使各个方向上的行车距离大致相等。

(4)地下公共小客车车库宜充分利用城市的外用社会地下车库。

(5)地下公共载重车车库宜布置在城市边缘地区,特别应布置在通向其他省市的主要公路的终点附近,同时应与市内公共交通网联系起来,并在地下或地上附设生活服务设施,战时则可作为所在区或片的防空专业队的专业车库。

(6)地下车库设置在或出露在地面以上的建筑物,如加油站、出入口、风亭等,其位置应与周围建筑物和其他易燃、易爆设置保持必须的防火和防爆间距,具体要求见《汽车库建筑设计防火规范》及有关防爆规定。

(7)地下车库应选择在水文、地质条件比较有利的位置,避开地下水位过高或地质构造特别复杂的地段。地下消防车库的位置应尽可能选择有较充分地下水源的地段。

(8)地下车库的排风口位置应尽量避免对附近建筑物、广场、公园等造成污染。

(9)地下车库的位置宜临近比较宽阔的、不易被堵塞的道路,并使出入口与道路直接相通,以保证车辆出入的方便。

4)后勤保障工事

后勤保障工事包括物资仓库、车库、电站、给水设备等,其功能主要为战时人防设施提供后勤保障。后勤保障工事中各类仓库应遵循以下布局原则。

(1)粮食库工程应避开重度破坏区的重要目标,结合地面粮库进行规划。

(2)食油库工程应结合地面食油库修建地下食油库。

(3)水库工程应结合自来水厂或其他城市平时用给水水库建造,在可能情况下规划建设地下水池。

(4)燃油库工程应避开重点目标和重度破坏区。

(5)药品及医疗器械工程应结合地下医疗救护工程建造。

5)人员掩蔽工事

人员掩蔽工事由多个防护单元组成,形式也多种多样,有各种单建或附建的地下室、坑道、隧道等,为平民和战斗人员提供掩蔽场所。人员掩蔽工事的布局原则如下。

(1)人员掩蔽工事的规划布局以市区为主,根据人防工程技术、人口密度、预警时间、合理的服务半径,进行优化设置。

(2)结合城市建设情况,修建人员掩蔽工事,对地铁车站、区间段、地下商业、共同沟等市政工程作适当的转换处理,皆可作为人员掩蔽工事。

(3)结合小区开发、高层建筑、重点目标及大型建筑,修建防空地下室,作为人员掩蔽工事,人员就近掩蔽。

(4)应通过地下通道加强各掩体之间的联系。

(5)临时人员掩体可考虑使用地下连通道等设施;当遇常规武器袭击时,应充分利用各类非等级人防附建式地下空间和单建式地下建筑的深层。

(6)专业队掩体应结合各类专业车库和指挥通信设施布置。

(7)人员掩体应以就地分散掩蔽为原则,尽量避开地方重要袭击点,全局适当均匀,避免过分集中。

6)人防疏散干道

人防疏散干道包括地铁、公路隧道、人行地道、人防坑道、大型管道沟等,用于人员的掩蔽疏散和转移,负责各战斗人防片区之间的交通联系。人防疏散干道建设布局原则如下。

(1)结合城市地铁建设、城市市政隧道建设,建造疏散连通工程及连接通道,联网成片,形成以地铁为网络的城市有机战斗整体,提高城市防护机动性。

(2)结合城市小区建设,使小区以人防工程体系联网,通过城市机动干道与城市整体连接。

4.2.5 城市人防工程规划方法与步骤

1)搜集规划资料

人防工程规划的基础资料可以采用城市总体规划收集的资料。对于人防的特殊资料,如城市设防等级、城市防卫计划、人防工程战术技术要求及有关规划设计规范,应向有关部门索取,并按照国家规定、规范进行。

2)划分基层防护战斗片(区)

城市整体的人防体系,由各个片区的人防体系组成,而各个片区的人防体系又由街道或大型企事业单位的人防体系组成。规划时,应本着战时便于指挥、平时利于维护管理的原则,按所划分的基层防护战斗片区,分别提出任务、要求和重点工程项目,使整个城市人防体系成为一个有机的结合体。

3)拟定各战斗片区各类人防工事的项目和规模

根据战术技术要求和城市防卫、人民防空计划要求,拟定战时坚守与疏散人口比例,拟定各战斗片区划及基层单位、各类人防工事的项目和规模。

4)确定指挥所位置和掩蔽工事及其他项目的具体位置

指挥所的具体要求是:便于作战指挥和群众疏散以及物资调度;便于组织通信联络和机动;便于组织对空中楼阁及地面的警戒任务;地形较为隐蔽,且有一定的防护条件;工程地质、水文地质条件良好;有可靠的水源;尽量避开敌人空袭目标及影响无线电通信的金属区。

人员掩蔽工事的分布要便于掩蔽人员安全、方便使用。

按人员一定比例设置各级地下医院和救护站。地下医院应尽可能设在地面医院附近,以便战时转入地下,并能平战结合。

确定储藏一定基数的弹药和一定数量的粮食以及其他物资的地下仓库的数量、规模和分布。

规划战斗、治安、抢修、救护、消防等专业队伍的规模、分布及相应的掩蔽工事位置。

5)连通与分段密闭

用通道将各类工事和片区连接起来,构成四通八达的地道网。成片工事或规模较大的单体工事,必须设置防护密闭门进行分段密闭。一个单体工事最大容量最好不要超过400人,疏散机动干道间距为500 m,以免一旦局部遭到破坏时,大片工事失去防护能力和产生较大损失。

6)规划疏散机动干道

疏散机动干道是连接各大片区的重要地下通道,战时机动兵力、通信联络、疏散人员、运输物资等的干线。应根据城市地形和各防护战斗片区的分布情况及疏散人员数量、走向和疏散方式等,确定干道走向、宽度及其他通道的连接方式。

浅埋的疏散机动干道走向,应根据城市地面情况,使其从城市人口较密集区通过,以便一旦发出警报,群众迅速疏散转移;并尽可能沿街道或空旷地带走向,避开大型建筑物的基础和大型管道;还应尽量减少穿过铁路和河流的次数;深埋干道布置时灵活性较大。干道应减少转弯,避免急转弯,但直线段也不宜过长(一般不超过500 m),以便防护和自卫。此外,疏散机动干道应有支干道连通各片区的通道网以及单体工事。每50 m左右设一个人员掩蔽所;在一定距离设迂回通道和卫生间;在适当地点布置出入口、通风口,并采取相应的防护措施。

各类工事的防护等级及质量标准应参照《人民防空工程战术技术要求》有关规定,并根据城市大小及其所处的战略地位、工事用途和重要程度以及地形和地质条件,因地制宜地选用。

7)确定总体工程和通道网的埋设深度,进行竖向规划

在人防工事总体规划中,竖向规划是一项重要任务,必须对城市人防工事的排水系统拟

定一个合理可靠的方案，以保证工事内各种积水在最短时间内排出人防工事。

重点工程的高程，一般应高于干道和连通道，以防积水倒灌。在通道网下面，应布置排水廊道，并自成体系。一旦大量水灌入通道，也能从廊道迅速自流排出或集中抽出。

8）统一规划人防工事的防护设施（防核武器、防炸弹和防化学、细菌的设施）以及通信、通风、电力等设备。

9）撰写人防工程规划说明，编制规划图。

一般应编制几个方案，在综合比较的基础上，择优选用，并编制正式规划。

4.2.6 城市人防工程规划的内容与成果要求

（一）城市人防工程规划的内容

1. 城市总体防护

（1）对城市总体规模、布局、道路、建筑物密度、绿地、广场、水面等提出防护和控制要求；对城市的经济目标提出防护要求。

（2）对城市的供水、供电、供热、煤气、通信等基础设施提出防护要求。

（3）对生产储存危险、有害物质的工厂、仓库的选择、迁移、疏散方案及降低次生灾害程度的应急措施提出要求。

（4）对城市市区、市际交通线路系统的选线、布局及防护、疏散方案提出要求，对人防报警器的布置和选点提出要求。

2. 人防工程建设规划

（1）确定城市人防工程的总体规模、防护等级和配套布局；确定人防指挥部、通信、人员掩蔽、医疗救护、物资储备、防空专业队伍、疏散干道等工程以及配套设施的规模和布局，居住小区人防工程建设规模等；提出已建人防工程的改造和平时利用方案。

（2）估算规划期内工程建设的投资规模等。

3. 人防工程建设与城市地下空间开发利用相结合的主要方面和内容

（1）确定人防工程建设与城市地下空间开发利用相结合的主要方面和内容。

（2）确定规划期内相结合建设项目的性质、规模和总体布局。

（3）确定近期开发建设项目，并进行投资估算。

（二）规划成果及其要求

城市人防工程建设规划成果包括主体和附件两部分。

主体包括规划说明书和规划图。

1. 规划说明书

规划说明书内容包括规划编制的指导思想和原则要求、损毁分析、规划内容文字表述、可行性论证等。

2. 规划图纸

城市人防工程现状图主要标明现有人防工程的分布、类型、面积、抗力等。图纸比例一般为1/2 000～1/25 000。

城市人防工程总体防护规划图主要标明城市规模、结构、防护区、疏散道路和出口、防空重要目标、核毁伤效应分区、主要人防工程布局、警报器布局等。图纸比例一般为1/2 000～1/25 000。

人防工程建设规划图主要标明城市人防工程规划的规模、类型及其分布等。图纸比例一般为1/2 000～1/25 000。

人防工程建设与城市地下空间开发利用相结合项目规划图主要标明相结合项目规划的规模、类型、功能和分布等。图纸比例一般为1/2 000～1/25 000。

城市人防工程建设近期规划图主要标明近期规划项目的规模、类型、功能、面积和分布等。图纸比例一般为1/2 000～1/25 000。

附件一般有：现有人防工程统计表（面积、类型、位置、防护等级、平战功能等）、人防工程建设规划综合表与人防工程分类表、人防工程建设与城市地下空间开发利用相结合项目规划表、人防工程近期建设一览表、指标选择与数据说明、等等。

4.3 《人民防空地下室设计规范》GB 50038—2005（节录）

1 总则

1.0.2 本规范适用于新建或改建的属于下列抗力级别范围内的甲、乙类防空地下室以及居住小区的结合民用建筑易地修建的甲、乙类单建掘开式人防工程设计。

（1）防常规武器抗力级别5级和6级（以下分别简称为常5级和常6级）。

（2）防核武器抗力级别4级、4B级、5级、6级和6B级（以下分别简称为核4级、核4B级、核5级、核6级和核6B级）。

条文说明

1.0.2 按照《人民防空法》和国家有关规定，结合新建民用建筑应该修建一定数量的防空地下室。但有时由于地质、地形、结构和施工等条件限制不宜修建防空地下室时，国家允许将应修建防空地下室的资金应用于在居住小区内，易地建设单建掘开式人防工程。

1.0.3 防空地下室的设计必须贯彻"长期准备、重点建设、平战结合"的方针，并应坚持人防建设与经济建设协调发展与城市建设相结合的原则。在平面布置、结构造型、通风防潮、给水排水和供电照明等方面，应采取相应措施使其在确保战备效益的前提下，充分发挥社会效益和经济效益。

按照战时的功能区分，防空地下室的工程类别与称谓如表1－1所示。

表1－1 防空地下室的工程类别及相关称谓

序号	工程类别	单体工程	分项名称
1	指挥通信工程	各级人防指挥所、中心医院	
2	医疗救护工程	急救医院、救护站	
3	防空专业队①工程	专业队掩蔽所	专业队队员掩蔽部 专业队装备掩蔽部
4	人员掩蔽工程	一等人员掩蔽所、二等人员掩蔽所	
5	配套工程	核生化监测中心、食品站、生产车间、区域电站、区域供水站、物资库、汽车库、警报站	

①防空专业队是按专业组成的担负人民防空勤务的组织，包括抢险抢修、医疗救护、消防、防化防疫、通信、运输、治安等专业队。

3 建筑

3.1 一般规定

3.1.1 防空地下室的位置、规模、战时及平时的用途,应根据城市的人防工程规划以及地面建筑规划、地上与地下综合考虑,统筹安排。

3.1.2 人员掩蔽工程应布置在人员居住、工作的适中位置,其服务半径不宜小于200 m。

3.1.3 防空地下室距生产、储存易燃易爆物品厂房、库房的距离不应小于50 m,距有害液体、重毒气体的贮罐不应小于100 m。

注:"易燃易爆物品"系指国家标准《建筑设计防火规范》(GBJ 16)中"生产、储存的火灾危险性分类举例"中的甲乙类物品。

3.2 主体

3.2.1 医疗救护工程的规模可参照表3.2.1-1确定。防空专业队工程和人员掩蔽工程的面积标准应符合表3.2.1-2的规定。

表3.2.1-1 医疗救护工程的规模

类别	规模		
	有效面积/m^2	床位/个	人数(含伤员)
中心医院	2 500~3 300	150~250	390~530
急救医院	1 700~2 000	50~100	210~280
救护站	900~950	15~25	140~150

注:中心医院、急救医院的有效面积中含电站,救护站不含电站。

表3.2.1-2 防空专业队工程、人员掩蔽工程的面积标准

项目名称			面积指标
防空专业队工程	装备掩蔽部	小型车	30~40 m^2/辆
		轻型车	40~50 m^2/辆
		中型车	50~80 m^2/辆
	队员掩蔽部		3 m^2/人
人员掩蔽工程			1 m^2/人

注:1.表中的面积标准均指掩蔽面积。

2.专业队装备掩蔽部宜按停放轻型车设计,人防汽车库可按停放小型车设计。

城市是人民防空的重点。国家对城市实行分类防护。城市的防护类别、防护标准,由国务院、中央军事委员会规定。

城市人防工程规划规模预测,战时留守人口约占城市总人口的30%~40%,按人均1~1.5 m^2的人防工程面积标准计算。在居住区规划中按总建筑面积的2%设置人防工程。

4.4 天津市地下空间规划管理条例(2009 年 3 月 1 日起施行)(节录)

第一章 总则

第三条 地下空间规划应当具有前瞻性,坚持合理分层,集约、有效、有序利用,保护地下空间资源。

地下空间开发利用实行统一规划、统筹安排、综合开发、合理利用的原则,充分考虑应急防灾、人民防空和国防建设等需要,坚持经济效益、社会效益和环境效益相结合。

第四条 地下空间规划是城市规划的重要组成部分。

地下空间规划应当符合城市总体规划的要求,并与其他专业规划相互衔接。

第二章 地下空间规划制定

第六条 地下空间规划分为总体规划和详细规划。详细规划分为控制性详细规划和修建性详细规划。

第十一条 编制地下空间规划,应当符合下列要求。

(1)适应本市经济社会发展水平,统筹协调近期建设和远景发展、局部利益和整体利益、开发利用和生态环境的关系。

(2)平战结合,处理好地下人民防空设施的平战转化和非人民防空设施的兼容,保障平时合理利用和战时以及突发事件、防灾抗灾的应急使用。

(3)地上、地下空间资源统筹规划、综合开发利用,确定竖向分层、横向连通,规定不同层次的宜建项目、禁建项目,明确同一层次不同建筑项目的优先规则。

(4)保证地上、地下必要的通道联系。地下空间的建设、使用不得影响地上建筑物、构筑物的安全。

第十二条 编制地下空间规划,应当对地下空间建筑基础、人防设施、地下交通、各类管线、各类水井、地源热泵等地下设施利用现状进行分类调整,采用符合国家规定的勘察、测绘、水文、地质等资料。

第十三条 编制地下空间规划,应当明确地下空间的分层以及各类项目之间的同层、相邻、联通规则。

第十四条 编制地下空间规划,应当优先安排地下交通、市政工程、应急防灾、人民防空等设施,并划定综合管沟等公共工程和特殊工程的地下空间控制范围。

第十五条 地下空间的各项专业规划,由有关专业主管部门组织编制,经市城乡规划主管部门综合平衡后,报市人民政府审批。

第十六条 经批准的地下空间规划需要修改的,应当按照原审批程序审批。

附　录

1　城市规划编制办法

中华人民共和国建设部令(第146号)

第一章　总则

第一条　为了规范城市规划编制工作,提高城市规划的科学性和严肃性,根据国家有关法律法规的规定,制定本办法。

第二条　按国家行政建制设立的市组织编制城市规划,应当遵守本办法。

第三条　城市规划是政府调控城市空间资源、指导城乡发展与建设、维护社会公平、保障公共安全和公众利益的重要公共政策之一。

第四条　编制城市规划,应当以科学发展观为指导,以构建社会主义和谐社会为基本目标,坚持5个统筹,坚持中国特色的城镇化道路,坚持节约和集约利用资源,保护生态环境,保护人文资源,尊重历史文化,坚持因地制宜确定城市发展目标与战略,促进城市全国协调可持续发展。

第五条　编制城市规划,应当考虑人民群众需要,改善人居环境,方便群众生活,充分关注中低收入人群,扶助弱势群体,维护社会稳定和公共安全。

第六条　编制城市规划,应当坚持政府组织、专家领衔、部门合作、公众参与、科学决策的原则。

第七条　城市规划分为总体规划和详细规划两个阶段。大、中城市根据需要,可以依法在总体规划的基础上组织编制分区规划。

城市详细规划分为控制性详细规划和修建性详细规划。

第八条　国务院建设主管部门组织编制的全国城镇体系规划和省、自治区人民政府组织编制的省域城镇体系规划,应当作为城市总体规划编制的依据。

第九条　编制城市规划,应当遵守国家有关标准和技术规范,采用符合国家有关规定的基础资料。

第十条　承担城市规划编制的单位,应当取得城市规划编制资质证书,并在资质等级许可的范围内从事城市规划编制工作。

第二章　城市规划编制组织

第十一条　城市人民政府负责组织编制城市总体规划和城市分区规划。具体工作由城市人民政府建设主管部门(城乡规划主管部门)承担。

城市人民政府应当依据城市总体规划,结合国民经济和社会发展规划以及土地利用总体规划,组织制定近期建设规划。

控制性详细规划由城市人民政府建设主管部门(城乡规划主管部门)依据已经批准的城市总体规划或者城市分区规划组织编制。

第十二条　城市人民政府提出编制城市总体规划前,应当对现行城市总体规划以及各专项规划的实施情况进行总结,对基础设施的支撑能力和建设条件做出评价;针对存在问题和出现的新情况,从土地、水、能源和环境等城市长期的发展保障出发,依据全国城镇体系规划和省域城镇体系规划，着眼区域统筹和城乡统筹，对城市的定位、发展目标、城市功能和空间布局等战略问题进行前瞻性研究，作为城市总体规划编制的工作基础。

第十三条 城市总体规划应当按照以下程序组织编制。

（一）按照本办法第十二条规定组织前期研究，在此基础上，按规定提出进行编制工作的报告，经同意后方可组织编制。其中，组织编制直辖市、省会城市、国务院指定市的城市总体规划的，应当向国务院建设主管部门提出报告；组织编制其他市的城市总体规划的，应当向省、自治区建设主管部门提出报告。

（二）组织编制城市总体规划纲要，按规定提请审查。其中，组织编制直辖市、省会城市、国务院指定市的城市总体规划的，应当报请国务院建设主管部门组织审查；组织编制其他市的城市总体规划的，应当报请省、自治区建设主管部门组织审查。

（三）依据国务院建设主管部门或者省、自治区建设主管部门提出的审查意见，组织编制城市总体规划成果，按法定程序报请审查和批准。

第十四条 在城市总体规划的编制中，对于涉及资源与环境保护、区域统筹与城乡统筹、城市发展目标与空间布局、城市历史文化遗产保护等重大专题，应当在城市人民政府组织下，由相关领域的专家领衔进行研究。

第十五条 在城市总体规划的编制中，应当在城市人民政府组织下，充分吸取政府有关部门和军事机关的意见。

对于政府有关部门和军事机关提出意见的采纳结果，应当作为城市总体规划报送审批材料的专题组成部分。

组织编制城市详细规划，应当充分听取政府有关部门的意见，保证有关专业规划的空间落实。

第十六条 在城市总体规划报送审批前，城市人民政府应当依法采取有效措施，充分征求社会公众的意见。

在城市详细规划的编制中，应当采取公示、征询等方式，充分听取规划涉及的单位、公众的意见。对有关意见采纳结果应当公布。

第十七条 城市总体规划调整，应当按规定向规划审批机关提出调整报告，经认定后依照法律规定组织调整。

城市详细规划调整，应当取得规划批准机关的同意。规划调整方案，应当向社会公开，听取有关单位和公众的意见，并将有关意见的采纳结果公示。

第三章 城市规划编制要求

第十八条 编制城市规划，要妥善处理城乡关系，引导城镇化健康发展，体现布局合理、资源节约、环境友好的原则，保护自然与文化资源、体现城市特色，考虑城市安全和国防建设需要。

第十九条 编制城市规划，对涉及城市发展长期保障的资源利用和环境保护、区域协调发展、风景名胜资源管理、自然与文化遗产保护、公共安全和公众利益等方面的内容，应当确定为必须严格执行的强制性内容。

第二十条 城市总体规划包括市域城镇体系规划和中心城区规划。

编制城市总体规划，应当先组织编制总体规划纲要，研究确定总体规划中的重大问题，作为编制规划成果的依据。

第二十一条　编制城市总体规划，应当以全国城镇体系规划、省域城镇体系规划以及其他上层次法定规划为依据，从区域经济社会发展的角度研究城市定位和发展战略，按照人口与产业、就业岗位的协调发展要求，控制人口规模、提高人口素质，按照有效配置公共资源、改善人居环境的要求，充分发挥中心城市的区域辐射和带动作用，合理确定城乡空间布局，促进区域经济社会全面、协调和可持续发展。

第二十二条　编制城市近期建设规划，应当依据已经依法批准的城市总体规划，明确近期内实施城市总体规划的重点和发展时序，确定城市近期发展方向、规模、空间布局、重要基础设施和公共服务设施选址安排，提出自然遗产与历史文化遗产的保护、城市生态环境建设与治理的措施。

第二十三条　编制城市分区规划，应当依据已经依法批准的城市总体规划，对城市土地利用、人口分布和公共服务设施、基础设施的配置做出进一步的安排，对控制性详细规划的编制提出指导性要求。

第二十四条　编制城市控制性详细规划，应当依据已经依法批准的城市总体规划或分区规划，考虑相关专项规划的要求，对具体地块的土地利用和建设提出控制指标，作为建设主管部门（城乡规划主管部门）作出建设项目规划许可的依据。

编制城市修建性详细规划，应当依据已经依法批准的控制性详细规划，对所在地块的建设提出具体的安排和设计。

第二十五条　历史文化名城的城市总体规划，应当包括专门的历史文化名城保护规划。

历史文化街区应当编制专门的保护性详细规划。

第二十六条　城市规划成果的表达应当清晰、规范，成果文件、图件与附件中说明、专题研究、分析图纸等表达应有区分。

城市规划成果文件应当以书面和电子文件两种方式表达。

第二十七条　城市规划编制单位应当严格依据法律、法规的规定编制城市规划，提交的规划成果应当符合本办法和国家有关标准。

第四章　城市规划编制内容

第一节　城市总体规划

第二十八条　城市总体规划的期限一般为20年，同时可以对城市远景发展的空间布局提出设想。

确定城市总体规划具体期限，应当符合国家有关政策的要求。

第二十九条　总体规划纲要应当包括下列内容。

（一）市域城镇体系规划纲要，内容包括：提出市域城乡统筹发展战略；确定生态环境、土地和水资源、能源、自然和历史文化遗产保护等方面的综合目标和保护要求，提出空间管制原则；预测市域总人口及城镇化水平，确定各城镇人口规模、职能分工、空间布局方案和建设标准；原则确定市域交通发展策略。

（二）提出城市规划区范围。

（三）分析城市职能、提出城市性质和发展目标。

（四）提出禁建区、限建区、适建区范围。

（五）预测城市人口规模。

（六）研究中心城区空间增长边界，提出建设用地规模和建设用地范围。

（七）提出交通发展战略及主要对外交通设施布局原则。

（八）提出重大基础设施和公共服务设施的发展目标。

（九）提出建立综合防灾体系的原则和建设方针。

第三十条 市域城镇体系规划应当包括下列内容。

（一）提出市域城乡统筹的发展战略。其中位于人口、经济、建设高度聚集的城镇密集地区的中心城市，应当根据需要，提出与相邻行政区域在空间发展布局、重大基础设施和公共服务设施建设、生态环境保护、城乡统筹发展等方面进行协调的建议。

（二）确定生态环境、土地和水资源、能源、自然和历史文化遗产等方面的保护与利用的综合目标和要求，提出空间管制原则和措施。

（三）预测市域总人口及城镇化水平，确定各城镇人口规模、职能分工、空间布局和建设标准。

（四）提出重点城镇的发展定位、用地规模和建设用地控制范围。

（五）确定市域交通发展策略；原则确定市域交通、通信、能源、供水、排水、防洪、垃圾处理等重大基础设施，重要社会服务设施，危险品生产储存设施的布局。

（六）根据城市建设、发展和资源管理的需要划定城市规划区。城市规划区的范围应当位于城市的行政管辖范围内。

（七）提出实施规划的措施和有关建议。

第三十一条 中心城区规划应当包括下列内容。

（一）分析确定城市性质、职能和发展目标。

（二）预测城市人口规模。

（三）划定禁建区、限建区、适建区和已建区，并制定空间管制措施。

（四）确定村镇发展与控制的原则和措施；确定需要发展、限制发展和不再保留的村庄，提出村镇建设控制标准。

（五）安排建设用地、农业用地、生态用地和其他用地。

（六）研究中心城区空间增长边界，确定建设用地规模，划定建设用地范围。

（七）确定建设用地的空间布局，提出土地使用强度管制区划和相应的控制指标（建筑密度、建筑高度、容积率、人口容量等）。

（八）确定市级和区级中心的位置和规模，提出主要的公共服务设施的布局。

（九）确定交通发展战略和城市公共交通的总体布局，落实公交优先政策，确定主要对外交通设施和主要道路交通设施布局。

（十）确定绿地系统的发展目标及总体布局，划定各种功能绿地的保护范围（绿线），划定河湖水面的保护范围（蓝线），确定岸线使用原则。

（十一）确定历史文化保护及地方传统特色保护的内容和要求，划定历史文化街区、历史建筑保护范围（紫线），确定各级文物保护单位的范围；研究确定特色风貌保护重点区域及保护措施。

（十二）研究住房需求，确定住房政策、建设标准和居住用地布局；重点确定经济适用房、普通商品住房等满足中低收入人群住房需求的居住用地布局及标准。

（十三）确定电信、供水、排水、供电、燃气、供热、环卫发展目标及重大设施总体布局。

（十四）确定生态环境保护与建设目标，提出污染控制与治理措施。

（十五）确定综合防灾与公共安全保障体系，提出防洪、消防、人防、抗震、地质灾害防护等规划原则和建设方针。

（十六）划定旧区范围，确定旧区有机更新的原则和方法，提出改善旧区生产、生活环境的标准和要求。

（十七）提出地下空间开发利用的原则和建设方针。

（十八）确定空间发展时序，提出规划实施步骤、措施和政策建议。

第三十二条 城市总体规划的强制性内容包括下列内容。

（一）城市规划区范围。

（二）市域内应当控制开发的地域。其中包括：基本农田保护区，风景名胜区，湿地、水源保护区等生态敏感区，地下矿产资源分布地区。

（三）城市建设用地。其中包括：规划期限内城市建设用地的发展规模，土地使用强度管制区和相应的控制指标（建设用地面积、容积率、人口容量等）；城市各类绿地的具体布局；城市地下空间开发布局。

（四）城市基础设施和公共服务设施。其中包括：城市干道系统网络、城市轨道交通网络、交通枢纽布局，城市水源地及其保护区范围和其他重大市政基础设施，文化、教育、卫生、体育等方面主要公共服务设施的布局。

（五）城市历史文化遗产保护。其中包括：历史文化保护的具体控制指标和规定，历史文化街区、历史建筑、重要地下文物埋藏区的具体位置和界线。

（六）生态环境保护与建设目标，污染控制与治理措施。

（七）城市防灾工程。其中包括：城市防洪标准、防洪堤走向，城市抗震与消防疏散通道，城市人防设施布局，地质灾害防护规定。

第三十三条 总体规划纲要成果包括纲要文本、说明、相应的图纸和研究报告。

城市总体规划的成果应当包括规划文本、图纸及附件（说明、研究报告和基础资料等）。在规划文本中应当明确表述规划的强制性内容。

第三十四条 城市总体规划应当明确综合交通、环境保护、商业网点、医疗卫生、绿地系统、河湖水系、历史文化名城保护、地下空间、基础设施、综合防灾等专项规划的原则。

编制各类专项规划，应当依据城市总体规划。

第二节 城市近期建设规划

第三十五条 近期建设规划的期限原则上应当与城市国民经济和社会发展规划的年限一致，并不得违背城市总体规划的强制性内容。

近期建设规划到期时，应当依据城市总体规划组织编制新的近期建设规划。

第三十六条 近期建设规划的内容应当包括下列内容。

（一）确定近期人口和建设用地规模，确定近期建设用地范围和布局。

（二）确定近期交通发展策略，确定主要对外交通设施和主要道路交通设施布局。

（三）确定各项基础设施、公共服务和公益设施的建设规模和选址。

（四）确定近期居住用地安排和布局。

（五）确定历史文化名城、历史文化街区、风景名胜区等的保护措施，城市河湖水系、绿化、环境等保护、整治和建设措施。

（六）确定控制和引导城市近期发展的原则和措施。

第三十七条 近期建设规划的成果应当包括规划文本、图纸以及包括相应说明的附件。在规划文本中应当明确表达规划的强制性内容。

第三节 城市分区规划

第三十八条 编制分区规划，应当综合考虑城市总体规划确定的城市布局、片区特征、河流道路等自然和人工界限，结合城市行政区划，划定分区的范围界限。

第三十九条 分区规划应当包括下列内容。

（一）确定分区的空间布局、功能分区、土地使用性质和居住人口分布。

（二）确定绿地系统、河湖水面、供电高压线走廊、对外交通设施用地界线和风景名胜区、文物古迹、历史文化街区的保护范围，提出空间形态的保护要求。

（三）确定市、区、居住区级公共服务设施的分布、用地范围和控制原则。

（四）确定主要市政公共设施的位置、控制范围和工程干管的线路位置、管径，进行管线综合。

（五）确定城市干道的红线位置、断面、控制点坐标和标高，确定支路的走向、宽度，确定主要交叉口、广场、公交站场、交通枢纽等交通设施的位置和规模，确定轨道交通线路走向及控制范围，确定主要停车场规模与布局。

第四十条 分区规划的成果应当包括规划文本、图件以及包括相应说明的附件。

第四节 详细规划

第四十一条 控制性详细规划应当包括下列内容。

（一）确定规划范围内不同性质用地的界线，确定各类用地内适建、不适建或者有条件地允许建设的建筑类型。

（二）确定各地块建筑高度、建筑密度、容积率、绿地率等控制指标，确定公共设施配套要求、交通出入口方位、停车泊位、建筑后退红线距离等要求。

（三）提出各地块的建筑体量、体型、色彩等城市设计指导原则。

（四）根据交通需求分析，确定地块出入口位置、停车泊位、公共交通场站用地范围和站点位置、步行交通以及其他交通设施。规定各级道路的红线、断面、交叉口形式及渠化措施、控制点坐标和标高。

（五）根据规划建设容量，确定市政工程管线位置、管径和工程设施的用地界线，进行管线综合。确定地下空间开发利用具体要求。

（六）制定相应的土地使用与建筑管理规定。

第四十二条 控制性详细规划确定的各地块的主要用途、建筑密度、建筑高度、容积率、绿地率、基础设施和公共服务设施配套规定应当作为强制性内容。

第四十三条 修建性详细规划应当包括下列内容。

（一）建设条件分析及综合技术经济论证。

（二）建筑、道路和绿地等的空间布局和景观规划设计，布置总平面图。

（三）对住宅、医院、学校和托幼等建筑进行日照分析。

（四）根据交通影响分析，提出交通组织方案和设计。

（五）市政工程管线规划设计和管线综合。

（六）竖向规划设计。

（七）估算工程量、拆迁量和总造价，分析投资效益。

第四十四条 控制性详细规划成果应当包括规划文本、图件和附件。图件由图纸和图则两部分组成,规划说明、基础资料和研究报告收入附件。

修建性详细规划成果应当包括规划说明书、图纸。

第五章 附则

第四十五条 县人民政府所在地镇的城市规划编制,参照本办法执行。

第四十六条 对城市规划文本、图纸、说明、基础资料等的具体内容、深度要求和规格等,由国务院建设主管部门另行规定。

第四十七条 本办法自2006年4月1日起施行。1991年9月3日建设部颁布的《城市规划编制办法》同时废止。

2 县域村镇体系规划编制暂行办法

中华人民共和国建设部通知（建规[2006]183号）

第一章　总则

第一条　为了统筹县域城乡健康发展，加强县域村镇的协调布局，规范县域村镇体系规划的编制工作，提高规划的科学性和严肃性，根据国家有关法律法规的规定，制定本办法。

第二条　按国家行政建制设立的县、自治县、旗，组织编制县域村镇体系规划，适用本办法。

县域村镇体系规划应当与县级人民政府所在地总体规划一同编制，也可以单独编制。

第三条　县域村镇体系规划是政府调控县域村镇空间资源、指导村镇发展和建设，促进城乡经济、社会和环境协调发展的重要手段。

第四条　编制县域村镇体系规划，应当以科学发展观为指导，以建设和谐社会和服务农业、农村和农民为基本目标，坚持因地制宜、循序渐进、统筹兼顾、协调发展的基本原则，合理确定村镇体系发展目标与战略，节约和集约利用资源，保护生态环境，促进城乡可持续发展。

第五条　编制县域村镇体系规划，应当坚持政府组织、部门合作、公众参与、科学决策的原则。

第六条　编制县域村镇体系规划应当遵循有关的法律、法规和技术规定，以经批准的省域城镇体系规划，直辖市、市城市总体规划为依据，并与相关规划相协调。

第七条　县域村镇体系规划的期限一般为20年。

第八条　承担县域村镇体系规划编制的单位，应当具有乙级以上的规划编制资质。

第二章　县域村镇体系规划编制的组织

第九条　县级人民政府负责组织编制县域村镇体系规划。具体工作由县级人民政府建设（城乡规划）主管部门会同有关部门承担。

第十条　县域村镇体系规划应当按照以下程序组织编制和审查。

（一）组织编制县域村镇体系规划应当向省、自治区和直辖市建设（城乡规划）主管部门提出进行编制工作的报告，经同意后方可组织编制。

（二）编制县域村镇体系规划应先编制规划纲要，规划纲要应当提请省、自治区和直辖市建设（城乡规划）主管部门组织审查。

（三）依据对规划纲要的审查意见，组织编制县域村镇体系规划成果，并按程序报批。

第十一条　编制县域村镇体系规划应当具备县域经济、社会、资源环境等方面的历史、现状和发展基础资料以及必要的勘察测量资料。资料由承担规划编制任务的单位负责收集，县级人民政府组织有关部门提供。

第十二条　在县域村镇体系规划的编制中，应当在县级人民政府组织下，充分吸取县级人民政府有关部门、各乡镇人民政府和专家的意见，并采取有效措施，充分征求包括村民代表在内的社会公众的意见。对于有关意见的采纳结果，应当作为县域村镇体系规划报送审批材料的附件。

第十三条 县域村镇体系规划经批准后，应当由县级人民政府予以公布，但法律、法规规定不得公开的除外。

第十四条 县域村镇体系规划调整，应当向原规划审批机关提出调整报告，经认定后依照法律规定组织调整。

第三章 县域村镇体系规划编制要求

第十五条 县域村镇体系规划的主要任务是：落实省（自治区、直辖市）域城镇体系规划提出的要求，引导和调控县域村镇的合理发展与空间布局，指导村镇总体规划和村镇建设规划的编制。

第十六条 县域村镇体系规划应突出以下重点。

（一）确定县域城乡统筹发展战略。

（二）研究县域产业发展与布局，明确产业结构、发展方向和重点。

（三）确定城乡居民点集中建设、协调发展的总体方案，明确村镇体系结构，提出村庄布局的基本原则。

（四）确定生态环境、土地和水资源、能源、自然和历史文化遗产等方面的保护与利用的综合目标和要求，提出县域空间管制原则和措施。

（五）统筹布置县域基础设施和社会公共服务设施，确定农村基础设施和社会公共服务设施，确定农村基础设施和社会公共服务设施配置标准，实现基础设施向农村延伸和社会服务事业向农村覆盖，防止重复建设。

（六）按照政府引导、群众自愿、有利生产、方便生活的原则，制定村庄整治与建设的分类管理策略，防止大拆大建。

第十七条 编制县域村镇体系规划，应根据不同地区县域经济社会发展条件、村镇建设现状及农村生产方式的差别，强调不同的原则和内容。

经济社会发达地区的县域村镇体系规划，应当强化城乡功能与空间资源的整合，突出各类空间要素配置的集中、集聚与集约，注重环境保护，体现地域特色，全面提高城乡空间资源利用的效率与质量。

经济社会欠发达地区的县域村镇体系规划，应当强化城乡功能与空间的协调发展，突出重点，发挥各级城镇的中心作用，注重基础设施和社会公共服务设施的合理配置，优化城乡产业结构和空间布局，科学推进县域经济社会的有序发展。

第十八条 编制县域村镇体系规划，应当对县域按照禁止建设、限制建设、适宜建设进行分区空间控制。对涉及经济社会长远发展的资源利用和环境保护、基础设施与社会公共服务设施、风景名胜资源管理、自然与文化遗产保护和公众利益等方面的内容，应当确定为严格执行的强制性内容。

第十九条 编制县域村镇体系规划，应当延续历史，传承文化，突出民族与地方特色，确定文化与自然遗产保护的目标、内容和重点，制订保护措施。

第二十条 县域村镇体系规划成果的表达应当清晰、准确、规范，成果文件、图件与附件中说明、专题研究、分析图纸等表达应有区分。规划成果应当以书面和电子文件两种方式表达。

第四章 县域村镇体系规划编制内容

第二十一条 县域村镇体系规划纲要应当包括下列内容。

（一）综合评价县域的发展条件。

（二）提出县域城乡统筹发展战略和产业发展空间布局方案。

（三）预测县域人口规模，提出城镇化战略及目标。

（四）提出县域空间分区管制原则。

（五）提出县域村镇体系规划方案。

（六）提出县域基础设施和社会公共服务设施配置原则与策略。

第二十二条 县域村镇体系规划应当包括下列内容。

（一）综合评价县域的发展条件。

要进行区位、经济基础及发展前景、社会与科技发展分析与评价；认真分析自然条件与自然资源、生态环境、村镇建设现状，提出县域发展的优势条件与制约因素。

（二）制定县域城乡统筹发展战略，确定县域产业发展空间布局。

要根据经济社会发展战略规划，提出县域城乡统筹发展战略，明确产业结构、发展方向和重点，提出空间布局方案，并划分经济区。

（三）预测县域人口规模，确定城镇化战略。

要预测规划期末和分时段县域总人口数量构成情况及分布状况，确定城镇化发展战略，提出人口空间转移的方向和目标。

（四）划定县域空间管制分区，确定空间管制策略。

要根据资源环境承载能力、自然和历史文化保护、防灾减灾等要求，统筹考虑未来人口分布、经济布局，合理和节约利用土地，明确发展方向和重点，规范空间开发秩序，形成合理的空间结构。划定禁止建设区、限制建设区和适宜建设区，提出各分区空间资源有效利用的限制和引导措施。

（五）确定县域村镇体系布局，明确重点发展的中心镇。

明确村镇层次等级（包括县城—中心镇——一般镇—中心村），选定重点发展的中心镇，确定各乡镇人口规模、职能分工、建设标准。提出城乡居民点集中建设、协调发展的总体方案。

（六）制定重点城镇与重点区域的发展策略。

提出县级人民政府所在地镇区及中心镇区的发展定位和规模以及城镇密集地区协调发展的规划原则。

（七）确定村庄布局基本原则和分类管理策略。

明确重点建设的中心村，制定中心村建设标准，提出村庄整治与建设的分类管理策略。

（八）统筹配置区域基础设施和社会公共服务设施，制定专项规划。

提出分级配置各类设施的原则，确定各级居民点配置设施的类型和标准；因地制宜地提出各类设施的共建、共享方案，避免重复建设。

专项规划应当包括交通、给水、排水、电力、电信、教科文卫、历史文化资源保护、环境保护、防灾减灾等规划。

（九）制定近期发展规划，确定分阶段实施规划的目标及重点。

依据经济社会发展规划，按照布局集中、土地集约、产业集聚的原则，合理确定5年内发展目标、重点发展的区域和空间布局，确定城乡居民点的人口规模及总体建设用地规模，提出近期内重要基础设施、社会公共服务设施、资源利用与保护、生态环境保护、防灾减灾及其他设施的建设时序和选址等。

(十)提出实施规划的措施和有关建议。

第二十三条 县域村镇体系规划应与土地利用规划相衔接,进一步明确建设用地总量与主要建设用地类别的规模,并编制县域现状和规划用地汇总表。

第二十四条 县域村镇体系规划的强制性内容包括以下方面。

(一)县域内按空间管制分区确定的应当控制开发的地域及其限制措施。

(二)各镇区建设用地规模,中心村建设用地标准。

(三)县域基础设施和社会公共服务设施的布局以及农村基础设施与社会公共服务设施的配置标准。

(四)村镇历史文化保护的重点内容。

(五)生态环境保护与建设目标、污染控制与治理措施。

(六)县域防灾减灾工程,包括村镇消防、防洪和抗震标准,地质等自然灾害防护规定。

第二十五条 县域村镇体系规划纲要成果包括纲要文本、说明、相应的图纸和研究报告。

县域村镇体系规划成果应当包括规划文本、图纸及附件(说明、研究报告和基础资料等)。在规划文本中应当明确表述规划的强制性内容。

第二十六条 县域村镇体系规划图件至少应当包括(除重点地区规划图外,图纸比例一般为1:5万至1:10万)以下内容。

(一)县域综合现状分析图。

(二)县域人口与村镇布局规划图。

(三)县域用地布局结构规划图。

(四)县域空间分区管制规划图。

(五)县域产业发展空间布局规划图。

(六)县域综合交通规划图。

(七)县域基础设施和社会公共服务设施及专项规划图。

(八)县域环境保护与防灾规划图。

(九)近期发展规划图。

(十)重点城镇与重点地区规划图。

第五章 附则

第二十七条 县级市、城市远郊区的村镇体系规划编制,参照本办法执行。

第二十八条 本办法由中华人民共和国建设部负责解释。

第二十九条 本办法自发布之日起试行。2000年4月6日建设部下发的《县域城镇体系规划编制要点》(试行)同时废止。

3　工程建设标准强制性条文(节录)

《工程建设标准强制性条文》(以下简称本《强制性条文》,是根据建设部建标[2000]31号文的要求,由建设部会同各有关主管部门组织各方面专家共同编制,经各有关主管部门分别审查后,由建设部审定发布的。本《强制性条文》中包括城乡规划、城市建设、房屋建筑、工业建筑、水利工程、电力工程、信息工程、水运工程、公路工程、铁道工程、石油和化工建设工程、矿山工程、人防工程、广播电影电视工程和民航机场工程等部分,覆盖了工程建设的主要领域。

本《强制性条文》的内容,是摘录工程建设标准中直接涉及人民生命财产安全、人身健康、环境保护和其他公众利益的、必须严格执行的强制性规定,并考虑了保护资源、节约投资、提高经济效益和社会效益等政策要求。

本《强制性条文》是国务院《建设工程质量管理条例》的一个配套文件,是工程建设强制性标准实施监督的依据。

本《强制性条文》发布后,被摘录的现行工程建设标准继续有效,两者可以对照使用。所摘条文的条、款、项等序号,均与原标准相同。

本《强制性条文》发布后,每年集中修订和补充一至二次,有关信息将在《工程建设标准化》刊物上及时发布。今后,新制定和修订的工程建设国家标准在报送报批稿时,工程建设行业标准在备案时,均应同时报送本《强制性条文》中需要修改和补充的条文。

为了便于随时置换和插入内容有改变的页张,全书均按章独立编排页码。例如,第一篇第2章的页码为1-2-1~4,余类推。

本《强制性条文》(城乡规划部分)由中国城市规划设计研究院主编。执行中所遇具体问题,请及时向该院反馈(北京100037)。

中华人民共和国建设部

2000年8月19日

第一篇　用地规划

一　用地分类

《城市用地分类与规划建设用地标准》(GB 50137—2011)(节录)

3.2　城乡用地分类

3.2.1　城乡用地共分为2大类、9中类、14小类。

3.2.2　城乡用地分类和代码应符合表3.2.2的规定。

表 3.2.2　城乡用地分类和代码

类别代号			类别名称	内　容
大类	中类	小类		
H			建设用地	包括城乡居民点建设用地、区域交通设施用地、区域公用设施用地、特殊用地、采矿用地及其他建设用地等
	H1		城乡居民点建设用地	城市、镇、乡、村庄建设用地
		H11	城市建设用地	城市内的居住用地、公共管理与公共服务设施用地、商业服务业设施用地、工业用地、物流仓储用地、道路与交通设施用地、公用设施用地、绿地与广场用地
		H12	镇建设用地	镇人民政府驻地的建设用地
		H13	乡建设用地	乡人民政府驻地的建设用地
		H14	村庄建设用地	农村居民点的建设用地
	H2		区域交通设施用地	铁路、公路、港口、机场和管道运输等区域交通运输及其附属设施用地，不包括城市建设用地范围内的铁路客货运站、公路长途客货运站以及港口客运码头
		H21	铁路用地	铁路编组站、线路等用地
		H22	公路用地	国道、省道、县道和乡道用地及附属设施用地
		H23	港口用地	海港和河港的陆域部分，包括码头作业区、辅助生产区等用地
		H24	机场用地	民用及军民合用的机场用地，包括飞行区、航站区等用地，不包括净空控制范围用地
		H25	管道运输用地	运输煤炭、石油和天然气等地面管道运输用地，地下管道运输规定的地面控制范围内的用地应按其地面实际用途归类
	H3		区域公用设施用地	为区域服务的公用设施用地，包括区域性能源设施、水工设施、通信设施、广播电视设施、殡葬设施、环卫设施、排水设施等用地
	H4		特殊用地	特殊性质的用地
		H41	军事用地	专门用于军事目的的设施用地，不包括部队家属生活区和军民共用设施等用地
		H42	安保用地	监狱、拘留所、劳改场所和安全保卫设施等用地，不包括公安局用地
	H5		采矿用地	采矿、采石、采沙、盐田、砖瓦窑等地面生产用地及尾矿堆放地
	H9		其他建设用地	除以上之外的建设用地，包括边境口岸和风景名胜区、森林公园等的管理及服务设施等用地
E			非建设用地	水域、农林用地及其他非建设用地等
	E1		水域	河流、湖泊、水库、坑塘、沟渠、滩涂、冰川及永久积雪
		E11	自然水域	河流、湖泊、滩涂、冰川及永久积雪
		E12	水库	人工拦截汇集而成的总库容不小于 10 万 m^3 的水库正常蓄水位岸线所围成的水面
		E13	坑塘沟渠	蓄水量小于 10 万 m^3 的坑塘水面和人工修建用于引、排、灌的渠道
	E2		农林用地	耕地、园地、林地、牧草地、设施农用地、田坎、农村道路等用地
	E9		其他非建设用地	空闲地、盐碱地、沼泽地、沙地、裸地、不用于畜牧业的草地等用地

3.3　城市建设用地分类

3.3.1　城市建设用地共分为 8 大类、35 中类、42 小类。

3.3.2 城市建设用地分类和代码应符合表3.3.2的规定。

表3.3.2 城市建设用地分类和代码

类别代号			类别名称	内容
大类	中类	小类		
R			居住用地	住宅和相应服务设施的用地
	R1		一类居住用地	设施齐全、环境良好,以低层住宅为主的用地
		R11	住宅用地	住宅建筑用地及其附属道路、停车场、小游园等用地
		R12	服务设施用地	居住小区及小区级以下的幼托、文化、体育、商业、卫生服务、养老助残设施等用地,不包括中小学用地
	R2		二类居住用地	设施较齐全、环境良好,以多、中、高层住宅为主的用地
		R21	住宅用地	住宅建筑用地(含保障性住宅用地)及其附属道路、停车场、小游园等用地
		R22	服务设施用地	居住小区及小区级以下的幼托、文化、体育、商业、卫生服务、养老助残设施等用地,不包括中小学用地
	R3		三类居住用地	设施较欠缺、环境较差,以需要改造的简陋住宅为主的用地,包括危房、棚户区、临时住宅等用地
		R31	住宅用地	住宅建筑用地及其附属道路、停车场、小游园等用地
		R32	服务设施用地	居住小区及小区级以下的幼托、文化、体育、商业、卫生服务、养老助残设施等用地,不包括中小学用地
A			公共管理与公共服务设施用地	行政、文化、教育、体育、卫生等机构和设施的用地,不包括居住用地中的服务设施用地
	A1		行政办公用地	党政机关、社会团体、事业单位等办公机构及其相关设施用地
	A2		文化设施用地	图书、展览等公共文化活动设施用地
		A21	图书展览用地	公共图书馆、博物馆、档案馆、科技馆、纪念馆、美术馆和展览馆、会展中心等设施用地
		A22	文化活动用地	综合文化活动中心、文化馆、青少年宫、儿童活动中心、老年活动中心等设施用地
	A3		教育科研用地	高等院校、中等专业学校、中学、小学、科研事业单位及其附属设施用地,包括为学校配建的独立地段的学生生活用地
		A31	高等院校用地	大学、学院、专科学校、研究生院、电视大学、党校、干部学校及其附属设施用地,包括军事院校用地
		A32	中等专业学校用地	中等专业学校、技工学校、职业学校等用地,不包括附属于普通中学内的职业高中用地
		A33	中小学用地	中学、小学用地
		A34	特殊教育用地	聋、哑、盲人学校及工读学校等用地
		A35	科研用地	科研事业单位用地
	A4		体育用地	体育场馆和体育训练基地等用地,不包括学校等机构专用的体育设施用地
		A41	体育场馆用地	室内外体育运动用地,包括体育场馆、游泳场馆、各类球场及其附属的业余体校等用地
		A42	体育训练用地	为体育运动专设的训练基地用地

续表

类别代号			类别名称	内 容
大类	中类	小类		
A	A5		医疗卫生用地	医疗、保健、卫生、防疫、康复和急救设施等用地
		A51	医院用地	综合医院、专科医院、社区卫生服务中心等用地
		A52	卫生防疫用地	卫生防疫站、专科防治所、检验中心和动物检疫站等用地
		A53	特殊医疗用地	对环境有特殊要求的传染病、精神病等专科医院用地
		A59	其他医疗卫生用地	急救中心、血库等用地
	A6		社会福利用地	为社会提供福利和慈善服务的设施及其附属设施用地，包括福利院、养老院、孤儿院等用地
	A7		文物古迹用地	具有保护价值的古遗址、古墓葬、古建筑、石窟寺、近代代表性建筑、革命纪念建筑等用地。不包括已作其他用途的文物古迹用地
	A8		外事用地	外国驻华使馆、领事馆、国际机构及其生活设施等用地
	A9		宗教用地	宗教活动场所用地
B			商业服务业设施用地	商业、商务、娱乐康体等设施用地，不包括居住用地中的服务设施用地
	B1		商业用地	商业及餐饮、旅馆等服务业用地
		B11	零售商业用地	以零售功能为主的商铺、商场、超市、市场等用地
		B12	批发市场用地	以批发功能为主的市场用地
		B13	餐饮用地	饭店、餐厅、酒吧等用地
		B14	旅馆用地	宾馆、旅馆、招待所、服务型公寓、度假村等用地
	B2		商务用地	金融保险、艺术传媒、技术服务等综合性办公用地
		B21	金融保险用地	银行、证券期货交易所、保险公司等用地
		B22	艺术传媒用地	文艺团体、影视制作、广告传媒等用地
		B29	其他商务用地	贸易、设计、咨询等技术服务办公用地
	B3		娱乐康体用地	娱乐、康体等设施用地
		B31	娱乐用地	剧院、音乐厅、电影院、歌舞厅、网吧以及绿地率小于65%的大型游乐等设施用地
		B32	康体用地	赛马场、高尔夫、溜冰场、跳伞场、摩托车场、射击场以及通用航空、水上运动的陆域部分等用地
	B4		公用设施营业网点用地	零售加油、加气、电信、邮政等公用设施营业网点用地
		B41	加油加气站用地	零售加油、加气、充电站等用地
		B49	其他公用设施营业网点用地	独立地段的电信、邮政、供水、燃气、供电、供热等其他公用设施营业网点用地
	B9		其他服务设施用地	业余学校、民营培训机构、私人诊所、殡葬、宠物医院、汽车维修站等其他服务设施用地
M			工业用地	工矿企业的生产车间、库房及其附属设施用地，包括专用铁路、码头和附属道路、停车场等用地，不包括露天矿用地
	M1		一类工业用地	对居住和公共环境基本无干扰、污染和安全隐患的工业用地
	M2		二类工业用地	对居住和公共环境有一定干扰、污染和安全隐患的工业用地
	M3		三类工业用地	对居住和公共环境有严重干扰、污染和安全隐患的工业用地

续表

类别代号			类别名称	内容
大类	中类	小类		
W			物流仓储用地	物资储备、中转、配送等用地，包括附属道路、停车场以及货运公司车队的站场等用地
	W1		一类物流仓储用地	对居住和公共环境基本无干扰、污染和安全隐患的物流仓储用地
	W2		二类物流仓储用地	对居住和公共环境有一定干扰、污染和安全隐患的物流仓储用地
	W3		三类物流仓储用地	易燃、易爆和剧毒等危险品的专用物流仓储用地
S			道路与交通设施用地	城市道路、交通设施等用地，不包括居住用地、工业用地等内部的道路、停车场等用地
	S1		城市道路用地	快速路、主干路、次干路和支路等用地，包括其交叉口用地
	S2		城市轨道交通用地	独立地段的城市轨道交通地面以上部分的线路、站点用地
	S3		交通枢纽用地	铁路客货运站、公路长途客运站、港口客运码头、公交枢纽及其附属设施用地
	S4		交通场站用地	交通服务设施用地，不包括交通指挥中心、交通队用地
		S41	公共交通场站用地	城市轨道交通车辆基地及附属设施，公共汽（电）车首末站、停车场（库）、保养场，出租汽车场站设施等用地以及轮渡、缆车、索道等的地面部分及其附属设施用地
		S42	社会停车场用地	独立地段的公共停车场和停车库用地，不包括其他各类用地配建的停车场和停车库用地
	S9		其他交通设施用地	除以上之外的交通设施用地，包括教练场等用地
U			公用设施用地	供应、环境、安全等设施用地
	U1		供应设施用地	供水、供电、供燃气和供热等设施用地
		U11	供水用地	城市取水设施、自来水厂、再生水厂、加压泵站、高位水池等设施用地
		U12	供电用地	变电站、开闭所、变配电所等设施用地，不包括电厂用地。高压走廊下规定的控制范围内的用地应按其地面实际用途归类
		U13	供燃气用地	分输站、门站、储气站、加气母站、液化石油气储配站、灌瓶站和地面输气管廊等设施用地，不包括制气厂用地
		U14	供热用地	集中供热锅炉房、热力站、换热站和地面输热管廊等设施用地
		U15	通信用地	邮政中心局、邮政支局、邮件处理中心、电信局、移动基站、微波站等设施用地
		U16	广播电视用地	广播电视的发射、传输和监测设施用地，包括无线电收信区、发信区以及广播电视发射台、转播台、差转台、监测站等设施用地
	U2		环境设施用地	雨水、污水、固体废物处理等环境保护设施及其附属设施用地
		U21	排水用地	雨水泵站、污水泵站、污水处理、污泥处理厂等设施及其附属的构筑物用地，不包括排水河渠用地
		U22	环卫用地	生活垃圾、医疗垃圾、危险废物处理（置）以及垃圾转运、公厕、车辆清洗、环卫车辆停放修理等设施用地
	U3		安全设施用地	消防、防洪等保卫城市安全的公用设施及其附属设施用地
		U31	消防用地	消防站、消防通信及指挥训练中心等设施用地
		U32	防洪用地	防洪堤、防洪枢纽、排洪沟渠等设施用地
	U9		其他公用设施用地	除以上之外的公用设施用地，包括施工、养护、维修等设施用地

续表

类别代号			类别名称	内容
大类	中类	小类		
G			绿地与广场用地	公园绿地、防护绿地、广场等公共开放空间用地
	G1		公园绿地	向公众开放,以游憩为主要功能,兼具生态、美化、防灾等作用的绿地
	G2		防护绿地	具有卫生、隔离和安全防护功能的绿地
	G3		广场用地	以游憩、纪念、集会和避险等功能为主的城市公共活动场地

《城市居住区规划设计规范》GB 50180—93(2002 年版)(节录)

3.0.1 居住区规划总用地,应包括居住区用地和其他用地两类。

3.0.2.1 参与居住区用地平衡的用地应当构成居住区用地的4项用地,其他用地不参与平衡。

《村镇规划标准》GB 50188—93(节录)

3.1.3 村镇用地的分类和代号应符合表3.1.3的规定。

表3.1.3 村镇用地分类和代号

类别代号		类别名称	范围
大类	小类		
R		居住建筑用地	各类居住建筑及其间距和内部小路场地、绿化等用地,不包括路面宽度等于和大于3.5 m的道路用地
	R1	村民住宅用地	村民户独家使用的住房和附属设施及其户间间距用地、进户小路用地,不包括自留地及其他生产性用地
	R2	居民住宅用地	居民户的住宅、庭院及其间距用地
	R3	其他居住用地	属于R1、R2以外的居住用地,如单身宿舍、敬老院等用地
C		公共建筑用地	各类公共建筑物及其附属设施、内部道路、场地、绿化等用地
	C1	行政管理用地	政府、团体、经济贸易管理机构等用地
	C2	教育机构用地	幼儿园、托儿所、小学、中学及各类高、中级专业学校、成人学校等用地
	C3	文体科技用地	文化图书、科技、展览、娱乐、体育、文物、宗教等用地
	C4	医疗保健用地	医疗、防疫、保健、休养和疗养等机构用地
	C5	商业金融用地	各类商业服务业的店铺、银行、信用保险等机构及其附属设施用地
	C6	集贸设施用地	集市贸易的专用建筑和场地,不包括临时占用街道、广场等设摊用地

续表

类别代号		类别名称	范围
大类	小类		
M		生产建筑用地	独立设置的各种所有制的生产性建筑及其设施和内部道路、场地、绿化等用地
	M1	一类工业用地	对居住和公共环境基本无干扰和污染的工业，如缝纫、电子、工艺品等工业用地
	M2	二类工业用地	对居住和公共环境有一定干扰和污染的工业，如纺织、食品、小型机械等工业用地
	M3	三类工业用地	对居住和公共环境有严重干扰和污染的工业，如采矿、冶金、化学、造纸、制革、建材、大中型机械制造等工业用地
	M4	农业生产设施用地	各类农业建筑，如打谷场、饲养场、农机站、育秧房、兽医站等及其附属设施用地，不包括农林种植地、牧草地、养殖水域
W		仓储用地	物资的中转仓库、专业收购和储存建筑及其附属道路、场地、绿化等用地
	W1	普通仓储用地	存放一般物品的仓储用地
	W2	危险品仓储用地	存放易燃、易爆、剧毒等危险品的仓储用地
T		对外交通用地	村镇对外交通的各种设施用地
	T1	公路交通用地	公路站场及规划范围内的路段、附属设施等用地
	T2	其他交通用地	铁路、水运及其他对外交通的路段和设施用地
S		道路广场用地	规划范围内的道路、广场、停车场等设施用地
	S1	道路用地	规划范围内宽度等于和大于3.5 m以上的种种道路及交叉口等用地
	S2	广场用地	公共活动广场、停车场用地，不包括各类用地内部的场地
U		公用工程设施用地	各类公用工程和环卫设施用地，包括其建筑物、构筑物及管理、维修设施等用地
	U1	公用工程用地	给水、排水、供电、邮电、供气、供热、殡葬、防灾和能源等工程设施用地
	U2	环卫设施用地	公厕、垃圾站、粪便和垃圾处理设施等用地
G		绿化用地	各类公共绿地、生产防护绿地，不包括各类用地内部的绿地
	G1	公共绿地	面向公众、有一定游憩设施的绿地，如公园、街巷中的绿地、路旁或临水宽度等于和大于5 m的绿地
	G2	生产防护绿地	提供苗木、草皮、花卉的圃地，以及用于安全、卫生、防风等的防护林带和绿地
E		水域和其他用地	规划范围内的水域、农林种植地、牧草地、闲置地和特殊用地
	E1	水域	江河、湖泊、水库、沟渠、池塘、滩涂等水域，不包括公园绿地中的水面
	E2	农林种植地	以生产为目的的农林种植地，如农田、菜地、园地、林地等
	E3	牧草地	生长各种牧草的土地
	E4	闲置地	尚未使用的土地
	E5	特殊用地	军事、外事、保安等设施用地，不包括部队家属生活区、公安消防机构等用地

5.0.1 村民宅基地和居民住宅用地的规模，应根据所在省、自治区、直辖市政府规定的用地面积指标进行确定。

7.0.1.3 三类工业用地应按环境保护的要求进行选址，并严禁在该地段内布置居住建筑。

7.0.1.4 对已造成污染的二类、三类工业，必须治理或调整。

二 用地标准

《城市用地分类与规划建设用地标准》GB 50137—2011(节录)

4.0.1 城市建设用地应包括分类中的居住用地、公共设施用地、工业用地、仓储用地、对外交通用地、道路广场用地、市政公用设施用地、绿地和特殊用地九大类用地,不应包括水域和其他用地。

4.0.2 在计算建设用地标准时,人口计算范围必须与用地计算范围相一致。

4.1.1 规划人均建设用地指标的分级应符合表4.1.1的规定。

表4.1.1 规划人均建设用地指标分级

指标级别	用地指标/(m^2/人)
Ⅰ	60.1~75.0
Ⅱ	75.1~90.0
Ⅲ	90.1~105.0
Ⅳ	105.1~120.0

4.1.3 现有城市的规划人均建设用地指标,应根据现状人均建设用地水平,按表4.1.3的规定确定。所采用的规划人均建设用地指标应同时符合表中指标级别和允许调整幅度双因子的限制要求。调整幅度是指规划人均建设用地比现状人均建设用地增加或减少的数值。

表4.1.3 现有城市规划人均建设用地指标

现状人均建设用地水平/(m^2/人)	允许采用的规划指标		允许调整幅度/(m^2/人)
	指标级别	规划人均建设用地指标/(m^2/人)	
≤60.1	Ⅰ	60.1~75.0	+0.1~+25.0
60.1~75.0	Ⅰ	60.1~75.0	>0
	Ⅱ	75.1~90.0	+0.1~+20.0
75.1~90.0	Ⅱ	75.1~90.0	不限
	Ⅲ	90.1~105.0	+0.1~+15.0
90.1~105.0	Ⅱ	75.1~90.0	-15.0~0
	Ⅲ	90.1~105.0	不限
	Ⅳ	105.0~120.0	+0.1~+15.0
105.1~120.0	Ⅲ	90.1~105.0	-20.0~0
	Ⅳ	105.1~120.0	不限
>120.0	Ⅲ	90.1~105.0	<0
	Ⅳ	105.1~120.0	<0

4.1.5 边远地区和少数民族地区中地多人少的城市，规划人均建设用地指标不得大于150.0 m^2/人。

4.2.1 编制和修订城市总体规划时，居住、工业、道路广场和绿地四大类主要用地的规划人均单项用地指标应符合表4.2.1的规定。

表4.2.1 规划人均单项建设用地指标

类别名称	用地指标/(m^2/人)
居住用地	18~28.0
工业用地	10.0~25.0
道路广场用地	7.0~15.0
绿地	≥9.0
其中：公共绿地	≥7.0

4.3.1 编制和修订城市总体规划时，居住、工业、道路广场和绿地四大类主要用地占建设用地的比例应符合表4.3.1的规定。

表4.3.1 规划建设用地结构

类别名称	占建设用地的比例/%
居住用地	20~32
工业用地	15~25
道路广场用地	8~15
绿地	8~15

《城市居住区规划设计规范》GB 50180—93(2002年版)(节录)

3.0.2.2 居住区内各项用地所占比例的平衡控制指标，应符合表3.0.2的规定。

表3.0.2 居住区用地平衡控制指标 %

用地构成	居住区	小区	组团
1.住宅用地(R01)	45~60	55~65	60~75
2.公建用地(R02)	20~32	18~27	6~18
3.道路用地(R03)	8~15	7~13	5~12
4.公共绿地(R04)	7.5~15	5~12	3~8
居住区用地(R)	100	100	100

3.0.3 人均居住区用地控制指标，应符合表3.0.3规定。

表 3.0.3　人均居住区用地控制指标　m^2/人

居住规模	层数	大城市	中等城市	小城市
居住区	多层	16 ~ 21	16 ~ 22	16 ~ 25
	多层、中高层	14 ~ 18	15 ~ 20	15 ~ 20
	多层、中高层、高层	12.5 ~ 17	13 ~ 17	13 ~ 17
	多层、高层	12.5 ~ 16	13 ~ 16	13 ~ 16
小区	低层	20 ~ 25	20 ~ 25	20 ~ 30
	多层	15 ~ 19	15 ~ 20	15 ~ 22
	多层、中高层	14 ~ 18	14 ~ 20	14 ~ 20
	中高层	13 ~ 14	13 ~ 15	13 ~ 15
	多层、高层	11 ~ 14	12.5 ~ 15	—
	高层	10 ~ 12	10 ~ 13	—
组团	低层	18 ~ 20	20 ~ 23	20 ~ 25
	多层	14 ~ 15	14 ~ 16	14 ~ 20
	多层、中高层	12.5 ~ 15	12.5 ~ 15	12.5 ~ 15
	中高层	12.5 ~ 14	12.5 ~ 14	12.5 ~ 15
	多层、高层	10 ~ 13	10 ~ 13	—
	高层	7 ~ 10	8 ~ 10	—

注：本表各项指标按每户 3.5 人计算。

《村镇规划标准》GB 50188—93（节录）

4.1.3　村镇人均建设用地指标应为规划范围内的建设用地面积除以常住人口数量的平均数值。人口统计应与用地统计的范围相一致。

4.2.1　人均建设用地指标应按表 4.2.1 的规定分为五级。

表 4.2.1　人均建设用地指标分级

级别	一	二	三	四	五
人均建设用地指标/（m^2/人）	>50 ≤60	>60 ≤80	>80 ≤100	>100 ≤120	>120 ≤150

4.2.3　对已有的村镇进行规划时，其人均建设用地指标应以现状建设用地的人均水平为基础，根据人均建设用地指标级别和允许调整幅度确定，并应符合表 4.2.3 的规定。

表 4.2.3　人均建设用地指标

现状人均建设用地水平/（m^2/人）	人均建设用地指标级别	允许调整幅度/（m^2/人）
≤50	一、二	应增 5 ~ 20
50.1 ~ 60	一、二	可增 0 ~ 15

续表

现状人均建设用地水平/(m^2/人)	人均建设用地指标级别	允许调整幅度/(m^2/人)
60.1~80	二、三	可增0~10
80.1~100	二、三、四	可增、减0~10
100.1~120	三、四	可减0~15
120.1~150	四、五	可减0~20
>150	五	应减至150以内

注:允许调整幅度是指规划人均建设用地指标对现状人均建设用地水平的增减数值。

4.2.3.2 地多人少的边远地区的村镇,应根据所在省、自治区政府规定的建设用地指标确定。

第二篇 道路交通规划

一 城市道路系统

《城市道路交通规划设计规范》GB 50220—95(节录)

7.1.1 城市道路系统规划应满足客、货车流和人流的安全与畅通,反映城市风貌、城市历史和文化传统;为地上地下工程管线和其他市政公用设施提供空间,满足城市救灾避难和日照通风的要求。

7.1.4 城市道路用地面积应占城市建设用地面积的8%~15%。对规划人口在200万以上的大城市,宜为15%~20%。

7.1.6 城市道路中各类道路的规划指标应符合表7.1.6-1和表7.1.6-2的规定。

表7.1.6-1 大、中城市道路网规划指标

项目	城市规模与人口/万人		快速路	主干路	次干路	支路
机动车设计速度/(km/h)	大城市	>200	80	60	40	30
		≤200	60~80	40~60	40	30
	中等城市		—	40	40	30
道路网密度/(km/km^2)	大城市	>200	0.4~0.5	0.8~1.2	1.2~1.4	3~4
		≤200	0.3~0.4	0.8~1.2	1.2~1.4	3~4
	中等城市		—	1.0~1.2	1.2~1.4	3~4
道路中机动车车道条数/条	大城市	>200	6~8	6~8	4~6	3~4
		≤200	4~6	4~6	4~6	2
	中等城市		—	4	2~4	2

续表

项　目	城市规模与人口/万人		快速路	主干路	次干路	支 路
道路宽度/m	大城市	>200	40～45	45～55	40～50	15～30
		≤200	35～40	40～50	30～45	15～20
	中等城市		—	35～45	30～40	15～20

表 7.1.6－2　小城市道路网规划指标

项　目	城市人口/万人	干路	支路
机动车设计速度/(km/h)	>5	40	20
	1～5	40	20
	<1	40	20
道路网密度/(km/km^2)	>5	3～4	3～5
	1～5	4～5	4～6
	<1	5～6	6～8
道路中机动车车道条数/条	>5	2～4	2
	1～5	2～4	2
	<1	2～4	2
道路宽度/m	>5	25～35	12～15
	1～5	25～35	12～15
	<1	25～30	12～15

7.2.5　城市主要出入口每个方向应有两条对外放射的道路。七度抗震设防的城市每个方向应有不少于两条对外放射的道路。

7.2.9　当旧城道路网改造时，在满足道路交通的情况下，应兼顾旧城的历史文化、地方特色和原有道路网形成的历史，对有历史文化价值的街道应适当加以保护。

7.2.12　道路网节点上相交道路的条数宜为4条，并不得超过5条。道路宜垂直相交，最小夹角不得小于45°。

7.3.1　快速路规划应符合下列要求。

7.3.1.1　规划人口在200万以上的大城市和长度超过30 km的带形城市应设置快速路。快速路应与其他干路构成系统，与城市对外公路有便捷的联系。

7.3.1.2　快速路上的机动车道两侧不应设置非机动车道。机动车道应设置中央隔离带。

7.3.1.3　与快速路交汇的道路数量应严格控制。相交道路的交叉口形式应符合表7.3.1－1的规定。

表 7.3.1－1　大、中城市道路交叉口的形式

相交道路	快速路	主干路	次干路	支路
快速路	A	A	A,B	—
主干道		A,B	B,C	B,D

续表

相交道路	快速路	主干路	次干路	支路
次干路			C,D	C,D
支路				D,E

注:A 为立体交叉口,B 为展宽式信号灯管理平面交叉口,C 为平面环形交叉口,D 为信号灯管理平面交叉口,E 为不设信号灯的平面交叉口。

7.3.1.4 快速路两侧不应设置公共建筑出入口。快速路穿过人流集中的地区,应设置人行天桥或地道。

7.3.5 城市道路规划,应与城市防灾规划相结合,并应符合下列规定。

7.3.5.1 抗震设防的城市,应保证震后城市道路和对外公路的交通畅通,并应符合下列需求:①干路两侧的高层建筑应由道路红线向后退 10~15 m;②应结合道路两侧的绿地,划定疏散避难用地。

7.3.5.2 山区或湖区定期受洪水侵害的城市,应设置通向高地的防灾疏散道路,并适当增加疏散方向的道路网密度。

二 村镇道路系统

《村镇规划标准》GB 50188—93(节录)

8.1.2.2 村镇道路规划的技术指标应符合表 8.1.2 的规定。

表 8.1.2 村镇道路规划技术指标

规划技术指标	村镇道路级别			
	一	二	三	四
计算行车速度/(km/h)	40	30	20	—
道路红线宽度/m	24~32	16~24	10~14	—
车行道宽度/m	14~20	10~14	6~7	3.5
每侧人行道宽度/m	4~6	3~5	0~2	0
道路间距/m	≥500	250~500	120~300	60~150

注:表中一、二、三级道路用地按红线宽度计算,四级道路按车行道宽度计算。

8.1.4.1 连接工厂、仓库、车站、码头、货场等的道路,不应穿越集镇的中心地段。

8.1.5 汽车专用公路,一般公路中的二、三级公路,不应从村镇内部穿过;对于已在公路两侧形成的村镇,应进行调整。

三 城市道路交通

《城市道路交通规划设计规范》GB 50220—95(节录)

3.3.1 公共交通的站距应符合表3.3.1的规定。

表3.3.1 公共交通站距

公共交通方式	市区线/m	郊区线/m
公共汽车与电车	500～800	800～1 000
公共汽车大站快车	1 500～2 000	1 500～2 500
中运量快速轨道交通	800～1 000	1 000～1 500
大运量快速轨道交通	1 000～1 200	1 500～2 000

3.3.2 公共交通车站服务面积,以300 m半径计算,不得小于城市用地面积的50%;以500 m半径计算,不得小于90%。

3.3.4 公共交通车站的设置应符合下列规定。

3.3.4.1 在路段上,同向换乘距离不应大于50 m,异向换乘距离不应大于100 m;对置设站,应在车辆前进方向迎面错开30 m。

3.3.4.2 在道路平面交叉口和立体交叉口上设置的车站,换乘距离不得大于200 m。

3.3.4.3 长途客运汽车站、火车站、客运码头主要出入口50 m范围内应设公共交通车站。

3.3.5 快速轨道交通车站和轮渡站应设自行车存车换乘停车场(库)。

5.1.3 步行交通设施应符合无障碍交通的要求。

5.2.3 人行道宽度应按人行带的倍数计算,最小宽度不得小于1.5 m。人行带的宽度和通行能力应符合表5.2.3的规定。

表5.2.3 人行带宽度和最大通行能力

所在地点	宽度/m	最大通行能力/(人/h)
城市道路上	0.75	1 800
车站码头、人行天桥和地道	0.90	1 400

5.3.1 商业步行区的紧急安全疏散出口间隔距离不得大于160 m。

5.3.2 商业步行区的道路应满足送货车、清扫车和消防车通行的要求。

5.3.5 商业步行区附近应有相应规模的机动车和非机动车停车场或多层停车库,其距步行街进出口的距离不得大于200 m。

6.4.2 当城市道路上高峰小时货运交通量大于600辆标准货车,或每天货运交通量大于5 000辆标准货车时,应设置货运专用车道。

《城市居住区规划设计规范》GB 50180—93(2002 年版)(节录)

8.0.1.4　小区内应避免过境车辆的穿行。

四　居住区道路交通

《城市居住区规划设计规范》GB 50180—93(2002 年版)(节录)

8.0.5　居住区内道路设置,应符合下列规定。

8.0.5.1　小区内主要道路至少应有两个出入口;居住区内主要道路至少应有两个方向与外围道路相连;机动车道对外出入口数应控制,其出入口间距不应小于 150 m。沿街建筑物长度超过 160 m 时,应设不小于 4 m×4 m 的消防车通道。当建筑物长度超过 80 m 时,应在底层加设人行通道。

8.0.5.4　在居住区内公共活动中心,应设置为残疾人通行的无障碍通道。通行轮椅车的坡道宽度不应小于 2.5 m,纵坡不应大于 2.5%。

8.0.5.6　当居住区内用地坡度大于 8%时,应辅以梯步解决竖向交通。

8.0.5.8　居住区内道路边缘至建筑物、构筑物的最小距离,应符合表 8.0.5 规定。

表 8.0.5　道路边缘至建、构筑物的最小距离　m

道路级别 与建、构筑物关系		居住区道路	小区路	组团路及宅间小路
建筑物面向道路	无出入口	高层 5	3	2
		多层 3	3	2
	有出入口	—	5	2.5
建筑物山墙面向道路		高层 4	2	1.5
		多层 2	2	1.5
围墙面向道路		1.5	1.5	1.5

注:居住区道路的边缘指红线,小区路、组团路及宅间小路的边缘指路面边线。当小区路设有人行便道时,其道路边缘指便道边线。

五　道路交通设施

《城市道路交通规划设计规范》GB 50220—95(节录)

8.1.8　机动车公共停车场出入口的设置应符合下列规定。

8.1.8.1　出入口应符合行车视距的要求,并应右转出入车道。

8.1.8.2　出入口应距离交叉口、桥隧坡道起止线 50 m 以远。

8.1.9　自行车公共停车场应符合下列规定。

8.1.9.2　500 个车位以上的停车场,出入口数不得少于两个。

8.1.9.3　1 500 个车位以上的停车场,应分组设置,每组应设 500 个停车位,并应各设有一对出入口。

8.1.9.4 大型体育设施和大型文娱设施的机动车停车场和自行车停车场应分组布置。其停车场出口的机动车和自行车的流线不应交叉，并应与城市道路顺向衔接。

8.2.2 城市公共加油站应大、中、小相结合，以小型站为主，其用地面积应符合表8.2.2的规定。

表8.2.2 公共加油站的用地面积

昼夜加油的车次数	300	500	800	1 000
用地面积/万 m^2	0.12	0.18	0.25	0.30

8.2.5 附设机械化洗车的加油站，应增加用地面积160～200 m^2。

第三篇 住宅建筑、公共服务设施和绿化规划

一 住宅日照

《城市居住区规划设计规范》GB 50180—93(2002年版)(节录)

5.0.2 住宅间距，应以满足日照要求为基础，综合考虑采光、通风、消防、防震、管线埋设、避免视线干扰等要求确定。

5.0.2.1 住宅日照标准应符合表5.0.2-1规定。

表5.0.2-1 住宅建筑日照标准

<table>
<tr><td rowspan="2">建筑气候区划</td><td colspan="2">Ⅰ、Ⅱ、Ⅲ、Ⅶ气候区</td><td colspan="2">Ⅳ气候区</td><td rowspan="2">Ⅴ、Ⅵ气候区</td></tr>
<tr><td>大城市</td><td>中小城市</td><td>大城市</td><td>中小城市</td></tr>
<tr><td>日照标准日</td><td colspan="3">大寒日</td><td colspan="2">冬至日</td></tr>
<tr><td>日照时数/h</td><td>≥2</td><td colspan="2">≥3</td><td colspan="2">≥1</td></tr>
<tr><td>有效日照时间带/h</td><td colspan="3">8～16</td><td colspan="2">9～15</td></tr>
<tr><td>计算起点</td><td colspan="5">底层窗台面</td></tr>
</table>

注：建筑气候区划应符合本书第二部分供热工程规划中所附的中国建筑气候区划图(P395)的规定。

5.0.2.2 住宅正面间距，应按日照标准确定的不同方位的日照间距系数控制，也可采用表5.0.2-2不同方位间距折减系数换算。

表 5.0.2-2 不同方位间距折减系数

方位	0°~15°	15°~30°	30°~45°	45°~60°	>60°
折减系数	1.0 *L*	0.9 *L*	0.8 *L*	0.9 *L*	0.95 *L*

注:1. 表中方位为正南向(0°)偏东、偏西的方位角。

2. *L* 为当地正南向住宅的标准日照间距(m)。

《村镇规划标准》GB 50188—93(节录)

5.0.4.1 村镇居住建筑的布置应符合所在省、自治区、直辖市政府规定的居住建筑的朝向和日照间距系数。

二 住宅层数和密度

《城市居住区规划设计规范》GB 50180—93(2002 年版)(节录)

5.0.5.2 无电梯住宅不应超过六层。

5.0.6 住宅净密度,应符合下列规定。

5.0.6.1 住宅建筑净密度的最大值,不得超过表 5.0.6—1 规定。

表 5.0.6-1 住宅建筑净密度的最大值控制指标 %

住宅层数	建筑气候区划		
	Ⅰ、Ⅱ、Ⅵ、Ⅶ	Ⅲ、Ⅴ	Ⅳ
低 层	35	40	43
多 层	28	30	32
中高层	25	28	30
高 层	20	20	22

注:混合层取两者的指标值作为控制指标的上、下限值。

5.0.6.2 住宅面积净密度的最大值,应符合表 5.0.6-2 规定。

表 5.0.6-2 住宅面积净密度的最大值控制指标 万 m^2/hm^2

住宅层数	建筑气候区划		
	Ⅰ、Ⅱ、Ⅵ、Ⅶ	Ⅲ、Ⅴ	Ⅳ
低 层	1.10	1.20	1.30
多 层	1.70	1.80	1.90
中高层	2.00	2.20	2.40
高 层	3.50	3.50	3.50

注:1. 混合层取两者的指标值作为控制指标的上、下限值。

2. 本表不计入地下层面积。

三 居住区公共服务设施

《城市居住区规划设计规范》GB 50180—93(2002 年版)(节录)

1.0.3 居住区人口规模应符合表 1.0.3 的规定。

表 1.0.3 居住区分级控制规模

	居住区	小区	组团
户数/户	10 000~15 000	2 000~4 000	300~700
人口/人	30 000~50 000	70 000~15 000	1 000~3 000

6.0.3 居住区配建指标,应以表 6.0.3 规定的千人总指标和分类指标控制。

表 6.0.3 公共服务设施控制指标

m^2/千人

类别 \ 居住规模		居住区		小区		组团	
		建筑面积	用地面积	建筑面积	用地面积	建筑面积	用地面积
总指标		1 065~2 700 (2 165~3 620)	2 065~4 680 (2 655~5 450)	1 176~2 102 (1 546~2 682)	1 282~3 334 (1 682~4 084)	363~854 (704~1 354)	502~1 070 (882~1 590)
其中	教育	600~1 200	1 000~2 400	600~1 200	1 000~2 400	160~400	300~500
	医疗卫生(含医院)	60~80 (160~280)	100~190 (260~360)	20~80	40~190	6~20	12~40
	文体	100~200	200~600	20~30	40~60	18~24	40~60
	商业服务	700~910	600~940	450~570	100~600	150~370	100~400
	金融邮电(含银行、邮电局)	20~30 (60~80)	25~50	16~22	22~34	—	—
	市政公用(含自行车存车处)	40~130 (460~800)	70~300 (500~900)	30~120 (400~700)	50~80 (450~700)	9~10 (350~510)	20~30 (400~550)
	行政管理	85~150	70~200	40~80	30~100	20~30	30~40
	其 他	—	—	—	—	—	—

注:1. 居住区级指标含小区和组团级指标,小区级含组团级指标。
2. 公共服务设施总用地的控制指标应符合表 6.0.3 规定。
3. 总指标未含其他类,使用时应根据规划设计要求确定本类面积指标。
4. 小区医疗卫生类未含门诊所。
5. 市政公用类未含锅炉房,在采暖地区应自行确定。

6.0.5 居住区内公共活动中心、集贸市场和人流较多的公共建筑,必须相应配建公共停车场(库)。配建公共停车场(库)的停车位控制指标,应符合表 6.0.5 规定。

表 6.0.5 配建公共停车场(库)停车位控制指标

名 称	单 位	自行车	机动车
公共中心	车位/100 m^2 建筑面积	7.5	0.3
商业中心	车位/100 m^2 营业面积	7.5	0.3
集贸、市场	车位/100 m^2 营业面积	7.5	—
饮食店	车位/100 m^2 营业面积	3.6	1.7
医院门诊所	车位/100 m^2 建筑面积	1.5	0.2

注:1. 本表机动车停车位以小型汽车为标准当量表示。

2. 其他各型车辆停车位的换算办法,应符合本规范第 11 章中有关规定。

四 村镇公共服务设施

《村镇规划标准》GB 50188—93(节录)

2.1.2 村镇规划规模分级应按其不同层次及规划常住人口数量分别划分为大、中、小型三级,并应符合表 2.1.2 的规定。

表 2.1.2 村镇规划规模分级

村镇层次 / 常住人口数量/人 / 规模分级	村庄		集镇	
	基层村	中心村	一般镇	中心镇
大 型	>300	>1 000	>3 000	>1 0000
中 型	100 ~ 300	300 ~ 1 000	1 000 ~ 3 000	3 000 ~ 10 000
小 型	<100	<300	<1 000	<3 000

6.0.1 公共建筑项目的配置应符合表 6.0.1 的规定。

表 6.0.1 村镇公共建筑项目配置

类别	项目	中心镇	一般镇	中心村	基层村
一、行政管理	1. 人民政府、派出所	●	●	—	—
	2. 法庭	○	—	—	—
	3. 建设、土地管理机构	●	●	—	—
	4. 农、林、水、电管理机构	●	●	—	—
	5. 工商、税务所	●	●	—	—
	6. 粮管所	●	●	—	—
	7. 交通监理站	●	—	—	—
	8. 居委会、村委会	●	●	●	—

续表

类别	项目	中心镇	一般镇	中心村	基层村
二、教育机构	9. 专科院校	○	—		—
	10. 高级中学、职业中学	●	○		—
	11. 初级中学	●	●		—
	12. 小学	●	●	●	—
	13. 幼儿园、托儿所	●	●	●	○
三、文体科技	14. 文化站(室)、青少年之家	●	●	○	○
	15. 影剧院	●	○	—	—
	16. 灯光球场	●	●	—	—
	17. 体育场	●	○	—	—
	18. 科技站	●	○	—	—
四、医疗保健	19. 中心卫生院	●	—	—	—
	20. 卫生院(所、室)	—	●	○	○
	21. 防疫、保健站	●	○	—	—
	22. 计划生育指导站	●	●	○	—
五、商业金融	23. 百货站	●	●	○	○
	24. 食品店	●	●	○	—
	25. 生产资料、建材、日杂店	●	●	—	—
	26. 粮店	●	●	—	—
	27. 煤店	●	●	—	—
	28. 药店	●	●	—	—
	29. 书店	●	●	—	—
	30. 银行、信用社、保险机构	●	●	○	—
	31. 饭店、饮食店、小吃店	●	●	○	○
	32. 旅馆、招待所	●	●	—	—
	33. 理发、浴室、洗染店	●	●	○	—
	34. 照相馆	●	●	—	—
	35. 综合修理、加工、收购店	●	●	○	—
	36. 粮油、土特产市场	●	●	—	—
	37. 蔬菜、副食市场	●	●	○	—
	38. 百货市场	●	●	—	—
	39. 燃料、建材、生产资料市场	●	○	—	—
	40. 畜禽、水产市场	●	○	—	—

注:表中●表示应设的项目;○表示可设的项目。

6.0.2 各类公共建筑的用地面积指标应符合表 6.0.2 的规定。

表 6.0.2 各类公共建筑人均用地面积指标

村镇层次	规划规模分级	各类公共建筑人均用地面积指标/(m^2/人)				
		行政管理	教育机构	文体科技	医疗保健	商业金融
中心镇	大型	0.3~1.5	2.5~10.0	0.8~6.5	0.3~1.3	1.6~4.6
	中型	0.4~2.0	3.1~12.0	0.9~5.3	0.3~1.6	1.8~5.5
	小型	0.5~2.2	4.3~14.0	1.0~4.2	0.3~1.9	2.0~6.4
一般镇	大型	0.2~1.9	3.0~9.0	0.7~4.1	0.3~1.2	0.8~4.4
	中型	0.3~2.2	3.2~10.0	0.9~3.7	0.3~1.5	0.9~4.6
	小型	0.4~2.5	3.4~11.0	1.1~3.3	0.3~1.8	1.0~4.8
中心村	大型	0.1~0.4	1.5~5.0	0.3~1.6	0.1~0.3	0.2~0.6
	中型	0.12~0.5	2.6~6.0	0.3~2.0	0.1~0.3	0.2~0.6

注:集贸设施的用地面积应按赶集人数、经营品类计算。

6.0.4 学校用地应设在阳光充足、环境安静的地段,距离铁路干线应大于 300 m,主要入口不应开向公路。

五 道路绿化

《城市道路绿化规划与设计规范》GJJ 75—97(节录)

3.1.2 城市道路绿地率应符合下列规定。

3.1.2.1 园林景观路绿地率不得小于 40%。

3.1.2.2 红线宽度大于 50 m 的道路绿地率不得小于 30%。

3.1.2.3 红线宽度在 40~50 m 的道路绿地率不得小于 25%。

3.1.2.4 红线宽度小于 40 m 的道路绿地率不得小于 20%。

3.2.1.1 道路绿地布局中,种植乔木的分车绿带宽度不得小于 1.5 m,主干路上的分车绿带宽度不宜小于 2.5 m,行道树绿带宽度不得小于 1.5 m。

5.1.2 中心岛绿地应保持各路口之间的行车视线通透。

5.2.2 公共活动广场周边宜种植高大乔木。集中成片绿地不应小于广场总面积的 25%。

5.2.3 车站、码头、机场的集散广场绿化应选择具有地方特色的树种。集中成片绿地不应小于广场总面积的 10%。

5.3.2 停车场种植的庇荫乔木树枝下高度应符合停车位净高度的规定:小型汽车为 2.5 m,中型汽车为 3.5 m,载货汽车为 4.5 m。

6.1.1 在分车绿带和行道树绿带上方必须设置架空线时,应保证架空线下有不小于 9 m 的树木生长空间。架空线下配置的乔木应选择开放形树冠或耐修剪的树种。

6.1.2 树木与架空电力线路导线的最小垂直距离应符合表 6.1.2 的规定。

表 6.1.2 树木与架空电力线路导线的最小垂直距离

电压/kV	1~10	35~110	154~220	330
最小垂直距离/m	1.5	3.0	3.5	4.5

6.2.1 行道树绿带下方不得敷设管线。

6.3.1 树木与其他设施的最小水平距离应符合表 6.3.1 的规定。

表 6.3.1 树木与其他设施最小水平距离

设施名称	至乔木中心距离/m	至灌木中心距离/m
低于 2 m 的围墙	1.0	—
挡土墙	1.0	—
路灯杆柱	2.0	—
电力、电信杆柱	1.5	—
消防龙头	1.5	2.0
测量水准点	2.0	2.0

六 居住区绿化

《城市居住区规划设计规范》GB 50180—93(2002 年版)(节录)

7.0.1 居住区内绿地，应包括公共绿地、宅旁绿地、配套公建所属绿地和道路绿地等。

7.0.2.3 绿地率：新区建设不应低于 30%，旧区不应低于 25%。

7.0.4.1 中心公共绿地的设置应符合下列规定。

(5)组团绿地的设置应满足有不少于 1/3 的绿地面积在标准的建筑日照阴影线范围之外的要求，并便于设置儿童游戏设施和适于成人游憩活动。

7.0.5 居住区内公共绿地的总指标，应根据居住人口规模分别达到：组团不少于 0.5 m^2/人，小区(含组团)不少于 1 m^2/人，居住区(含小区与组团)不少于 1.5 m^2/人，并应根据居住区规划组织结构类型统一安排、灵活使用。

旧区改造可酌情降低，但不得低于相应指标的 50%。

第四篇 工程规划

一 城市给水工程规划

《城市给水工程规划规范》GB 50282—98(节录)

2.1.2 城市水资源和城市用水量之间应保持平衡，以确保城市可持续发展。在几个城市共享用一水源或水源在城市规划区以外时，应进行市域或区域、流域范围的水资源供需平衡分析。

2.2.7 自备水源供水的工矿企业和公共设施的用水量应纳入城市用水量中，由城市给水工程进行统一规划。

5.0.2 选用地表水为城市给水水源时，城市给水水源的枯水流量保证率应根据城市性质和规模确定，可采用90%～97%。建制镇给水水源的枯水流量保证率应符合现行国家标准《村镇规划标准》(GB 50188)的有关规定。当水源的枯水流量不能满足上述要求时，应采取多水源调节或调蓄等措施。

6.2.1 给水系统中的工程设施不应设置在易发生滑坡、泥石流、塌陷等不良地质地区及洪水淹没和内涝低洼地区。地表水取水构筑物应设置在河岸及河床稳定的地段。工程设施的防洪及排涝等级不应低于所在城市设防的相应等级。

6.2.2 规划长距离输水管线时，输水管不宜少于两根。当其中一根发生事故时，另一根管线的事故给水量不应小于正常给水量的70%。当城市为多水源给水或具备应急水渠、安全水池等条件时，亦可采用单管输水。

6.2.3 市区的配水管网应布置成环状。

6.2.4 给水系统主要工程设施供电等级应为一级负荷。

7.0.2 选用地表水为水源时，水源地应位于水体功能区划规定的取水段或水质符合相应标准的河段。饮用水水源地应位于城镇和工业区的上游。饮用水水源地一级保护区应符合现行国家标准《地面水环境质量标准》(GB 3838)中规定的Ⅱ类标准。

7.0.3 选用地下水水源时，水源地应设在不易受污染的富水地段。

8.0.6 水厂用地应按规划期给水规模确定，用地控制指标应按表8.0.6采用。水厂厂区周围应设置宽度不小于10 m的绿化地带。

表8.0.6 水厂用地控制指标

建设规模/(万 m^3/d)	地表水水厂/($m^2 \cdot d/m^3$)	地下水水厂/($m^2 \cdot d/m^3$)
5～10	0.7～0.50	0.40～0.30
10～30	0.50～0.30	0.30～0.20
30～50	0.30～0.10	0.20～0.08

注：1. 建设规模大的取下限，建设规模小的取上限。

2. 地表水水厂建设用地按常规处理工艺进行，厂内设置预处理或深度处理构筑物以及污泥处理设施时，可根据需要增加用地。

3. 地下水水厂建设用地按消毒工艺进行，厂内设置特殊水质处理工艺时，可根据需要增加用地。

4. 本表指标未包括厂区周围绿化带用地。

9.0.1 城市应采用管道或暗渠输送原水。当采用明渠时，应采取保护水质和防止水量流失的措施。

9.0.5 当配水系统中需设置加压泵站时，其用地控制指标应按表9.0.5采用。泵站周围应设置宽度不小于10 m的绿化带。

表 9.0.5 泵站用地控制指标

建设规模/(万 m^3/d)	用地指标/($m^2 \cdot d/m^3$)
5~10	0.25~0.20
10~30	0.20~0.10
30~50	0.10~0.03

注:1. 建设规模大的取下限,建设规模小的取上限。

2. 加压泵站设在大容量的调节水池时,可根据需要增加用地。

3. 本表指标未包括站区周围绿化带用地。

二 村镇给水工程规划

《村镇规划标准》GB 50188—93(节录)

9.1.4.4 选择地下水作为给水水源时,不得超量开采;选择地表水作为给水水源时,其枯水期的保证率不得低于90%。

三 城市电力工程规划

《城市电力规划规范》GB 50293—1999(节录)

7.5.2 城市架空电力线路的路径选择,应符合下列规定。

7.5.2.1 应根据城市地形、地貌特点和城市道路网规划,沿道路、河渠、绿化带架设。路径做到短捷、顺直,减少同道路、河流、铁路等的交叉,避免跨越建筑物;对架空电力线路跨越或接近建筑物的安全距离,应符合本规范附录B.0.1和附录B.0.2的规定。

B.0.1 在导线最大计算弧垂情况下,1~330 kV架空电力线路导线与建筑物之间垂直距离不应小于附表B.0.1的规定值。

附表 B.0.1 1~330 kV 架空电力线路导线与建筑物之间的垂直距离

(在导线最大计算弧垂情况下)

线路电压/kV	1~10	35	66~110	220	330
垂直距离/m	3.0	4.0	5.0	6.0	7.0

B.0.2 城市架空电力线路边导线与建筑物之间,在最大计算风偏情况下的安全距离不应小于附表B.0.2的规定值。

附表 B.0.2 架空电力线路导线与建筑物之间安全距离
(在最大计算风偏情况下)

线路电压/kV	<1	1~10	35	66~110	220	330
垂直距离/m	1.0	1.5	3.0	4.0	5.0	6.0

7.5.2.2 35 kV 及以上高压架空电力线路应规划专用通道,并应加以保护。

7.5.2.3 规划新建的66 kV 及以上高压架空电力线路,不应穿越市中心地区或重要风景旅游区。

7.5.2.5 应满足防洪、抗震要求。

7.5.3.1 市区内35 kV 及以上高压架空电力线路的新建和改造,为满足线路导线对地面和树木间的垂直距离,杆塔应适当增加高度、缩小档距,在计算导线最大孤垂情况下,架空电力线路导线与地面、街道行道树之间最小垂直距离,应符合本规范附录 C.0.1 和附录 C.0.2的规定。

C.0.1 在最大计算弧垂情况下,架空电力线路导线与地面的最小垂直距离符合附表 C.0.1 的规定。

附表 C.0.1 架空电力线路导线与地面最小垂直距离
(在最大计算导线弧垂情况下)

m

线路经过地区	线路电压/kV				
	<1	1~10	35~110	220	330
居民区	6.0	6.5	7.5	8.5	14.0
非居民区	5.0	5.0	6.0	6.5	7.5
交通困难地区	4.0	4.5	5.0	5.5	6.5

注:1. 居民区:指工业企业地区、港口、码头、火车站、城镇、集镇等人口密集地区。

2. 非居民区:指居民区以外的地区,虽然时常有人、车辆或农业机械到达,但房屋稀少的地区。

3. 交通困难地区:指车辆、农业机械不能到达的地区。

C.0.2 架空电力线路与街道行道树(考虑自然生长高度)之间最小垂直距离应符合附表 C.0.2 的规定。

附表 C.0.2 架空电力线路导线与街道行道树之间最小垂直距离
(考虑树木自然生长高度)

线路电压/kV	<1	1~10	35~110	220	330
最小垂直距离/m	1.0	1.5	3.0	3.5	4.5

7.5.5.2 市区内单杆单回水平排列或单杆多回垂直排列的35~500 kV 高压架空电力线路的规划走廊宽度,应根据所在城市的地理位置、地形、地貌、水文、地质、气象等条件及当地用地条件,结合表7.5.5 的规定,合理选定。

表 7.5.5 市区 35～500 kV 高压架空电力线路规划走廊宽度
(单杆单回水平排列或单杆多回垂直排列)

线路电压等级/kV	高压线走廊宽度/m	线路电压等级/kV	高压线走廊宽度/m
500	60～75	66、110	15～25
330	35～45	35	12～20
220	30～40		

7.5.6 市区内规划新建的 35 kV 以上电力线路,在下列情况下,应采用地下电缆。

7.5.6.1 在市中心地区、高层建筑群区、市区主干道、繁华街道等。

7.5.6.2 重要风景旅游景区和对架空裸导线有严重腐蚀性的地区。

7.5.9.2 直埋电力电缆之间及直埋电力电缆与控制电缆、通信电缆、地下管沟、道路、建筑物、构筑物、树木等之间的安全距离,不应小于附表 D 的规定。

附表 D 直埋电力电缆之间及直埋电力电缆与控制电缆、通信电缆、地下管沟道路、建筑物、构筑物、树木之间安全距离

项目	安全距离/m	
	平行	交叉
建筑物、构筑物基础	0.50	—
电杆基础	0.60	—
乔木主干	1.50	—
灌木丛	0.50	—
10 kV 以上电力电缆间以及 10 kV 及以下电力电缆与控制电缆间	0.25(0.10)	0.50(0.25)
通信电缆	0.50(0.10)	0.50(0.25)
热力管沟	2.00	(0.50)
水管、压缩空气管	1.00(0.25)	0.50(0.25)
可燃气体及易燃液体管道	1.00	0.50(0.25)
铁路(平行时与轨道,交叉时与轨底,电气化铁路除外)	3.00	1.00
道路(平行时与侧石,交叉时与路面)	1.50	1.00
排水明沟(平行与沟边,交叉时与沟底)	1.00	0.50

注:1. 表中所列安全距离,应自各种设施(包括防护外层)的外缘算起。
2. 路灯电缆与道路灌木丛平行距离不限。
3. 表中括号内数字,是指局部地段电缆穿管、加隔板保护或加隔热层保护后允许的最小安全距离。
4. 电缆与水管、压缩空气管平行,电缆与管道标高差不大于 0.5 m 时,平行安全距离可减小至 0.5 m。

四 村镇电力、电信规划

《村镇规划标准》GB 50188—93(节录)

9.3.7 重要公用设施、医疗单位或用电大户应单独设置变压设备或供电电源。

9.4.6.1 电信线路布置应避开易受洪水淹没、河岸塌陷、土坡塌方以及有严重污染等地区。

五 管线综合规划

《城市工程管线综合规划规范》GB 50289—98(节录)

2.1.2 工程管线的平面位置和竖向位置均应采用城市统一的坐标系统和高程系统。

2.1.3.3 平原城市工程管线综合规划应结合城市地形的特点合理布置工程管线位置,并应避开滑坡危险地带和洪峰口。

2.2.1 严寒或寒冷地区给水、排水、燃气等工程管线应根据土壤冰冻深度确定管线覆土深度;热力、电信、电力电缆等工程管线以及严寒或寒冷地区以外的地区的工程管线应根据土壤性质和地表承受荷载的大小确定管线的覆土深度。

工程管线的最小覆土深度应符合表2.2.1的规定。

表2.2.1 工程管线的最小覆土深度

<table>
<tr><th colspan="2">序号</th><th colspan="2">1</th><th colspan="2">2</th><th colspan="2">3</th><th>4</th><th>5</th><th>6</th><th>7</th></tr>
<tr><th colspan="2" rowspan="2">管线名称</th><th colspan="2">电力管线</th><th colspan="2">电信管线</th><th colspan="2">热力管线</th><th rowspan="2">燃气管线</th><th rowspan="2">给水管线</th><th rowspan="2">雨水排水管线</th><th rowspan="2">污水排水管线</th></tr>
<tr><th>直埋</th><th>管沟</th><th>直埋</th><th>管沟</th><th>直埋</th><th>管沟</th></tr>
<tr><td rowspan="2">最小覆土深度/m</td><td>人行道下</td><td>0.50</td><td>0.40</td><td>0.70</td><td>0.40</td><td>0.50</td><td>0.20</td><td>0.60</td><td>0.60</td><td>0.60</td><td>0.60</td></tr>
<tr><td>车行道下</td><td>0.70</td><td>0.50</td><td>0.80</td><td>0.70</td><td>0.70</td><td>0.20</td><td>0.80</td><td>0.70</td><td>0.70</td><td>0.70</td></tr>
</table>

注:10 kV以上直埋电力电缆管线的覆土深度不应小于1.0 m。

2.2.8 河底敷设的工程管线应选择在稳定河段,埋设深度应按不妨碍河道的整治和管线安全的原则确定。当在河道下面敷设工程管线时应符合下列规定。

2.2.8.1 在一至五级航道下面敷设,应在航道底设计高程2 m以下。

2.2.8.2 在其他河道下面敷设,应在河底设计高程1 m以下。

2.2.8.3 当在灌溉渠道下面敷设,应在渠底设计高程0.5 m以下。

2.2.9 工程管线之间及其与建(构)筑物之间的最小水平净距应符合表2.2.9的规定。

表 2.2.9　工程管线的最小覆土深度　m

序号	管线名称	1	2		3	4					5		6	
		建筑物	给水管		污水雨水排水管	燃气管					热力管		电力电缆	
			$d\leqslant$200 mm	$d>$200 mm		低压	中压		高压		直埋	地沟	直埋	缆沟
							B	A	B	A				
1	建筑物		1.0	3.0	2.5	0.7	1.5	2.0	4.0	6.0	2.5	0.5	0.5	
2	给水管 $d\leqslant$200 mm	1.0			1.0	0.5			1.0	1.5	1.5		0.5	
	给水管 $d>$200 mm	3.0			1.5									
3	污水、雨水排水管	2.5	1.0	1.5		1.0	1.2		1.5	2.0	1.5		0.5	
4	燃气管 低压 $p\leqslant$0.05 MPa	0.7	0.5		1.0	$DN\leqslant$300 mm 0.4 $DN>$300 mm 0.5					1.0		0.5	
	燃气管 中压 0.005 MPa<$p\leqslant$0.02 MPa	1.5			1.2						1.0	1.5		
	燃气管 中压 0.2 MPa<$p\leqslant$0.4 MPa	2.0	1.0		1.5									
	燃气管 高压 0.4 MPa<$p\leqslant$0.8 MPa	4.0	1.5		2.0						1.5	2.0	1.0	
	燃气管 高压 0.8 MPa<$p\leqslant$1.6 MPa	6.0									2.0	4.0	1.5	
5	热力管 直埋	2.5	1.5		1.5	1.0	1.0		1.5	2.0			2.0	
	热力管 地沟	0.5					1.5		2.0	4.0				
6	电力电缆 直埋	0.5	0.5		0.5	0.5	0.5		1.0	1.5	2.0			
	电力电缆 缆沟													
7	电信电缆 直埋	1.0	1.0		1.0	0.5			1.0	1.5	1.0		0.5	
	电信电缆 管道	1.5				1.0								
8	乔木(中心)	3.0	1.5		1.5	1.2					1.5		1.0	
9	灌　木	1.5												
10	地上杆柱 通信照明及<10 kV		0.5		0.5	1.0					1.0		0.6	
	地上杆柱 高压铁塔基础边 $\leqslant$35 kV		3.0		1.5	1.0					2.0			
	地上杆柱 高压铁塔基础边 $>$35 kV					5.0					3.0			
11	道路侧石边缘		1.5		1.5	1.5			2.5		1.5		1.5	
12	铁路钢轨(或坡脚)	6.0	5.0								1.0		3.0	

续表

序号	管线名称			7 电信电缆 直埋	7 电信电缆 管道	8 乔木	9 灌木	10 地上杆桩 通信照明及<10 kV	10 地上杆桩 高压铁塔基础边 ≤35 kV	10 地上杆桩 高压铁塔基础边 >35 kV	11 道路侧石边缘	12 铁路钢轨（或坡脚）
1	建筑物			1.0	1.5	3.0	1.5	*				6.0
2	给水管	d≤200 mm		1.0		1.5		0.5	3.0		1.5	
		d>200 mm										
3	污水、雨水排水管			1.0		1.5		0.5	1.5		1.5	
4	燃气管	低压	p≤0.05 MPa	0.5	1.0	1.2		1.0	1.0	5.0	1.5	5.0
		中压	0.005 MPa<p≤0.2 MPa									
			0.2 MPa<p≤0.4 MPa									
		高压	0.4 MPa<p≤0.8 MPa	1.0							2.5	
			0.8 MPa<p≤1.6 MPa	1.5								
5	热力管	直埋		1.0		1.5		1.0	2.0	3.0	1.5	1.0
		地沟										
6	电力电缆	直埋		0.5		1.0			0.6		1.5	3.0
		地沟										
7	电信电缆	直埋		0.5		1.0	1.0	0.5	0.5		1.5	2.0
		管道				1.5						
8	乔木（中心）			1.0	1.5			1.5			0.5	
9	灌木			1.0								
10	地上杆柱	通信照明及<10 kV		0.5		1.5					0.5	
		高压铁塔基础边	≤35 kV	0.6								
			>35 kV									
11	道路侧石边缘			1.5		0.5			0.5			
12	铁路钢轨（或坡脚）			2.0								

架空管线之间及其与建（构）筑物之间的最小水平净距

m

名称		建筑物（凸出部分）	道路（路缘石）	铁路（轨道中心）	热力管线
电力	10 kV 边导线	2.0	0.5	杆高加 3.0	2.0
	35 kV 边导线	3.0	0.5	杆高加 3.0	4.0
	110 kV 边导线	4.0	0.5	杆高加 3.0	4.0
电信杆线		2.0	0.5	4/3 杆高	1.5
热力管线		1.0	1.5	3.0	—

3.0.9 架空管线交叉时的最小垂直净距应符合表3.0.9的规定。

表3.0.9 架空管线之间及其与建(构)筑物之间交叉时的最小垂直净距

m

名称		建筑物(顶端)	道路(地面)	铁路(轨顶)	电信线		热力管线
					电力线有防雷装置	电力线无防雷装置	
电力管线	10 kV及以下	3.0	7.0	7.5	2.0	4.0	2.0
	35~110 kV	4.0	7.0	7.5	3.0	5.0	3.0
电信线		1.5	4.5	7.0	0.6	0.6	1.0
热力管线		0.6	4.5	6.0	1.0	1.0	0.25

注:横跨道路或与无轨电车馈电线平行的架空电力线路距地面应大于9 m。

4 城市规划强制性内容暂行规定

中华人民共和国建设部通知(建规[2002]218号)

第一条 根据《国务院关于加强城乡规划监督管理的通知》,制定本规定。

第二条 本规定所称强制性内容,是指省域城镇体系规划、城市总体规划、城市详细规划中涉及区域协调发展、资源利用、环境保护、风景名胜资源管理、自然与文化遗产保护、公众利益和公共安全等方面的内容。

城市规划强制性内容是对城市规划实施进行监督检查的基本依据。

第三条 城市规划强制性内容是省域城镇体系规划、城市总体规划和详细规划的必备内容,应当在图纸上有准确标明,在文本上有明确、规范的表述,并应当提出相应的管理措施。

第四条 编制省域城镇体系规划、城市总体规划和详细规划,必须明确强制性内容。

第五条 省域城镇体系规划的强制性内容包括以下方面。

(一)省域内必须控制开发的区域。该区域包括自然保护区、退耕还林(草)地区、大型湖泊、水源保护区、分滞洪地区以及其他生态敏感区。

(二)省域内的区域性重大基础设施的布局。该布局包括高速公路、干线公路、铁路、港口、机场、区域性电厂和高压输电网、天然气门站、天然气主干管、区域性防洪滞洪骨干工程、水利枢纽工程、区域引水工程等。

(三)涉及相邻城市的重大基础设施布局。该布局包括城市取水口、城市污水排放口、城市垃圾处理场等。

第六条 城市总体规划的强制性内容包括以下方面。

(一)市域内必须控制开发的地域。该地域包括风景名胜区,湿地、水源保护区等生态敏感区,基本农田保护区,地下矿产资源分布地区。

(二)城市建设用地。该用地包括:规划期限内城市建设用地的发展规模、发展方向,根据建设用地评价确定的土地使用限制性规定,城市各类园林和绿地的具体布局。

(三)城市基础设施和公共服务设施。该设施包括:城市主干道的走向、城市轨道交通的线路走向、大型停车场布局,城市取水口及其保护区范围、给水和排水主管网的布局,电厂位置、大型变电站位置、燃气储气罐站位置,文化、教育、卫生、体育、垃圾和污水处理等公共服务设施的布局。

(四)历史文化名城保护。其中包括:历史文化名城保护规划确定的具体控制指标和规定,历史文化保护区、历史建筑群、重要地下文物埋藏区的具体位置和界线。

(五)城市防灾工程。其中包括:城市防洪标准、防洪堤走向,城市抗震与消防疏散通道,城市人防设施布局,地质灾害防护规定。

(六)近期建设规划。该规划包括:城市近期建设重点和发展规模,近期建设用地的具体位置和范围,近期内保护历史文化遗产和风景资源的具体措施。

第七条 城市详细规划的强制性内容包括:

(一)规划地段各个地块的土地主要用途；

(二)规划地段各个地块允许的建设总量；

(三)对特定地区地段规划允许的建设高度；

(四)规划地段各个地块的绿化率、公共绿地面积规定；

(五)规划地段基础设施和公共服务设施配套建设的规定；

(六)历史文化保护区内重点保护地段的建设控制指标和规定，建设控制地区的建设控制指标。

第八条　城乡规划行政主管部门提供规划设计条件，审查建设项目，不得违背城市规划强制性内容。

第九条　调整省域城镇体系规划强制性内容的，省(自治区)人民政府必须组织论证，就调整的必要性向规划审批机关提出专题报告，经审查批准后方可进行调整。

调整后的省域城镇体系规划按照《城镇体系规划编制审批办法》规定的程序重新审批。

第十条　调整城市总体规划强制性内容的，城市人民政府必须组织论证，就调整的必要性向原规划审批机关提出专题报告，经审查批准后方可进行调整。

调整后的总体规划，必须依据《城市规划法》规定的程序重新审批。

第十一条　调整详细规划强制性内容的，城乡规划行政主管部门必须就调整的必要性组织论证，其中直接涉及公众权益的，应当进行公示。调整后的详细规划必须依法重新审批后方可执行。

历史文化保护区详细规划强制性内容原则上不得调整。因保护工作的特殊要求确需调整的，必须组织专家进行论证，并依法重新组织编制和审批。

第十二条　违反城市规划强制性内容进行建设的，应当按照严重影响城市规划的行为，依法进行查处。

城市人民政府及其行政主管部门擅自调整城市规划强制性内容，必须承担相应的行政责任。

第十三条　本规定自印发之日起执行。

5 近期建设规划工作暂行办法

中华人民共和国建设部通知(建规[2002]218号)

第一条 近期建设规划是落实城市总体规划的重要步骤,是城市近期建设项目安排的依据。为了切实做好近期建设规划的制定和实施,根据《国务院关于加强城乡规划监督管理的通知》的规定,制定本办法。

第二条 制定和实施近期建设规划,应当符合本办法的规定。

第三条 近期建设规划的基本任务是:明确近期内实施城市总体规划的发展重点和建设时序;确定城市近期发展方向、规模和空间布局,自然遗产与历史文化遗产保护措施;提出城市重要基础设施和公共设施、城市生态环境建设安排的意见。

第四条 设市城市人民政府负责组织制定近期建设规划。

第五条 编制近期建设规划,必须遵循下述原则。

(一)处理好近期建设与长远发展、经济发展与资源环境条件的关系,注重生态环境与历史文化遗产的保护,实施可持续发展战略。

(二)与城市国民经济和社会发展计划相协调,符合资源、环境、财力的实际条件,并能适应市场经济发展的要求。

(三)坚持为最广大人民群众服务,维护公共利益,完善城市综合服务功能,改善人居环境。

(四)严格依据城市总体规划,不得违背总体规划的强制性内容。

第六条 近期建设规划的期限为5年,原则上与城市国民经济和社会发展计划的年限一致。其中当前编制的近期建设规划期限到2005年。

城市人民政府依据近期建设规划,可以制定年度的规划实施方案,并组织实施。

第七条 近期建设规划必须具备的强制性内容,包括以下方面。

(一)确定城市近期建设重点和发展规模。

(二)依据城市近期建设重点和发展规模,确定城市近期发展区域。对规划年限内的城市建设用地总量、空间分布和实施时序等进行具体安排,并制定控制和引导城市发展的规定。

(三)根据城市近期建设重点,提出对历史文化名城、历史文化保护区、风景名胜区等相应的保护措施。

第八条 近期建设规划必须具备的指导性内容包括以下方面。

(一)根据城市建设近期重点,提出机场、铁路、港口、高速公路等对外交通设施,城市主干道、轨道交通、大型停车场等城市交通设施,自来水厂、污水处理厂、变电站、垃圾处理厂以及相应的管网等市政公用设施的选址、规模和实施时序的意见。

(二)根据城市近期建设重点,提出文化、教育、体育等重要公共服务设施的选址和实施时序。

(三)提出城市河湖水系、城市绿化、城市广场等的治理和建设意见。

（四）提出近期城市环境综合治理措施。

城市人民政府可以根据本地区的实际，决定增加近期建设规划中的指导性内容。

第九条 近期建设规划成果包括规划文本以及必要的图纸和说明。

第十条 近期建设规划编制完成后，由城乡规划行政主管部门负责组织专家进行论证并报城市人民政府。

城市人民政府批准近期建设规划前，必须征求同级人民代表大会常务委员会意见。

批准后的近期建设规划应当报总体规划审批机关备案，其中国务院审批总体规划的城市，报建设部备案。

第十一条 城市人民政府应当通过一定的传媒和固定的展示方式，将批准后的近期建设规划向社会公布。

第十二条 近期建设规划一经批准，任何单位和个人不得擅自变更。

城市人民政府调整近期建设规划，涉及强制性内容的，必须按照本办法第十条规定的程序进行。

调整后的近期建设规划，应当重新向社会公布。

第十三条 城乡规划行政主管部门向规划设计单位和建设单位提供规划设计条件，审查建设项目，核发建设项目选址意见书，建设用地规划许可证。建设工程规划许可证必须符合近期建设规划。

第十四条 城市人民政府应当建立行政检查制度和社会监督机制，加强对近期建设规划实施的监管，保证规划的实施。

第十五条 本办法自印发之日起执行。

6　关于加强建设用地容积率管理和监督检查的通知

各省、自治区建设厅、监察厅，直辖市规划局(委)、监察局：

为深入贯彻落实科学发展观，提高规划管理依法行政水平，加强建设用地容积率的管理，促进党风廉政建设，根据《中华人民共和国城乡规划法》(以下简称《城乡规划法》)、《建立健全惩治和预防腐败体系2008—2012年工作规划》有关规定，现就切实加强建设用地容积率管理和监督检查工作有关要求通知如下。

一、充分认识强化容积率管理工作的重要性

在城乡发展建设中，城市和镇人民政府依据《城乡规划法》制定本地的控制性详细规划，并依据控制性详细规划对建设项目进行规划管理是法律赋予的权力和责任。容积率是控制性详细规划的重要指标之一，既是国有土地使用权出让合同中必须规定的重要内容，也是进行城乡规划行政许可时必须严格控制的关键指标。近年来，一些地方城乡规划管理不规范、监管不到位，在城乡规划的行政审批中，对容积率的调整搞“暗箱操作”，涉及容积率管理的腐败案件时有发生，对城乡建设产生了不良影响，损害了党和政府的形象。强化城乡规划主管部门依法行政意识、切实加强建设用地容积率管理和监督检查，对于规范新时期城乡规划工作，维护城乡规划的严肃性，推进城乡规划领域的党风廉政建设具有重要意义。各级城乡规划主管部门和监察机关要进一步提高认识，切实把加强建设用地容积率管理和监督检查作为当前一项重要和紧迫的任务抓紧抓好，抓出成效。

二、严格容积率指标的规划管理

《城乡规划法》中明确规定：在城市、镇规划区内以划拨方式提供国有土地使用权的建设项目，由城市、县人民政府城乡规划主管部门依据经批准的控制性详细规划核定建设用地的位置、面积、允许建设的范围。在城市、镇规划区内以出让方式提供国有土地使用权的，在国有土地使用权出让前，城市、县人民政府城乡规划主管部门应当严格依据经批准的控制性详细规划，提出出让地块的位置、使用性质、开发强度等规划条件，作为国有土地使用权出让合同的组成部分。对于规模小的镇、风景名胜区范围内的建设用地可直接根据相关规划提出规划设计条件。容积率作为规划设计条件中重要的开发强度指标，必须经法定程序在控制性详细规划中确定，并在规划实施管理中严格遵守，不得突破经法定程序批准的规划确定的容积率指标。

城乡规划主管部门在对建设项目实施规划管理中，必须严格遵守控制性详细规划确定的容积率指标。对同一建设项目，在给出规划设计条件、进行建设用地规划许可、规划方案审查、建设工程规划许可、建设项目竣工规划核实过程中，城乡规划主管部门给定的容积率指标均应符合法定规划确定的容积率指标，并将各环节的审批结果公示，直至该项目竣工验收完成。对于分期开发的建设项目，各期建设工程规划许可确定的建筑面积的总和，应该与

规划设计条件、建设用地规划许可证确定的容积率相符合。

三、严格容积率指标的调整程序

国有土地使用权出让前,城乡规划主管部门应当严格依据经批准的控制性详细规划确定规划设计条件。规划设计条件中容积率指标如果突破控制性详细规划或其他规划的规定,应当依据《城乡规划法》的规定,先行调整控制性详细规划,涉及其他规划的须先行调整涉及的其他规划。所有涉及建设用地容积率调整的建设项目,其规划管理的有关内容必须依法公开,接受社会监督。

国有土地使用权一经出让,任何单位和个人都无权擅自更改规划设计条件确定的容积率。确需变更规划条件确定的容积率的建设项目,应根据程序进行:

(一)建设单位或个人可以向城乡规划主管部门提出书面申请并说明变更的理由;

(二)城乡规划主管部门应当从建立的专家库中随机抽调专家,并组织专家对调整的必要性和规划方案的合理性进行论证;

(三)在本地的主要媒体上进行公示,采用多种形式征求利害关系人的意见,必要时应组织听证;

(四)经专家论证、征求利害关系人的意见后,城乡规划主管部门应依法提出容积率调整建议并附论证、公示(听证)等相关材料报城市、县人民政府批准;

(五)经城市、县人民政府批准后,城乡规划主管部门方可办理后续的规划审批,并及时将依法变更后的规划条件抄告土地主管部门备案;

(六)建设单位或个人应根据变更后的容积率向土地主管部门办理相关土地出让收入补交等手续。

涉及容积率调整的相关批准文件、调整理由、调整依据、规划方案以及专家论证意见、公示(听证)材料等均应按照国家有关城建档案管理的规定及时向城建档案管理机构(馆)移交备查。

四、严格核查建设工程是否符合容积率要求

城乡规划主管部门要依法核实完工的建设工程是否符合规划行政许可要求。核实中要严格审查建设工程总建筑面积是否超出规划许可允许建设的建筑面积。建设工程竣工时所建的建筑面积超过规划许可允许建设的建筑面积的,建设单位不得组织竣工验收。城乡规划主管部门要依法及时对违法建设进行处罚,拆除违法建设部分、没收违法收入,并对违法建设部分处以工程造价10%的罚款。

五、加强建设用地容积率管理监督检查

要抓紧完善建设用地容积率管理制度。尚未建立建设用地容积率管理制度的省(区、市),要抓紧制定建设用地容积率管理制度,明确容积率调整的具体条件、审批程序及管理措施,明确相关部门的职责,并根据工作需要,建立相应的协作机制。

要切实加强对建设用地容积率管理的监督检查,督促各级城乡规划主管部门完善容积率管理制度,加大案件查办力度,坚决制止和纠正擅自变更规划、调整容积率等突出问题,严肃查处国家机关工作人员在建设用地规划变更、容积率调整中玩忽职守、权钱交易等违纪违

法行为。

各省(区、市)城乡规划主管部门、监察机关要结合城乡规划效能监察工作,抓紧做好整章建制工作,并对近年来建设用地和建设项目的规划管理情况进行检查。2009 年,住房和城乡建设部、监察部将对各地控制性详细规划修改特别是建设用地容积率管理情况进行专项检查。

中华人民共和国住房和城乡建设部

中华人民共和国监察部

二〇〇八年十二月十三日

7　城市绿线管理办法

中华人民共和国建设部令(第112号)

第一条　为建立并严格实行城市绿线管理制度,加强城市生态环境设计,创造良好的人居环境,促进城市可持续发展,根据《城市规划法》、《城市绿化条例》等法律法规,制定本办法。

第二条　本办法所称城市绿线,是指城市各类绿地范围的控制线。

本办法所称城市,是指国家按行政建制设立的直辖市、市、镇。

第三条　城市绿线的划定和监督管理,适用本办法。

第四条　国务院建设行政主管部门负责全国城市绿线管理工作。

省、自治区人民政府建设行政主管部门负责本行政区域内的城市绿线管理工作。

城市人民政府规划、园林绿化行政主管部门,按照职责分工负责城市绿线的监督和管理工作。

第五条　城市规划、园林绿化等行政主管部门应当密切合作,组织编制城市绿地系统规划。城市绿地系统规划是城市总体规划的组成部分,应当确定城市绿化目标和布局,规定城市各类绿地的控制原则,按照规定标准确定绿化用地面积,分层次合理布局公共绿地,确定防护绿地、大型公共绿地等的绿线。

第六条　控制性详细规划应当提出不同类型用地的界线、规定绿化率控制指标和绿化用地界线的具体坐标。

第七条　修建性详细规划应当根据控制性详细规划,明确绿地布局,提出绿化配置的原则或者方案,划定绿地界线。

第八条　城市绿线的审批、调整,按照《城市规划法》、《城市绿化条例》的规定进行。

第九条　批准的城市绿线要向社会公布,接受公众监督。

任何单位和个人都有保护城市绿地、服从城市绿线管理的义务,有监督城市绿线管理、对违反城市绿线管理行为进行检举的权利。

第十条　城市绿线范围内的公共绿地、防护绿地、生产绿地、居住区绿地、单位附属绿地、道路绿地、风景林地等,必须按照《城市用地分类与规划建设用地标准》、《公园设计规范》等标准,进行绿地建设。

第十一条　城市绿线内的用地,不得改作他用,不得违反法律法规、强制性标准以及批准的规划进行开发建设。有关部门不得违反规定,批准在城市绿线范围内进行建设。因建设或者其他特殊情况,需要临时占用城市绿线内用地的,必须依法办理相关审批手续。

在城市绿线范围内,不符合规划要求的建筑物、构筑物及其他设施应当限期迁出。

第十二条　任何单位和个人不得在城市绿地范围内进行拦河截溪、取土采石、设置垃圾堆场、排放污水以及其他对生态环境构成破坏的活动。

近期不进行绿化建设的规划绿地范围内的建设活动,应当进行生态环境影响分析,并按照《城市规划法》的规定,予以严格控制。

第十三条 居住区绿化、单位绿化及各类建设项目的配套绿化都要达到《城市绿化规划建设指标的规定》的标准。各类建设工程要与其配套的绿化工程同步设计，同步施工，同步验收。达不到规定标准的，不得投入使用。

第十四条 城市人民政府规划、园林绿化行政主管部门按照职责分工，对城市绿线的控制和实施情况进行检查，并向同级人民政府和上级行政主管部门报告。

第十五条 省、自治区人民政府建设行政主管部门应当定期对本行政区域内城市绿线的管理情况进行监督检查，对违法行为，及时纠正。

第十六条 违反本办法规定，擅自改变城市绿线内土地用途、占用或者破坏城市绿地的，由城市规划、园林绿化行政主管部门，按照《城市规划法》、《城市绿化条例》的有关规定处罚。

第十七条 违反本办法规定，在城市绿地范围内进行拦河截溪、取土采石、设置垃圾堆场、排放污水以及其他对城市生态环境造成破坏活动的，由城市园林绿化行政主管部门责令改正，并处1万元以上3万元以下的罚款。

第十八条 违反本办法规定，在已经划定的城市绿线范围内违反规定审批建设项目的，对有关责任人员由有关机关给予行政处分；构成犯罪，依法追究刑事责任。

第十九条 城镇体系规划所确定的，城市规划区外防护绿地、绿化隔离带等的绿线划定、监督和管理，参照本办法执行。

第二十条 本办法2002年11月1日起施行。

8　城市紫线管理办法

中华人民共和国建设部令(第119号)

第一条　为了加强对城市历史文化街区和历史建筑的保护,根据《中华人民共和国城市规划法》、《中华人民共和国文物保护法》和国务院有关规定,制定本办法。

第二条　本办法所称城市紫线,是指国家历史文化名城内的历史文化街区和省、自治区、直辖市人民政府公布的历史文化街区的保护范围界线,以及历史文化街区外经县级以上人民政府公布保护的历史建筑的保护范围界线。本办法所称紫线管理是划定城市紫线和对城市紫线范围内的建设活动实施监督、管理。

第三条　在编制城市规划时应当划定保护历史文化街区和历史建筑的紫线。国家历史文化名城的城市紫线由城市人民政府在组织编制历史文化名城保护规划时划定。其他城市的城市紫线由城市人民政府在组织编制城市总体规划时划定。

第四条　国务院建设行政主管部门负责全国城市紫线管理工作。

省、自治区人民政府建设行政主管部门负责本行政区域内的城市紫线管理工作。

市、县人民政府城乡规划行政主管部门负责本行政区域内的城市紫线管理工作。

第五条　任何单位和个人都有权了解历史文化街区和历史建筑的紫线范围及其保护规划,对规划的制定和实施管理提出意见,对破坏保护规划的行为进行检举。

第六条　划定保护历史文化街区和历史建筑的紫线应当遵循下列原则。

(一)历史文化街区的保护范围应当包括历史建筑物、构筑物和其风貌环境所组成的核心地段以及为确保该地段的风貌、特色完整性而必须进行建设控制的地区。

(二)历史建筑的保护范围应当包括历史建筑本身和必要的风貌协调区。

(三)控制范围清晰,附有明确的地理坐标及相应的界址地形图。

城市紫线范围内文物保护单位保护范围的划定,依据国家有关文物保护的法律、法规。

第七条　编制历史文化名城和历史文化街区保护规划,应当包括征求公众意见的程序。审查历史文化名城和历史文化街区保护规划,应当组织专家进行充分论证,并作为法定审批程序的组成部分。

市、县人民政府批准保护规划前,必须报经上一级人民政府主管部门审查同意。

第八条　历史文化名城和历史文化街区保护规划一经批准,原则上不得调整。因改善和加强保护工作的需要,确需调整的,由所在城市人民政府提出专题报告,经省、自治区、直辖市人民政府城乡规划行政主管部门审查同意后,方可组织编制调整方案。

调整后的保护规划在审批前,应当将规划方案公示,并组织专家论证。审批后应当报历史文化名城批准机关备案,其中国家历史文化名城报国务院建设行政主管部门备案。

第九条　市、县人民政府应当在批准历史文化街区保护规划后的一个月内,将保护规划报省、自治区人民政府建设行政主管部门备案。其中国家历史文化名城内的历史文化街区保护规划还应当报国务院建设行政主管部门备案。

第十条　历史文化名城、历史文化街区和历史建筑保护规划一经批准,有关市、县人民政府城乡规划行政主管部门必须向社会公布，接受公众监督。

第十一条 历史文化街区和历史建筑已经破坏，不再具有保护价值的，有关市、县人民政府应当向所在省、自治区、直辖市人民政府提出专题报告，经批准后方可撤销相关的城市紫线。

撤销国家历史文化名城中的城市紫线，应当经国务院建设行政主管部门批准。

第十二条 历史文化街区内的各项建设必须坚持保护真实的历史文化遗存，维护街区传统格局和风貌，改善基础设施、提高环境质量的原则。历史建筑的维修和整治必须保持原有外形和风貌，保护范围内的各项建设不得影响历史建筑风貌的展示。

市、县人民政府应当依据保护规划，对历史文化街区进行整治和更新，以改善人居环境为前提，加强基础设施、公共设施的改造和建设。

第十三条 在城市紫线范围内禁止进行下列活动：

（一）违反保护规划的大面积拆除、开发；

（二）对历史文化街区传统格局和风貌构成影响的大面积改建；

（三）损坏或者拆毁保护规划确定保护的建筑物、构筑物和其他设施；

（四）修建破坏历史文化街区传统风貌的建筑物、构筑物和其他设施；

（五）占用或者破坏保护规划确定保留的园林绿地、河湖水系、道路和古树名木等；

（六）其他对历史文化街区和历史建筑的保护构成破坏性影响的活动。

第十四条 在城市紫线范围内确定各类建设项目，必须先由市、县人民政府城乡规划行政主管部门依据保护规划进行审查，组织专家论证并进行公示后核发选址意见书。

第十五条 在城市紫线范围内进行新建或者改建各类建筑物、构筑物和其他设施，对规划确定保护的建筑物、构筑物和其他设施进行修缮和维修以及改变建筑物、构筑物的使用性质，应当依照相关法律、法规的规定，办理相关手续后方可进行。

第十六条 城市紫线范围内各类建设的规划审批，实行备案制度。

省、自治区、直辖市人民政府公布的历史文化街区，报省、自治区人民政府建设行政主管部门或者直辖市人民政府城乡规划行政主管部门备案。其中国家历史文化名城内的历史文化街区报国务院建设行政主管部门备案。

第十七条 在城市紫线范围内进行建设活动，涉及文物保护单位的，应当符合国家有关文物保护的法律、法规的规定。

第十八条 省、自治区建设行政主管部门和直辖市城乡规划行政主管部门，应当定期对保护规划执行情况进行检查监督，并向国务院建设行政主管部门提出报告。

对于监督中发现的擅自调整和改变城市紫线，擅自调整和违反保护规划的行政行为，或者由于人为原因，导致历史文化街区和历史建筑遭受局部破坏的，监督机关可以提出纠正决定，督促执行。

第十九条 国务院建设行政主管部门，省、自治区人民政府建设行政主管部门和直辖市人民政府城乡规划行政主管部门根据需要可以向有关城市派出规划监督员，对城市紫线的执行情况进行监督。

规划监督员行使下述职能：

（一）参与保护规划的专家论证，就保护规划方案的科学合理性向派出机关报告；

（二）参与城市紫线范围内建设项目立项的专家论证，了解公示情况，可以对建设项目的可行性提出意见，并向派出机关报告；

（三）对城市紫线范围内各项建设审批的可行性提出意见，并向派出机关报告；

（四）接受公众的投诉，进行调查，向有关行政主管部门提出处理建议，并向派出机关报告。

第二十条 违反本办法规定，未经市、县人民政府城乡规划行政主管部门批准，在城市紫线范围内进行建设活动的，由市、县人民政府城乡规划行政主管部门按照《城市规划法》等法律、法规的规定处罚。

第二十一条 违反本办法规定，擅自在城市紫线范围内审批建设项目和批准建设的，对有关责任人员给予行政处分；构成犯罪的，依法追究刑事责任。

第二十二条 本办法自2004年2月1日起施行。

9 城市黄线管理办法

中华人民共和国建设部令(第144号)

第一条 为了加强城市基础设施用地管理,保障城市基础设施的正常、高效运转,保证城市经济、社会健康发展,根据《城市规划法》,制定本办法。

第二条 城市黄线的划定和规划管理,适用本办法。

本办法所称城市黄线,是指对城市发展全局有影响的、城市规划中确定的、必须控制的城市基础设施用地的控制界线。

本办法所称城市基础设施包括以下方面。

(一)城市公共汽车首末站、出租汽车停车场、大型公共停车场,城市轨道交通线、站、场、车辆段、保养维修基地,城市水运码头,机场,城市交通综合换乘枢纽,城市交通广场等城市公共交通设施。

(二)取水工程设施(取水点、取水构筑物及一级泵站)和水处理工程设施等城市供水设施。

(三)排水设施,污水处理设施,垃圾转运站、垃圾码头、垃圾堆肥厂、垃圾焚烧厂、卫生填埋场(厂),环境卫生车辆停车场和修造厂,环境质量监测站等城市环境卫生设施。

(四)城市气源和燃气储配站等城市供燃气设施。

(五)城市热源、区域性热力站、热力线走廊等城市供热设施。

(六)城市发电厂、区域变电所(站)、市区变电所(站)、高压线走廊等城市供电设施。

(七)邮政局、邮政通信枢纽、邮政支局,电信局、电信支局,卫星接收站、微波站,广播电台、电视台等城市通信设施。

(八)消防指挥调度中心、消防站等城市消防设施。

(九)防洪堤墙、排洪沟与截洪沟、防洪闸等城市防洪设施。

(十)避震疏散场地、气象预警中心等城市抗震防灾设施。

(十一)其他对城市发展全局有影响的城市基础设施。

第三条 国务院建设主管部门负责全国城市黄线管理工作。

县级以上地方人民政府建设主管部门(城乡规划主管部门)负责本行政区域内城市黄线的规划管理工作。

第四条 任何单位和个人都有保护城市基础设施用地、服从城市黄线管理的义务,有监督城市黄线管理、对违反城市黄线管理的行为进行检举的权利。

第五条 城市黄线应当在制定城市总体规划和详细规划时划定。

直辖市、市、县人民政府建设主管部门(城乡规划主管部门)应当根据不同规划阶段的规划深度要求,负责组织划定城市黄线的具体工作。

第六条 城市黄线的划定,应当遵循以下原则:

(一)与同阶段城市规划内容及深度保持一致;

(二)控制范围界定清晰;

(三)符合国家有关技术标准、规范。

第七条　编制城市总体规划,应当根据规划内容和深度要求,合理布置城市基础设施,确定城市基础设施的用地位置和范围,划定其用地控制界线。

第八条　编制控制性详细规划,应当依据城市总体规划,落实城市总体规划确定的城市基础设施的用地位置和面积,划定城市基础设施用地界线,规定城市黄线范围的控制指标和要求,并明确城市黄线的地理坐标。

修建性详细规划应当依据控制性详细规划,按不同项目具体落实城市基础设施用地界线,提出城市基础设施用地配置原则或者方案,并标明城市黄线的地理坐标和相应的界址地形图。

第九条　城市黄线应当作为城市规划的强制性内容,与城市规划一并报批。城市黄线上报审批前,应当进行技术经济论证,并征求有关部门意见。

第十条　城市黄线经批准后,应当与城市规划一并由直辖市、市、县人民政府予以公布,但法律、法规规定不得公开的除外。

第十一条　城市黄线一经批准,不得擅自调整。

因城市发展和城市功能、布局变化等,需要调整城市黄线的,应当组织专家论证,依法调整城市规划,并相应调整城市黄线。调整后的城市黄线,应当随调整后的城市规划一并报批。

调整后的城市黄线应当在报批前进行公示,但法律、法规规定不得公开的除外。

第十二条　在城市黄线内进行建设活动,应当贯彻安全、高效、经济的方针,处理好近、远期关系,根据城市发展的实际需要,分期有序实施。

第十三条　在城市黄线范围内禁止进行下列活动:

(一)违反城市规划要求,进行建筑物、构筑物及其他设施的建设;

(二)违反国家有关技术标准和规范进行建设;

(三)未经批准,改装、迁移或拆毁原有城市基础设施;

(四)其他损坏城市基础设施或影响城市基础设施安全和正常运转的行为。

第十四条　在城市黄线内进行建设,应当符合经批准的城市规划。

在城市黄线内新建、改建、扩建各类建筑物、构筑物、道路、管线和其他工程设施,应当依法向建设主管部门(城乡规划主管部门)申请办理城市规划许可,并依据有关法律、法规办理相关手续。

迁移、拆除城市黄线内城市基础设施的,应当依据有关法律、法规办理相关手续。

第十五条　因建设或其他特殊情况需要临时占用城市黄线内土地的,应当依法办理相关审批手续。

第十六条　县级以上地方人民政府建设主管部门(城乡规划主管部门)应当定期对城市黄线管理情况进行监督检查。

第十七条　违反本办法规定,有下列行为之一的,依据《城市规划法》等法律、法规予以处罚:

(一)未经直辖市、市、县人民政府建设主管部门(城乡规划主管部门)批准在城市黄线范围内进行建设活动的;

(二)擅自改变城市黄线内土地用途的;

(三)未按规划许可的要求进行建设的。

第十八条 县级以上地方人民政府建设主管部门(城乡规划主管部门)违反本办法规定,批准在城市黄线范围内进行建设的,对有关责任人员依法给予处分;构成犯罪的,依法追究刑事责任。

第十九条 本办法自2006年3月1日起施行。

10 城市蓝线管理办法

中华人民共和国建设部令(第145号)

第一条 为了加强对城市水系的保护与管理,保障城市供水、防洪防涝和通航安全,改善城市人居生态环境,提升城市功能,促进城市健康、协调和可持续发展,根据《中华人民共和国城市规划法》、《中华人民共和国水法》,制定本办法。

第二条 本办法所称城市蓝线,是指城市规划确定的江、河、湖、库、渠和湿地等城市地表水体保护和控制的地域界线。

城市蓝线的划定和管理,应当遵守本办法。

第三条 国务院建设主管部门负责全国城市蓝线管理工作。

县级以上地方人民政府建设主管部门(城乡规划主管部门)负责本行政区域内的城市蓝线管理工作。

第四条 任何单位和个人都有服从城市蓝线管理的义务,有监督城市蓝线管理、对违反城市蓝线管理行为进行检举的权利。

第五条 编制各类城市规划,应当划定城市蓝线。

城市蓝线由直辖市、市、县人民政府在组织编制各类城市规划时划定。

城市蓝线应当与城市规划一并报批。

第六条 划定城市蓝线,应当遵循以下原则:

(一)统筹考虑城市水系的整体性、协调性、安全性和功能性,改善城市生态和人居环境,保障城市水系安全;

(二)与同阶段城市规划的深度保持一致;

(三)控制范围界定清晰;

(四)符合法律、法规的规定和国家有关技术标准、规范的要求。

第七条 在城市总体规划阶段,应当确定城市规划区范围内需要保护和控制的主要地表水体,划定城市蓝线,并明确城市蓝线保护和控制的要求。

第八条 在控制性详细规划阶段,应当依据城市总体规划划定的城市蓝线,规定城市蓝线范围内的保护要求和控制指标,并附有明确的城市蓝线坐标和相应的界址地形图。

第九条 城市蓝线一经批准,不得擅自调整。

因城市发展和城市布局结构变化等原因,确实需要调整城市蓝线的,应当依法调整城市规划,并相应调整城市蓝线。调整后的城市蓝线,应当随调整后的城市规划一并报批。

调整后的城市蓝线应当在报批前进行公示,但法律、法规规定不得公开的除外。

第十条 在城市蓝线内禁止进行下列活动:

(一)违反城市蓝线保护和控制要求的建设活动;

(二)擅自填埋、占用城市蓝线内水域;

(三)影响水系安全的爆破、采石、取土;

(四)擅自建设各类排污设施;

（五）其他对城市水系保护构成破坏的活动。

第十一条 在城市蓝线内进行各项建设，必须符合经批准的城市规划。

在城市蓝线内新建、改建、扩建各类建筑物、构筑物、道路、管线和其他工程设施，应当依法向建设主管部门（城乡规划主管部门）申请办理城市规划许可，并依照有关法律、法规办理相关手续。

第十二条 需要临时占用城市蓝线内的用地或水域的，应当报经直辖市、市、县人民政府建设主管部门（城乡规划主管部门）同意，并依法办理相关审批手续；临时占用后，应当限期恢复。

第十三条 县级以上地方人民政府建设主管部门（城乡规划主管部门）应当定期对城市蓝线管理情况进行监督检查。

第十四条 违反本办法规定，在城市蓝线范围内进行各类建设活动的，按照《中华人民共和国城市规划法》等有关法律、法规的规定处罚。

第十五条 县级以上地方人民政府建设主管部门（城乡规划主管部门）违反本办法规定，批准在城市蓝线范围内进行建设的，对有关责任人员依法给予处分；构成犯罪的，依法追究刑事责任。

第十六条 本办法自2006年3月1日起施行。

11　历史文化名城名镇名村保护条例

中华人民共和国国务院令(第524号)

第一章　总则

第一条　为了加强历史文化名城、名镇、名村的保护与管理,继承中华民族优秀历史文化遗产,制定本条例。

第二条　历史文化名城、名镇、名村的申报、批准、规划、保护,适用本条例。

第三条　历史文化名城、名镇、名村的保护应当遵循科学规划、严格保护的原则,保持和延续其传统格局和历史风貌,维护历史文化遗产的真实性和完整性,继承和弘扬中华民族优秀传统文化,正确处理经济社会发展和历史文化遗产保护的关系。

第四条　国家对历史文化名城、名镇、名村的保护给予必要的资金支持。

历史文化名城、名镇、名村所在地的县级以上地方人民政府,根据本地实际情况安排保护资金,列入本级财政预算。

国家鼓励企业、事业单位、社会团体和个人参与历史文化名城、名镇、名村的保护。

第五条　国务院建设主管部门会同国务院文物主管部门负责全国历史文化名城、名镇、名村的保护和监督管理工作。

地方各级人民政府负责本行政区域历史文化名城、名镇、名村的保护和监督管理工作。

第六条　县级以上人民政府及其有关部门对在历史文化名城、名镇、名村保护工作中做出突出贡献的单位和个人,按照国家有关规定给予表彰和奖励。

第二章　申报与批准

第七条　具备下列条件的城市、镇、村庄,可以申报历史文化名城、名镇、名村:

(一)保护文物特别丰富;

(二)历史建筑集中成片;

(三)保留着传统格局和历史风貌;

(四)历史上曾经作为政治、经济、文化、交通中心或者军事要地,或者发生过重要历史事件,或者其传统产业、历史上建设的重大工程对本地区的发展产生过重要影响,或者能够集中反映本地区建筑的文化特色、民族特色。

申报历史文化名城的,在所申报的历史文化名城保护范围内还应当有2个以上的历史文化街区。

第八条　申报历史文化名城、名镇、名村,应当提交所申报的历史文化名城、名镇、名村的下列材料:

(一)历史沿革、地方特色和历史文化价值的说明;

(二)传统格局和历史风貌的现状;

(三)保护范围;

(四)不可移动文物、历史建筑、历史文化街区的清单;

(五)保护工作情况、保护目标和保护要求。

第九条 申报历史文化名城，由省、自治区、直辖市人民政府提出申请，经国务院建设主管部门会同国务院文物主管部门组织有关部门、专家进行论证，提出审查意见，报国务院批准公布。

申报历史文化名城、名镇、名村，由所在地县级人民政府提出申请，经省、自治区、直辖市人民政府确定的保护主管部门会同同级文物主管部门组织有关部门、专家进行论证，提出审查意见，报省、自治区、直辖市人民政府批准公布。

第十条 对符合本条例第七条规定的条件而没有申报历史文化名城的城市，国务院建设主管部门会同国务院文物主管部门可以向该城市所在地的省、自治区人民政府提出申报建议；仍不申报的，可以直接向国务院提出确定该城市为历史文化名城的建议。

对符合本条例第七条规定的条件而没有申报历史文化名镇、名村的镇、村庄，省、自治区、直辖市人民政府确定的保护主管部门会同同级文物主管部门可以向该镇、村庄所在地的县级人民政府提出申报建议；仍不申报的，可以直接向省、自治区、直辖市人民政府提出确定该镇、村庄为历史文化名镇、名村的建议。

第十一条 国务院建设主管部门会同国务院文物主管部门可以在已批准公布的历史文化名镇、名村中，严格按照国家有关评价标准，选择具有重大历史、艺术、科学价值的历史文化名镇、名村，经专家论证，确定为中国历史文化名镇、名村。

第十二条 已批准公布的历史文化名城、名镇、名村，因保护不力使其历史文化价值受到严重影响的，批准机关应当将其列入濒危名单，予以公布，并责成所在地城市、县人民政府限期采取补救措施，防止情况继续恶化，并完善保护制度，加强保护工作。

第三章 保护规划

第十三条 历史文化名城批准公布后，历史文化名城人民政府应当组织编制历史文化名城保护规划。

历史文化名镇、名村批准公布后，所在地县级人民政府应当组织编制历史文化名镇、名村保护规划。

保护规划应当自历史文化名城、名镇、名村批准公布之日起1年内编制完成。

第十四条 保护规划应当包括下列内容：

(一)保护原则、保护内容和保护范围；

(二)保护措施、开发强度和建设控制要求；

(三)传统格局和历史风貌保护要求；

(四)历史文化街区、名镇、名村的核心保护范围和建设控制地带；

(五)保护规划分期实施方案。

第十五条 历史文化名城、名镇保护规划的规划期限应当与城市、镇总体规划的规划期限相一致；历史文化名村保护规划的规划期限应当与村庄规划的规划期限相一致。

第十六条 保护规划报送审批前，保护规划的组织编制机关应当广泛征求有关部门、专家和公众的意见；必要时，可以举行听证。

保护规划报送审批文件中应当附具意见采纳情况及理由；经听证的，还应当附具听证笔录。

第十七条 保护规划由省、自治区、直辖市人民政府审批。

保护规划的组织编制机关应当将经依法批准的历史文化名城保护规划和中国历史文化

名镇、名村保护规划，报国务院建设主管部门和国务院文物主管部门备案。

第十八条 保护规划的组织编制机关应当及时公布经依法批准的保护规划。

第十九条 经依法批准的保护规划，不得擅自修改；确需修改的，保护规划的组织编制机关应当向原审批机关提出专题报告，经同意后，方可编制修改方案。修改后的保护规划，应当按照原审批程序报送审批。

第二十条 国务院建设主管部门会同国务院文物主管部门应当加强对保护规划实施情况的监督检查。

县级以上地方人民政府应当加强对本行政区域保护规划实施情况的监督检查，并对历史文化名城、名镇、名村保护状况进行评估；对发现的问题，应当及时纠正、处理。

第四章 保护措施

第二十一条 历史文化名城、名镇、名村应当整体保护，保持传统格局、历史风貌和空间尺度，不得改变与其相互依存的自然景观和环境。

第二十二条 历史文化名城、名镇、名村所在地县级以上地方人民政府应当根据当地经济社会发展水平，按照保护规划，控制历史文化名城、名镇、名村的人口数量，改善历史文化名城、名镇、名村的基础设施、公共服务设施和居住环境。

第二十三条 在历史文化名城、名镇、名村保护范围内从事建设活动，应当符合保护规划的要求，不得损害历史文化遗产的真实性和完整性，不得对其传统格局和历史风貌构成破坏性影响。

第二十四条 在历史文化名城、名镇、名村保护范围内禁止进行下列活动：

（一）开山、采石、开矿等破坏传统格局和历史风貌的活动；

（二）占用保护规划确定保留的园林绿地、河湖水系、道路等；

（三）修建生产、储存爆炸性、易燃性、放射性、毒害性、腐蚀性物品的工厂、仓库等；

（四）在历史建筑上刻划、涂污。

第二十五条 在历史文化名城、名镇、名村保护范围内进行下列活动，应当保护其传统格局、历史风貌和历史建筑；制订保护方案，经城市、县人民政府城乡规划主管部门会同同级文物主管部门批准，并依照有关法律、法规的规定办理相关手续：

（一）改变园林绿地、河湖水系等自然状态的活动；

（二）在核心保护范围内进行影视摄制、举办大型群众性活动；

（三）其他影响传统格局、历史风貌或者历史建筑的活动。

第二十六条 历史文化街区、名镇、名村建设控制地带内的新建建筑物、构筑物应当符合保护规划确定的建设控制要求。

第二十七条 对历史文化街区、名镇、名村核心保护范围内的建筑物、构筑物应当区分不同情况，采取相应措施，实行分类保护。

历史文化街区、名镇、名村核心保护范围内的历史建筑，应当保持原有的高度、体量、外观形象及色彩等。

第二十八条 在历史文化街区、名镇、名村核心保护范围内，不得进行新建、扩建活动。但是，新建、扩建必要的基础设施和公共服务设施除外。

在历史文化街区、名镇、名村核心保护范围内，新建、扩建必要的基础设施和公共服务设施的，城市、县人民政府城乡规划主管部门核发建设工程规划许可证、乡村建设规划许可证前,应当征求同级文物主管部门的意见。

在历史文化街区、名镇、名村核心保护范围内,拆除历史建筑以外的建筑物、构筑物或者其他设施的,应当经城市、县人民政府城乡规划主管部门会同同级文物主管部门批准。

第二十九条 审批本条例第二十八条规定的建设活动,审批机关应当组织专家论证,并将审批事项予以公示,征求公众意见,告知利害关系人有要求举行听证的权利。公示时间不得少于20日。

利害关系人要求听证的,应当在公示期间提出,审批机关应当在公示期满后及时举行听证。

第三十条 城市、县人民政府应当在历史文化街区、名镇、名村核心保护范围的主要出入口设置标志牌。

任何单位和个人不得擅自设置、移动、涂改或者损毁标志牌。

第三十一条 历史文化街区、名镇、名村核心保护范围内的消防设施、消防通道,应当按照有关的消防技术标准和规范设置。确因历史文化街区、名镇、名村的保护需要,无法按照标准和规范设置的,由城市、县人民政府公安机关消防机构会同同级城乡规划主管部门制订相应的防火安全保障方案。

第三十二条 城市、县人民政府应当对历史建筑设置保护标志,建立历史建筑档案。

历史建筑档案应当包括下列内容:

(一)建筑艺术特征、历史特征、建设年代及稀有程度;

(二)建筑的有关技术资料;

(三)建筑的使用现状和权属变化情况;

(四)建筑的修缮、装饰装修过程中形成的文字、图纸、图片、影像等资料;

(五)建筑的测绘信息记录和相关资料。

第三十三条 历史建筑的所有权人应当按照保护规划的要求,负责历史建筑的维护和修缮。

县级以上地方人民政府可以从保护资金中对历史建筑的维护和修缮给予补助。

历史建筑有损毁危险,所有权人不具备维护和修缮能力的,当地人民政府应当采取措施进行保护。

任何单位或者个人不得损坏或者擅自迁移、拆除历史建筑。

第三十四条 建设工程选址,应当尽可能避开历史建筑;因特殊情况不能避开的,应当尽可能实施原址保护。

对历史建筑实施原址保护的,建设单位应当事先确定保护措施,报城市、县人民政府城乡规划主管部门会同同级文物主管部门批准。

因公共利益需要进行建设活动,对历史建筑无法实施原址保护、必须迁移异地保护或者拆除的应当由城市、县人民政府城乡规划主管部门会同同级文物主管部门,报省、自治区、直辖市人民政府确定的保护主管部门会同同级文物主管部门批准。

本条规定的历史建筑原址保护、迁移、拆除所需费用,由建设单位列入建设工程预算。

第三十五条 对历史建筑进行外部修缮装饰、添加设施以及改变历史建筑的结构或者使用性质的,应当经城市、县人民政府城乡规划主管部门会同同级文物主管部门批准,并依照有关法律、法规的规定办理相关手续。

第三十六条 在历史名城、名镇、名村核心保护范围内涉及文物保护的，应当执行文物保护法律、法规的规定。

第五章 法律责任

第三十七条 违反本条例规定，国务院建设主管部门、国务院文物主管部门和县级以上地方人民政府及其有关主管部门的工作人员，不履行监督管理职责，发现违法行为不予查处或者有其他滥用职权、玩忽职守、徇私舞弊行为，构成犯罪的，依法追究刑事责任；尚不构成犯罪的，依法给予处分。

第三十八条 违反本条例规定，地方人民政府有下列行为之一的，由上级人民政府责令改正，对直接负责的主管人员和其他直接责任人员，依法给予处分：

（一）未组织编制保护规划的；

（二）未按照法定程序组织编制保护规划的；

（三）擅自修改保护规划的；

（四）未将批准的保护规划予以公布的。

第三十九条 违反本条例规定，省、自治区、直辖市人民政府确定的保护主管部门或者城市、县人民政府城乡规划主管部门，未按照保护规划的要求或者未按照法定程序履行本条例第二十五条、第二十八条、第三十四条、第三十五条规定的审批职责的，由本级人民政府或者上级人民政府有关部门责令改正，通报批评；对直接负责的主管人员和其他直接责任人员，依法给予处分。

第四十条 违反本条例规定，城市、县人民政府因保护不力，导致已批准公布的历史文化名城、名镇、名村被列入濒危名单的，由上级人民政府通报批评；对直接负责的主管人员和其他直接责任人员，依法给予处分。

第四十一条 违反本条例规定，在历史文化名城、名镇、名村保护范围内有下列行为之一的，由城市、县人民政府城乡规划主管部门责令停止违法行为、限期恢复原状或者采取其他补救措施；有违法所得的，没收违法所得；逾期不恢复原状或者不采取其他补救措施的，城乡规划主管部门可以指定有能力的单位代为恢复原状或者采取其他补救措施，所需要的费用由违法者承担；造成严重后果的，对单位并处50万元以上100万元以下的罚款，对个人并处5万元以上10万元以下的罚款；造成损失，依法承担赔偿责任：

（一）开山、采石、开矿等破坏传统格局和历史风貌的；

（二）占用保护规划确定保留的园林绿地、河湖水系、道路等的；

（三）修建生产、储存爆炸性、易燃性、放射性、毒害性、腐蚀性物品的工厂、仓库等的。

第四十二条 违反本条例规定，在历史建筑上刻划、涂污的，由城市、县人民政府城乡规划主管部门责令恢复原状或者采取其他补救措施，处50元的罚款。

第四十三条 违反本条例规定，未经城乡规划主管部门会同同级文物主管部门批准，有下列行为之一的，由城市、县人民政府城乡规划主管部门责令停止违法行为、限期恢复原状或者采取其他补救措施；有违法所得的，没收违法所得；逾期不恢复原状或者不采取其他补救措施的，城乡规划主管部门可以指定有能力的单位代为恢复原状或者采取其他补救措施，所需费用由违法者承担；造成严重后果的，对单位并处5万元以上10万元以下的罚款，对个人并处1万元以上5万元以下的罚款；造成损失的，依法承担赔偿责任：

（一）改变园林绿地、河湖水系等自然状态的；

（二）进行影视摄制、举办大型群众性活动的；

（三）拆除历史建筑以外的建筑物、构筑物或者其他设施的；

（四）对历史建筑进行外部修缮装饰、添加设施以及改变历史建筑的结构或者使用性质的；

（五）其他影响传统格局、历史风貌或者历史建筑的。

有关单位或者个人经批准进行上述活动，但是在活动过程中对传统格局、历史风貌或者历史建筑构成破坏性影响的，依照本条第一款规定予以处罚。

第四十四条 违反本条例规定，损坏或者擅自迁移、拆除历史建筑的，由城市、县人民政府城乡规划主管部门责令停止违法行为、限期恢复原状或者采取其他补救措施；有违法所得的，没收违法所得；逾期不恢复原状或者不采取其他补救措施的，城乡规划主管部门可以指定有能力的单位代为恢复原状或者采取其他补救措施，所需费用由违法者承担；造成严重后果的，对单位并处20万元以上50万元以下的罚款，对个人并处10万元以上20万元以下的罚款；造成损失的，依法承担赔偿责任。

第四十五条 违反本条例规定，擅自设置、移动、涂改或者损毁历史文化街区、名镇、名村标志牌的，由城市、县人民政府城乡规划主管部门责令限期改正；逾期不改正的，对单位处1万元以上5万元以下的罚款，对个人处1 000元以上1万元以下的罚款。

第四十六条 违反本条例规定，对历史文化名城、名镇、名村中的文物造成损毁的，依照文物保护法律、法规的规定给予处罚；构成犯罪的，依法追究刑事责任。

第六章 附则

第四十七条 本条例下列用语的含义：

（一）历史建筑，是指经城市、县人民政府确定公布的具有一定保护价值，能够反映历史风貌和地方特色，未公布为文物保护单位，也未登记为不可移动文物的建筑物、构筑物。

（二）历史文化街区，是指经省、自治区、直辖市人民政府核定公布的保存文物特别丰富、历史建筑集中成片、能够较完整和真实地体现传统格局和历史风貌，并具有一定规模的区域。

历史文化街区保护的具体实施办法，由国务院建设主管部门会同国务院文物主管部门制定。

第四十八条 本条例自2008年7月1日起施行。

12　城市、镇控制性详细规划编制审批办法

中华人民共和国住房和城乡建设部令(第7号)

第一章　总　　则

第一条　为了规范城市、镇控制性详细规划编制和审批工作,根据《中华人民共和国城乡规划法》,制定本办法。

第二条　控制性详细规划的编制和审批,适用本办法。

第三条　控制性详细规划是城乡规划主管部门作出规划行政许可、实施规划管理的依据。国有土地使用权的划拨、出让应当符合控制性详细规划。

第四条　控制性详细规划的编制和管理经费应当按照《城乡规划法》第六条的规定执行。

第五条　任何单位和个人都应当遵守经依法批准并公布的控制性详细规划,服从规划管理,并有权就涉及其利害关系的建设活动是否符合控制性详细规划的要求向城乡规划主管部门查询。

任何单位和个人都有权向城乡规划主管部门或者其他有关部门举报或者控告违反控制性详细规划的行为。

第二章　城市、镇控制性详细规划的编制

第六条　城市、县人民政府城乡规划主管部门组织编制城市、县人民政府所在地镇的控制性详细规划,其他镇的控制性详细规划由镇人民政府组织编制。

第七条　城市、县人民政府城乡规划主管部门、镇人民政府(以下统称控制性详细规划组织编制机关)应当委托具备相应资质等级的规划编制单位承担控制性详细规划的具体编制工作。

第八条　编制控制性详细规划,应当综合考虑当地资源条件、环境状况、历史文化遗产、公共安全以及土地权属等因素,满足城市地下空间利用的需要,妥善处理近期与长远、局部与整体、发展与保护的关系。

第九条　编制控制性详细规划,应当依据经批准的城市、镇总体规划,遵守国家有关标准和技术规范,采用符合国家有关规定的基础资料。

第十条　控制性详细规划应当包括下列基本内容:

(一)土地使用性质及其兼容性等用地功能控制要求;

(二)容积率、建筑高度、建筑密度、绿地率等用地指标;

(三)基础设施、公共服务设施、公共安全设施的用地规模、范围及具体控制要求,地下管线控制要求;

(四)基础设施用地的控制界线(黄线)、各类绿地范围的控制线(绿线)、历史文化街区和历史建筑的保护范围界线(紫线)、地表水体保护和控制的地域界线(蓝线)等“四线”及控制要求。

第十一条　编制大城市和特大城市的控制性详细规划,可以根据本地实际情况,结合城

市空间布局、规划管理要求，以及社区边界、城乡建设要求等，将建设地区划分为若干规划控制单元，组织编制单元规划。

镇控制性详细规划可以根据实际情况，适当调整或者减少控制要求和指标。规模较小的建制镇的控制性详细规划，可以与镇总体规划编制相结合，提出规划控制要求和指标。

第十二条 控制性详细规划草案编制完成后，控制性详细规划组织编制机关应当依法将控制性详细规划草案予以公告，并采取论证会、听证会或者其他方式征求专家和公众的意见。

公告的时间不得少于30日。公告的时间、地点及公众提交意见的期限、方式，应当在政府信息网站以及当地主要新闻媒体上公告。

第十三条 控制性详细规划组织编制机关应当制订控制性详细规划编制工作计划，分期、分批地编制控制性详细规划。

中心区、旧城改造地区、近期建设地区以及拟进行土地储备或者土地出让的地区，应当优先编制控制性详细规划。

第十四条 控制性详细规划编制成果由文本、图表、说明书以及各种必要的技术研究资料构成。文本和图表的内容应当一致，并作为规划管理的法定依据。

第三章 城市、镇控制性详细规划的审批

第十五条 城市的控制性详细规划经本级人民政府批准后，报本级人民代表大会常务委员会和上一级人民政府备案。

县人民政府所在地镇的控制性详细规划，经县人民政府批准后，报本级人民代表大会常务委员会和上一级人民政府备案。其他镇的控制性详细规划由镇人民政府报上一级人民政府审批。

城市的控制性详细规划成果应当采用纸质及电子文档形式备案。

第十六条 控制性详细规划组织编制机关应当组织召开由有关部门和专家参加的审查会。审查通过后，组织编制机关应当将控制性详细规划草案、审查意见、公众意见及处理结果报审批机关。

第十七条 控制性详细规划应当自批准之日起20个工作日内，通过政府信息网站以及当地主要新闻媒体等便于公众知晓的方式公布。

第十八条 控制性详细规划组织编制机关应当建立控制性详细规划档案管理制度，逐步建立控制性详细规划数字化信息管理平台。

第十九条 控制性详细规划组织编制机关应当建立规划动态维护制度，有计划、有组织地对控制性详细规划进行评估和维护。

第二十条 经批准后的控制性详细规划具有法定效力，任何单位和个人不得随意修改；确需修改的，应当按照下列程序进行：

（一）控制性详细规划组织编制机关应当组织对控制性详细规划修改的必要性进行专题论证；

（二）控制性详细规划组织编制机关应当采用多种方式征求规划地段内利害关系人的意见，必要时应当组织听证；

（三）控制性详细规划组织编制机关提出修改控制性详细规划的建议，并向原审批机关提出专题报告，经原审批机关同意后，方可组织编制修改方案；

（四）修改后应当按法定程序审查报批，报批材料中应当附具规划地段内利害关系人意见及处理结果。

控制性详细规划修改涉及城市总体规划、镇总体规划强制性内容的，应当先修改总体规划。

第四章 附 则

第二十一条 各地可以根据本办法制定实施细则和编制技术规定。

第二十二条 本办法自2011年1月1日起施行。

参 考 文 献

[1]王炳坤.城市规划中的工程规划[M].修订版.天津:天津大学出版社,2001.

[2]姚雨霖,任周宇,陈忠正,等.城市给水排水[M].第二版.北京:中国建筑工业出版社,2003.

[3]中国建筑标准设计研究所.全国民用建筑工程设计技术措施——给水排水[M].北京:中国计划出版社,2005.

[4]中新天津生态城管委会.J 11548—2010 中新天津生态城绿色建筑设计标准[S].天津市城乡建设和交通委员会发布,由天津市建设科技信息中心负责征订和发行.

[5]中华人民共和国建设部.GB/T 50331—2002 城市居民生活用水量标准[S].北京:中国建筑工业出版社,2002.

[6]上海现代建筑设计(集团)有限公司.GB 50015—2003 建筑给水排水设计规范[S].北京:中国计划出版社,2003.

[7]中国人民解放军总后勤部基建营房部.GB 50336—2002 建筑中水设计规范[S].北京:中国计划出版社,2003.

[8]浙江省城乡规划设计研究院.GB 50282—98 城市给水工程规划规范[S].北京:中国建筑工业出版社,1999.

[9]陕西省城乡规划设计研究院.GB 50318—2000 城市排水工程规划规范[S].北京:中国建筑工业出版社,2001.

[10]沈阳市规划设计研究院.GB 50289—98 城市工程管线综合规划规范[S].北京:中国建筑工业出版社,1999.

[11]中国建筑设计研究院.GB 50188—2007 镇规划标准[S].北京:中国建筑工业出版社,2007.

[12]上海市政工程设计研究总院.CJJ 123—2008 镇(乡)村给水工程技术规程[S].北京:中国建筑工业出版社,2008.

[13]上海市政工程设计研究总院.CJJ 124—2008 镇(乡)村排水工程技术规程[S].北京:中国建筑工业出版社,2008.

[14]中国环境科学研究院.HJ/T 338—2007 饮用水水源地保护区划分技术规范[S].北京:中国环境科学出版社,2007.

[15]中国环境科学研究院.GB 3838—2002 地表水环境质量标准[S].北京:中国环境科学出版社,2002.

[16]北京市环境保护科学研究院.GB 18918—2002 城镇污水处理厂污染物排放标准[S].北京:中国环境科学出版社,2002.

[17]中国市政工程东北设计研究院.GB 50335—2002 污水再生利用工程设计规范[S].北京:中国建筑工业出版社,2002.

[18]北京市煤气热力工程设计院有限公司.CJJ 34—2010 城镇供热管网设计规范[S].北京:中国建筑工业出版社,2011.

[19]中国市政工程华北设计研究院.建标[2008]175 号 城镇供热厂工程项目建设标准[S].北京:中国计划出版社,2008.

[20]中国联合工程公司.GB 50041—2008 锅炉房设计规范[S].北京:中国计划出版社,2008.

[21]黄园汀.建筑燃气设计手册[M].北京:中国建筑工业出版社,2000.

[22]项友谦.燃气热力工程常用数据手册[M].北京:中国建筑工业出版社,2000.

[23]中信邮电咨询设计院.YD/T 5003—2005 电信专用房屋设计规范[M].北京:北京邮电大学出版社,2006.

[24]中国城市规划设计研究院.城市规划资料集第 11 分册 ——工程规划[M].北京:中国建筑工业出版社,2005.

[25]中华人民共和国地图(1:400 万)[M].北京:中国地图出版社,1980.